我国近海海洋综合调查与评价专项　成果

海南省海洋资源环境状况

夏小明　主编

海洋出版社

2015年·北京

图书在版编目(CIP)数据

海南省海洋资源环境状况/夏小明主编. —北京:海洋出版社,2015.3
ISBN 978-7-5027-8373-0

Ⅰ.①海… Ⅱ.①夏… Ⅲ.①海洋环境-调查研究-海南省 Ⅳ.①X145

中国版本图书馆 CIP 数据核字(2014)第 169197 号

责任编辑:朱 瑾 任 玲
责任印制:赵麟苏
海洋出版社 出版发行
http://www.oceanpress.com.cn
北京市海淀区大慧寺路 8 号 邮编:100081
北京旺都印务有限公司印刷 新华书店北京发行所经销
2015 年 3 月第 1 版 2015 年 3 月第 1 次印刷
开本:889mm×1194mm 1/16 印张:50.5
字数:1292 千字 定价:380.00 元
发行部:62132549 邮购部:68038093 总编室:62114335
海洋版图书印、装错误可随时退换

《中国近海海洋》系列专著编著指导委员会组成名单

《海南省近海海洋资源环境状况》编著委员会组成名单

《海南省近海海洋资源环境状况》
编写组成员名单

编写组组长： 夏小明

编写组成员：

国家海洋局第二海洋研究所： 贾建军　时连强　刘毅飞　蔡廷禄　曾江宁　宣基亮　梁楚进　寿　鹿　吴自银　倪建宇　陈建芳　王　奎　龙江平　王欣凯　宋　乐

海南省海洋与渔业厅“908专项”办公室： 陈　刚　李福德　张秋艳　王同行

海南省海洋开发规划设计研究院： 王道儒　吴家信　张剑利　吴　瑞　陈春华　涂志刚　陈晓慧　陈丹丹　王盛健　高元竟　陈明和　林明月　吴钟解　李元超　张光星　兰建新　任怀锋

海南师范大学（地理与旅游学院）： 邱彭华

海南大学（旅游学院）： 李洁琼　卢武强　陈为毅　刘嗣明　任　云　叶　波　陈海鹰

海南大学（旅游学院）： 陈扬乐　王凤霞　陈曼真

海南大学（海洋学院）： 周永灿　张　本　谢珍玉

南京大学： 汪亚平　高建华　张继才　刘运令

厦门大学： 李　炎

国家海洋局第一海洋研究所： 陈志华　李朝新　刘焱雄

海南省海洋监测预报中心： 周　涛　王红心　严昌天　李文欢　朱万里　石海莹　谷尚莉　王青颜　王　衍　洪海凌　许小贝　张金华

海南省统计监测中心： 杜金成　张江伟　苏绮凌　邝雷雷　陈埼滟　徐翠枚

海南省海洋地质调查研究院： 李桂海

海南省政府政策研究室： 黄闻深

总前言

2003年，党中央、国务院批准实施“我国近海海洋综合调查与评价”专项（简称“908专项”），这是我国海洋事业发展史上一件具有里程碑意义的大事，受到各方高度重视。2004年3月，国家海洋局会同国家发展改革委、财政部等部门正式组成专项领导小组，由此，拉开了新中国成立以来最大规模的我国近海海洋综合调查与评价的序幕。

20世纪，我国系列海洋综合调查和专题调查为海洋事业发展奠定了科学基础。50年代末开展的“全国海洋普查”，是新中国第一次比较全面的海洋综合调查；70年代末，“科学春天”到来的时候，海洋界提出了“查清中国海、进军三大洋、登上南极洲”的战略口号；80年代，我国开展了“全国海岸带和海涂资源综合调查”，“全国海岛资源综合调查”，“大洋多金属资源勘查”，登上了南极；90年代，开展了“我国专属经济区和大陆架勘测研究”和“全国第二次污染基线调查”等，为改革开放和新时代海洋经济建设提供了有力的科学支撑。

跨入新世纪，国家的经济社会发展也进入了攻坚阶段。在党中央、国务院号召“实施海洋开发”的战略部署下，“908专项”任务得以全面实施，专项调查的范围包括我国内水、领海和领海以外部分管辖海域，其目的是要查清我国近海海洋基本状况，为国家决策服务，为经济建设服务，为海洋管理服务。本次调查的项目设置齐全，除了基础海洋学外，还涉及海岸带、海岛、灾害、能源、海水利用以及沿海经济与人文社会状况等的调查；调查采用的手段成熟先进，充分运用了我国已具备的多种高新技术调查手段，如卫星遥感、航空遥感、锚系浮标、潜标、船载声学探测系统、多波束勘测系统、地球物理勘测系统与双频定位系统相结合技术等。

“908专项”创造了我国海洋调查史上新的辉煌，是新中国成立以来规模最大、历时最长、涉及部门最广的一次综合性海洋调查。历经8年，涉及150多个调查单位，调查人员万余人次，动用大小船只500余艘，航次千余次，海上作业时间累计17000多天，航程200多万千米，完成了水体调查面积$102.5\times10^4\ km^2$，海底调查面积$64\times10^4\ km^2$，海域海岛海岸带遥感调查面积$151.9\times10^4\ km^2$，取得了实时、连续、大范围、高精度的物理海洋与海洋气象、海洋地质、海洋地球物理、海底地形地貌、海洋生物与生态、海洋化学、海洋光学与水体遥感、海岛海岸带遥感与实地调查等海量的基础数据；调查并统计了海域使用现状、沿海社会经济、海洋灾害、海水资源、海洋可再生能源等基本状况。

“908专项”谱写了中国海洋科技工作者认知海洋的新篇章。在充分利用“908专项”综合调查数据资料、开展综合研究的基础上，编写完成了《中国近海海洋》系列专著，其中，按学科领域编写了15部专著，包括物理海洋与海洋气象、海洋生物与生态、海洋化学、海洋光学与水体遥感、海洋地质、海洋地球物理、海底地形地貌、海岛海岸带遥感影像处理与解译、海域使用现状与趋势、海洋灾害、沿海社会经济、海洋可再生能源、海水资源开发利用、海岛和海岸带等学科；按照沿海行政区域划分编写了11部专著，包括辽宁省、河北省、天津市、山东省、江苏省、浙江省、上海市、福建省、广东省、广西壮族自治区和海南省的海洋环境资源基本现状。

《中国近海海洋》系列专著是“908专项”的重要成果之一，是广大海洋科技工作者辛勤劳作的结晶，内容充实，科学性强，填补了我国近海综合性专著的空白，极大地增进了对我国近海海洋的认知，它们将为我国海洋开发管理、海洋环境保护和沿海地区经济社会可持续发展等提供科学依据。

系列专著是11个沿海省（自治区、直辖市）海洋与渔业厅（局）、国家海洋信息中心、国家海洋环境监测中心、国家海洋环境预报中心、国家卫星海洋应用中心、国家海洋技术中心、国家海洋局第一海洋研究所、国家海洋局第二海洋研究所、国家海洋局第三海洋研究所、国家海洋局天津海水淡化与综合利用研究所等牵头编著单位的共同努力和广大科技人员积极参与的成果，同时得到了相关部门、单位及其有关人员的大力支持，在此对他们一并表示衷心的感谢和敬意。专著不足之处，恳请斧正。

《中国近海海洋》系列专著编著指导委员会

前 言

海南省近海海洋的区位优势与作用

海南省位于我国大陆的最南端，内靠粤港澳形成的华南经济圈外缘要地，外临东南亚地区，处于中国—东盟自由贸易区的地理中心位置，区位优势明显。海南省由海南岛和周边海岛、西沙群岛、中沙群岛和南沙群岛以及周边海域组成，管辖海域面积约为200万平方千米，是陆地面积的60倍，占我国主张管辖海域面积的2/3；全省岛、礁、沙、滩700多个，海岛陆地总面积3.39万平方千米，海岸线总长2 220千米；海洋油气资源、滨海砂矿资源、港口资源、海水化学资源、旅游资源、热带海洋生物资源、海洋能资源和空间资源等自然资源丰富，海洋生态环境状况良好，珊瑚礁、红树林、海草床等典型海洋生态系发育，生态价值巨大。南海不仅有丰富的海洋资源，更是扼印度洋—大洋洲地区与东南亚和东亚沿海的海上交通要道，在维护国家主权和海洋权益方面具有特殊的战略作用。

海南建省之初，即成为全国最大的经济特区。《全国海洋经济发展规划》(2003—2010) 对海南省海洋经济的定位是：海洋资源具有优势地位，海洋经济基础仍然比较薄弱；主要发展海岛休闲度假旅游、热带风光旅游、海洋生态旅游；发展海洋天然气资源加工利用；完善海口、洋浦和八所港口功能，加强与内陆连接的运输能力；抓好苗种繁育和养殖基地建设，鼓励发展外海捕捞。2009年，国务院下发了《关于推进海南国际旅游岛建设的若干意见》。海南省近海海洋的区位与资源优势，是海南省加快发展海洋经济、创建海洋经济强省、建设国际旅游岛的基础。

海南省近海海洋的开发利用历史

海南省近海海洋的开发利用有着悠久的历史。根据考古资料，从新石器时代中期开始，海南本岛生活着黎族的祖先，从事原始农业、渔猎、纺织和制陶。从那时开始直至今天，渔业捕捞一直是海南沿海居民谋生的主要手段之一。

从汉代至宋、元时期，海南的海洋资源开发集中在海岛土地资源、海岛热带生物资源及港口资源。海岛土地资源的开发可从历代行政区划设置与开发活动范围得到反映。汉初，海南岛设珠崖（今琼山）、儋耳（今儋州）两郡16县，开始了对海南岛北部和西部沿海地区的开发。隋朝在岛上设置珠崖和临振两郡十县，开发的规模达南部沿海各地。唐代更设五州二十县，形成汉族在环岛外围、黎族在岛中心区域的开发情势。到了宋代，“汉唐以来所不臣之地，皆入版图”，本岛经济有很大发展，打破了汉唐以来近千年发展缓慢局面，踏上真正开发时期。宋时由于新稻种的传入，部分地区由一年两熟变三熟，土地利用率大大提高。元代在东部内地设置会同、定安两县，开拓范围进一步扩大。另外，史书记载，海南盐业生产也始于宋代，至今洋浦等地沿海留有古法晒盐的“千年古盐田”。

从港口和海上交通运输业来看，汉代时国际贸易兴起，在开辟“陆上丝绸之路”的同时，还建立了“海上丝绸之路”，《汉书·地理志》记载的海上丝路的起点是交州合浦郡的徐闻港、终点是已程不国（斯里兰卡），而船队出发后的第一站便是海南岛。临高、陵水、三亚、东方等地滨海一带所发现的汉代陶器、五铢钱等，估计是当时商队经过本岛避风加水、与当地人进行贸易活动时留下的。

唐代琼州同汉代珠崖一样，是中西船队往来的必经之地，南海诸国朝贡及互市船舶多在海南岛傍岸，故有“番贡多经琼州”的说法。到了宋代，由于海上运输的发展，海南岛的许多港口，已成为当时我国远洋航线上的中继站，崖州的大蛋港从宋代起便设置了市舶司，管理来往船只，征收船税，收买舶货。琼州府的海口浦、白沙津等也是初具规模的商船停泊的港口。

汉代热带生物资源的开发较为突出的有两点，一是用木棉毛绒织布，二是珠玑、玳瑁、犀角等各种奇珍异宝以进贡的方式进入中原。尤其是木棉纤维绒毛短、招曲度差、拉力弱，用它织成精美的广幅布实属不易，说明早在两千多年前黎族先民已经掌握了高超的纺织技巧。黎族人纺织技术的优势一直持续到宋元之交，当时从大陆流落到海南的黄道婆向黎族妇女学习纺织并带回松江府发扬光大，留下一段汉黎友好、陆琼交流的佳话。唐代海南以藤类植物的开发和利用最为著名，手工业者海南原始森林生长的红、白藤为原料，加工制作精美的器具和工艺品，纳贡朝廷，行销大陆。宋时，槟榔、香料、吉贝、木材等逐渐成为海南输出土产的大宗，占有重要的经济地位。

明代海南进入全面开发。明洪武三年（1370年），海南改州为府，下辖三州十县，隶广东布政使，面目焕然一新。明初海南本岛耕地不足200万亩①，到万历时（1573—1620年）已达383万亩，粮食生产基本自给。地方性商业中心和沿海港口也逐渐多了起来，沿海兴起的港口有28个，超过以往任一时期，它们的职能也由过去的补给避风增加了货物吞吐任务。

明初海南本岛人口将近30万，到清代嘉庆年间（1796—1820年），本岛人口已达150万，大陆移民更是达到历史高点，移民向西南部未开垦或土地所有权未确定的远僻地区进发，成为清代对海南岛土地开发一大特色。值得注意的是，清代在明末引进众多农作新品种的基础上，进一步扩大其成果。如乾隆以后，随着番薯在大陆的普遍推广，海南逐渐成为全国番薯的传播基地。其他还有玉米、花生大粒种等适合本岛土壤的粮油作物，不仅增加了清代全岛的粮食产量，而且改变了传统的农业生产结构。

清代除了土地、热带生物资源、港口空间资源外，海南在矿产、盐业、造船业都有一定程度的发展。儋州的锡矿和昌化的铜矿在清初已有开采记载。清光绪年间，华侨投资，于榆林港、三亚港、北黎港一带海边开拓大规模盐田，为近代海南的盐业开发作出了贡献。造船业是清代海南官营手工业中规模最大的一种，海口造船厂是当时广东四大造船厂之一；民间造船业也比较发达，“每艘百吨到百五十九吨”民用沙船，只要两个月就可以打造完成。

清末到20世纪前半叶，海南沦入半殖民地化掠夺式开发阶段，致使本岛资源和生态遭受巨大的破坏。例如，仅在尖锋岭、马鞍山和吊罗山三处的所谓日本“开发中心”，每年采伐木材达1万立方米以上，到新中国成立前夕，海南岛森林覆盖率降至35%。这一时期由于华侨的进出，引进不少热带作物品种，例如橡胶、油棕、咖啡、可可等，充分发挥和海南的热带气候资源和土地资源优势，为海南此后成为我国最大的热带作物基地，起了先锋和示范作用。1938年渔业产量5.7万吨，是20世纪上半叶的最高纪录。

新中国成立之后至海南建省之前，海南本岛的开发以矿产和热带农业为主，海南近海海洋资源的开发主要体现在港口、渔业、盐业等传统海洋产业。20世纪60年代中期，先后新建了乌场、沙箐、清澜和南港4个钛铁砂矿。海南热带农业的开发活动也在迅速发展；截止“十一五”末期，海南农垦拥有橡胶面积390万亩，热带作物面积250万亩，成为

① 亩为非法定计量单位，1亩≈0.066 7公顷。

全国最大的天然橡胶生产基地和全国最大的热带作物生产基地。

海南建省初期的1988年，全省海洋产业产值7.57亿元，仅占全省社会总产值的7.6%；港口吞吐量827万吨，拥有500吨级以上泊位的港口仅有八所、海口（包括海口新港）和三亚，全省万吨级泊位仅3个；水产品总产量12.83万吨，其中海洋捕捞产量10.59万吨；海水养殖面积5.8万亩，总产量0.28万吨；建有各类盐场19个，盐田生产总面积43.88平方千米，产盐量37.5万吨，其中莺歌海、东方、榆亚三大骨干盐场的产量占93.7%；接待国内外游客118.6万人次；海洋油气资源尚未形成生产能力（翟培基，1996）。

经过20多年的发展，海南省近海海洋资源开发在广度和深度都有了质的变化。2011年海南省海洋生产总值达到612亿元，占全省生产总值的27%，已成为海南省国民经济的重要支柱。2011年，海南省海洋水产品产量124.03万吨，深水网箱发展到2 601口，成为全国乃至亚洲最大的深水网箱养殖基地；海洋油气开采已成规模，原油产量19.66万吨，天然气产量1.95亿立方米；接待国内外游客3 001.34万人次，旅游总收入324.04亿元；港口货物吞吐量10 904.6万吨，其中集装箱吞吐量112万标准箱，已开发港口24个，形成北有海口港、西有八所港和洋浦港、南有三亚港、东有清澜港等“四方五港”的分布格局，沿海主要港口拥有生产性泊位145个，其中万吨级以上深水泊位33个；已建成游艇泊位831个，在建泊位1 075个。

进入21世纪，海南省相关政府部门先后制定了《海南省矿产资源总体规划（2001—2010)》、《海南省旅游发展总体规划》（2006)、《海南省港口总体布局规划》（2008)、《海南省渔业产业化发展规划(2003—2010)》等行业规划。随着海南国际旅游岛建设上升为国家战略，海南省委、省政府组织编制了《海南国际旅游岛建设发展规划纲要(2010—2020)》。目前，在建设国际旅游岛的政策指引下，海南省正在建设一批世界级的旅游景区和度假区，海洋渔业、临港工业、热带海洋特色旅游业、海洋交通运输业、海洋油气开采等构成了海南省海洋经济的主体，也代表了海南开发近海海洋的主要方向。同时，海南省正着手建立陆海统筹机制，于2010年正式启动《海南省海岸带保护与开发利用管理条例》立法，协调涉海各部门关系，决策重大海洋事务。

海南省近海海洋的调查研究历史

海南省管辖区域内的海洋综合调查与研究工作有着悠久的历史。[1]

---

① 根据《海南省海洋海岛开发和研究历史》，http://www.tianya.cn/techforum/Content/419/1320.shtml.

早在东汉时期，伴随着海上丝绸之路的开拓和发展，以杨孚《异物志》为标志，我国已有南海、南海诸岛及珍奇热带海洋生物的文字记载，对南海的航线和航程，南海的珊瑚岛礁、沙洲和暗礁的形态和成因，南海的海龟（玳瑁）和贝类，有所考察和初步认识，并认识到珊瑚岛礁对海上航行的威胁。

唐宋时期，由于航海的发展，大大促进了中国古代学者对南海的地貌、水文、气象和南海诸岛地理的认识，并开始用“长沙”、“石塘”、“石床”等为南海诸岛命名。宋代开始有记录南海潮汐现象的著作，对南海诸岛地貌的认识进一步加深，吴自牧《梦粱录》中还总结出鱼和礁的生态关系。

元代汪大渊在《岛夷志略》中不仅记录了南海航程和南海诸岛，更提出南海诸岛“万里石塘”系大陆地脉延伸的见解，今天看来虽不正确，但这种科学思考殊为可贵。据考证，元郭守敬奉命进行天文测量，所至最南测点“南踰朱崖”在今西沙群岛上，推算出“南海北极出地一十五度”，这一纬度已有相当高的精度。

明代不仅是海南本岛开发的历史新高，也是中国古代航海的顶峰。郑和七下西洋，留下《郑和航海图》等史料，对南海的水深、水文及南海诸岛的位置、地形等都有记载。为适应航海事业的发展，明代出现了不少记述南海诸岛的书籍，内容涉及南海的航路、方位、里程、地势、潮汐、海流、风向等，对水色和鱼鸟等动物在导航中的作用也有提及。

清代对南海及南海诸岛的图籍记载、对渔民在南海的生产生活记录的文献呈献多和细的趋势，尤其是对南海岛礁的名称叫法名目繁多，远超清之前历代。康熙年间的《指南正法》，已将南海诸岛按区域和群岛划分出“南澳气”（今东沙群岛）、“七洲洋”（今七洲列岛）、“万里长沙”（今西沙群岛和中沙群岛）与“万里石塘”（今南沙群岛），其中七洲洋的地名沿用至今。清代的科学史籍记述了琼州海峡的潮汐、沿海南岛的港汊等内容。同治七年（1868 年），英国海军编制《中国航海指南》一书，引用了海南渔民对部分岛礁的习用名称，并根据当时广东渔民的生产实践经验记载下有关南沙群岛的地形、地貌、海流、潮汐和气候。宣统元年（1909 年），广东水师提督李准率部对西沙群岛十余岛屿进行勘察、绘图和命名。

民国政府曾对南海诸岛进行过多次考察。1928 年，广东省政府组织科考队调查了西沙群岛，完成《调查西沙群岛报告书》和《西沙群岛图》等成果。1947 年 4 月，民国政府为接收西沙群岛和南沙群岛，派员到西沙群岛进行第二次大规模的学术性调查，调查人员有研究人员 8

人、大学教授4人；同年5月，台湾大学等研究机构派员前往南沙群岛，从事地质、海洋及一般情况的调查；同年，民国政府内政部方域司印制《南海诸岛位置图》，首次提出“南海诸岛”的地名，并将东沙群岛、西沙群岛、中沙群岛和南沙群岛用地图清晰标志、四周画有国界线，以示其属于中国领土，方域司专门委员郑资约著《南海诸岛地理志略》。

中华人民共和国成立后，南海及海南的海洋调查研究工作进入了新的历史阶段。1958—1960年开展全国海洋普查，在南海海区布设了36条调查断面、237个大面巡航观测站和57个连续观测站，调查内容涉及海洋水文气象、海洋化学、海洋生物和海洋地质等学科，并系统地整理、编绘和出版了调查资料和图集。1959年底开展了为期一年的中越合作调查，对整个北部湾海域进行了海洋水文、气象、地质及渔业试捕调查。1973—1978年，中科院南海海洋研究所在西沙群岛、中沙群岛及南沙北侧海域进行了11个航次的调查。1984开始对南沙群岛海域进行了多期综合性海洋调查，至1998年共完成22个航次，测站上千个，出版专著、综合报告和论文集48部。进入21世纪，国家重点基础研究发展规划项目“南海大陆边缘动力学及油气资源潜力”（2007—2012年）、我国海洋领域第一个大型基础研究计划——“南海深海过程演变”（2011—2018年）先后启动，对南海油气资源、深海过程及其演变、边缘海“生命史”等进行深入的研究。

在海南岛及周边海岛海域范围内，重要的基础性海洋调查研究工作包括1981—1985年全国海岸带和海涂资源综合调查（海南部分），1987—1991年“中国海湾调查”（海南部分），1989—1993年全国海岛资源综合调查（海南部分），1990年开始的省、县两级海洋功能区划的编制和修订，1997—1999年全国第二次污染基线调查（海南部分）。21世纪以来，国家海洋局先后开展了海南省海域勘界工作（2002—2005年），海南省珊瑚礁和海草床生态调查（2003年），海南东海岸海洋生态监控区监测（2004年）等项目。

专著的编纂

2003年9月，国务院正式批准了新中国成立以来最大规模的海洋专项——“我国近海海洋综合调查与评价”（简称“908专项”），内容包括我国近海海洋环境综合调查、近海海洋环境综合评价和近海“数字海洋”信息基础框架构建。根据“908专项”的性质和特点，沿海各省（区、市）参与“908专项”工作，并承担相应的任务。

海南省于2005年初成立了省“908专项”的领导机构，制订了

《海南省“908专项”总体方案》，设置了涵盖综合调查、综合评价和“数字海洋”在内的调查与评价任务，包括海岛调查、海岸带调查、典型热带海洋生态系统调查、海域使用现状调查、沿海地区社会经济基本情况调查、近岸海域化学和生物生态调查、新型潜在开发区和增养殖区的评价和选划以及海南省“数字海洋”业务化应用系统建设等任务。2010年，海南省“908专项”办公室根据国家要求，又安排了一批省级成果集成任务，包括《海南省海洋资源环境状况》（专著）、《中国近海海洋图集—海南省海岛海岸带》、海南省水体调查成果集成、海南省海域使用调查成果集成等工作。

海南省“908专项”从方案设计、组织实施、到省级成果验收，历时8年，参加单位包括国家海洋局和中科院的海洋研究机构，厦门大学、南京大学、海南大学等高等院校，以及海南省的涉海科研和业务部门。数百名调查与研究人员，组成20个调查与评价队伍，按照“908专项”有关技术规程，实地调查剖面/站次上万个，分析检测样品数千，提交研究报告数十份，专著与图集十余部，基本摸清了海南省近海海洋的自然环境与自然资源的基本特征，评价了海洋在海南省国民经济和社会发展中可提供的支撑和承载能力，取得的成果为海南省海洋基础科研、海洋经济发展和海洋规划管理提供了翔实的基础信息。

本书即以海南省“908专项”成果为基础、综合历次海南近海海洋调查与评价的资料而成。各章节编写分工如下：

1.1　贾建军
1.2　李桂海　贾建军
1.3　葛慧兰　陈志华
2.1　吴自银
2.2　贾建军　蔡廷禄　龙江平
2.3　宣基亮
2.4　王　奎
2.5　寿　鹿
2.6　涂志刚
3.1　陈志华
3.2　吴家信　邱彭华　陈晓慧　蔡廷禄等
3.3　王盛健
3.4　李桂海
3.5　涂志刚　吴钟解等
3.6　周永灿等

3.7　高元竟　陈明和　林明月
3.8　陈扬乐　陈曼真
3.9　陈晓慧　张剑利
4　王道儒　吴　瑞　李元超　吴钟解等
5.1　李文欢　石海莹等
5.2　5.3　5.4　汪亚平　高建华　张继才等
6　张江伟等
7　李福德　任怀锋　周永灿　陈扬乐　李桂海等
8.1　8.2　王道儒　高元竟　张秋艳等
8.3　周永灿　陈扬乐　黄闻深等
8.4　高元竟
8.5　王道儒　高元竟　李文欢等
8.6　李洁琼　叶波等

本书是在海南省“908专项”技术专家组的指导下，海南省海洋与渔业厅“908专项”办公室的精心组织下编撰完成，得到了海南有关职能部门，沿海各市、县（市、区）海洋主管部门的大力协助，在此一并致谢。

受编写时间及编者水平限制，书中难免有不足和错误之处，敬请批评指正。

《海南省近海海洋资源环境状况》编委会

CONTENTS 目次

海南省海洋资源环境状况

第一章　区域概况

1.1　海南省概况

1.1.1　地理位置与行政区属

海南省，简称琼，位于中国的最南端，地处03°20′~20°18′N，107°10′~119°10′E。海南省行政区域包括海南岛和周边岛屿、西沙群岛、中沙群岛、南沙群岛的岛礁及其海域。全省有海口、三亚、三沙3个地级市，五指山、文昌、琼海、万宁、儋州、东方6个县级市，定安、屯昌、澄迈、临高4个县，白沙、昌江、乐东、陵水、保亭、琼中6个民族自治县，另有洋浦经济开发区属地市级行政区，如图1.1所示。

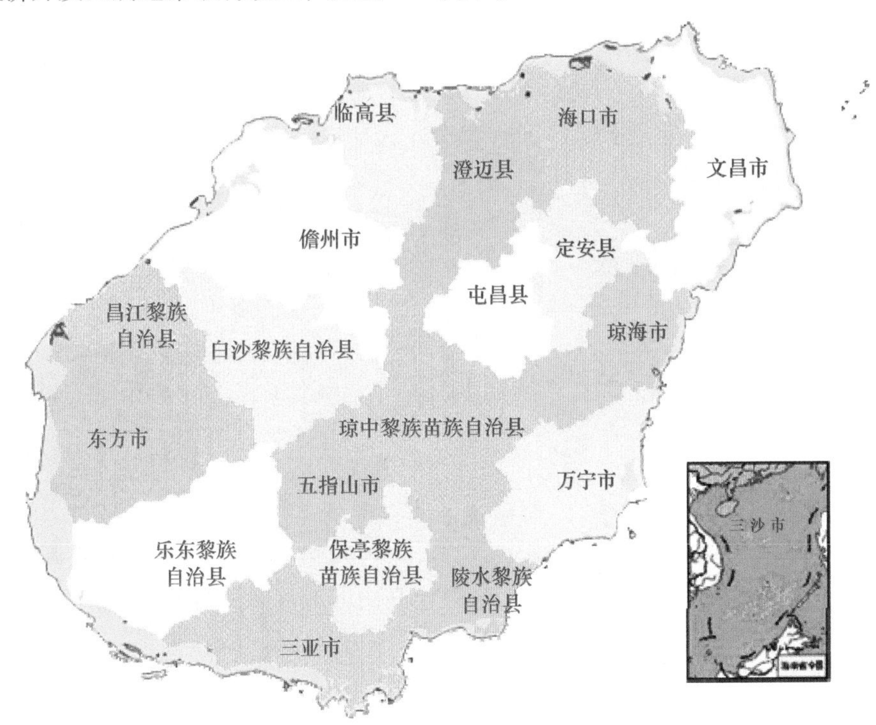

图1.1　海南省行政区划

海南岛北隔琼州海峡，与雷州半岛相望。琼州海峡宽约18 n mile，是海南岛和大陆之间的海上“走廊”，又是北部湾与南海之间的海运通道。

海南岛西临北部湾，与越南为邻，从岛北的海口市至越南海防市，仅约220 n mile；东为菲律宾的吕宋岛，从岛南的榆林港至菲律宾的马尼拉，航程650 n mile，南面则与马来西亚、印度尼西亚等相对望，且与海南诸岛紧密相连，地理位置十分重要。海南岛既控制祖国南部沿海的交通，又据两广的前卫，是我国南部海疆的要塞，在国防及经济上都占有极其重要的地位。

1.1.2 调查区概况

在浩瀚的南海上，海南岛、西沙群岛、中沙群岛和南沙群岛如璀璨的玉石，散布其中，共同组成了中国最大的海洋省和最小的陆地省。海南省管辖海域面积约为 200×10^4 km^2，占我国主张管辖海域面积的2/3；全省600多个海岛，陆地总面积 3.39×10^4 km^2。

海南岛是我国仅次于台湾岛的第二大岛。地处18°10′~20°10′N，108°37′~111°03′E。最北端为文昌县翁田镇海南角，20°9′40″N，是突出于琼州海峡的著名海角；最南端为三亚市锦母角，为18°10′04″N，是榆林港良好的保护角；南北两角跨1°59′36″N，相距210 km。最东端为文昌县龙楼镇铜鼓角，为111°2′03″E，是典型的岩石海岬；最西端是东方市八所镇鱼鳞角，为108°36′43″E；东西两角跨经度为2°25′20″，宽达240 km。

在海南岛的东面和南面的广阔南海海域，星罗棋布地分布着许多岛屿、沙洲、暗沙、暗礁和暗滩，按其地理位置，分为东沙群岛、西沙群岛、中沙群岛和南沙群岛4个群岛，其中西沙群岛、中沙群岛、南沙群岛归海南省管辖。南海诸岛是太平洋与印度洋之间交通的必经之地，对于沟通欧洲、亚洲、非洲与大洋洲经济和文化的交流起着重要的作用。

南海诸岛靠近赤道，属于热带或赤道带气候区，岛屿上生长着热带动、植物，岛屿附近的海洋盛产热带鱼类，众多的岛屿是我国远洋渔业的基地。今后随着海洋资源的开发，它又将是南海海底矿产的开发基地。

1.2 区域地质与水文特征

1.2.1 区域地质特征

海南地处的大地构造单元（图1.2），以海南岛的东西向九所—陵水断裂带为界，在该断裂带以南的三亚地区和南海在内的广大地区属于南海地台，在海南岛陆上部分三亚地区划分为南海地台北缘三亚台褶带。在该断裂带以北至王五—文教断裂带属于华南褶皱系五指山褶皱带；在王五—文教断裂带以北琼州海峡及其两岸在内的地区属于雷琼断陷。

1.2.1.1 地层

岛内地层出露零星，仅占全岛面积的62.73%，其中沉积地层出露面积约占全岛面积的49.73%，陆相火山地层，出露面积占全岛的13%。但地层发育较齐全，从中元古界长城系到新界第四系，除缺失泥盆系和侏罗系外，其他地层均有分布。

地层划分以九所—陵水断裂为界，断裂以南划为南海地层大区的三亚地层区；断裂以北隶属于华南地层大区的东南地层区，其中九所—陵水和王五—文教断裂之间划为五指山地层分区，王五—文教断裂以北划为雷琼地层分区的海口地层小区。

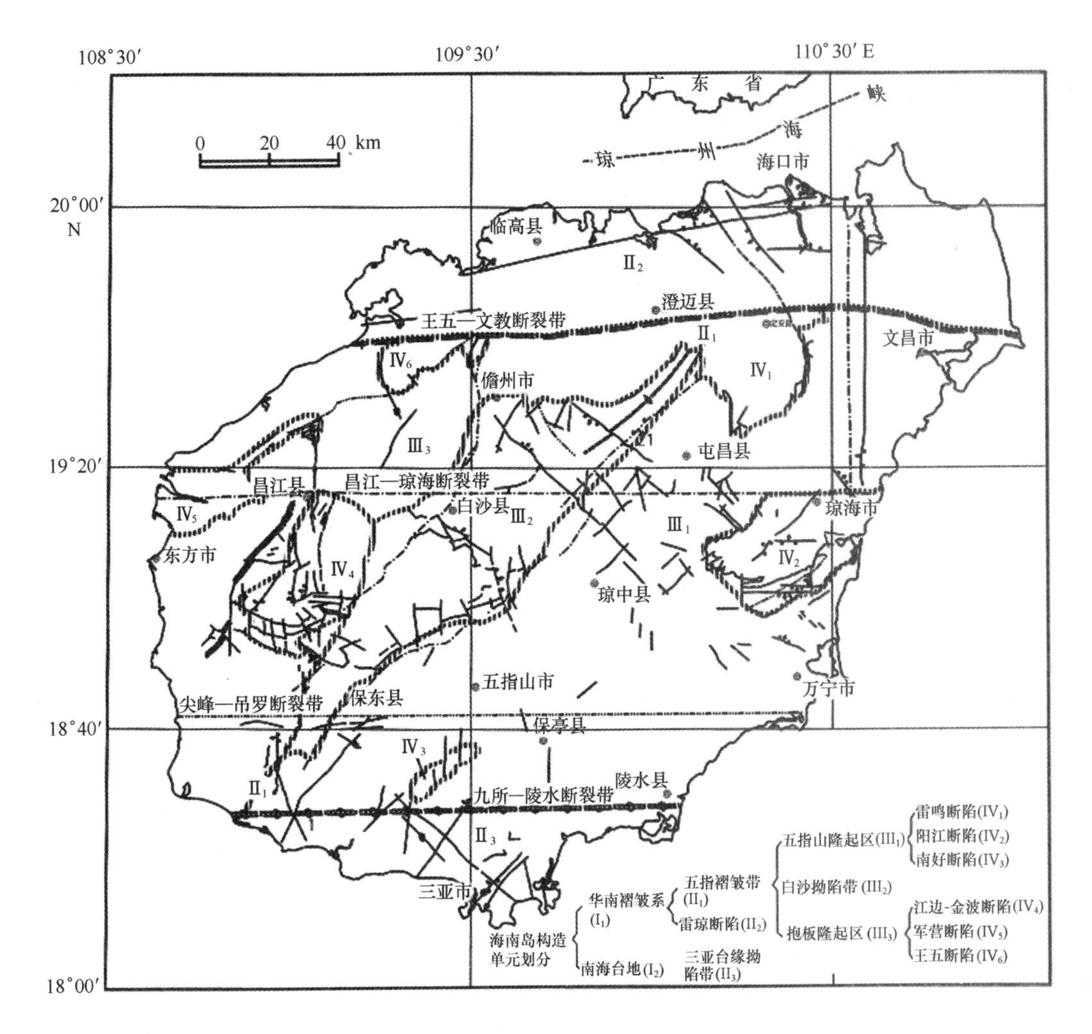

图 1.2　海南岛区域构造位置示意图

1）前震旦纪

前震旦纪仅出露长城纪及青白口纪地层。岩石地层单位有抱板群及石碌群，其中抱板群又分上部峨文岭组及下部戈枕村组。

（1）抱板群（Ch*B*）

抱板群为一套中深变质岩系。下部戈枕村组以受混合岩化强烈改造的片麻岩为主，未见底；上部峨文岭组以片岩类岩石为主，夹变粒岩、石英岩及晶质石墨矿层，与上覆奥陶纪南碧沟组呈断层接触。

抱板群在五指山地层分区分布颇广，海口地层小区则隐伏分布于第三纪地层之下。在区域上岩性变化不大；厚度变化较大，冲卒岭地层厚大于 2 197 m，大蟹岭地区大于 1 070 m，抱板地区大于 2 928 m。

抱板群的上部峨文岭组原岩为砂泥质岩石，变质程度达角闪岩相，变质矿物中出现铁铝榴石、十字石、蓝晶石、矽线石等；下部戈枕村组原岩为酸性火山岩，局部为基性火山岩，变质程度达角闪岩相，变质矿物中出现蓝晶石、矽线石，局部达麻粒岩相，变质矿物中出现紫苏辉石。

（2）戈枕村组（Ch*g*）

戈枕村组为抱板群下部的一个组。以黑云斜长片麻岩或混合质黑云斜长片麻岩为主，下部为混合花岗闪长岩及黑云斜长片麻岩，未见底，与上覆峨文岭组整合接触。

其他地质特征见抱板群。

（3）峨文岭组（Ch*e*）

峨文岭组为抱板群上部的一个组。整合于戈枕村组之上，以云母石英片岩、石英云母片岩为主，夹数层长石石英岩及晶质石墨矿层，与上覆奥陶纪南碧沟组呈断层接触。

其他地质特征见抱板群。

（4）石碌群（Qn$\hat{S}$）

石碌群共分六层，第一至第五层为绢云母石英片岩夹结晶灰岩及石英岩，第六层白云岩、结晶灰岩、透辉透闪岩夹富赤铁矿层。未见底，顶部以白云岩或透辉透闪岩与上覆石灰顶组不整合接触。

石碌群的分布范围据现有资料仅限于昌江县石碌矿区。岩性变化不大，但第五层局部地段出现流纹质熔结凝灰岩、流纹质凝灰岩，中酸性沉凝灰岩，厚达 10 m。厚度大于 1 215 m，矿区范围内变化不大。

区域变质程度为绿片岩相。

2）震旦纪—志留纪

（1）五指山地层分区

①石灰顶组（Z*s*）

石灰顶组以变质石英砂岩、石英岩为主，夹泥岩、硅质岩、赤铁矿变质粉砂岩；变质石英砂岩中常含赤铁矿。与上覆早石炭南好组及下伏青白口纪石碌群呈不整合接触。

石灰顶组仅见于昌江县石碌矿区。在矿区范围岩性较稳定，厚度变化为 116. 2 ~ 214. 2 m。

②美子林组（∈*m*）

美子林组下部为变质石英细砂岩与云母石英片岩不等厚互层，夹黑云长石石英片岩及变质粉砂岩；中部为黑云透辉石英角岩、黑云透辉透闪石英角岩；上部为结晶灰岩、石英透辉大理岩。由于掩盖而未见顶底。该组主要见于万宁市北部。

③南碧沟组（O*n*）

南碧沟组以千枚岩、绢云母板岩为主，夹变质粉砂岩、变质细砂岩、碳质板岩，中上部夹基性火山熔岩及基性火山碎屑岩。未见底，与上覆陀烈组整合接触。

该组主要分布于东方、昌江及万宁等市县。岩性较稳定。厚度变化较大，东方市、昌江县一带厚度大于 3 151 m，万宁一带厚达 5 147 m。

④陀烈组（S_1t）

陀烈组整合于南碧沟组之上，空列村组之下的一套地层，下段为变质石英细砂岩、绢云母板岩夹灰岩透镜体；中段以碳质绢云母板岩为主，夹变质粉砂岩及深灰色绢云母板岩；上段为绢云母板岩夹变质粉砂岩条带。

该组是五指山地层分区分布最广的地层之一，在东方、昌江、儋州、乐东、万宁等市县均有分布。岩性在区域上变化不大，中段的碳质绢云母板岩是区域性标志层。厚度变化范围为 1 144 ~ 2 843 m。

⑤空列村组（S_1k）

空列村组整合于陀烈组之上、大干村组之下。底部石英岩，往上为绢云母板岩与绢云母石英粉细砂岩互层，夹结晶灰岩。

该组是五指山地层分区分布最广的地层之一，从岛西的东方市至岛东的万宁市均有分布上。岩性变化较大，除南好地层有灰岩夹层外，东方市仅见灰岩透镜体，其他地区则无灰岩地，但底部石英岩延伸稳定，是区域性标志层。厚度变化范围为 350 ~ 855 m。

⑥大干村组—靠亲山组（S_2d-kq）

大干村组与靠亲山组并层。

大干村组整合于空列村组之上，靠亲山组之下。由变质复成分砾岩、板岩、结晶灰岩组成。

靠亲山组整合于大干村组之上、足赛岭组之下，为千枚岩、含碳千枚岩与绢云母粉细砂岩不等厚互层，项部结晶灰岩。

大干村组及靠亲山组见于南好地区，在昌江县有小面积的大干村组分布。岩性变化不大。厚度变化范围大干村组为 380 ~ 508 m，靠亲山组为 950 ~ 1 108 m。

⑦足赛岭组（S_3z）

足赛岭组整合于靠亲山组之上，为千枚岩、含碳千枚岩夹结晶灰岩，与上覆南好组不整合接触。

该组主要分布于南好地区，澄迈县有小面积出露。岩性变化不大。厚度变化范围为 704 ~ 819 m。

（2）三亚地层区

①孟月岭组—大茅组（$\in_{1-2}m-d$）

孟月岭组与大茅组并层。

孟月岭组下部为粉砂质黏土岩夹泥质粉砂岩；中部为中细石英砂岩与泥质粉砂岩或粉砂质黏土岩不等厚互层，夹白云岩及含磷硅质岩；上部为粉砂质黏土岩、泥质粉砂岩夹白云岩。未见底，与上覆大茅组整合接触。

大茅组整合于孟月岭之上。下部为中细粒石英砂岩夹泥质粉砂岩；中部为石英砂岩、粉砂质页岩与白云岩或白云质灰岩不等厚互层；上部为灰岩、白云岩、硅质岩夹硅质页岩、磷块岩及锰矿层。与上覆大葵组平行不整合接触。

孟月岭组与大茅组主要分布在三亚市的孟月岭至保庄一带及大茅峒至安游一带。孟月岭组岩性较稳定，厚度变化范围 144.8 ~ 719 m。大茅组岩性变化较大，大茅峒地区大茅组中部为石英砂岩、粉砂质页岩与白云岩或白云质灰岩不等厚互层，红花地区相变为白云岩、含泥质或粉砂质硅质岩，安游地区相变为泥质粉砂岩或粉砂质页岩。厚度变化范围 309 ~ 794 m。

②大葵组—牙花组—沙塘组（$O_{1-2}-s$）

早奥陶世大葵组、牙花组及早—中奥陶世沙塘组并层。

大葵组平行不整合于大茅组之上。下部为不等粒石英砂岩，中上部为灰岩。与上覆牙花组整合接触。

牙花组整合于大葵组之上。下部为页岩与砂岩互层，细粒石英砂岩夹页岩；中部为含碳灰岩夹白云质灰岩、粉砂岩及页岩；上部钙质碳质页岩夹结晶灰岩。与上覆沙塘组整合接触。

沙塘组整合于牙花组之上。下部钙质砾岩、灰岩夹细砂岩：上部碳质页岩、灰色页岩及粉砂质页岩。与上覆榆红组整合接触。

大葵组、牙花组及沙塘组主要分布于三亚市的大茅峒、红沙、鹿回头、下洋田、抱坡岭一带。区域上岩性变化不大。厚度变化范围大葵组厚大于 214 m；牙花组厚 172 ~ 280 m；沙塘组厚度 228 ~ 417 m。

③榆红组—尖岭组（O_2y-j）

榆红组与尖岭组并层。

榆红组整合于沙塘组之上、尖岭组之下。由复成分砾岩与中粗粒岩屑砂岩或中细粒石英砂岩互层组成，底部和顶部各夹一层黏土岩。底部以粉砂岩、不等粒砂岩、含砾不等粒砂岩、砾岩组成逆粒序层序。

该组无地层时代资料，根据接触关系及地层层序而划为中奥陶统下部。

尖岭组整合于榆红组之上。底部复成分砾岩、下部细粒岩屑砂岩夹石英粉砂质黏土岩，或二者不等厚互层；中上部为含石英粉砂黏土岩夹泥质石英粉砂岩，顶部含泥质岩屑粉砂岩。与上覆干沟村组整合接触。

该组下部产笔石、三叶虫、头足类化石，分上下两个组合群。

榆红组与尖岭组主要分布三亚市的鹿回头—大茅峒一带及晴坡岭、死马岭一带。岩性较稳定。厚度变化范围为榆红组 452 ~ 1 594 m，尖岭组 598 ~ 968 m。

④干沟村组（O_3g）

干沟村组整合于尖岭组之上。主要由细粒岩屑杂砂岩夹岩屑石英粉砂岩组成，底部为含细砾岩屑砂岩，未见顶。

该组主要分布于三亚市的晴坡岭北坡一带，岩性稳定，厚度大于 64 m。

3）*石炭纪—早三叠世*

（1）南好组—青天峡组（$Cn-q$）

南好组主要为石英砂岩、砂岩与板岩、粉砂质板岩不等厚互层，夹少量粉砂岩，底部为砾岩或含砾不等粒砂岩，与下伏足赛岭组不整合接触，与上覆青天峡组整合接触。

青天峡组为板岩—砂质板岩与石英砂岩呈不等厚互层，底部为细砂岩夹板岩、条带状结晶灰岩。

南好组、青天峡组主要分布于南好、江边、石碌、蓝洋、和乐等地区。南好组在区域上岩性变化不大，但在蓝洋一带夹两层灰岩。厚度变化范围 156 ~ 613 m，青天峡组在区域岩性变化不大，厚度变化范围 101 ~ 773 m。

（2）峨查组—鹅顶组（P_1e-ed）

峨查组为石英砂岩与板岩、砂质板岩不等厚互层，底部生物碎屑微晶灰岩夹硅质岩，与下伏青天峡组及上覆鹅顶组整合接触。

鹅顶组为生物微晶灰岩、生物碎屑灰岩夹含燧石纹层灰岩，项部纹层灰岩。与下伏峨查组及上覆南龙组整合接触。

峨查组—鹅顶组主要分布于江边及石碌地区，区域上岩性较稳定，厚度变化范围峨查组为 1 001 ~ 56 m；鹅顶组为 543 ~ 201 m。

（3）南龙组（$P_{1-2}n$）

南龙组上部为泥质岩与中粒长石石英砂岩互层，夹少量杂砂岩；下部为细砂岩、粉砂岩与泥岩互层夹杂砂岩。未见顶，与下伏鹅顶组整合接触。

主要分布于江边、石碌一带。在岩性变化方面，以砂泥质岩为主体在区域上变化不大，但江边往西，在娜姆河一带出现微晶白云岩、碳质页岩及薄煤层；江边往东，在昆雅岭一带上部岩性相变为硅质页岩夹薄层灰岩，厚度变化范围343～495 m。

（4）岭文组（T_1l）

岭文组下部为砾岩、含砾细砂岩；上部为泥岩、泥质粉砂岩。未见顶，与下伏陀烈组呈不整合接触。该组上部含丰富的植物和孢粉。

该组主要分布在定安县的岭文及琼海市的九曲江一带。

上部以泥岩及粉砂岩为主在区域上较稳定，下部在岭文一带以砾岩为主，九曲江一带砂岩明显增多，厚度变化范围345～1 020 m。

岩石未发生区域变质作用。

4）白垩纪

（1）六罗村组（K_1ll）

六罗村组主要为流纹质火山岩，下部夹少量玄武岩和安山岩。未见底，与上覆汤他大岭组呈喷发不整合接触。

该组主要分布在三亚市的同安岭、乐东县的牛腊岭一带。岩性变化较大，以同安岭火山盆地北村岭剖面火山岩的岩石类型较齐全，包括玄武质、安山质、流纹质火山熔岩，六罗村剖面缺玄武岩，尖峰岭剖面则在底部出现厚105m的紫红色碎屑岩，西部牛腊岭火山盆地的周风园剖面下部则为含火山角砾的紫红色碎屑岩，厚度变化范围为355～1 792 m。

（2）汤他大岭组（k_1t）

汤他大岭组以英安质火山岩为主，中部和下部夹少量安山质和流纹质火山岩。项部以英安岩与上覆岭壳村组流纹质角砾凝灰熔岩呈喷发不整合接触，底部以安山质角砾凝灰岩喷发不整合于六罗村组流纹质含砾凝灰熔岩之上。

上部英安岩的Rb～Sr等时线年龄为（109.3±7.1）Ma，其地质时代为早白垩世，主要分布在三亚市同安岭、乐东县牛腊岭一带，岩性较稳定，厚度变化范围421～769 m。

（3）岭壳村组（K_1lk）

岭壳村组以流纹质火山熔岩及火山碎屑岩为主，夹数层英安质火山岩。未见项，与下伏汤他大岭组呈喷发不整合接触。

该组主要分布在三亚市周安岭、乐东县牛腊岭一带，在火山岩盆的边部岩性变化较大，仅见流纹质火山岩，缺英安质火山岩，厚度变化范围63～2 294 m。

（4）早白垩世中酸性火山岩（$K_1\alpha-\lambda$）

早白垩世中酸性火山岩以流纹质火山熔岩及火山碎屑岩为主，夹安山质火山岩。未见顶，喷发不整合于中侏罗世二长花岗岩之上。

该组主要分布于琼中县五指山及澄迈县旺商一带，岩性变化在旺商一带安山质火山岩增多，厚度大于800 m。

(5) 鹿母湾组 (k_1l)

鹿母湾组下部以砂砾岩、含砾长石石英粗砂岩为主，夹泥质、铁质粉砂岩和泥岩、火山碎屑岩；上部为长石石英粉细砂岩、粉砂岩夹粉砂质泥岩、英安质—安山质火山碎屑岩。与下伏青天峡组不整合接触，与上覆报万组整合接触。

分布于大小10余个内陆盆地内，主要有白沙—乐东、松涛、雷鸣、阳江—琼海、三亚等盆地。陆相碎屑岩的岩性变化不大，但中酸性火山岩夹层在各地发育程度不同，如白沙—乐东盆地，在盆地的西南乐东一带中酸性火山岩较发育，火山岩夹层最多达20层，盆地的北东部火山岩夹层的层数减少，局部未见火山岩，阳江—琼海及三亚盆地火山岩都比较发育，而松涛盆地未见火山岩夹层。厚度变化范围为375～2 417 m。

(6) 报万组 (K_2b)

报万组主要为长石砂岩，中下部夹粉砂岩、钙质泥岩，中部夹砾岩。未见顶，与下伏鹿母湾组整合接触。

主要分布于白沙—乐东盆地的西南部。岩性较稳定，厚度变化范围为816～1 498 m。

5) 第三纪—第四纪

(1) 五指地层分区、三亚地层区第三纪地层

①昌头组—长昌组 ($E_{1-2}ct-c$)

昌头组下部为棕红色砂砾岩夹粉砂岩，棕红色泥岩与灰白色砂岩不等厚互层；上部灰褐色油质页岩与棕红、灰色泥岩及页岩不等厚互层，夹灰白色细砂岩，不整合于燕山期花岗闪长岩之上，与上覆长昌组整合接触。

长昌组整合于昌头组之上，下部杂色岩段为杂色砂岩、粉砂岩为主，夹砂砾岩及泥岩；上部含煤段为页岩、碳质页岩、油页岩与砂岩、粉砂岩不等厚互层，夹褐煤层，与上覆瓦窑组整合接触。

昌头组及长昌组分布于五指山地层分区的长昌盆地。昌头组岩性较稳定。厚度变化范围96～250 m。长昌组下部杂色岩段岩性较稳定，上部含煤段由盆地中部向边部碳质页岩、油质页岩及褐煤层的层数减少，厚度变薄。厚度变化范围25～350 m。

②瓦窑组 (E_2w)

瓦窑组整合于长昌组之上，以灰白、黄灰色不等粒石英砂岩、含砾砂岩、细砾岩为主，夹青灰、黄褐色泥岩、粉砂质泥岩及褐紫色含油泥岩，未见顶。

该组主要分布于五指山地层分区的长昌盆地，乐东县东北部亦有小面积出露。岩性较稳定。厚度变化范围281～1 000 m。

③石马村组—石门沟村组 ($Nsm-s$)

石马村组与石门沟村组并层。

石马村组：下部为玻基橄辉岩夹砂砾岩及黏土岩，上部为橄榄玄武岩与角砾凝灰岩互层，顶部为0.3 m的铁质黏土岩。与下伏海西—印支期花岗岩呈喷发不整合接触，与上覆石门沟村组呈平行不整合或喷发不整合接触。

石门沟村组平行不整合或喷发不整合于石马村组之上，下部为火山碎屑岩夹橄榄玄武岩；上部为辉斑橄榄玄武岩、粗玄岩，未见顶。

石马村组及石门沟村组分布于文昌市蓬莱、琼山市三门坡及定安县居丁一带。石马村组

在区域上岩性有变化，居丁一带缺失上部的橄榄玄武岩及基性火山碎屑岩，厚度变化范围72～142 m。石门沟村组岩性变化较大，居丁一带缺失辉斑橄榄玄武岩及火山碎屑岩。厚度变化范围162～224 m。

④佛罗组（N_1f）

佛罗组以灰白、灰绿色砂岩、砾岩为主，上部夹泥岩。与下伏燕山期花岗岩不整合接触，与上覆望楼港组整合接触。

该组隐伏分布于海南岛西南沿海一带。岩性较稳定。厚度变化范围70～84 m。

⑤望楼港组（N_2w）

望楼港组整合于佛罗组之上。为蓝灰、黄色薄层细砂与蓝灰色粉砂质黏土、黏土、粉砂不等厚互层。与上覆烟墩组平行不整合接触。

该组隐伏分布于海南岛西南的东方、乐东、三亚等市县沿海一带。岩性变化表现由乐东往东至三亚，黏土含量增加：往北西至佛罗镇，碎屑变粗，夹有两层砂砾。厚度变化范围85～176 m。

（2）海口地层小区第三纪地层

①长流组（E_1c）

长流组不整合于鹿母湾组之上，整合于流沙港之下的一套红色碎屑岩。由棕红、紫红色泥岩与同色复矿砾岩互层，上部偶夹灰绿、灰白色砂砾岩。

该组隐伏分布于琼北福山、加来一带。岩性较稳定。厚度变化范围217～570 m。

②流沙港组（E_2c）

流沙港组整合于长流组与涠洲组之间的一套灰色碎屑岩。由深灰、灰黑、灰绿色泥岩与灰白色砂岩、含砾砂岩、砂砾岩不等厚互层。

该组隐伏分布于福山盆地。岩性较稳定。厚度变化576～1 209 m。

③涠洲组（E_3w）

涠洲组整合于流沙港组之上的一套杂色碎屑岩。岩性为棕红、灰绿、棕黄、浅灰色泥岩与浅灰色含砾砂岩、砂砾岩不等厚互层。顶部以红色泥岩与上覆下洋组不整合接触。隐伏分布于海口地区及福山盆地。岩性变化不大，在区域上夹数层玄武岩。厚度变化范围482～1 677 m。

④下洋组（N_1x）

下洋组不整合于涠洲组之上。下部为灰绿、黄灰色砂砾岩及蓝灰色泥岩。上部为灰黄色砂砾岩及砂岩。与上覆角尾组整合接触。

该组隐伏分布于海口地区及福山盆地。岩性变化表现为在海口地区夹数层蓝灰色泥岩，碎屑粒度变细，以砂为主，此外在区域上夹数层玄武岩。厚度变化范围79～289 m。

⑤长坡组（N_1c）

长坡组为陆相含煤沉积。以灰、蓝灰色黏土岩、粉砂质黏土岩、泥质粉砂岩为主，夹灰色钙质含油页岩和褐煤层，底部见杂色砾岩、砂砾岩、泥质中粗砂岩。与下伏鹿母湾组不整合接触，与上覆灯楼角组呈平行不整合接触。

该组主要分布在儋州市长坡盆地及临高加来—南宝盆地。岩性变化表现在向盆地边部炭质页岩、油质页岩减少，砂岩、砂砾岩增多；而加来－南宝盆地未见褐煤层。厚度变化范围294～331 m。

⑥角尾组（N_1j）

角尾组整合于下洋组与灯楼角组之间的一套细碎屑岩，下部为浅灰、灰绿色中粗砂岩夹灰色粉砂质泥岩；上部为浅灰、灰绿色中细砂岩、粉砂岩与浅灰、灰绿色粉砂质泥岩互层。

该组隐伏于海口地区及福山盆地，海口地区较福山盆地粉砂泥质成分有所增加，厚度变化范围 79 ~ 289 m。

⑦灯楼角组（N_1d）

灯楼角组整合于角尾组之上，下部为浅灰、灰绿色含砾砂岩、砂砾岩、砂岩夹灰绿色粉砂质泥岩，上部灰、灰绿色砂岩与粉砂岩、砂质泥岩互层，普遍含海绿石，与上覆海口组整合接触。

该组隐伏于琼北断陷盆地广大地区，由福山往东至海口一带碎屑变细，粉砂泥质成分增加，表现为中粗砂、细砂岩与泥岩互层为主，厚度变化范围 163 ~ 337 m。

⑧海口组（N_2h）

海口组整合于灯楼角组之上，共分四段：第四段为灰色黏土、粉砂质黏土，第三段为贝壳碎屑岩，第二段为灰色粉砂质黏土夹玄武质沉凝灰岩或玄武岩，第一段为含贝壳碎屑砂砾岩，与上覆秀英组呈平行不整合接触。

该组隐伏分布于琼北断陷盆地的广大地区，出露地表的仅见于海口、白莲等地，岩性较稳定，仅在盆地边部缺乏第四或第三、四段，厚度变化范围 20 ~ 182 m。

（3）第四纪地层

①秀英组（Qp^1x）

秀英组平行不整合于海口组（或望楼港组）之上，被北海组平行不整合覆盖，以灰色黏土或亚黏土为主，次为灰白色砂层、砂砾层、砾石层，局部夹基性火山岩。

该组主要分布海南岛北部及南部沿海地区，岩性较稳定，但琼北局部夹一层玄武岩，海南岛南部无玄武岩，厚度变化范围 5 ~ 50 m。

②早更新世玄武岩（$Qp^1\beta$）

早更新世玄武岩喷发不整合于海口组之上，下部为玄武质凝灰岩；上部为粗玄岩，与上覆道堂组呈喷发不整合接触。

该组主要分布在洋浦、木棠一带，上部粗玄岩分布范围大，下部凝灰岩仅见于三都镇的银村一带，厚度变化范围 23 ~ 29 m。

③北海组（Qp^2b）

北海组平行不整合于秀英组之上，被道堂组火山岩喷发不整合覆盖，地貌上在沿海一带构成Ⅲ级或Ⅳ级阶地，岩性为橘黄、棕红、褐红色亚砂土、砂、砂砾、砂质砾石层，下部砂砾往往含玻璃陨石或铁质结核。

该组分布于海南岛沿海一带。岩性变化不大，但砂砾层中砾石成分变化大，琼北除石英质砾石外尚见玄武岩砾石，琼西及琼南则见花岗岩砾石。厚度变化 3 ~ 19 m。

④中更新世玄武岩（$Qp^2\beta$）

中更新世玄武岩为橄榄拉斑玄武岩、橄榄玄武岩、火山角砾岩、凝灰岩、层凝灰岩等。未见顶，喷发不整合于海口组、秀英组之上，临高县新盈彩桥大坝则与下伏北海组呈喷发不整合接触。

该组分布于东英、旧州岭、龙门等地由于工作程度及研究程度低，区域上岩性变化不详。

厚度变化范围及 3 ~ 200 m。

⑤八所组（Qp^3bs）

八所组平行不整合于秀英组之上，未见顶。在地貌上表现为Ⅱ级或Ⅲ级海成阶地。岩性为棕黄、黄及白色粉细砂、中砂及含细砾石中粗砂层。

该组分布于琼东北、琼西、琼南沿海地区，海拔标高 15 ~ 30 m。本组岩性在文昌、东方一带出现富含有机质黏土夹层。厚度变化范围 3.45 ~ 19 m。

⑥道堂组（Qp^3d）

道堂组喷发不整合于北海组之上，被石山组火山岩喷发不整合覆盖。为基性火山熔岩及火山碎屑岩沉积，分四段：第一段（Qp^3d_1）为橄榄拉斑玄武岩、橄榄玄武岩；第二段（Qp^3d_2）以玄武质沉岩屑晶屑凝灰岩、凝灰质砂岩为主，含海绿石；第三段（Qp^3d_3）为橄榄玄武岩、橄榄拉斑玄武岩；第四段（Qp^3d_4）为玄武质沉岩屑晶屑凝灰岩。

该组主要分布于琼山市云龙至澄迈县美亭一带及儋州市的三都一带。岩性变化较大，东部的云龙、灵山一带及西部的马村一带仅发育第一段，十字路发育第一、三段，缺失第二、四段，白莲一带发育第一、二段，仅在永兴（隐伏分布）、道堂一带四个岩性段发育齐全。三都一带则缺失第一段。厚度变化范围 9 ~ 278 m。

⑦更新统（Qp）

更新统为河流Ⅱ、Ⅲ级阶地冲积层、Ⅱ级台地及洞穴堆积。岩性主要为砾石、砂砾、砂、砂土及黏土；洞穴堆积以黏土为主。

该组主要分布东方市江边、乐东县山荣等地。岩性变化不大。厚度变化范围 8 ~ 9.62 m。

⑧全新统（Qh）

全新统为河流Ⅰ级阶地、河漫滩、洪冲积及洞穴沉积。岩性为砾石、含砾粗砂、砂、砂质黏土等，洞穴堆积为钙质黏土夹炭质黏土。

全新统主要沿河流成带状分布。岩性较稳定，厚度变化范围 1.02 ~ 9.31 m。

⑨石山组（Qh_1s）

石山组由熔渣状橄榄玄武岩、橄榄玄武岩、橄榄拉斑玄武岩及下部含火山角砾橄榄玄武岩组成。未见顶，与下伏道堂组呈喷发不整合接触。

该组分布于琼山市石山、雷虎岭一带。岩性较稳定。厚度大于 95 m。

⑩万宁组（Qh_1w）

万宁组为河口三角洲沉积。岩性为黏土、粉砂质黏土夹砾质中粗砂。与上覆琼山组整合接触。

该组主要见于琼北、琼西、琼南沿海一带钻孔中。岩性变化较大，东方市八所一带全由砾质砂组成。厚度大于 24 m。

⑪琼山组（Qh^2q）

琼山组属滨海潟湖相沉积。岩性为亚黏土夹黏土，砂，富含有机质黏土，含砂、细砾亚黏土。与下伏万宁组及上覆烟墩组整合接触。

该组主要分布于琼北、琼南、琼西沿海地区。岩性变化较大，琼西东方市八所一带上部为琼南乐东县九所上部为浅黄色细砂，中下部为深灰色含贝壳碎屑亚黏土，下部为含砾粗砂；砂砾层，厚度变化范围 19 ~ 7.83 cm。

⑫烟墩组（Qh^3y）

烟墩组为滨海砂堤－潟湖相系列沉积。岩性主要为砂砾、砂、有机质黏土、粉砂质黏土及海滩岩。未见顶，与下伏琼山组整合接触。

该组主要分布在沿海一带，岩性变化受滨海砂堤－潟湖相系列沉积的发育程度所制约。厚度变化范围1.8～24.3 m。

1.2.1.2 构造

海南岛所处大地构造位置，属华夏断块区南华断坳中的海南隆起。构造运动具有多期性，且各期的表现形式各不相同。在地质历史发展过程中，海南岛经历了中岳、晋宁、加里东、海西、印支、燕山和喜马拉雅等构造运动。其中，加里东和印支运动以强烈的褶皱为主，燕山运动以强烈的断裂作用和以酸性为主的岩浆侵入及喷发活动为特征，使褶皱进一步发展，喜马拉雅运动和新构造运动时继承性的以断块作用及基性岩浆喷发为主要标志。每期构造运动都在海南岛留下一定的构造形迹。从空间分布上，以各种方向、不同形式和不同性质的构造形迹组合，主要形成东西向构造带、次级南北向构造带、北东向构造带、北西向构造带等构造体系，构成了本岛的主要构造格局，控制着本岛沉积建造、岩浆活动、成矿作用以及晚近时期的山川地势的展布。

1）东西向构造体系

东西向构造体系是岛内主要构造体系之一。从北往南有王五—文教构造带、昌江—琼海构造带、尖峰—吊罗构造带、九所—陵水构造带。根据后期侵入岩（中生代第四期）和喷出岩（中生代末期）沿断裂带活动先后关系来看，这些东西向断裂带生成时代可能是在白垩纪中期。

（1）王五—文教构造带

王五—文教构造带位于海南岛北部，大致在19°45′N左右，横贯儋州、临高、澄迈、定安、琼山、文昌等县市，西端潜没于海，岛上延伸达210 km。由王五—文教断裂带和光村—铺前断裂带等一系列东西断裂组成。它是琼北雷琼地层分区海口地层小区与琼中五指山地层分区的分界线，控制着沿构造带分布的中生代和新生代盆地的形成及盆地的沉积作用。

（2）昌江—琼海构造带

昌江—琼海构造带位于19°15′～19°25′N左右，横贯东方、昌江、白沙、琼中、屯昌和琼海等市县。它是一条规模巨大以断裂带为主夹有东西向褶皱带的断褶构造带，其延伸方向上，时隐时现，断续延长达200 km以上。在该构造带上分布有东西向中生代昌化江盆地、白沙盆地和阳江盆地；分布有燕山期平岭、石岭、九架岭、大岭、猴岭、俄地岭、长塘岭、马岭、子宰和横岭等十多个东西向的花岗岩体组成一条近东西向展布的燕山期花岗岩穹隆构造带；沿该断裂带侵入有印支期坝王岭、黑岭和大王岭花岗岩体，形成印支期花岗岩穹隆区；在该构造带的昌江—白沙断裂带上，还分布有白打岭、仙婆岭、芙蓉田和天堂等海西期闪长岩体；卷入该构造带中的长城系抱板群形成的抱板向斜、青白口系石碌群和震旦系石灰顶组形成的石碌褶皱带、陀烈组和石炭系形成的芙蓉田复式背斜等东西向褶皱构造，是该构造带分别在中岳、晋宁、加里东和海西等不同时期遭受挤压活动的产物。

（3）尖峰—吊罗构造带

尖峰—吊罗构造带位于18°40′～18°52′N左右，横贯乐东、通什、保亭、陵水和万宁等县市，东西长 190 km，主要由感城—万宁断裂带和尖峰—吊罗断裂带等一系列东西向断裂带组成。该构造带分布有印支期花岗岩和二长花岗岩组成的阜堡笔和尖峰岭两大花岗岩基。燕山期以基性辉长岩和橄榄辉石岩组成的有马翁岭、金竹园、长安牛漏等 10 多个东西向分布的岩体，以中酸性花岗岩和花岗闪长岩组成的有什帕、什相、东岭、石牙和吊罗山等岩体，它们都分布在本构造带中，组成一条巨大的东西向花岗岩穹隆构造带，沿访构造带的展布范围，各种压性和压扭性构造十分发育，在万宁市兴隆农场合口桥下，海西期花岗岩中，见有东西向的挤压破碎带和密集片理化带；在印支期尖峰岩体中于尖峰岭林场坤岭北西陈龙沟和在燕山期吊罗山岩体中，于邦岭农场公路旁，都见有东西向破裂面构成的挤压破碎带。这些现象说明该构造带在印支期和燕山期有强烈活动，并表现为压性或扭压性特征。

（4）九所—陵水构造带

九所—陵水构造带位于 18°15′～18°30′N 左右，横贯乐东、三亚和陵水等市县，东西长 100 km，由九所—陵水断裂带、崖城—藤桥断裂带和崖县—红沙断裂带等组成。该构造带在海西期和燕山期有强烈活动，分布有海西期牙笼角岩体，燕山期罗蓬、千家、保城、疗二岭、税町、阜石斗、高峰、南林、陵水等岩体，它们形成一条东西向花岗岩穹隆构造。另外，燕山晚期有同安岭、牛腊岭等火山岩被喷发。在该构造带展布区东西向的断裂带和挤压破碎带十分发育，在三亚市大茅村附过和田独村尾岭寒武、奥陶系中，大曾岭的花岗岩中，陵水县英州坡附近，都见到东西向的断裂带和挤压破碎带，带中构造透镜体片理化发育，显示了压性断裂带的特征。

2）南北向构造体系

根据航空物探资料推测，海南岛北东部有两条平行排列的南北向深断裂，即文昌铺前—琼海博鳌断裂、琼山—定安石合断裂，属与王五—文教深大断裂垂直相交的南北向张性断裂。断裂的形成时代应是在中更新世以前和早白垩世以后。这两个断裂与王五—文教东西断裂共同控制新生代玄武岩的喷发。

（1）琼山—石合断裂带

琼山—石合断裂带长约 60 km，倾向西，倾角约 60°，属张性正断裂。南渡江下游即沿此断裂带发育入海。该断裂在旧州与王五—文教深大断裂相交，南渡江中游亦在此点转折为南北向。断裂北端成为中更新世玄武岩与晚更新世玄武岩的分界线，南段控制了中更新世及晚更新世玄武岩的喷发。

（2）铺前—博鳌断裂带

铺前—博鳌断裂带位于 110°00′～110°45′E，纵贯文昌、琼山、澄迈、定安、屯昌、琼海等市县。南北延长 120 km 以上，东西宽达 60 km 以上。由琼东南北隆起带及文昌—迈号、铺前—长坡、蓬莱—烟塘、长昌—黄竹、琼山—仙沟、雷鸣、瑞溪—白莲和山口—南坤等一系列近于平行的南北向断裂带组成。沿断裂带呈南北分布有海西期烟塘和大致坡花岗岩体，燕山期屯昌、长坡和南牛岭等花岗岩体，喜马拉雅期玄武岩浆喷发形成的灵山—琼海大路南北向分布玄武岩被。该构造带从其卷入的万宁市龙滚至东岭地区晚古生代地层和岩浆活动来看，它形成于海西期，表现为强烈褶皱隆起，同时发育一些南北向断裂带，控制着海西期和燕山期岩浆侵入和喜马拉雅期玄武岩浆喷发活动。

3）华夏系构造

华夏系是海南岛发生较早的压扭性断裂、经历多阶段作用形成的区域性构造，主要表现为区域性褶皱及部分断裂，多呈北东40°~60°的走向延伸。在早期（加里东期）形成一些褶皱，常见片麻状构造。印支期，古生代地层均遭受到较强烈的褶皱，使全岛形成了北东向三大向斜、四大背斜，并伴随着断裂的产生，大规模的岩浆断裂带和背斜轴部侵入（红岭—军营背斜出外）。其断裂有昌江—东方歌枕断裂、崖县红土坎断裂、万宁长安坑垄断裂。其生产时代在白垩纪之后。

4）新华夏系构造

新华夏系构造比较发育，是在华夏系构造的基础上发展，产生构造复合，它所反映的构造运动方式与前述华夏系是一致的，由于它们相互交接，部分构造迁就，改造了早期构造。新华夏系构造与东西向构造体系受南北挤压力联合作用，故新华夏系的构造形迹，从岛北部的北北东向往南部则向南西逐渐偏转，显示向东突出的弧形。看来构造受九所—陵水ǀ王五—文教两条东西向深大断裂联合控制。

主要断裂有澄迈老城—乐东岭头、澄迈花场—琼中孔葵头、临高马袅—儋县松涛和临高—乐东望楼等断裂。其中，澄迈老城—乐东岭头、临高—乐东望楼断裂最长，纵贯全岛。

5）多字型构造

多字型构造大都由北东—北北东向压扭性断裂组及其垂直的北西—北北西向张扭性断裂组构成，如东方尼下、东方江边、乐东抱温和定安翰林等。此外，一些零散规模较小的断裂，呈北东—北北东向者多属压扭性，呈北西—北北西向者多为张扭性，如保亭新村热水矿区的两组断裂、琼中县的加喜断裂等。

6）帚状构造

目前已经发现有儋县洛南、东江江边，乐东尖峰岭、乐东九所等帚状构造，儋县洛南、乐东九所属张扭性，东方江边和乐东尖峰属压性。它们呈弧形分布在岛西，规模很小，均向北西撒开，向东南收敛。

7）棋盘格式构造

目前已经发现的棋盘格式构造，主要见于屯昌、定安和琼海等地。铺前—博鳌和烟塘—朝阳两条南北张性深大断裂与两者之间的东西压性断裂交织为网格状。定安翰林格状构造是由北东20°~30°走向的压扭性褶皱、断裂及北西张扭性两组构造交叉构成。此外在屯昌羊角岭一带，是由南北向与东西向两组裂隙为主，北北东及东西两组裂隙次之，组成复杂的交织网状构造。

8）新构造运动

在喜马拉雅运动的影响下，海南岛新构造运动表现得十分强烈，且受老构造控制，并以王五—文教深大断裂为界，分成南、北两大区，北部为琼北凹陷，南部叫海南隆起。表现特征是：地壳升降、断裂产生、火山活动、地震发生、热泉出露、河流阶地和海成阶地的广泛分布等。

1.2.1.3　侵入岩

海南岛的侵入岩面积约 12 420 km^2，占全岛面积的 36.62%，此外，近岸岛屿如七洲列岛、大洲岛、西瑁洲等的岩石也由侵入岩组成。其成因类型有 I 型、S 型及 A 型三种，以 I 型成因的岩体居主要。岩体时代除震旦纪至志留纪尚未发现有侵入岩外，长城纪、泥盆三至白垩纪都有侵入岩分布，尤以二叠纪的最发育，分布面积最广泛。侵入岩从镁铁质岩中性岩、中酸性 - 酸性岩都有，60% 以上岩性为二长花岗岩。

1.2.2　入海河流及其水文特征

受中部隆起的地形影响，海南岛河川构成一个放射状的水系，从五指山、黎母岭发源，四散奔流入海。全岛没有一个统一的支流众多的河系，河川短少，独立入海的多，河床比降大，水力资源丰富，水文特性以暴流性山溪为主，季节分布不均。雨季与台风季节为洪水汛期，洪峰高，历时短，最大洪峰流量可达到年平均流量的 25 ~ 45 倍，而干季时为枯水期，部分河川甚至断流。

从水文地理来说，海南岛有三大河流，即南渡江、昌化江和万泉河，集水面积在 3 000 km^2 以上；次一级河流有陵水河、珠碧江和宁远河，流域面积超过 1 000 km^2；流域面积 500 ~ 1 000 km^2 的有 7 条、100 ~ 500 km^2 的河流有 22 条（表 1.1）。全岛多年平均径流总量为 $296.7 \times 10^8\ m^3$，受雨季和干季转换之影响，年径流量分布不均匀，枯水年总径流量只有 $151 \times 10^8\ m^3$。

表 1.1　海南岛主要河流（流域面积 100 km^2 以上）基本情况

序号	河流名称	发源地	出口地	流域面积 /km^2	河长 /km	坡降	年均径流 /（$10^8\ m^3$）
1	南渡江	白沙县南峰山	海口市三联村	7033	333.8	0.716	69.2
2	昌化江	琼中县空禾岭	昌江县昌化港	5150	232	13.9	41.7
3	万泉河	五指山风门岭	琼海市博鳌镇	3693	157	1.12	54.1
4	陵水河	保亭县贤芳岭	陵水县水口港	1131	73.5	3.13	14.1
5	珠碧江	白沙县南高岭	儋州市海头港	1101	83.8	2.19	6.4
6	宁远河	乐东县红水岭	三亚市港门港	1020	83.5	4.63	6.49
7	望楼河	乐东县尖峰岭南	乐东县望楼港	827	99.1	3.78	3.98
8	文澜江	儋州市大岭	临高县博铺港	777	86.5	1.47	5.19
9	藤桥河	保亭县昂日岭	三亚市藤桥港	709	56.1	5.75	5.96
10	北门江	儋州市鹦哥岭	儋州市黄木村	648	62.2	2.45	4.06
11	太阳河	琼中县红顶岭	万宁市小海	593	75.7	1.49	8.44
12	春江	儋州市康兴岭	儋州市赤坎地村	558	55.7	1.79	2.82
13	文教河	文昌市坡口村	文昌市溪边村	523	50.6	0.67	4.36
14	感恩河	东方市蒙瞳岭	东方市感城	381	54.5	4.45	2.24
15	珠溪河	文昌市排良	文昌市东溪村	358	46.2	0.2	2.86

续表 1.1

序号	河流名称	发源地	出口地	流域面积 /km²	河长 /km	坡降	年均径流 /（10^8 m^3）
16	文昌江	文昌市蓬莱	文昌市八门湾	345	48.8	1.37	2.95
17	三亚河	三亚市中间岭	三亚市三亚港	337	31.3	6.09	2.11
18	九曲江	万宁市放牛岭	琼海市沙美内海	278	49.7	0.82	3.89
19	演州河	琼山市加岭村	琼山市演州村	253	49.5	1.18	2.19
20	罗带河	东方市茅刀岭	东方南边坡村	222	47.7	1.58	0.76
21	龙滚河	万宁市内罗岭	琼海市沙美内海	214	47.7	2.08	2.8
22	南罗溪	昌江县石头岭	昌江县新港	212	23.5	3.3	0.74
23	通天河	东方市睛牛岭	东方市通天村	193	27.5	3.45	0.67
24	石壁河	文昌市蓬莱	文昌市长圮村	191	36.3	2.26	1.62
25	光村水	儋州市六吉岭	儋州市光村	181	40.3	2.46	0.89
26	白沙溪	乐东县尖峰岭	乐东县白沙港	170	23.7	12.5	0.79
27	龙尾河	万宁市南肚岭	万宁市小海	158	38.2	2.73	2.29
28	北水溪	文昌市宝得村	文昌市宝陵港	156	29.3	0.31	1.25
29	新园水	琼海市山鸡村	琼海市潭门港	144	20.8	2.19	1.4
30	排浦江	儋州市别头岭	儋州市排浦港	138	22.3	3.43	0.51
31	龙首河	万宁市北坡平	万宁市小海	136	33.2	1.82	1.84
32	北黎河	东方市蛾糟岭	东方市北黎港	136	29	1.95	0.52
33	英州河	陵水县六口陵	三亚市土曲湾	128	23.4	4.25	0.96
34	佛罗河	乐东县铁色岭	乐东县丹村港	118	25.2	1.7	0.45
35	花场河	澄迈县鹧鸪岭	澄迈县花场港	117	20.3	1.67	0.89
36	大茅水	三亚市甘什岭	三亚市榆林港	117	28.2	2.16	0.71
37	南港河	东方市克公岭	东方市南港口	117	26.1	11.4	0.74
38	山鸡江	儋州市老树岭	儋州市海头港	112	24.6	2.68	0.37
39	马袅河	临高县多文岭	临高县马袅港	101	23.4	4	0.61

1.3 区域气候

1.3.1 一般特征

海南省地处热带，属热带季风气候，光热资源丰足，降水充沛，干湿季分明。海南岛是全国热量资源最丰富的宝岛，年平均日照 1 750 ~ 2 700 h；年均气温 23.8℃，1 月份平均气温 17.2℃，7 月份平均气温 28.4℃；年均降雨量 1 500 ~ 2 000 mm。

1.3.2 气象要素及其时空变化

1.3.2.1 气温

1）平均气温

（1）年平均气温

海南岛及周边海域的年平均气温在23.5～25.6℃之间。玉苞港—儋州的白马井一带海岛区年平均气温最低，为23.5℃。东方—三亚—万宁一带海岛区，年平均气温24～25.6℃，为海岛区的高值区。海口—琼海一带海岛区，年平均气温为23.8～24.2℃（图1.3）。

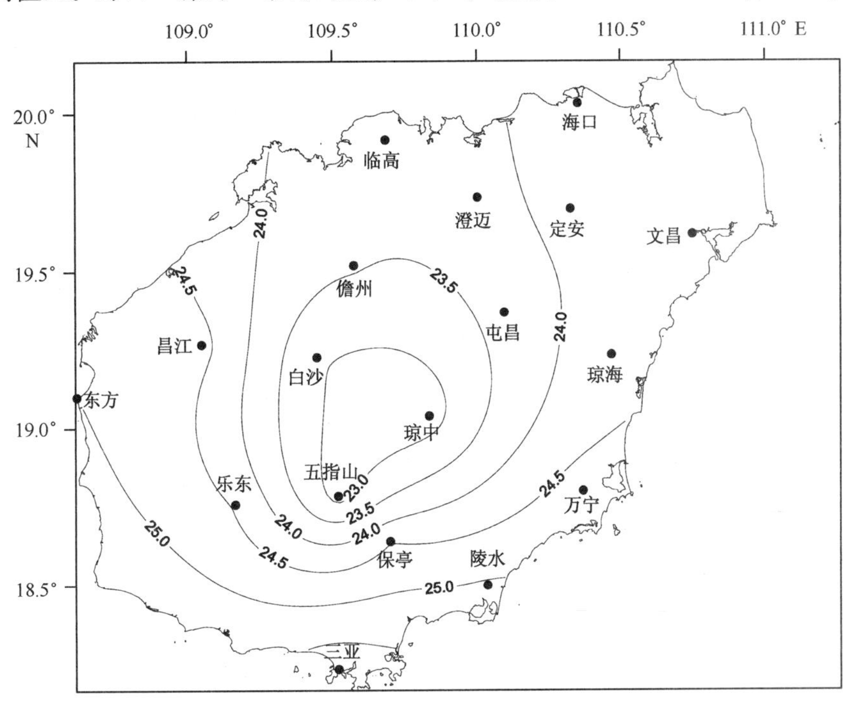

图1.3 海南岛及周边海域年平均气温分布

（2）各季平均气温

海南岛及周边海域的最冷月均出现在1月份，低值区出现在北部海岛区。冬季（1月），临高—海口—文昌一带海岛区，平均气温为16.9～18℃；莺歌海—三亚的牙龙湾一带海岛区平均气温为20～21.5℃；其他海岛区，平均气温在18～20℃之间。冬季南北温差在3℃左右，整个分布趋势是由北向南递增。据颜家安（2008）统计，海口、东方、儋州、琼海、三亚和陵水等6个测站自1987年以来1月份平均气温均表现出1℃以上的增温（图1.4）。海岛区的夏季温度较高，最热月出现在7月份。海岛区7月份的平均气温都在28℃以上，东方一带海岛区高达29.2℃。夏季海岛区的温差不大，约在1℃。海岛区春（4月）、秋（10月）两季温度的地区差异不大。春季，临高一带海岛区平均气温最低，为24～24.5℃，莺歌海—三亚的牙龙湾一带海岛区为高值区，平均气温在26～26.5℃之间，其他海岛区在24.6～25.9℃之间。秋季，海口—琼海一带海岛区，平均气温为24.7～25.4℃，万宁—三亚—东方—儋州的白马井一带海岛区，月平均气温25～26.5℃，临高一带海岛区24.5～25.5℃（表1.2）。

表1.2　海南岛沿海各站各月平均气温　　单位:℃

站名	1月	2月	3月	4月	5月	6月	7月	8月	9月	10月	11月	12月	年均
海口	17.2	18.3	21.5	24.8	27.4	28.2	28.4	27.8	26.9	24.9	21.9	18.6	23.8
文昌	17.9	19.4	22.0	24.9	27.3	28.0	28.2	27.6	26.8	24.8	21.8	18.9	24.0
清澜	18.1	19.3	22.3	25.1	27.5	28.1	28.3	27.6	26.7	24.7	21.8	19.0	24.0
琼海	18.3	19.6	22.0	24.9	27.4	27.9	28.2	27.7	27.3	25.4	22.6	19.4	24.2
万宁	18.8	20.2	22.8	25.5	27.7	28.4	28.5	27.8	26.9	25.1	22.5	19.6	24.5
陵水	19.9	21.0	23.3	25.7	27.7	28.1	28.1	27.5	26.8	25.4	23.2	20.7	24.8
新村	19.6	20.5	22.9	25.5	27.4	27.9	28.0	27.8	27.0	25.7	24.0	21.4	24.8
榆林	20.8	21.9	24.1	26.5	28.3	28.5	28.3	27.7	27.2	25.8	23.9	21.8	25.4
三亚	21.1	22.2	24.2	26.5	28.3	28.6	28.4	27.9	27.3	26.1	24.1	21.9	25.6
莺歌海	20.0	20.8	23.3	26.0	28.2	28.6	28.7	28.1	27.5	25.9	23.6	21.1	25.1
东方	18.6	19.3	22.1	25.8	28.6	29.2	29.2	28.5	27.5	25.6	22.8	19.8	24.7
临高	16.9	17.8	20.8	24.4	27.3	28.1	28.4	27.7	26.7	24.6	21.3	18.1	23.5
玉苞	17.6	16.7	20.0	24.0	26.6	27.7	28.3	27.8	26.6	25.3	22.7	19.3	23.5

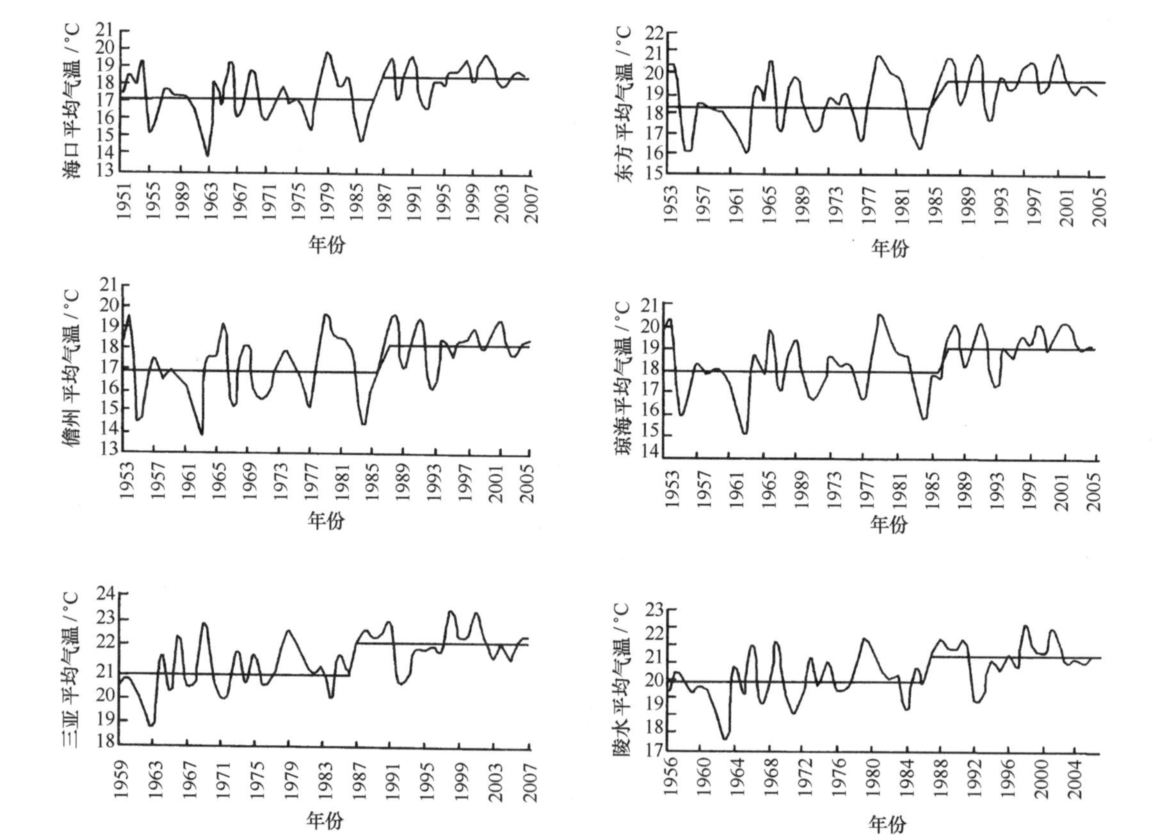

图1.4　海南沿海典型气象站近50年来1月份平均气温

（海口、东方、儋州、琼海、三亚和陵水自建站至2007年资料，据颜家安，2008）

2）极端气温

（1）极端最高气温

海岛区年极端最高气温在34～39.8℃之间。其中，莺歌海—东方—儋州的白马井一带海岛区年极端最高气温为34.2～35.4℃之间；临高一带海岛区年极端最高气温为38.3～39.6℃之间；海口—琼海一带海岛区年极端最高气温为36.6～39.8℃之间；万宁—三亚一带海岛区，年极端最高气温在35.5～38.5℃之间。

海南岛各海岛区各月极端最高气温都较高。月极端最高气温高于30℃的月份有10～12个月，即使在冬季，海岛区的温度也较高。

（2）极端最低气温

海南岛海域各海岛区年极端最低气温均出现在1月份。其中，海口—琼海一带海岛区的年极端最低气温在2.8～6.2℃之间；万宁—三亚一带海岛区在5.1～7.7℃之间；莺歌海—东方—儋州的白马井一带海岛区在5～5.6℃之间；临高一带海岛区在2～3℃之间，为海岛区年极端最低气温最低区域。

1.3.2.2 降水量

1）降水量的分布和变化

（1）年降水量的地理分布和年际变化

海南岛及周边海域的降水量，自东向西、自北向南逐渐递减。其中，海口—万宁一带的海岛区年降水量在1 620～2 100 mm之间；陵水—三亚一带海岛区，年降水量在1 400～1 800 mm之间（图1.5）；儋州的白马井—东方—莺歌海一带海岛区的降水量最少，年降水量在900～1 100 mm之间；临高一带海岛区的年降水量在1 400 mm左右（表1.3）。

表1.3 海南岛沿海各站各月降水量 单位：mm

站名	1月	2月	3月	4月	5月	6月	7月	8月	9月	10月	11月	12月	年
海口	24.1	33.3	52.1	103.5	186.2	224.6	200.2	232.3	288.8	187.8	100.5	36.9	1 670.3
文昌	32.0	40.6	61.7	105.1	180.7	220.7	158.2	257.2	305.8	244.6	120.4	58.6	1 785.6
清澜	32.8	35.7	44.6	79.6	126.1	183.0	120.8	293.4	286.2	226.0	131.3	64.3	1 623.8
琼海	40.6	41.6	64.6	119.4	180.7	228.9	163.8	288.5	379.5	303.9	164.0	67.6	2 043.1
万宁	43.6	40.0	58.5	136.0	143.0	170.2	168.9	216.2	385.9	409.3	234.9	81.5	2 088.0
陵水	10.9	11.7	25.9	65.9	143.2	220.5	160.9	252.0	324.5	299.7	99.7	18.8	1 633.7
新村	12.0	15.6	18.7	63.7	132.0	146.9	138.3	227.5	251.3	261.1	52.6	15.2	1 334.9
榆林	10.5	9.6	23.2	33.4	146.3	182.0	151.0	235.7	254.6	210.7	41.3	16.9	1 315.2
三亚	6.3	12.3	20.3	34.2	126.0	183.0	149.4	207.6	252.6	220.8	40.6	7.2	1 260.3
莺歌海	11.6	24.5	22.9	40.8	102.4	135.6	118.5	263.9	185.6	115.2	34.5	18.2	1 073.7
东方	6.9	11.3	21.6	33.3	65.0	130.1	129.5	198.2	156.7	135.1	21.1	10.3	919.1
临高	17.0	22.5	36.7	57.8	127.8	174.2	216.6	280.0	253.3	167.0	47.9	23.9	1 424.7
玉苞	14.8	30.4	48.6	84.5	85.9	128.8	205.0	272.0	299.3	94.0	51.5	20.8	1 335.6

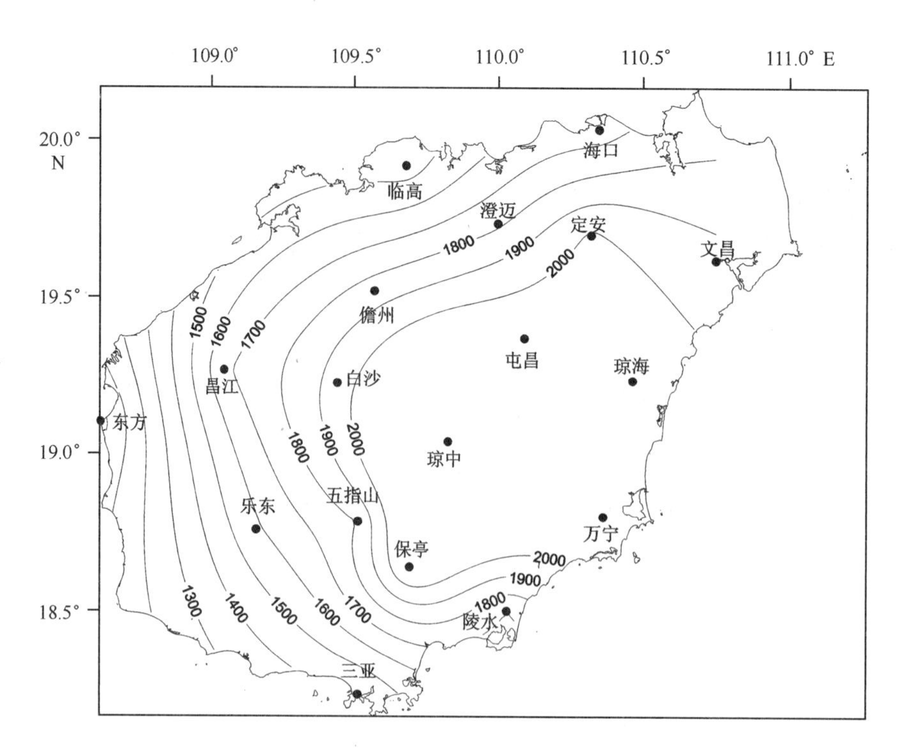

图 1.5　海南岛及周边海域年平均降水量（mm）分布

海岛区的降水，逐年之间变化很大。降水高值区的琼海、万宁一带海岛区，最多雨的年份，年降水量可达 3 200 ~ 3 550 mm。少雨的年份，雨量只有 830 ~ 1 080 mm；降水低值区东方一带海岛区，最多雨的年份，年降水量可达 1 550 mm，最少雨的年份只有 270 mm。从降水量的年际变化来看，最大年降水量与最小年降水量之间可相差 1 倍以上，最大（东方一带海岛区）可达 5 倍以上。

（2）降水集中期

海岛区的干湿季节分明。若以月雨量大于或等于 100 mm 作为雨季的话，则海口—万宁一带海岛区，雨季从 4 月份开始（清澜港从 5 月份开始），到 11 月份结束，雨季长达 8 个月，雨季降水量占全年降水量的 84% ~91%；陵水—三亚—莺歌海一带海岛区的雨季是 5 月份开始，10 月份结束，雨季长达 6 个月，雨季降水量占全年降水量的 85% ~90%；东方—儋州的白马井一带海岛区，雨季从 6 月开始，10 月结束，雨季达 5 个月，雨季降水量占全年降水量的 81%；临高一带海岛区的雨季从 5 月开始，10 月结束，雨季达 6 个月，降水量占全年降水量的 73% 。

（3）降水的季节分布

冬季（12—翌年 2 月），海岛区的降水量较少。海口—万宁一带海岛区，降水量只占全年降水量的 6% ~8%；陵水—三亚一带海岛区，降水量占全年降水量的 2% ~8%；儋州的白马井—东方—莺歌海一带海岛区，降水量占全年降水量的 3% ~5%；临高一带海岛区，降水量占全年降水量的 4% ~5%。春季（3—5 月），海口—琼海一带海岛区，降水量占全年降水量的 15% ~20%；万宁—三亚一带海岛区，降水量占全年降水量的 14% ~18%；东方—莺歌海一带海岛区，降水量占全年降水量的 13% ~15%；临高一带海岛区，降水量占全年降水量的 16%。夏季（6—8 月），海口—琼海一带海岛区，降水量占全年降水量的 33% ~39%；万宁—三亚一带海岛区，降水量占全年降水量的 26% ~43%；儋州的白马井—东方—莺歌海一带海岛区，降水量占全年降水量的 45% ~50%；临高一带海岛区，降水量占全年降水量的 47%左右。秋季（9—11 月），海口—琼海一带海岛区，降水量占全年降水量的 34% ~41%；万宁—三亚一带海岛区，降水量占全年降水量的 39% ~49%；儋州的白马井—东方—莺歌海一带海岛区，降水量占全年降水量的 31% ~34%；临高一带海岛区，降水量占全年降水量的 33%。

一般来说，海岛区的降水量，秋季最多，夏季次之，冬季最少（图 1.6）。

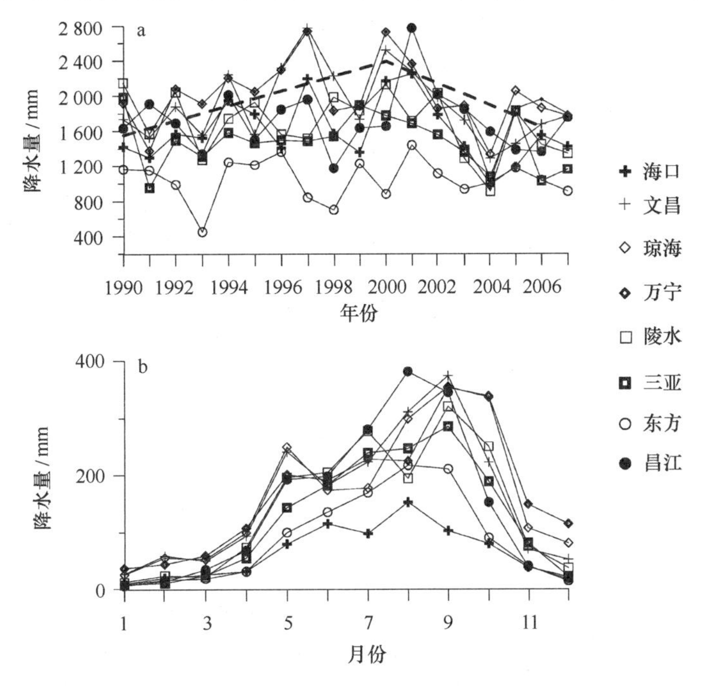

图 1.6　海南岛沿海 8 个观测站年降水量（a）和累年月平均降水分布（b）

2）降水日数和降水强度

（1）降水日数

海南岛及周边海域的年降水日数（日降水量大于等于 0.1 mm），各个海岛区之间差异很大，最多的地方比最少的地方相差 1 倍左右。年降水日数，海口—万宁一带海岛区 150 ~167 d；陵水—三亚一带海岛区为 110 ~135 d；儋州的白马井—东方—莺歌海一带海岛区的年降水日数最少，只有 88 ~103 d；临高一带海岛区为 122 ~138 d。

（2）降水强度

海南岛海域降水强度较大，暴雨（日雨量大于等于 50 mm）、大暴雨（日雨量大于等于 100 mm）和特大暴雨（日雨量大于等于 150 mm）均有出现，具体内容参见灾害性天气。

3）降水变率

降水变率是衡量一地降水量逐年变化大小的量数。降水变率大的地方容易发生旱涝，降水变率小的地方，逐年的降水较为稳定（表 1.4）。

（1）年降水变率

年降水变率是各月降水变率的综合结果。由于各月间雨量多寡的互相调剂，使得各地的年降水变率差异较小，因而年降水变率比月降水变率要小得多。儋州的白马井—莺歌海一带海岛区的年降水变率最大，为1.4，文昌一带海岛区的年降水变率最小，只有0.8，其他海岛区的年降水变率在0.9～1.1之间。

（2）各季降水变率

冬季（12—翌年2月），东方一带海岛区的降水变率最大，各月降水变率在5.8～10.5之间；海口一带海岛区的降水变率最小，在0.5～3.0之间；莺歌海—三亚一带海岛区，各月降水变率在4.3～10.2之间；文昌—琼海一带海岛区，各月降水变率在2.9～5.4之间；万宁—陵水一带海岛区，各月降水变率在2.2～5.9之间；临高一带海岛区，各月降水变率在3.8～5.9之间。

春季（3—5月），莺歌海—三亚一带海岛区的降水变率最大，各月降水变率在2.9～6.8之间；东方一带海岛区，各月降水变率在3.9～4.9之间；海口一带海岛区的降水变率最小，各月降水变率在1.5～3.6之间；文昌—琼海一带海岛区，各月降水变率在2.4～3.9之间；万宁—陵水一带海岛区，各月降水变率在2.4～4.4之间；临高一带海岛区，各月降水变率在1.9～6.0之间。

夏季（6—8月），东方一带海岛区的降水变率最大，各月降水变率在2.4～4.1之间；海口—文昌一带海岛区，各月降水变率在1.9～2.8之间；临高一带海岛区的降水变率最小，各月降水变率在1.8～2.4之间；琼海—万宁一带海岛区，各月降水变率在1.5～2.7之间；陵水—三亚一带海岛区，各月降水变率在1.6～2.5之间。

秋季（9—11月），三亚—莺歌海一带海岛区的降水变率最大，各月降水变率在2.3～7.3之间；陵水一带海岛区，各月降水变率在2.3～6.0之间；临高一带海岛区的降水变率最小，各月降水变率在2.0～3.4之间；海口—琼海一带海岛区，各月降水变率在2.1～5.4之间；万宁一带海岛区，各月降水变率在1.9～5.1之间；东方一带海岛区，各月降水变率在2.7～3.2之间。

表1.4　海南岛沿海各站各月降水变率

站名	1月	2月	3月	4月	5月	6月	7月	8月	9月	10月	11月	12月	年
海口	3.0	3.0	3.6	2.5	1.5	2.4	2.8	1.9	2.5	2.6	5.4	0.5	0.9
文昌	4.2	3.7	3.1	3.3	3.0	2.3	2.8	2.1	2.1	2.5	4.0	3.9	0.8
琼海	3.4	2.9	3.0	3.9	2.4	2.4	2.6	1.5	2.3	2.6	4.9	3.7	1.1
万宁	4.3	5.4	4.4	4.0	3.0	2.4	2.1	2.7	1.9	2.0	5.1	2.2	1.3
陵水	5.9	3.7	4.4	3.2	3.4	2.5	1.7	2.5	2.3	2.3	6.0	5.3	1.1
三亚	5.6	10.2	6.8	2.9	3.5	2.2	1.6	2.2	2.3	2.5	7.3	4.3	0.9
东方	5.8	8.2	4.9	4.5	3.9	4.1	4.0	2.4	2.7	2.9	3.2	10.5	1.4
临高	3.9	3.8	6.0	2.7	1.9	2.0	1.8	2.4	2.6	2.0	3.4	5.9	1.0

1.3.2.3　风

海岛区处于东亚季风南缘，随着天气系统的季节性转换，风向、风速亦随之改变。一般来说，由于受海南岛大地形影响，各海岛区的风向、风速变化较大，但总的来说，海岛区冬半年盛行偏北风，夏半年盛行偏南风。

1）风速

（1）平均风速的地理分布

由于海南岛大地形的影响，各个海岛区的年平均风速差异较大。总的趋势是由海岸线向外，风速逐渐加大，由表1.5看出，北部的玉苞一带海岛区和西部的东方一带海岛区分别为两个风速高值中心。玉苞一带海岛区年平均风速可达5～6 m/s；东方一带海岛区，年平均风速为4～5 m/s；其他海岛区的年平均风速在2～4 m/s之间。

表1.5　海南岛沿海各站各月平均风速　　单位：m/s

站名	1月	2月	3月	4月	5月	6月	7月	8月	9月	10月	11月	12月	年
海口	3.2	3.3	3.4	3.4	2.9	2.7	2.8	2.4	2.5	3.1	3.2	3.1	3.0
文昌	2.2	2.7	3.2	3.5	3.1	2.9	2.9	2.1	1.9	2.3	2.2	2.1	2.6
清澜	3.6	3.6	3.6	3.8	3.7	3.3	3.5	2.9	3.1	4.0	4.3	4.0	3.6
琼海	2.6	2.8	3.0	3.1	2.8	2.6	2.6	2.0	2.2	2.7	2.8	2.7	2.6
万宁	2.7	2.6	2.5	2.5	2.4	2.3	2.3	1.9	2.0	2.8	2.9	2.7	2.5
陵水	2.8	2.4	2.1	1.9	2.0	2.0	2.0	1.7	2.0	3.1	3.3	3.0	2.4
新村	4.6	4.7	3.6	3.0	3.2	3.2	3.7	3.4	3.8	4.9	4.7	4.5	4.0
榆林	2.7	2.6	2.4	2.2	2.0	1.8	1.9	1.8	1.8	2.5	2.6	2.5	2.2
三亚	3.2	3.1	2.9	2.7	2.5	2.4	2.4	2.0	2.5	3.2	3.3	3.2	2.8
莺歌海	3.5	4.0	4.4	4.9	4.4	3.7	3.8	3.3	3.3	3.7	3.4	3.1	3.8
东方	4.5	4.4	4.1	4.2	5.0	5.2	5.3	4.4	3.6	4.4	4.8	4.6	4.5
临高	3.2	3.1	3.0	2.7	2.4	2.3	2.5	2.4	2.6	3.3	3.3	3.2	2.8
玉苞	6.7	6.8	5.7	5.3	4.9	4.1	4.7	4.7	5.8	6.8	7.4	7.1	5.8

（2）风速的季节变化

海岛区各季节的风速变化十分复杂。冬季的平均风速，文昌—陵水一带海岛区在2～3 m/s之间；玉苞一带海岛区6～7 m/s；东方一带海岛区在4.4～4.6 m/s之间；其他海岛区在3～4 m/s之间。春季，万宁—陵水一带海岛区，平均风速在1.9～2.5 m/s之间；莺歌海—东方一带海岛区，平均风速在4～5 m/s之间；玉苞一带海岛区4.9～5.7 m/s；其他海岛区，平均风速在2.6～4 m/s之间。夏季平均风速，陵水一带海岛区在1.7～2 m/s之间；东方一带海岛区和玉苞一带海岛区在4～5.3 m/s；其他海岛区在2～4 m/s之间。秋季平均风速，海口—三亚一带海岛区在2～3 m/s左右；莺歌海—东方—儋州的白马井一带海岛区在3～5 m/s左右；临高一带海岛区2～4 m/s；玉苞一带海岛区在5～8 m/s。

2）风向

由表1.6可看出，海岛区的冬、夏季风转换较为明显，海口—琼海—三亚一带海岛区，从每年9月（或10月）至次年的2月（或3月），盛行偏北风（即冬季风），各站的最多风向为西北—北—东北偏东；3月（或4月）至8月（或9月），盛行偏南风（即夏季风），各站的最多风向为西南—东风。莺歌海一带海岛区，每年的10月至翌年的1月，盛行偏北风，最多风向为西北偏西—北风；2—9月，盛行偏南风。东方—临高—玉苞一带海岛区，每年的9月至次年的4月（或5月），盛行偏北风，最多风向为东北偏东风；5月（或6月）至8月，盛行偏南风，最多风向为东南偏南—西南偏西风。

表1.6　海南岛沿海各站各月主要风向

站名	1月	2月	3月	4月	5月	6月	7月	8月	9月	10月	11月	12月	年
海口	NE	NE	NE	SSE	SSE	SSE	SSE	C. SSE	C. NE	NE	NE	NE	NE
文昌	C. N NNE	C. 4个	SSE	SSE	S	SSN	S	C. S	C. 3个	C. NE ENE	C. NNE	C. NNE	C. SSE S
清澜	NNE NE	NNE NE	ENE	S	S	S	S	S	NE	NE	NE	NE	NE
琼海	NW	NNW	SSE	S	S	S	S	S	C. SSE S	C ENE	NNW	NW	C S
万宁	N	N	C S	S	S	S	S	C S	C 4个	NE	N NNW	NNW	C S
陵水	C N	C. N E	C E	C SSW	C SSW	C SSW	C SSW	C. SW NW	C. E NW	C ENE	NNE	N	C
新村	NNE	ENE	E	C. ENE E	SSW	SSW	SSW	SSW	ENE	NE	NE	NE	ENE
榆林	NE ENE	ENE	ENE	ENE E	C S	C S	C N	C N	C NE	NE	NE	NE	C. N ENE
三亚	NE	NE	E	E	SE	C. SE SSE	C W	C. WSW W	C E	ENE	NE	NE	E
莺歌海	NNW	SE	SE	SE	SE	SE	SE	SE	E ESE	N E	NE N	N	SE
东方	NE	NE	NE NE	NE ENE	SSW 3个	SSW WSW	SSW	S SSE	NE ENE	NE	NE	NE	NE
临高	ENE	NE	ENE	C	C	C	SSE	C	C	3个	ENE	ENE	ENE
玉苞	ENE	ENE	ENE	ENE	ENE	SSE	SSE	3个	ENE	ENE	ENE	ENE	ENE

3）大风日数

大风日数的地理分布规律与平均风速分布比较相似。高值区出现在玉苞一带海岛区，年大风日数在55 d左右；东方一带海岛区，年大风日数为23 d左右；海口一带海岛区，年大风日数在14 d左右；其他海岛区，年大风日数在3~7 d之间。

从季节上看，东方一带海岛区是冬、春季的大风日数最多；玉苞一带海岛区是秋、冬季大风日数最多；其他海岛区是夏、秋季大风日数最多。

1.3.2.4　湿度

图 1.7 给出了海岛区自 1990 年到 2007 年累年各月的相对湿度。海岛区年相对湿度的地区差异不大。海口—琼海—陵水一带海岛区，年相对湿度在 82% ~87% 之间，三亚—东方—昌江一带海岛区，年相对湿度变化比较大，在 70% ~85% 之间。

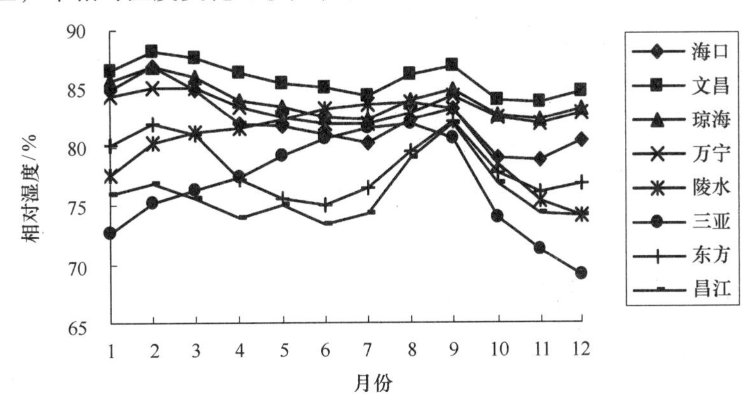

图 1.7　海南 1990—2007 年累年的各月相对湿度

从季节上看，冬、春季相对湿度较高的地区在玉苞一带海岛区，相对湿度在 90% 左右；相对湿度较小的地区是三亚一带海岛区，相对湿度在 71% ~80% 之间。夏、秋季相对湿度的高值区在文昌一带海岛区，低值区在东方、三亚一带海岛区。海岛区的海雾天气，东方—三亚—万宁一带海岛区平均在 10 d 以下，其他海岛区在 18 ~37 d 之间。

1.3.2.5　蒸发

海岛区的年蒸发量在 1 790 ~2 550 mm 之间。其中，东方一带海岛区的年蒸发量最大，文昌一带海岛区的年蒸发量最小。在地理分布和季节分配上也不太均匀。东方一带海岛区，一年四季的蒸发量都较大。冬季（1 月），文昌一带海岛区的蒸发量最小；春季（4 月）、夏季（7 月），陵水一带海岛区的蒸发量最小；秋季（10 月），琼海一带海岛区的蒸发量最小。一年当中，5—10 月海岛区的蒸发量最大，各月蒸发量多在 140 ~300 mm 之间，蒸发量最多的月份是 7 月；蒸发量最少的月份是 2 月，在 90 ~170 mm 之间。

1.3.2.6　日照

（1）年日照时数：东方一带海岛区最多，在 2 600 h 左右，日照百分率为 59%；三亚一带海岛区，在 2 540 h 左右，日照百分率为 57%；海口—琼海一带海岛区，在 2 000 ~2 200 h 之间，日照百分率在 45% ~50% 之间；万宁—陵水一带海岛区，在 2 200 ~2 500 h 之间，日照百分率在 50% ~60% 之间；临高一带海岛区在 2 200 h 左右，日照百分率在 50% 左右。

（2）日照的季节变化：海岛区的各月日照时数（表 1.7），以 2 月为最少，3 月起日照时数逐渐增加，7 月达到最高值，以后逐渐减少。

表 1.7 海南岛沿岸各站各月日照时数

单位：h

站名	1月	2月	3月	4月	5月	6月	7月	8月	9月	10月	11月	12月	年
海口	123.6	105.0	139.5	176.7	232.6	220.3	254.0	216.6	195.6	190.1	159.9	142.2	2 156.0
文昌	119.9	99.3	130.1	171.8	223.7	226.6	259.5	220.3	191.4	173.7	132.4	121.6	2 070.4
琼海	125.6	108.5	148.9	187.4	234.7	226.2	262.7	216.3	187.6	174.7	136.7	127.0	2 136.4
万宁	138.4	116.4	157.3	191.4	239.9	228.3	269.0	224.3	193.3	172.1	138.3	134.9	2 203.6
陵水	194.7	156.2	180.2	202.8	243.7	223.3	256.8	218.5	201.5	203.0	192.1	194.6	2 467.4
三亚	200.5	164.3	187.8	210.2	258.2	225.1	257.1	219.1	199.7	210.1	205.0	198.1	2 535.3
东方	185.5	146.8	183.3	216.0	279.6	245.6	269.3	234.5	297.7	214.5	204.2	191.7	2 668.7
临高	133.2	105.6	140.6	183.2	238.0	214.1	249.8	213.2	197.6	185.0	156.6	145.6	2 162.5

春季（3—5 月），海岛区的日照时数在 525 ~ 680 h 之间，日照百分率在 35% ~ 70% 之间；其中，东方一带海岛区的日照时数最多（679 h 左右）；陵水和三亚一带海岛区次之（627 h、656 h 左右）；海口—万宁一带海岛区在 549 ~ 589 h 之间；临高一带海岛区在 562 h 左右。

夏季（6—8 月），海岛区的日照时数在 675 ~ 750 h 之间，日照百分率在 54% ~ 67% 之间，是一年当中日照时数最多的季节；其中，东方一带海岛区最高达 750 h；海口—万宁—三亚一带海岛区在 690 ~ 725 h 之间；临高一带海岛区在 675 h 左右。

秋季（9—11 月），海岛区的日照时数在 500 ~ 720 h 之间，日照百分率在 48% ~ 60% 之间；其中，东方一带海岛区日照时数在 720 h 左右；海口—三亚一带海岛区在 545 ~ 615 h 左右；临高一带海岛区在 540 h 左右。

冬季（12—2 月），海岛区的日照时数较少，日照时数 340 ~ 565 h 之间，日照百分率在 35% ~ 60% 之间；三亚一带海岛区在 565 h 左右；陵水和东方一带海岛区，日照时数分别在 545 h 和 525 h 左右；海口—万宁一带海岛区，日照时数在 370 ~ 390 h 之间；临高一带海岛区在 385 h 左右。

1.3.2.7 雾

海南岛及周边海域是中国雾发生比较频繁的地区之一，受地形以及其他因素的影响，海南不同区域的雾也有不同的区域性特征。

1）空间分布与年际变化

从 1969—2008 年海南年平均雾日数的空间分布（图 1.8）可以看出，年雾日数空间差异很大。区域最多年平均雾日数出现在中部山区，白沙、五指山、保亭超过 75d，白沙平均年雾日数甚至达到 97 d；其次是北部地区，年雾日数在 18 d 以上，如儋州为 20.1 d，临高为 28.7 d，澄迈为 44.2 d，海口为 20.9 d，文昌为 20.0 d；在南部沿海地区则极少有雾出现，年平均雾日数少于 3 d，如琼海为 6.9 d，万宁为 1.6 d，陵水为 2.4 d，昌江为 2.6 d，东方为 3.1 d，乐东为 9.6 d，最南端的三亚则从未观测到雾天，为“无雾之城”。

从各站历年雾日数的变化来看，海南年雾日数以 6 d/10 a 的趋势减少，其减少趋势稳定，没有出现突变。

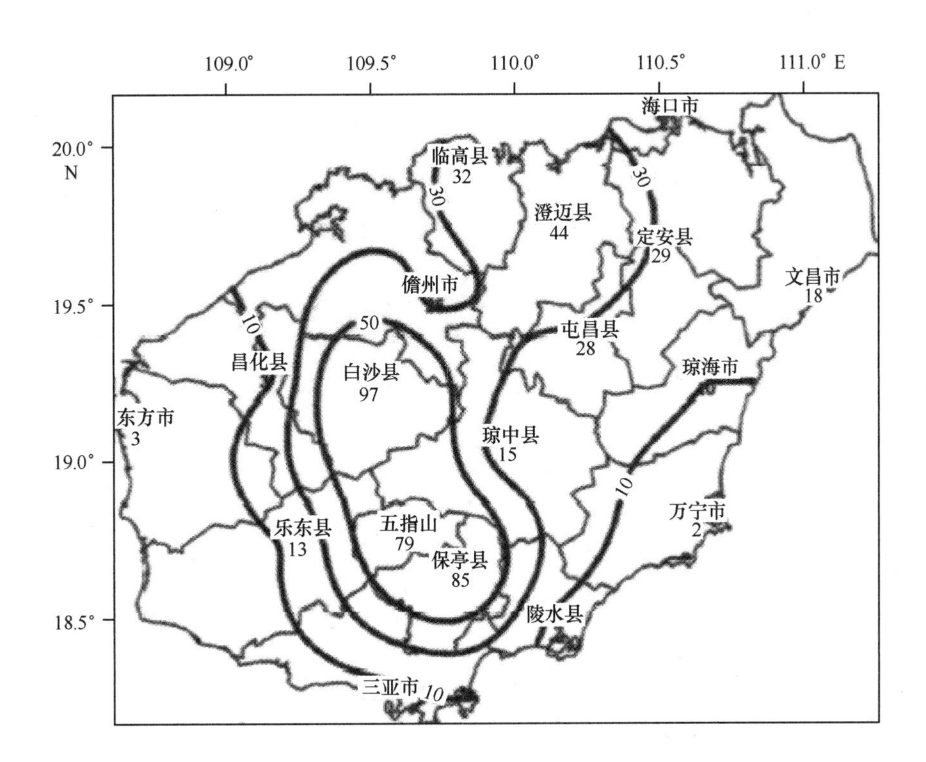

图 1.8　海南省 1969—2008 年平均年雾日数分布（单位：d）
（据张春花等，2010）

2）季节分布

从 1969—2008 年平均各月雾日数占年平均雾日数的百分率来看，海南岛沿海市县各月雾日数的分布情况不同，位于东南部地区的万宁市雾出现比例较高的是 12 月至翌年 4 月，1 月和 3 月分别为 25% 和 27%，7 月和 11 月为无雾月；西部的东方、昌江雾主要出现在 1—4 月，占 93%，5—10 月为无雾月；南部地区的乐东、陵水秋冬季节雾比较多，夏天 6—8 月雾出现的概率也较大，8 月雾日数超过全年的 10%；三亚终年无雾；北部市县雾主要出现在秋冬以及初春季节（9 月至翌年 3 月）。

1.3.3　主要灾害性天气

影响海南省的主要天气系统有四大类：冷空气、低压槽、热带气旋、副热带高压，形成的灾害性天气主要有热带气旋、暴雨、干旱和低温。

1.3.3.1　热带气旋

热带气旋是影响海南省最主要的气象灾害，主要是由于海南省地处低纬、四周环海，面对南海和辽阔的太平洋，南海海面和太平洋洋面经常有热带气旋生成，太平洋热带气旋生成后常常西进移入南海，南海和太平洋热带气旋都可能对海南省构成威胁，太平洋热带气旋影响较多，占 52%，南海热带气旋次之，占 48%。登陆海南省的热带气旋占登陆我国热带气旋的 20%，占登陆华南热带气旋的 35%，受其严重影响 1～2 次的年份占 17%；严重影响 3～5 次的年份占 61%；严重影响 6～8 次的年份占 20%；严重影响 9 次的年份占 2%。登陆 1～2

次的年份占50%；登陆3~4次的年份占35%；登陆5~6次的年份占14%。影响海南省的热带气旋活动期很长，一年四季都有可能发生。最集中的季节为6—10月，占全年的88%~90%左右。

1973年"14号"台风，是近百年来影响海南省强度最强、损失最重的一次台风。该台风于9月14日凌晨4时在琼海博鳌港登陆，登陆时中心最低气压925百帕，最大风速60 m/s，瞬间极大风速超过70 m/s。在这次台风的影响下，先后有琼海、万宁、屯昌、琼中、白沙、昌江、东方等市县遭受12级以上大风的袭击。据不完全统计，全岛死亡926人，受伤6 160人；损坏房屋4.36万间，水稻面积损失25 660 hm^2，薯类面积损失8 577.33 hm^2，甘蔗面积损失2 997.33 hm^2，橡胶损失669.9万株，胡椒损失423.6万株；水利设施损坏174宗，损坏船只649艘；损失稻谷4 390 $\times 10^4$ kg，大米190 $\times 10^4$ kg，面粉41 $\times 10^4$ kg，花生18 $\times 10^4$ kg，棉布2.02 $\times 10^4$ m，水泥16.1 $\times 10^4$ kg，肥料3.7 $\times 10^4$ kg，农药0.8 $\times 10^4$ kg等，直接经济损失10亿元以上（当时的价格）。此外2000年9月"悟空"台风袭击海南省，造成直接经济损失达13亿元以上。

1）热带气旋的个数、季节、年际变化

海南岛是全国多热带气旋地区，素有"台风走廊"之称。凡热带气旋中心进入，自越南沿海，沿15°N向东至15°N与114°E交点处，由此沿114°E向北至21°N与114°E交点处，再折向23°N与112°E交点处，然后沿23°N向西至105°E这一区域，均当作为影响海岛区。影响海岛区的热带气旋中，热带气旋的路径、强度、范围等条件不同，对海岛区的影响也不同。据1951—2009年资料统计（表1.8），59年中影响海岛区的热带气旋共有407个，平均每年6.9个。

表1.8　1951—2009年影响海南省的热带气旋统计表

年份	个数	年份	个数	年份	个数	年份	个数
1951	8	1967	10	1983	8	1999	4
1952	9	1968	5	1984	7	2000	6
1953	11	1969	3	1985	8	2001	3
1954	8	1970	9	1986	9	2002	2
1955	6	1971	12	1987	4	2003	3
1956	10	1972	8	1988	8	2004	2
1957	6	1973	11	1989	13	2005	3
1958	8	1974	11	1990	7	2006	9
1959	3	1975	10	1991	3	2007	5
1960	10	1976	4	1992	5	2008	6
1961	7	1977	5	1993	7	2009	7
1962	8	1978	10	1994	8	合计	407
1963	6	1979	7	1995	7	平均	6.9
1964	10	1980	8	1996	9		
1965	10	1981	6	1997	3		
1966	3	1982	5	1998	4		

海岛区受热带气旋影响的季节比较长，一年四季都可能有热带气旋影响。除了2、3月份没有热带气旋影响外，其他月份均有热带气旋影响海岛区，但主要集中于5—11月份，有98%的热带气旋出现在这几个月内。热带气旋影响海岛区的平均初日为6月9日，平均终日为10月22日，热带气旋影响季节维持天数平均为137d。但是，由于各年之间的天气条件不同，热带气旋影响海岛区的开始日期及终止日期都不一样，影响季节维持天数的长短也不同，且年际之间的变化也很大。热带气旋最早影响海岛区的初日为1月26日（1975年），最迟初日7月28日（1959年）；最早终日为8月3日（1966年），最迟终日为12月3日（1953年）。热带气旋影响季节维持天数最长的年份（1975年）达272d，最短的只有18 d（1966年）。

热带气旋影响海岛区的最盛期为8、9月份，平均每年有1.7个和1.9个，分别占年总数的22%、24%；其次是7、10月，平均每年是1.1个和1.3个，分别占年总数的14%、17%。

热带气旋活动的多少，各年之间有着极大的差异。热带气旋影响海岛区最多的年份是1989年，影响个数达13个；影响个数在11个以上的年份有5年（1953年、1971年、1973年、1974年和1989年）；最少的只有2个（2002年和2004年）（表1.8）。

2）热带气旋移动路径

热带气旋在发生发展过程中，其移动路径是相当复杂的。它不仅受到大尺度流场的操纵，而且与中低纬度不同尺度系统相互作用，以及热带气旋本身结构和强度有关。为了便于统计，我们主要考虑热带气旋的主要移向，把影响海岛区的热带气旋简单分成三大类型（图1.9）：

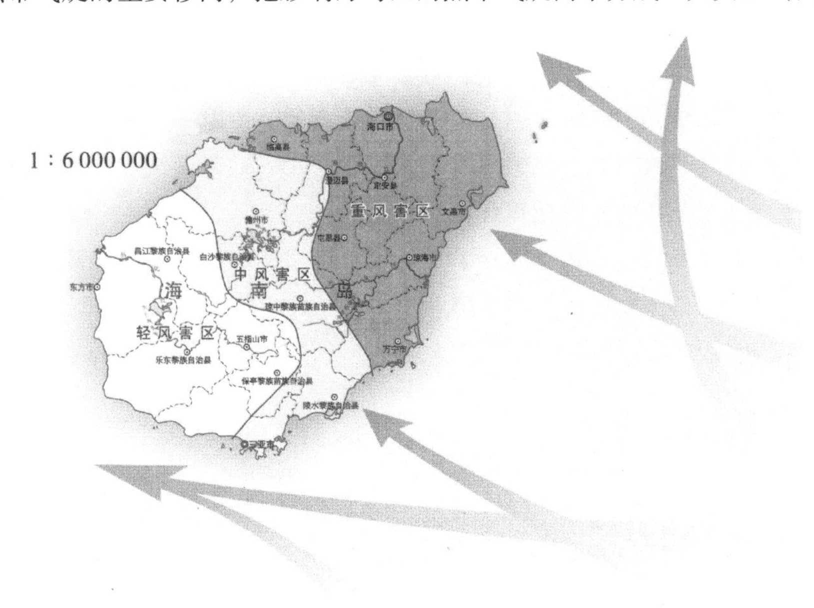

图1.9　海南岛及周边海域台风灾害及路径（据海南省地图集，1996）

（1）热带气旋穿过东部或南部海岛区，在海南岛登陆，以后再从其他海岛区出海或在海南岛减弱、消失。这类热带气旋移动路径，在影响海岛区的热带气旋中较为常见，平均每年2.7个，最多的年份达6个（1956年、1971年、1989年），最少的年份只有1个（1954年、1957年、1961年、1966年、1967年、1969年、1979年、1982年、1984年、1987年）。

（2）热带气旋穿过南部海岛区或以南海面向西移动，不登陆海南岛。这类路径的热带气旋，平均每年2.2个，最多的年份达6个（1964年），有6年没有这类路径的热带气旋影响。

（3）热带气旋穿过东部海岛区或以东海面向北移动。这类路径的热带气旋，平均每年2.9个，最多的年份达8个（1967年），有1年（1969年）没有这类路径热带气旋影响。

3）热带气旋影响的风雨分布

热带气旋对海岛区的影响，主要表现为大风和降水两方面。风害是海岛区的主要自然灾害之一，对各行各业影响极大。海岛区的风害，大多数是由于热带气旋影响造成的。另外，伴随热带气旋而来的强降水，对海岛区也有极大的影响。

每年，随着热带气旋的侵入，海岛区常常出现大风天气。在热带气旋的影响下，海岛区达到极大风速（大于等于17 m/s），大风的频率很大，在60%左右（有大风的热带气旋个数与影响总个数百分比），阵风（极大风速）大于12级（大于等于32 m/s）的也很常见。据统计，平均年热带气旋大风日数，海口—文昌的清澜港一带海岛区和儋州的白马井—莺歌海一带海岛区出现较多，约3～4 d；其他海岛区2～3 d。

热带气旋是海岛区的主要降水系统之一。大约平均年雨量的1/3、汛期雨量的80%是来源于热带气旋。热带气旋为海岛区提供了丰富的水分。大暴雨大多数来自热带气旋。热带气旋的降水时间集中，降水强度大，往往容易造成洪涝，对各种生产活动造成影响，特别是河口岛和港湾岛，受到的影响更大。

海岛区的热带气旋降水比较丰富，平均年热带气旋降水量都在340 mm以上。琼海的博鳌港—陵水的分界洲一带海岛区的热带气旋降水最多，平均热带气旋年降水量在550 mm以上，东方—三亚一带海岛区，热带气旋降水最少，平均热带气旋年降水量340～400 mm；其他海岛区，热带气旋年降水量在400～550 mm之间。

海岛区的热带气旋降水虽然比较丰富，但各年之间雨量多寡却不相同，有些年份的热带气旋降水较少，有些年份、有些海岛区甚至全年没有一点热带气旋降水，比如1959年，海口一带海岛区和东方一带海岛区；1961年，文昌一带海岛区；1969年，儋州的白马井—莺歌海一带海岛区。

1.3.3.2 暴雨

海南省是全国著名的暴雨中心之一，其暴雨几率高、强度强。海南省暴雨主要产生在4—10月，与之相伴的主要天气系统是冷空气、低压槽、热带辐合带和热带气旋。其中以热带气旋暴雨次数最多，强度最强。暴雨是海南省降水的重要形式和来源，暴雨日总雨量一般占当地雨量的20%左右。暴雨既是海南省主要的自然灾害，又是当地水库蓄水的主要来源，暴雨少的年份海南省往往会发生不同程度的干旱。暴雨产生灾害主要是由暴雨引起的洪涝、山洪暴发、泥石流灾害等，暴雨洪涝灾害严重危及国民经济建设和人民生命财产安全，造成的损失是多方面的。洪水可以冲毁农作物或使农作物受淹受浸，致使粮食减产甚至绝收；洪水带来的泥沙可以覆盖作物和田地，使大片土地改变土质，无法耕种，造成不可估量的损失；洪水可以冲毁房屋，吞没群众生命财产，使灾民无家可归；洪水可以淹没损毁国家财产和设备，使各行各业停产停业停工，造成经济损失；洪水可以冲毁铁路、公路、输电线路，造成设施破坏；洪水可以冲毁渠道、桥梁、涵闸，使大坝和堤坝溃决，对水利工程造成极大的破坏。海南省暴雨洪涝极其频繁，损失惨重。

1）暴雨的地理分布

日降水量大于等于50 mm称为暴雨日（20世纪90年代以前海南的暴雨标准为：日雨量大于等于80 mm称为一个暴雨日）。海南岛海域降水强度较大，暴雨（日雨量大于等于50 mm）、大暴雨（日雨量大于等于100 mm）和特大暴雨（日雨量大于等于150 mm）均有出现。

（1）暴雨

万宁一带海岛区出现暴雨的机会最多，平均每年暴雨日10～11 d，最多的年份达到18 d；其次是海口—琼海一带海岛区，平均每年7～10 d，最多的年份可达13～16 d；陵水一带海岛区，平均每年7 d左右，最多的年份达13 d；三亚一带海岛区平均每年5～6 d，最多的年份达10 d；莺歌海—儋州的白马井一带海岛区，平均每年为3～6 d，最多的年份达8 d；临高一带海岛区，平均每年5～6 d，最多的年份可达11 d（见表1.9）。

表1.9　海南岛沿海各站各月暴雨日数　　单位：d

站名	1月	2月	3月	4月	5月	6月	7月	8月	9月	10月	11月	12月	年
海口			0.1	0.4	0.7	0.9	0.8	1.2	1.8	1.0	0.4	0.1	7.2
文昌			0.2	0.5	0.7	1.2	0.7	1.2	1.6	1.4	0.5	0.1	8.1
清澜			0.0	0.3	0.3	0.8	0.4	1.7	1.5	1.3	0.4	0.2	6.9
琼海			0.1	0.5	0.7	1.1	0.7	1.4	2.1	1.7	0.9	0.2	9.4
万宁	0.1	0.1	0.3	0.7	0.7	0.7	0.9	1.1	2.3	2.4	1.2	0.3	10.8
陵水	0.0		0.1	0.2	0.6	1.1	0.5	1.1	1.7	1.8	0.4		7.4
新村				0.4	0.7	0.8	0.8	1.0	1.2	1.7	0.1		6.7
榆林			0.0	0.1	0.6	0.7	0.5	1.0	1.0	1.2	0.1	0.0	5.2
三亚		0.0	0.1	0.1	0.5	0.7	0.6	0.8	1.2	1.4	0.1		5.5
莺歌海				0.2	0.5	0.8	0.8	1.6	0.7	0.6	0.1		5.3
东方			0.1	0.1	0.3	0.8	0.5	0.9	0.6	0.4	0.0	0.0	3.7
临高			0.1	0.1	0.3	0.9	1.0	1.4	1.2	0.9	0.1	0.1	6.1
玉苞			0.3	0.4	0.1	0.5	1.1	1.1	1.4	0.3			5.2

（2）大暴雨和特大暴雨

海南岛海域出现大暴雨最多的地方是万宁一带海岛区，大暴雨日平均每年3～4 d，最多年份可达8 d；文昌—琼海一带海岛区，平均每年2～3 d，最多年份达5～6 d；陵水一带海岛区，平均每年2 d左右，最多年份达6 d；海口一带海岛区，平均每年为1～2 d，最多年份达5 d；三亚—东方—临高一带海岛区，平均每年1～2 d，最多年份达3～5 d。

特大暴雨日的地区分布与大暴雨日的地区分布相似。年特大暴雨日，万宁一带海岛区为1～2 d，最多年份达4 d；其他海岛区平均每年不足1 d，最多年份可达2～3 d。

2）暴雨的季节分布

（1）暴雨

根据资料分析，海岛区全年各月份均可能有暴雨发生，但大部分海岛区出现在3月以后。其中，海口—陵水一带海岛区，95%的暴雨日出现在4—11月；三亚—东方—临高一带海岛区的暴雨，90%以上出现在5—10月。

（2）大暴雨和特大暴雨

海南岛及周边海域的大暴雨和特大暴雨一般出现在5—10月，少部分海岛区在3月、4月和11月也有出现。而万宁一带海岛区全年各月均有可能出现。

3）暴雨的天气系统

产生暴雨的原因较为复杂，天气系统也是多样化的。除了热带气旋是主要系统外，非热带气旋暴雨的天气系统可分为3类：冷空气（含变暖的高压脊）、低压槽、副热带高压脊。过渡季节的暴雨往往不是单一天气系统造成的。

产生暴雨的天气系统有着明显的季节变化：2—4月、10—12月冷空气影响产生的暴雨占绝对多数（几率达86%～100%）；5月份仍然以冷空气暴雨占优（几率49%），低压槽暴雨次之（几率33%），热带气旋暴雨仅占11%，本月应视为过渡季节；6月则以低压槽暴雨占优（几率41%），热带气旋暴雨次之（几率34%），冷空气暴雨较少（几率24%）；7—9月以热带气旋暴雨为主（几率为62%、热带气旋暴雨为48%、冷空气暴雨为38%）；副热带高压形成暴雨的几率很少，月几率均不超过8%，且仅在5—10月偶有出现，其余月份均无副高暴雨产生；7月份无冷空气暴雨，12月至翌年4月份无热带气旋暴雨，10月至翌年1月无低压槽暴雨。

显而易见，就全年而言，海南省以冷空气暴雨较多，占37%；热带气旋暴雨次之，占33%；低压槽暴雨占26%；副高暴雨很少，仅占4%。

就暴雨强度而言，以热带气旋暴雨最强，大多数的大暴雨均是由热带气旋引发的。

就季节而言，冷空气暴雨在暴雨季节的前期（2—4月）及汛期后期（10—12月）占绝对优势。暴雨的主要季节（6—9月）以热带气旋暴雨及低压槽暴雨占优势，其中，7—9月以热带气旋暴雨较多。

就各种暴雨的地理分布而言，海南省东南部以冷空气暴雨日较多，西北部以台风暴雨日较多。热带气旋暴雨日发生几率西北部66%～79%、东南部32%～35%，呈西北向东南递减。冷空气暴雨日地理分布正好相反，自东南向西北递减，冷空气暴雨日发生几率东南部50%左右，其余地区在30%以下；低压槽暴雨日一般南部多于北部、沿海多于内陆；副高暴雨基本都是局部的。

1.3.3.3　干旱

1）空间分布

干旱是海南省出现频率高、影响范围广、持续时间长、危害程度仅次于热带气旋的又一主要气象灾害，平均每1.3年发生一次，即使是在雨季，也经常因为降水时空分布不均，出现夏旱或秋旱，有的年份，甚至全年干旱。历史上干旱时间最长的是清道光三年（1823 年）9 月至道光四年 7、8 月，久遭旱灾，小熟失收，杂粮亦绝收，“蝗虫漫天遍野，所过禾麦一空，饿殍载道，民多流亡，卖男女渡海者以万计”。1977 年出现的大旱是新中国成立以来海南省持续时间最长、波及范围最广、影响最为严重的一次干旱。从 1975 年的 11 月起持续大旱至 1977 年年底，长达两年多。各地雨量普遍减少 3 ~ 6 成，全省有 9 成江河断流，南渡江、昌化江出现了历史上最低水位和最小流量，有 8 成以上的山塘水库干涸，120 万农村人口及牲畜饮水困难，部分地区组织交通工具至边远地方拉水，按人口定量供水。1977 年 7 月 21 日，受“7703 号”台风影响，虽然旱情有所缓和，但是，由于台风降水区域仅限于西南地区，大部分地区降雨较小，台风过后旱情继续发展，年降雨量比常年偏少 500 mm 以上的有 11 个市县，其中，偏少 5 成以上的有海口、琼海、屯昌、万宁、琼中、保亭、陵水、三亚等 8 个市县。长期、大范围的干旱，给农业生产和人民生活带来严重影响。据不完合统计，当年的水稻、甘蔗、花生、番薯等受旱面积达 $32.9\times10^4\ hm^2$，占播种面积的 43%，旱死作物面积 $5.6\times10^4\ hm^2$。其中，水稻插植面积 $47.13\times10^4\ hm^2$，受旱面积达 $14.67\times10^4\ hm^2$，旱死作物面积 $2\times10^4\ hm^2$。全省 1 900 多口水井干涸，全省山塘水库的总蓄水量仅有 $22.9\times10^8\ m^3$，比上年同期减少 $18.2\times10^8\ m^3$，有效蓄水量仅有 $16.1\times10^8\ m^3$，水电站发电量下降 50%。

2）季节分布

海岛区的干湿季分明，干、湿季的降水量较悬殊。干季的降水量大约占年雨量的 15% ~ 20%，降水变率大，罕见大的降水，较容易出现干旱。湿季的降水量虽然较多，但降水分布不均匀，也容易出现干旱。

干旱是由于某段时间降水偏少或降水分布不均匀引起的。我们规定：冬、春期间（12 月 1 日—5 月 31 日），凡连续 7 d 日雨量都小于等于 1 mm，或 7 d 总雨量小于等于 5 mm；夏、秋期间（6 月 1 日—11 月 30 日），凡连续 7 d 日雨量都小于等于 2 mm，或 7 d 总雨量小于等于 15 mm，则以第七天为旱期开始日。旱期结束日：冬、春期间，日雨量大于等于 15 mm 的当天，或过程降水量大于等于 20 mm 发生的第一天；夏、秋期间，3d 降水量大于等于 40 mm，或 2 d 降水量大于等于 35mm 发生的第一天，或日雨量大于等于 30 mm 的当天。旱期开始日至旱期结束日之间的日数称为“旱期日数”。

海岛区各个季节都有干旱出现，我们把 2—5 月发生的干旱称为春旱；6—8 月发生的干旱称为夏旱；9—11 月发生的干旱称为秋旱；12 月至次年 1 月发生的干旱称为冬旱。

春旱（2—5 月）的总旱日，总的分布趋势是西部海域的海岛区多于东部的海岛区，南部海域的海岛区多于北部的海岛区。儋州的白马井—东方—陵水的新村港一带海岛区，总旱日最多，在 90 ~ 105 d 之间，占总天数的 75% ~ 88%；澄迈的马村—文昌的铺前和文昌的清澜—陵水的分界洲一带海岛区总旱日最少，在 63 ~ 75 d 之间，占总天数的 53% ~ 63%；其他海岛区在 76 ~ 89 d 之间，占总天数的 64% ~ 75%。

海岛区的春旱发生频繁，总旱日占总天数的百分比在 53% 以上，最高达到 88%。若以春旱日大于等于 70 d 为春旱明显的话，则儋州的白马井—东方—陵水的分界洲一带海岛区 10 年有 9 ~ 10 年春旱明显，即几乎年年春旱明显；分界洲以北—文昌的清澜一带海岛区和海口一带海岛区，10 年有 4 ~ 6 年春旱明显；其他海岛区，10 年有 6 ~ 8 年春旱明显。

夏旱（6—8 月）的总旱日，儋州的白马井—东方—三亚的崖城一带海岛区最多，在

55～64 d之间，占总天数的60%～70%；白马井以北—海口—文昌的铺前一带海岛区、文昌的清湄－琼海的博鳌一带海岛区最少，在39～42 d之间，占总天数的42%～45%；其他海岛区在43～54 d之间，占总天数的46%～59%。若以夏旱日大于等于45 d为夏旱明显的话，海南岛西部和西南部海岛区夏旱明显的频率为90%～100%，即几乎年年夏旱明显；南部和东南部海岛区夏旱明显的频率为50%～70%；即10年有5～7年夏旱明显，其他海岛区在20%～40%之间，即10年有2～4年夏旱明显。

秋旱（9—11月）的总旱日，从澄迈的马村—东方—莺歌海一带海岛区，在60～68 d之间，占总天数的66%～75%；陵水的分界洲—琼海一带海岛区，为32～39 d之间，占总天数的35%～43%；其他海岛区为44～56 d之间，占总天数的48%～62%。若以总旱日大于等于50 d为秋旱明显的话，东方—莺歌海一带海岛区10年有8～9年秋旱明显，分界洲以北—文昌的清澜一带海岛区，10年有2～4年秋旱明显，其他海岛区则10年有5～8年秋旱明显。

冬旱（12月至翌年1月）的总旱日，分界洲以北—文昌的清澜一带海岛区，在41～46 d之间，占总天数的66%～74%，其他海岛区在51～61 d之间，占总天数的82%～98%。若以总旱日大于等于40 d为明显冬旱的话，琼海一带海岛区10年有2～3年冬旱明显，文昌和万宁海岛区，10年有5～7年冬旱明显，其他海岛区，10年有9～10年冬旱明显，即年年冬旱明显。

1.3.3.4 低温

海岛区地处热带，终年高温，暖季长，但低温仍有出现。低温主要发生在10月至次年4月。根据习惯，发生于12月至次年2月的低温称为“低温阴雨”，发生于清明节气和寒露节气前后的低温称为“清明风”和“寒露风”。低温冷害是海岛区的一种灾害性天气，对当地的水产养殖、农作物生长等有一定的影响，“低温阴雨”的危害又比“清明风”、“寒露风”的影响重。

低温阴雨：12月至次年2月，常常有冷空气南下影响海岛区，当条件符合下列标准时，就可计为一次低温阴雨过程：①日平均气温小于等于15℃，且每天日照小于等于2 h，连续4 d以上；②日平均气温小于等于13℃，连续3 d以上；③日极端最低气温小于等于8℃，连续3 d以上；④日极端最低气温小于等于5℃，1 d以上。

根据统计，海南岛西北部和北部海岛区发生低温阴雨的频率较大，维持时间也较长，平均每年有2～3次低温阴雨天气过程发生，平均维持天数10～18 d。陵水的分界洲—三亚—莺歌海一带海岛区，低温阴雨天气发生的频率最小，发生频率在0.1以下，即在个别年份，偶尔才有低温阴雨天气发生。其他海岛区，平均每年有1～2次低温阴雨天气过程发生，平均维持天数5～9 d。在冷空气较强的情况下，可能会发生长时间的低温阴雨天气过程。低温阴雨天气过程一次连续最长持续时间：海南岛西北部和北部的海岛区为25～26 d，陵水的分界洲—三亚—莺歌海一带海岛区为3～6 d，其他海岛区为8～13 d。

在清明节气或寒露节气前后，冷空气南下影响海南岛，造成3 d或以上明显的降温天气（日平均气温小于等于22℃或日极端最低气温小于等于17℃），有时伴有明显的偏北风，则计为一次清明风或寒露风天气过程。

海岛区发生清明风和寒露风天气的机会不多，且只对一些有农业生产的海岛发生影响。

琼海—三亚—东方一带海岛区，清明风天气过程平均出现次数为0.1~0.5次，其他海岛区为0.6~0.8次；其中，以海口一带海岛区为最多。平均清明风日数，陵水—三亚—莺歌海一带海岛区0.2~1.0 d，其他海岛区为1~3 d。海岛区受寒露风天气影响的程度较轻，年平均寒露风次数在0.4次以下。寒露风影响日数，琼海—三亚—东方一带海岛区不足1 d，其他海岛区在1~4 d之间。

第二章　海洋环境

2.1　海域地形地貌

2.1.1　海南海域地形地貌概况

南海是东亚大陆边缘面积最大的边缘海，呈 NE—SW 向菱形状伸展，长约 2 380 km，面积约 350×10^4 km^2。海底地形从周边向中央倾斜，由外向内依次分布着大陆架和岛架、大陆坡和岛坡、深海盆地三大地形单元。大陆架和岛架总面积为 168.5×10^4 km^2，约占南海总面积的 48.15%。南海大陆架和岛架具有西南部和北部宽度大，东部和西部宽度窄的特点，陆架和岛架的水深范围各地差异较大，但都不超过 350 m。陆架和岛架的地形以陆架平原为主，总体地形平坦，其上发育有水下浅滩、水下三角洲、海底谷和水下阶地等，这些次一级的地形单元上地形相对稍有起伏。南海大陆坡和岛坡总面积约为 126.4×10^4 km^2，约占南海总面积的 36.11%。大陆坡和岛坡地形崎岖不平，水深范围大致在 200 ~ 4 000 m 之间，是南海地形变化最复杂的区域，其上高差起伏悬殊，发育有陆坡斜坡，深水阶地、海台、海岭、陆坡盆地、海山海丘群、海槽、海脊等次一级地形单元。深海盆地位于南海中部，总面积约为 55.11×10^4 km^2，约占南海总面积的 15.74%，呈 NE—SW 向展布，并以 SN 向的中南海山为界，分为中央海盆和西南海盆。深海盆地以平原为主，水深范围大致在 4 000 ~ 5 000 m 之间，总体地形平坦，但深海盆地内主要发育高低悬殊、宏伟壮观的链状海山和线状海山，海山的最大地形高差往往超过 1 000 m。

海南岛地处南海北部大陆边缘，位于欧亚大陆与南海洋底两大地形单元之间广阔的过渡地带。欧亚大陆东南缘总体属于太平洋型大陆边缘范畴，以典型的沟 - 弧 - 盆特征作为活动型大陆边缘的一个子类出现在太平洋西侧。中生代至新生代初期以神狐运动为代表的构造运动将南海北部大陆边缘地体构造进行了巨大的改造，南海北部陆缘由原来的挤压变形逐渐转变为张裂拉伸（姚伯初，1999），实现了由主动大陆边缘向被动大陆边缘的转变，开创了南海新生代形成演化的崭新历史。

海南岛的沿岸地形及海岛地貌基本轮廓是海岛地质构造、气候及海洋动力过程的综合响应。海南岛的山脉、丘陵纵横交错，地势逶迤起伏。海南岛最高山脉五指山位于海岛中部，海拔 1 867 m，四周地势呈急剧下降趋势。发源于五指山及邻近山地的南渡江、万泉河、昌化江等主要入海河流，因受海岛地势和构造格架控制而分别向北、东南、西等方向分别流入琼州海峡、南海和北部湾等海域，形成以海岛中部山地向四周辐射发散的河流水系（图 2.1），同时在海滨地带形成堆积平原及丘陵相互交织的自然地貌。

2.1.1.1　海南岛周边地形概况

海南岛东侧粤西海域，沿岸海域水深相当浅，为 NE—SW 向延伸开阔型的大陆架，海底自西北向东南缓缓倾斜（图 2.2）。该海域多发育有沙岛、沙丘和浅滩，少数沙丘有时露出海面，大多数潜伏于海底。礁石（明礁和暗礁）主要出现在徐闻的下洋镇以东海区、湛江硇洲岛的东南。沿海岛屿较多，有新寮岛、后海岛、硇洲岛和东海岛等。珠江、漠阳江和鉴江等河流入海带来大量碎屑物质，受潮流的顶托、西南向沿岸流的作用，加上沿海岛屿为天然屏障，导致沿岸泥沙大量沉积，海涂发育。

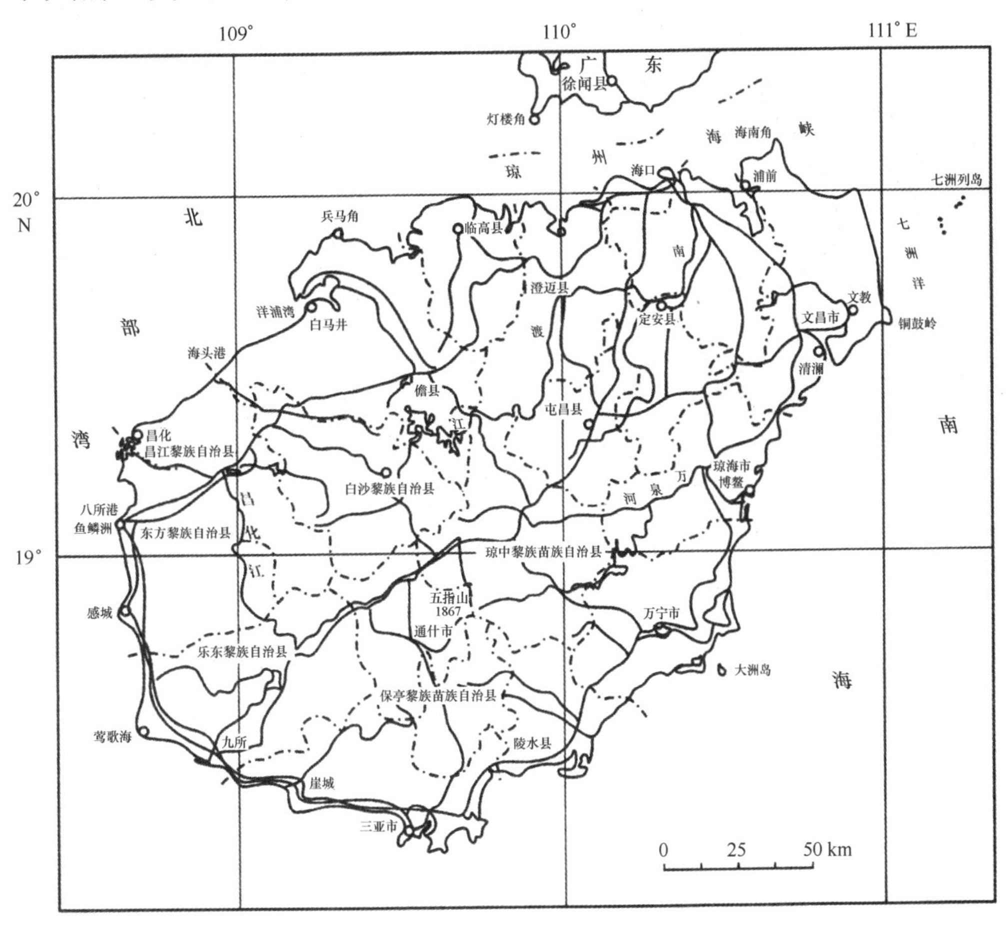

图 2.1　海南岛地理位置图（王宝灿，2006）

海南岛以南地形变化幅度最大（图 2.2），近岸的陆架区水深不足 200 m，到陆坡区水深迅速加深至 2 000 m 以深，地形坡度较大。

海南岛以西的北部湾是个半封闭新月形的浅水湾（图 2.2），三面被陆地环绕，海底地形受海岸制约明显，等深线顺岸排列，以 0.03% ~0.06% 向中部深水槽谷缓缓倾斜。北部等深线为 NE—SW 向分布，南部转为 NW—SE 向。东北部自岸边至 20 m 等深线海域海底坡度较平缓，平均坡度 35 左右。等深线顺岸弯曲，明显地反映出水下地形是陆地地形的延伸部分。

海南岛以北的琼州海峡是一条介于海南岛和雷州半岛之间狭长潮流通道（图 2.2）。琼州

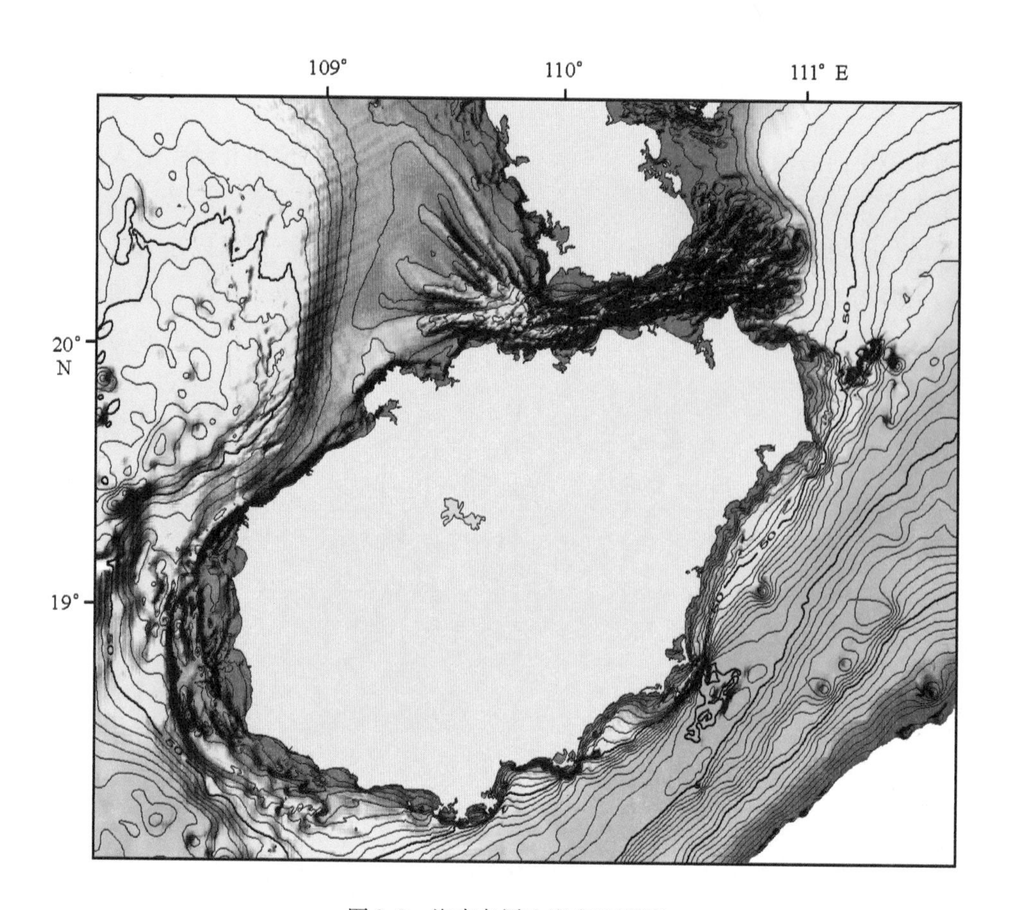

图 2.2　海南岛周边海底地形图

海峡的东口以北岸的盐井角和南岸的海南角之间的断面为界，西口以北岸的灯楼角和南岸的临高角之间的断面为界，二者之间的东西向长度约为 80 km，南北向的宽度为 20 ~ 40 km，最窄处仅 18 km，面积约 2 400 km^2。海峡的中部地段较窄，而东西两侧地段则逐渐向东、西口门方向展宽。海峡内潮流流速可达 5 ~ 6 kn，因强烈冲刷海峡遭受切割，地形呈锯齿状剧变，最深处达 120 m，槽底起伏不平。

2.1.1.2　海南岛周边地貌概况

海南岛周边近海海域地处南海北部，绝大部分海底地貌位于北部湾、琼海陆架区内，其一级地貌类型为过渡地貌，二级地貌类型可划分为海岸带地貌、陆架地貌和大陆坡地貌三种类型，三级四级地貌可逐级细分（表 2.1，图 2.3）。

海岸带包括沿岸陆地部分、潮间带和水下岸坡。上界为现代潮、波作用所能达到的上限及上升古海岸带，下界直抵波浪作用的下限——浪基面（即波蚀临界深度），为海、陆交互作用的地带。海岸带三级地貌按地貌形成过程分堆积型（三角洲、海滩、潟湖、河口湾、水下堆积岸坡等）、侵蚀 - 堆积型（水下侵蚀 - 堆积岸坡、沿岸潮流沙脊群和潮流沙席）、侵蚀型（海蚀台地、海蚀平台、水下侵蚀岸坡）等。

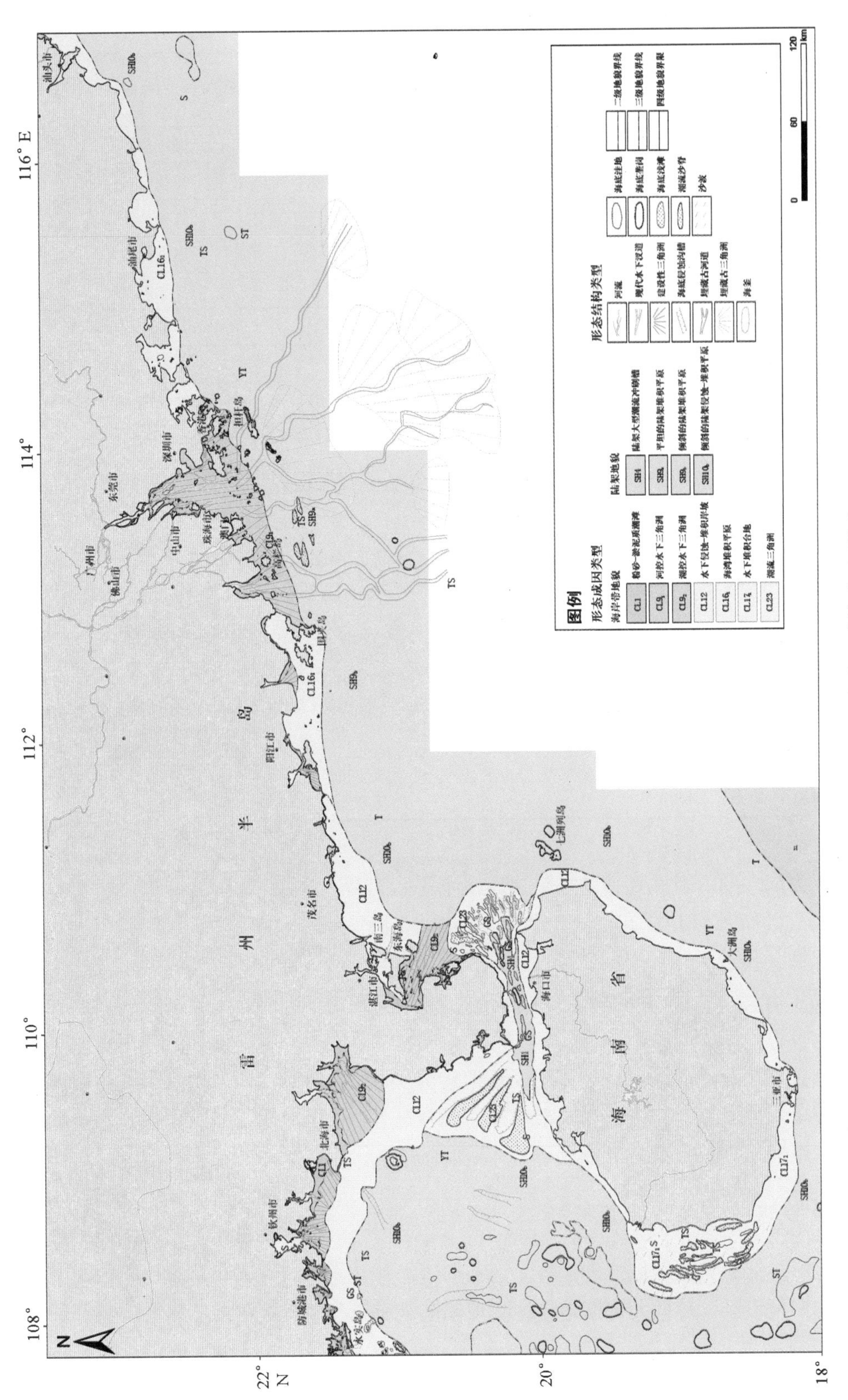

图2.3　海南岛周边海底地貌图

表 2.1 海南岛周边海底地貌分类系统

<table>
<tr><th>二级地貌</th><th colspan="3">三 级 地 貌</th></tr>
<tr><td rowspan="19">海岸带地貌</td><td rowspan="6">潮间带地貌</td><td rowspan="2">砂砾海滩</td><td>沙滩</td></tr>
<tr><td>砂砾滩</td></tr>
<tr><td>岩滩</td><td>海蚀平台</td></tr>
<tr><td rowspan="3">生物海滩</td><td>红树林滩</td></tr>
<tr><td>珊瑚礁滩</td></tr>
<tr><td>岸礁</td></tr>
<tr><td colspan="2" rowspan="3">沿岸地貌</td><td>潟湖</td></tr>
<tr><td>沿岸沙堤</td></tr>
<tr><td>连岛沙坝</td></tr>
<tr><td colspan="2" rowspan="10">水下岸坡地貌</td><td>河控水下三角洲</td></tr>
<tr><td>潮控水下三角洲</td></tr>
<tr><td>现代河口湾</td></tr>
<tr><td>水下侵蚀-堆积岸坡</td></tr>
<tr><td>水下侵蚀-堆积台地</td></tr>
<tr><td>水下侵蚀岸坡</td></tr>
<tr><td>水下堆积岸坡</td></tr>
<tr><td>水下堆积台地</td></tr>
<tr><td>水下侵蚀台地</td></tr>
<tr><td>潮流三角洲</td></tr>
<tr><td>陆架地貌</td><td colspan="3">陆架堆积平原</td></tr>
</table>

大陆架为陆地向海自然延伸的大陆边缘浅水平台，界于低潮线至海底坡度急剧增大（大陆坡）之间。陆架三级地貌包括：堆积型（海湾堆积平原、陆架堆积平原、堆积台地等）、侵蚀-堆积型（侵蚀-堆积平原、侵蚀-堆积台地、潮流沙脊群、潮流沙席）和侵蚀型（侵蚀平原、浅洼地、潮流冲刷槽、侵蚀台地等），还有构造台地、构造洼地及古湖沼洼地、古河谷洼地、古三角洲等残留地貌。

四级地貌单元按地貌形态进行分类，是地貌分类中最低一级地貌单位，可同时在上述不同高级地貌单元中出现，一般成因要素单一，规模较小，如海岸各类沙堤（坝）、风成沙丘、海蚀地貌、生物地貌（红树林、珊瑚礁）、人为地貌等。

2.1.2 地形地貌的区域分布特征

根据地形特征，参考区域地理，将海南岛周边海域划分为四大地形区：琼州海峡地形区、琼东粤西陆架地形区、琼西北部湾地形区，琼南陆架地形区。

2.1.2.1 琼州海峡地形区

琼州海峡海底地形总体呈现四周高、中间低的特征，海底地形受潮流影响大，可划分为中央潮流深槽及东西两端潮流三角洲（图 2.4，图 2.5）。槽底最大水深近 120 m，大于 50 m 深水槽贯穿整个海峡，50 m 深槽宽度达 8 ~ 11 km。海峡中段 0 ~ 50 m 水深之间坡降为 4.5 ~ 9，新海角等海岬区坡降大于30。海峡口水深变浅，一般浅于30 m。海南岛新海角往东为双槽形态，深槽谷底呈“V”字形和“W”形形态，两侧深槽与海峡中部的残丘高差可达40~45 m，槽底水深多在100 m以上。新海角以西，海峡冲刷槽由双槽变为单槽，但其中的次级槽谷地貌十分发育，剖面呈锯齿状形态，谷、丘间高差一般为5~10 m，最大可达15~20 m，总体水深仍在100 m左右。中央深槽是潮流强烈冲刷的地方，槽内地形起伏不定，深槽主轴水深大于80 m。在深槽形成的深水盆地中，还断续分布着椭圆形的隆起地形，它是由潮流冲刷而成的。

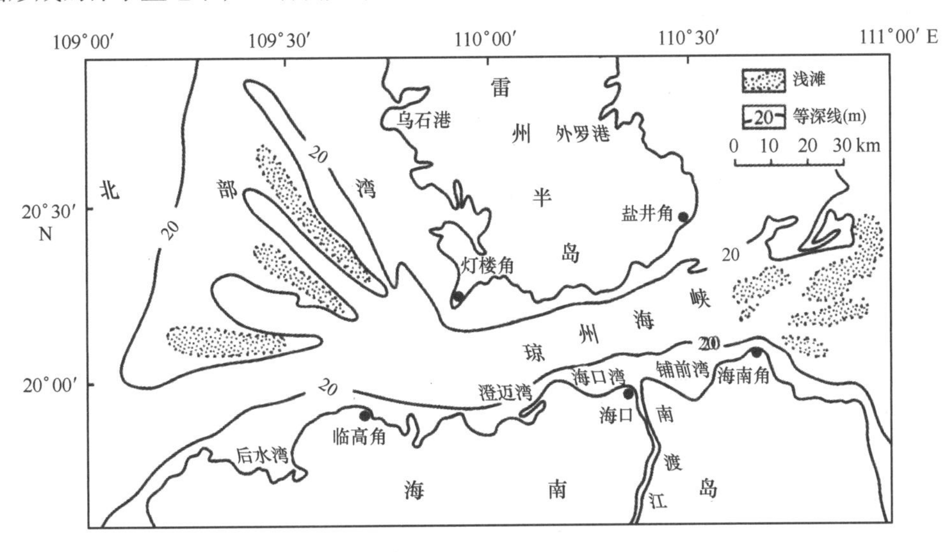

图2.4　琼州海峡地理位置图（王宝灿，2006）

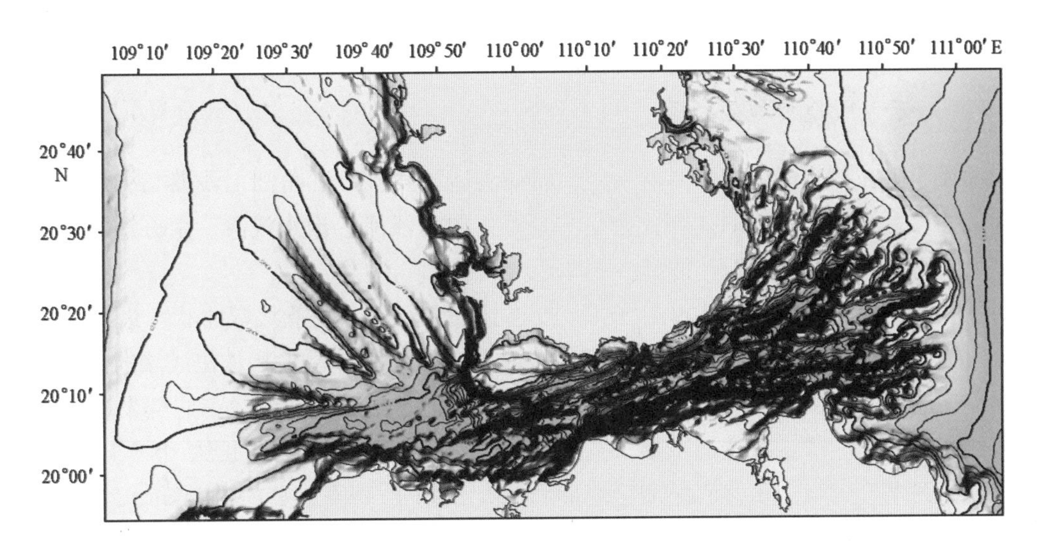

图2.5　琼州海峡海底地形图

1）沿岸地形地貌特征

琼州海峡南、北海岸曲折，岬角和海湾犬牙交错（图2.4）。在琼州海峡北缘海岸水域也均为浅水区、浅滩分布，其中角尾港、海安湾，盐井角西南部有大量浅滩发育，在角尾湾两岬角有礁石发育。在海峡的南缘有系列岬角岸段向北伸突，使海峡南缘的近岸水域被岬角分隔成一系列向陆凹入的港湾岸段，自东向西形成了海南湾、铺前湾、海口湾、澄迈湾、马村港和马袅港等。

铺前湾浅滩发育面积较大，沿岸海域都是大面积的浅滩与小面积的滩涂，湾内还有珠溪河注入，在湾口西部 WEN 有走向的狭长白沙浅滩，浅滩长约 15 km，宽约 0.3 ~ 1.8 km，浅滩水深在 0.8 ~ 4.5 m 变化，平均水深 2.8 m，在浅滩左中部还有一半径为 0.15 km 圆形滩涂，湾内皆为水深 10 m 以下的浅水区。铺前湾往西即为面积约 200 km^2 多扇形南渡江三角洲，三角洲向北凸入琼州海峡南缘中部岸段的水域，5 m 等深线紧逼岸边，5 ~ 10 m 等深线之间的水下岸坡极为陡峭。

南渡江三角洲向西即为海口湾，为一向北敞开的弧形海湾，海湾东西向宽度约为 12 km，海湾南北向纵深自湾顶到湾口 5 m 等深线的距离为 4.5 km，至 10 m 等深线的距离约为 6 km，该湾内有大面积的浅滩发育，浅滩被一条狭长的 5m 水深以上浅槽分成两片区域，平均水深在 3 m 左右。再向西的澄迈湾、马袅港内为浅滩、10 m 以内水深，其中马村港浅滩发育较大。

2）海峡西口门地形地貌特征

受琼州海峡潮波系统和特殊地形地貌特征的影响，在海峡西口形成了潮流三角洲，发育了一系列向北部湾方向延伸的滩、槽相间的辐射状水下地形（图 2.5，图 2.6）。潮流冲刷槽与潮流沙脊相间分布，水深向口外逐渐变浅，长度自北向南逐渐变短，水深在 20 ~ 35 m 之间，冲刷槽槽口水深在 35 ~ 45 m 之间。主潮流冲刷槽位于海南岛近岸，水深在 20 ~ 50 m 之间，走向为 258°，宽约 11 km，槽底平均坡度为 0.82，槽南侧平均坡度为 4.6，北侧坡度约为 7.8，两者向西依次减小。潮流冲刷槽、潮流沙脊自南向北长度逐渐加大，深度逐渐变浅，走向逐渐偏北；潮流冲刷槽南侧坡度比北侧坡度大。

3）海峡东口门地形地貌特征

受潮流影响在琼州海峡东口门附近也形成了潮流三角洲，三角洲上浅滩与分汊槽相互交织，局部还发育了波状起伏的沙坡。主要浅滩有：西南浅滩、出水浅滩、南方浅滩、西方浅滩、北方浅滩、西北浅滩和罗斗沙等（图 2.7）。

西南浅滩处在海南湾湾口北侧约 6 km 处，长约 12 km，呈条状弯曲状。最浅水深约为 3.7 m，最深水深约为 6.6 m，为 WE 走向。浅滩四周逐渐变深，尤其是在浅滩的南部变化剧烈，浅滩周围的 20 m、30 m 等深线与浅滩近似平行。在浅滩的北部，东北部发育有两个深槽，北侧深槽呈现左窄、右宽的条形，宽度约为 0.75 ~ 2.3 km，深槽长约 10.5 km，水深在 53 ~ 67 m，为 WE 走向。东北侧深槽呈鹅卵石状，长约 7.2 km，宽约 4.4 km，水深在 52 ~ 66 m，呈 EN 走势。

出水浅滩位于海南角的东部约 2 km，浅滩呈 WWN—EES 走向。浅滩有 4 部分组成，最西侧为主体，长约 20 km，宽约 0.75 ~ 3.8 km，浅滩上发育有两个相互独立的 5m 以下浅滩，此级浅滩上有 3 块面积较小的沙洲，低潮时露出水面，主体浅滩的东北侧发育有 3 块面积稍小的浅滩，其中中间区块面积稍大，出水浅滩水深在 0 ~ 8.8 m，平均水深在 5 m 左右。

南方浅滩处于出水浅滩东北部，西南浅滩东部，分为两个独立带状浅滩，长度分别约 12 km，8.3 km，宽都在 1.1 km 左右。左侧浅滩水深在 1.4 ~ 5.8 m，平均水深 4.6 m；右侧浅滩水深在 3.3 ~ 6.6 m，平均水深 5.8 m。在浅滩的南部即在南方浅滩与出水浅滩中间发育

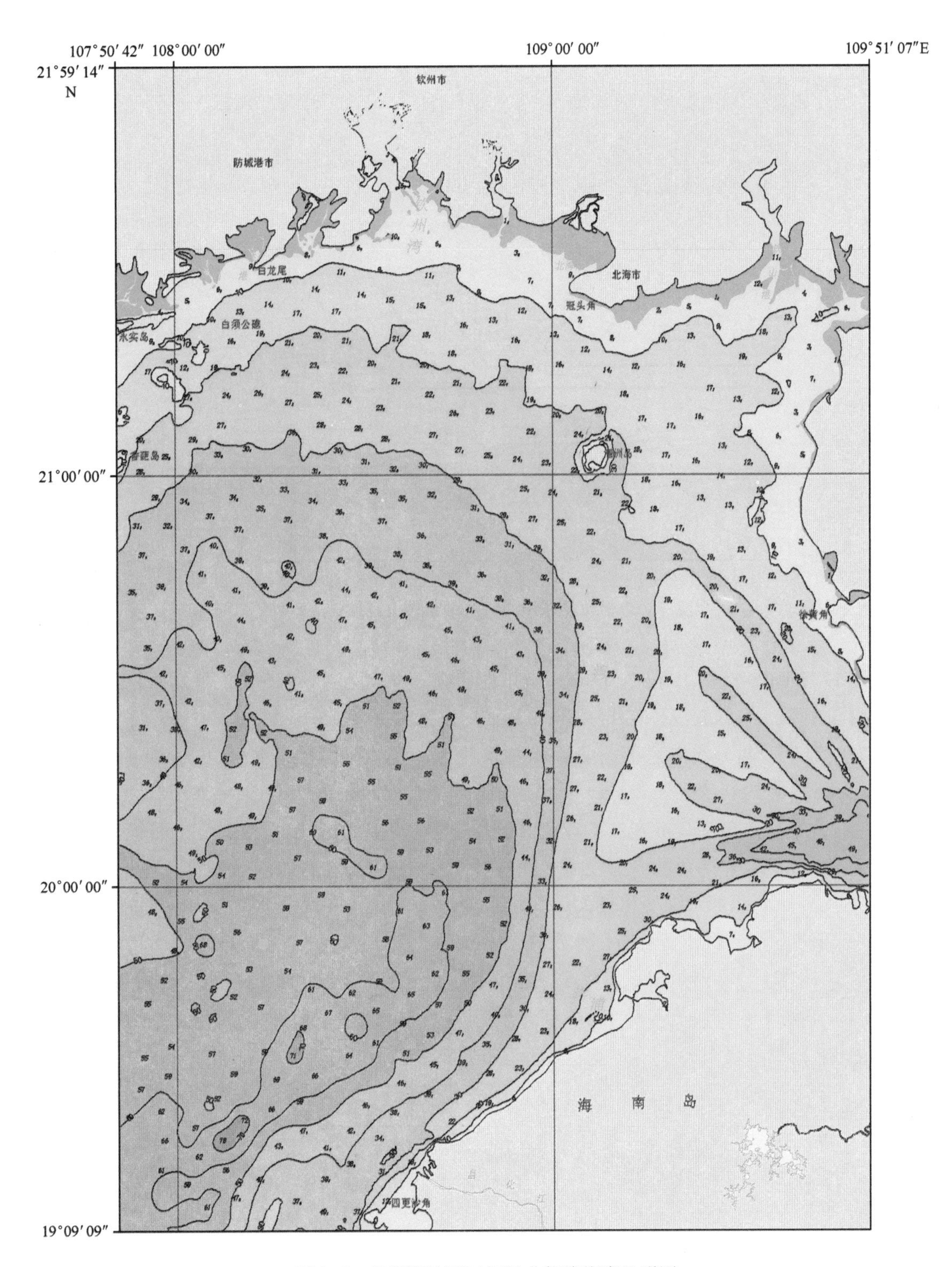

图 2.6　琼州海峡西口门及北部湾海底地形图

有 3 个深潭，深潭自西向东逐渐变浅，最西侧深潭深约 44 m，中间深潭深约 34 m，最东侧深潭水深在 31 ~ 36 m。3 个深潭的走向与两浅滩间的凹槽走向一致，在浅滩北方也有一水深在 40 m 左右的深潭。

西方浅滩位于西南浅滩东北部，琼州海峡东口门中轴部位，距西南浅滩东端约 7.5 km，

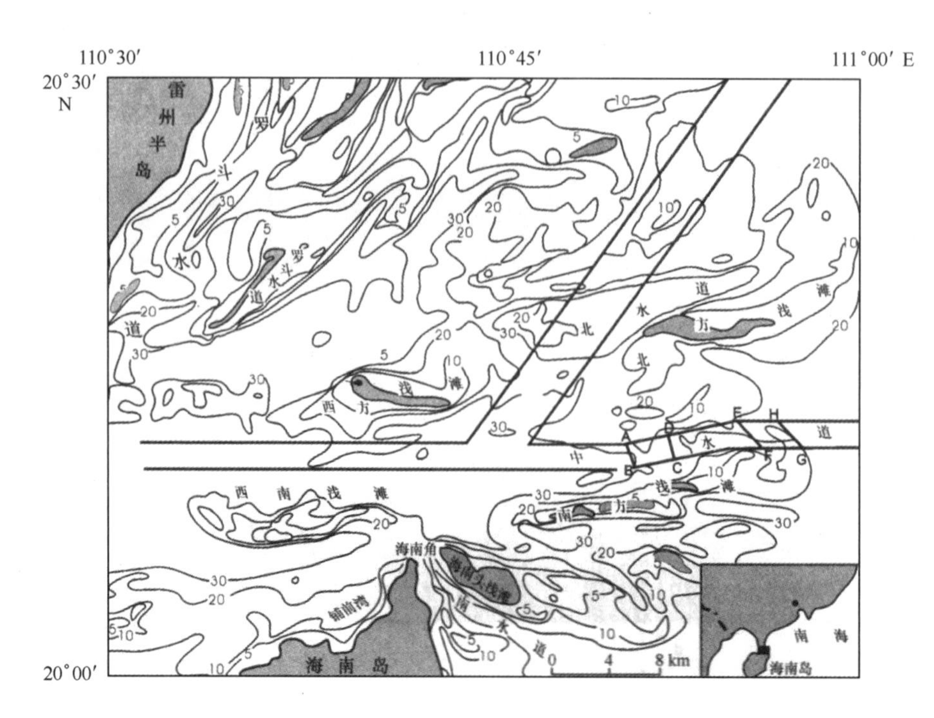

图 2.7 琼州海峡东口门海底地形图（王宝灿，2006）

浅滩长约 11.3 km，宽约 1.5～3.6 km，呈东西走向，水深在 1～9.6 m，平均水深约在 6 m，在浅滩横向中部，水深较浅，在 1～3.3 m，平均水深约 2.4 m。

北方浅滩位处西方浅滩东部，南方浅滩东北部，浅滩呈弯曲条带状，为 WS—EN 走向，长约 22.5 km，宽约 0.75～4.2 km。最浅滩的左中部水深较浅为 0.5～4.8 m，浅滩最深在 9.8 m 左右，平均水深 7.2 m 左右。在浅滩的左下角和右上角有 3 个和 2 个小面积浅滩发育，水深在 7～10 m。在左下角的 3 个浅滩中间有一水深在 29 m 左右的深潭发育，比周围水深低 10 m 多。浅滩的西北部水深变化较大，其余水深缓慢变化，在浅滩西北部有一面积较大水深在 33～39 m 的深潭，深潭西部有一水深在 26～30 m 的沙坡。

西北浅滩位处罗斗沙东部、西方浅滩东北部。距西方浅滩约为 5.9 km，长约 11 km，宽约 1.6～7.8 km，为不规则状，西南端窄、东南部宽。浅滩左下角到中部较浅，水深约为 0～4.4 m，有面积较小的圆形沙洲呈现，其余地方最深约为 9 m，平均水深在 6 m 左右。浅滩的西北角、东南侧水深变化剧烈，其余地方水深变化较缓。在浅滩东部发育有 3 块小浅滩，面积在 8～9 km^2 之间。

琼州海峡是海南的“黄金水道”，海峡东口门发育有 4 条主要水道（图 2.5）：罗斗水道、北水道、中水道、南水道。

罗斗水道（外罗门水道）是广东与海南两省水上交通的必经之道，位于雷州半岛的东部，水道西侧距雷州半岛东部岸边较近，东侧有沙洲、浅滩，风浪较小。自外罗门水道北进口灯浮至 6 号灯浮，水道全长超过 20n mile，最小水深 5 m，该水道是一近岸浅水航道，狭窄弯曲，近年淤积严重。该水道水深经常变化，灯浮常因风浪和流的影响而移位，尤其是热带气旋袭击过后。水道附近鱼栅较多。从北进口灯浮至 1 号灯浮之间，4 号灯浮附近有浅滩，当地渔民反映，2 号灯浮至 4 号灯浮之间海底多为石头。水道最窄处 5 m 等深线宽仅 500 m。外罗水道一带海域海底主要为沙泥底，泥沙的回流淤积比较严重。同时，由于受琼州海峡东口附近复杂海流、海潮的影响，海底淤积的变化情况复杂，对水道内船舶的航行构成潜在的威胁。其中对船舶影响最大的一条沙丘带为起源于 3 号灯浮附近，并一直延伸到山狗吼灯桩附近海岸的“平行沙丘带”，该“平行沙丘带”顺着水道方向与海岸线大致平行，斜穿 4、5 号灯浮之间水域。最近几年以来，由于海底淤沙的变化，“平行沙丘带”发生了较大的变化，已经使得原来推荐航道 4 号、5 号灯浮之间的部分水域出现了低潮时水深少于 2 m 的沙滩及浅点。

北水道位于西方浅滩、西北浅滩与北方浅滩之间，呈 NE 走向，在西方浅滩东南部并入中水道。在水道的中部、西北浅滩的东部有一水深在 8 m 左右的浅滩，浅滩长约 3.3 km，宽约 0.75 km。水道水深在 8 ~ 45 m，自东北至西南由深变浅再变深，水道宽约 3.9 km。水道槽底发育了波状起伏的沙坡。

中水道位处西方浅滩、北方浅滩与西南浅滩、南方浅滩中间，整体走向为 WE 向。水道水深在 18 ~ 62 m 之间，平均水深 40 m 左右，水道宽约 2.1 km。水道地形呈深潭与沙坡相间分布，发育了波状起伏的沙坡。

南水道穿越西南浅滩与铺前湾、海南湾中间水域，绕过海南角向东南方向穿过出水浅滩与海岸浅滩中间海域。水道水深在 17.2 ~ 49 m，其中海南角以西部分水深较大，水深在 24 ~ 49 m，水道呈现北、西深南、东浅，水道宽约 3 km；海南角东南部受左右两侧浅滩影响而变窄，宽约 1.2 km，水深在 17.2 ~ 31 m，此段水道中间部分较深，左右两侧地形坡度较大，呈现一个“V”型凹槽。

2.1.2.2　琼东粤西陆架地形区

琼东海岸濒临辽阔的南海（如图 2.1，图 2.2 所示），其北始于文昌东北部的抱虎角，南至万宁的岭尾岭和西岭，岸线虽受横贯海南岛北部、中部和南部的东西向断裂影响，但走向基本上依然呈 NE—SW 走向，较为平直。琼东海域的 20 m、30 m 等深线自北向南逐渐变密（图 2.2），说明西北向南水深变化逐渐加大，坡度逐渐变大，尤其是在岬角处。自水下岸坡以外至水深 50 m 左右为传统上的内陆架平原，海底地形平坦，无隆起或洼地等地形起伏的单元发育。外陆架最浅水深 50 m 左右，最大水深在 140 ~ 350 m 之间，自西北向东南方向缓缓倾斜变深。

雷州半岛东部近岸海域（外罗水道以北）大多发育为浅滩，地形较平坦，平均坡降在 0.5 左右，雷州湾内等深线南疏北密，南部海湾坡度较缓，北部海湾坡度较陡，显示北冲南淤的特点。从盐井角沿雷州半岛东岸往北，沿岸海域多发育为沙洲、滩涂、浅滩，其中在新寮岛、六极岛、白母沙、北沙岛、后海岛、东松岛、公港岛、东寮岛等岛屿之间，岛屿与海岸之间都发育为沙洲。在这些岛屿、沙洲中还发育有 3 条水槽：在六极岛、海岸沙洲与新寮岛沙洲间发育有一条水深在 1 ~ 6 m 的水槽，中间部位水深较深；在北沙岛、新寮岛与后海岛、东松岛之间有一水深在 1 ~ 6.4 m 水槽，平均水深约 3.4 m，此水槽通过东松岛与后海岛间的一条水深在 1 m 左右的浅槽与北边的水深在 5.8 ~ 15 m 的深水槽相连，此深水槽位于三吉圩海岸与东松岛、后海岛沙洲之间，走向与沙洲的延伸方向一致。

从盐井角到外罗区段的近岸海域因受琼州海峡潮流影响其地形极其复杂，此区域位于琼州海峡东口门西北，主要地形表现为沙洲、浅滩、深槽相间呈弯曲条带状分布，且各浅滩于东北端相连、各深槽于西南部相接，呈现出连体沙滩，整个地形表现出自西南向东北辐射发散状，构成一个潮流三角洲。在盐井角东部约 12.5 km 为一罗斗沙岛屿，其状似罗斗，形如金簪。罗斗沙长约7.75 km，最宽1.5 km，面积约4.9 km²，为东北—西南走向，东高且宽，西低且窄。在罗斗沙东北部发育有几片沙洲，其周围皆是水深5 m以下的浅滩，浅滩的东部、南部水深变化较大，如在浅滩南部就有一面积较大水深在53～93 m的深潭。在近岸浅滩中发育有沙洲，较大的如外罗东南侧的拦船沙、鱼棚沙。在浅滩中间为一条条深槽，最深处也达44 m。在连体浅滩的东侧还发育有独立5块水深在7～8 m的小沙包，其周围水深在11 m左右。

东寮岛再往北即为雷州湾、硇洲岛与东海岛，在雷州湾的近岸、东海岛的南岸、西岸为面积较大的沙洲，而硇洲岛除西北部有稍大沙洲发育其余各海岸沙洲发育较小。雷州湾多为沙洲、滩涂、浅滩及近岸礁石发育，水深5 m以下的海域占海湾90%之多，其中除了近岸的沙洲外，湾内发育的较大沙洲自里向外有：南沙仔、尖担沙、羊尾沙、眉沙、白毛沙、对面沙、石花沙、羊咩沙、调元沙、沟仔沙、东沙仔、排沙等，礁石主要分布在雷州湾北部，自西向东主要有：深石东、五花石、三盘石、南门礁、花担石、安座礁、牛母石、礁耳石等，其水深在1 m左右，大多为1 m以下。在雷州湾湾口（东寮岛与硇洲岛中间海域）浅滩与沟槽相间分布，在东寮岛东侧约6.2 km有一长约8 km、宽约0.5 km，西北—东南走向的条形槽发育，平均水深约11 m。在此浅槽东北部4 km左右有一深槽与湾口外海域连通，往外水深逐渐变深，从12～16 m。此槽口有三块沙包，面积由里向外逐渐变大，沙包水深在9 m左右。

在硇洲岛的西南部则有大片礁石、浅滩发育，面积较大有：搁舵石、波河南石、东外石、出水石、三窝石、海胆礁等，其中，波河南石、东外石、出水石、海胆礁露出水面，其余礁石至水面1 m左右。在礁石堆中心位置东南向约7 km处有一折线形礁石，礁石宽约0.2 km、长约3 km，礁石顶部水深约10 m。在东南码头与硇洲岛中间发育有硇洲水道，水道最深处达18.5 m，在水道左右两侧发育有大量浅滩、泥沙。在东海岛东北侧为湛江港，水深约8 m，硇洲岛北侧有一向西伸入的北方锚地，水深在10 m以上，平均水深在12 m左右，往外水深逐渐变大。DX56区域最北端为湛江水道，在南三角岛与东海岛中间水道较深、较宽，最深达23 m，宽约2 km，长约7.2 km，为东南走向。宽水道右端则为穿越浅滩的窄水道，宽约0.24 km，长约6 km，水深在14 m左右，为东偏南走向。

海南角与抱虎角之间的海湾近岸发育为浅滩及礁石，水深在0～25 m，平均坡降为3，在抱虎角坡降较大，达7.1。海湾外侧西部为琼州海峡东口门浅滩区，地形起伏变化较大，东部为水下堆积平原，水深在30～65 m之间，地形平坦，平均坡降约为0.75。从抱虎角东北部往南至铜鼓咀海域，水深变化较大，等深线较密集，沿岸水深较大，很少有浅滩发育，水深在0～50 m之间，平均坡降约为2.0～9.8，坡度自北向南先减少再增大。

在海南文昌市东部发育有七洲列岛，由南峙、对帆、赤峙、平峙、狗卵脬、灯峙、北峙等7个岛屿组成，自南向北七峰突起，成一条曲线排列，列长13.2 km。它分布成南北两大部分，南部有南峙、对帆、赤峙紧靠；北部有北峙、平峙、灯峙、狗卵脬相连；南北两部分相隔6.5 km，对立相望，各形成一个整体。七洲列岛周围地形复杂，离岸不远水深就可达15 m以上。在北部分的各岛屿附近都有礁石或浅滩发育，在南部分的双帆岛屿西北侧也有礁石分布。

从铜鼓咀至大花角之间，水深在0～65 m之间，等深线顺岸弯曲。0～25 m等深线分布紧密，坡度较大，达6.1～10.1，在各海湾处坡度较小。自北向南，水深和坡降逐渐增大，北部水深在0~45 m之间，平均坡降为2.8；南部水深在0~65 m之间，平均坡降为4.5，最大坡降为6，位于大花角岬角处。

从大花角至马骝角，水深在0~35 m之间，平均坡度为3.9。在大花角南侧坡度最大约为24，其西南部3.5 km处也有一面积较小的甘蔗岛，其距岸边较近，周边水深在10~20 m之间。

从马骝角至陵水角，水深在0~60 m之间，地形总体比较平坦，0~25 m等深线之间坡度较陡，约为7.3。北部坡度较缓，平均约为1.3，往外坡度逐渐变小。在西南部，水下地形坡度较陡，平均坡度约为4.6。在坡头港东南部约4.5 km有一面积较小的洲仔岛，周围水深较深，在13 m以深。往西部有一加井岛，其周围水深小于10 m。再往南的则有分界洲岛，其周围为礁石，西北部为浅水区，南部水深变化剧烈，整体岛屿周围水深大于15 m。

2.1.2.3 琼西北部湾地形区

北部湾是南海最大的海湾，为热带和亚热带半封闭海湾，海湾全部在大陆架上，水深由岸边向中央逐渐加深（图2.6）。湾内地形复杂，北部、东北部坡度平缓，中部偏东区域，特别是海南岛西侧近海海底坡度较大，湾中部区域相对地势平坦，自西北向东南倾斜。沿岸海湾主要分布于北岸，较大的有流沙湾、安铺港、铁山港、北海港、钦州湾、防城港、珍珠港和下龙湾等，注入湾内的较大河流主要有南流江、大风江、昌化江等，较大的岛屿有涠洲岛、斜阳岛、西瑁洲、东瑁洲等。

海南岛西北角水深在0~65 m之间变化，等深线走向约为340°，向岸弯凸，平均坡度约为1.2。在兵马角、洋浦港至峻壁角海域，20 m、10 m、5 m等深线紧靠岸线排列，平均坡度在5.5~20.3之间，在兵马角处坡度最大达20.3，峻壁角次之，坡度为16.8。在后水湾、洋浦港地形较平坦，平均坡度约为0.8~1.2。

从峻壁角到莺歌咀海域，区块边界与岸距离较短，平均为4 km左右。水下地形较平坦，区块水深在0~7 m之间。从莺歌咀至鹿回头角，水深、坡度依次增大，水深在0~30 m之间变化，坡度在1.4~3.9之间变化。在三亚湾内有西帽洲和东帽洲两小岛发育。

北部湾0、5 m、10 m等深线基本平行岸线展布，凹岸向内退缩，凸岸向外扩展。北端的安铺港及铁山港等海湾，0 m等深线大致顺海湾岸线分布，组成港湾形态，5 m等深线伸向湾内组成海湾水槽的边界，10 m等深线稍向湾内弯曲，近岸10 m等深线以浅区域岸坡稍陡。地形坡降以海康港为界，北部稍缓，南部稍陡，北部地形0~10 m线坡降大多在1.5~0.9之间，局部10 m等深线外凸地段最小坡降为0.4；南部0~10 m等深线坡降大多在5~1.3之间，局部较陡，在乌石港与流沙湾之间、流沙湾与东场湾之间及灯楼角的海岬凸出区为14.3~33，特别是流沙湾与东场湾之间的海岬岸坡陡直，0、5 m、10 m等深线几何合并。

该区10~20 m水深之间地形比较平坦，平均坡度约为0.26~0.69。距水尾角0.7 km处有一深槽，水深为20~30 m，走向基本与岸线平行，长约5.4 km，宽约2.1 km，最深处位于深槽中部。20 m水深线由北往南有向岸靠近趋势，在北部海康港外侧，20 m水深线离岸距离大于15 km，向南至东场湾附近为10~11 km，至灯楼角附近仅为2 km。地形坡降在海康港以北为0.2~0.3；海康港以南为0.8~0.1；灯楼角附近最大达16。

2.1.2.4 琼南陆架地形区

琼南海岸位处九所—陵水东西向断裂南侧，受一系列北东向和北西向断裂分割与控制。中生代燕山期岩浆侵入体构成了沿岸的山丘，奠定了基本的海岸轮廓。冰后期海侵过程又受到山丘轮廓的影响，在沿岸岬角地段经历风浪侵蚀而逐渐发育成基岩海蚀地貌，而在岬角之间的海湾岸段，则发育了潟湖 - 潮汐通道 - 沙嘴地貌体系，形成沙堤、连岛沙洲等地貌体。另外，在沿岸较为隐蔽的基岩岸段，还普遍发育有典型热带海洋特征的珊瑚岸礁和珊瑚群落，而在海湾的潮间带滩地上则发育了海滩岩。

海南岛南部基岩海蚀地貌主要分布在鹿回头岭、白虎岭、牙笼半岛及玡琅岭等丘陵海岸周围，海蚀崖多数较陡峻，在海崖前有宽度不大的海蚀平台。其形成既受沿岸波浪的塑造作用，又与组成海岸的岩性和断裂构造体系有密切关系，特别是沿岸的构造格局和岩性，形成奇特的海蚀地形。

琼南海域（图2.8）从陵水河口向南至铁炉港，水深在0～60 m之间，30 m以浅区域，地形较陡，坡度为4.7～14.4。30 m以深区域地形平坦，平均坡度约为1.9，总体平均坡度约为2.6，在陵水角处坡度最大，约为38.1。沿岸海域小于水深10 m的区域非常小，水深变化较大，尤其是在陵水角，水深由几米一下变为超过60 m。陵水湾平均水深约为36 m，其右侧还发育有中清、三角排礁石，其中中清礁石长约2 km，宽约0.45 km，水深在20.5～30 m之间，呈现西底东高，SW走向。

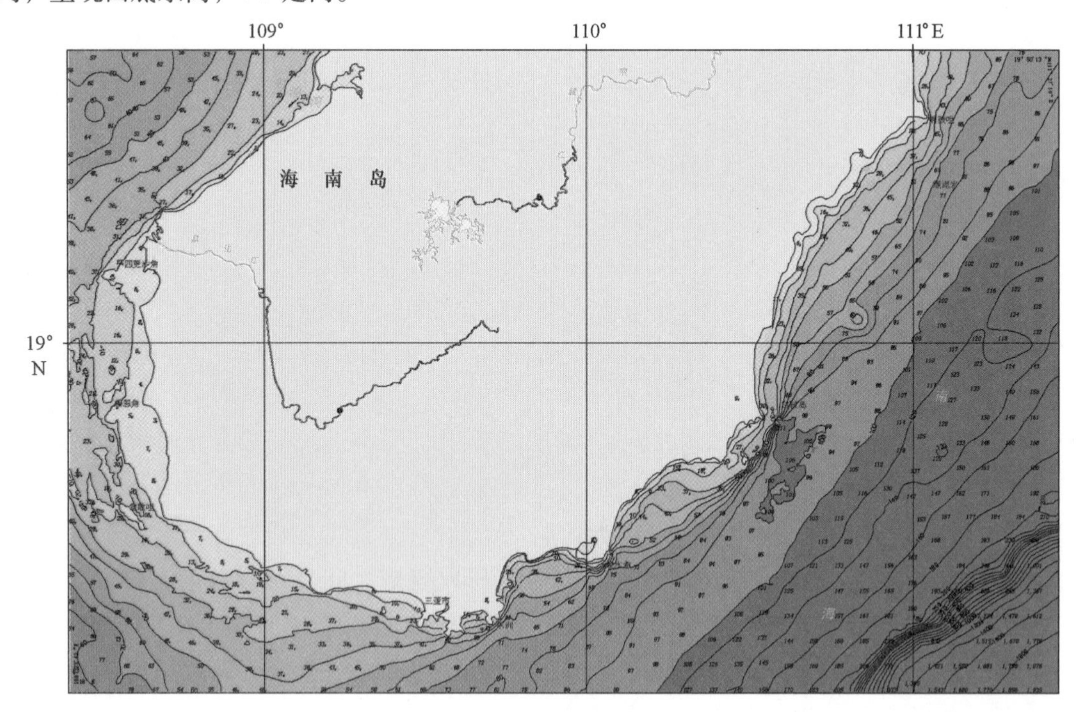

图2.8 琼南陆架海底地形图

水口港东南部的20 m、30 m与40 m等深线间有沙坡发育。在新村港潟湖的潮汐通道内、外两侧都分别发育了潮流三角洲，在土福湾东侧、赤岭西部发育了面积较大的浅滩，平均水深约1 m。蜈支洲岛沿岛岸为礁石、浅滩发育，其东部浅滩面积较大，平均水深在5.6 m。顺岸弯曲的 20 m、30 m 等深线在蜈支洲岛处向东凸起，绕过蜈支洲岛继续顺岸弯曲。沿岸海域小于水深 10 m 的区域非常小，水深变化较大，尤其是在陵水角，水深由几米一下变为超过 60 m。

2.1.3 典型地形地貌单元特征及潜在地质灾害分析

受构造运动、海平面升降、水动力条件变化以及人为因素的影响，海南岛周边形成了复杂多变的地貌类型和微地貌单元。特别由于受到地质构造和热带气候的影响，沿岸地貌发育具有多级地貌显著、火山地貌发育、沿海堆积平原广布、珊瑚礁和红树林海岸在我国最为典型等特征。

2.1.3.1 埋藏古河道

古河道是在研究区内发现的一种典型地貌类型。晚更新世末次冰期极盛期，南海北部陆缘区发生海退，部分滨海地带裸露成陆。随着海面下降，侵蚀基准面下降，陆上河流带着大量陆源物质顺流而下，河流下切侵蚀，河口向外延伸，在大陆架近岸区形成了大小不一的众多古河谷（或古河道）及侵蚀洼地。全新世以来，随着海平面的大幅度上升，早期的河道被淹没入海底，地质时期的绝大多数古河道及古洼地在河流的侧向迁移中被不同厚度的河床沉积物所掩埋，形成埋藏古河道。

海南岛北的雷州半岛东西两侧埋藏古河道发育，多形成于晚更新世晚期，部分为晚更新世时期河道的侧向迁移所充填，埋藏于全新统底界面之下，发育在上更新统的上部，浅地层剖面反映为乱岗状或侧向斜交状的河流相反射波结构特征；部分在全新世早期海平面上升过程中由于河流的溯源堆积所充填，部分为海水进入以后被充填，在浅地层剖面上显示有明显的碟状上超充填特征。古河谷的谷底边界组成全新统底界面，故测区全新世地层的底界凹凸不平，以致全新统厚度变化异常。

图 2.9 剖面位于雷州半岛西侧近岸海区，系不同时期古河道，均为全新世地层所覆盖，剖面左侧古河谷形成时代较早，被充填后顶部再次冲蚀削截，上覆地层为全新统，其宽度大于 0.5 km，底界埋深 12 m 左右；剖面右侧古河道形成时代稍晚，为冰后期海进过程中被充填掩埋，与上覆全新统沉积连续，视宽度约 3 km，底界埋深在 17 m 左右。

图 2.10 剖面位于雷州半岛东侧近岸海区，均为全新世地层所覆盖，5002 测线剖面显示的古河道见有多期充填特征，视宽度约 3 km，底界埋深在 25 m 左右。5006 测线剖面显示的古河谷亦有多期充填特征（图 2.11），具多个大小不一、凹凸不平的侵蚀谷，总体宽度达 5 km 以上，这一现象可能与古河道侧向摆动有关，古河谷顶界在海底下的埋深为 5 ~ 15 m。

古河谷常因充填物较细含水量高，而形成埋藏于海底下的软弱层，对海洋工程建筑而言是一种不可忽视的地质灾害因素。埋藏古河谷的发育程度主要取决于低海面时入海河流的规模和下切深度。河流沉积物属高能环境，其填充物复杂而多变。古河道的纵向切割深度不同，横向沉积相变迅速，在近距离范围内，沉积物的粒度组分、分选程度、密度、固结度、抗剪抗压等一系列物理力学性质截然不同。在长期侵蚀、冲刷及上覆荷载下，造成不均匀沉降，使地层原有结构破坏，造成构筑物基础不稳定，对石油平台等工程建设十分不利。在纵向上，其填充的不同物质的物理性质可能差异较大，它们的不均匀沉降性可能会对海洋工程建设的基础带来较大影响，也可能导致地基由于受力不均而产生倾斜倒塌。

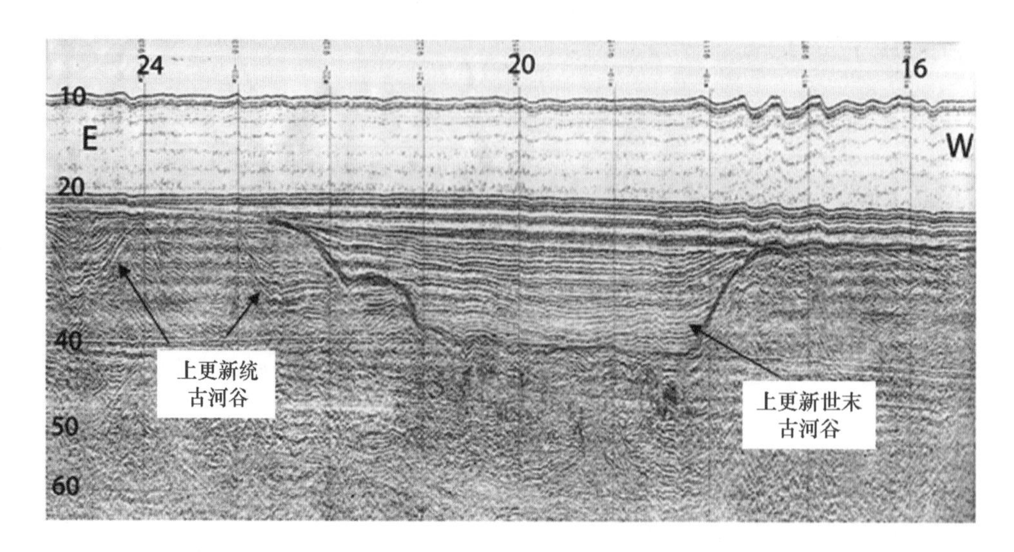

图 2.9　雷州半岛西侧 2013 浅剖测线揭示的不同时期的埋藏古河道

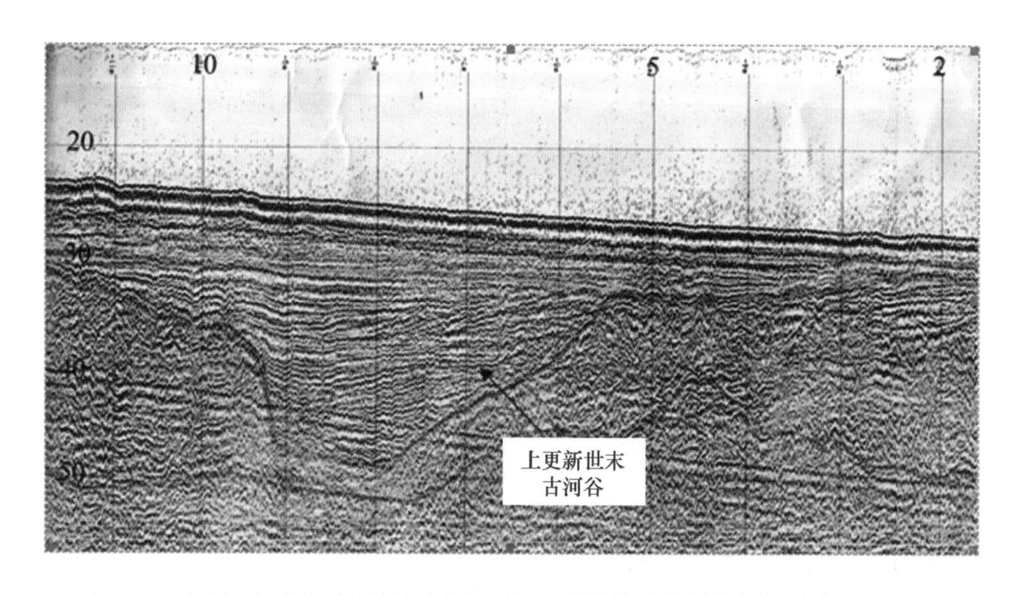

图 2.10　雷州半岛东侧 5002 浅剖测线显示的全新世埋藏古河道

此外，河流属高能环境，其填充物复杂而多变，以陆源碎屑物质为主。河流的快速搬运堆积，将其迅速掩埋，随着河流体系古地理环境的改变，赋存的有机质在一定热变质或生物作用下，可能产生甲烷、沼气。这些气体呈分散状渗透在河道沉积物中，或聚集在河流砂体中产生气囊，形成浅层气。浅层气本身即为一种灾害地质因素。

2.1.3.2　基岩与礁石

海南岛周边的起伏基岩都位于岛屿与基岩海岸周围，岛屿周围出露的基岩和浅埋藏基岩大都是众多岛屿岩体的水下部分和向海底面以下延伸的部分，破碎者多为构造运动所致。基岩海岸受夹带泥沙的激浪侵蚀、不断后退，在崖前形成向海微倾（近似平坦）的基岩台地成为典型海蚀平台，其上常覆有砂、砾等沉积物，具次一级小陡坎、切沟或残留的海蚀柱和海蚀残丘，一般宽数 10 m 至 100～200 m，低潮时部分出露海面，后缘为高度不等的海蚀崖。

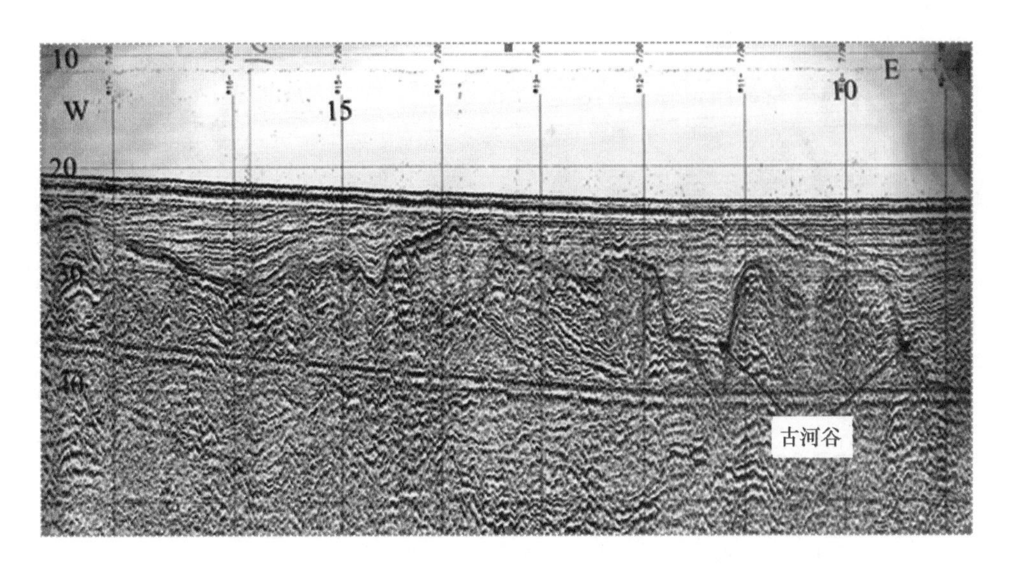

图 2.11　雷州半岛东侧 5006 测线显示的不同时期埋藏古河谷

在海南岛西侧近岸海底区域，基岩埋藏非常浅，一般不超过 5 m，但很少有出露成为礁石的；随着离海岸的距离增大，基岩的埋深也逐渐增大，在外侧边界，埋深达到最大 60 m 左右。在海南岛的东侧近岸区，在许多近岸的浅层剖面上揭示了基岩图谱，其埋藏深度一般不超过 40 m，在很多地方出露成为礁石（如图 2.12）。海南岛东侧是周边区域中礁石最为常见的一个区。海南岛南部基岩埋藏深度变化较大，总体较东部深，稍稍远离岸线的基岩埋深一般可达到 60 ~ 70 m。

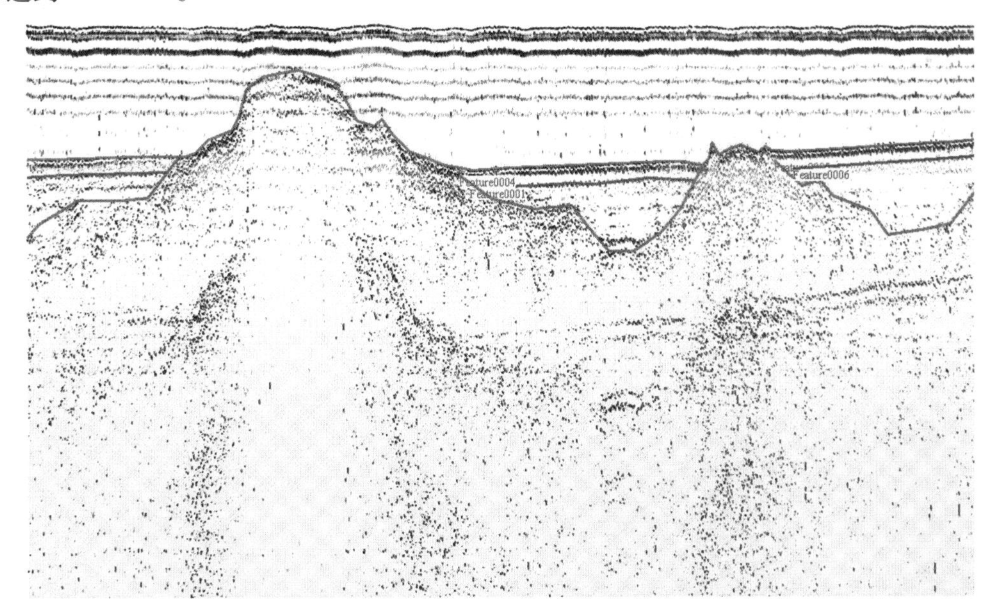

图 2.12　海南岛东侧近岸区浅地层剖面中揭示的出露海底的基岩

在一些近岸区的浅地层剖面图上可以发现有埋藏的风蚀台地和风蚀洼地（图 2.13），这些风蚀作用残留下来的地层比较坚硬，我们一般也把它们也称为基岩。其形成过程如下：海退以后，由松散沉积物组成的海相地层，极易被风力所搬运、侵蚀；未被蚀掉部分残留下来，而成为不同形态的台地，风蚀作用的持续发展，使若干风蚀台地消失，形成更深的风蚀沟谷以及风蚀洼地；这些沟谷及洼地在之后的高海面时期的沉积物所覆盖从而形成埋藏的基岩地貌。

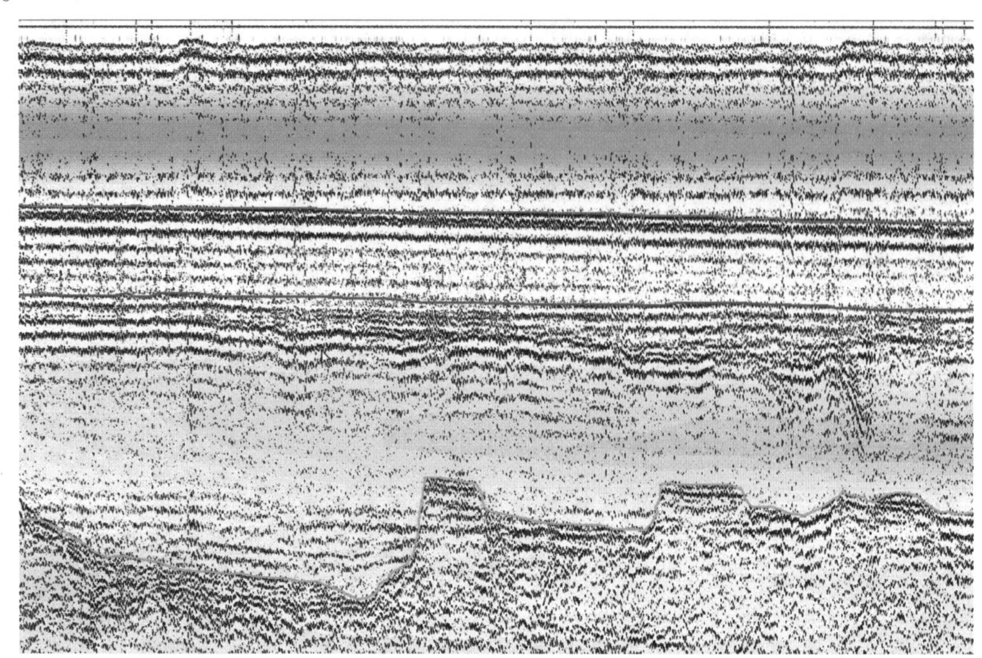

图2.13　浅地层剖面中显示的典型风蚀台地和风蚀洼地

海岸带中出露的基岩形成海蚀地貌，海南岛南部海蚀地貌主要分布在鹿回头岭、白虎岭、牙笼半岛及玡琅岭等（图2.14）丘陵海岸周围，海蚀崖多数较陡峻，高度在20～40 m之间，个别最高者可达80 m，在海崖前有宽度不大的海蚀平台。其形成既受沿岸波浪的塑造作用，又与组成海岸的岩性和断裂构造体系有密切关系，特别是沿岸的构造格局和岩性，形成奇特的海蚀地形。

琼西岸段从兵马角至洋浦是海蚀型火山港湾岸（王颖等，1990，1997），自晚更新世中期以来，有两期火山活动，共5次喷发，最近一次喷发活动层的热释光年龄为（4 000 ±300） a B. P. 。沿海岸密集的火山喷发孔、岩流堆积。母鸡神火山岸段，长1.8 km，兼有第4、5两次火山喷发活动，由火山颈、火山口、喷发岩构成的海蚀柱、海蚀崖、海蚀岩墙以及受火山构造活动影响而抬升的古海岸沙坝、古海滩等组成。“母鸡神”是高10 m的海蚀柱，顶部系火山弹、火山渣堆积，下部为玄武岩，柱上有1.7 m，4 m和6 m三层海蚀穴。沿海岸线断裂带15个火山口呈串珠状展布。向海的小火山口喷发物与海相沉积物成互层。这些火山孔在海岸成岬角，海蚀后成崎岖的岩滩及海蚀柱。

对于工程建设，基岩是很好的持力层，但调查区内的海底起伏，基岩岩面随之起伏不平，高低差异较大，与周围沉积物的工程地质性质不均一，会产生承载力差异，不利于工程构筑基础的选择、施工。另外，表面起伏较为剧烈的浅埋藏基岩面有可能和滑坡、断层等相伴生，也是具有潜在危害性。因此，在工程建设中必须谨慎对待，进行详细勘察。

礁石对于海底工程具有不利因素，如其坚硬锋利的表面会对其上铺设的电缆、管道产生磨损，从而导致电缆、管道的损坏破裂；对于必须经过礁石处的工程项目也将增加经济成本，

图 2.14　海南岛南部玡琅岭基岩岬角海岸

人们不得不增加投入对其进行爆破或者开挖，以保证工程项目的安全性。

2.1.3.3　冲刷槽

海南岛周边最大的侵蚀冲刷槽为琼州海峡。琼州海峡是南海北部潮流作用最强劲的海区，海峡中部潮流流速一般为 4 ~ 5 kn，底层为 3 ~ 4 kn（彭学超，2000），因此潮流对海底的侵蚀作用十分明显。这与海峡特定的海岸形态密切相关，外海潮流传至海峡时由于水道急剧变窄，加上海峡东西两地同潮时和等潮差，致使潮流流速迅速增大，对海底产生强烈冲刷和侵蚀，海峡越窄潮流越急，对海底冲刷侵蚀越强烈；海槽水深越大底部地形越复杂；反之海峡断面展宽，流速变小，海流对海底面的冲刷作用相对减弱，海底趋于平坦。据水深、地形、动力条件及底质类型，将琼州海峡内冲刷槽分为深槽、浅槽和槽坡 3 类。深槽多大于 50 m 水深，为现代水流强烈冲刷区域，局部最大水深大于 100 m，槽底多显高低不平的锯齿状形态，局部呈双谷状（中东部），中部见有丘状凸起（图 2.15）。槽底常见大型波痕，局部大波痕上叠小波痕，槽底见有斑块状和条状流水冲刷侵蚀痕。槽底出露半固结的粉砂质黏土，局部为粗颗粒的砂砾底质覆盖。浅槽分布于深槽区的东西出口附近，水深 30 m ~ 50 m，底面大中型沙波发育，底质与深槽类似。槽坡主要分布于南北两岸，底质自下坡向上坡变细，上部近岸区分布细颗粒的淤泥质沉积物，在海湾区附近槽坡宽度相对稍大。

另外，还有埋藏的古冲刷槽见于琼州海峡中西部的 3015 测线（图 2.16），凹槽切入上新统，约形成于上新世早中期，后为上新世晚期地层充填，凹槽槽口视宽度 2 200 m 左右，槽深自海底面下 10 ~ 12 m，显示琼州海峡在上新世时期曾受强水流冲蚀，但规模较现代琼州海峡小。由于琼州海峡后期经受了强烈的冲蚀、成槽过程，前期形成的冲刷槽在许多剖面上保存不完整或不明显。

冲刷槽与航道是船舶通行的重要自然条件，但同时冲刷槽的存在将导致海底形成高低剧

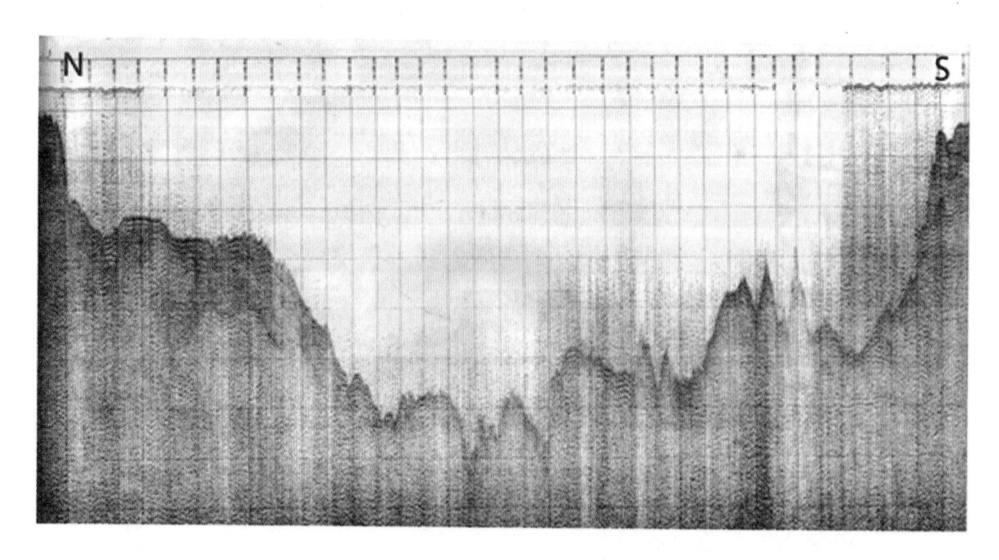

图 2.15　3020 测线剖面显示海峡深槽单槽断面形态（横向点间距 500 m）

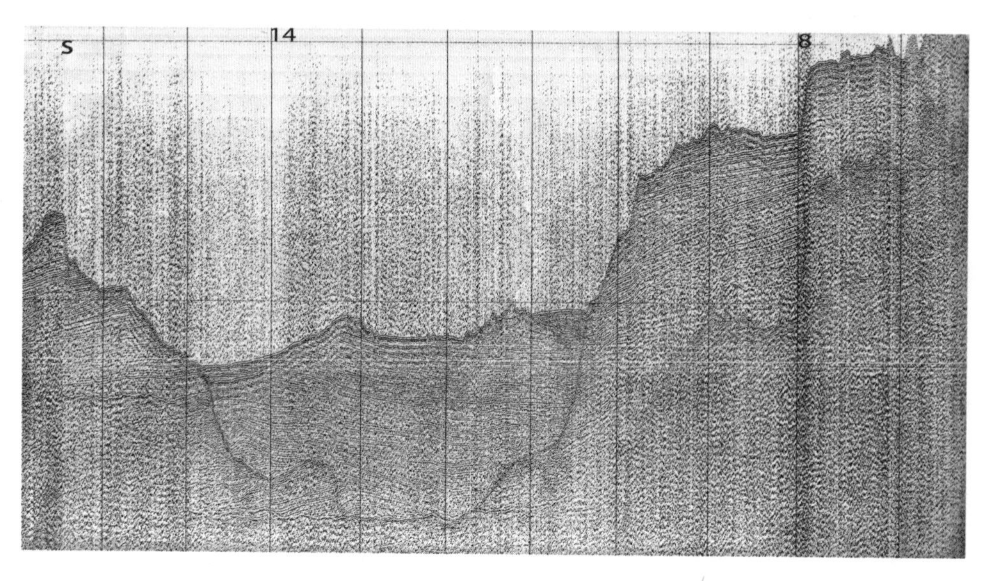

图 2.16　3015 测线剖面显示的埋藏冲刷槽

烈起伏的表面，而且其附近的水动力一般非常强烈，使其对铺设的海底电缆、管道及构筑物桩腿具有潜在的危害性。可见客观存在的自然现象，面对人类活动不同的需求，会表现出截然相反的属性条件。

2.1.3.4　沙脊与沙波

海南岛潮流沙脊群主要分布于琼州海峡的西口，规模较大的有三对北西—北北西向的砂脊和水下槽沟组成，脊槽相间分布，砂脊高度为水深 10 m 左右，水下槽沟水深大于 20 m，该区海底沙脊、沙波发育，水下动力作用较强，从其形态和动力条件分析为潮流成因。浅地层剖面显示，沙脊反射波内部结构为侧向前积状，与下伏层呈不整合接触（图 2.17）。

海南岛周边沙波主要分布于琼州海峡中部、东西出口区以及琼西四更—莺歌海海区。沙波的发育与一定厚度的砂质底质和强潮流有关。典型的大沙波高度约 1 ~ 3 m，最大高度约有

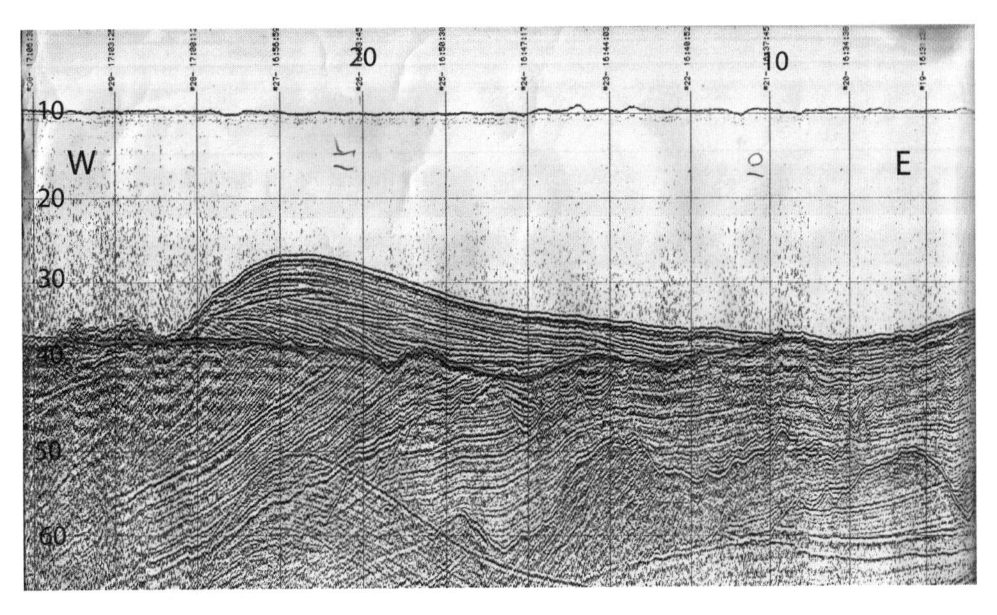

图 2.17　2022 测线浅地层剖面显示潮流沙脊反射波结构，与下伏层呈不整合接触

5 m，波长约 200 ~ 400 m 不等，沙波波脊线走向与潮流方向近于垂直，大部分为不对称沙波（图 2.18）。在琼州海峡内，沙波缓波面向西陡坡面向东，显示受东向水流作用所致，这一特征与海峡内底层最大潮流方向一致。有些大沙波之上叠加小沙波，显示了水流作用强弱相间且流向不一的特点，向两侧岸坡区沙波规模变小。琼西近岸区以沙波为主，且多与沙沟、沙脊相间，粗砂次之。

在水下浅滩等地形变化急剧区域，沙波方向受主水流方向控制明显。琼州海峡东口的北方浅滩区，浅滩南侧沙波波脊走向近北东向，缓坡向南东、陡坡向西北，显示最大流速方向由东南流向西北；浅滩北侧沙波波脊走向近东西向，缓坡向北、陡坡向南，显示最大流速方向由北向南。在浅滩侧翼的平缓地区发育小型沙波及波纹，显示水流流速相对比较平缓之特征。

沿海沙坝、海滩、滨外洲和水下斜坡的沙波、沙脊中广泛发育有丰富的砂矿，如钛铁矿砂矿和石英砂矿等。海南岛海滨钛铁矿可采储量超过 88×10^4 t，主要分布于文昌市、琼海市、万宁市和陵水县，其中文昌、琼海和万宁三市储量占全岛 83%（刘昭蜀等，2002）。石英砂矿主要分布于文昌市铺前、儋州市新隆和东方市八所等地。

2.1.3.5　水下堆积台地

分布于陆架区的水下堆积台地由平坦的台面和坡度较大的斜坡组成，其形成和发展与现代堆积作用相关。通常分布在内陆架堆积作用强烈的现代沿岸地区，由大河及近源中、小河流入海泥沙堆积而成。沿岸堆积台地后缘以岸线为界，前缘坡折水深 20 m，坡脚水深 40 ~ 60 m。沉积物以粉沙、黏土为主，全新世沉积层厚度随基底起伏而变化．部分受复杂的海流或风浪作用，顶部可形成活动的风暴沙丘和强潮流形成的脊、槽相间的线状地貌。

较为典型的水下堆积台地为海南岛西南侧的风成堆积地貌体。北始于珠碧江，南至莺歌海沿岸，东从山麓前缘，西至北部湾滨海水下陆架区，形成一片自西向东和缓倾斜的波状起伏的砂质水下堆积台地。宽广的沙丘型水下堆积台地与区域的供砂条件密不可分。台地下伏

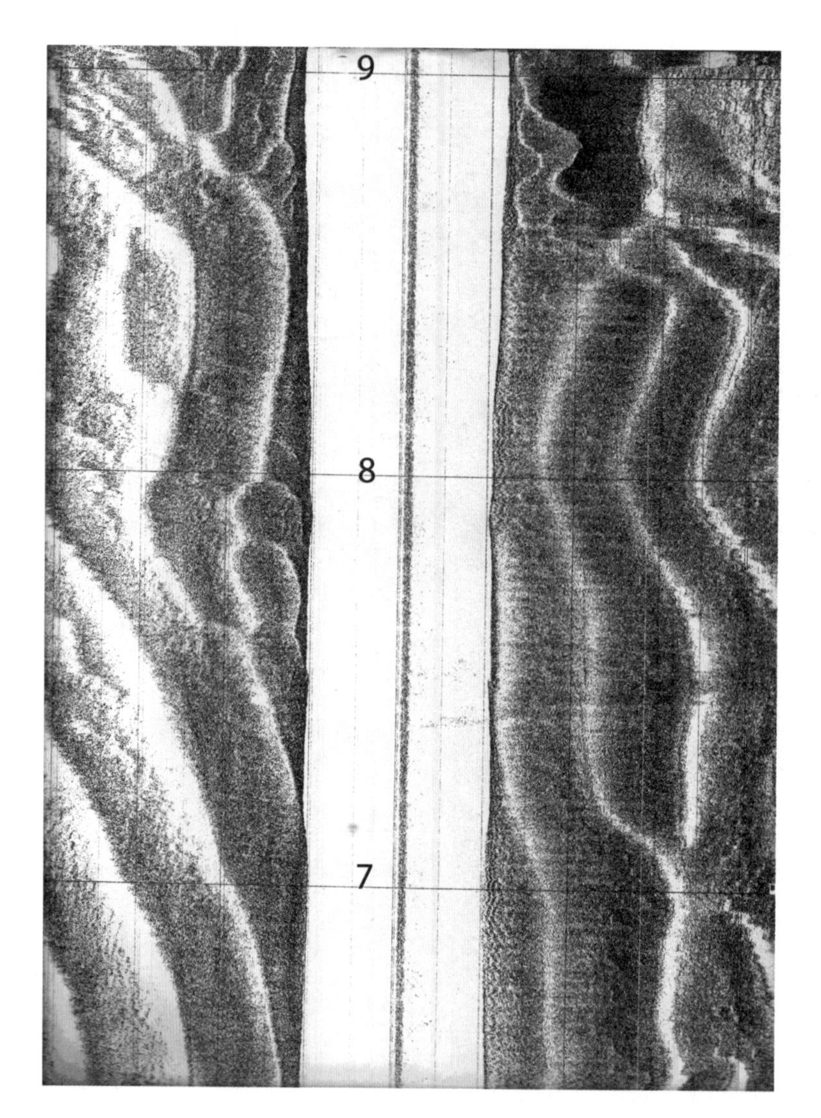

图 2.18　琼州海峡中部主测线“3019”声呐图像显示的沙波微地貌，测线横穿海峡，波脊线方向与测线走向近于一致

地层多为中更新统北海组洪—冲积堆积物和全新统早期发育的“老红砂”滨海相沉积层。据研究大部分台地堆积物与其下伏地层物质结构相似（刘瑞华等，1986），因而认为就地起沙是该区沙丘型堆积台地发育的主要原因。琼西沿岸冰后期形成的沿岸沙堤经风吹扬后不断堆积沉积，也是该区水下堆积台地发育的原因。

海南岛西北附近海域，离岸约 13 km 的浅地层剖面中（剖面呈 NE—SW 向延展），发现埋藏的残留砂（图 2.19），估计其形成时期应该为晚更新世末期。末次冰期时，海面下降，滨线后退，南海海面比现在低 130 m 左右，陆架大部分出露成陆，且研究表明晚更新世以来我国气候带的分布格局与今日大体相似，东北季风盛行，强劲的东北风吹杨起陆架原有的河流相和滨海相的砂质沉积物，而密度较大的原生沉积仍然可以保留或部分保留。全新世早期，发生海侵，新的沉积又覆盖在其上，故残留砂得以保存下来。

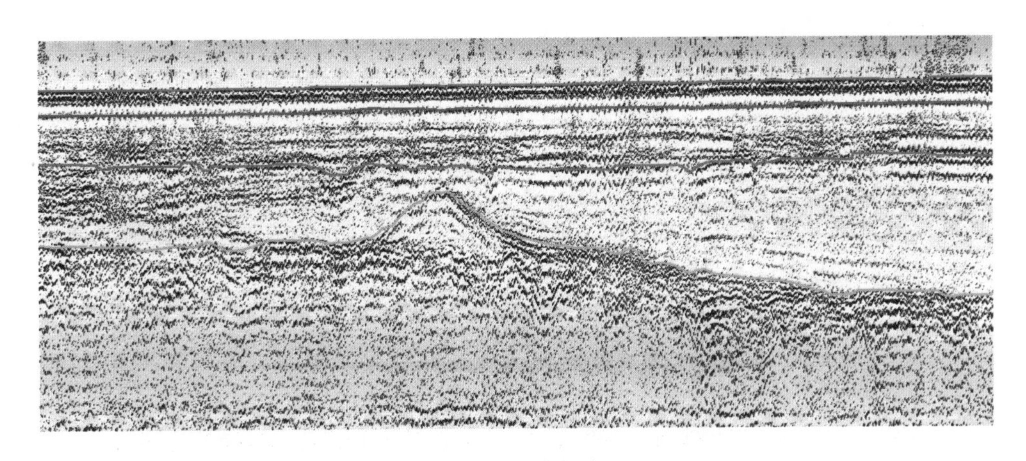

图 2.19　残留砂

2.1.3.6　红树林海岸

在热带、亚热带地区粉砂淤泥滩中发育红树林海滩，由耐盐常绿灌木和小乔木的红树型植物（红树、海榄雌、海桑、红茄冬）和沼泽组成，潮水沟弯曲迂回于林内，多分布于沿海动力条件较为平静的海湾或河口湾的潮间带或浅滩。红树林在华南沿岸间滩涂中呈间断分布，广东和海南共有红树林面积 86 km^2，其中以海南岛沿岸面积最大，约有 48 km^2（王文介等，2007），主要分布于铺前湾、清澜湾等地（图 2.20）。

图 2.20　海南岛东北部铺前湾东寨港红树林

2.1.3.7　珊瑚礁

华南珊瑚礁海岸主要分布于海南岛（环岛近岸均有零星分布）及雷州半岛近岸区，分布断断续续。根据成因形态等原则，可将珊瑚礁分为裙礁（裾礁、岸礁）、潟湖岸礁、礁岛（包括离岸堤礁和离岸暗礁）。海南岛周边以裙礁分布最广，通常以礁坪的形式于沿岸展布，低潮时可露出水面，在平直海岸或海湾内规模较大（图2.21）。

图2.21　海南岛亚龙湾珊瑚礁平台

从琼海市青葛向北至文昌市清澜港之间的沙著港、冯家湾、长圮港和高隆湾等沿岸，断续分布珊瑚裾礁，礁坪最宽达2 km（曾文洲等，1984）。潟湖岸礁见于榆林、新村等湾内（已遭破坏），水深一般不超过10 m。礁岛如大铲岛和邻昌岛属离岸堤礁，而将军印、头排、头排嘴则属离岸暗礁。此外，后水湾口的邻昌岛（东西长6.5 km，宽1 km多）等4小岛，都是在玄武岩滩上发育珊瑚礁的离岸明礁，其上的裸沙洲干出2.6 m。洋浦湾南岬排浦珊瑚岸礁礁坪宽1 km左右，潮坪上的海滩岩^{14}C年龄为（1 087 ±86）a B. P.（王建华，1992）。洋浦湾外有一珊瑚礁离岸堤，叫磷枪石岛，NE. SW走向，长4.5 m，宽1 km许，低潮出露，上有若干裸沙洲。

2.1.3.8　滑塌体

在海头港附近外边界NE向B1 -45 -41测线的浅地层剖面图上发现一个特殊地质体（图2.22红线所包围的地质体），其NE向长度为8 km左右，厚约30 m，层理比较清晰，其沉积主要为粉砂和黏土。该特殊地质体可能是透镜体，砂岩压实差异或沉积体滑塌进入深水区被泥岩包围，就可行成透镜体，特殊地质体下面的地层受剥蚀形成洼地从而成为深水区，而且地质体主要成分是粉砂和黏土，存在透镜体形成的条件。

浅地层剖面显示在琼州海峡东口的浅滩区域也有地层滑坡现象。穿越浅滩的测线剖面显示（图2.23），在浅滩两侧均有滑坡现象存在。滑坡体的存在与其沉积背景条件有关，首先为地形，滑坡体均发生在正向地形的边侧，且组成该正向地形的地质体均存在一定程度的固结，边坡较陡；其次，滑坡体为现代沉积物，堆积速度快，物质松散，孔隙度大，含水量高，受重力影响在一定位能作用下沿正地形的坡面下滑；在坡底稳定地带停积，水下滑坡多为软弱沉积体，往往对水下构筑物有摧毁性的破坏作用，应予以充分重视。

2.1.4　区域地形地貌条件评述

2.1.4.1　砂质海岸地貌条件评述

海南省海岸线漫长，港湾众多。在长达2 200 km多的海岸线中，砂质海岸占50% ~ 60%，沙滩宽数百米至1 km不等，向海坡度一般为5°左右（戈健梅等，1999）。沙滩规模取

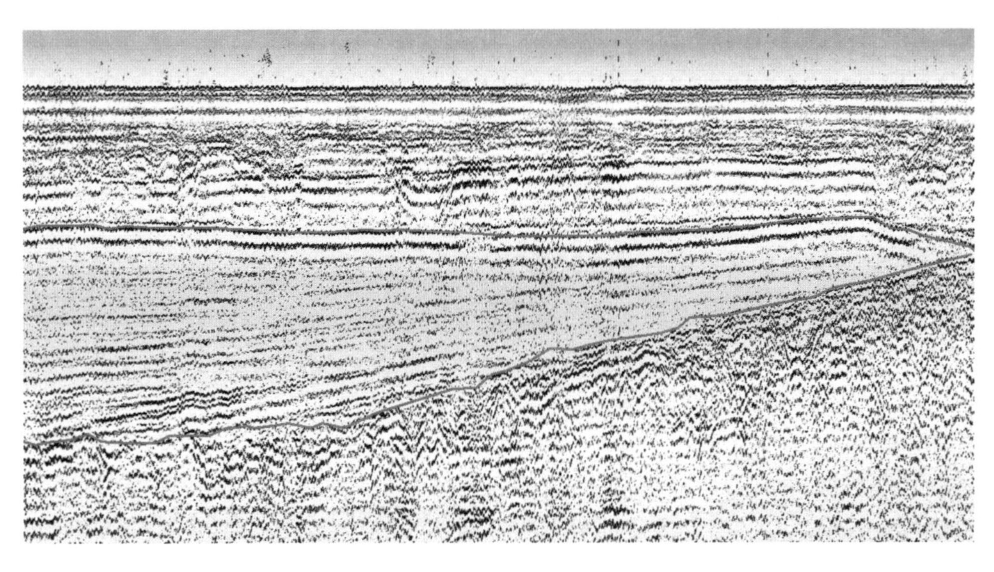

图 2.22 透镜体

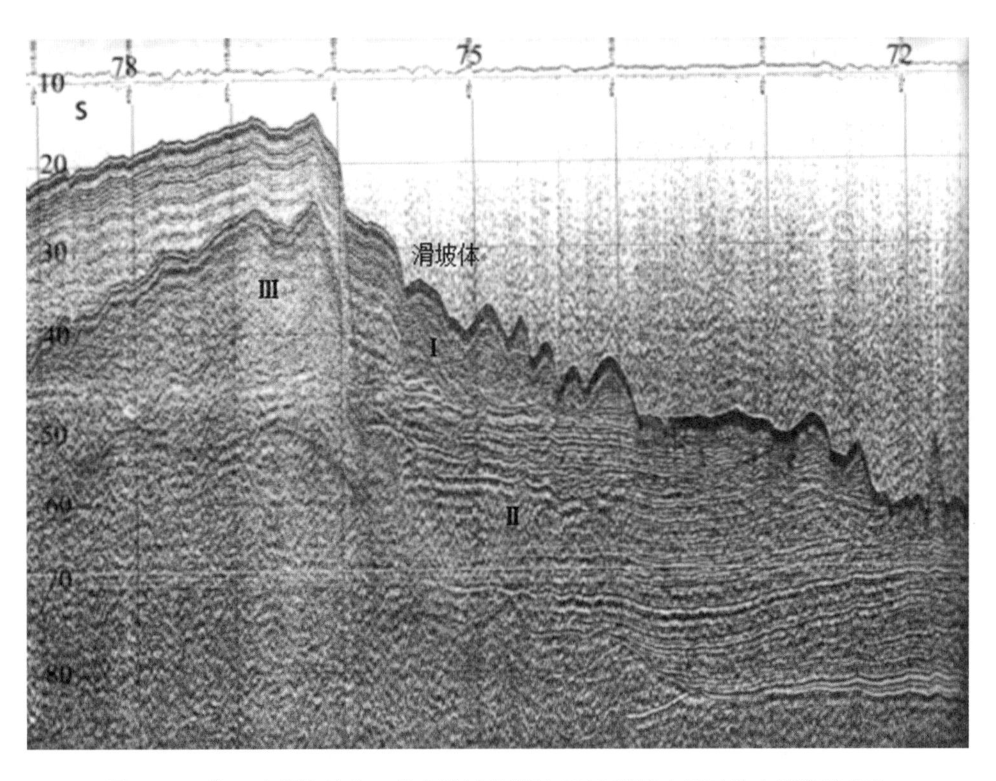

图 2.23 位于琼州海峡东口北方浅滩北侧的 3036 测线中显示的上部滑坡现象

决于岸线轮廓、物质来源、海岸动力等因素（陈欣树，1989）。据不同动力过程、粒度、结构与历史的差别，从海向陆一般可分为海滩沙、岸堤沙、风积沙和晚更新世老红砂等不同沉积类型。砂质海岸蕴藏着可供开发利用的资源，如沙荒地的改造利用、砂矿开采、海滨旅游、港口建设等。沿海沙坝、海滩、滨外洲和水下斜坡的沙波、沙脊中广泛发育有丰富的砂矿，如钛铁矿砂矿和石英砂矿等。对砂质海岸的分布规律、地貌条件的分析，有利于对海南岛资源的评价和综合利用。

砂质海岸一般包括滨岸带的沙堤、海滩、水下沙坝和浅滩等地形，其形成时代可上溯至晚更新世。它们直接毗连于阶地（台地）或平原前缘，或发育于基岩海湾的内缘。砂质海岸一般宽几十米至几百米，长可顺岸延伸近百千米，呈断续分布。海南岛四周岸线曲折，岬角海湾密布，这种弯曲的岸线，波浪作用强度差异较大，突岸常受波浪侵蚀后退，产生大量岩屑物质，凹岸则因波浪作用减弱，产生堆积前进，如此发育砂质海滩和岸堤。

砂质海岸形成的外动力主要是波浪和风。海南岛沿海每年除受东北风浪、西南风浪和东南—西南涌浪作用外，夏秋季节还常受台风的侵袭和影响。台风往往可以扰动水深较大的海底沙，侵蚀砂质海岸，使海岸后退，或在另一岸段产生新的堆积体。而风的作用则主要体现在加高沙堤，形成沙丘和风沙地。海南岛东岸、南岸和西岸等多处地带岬角、港湾密布，砂质海岸多有分布，这也是海南岛主要岸线类型。

砂质海岸组成物质以粗、中、细砂为主，从海向陆，据不同动力条件，颗粒粗细和沉积结构等特征，一般可分为海滩沙、岸堤沙、风积沙和晚更新世老红砂等四类（陈欣树，1989）。

海滩沙指现仍处于潮汐及波浪作用的砂质海滩。粒度较粗，以灰白色中细砂为主，分选较差，纵剖面粗细相间，具交错层理，反映波浪作用强弱交替变化，平面可见波纹结构。砂质大部分为石英，少量云母，长石、贝壳和珊瑚碎屑，重矿物有钛铁矿、锆英石、电气石、磁铁矿，福铁矿等。可见海滩沙往往是砂矿富集体。岸埋沙位于海滩之后，由海滩沙受激岸浪推移堆积，又经大风吹扬加高，地貌上称风成沙堤。其砂质粒度中等，多为黄白色或棕色，分选较海滩沙好，但层理不清晰，成分除石英外，尚有少量长石，黑云母，钴英石、钛铁矿，还有少量贝壳碎屑。平均厚度由几米至十几米，松散，易于被风吹扬加高成为沙丘。岸堤沙进一步被风吹填于低地成为沙地，或直接在岸堤沙上加高成为沙丘、沙垅或沙堆，叫做风积沙。风积沙的粒度分析表明，在砂质物中，其粒经最小，但分选和磨圆最好，有时在砂层中可见斜交层理，表示不同风向的作用过程。

由于海岸线向海延伸，常见多条沙堤组成沙堤带在风的吹扬改造下，形成沙地或沙丘等地貌，组成物质以黄白色石英中细砂为主。滨岸沙堤、岬湾沙堤、河口沙咀、湾口沙坝、离岸坝、连岛沙洲和堆积沙岬等均属此类，这也是海南岛周边溺谷型海岸最为常见的几种微型地貌。海南岛南岸南山岭与红塘岭之间的后滨海区域，发育的沿岸沙堤与风成沙丘堆积体高度可达 22 m 左右，是典型的滨岸沙堤；海南岛东岸乌场湾是一个发育良好的向东南敞开的螺线型海湾，沙堤依岬角发育长超过 10 km，是典型的岬湾沙堤；琼东八门湾潟湖体系中发育的东郊沙沙咀是相对较为发育的河口沙咀；琼西洋浦湾口外发育有拦门沙属湾口沙坝；海南岛东部琼海附近的博鳌潟湖外侧的玉带沙发育成为了离岸沙坝；三亚市南部的南边岭与鹿回头之间发育有著名的连岛沙洲；海南岛西南岸的莺歌海砂质海岸为堆积沙岬所造成。

老红砂由一套褐红、棕黄色半固结状中细砂组成，张虎男（1985）根据老红砂的分布、地貌特征及沉积物中含有滨海环境的硅藻，有孔虫，介形虫化石，说明老红砂为近岸带海陆过渡相滨海沉积。根据老红砂地层对比和^{14}C 测年资料，推测其时代为晚更新世晚期，故可作为古海岸之遗迹。

海南老红砂主要分布于海南岛的东北部及西南部，特别是琼西滨海地区，北起珠碧江，南至莺歌海沿岸从山麓前缘至北部湾海滨，一片自东向西缓缓倾斜并呈波浪状起伏的砂质平原，海拔 3 ~ 50 m，面积逾 700 km^2，大部分沙丘物质为呈褐黄色、红色、棕红色的砂或砂砾堆积物（刘瑞华等，1986）。沙丘遍布地区下伏层大多为中更新统北海组的洪－冲积堆积物和全新统早期发育的老红砂滨海相沉积层。大部分沙丘堆积物与下伏地层物质结构相似，因而认为就地起沙是该区沙丘发育的主要沙源。

2.1.4.2 珊瑚礁海岸地貌条件评述

海南省沿岸一些浅海水域及南海诸岛十分适合珊瑚生存和珊瑚礁生成，极大地丰富了海南的生物多样性。海南岛沿岸珊瑚礁块厚度为 10 m 左右，下面即是砂层或基岩，形成年代大致为7000 年前。海南省珊瑚种类繁多，周边还有各种软珊瑚、柳珊瑚及与珊瑚礁相互依存的、丰富的海洋生物。

海南省珊瑚礁面积占全国珊瑚礁总面积的98%以上，西沙、中沙和南沙群岛多由珊瑚礁组成，所占分量最多。海南岛沿岸分布有珊瑚礁的岸段长达 228.90 km，并以裙礁为主，占总礁量的 92.44%；堡礁次之，占总礁量的 6.88%；环礁仅占总礁量的 0.68%（周祖光，2004；蔡爱智等，1964）。

海南岛沿海各市县均有珊瑚礁分布，以文昌市的面积最大，达 1.5×10^4 km^2，其次是儋州市和澄迈县，均为0.2×10^4 km^2。岸礁长度文昌市和儋州市最长，分别达158 km 和150 km，其次是琼海市和三亚市，分别为65 km 和55 km（周祖光，2004；黄金森，1965）。为了保护海南省珍贵的珊瑚礁资源，1990 年 9 月国务院批准建立三亚国家级珊瑚礁自然保护区。

琼西海岸除了构造断陷区和河口岸段因受泥沙堆积和淡水影响而不利于珊瑚生长外，沿岸的前海滨带珊瑚岸礁广泛分布，它是海南岛沿岸珊瑚岸礁发育的典型岸段之一。从排浦至昌化河口北侧，岸线长度约为 70 km，除了珠碧江河口以外，沿岸是连绵成带而宽窄不一的珊瑚岸礁，镶嵌在海陆交会的前海滨带，一般宽度为 500 m，在排浦和珠碧江河口北侧岸段的最大宽度可达 1.4 km，最窄的也有 100 m 左右（周祖光，2004；吕炳全等，1984）。低潮时，大部分礁坪上的水深小于 1.0 m，仅在高潮位附近的礁坪出露海面。

琼西海岸的珊瑚岸礁与琼岛其他岸段的珊瑚岸礁一样，大多是由死亡的造礁珊瑚骨骼与少量贝壳和石灰质藻类胶结成钙质岩体。由于造礁珊瑚群丛向上增长到低潮面时，石珊瑚停止向上生长，它改为以横向发展为主，这时，逐渐形成与岸平行的带状珊瑚生长带。在波浪冲击作用下，一些易折的枝状珊瑚北打碎，珊瑚碎屑逐渐地充填凹地，使水下岸坡上崎岖不平的珊瑚丛生地带趋向平坦。原有的造礁珊瑚受新生长的珊瑚覆盖或珊瑚碎屑掩埋而死亡。这些死珊瑚的骨骼经成岩作用而变得坚实。长期来，经波浪冲击及其挟带碎屑的磨蚀作用下，在海岸的前海滨形成平缓起伏的岸礁。由于它位处在海、陆交会的过渡地带，导致波浪破碎、摩阻及消能，从而抑制了波浪对海岸的侵蚀作用，对海岸具有天然的防护效应。

琼东和琼南地区的珊瑚礁发育状况，吴钟解等从 2004 年开始对陵水的分界洲岛、三亚的鹿回头湾、榆林湾、蜈支洲岛，琼海的潭门港、龙湾港、文昌的铜鼓岭和长圮港等区域的沿岸珊瑚礁进行了监测，发现海南岛东、南部近岸珊瑚礁总体发育状况良好，种类丰富，生物多样性较高，共发现造礁石珊瑚 13 科 32 属 77 种。由于近年来海洋捕捞和海水养殖等人类开发强度加大，琼东和琼南部分地区的近岸部分区域的珊瑚礁生态环境呈退化趋势，珊瑚健康状况受到严重影响，长圮港、潭门港及铜鼓岭珊瑚健康状况较差。三亚鹿回头等区域局部珊瑚生态健康状况良好，生长呈恢复趋势。远离海岸的岛屿区域如蜈支洲岛和分界洲岛由于来自陆地的污染和影响小，珊瑚健康状况呈现良好。

2.1.4.3　红树林海岸地貌条件评述

红树林，被誉为“绿色珍珠”，是另一种特殊类型的热带海洋景观，因其侵淹海水之中，被誉为“海上森林”、“海岸卫士”、“海水淡化器”等，与珊瑚礁、盐沼、上升流并称“地球上生产力最高的海洋四大自然生态系统”，是国际上生物多样化和湿地生态保护的重要对象，已成为近年人们普遍关注的环保热点之一（周祖光，2004）。红树林是一种稀有的木本胎生植物，生长于陆地与海洋交界带的滩涂上，是陆地向海洋过渡的特殊生态系，为热带海岸潮间带特有的水生乔灌木群落，是海南岛沿海最为典型的生态系统和生物海岸，对海南岛海岸带的稳定、物种多样性、生态安全有着十分重要的作用。

海南岛是中国红树种类最多，分布和保存面积最大的区域之一，面积占全国的33%。海南岛由于其四面环海的独特地理环境，生态环境脆弱，保护红树林对于改善海岸的生态环境，维持生态平衡有着不可替代的作用（莫燕妮等，2002；廖宝文，2000）。海南岛红树林分布于北部、南部和西部的10个市县，沿海一带河口港湾的滩涂上，即北部的海口、文昌、澄迈、临高、儋州，南部的琼海、万宁、陵水、三亚，西部的东方、昌江等市、县。集中分布于琼山市、文昌市、澄迈县、儋州市和三亚市等五市县的红树林占全岛红树林面积的98.5%，尤为集中分布于东寨港国家级自然保护区和清澜港省级自然保护区，分别占全岛红树林面积的44.51%和39.75%，合计占全岛的84.26%。东寨港国家级红树林自然保护区于1992年被列入国际重要湿地名录，其生长宽度最大的有2 200 m，一般只有600 m以下，树高可达8～15 m，胸径20～40 cm。全岛有红树林资源分布的市县共有滩涂资源9 571.6 km^2，是现有红树林面积的近两倍，恢复造林既任务繁重，又有很大潜力。滩涂资源主要分布于琼山市、文昌市和三亚市，占93.62%，而集中分布于琼山市的东寨港、东寨港自然保护区和文昌市的清澜港自然保护区，分别占60.09%、14.15%和12.28%，合计占86.52%（莫燕妮等，2002）。

2.1.4.4　地形地貌对资源开发利用影响的评述

地形地貌的发育是长期地质活动、水动力以及人为活动等共同作用的结果，而海底地形地貌特征又会影响着各种资源的开发利用活动。海南岛周边发育有多种海岸带地貌：潮间带地貌、沿岸地貌与水下岸坡地貌以及平坦的侵蚀—堆积平原、水下阶地、浅滩等陆架地貌。这些地形地貌对海洋资源的开发与利用具有重要的意义。

1）港口资源

海南岛海岸线长且曲折，沿岸分布着近100个大大小小的港湾，其中不少为天然良港，如海口湾，后水湾、北里湾、洋浦、三亚湾、陵水湾、亚龙湾等。在众多的港湾中，作为主要渔港的有24个，一般渔港44个。这些海港或为重点渔港，或为物流枢纽，或为旅游港口，促进了当地的经济发展。

2）水产资源

海南岛渔业资源丰富。海南岛东、南、西周围开阔海域间布以岛屿，自古以来即为良好的渔场。著名的有昌化春季鱼汛、清澜江夏季鱼汛，三亚冬季鱼汛，其海洋渔场面积可达90 000 km^2，计有鱼、虾、贝、藻等各种水产达800种，鱼类占600种，海产品年产量超过

11 000 t。海南沿岸滩涂面积较大，自然环境和苗种资源优势，是重要增养殖资源开发海域。浅海、滩涂增养殖资源的开发，应因地制宜。

3）旅游资源

海南岛有东方夏威夷的美称，其岛屿面积大，兼有山地、河流与海岸。南渡江、万泉河与昌化江等河流碧波荡漾奔流入海，别具一格风光；北部的火山海岸、地震陷落谷，南部的兴隆温泉、珊瑚礁岛、椰林、红树林海湾、鹿回头冬季休养区与大东海、亚龙湾等冬泳畅游地。

4）油气资源

石油与天然气矿藏发现于海南岛南部海域（莺歌海海域），西部的北部湾海域以及琼东盆地。在海南岛南部海域 91 km 处的天然气田储量达 $1\ 117 \times 10^8\ m^3$，中国海洋石油公司与美国 ARCO 石油公司联合开采，该天然气田储气 968 亿 m^3，从海底铺设管道直接向香港及海南岛输气 $29 \times 10^8\ m^3$ 及 $5 \times 10^8\ m^3$，可供气 20 年。

2.2　海洋沉积物

沉积物形成受物质来源、搬运过程、沉降与压实、扰动与侵蚀等多种因素影响。沉积物不仅是环境演变的产物，也是承载环境演变信息的重要载体，不同时间和空间尺度上的环境变化都会在沉积物中留下烙印。通过粒度分析、矿物分析、微体古生物分析等工作，可以了解沉积物的类型与分布，提取物质来源和沉积环境信息，反演沉积的历史与环境变迁的过程，评价环境的变化、受污染的程度及其与人类活动的关系。

“908 专项”《海洋底质调查技术规程》规定，沉积物粒度分析采用综合法，即粒径小于 2 mm 的沉积物采用激光粒度分析仪，更粗的沉积物用辅以筛分法分析；粒级标准采用尤登—温德华氏等比制，即 φ 值粒级标准；采用矩法（福克—沃德公式）计算粒度参数；沉积物类型以谢帕德三角图分类法（Shapard，1954）进行划分和命名，并附福克法（Fork et al.，1970）分类结果。

2.2.1　潮间带沉积物类型及其分布特征

2.2.1.1　海南岛潮间带沉积物

根据海南省海岸带 118 个剖面的现场调查与 473 站粒度分析结果，海南岛潮间带底质类型有 12 类，从由固结到松散、由粗到细分别为基岩（R）、海滩岩、砾石（G）、砂质砾（SG）、砾质砂（GS）、砂（S）、砂质粉砂（ST）、粉砂质砂（TS）、黏土 - 粉砂 - 砂（S - T - Y）、粉砂（T）、黏土质粉砂（YT）和粉砂质黏土（TY）。

海南省海岸带潮间带表层沉积物类型最主要是砂，粒径范围大部分在 -1 ~ 3φ 范围内，粒度分布曲线多呈单峰，大部分沉积物分选好，广泛分布于开放沙滩；粉砂，黏土质粉砂等细颗粒沉积物，分布在海南岛沿岸半封闭港湾或沙坝—潟湖内，粒度分布曲线多呈多峰，分选差，峰态窄尖至很窄尖；砾石等粗颗粒物质仅分布于基岩岬角间的小海湾内，以及河流入海口附近。

以琼北铺前湾—东寨港、琼东小海、琼南三亚湾、琼西洋浦湾为例介绍海南岛沿岸潮间带沉积物类型及其分布。

1）铺前湾—东寨港

铺前湾的底质类型有砂、粉砂质砂、砂质粉砂、粉砂、黏土质粉砂。砂广泛分布于铺前湾外湾和湾外临琼州海峡沿岸沙滩。粉砂质砂主要分布于外湾中部。砂质粉砂主要分布内湾中部，粉砂主要分布在东寨港东航道的南部。粉砂质砂主要分布于东寨港红树林区。

2）小海

小海湾的底质类型主要有粉砂质砂、砂质粉砂、粉砂。粉砂质砂主要分布于海湾北部，口门附近海域。砂质粉砂为湾内主要沉积物，分布面积最大，广泛分布于海湾内。粉砂主要分布于海湾的西南部。

3）三亚湾

三亚湾的底质类型主要为砾质砂和砂。砾质砂样品见于鹿回头附近基岩海岸弧形海域内。砂为湾内潮间带主要沉积物，分布面积最大。

4）洋浦湾

洋浦湾的底质类型主要为砂、粉砂质砂、砂质粉砂。砂广泛分布于外湾中部。粉砂质砂主要分布于外湾中部和内湾中部。砂质粉砂主要分布内湾顶部和外湾中部。

2.2.1.2 海岛潮间带沉积物

根据现场踏勘和对173站海岛潮间带底质样品的取样分析，海南岛沿岸海岛潮间带底质主要由12种类型组成，由固结到松散、由粗到细分别为基岩（R）、珊瑚礁块及砂砾（COr）、砾石（G）、砂砾（SG）与砾质砂（GS）、砂（S）、粉砂质砂（TS）、黏土质砂（YS）、砂-粉砂-黏土（STY）、砂质粉砂（ST）、黏土质粉砂（YT）和粉砂质黏土（TY）。从出现的沉积物类型来看，海岛省周边海岛与海岛本岛的潮间带沉积物种类基本一致，从砾石至黏土质粉砂都有出现。

大洲岛（大岭和小岭）、南洲仔、加井岛、分界洲、牛奇洲、东洲、野薯岛、神岛、小青洲、东瑁岛、西瑁岛和东锣岛等海岛周边沙滩底质以中砂、中粗砂和细砂为主，沉积物化学成分多以碳酸盐为主，铝硅酸盐碎屑为辅，海岛周边珊瑚岸礁为沙滩建造提供了丰富的物质基础，但在大洲岛、分界洲和东锣岛等地亦存在以铝硅酸盐为主的情况，海岛海岸侵蚀及周边输沙对海岛潮间带建造起主导作用。河口三角洲和河口湾堆积岛潮间带底质以中砂到中粗砂为主，但在东寨港等港湾内部海岛周边底质较细，形成粉砂质砂、砂质粉砂、粉砂和黏土质粉砂等组成的沙泥混合滩和粉砂淤泥质滩。

2.2.2 近海沉积物类型及其分布特征

“908专项”CJ16、CJ17和CJ19底质调查区块基本上覆盖了海南岛及周边海岛的近海海域。按照谢帕德三角图法分类法，海南岛周边海域的沉积物主要分为六大类，根据粒度由粗到细、分布从近岸到远岸依次为（图2.24）：①砾砂、②砂、③粉砂质砂、④砂质粉砂、

⑤黏土质粉砂和、⑥砂－粉砂－黏土。

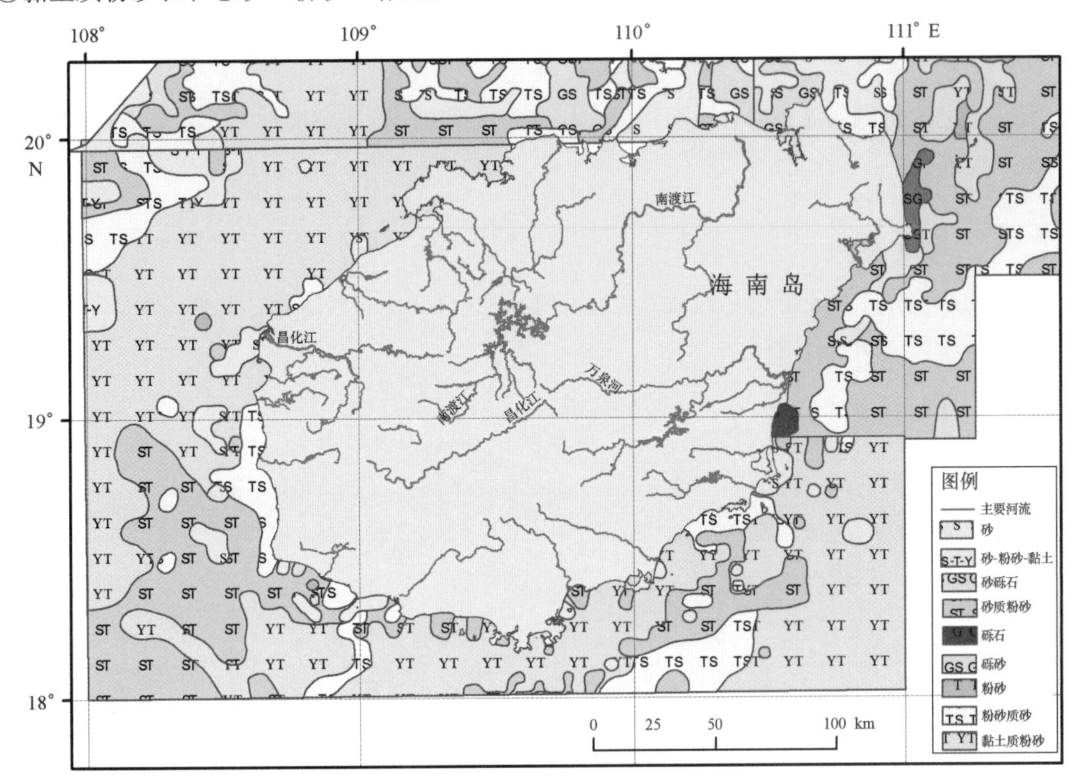

图 2.24　海南岛近海表层沉积物类型分布

（根据 CJ16、CJ17 和 CJ19 底质调查结果编绘）

2.2.2.1　各类沉积物的空间分布

1）砾砂

砾砂是海南岛近海最粗的沉积物，仅见于琼州海峡东口和西口、呈斑状出现。

2）砂

砂在海南岛近岸，主要分布于水深 20 m 以浅的近岸、呈斑状分布，主要在琼州海峡玉苞角至抱虎角沿海，东岸铜鼓角淇水湾至曲客港沿岸、万宁小海至乌场湾沿岸，以及陵水河口、望楼河口、昌化江口等地。

3）粉砂质砂

粉砂质砂集中在两个区域：①从海南岛西部峻壁角至莺歌角沿岸；②海南岛东部文昌东郊至万宁港北一线 20 m 水深以外。另外，在琼州海峡澄迈湾外、陵水岸外 50 m 水深外有块状分布。

4）砂质粉砂

砂质粉砂主要分布于三个区域：①海南岛西北、琼州海峡西口；②海南岛东部抱虎角至万宁小海岸外；③海南岛西南莺歌海岸外。

5）黏土质粉砂

黏土质粉砂是海南岛近岸分布面积最大的沉积物类型，除琼州海峡外，在海南岛西、南、东呈连片分布。

6）砂－粉砂－黏土

砂－粉砂－黏土见于海南岛西北岸外、北部湾50 m水深以外区域。此外，粉砂呈斑块状小面积散布于黏土质粉砂之中。

2.2.2.2 沉积物分布规律

表层沉积物类型的空间分布主要是围绕海南岛，由海岸向外呈现环带状分布，粗粒沉积物沉积在离岛较近的海域，细粒沉积物沉积在离岸较远的深水区域。

海南岛近海沉积物可大致分为3个不同的类型区域。

1）靠岸浅海区

这一区域水动力环境比较强，靠近海口区，细粒物质难以沉降，主要是粗颗粒的砂质沉积为主，含大量的生物碎屑和碎片。局部区域海底还采集到活体珊瑚。

2）离岸浅海区

这一区域水深一般20～50 m，水动力作用相对弱一些，离岸较远，沉积物中含有一定细颗粒，以粉砂质砂和砂质粉砂为主，含有比较多的生物碎屑。

3）离岸深水区

这一区域水深一般50～200 m，水深进一步增加，水动力作用变弱，细粒沉积物增加，表层沉积物中见有生物孔洞，沉积物以黏土质粉砂和砂－粉砂－黏土为主，分布主要在离岸比较远的海域。

2.3 物理海洋

2.3.1 海洋水动力

2.3.1.1 潮流

根据“908专项”ST08和ST09区块12站、4个季节的锚系海流资料（站位见图2.25），对垂向平均流速进行潮流调和分析，得出海南岛近海潮流的整体特征。

结合潮流能量谱分析，可将海南岛近海潮流分为3个典型区域：①海南岛西部和南部近岸海区（M3、M4和Q3站），潮流较强，全日分潮能量最大，其次是半日分潮；②海南岛东北部近岸海区（Q1站），潮流同样较强，但是半日分潮能量最大，其次是全日分潮；③海南岛东南

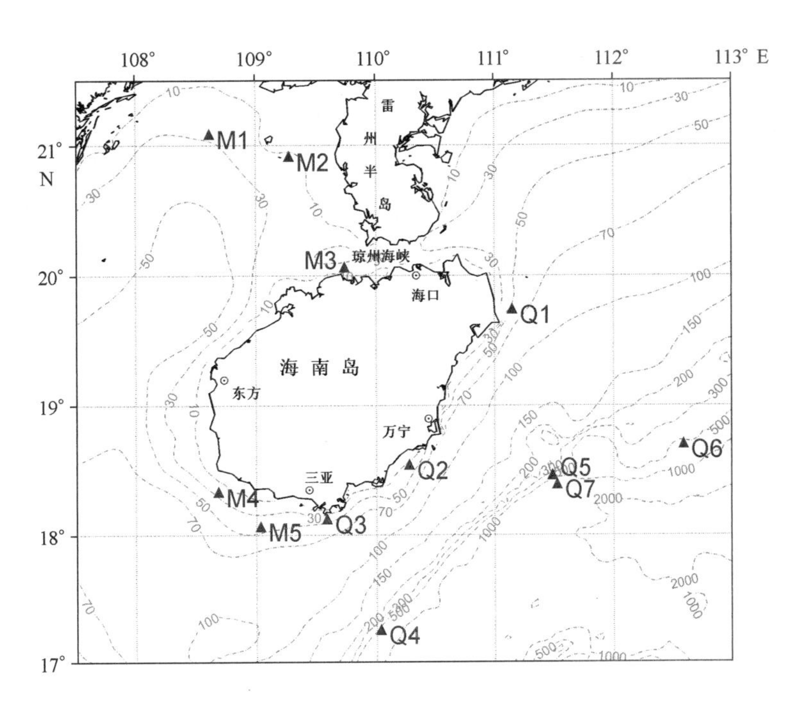

图 2.25　海南岛近海调查锚系站位分布

部海区（Q2 和 Q6 站），潮流较弱，海区西侧以全日分潮为最强，东侧以半日分潮为最强。

海南岛近海潮流强度随季节变化较小，但空间差异较大。以春季为例，海南岛东南部海区潮流较弱，潮流最大流速值（Q2 站和 Q6 站）小于 0.1 m/s。其他海区潮流较强（M3、M4、M5、Q1、Q2）（图 2.26 ~ 图 2.31）。

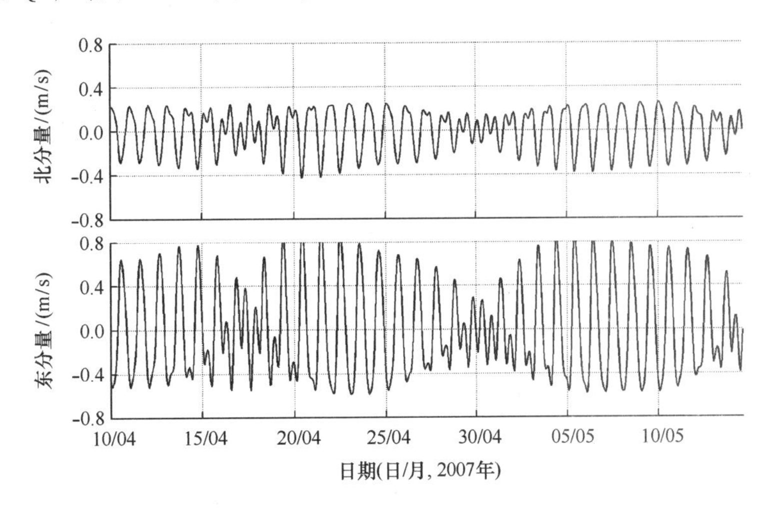

图 2.26　春季琼州海峡 M3 站潮流北分量和东分量曲线图

潮流类型采用潮流类型系数，即比值 $F = (W_{O1} + W_{K1}) / W_{M2}$ 进行判别，其中 W 表示最大分潮流，当 $F \leq 0.5$ 时，称为正规半日潮流；当 $0.5 < F \leq 2.0$ 时，称为不正规半日潮流；当 $2.0 < F \leq 4.0$ 时，称为不正规全日潮流；当 $F > 4.0$ 时，称为正规全日潮流。

海南岛西部近岸海区以不正规全日潮为主，部分站位具有季节性变化，如 M1 和 M3 在春季均为正规全日潮流；海南岛南部近岸均为正规全日潮流；海南岛东北部近岸为不正规半日

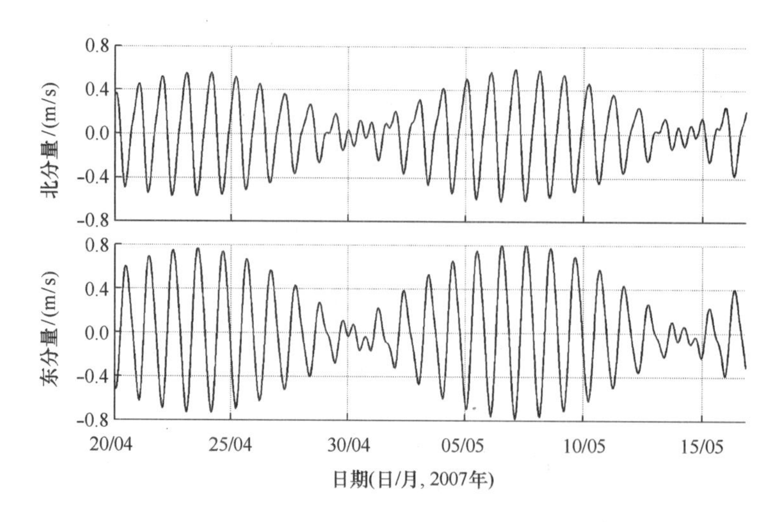

图 2. 27　春季北部湾 M4 站潮流北分量和东分量曲线图

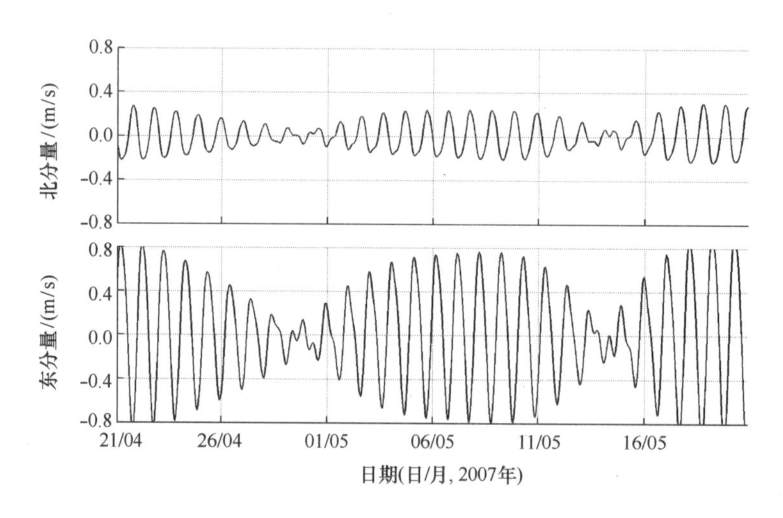

图 2. 28　春季北部湾 M5 站潮流北分量和东分量曲线图

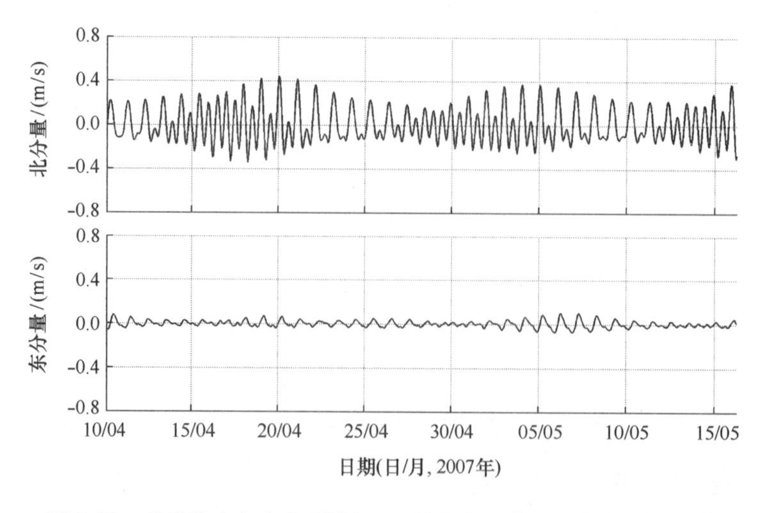

图 2. 29　春季海南岛东南侧陆架 Q1 站潮流北分量和东分量曲线图

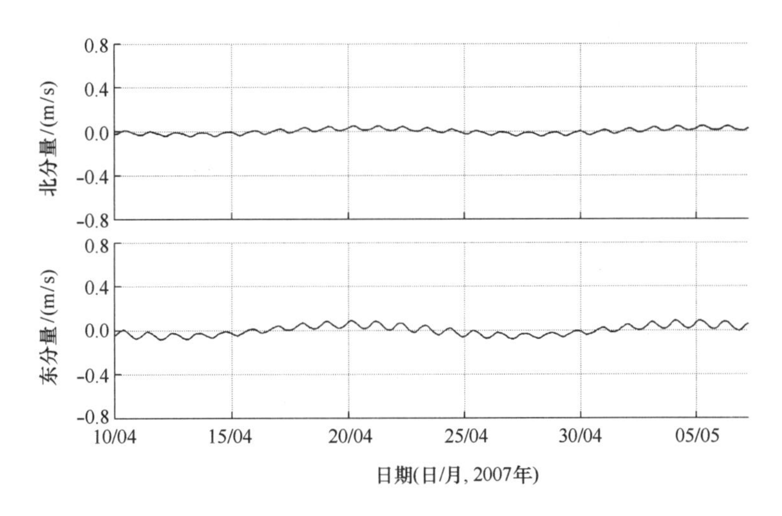

图 2.30　春季海南岛东南侧陆架 Q2 站潮流北分量和东分量曲线图

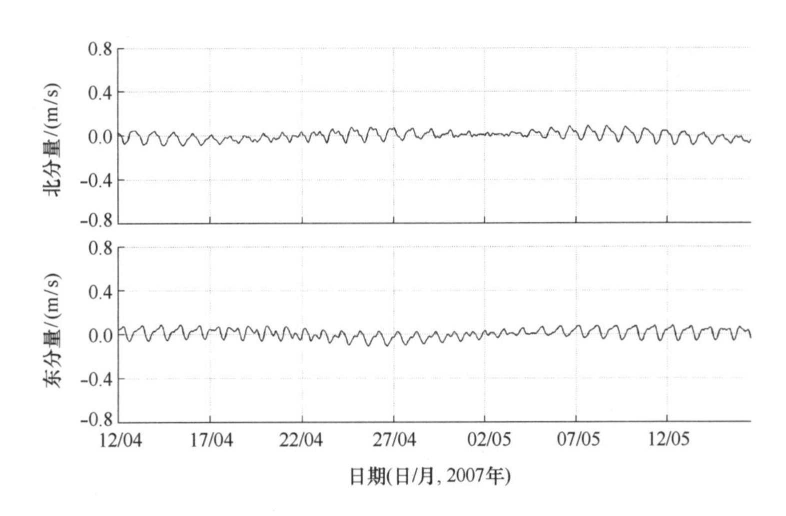

图 2.31　春季海南岛东南侧陆坡 Q6 站潮流北分量和东分量曲线图

潮流；海南岛东南部海区西侧为正规全日潮流，东侧以不正规全日潮流为主（表 2.2）。

表 2.2　各站潮流类型系数 [$F=(W_{O1}+W_{K1})/W_{M2}$]

海区和站位 \ 季节		夏季	冬季	春季	秋季
西部和南部近岸海区	M1	4.55	2.29	2.19	2.62
	M2	2.23	2.49	2.54	2.37
	M3	4.37	3.82	3.28	4.09
	M4	—	8.06	6.49	6.46
	M5	—	7.86	7.28	7.37
	Q3	7.39	—	5.95	4.23
东北部近岸海区	Q1	1.31	1.08	1.07	0.94

续表 2.2

海区和站位 \ 季节		夏季	冬季	春季	秋季
东南部海区	Q2	7.56	6.68	5.79	4.84
	Q4	7.91	5.00	5.43	—
	Q5	2.20	2.63	1.81	—
	Q6	1.90	5.28	2.12	—
	Q7	—	2.50	2.10	—

2.3.1.2 波浪

以海南东部万宁、西部东方和西南莺歌海实测波浪数据分析海南近海波浪特征。

北部湾两个测站（东方，莺歌海）的平均波高都在 0.6 m 以上，全年平均波高 0.75 m，表 2.3、表 2.4。风浪的平均波高 1.3 m，涌浪平均波高 1.7 m。

以万宁附近海域为例（表 2.5），其波能远远超过西部毗邻北部湾水域。

表 2.3 莺歌海逐月平均波高 $H_{1/10}$（m）、最大波高 $H_{1\%}$（m）和周期 T（S）

波浪要素	月											
	1	2	3	4	5	6	7	8	9	10	11	12
$H_{1/10}$	0.7	0.7	0.8	0.7	0.7	0.8	0.8	1.0	0.6	0.7	0.7	0.7
$H_{1\%}$	3.1	2.8	2.4	2.0	2.3	4.7	7.0	6.4	9.0	7.0	2.4	2.3
T	4.0	3.9	4.0	3.8	3.9	4.1	4.2	4.3	4.0	4.1	4.1	4.0
$T_{1/10}$	8.4	8.6	6.3	6.0	6.3	6.7	8.3	7.8	9.1	8.1	8.1	8.6

表 2.4 东方各月波高、周期特征值

波要素		月												年
		1	2	3	4	5	6	7	8	9	10	11	12	
最大值	$H_{1\%}$	1.8	1.6	1.7	1.9	1.8	2.7	4.5	1.8	2.3	1.6	1.3	1.6	4.5
	$H_{\frac{1}{10}}$	1.6	1.4	1.3	1.6	1.5	2.5	3.5	1.6	1.8	1.4	1.2	1.5	3.5
	T	5.2	4.3	4.6	4.3	5.0	6.0	5.4	4.7	5.8	4.3	4.1	4.1	6.0
平均值	$\overline{H}_{\frac{1}{10}}$	0.7	0.7	0.7	0.9	0.7	0.7	0.9	0.7	0.6	0.6	0.6	0.6	0.7
	$\overline{T}$	3.4	3.4	3.4	3.3	3.4	3.3	3.4	3.3	3.5	3.3	3.3	3.4	3.4

表 2.5 万宁深水区平均波高（1958—1969 年）

波型	波浪参数	月份											
		1	2	3	4	5	6	7	8	9	10	11	12
风浪	波高	1.8	1.5	1.2	0.8	0.9	1.2	1.2	1.3	1.1	1.1	1.6	1.6
	波向	NE	NE	NE	NE	E	SW	SW	SW	SW	NE	NE	NE
	频率	54.5	68.5	54.5	35.7	21.2	52.6	47.8	50.4	39.9	39.7	53.1	54.6

续表 2.5

波型	波浪参数	月份											
		1	2	3	4	5	6	7	8	9	10	11	12
涌浪	波高	2.3	2.0	1.6	1.1	1.2	1.5	1.6	1.5	1.4	1.6	2.2	2.4
	波向	NE	NE	NE	NE	SW	SW	SW	SW	SW	NE	NE	NE
	频率	68.4	69.7	60.9	49.2	26.9	55.9	52.0	53.7	38.9	46.1	53.3	58.2

北部海区年平均波高为0.5 m，平均周期约3.4 s。最大波高3.0 m，最大周期约6.5 s。最大波高的出现一般在每年的8—10月。全年的常浪向为东北偏东向，次常浪向为东北向，偏南向浪很少。当台风影响本海区时，常产生东北向或西北向的大浪，波高可达6 m左右。

东部海区全年平均波高约为0.9 m，平均周期约4.3 s。最大波高4.0 m，最大周期约8.7 s。最大波高的出现一般在每年的8—11月。全年的常浪向为ENE向，次常浪向为E—ESE—S向，偏西向波浪很少。当台风影响本海区时，常产生NE向或NW向大浪，波高超过6 m。

南部海域波浪以风浪为主，由于受季风影响，近岸波浪也随季节变化，冬、春季节波向以E—ENE向为主，而夏、秋季节波向以偏S向为主。年平均波高约0.7 m，平均周期约4.0 s，最大波高为7.0 m，最大周期约9.0 s。最大波高多出现在秋季，由热带气旋影响所致。全年春季的4月份为波浪较小季节，6—8月随着西南季风加强和热带气旋活动频繁，大浪出现频率增加。

西部海域全年的常浪向为SSW向和NNE向，夏季主要偏南向风浪，秋、冬季节主要为偏北向风浪，春季则为过渡期。全年平均波高0.8 m，历年最大波高6 m，为1971年受热带气旋影响。年平均周期3 s，年最大周期均在5 s以上，多出现在6—11月，历年最大周期为9.5 s。

2.3.1.3 环流

海南岛近海表层余流的冬、春、夏、秋四季调查结果见图2.32，其在北部湾、海南岛东南侧陆架区、海南岛东南侧陆坡区、琼州海峡4个区域的特征分述如下。

在海南岛西侧的北部湾东部海域，表层环流基本沿岸北上，属于北部湾气旋式环流的源头，与前人研究结果（廖克，1995；苏纪兰，2005）一致。但是本次由锚系长序列调查得出的北部湾环流流速值偏弱，普遍小于廖克（1995）和Wyritki（1961）的研究所取得的流速值。其中，位于该海南岛西南侧的M4和M5两站，除夏季资料缺失外，其他三个季节均显示沿岸北上海流，但是流速较弱，如M4站冬季约0.05 m/s。位于下游的北部湾湾顶M1和M2两站，流速值在四个季节也都小于0.06 m/s。

在海南岛东、南侧陆架区，表层余流主要受到季风的作用，冬秋季为西南向流，夏春季为东北向流。结合各季节调查期间的平均风速，具体流动状况为：冬季受到强烈的东北风作用，该陆架区环流为较强的西南向流，流速约为0.29 m/s；春季转为东风，风速大小显著减弱，该陆架区环流始现东北向流，流速减弱至东北部约0.01 m/s，东南部约0.12 m/s；夏季盛行西南风，环流为东北向流，流速在东北部约0.07 m/s，东南部约0.28 m/s；秋季东北风复占优势，环流转西南向流，且流速为全年最强，达0.34～0.50 m/s。

在海南岛东南侧陆坡区位于西沙海槽。与以往所认识的夏季南海北部发育顺风而动东北

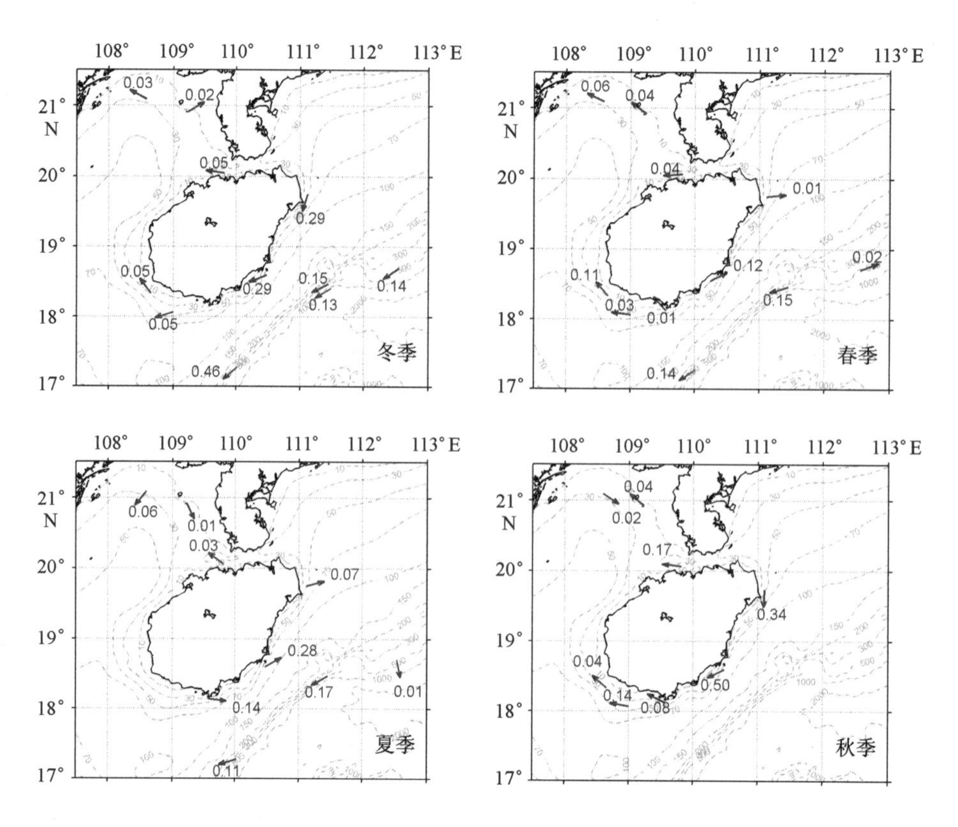

图 2.32　海南岛近海各季度调查期间的表层余流分布

数字为余流大小（m/s），箭头为余流方向，虚线为海底地形等深线。

向环流（廖克，1995；孙湘平，2006；Wyritki，1961）不一致，本次资料集成揭示了夏季南海西沙海槽西北槽坡存在逆风而动的西南向余流。推测这支夏季逆风而动的环流是比夏季在海南岛南侧分离东去的两支南海季风急流较小尺度的环流，与南海东北部冬季逆风而动的南海暖流同一阶的结构。西沙海槽西北槽坡冬、春、夏季均为西南向流，且流速普遍大于0.11m/s，冬季在其西南端出现高达0.46 m/s 的流速。沿西沙海槽西北槽坡的西南向流可能终年存在，其形成机制尚需进一步分析。西沙海槽北部槽坡表层余流随季节变化较为复杂，冬季为顺风流动的西南向流，春季转较弱的东北向流，夏季出现较弱的东南向流。

在海南岛北侧的琼州海峡，余流方向终年为自东向西，流速除秋季外普遍偏弱。根据琼州海峡西口站位的锚系资料，冬季流速 0.05 m/s，春季流速为 0.04 m/s，夏季流速为 0.03 m/s，秋季流速为 0.17 m/s，除秋季外，其他季节流速均远小于前人研究中的流速值（廖克，1995）。

余流垂向分布随季节而变并存在较大的空间差异。其中，季节性变化主要体现在上层海流，主要受到海表风应力季节性变化的作用。空间差异主要体现在近岸浅水区和远岸深水区之间，近岸海流垂向变化较小，远岸海流垂向变化较大，表层、中层和底层的流动结构均具有较大差异，推测受到南海北部环流多尺度结构的影响。

在西沙海槽西北槽坡和北部槽坡，水深普遍深于 150 m，海流垂向变化还受到大尺度环流结构的影响。总体上看，该区域环流在流动方向上变化较小，但是流速大小变化显著。首先，流向基本以西南向流为主，西北槽坡 100 m 以上水层始终为西南向流，仅在局部区域的冬季底层和春、夏季上层海流方向转为东北向；其次，流速最大值出现位置具有较大差异，其中西北槽坡约位于50～150 m水层，北部槽坡随季节变化较大，冬季在表层，春季在100～150 m水层，夏季流速普遍较小。

根据各季调查期间垂向平均余流分布（图2.33），可以得出海南岛近海水体输运状况：①在海南岛西侧，水体输运方向基本为沿岸向北，输运强度以秋季最大；②在海南岛东南侧陆架区，水体输运方向随季节具有较大变化，秋、冬季为沿岸南下，春、夏季以沿岸向北为主。输运强度秋季最大，冬季次之，春、夏季较弱；③在海南岛东南侧陆坡区，水体输运方向几乎终年为西南向，除去秋季缺测外，输运强度春季较大，冬季次之，夏季较弱。④在琼州海峡，水体输运方向都是向西的，输运强度以秋季最高，冬、春季次之，夏季最小。

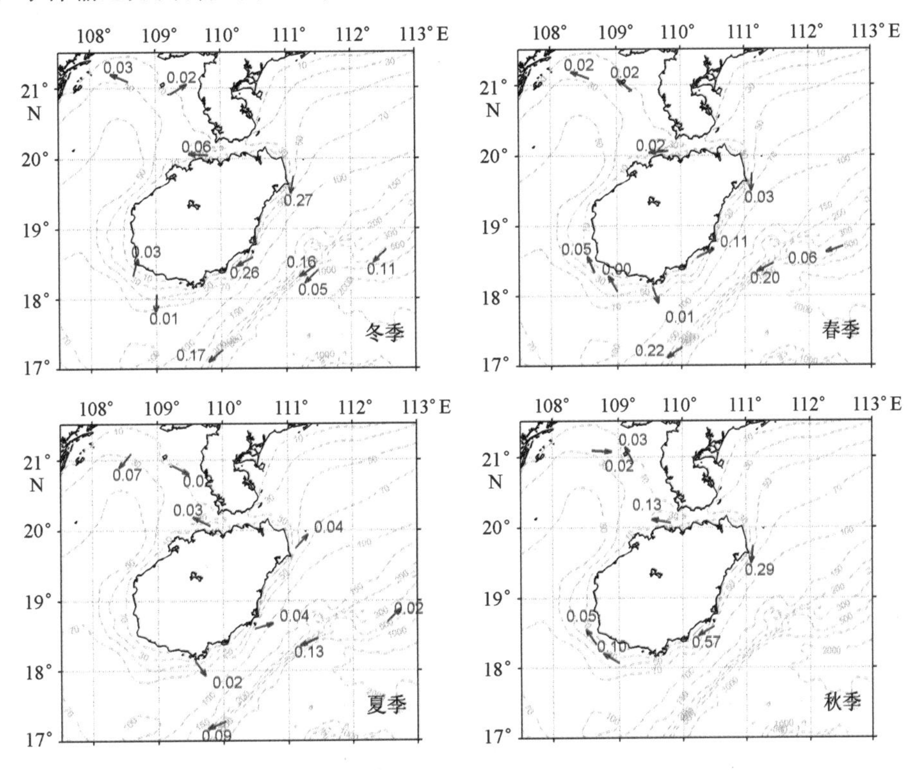

图2.33 海南岛近海各季度调查期间的垂向平均海流

数字为余流大小（m/s），箭头为余流方向，虚线为海底地形等深线

2.3.2 海水温度和盐度

利用“908专项”ST08和ST09区块水体调查得到的四个季度航次温度资料，综合分析海南岛近海水温的四季空间分布特征和季节变化规律（调查站位分布见图2.34）。

2.3.2.1 温度

海南岛近海的海水温度受到大陆气候、太阳辐射、环流结构和沿岸径流等因素作用下，季节变化显著，并且存在较大的空间差异。

直线为断面分布，实心点为平面分布图选取的站位，空心点为断面分布图补充的站位。

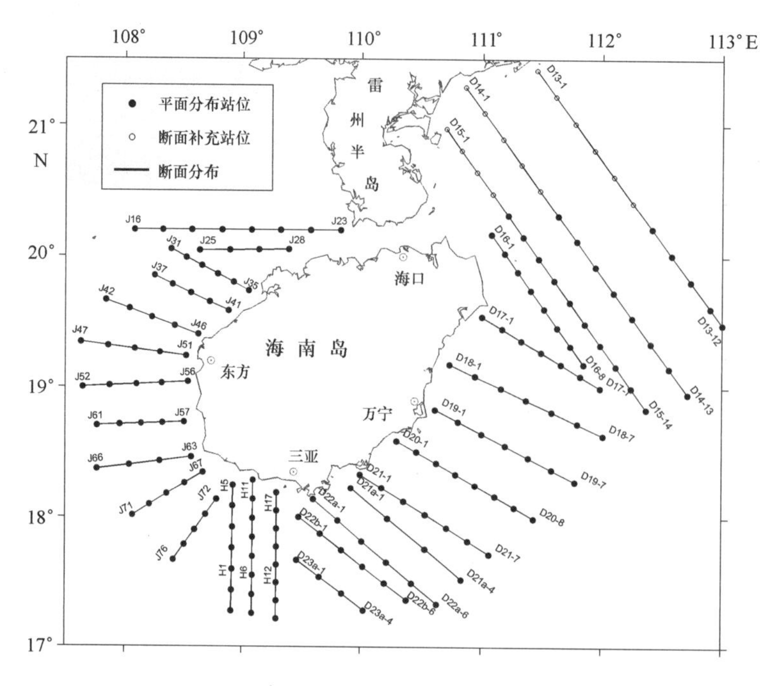

图 2.34　海南岛近海调查断面和站位分布

1）夏季

夏季跃层位于 30 m 深度，以跃层为界线，夏季温度的平面分布特征可分为 2 个典型层次，分别为 30 m 以浅的上层和 30 m 以深的中下层。

上层温度分布以 5 m 层为例（图 2. 35），主要特征为海南岛东部和南部近岸的低温现象，并存在 3 个低温中心，分别为琼州海峡东部低温中心、海南岛东岸低温中心和海南岛南岸低温中心。琼州海峡东部低温中心主体位于本文研究区域以北的雷州半岛东侧。海南岛东岸低温中心核心位于 111°E 以西，19°N 以北，低温中心表层水温小于 26℃，10 m 层小于 24℃，20 m 层小于 22℃，主要受到琼东近岸上升流的作用。海南岛南岸低温中心核心约位于109°E，18. 2°N，其温度比周围海区低 2. 0 ~ 3. 0℃，考虑到本航次调查期间风向多为南风和东南风，该风向并不利于低温中心的形成，推测该处低温中心为地形引起的上升流所致。

上层温度分布还存在海南岛西北侧和海南岛东南侧远岸两个高温区域。海南岛西北侧高温区域位于北部湾内，水深较浅，温度较高，在 31. 0℃左右。海南岛东南侧远岸高温区域位于外陆架，水温最大值达 30℃。

中下层温度分布以 50 m 层为例（图 2. 36），其水温与上层相比明显降低，大部分区域温度均低于 28. 0℃。受到上升流作用，海南岛东南侧区域温度水平分布特征主要为近岸冷远岸暖，等温线走向大致与海岸线平行，温度从近岸向远岸方向逐渐升高。海南岛西侧区域温度则南冷北暖，水深较浅的海南岛西北侧温度较高，水深较深的海南岛西南侧温度较低。

夏季各断面的温度分布既显示出强太阳辐射下的层化现象，也反映出上升流引起的近岸低温特征。

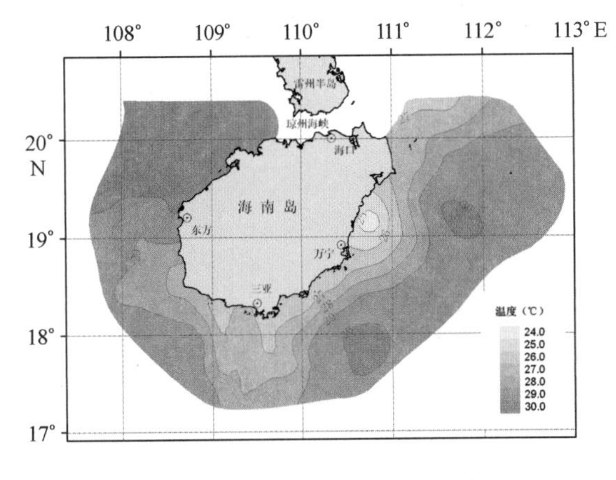

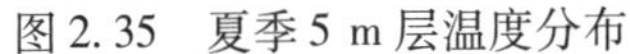
图 2.35　夏季 5 m 层温度分布

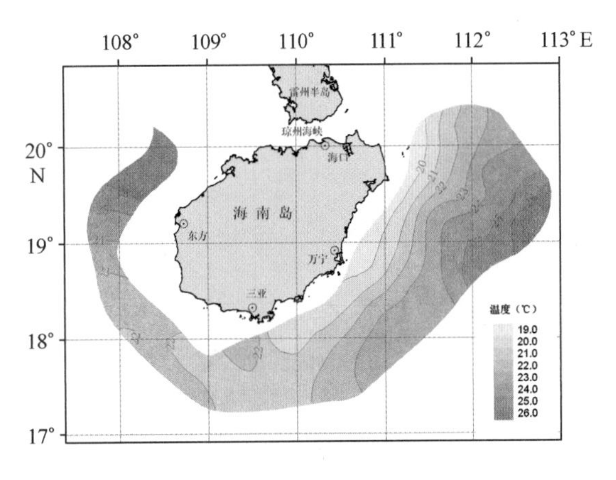

图 2.36　夏季 50 m 层温度分布

2）冬季

冬季，海南岛近海海域受到的太阳辐射较弱，加之强烈的东北季风产生的较强的垂直混合，使得各水层的海水温度平面分布特征较为相似。

沿岸冷水与南海暖水控制着冬季海水温度平面格局。以 5 m 水层为例（图 2.37），水温平面分布特征总体呈现为近岸低远海高。在海南岛西侧的北部湾海域，呈现出北冷南暖的趋势，其中北部的湾顶区域易受大陆降温的影响，加之水深较小（小于 30 m），为温度低于 20℃的沿岸水所据；北部湾中部和南部的海区，受由北上的南海水影响，表层水温逐渐增加，在海南岛西南侧海区（19°N 以南）温度已经达到 24℃以上。在海南岛东侧海域受南下的沿岸水影响，水温随着离岸距离的增加而增加，近岸水温最低值小于 21℃，外海水温最高值达到 25℃。15 m 以上水层的水温平面分布显示（图 2.38），海南岛西南侧远离海岸的海区，表层存在一个小范围的冷水区，其温度相对周围海区略低，在 24℃以下。此处表层的冷水区温度低于 30 m 以下水层的温度，例如 50 m 水层（图 2.39）该处水温大于 24℃，即在垂直方向上形成了逆温，此冷水的成因可能是东北向的环流将越南沿岸的低温水带至此处。

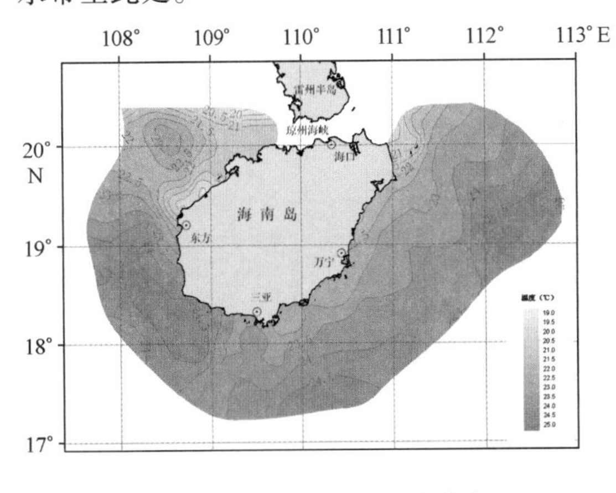

图 2.37　冬季 5 m 层温度分布

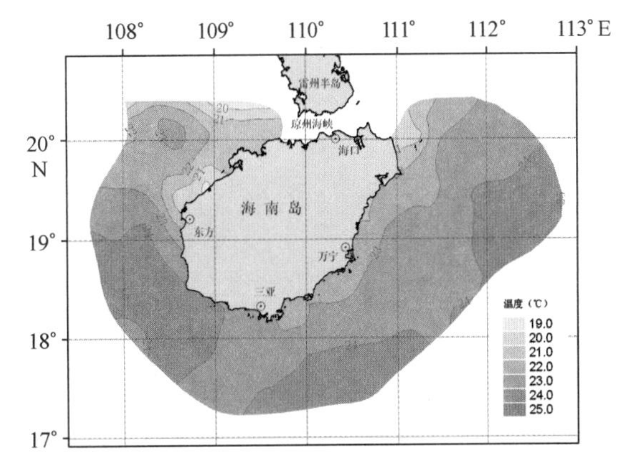

图 2.38　冬季 15 m 层温度分布

冬季各断面的温度分布，也充分反映出温度的普遍垂向均匀特征，同时也显示底部深水区的局部层化现象。

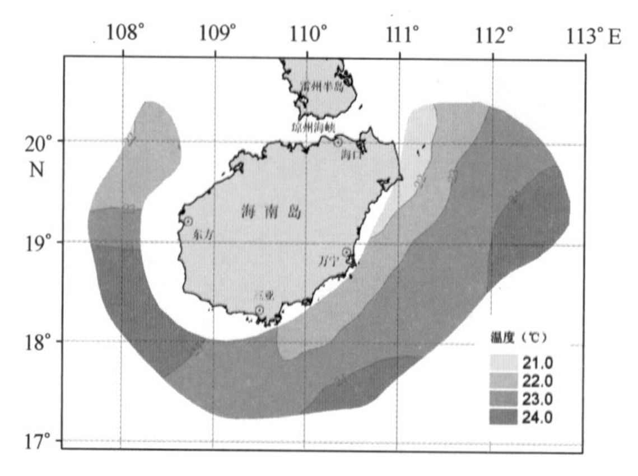

图 2.39　冬季 50 m 层温度分布

3）春季

春季为从冬季到夏季的过渡季节，海南岛近海水温特征开始显露出某些夏季特征，例如上混合层深度从冬季的约 100 m 抬升至夏季的约 30 m。下面以跃层所在的约 30 m 为界线，分析 30 m 以浅的上层和 30 m 以深的中下层的平面分布特征。

上层水温特征与冬季相似，在 5～25 m 的各水层上，温度等值线分布性状相似，以 5 m 水层为例（图 2.40），总体呈现为近岸低远岸高，在海南岛西侧的北部湾海域，呈现出北冷南暖的趋势，在海南岛东侧海域，水温随着离岸距离的增加而增加。北部湾上层温度分布延续了冬季北冷南暖的趋势，但随着太阳辐射的变化和季风的转换，这种趋势处于消退阶段，海南岛西侧以及南侧的海域则温度逐渐增加，在 27℃左右；海南岛东侧整个海域的温度等值线为西南—东北走向，等温线较为密集，该海域冷水的覆盖面积不大，只限于近岸线海域，外海海水温度较高，普遍高于 26℃。

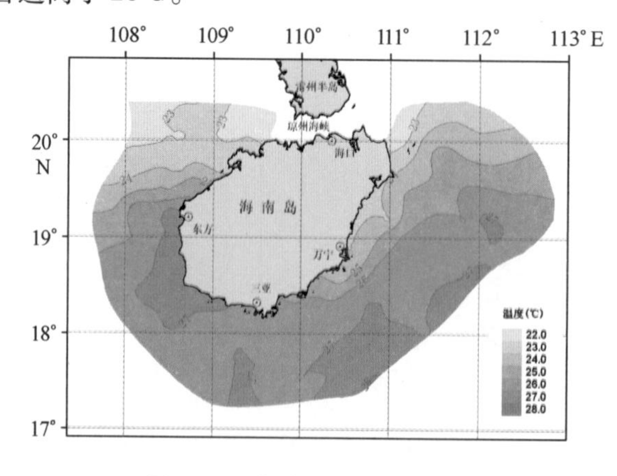

图 2.40　春季 5 m 层温度分布

中下层水温特征较为复杂，以 50 m 层为例（图 2.41），在北部湾海域，总体特征与表层一致，也体现了北冷南暖的总体趋势，北部湾顶区域的水温低至 20℃以下，海南岛西侧和南侧的海域则在25℃左右。另外，在北部湾西南的外海，存在一个小范围的相对低温区，温度约在24℃以下，此低温区的成因可能是气旋式环流将越南沿岸的低温水带至此处；在海南岛东侧的陆坡区，局部发育的较强冷涡影响可上达125 m层，所以在75～100 m层（图2.42）上，近岸海水的温度反而比外侧温度高，上述温度平面分布的各种变化，可能反映了从冬季到夏季温度场调整的复杂性。

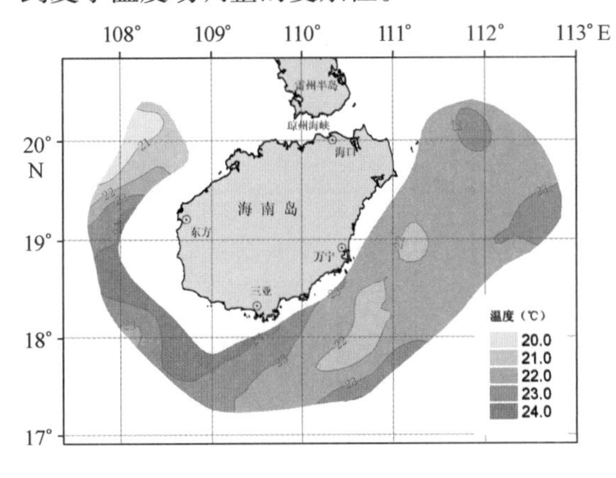

图2.41 春季50 m层温度分布

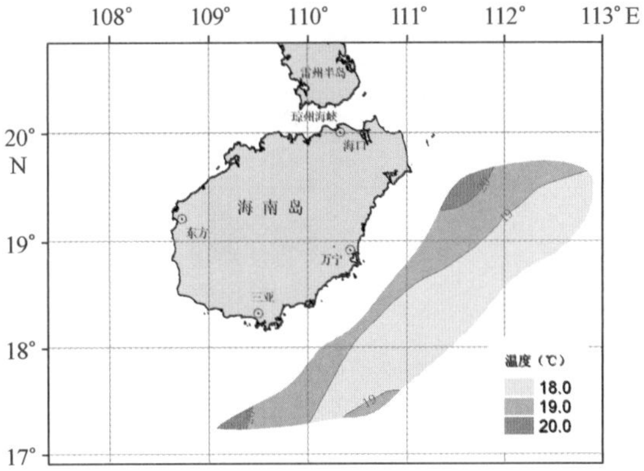

图2.42 春季100 m层温度分布

春季各断面的温度分布，同样反映出向夏季过渡的特征，如温跃层抬升，同时也体现上层海水几近垂直均匀状态，季节性层化尚不明显。

4）秋季

秋季为从夏季到冬季的过渡季节，随着东北季风的增强，上混合层深度也逐渐变深，调查结果显示上混合层深度约位于60 m，以下分别从60 m以浅的中上层和60 m以深的下层平面分布情况，阐述秋季的温度空间分布特征。

中上层，温度在各方向上的空间差异均较小，即无论是各水层的温度分布，还是同一水层的水平分布都比较均匀，温度约在26～28℃之间。以10 m层为例（图2.43），大部分海域温度均在26～28℃之间，仅在海南岛南侧陆坡存在一局地冷水块，水温低于26℃，在海南岛东北侧陆架存在水温大于28℃的小范围高温区。在北部湾海域，温度分布正处于夏季北暖南冷分布格局向冬季北冷南暖的分布格局过渡的时期，故温度平面分布比较均匀；在海南岛东侧海域，随着东北季风增强，近岸上升流减弱，使得近岸与外海之间的温度差异变小。

下层，温度平面分布主要受到陆坡冷涡的作用，引起低温水向上涌升，使得水温在外海低于近岸。以100 m水层为例（图2.44），位于17.5°N，110.5°E以及19°N，112.5°E的两个冷涡，低温中心温度分别小于19℃和20℃，普遍低于近岸水温。

秋季各断面的温度分布，同样反映出从夏季向冬季过渡的特征，如温跃层深度变深，跃层以上多见均匀混合状态，跃层以下发育冷涡结构。

2.3.2.2 盐度

盐度的分布与变化，主要取决于海区的盐量平衡状况，影响因素主要有蒸发与降水、环流以及水团等。对于近岸海域，除上述因子外，江河入海径流量也起着重要作用。

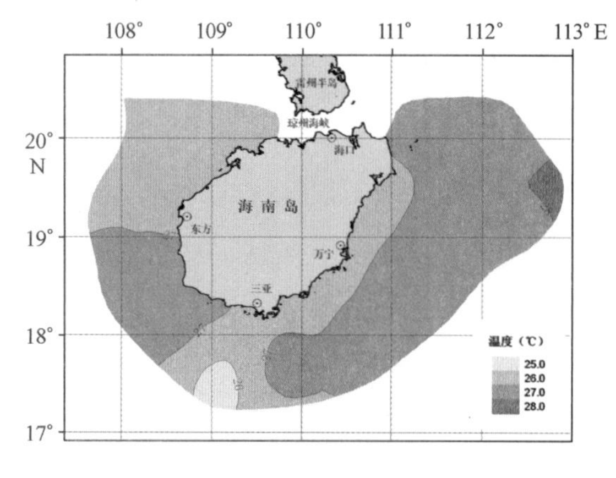

图 2.43　秋季 10 m 层温度分布

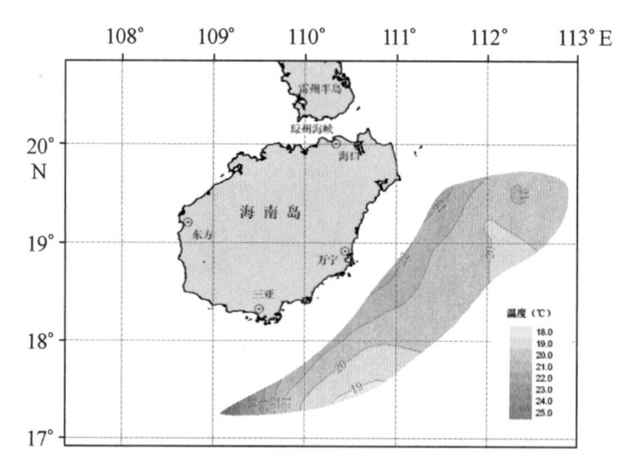

图 2.44　秋季 100 m 层温度分布

海南岛近海盐度的整体分布特征，为近岸区域较低，东部和东南部外海较高。近岸区域盐度较低，主要受到海区北部江河入海低盐水南下的作用，其中，东部近岸区域主要为珠江冲淡水，西部近岸区域则受到南流江、钦江、北仑河以及红河等诸多江河作用。海南岛东侧和东南侧外海盐度较高，主要受到南海高盐水的影响。此外，上述低盐水系和高盐水系的消长运动，构成春、夏、秋、冬四个季节的主要变化特征，其中，春、冬季，江河入海径流量较小，加之外海高盐水入侵作用，使得海南岛近海盐度整体较高，夏、秋季，随着江河入海径流增大，海区沿岸盐度显著降低。

利用 ST08 和 ST09 区块调查得到的四个航次盐度资料，综合分析海南岛近海海水盐度的空间分布和四季变化特征。

1）夏季

夏季，海南岛近海盐度的平面分布特征，在整体上为西侧北部湾所处海区较低、东侧上升流所处海区较高，以下为 2 个典型层次的盐度平面分布。

（1）表层盐度分布：盐度分布见图 2.45，总体特征为西部低、东部高，且在北部湾白龙尾岛附近存在一个显著的低盐中心。在海南岛周围的北部湾、琼州海峡西口和南部区域，盐度值均低于 34.0，推测受到广西和广东沿岸冲淡水的影响，并且在北部湾北纬 20°N 的白龙尾岛附近存在一个显著的低盐中心，表层盐度在 32.5 左右，较周围海域低 1.0 左右，由于调查区域的限制不能得出其西侧海区的盐度特征，但推测其为西南风驱动的红河冲淡水；高盐区域位于海南岛东侧的近岸和外海，盐度普遍高于 34.0，与该海区上升流有关。

（2）75 m 水层盐度分布：盐度分布见图 2.46，东部海区盐度具有明显的近岸高、远岸低特征。在上升流的作用下，底部高盐水沿海底向近岸向上爬升，使近岸海水盐度高于 34.5，并高盐水呈现自西南向东北的带状分布，外海则受到上层盐度低于 34.5 的低盐水影响。

盐度断面分布同样体现近岸表层低，远岸底部高的趋势，且在海南岛东侧、西侧和南侧三个区域具有较大差异。

2）冬季

冬季，在强烈的垂向混合作用下，海南岛近海各水层的海水盐度平面分布特征较为相似，整体特征表现为西部较低、东部较高，并且在琼州海峡西口、海南岛西南部外海和东南部外海存在三个低盐中心。以 30 m 水层为例（图 2.47），最主要特征为琼州海峡西口、海南岛西南部外海和东南部外海存在三个低盐区域，其中，琼州海峡西口低盐中心盐度值最低，小于 33.0，主要受到广西沿岸河口径流的影响；海南岛西南部外海低盐中心盐度值约小于 33.5，推测其成因应当是越南沿岸水在环流的驱动下输运至此处；海南岛东南部外海还存在一个范围较小的低盐区域，中心约位于东经 110.5°E，北纬 17.5°N，中心盐度值小于 34.0。另外，在海南岛东南部的深水区域，以 150 m 水层为例（图 2.48），外海出现盐度值大于 34.5 的高盐区域。

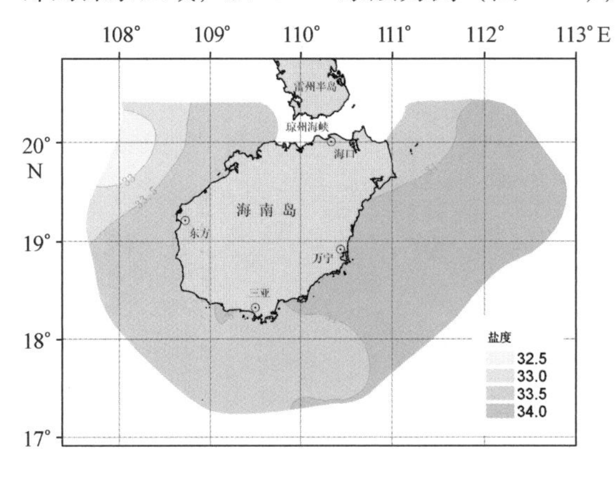

图 2.45　夏季表层盐度分布

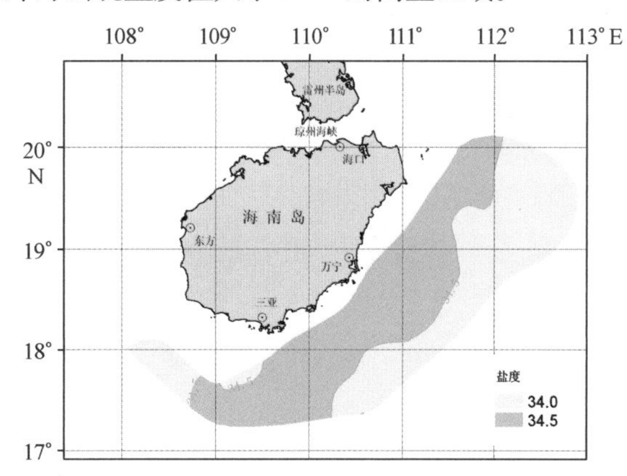

图 2.46　夏季 75 m 层盐度分布

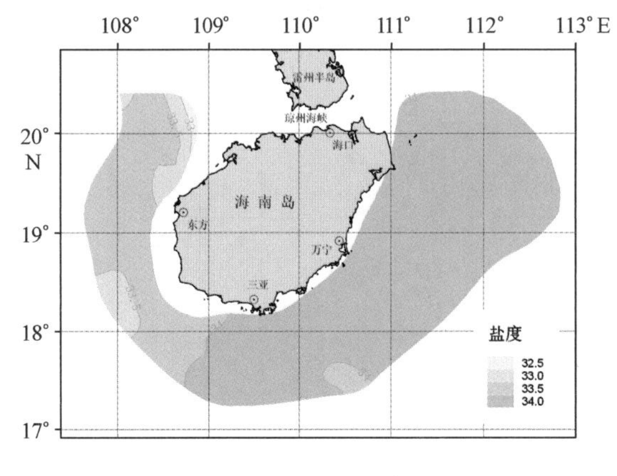

图 2.47　冬季 30 m 层盐度分布

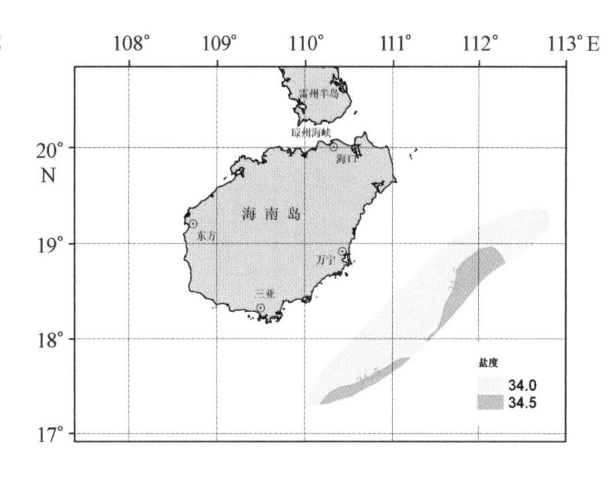

图 2.48　冬季 150 m 层盐度分布

冬季断面盐度分布充分反映了冬季垂向混合均匀特征，同时也显示琼州海峡西口、海南岛西南部外海和东南部外海的三个低盐中心现象。

3）春季

春季为从冬季到夏季的过渡季节，海南岛近海盐度分布特征，主要为北部湾白龙尾岛附近和琼州海峡东西两侧存在三个低盐区域，其他大部分区域则被盐度超过 34.0 的高盐水所覆盖。

以表层盐度分布为例（图 2.49），低盐区域基本集中在海南岛西北部的白龙尾岛附近和琼州海峡附近：

①白龙尾岛附近的低盐区域盐度小于 33.5，区域位置与夏季调查结果一致，但是春季区

域范围和中心盐度值均小于夏季，推测该低盐水来源与夏季一致，均为西南风驱动的红河冲淡水离岸漂移至此；

②琼州海峡西侧低盐区域盐度小于33.5，主要受到广西沿岸河口径流的影响，结合冬季和夏季盐度分布，该低盐区域冬季最强，春季开始减弱，至夏季基本消失；

③琼州海峡东侧低盐区域盐度小于34.0，受到广东沿岸河口径流的影响，区域范围与夏季对比显示，该低盐区域具有进一步扩展的趋势。此外，海南岛东侧、东南侧和南侧大部分区域受南海高盐水的影响较强，呈现出相对高盐的性质，表层盐度普遍在34.0以上。

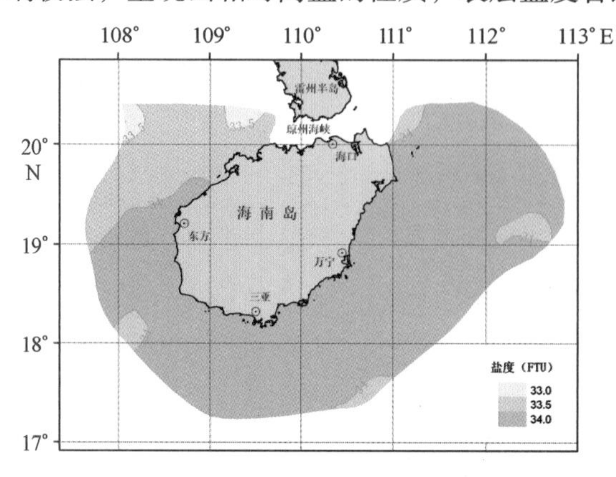

图2.49　春季表层盐度分布

春季盐度断面分布显示，海南岛东侧、东南侧和南侧大部分区域基本被高盐水覆盖，而西北侧区域低盐水范围较大。

4）秋季

秋季，海南岛西部海域受到广西沿岸河口径流影响较大，而东部海域受径流的影响减弱，使得低盐区域主要分布于海南岛西北侧海域，此外在海南岛西南侧外海、琼州海峡东侧和海南岛东部外海三个区域，存在较小范围的低盐斑块。以表层盐度分布为例（图2.50），四个低盐区域的分布特征为：

①海南岛西北侧存在十分显著的低盐区域，中心盐度在32.5以下，覆盖了海南岛西侧20°N以北的大部分海区，受广西沿岸河口径流的影响；

②在海南岛西南方向的外海存在一股低盐水，表层盐度最低在33.0以下，较周边海区的表层盐度约低0.5；

③在琼州海峡东侧海域，也存在着一股低盐水，盐度低于33.5，推测由海峡低盐水与沿岸低盐水交汇而形成；

④海南岛东部外海也有一个低盐区，观测到的盐度最低值达27.5，从表层到15 m都有明显的低盐信号。

秋季断面盐度分布显示上混合层深度变深，同时也显示出上述四个低盐区域的垂向分布特征。

2.3.3　悬浮体

本报告利用在ST08和ST09区块水体调查得到的四个航次的浊度资料，综合分析海南省

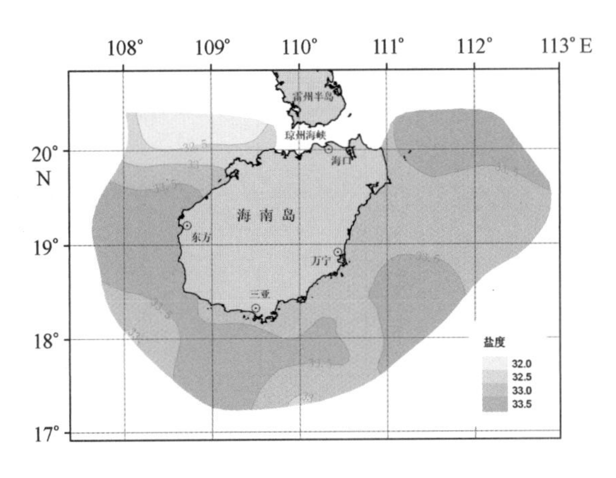

图 2.50 秋季表层盐度分布

近海海水悬浮体的空间分布和四季变化特征。

浊度是指水中泥土、沙粒、微细的有机物和无机物、浮游生物、微生物和胶体物质等悬浮物对光线透过时所发生的阻碍程度，是衡量海水光学性能的一个指标。一般靠近岸和海底边界上的浊度会远大于外海区海水的浊度。

根据以往研究，海南岛近海浊度的空间分布具有近岸高、远岸低，北部高、南部低的趋势；在时间分布规律上也不尽相同，总体呈现出冬季高、夏季低的特点：春季，浊度高值区出现在海南岛西部沿岸海区和琼州海峡东口；夏季，一年中浊度最小，只在海南岛西侧沿岸海域的表层存在明显的高浊区；秋季，在海南岛西部沿岸以及琼州海峡西口的表层海水均存在高浊区；冬季，浊度达到全年最高值，在海南岛沿岸均是高浊度带，特别在琼州海峡的东、西口表层出现了高浊中心。

1）夏季

夏季海域的表层浊度整体呈现出近岸高、外海低的特征。在海南岛东侧近岸和琼州海峡西口存在两个高浊中心，其他区域则基本为浊度接近 0FTU。

海南岛近海夏季表层浊度偏低（图 2.51），只在 19°N 附近海南岛沿岸存在一个浊度超过 20FTU 的高浊中心，以及海南岛南侧靠近外海处有一个浊度高于 5FTU 的高浊中心，其他海域的浊度均接近 0FTU。

中下层浊度分布与表层分布基本一致（参见图 2.52），呈现出较明显的浅水浊度高、深水浊度低的特征。琼州海峡西口与海南岛西侧近岸海域有两个高浊中心，中心浊度均在 30FTU 以上；在海南岛东南侧底层有一个浊度高于 15FTU 的高浊中心。

夏季海南岛的东侧海域海水浊度基本为接近 0FTU，而西侧海域则呈现出近岸浊度高，外海浊度低的特征，且浊度随深度增加而增加。西部浅滩的浊度等值线多为垂直分布，说明该处海水垂直混合均匀，而在深水区浊度等值线则多为水平状。

2）冬季

冬季海南岛附近海域浊度整体比夏季高，且其空间分布仍具有近岸高、远岸低的特征。在琼州海峡东、西两口及海南岛东南、西南侧均存在较明显的高浊中心，浊度等值线基本平行于海岸线。

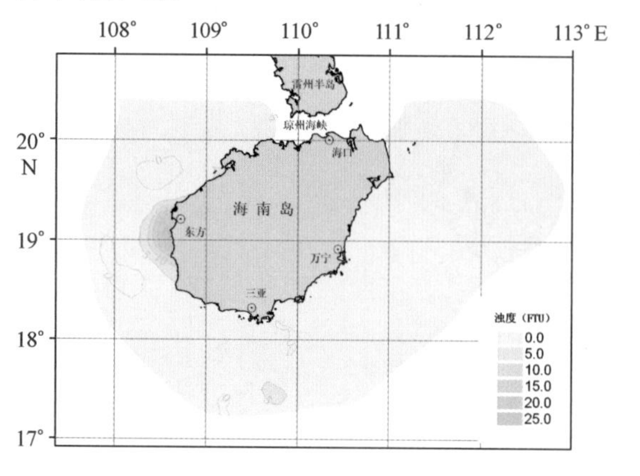

图 2.51　夏季表层浊度分布

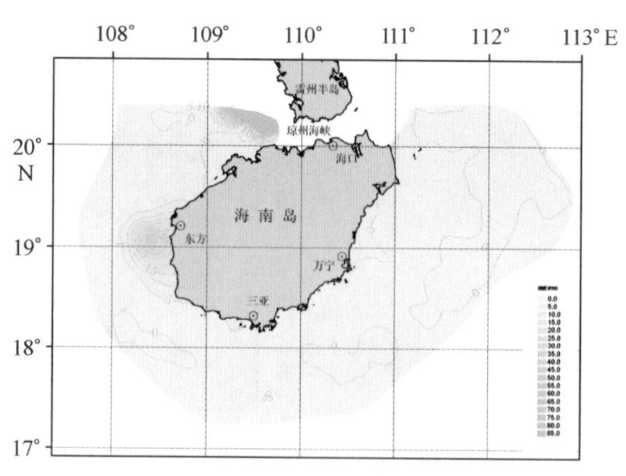

图 2.52　夏季 25 m 层浊度分布

冬季的表层浊度存在 3 个高浊中心（图 2.53），分别位于北部湾 20°N 以北海域、琼州海峡东口以及海南岛东南部浅滩，中心浊度分别在 45FTU、20FTU 和 10FTU 以上，这也明显的呈现出浅水浊度高，深水浊度低的特征。

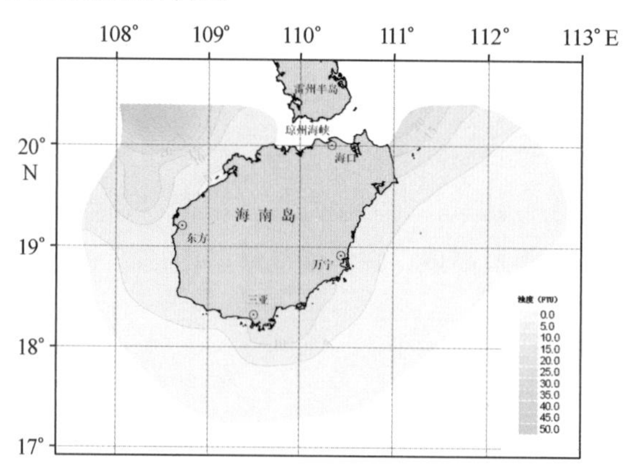

图 2.53　冬季表层浊度分布

中下层海水仍表现出浅水浊度高，深水浊度低的趋势。在琼州海峡东口和西口分别有一个高浊中心，以 20 m 水层为例（图 2.54），其中东口处的浊度值在 25FTU 以上，而西口处浊度值在 10FTU 以上，；在北部湾南部湾口区和海南岛东南侧浅滩区的高浊中心浊度值均在 15FTU 和 30FTU 左右。结合底层浊度分布（图 2.55），随着水深的增加，浊度中心值也增大，且等浊度线基本与岸线平行。

冬季浊度断面分布呈现出了近岸低、外海高的特征，因高浊水沿大陆架向外海扩散，故浊度随着水深增加而增加。海南岛东侧近岸和西侧浅滩的水深较浅，海水垂直混合均匀，故浊度等值线呈垂直分布，东南侧外海浊度等值线则多与大陆架平行。

3）春季

春季海南岛周围海域除琼州海峡东口与西侧近岸有两个高浊中心外，均被浊度值接近 0FTU 的海水所覆盖，随着深度增加，这两个高浊中心逐渐向海南岛沿岸海域扩散。下面介绍两个典型层次的浊度平面分布特征。

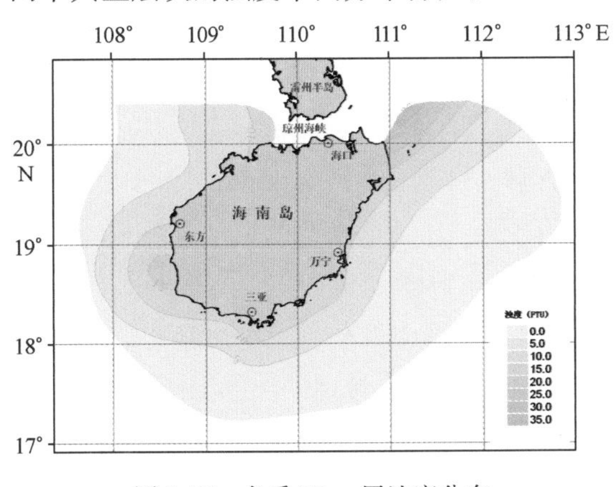

图 2.54　冬季 20 m 层浊度分布

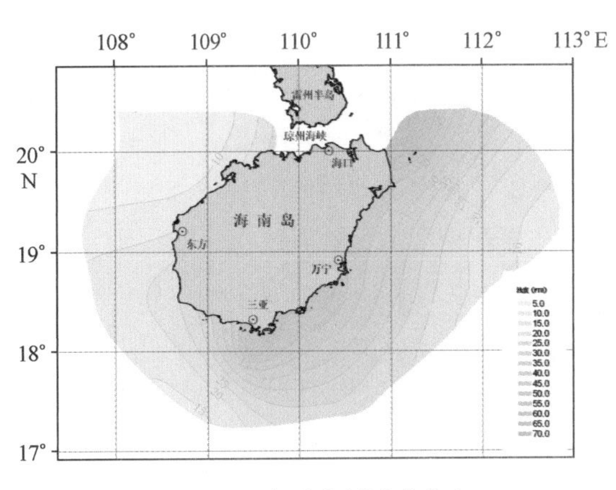

图 2.55　冬季底层浊度分布

①表层浊度分布：春季表层浊度分布如图 2.56 所示，表层浊度分布有两个明显的高浊中心，分别出现在海南岛西侧 19°N 左右的浅滩及琼州海峡东口，中心浊度值达到 20FTU 以上；其他海域浊度值基本在 9FTU 左右。

②中下层浊度分布：中下层浊度分布与表层类似，在近岸浅滩处浊度较高，外海深水处浊度则接近 0FTU。以 30 m 层为例（图 2.57），等浊度线与海岸线基本平行，中心浊度值随水深增大也逐渐增大，至底层处（图 2.58），浊度中心向外延伸最多，其浊度值最高在 35FTU 以上。

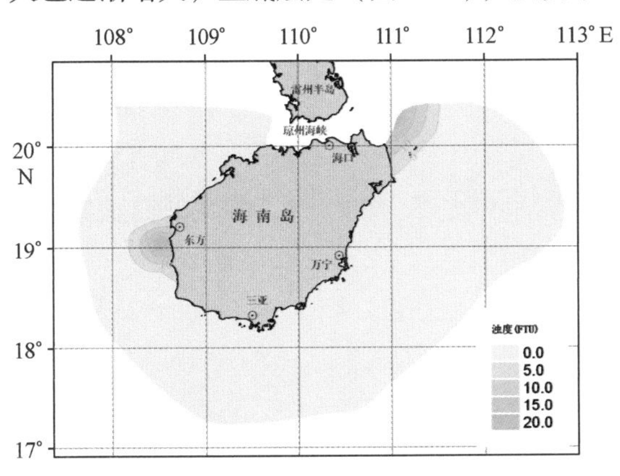

图 2.56　春季表层浊度分布

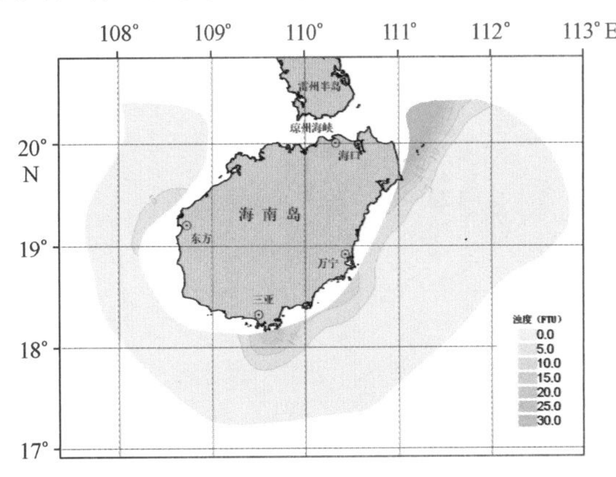

图 2.57　春季 30 m 层浊度分布

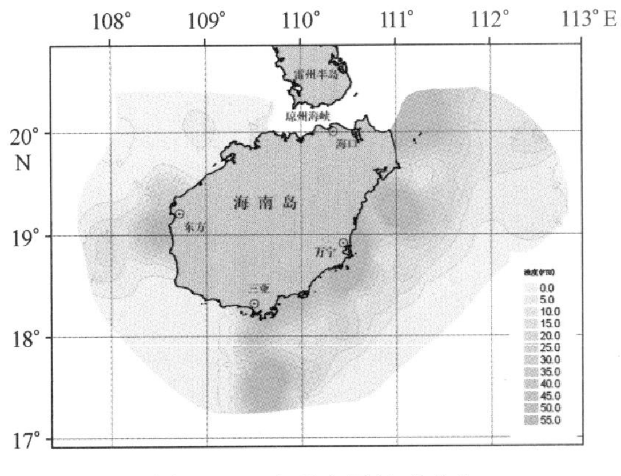

图 2.58　春季底层浊度分布

春季海南岛周围海域呈现出近岸浊度低、外海浊度高的特征，高浊水沿大陆架向外海扩散，故随着水深增加，海水浊度也增大。

4）秋季

秋季，在海南岛西南侧海域和琼州海峡东口有两个高浊中心，中心浊度均为 5 ~ 10FTU 左右，而调查区的其他海区海水浊度则接近 0FTU，由于垂直混合较为均匀，浊度分布随着深度增加基本无变化。下面介绍两个典型层次的浊度平面分布特征。

秋季表层浊度分布和夏季相似（图 2.59），浊度值是四季中最小。海水浊度的最大值是 5FTU，位于琼州海峡西口和海南岛西侧 19°N 左右的海域；其他海域范围浊度均接近 0FTU。

中下层浊度分布状况与表层类似，以 20 m 水层为例（图 2.60），随着水深的增大，浊度值略有升高，但变化幅度不超过 5FTU，高浊中心仍旧在琼州海峡西口和海南岛西侧 19°N 左右的海域，但在底层高浊中心的范围略有扩大（图 2.61）。

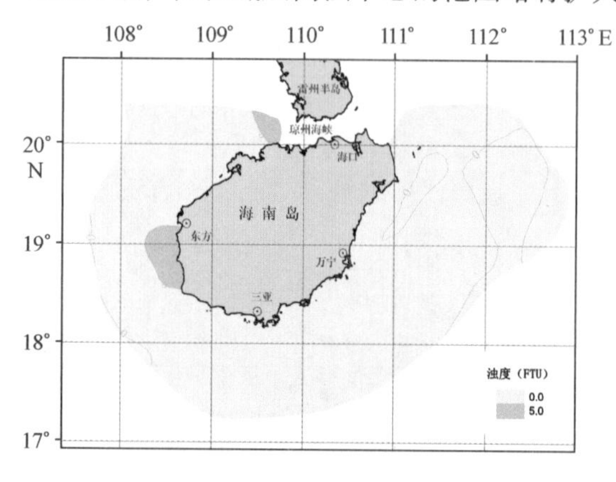

图 2.59　秋季表层浊度分布

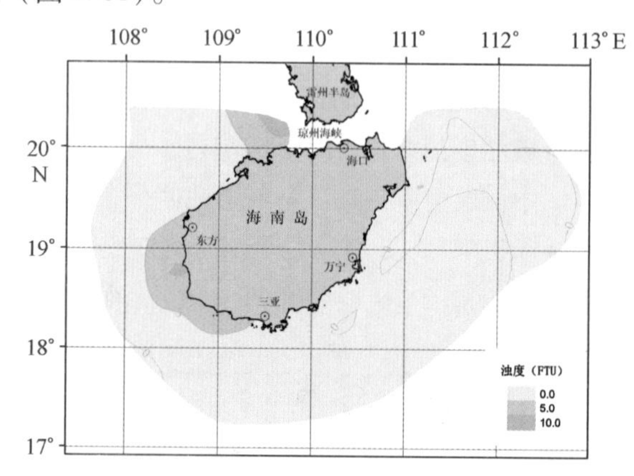

图 2.60　秋季 20 m 层浊度分布

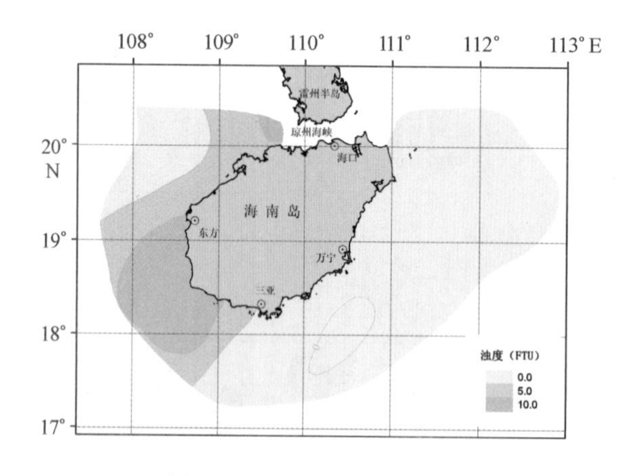

图 2.61　秋季底层浊度分布

秋季海南岛东侧海域海水浊度值从表层到底层基本无变化，为接近 0FTU，西侧海域则呈现出下层浊度高，上层浊度低的特征。在海南岛西南侧和琼州海峡西口近岸区海水浊度较高，说明有高浊水外冲，在近岸形成高浊中心。

2.3.4 物理海洋条件评述

海南岛近海具有独特的地理位置，可以4个不同区域（图2.62）分述：一为海南岛西侧的北部湾，水深基本小于80 m，具有浅水海湾特征；二为海南岛东、南侧的陆架区，水深小于200 m，宽度100～200 km，等深线基本为西南至东北走向；三为海南岛东南侧的陆坡区，水深在200～3 500 m之间，属于西沙海槽靠近海南岛一侧的槽坡，根据等深线特征可分为西北槽坡和东南槽坡两段，西北槽坡位于111.5°E以西，坡度较陡（图2.63），东南槽坡位于111.5°E以东，坡度较为平缓；四为海南岛北侧的琼州海峡，水深基本小于120 m，是北部湾与粤西的陆架水体交换通道。

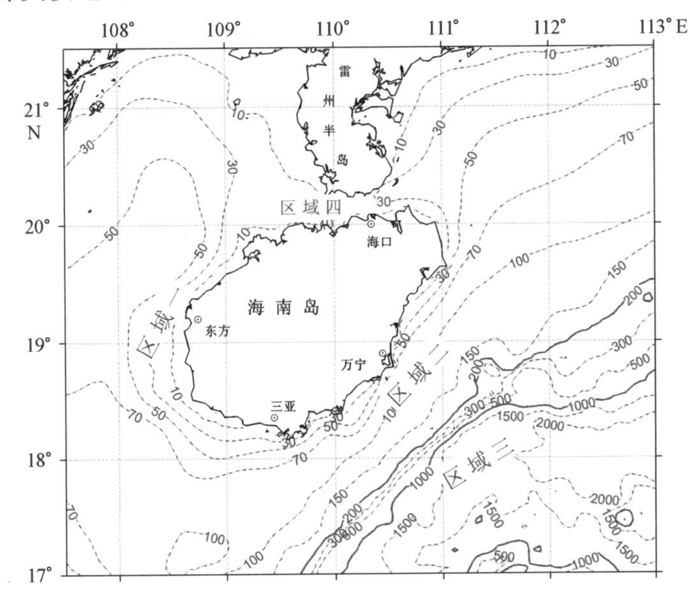

图2.62 海南岛近海地形图

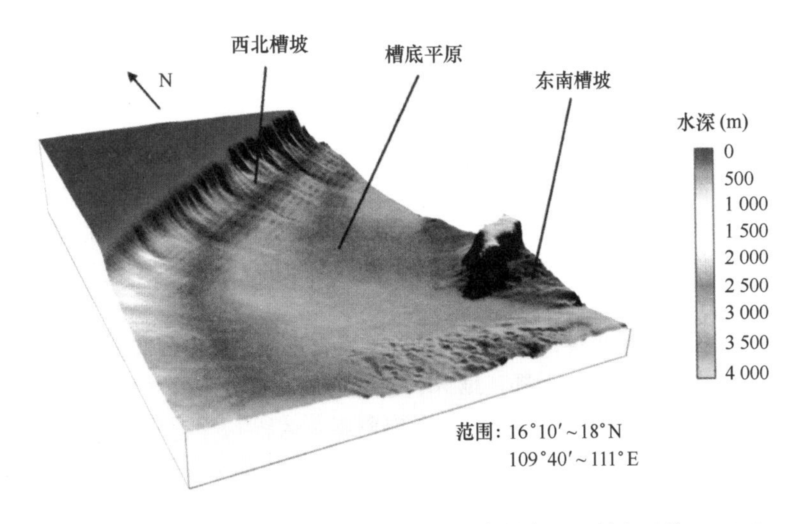

图2.63 西沙海槽三维局部地形示意图（资料来源：刘忠臣等，1991）

针对上述四个区域中的潮流、环流、温度、盐度和浊度五个要素的四季变化和空间分布特征，得出如下几点结论。

①根据海南岛近海 12 个站位的锚系观测资料，按潮流能量大小和潮流类型，海南岛近海潮流可分为三个区域：海南岛西部和南部近岸海区潮流较强，以全日分潮能量最大，其次是半日分潮；海南岛东北部近岸海区潮流同样较强，以半日分潮能量最大，其次是全日分潮；海南岛东南部海区潮流较弱，海区西侧以全日分潮为最强，东侧以半日分潮为最强。

②根据分潮流最大流速、椭圆率、最大流速方向和转流时刻的垂直分布，潮流垂向结构具有如下整体特征。潮流最大流速的最大值基本出现在次表层，表层略小，底层最小；海南岛近海潮流整体上为往复流特征，椭圆率数值介于 -0.2 ~0.2 之间，底层椭圆率绝对值普遍大于中上层，说明从表至底的变化为往复流向旋转流的转变；潮流最大流速方向和迟角的垂向变化普遍较小，多数调查结果显示垂向基本一致。

③西沙海槽西北陆坡存在夏季逆风而动的环流，该环流与以往所认识的夏季南海北部发育顺风而动东北向环流不一致，是新认识之一。通过查询 1998 年南海季风爆发调查的 ADCP 断面，发现也有同样的记录，但流幅不宽，只在陆坡坡度最大的地方出现。

④海南岛西侧的北部湾东部海域环流基本沿岸北上，属于北部湾气旋式环流的源头，该环流总体结构与前人研究结果一致，但是流速值普遍小于以往研究所取得的流速值，其中，位于该海南岛西南侧的 M4 和 M5 两站，除夏季资料缺失外，其他三个季节均显示沿岸北上海流，但是流速较弱，如 M4 站冬季约 0.05 m/s，远小于中国自然地理图集中所描绘的 0.3 m/s。位于下游的北部湾湾顶 M1 和 M2 两站，流速值在四个季节也都小于 0.06 m/s，同样远小于其他方法获取的历史调查值。

⑤温度、盐度和浊度的总体特征与以往研究一致，由于资料的同步性好且覆盖范围大，因此本报告的结果能更好地反映海南岛近海水文的全貌。冬季是水温最低的季节，近岸水温低远岸水温高，等温线分布基本与等深线一致，海南岛西侧的北部湾海域水温呈北冷南暖的分布格局，海南岛东部海域等温线走向大致与海岸线平行。夏季是水温最高的季节，除近岸外，均出现明显的温度层化现象；海南岛东侧近岸区受上升流影响，表层水温较低外，其他区域表层水温分布均匀，等温线较为稀疏。春季和秋季，水温变化基本表现为冬季和夏季的过渡型，其中，春季主要表现为冬季到夏季的增温过程，同时温度的平面分布差异逐渐缩小；秋季主要表现为夏季到冬季的降温过程，同时温度的平面分布差异逐渐增大。

2.4 海洋化学

2.4.1 海水化学要素分布特征

为了更方便地讨论海南岛周围的海水水化学各个参数的平面分布特征，本文将海南岛周围海域分为海南东部站位和海南西部站位来讨论。考虑琼州海峡、三亚湾外海域，东部外海陆架区具有不同的地形、水动力环境，因此断面特征主要选择 J16 - J23 断面，H17 - J82 断面，D19 断面（JC - NH661 ~ JC - NH667），D22 断面（ZD - HN821 ~ ZD - HN818）进行分析比较研究，见图 2.64。

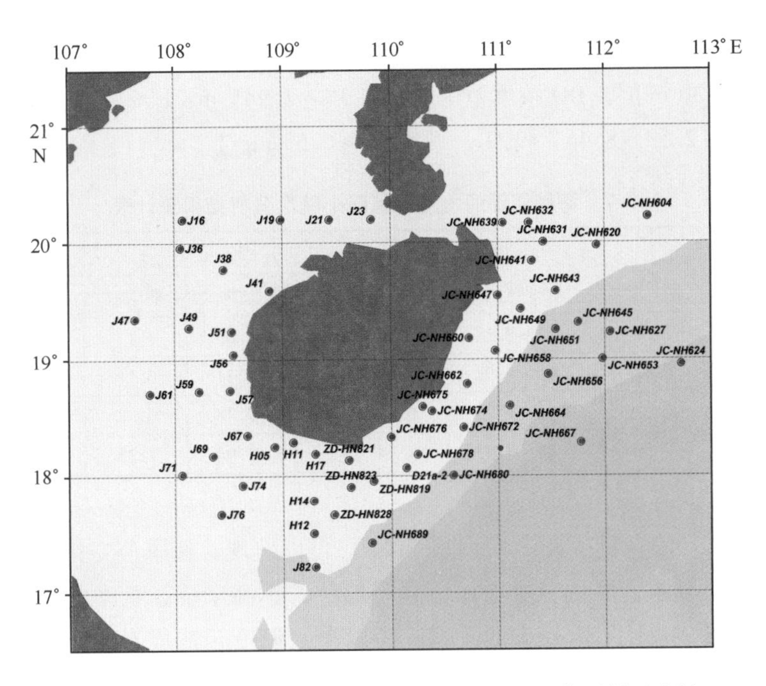

图 2.64 海南岛周边海域海水化学采样站位及典型断面选择

2.4.1.1 溶解氧

海水中溶解氧（DO）的多少是衡量海水自净化能力的一个指标。一般海水中溶解氧的浓度在（未检出 ~ 10）mg/L 范围内变动。其来源主要是大气中的氧，其次是海洋植物（主要是浮游植物）进行光合作用时产生的氧。溶解氧主要通过海洋生物的呼吸作用和有机质的降解被消耗。因此，海水中溶解氧的浓度跟空气里氧的分压、水温、水质及海洋生物活动有密切的关系。当温度、盐度升高时，氧的溶解度降低，浮游植物旺盛时，光合作用产生大量的氧气，可使上层水体溶解氧呈过饱和状态。当海水中氧的消耗速率大于氧的补充速率时，溶解氧呈现不饱和状态。因为海水中溶解氧浓度是解决海洋化学、生物、水文、地质问题的重要化学参数，所以它是海洋调查中以及海水分析中重要的分析项目。

1）溶解氧统计特征值

海南东部海域（见表 2.6）全年表层 DO 的浓度范围为（6.12 ~ 9.07）mg/L，平均值为 6.88 mg/L；中层（30 m 层）DO 浓度范围为（4.30 ~ 7.69）mg/L，平均值为 6.70 mg/L；底层 DO 浓度范围为（2.23 ~ 8.12）mg/L，平均值为 5.73 mg/L。

表 2.6 海南东部海水溶解氧四个航次分析结果统计表 单位：mg/L

季节	表层		10 m 层		30 m 层		底层	
	浓度范围	平均值	浓度范围	平均值	浓度范围	平均值	浓度范围	平均值
春季	6.12 ~ 8.10	6.97	4.87 ~ 7.71	6.92	6.31 ~ 7.69	7.01	3.39 ~ 7.48	6.27
夏季	6.25 ~ 9.07	6.78	5.21 ~ 8.32	7.28	4.30 ~ 7.18	6.21	3.30 ~ 7.18	4.58
秋季	6.16 ~ 8.05	6.75	6.11 ~ 8.04	6.69	6.23 ~ 6.95	6.63	3.55 ~ 8.12	5.79
冬季	6.54 ~ 7.65	7.00	6.78 ~ 7.61	7.00	6.75 ~ 7.44	6.95	2.23 ~ 7.48	6.28

海南西部海域（见表2.7）全年表层DO的浓度范围为（2.42～8.73）mg/L，平均值为7.02 mg/L；中层（30 m层）DO浓度范围为（2.39～7.94）mg/L，平均值为6.76 mg/L；底层DO浓度范围为（2.53～8.46）mg/L，平均值为6.53 mg/L。

表2.7　海南西部海水溶解氧四个航次分析结果统计表　　单位：mg/L

季节	表层		10 m层		30 m层		底层	
	浓度范围	平均值	浓度范围	平均值	浓度范围	平均值	浓度范围	平均值
春季	6.64～8.33	7.36	6.58～8.17	7.17	6.73～7.63	7.13	5.45～7.98	6.98
夏季	2.42～7.04	6.32	2.65～6.97	6.24	2.39～7.11	6.11	2.53～6.82	5.73
秋季	6.31～8.51	6.89	6.12～7.95	6.78	4.05～7.48	6.53	3.44～7.34	5.98
冬季	6.81～8.73	7.50	6.78～8.43	7.44	6.78～7.94	7.25	6.72～8.46	7.37

综合4个季节DO的含量（图2.65～图2.68）可以发现，在季节变化上，海南东面和西面的溶解氧含量都是随水温降低有所增加，呈现春冬、季高于夏、秋季的样式。这可能与溶解氧的溶解度与温度成反比有着较大的关系，所以海水温度是造成春冬、季值较大和夏、秋季较小的原因之一；另外，在冬季季风的作用下，黑潮区域高溶解氧浓度的水体大量进入南海，使得春、冬季水体的溶解氧含量保持着较大的状态。在垂直变化上，溶解氧基本呈现随深度加深而降低的样式，此现象在夏、秋季表现明显，而在春、冬季变现较弱。这可能与夏、秋季的真光层中生物活动频繁有关，溶解氧消耗过快而未能得到及时补充，使得溶解氧浓度随深度加深而降低。春、冬季则与夏季条件截然相反，此外，冬季季风强烈的垂向混合作用，使得冬季上层水体中溶解氧含量极大值现象并不明显。

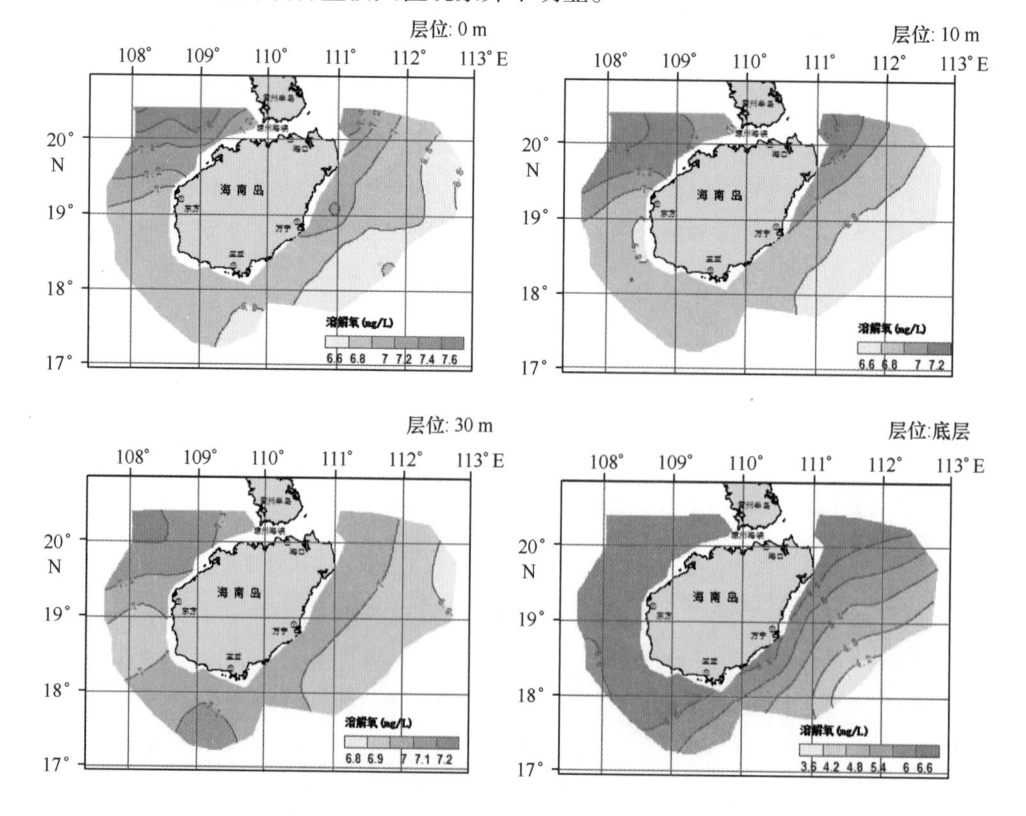

图2.65　海南岛周边海域春季溶解氧平面分布

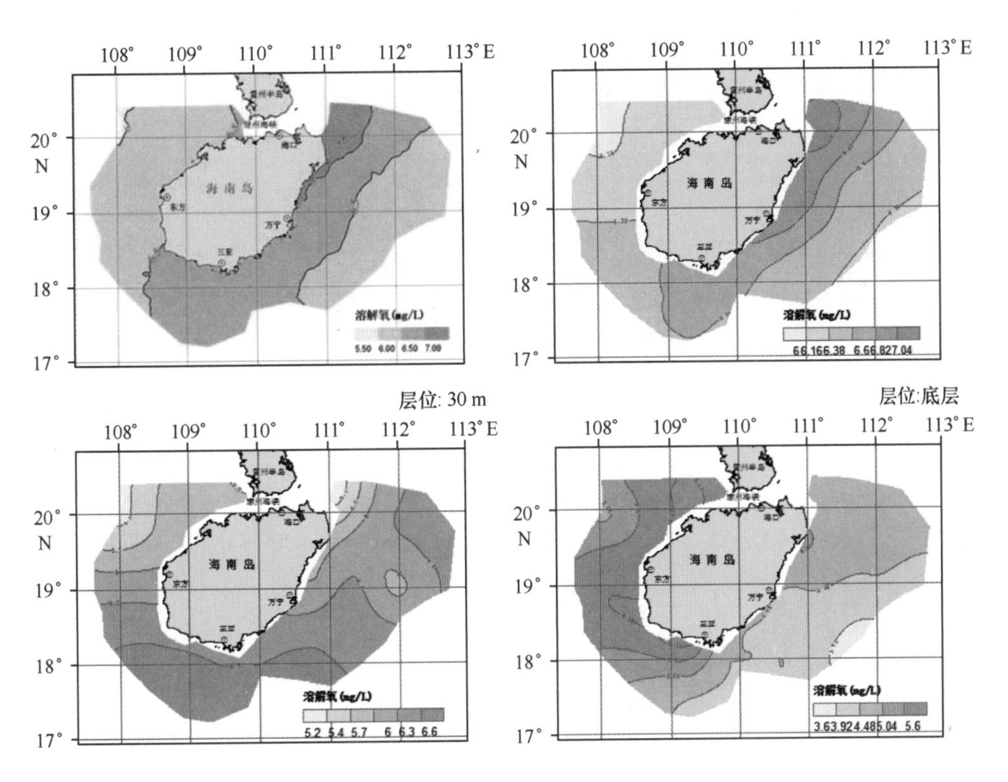

图 2.66　海南岛周边海域夏季溶解氧平面分布

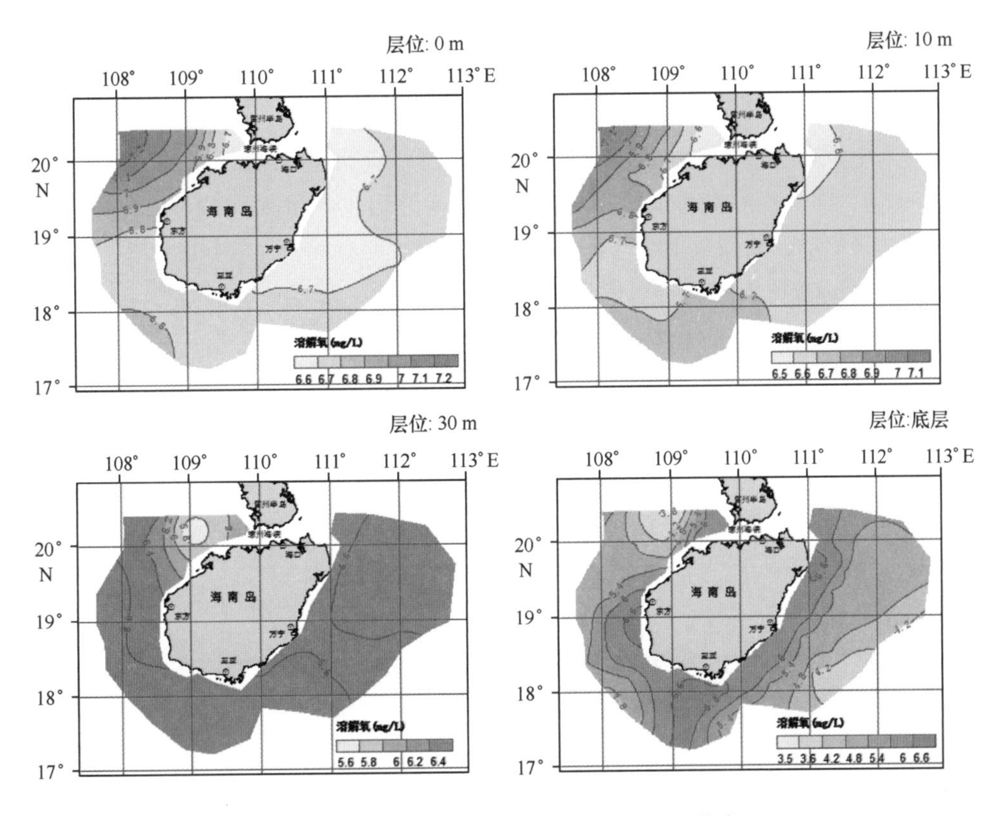

图 2.67　海南岛周边海域秋季溶解氧平面分布

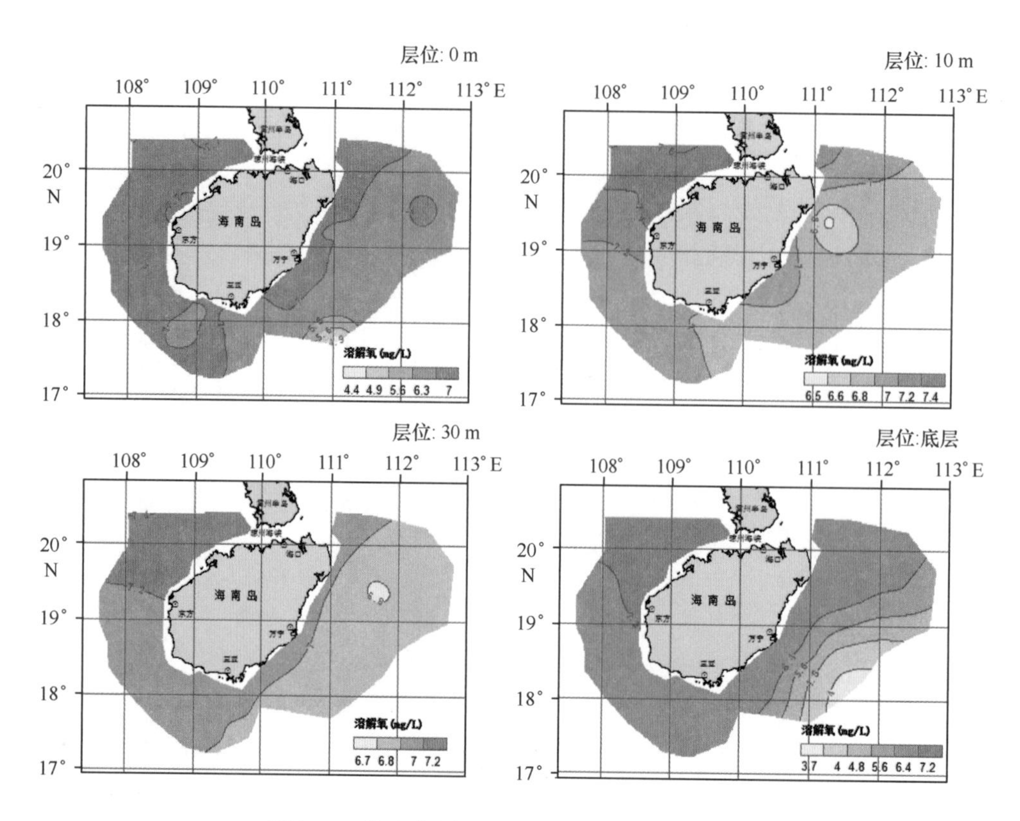

图 2.68　海南岛周边海域冬季溶解氧平面分布

2.4.1.2　pH 值

pH 是海水中氢离子活度的度量，是影响生物栖息环境的主要因素之一，对调节海洋生物体内的酸碱平衡、渗透压等极为重要，对海－气交换过程也有重要影响。海水的正常 pH 值在 7.3～8.6 之间变动，其高低主要与海水的二氧化碳浓度有关，主要由 $CO_2-HCO_3^- -CO_3^{2-}$ 平衡体系调控。海水 pH 值的测定对海洋生物生态、海洋污染、海水腐蚀和海洋沉积等问题的研究都具有一定的意义，是海洋化学和海洋生物学研究的重要参数之一。

1）　pH 值统计特征值

表 2.8 所示，海南东部海域全年表层 pH 值的范围为 7.97～8.35，平均值为 8.14；中层（30 m 层）pH 值的范围为 7.92～8.35，平均值为 8.16；底层 pH 值范围为 7.57～8.34，平均值为 8.08。

表 2.8　海南东部海水 pH 值四个航次调查结果

季节	表层		10 m 层		30 m 层		底层	
	范围	平均值	范围	平均值	范围	平均值	范围	平均值
春季	8.03～8.19	8.11	8.04～8.18	8.12	8.04～8.2	8.13	7.64～8.2	8.1
夏季	7.97～8.15	8.06	7.87～8.15	8.07	7.92～8.17	8.05	7.82～8.08	7.95
秋季	8.01～8.35	8.2	8.04～8.36	8.21	8.02～8.35	8.23	7.57～8.34	8.1
冬季	8.01～8.32	8.19	8.04～8.33	8.2	8.09～8.33	8.22	7.78～8.32	8.16

如表 2.9 所示，海南西部海域全年表层 pH 值的范围为 7.88～8.28，平均值为 8.20；中层（30 m 层）pH 值的范围为 8.03～8.34，平均值为 8.21；底层 pH 值范围为 7.97～8.34，平均值为 8.20。

表 2.9 海南西部海水 pH 值四个航次调查结果

季节	表层		10 m 层		30 m 层		底层	
	范围	平均值	范围	平均值	范围	平均值	范围	平均值
春季	8.23～8.33	8.28	8.23～8.36	8.28	8.27～8.34	8.3	8.23～8.34	8.28
夏季	7.88～8.24	8.13	7.97～8.23	8.14	8.03～8.21	8.13	7.97～8.27	8.11
秋季	8.00～8.26	8.16	8.08～8.25	8.18	8.10～8.26	8.19	8.04～8.24	8.16
冬季	8.16～8.28	8.23	8.16～8.3	8.23	8.19～8.29	8.23	8.16～8.29	8.23

如图 2.69～图 2.72 综合 4 个季节 pH 值可以发现，在季节变化上，海南东面和西面夏季的 pH 值都是四个季节中最低的，海南东面秋冬季的 pH 值较高，而海南西面春冬季的 pH 值较高。在冬季季风的作用下，底层的营养物质被季风搅到表层，促使水中的浮游植物繁殖迅速，同时进行强烈的光合作用，消耗水中游离的 CO_2，使水体的 pH 值升高，而夏季的时候，浮游植物呼吸作用强烈，释放大量的 CO_2，使水体中的 pH 值降低。在垂直分布上，海南东部夏秋季底层水与上层水体 pH 值分布的显著差异可能与调查海域明显的海水层化有关。海南西部 pH 的垂直分布存在较小的差异，这可能由于北部湾水体垂直混合比较强烈，使得 pH 值的垂向分布主要受水体混合影响。

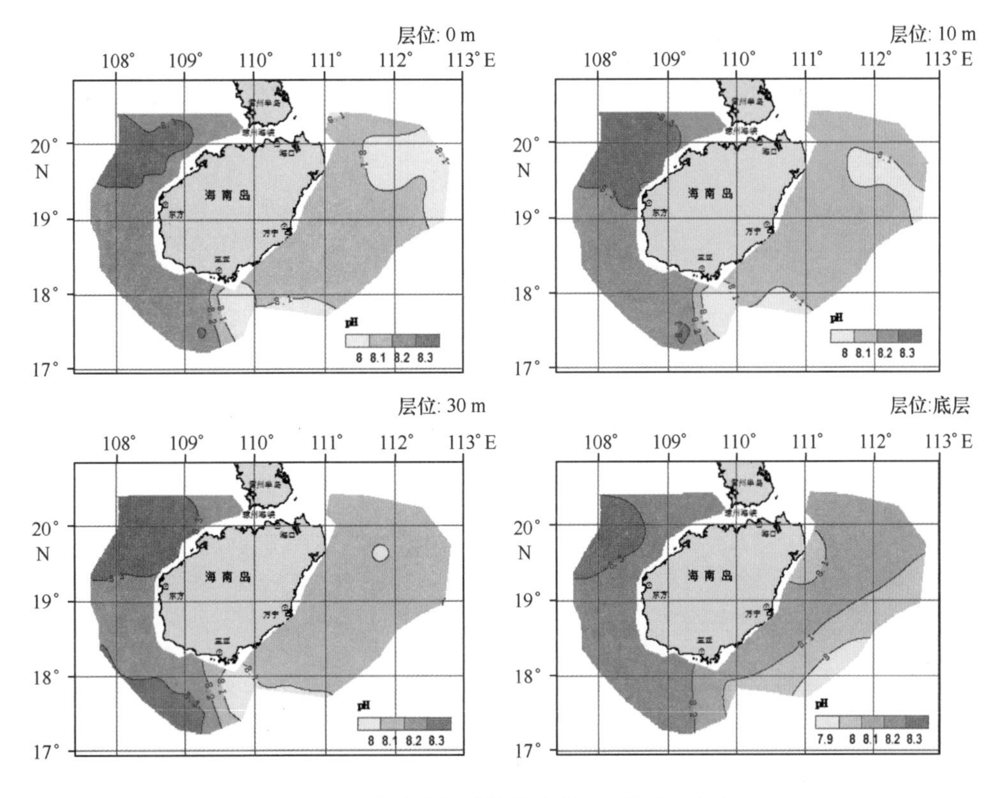

图 2.69 海南岛周边海域春季 pH 值平面分布

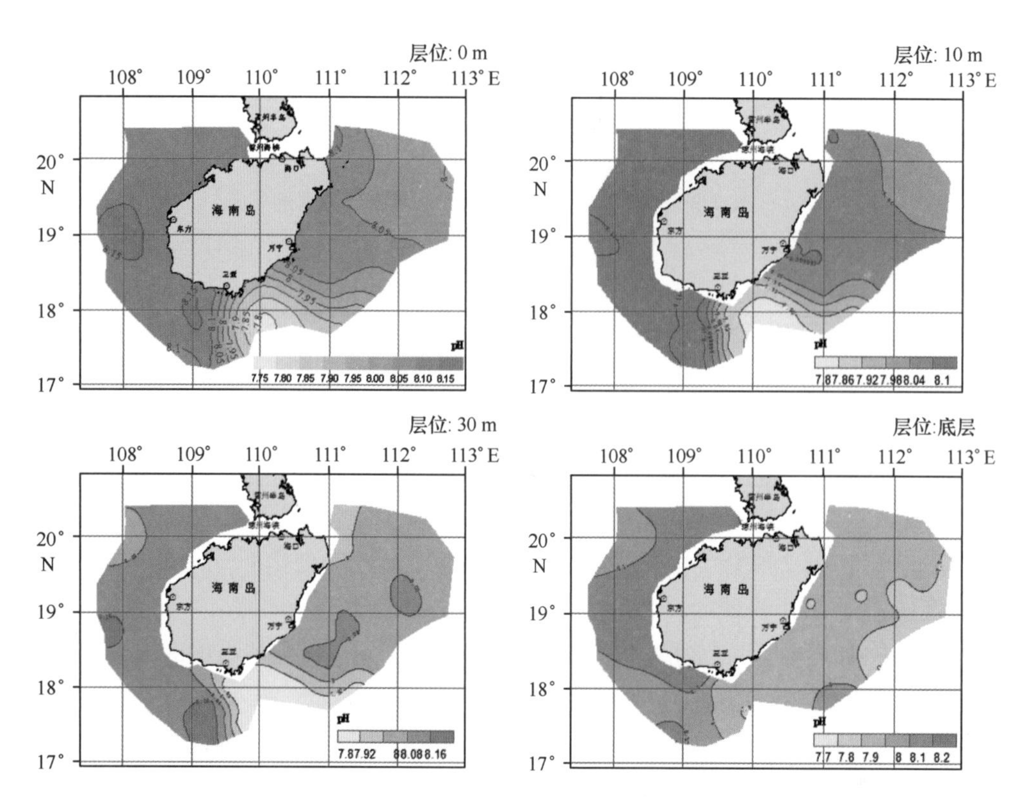

图 2.70 海南岛周边海域夏季 pH 值平面分布

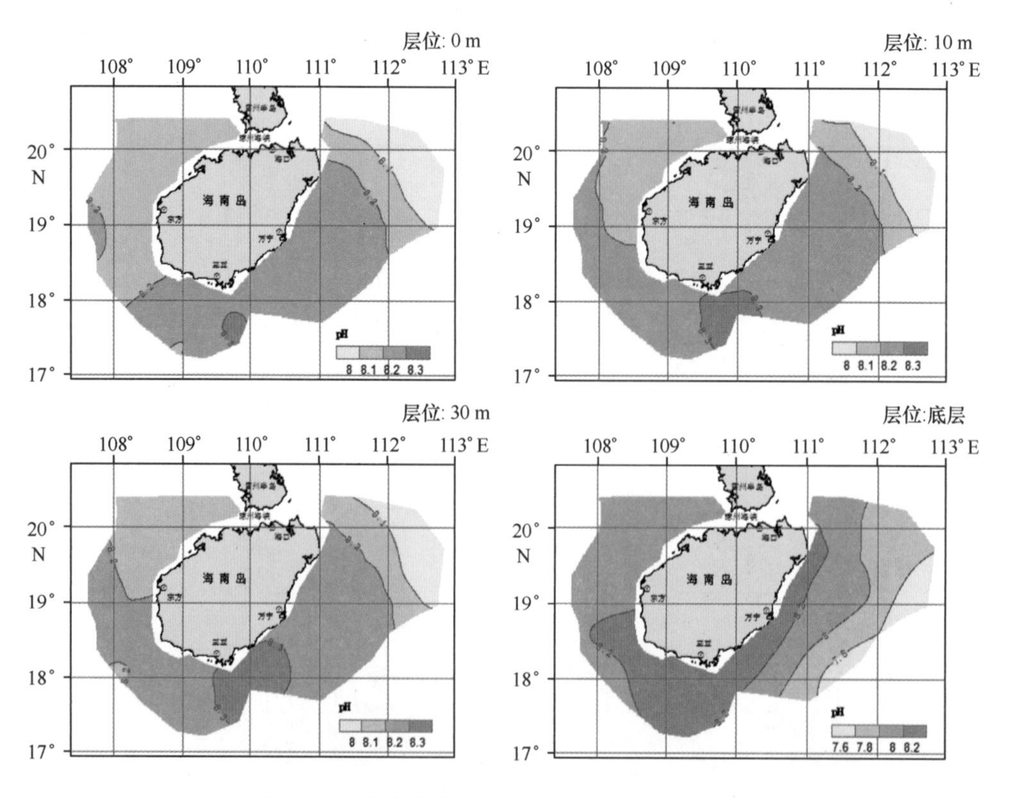

图 2.71 海南岛周边海域秋季 pH 值平面分布

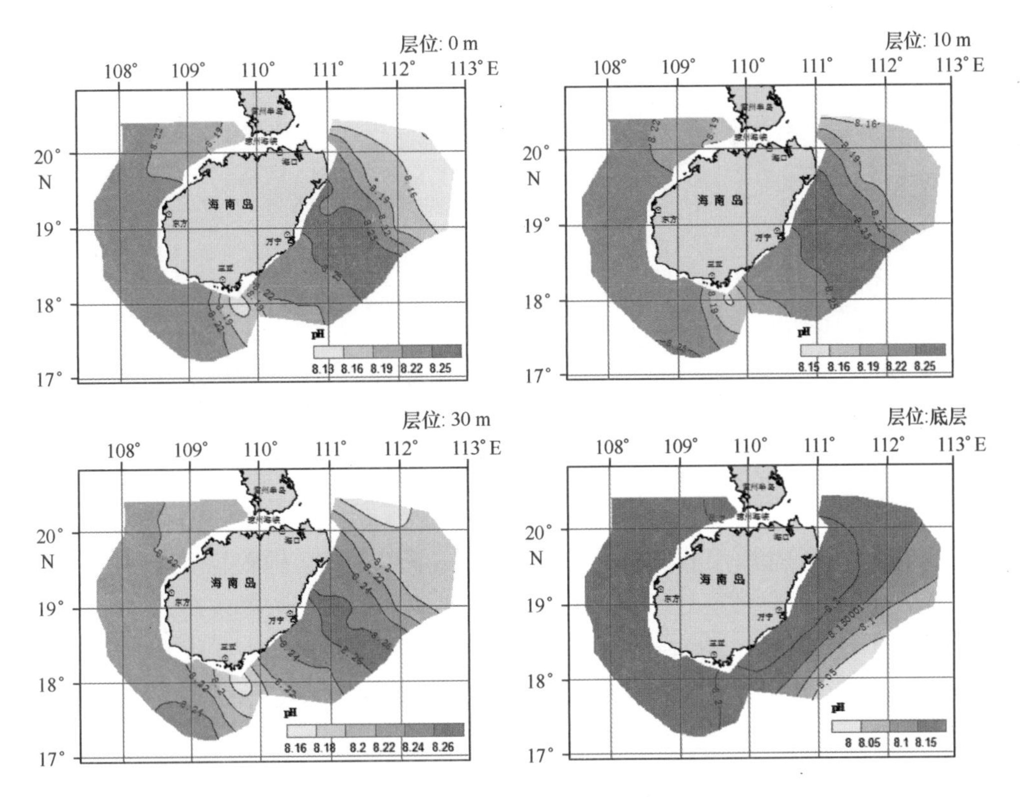

图 2.72　海南岛周边海域冬季 pH 值平面分布

2.4.1.3　硝酸盐

硝酸盐是海水中有机氮氧化分解的最终产物，是海水中可溶性无机氮化合物中最稳定、浓度最高的化合物，可以被浮游植物直接利用。在许多海区，硝酸盐被看成是控制真光层初级生产力的微量养分。其浓度的分布变化受水体运动、海洋生物活度和有机质氧化分解等因素影响。海水中的硝酸盐浓度是水体富营养化水平的重要参数之一，是水质监测的常规项目。

1）硝酸盐统计特征值

如表 2.10 所示，海南东部海域全年表层硝酸盐的浓度范围为（0.007～12.07）μmol/L，平均值为 1.09 μmol /L；中层（30 m 层）硝酸盐浓度范围为（0.007～11.47）μmol/L，平均值为 1.24 μmol/L；底层硝酸盐浓度范围为（0.026～43.56）μmol/L，平均值为 6.75 μmol/L。

表 2.10　海南东部海水硝酸盐四个航次调查结果　　单位：μmol/L

季节	表层		10 m 层		30 m 层		底层	
	范围	平均值	范围	平均值	范围	平均值	范围	平均值
春季	0.26～5.99	1.14	0.38～5.42	1.04	0.25～8.21	0.87	0.21～28.22	7.23
夏季	0.13～0.92	0.40	0.081～4.74	0.47	0.11～11.47	2.34	0.45～26.57	9.73
秋季	0.007～5.82	0.54	0.007～5.14	0.38	0.007～9.60	0.32	0.026～43.56	5.73
冬季	0.07～12.07	2.28	0.025～12.12	2.01	0.16～5.51	1.42	未～21.39	4.29

如表2.11所示，海南西部海域全年表层硝酸盐的浓度范围为（未～10.50）μmol/L，平均值为1.02 μmol/L；中层（30 m层）硝酸盐浓度范围为（未～8.79）μmol/L，平均值为0.75 μmol/L；底层硝酸盐浓度范围为（未～12.00）μmol/L，平均值为1.80 μmol/L。

表2.11　海南西部海水硝酸盐四个航次调查结果　　单位：μmol/L

季节	表层		10 m层		30 m层		底层	
	范围	平均值	范围	平均值	范围	平均值	范围	平均值
春季	未～2.79	0.43	未～4.07	0.57	未～2.14	0.43	未～7.14	0.64
夏季	未～3.07	0.29	未～2.86	0.14	未～2.57	0.36	未～12.00	1.86
秋季	未～10.50	1.50	未～10.50	1.50	未～7.21	0.86	未～10.21	2.71
冬季	未～8.64	1.86	未～9.36	1.36	未～8.79	1.36	未～9.07	2.00

综合四个季节硝酸盐浓度可以发现（见图2.73～图2.76），硝酸盐浓度受浮游植物的生长消亡和季节变化的影响比较大。在季节变化上，冬季的硝酸盐浓度较高，这可能因为冬季的生物利用不完全，使得多余的硝酸盐残留在海水中；春夏季的硝酸盐浓度较低，春季东北高，西南低，四层分布有差异，近岸高，远岸低，中线附近高；夏季北高南低，沿岸高远岸低，浅层和深层分布较一致，这可能因为春夏季的生物生长比较旺盛，大量摄食海水中的硝酸盐，使得硝酸盐浓度较低，浅层和深层分布较为一致，则说明层化作用不明显；秋季东高西低，（0～30）m层分布非常一致，底层分布较特殊，浓度梯度非常明显。在垂直方向上，四个季节基本都是呈现浅层低深层高的变化规律，说明受陆地的影响较为微弱，浅层的硝酸盐浓度低是由于浮游植物的利用造成，而底层的浓度较高是因为矿化作用。

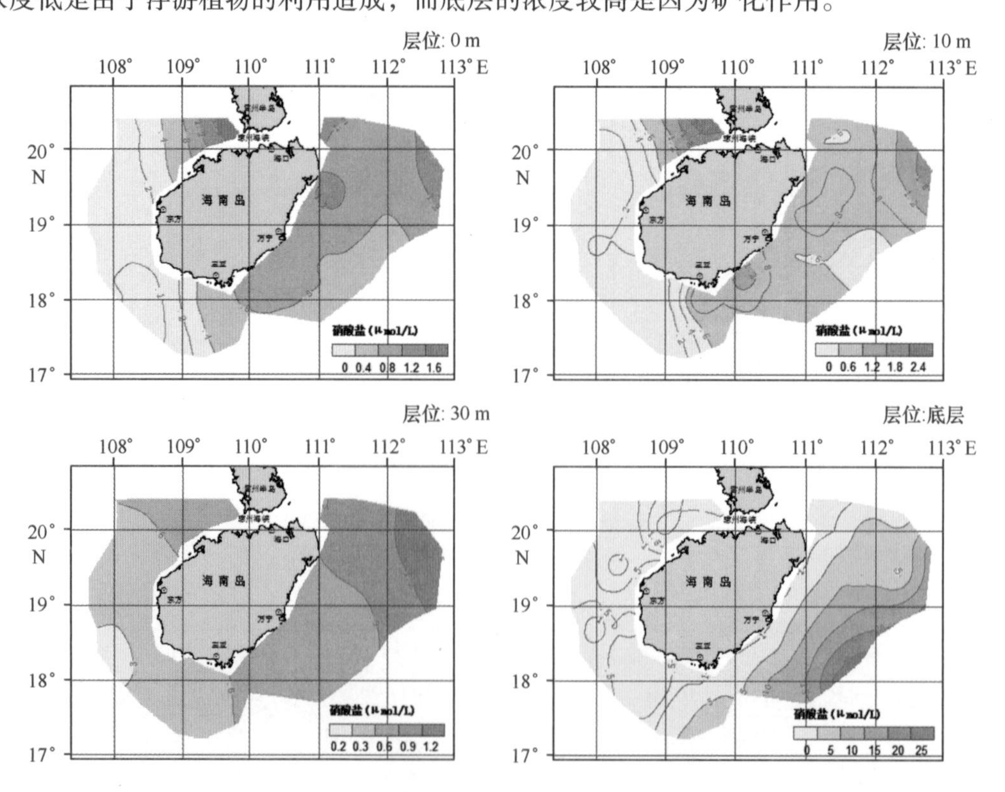

图2.73　海南岛周边海域春季硝酸盐平面分布

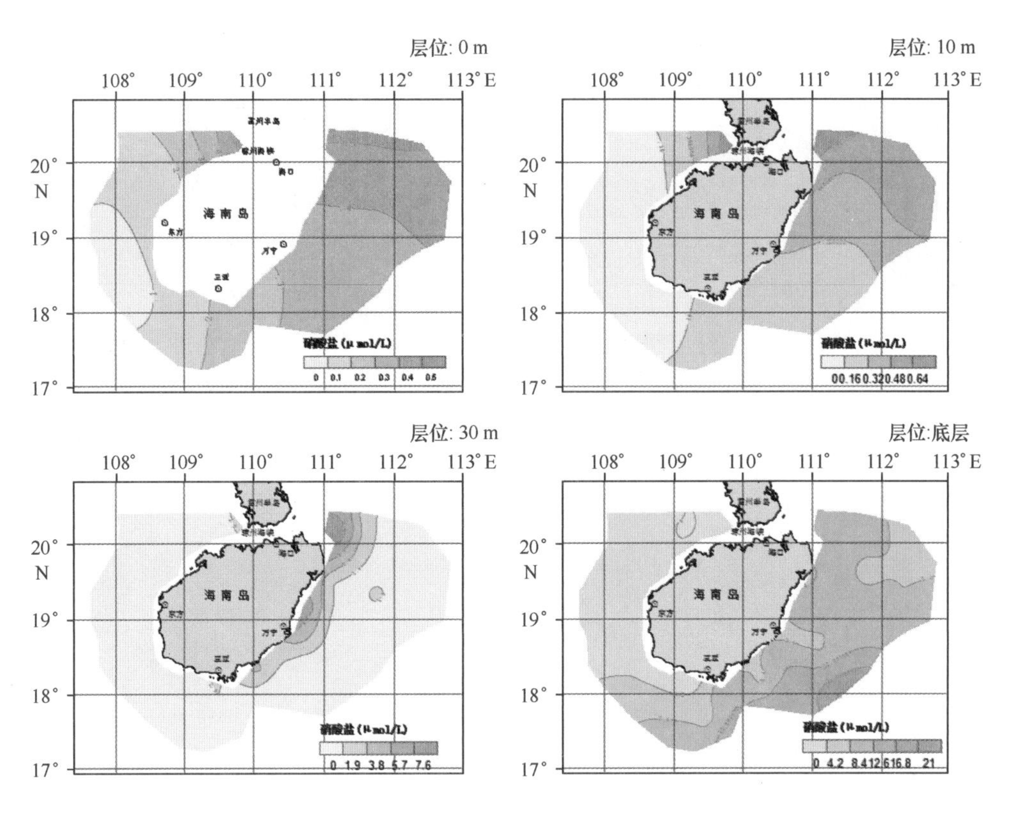

图 2.74　海南岛周边海域夏季硝酸盐平面分布

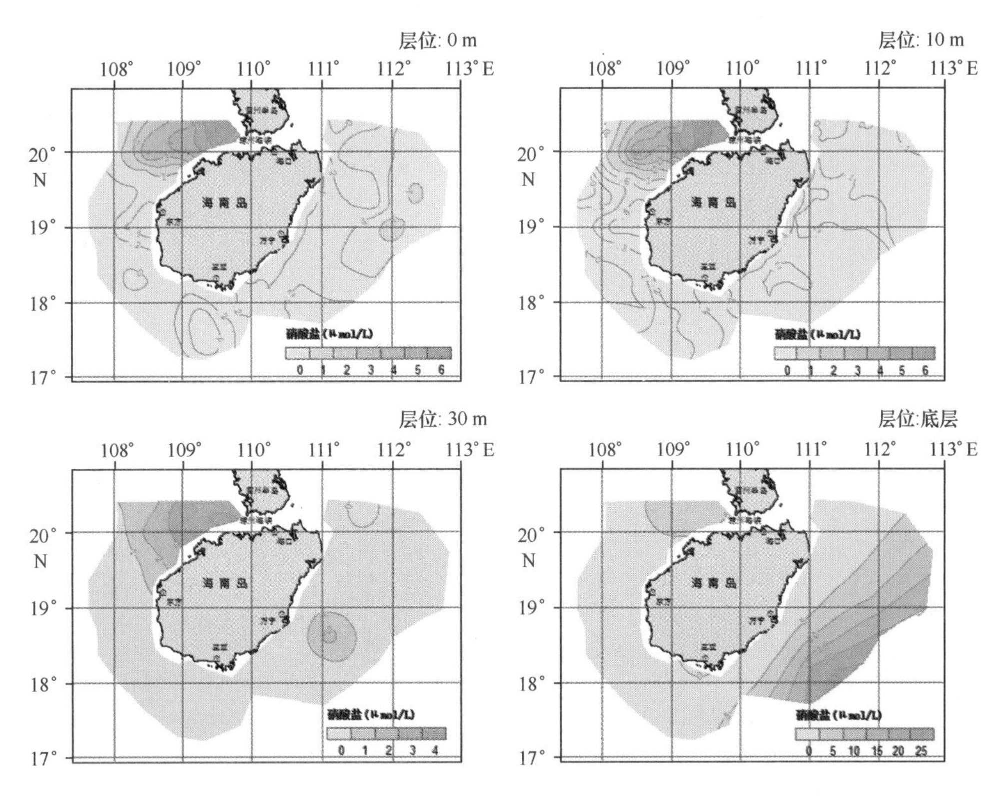

图 2.75　海南岛周边海域秋季硝酸盐平面分布

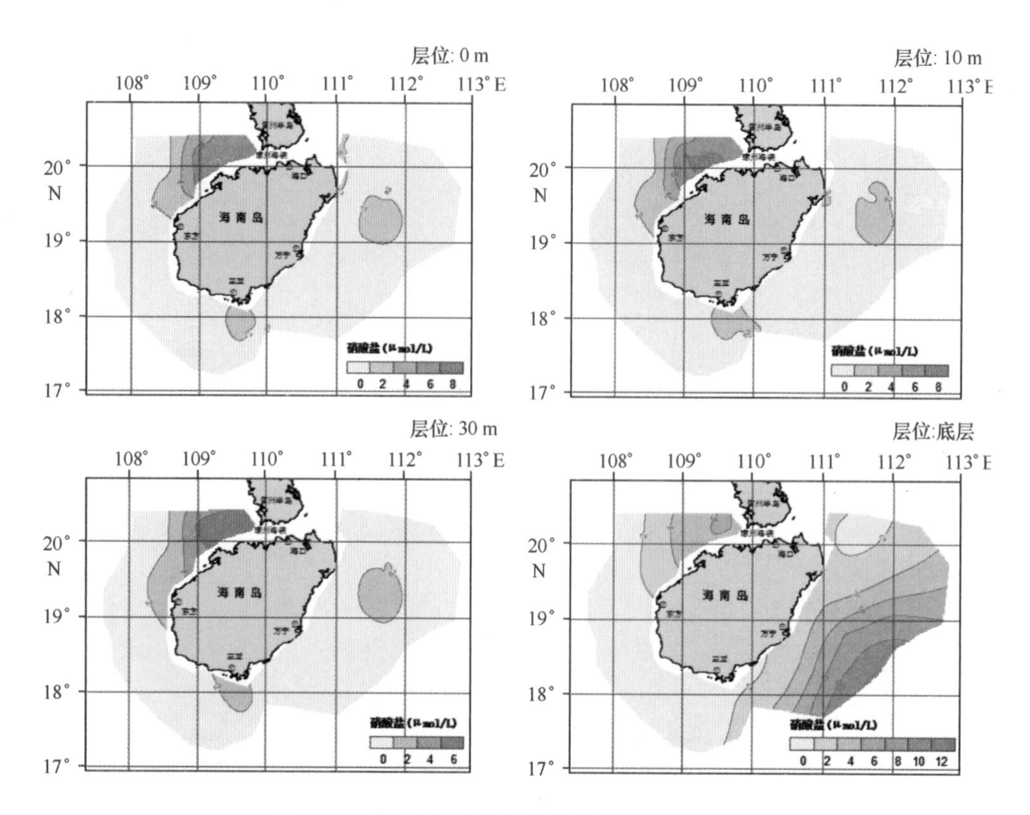

图 2.76 海南岛周边海域冬季硝酸盐平面分布

2.4.1.4 亚硝酸盐

海水中的亚硝酸盐是硝酸盐被还原或铵盐被氧化的中间化合物。浮游植物在过度摄食期间也可排泄亚硝酸盐。其在天然海水中的浓度通常很低（<0.001 mg/L），但在上升流区和由有氧环境向缺氧环境转变的过渡带内，亚硝酸盐浓度也会很高（>0.028 mg/L）。海水中大量亚硝酸盐存在时，意味着细菌的活性很高。

1）亚硝酸盐统计特征值

如表 2.12 所示，海南东部海域全年表层亚硝酸盐的浓度范围为（0.007～3.89）μmol/L，平均值为 0.25 μmol /L；中层（30 m 层）亚硝酸盐浓度范围为（0.007～3.64）μmol/L，平均值为 0.19 μmol/L；底层亚硝酸盐浓度范围为（0.007～4.35）μmol/L，平均值为 0.44 μmol/L。

表 2.12 海南东部海水亚硝酸盐四个航次调查结果 单位：μmol/L

季节	表层		10 m 层		30 m 层		底层	
	范围	平均值	范围	平均值	范围	平均值	范围	平均值
春季	0.007～2.29	0.29	0.007～3.15	0.31	0.007～1.94	0.21	0.007～2.79	0.44
夏季	0.01～0.093	0.02	0.01～0.61	0.04	0.01～0.98	0.19	0.01～1.94	0.35
秋季	0.01～2.19	0.24	未～1.06	0.20	未～0.82	0.13	0.01～2.12	0.32
冬季	0.01～3.89	0.43	0.01～3.73	0.44	0.01～3.64	0.22	0.021～4.35	0.64

如表2.13所示，海南西部海域全年表层亚硝酸盐的浓度范围为（未～3.14）μmol/L，平均值为0.25 μmol/L；中层（30 m层）亚硝酸盐浓度范围为（未～2.36）μmol/L，平均值为0.30 μmol/L；底层亚硝酸盐浓度范围为（未～3.29）μmol/L，平均值为0.47 μmol/L。

表2.13　海南西部海水亚硝酸盐四个航次调查结果　单位：μmol/L

季节	表层		10 m层		30 m层		底层	
	范围	平均值	范围	平均值	范围	平均值	范围	平均值
春季	未～3.14	0.50	未～3.21	0.64	未～2.36	0.50	未～3.29	0.93
夏季	未～1.14	0.07	未～0.86	0.07	未～1.00	0.21	未～1.14	0.29
秋季	未～1.79	0.29	未～1.21	0.29	未～1.36	0.29	未～1.79	0.43
冬季	未～0.64	0.14	未～0.64	0.21	未～0.57	0.21	未～0.64	0.21

综合四个季节亚硝酸盐浓度可以发现（见图2.77～2.80），在季节变化上，海南东面和西面的亚硝酸盐浓度都是夏季比较低，其他三个季节较高。海水中的亚硝酸盐大多数是由铵盐的氧化作用而生成，海水中的铵盐在氧化性海水中，极易通过海洋细菌的作用被氧化成亚硝酸盐。在垂直方向上，四个季节亚硝酸盐浓度基本都是呈现浅层低深层高的变化规律，这是由于底层微生物的氧化作用比较强烈造成。

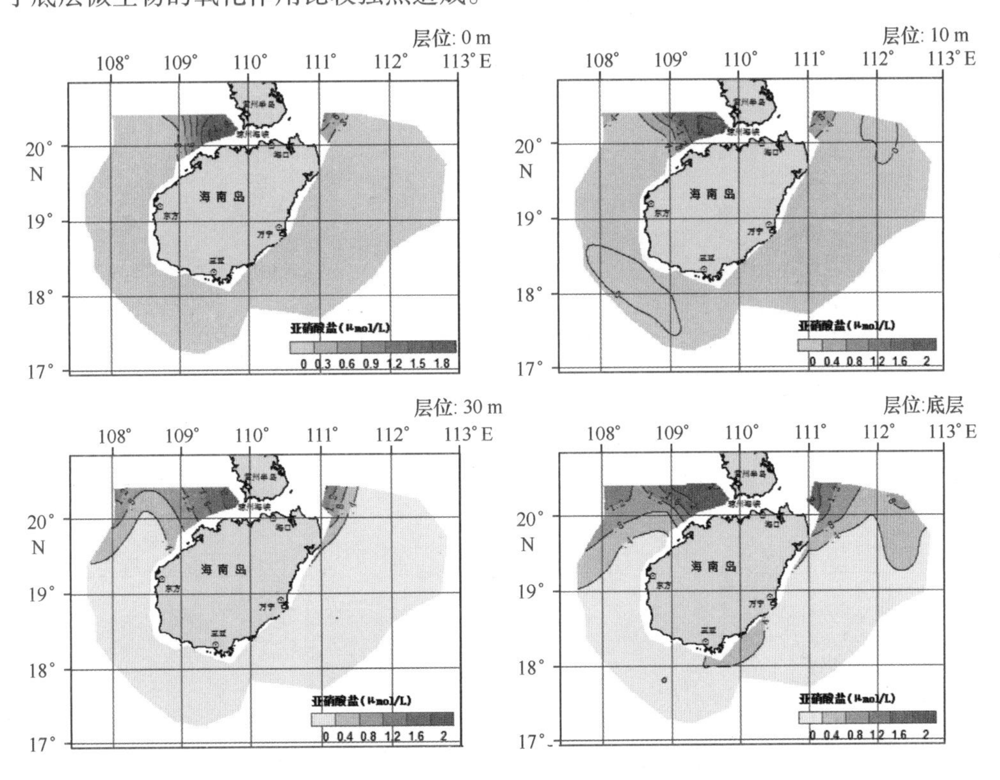

图2.77　海南岛周边海域春季亚硝酸盐平面分布

2.4.1.5　铵盐

海水中的铵盐包括 NH_4^+、NH_3 和部分游离的氨基酸氮。海水中主要以 NH_4^+ 形式存在，

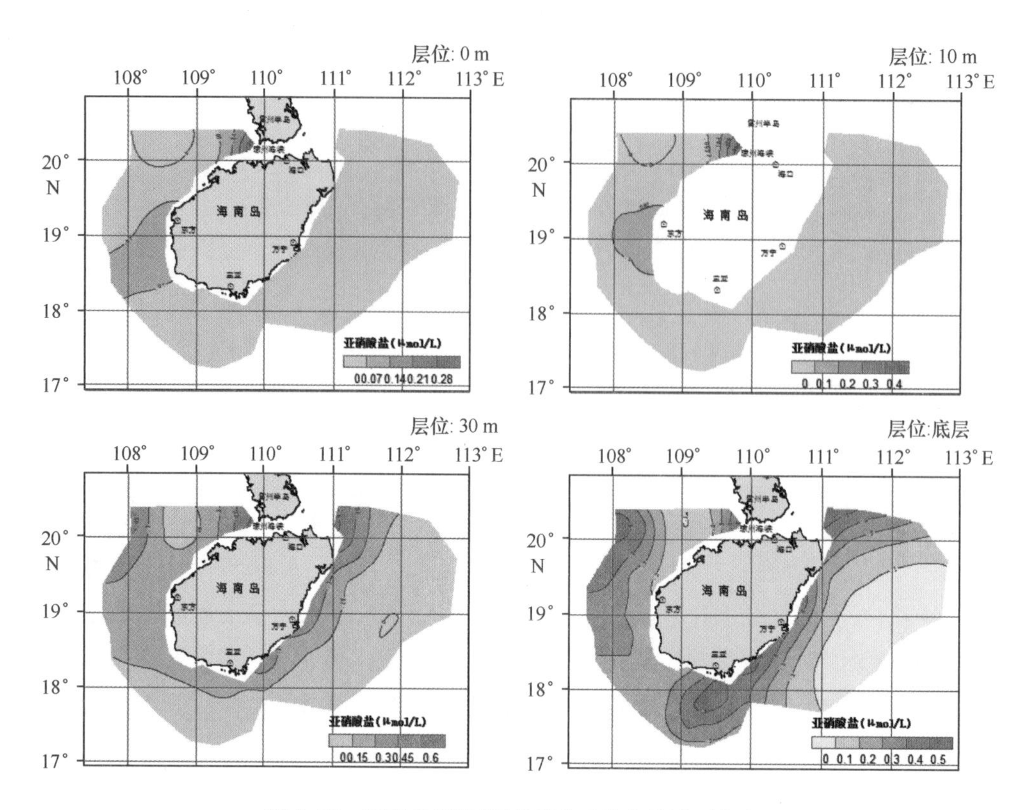

图 2.78　海南岛周边海域夏季亚硝酸盐平面分布

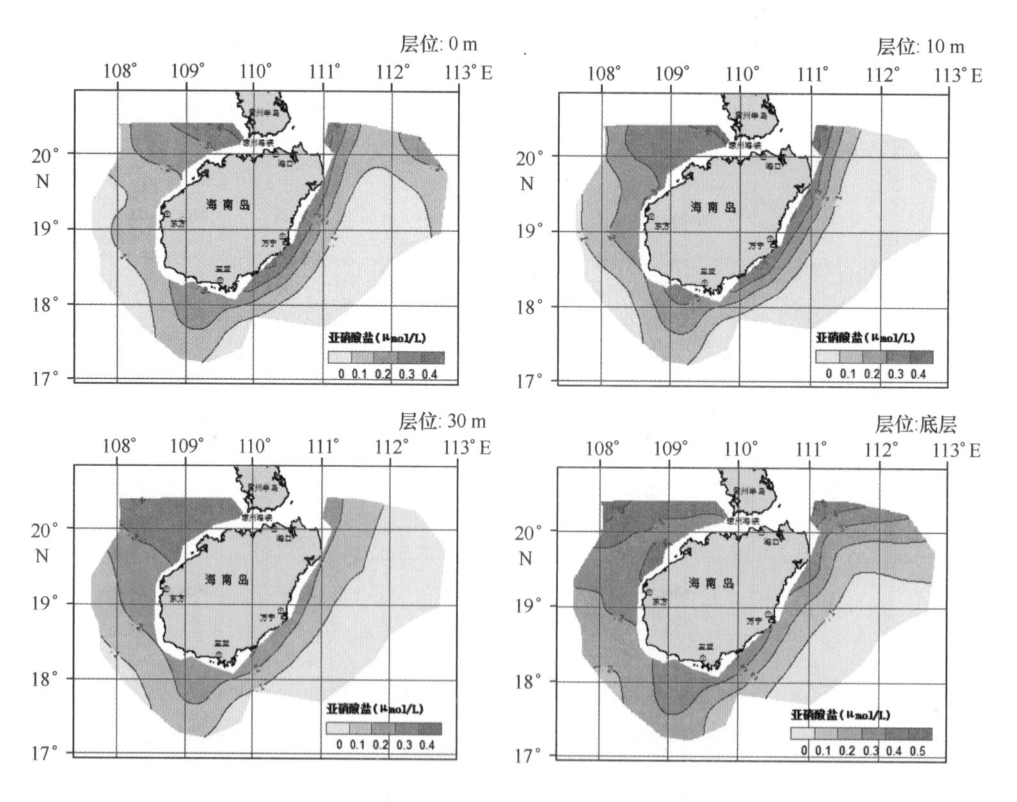

图 2.79　海南岛周边海域秋季亚硝酸盐平面分布

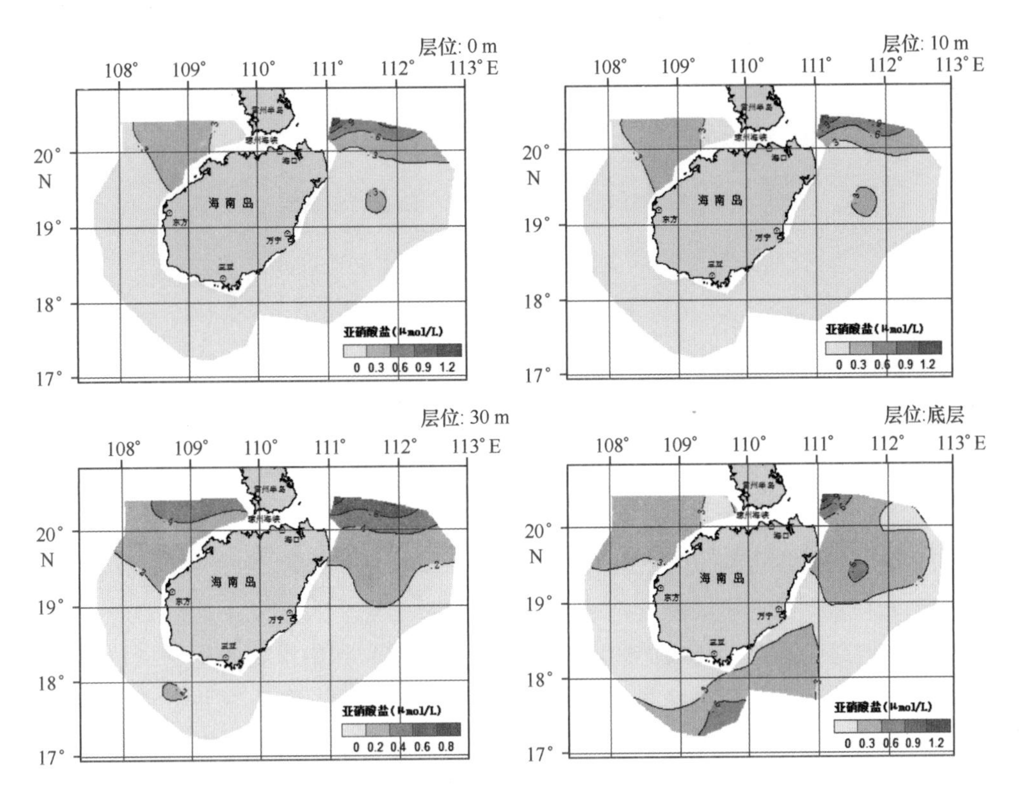

图 2.80　海南岛周边海域冬季亚硝酸盐平面分布

尚有适量的氨和 NH_4OH，其比例随海水的 pH 值、温度不同而变化。铵氮是海水生源要素之一，能够被浮游植物优先吸收，它的浓度是海区营养贫富的重要指标之一。它是含氮有机化合物氧化分解的第一个无机氮化合物，并可进一步氧化为 NO_2^- 和 NO_3^-。作为有机氮氧化为 NO_3^- 的中间产物，NH_4^+ 的热力学状态是不稳定的。NH_3 浓度过高，对水生生物有毒害作用，因此也是环境污染的一个重要参数。海水中 NH_4^+ 与 NH_3 之间存在化学平衡关系，其浓度的分布变化较为复杂。

1）铵盐统计特征值

如表 2.14 所示，海南东部海域全年表层亚硝酸盐的浓度范围为（0.01～4.24）μmol/L，平均值为 0.56 μmol /L；中层（30 m 层）亚硝酸盐浓度范围为（0.01～6.03）μmol/L，平均值为 0.81 μmol/L；底层亚硝酸盐浓度范围为（0.01～2.65）μmol/L，平均值为 0.63 μmol/L。

表 2.14　海南东部海水铵盐四个航次调查结果　　单位：μmol/L

季节	表层		10 m 层		30 m 层		底层	
	范围	平均值	范围	平均值	范围	平均值	范围	平均值
春季	0.03～1.49	0.52	0.03～3.52	0.76	0.03～2.35	0.74	0.03～2.54	0.66
夏季	0.01～2.82	1.00	0.19～5.04	1.09	0.01～3.94	0.91	0.04～1.95	0.80
秋季	0.03～4.24	0.08	0.02～3.79	0.53	0.04～6.03	0.72	0.05～2.55	0.46
冬季	0.01～4.10	0.64	0.01～2.31	0.70	0.01～3.17	0.88	0.01～2.65	0.59

如表2.15所示，海南西部海域全年表层亚硝酸盐的浓度范围为（未~1.64）μmol/L，平均值为0.32 μmol/L；中层（30 m层）亚硝酸盐浓度范围为（未~1.36）μmol/L，平均值为0.29 μmol/L；底层亚硝酸盐浓度范围为（未~1.79）μmol/L，平均值为0.39 μmol/L。

表2.15　海南西部海水铵盐四个航次调查结果　　单位：μmol/L

季节	表层		10 m层		30 m层		底层	
	范围	平均值	范围	平均值	范围	平均值	范围	平均值
春季	未~1.07	0.21	未~1.93	0.21	未~0.93	0.14	未~1.57	0.21
夏季	未~1.36	0.36	未~0.93	0.36	未~1.07	0.29	未~1.79	0.50
秋季	未~1.64	0.43	未~1.43	0.36	未~1.36	0.43	未~1.79	0.50
冬季	未~0.79	0.29	未~1.64	0.29	未~0.86	0.29	未~0.93	0.36

综合四个季节铵盐浓度可以发现（见图2.81~图2.84），海南东面的铵盐浓度高于海南西面，海南东面在表层有两个高值区，一个为雷州半岛东侧，另一个高值区为海南省三亚南部海域，这可能与陆地向海洋排放的废水有关。铵盐浓度受浮游植物的生长消亡和季节变化的影响比较大，是含氮有机化合物氧化分解的第一个无机氮化合物。在季节变化上，春季西高东低，中线附近高，四层分布较一致。夏季铵盐的分布与亚硝酸盐和硝酸盐相比，高值区非常分散，分别有表层、10 m层、底层的雷州半岛北部高值区。秋季以琼州海峡为界北高南低，琼州海峡以北分布较均匀。冬季的湾内平面分布较均匀，近岸较低远岸较高，四层的分布趋势比较一致。在垂直分布上，海南东部夏季底层铵盐浓度比较比浅层低，这是因为底层铵盐大部分转化为硝酸盐和亚硝酸盐，因此含量最低，其他季节浅层浓度比底层高。

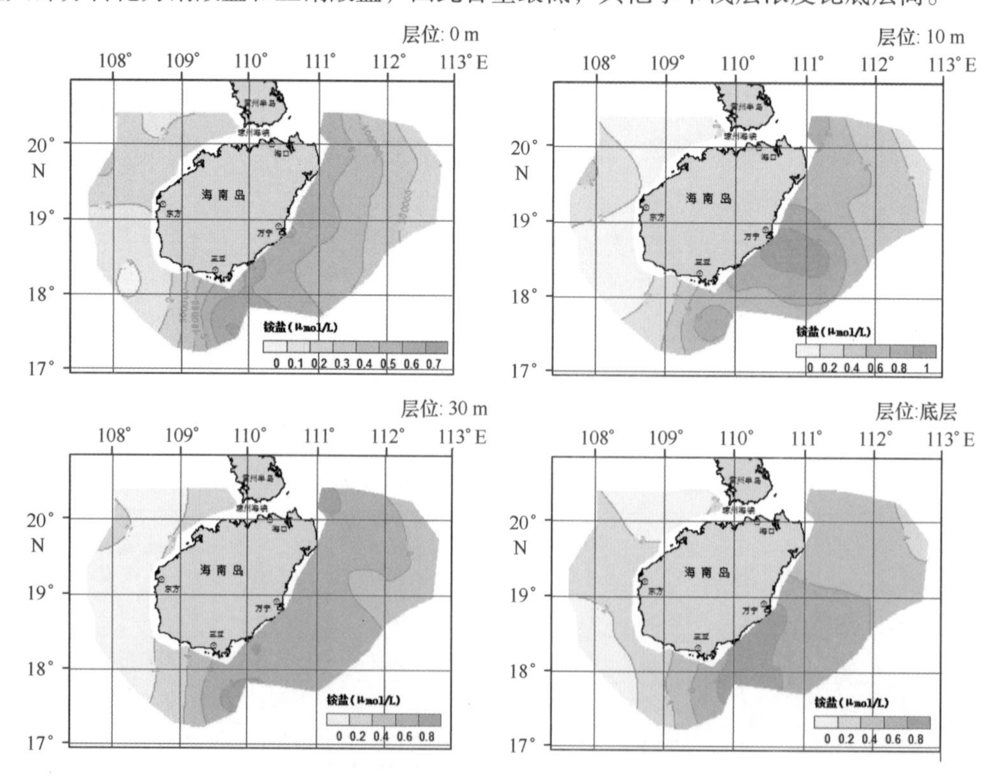

图2.81　海南岛周边海域春季铵盐平面分布

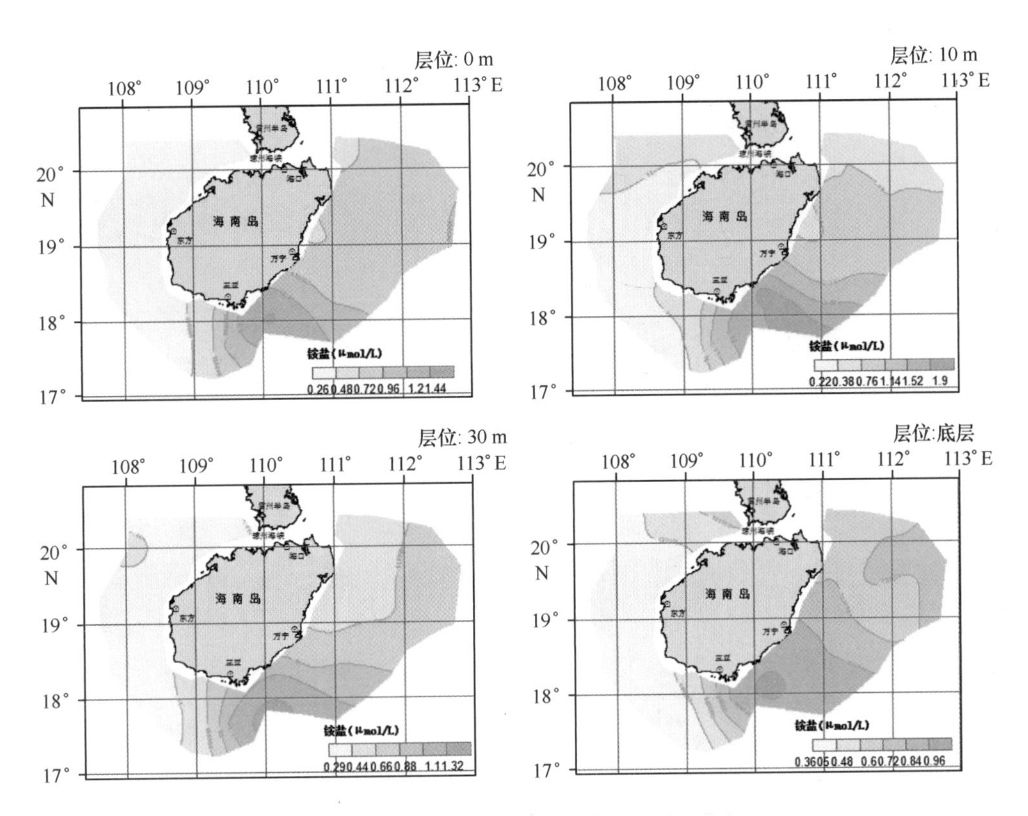

图 2. 82　海南岛周边海域夏季铵盐平面分布

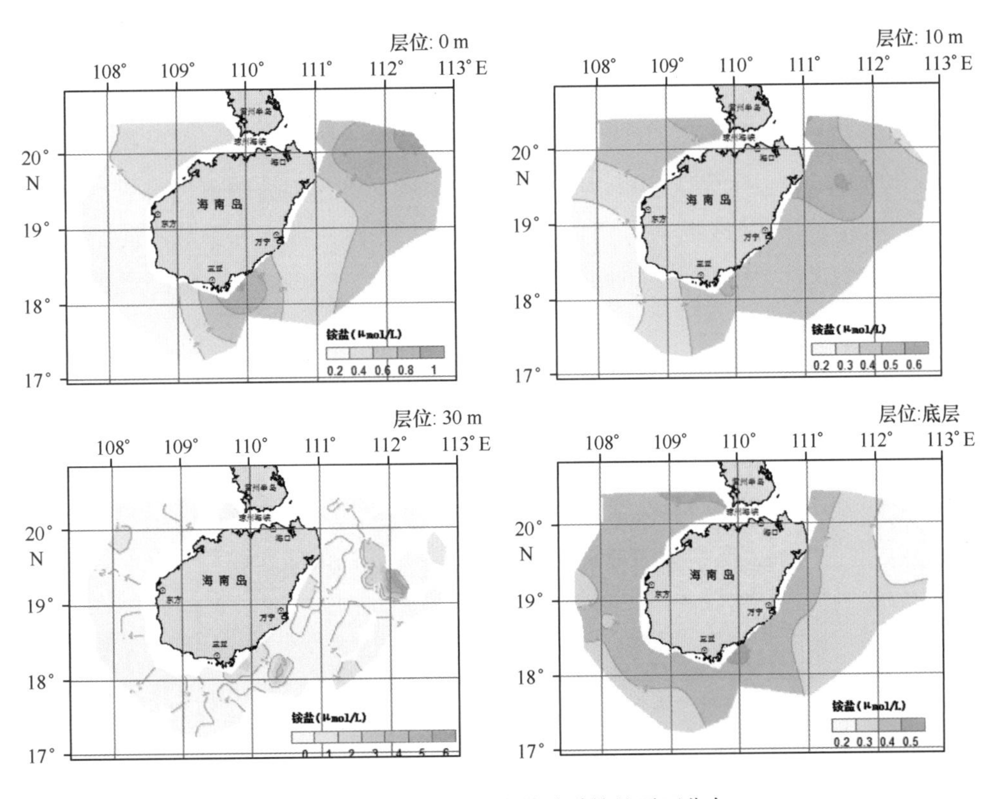

图 2. 83　海南岛周边海域秋季铵盐平面分布

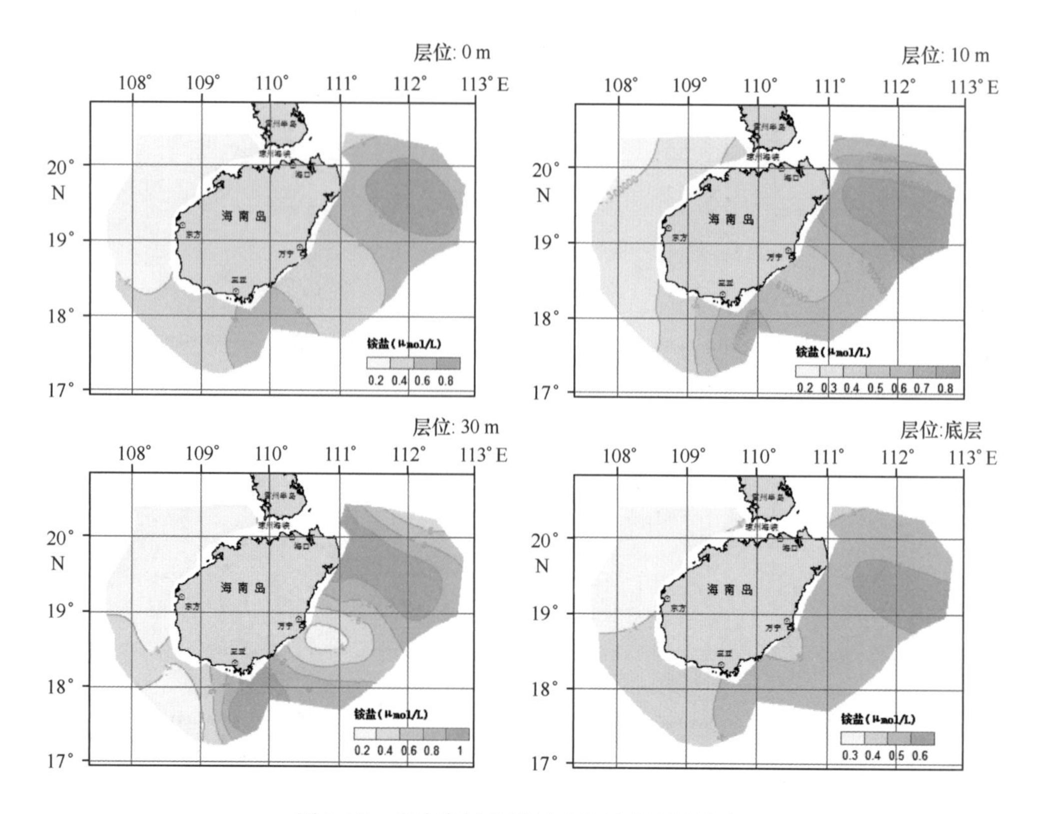

图 2.84 海南岛周边海域冬季铵盐平面分布

2.4.1.6 活性磷酸盐

海水中的溶解无机磷主要以 HPO_4^{2-} 和 PO_4^{3-} 存在，在一定条件下，它可和少部分有机磷一起与酸性钼酸铵反应，生成杂多酸，从而被测定，通常将这部分磷称之为活性磷酸盐。活性磷酸盐可以直接被浮游植物吸收利用，其在海水中的浓度随海区和季节不同而变化，是水体质量的一个重要指标，因此是水质监测的必测项目。

1）活性磷酸盐统计特征值

如表 2.16 所示，海南东部海域全年表层活性磷酸盐的浓度范围为（未～1.62）μmol/L，平均值为 0.17 μmol/L；中层（30 m 层）活性磷酸盐浓度范围为（未～0.70）μmol/L，平均值为 0.18 μmol/L；底层活性磷酸盐浓度范围为（未～6.06）μmol/L，平均值为 1.94 μmol/L。

表 2.16 海南东部海水活性磷酸盐四个航次调查结果 单位：μmol/L

季节	表层		10 m 层		30 m 层		底层	
	范围	平均值	范围	平均值	范围	平均值	范围	平均值
春季	0.02～0.28	0.04	0.02～0.34	0.04	0.02～0.27	0.01	0.02～2.68	5.42
夏季	未～0.04	0.00	未～0.28	0.02	未～0.70	0.14	未～2.69	0.80
秋季	0.27～1.62	0.51	0.27～1.44	0.53	0.28～0.65	0.44	0.25～6.06	1.20
冬季	未～0.47	0.12	未～0.55	0.14	未～0.35	0.11	未～2.72	0.35

如表2.17所示，海南西部海域全年表层活性磷酸盐的浓度范围为（未~0.45）μmol/L，平均值为0.11 μmol/L；中层（30 m层）活性磷酸盐浓度范围为（未~0.55）μmol/L，平均值为0.12 μmol/L；底层活性磷酸盐浓度范围为（未~0.65）μmol/L，平均值为0.18 μmol/L。

表2.17　海南西部海水活性磷酸盐四个航次调查结果　　单位：μmol/L

季节	表层		10 m层		30 m层		底层	
	范围	平均值	范围	平均值	范围	平均值	范围	平均值
春季	未~0.19	0.03	未~0.19	0.03	未~0.10	0.03	未~0.52	0.10
夏季	0.23~0.45	0.29	0.23~0.48	0.29	0.26~0.42	0.32	0.23~0.65	0.35
秋季	未~0.32	0.06	未~0.26	0.06	未~0.55	0.06	未~0.58	0.19
冬季	未~0.26	0.06	未~0.29	0.06	未~0.26	0.06	未~0.29	0.06

综合四个季节活性磷酸盐浓度可以发现（见图2.85~图2.88），在季节分布上，海南东面夏季的活性磷酸盐含量偏低，这可能因为夏季的生物生长比较旺盛，大量摄食海水中活性磷酸盐含量，使得含量偏低。但是海南西面刚好呈相反的模式，夏季的活性磷酸盐含量较高，北高南低，近岸高远岸低，这可能是受粤西的鉴江输入的影响，导致活性磷酸盐较高。在垂直分布上，海南东面的活性磷酸盐底层明显高于浅层，这可能是由于被生物所摄取的活性磷酸盐随着生物尸体的下沉和氧化分解而逐渐回归到海水中，以致活性磷酸盐含量深度的增加而升高。

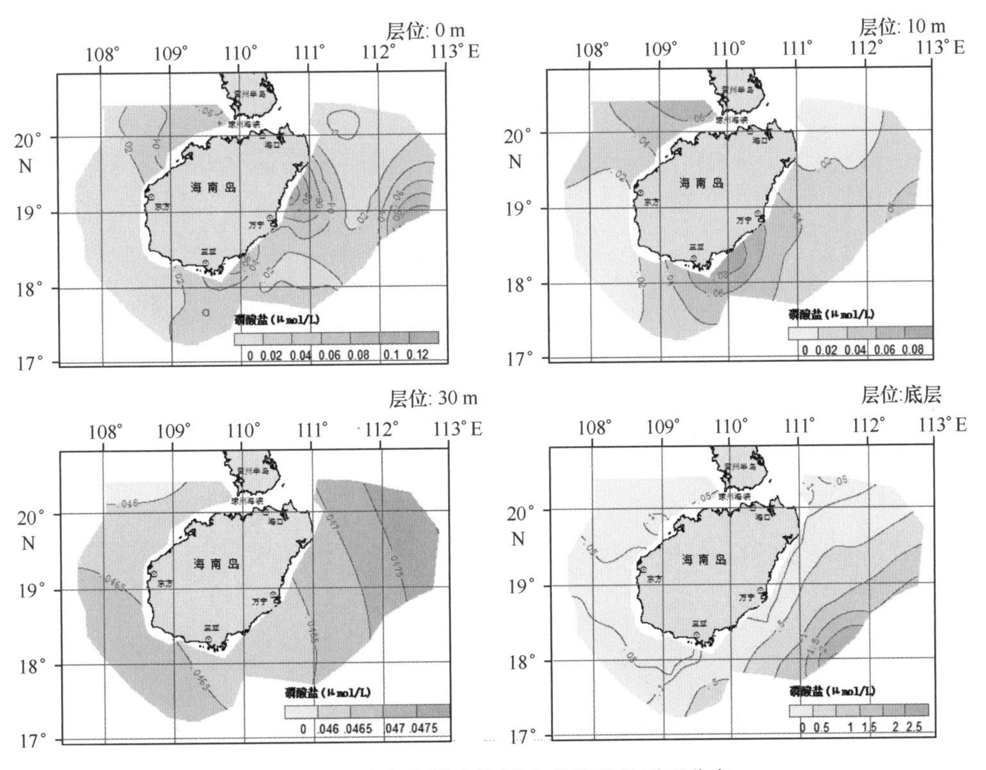

图2.85　海南岛周边海域春季磷酸盐平面分布

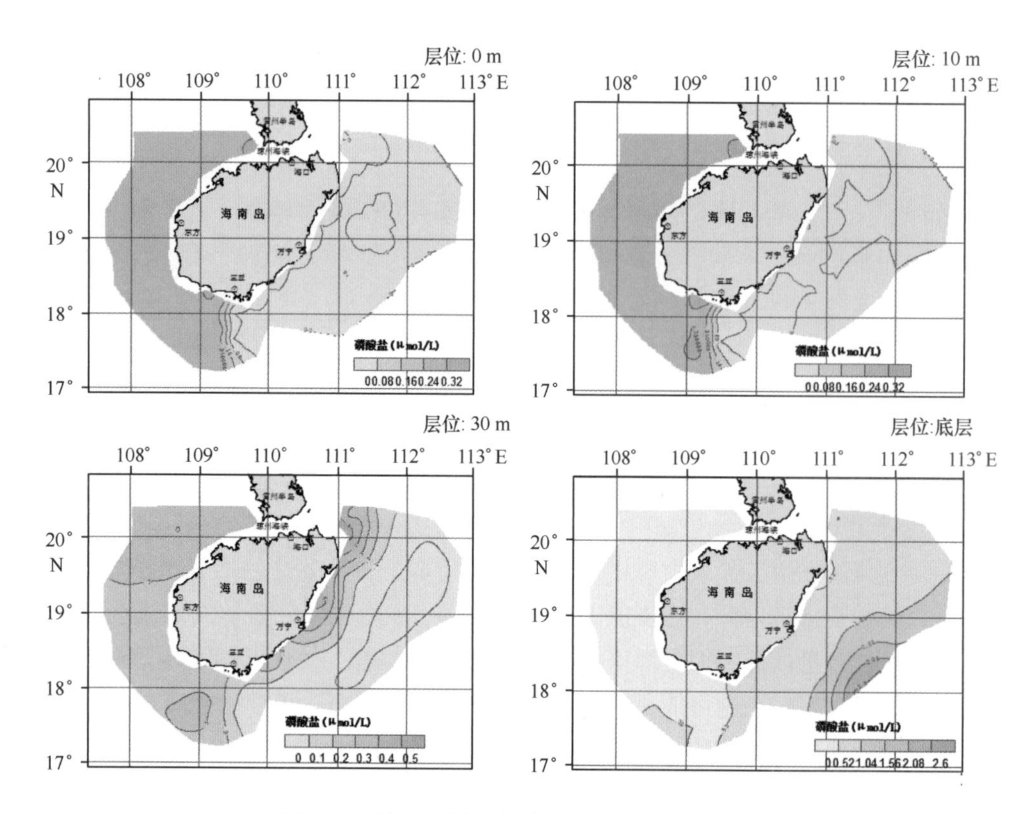

图 2.86　海南岛周边海域夏季磷酸盐平面分布

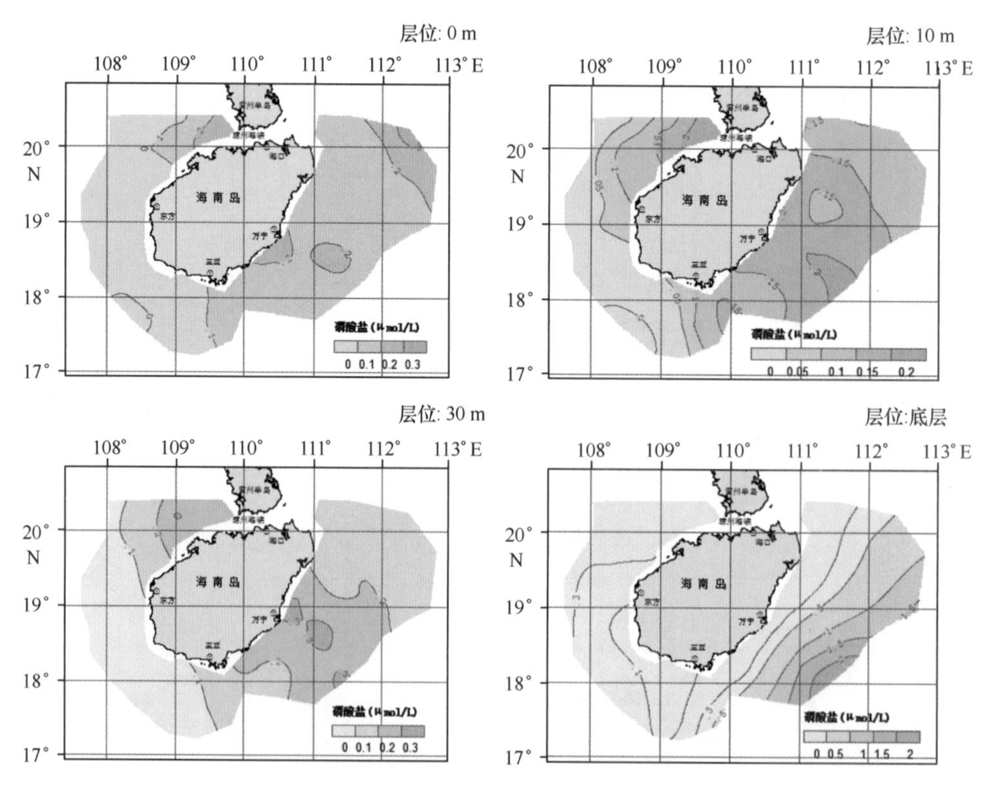

图 2.87　海南岛周边海域秋季磷酸盐平面分布

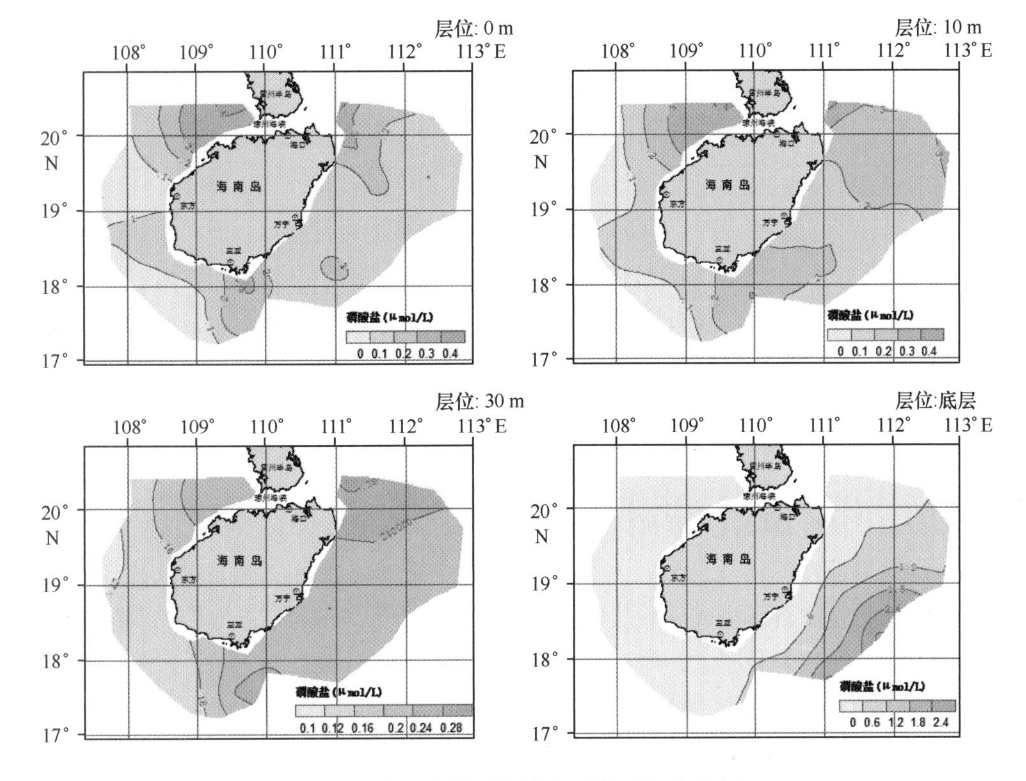

图 2.88　海南岛周边海域冬季磷酸盐平面分布

2.4.1.7　活性硅酸盐

海水中硅的存在形式较多，有可溶性硅酸盐、胶体状态的硅化合物、悬浮硅和作为海洋生物组织一部分的硅等。硅作为主要生源要素，是海洋生物繁殖生长不可缺少的化学成分，主要作为硅藻等浮游植物的骨架和介壳要素。活性硅酸盐作为浮游植物的主要营养盐之一，是海水监测的常规项目。

1）活性硅酸盐统计特征值

如表 2.18 所示，海南东部海域全年表层活性硅酸盐的浓度范围为（未～25.43）μmol/L，平均值为 3.25 μmol /L；中层（30 m 层）活性硅酸盐浓度范围为（未～45.82）μmol/L，平均值为 4.98 μmol/L；底层活性硅酸盐浓度范围为（未～160.54）μmol/L，平均值为 16.95 μmol/L。

表 2.18　海南东部海水硅酸盐四个航次调查结果　　单位：μmol/L

季节	表层		10 m 层		30 m 层		底层	
	范围	平均值	范围	平均值	范围	平均值	范围	平均值
春季	0.21～13.00	3.61	0.21～19.89	4.21	0.21～16.11	4.54	0.21～134.86	16.96
夏季	未～10.89	1.11	未～15.89	1.54	未～24.64	4.32	0.61～160.54	22.89
秋季	0.46～18.61	4.32	0.18～14.96	3.79	0.18～45.82	8.43	1.50～143.79	15.79
冬季	未～25.43	3.96	未～25.14	4.00	未～20.93	2.64	未～150.04	12.14

如表2.19所示，海南西部海域全年表层活性硅酸盐的浓度范围为（未~13.96）μmol/L，平均值为4.37 μmol/L；中层（30 m层）活性硅酸盐浓度范围为（未~15.79）μmol/L，平均值为4.46 μmol/L；底层活性硅酸盐浓度范围为（未~25.00）μmol/L，平均值为7.32 μmol/L。

表2.19　海南西部海水硅酸盐四个航次调查结果　　单位：μmol/L

季节	表层		10 m层		30 m层		底层	
	范围	平均值	范围	平均值	范围	平均值	范围	平均值
春季	未~10.11	3.71	未~9.75	3.57	未~8.64	3.18	未~0.32	9.57
夏季	未~11.82	3.11	3.14~10.57	3.14	未~15.79	5.00	0.79~16.25	6.54
秋季	0.29~13.96	5.71	0.25~13.50	5.61	0.11~15.54	4.54	0.43~16.29	8.04
冬季	未~11.07	4.93	0.36~22.50	5.54	0.71~15.36	5.11	未~25.00	5.14

综合四个季节活性硅酸盐浓度可以发现（见图2.89~图2.92），在季节分布上没有特别明显的规律，只是夏季的活性硅酸盐浓度偏低，这与夏季的浮游植物的生长比较旺盛有关，岩石风化为碎屑后经水溶解生成硅酸盐，由河流带入海洋后一部分被硅藻等浮游植物利用形成细胞壁等组织。在垂直分布上，海南东面底层的活性硅酸盐浓度明显高于浅层，这可能由于硅藻死亡，沉降到沉积物中，经底层生物分解后可再次溶出。

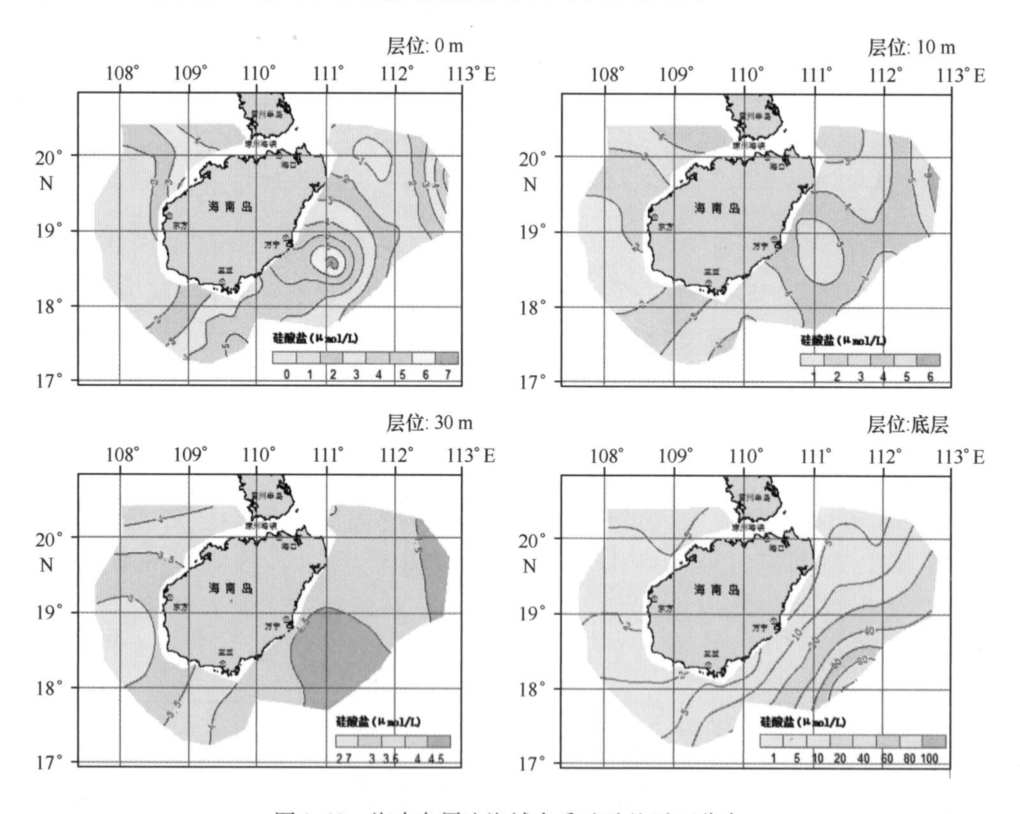

图2.89　海南岛周边海域春季硅酸盐平面分布

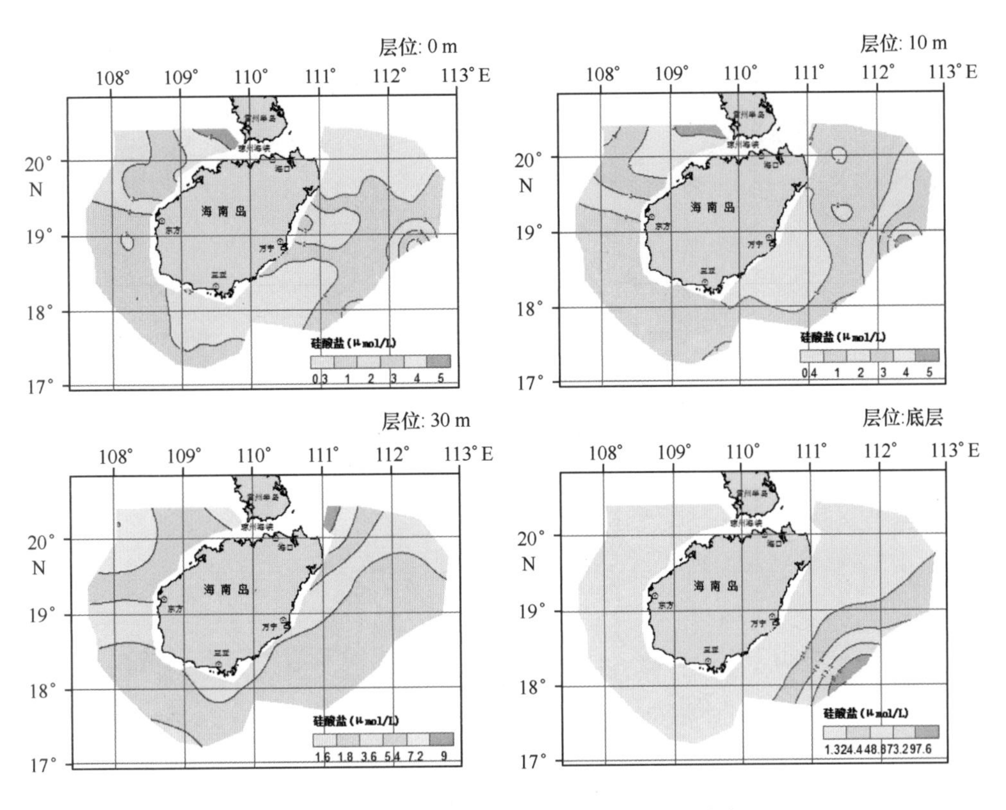

图 2.90　海南岛周边海域夏季硅酸盐平面分布

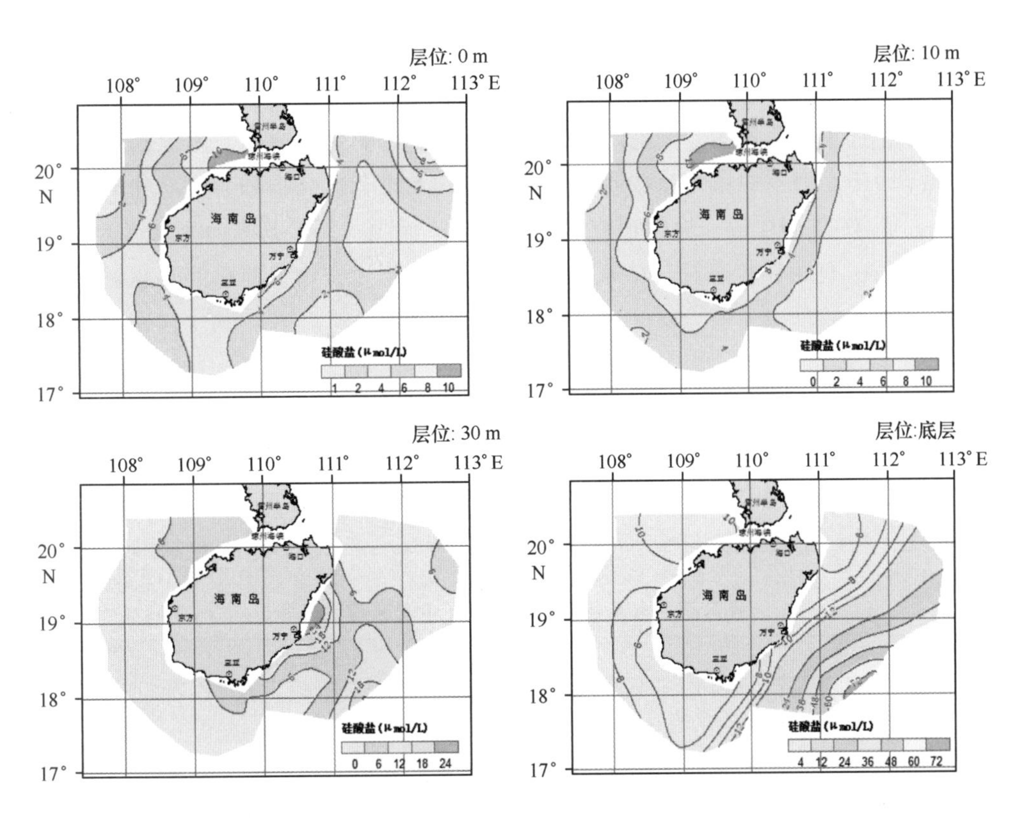

图 2.91　海南岛周边海域秋季硅酸盐平面分布

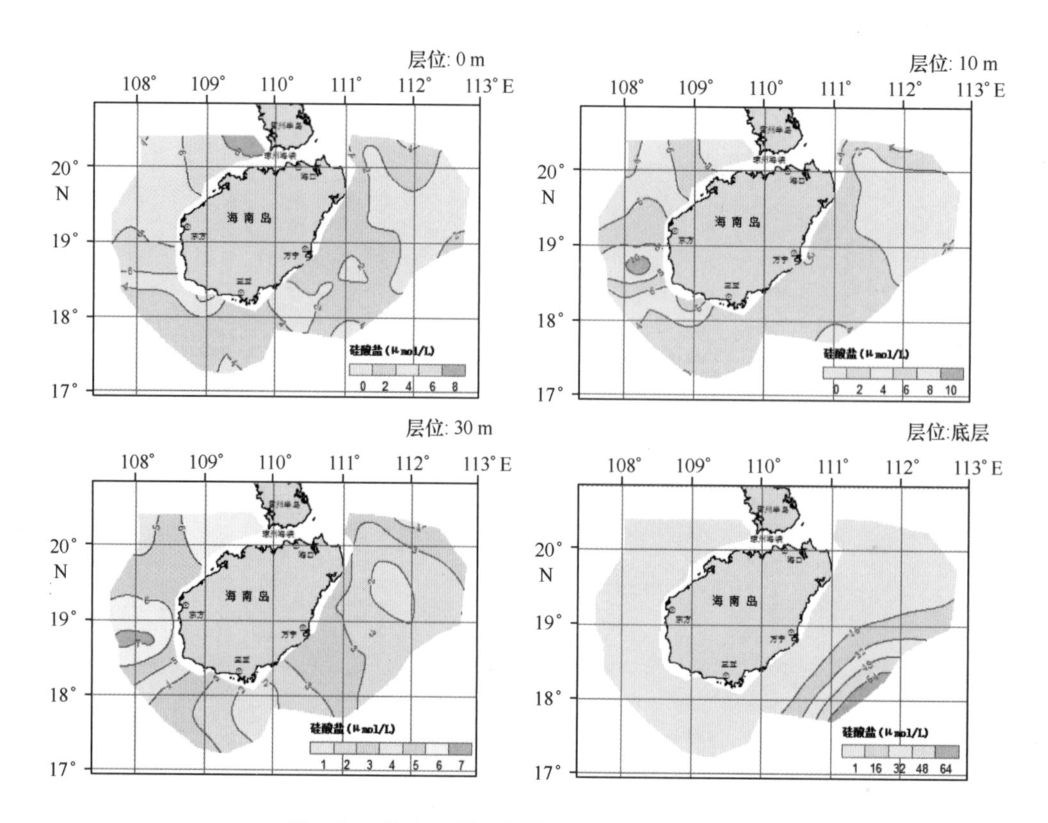

图 2.92　海南岛周边海域冬季硅酸盐平面分布

2.4.1.8　总氮

氮是海水中的重要营养元素，是浮游植物生长所必需的化学成分，是反映海洋初级生产力的重要化学因子。海水中氮的存在形态，主要包括无机态化合物和有机态化合物，还存在着气态的 N_2、N_2O 和 NH_3 等。通常把能通过 0.45 μm 滤膜的氮形态称为溶解态氮，把不能通过 0.45 μm 滤膜的称为颗粒态氮。总氮指溶液中所有含氮化合物，即总溶解态氮化合物及颗粒含氮化合物中氮的总和。

1）总氮统计特征值

如表 2.20 所示，海南东部海域全年表层总氮的浓度范围为（1.21 ~ 66.57）μmol/L，平均值为 17.20 μmol /L；中层（30 m 层）总氮浓度范围为（1.21 ~ 71.36）μmol/L，平均值为 17.50 μmol/L；底层总氮浓度范围为（1.86 ~ 109.14）μmol/L，平均值为 25.37 μmol/L。

表 2.20　海南东部海水总氮四个航次调查结果　　单位：μmol/L

季节	表层		10 m 层		30 m 层		底层	
	范围	平均值	范围	平均值	范围	平均值	范围	平均值
春季	1.86 ~ 19.93	3.93	1.86 ~ 16.93	3.64	1.86 ~ 9.00	3.86	1.86 ~ 32.79	11.71
夏季	1.86 ~ 28.93	7.64	3.14 ~ 44.79	9.07	2.57 ~ 36.43	10.43	3.86 ~ 44.64	21.64
秋季	1.21 ~ 36.00	15.79	4.14 ~ 37.14	13.29	1.21 ~ 26.29	12.00	3.79 ~ 45.50	17.71
冬季	15.07 ~ 66.57	41.43	14.14 ~ 101.21	43.93	11.86 ~ 71.36	43.71	14.43 ~ 109.14	50.43

从表2.21得出，海南西部海域全年表层总氮的浓度范围为（1.93～34.36）μmol/L，平均值为10.72 μmol/L；中层（30 m层）总氮浓度范围为（2.21～27.43）μmol/L，平均值为9.82 μmol/L；底层总氮浓度范围为（2.00～29.07）μmol/L，平均值为11.59 μmol/L。

表2.21　海南西部海水总氮四个航次调查结果　　单位：μmol/L

季节	表层		10 m层		30 m层		底层	
	范围	平均值	范围	平均值	范围	平均值	范围	平均值
春季	3.29～34.36	15.21	3.64～26.36	14.29	3.71～27.43	14.50	2.00～28.43	16.07
夏季	2.71～23.43	10.36	2.71～22.86	9.86	4.36～20.07	9.29	5.43～29.07	12.71
秋季	2.50～33.64	8.79	2.29～17.21	7.86	2.21～16.14	8.00	3.57～15.29	8.93
冬季	1.93～20.43	8.50	0.50～20.64	8.50	2.86～17.57	7.50	29.07～15.71	8.64

综合四个季节总氮浓度来看（见图2.93～图2.96），由于无机氮的含量比较低，所以海南东面和西面的有机氮含量比较高。这说明海南东面和西面的浮游生物比较丰富。在季节分布上有着特别明显的规律，海南东面秋冬季明显高于春夏季，这可能与秋冬季的生物不完全利用有关，而海南西面则呈现不一样的规律，春夏季的浓度反而比秋冬季的浓度高，这可能因为夏季河流的径流量较大，导致海水中总氮含量比较高。在垂直分布上，海南东面底层的总氮浓度明显高于浅层，这可能由于浮游植物死亡，沉降到沉积物中，经底层生物分解后可再次溶出。海南西面的总氮浓度在垂直分布上则是比较一致的，浅层和深层的浓度差不多，说明海南西面的海水垂直混合比较均匀。

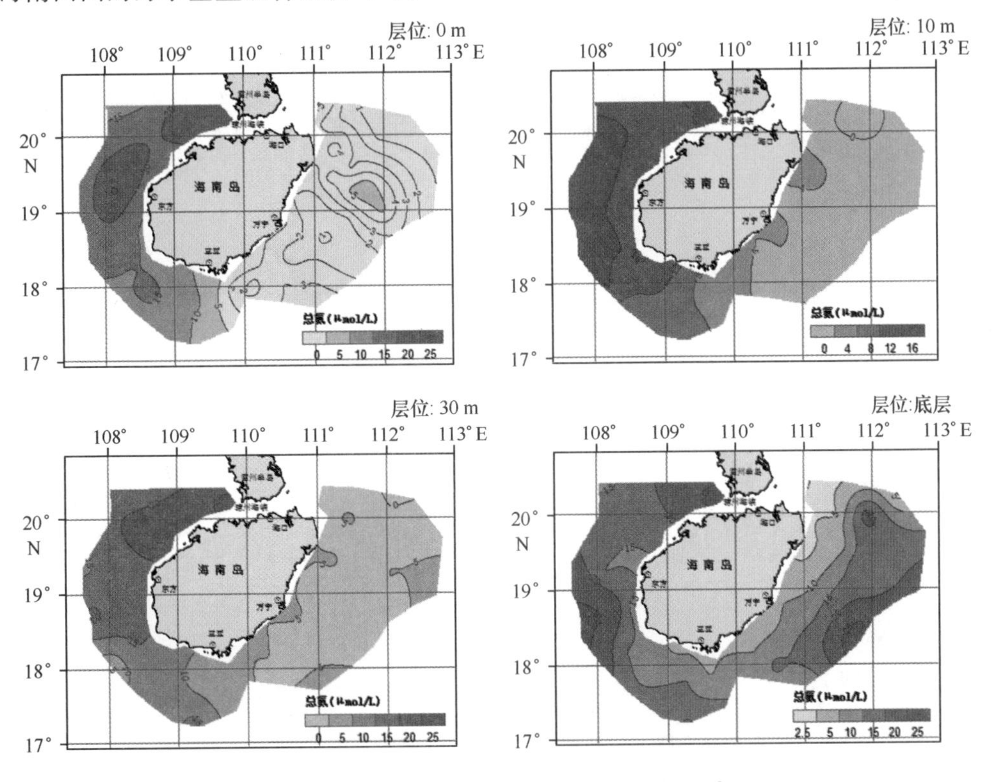

图2.93　海南岛周边海域春季总氮平面分布

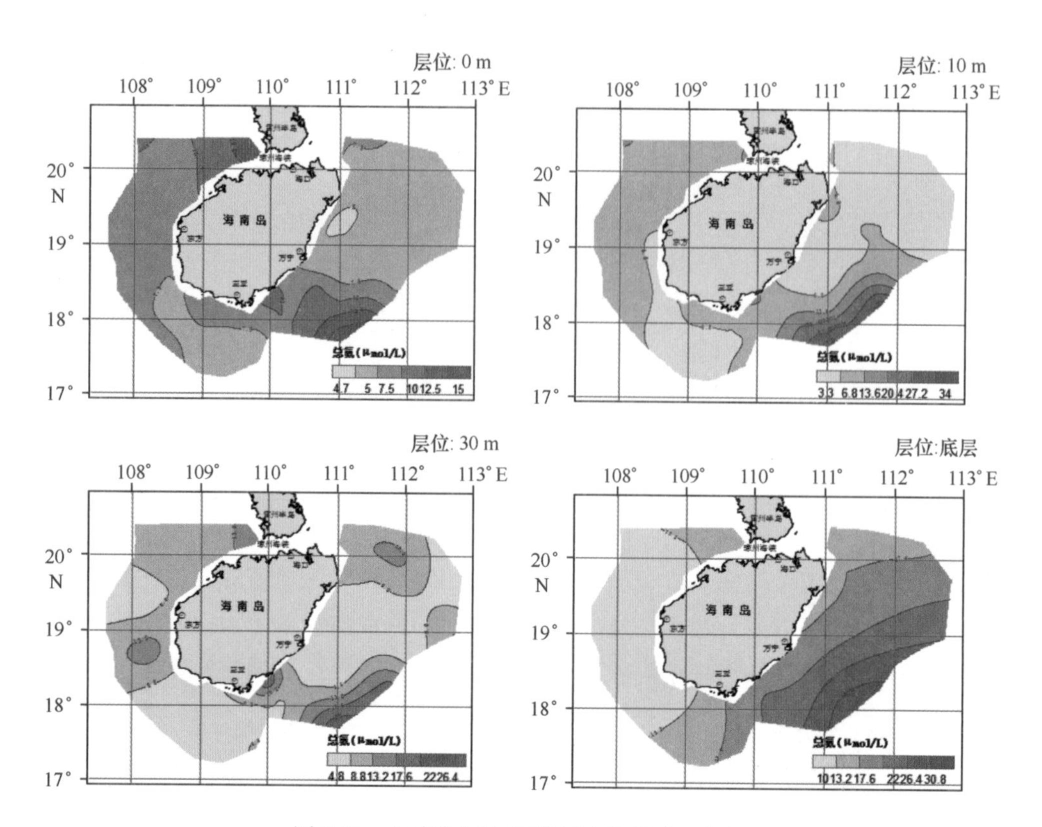

图 2.94　海南岛周边海域夏季总氮平面分布

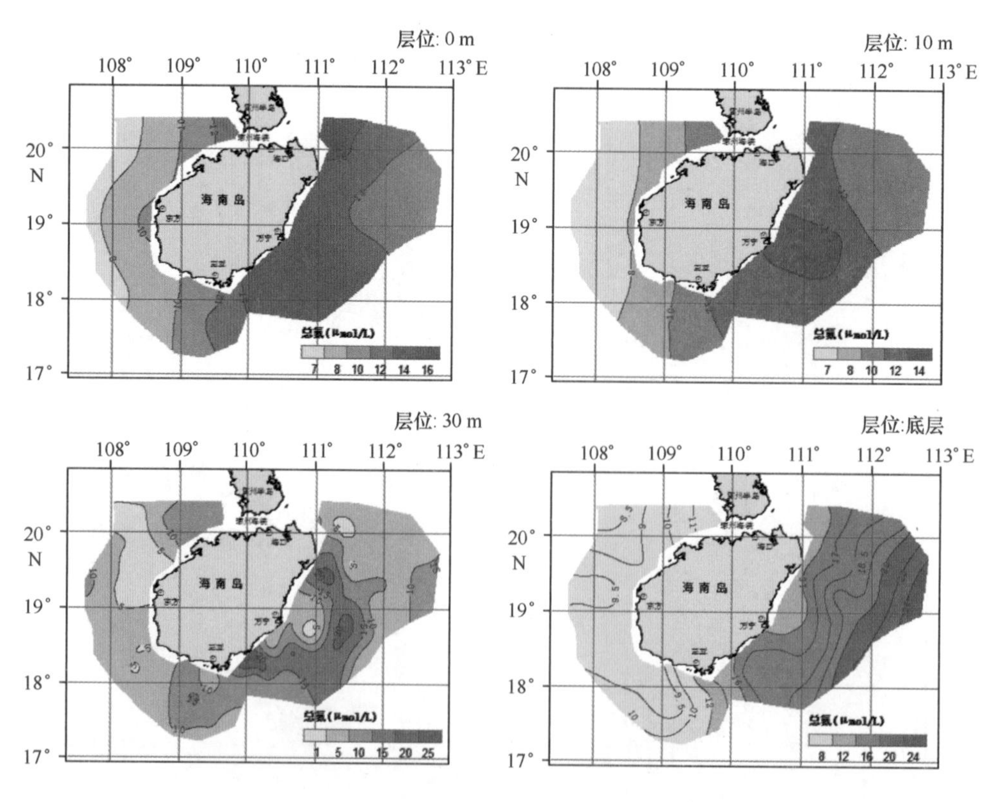

图 2.95　海南岛周边海域秋季总氮平面分布

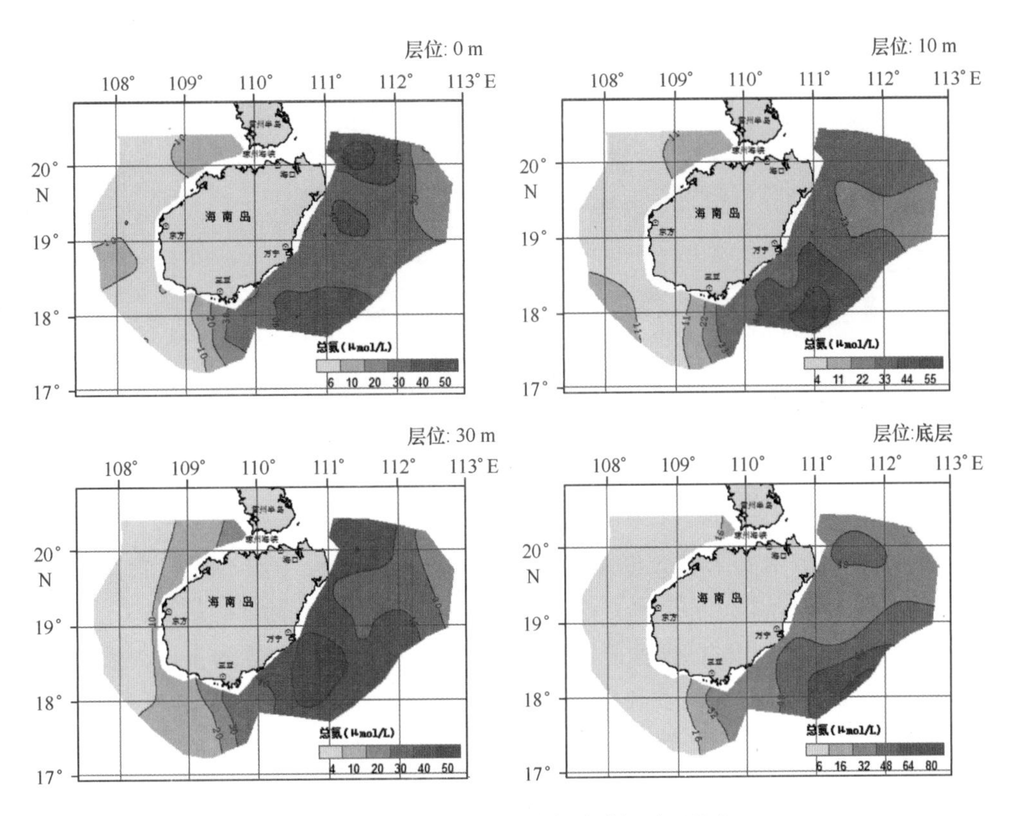

图 2.96　海南岛周边海域冬季总氮平面分布

2.4.1.9　总磷

海水中的溶解无机磷主要以 HPO_4^{2-} 和 PO_4^{3-} 存在，在一定条件下，它可和少部分有机磷一起与酸性钼酸铵反应，生成杂多酸，从而被测定，通常将这部分磷称之为活性磷酸盐。活性磷酸盐可以直接被浮游植物吸收利用，其在海水中的浓度随海区和季节不同而变化，是水体质量的一个重要指标，因此是水质监测的必测项目。

1）总磷统计特征值

从表 2.22 可知，海南东部海域全年表层总磷的浓度范围为（0.03～8.58）μmol/L，平均值为 0.97 μmol /L；中层（30 m 层）总磷浓度范围为（0.03～8.74）μmol/L，平均值为 1.10 μmol/L；底层总磷浓度范围为（0.03～32.32）μmol/L，平均值为 3.35 μmol/L。

表 2.22　海南东部海水总磷四个航次调查结果　　单位：μmol/L

季节	表层		10 m 层		30 m 层		底层	
	范围	平均值	范围	平均值	范围	平均值	范围	平均值
春季	0.03～0.45	0.03	0.03～0.71	0.06	0.03～0.68	0.23	0.03～2.97	0.77
夏季	0.03～1.00	0.19	0.10～1.39	0.29	0.10～1.00	0.39	0.74～2.68	1.19
秋季	0.29～1.65	0.52	0.26～1.45	0.52	0.29～0.71	0.42	0.32～6.06	1.13
冬季	0.39～8.58	3.13	0.58～12.29	3.29	0.65～8.74	3.35	1.74～32.32	10.32

从表 2.23 可知，海南西部海域全年表层总磷的浓度范围为（0.16 ~ 3.71）μmol/L，平均值为 1.16 μmol/L；中层（30 m 层）总磷浓度范围为（0.13 ~ 6.26）μmol/L，平均值为 1.13 μmol/L；底层总磷浓度范围为（0.23 ~ 7.23）μmol/L，平均值为 1.75 μmol/L。

表 2.23　海南西部海水总磷四个航次调查结果　　单位：μmol/L

季节	表层		10 m 层		30 m 层		底层	
	范围	平均值	范围	平均值	范围	平均值	范围	平均值
春季	0.19 ~ 3.71	0.97	0.19 ~ 8.06	1.39	0.29 ~ 6.26	1.35	0.42 ~ 7.23	1.77
夏季	0.26 ~ 3.45	1.68	0.19 ~ 3.87	1.65	0.23 ~ 3.32	1.55	0.29 ~ 3.87	1.84
秋季	0.16 ~ 3.58	0.94	0.13 ~ 4.39	1.13	0.13 ~ 1.97	0.65	0.26 ~ 5.06	1.77
冬季	0.35 ~ 2.58	1.03	0.29 ~ 4.77	1.16	0.35 ~ 2.55	0.97	0.23 ~ 5.35	1.61

综合四个季节总磷浓度来看（见图 2.97 ~ 图 2.100），在季节分布上有着特别明显的规律，海南东面秋冬季明显高于春夏季，这可能与秋冬季的生物不完全利用有关，而海南西面则呈现不一样的规律，夏季的浓度反而比秋冬季的浓度高，这可能因为夏季河流的径流量较大，导致海水中总磷含量比较高。在垂直分布上，海南东面底层的总磷浓度明显高于浅层，这可能由于浮游植物死亡，沉降到沉积物中，经底层生物分解后可再次溶出。海南西面的总磷浓度在垂直分布上则是比较一致的，浅层和深层的浓度差不多，说明海南西面的海水垂直混合比较均匀。

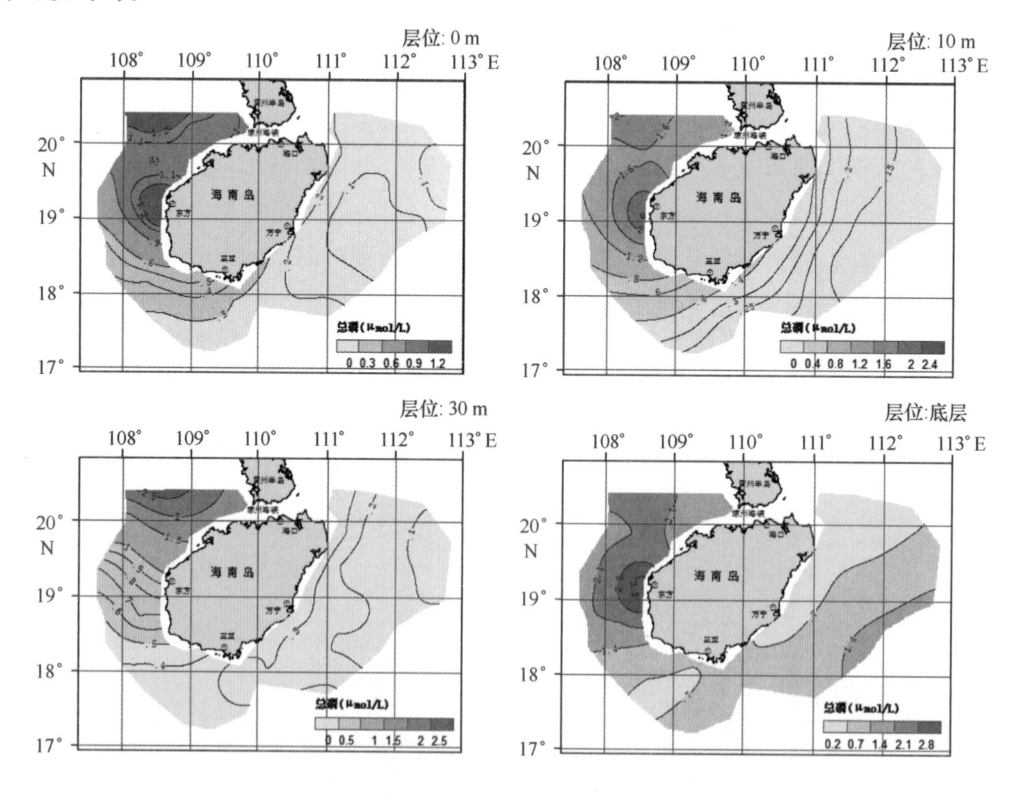

图 2.97　海南岛周边海域春季总磷平面分布

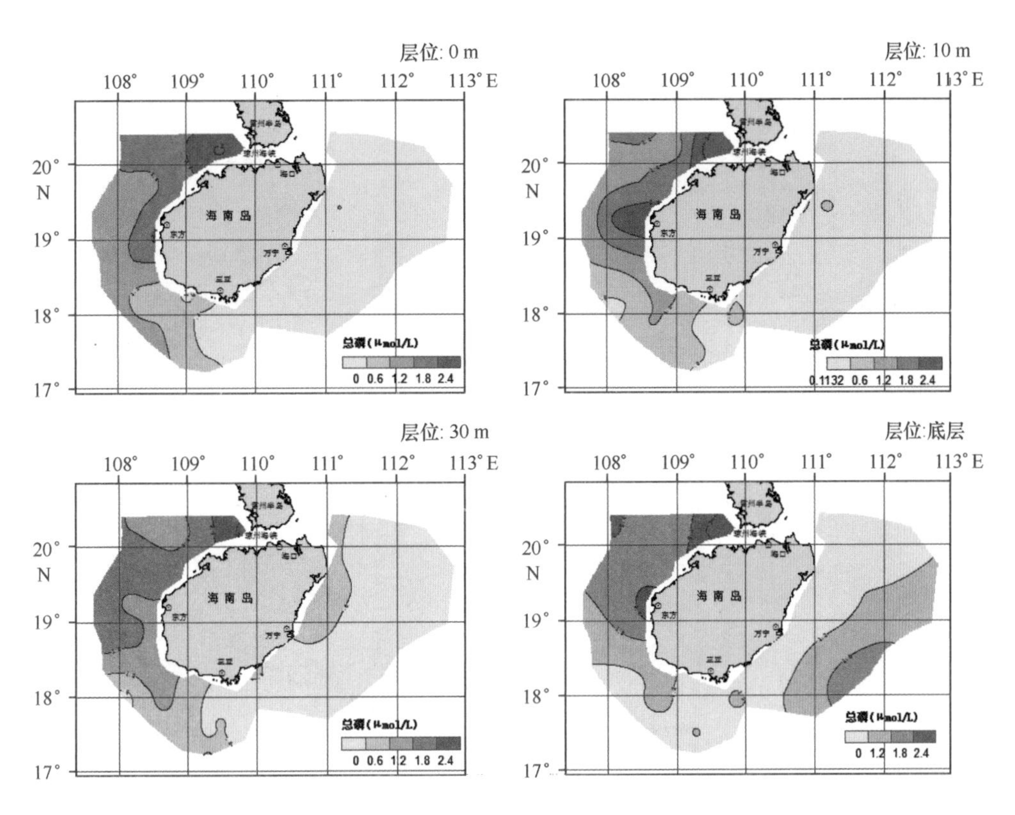

图 2.98　海南岛周边海域夏季总磷平面分布

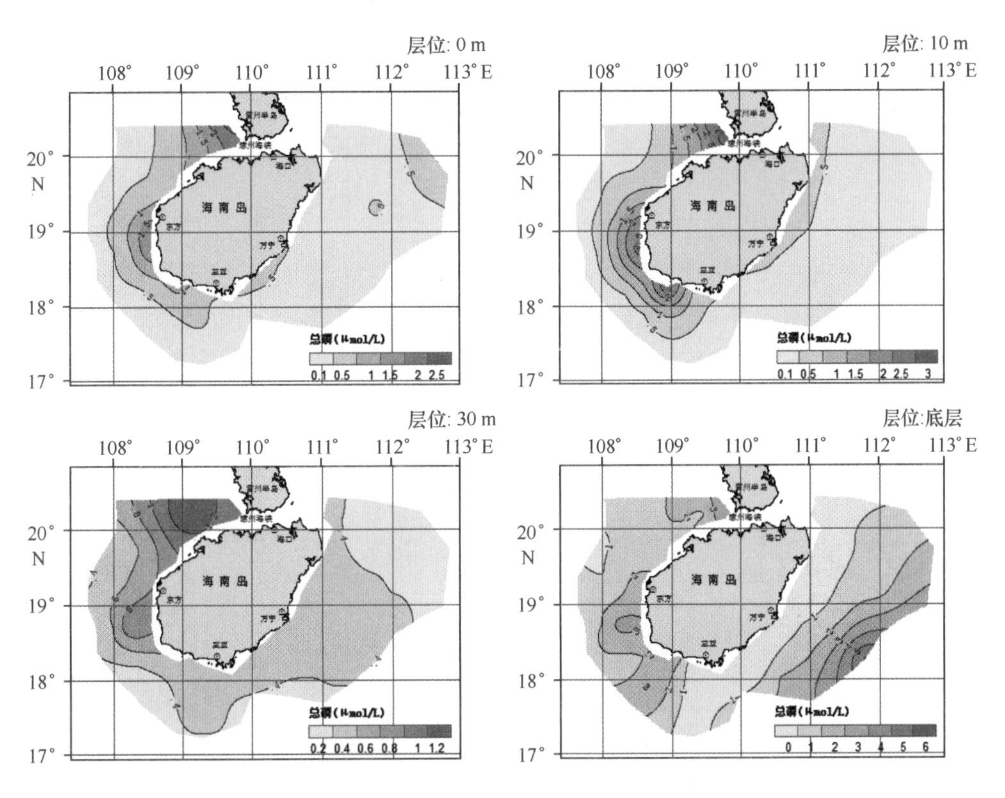

图 2.99　海南岛周边海域秋季总磷平面分布

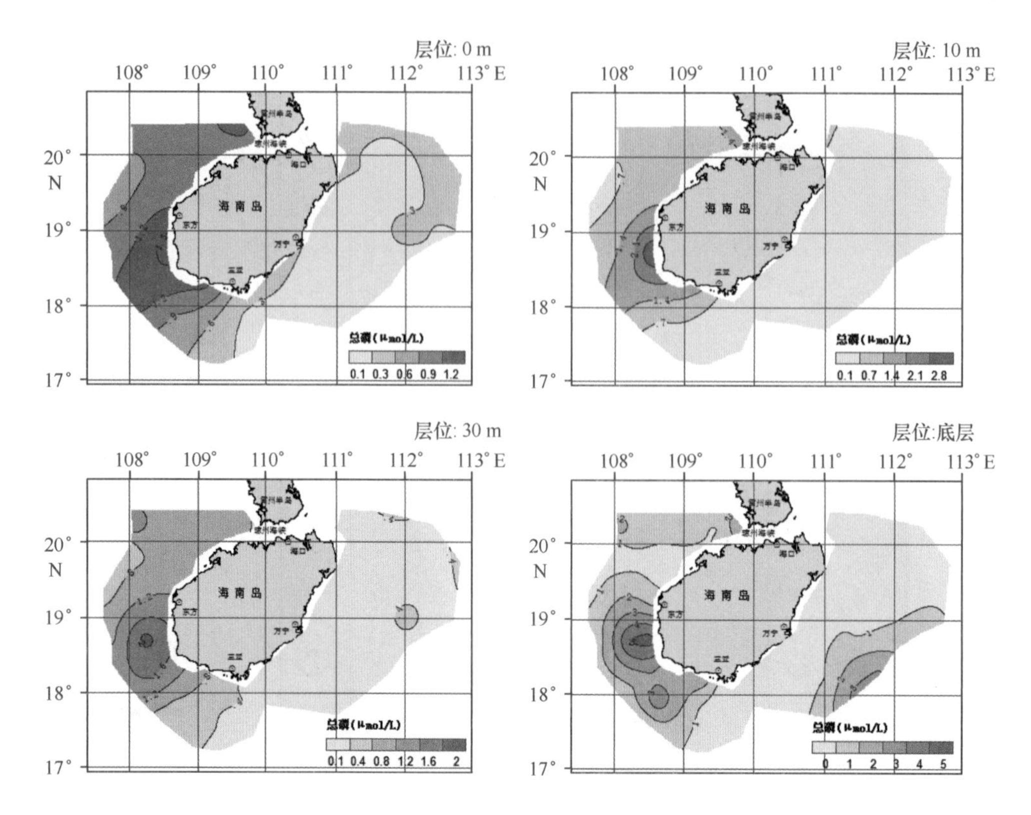

图 2.100　海南岛周边海域冬季总磷平面分布

2.4.1.10　总有机碳

1）总有机碳统计特征值

海南“908 专项”海南近岸水体环境调查四个航次海水 TOC 调查结果见表 2.24。春季 TOC 的浓度范围在（1.09～30.82）mg/L 之间，平均值为 5.20 mg/L。夏季 TOC 的浓度范围为（0.67～10.81）mg/L，平均值为 3.67 mg/L。秋季 TOC 的浓度范围为（0.65～2.08）mg/L，平均值为 1.29 mg/L。冬季 TOC 的浓度为（0.74～11.43）mg/L，平均值为 3.33 mg/L。

表 2.24　海南近岸四个航次海水 TOC 分析结果统计表　　单位：mg/L

时间	区域	量值范围	平均值
春季	海南东部	1.31～30.82	7.78
	海南西部	1.09～1.84	1.34
	全部站位	1.09～30.82	5.20
夏季	海南东部	2.14～10.81	5.31
	海南西部	0.67～1.51	1.22
	全部站位	0.67～10.81	3.67
秋季	海南东部	0.65～2.08	1.36
	海南西部	0.82～1.91	1.18
	全部站位	0.65～2.08	1.29

续表 2.24

时间	区域	量值范围	平均值
冬季	海南东部	1.73～11.43	4.89
	海南西部	0.74～1.82	1.00
	全部站位	0.74～11.43	3.33
全年	海南东部	0.65～30.82	4.86
	海南西部	0.67～1.91	1.18
	全部站位	0.65～30.82	3.38

2）总有机碳平面分布特征

海南岛近岸海域全年TOC的浓度范围为（0.65～30.82）mg/L，平均值为3.38 mg/L，总体上呈现南高北低，近岸高远岸低的趋势，有一定的季节性差异（见图2.101～图2.104），春、夏、冬三季分布较一致，为海南西部低于海南东部，海南岛东南部近岸浓度最高；秋季两区块浓度水平接近，在海南岛东南侧近岸和西侧近岸均有高值中心，低值中心在琼州海峡东侧。整个海域TOC浓度季节变化从大到小排序为：季节变化为春、夏、冬、秋。TOC的分布特征表明陆源输入是海南近岸海域TOC的重要来源。

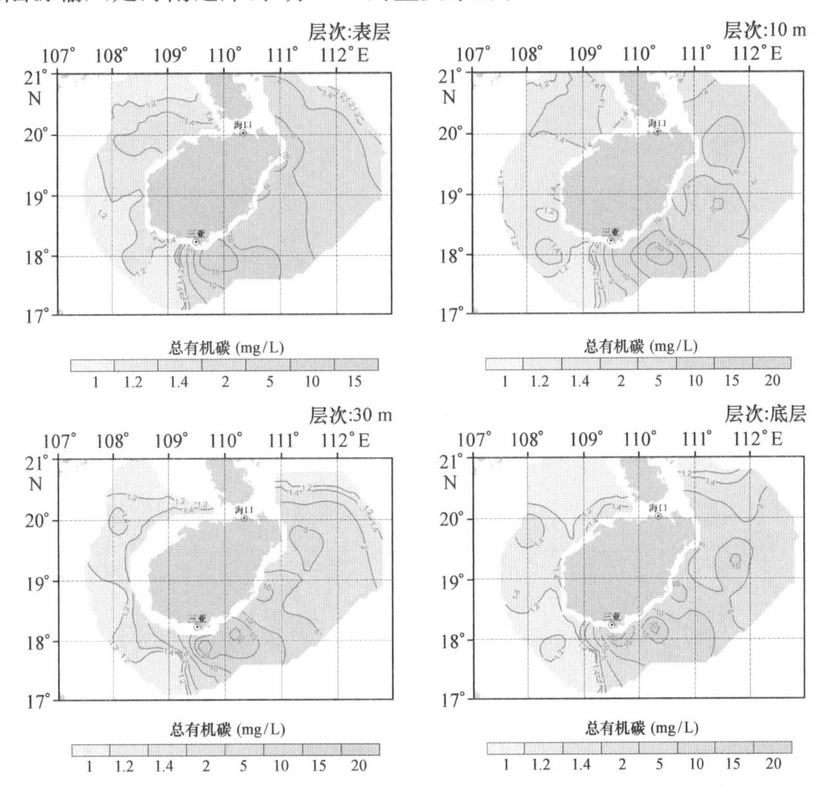

图2.101　春季海南近岸海水TOC的平面分布图

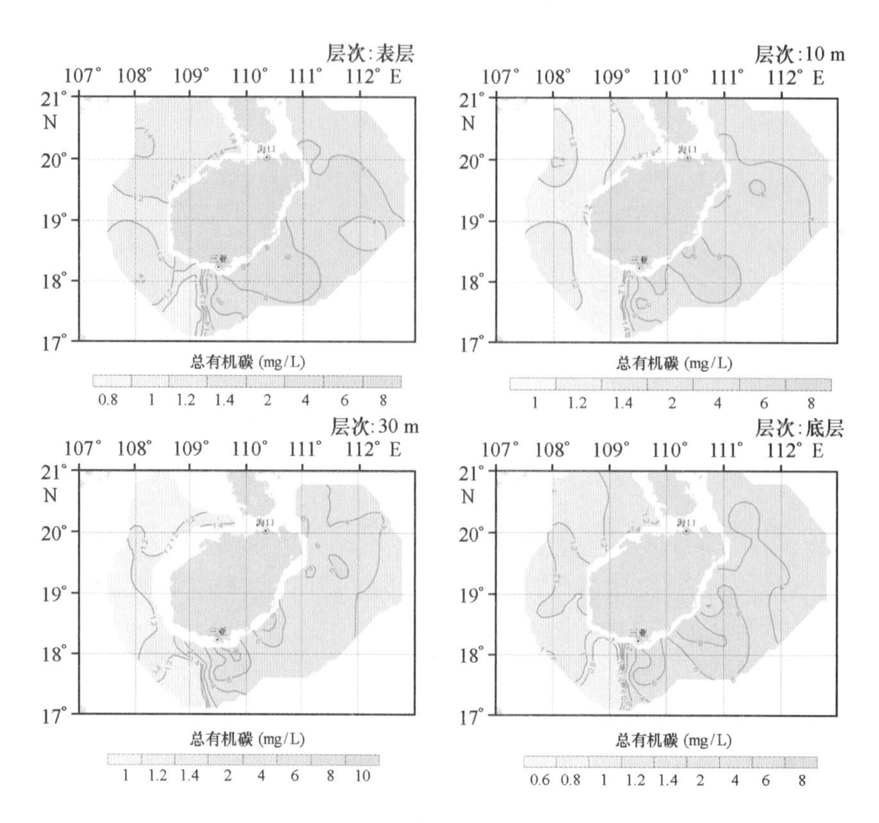

图 2.102 夏季海南近岸海水 TOC 的平面分布

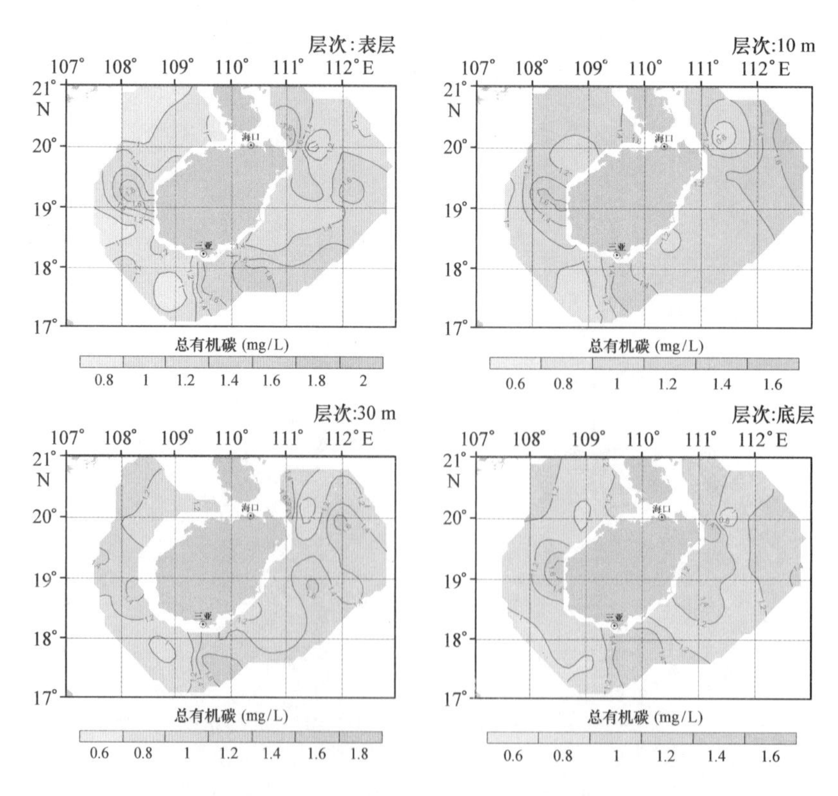

图 2.103 秋季海南近岸海水 TOC 的平面分布图

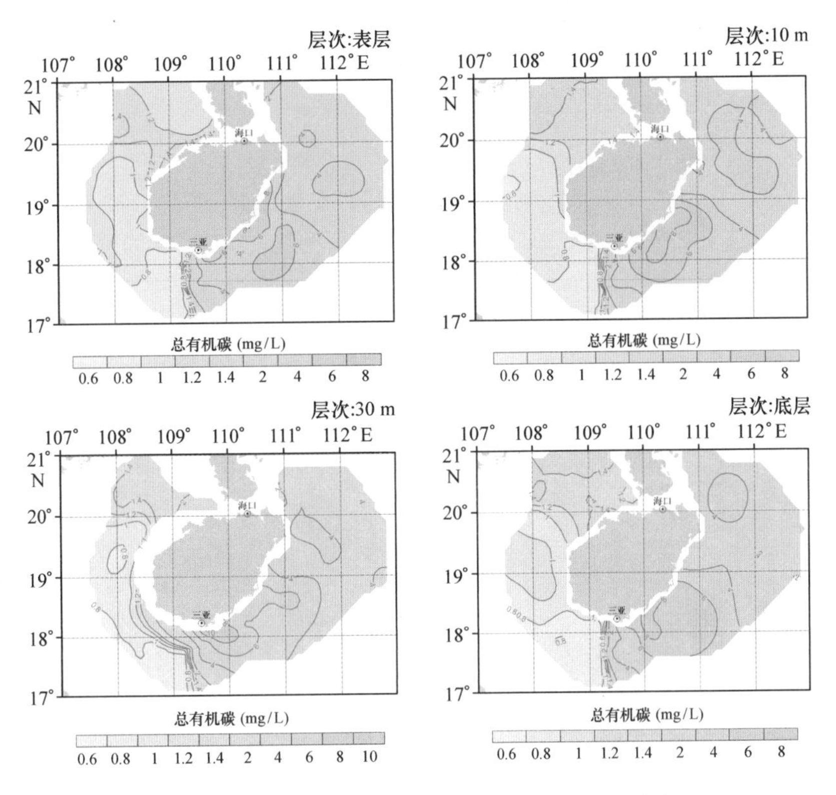

图 2.104 冬季海南近岸水体海水 TOC 的平面分布

2.4.1.11 石油类

1）石油类统计特征值

海南“908 专项”海南近岸水体环境调查四个航次海水石油类调查结果见表 2.25。春季石油类的浓度范围在（未～0.028 8）mg/L 之间，平均值为 0.009 1 mg/L。夏季石油类的浓度范围为（0.002 6～0.055 9）mg/L，平均值为 0.018 2 mg/L。秋季石油类的浓度范围为（0.000 6～0.063 3）mg/L，平均值为 0.012 0 mg/L。冬季水体中石油类的浓度为（0.007 3～0.047 0）mg/L，平均值为 0.024 5 mg/L。

表 2.25 海南近岸四个航次海水石油类分析结果统计表 单位：mg/L

季节	区域	量值范围	平均值
春季	海南东部	未～0.027 8	0.003 5
	海南西部	0.006 7～0.028 8	0.016 6
	全部站位	未～0.028 8	0.009 1
夏季	海南东部	0.017 0～0.032 0	0.022 8
	海南西部	0.002 6～0.055 9	0.011 6
	全部站位	0.002 6～0.055 9	0.018 2

续表 2.25

季节	区域	量值范围	平均值
秋季	海南东部	0.000 6～0.007 6	0.003 0
	海南西部	0.002 0～0.063 3	0.024 4
	全部站位	0.000 6～0.063 3	0.012 0
冬季	海南东部	0.015 0～0.047 0	0.024 8
	海南西部	0.007 3～0.045 7	0.024 1
	全部站位	0.007 3～0.047 0	0.024 5
全年	海南东部	未～0.047 0	0.013 7
	海南西部	0.0020～0.063 3	0.019 3
	全部站位	未～0.063 3	0.016 0

2）石油类平面分布特征

海南岛近岸海域水体中石油类含量（未～0.063 3）mg/L，平均值为0.016 mg/L。各季节石油类浓度基本相同（图2.105），相对而言，夏、冬季略高，春、秋季略低。冬季水温低，微生物生长缓慢，因此石油类物质分解较慢，而夏季则是受到东北季风的影响，表层水体的石油类由其他海域迁移到南海海域。海南岛近岸海域站位的季节变化由大到小排序为：冬季、夏季、秋季、春季。

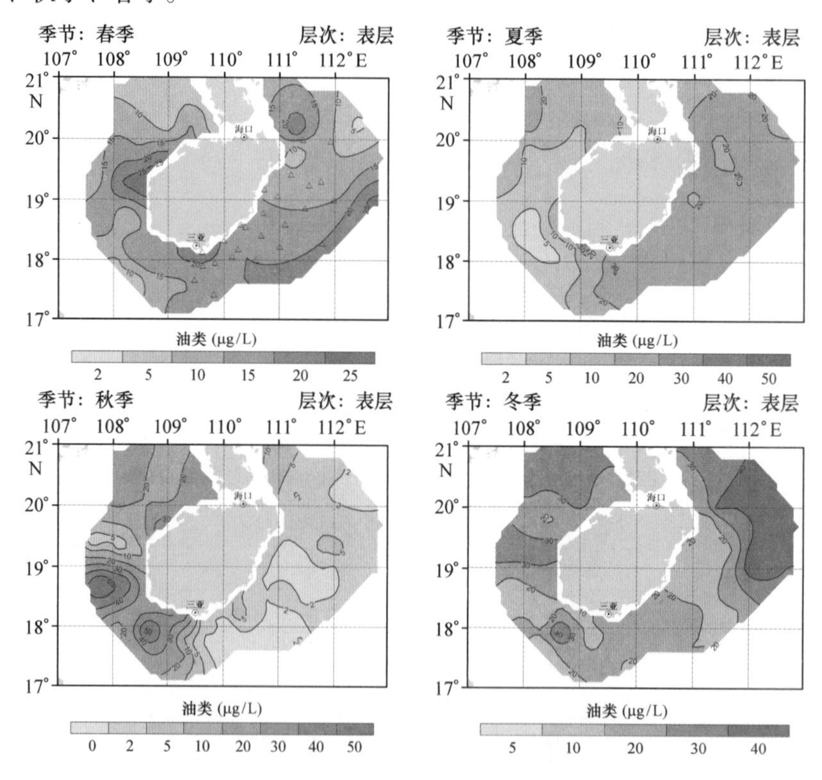

图2.105　海南近岸海水石油类的四季平面分布

在海南岛西侧的北部湾区域，石油类多呈现块状由大到小排序分布，有明显的高值中心或低值中心，终年向北的沿岸流对石油类分布的影响不明显。

在海南岛东、南侧的陆架区以及东南侧的陆坡区，石油类浓度基本上是由海南岛近岸向远岸增加，说明海南岛东侧的油类主要来自粤西沿岸，并由东向西扩散，这在盛行西南向表层流的冬季和春季更为明显，琼东沿岸夏季的上升流对石油类分布没有明显影响。

琼州海峡两侧的石油类浓度较接近，梯度不明显，显示了琼州海峡内终年的西向流为海峡两侧带来良好的水流交换，使石油类浓度分布较平均。

2.4.1.12 重金属

海南“908专项”海南近岸水体环境调查四个航次表层海水重金属调查结果见表2.26，不同海域水体中重金属浓度的比较见表2.27。

1）铜

在调查区域内Cu在海水中浓度为（未~9.29）μg/L，平均值1.07 μg/L。东部站位之间Cu的浓度变化梯度较大，海南西部站位间差异相对较小，海南东部Cu的全年平均浓度高于海南西部。整个海南近岸海域Cu的平均浓度夏季、冬季浓度相对较高（分别为1.15 g/L和1.35 g/L），春、秋季浓度相对较低（分别为0.76 g/L和1.00 g/L）。如图2.106所示，海南近岸海域的平均值季节变化由大到小排序为：冬季、夏季、秋季、春季。海南东部Cu的浓度四季均比海南西部高，Cu浓度四季均表现出由近岸向远岸递减的趋势，海南东部尤为明显，这主要是陆源输入的影响，加之沿岸流锋阻止近岸与远岸海区的水体交换，导致近岸高值区的出现。

海南岛西侧北部湾区域的表层铜浓度明显低于海南岛东侧及南侧，浓度梯度最大处出现在三亚以南。

海南岛东侧铜浓度较高的海水通过琼州海峡终年的西向流被带入北部湾，琼州海峡出口两侧的铜浓度分布较平均，琼州海峡西侧成为海南岛西侧北部湾区域的高值区，并基本上呈现向南递减的趋势。

海南岛东、南侧的陆架区以及东南侧的陆坡区，表层海水铜浓度基本上是由海南岛近岸向远岸递减，说明海南岛的陆源输入是研究区域表层海水铜的重要来源。海南岛东北侧靠近粤西沿岸区域的铜浓度四个季节基本都小于海南岛东南侧及南侧。

琼东近岸夏季观测到上升流，该区域春、夏季的表层铜浓度都出现较低值。

2）铅

在调查区域内海水中Pb浓度为（0.13~6.54）μg/L，平均值1.02 μg/L。夏季最高（平均值1.13 g/L），秋季最低（平均值0.95 g/L）。对海南近岸海域各站位来说，由大到小排序为：夏季、冬季、春季、秋季，其中冬季与春季相等。夏季的高值可能是由于层化作用加强，导致表层海水浓度较高。除夏季外，都是三亚附近最高。部分离岸海域出现Pb浓度的高值区，主要与大气沉降有关，近岸海域的高值区与工业污染有关。

研究区域内表层海水中的铅基本上呈块状分布，如图2.107所示，有明显的高值中心，并向四周递减。除秋季外，海南岛西侧北部湾区域的铅浓度均低于海南岛东侧及南侧。

琼州海峡西口附近的铅浓度四季均较低。冬、夏两季琼州海峡东口存在铅的较高值，但

表 2.26　海南近岸水体环境调查四个航次海水重金属分析结果统计表

单位：μg/L

要素	区域	春季		夏季		秋季		冬季		全年	
		范围	平均值	范围	平均值	范围	平均值	范围	平均值	范围	平均值
As	东部	0.21~1.20	0.56	0.77~2.33	1.93	0.78~1.36	1.05	0.94~2.63	1.48	0.21~2.63	1.26
	西部	0.32~1.19	0.69	0.30~0.93	0.51	0.33~0.69	0.45	0.70~1.14	0.90	0.30~1.19	0.64
	全部	0.21~1.20	0.62	0.30~2.33	1.33	0.33~1.36	0.80	0.70~2.63	1.23	0.21~2.63	0.99
Hg	东部	0.05~1.37	0.42	0.01~0.10	0.02	0.01~0.06	0.03	0.01~0.09	0.02	0.01~1.37	0.12
	西部	未~0.04	0.01	未~0.04	0.02	0.11~0.20	0.15	未~0.04	0.01	未~0.20	0.05
	全部	未~1.37	0.24	未~0.10	0.02	0.01~0.20	0.08	未~0.09	0.02	未~1.37	0.09
Cu	东部	未~6.06	1.14	0.24~2.93	1.73	0.72~1.98	1.47	0.92~9.29	2.06	未~9.29	1.60
	西部	0.14~0.48	0.26	0.28~0.42	0.35	0.20~0.54	0.36	0.16~0.94	0.41	0.14~0.94	0.35
	全部	未~6.06	0.76	0.24~2.93	1.15	0.20~1.98	1.00	0.16~9.29	1.35	未~9.29	1.07
Pb	东部	0.23~6.33	1.49	0.20~3.19	1.13	0.58~1.64	0.91	0.44~6.54	1.49	0.20~6.54	1.25
	西部	0.13~1.26	0.48	0.53~4.13	1.12	0.24~2.80	1.01	0.20~0.77	0.36	0.13~4.13	0.74
	全部	0.13~6.23	1.00	0.20~4.13	1.13	0.24~2.80	0.95	0.20~6.54	1.00	0.13~6.54	1.02
Cd	东部	未~0.12	0.05	0.05~0.16	0.09	0.06~0.16	0.10	0.05~0.21	0.08	未~0.21	0.08
	西部	0.01~0.23	0.03	0.01~0.03	0.02	0.02~0.12	0.04	0.015~0.075	0.04	0.01~0.23	0.03
	全部	未~0.23	0.04	0.01~0.16	0.06	0.02~0.16	0.07	0.015~0.21	0.06	未~0.23	0.06
Zn	东部	未~9.28	2.61	5.4~8.92	7.42	4.20~8.68	6.20	5.13~17	7.24	未~17	5.88
	西部	13.70~23.44	18.05	0.27~25.88	6.17	2.06~20.43	5.29	4.62~10.8	6.64	0.27~25.88	9.07
	全部	未~23.44	9.26	0.27~25.88	6.89	2.06~20.43	5.82	4.62~17	6.99	未~25.88	7.23
Cr	东部	未~1.22	0.23	0.92~1.97	1.46	0.39~0.90	0.55	0.82~1.96	1.37	未~1.97	0.90
	西部	0.12~0.28	0.16	0.10~0.72	0.43	0.27~0.95	0.64	0.08~0.29	0.21	0.08~0.95	0.36
	全部	未~1.22	0.21	0.10~1.97	1.03	0.27~0.95	0.59	0.08~1.96	0.87	未~1.97	0.68

表 2.27　不同海域水体中重金属浓度的比较

单位：μg/L

研究区域	Cu	Pb	Zn	Cd	Cr	As	Hg	文献
Suez Gulf	1.15～4.78	0.56～3.17	6.79～25.19	0.04～0.27	0.33～1.21	-	-	[23]
Kandalaksha Bay, White Sea	1.6±0.64	0.4±0.37	26.33±21.45	0.055±0.029	-	-	-	[24]
Weddell Sea	0.09～0.157	0.0008～0.008	0.094～0.389	0.019～0.075	-	-	-	[25]
North Australian coast and estuaries	0.151～1.04	<0.002～0.057	0.018～0.498	0.002～0.034	-	0.394～1.35	-	[26]
胶州湾	3.48	22.72	48.93	1.13	-	-	-	[27]
南黄海	1.14	0.37	6.21	0.078	-	2.33	0.0036	[18]
东海黑潮	0.69	0.25	3.14	0.034	-	-	-	[28]
渤海海域	1.9±0.8	1.1±0.4	-	0.31±0.12	-	1.5±0.3	0.03	[29]
西沙海域	2.72	1.53	0.66	0.04	0.13	-	0.01	[30]
海南岛近岸海域	未～9.29 (1.07)	0.13～6.54 (1.25)	未～25.88 (7.23)	未～0.23 (0.06)	未～1.97 (0.68)	0.21～2.63 (0.99)	未～1.37 (0.99)	本文
国家一类海水水质标准	≤5	≤1	≤20	≤1	≤50	≤20	≤0.05	GB3097－1997

注：( )内数据为平均值；“－”表示未检测。Note: The data in ( ) is average value; “—” means not determine

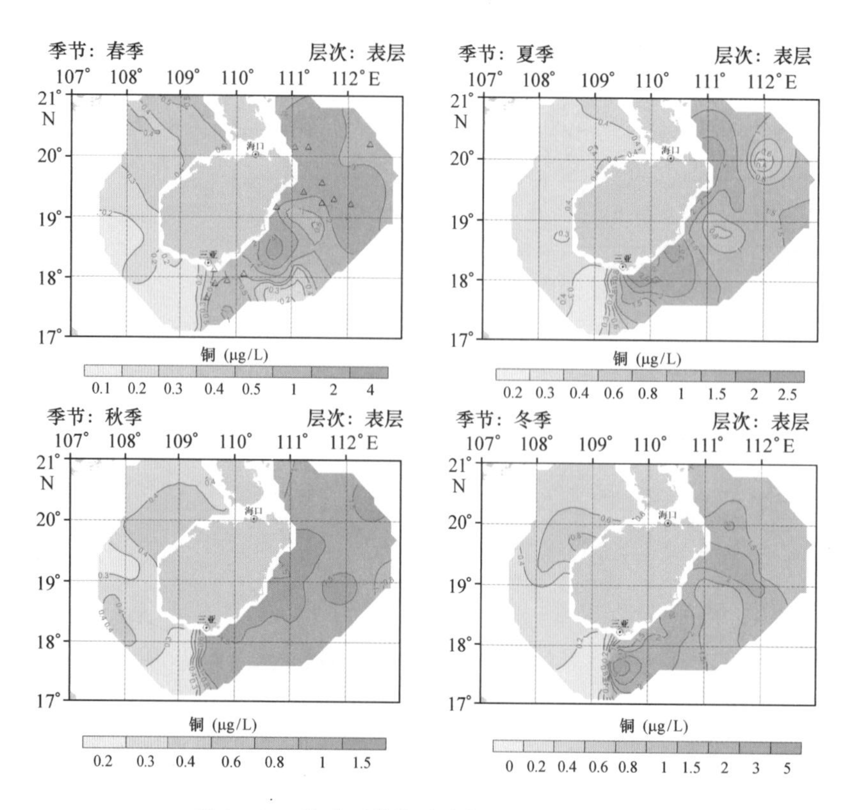

图 2.106　海南近岸海水中铜的四季平面分布

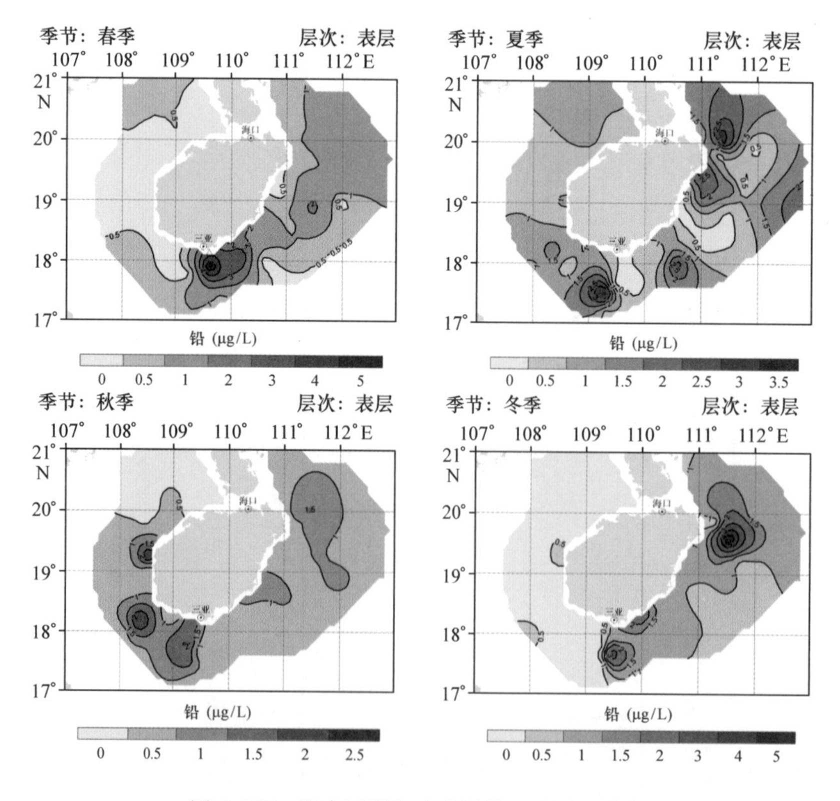

图 2.107　海南近岸海水中铅的四季平面分布

表层海水高浓度的铅并未被琼州海峡终年的西向流带入北部湾，说明铅的分布受海流影响较小。

海南岛东、南侧陆架区的铅浓度在四个区域中最高，且明显高于其东南侧的陆坡区。

3）锌

调查区域海水中 Zn 浓度为（未～25.88）μg/L，平均值 7.23 μg/L。季节变化从大到小排序为：春季、冬季、夏季、秋季，春季浓度略高，其他三个季节浓度相差不大。春季时，海南西部 Zn 浓度远远大于海南东部，而其他三季则是海南东部略高于海南西部。Zn 的高值区向中部海区偏离，这可能与盐度变化有关，盐度升高使离子间吸附竞争加剧，改变吸附剂电性，使得重金属发生解吸作用，部分颗粒态重金属又重新转化为溶解态，导致浓度增加。

研究区域表层海水中的锌受海流影响较大（图 2.108）。三亚以南海域锌浓度全年均较高，由于海南岛东、南侧的陆架区和东南侧的陆坡区的环流有显著的季节差异，在冬季流向为西南，可以看到三亚以南的高值中心向西南扩散；秋季表层流态与冬季相近，在三亚以南也可以观察到向西南弯曲的等值线；而夏季该区域主要为东北向流，因此三亚东侧的锌浓度在四个季节中最高。

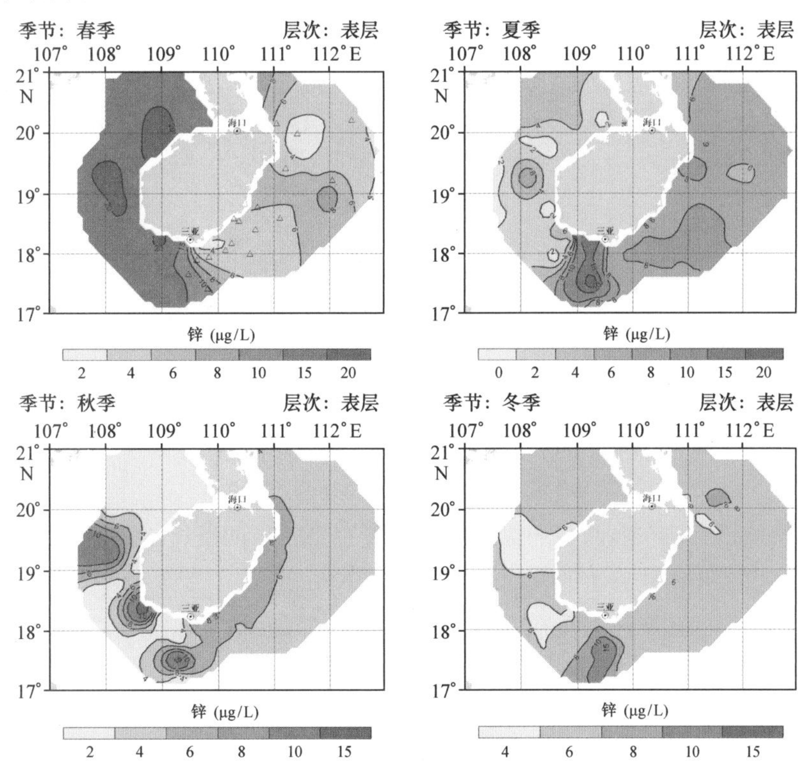

图 2.108　海南近岸海水中锌的四季平面分布

琼州海峡两侧夏、秋、冬三季的锌浓度较接近，梯度不明显，说明琼州海峡内终年的西向流为海峡两侧带来良好的水流交换，使锌浓度分布较平均。春季琼州海峡西侧浓度明显高于东侧，但由于西向流的影响，并未明显扩散至海峡东侧。

4）镉

调查区域海水中 Cd 浓度为（未～0.23）μg/L，平均值 0.06 μg/L。除春季的浓度略低外，其他三个季节的浓度变化不大（图 2.109）。海南近岸水体的 Cd 浓度最高的为秋季，次高为冬季，秋冬两季浓度相差不大。最低的为春季，次低的为夏季。近岸 Cd 的浓度略高于远岸，反映了其受陆源输入的影响。

海南岛西侧北部湾区域的表层镉浓度总体上略低于海南岛东侧及南侧。

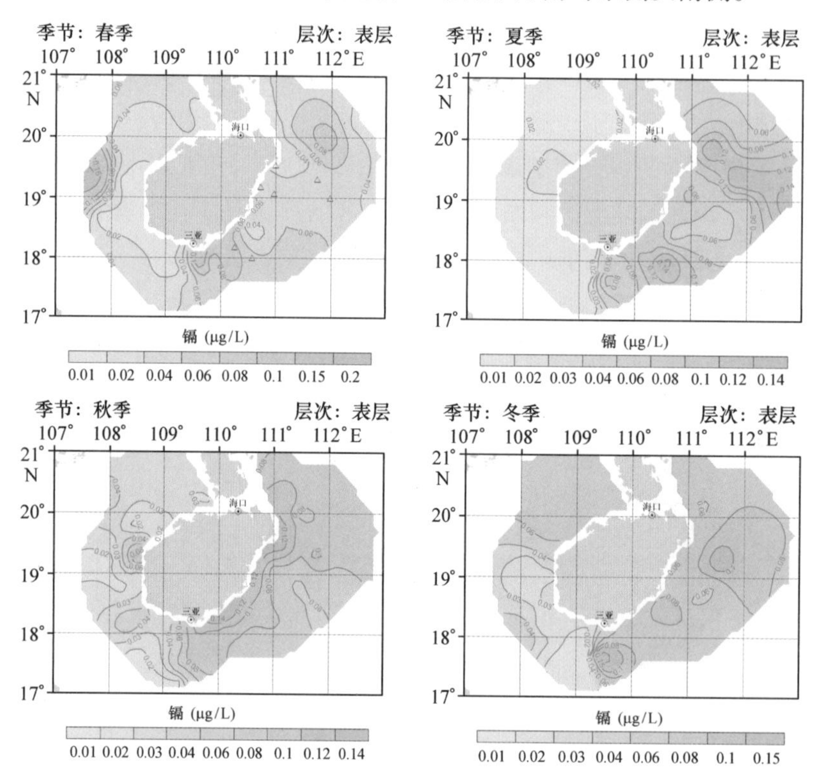

图 2.109　海南近岸海水中镉的四季平面分布

冬、春两季琼州海峡东西两侧的镉浓度较接近；夏、秋两季可以观察到琼州海峡东侧镉浓度较高的海水由琼州海峡终年的西向流带至西侧。

海南岛东、南侧的陆架区以及东南侧的陆坡区的镉浓度在春、夏、冬三季接近，陆坡区总体上略低；秋季东南侧陆坡区则明显低于东、南侧陆架区。

5）铬

调查区域海水中 Cr 的浓度为（未～1.97）μg/L，平均值 0.68 μg/L。季节变化十分明显（见图 2.110），其中夏季浓度最高，春季最低，高低值相差 5 倍，趋势从高到低为夏季、冬季、秋季、春季。对于海南近岸海域，其 Cr 的浓度近岸浓度高于远岸浓度，与陆源输入相关。

海南岛西侧北部湾区域的表层铬浓度在春、夏、冬三季明显低于海南岛东侧及南侧，浓度梯度最大处在三亚以南海域；秋季则是西侧高于东侧及南侧。

琼州海峡东西两侧的铬浓度较接近，说明琼州海峡终年的西向流带来良好的水流交换，使表层铬分布较平均。

海南岛东、南侧的陆架区的铬浓度略高于东南侧的陆坡区。春季在三亚以东沿岸观察到弱的东北向流，铬的分布由三亚以南海域的高值中心沿近岸向东北方向扩散；秋季东南侧陆架区表层流向西南，铬的分布由万宁以东的高值中心向西南扩散；说明表层铬的分布受海流影响较大。

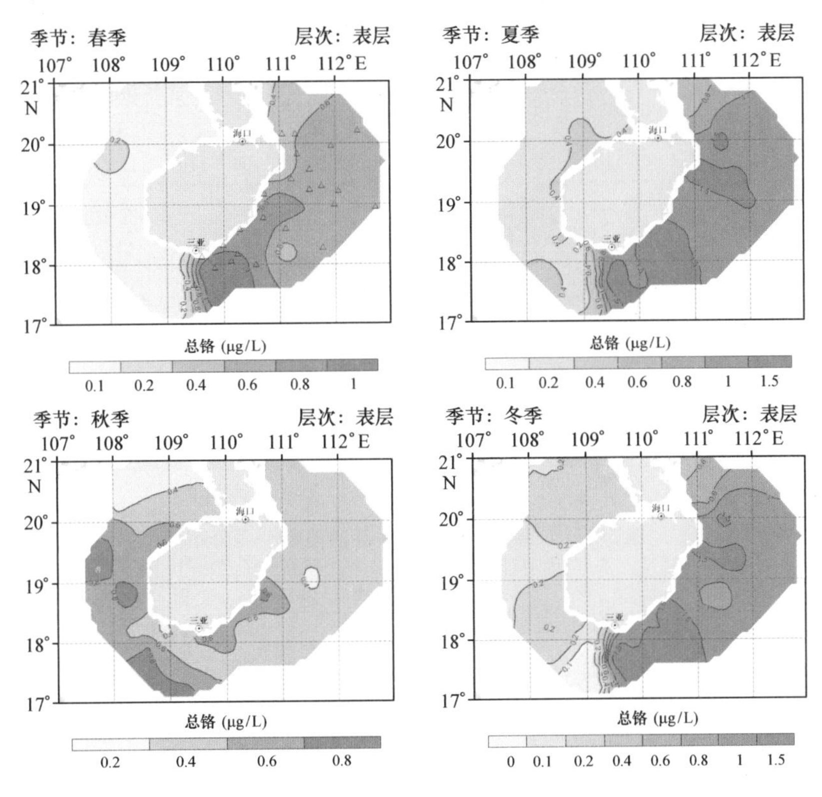

图 2.110　海南近岸海水中铬的四季平面分布

6）砷

调查海域海水中 As 的浓度为（0.21～2.63）μg/L，平均值 0.99 μg/L。四季变化的趋势是夏季大于冬季大于秋季大于春季，其中夏、冬季接近，春、秋季接近（见图 2.111）。近岸浓度高于远岸，与陆源输入有关，部分中部海区出现高值区，可能与沉积物的再悬浮有关。总体来说，As 的浓度分布比较保守，可能是由于 As 是非金属或准金属，与其他重金属物理化学性质有所不同。

海南岛西侧北部湾区域的表层砷浓度在夏、秋、冬季略低于海南岛东侧及南侧；春季砷浓度则较为接近。由于春、秋、冬三季海南岛南部沿岸流主要为顺时针方向，因此三亚以南海域砷浓度梯度均小于夏季；而夏季海南岛南部沿岸流在琼东为东北向流，琼西为北向流，导致三亚以南海域表层水体的东西向交换不强，因而浓度梯度最明显。

琼州海峡东西两侧的砷浓度较接近，说明琼州海峡终年的西向流使海峡两侧表层砷分布较平均。

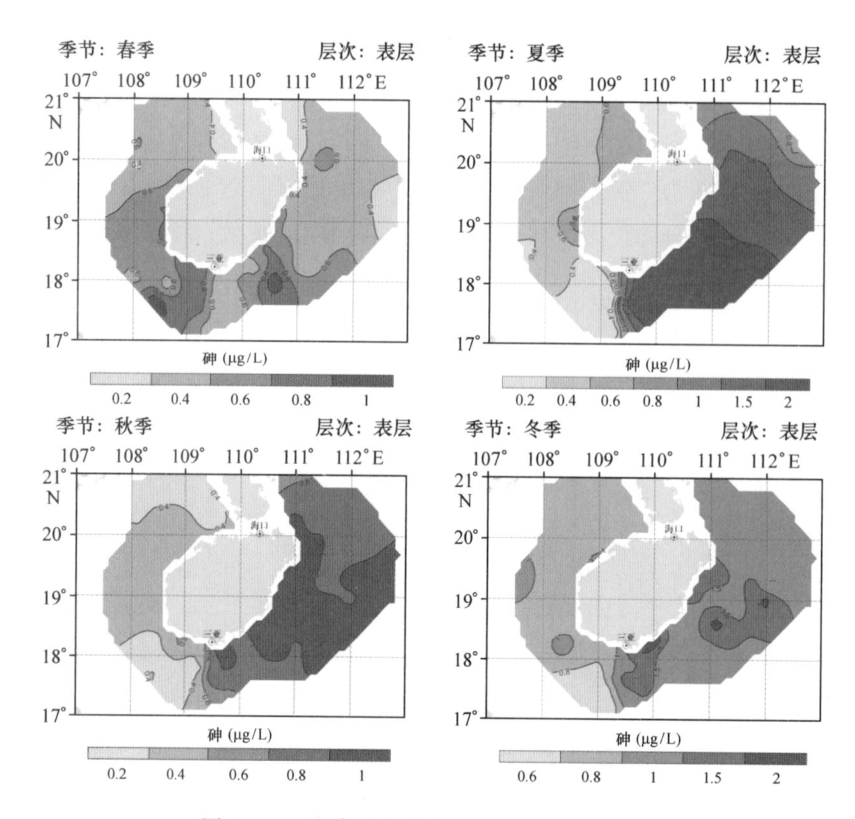

图 2.111　海南近岸海水中砷的四季平面分布

海南岛东、南侧的陆架区与东南侧的陆坡区表层砷浓度接近。夏季海南岛东侧主要为东北向流，砷明显由三亚东南的高值区向东北递减。春、秋、冬三季海南岛东侧主要为西南向流，对表层砷浓度的影响不太明显。

7）汞

调查海域海水中 Hg 的浓度为（未～1.37）μg/L，平均值 0.09 μg/L。季节变化为春季大于秋季大于夏季大于冬季。海南近岸水体春季 Hg 浓度远高于其他三个季节，冬夏两季浓度相近（见图 2.112）。夏季时，表层海水中的 Hg 含量相对于大气过饱和，水温较高，促使 Hg 随着水的蒸发进入大气，海水中浓度减少，且夏季生物活动旺盛，产生较多的有机质，Hg 易与有机质结合，因此夏季 Hg 浓度较低；而春季处于枯水期，且水中有机质含量较少，浓度相对较高。一些港口沿岸区域表现出较高的 Hg 含量，部分离岸海区出现高值，可能与 Hg 的挥发性或沉积物的再悬浮有关。

海南岛西侧北部湾区域的表层汞浓度在春季低于海南岛东侧及南侧，秋季则高于后者，浓度梯度最大处在三亚以南海域；夏、冬两季汞浓度则较为接近。琼东近岸在夏季观察到上升流现象，对应的海域有非常明显的汞极大值出现，说明该区域表层汞浓度受沉积物再悬浮的影响较大。

琼州海峡东西两侧的汞浓度较接近，说明琼州海峡终年的西向流使海峡两侧表层汞分布较平均。

海南岛东、南侧的陆架区与东南侧的陆坡区表层汞浓度接近。夏季海南岛东侧主要为东北向流，两处高值中心的等值线均略向东北弯曲；西侧为北向流，等值线亦略向北弯曲。春、秋、冬三季琼东主要为西南向流，对表层汞浓度影响不大，表层汞分布总体上较为平均。

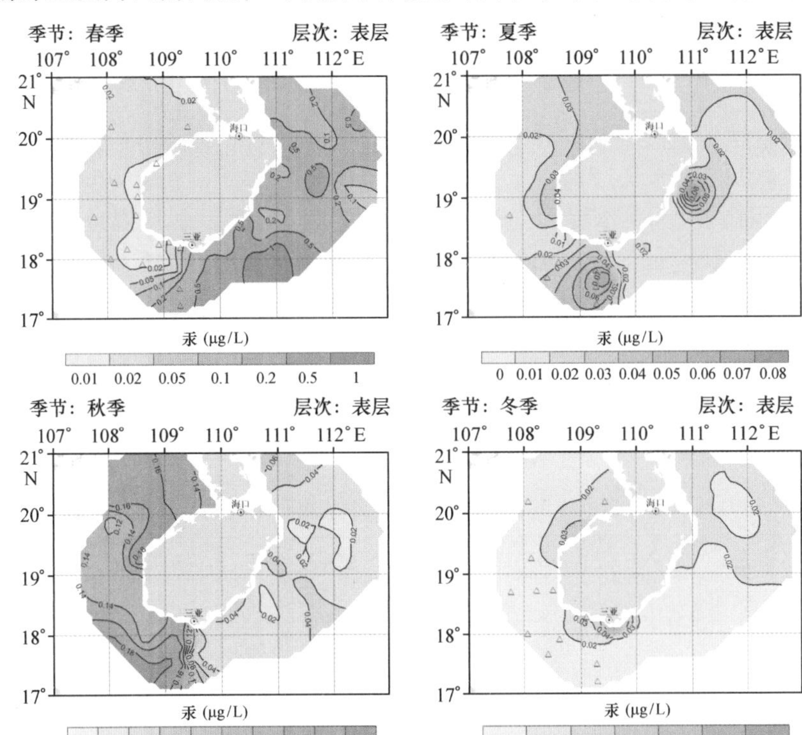

图 2.112 海南近岸海水中汞的秋季平面分布

2.4.2 沉积化学要素分布特征

2.4.2.1 持久性有机污染物

1）六六六

调查区域沉积物中六六六浓度为未检出 ~ 14.55×10^{-9}，平均值为 4.85×10^{-9}。据刘华峰等（2007）报道，2005 年 9 月海南东寨港沉积物中 BHC 的浓度为（0.04 ~ 2.30）$\times10^{-9}$，平均值为 0.53×10^{-9}，本调查的平均结果比之高约 9 倍。穆倩等（2007）报道海南小海湾沉积物中的 BHC 浓度为（0.12 ~ 0.37）$\times10^{-9}$，平均值为 0.25×10^{-9}，本调查的平均结果也比其高。

2）滴滴涕

调查区域沉积物中 DDT 浓度为（1.23 ~ 9.61）$\times10^{-9}$，平均为 5.38×10^{-9}。据刘华峰等（2007）报道，2005 年 9 月海南东寨港沉积物中 DDT 的浓度为（0.07 ~ 4.56）$\times10^{-9}$，平均值为 0.57×10^{-9}，本调查的平均结果比之高约 9 倍。穆倩等（2007）报道海南小海湾沉积物中的 DDT 浓度为（0.06 ~ 5.38）$\times10^{-9}$，平均值为 1.35×10^{-9}，本调查的平均结果也比其高。

3）多氯联苯

调查区域沉积物中 PCBs 浓度为（0.98～3.43）$\times 10^{-9}$，平均值为 2.07×10^{-9}。

4）多环芳烃

调查区域沉积物中 PAHs 浓度为（92.41～248.78）$\times 10^{-9}$，平均值为 164.95×10^{-9}。罗孝俊等（2005）报道，南海北部近海区域多环芳烃总量分布范围在 255.90 ng/g～911.60 ng/g，本调查的结果在其之下。

2.4.2.2 石油类

海南近岸海域秋季航次沉积物石油类的调查结果见表 2.28。

表 2.28 海南岛近岸海域沉积物化学秋季航次石油类调查结果统计表

要素	区域	量值范围（10^{-6}）	平均值（10^{-6}）
石油	东部	3.27～35.2	10.97
	西部	未～32.8	3.94
	全部	未～35.2	8.23

海南岛近岸海域沉积物中石油类浓度变化范围从未检出到 35.2×10^{-6}，平均为 8.23×10^{-6}。其平面分布见图 2.113。石油烃的分布呈现一种近岸高远岸低的趋势，高于 20.0×10^{-6}的高值区主要位于文昌附近、万宁附近及八所附近的近岸区域。石油烃含量的最大值出现在大兰港附近的 JC－NH641 站位。这说明石油烃含量主要受陆源或港区输入所控制。

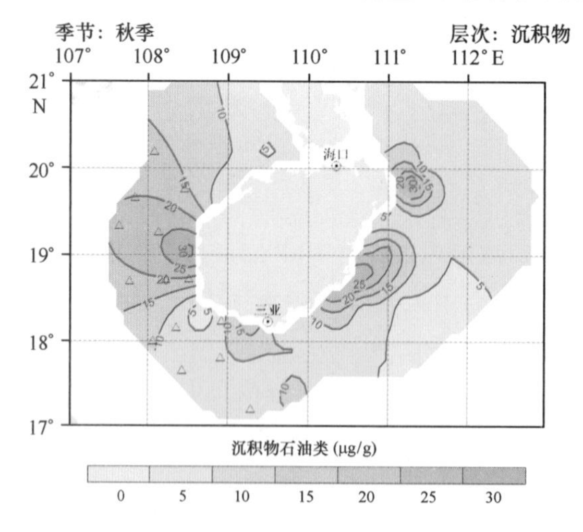

图 2.113 海南岛近岸海域沉积物石油平面分布

2.4.2.3 重金属

海南岛近岸海域秋季航次沉积物重金属 7 个要素的调查结果汇总于表 2.29。

表 2.29 海南岛近岸海域沉积物化学秋季航次重金属调查结果统计表

要素	区域	量值范围 (10^{-6})	平均值 (10^{-6})
铜	东部	0.39 ~ 15.4	7.28
	西部	6.72 ~ 21.54	14.2
	全部	0.39 ~ 21.54	9.95
铅	东部	5.96 ~ 26.1	15.3
	西部	16.99 ~ 38.5	27.5
	全部	5.96 ~ 38.5	20.0
锌	东部	9.55 ~ 97.3	56.4
	西部	73.15 ~ 110.8	93.6
	全部	9.55 ~ 110.8	71.0
镉	东部	0.5 ~ 0.65	0.56
	西部	0.03 ~ 0.11	0.07
	全部	0.03 ~ 0.65	0.37
铬	东部	8.31 ~ 72.2	41.8
	西部	22.69 ~ 56.47	38.7
	全部	8.31 ~ 72.2	40.6
砷	东部	2.62 ~ 22.4	7.58
	西部	0.89 ~ 12.8	6.36
	全部	0.89 ~ 22.4	7.11
汞	东部	0.009 ~ 0.063	0.031
	西部	0.038 ~ 0.050	0.044
	全部	0.009 ~ 0.063	0.036

1）铜

调查区域秋季航次沉积物中 Cu 的含量最大值出现在洋浦湾附近的 J41 站（21.54×10^{-6}），最小值出现在文昌附近的 JC – NH647 站（0.39×10^{-6}），平均值为 9.95×10^{-6}。其含量的平面分布见图 2.114。在海南岛的白马井至八所的沿岸海域，Cu 的含量较高，东部海区自北向南先递减后增加。总体而言，西部海区的 Cu 含量较高于东部海区。Cu 含量低于页岩值（45.0×10^{-6}）。

与水体铜的分布相比，沉积物铜梯度变化较小，且分布趋势与表层水体铜差异较大，呈基本相反的分布。在琼东上升流区，沉积物铜有一个小范围的高值区，其位置与春夏季表层水体铜的低值区相对应。

2）铅

调查区域秋季航次沉积物中 Pb 的含量为（5.96 ~ 38.5）$\times 10^{-6}$，平均值为 20.0×10^{-6}，其最大值出现在洋浦湾附近的 J41 站，最小值出现在海南岛东面远岸的 JC – NH624 站。Pb 含量的平面分布见图 2.115。西部区的北部海区要高于南部海区，且海南西部 Pb 的含量要高于海南东部。整体而言，Pb 含量呈现近岸向远岸降低的分布趋势，主要受陆源输入的影响。Pb

含量与页岩值（20.0×10^{-6}）相近。

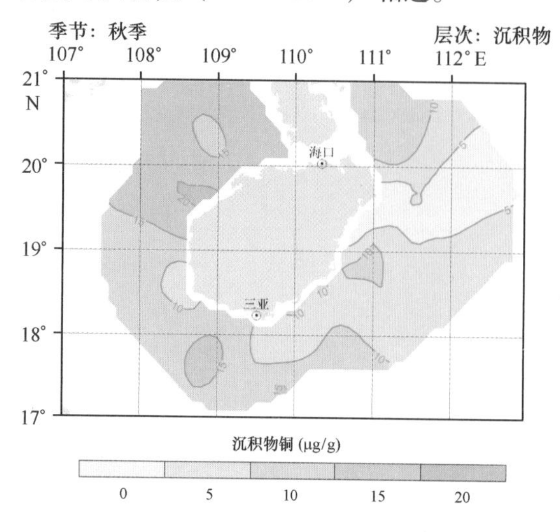

图 2.114　海南岛近岸海域沉积物铜平面分布

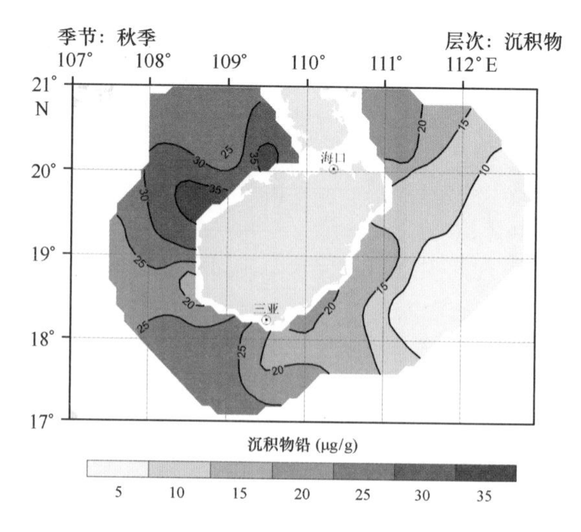

图 2.115　海南岛近岸海域沉积物铅平面分布

与表层水体铅呈点状分散分布不同，沉积物铅的分布较均匀，高、低值区的分布与表层水体铅的差异较大。

3）锌

秋季航次调查区域沉积物中 Zn 的最大值出现在洋浦湾附近的 J41 站（110.8×10^{-6}），最小值出现在文昌附近的 JC－NH647 站（9.55×10^{-6}），平均值为 71.0×10^{-6}，与 Cu 的高低值分布一样。Zn 含量的平面分布见图 4.116。Zn 的高值区出现在海南岛白马井与八所之间的沿岸海域，海南西部 Zn 含量的分布比较均匀，整体上高于海南东部。Zn 含量高于页岩值（95.0×10^{-6}）。

与表层水体相比，沉积物锌的分布与春季表层水体锌的分布相似，高值区都位于洋浦港附近，浓度梯度不大。

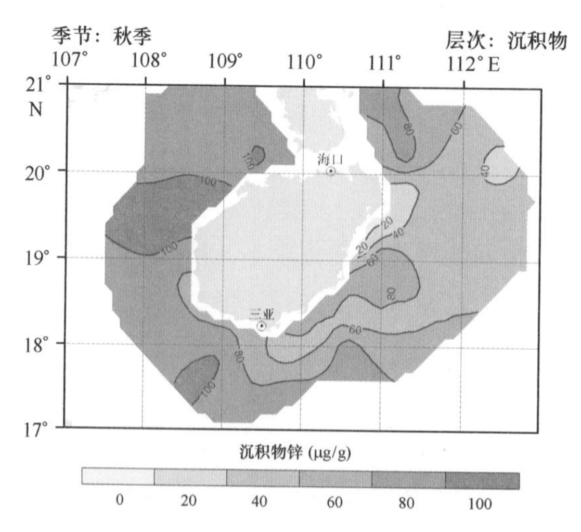

图 2.116　海南岛近岸海域沉积物锌平面分布

4）镉

调查区域秋季航次沉积物中 Cd 的最大值出现在博鳌港附近的 JC－NH660 站（0.65×10^{-6}），最小值出现在东方附近 J57 站（0.03×10^{-6}），平均值为 0.37×10^{-6}，其平面分布详见图 2.117。沉积物中的 Cd 在海南东部和海南西部各自的分布较为均匀，但海南东部的含量远高于海南西部，在三亚附近呈现出明显的梯度变化。Cd 含量高于页岩值（0.30×10^{-6}）。

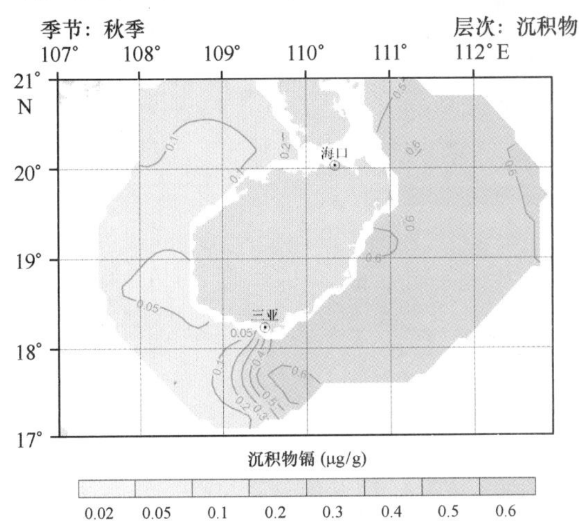

图 2.117 海南岛近岸海域沉积物镉平面分布

在砷及 6 种重金属中，沉积物镉的分布趋势与表层水体最接近，浓度梯度在三亚附近最大，海南东部含量略大于海南西部，在东方市以南近岸有低值区，三亚以南及万宁市附近有高值区。

5）铬

调查区域秋季沉积物中 Cr 的最大值出现在亚龙湾远岸的 JC－NH689 站（72.2×10^{-6}），最小值出现在文昌附近的 JC－NH647 站（8.31×10^{-6}），平均值为 40.6×10^{-6}。Cr 含量的平面分布详见图 2.118。由图可知，在雷州半岛东部海域和博鳌港附近海域出现高值区，最高值出现在亚龙湾附近，且在亚龙湾出现由近岸向远岸递增的趋势，而低值主要出现在文昌附近海域。海南东部和海南西部 Cr 的含量相差不大。Cr 含量低于页岩值（90.0×10^{-6}）。

沉积物铬的高值区分布与表层水体铬类似，均在三亚以南的外海最高，并向近岸递减。

6）砷

调查区域秋季航次沉积物 As 的含量为（0.89～22.4）$\times10^{-6}$，平均为 7.11×10^{-6}。As 含量的平面分布见图 2.119。调查区域沉积物中 As 的高值区位于博鳌港附近的海域，另外在雷州半岛的东、西海域 As 含量也比较高。整体上看，As 含量由近岸向远岸递减，海南东部和海南西部 As 含量相差不大。As 含量低于页岩值（13.00×10^{-6}）。

沉积物砷的分布与表层水体砷相比，都在海南岛东侧近岸存在高值区，但低值区的分布与表层水体差异较大，表层水体在东南侧外海存在高值区，而沉积物在该区域则是低值区。

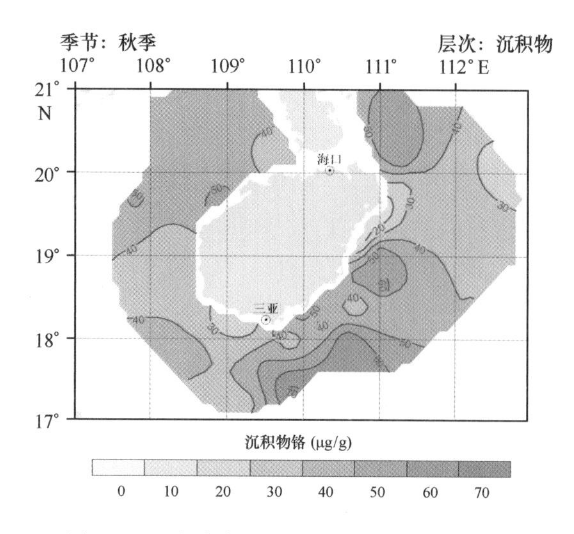

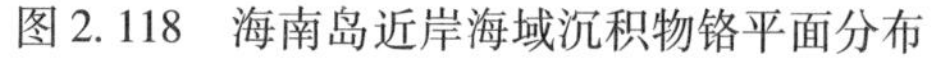

图 2.118　海南岛近岸海域沉积物铬平面分布

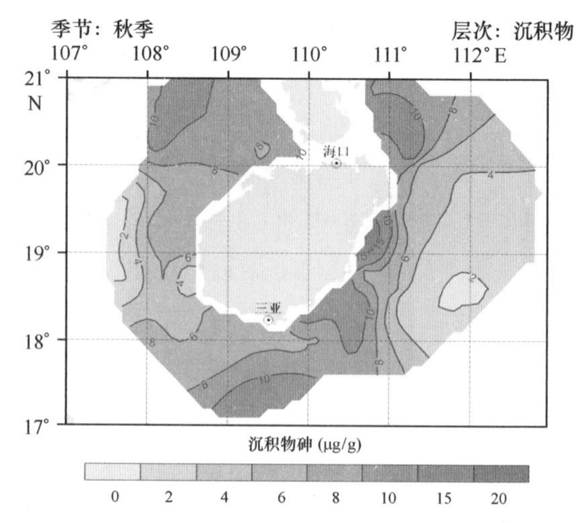

图 2.119　海南岛近岸海域沉积物砷平面分布

7）汞

调查海域秋季航次沉积物 Hg 的含量为（0.009 ~ 0.063）$\times 10^{-6}$，平均为 0.036 $\times 10^{-6}$。Hg 含量的平面分布见图 2.120。海南西部的 Hg 含量分布均匀，海南东部有明显的梯度变化，且由近岸向远岸递增。调查区域沉积物中 Hg 的高值区位于海南岛东部海域的离岸外海海域，低值区位于文昌附近海域。

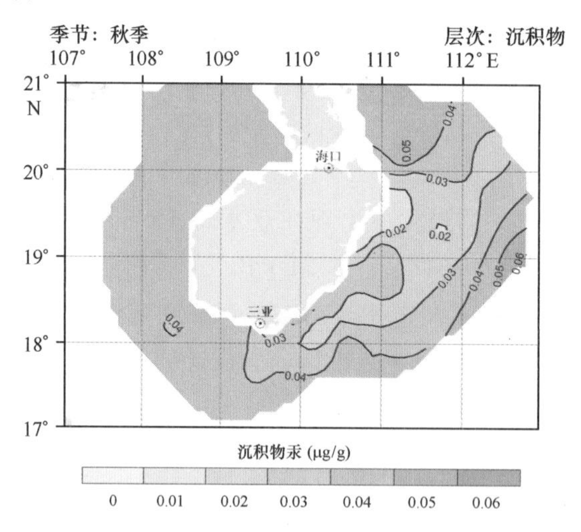

图 2.120　海南岛近岸海域沉积物中汞平面分布

沉积物汞的分布比表层水体汞的分布均匀，尤其是海南西部，浓度梯度较小；海南岛东侧的低值区与冬季、秋季表层水体分布相似。

2.4.2.4　有机碳

海南近岸海域秋季航次沉积物有机碳的调查结果见表 2.30。

表 2.30 海南岛近岸海域沉积物化学秋季航次有机碳调查结果统计表

要素	区域	量值范围（10^{-2}）	平均值（10^{-2}）
有机碳	东部	未～1.08	0.42
	西部	0.03～0.67	0.28
	全部	未～1.08	0.36

海南岛近岸海域沉积物中有机碳含量变化范围为（未～1.08）$\times 10^{-2}$，平均为0.36$\times 10^{-2}$。其平面分布见图2.121，海南西部沉积物有机碳含量总体上略低于海南东部。有机碳的分布基本呈现近岸低远岸高的趋势，含量最高的区域为海南岛东南侧的陆坡区，最大值出现在三亚以南离岸最远的JC－NH689站位，并向北递减，说明研究区域沉积物有机碳含量受陆源影响较小，或与水深有关。

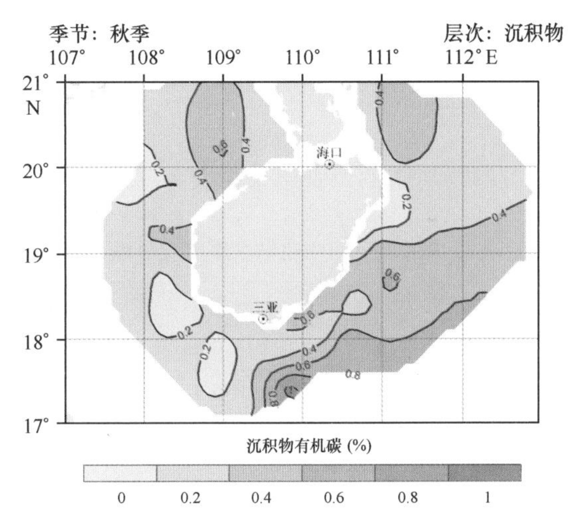

图 2.121 海南岛近岸海域沉积物有机碳平面分布

2.4.2.5 总氮

海南岛近岸海域秋季航次沉积物总氮的调查结果见表2.31。

表 2.31 海南岛近岸海域沉积物化学秋季航次总氮调查结果统计表

要素	区域	量值范围（10^{-3}）	平均值（10^{-3}）
总氮	东部	0.19～1.60	0.81
	西部	0.37～1.13	0.66
	全部	0.19～1.60	0.75

海南岛近岸海域沉积物中总氮含量变化范围为（0.19～1.60）$\times 10^{-3}$，平均为0.75$\times 10^{-3}$。其平面分布见图2.122，海南西部沉积物总氮含量与海南东部接近。总氮的分布基本呈现近岸低远岸高的趋势，只有在三亚以东近岸略高。含量最高的区域为海南岛东南侧的陆坡区，最大值出现在三亚以南离岸最远的JC－NH689站位，最低值在海南岛东北侧近岸的JC－NH647站位，说明研究区域沉积物总氮含量受陆源影响相对较小。

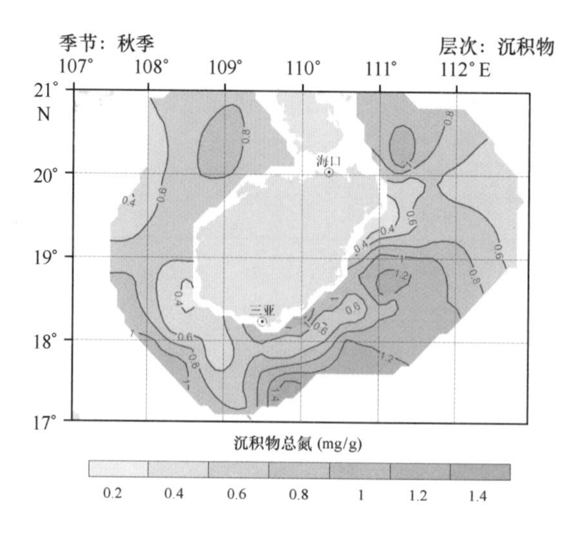

图 2.122　海南岛近岸海域沉积物总氮平面分布

2.4.2.6　总磷

海南近岸海域秋季航次沉积物总磷的调查结果见表 2.32。

表 2.32　海南岛近岸海域沉积物化学秋季航次总磷调查结果统计表

要素	区域	量值范围（10^{-3}）	平均值（10^{-3}）
总磷	东部	0.15～0.30	0.19
	西部	0.17～0.47	0.35
	全部	0.15～0.47	0.25

海南岛近岸海域沉积物中总磷含量变化范围为（0.15～0.47）$\times 10^{-3}$，平均为 0.25 $\times 10^{-3}$。其平面分布见图 2.123，海南西部沉积物总磷含量高于海南东部。总磷的分布除三亚以西近岸有高值区以外，在海南岛西侧靠近北部湾中线附近也有高值区存在，最大值出现在三亚近岸的 H17 站位，研究海域最东侧的若干站位都存在最小值，说明海南岛近岸海域沉积物中总磷可能存在陆源及北部湾西部的输入两个来源。

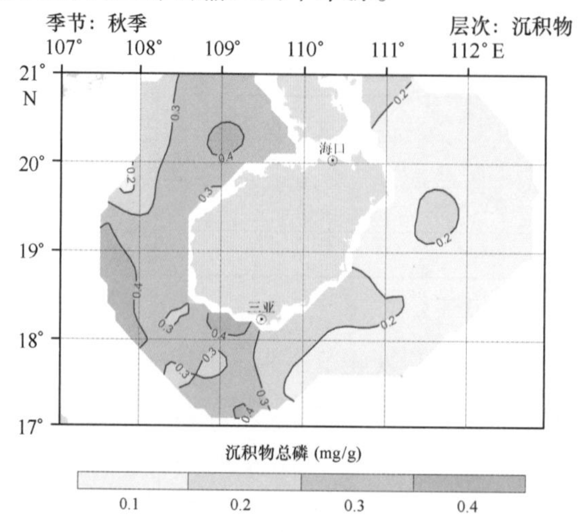

图 2.123　海南岛近岸海域沉积物总磷平面分布

2.4.3 海洋生物体质量分布特征

2.4.3.1 重金属

海南“908 专项”海南近岸水体环境海洋生物质量调查共在三亚、东方和北海采集到14份生物样品，有鱼类、甲壳类、贝类和石莼与海苔。对生物体铜、铅、锌、镉、铬、砷和汞等重金属进行了分析，结果汇总于表2.33和表2.34。调查区域海洋生物质量重金属的分布有着区域和种类的不同。

表2.33 海南近岸海洋生物重金属调查结果（10^{-6} 湿重）

生物名称	生物类型	站号	Cu	Pb	Zn	Cd	Cr	As	Hg
竹筴鱼	鱼类	S29	0.63	0.15	5.55	0.667	0.065	1.33	0.000 48
黄斑篮子鱼	鱼类	SY02－1	0.29	0.14	7.43	0.002	0.032	0.54	0.000 14
多鳞鱚	鱼类	DF01	0.67	0.34	5.28	0.050	0.047	3.98	0.001 51
竹筴鱼	鱼类	S16	0.50	0.16	8.53	0.153	0.288	3.65	0.000 56
竹筴鱼	鱼类	D22－1	0.45	0.24	5.76	0.098	0.426	4.59	0.000 59
二长棘鲷	鱼类	C4	0.42	0.19	4.32	0.003	0.013	6.20	0.001 29
刀额新对虾	甲壳类	SY06	4.55	0.22	14.32	0.017	0.081	15.47	0.002 47
斑节对虾	甲壳类	DF05	5.39	0.26	13.52	0.036	0.639	2.06	0.000 47
丽文蛤	贝类	SY09	1.23	0.57	18.47	0.010	0.158	0.38	0.000 22
咬齿牡蛎	贝类	SY04	72.91	0.58	388.62	0.239	0.127	2.99	0.000 57
带锥螺	贝类	DF10	0.95	0.27	9.12	0.062	0.182	1.89	0.000 32
团聚牡蛎	贝类	DF08	41.93	0.30	155.77	0.306	0.133	1.33	0.000 65
石莼	植物	SY01	0.21	0.22	7.59	0.008	0.067	1.59	0.000 31
海苔	植物	DF09	0.64	1.00	4.79	0.233	0.562	0.57	0.000 16
平均值		/	9.34	0.33	46.36	0.135	0.201	3.33	0.000 70

表2.34 海南近岸海洋生物重金属调查结果统计表

要素	量值范围	平均值
铜（10^{-6}湿重）	0.21～72.91	9.34
铅（10^{-6}湿重）	0.14～1.00	0.33
锌（10^{-6}湿重）	4.32～388.62	46.36
镉（10^{-6}湿重）	0.002～0.667	0.135
铬（10^{-6}湿重）	0.013～0.639	0.201
砷（10^{-6}湿重）	0.38～15.47	3.33
汞（10^{-6}湿重）	0.000 16～0.002 47	0.000 70

1）铜（Cu）

从区域而言，三亚海域生物体肌肉Cu浓度为（0.21～72.91）$\times 10^{-6}$，平均值为13.30 ×

10^{-6}，浓度最高的是咬齿牡蛎；东方海域生物体肌肉为（0.42～41.93）$\times 10^{-6}$，平均值为 7.22 $\times 10^{-6}$，浓度最高的是团聚牡蛎。显然，三亚海域海洋生物体内的 Cu 平均浓度大于东方海域的。

从生物种类而言，鱼类的 Cu 浓度为（0.29～0.67）$\times 10^{-6}$，平均值为 0.49 $\times 10^{-6}$；虾类为（4.55～5.39）$\times 10^{-6}$，平均值为 4.97 $\times 10^{-6}$；贝类为（0.95～72.91）$\times 10^{-6}$，平均值为 29.26 $\times 10^{-6}$；植物为（0.21～0.64）$\times 10^{-6}$，平均值为 0.43 $\times 10^{-6}$。显然，生物种类体内 Cu 浓度的大小顺序为：贝类、虾类、鱼类、植物，贝类的 Cu 浓度居高是牡蛎的高度富集所致，这与海洋软体双壳类（如牡蛎、贻贝等）从环境中富集 Cu 的能力大于鱼类的观点相一致。虾类的 Cu 浓度是鱼类浓度的 10 倍。北海海域二长棘鲷的 Cu 浓度为 0.42 $\times 10^{-6}$，与鱼类和植物体内浓度的平均值一致。

2）铅（Pb）

从区域而言，三亚海域生物体肌肉 Pb 的浓度为（0.14～0.58）$\times 10^{-6}$，平均值为 0.31 $\times 10^{-6}$，浓度最高的是咬齿牡蛎；东方海域生物体肌肉 Pb 的浓度为（0.16～1.00）$\times 10^{-6}$，平均值为 0.37 $\times 10^{-6}$。结果表明，三亚海域海洋生物体内的 Pb 浓度与东方的一样。北海海域二长棘鲷的 Pb 浓度为 0.19 $\times 10^{-6}$，低于三亚的和东方的。

从生物种类而言，鱼类 Pb 浓度为（0.14～0.34）$\times 10^{-6}$，平均值为 0.20 $\times 10^{-6}$；虾类为（0.22～0.26）$\times 10^{-6}$，平均值为 0.24 $\times 10^{-6}$；贝类为（0.27～0.58）$\times 10^{-6}$，平均值为 0.43 $\times 10^{-6}$；植物为（0.22～1.00）$\times 10^{-6}$，平均值为 0.61 $\times 10^{-6}$。显然，除海苔铅浓度最高外，其他种类生物体内 Pb 浓度大小依序为：贝类、虾类、鱼类。贝类 Pb 平均浓度约是鱼类、虾类的 2 倍。

3）锌（Zn）

从区域而言，三亚海域生物体肌肉的 Zn 浓度为（5.55～388.62）$\times 10^{-6}$，平均值为 73.67 $\times 10^{-6}$，浓度最高的是咬齿牡蛎；东方海域生物体肌肉的 Zn 浓度为（4.79～155.77）$\times 10^{-6}$，平均值为 28.97 $\times 10^{-6}$，浓度最高的是团聚牡蛎。显然，三亚海洋生物体的 Zn 平均浓度大于东方的。

从生物种类而言，鱼类 Zn 浓度为（4.32～8.53）$\times 10^{-6}$，平均值为 6.15 $\times 10^{-6}$；虾类为（13.52～14.32）$\times 10^{-6}$，平均值为 13.92 $\times 10^{-6}$；贝类值为（9.12～388.62）$\times 10^{-6}$，平均值为 143.00 $\times 10^{-6}$；植物为（4.79～7.59）$\times 10^{-6}$，平均值为 6.19 $\times 10^{-6}$。显然，生物种类体内 Zn 浓度大小依序为：贝类、虾类、鱼类、植物，与生物种类体内 Cu 浓度的大小顺序相一致。贝类 Zn 浓度居高也是牡蛎的高度富集所致，这与海洋软体双壳类（如牡蛎、贻贝等）从环境中富集 Zn 的能力大于鱼类等的观点相一致。虾类 Zn 平均浓度约是鱼类浓度的 2 倍。

4）镉（Cd）

从区域而言，三亚海域生物体肌肉的 Cd 浓度是（0.002～0.667）$\times 10^{-6}$，平均值为 0.157 $\times 10^{-6}$，浓度最高的是竹筴鱼；东方海域生物体肌肉的 Cd 浓度为（0.036～0.306）$\times$

10^{-6}，平均值为0.134×10^{-6}，浓度最高的是团聚牡蛎。显然，三亚海域海洋生物体的Cd平均浓度略大于东方海域的。

从生物种类而言，鱼类Cd浓度为（0.002～0.667）×10^{-6}，平均值为0.162×10^{-6}；虾类为（0.017～0.036）×10^{-6}，平均值为0.027×10^{-6}；贝类为（0.010～0.306）×10^{-6}，平均值为0.154×10^{-6}；植物为（0.008～0.233）×10^{-6}，平均值为0.121×10^{-6}。显然，生物种类体内Cd浓度大小依序为：鱼类略、贝类、植物、虾类。鱼类、贝类和植物体内的Cd平均浓度比虾类高了约6倍。

5）铬（Cr）

从区域而言，三亚海域生物体肌肉的Cr浓度是（0.032～0.158）×10^{-6}，平均值为0.088×10^{-6}，浓度最高的是丽文蛤；东方海域生物体肌肉的Cr浓度为（0.047～0.639）×10^{-6}，平均值为0.325×10^{-6}，浓度最高的是斑节对虾。显然，三亚海域海洋生物体的Cr平均浓度明显低于东方海域的。北海海域二长棘鲷的Cd浓度很低，为0.013×10^{-6}。

从生物种类而言，鱼类的Cr浓度为（0.013～0.426）×10^{-6}，平均值为0.145×10^{-6}；虾类为（0.081～0.639）×10^{-6}，平均值为0.360×10^{-6}；贝类为（0.127～0.182）×10^{-6}，平均值为0.150×10^{-6}；植物为（0.067～0.562）×10^{-6}，平均值为0.315×10^{-6}。显然，生物种类体内Cr浓度大小依序为：鱼类、贝类，虾类与植物相当；虾类和植物的Cr浓度是鱼类和贝类的2倍。

6）砷（As）

从区域而言，三亚海域生物体肌肉的As浓度为（0.38～15.47）×10^{-6}，平均值3.72×10^{-6}，浓度最高的是刀额新对虾；东方海域生物体肌肉的As浓度为（0.57～4.59）×10^{-6}，平均值为2.58×10^{-6}，浓度最高的是竹筴鱼。显然，三亚海洋生物体的As平均浓度大于东方的。

从生物种类而言，鱼类的As浓度为（0.54～6.20）×10^{-6}，平均值为3.38×10^{-6}；虾类为（2.06～15.47）×10^{-6}，平均值为8.76×10^{-6}；贝类浓度为（0.38～2.99）×10^{-6}，平均值为1.64×10^{-6}；植物浓度为（0.57～1.59）×10^{-6}，平均值为1.08×10^{-6}。显然，生物种类体内As浓度大小依序为：虾类、鱼类、贝类、植物。虾类的As平均浓度约比鱼类的高2.5倍。

7）汞（Hg）

从区域而言，三亚海域生物体肌肉的Hg浓度为（0.000 14～0.002 47）×10^{-6}，平均值为0.000 70×10^{-6}，浓度最高的是刀额对虾；东方海域生物体肌肉的Hg浓度为（0.000 16～0.001 51）×10^{-6}，平均值为0.000 61×10^{-6}，浓度最高的是团聚牡蛎。显然，三亚海洋生物体的Hg平均浓度与东方的相当。

从生物种类而言，鱼类的Hg浓度为（0.000 14～0.001 51）×10^{-6}，平均值为0.000 76×10^{-6}；虾类为（0.000 47～0.002 47）×10^{-6}，平均值为0.00147×10^{-6}；贝类为（0.000 22～0.000 65）×10^{-6}，平均值为0.000 44×10^{-6}；植物为（0.000 16～0.000 31）×10^{-6}，平均

值为 $0.000\ 24\times10^{-6}$。显然，生物种类体内Hg浓度由大到小依序为：虾类、鱼类、贝类、植物。虾类的Hg平均浓度约是鱼类的2倍。

2.4.3.2 石油烃

海洋生物对海水中石油的浓缩能力与生物种类和生长时期有关，同时取决于所栖息环境的石油烃含量水平（沈南南等，2006；王晓伟等，2006）。石油对海洋生物的危害可分为二类：第一类是石油对生物的涂敷或窒息效应。第二类是指当生物体内脂肪或体液中油与其他碳氢化合物的摄入量达到一定浓度时，生物体内的代谢机制就会被破坏。

海南"908专项"海南近岸水体环境调查海洋生物质量调查石油烃在三亚、东方和北海共采集到14份生物样品，生物样品石油烃的分析结果汇总于表2.35。

表2.35 海南近岸海洋生物石油烃调查结果

采集地点	站号	生物名称	浓度（10^{-6}湿重）	浓度（10^{-6}干重）
东方	S16	竹筴鱼	4.11	17.42
	DF10	带锥螺	未检出	未检出
	DF08	团聚牡蛎	6.12	40.02
	DF09	海苔	0.26	2.31
	DF01	多鳞鱚	3.25	15.34
	D22－1	竹筴鱼	6.00	29.19
	DF05	斑节对虾	1.47	6.33
三亚	S29	竹筴鱼	10.30	54.03
	SY02－1	黄斑篮子鱼	4.64	23.78
	SY06	刀额新对虾	1.46	7.06
	SY01	石莼	未检出	未检出
	SY09	丽文蛤	1.59	11.56
	SY04	咬齿牡蛎	8.11	45.53
北海	C4	二长棘鲷	6.59	29.17
平均	/	/	3.85	20.12

调查区域海洋生物质量石油烃的分布有着区域和种类的不同。

从区域而言，三亚海域生物样肌肉的石油烃浓度为（未检出～8.11）$\times10^{-6}$，平均值为 4.35×10^{-6}，浓度最高的是竹筴鱼；东方海域生物体肌肉的石油烃度为（未检出～6.12）$\times10^{-6}$，平均值为 3.03×10^{-6}，浓度最高的是也是竹筴鱼。显然，三亚海域海洋生物体内的石油烃平均浓度大于东方海域的。

从生物种类而言，鱼类的石油烃浓度为（3.25～10.30）$\times10^{-6}$，平均值为 5.82×10^{-6}；虾类为（1.46～1.47）$\times10^{-6}$，平均值为 1.47×10^{-6}；贝类为（未检出～8.11）$\times10^{-6}$，平均值为 3.96×10^{-6}；植物为（未检出～0.26）$\times10^{-6}$，平均值为 0.13×10^{-6}。显然生物种类体内石油烃平均浓度大小依序为：鱼类、贝类、虾类、植物。

2.4.3.3 持久性有机污染物

海南"908专项"近岸水体环境调查海洋生物质量调查所指的持久性有机污染物主要包

括多环芳烃（PAHs）、多氯联苯（PCBs）和有机氯农药六六六（BHC）和滴滴涕（DDT）。

PAHs（polycyclic aromatic hydrocarbons）是一类广泛分布于天然环境中的化学污染物，由两个以上的苯环以线性方式排列或以弯接、簇聚的方式构成。主要来源于人类活动和能源利用过程。由于PAHs具有较高的稳定性和脂溶性，易被水体中生物体尤其是底栖动物吸收，最后通过食物链进入人体。

PCBs（Polychlorinated biphenyls）是一类具有两个相联苯环结构的含氯化合物。环境中的PCBs主要来自含PCBs工业废水废渣的排放、含PCBs工业液体的渗漏、废弃物焚烧时PCBs的挥发以及增塑剂中PCBs的挥发（周启星，2004）。PCBs具有水溶性低、蒸汽压低、表面亲和力大等特性，又都具有高脂溶性。PCBs在机体内具有很强的蓄积性，能通过食物链逐渐被富集。

有机氯农药包括脂肪族、芳香族和脂肪族氯代碳氢农药，可以归纳为两大类：一类为氯代苯及其衍生物，如BHC、DDT等；另一类为氯化钾撑萘（茚）制剂，如狄氏剂、艾氏剂、异狄氏剂、氯丹、七氯及毒杀芬等。它们的理化性质基本相似：挥发性低、化学性质稳定、不易分解、残留期长、不易溶于水、易溶于脂肪和有机溶剂。在生态系统内，有机氯农药沿食物链流动过程中，含量逐级增加，其富集系数在各营养级中均可达到极其惊人的程度。例如DDT富集系数可达3.3×10^{6}，γ-六六六为（$4\times10^{2}\sim1.5\times10^{3}$）（Wang et al.，2000）。

海南“908专项”海南近岸水体环境海洋生物持久性有机污染物调查在三亚海域、东方海域和北海海域共采集14份生物样品，持久性有机污染物的分析结果汇总表见表2.36，量值范围和平均值见表2.37。

表2.36　海南近岸海洋生物持久性有机污染物调查结果　　单位：10^{-9}湿重

生物名称	站号	湿样重/g	六六六	滴滴涕	PCBs	PAHs
海苔	DF-09	29.533 9	0.070	0.10	0.86	40.72
多鳞鱚	DF-01	11.757 7	0.036	4.00	0.12	27.73
斑节对虾	DF-05	8.965 5	0.012	0.12	0.20	15.06
团聚牡蛎	DF-08	27.096 5	0.185	17.39	11.35	59.03
带锥螺	DF-10	19.548 5	0.031	1.44	0.14	26.45
竹筴鱼	D22-1	8.831 2	未检出	1.57	0.29	15.64
咬齿牡蛎	SY-04	12.922 0	0.075	42.09	12.49	84.79
黄斑篮子鱼	SY02-1	17.686 9	0.019	2.92	0.27	10.68
刀额新对虾	SY06	20.420 8	0.010	0.18	0.16	68.25
石莼	SY01	39.819 2	0.012	1.52	1.30	34.82
丽文蛤	SY09	17.211 1	0.040	27.12	12.92	51.34
竹筴鱼	S29	7.622 1	0.069	7.63	9.06	25.87
竹筴鱼	S16	9.265 2	0.035	0.94	0.06	53.91
二长棘鲷	C4	13.589 7	0.025	3.35	0.10	37.97
平均	/	/	0.044	7.88	3.52	39.45

表 2.37　海南近岸海洋生物持久性有机污染物调查结果统计表

单位：10^{-9}湿重

要素	量值范围	平均值
六六六	未检出～0.185	0.044
滴滴涕	0.10～42.09	7.88
多氯联苯	0.06～12.49	3.52
多环芳烃	10.68～84.79	39.45

1）六六六（BHC）

从区域而言，三亚海域生物样肌肉的 BHC 浓度为（0.010～0.075）$\times 10^{-9}$，平均值为 0.036$\times 10^{-9}$；东方海域生物样肌肉的 BHC 浓度为（未检出～0.185）$\times 10^{-9}$，平均值为 0.062$\times 10^{-9}$。显然，三亚海域海洋生物体的 BHC 平均浓度低于东方海域的约 2 倍。两地 BHC 浓度最高的生物均为牡蛎。

从生物种类而言，鱼类的 BHC 浓度（未检出～0.069）$\times 10^{-9}$，平均值为 0.031$\times 10^{-9}$；虾类为（0.010～0.012）$\times 10^{9}$，平均值为 0.011$\times 10^{9}$；贝类为（0.031～0.185）$\times 10^{-6}$，平均值为 0.083$\times 10^{-9}$；植物为（0.070～0.120）$\times 10^{-9}$，平均值为 0.041$\times 10^{-9}$。显然，生物种类体内 BHC 浓度大小依序为：贝类、植物、鱼类、虾类。

2）滴滴涕（DDT）

从区域而言，三亚海域生物样肌肉的 DDT 浓度为（0.18～42.09）$\times 10^{-9}$，平均值为 12.12$\times 10^{-9}$；东方海域生物样肌肉的 DDT 浓度为（0.10～17.39）$\times 10^{-9}$，平均值为 3.65$\times 10^{-9}$。显然，三亚海域海洋生物体的 DDT 平均浓度大于东方海域的约 3 倍。两地 DDT 浓度最高的生物均为牡蛎。

从生物种类而言，鱼类的 DDT 浓度（0.94～7.63）$\times 10^{-9}$，平均值为 3.40$\times 10^{-9}$；虾类为（0.12～0.18）$\times 10^{-9}$，平均值为 0.15$\times 10^{-9}$；贝类为（1.44～42.09）$\times 10^{-9}$，平均值为 22.01$\times 10^{-9}$；植物为（0.10～1.52）$\times 10^{-9}$，平均值为 0.81$\times 10^{-9}$。显然，生物种类体内 DDT 浓度大小依序为：贝类、鱼类、植物、虾类。

多氯联苯（PCBs）

从区域而言，三亚海域生物样肌肉的 PCBs 浓度为（0.10～12.92）$\times 10^{-9}$，平均值为 5.19$\times 10^{-9}$；东方海域生物样肌肉的 PCBs 浓度为（0.06～11.35）$\times 10^{-9}$，平均值为 1.86$\times 10^{-9}$。显然，三亚海洋生物体的 PCBs 平均浓度大于东方的。其中，PCBs 浓度最高的有东方海域的丽文蛤和团聚牡蛎以及三亚海域的咬齿牡蛎。

从生物种类而言，鱼类的 PCBs 浓度（0.06～9.06）$\times 10^{-9}$，平均值为 1.65$\times 10^{-9}$；虾类为（0.16～0.20）$\times 10^{-9}$，平均值为 0.18$\times 10^{-9}$；贝类为（0.14～12.92）$\times 10^{-9}$，平均值为 9.23$\times 10^{-9}$；植物为（0.86～1.30）$\times 10^{-9}$，平均值为 1.08$\times 10^{-9}$。显然，生物种类体内 PCBs 浓度大小依序为：贝类、鱼类、植物、虾类。

多环芳烃（PAHs）

从区域而言，三亚海域生物样肌肉的 PAHs 浓度为（10.68～84.79）$\times10^{-9}$，平均值为 44.82×10^{-9}；东方海域生物样肌肉的 PAHs 浓度为（15.06～59.03）$\times10^{-9}$，平均值为 34.08×10^{-9}。显然，三亚海洋生物体的 PCBs 平均浓度大于东方的。其中，两地 PAHs 浓度最高的生物均为牡蛎。

从生物种类而言，鱼类的 PAHs 浓度（10.68～53.91）$\times10^{-9}$，平均值为 28.63×10^{-9}；虾类为（15.06～68.25）$\times10^{-9}$，平均值为 41.66×10^{-9}；贝类为（26.45～84.79）$\times10^{-9}$，平均值为 55.40×10^{-9}；植物为（34.82～40.72）$\times10^{-9}$，平均值为 37.77×10^{-9}；显然，生物种类体内 PAHs 浓度从大到小排序为：贝类、虾类、植物、鱼类，其中植物与鱼类相似。

2.4.4 海洋环境质量评述

2.4.4.1 海水环境质量评述

根据溶解氧单因子评价结果，87% 的调查海域符合国家第一类海水水质标准，大约 13% 的样品为二类至四类海水。春、夏、秋、冬属于第一类海水的区域分别在 93.3%、71.5%、87.2%、96.7%，尽管溶解氧与局部海域的生物活动、有机质分解、水动力条件等有关，但总体来看温度应是主要原因（陈春华，2006）。悬浮物评价结果表明 93.8% 调查海域符合国家第一、二类海水水质标准。大约 6.2% 的样品为第三类海水。总体来看，海南海域悬浮颗粒物为近岸高、远岸低，上层低，底层高。由于夏季是河流径流量最大的季节，海南西面夏季的悬浮物高于其他三个季节，河流输入影响较大，如粤西的鉴江输入的影响导致了海南西面夏季的悬浮物含量偏高；与海南西面不同，海南东面秋冬季悬浮物明显高于春夏季，这可能因为海南东面的秋冬季季风相对强烈，导致悬浮物浓度比夏季高。因此，悬浮物分布主要受陆源影响和再悬浮过程控制，尽管浓度远低于长江、黄河河口海区，仍建议加强海南岛径流流域附近水土治理，防止流失加剧。

无机氮、活性磷酸盐单因子评价结果表明在调查海域 90% 以上符合国家第一类海水水质标准，海水洁净，受人类污染较小，且近年来营养盐浓度变化较小，如三亚湾，无机氮在（1～3）μmol/L，磷酸盐在（0.07～0.14）μmol/L 变动（王汉奎等，2005），而外海水输送可能是主要原因。由于南海海水特点是表层寡营养，底层浓度高，因此秋冬季季风盛行时海水涌升强烈，导致上层海水无机氮、磷酸盐、硅酸盐总体含量较高，但大部分仍为一类水质。尽管如此，随着人类活动的增加，局部陆源输入尤其是河流、工业港口来源的无机氮、磷排放应引起足够重视，防止潜在富营养化造成的生态、景观的破坏。

总氮是无机氮和有机氮的加和，海南近岸无机氮含量较低，表明有机氮含量较高。同理，总磷分布也类似，这可能和海水中浮游生物比较丰富有关。季节差异显示，春季总氮西部高于东部，夏季东南部外海底层输入开始影响，在秋冬季季风影响下更明显，上层海水其浓度更高。而总磷春季西北部存在高值区且近岸高于外海，可能与此处工业生产密切相关，夏季来自于东南部河流影响开始加大，秋冬季外海入侵对其浓度有较大贡献。而有机碳分布又有不同，海南岛近岸海域 TOC 总体上呈现南高北低，近岸高远岸低的趋势，表明陆源输入是海南岛近岸海域有机质的重要来源。春、夏、冬三季分布较一致，为海南西部低于海南东部，海南岛东南部近岸浓度最高；秋季浓度水平较接近，整个海域 TOC 平均浓度季节变化由高到低为：春、夏、冬、秋。因此，建议加强海南西北部工业区总磷总氮排放控制，以及南部河流沿岸污染物尤其是有机质的排放。

海南岛近岸海域油类浓度低于辽东湾与福建近岸海域，周边主要河流排放入海的油类量不高，总体而言石油类污染并不严重，基本属于一类海水。但是近岸港口区域还是存在油类污染现象，如三亚附近的H11站位和J74站位，故应该加强对近岸港口区域的管理，提高保护海洋的意识，有效、清洁地处理要排放的废水，严格控制含油废水的排放量。

通过前文海南岛近岸水域重金属与其他海域比较发现：①与邻近近岸海域相比，海南岛近岸海域表层海水中Cu、As和Cd浓度均低于渤海海域的浓度，Cu、Pb、Zn和Cd浓度均低于胶州湾的浓度，Cu、Zn和Cd浓度接近于南黄海海域的浓度，而Pb和Hg浓度远高于南黄海海域的浓度，As浓度低于南黄海海域的浓度；②与国外海域相比，海南近岸海域表层海水中Zn、Cd和Cr浓度与Suez湾比较接近，Cu、Pb、Zn、Cd和As的浓度均高于北澳大利亚近岸和河口海域；③与开阔大洋相比，海南近岸海域Cu、Pb浓度低于西沙海域，Cd浓度相当，而Zn、Cr和Hg浓度则高于西沙海域，Cu、Pb、Zn和Cd的浓度均明显高于Weddell Sea。

海南岛近岸海域Cd、Cr和As四季不存在超标现象，均符合国家水质一类标准，Zn和Cu仅个别站位超出第一类标准，而Pb和Hg的超标现象严重，尤其是Hg，在春季部分站位的Hg浓度已经超出第四类标准。由于是近岸海域，Pb受大气沉降的影响相较陆源输入较小，大洋中Pb的含量一般是（0.01～0.30）g/L，而该调查海域大部分站位浓度超过0.30 g/L，因此，Pb和Hg的超标主要还是工业污染问题。除Zn外，其他重金属元素的浓度东部海区均高于西部海区，相关部门应采取有效的科学措施，加强防治污染管理，处理工业废水、废渣和生活污水后再排放入海，并要严格控制其排放量，在发展经济的同时还要保证环境的可持续发展。

2.4.4.2 沉积物环境质量评述

根据沉积物质量单因子评价结果，海南岛近岸海域沉积物质量状况良好。海南岛近岸海域沉积环境调查要素油类、重金属（Cu、Pb、Zn、Cr、Hg）、有机碳均符合国家海洋沉积物质量第一类标准，所有样品未超标，表明调查海域沉积环境良好。对As而言，仅有一个站位的样品超过一类标准，其他样品均符合国家海洋沉积物质量第一类标准。超过一半的沉积物样品的Cd超过第一类标准，其中海南西部所有样品均符合第一类标准，而海南东部所有样品均超过第一类标准。

调查海域秋季航次沉积物中六六六、滴滴涕和多氯联苯均符合国家海洋沉积物质量的第一类标准，所有样品未超标，表明调查海域沉积环境良好，未受持久性有机污染物的污染。

总体而言，Cu、Pb和Zn的高值区主要出现在海南岛八所与白马井之间的海域，而Cd、Cr和As的高值区主要出现在博鳌港邻近海域。除Cd、As外，其他元素在文昌附近海域均存在低值区。Pb和As表现出明显的近岸高远岸低的趋势，主要受陆源输入影响，Cr和Hg则是随离岸距离增加而增大的分布模式，可能与沉积物的再悬浮有关。对于Cu、Pb和Zn的含量，海南西部高于海南东部，Cr、As在两区块的含量相差不大，而Cd在海南东部的含量远高于海南西部，且海南东部的Cd含量全部超第一类标准，由于离岸海域也出现高值，因此该海区Cd含量过高的现象可能不仅仅是陆源输入的影响，还存在其他因素，有待于研究。张远辉等调查的南海陆架区沉积物中 Cd 的背景值为 0.18（±0.08）$\times 10^{-6}$，陆坡区沉积物中 Cd 的背景值为 0.30（±0.07）$\times 10^{-6}$，南海全区沉积物中 Cd 的背景值为 0.25（±0.08）$\times 10^{-6}$，甘居利等调查的南海北部陆架区表层沉积物中 Cd 的平均含量为 0.8×10^{-6}，高于本次调查。

2007 年《海洋环境质量公报》指出，海南省近岸海域除东方和陵水附近近岸海域沉积物油类含量符合国家二类沉积物质量标准外，其他海域均符合国家一类沉积物质量标准，本次调查结果与之相符（见表 2.38）。

表 2.38 海南岛近岸海域秋季航次沉积物常规要素评价结果

要素	样品量值范围	样品平均值	符合标准类别	评价结果
石油类（10^{-6}）	未~35.2	8.23	100%符合第一类	所有样品未超标
铜（10^{-6}）	0.39~21.54	9.95	100%符合第一类	所有样品未超标
铅（10^{-6}）	5.96~38.5	20.03	100%符合第一类	所有样品未超标
锌（10^{-6}）	9.55~110.8	70.98	100%符合第一类	所有样品未超标
镉（10^{-6}）	0.03~0.65	0.37	47.7%符合第一类 52.3%符合第二类	52.3%样品超第一类标准
铬（10^{-6}）	8.31~72.2	40.60	100%符合第一类	所有样品未超标
砷（10^{-6}）	0.89~22.4	7.11	97.7%符合第一类 2.3%符合第二类	2.3%样品超第一类标准
汞（10^{-6}）	0.009~0.063	0.036	100%符合第一类	所有样品未超标
有机碳（10^{-2}）	未~1.08	0.36	100%符合第一类	所有样品未超标

综上所述，海南岛近岸海域沉积物中的部分污染物表现出近岸高远岸低的分布规律，说明受到工业废水、废渣和生活污水排放的影响，相关部门应该提高保护海洋的意识，充分考虑海洋的环境容量和自净能力，加强港口、排污口的环境治理，从而维持海洋的生态平衡，保证环境的可持续发展。

2.4.4.3 生物体质量评述

根据生物体质量单因子评价结果见表 2.39，研究海区内，所有贝类的 Cr、Hg 和 BHC 均符合海洋生物第一类质量标准；75%的贝类的 Cu、Zn 和 Cd 浓度均符合第一类海洋生物质量标准；牡蛎体中的 Cu 和 Zn 符合第三类海洋生物质量标准，分别超标 3~7 倍和 8~17 倍，Cd 符合第二类海洋生物质量标准，超标 0.2~0.5 倍，与样品来自受人类活动影响的区域有关；75%贝类的 As 符合海洋生物第二类质量标准，超标 0.3~3 倍；75%的贝类的 DDT 符合海洋生物第二和第三类质量标准，超标 10~23 倍；与样品来自受人类活动影响的区域有关。

表 2.39 海南岛近岸海域贝类生物质量评价结果

生物名称	丽文蛤	咬齿牡蛎	带锥螺	团聚牡蛎
站号	SY09	SY04	DF10	DF08
铜	0.1	7.3	0.1	4.2
铅	5.7	5.8	2.7	3.0

续表 2.39

生物名称	丽文蛤	咬齿牡蛎	带锥螺	团聚牡蛎
锌	0.9	19.4	0.5	7.8
镉	0.1	1.2	0.3	1.5
铬	0.3	0.3	0.4	0.3
砷	0.4	3	1.9	1.3
汞	0.004	0.011	0.006	0.013
石油烃	0.1	0.5	0	0.4
六六六	0.01	0.02	0.01	0.06
滴滴涕	19.7	23.6	0.9	11.4

与1985年的调查相比：Cu：鱼类和虾类低于历史水平，贝类约是历史数据的2倍；Pb：鱼类、虾类和贝类均低于历史水平；Zn：鱼类和虾类低于历史水平，贝类约是历史数据的5倍；Cd：鱼类略低于历史水平，虾类和贝类低于历史数据4～10倍；Cr：鱼类和虾类略低于历史水平，贝类低于历史数据12倍；As：鱼类、虾类和贝类均高于历史水平约3倍；Hg：鱼类、虾类和贝类均低于历史水平；BHC：鱼类、虾类和贝类均低于历史水平；DDT：鱼类和虾类低于历史水平，贝类高于历史数据7倍。

与其他海域相比，PCBs：鱼类和虾类低于1998—2000年南海北部陆架海域鱼类3～30倍；贝类高于1998—2000年南海北部陆架海域鱼类，也高于浙江沿海贝类10倍。PAHs：鱼类、虾类和贝类低于浙江省台州湾鱼类；贝类介于浙江沿海贝类其间。因此建议加强贝类等底栖生物体内重金属、持久性有机污染物水平的检测，并且控制工厂、生活污水的排放，加强处理过程监控，从根源上降低人类生产活动对渔业养殖业等的污染影响。

2.5 海洋生物与生态

2.5.1 叶绿素 a 分布特征

2.5.1.1 叶绿素 a 的水平分布和季节变化

从全年来看，调查显示海南岛近岸海域叶绿素 a 浓度存在明显的区域性分布特征，高值区主要位于海南岛的西北部海域，而低值区主要在海南岛以南的远岸深水区海域，大致呈现出自北向南、由近岸到远岸逐渐递减的规律，这一规律与海南岛近岸海域的地理环境特征有关。

海南岛近岸海域全年叶绿素 a 浓度的变化范围为0.001～7.46 mg/m^3，平均浓度为0.66 mg/m^3。这里以各测站的表层、底层和水柱平均叶绿素 a 浓度数据来统计比较叶绿素 a 含量的季节变化。表层叶绿素 a 在春、夏、秋、冬各季平均浓度分别为0.50 mg/m^3、0.41 mg/m^3、0.76 mg/m^3 和0.91 mg/m^3；底层叶绿素 a 在春、夏、秋、冬各季平均浓度分别为0.58 mg/m^3、0.67 mg/m^3、0.54mg/m^3 和0.80 mg/m^3。水柱平均叶绿素 a 在春、夏、秋、冬各季平均浓度为0.51 mg/m^3、0.61 mg/m^3、0.68 mg/m^3、0.81 mg/m^3。如图2.124所示，海南岛近岸海域各季节叶绿素 a 平均含量略有差异，季节变化趋势由大到小排序为：冬季、秋季、夏季、春季。

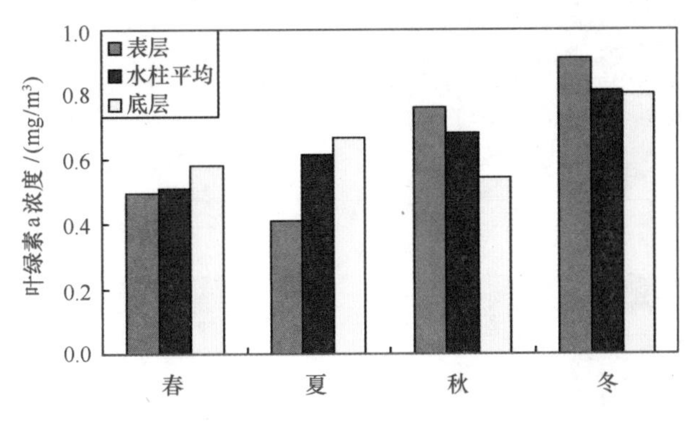

图 2.124　表层、底层和水柱平均叶绿素 a 浓度季节变化

2.5.1.2　叶绿素 a 的垂直分布

选取 J51 – J47 和 H17/HN04 – J82 断面来说明叶绿素 a 浓度垂直分布状况及其季节变化，如图 2.125 和图 2.126 所示。调查将水深小于 30 m 的海区归为浅水区，将水深大于 30 m 的海区归为深水区。

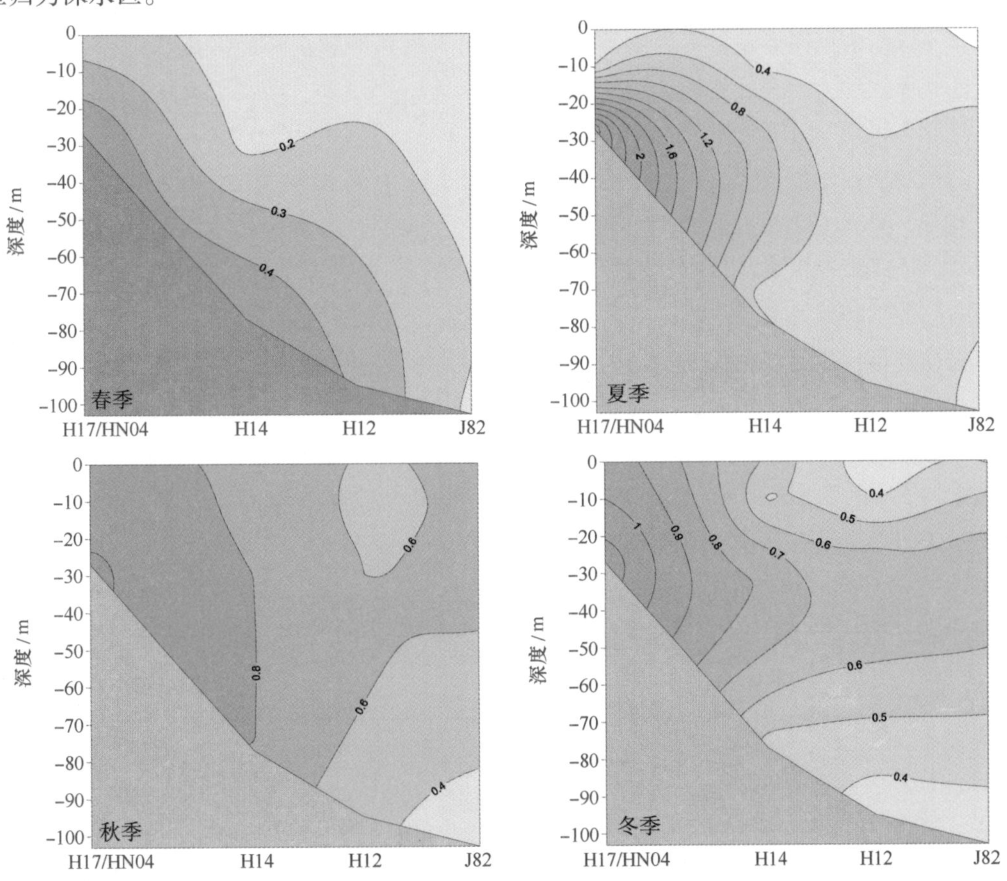

图 2.125　H17/HN04 – J82 断面四季叶绿素 a 浓度垂直分布图（单位：mg/m³）

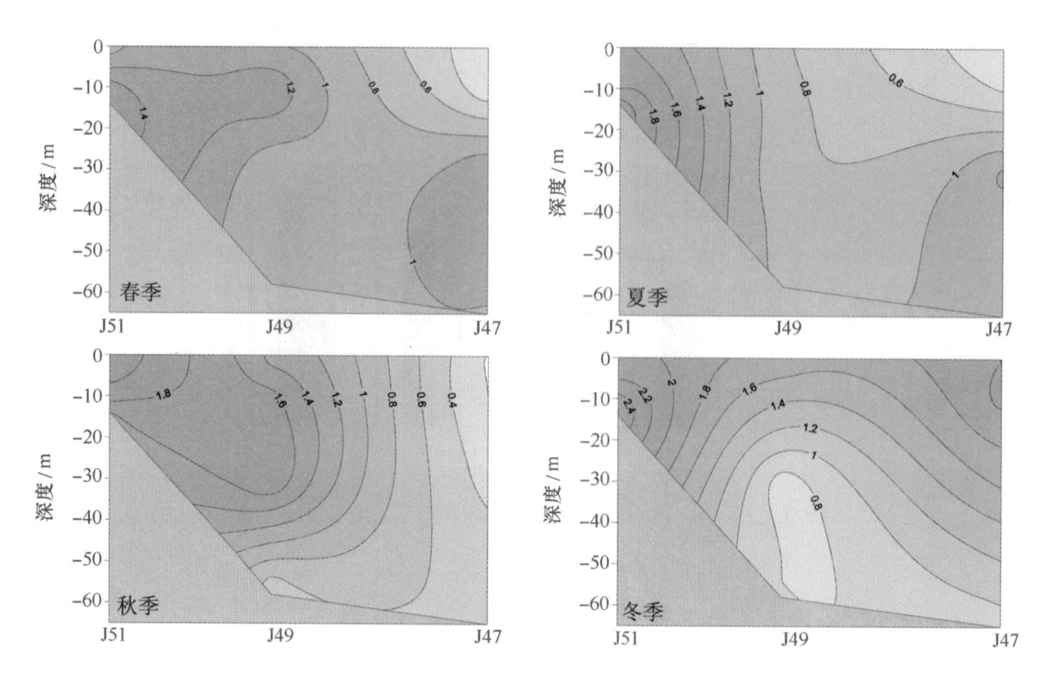

图 2.126 J51 – J47 断面四季叶绿素 a 浓度垂直分布图（单位：mg/m³）

在近岸浅水区，多数站位叶绿素 a 浓度垂直分布比较均匀，深度小于 30 m 的水域各层次的叶绿素 a 浓度未见明显差异，且这种均匀分布的规律并不随季节而发生显著变化，这应该与浅水区水体扰动大，表底层混合均匀有关。

在深水区，不同水层的叶绿素 a 浓度则多存在较大差别。在水深超过 30 m 的站位中，春、夏两季的多数站位表层、次表层的叶绿素 a 浓度与 30 m 层或底层之间出现较大差异；特别是在夏季，30 m 层和底层的叶绿素 a 浓度明显高于表层、次表层。这除了表层可能存在强光抑制外，还应该与深水区夏季存在较强温跃层有关。

海南岛近岸海域各季节浅水区与深水区叶绿素 a 浓度的平均值如表 2.40 所示，叶绿素 a 浓度的垂直分布特征与水深存在密切关系。从叶绿素 a 的平均浓度来看，浅水区不同水层的差异不大，深水区的表层、次表层与底层之间的差异较为明显；调查区域内四个季节的叶绿素 a 浓度均表现为浅水区高于深水区的分布特征；不同季节的叶绿素 a 浓度垂直分布不同，春、夏季均表现为表层、次表层低于底层的，秋季为表层、次表层高于底层，而冬季则是浅水区以底层的浓度最大，深水区以底层的浓度最小。

表 2.40　海南岛近岸海域各水层平均叶绿素 a 浓度　　单位：mg/m³

	春季		夏季		秋季		冬季	
	浅水区	深水区	浅水区	深水区	浅水区	深水区	浅水区	深水区
表层	0.68	0.23	0.39	0.11	1.35	0.34	1.78	0.61
次表层	0.91	0.23	0.37	0.13	1.47	0.34	1.88	0.61
30m 层	—	0.34	—	0.34	—	0.35	—	0.59
底层	1.03	0.33	0.57	0.31	1.04	0.28	2.08	0.39

2.5.2 浮游植物的分布特征

2.5.2.1 种类组成

海南岛近岸海域所采集的浮游植物，经鉴定共有608种（含变种和变型），隶属5门117属。各门类所占比例如图2.127所示，其中硅藻门71属349种（占57.40%），甲藻门38属248种（占40.79%），蓝藻门4属7种（占1.15%），金藻门3属3种（占0.49%），定鞭藻门1属1种（占0.16%）。

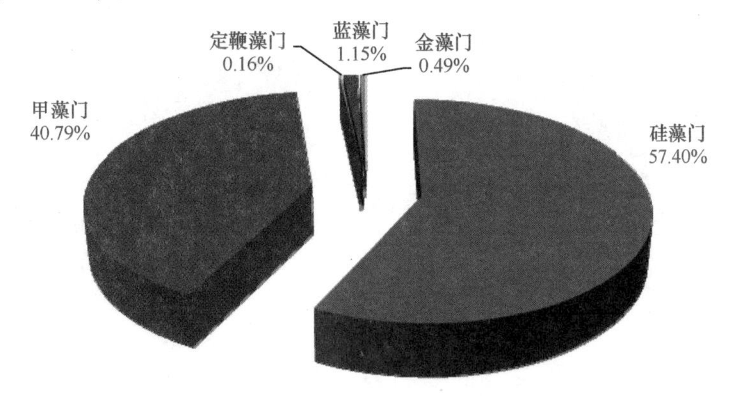

图2.127 海南岛近岸海域浮游植物的种类组成

2.5.2.2 优势种及其季节变化

本调查把优势度大于0.02的物种划为优势种。根据浮游植物出现频率进行统计，四个季节海南岛近岸海域浮游植物主要种类有菱形海线藻（*Thalassionema nitzschioides*）、拟旋链角毛藻（*Chaetoceros pseudocurvisetus Mangin*）、细弱海链藻（*Thalassiosira subtilis*）、根管藻（*Rhizosolenia* spp.）等。而在各个不同季节，优势种又有所不同：

春季主要优势种为窄隙角毛藻、洛氏菱形藻、菱形海线藻、距端根管藻和细弱海链藻；

夏季主要优势种为环纹娄氏藻、优美伪菱形藻、菱形海线藻、拟旋链角毛藻；

秋季主要优势种为中肋骨条藻和菱形海线藻；

冬季主要优势种为细弱海链藻、菱形海线藻、海链藻、嘴状角毛藻格氏变种。

2.5.2.3 丰度水平分布及其季节变化

调查海区浮游植物丰度分布范围为$0.04 \times 10^4 \sim 8.17 \times 10^8$ cells/m^3。最低值出现在秋季的D15-5站位；最高值出现在秋季的J34站位。高低密度区域在四季出现的位置大致相同，高密度区域主要分布于北部湾北部、海南岛以西沿岸和雷州半岛以东近岸海域，低密度区域则主要分布于海南岛中部和南部远离大陆的海域。各个季节浮游植物丰度范围变化如图2.128。

本次调查浮游植物总丰度和种类组成的分析结果显示，浮游植物的丰度呈现秋季大于夏季大于冬季大于春季，种类组成上则呈现出夏季大于秋季大于冬季大于春季，如图2.129所示。

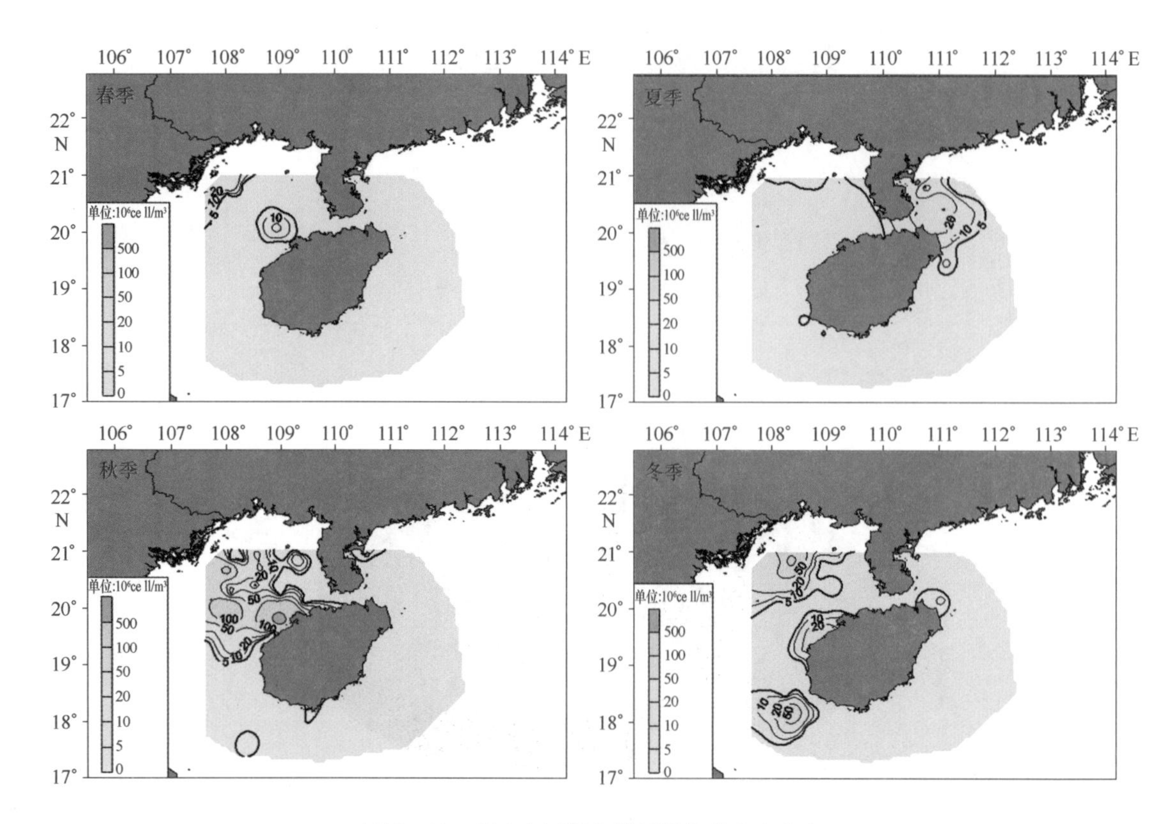

图 2.128　海南岛近岸海域浮游植物丰度分布

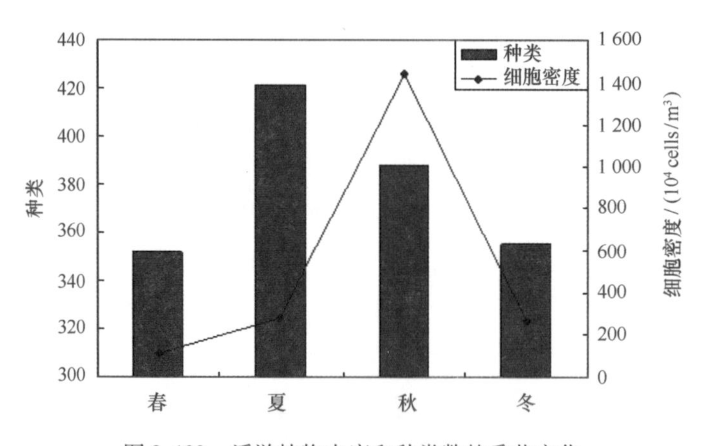

图 2.129　浮游植物丰度和种类数的季节变化

2.5.3　浮游动物的分布特征

2.5.3.1　种类组成

海南岛近岸海域采集的浮游动物，经鉴定共计 982 种（不含浮游幼体），隶属于 9 门 19 大类群，以节肢动物占绝对优势，共 529 种，占总种数的 53.87%，节肢动物中又以桡足类种类数最多，计 257 种，占总种数的 26.17%，其余还有端足类 116 种，介形类 65 种，磷虾类 32 种，糠虾类 34 种，十足类 13 种，涟虫类 5 种，等足类 4 种，枝角类 3 种；海洋水母类是第二大类群，共265种，占总种数的26.98%；（海洋水母类包括腔肠动物门和栉水母动物门，其中，腔肠动物门的258种包括水螅水母186种，管水母67种，钵水母5种；栉水母动物门有7种）；软体动物门为第三大类群，有57种；其余还有环节动物门37种；毛颚动物门34种；尾索动物门58种。桡足类作为第一大类群，其种类数的年平均占有率为29.10%；其次是水螅水母类，平均占有率为16.31%；第三大类群为端足类，占11.64%；其他的种类数占有率均较低，如图2.130所示。

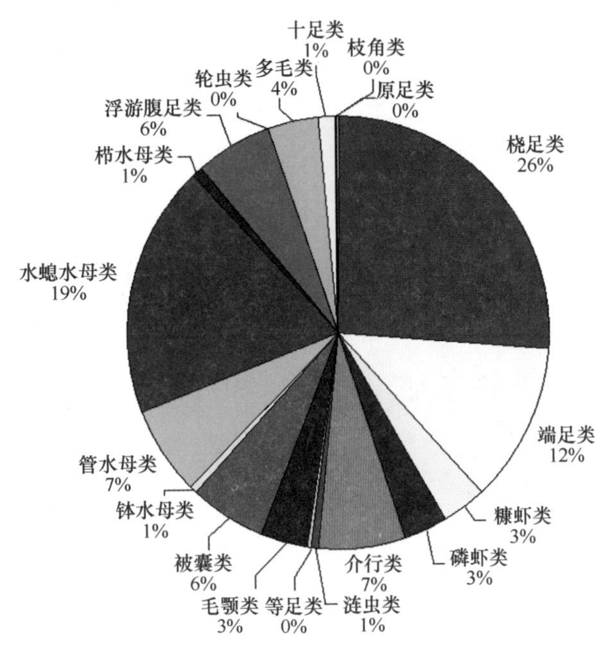

图2.130　海南岛近岸海域不同类群浮游动物种类组成变化

2.5.3.2　种类数水平分布和季节变化

四个季节调查结果表明，海南岛近岸海域浮游动物总种数的周年变化呈现一定差异。夏季出现种类数最多，为698种，占调查海域总种数的71.08%；春季和夏季出现种类数较接近，为600种，占总种数的61.10%；秋季和冬季出现种类数较为接近，分别为562种和535种，分别占总种数的57.23%和54.48%；冬季出现的种类数为全年最少。可以看出，调查期间浮游动物种类数的季节差异呈现平缓单峰型变化特征，即夏季浮游动物种数最高，但与其他季节相差并不大，总体由多到少排序为：夏季、春季、秋季、冬季的分布趋势。四个季节的浮游动物种类数平面分布如图2.131所示。

2.5.3.3　生物量的平面分布和季节变化

海南岛近岸海域全年浮游动物总生物量范围为148.80～7476.34 mg/m^3，均值为166.35±181.11 mg/m^3。大部分调查站位浮游动物总生物量四季均值高于100.00 mg/m^3，占调查站位的73.94%，最高可达1 215.66 mg/m^3；其中主要为100.00～250.00 mg/m^{3}之间，约占调查站位的62.77%；其次是四季均值范围在50.00～100.00 mg/m^{3}之间的站位，占调查站位的27.01%，主要分布在雷州半岛西部海域、海南岛西南部沿岸水域、海南岛南端外海和海南岛东部外海；四季均值大于250.00 mg/m^{3}的高生物量站位主要分布在海南岛近岸海域西北部海

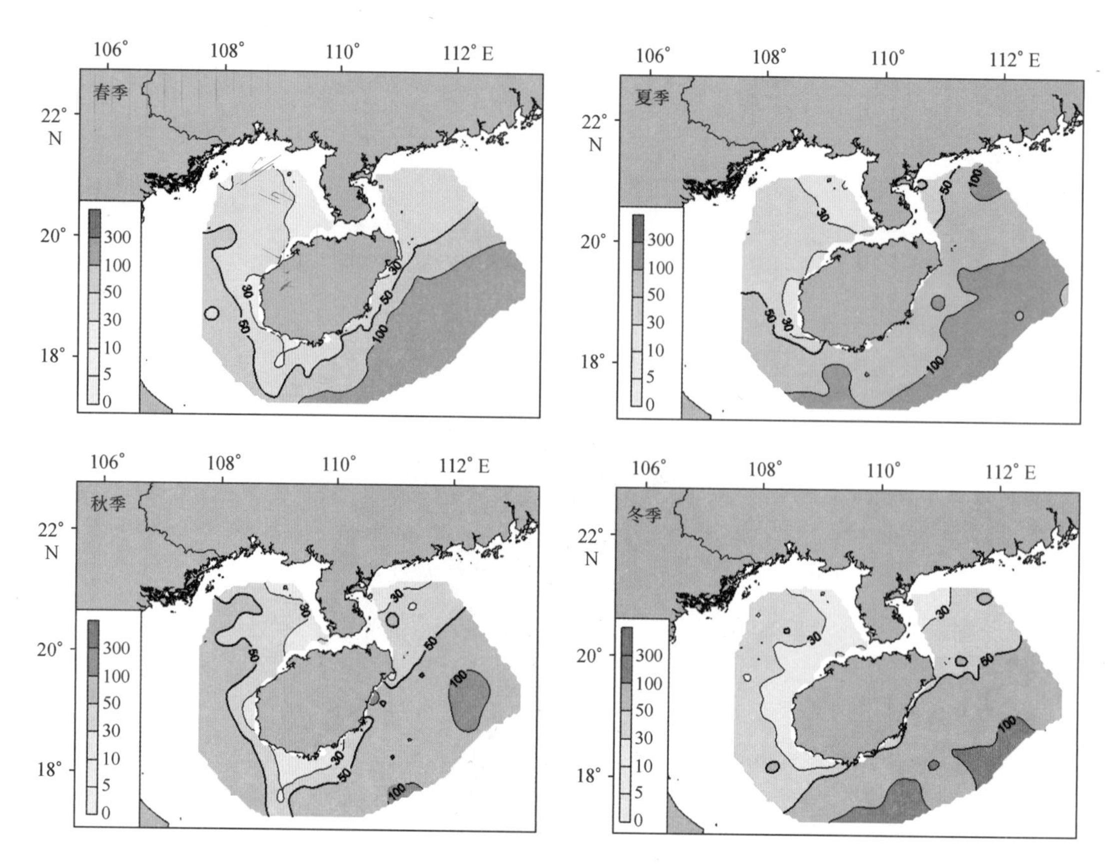

图 2.131　海南岛近岸海域浮游动物种类数的平面分布

域海南岛东北部海域和雷州半岛东部海域，仅占调查站位的 9.49%；四季均值低于 50.00 mg/m^3 的低生物量区仅 3 个站位，分别为三亚南部的 J80 站、雷州半岛东部海域的 J07 站和涠洲岛东南侧的 B36 站和最东侧的 D13－12 站，占调查站位的 2.19%。如图 2.132 所示，海南岛近岸海域调查海域浮游动物总生物量年均值平面分布总体呈现北部高于南部的分布趋势，海南岛东部水域呈条带状分布且近岸大于外海的特征。

统计结果显示，海南岛近岸海域浮游动物总生物量年平均值为 185.60 mg/m^3。总生物量呈现明显高低峰型季节变化，即夏季浮游动物生物量最高，达到高峰，为 292.25 mg/m^3；秋季生物量最低，出现低谷，仅 90.17 mg/m^3；冬季浮游动物生物量开始上升，均值为 140.03 mg/m^3；春季生物量继续回升，均值为 219.93 mg/m^3（表 2.41），总体由高到低排序为：夏季、春季、冬季、秋季的变化趋势。

表 2.41　南海西北部浮游动物总生物量季节变化及均值　　单位：mg/m^3

类别	春季	夏季	秋季	冬季	全年
测站数/个	137	138	137	137	553
最大值/（mg/m^3）	3 607.02	1 468.15	696.75	800	3 607.02
最小值/（mg/m^3）	15.90	19.7	4.00	8.26	4.00
均值/（mg/m^3）	219.93	292.25	90.17	140.03	185.60
标准差/（mg/m^3）	351.99	300.76	105.74	122.08	88.95

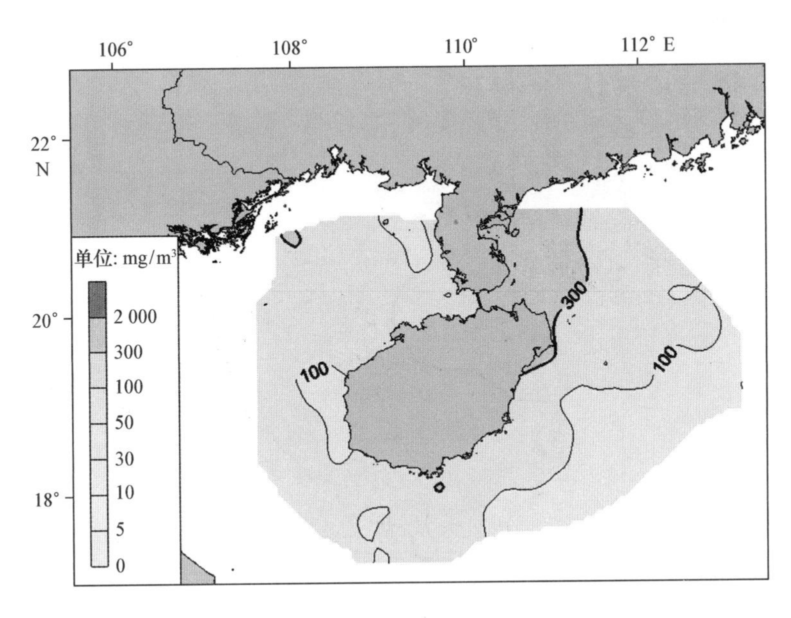

图 2.132　南海西北部海域浮游动物总生物量的年均值平面分布

2.5.3.4　丰度的平面分布和季节变化

海南岛近岸海域全年浮游动物丰度范围为 3.73 ~ 2 274.56 ind./m^3，均值为 143.66 ± 237.34 ind./m^3。平面分布总体呈现北部高于南部的分布趋势与总生物量基本一致，总体呈现北部高于南部的趋势。浮游动物丰度四季均值大部分范围在 50.00 ~ 300.00 ind./m^3 之间，广泛分布在从西到东的大部分区域站位，占调查站位的 80.99%；四季均值范围在 300.00 ~ 500.00 ind./m^3 之间的站位，主要分布在除上述海域及白龙尾岛北部海域以及湛江入海口海域和海南岛文昌市东部外海海域，约占调查站位的 7.04%；四季均值大于 500.00 ind./m^3 的高丰度站位仅出现 5 个，主要分布在湛江入海口海域；四季均值小于 50.00 ind./m^3 的低丰度区分布在八所到莺歌海之间的小块海域、海南岛东南部外海和东北部外海的小片区域，占调查站位的 8.45%。如图 2.133 所示，平面分布呈条带状分布特征，即海南岛东部海域远高于海南岛西部海域、近海水域高于外海水域的分布规律。

统计结果显示，南海西北部海域浮游动物丰度的年平均值为 105.94 ind./m^3，呈现明显高低峰型季节变化，即夏季浮游动物生物量最高，达到高峰，为 180.20 ind./m^3；秋季生物量最低，出现低谷，仅 76.36 ind./m^3；冬季浮游动物生物量开始上升，均值为 77.83 ind./m^3；春季生物量继续回升，均值为 89.35 ind./m^3（表 2.42）。总体由大到小呈：夏季、春季、冬季、秋季的分布趋势。

表 2.42　南海西北部海域浮游动物丰度季节变化及均值

类别	春季	夏季	秋季	冬季	全年
均值/（ind./m^3）	89.35	180.20	76.36	77.83	105.94
标准差/（ind./m^3）	81.85	211.44	108.66	47.83	49.85
测站数/个	137	142	137	137	142
最大值/（ind./m^3）	646.15	1122.40	844.11	287.17	1122.40
最小值/（ind./m^3）	12.50	14.67	1.88	13.17	1.88

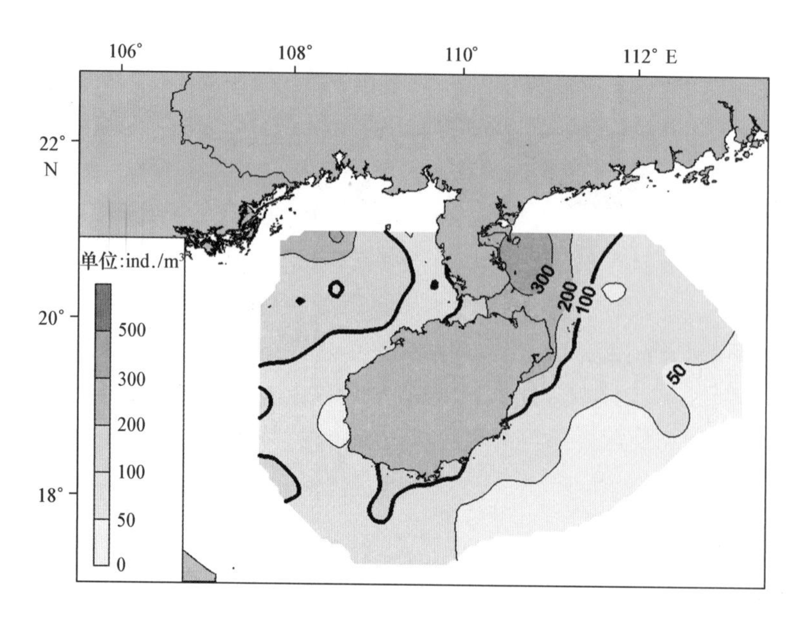

图 2.133　南海西北部海域浮游动物总丰度的年均值平面分布

2.5.3.5　优势类群丰度时空变化

海南岛近岸海域各类群丰度主要以节肢动物类群为主要类群，丰度占总浮游动物总丰度的58.3%，其中以桡足类丰度最高，占44.77%；其次为毛颚动物，占浮游动物总丰度的20.06%；水母类（包括腔肠动物和栉水母门中的栉水母类）丰度为全年第三，占总浮游动物总丰度的10.63%。其余各类群的丰度百分比排列依次为尾索动物，占总丰度的9.56%；软体动物，占总丰度的1.36%；环节动物，占总丰度的0.09%；轮虫动物和原生动物出现丰度极小，见表2.43。

2.5.3.6　浮游动物优势种类的季节演替

调查期间，南海西北部调查海域浮游动物的优势种主要是桡足类的强次真哲水蚤、狭额次真哲水蚤、微刺哲水蚤、亚强真哲水蚤、精致真刺水蚤、普通波水蚤、中华哲水蚤和亚强次真哲水蚤，十足类的中型莹虾，毛颚类的肥胖箭虫、百陶箭虫和太平洋箭虫，管水母类双生水母，水螅水母类的半口壮丽水母，被囊类的小齿海樽和红住囊虫以及枝角类的鸟喙尖头溞，四季的优势种组成和个体数量有所不同（表2.44和表2.45）。春、冬季均以精致真刺水蚤优势度最高，夏、秋季第一优势种均为肥胖箭虫，四季均占优势的有肥胖箭虫和中型莹虾。

表 2.43 南海北部浮游动物类群丰度及百分比组成季节变化

单位：ind. /m^3

门类	类群	春季		夏季		秋		冬		总计	
		丰度	%	丰度	%	丰度	%	丰度	%		
原生动物	原足类			0.38	0					0.38	0
轮虫动物	轮虫类	0.21	0	0	0	0	0	0.02	0	0.23	0
环节动物	多毛类	11.2	0.09	28.98	0.11	5.12	0.05	4.95	0.05	50.25	0.09
软体动物	浮游腹足类	221.46	1.81	337.22	1.32	78.8	0.75	164.73	1.54	802.21	1.36
尾索动物	被囊类	1397.6	11.42	2775.04	10.85	868.04	8.3	595.98	5.59	5636.66	9.56
腔肠动物	水螅水母类	249.91	2.04	1 184.23	4.63	242.59	2.32	364.1	3.41	2 040.83	3.46
	管水母类	1 148.23	9.38	2 099.16	8.2	244.498	2.34	459.6	4.31	3 951.488	6.7
	钵水母类	5.17	0.04	9.22	0.04	0.15	0	1.17	0.01	15.71	0.03
栉水母	栉水母类	64.56	0.53	46.48	0.18	72.82	0.7	77.38	0.73	261.24	0.44
毛颚动物	毛颚类	2 222.05	18.15	4 387.83	17.15	3 055.63	29.21	2 160.41	20.26	11 825.92	20.06
节肢动物	桡足类	5 409.03	44.19	10 659.55	41.66	4 493.76	42.96	5 827.72	54.66	26 390.06	44.77
	十足类	610.72	4.99	1 176.87	4.6	705.23	6.74	504.56	4.73	2 997.38	5.08
	枝角类	83.63	0.68	1 803.39	7.05	294.29	2.81	0.79	0.01	2 182.1	3.7
	介形类	441.13	3.6	674.15	2.63	240.39	2.3	154.98	1.45	1 510.65	2.56
	端足类	157.72	1.29	315.48	1.23	70.3	0.67	70.57	0.66	614.07	1.04
	磷虾类	127.1	1.04	43.76	0.17	35.96	0.34	233.15	2.19	439.97	0.75
	糠虾类	68.89	0.56	36.92	0.14	27.46	0.26	41.02	0.38	174.29	0.3
	涟虫类	20.92	0.17	9.38	0.04	23.95	0.23	0.96	0.01	55.21	0.09
	等足类	1	0.01	0.11	0	1.64	0.02	0.24	0	2.99	0.01
总计		12 240.53	100	25 588.14	100	10 460.64	100	10 662.33	100	58 951.64	100

表 2.44　南海西北部海域浮游动物优势种的季节变化

优势种类群	优势种	优势度			
		春季	夏季	秋季	冬季
桡足类	强次真哲水蚤		0.022		
	狭额次真哲水蚤		0.022		
	微刺哲水蚤			0.020	0.030
	亚强真哲水蚤				0.047
	精致真刺水蚤	0.120		0.040	0.133
	普通波水蚤			0.036	0.021
	中华哲水蚤	0.039			
	亚强次真哲水蚤			0.065	
水螅水母类	半口壮丽水母		0.016		
管水母类	双生水母	0.023	0.034		
十足类	中型莹虾	0.037	0.028	0.021	0.032
被囊类	红住囊虫		0.019		
	小齿海樽			0.026	
枝角类	鸟喙尖头溞		0.028		
毛颚类	肥胖箭虫	0.109	0.129	0.244	0.122
	百陶箭虫				0.015
	太平洋箭虫	0.016			0.021

表 2.45　南海西北部调查海域浮游动物优势种丰度及占当季浮游动物总丰度百分比

类群	春季		夏季		秋季		冬季	
	数量/(ind./m^3)	%	数量/(ind./m^3)	%	数量/(ind./m^3)	%	数量/(ind./m^3)	%
半口壮丽水母	86.80	0.71	521.16	2.04	27.51	0.26	114.54	1.07
双生水母	478.06	3.91	1095.30	4.28	94.89	0.91	210.03	1.97
狭额次真哲水蚤	217.65	1.78	1048.32	4.10	0.04	0.00	26.56	0.25
亚强次真哲水蚤	217.47	1.78	474.92	1.86	1598.09	15.28	219.12	2.06
微刺哲水蚤	214.33	1.75	457.90	1.79	259.79	2.48	400.52	3.76
亚强真哲水蚤	–	–	–	–	56.97	0.54	1153.46	10.82
中华哲水蚤	964.26	7.88	1157.67	4.52	0.09	0.00	–	–
精致真刺水蚤	1881.11	15.37	221.52	0.87	489.14	4.68	1622.89	15.22
普通波水蚤	66.74	0.55	274.46	1.07	424.03	4.05	262.00	2.46
强次真哲水蚤	136.29	1.11	1827.62	7.14	163.33	1.56	13.71	0.13
鸟喙尖头溞	46.50	0.38	1620.40	6.33	226.02	2.16	0.47	0.00
中型莹虾	569.75	4.65	928.47	3.63	274.33	2.62	393.44	3.69
百陶箭虫	236.72	1.93	251.47	0.98	180.64	1.73	215.00	2.02

续表 2.45

类群	春季		夏季		秋季		冬季	
	数量/(ind./m³)	%	数量/(ind./m³)	%	数量/(ind./m³)	%	数量/(ind./m³)	%
肥胖箭虫	1376.86	11.25	3358.35	13.12	2576.33	24.63	1303.38	12.22
太平洋箭虫	308.02	2.52	115.88	0.45	12.15	0.12	401.03	3.76
小齿海樽	44.29	0.36	291.08	1.14	494.67	4.73	158.57	1.49
红住囊虫	219.80	1.80	782.34	3.06	58.38	0.56	172.00	1.61

2.5.4　大型底栖生物的分布特征

2.5.4.1　种类组成

海南岛近岸海域所采集到的标本，经鉴定共有大型底栖生物 973 种，其中多毛类种类最多，为 376 种，占 38%；其次为甲壳动物 280 种，占 29%；软体动物为第三，186 种，占 19%；剩余其他类 66 种和棘皮动物 65 种。多毛类、软体动物和甲壳动物可占总种数的 86% 以上，是海南岛近岸海域大型底栖生物的主要分布类群（图 2.134）。

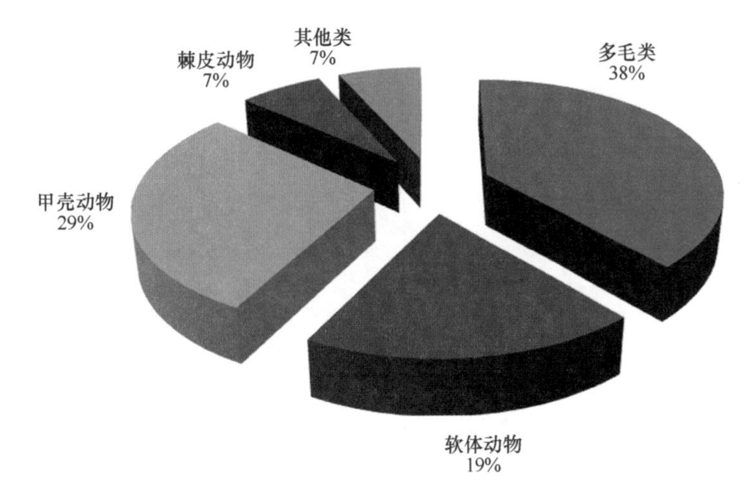

图 2.134　海南岛近岸海域大型底栖生物物种组成

2.5.4.2　种类数的平面分布和季节变化

海南岛近岸海域各调查站位大型底栖生物四季平均种类数约为 16 种，高物种数区域出现在海南岛西侧海域，最高物种数出现在夏季的 J08 站位，达到了 113 种；海南岛东侧离岸海域为物种数低值区，多个测站仅检测出 1 种底栖生物。从平面分布来看，海南岛近岸海域大型底栖生物种类数的四季分布趋势一致，均呈现由西部向东部、近岸向远岸种类数逐渐减小的趋势（图 2.135）。

种类数的季节变化见表 2.46，表中可见，种类数四季变化较均匀，由大到小依次为春季

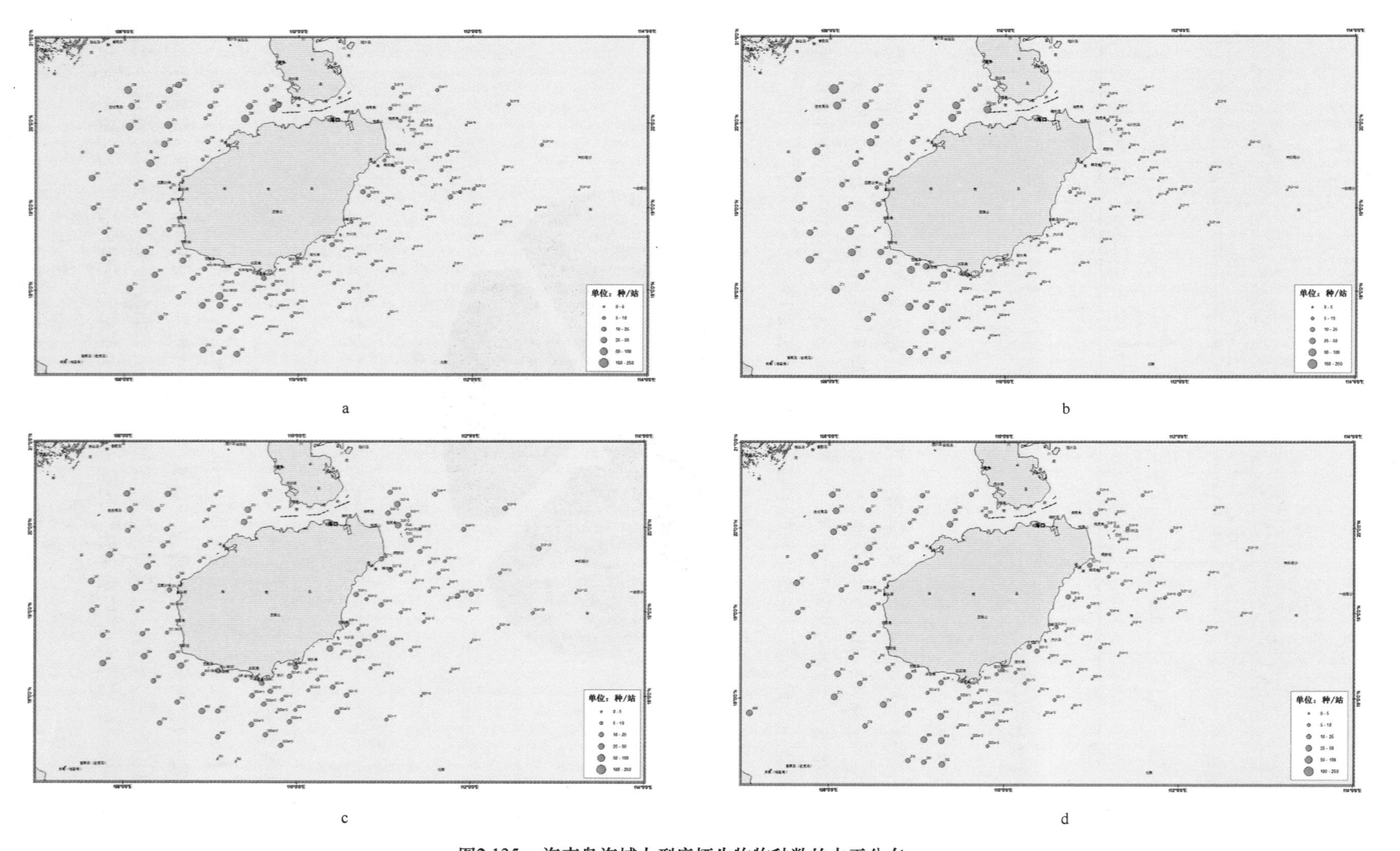

图2.135　海南岛海域大型底栖生物物种数的水平分布
(a：春季；b：夏季；c：秋季；d：冬季)

(461种)、秋季(446种)、冬季(416种)、夏季(405种),春季最多,夏季最少。各类群种数季节变化为,多毛类种数以秋季(235种)多于其他季节;软体动物种数春季最多(77种),秋季最少(52种);甲壳动物以春季最多(141种),秋季最少(97种);棘皮动物四季相差不大;其他类秋季最多(28种),夏季最少(15种)。

表2.46 海南岛近岸海域大型底栖生物种数季节变化 单位:种

季节	多毛类	软体动物	甲壳动物	棘皮动物	其他类	总种数
春季	181	77	141	39	23	461
夏季	183	61	116	30	15	405
秋季	235	52	97	34	28	446
冬季	181	53	124	31	27	416
累计	376	186	280	65	66	973

2.5.4.3 生物量的水平分布和季节变化

海南岛近岸海域大型底栖生物生物量分布显示,四个季节海南岛近岸海域均出现由近岸向外海延伸生物量呈现递减的分布趋势。春季平均生物量9.52 g/m^2,其中H05号站生物量为该季节生物量最高值,达470.35 g/m^2,构成该站高生物量的种类为软体动物中的偏顶蛤;夏季平均生物量7.41 g/m^2,其中生物量最高值也出现在三亚西南的H05号站,达50.43 g/m^2,构成该站高生物量的种类为软体动物中的偏顶蛤;秋季平均生物量12.32 g/m^2,其中生物量最高值也出现在三亚西南的H05号站,达428.21 g/m^2,主要与该站位软体动物粒帽蚶高达426.6 g/m^{2}有关;冬季平均生物量为14.18 g/m^2,其中D20-3号站生物量为该季节生物量最高值,达421.72 g/m^2,构成该站高生物量的种类为棘皮动物中的脊背壶海胆(图2.136)。

海南岛近岸海域大型底栖生物生物量季节变化见表2.47,从中可得,海南岛近岸海域大型底栖生物生物量季节变化不明显,冬季生物量最高(平均14.18 g/m^2),夏季最低(平均7.41 g/m^2),季节变化趋势由高到低排序为:冬季、秋季、春季、夏季。各生物类群生物量分布变化为多毛类夏季最大,秋季最小;软体动物春、秋季多于夏、冬季;甲壳动物冬季最多、秋季最少;棘皮动物冬季多于其他季节;其他类秋、冬季多于春、夏季。

表2.47 海南岛近岸海域大型底栖生物生物量季节分布变化 单位:g/m^2

季节	多毛类	软体动物	甲壳动物	棘皮动物	其他类	合计
春季	1.95	4.59	1.55	0.97	0.46	9.52
夏季	2.32	1.15	1.73	1.44	0.77	7.41
秋季	1.04	6.83	1.19	0.66	2.61	12.32
冬季	1.89	1.14	3.20	6.21	1.75	14.18

2.5.4.4 栖息密度的水平分布和季节变化

海南岛近岸海域大型底栖生物栖息密度分布显示,四个季节海南岛近岸海域均表现为

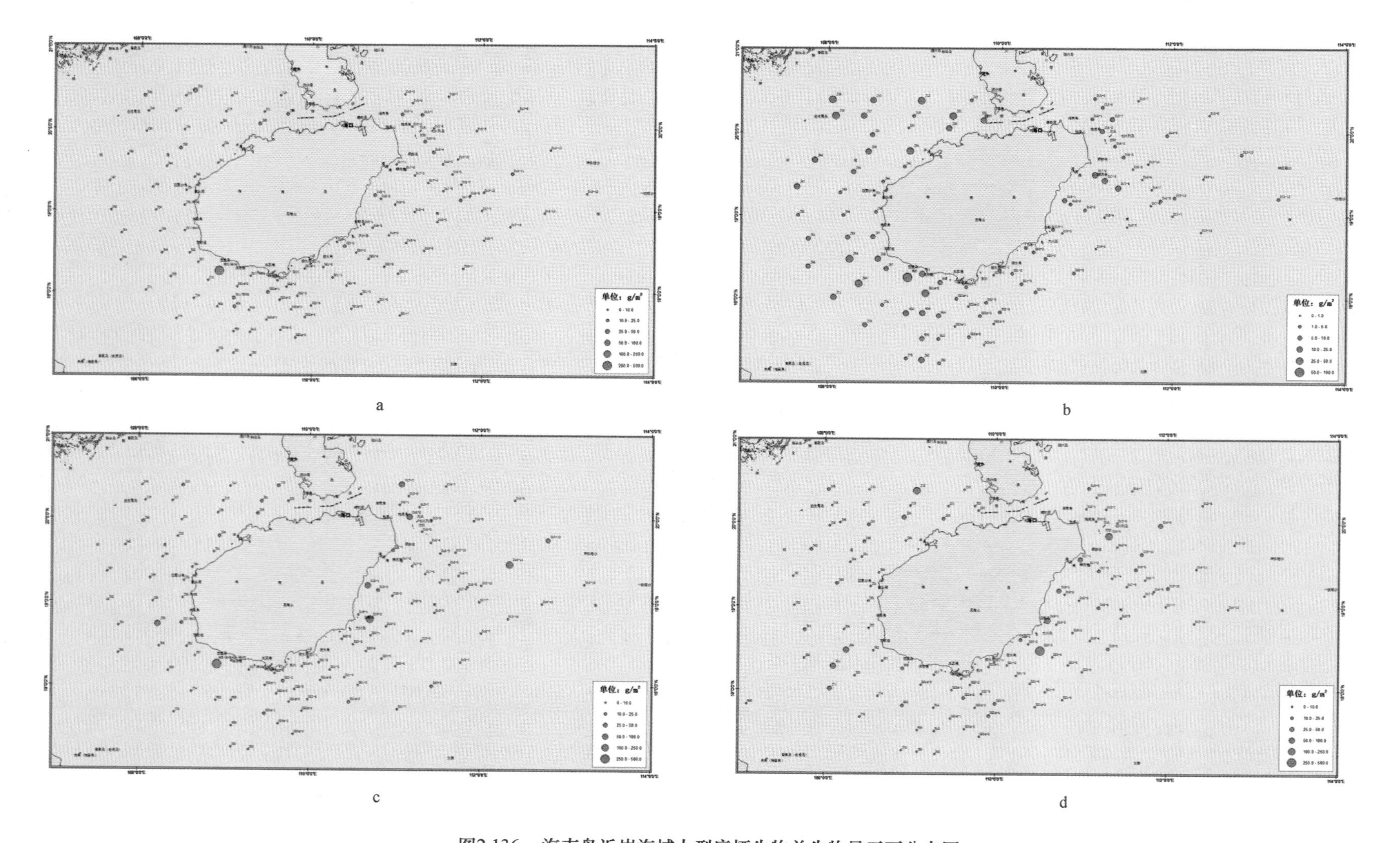

图2.136　海南岛近岸海域大型底栖生物总生物量平面分布图

(a：春季；b：夏季；c：秋季；d：冬季)

海南岛西侧栖息密度大于海南岛东侧的分布趋势。春季平均栖息密度 191 ind./m²，其中J36 号站栖息密度为该季节最高值，达 1 486 ind./m²，构成该站高密度值的为多毛类中一些种类，如丝鳃稚齿虫等；夏季平均栖息密度为 304 ind./m²，其中栖息密度最高值出现在北部湾西北的 J08 号站，达 2 400 g/m²，构成该站高栖息密度的种类为多毛类中的一些种类，如寡节甘吻沙蚕、刚鳃虫等；秋季平均栖息密度 117 ind./m²，其中栖息密度最高值出现在莺歌海外海的 J64 号站，达 1 015 ind./m²，主要与该站位星虫动物中的毛头犁体星虫高达 665 ind./m² 有关；冬季平均栖息密度为 135 ind./m²，其中 J36 号站栖息密度为该季节栖息密度最高值，达1 020 ind./m²，构成该站高栖息密度的为多毛类的一些种类，如蛇形杂毛虫等（图 2.137）。

海南岛近岸海域大型底栖生物栖息密度季节分布见表 2.48，表中可见，海南岛近岸海域大型底栖生物栖息密度季节变化显著，夏季栖息密度最高（平均 304 个/m²），秋季最低（平均 117 个/m²），季节变化趋势夏季、春季、冬季、秋季。各生物类群栖息密度分布变化为多毛类夏季最大，秋季最小；软体动物四季分布相对均匀；甲壳动物夏季大于其他季节；棘皮动物和其他类动物四季分布相对较为均匀。

表 2.48 海南岛近岸海域大型底栖生物栖息密度季节分布变化 单位：ind./m²

季节	多毛类	软体动物	甲壳动物	棘皮动物	其他类	合计
春季	106	8	45	14	19	191
夏季	189	8	78	14	15	304
秋季	63	3	26	11	13	117
冬季	81	4	39	8	4	135

2.5.4.5 优势种数量的季节变化

以优势度大于或等于 0.2 为优势种指标，调查期间，海南岛近岸海域大型底栖生物的优势种主要包括多毛类的背蚓虫、栉状长手沙蚕、不倒翁虫、独毛虫、短叶索沙蚕、拟特须虫、梳鳃虫、双鳃内卷齿蚕、丝鳃稚齿虫等 25 种，甲壳类的美人虾属、日本和美虾、塞切尔泥钩虾等 8 种，棘皮动物的光亮倍棘蛇尾、洼颚倍棘蛇尾等 2 种和纽形动物门的纽虫以及星虫动物门的毛头犁体星虫等（见表 2.49）。

2.5.5 潮间带生物的分布特征

2.5.5.1 种类组成

经鉴定，海南岛潮间带共鉴定出潮间带生物 462 种。其中软体动物种类最多（190 种），约占总种数的 41.13%；其次是甲壳动物（113 种），占 24.46%；棘皮动物种类最少（12 种），仅占 2.60%。各类群的种类数见表 2.50 和图 2.138。

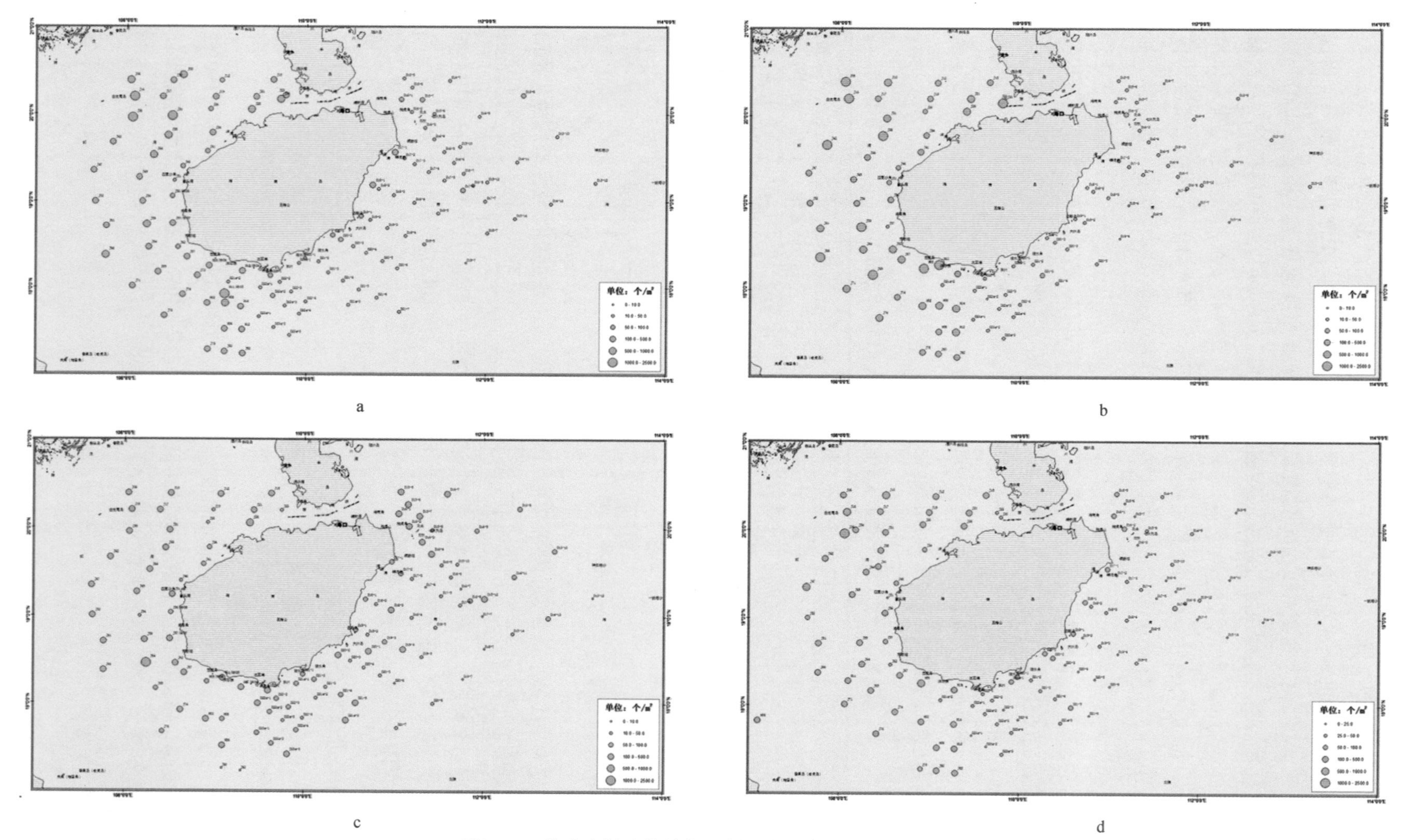

图2.137　海南岛近岸海域大型底栖生物栖息密度平面分布图

(a: 春季; b: 夏季; c: 秋季; d: 冬季)

表 2.49 海南岛近岸海域大型底栖生物优势种的优势度、栖息密度及占当季总密度的百分比

种类		类群	春季			夏季			秋季			冬季		
			优势度	数量/(ind./m²)	百分比/%	优势度	数量/(ind./m²)	百分比/%	优势度	数量/(ind./m²)	百分比/%	优势度	数量/(ind./m²)	百分比/%
背蚓虫	*Notomastus latericeus*	多毛类	1.08	720	3.19							0.55	410	2.73
背蚓虫属	*Notomastus* sp.	多毛类				0.53	600	1.95						
不倒翁虫	*Sternaspis scutata*	多毛类				0.40	370	1.20	0.48	210	1.59			
叉毛矛毛虫	*Phylo ornatus*	多毛类							0.24	160	1.21			
独指虫	*Aricidea fragilis*	多毛类										0.38	480	3.20
独毛虫属	*Tharyx* sp.	多毛类	0.39	365	1.62	0.67	665	2.16				0.83	415	2.77
短叶索沙蚕	*Lumbrineris latreilli*	多毛类							0.53	235	1.78			
寡节甘吻沙蚕	*Glycinde gurjanvae*	多毛类	0.24	240	1.06									
红刺尖锥虫	*Scoloplos rubra*	多毛类	0.20	255	1.13									
简毛拟节虫	*Praxillella gracilis*	多毛类				0.29	303	0.99						
纳加索沙蚕	*Lumbrineris nagae*	多毛类	0.47	305	1.35	0.24	232	0.75	0.24	165	1.25	0.25	163	1.09
拟刺虫属	*Linopherus* sp.	多毛类	0.36	313	1.39	0.25	410	1.33						
拟特须虫	*Paralacydonia paradoxa*	多毛类	0.46	455	2.02	0.20	295	0.96	0.35	195	1.47	0.27	215	1.43
欧努菲虫属	*Onuphis* sp.	多毛类				0.25	345	1.12						
色斑角吻沙蚕	*Goniada maculata*	多毛类				0.26	290	0.94						
似蛰虫	*Amaeana trilobata*	多毛类				0.30	585	1.90						
梳鳃虫	*Terebellides stroemii*	多毛类	0.46	384	1.7	0.70	490	1.59				0.27	186	1.24
双鳃内卷齿蚕	*Aglaophamus dibranchis*	多毛类	0.39	420	1.86				0.30	245	1.85	0.45	320	2.13
丝鳃稚齿虫	*Prionospio malmgreni*	多毛类	0.57	646	2.86	1.16	1270	4.13						
索沙蚕属	*Lumbrineris* sp.	多毛类				0.34	435	1.41				0.44	315	2.10
头吻沙蚕	*Glycera capitata*	多毛类	0.23	260	1.15									
仙虫	*Amphinome rostrata*	多毛类										0.20	215	1.43

续表 2.49

种类		类群	春季			夏季			秋季			冬季		
			优势度	数量/(ind./m^2)	百分比/%	优势度	数量/(ind./m^2)	百分比/%	优势度	数量/(ind./m^2)	百分比/%	优势度	数量/(ind./m^2)	百分比/%
栉状长手沙蚕	*Magelona crenulifrons*	多毛类	0.90	724	3.21	0.85	820	2.67	0.28	215	1.62	1.50	728	4.85
稚齿虫属	*Prionospio* sp.	多毛类										0.38	270	1.80
中蚓虫属	*Mediomastus* sp.	多毛类				0.27	360	1.17						
哈氏和美虾	*Callianassa harmandi*	甲壳类	0.49	615	2.72	0.31	565	1.84				0.29	395	2.63
轮双眼钩虾	*Ampelisca cyclops*	甲壳类				0.27	419	1.36						
美人虾属	*Callianassa* sp.	甲壳类				0.29	425	1.38	0.40	250	1.89			
日本和美虾	*Callianassa japonica*	甲壳类										0.69	382	2.55
日本沙钩虾	*Byblis japonicus*	甲壳类										0.28	279	1.86
塞切尔泥钩虾	*Eriopisella sechellensis sechellensis*	甲壳类	0.57	539	2.39				0.23	215	1.62	0.26	300	2.00
细长涟虫	*Iphinoe tenera*	甲壳类				0.26	420	1.37						
长尾亮钩虾	*Photis longicaudata*	甲壳类				0.25	595	1.94						
光亮倍棘蛇尾	*Amphioplus lucidus*	棘皮动物				0.29	390	1.27						
洼颚倍棘蛇尾	*Amphioplus depressus*	棘皮动物	0.27	307	1.36									
纽虫	*Lineidae* spp.	纽形动物	0.33	280	1.24	0.22	355	1.15	0.59	235	1.78			
毛头犁体星虫	*Apionsoma trichocephala*	星虫动物	1.59	1234	5.47									

表 2.50　海南岛潮间带生物种类组成表

类群	大型藻类	多毛类	软体类	甲壳类	棘皮类	其他类	合计
种数	70	43	190	113	12	34	462
百分比（%）	15.15	9.31	41.13	24.46	2.60	7.36	100

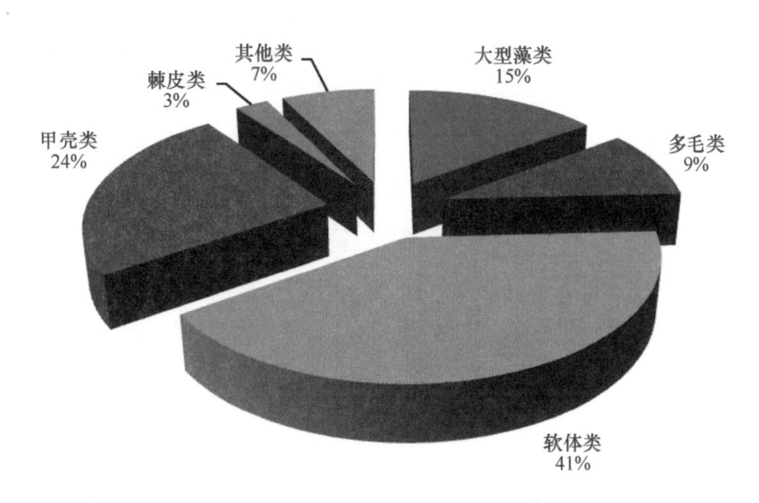

图 2.138　海南岛潮间带生物种类组成

2.5.5.2　数量组成和分布

经调查表明（表 2.51），海南岛潮间带平均生物量 207.27 g/m^2，平均密度 229.42 个/m^2。生物量软体动物居首（94.41 g/m^2），大型藻类次之（78.87 g/m^2），甲壳动物居第三位（28.91 g/m^2），三者合占总生物量的 97.55%；生物密度则以软体动物最高（140.89 个/m^2），甲壳动物次之（76.16 个/m^2），多毛类居第三位（11.80 个/m^2），三者合占总生物量的 99.75%，其他几类生物的生物量和密度均较低。

表 2.51　海南岛潮间带生物数量组成表

生物类别	生物量		密度	
	数量/（g/m^2）	百分比/%	数量/（个/m^2）	百分比/%
大型藻类	78.87	38.05	0	0
多毛类	0.66	0.32	11.8	5.14
软体动物	94.41	45.55	140.89	61.41
甲壳动物	28.91	13.95	76.16	33.19
棘皮动物	0.02	0.01	0.22	0.1
其他	4.4	2.12	0.36	0.15
合计	207.27	100	229.42	100

2.5.5.3　不同底质类型生物数量比较

不同底质类型潮间带生物的数量分布差异较大（表 2.52），生物量由多到少表现为：岩礁（504.44 g/m^2）、珊瑚礁（281.36 g/m^2）、泥沙滩（127.24 g/m^2）、沙滩（31.57 g/m^2）；

表 2.52 海南岛潮间带不同底质类型生物数量分布

底质	大型藻类		多毛类		软体动物		甲壳动物		棘皮动物		其他		合计	
	生物量/(g/m²)	密度/(个/m²)	生物量/(g/m²)	密度/(个/m²)	生物量/(g/m²)	密度/(个/m²)	生物量/(g/m²)	密度/(个/m²)	生物量/(g/m²)	密度/(个/m²)	生物量/(g/m²)	密度(个/m²)	生物量/(g/m²)	密度/(个/m²)
岩礁	221.66	0	0.67	11	203.13	179	64.99	128	0.00	0	13.98	1	504.44	318
珊瑚礁	255.99	0	1.51	16	21.96	116	1.76	189	0.15	4	0.00	0	281.36	326
沙滩	0.80	0	0.23	3	24.13	106	5.87	13	0.04	0	0.50	0	31.57	121
泥沙滩	13.21	0	1.17	26	86.59	154	26.27	99	0.00	0	0.00	0	127.24	280

生物密度由大到小表现为：珊瑚礁（326 个/m^2）、岩礁（318 个/m^2）、泥沙滩（280 g/m^2）、沙滩（121 个/m^2）。

岩礁底质各类群生物量分布以大型藻类居首（221.66 g/m^2），软体动物次之（203.13 g/m^2），甲壳动物居第三（64.99 g/m^2）；生物密度分布以软体动物最高（179 个/m^2），甲壳动物次之（128 个/m^2），多毛类居第三（11 个/m^2）。珊瑚礁底质各类群生物量分布以大型藻类居首（255.99 g/m^2），软体动物次之（27.96 g/m^2），甲壳动物居第三（1.76 g/m^2）；生物密度分布则以甲壳动物居首（189 个/m^2），软体动物次之（116 个/m^2），多毛类居第三（16 个/m^2）。沙滩底质各类群生物量分布以软体动物居首（24.13 g/m^2），甲壳动物次之（5.87 g/m^2），其他动物居第三（0.50 g/m^2）；生物密度以软体动物居首（106 个/m^2），甲壳动物次之（13 个/m^2），多毛类居第三（3 个/m^2）。泥沙滩底质各类群生物量分布以软体动物居首（86.59 g/m^2），甲壳动物次之（26.27 g/m^2），大型藻类居第三（13.21 g/m^2）；生物密度以软体动物居首（154 个/m^2），甲壳动物次之（99 个/m^2），多毛类居第三（26 个/m^2）。

2.5.5.4　不同潮区生物数量比较

海南潮间带不同潮区生物数量分布存在较大差异（表 2.53）。岩礁和珊瑚礁底质生物量垂直分布由多到少表现为：低潮带（分别为 752.01 g/m^2 和 426.28 g/m^2）、中潮带（分别为 675.88 g/m^2 和 403.80 g/m^2）、高潮带（分别为 85.43 g/m^2 和 14.00 g/m^2）；沙滩底质由多到少表现为：中潮带（36.05 g/m^2）、高潮带（32.16 g/m^2）、低潮带（26.51 g/m^2）；泥沙滩底质由多到少表现为中潮带（204.74 g/m^2）、低潮带（173.98 g/m^2）、高潮带（3.01 g/m^2）。岩礁底质生物密度由多到少表现为低潮带（420 个/m^2）、高潮带（336 个/m^2）、中潮带（210 个/m^2）；珊瑚礁底质生物密度由多到少表现为低潮带（480 个/m^2）、高潮带（325 个/m^2）、中潮带（172 个/m^2）；沙滩底质生物密度由多到少表现为低潮带（179 个/m^2）、中潮带（110 个/m^2）、高潮带（74 个/m^2）。而泥沙滩底质生物密度由多到少表现为低潮带（518 个/m^2）、中潮带（310 个/m^2）、高潮带（13 个/m^2）。

表 2.53　海南岛潮间带不同潮区生物数量垂直分布

底质	高潮区		中潮区		低潮区	
	生物量/（g/m^2）	密度/（个/m^2）	生物量/（g/m^2）	密度/（个/m^2）	生物量/（g/m^2）	密度/（个/m^2）
岩礁	85.43	336	675.88	210	752.01	420
珊瑚礁	14.00	325	403.80	172	426.28	480
沙滩	32.16	74	36.05	110	26.51	179
泥沙滩	3.01	13	204.74	310	173.98	518

2.5.5.5　潮间带生物群落

潮间带大型底栖生物群落结构与所处位置、底质类型以及陆源物质影响等都有着直接关系，应用 Bray – Curtis 相似性聚类和多维尺度排序对海南省潮间带大型底栖生物种类进行分析，可将海南省潮间带划分为三个群落：沙滩群落、岩礁 – 珊瑚礁群落和泥沙滩群落（见图 2.139、图 2.140 和表 2.54）。

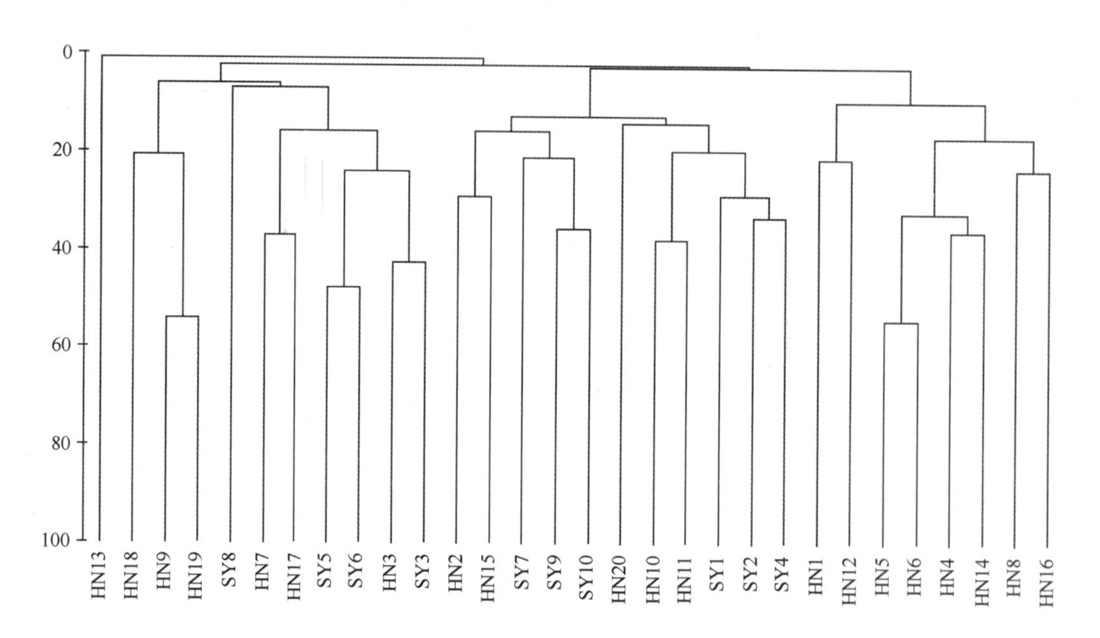

图 2.139　海南岛潮间带生物群落的相似性聚类

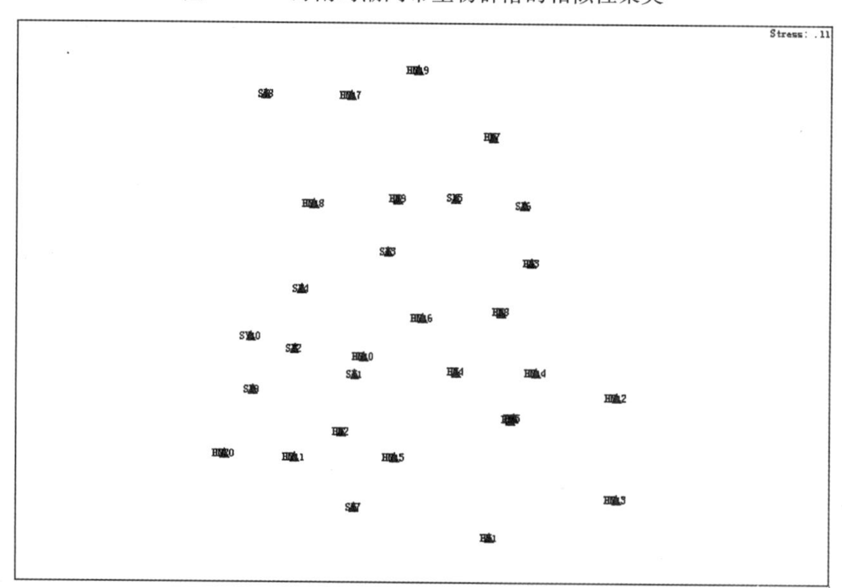

图 2.140　海南岛潮间带生物群落的多维尺度排序

表 2.54　海南岛潮间带大型底栖生物群落生态参数

群落	站位	优势种	生物量/(g/m²)	栖息密度/(ind./m²)
群落Ⅰ（沙滩群落）	(HN13、HN18、HN9、HN19、HN7、HN17、HN3、SY8、SY5、SY6、SY3)	（蛣）螺、纵带滩栖螺、长指寄居蟹、下齿细螯寄居蟹、肉色斧蛤、九州斧蛤等	27.44	119
群落Ⅱ（岩礁－珊瑚礁群落）	(HN2、HN15、HN20、HN10、HN11、SY1、SY2、SY4、SY7、SY9、SY10)	粗糙滨螺、平轴螺、奥莱彩螺、条纹隔贻贝、潮间藤壶、条纹短齿蛤团聚牡蛎、僧帽牡蛎、鸟爪拟帽贝、细肋钳蛤、节蝾螺等	489.91	307
群落Ⅲ（泥沙滩群落）	(HN1、HN12、HN5、HN6、HN4、HN14、HN8、HN16)	宽身闭口蟹、瘤拟黑螺、斜肋齿蜷、珠带拟蟹守螺、隔贻贝、日本突尾水虱、日本刺沙蚕等	61.64	257

1）沙滩群落

沙滩一般为旅游胜地，人为活动的干扰影响较大，因此沙滩底栖动物种类、生物量和栖息密度都呈现出较低的分布特征。

高潮区主要代表种为（鲳）螺［*Umbonium vestiarium*（Linné）］、短尾股窗蟹（*Scopimera curtelsoma* Shen）、下齿细螯寄居蟹（*Clibanarius infraspinatus* Hilgendorf）、九州斧蛤［Donax（Serrula）kiusiuensis Pilsbry］等。其中（鲳）螺和九州斧蛤在这 11 条断面中的平均栖息密度达到了 15 个/m^2 以上。

中潮区主要代表种为（鲳）螺、肉色斧蛤（*Donax dysoni* Deshayes）、长指寄居蟹［*Pagurus dubius*（Ortmann）］、小翼拟蟹守螺［*Cerithidea microptera*（Kiener）］等。其中（鲳）螺和肉色斧蛤在 11 条断面中的平均栖息密度都达到 14 个/m^2 以上，其他主要分布种为锥头虫（*Orbiniidae* spp.）、扁尾美人虾（*Callianassa petalura* Stimpson）等。

低潮区代表种为（鲳）螺、纵带滩栖螺［*Batillaria zonalis*（Bruguiere）］、异足索沙蚕［*Lumbrineris heteropoda*（Marenzeller）］、肉色斧蛤、亮樱蛤［*Nitidotellina nitidula*（Dunker）］等种类。

2）岩礁－珊瑚礁群落

岩礁－珊瑚礁种类分布多，生境异质性高，因此生物量和栖息密度均为最高。

高潮区主要分布种有粗糙滨螺［*Littoraria*（*Palustorina*）*articulata*（Philippi）］、平轴螺［*Planaxis sulcatus*（Born）］、奥莱彩螺［*Clithon oualaniensis*（Lesson）］、马来小藤壶（*Chthamalus malayensis* Pilsbry）、细肋钳蛤［*Isognomon pernum*（Linnaeus）］。其中平轴螺和奥莱彩螺在 11 条断面中的平均栖息密度都达到 25 个/m^2 以上。

中潮区以藤壶－牡蛎－螺等分布为主，主要分别种为平轴螺、嫁（蝛）［*Cellana toreuma*（Reeve）］、缘齿牡蛎［*Ostrea*（*Lopha*）*crenulifera* Sowerby］、棘刺牡蛎［*Ostrea*（*Lopha*）*echinata* Quoy & Gaimard］、牡蛎（*Ostrea* sp.）、平分大额蟹［*Metopograpsus messor*（Forskal）］、条纹隔贻贝［*Septifer virgatus*（Wiegmann）］、团聚牡蛎［*Ostrea*（*Pycnodonta*）*glomerata* Gould］、僧帽牡蛎［*Sccostrea cucullata*（Born）］、潮间藤壶（*Balanus littoralis* Ren et Liu）、疣荔枝螺（*Thais clavigera* Kuster）鸟爪拟帽贝［*Patelloida saccharina lanx*（Reeve）］、黑缘牡蛎［*Ostrea*（*Crassostrea*）*nigromarginata* Sowerby］、纹藤壶（*Balanus amphitrite amphitrite* Darwin）、石磺（*Onchidium verruculatum* Cuvier）、蓝笠藤壶［*Tetraclita coerulescens*（Spengler）］、节蝶螺（*Turbo brunneum* Röding）、史氏背尖贝［*Notoacmea schrenckii*（Lischke）］、轮双眼钩虾（*Ampelisca cyclops* Walker）等。

低潮区主要分布种为棘刺牡蛎、团聚牡蛎、僧帽牡蛎、纵肋巨藤壶［*Megabalanus tintinnabulum zebra*（Darwin）］潮间藤壶、条纹短齿蛤［*Brachidontes striatulus*（Hanley）］、拉氏藻钩虾（*Ampithoe kulafi* Barnard）、节蝶螺（*Turbo brunneum* Röding）、轮双眼钩虾等种类。

3）泥沙滩群落

高潮区主要以一些甲壳类分布为主，主要分布种有宽身闭口蟹（Cleistostoma dilatatum de Haan）、悦目大眼蟹［*Macrophthalmus*（*Mareotis*）*erato* de Man］、锯脚泥蟹（*Ilyoplax dentimer-*

osa Shen)、平轴螺［Planaxis sulcatus（Born）］、双扇股窗蟹（*Scopimera bitympana* Shen）等。

中潮区则以一些螺类和水虱分布为主，主要分布种有宽身闭口蟹、瘤拟黑螺［（*Melanoides tuberculata*（Müller）］、斜肋齿蜷［*Sermyla riqueti*（Grateloup）］、隔贻贝［*Septifer bilocularis*（Linnaeus）］、三突蛀木水虱（*Limnoria tripunctata* Menzies）、日本突尾水虱（*Cymodoce japonica* Richardson）等。

高潮区以多毛类和软体分布为主，主要分布种有斜肋齿蜷、日本突尾水虱、日本刺沙蚕［*Neanthes japonica*（Izuka）］、智利巢沙蚕（*Diopatra chilienis* Quatrefages）等。

2.5.6 游泳动物的分布特征

2.5.6.1 物种组成及其季节变化和水平分布

1）物种组成

2006—2007年的4个航次调查共捕获游泳动物396种，其中鱼类最多，达312种，占总渔获种类数的78.79%，包括中上层经济鱼类31种，其他中上层鱼类26种，底层经济鱼类90种，其他底层鱼类165种；其次是甲壳类62种，占总渔获种类数的15.66%，包括虾类28种，虾蛄类10种，蟹类24种；还有头足类22种，占总渔获种类数的5.56%，包括枪形目9种，乌贼目8种，八腕目5种（见表2.55和图2.141、图2.142）。

表2.55 海南岛近岸海域游泳动物各类群渔获组成

渔获类群	种类数		渔获率			个体数
	个	%	kg/h	%	ind./h	平均个体重/g
合　计	396	100	88.45	100	5 841	15.14
鱼　类	312	78.79	78.96	89.27	5 359	14.73
中上层经济鱼类	31	7.83	13.81	15.61	277	49.84
其他中上层鱼类	26	6.57	5.12	5.79	814	6.29
底层经济鱼类	90	22.73	22.66	25.62	391	57.98
其他底层鱼类	165	41.67	37.36	42.24	3877	9.64
头足类	22	5.56	7.49	8.47	245	30.57
枪形目	9	2.27	5.53	6.25	227	24.36
乌贼目	8	2.02	1.62	1.83	15	104.83
八腕目	5	1.26	0.34	0.39	3	112.12
甲壳类	62	15.66	2.01	2.27	237	8.48
虾类	28	7.07	0.69	0.79	192	3.64
虾蛄类	10	2.53	0.11	0.13	9	12.77
蟹类	24	6.06	1.2	1.36	37	32.68

2）优势种

表2.56结果显示，在捕获种类中，渔获组成占5%以上的只有发光鲷1种，其渔获重量

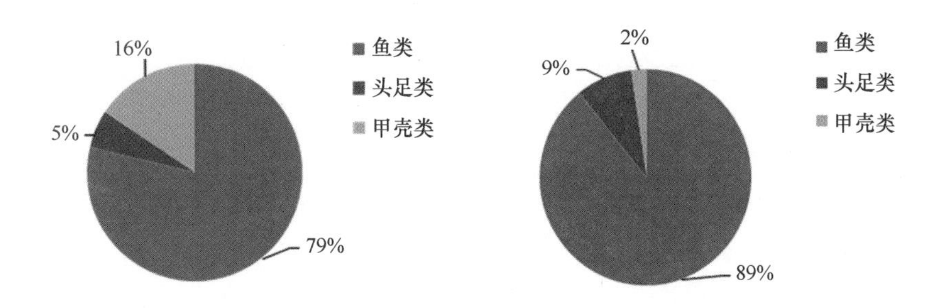

图 2.141 海南岛近岸海域游泳动物三大类群渔获组成
（左：种类数组成；右：渔获物组成）

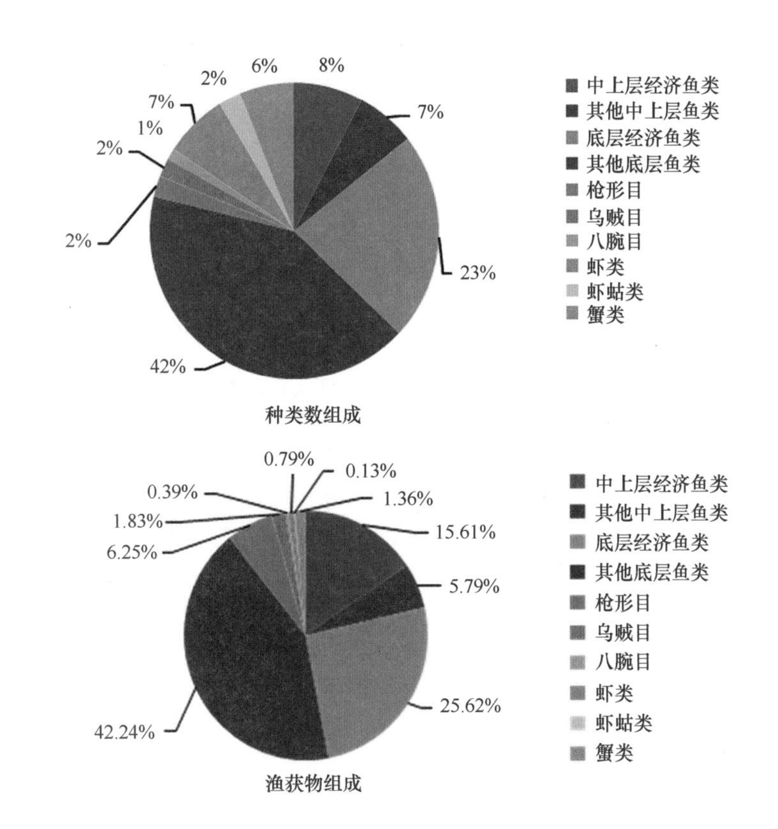

图 2.142 海南岛近岸海域游泳动物各类群渔获组成

占绝对优势，达 22.45%。渔获组成占 1% ~5% 的有 16 种，合计占总渔获量的 44.19%，它们分别是竹筴鱼（8.93%）、带鱼（4.72%）和剑尖枪乌贼（4.53%）、大头白姑鱼（2.71%）、黄斑鲾（2.54%）、花斑蛇鲻（2.42%）、刺鲳（2.33%）、二长棘鲷（2.27%）、线纹拟棘鲷（2.26%）、皮氏叫姑鱼（2.11%）、多齿蛇鲻（1.94%）、鹤海鳗（1.83%）、深水金线鱼（1.78%）、月腹刺鲀（1.44%）、六指马鲅（1.35%）和短尾大眼鲷（1.02%）。

渔获组成在 0.5% ~1.0% 之间有 13 种，合计占总渔获量的 8.59%，它们分别是条尾绯鲤（0.99%）、虎斑乌贼（0.88%）、印度无齿鲳（0.87%）、尖嘴魟（0.80%）、棕腹棘鲀（0.72%）、齐氏魟（0.59%）、蓝圆鲹（0.58%）、油魣（0.58%）、中国枪乌贼（0.53%）、斑鳍天竺鱼（0.52%）、日本骨鳂（0.51%）、阴影绒毛鲨（0.51%）、武士蟳（0.50%）。

表 2.56 海南岛近岸海域游泳动物优势种

种类	渔获率		个体数		平均个体重
	kg/h	%	ind. /h	%	g
发光鲷	19.84	22.45	3 322.24	56.92	7.55
竹筴鱼	7.89	8.93	201.44	3.45	51.06
带鱼	4.17	4.72	34.79	0.6	128.79
剑尖枪乌贼	4.01	4.53	197.1	3.38	20.33
大头白姑鱼	2.39	2.71	56.84	0.97	42.1
黄斑鲾	2.25	2.54	484.09	8.29	4.64
花斑蛇鲻	2.13	2.42	88.85	1.52	23.5
刺鲳	2.06	2.33	20.43	0.35	102.38
二长棘鲷	2.01	2.27	69.93	1.2	28.72
线纹拟棘鲷	2	2.26	12.86	0.22	155.4
皮氏叫姑鱼	1.87	2.11	33.94	0.58	54.96
多齿蛇鲻	1.72	1.94	45.18	0.77	39.01
鹤海鳗	1.62	1.83	0.29	0.01	6 132.18
深水金线鱼	1.57	1.78	27.93	0.48	58.88
月腹刺鲀	1.27	1.44	12.44	0.21	105.56
六指马鲅	1.19	1.35	32.5	0.56	36.38
短尾大眼鲷	0.9	1.02	10.54	0.18	90.08
条尾绯鲤	0.87	0.99	36.93	0.63	23.61
虎斑乌贼	0.78	0.88	1.16	0.02	671.27
印度无齿鲳	0.77	0.87	15.81	0.27	48.49
尖嘴魟	0.7	0.8	1.34	0.02	526.12
棕腹刺鲀	0.64	0.72	2.79	0.05	229.56
齐氏魟	0.52	0.59	0.13	0	4 170
蓝圆鲹	0.51	0.58	9.83	0.17	52.23
油魣	0.51	0.58	4.16	0.07	122.26
中国枪乌贼	0.47	0.53	5.79	0.1	81.49
斑鳍天竺鱼	0.46	0.52	21.71	0.37	21.31
日本骨鳂	0.45	0.51	2.53	0.04	179.03
阴影绒毛鲨	0.45	0.51	0.89	0.02	508.87
武士蟳	0.44	0.5	8.38	0.14	53.12
其他种类	27.54	27.11	687.2	19.19	0.04

在这些优势种中，经济价值较高的种类有带鱼、剑尖枪乌贼、大头白姑鱼、刺鲳、二长棘鲷、皮氏叫姑鱼、鹤海鳗、深水金线鱼、虎斑乌贼、短尾大眼鲷、中国枪乌贼、蛳、杜氏枪乌贼、白斑乌贼和金乌贼，合计占总渔获量的25.45%。属于小杂鱼的有发光鲷、黄斑鲾、鹿斑鲾、斑鳍天竺鱼、半线天竺鲷、弓背鳄齿鱼和粗纹鲾，合计占总渔获量的26.93%。小杂鱼所占比较高，尤其是发光鲷，单独1种就占总渔获量的22.45%。这是一种没有经济价值的小杂鱼，个体很小，其渔获尾数所占比例更是高达56.92%，说明海南省周围海域的渔获质量变差，小杂鱼大量繁殖。

3）季节变化

2006—2007 年 4 次底拖网调查的渔获组成中，冬季捕获的游泳动物种类数最多，达 263 种，其次为夏季和秋季，种类数分别为 223 和 220 种，春季捕获的种类数相对较少，分别为 208 种。在捕获的游泳动物种类组成中，鱼类所占的比例最大，各季均超过 79% 以上；其次是甲壳类，所占比例为 12% ~15%；头足类所占种类数最少，仅占总种类数的 5% ~7%（表 2.57）。

表 2.57　海南岛海域底拖网调查游泳动物的种类组成

渔获类群	夏季		冬季		春季		秋季	
	种	%	种	%	种	%	种	%
总渔获种类数	223	100	263	100	208	100	220	100
鱼　类	178	79.82	214	81.37	166	79.81	177	80.45
中上层经济鱼种	22	9.87	24	9.13	18	8.65	27	12.27
其他中上层鱼种	14	6.28	13	4.94	8	3.85	10	4.55
底层经济鱼种	49	21.97	77	29.28	52	25	57	25.91
其他底层鱼种	93	41.7	100	38.02	88	42.31	83	37.73
头足类	13	5.83	17	6.46	11	5.29	15	6.82
枪形目	6	2.69	8	3.04	6	2.88	7	3.18
乌贼目	4	1.79	6	2.28	4	1.92	6	2.73
八腕目	3	1.35	3	1.14	1	0.48	2	0.91
甲壳类	32	14.35	32	12.17	31	14.9	28	12.73
虾类	15	6.73	15	5.7	14	6.73	13	5.91
虾蛄类	4	1.79	5	1.9	5	2.4	4	1.82
蟹类	13	5.83	12	4.56	12	5.77	11	5

2.5.6.2　生物量的季节变化和水平分布

1）总生物量频数分布

2006—2007 年海南岛海域的底拖网渔业资源调查，有效采样 80 网次，总平均生物量为 1 134.94 kg/km^2，站次密度变化范围为 194.75 ~ 4 707.50 kg/km^2，主要集中在 300 ~ 1 500 kg/km^2，占采样站次的 71.25%。单站生物量在 300 kg/km^2 以下的有 4 站，单站生物量在1 500 kg/km^2 以上的有 19 站，表明大多数站次的生物量相对较高（图 2.143）。单站生物量超过 1 500 kg/km^2 的 19 个站位中，主要由竹筴鱼、大头白姑鱼、二长棘鲷和皮氏叫姑鱼等经济种类和发光鲷等小型非经济种类的大量出现引起的。

2）季节变化

游泳动物总生物量存在较为明显的季节变化，以秋季的生物量为高，达 1 410.51 kg/km^2，其次为夏季，生物量为 1 205.51 kg/km^2，冬季和春季的生物量低，分别为 983.92 kg/km^2 和

939.81 kg/km^2（图 2.144）。

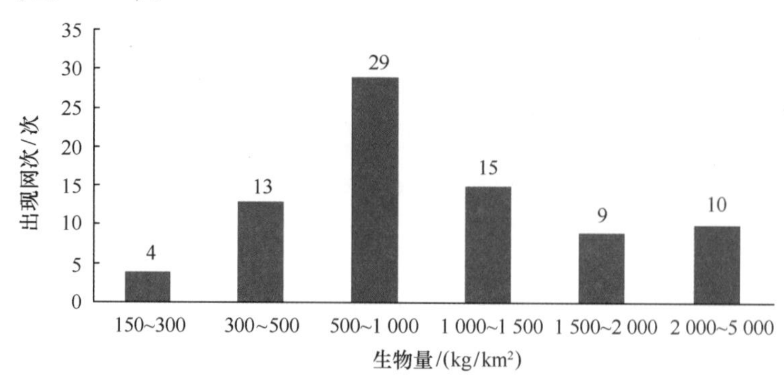

图 2.143 海南岛海域底拖网游泳动物生物量的频数分布

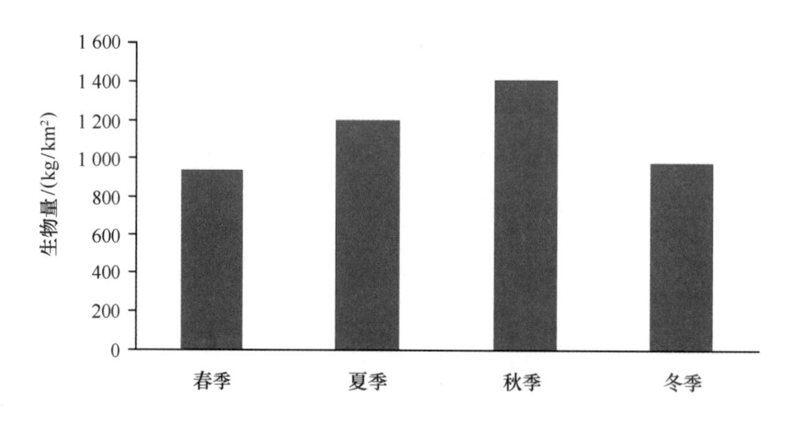

图 2.144 海南岛海域游泳动物生物量季节变化

不同区域生物量也存在一定季节变化，其中西南近岸的季节变化较明显，以秋季的生物量最高，为 456.74 kg/km^2，其次为夏季，为 372.61 kg/km^2，冬季和春季的生物量较低，分别为 302.07 kg/km^2 和 290.03 kg/km^2。东南近岸秋季的生物量较高，为 306.94 kg/km^2；春季的生物量最低，为 175.20 kg/km^2。东南近海以夏季和秋季的生物量较高，分别为 257.36 kg/km^2 和 259.49 kg/km^2，其次为春季，冬季生物量最低（表 2.58）。

表 2.58 各区域生物量分布和季节变化 单位：kg/km^2

	四季	春季	夏季	秋季	冬季
总平均	275.78	228.83	293.46	341.06	239.75
西南近岸	355.36	290.03	372.61	456.74	302.07
东南近岸	240.67	175.20	250.43	306.94	230.13
东南近海	231.29	221.27	257.36	259.49	187.05

综上所述，北部湾游泳动物生物量总体上以秋季最高，春季和冬季低；在东南近岸和西南近岸沿岸水域，生物量则以秋季最高，春季最低；东南近海水域夏季和秋季的生物量较高，冬季最低。这种季节变化趋势体现了游泳动物春季趋向岸边浅水区产卵繁殖，然后逐步移向深水区域，冬季在深水区越冬季的洄游分布规律。

2.5.6.3　游泳动物密度及其季节变化和水平分布

1）总密度分布

游泳动物全年总平均密度为 72.05 × 10^3 ind./km^2，站次密度变化范围为（0.02 ~ 3 941.94）× 10^3 ind./km^2，主要集中在（0.2 ~ 50）× 10^3 ind./km^2，占采样站次的 86.25%。单站密度在 10 × 10^3 ind./km^2 以下的有 56 站，单站密度在 100 × 10^3 ind./km^2 以上的有 7 站，表明大多数站次的密度相对较低（图 2.145）。单站密度超过 100 × 10^3 ind./km^2 的 18 个站位中，主要由二长棘鲷、剑尖枪乌贼、竹筴鱼等经济种类和发光鲷、鲾类及丽叶鲹等小型非经济种类的大量出现引起的。

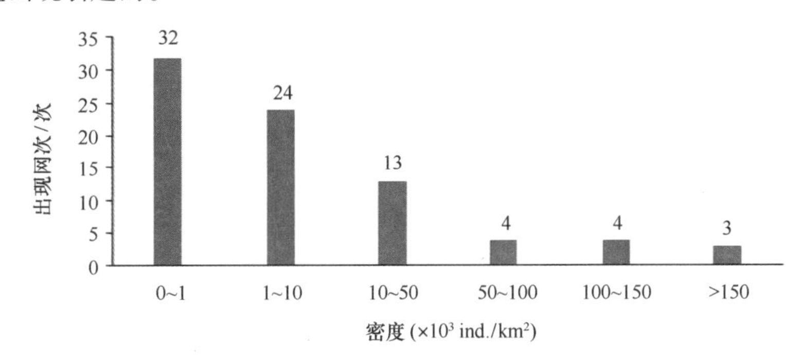

图 2.145　海南岛海域底拖网游泳动物密度的频数分布

各类群的平均密度从高到低依次是其他底层鱼类、其他中上层鱼类、底层经济鱼类、中上层经济鱼类、头足类、甲壳类，其密度分别为 47.40 × 10^3 ind./km^2、9.94 × 10^3 ind./km^2、4.99 × 10^3 ind./km^2、3.45 × 10^3 ind./km^2、3.01 × 10^3 ind./km^2 及 2.91 × 10^3 ind./km^2。底层经济鱼类、中上层经济鱼类及头足类是海南岛海域经济价值较高的组成部分，共计为 11.45 × 10^3 ind./km^2，占总密度的 15.97%（表 2.59）。

表 2.59　各类群栖息密度变化　　单位：10^3 ind./km^2

季节	中上层经济鱼类	其他中上层鱼类	底层经济鱼类	其他底层鱼类	头足类	甲壳类
四季	3.45	9.94	4.99	47.40	3.01	2.91
春季	1.31	6.74	4.43	25.20	3.49	4.13
夏季	9.51	4.81	5.80	26.04	3.65	2.30
秋季	1.93	24.98	3.96	101.06	2.44	2.79
冬季	1.06	3.24	5.75	37.31	2.47	2.44

2）季节变化

游泳动物栖息密度存在着一定的季节差异（表 2.60），以夏季的栖息密度为高，达 179.79 × 10^3 ind./km^2，其次为秋季，为 110.22 × 10^3 ind./km^2，春季的栖息密度最低，为 13.39 × 10^3 ind./km^2。

表 2.60 各区域栖息密度季节变化 单位：10^3 ind./km²

区域	四季	春季	夏季	秋季	冬季
总平均	63.97	13.39	179.79	110.22	63.98
西南近岸	144.78	14.3	503.45	26.95	34.43
东南近岸	31.56	22.45	1.36	81.83	20.58
东南近海	15.57	3.43	34.57	1.44	136.92

不同区域的栖息密度在不同季节也存在着一定的差异，其中西南近岸以夏季的栖息密度最高，为 503.45×10^3 ind./km²，其次为冬季和秋季，以春季的栖息密度最低；东南近岸的栖息密度以秋季最高，为 81.83×10^3 ind./km²，其次为冬季和春季，以夏季的栖息密度最低；东南近海的栖息密度最高出现于冬季，为 136.92×10^3 ind./km²，其次为夏季，春季和秋季的栖息密度较低。

2.5.7 海洋生物与环境因子间的关系

1）叶绿素 a

典型热带海域叶绿素 a 垂直分布的一个重要特点是生物量最大值出现在一定深度的水层，这一水层位于营养盐温跃层得上方，这是由于热带海域温跃层的存在阻碍了表层营养盐的补充。本次调查海域处于亚热带和热带之间，在本次的夏季调查中深水区也出现了这种情况，表层叶绿素 a 浓度最低，到次表层略有升高，到 30 m 层和底层则迅速增加，几乎达表层浓度的 3 倍，除了表层的强光抑制之外，应该与温跃层有较大关系。秋冬季节光照和水温均有所降低，但叶绿素 a 浓度却有所提高，如前所述，这可能与温跃层的强度降低、东北季风影响使得水体扰动加大等因素有关。热带、亚热带海域的水温和光照在秋冬季减弱幅度不大，而南海西北部海域温跃层在夏季较强冬季弱，有比较明显的季节性。南海西北部海域地处热带和亚热带交界，夏季光照强、温度高，使温跃层作用加强，底层丰富的营养盐难以补充到表层；而在秋冬季节，风力增强，表底层混合力度加大，各水层间叶绿素 a 浓度的差异随之减小。

2）浮游植物

影响浮游植物分布的主要原因有营养盐、温度、盐度、海流、沿岸流等。

浮游植物的种类组成和丰度的分布与上升流的关系密切，如越南东部沿岸上升流，海南岛西侧近岸的上升流，都对浮游植物的分布有一定的影响。夏季正是西南季风盛行时期，产生于海南岛西侧北上的上升流随着纬度的增加而有所增强，上升流的增强是造成浮游植物总丰度在夏季达到最大的原因之一。另外，整个西北部南海海域的浮游植物呈现出由北部向南部递减的趋势，这可能与以下三个方面有关：①通过琼州海峡带入的南海高盐水，进入湾内后随逆时针环流向北部移动；②南部侵入北部湾的南海高盐水受湾内气旋式环流影响，主要偏于东侧向北入侵；③越南东部沿岸上升流为整个湾东北方向提供了大量营养盐。

3）浮游动物

浮游动物的种类组成和丰度分布与该海域浮游植物数量及海洋动力过程的演变密切相关，

浮游植物及不同水团的时空变化，必然制约着浮游动物的组成和分布及其变动模式。利用多元逐步回归筛选生境中对南海西北部浮游动物种类数影响显著的因子，结果表明：春季，浮游动物种类数的变化与中层水温显著正相关，与底层水温、底层叶绿素 a 浓度和表层盐度显著负相关；夏季，浮游动物种类数的变化与底层盐度显著正相关，与底层温度和中层叶绿素 a 浓度显著负相关；秋季，浮游动物种类数的变化与底层盐度和表层水温显著正相关，与底层水温显著负相关；冬季，浮游动物种类数的变化与底层盐度和中层水温显著正相关，与底层水温和表层叶绿素 a 浓度显著负相关。

海南岛周边海域浮游动物种数四季大致呈现海南岛东部高于西部，远岸高于近岸的分布趋势，且夏、冬季高于春、秋季，夏季最高，冬季最低，这与影响调查海域的各海流、水团的季节变化密切相关。海南岛北部海域以及近岸水域常年受沿岸水团和混合水团的势力影响，由于湛江等沿岸冲淡水流量的季节变化大，这些水团所控制海区浮游动物的生存环境变化剧烈，物种数比较少，且种类季节更替较大；而海南岛东部海域以及远岸水域终年主要受南海表层水的影响，高温高盐水，这股水团年变化不大，且暖流带着众多的大洋暖水种和热带赤道种，因此物种数较多。

4）底栖生物

由于海南岛周边海域水域宽阔，水体较深，底栖生物的取样采集比较困难，与其他海域相比较，对该海域大型底栖生物动物的研究尤其比较薄弱，中国专属经济区海洋生物调查，海岸带调查等对南海海域的底栖生物情况有个基本的了解，对比过去 30 年来的大型底栖生物，可以发现，无论是生物量还是密度，近十年来都有大幅度的下降，主要优势种也从大型的棘皮动物向小型化的多毛类动物发展。

与我国黄海、东海相比，海南省海域甲壳类出现的比例明显高于黄东海海域，区系成分较为单纯，几乎均为热带和亚热带性质，应属于热带－亚热带区系。无论从种类数还是个体数，甲壳动物都是海南省海域拖网底栖生物的优势类群，软体动物和鱼类也在拖网中占较大的比重。而黄海、东海的底栖生物则是体型相对较小的生物个体占优势，这反映了海南省海域的环境质量相对优于黄海、东海。当然，这可能也跟海南省海域地处热带海域，多样性高于高纬度地区有关。

从地理分布来看，海南岛东部海域较西部海域丰度较高，南部海域较北部海域的丰度要高。个体大、寿命长、营养级高的鱼类、虾类和蟹类较少，这可能受渔业捕捞影响。拖网捕捞作业主要捕捞大型肉食性种类，大型肉食性鱼类、虾类和蟹类的衰退降低了小型鱼类、虾类和蟹类的摄食压力，因而小型鱼类、虾类和蟹类更容易被获得。

5）游泳动物

（1）游泳动物种类组成、生物量时空分布与环境关系

环境变化主要是通过海洋物理和生物环境的变化来影响海洋鱼类的时空分布，环境变化改变了鱼类生存水域的环境梯度，从而影响鱼类的移动分布等。如厄尔尼诺现象会对海洋鱼类的环境产生重要影响，主要反映在海洋鱼类的生殖生态和生育生态环境变异上。如果不考虑人为因素（利用不足或过度捕捞等），生物量的变化应该主要是与海洋环境的变化密切相关，一方面海洋环境的变化直接影响到海域初级生产力，进而影响饵料生物的数量和质量，

最终对海洋鱼类的生长－补充过程产生影响；另一方面，环境条件的变化必然影响到海洋鱼类自身的摄食、生殖、洄游等行为，进一步影响其时空分布。

（2）生物量时空分布与浮游动物的关系

浮游动物生物量属于海洋次级生产力的范畴，在海洋食物链中是极其重要的环节。对其生产力大小的探讨，可以评价海洋渔业资源的潜力及开发远景，对估测和合理开发利用水产动物资源，都有重要的理论和实践意义。由此可见浮游动物生物量，是渔场调查中必要的基础资料。毛颚类和浮游介形类动物作为渔场饵料基础的重要组成之一，其数量变化和平面分布对海域总体饵料水平产生一定的影响。现根据南海水产研究所1998～2002年对海南省海域的调查资料，就海南省海域毛颚类和浮游介形类的生物量变化特征、规律与海洋鱼类资源的关系进行探讨。通过对海南省海域各季毛颚类生物量与渔获率的平面分布的关系分析，春、夏季海南省海域毛颚类生物量的分布可以反映渔获率大小的平面分布，毛颚类与渔业资源之间存在较为密切的关系，即毛颚类生物量较高的区域即是渔业资源较为丰富的区域。秋、冬季海南省海域毛颚类生物量与渔获率之间无明显的关系，毛颚类的分布状况不能完全反映出渔业资源的变动趋势。这说明毛颚类与渔业资源之间有一定的相关关系，在个别季节毛颚类的分布对渔业资源有直接影响，甚至生物量丰富的区域就是高渔获区所在，但有些季节内这种关系却不明显。而对海南省海域各季浮游介形类生物量与渔获率的平面分布的关系分析，春、夏季海南省海域浮游介形类生物量的分布可以反映渔获率大小的平面分布，浮游介形类与渔业资源之间存在较为密切的关系。秋、冬季海南省海域浮游介形类生物量与渔获率之间无明显的关系，浮游介形类的分布状况不能完全反映出渔业资源的变动趋势。

2.6 滨海湿地

2.6.1 滨海湿地类型、面积与分布

2.6.1.1 滨海湿地类型

根据国际《关于特别是作为水禽栖息地的国际重要湿地公约》、《全国湿地资源调查与监测技术规程》、《海岸带调查技术规程》以及滨海湿地分布特征，再结合海南省实际情况海南省滨海湿地类型可分为自然湿地和人工湿地，自然湿地主要包括岩石性海岸、砂质海岸、粉砂淤泥质海岸、滨岸沼泽、海岸潟湖、河口水域、三角洲湿地、红树林沼泽和珊瑚礁，人工湿地主要包括养殖池塘和水田（表2.61）。

表2.61　海南省滨海湿地类型

自然湿地		人工湿地
岩石性海岸	三角洲湿地	养殖池塘
砂质海岸	红树林沼泽	水田
粉砂淤泥质海岸	珊瑚礁	
滨岸沼泽		
海岸潟湖		
河口水域		

2.6.1.2 滨海湿地面积

根据滨海湿地调查数据统计，全省滨海湿地约310 143.8 hm^2，其中自然湿地约59 045.55 hm^2，占全省滨海湿地的19.04%；人工湿地约251 098.25 hm^2，占全省滨海湿地的80.96%。

海南省面积最大的自然湿地是砂质海岸，约35 588.57 hm^2，占全省自然湿地的60.27%，占全省滨海湿地的11.47%。其次是岩石性海岸，面积为7 154.55 hm^2，占全省自然湿地的12.10%，占全省滨海湿地的2.30%。红树林沼泽面积为4 132.82 hm^2，占全省自然湿地的7%，全省滨海湿地的1.33%。滨岸沼泽面积最低，约3 hm^2，不足全省自然湿地的0.01%。其他类型自然湿地面积详见图2.146。

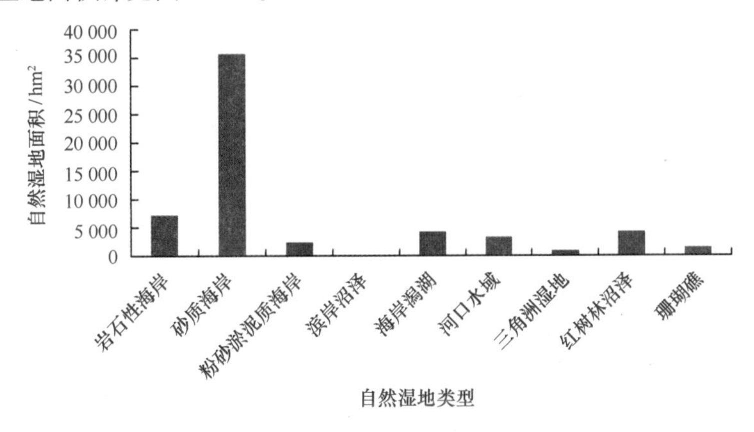

图2.146 海南省自然湿地面积

人工湿地面积分布显示，其中水田的面积最大，约228 671.24 hm^2，占人工湿地的91.07%，占全省滨海湿地的73.73%，是海南省的主要湿地类型。其次是养殖池塘，面积约22 427.01 hm^2，占人工湿地的8.93%，占全省滨海湿地的7.23%，分布于全省沿海各市县的大小海湾中及河口处。

2.6.1.3 滨海湿地分布

海南省沿海市县中，儋州滨海湿地面积最大，为63 150.88 hm^2，占全省滨海湿地面积的20.36%；其次为文昌，面积为57 026.19 hm^2，占全省滨海湿地面积的18.39%；临高滨海湿地面积为32 598.93 hm^2，占全省滨海湿地面积的10.51%；海口滨海湿地面积为26 966.73 hm^2，占全省滨海湿地面积的8.69%；三亚滨海湿地面积为20 849.23 hm^2，占全省滨海湿地面积的6.72%；滨海湿地面积最小的市县为琼海，面积为9 605.01 hm^2，仅占全省滨海湿地面积的3.10%（见图2.147）。

从沿海市（县）自然湿地面积的比较来看，依然是儋州市居首，自然湿地面积为14 019.54 hm^2，占海南省自然湿地面积的23.74%；其次是文昌和海口，分别为12 049.96 hm^2和6 204.1 hm^2，各占海南省自然湿地面积的20.41% 和10.51%；乐东自然湿地面积最小，为811 hm^2，占海南省自然湿地面积的1.37%（见图2.148）。

海南省沿海市县人工湿地面积仍然是儋州市位居第一，达到49 131.34 hm^2，占全省人工湿地面积的19.57%；其次为文昌，人工湿地面积44 976.23 hm^2，占海南省人工湿地面积的

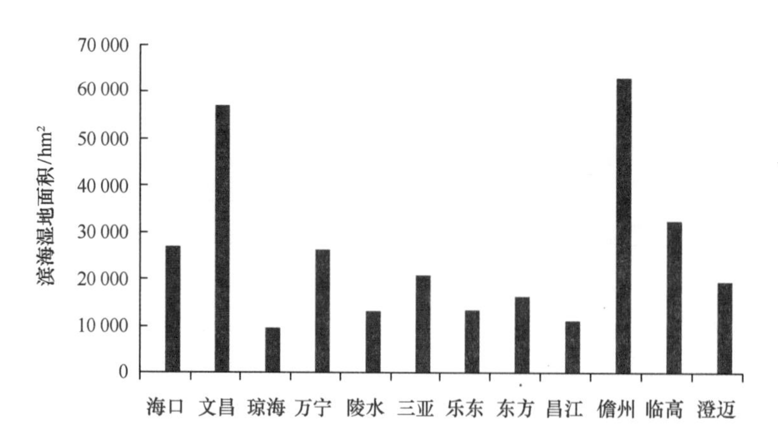

图 2.147 海南省沿海市县滨海湿地面积

17.91%；琼海和昌江的人工湿地面积最低，分别为 7 429.3 hm² 和 8 117.74 hm²，各占海南省人工湿地面积的 2.96% 和 3.23%（见图 2.148）。

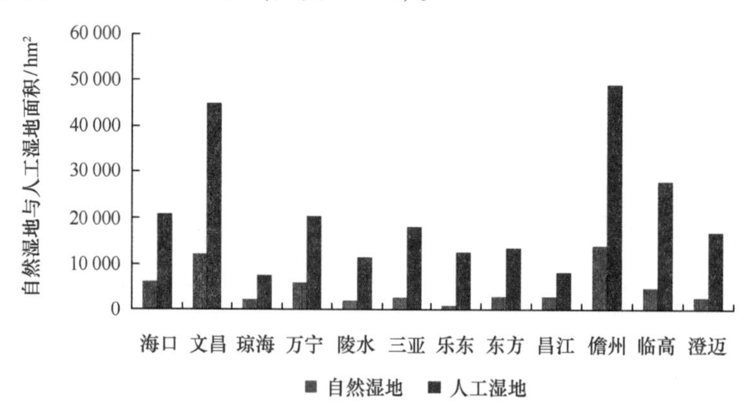

图 2.148 海南省沿海市县自然湿地与人工湿地面积

2.6.2 海南省主要滨海湿地分布

2.6.2.1 *岩石性海岸*

海南省岩石性海岸面积共计 7 154.55 hm²，其中儋州岩石性海岸面积最大，约 5 277.61 hm²，占全省岩石性海岸面积的 73.77%；其次为临高和文昌，分别为 630.6 hm² 和 477.74 hm²，分别占全省岩石性海岸面积的 8.81% 和 6.68%；东方的岩石性海岸面积最小，约 0.31 hm²，不足全省岩石性海岸面积的 0.01%（图 2.149）。

2.6.2.2 *砂质海岸*

海南省全省砂质海岸面积共计 35 588.57 hm²，其中文昌砂质海岸面积最大，约 8 725.44 hm²，占全省砂质海岸面积的 24.52%；其次为儋州和临高，分别为 5 039.45 hm² 和 3 912.69 hm²，均占全省砂质海岸面积的 10% 以上；乐东砂质海岸面积最小，765.89 hm²，占全省砂质海岸面积的 2.15%（图 2.150）。

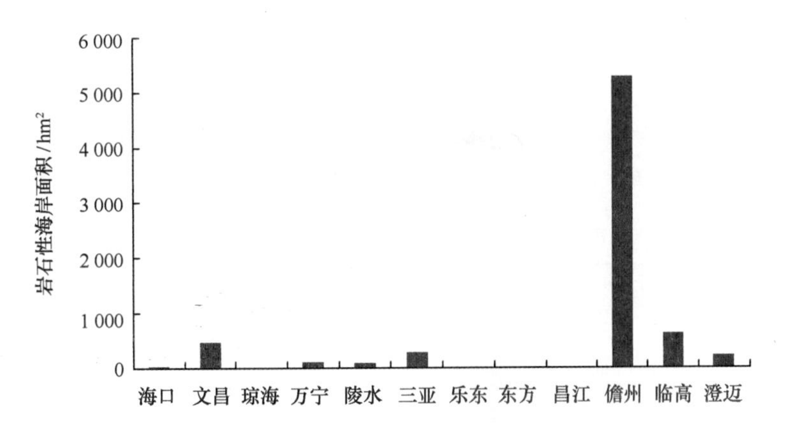

图 2.149　海南省沿海市县岩石性海岸面积

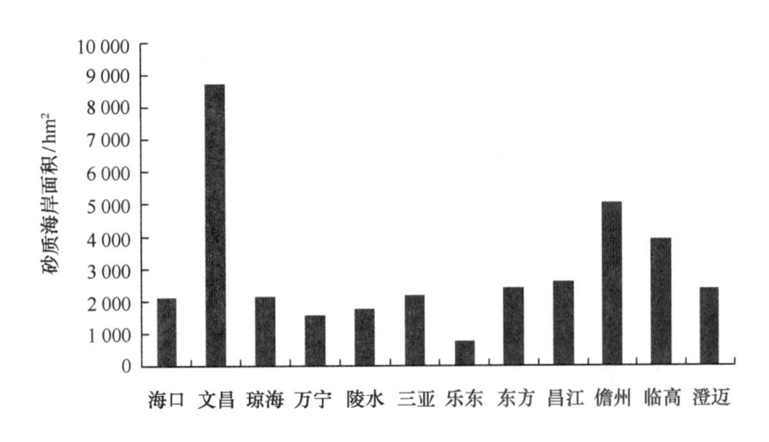

图 2.150　海南省沿海市县砂质海岸面积

2.6.2.3　粉砂淤泥质海岸

海南省粉砂淤泥质海岸面积共计 2 337.72 hm^2，其中海口粉砂淤泥质面积最大，约 1 518.17 hm^2，占全省粉砂淤泥质海岸面积的 64.94%；其次为文昌和儋州，分别有 445.99 hm^2 和 354.51 hm^2，均占全省粉砂淤泥质海岸面积的 15% 以上；琼海、万宁、三亚和临高粉砂淤泥质海岸面积较小，均不足全省粉砂岩淤泥质海岸面积的 1%（图 2.151）。

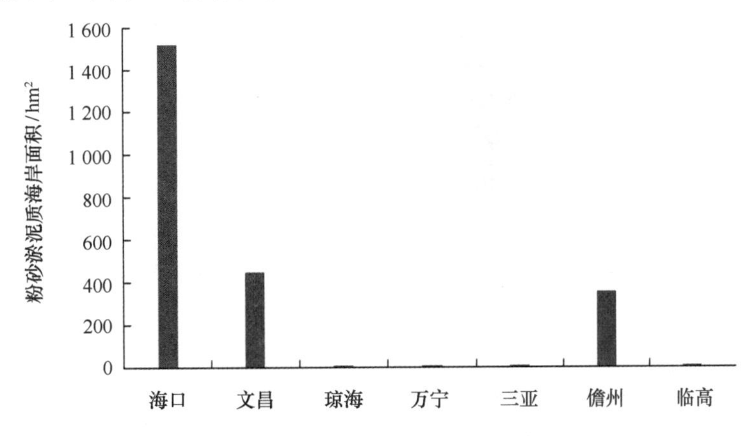

图 2.151　海南省沿海市县粉砂淤泥质海岸面积

2.6.2.4 河口水域

如图2.152所示，海南省自然湿地中的河口水域主要分布在海口、文昌、儋州、三亚、东方等八个沿海市县，面积共计3 349.05 hm^2，占全省滨海湿地面积的1.08%。其中文昌河口水域面积最大，约1 447.89 hm^2，占全省河口水域面积的43.23%。其次是儋州，河口水域面积为1 143.56 hm^2，占全省河口水域面积的34.15%。海口市河口水域面积为546.66 hm^2，占全省河口水域面积的16.23%。琼海、乐东和昌江河口水域面积较小，均不足全省河口水域面积的1%。

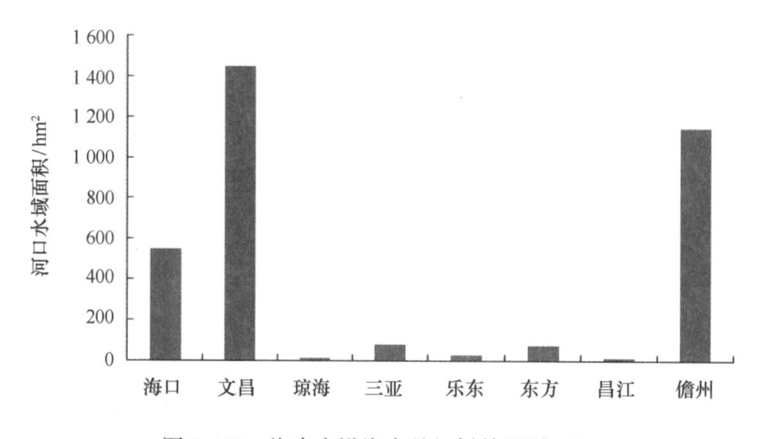

图2.152　海南省沿海市县红树林沼泽面积

2.6.2.5 红树林沼泽

海南省全省红树林沼泽面积有4 132.82 hm^2，其中海口红树林沼泽面积最大，约1 985.12 hm^2，占全省红树林沼泽面积的48.00%；其次为文昌和儋州，分别为952.89 hm^2和777.97 hm^2，均占全省红树林沼泽面积的10%以上；东方红树林沼泽面积最小，0.55 hm^2，占全省红树林沼泽面积的0.01%（图2.153）。

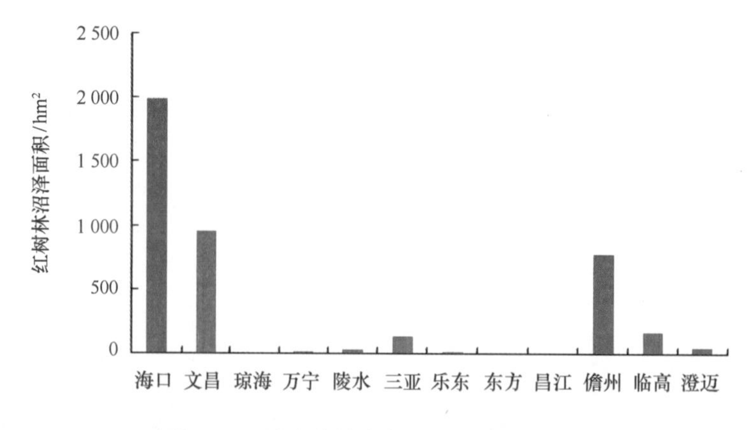

图2.153　海南省沿海市县红树林沼泽面积

2.6.2.6 养殖池塘

海南省沿海市县养殖池塘面积如图 2.154 所示，全省养殖池塘面积约 20 195.73 hm^2，其中文昌养殖池塘面积最大，约 6 390.68 hm^2，占全省养殖池塘面积的 28.50%；其次为海口，约 3 445.07 hm^2，占全省养殖池塘面积的 15.36%；昌江养殖池塘面积最小，约 284.95 hm^2，占全省养殖池塘面积的 1.27%。

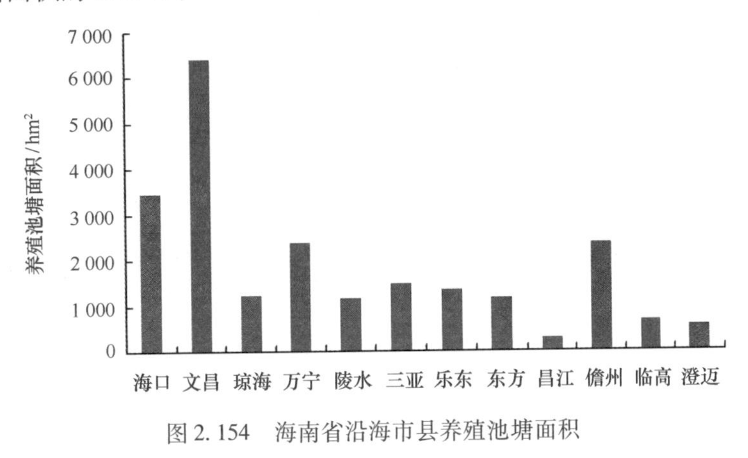

图 2.154 海南省沿海市县养殖池塘面积

2.6.2.7 水田

海南省沿海市县水田面积如图 2.155 所示，12 个沿海市县均有分布，共计 228 671.24 hm^2，占全省滨海湿地面积的 73.73%，是海南省主要的滨海湿地类型。其中儋州滨海湿地面积最大，约 46 783.52 hm^2，占全省水田面积的 20.46%。其次为文昌，水田面积约 38 585.55，占全省水田面积的 16.87%。琼海水田面积最小，6 202.22 hm^2，仅占全省水田面积的 2.71%。

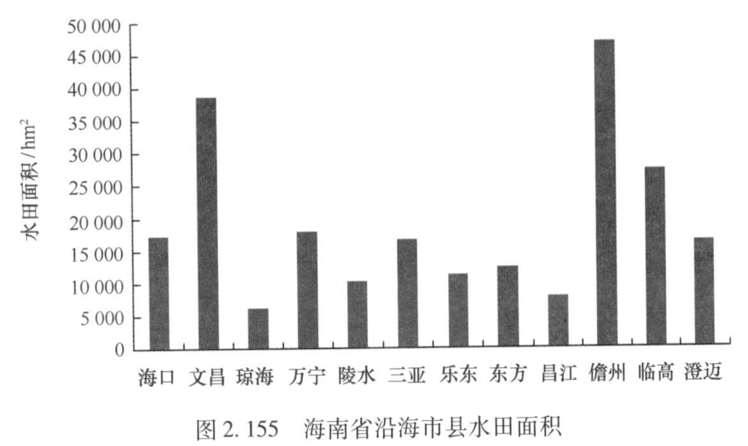

图 2.155 海南省沿海市县水田面积

2.6.3 典型滨海湿地评价

2.6.3.1 红树林沼泽

红树林生态系统处于海洋与陆地的动态交界面，遭受海水周期性浸淹，因而在结构与功能上具有既不同于陆地生态系统，也不同于海洋生态系统的特性。红树林作为初级生产者为林区动物、微生物提供食物与营养，为鸟类、昆虫、鱼虾等提供栖息、繁衍场所。因此，红树植物对维护生态平衡，保护海岸生态系统起着重要的作用（林鹏，1995，1997）。作为独特的海陆边缘生态系统在自然生态平衡中起着特殊的作用。红树林的生境具有①高盐性；②强酸性土壤；③土壤缺氧；④土壤有机质含量高（在海南岛红树林发育较好的土壤中，有机质含量达4%～6%，最高可达10%～15%）；⑤土壤颗粒组成较细，质地黏重等特点。

1）红树林沼泽生物多样性

红树林沼泽是海南岛自然湿地类型之一，根据文献资料和2009年对海南红树林保护区的实地考察，海南红树林区共有真红树植物11科24种，有半红树植物10科12种，有生长于林缘或林下的伴生植物63种。红树林植被也较多样，主要包括红海榄群落、白骨壤群落、海莲群落、角果木群落、桐花树群落、木榄群落、杯萼海桑群落、正红树群落及榄李群落等纯林和红海榄+桐花树+白骨壤群落、桐花树+白骨壤群落及桐花树+秋茄群落等混合林9种类型。

其他生物多样性如表2.62所示，浮游植物共有6门46属100种（包括4个变种），其中硅藻门25属59种，绿藻门9属19种，蓝藻门7属12种，甲藻门5属5种，裸藻门2属4种，金藻门1种。主要种类有微小小环藻（*Cyclotella caspia*）、新月菱形藻（*Nitzschia closterium*）、骨条藻（*Skeletonema spp.*）、四尾栅藻（*Scenedesmus quadricauda*）、点形平裂藻（*Merismopedia punctata*）、颤藻（*Oscillatoria spp.*）、亚历山大藻（*Alexandrium sp.*）等。

表2.62 红树林沼泽滨海湿地区域物种数量

生物类别	物种数量	优势种类	多样性指数
红树植物	36	白骨壤、角果木、秋茄、红海榄、海莲、榄李	
浮游植物	100	新月菱形藻、骨条藻、厚顶栅藻、海链藻等	2.8
浮游动物	42	桡足类、多毛类、腹足类、樱虾类	3.8
大型底栖生物	56	软体动物、甲壳类、多毛类	2.5
鱼类[1]	115	多鳞鱚、眶棘双边鱼、前鳞骨鲻、鰕虎鱼、棱鲅、短吻辐等	
鸟类	63	涉禽和鸣禽为主	

浮游动物共计31属42种（不含浮游幼体以及鱼卵、仔鱼等）。分类上隶属7门，其中，以节肢动物占绝对优势，共27种，占总种数的65%，节肢动物中又以桡足类种类数最多，有19属26种，占总种数的63%，樱虾类1属1种，占总种数的2%。其中原生动物门有5属6种，占总种数的14%，肉足虫类3属3种，纤毛虫类2属3种，各占总种数的7%；毛颚类有1属4种，约占浮游动物总种数的10%；被囊类有3属3种，约占浮游动物总种数的7%；腹足类和多毛类均有1属1种，各占浮游动物总种数的2%；此外，共鉴定浮游幼体2种。

大型底栖生物共56种，其中软体动物29种，占总种类数的51%；甲壳类18种，占总种类数的32%；多毛类7种，占总种类数的13%；腕足动物1种，占总种类数的2%；游泳动物有1种，占总种类数的2%。

鸟类共记录到10目32科63种。根据生态类群划分，其中鸣禽种类最多，为23种；其次为涉禽，有20种；另有攀禽11种，游禽4种，猛禽3种和鸠鸽类2种。其中水鸟（包括涉禽和游禽）24 种，占 38.10%，非水鸟有 39 种，占 61.90%，水鸟中主要由鹭科、鹬科和燕鸥科鸟类组成，分别由 8 种、8 种和 4 种，非水鸟中主要以雀形目鸟类为主，有 23 种。

2）红树林沼泽珍惜濒危生物

海南红树林沼泽不仅具有丰富的生物多样性，还有许多具有重要科研、经济、文化价值的珍贵、稀有和濒危的动植物种类。如水椰、红榄李、海南海桑、杯萼海桑、卵叶海桑、拟海桑、木果楝、正红树、尖叶卤蕨等均为珍贵树种，海南海桑和尖叶卤蕨为海南特有物种；水椰、红榄李、海南海桑、杯萼海桑、卵叶海桑、拟海桑、木果楝在海南已处于濒危状态，不但数量少，而且果实的种子率和种子的发芽率都很低；水椰、红榄李、海南海桑、拟海桑、木果楝已载入《中国植物红皮书》。红榄李与海南海桑已被《中国生物多样性保护行动计划》列入“植物种优先保护名录”。

海南红树林沼泽还有不少珍稀濒危的鸟类。此次调查中记录的 63 种鸟类中有国家Ⅱ级重点保护动物 4 种；列入《国家保护的有益的或者有重要经济、科学研究价值的陆生野生动物名录（三有名录）》的种类有 51 种；列入《中华人民共和国政府和日本国政府保护候鸟及其栖息环境协定》的种类 17 种；列入《中华人民共和国政府和澳大利亚政府保护候鸟及其栖息环境的协定》的种类 15 种；列入濒危野生动植物种国际贸易公约（CITES 公约）附录 2 的 5 种，附录 3 的 2 种（表 2.63）。

表 2.63 海南红树林保护区的保护鸟类

国家重点（4 种）	三有名录（51 种）			中日保护（17 种）	中澳保护（15 种）	Cites 公约（7 种）
黑翅鸢Ⅱ 黑鸢Ⅱ 凤头鹰Ⅱ 褐翅鸦鹃Ⅱ	苍鹭	矶鹬	小云雀	大白鹭	大白鹭	黑翅鸢
	大白鹭	红颈滨鹬	家燕	绿鹭	黄斑苇鳽	Ⅱ
	小白鹭	青脚滨鹬	白鹡鸰	夜鹭	普通燕鸻	黑鸢
	池鹭	鸥嘴噪鸥	赤红山椒鸟	黄斑苇鳽	中杓鹬	Ⅱ
	绿鹭	白额燕鸥	白头鹎	普通燕鸻	白腰杓鹬	凤头鹰
	夜鹭	须浮鸥	棕背伯劳	中杓鹬	红脚鹬	Ⅱ
	黄斑苇鳽	白翅浮鸥	钩嘴林鵙	白腰杓鹬	青脚鹬	白胸苦恶鸟
	栗苇鳽	火斑鸠	黑卷尾	红脚鹬	翘嘴鹬	Ⅱ
	白胸苦恶鸟	珠颈斑鸠	八哥	青脚鹬	矶鹬	栗喉蜂虎
	普通燕鸻	四声杜鹃	家八哥	翘嘴鹬	红颈滨鹬	Ⅱ
	金眶鸻	绿嘴地鹃	灰背椋鸟	矶鹬	白额燕鸥	大白鹭
	环颈鸻	棕雨燕	鹊鸲	红颈滨鹬	家燕	Ⅲ
	中杓鹬	小白腰雨燕	黑喉噪鹛	青脚滨鹬	白鹡鸰	小白鹭
	白腰杓鹬	普通翠鸟	暗绿绣眼鸟	白额燕鸥	金眶鸻	Ⅲ
	红脚鹬	蓝翡翠	大山雀	小白腰雨燕	白翅浮鸥	
	青脚鹬	栗喉蜂虎	叉尾太阳鸟	家燕		
	翘嘴鹬	戴胜	麻雀	白鹡鸰		

3）生态压力

海南省红树林表层沉积物重金属 Cu、Pb、Zn、Cr、Cd、As 含量较低，接近背景值，比福建和广东地区均低。分析其原因，可能是由于海南省的工业不发达，受陆源污染比较轻微（李柳强，2008）。对红树林区沉积物 Hg 的研究，各地区总汞差异显著。三亚河和东寨港汞含量较高，其中海南三亚总汞含量为 164.8 ± 143.9 μg/g，东寨港总汞含量为 314.1 ± 335.7 μg/g，三亚河红树林靠近市区，受生活区的影响，而东寨港属于溺谷型海湾，由于其口小腹大的地形特征，有利于汞在该地区的累积，导致两地汞含量较高。同时研究结果还显示，三亚河红树林 Pb 为轻度污染（吴浩，2009）。通过对东寨港、清澜港、三亚河典型红树林生态系统水环境评价显示，pH 值为 7.6、7.87 和 7.84，在 7.5 ~ 8.5 的范围内，达到《近岸海洋生态系统健康评价指南》（以下简称《指南》）Ⅰ类水质，活性磷酸盐含量分别为 12ug/L、4 μg/L 和 56μg/L，东寨港、清澜港的活性磷酸盐在≤15 μg/L 的范围，达到《指南》Ⅰ类水质，而三亚河活性磷酸盐远远超过 30 μg/L 的Ⅲ类水质，无机氮含量分别为 281 μg/L、52 μg/L 和 322 μg/L，其中清澜港达到Ⅰ类，东寨港为Ⅱ类，三亚河超过Ⅲ类。

近几十年来，红树林面积变化很大。20 世纪 50 年代，海南省红树林的面积有 12 506 hm^2，60 年代中期红树林的面积 11 544.23 hm^2，70 年代初期红树林的面积 9 659.62 hm^2，80 年代中期，红树林的面积 5 200 hm^2，1996 年，红树林的面积 5 023 hm^2，比 50 年代中期减少了 59.84%（表 2.64）。本世纪初海南省红树林面积为 3 351.7 hm^2，“908 专项”调查显示全省红树林沼泽面积为 4 132.82 hm^2（包括红树林林缘滩涂面积，实际红树林面积更小，2009 年“908 专项”海南省热带海洋典型生态系统调查显示全省实际红树林的面积只有 2 958.95 hm^2），特别是在琼海、乐东和东方三个沿海市县，红树林所剩无几，东方红树林沼泽面积只有 0.55 hm^2。

表 2.64　海南岛沿岸红树林面积的变化

数据年代	面积/hm^2	比 50 年代中期减少的百分数	资料来源	数据获取方法
20 世纪 50 年代中期	12 506.00	0.00	国家海洋局	调查与统计相结合
20 世纪 60 年代中期	11 544.23	7.69	国家海洋局第三海洋研究所	地面调查
20 世纪 70 年代初期	9 659.62	22.76	中国科学院地理研究所	航空相片与地面调查相结合
20 世纪 80 年代中期	5 200.00	58.42	海南省上报国务研究院	地面调查与统计相结合
20 世纪 90 年代初期	6003.00	52.00	中国科学院遥感研究所	卫星遥感技术调查
1996 年	5 023.00	59.84	中国科学院遥感研究所	卫星遥感技术调查
2000 年	3 923.22	68.63	中国科学院遥感研究所	卫星遥感技术调查

2.6.3.2 海草床

海草床生态系统与珊瑚礁、红树林生态系统一样，是具有非常重要的海洋典型生态系统之一。

1）海草床生态结构功能评价

（1）生物种类

海草床是海岸潟湖中一个非常重要的生态系统。目前海南岛海草床共有 6 属 10 种（表

2.65)。其中热带种为泰莱藻、海菖蒲、海神草和齿叶海神草；泛热带—亚热带分布的有贝克喜盐草、喜盐草、小喜盐草、二药藻、羽叶二药藻；亚热带种为针叶藻。优势种为泰莱藻、海菖蒲和海神草；稀有种为贝克喜盐草、羽叶二药藻、小喜盐草、针叶藻和齿叶海神草。

表 2.65 海南岛海草种类

属	种
海神草属 *Cymodocea*	海神草 *Cymodocea rotunda*
	齿叶海神草 *Cymodocea serrulata*
二药藻属 *Halodule*	羽叶二药藻 *Halodule pinifolia*
	二药藻 *Halodule uninervis*
针叶藻属 *Syringodium*	针叶藻 *Syringodium isoetifolium*
海菖蒲属 *Enhalus*	海菖蒲 *Enhalus acoroides*
泰莱藻属 *Thalassia*	泰莱藻 *Thalassia hemprichii*
喜盐草属 *Halophila*	贝克喜盐草 *Halophila beccarii*
	小喜盐草 *Halophila minor*
	喜盐草 *Halophila ovalis*

(2) 生物量

海南岛海岸潟湖海草生物量范围为727.24~71.24 g/m^2，平均生物量为410.26 g/m^2。其中海神草22.26 g/m^2、齿叶海神草为8.86 g/m^2、羽叶二药藻为5.12 g/m^2、二药藻11.07 g/m^2、针叶藻4.53 g/m^2、海菖蒲222.24 g/m^2、泰莱藻127.12 g/m^2、贝克喜盐草0.36 g/m^2、小喜盐草0.17 g/m^2、喜盐草8.51 g/m^2（图2.156）。

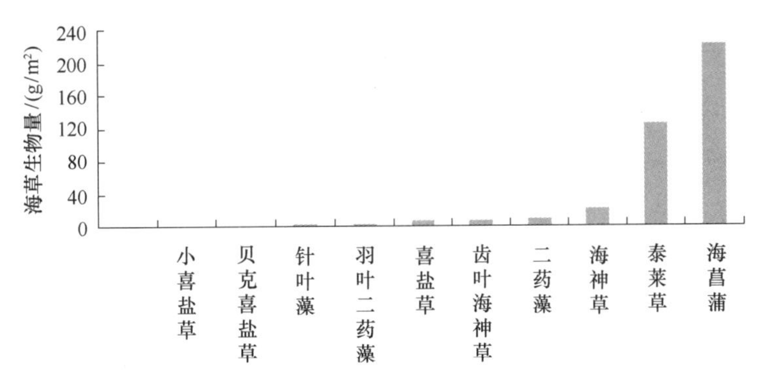

图2.156 海南岛海草种类生物量

(3) 生物体密度

海南岛各调查区海草密度范围为4 131.20~550.40株/m^2，平均密度为1 753.39株/m^2。其中海神草163.32株/m^2、齿叶海神草为54.66株/m^2、羽叶二药藻为182.94株/m^2、二药藻179.63株/m^2、针叶藻105.35株/m^2、海菖蒲41.22株/m^2、泰莱藻358.01株/m^2、贝克喜盐草129.57株/m^2、小喜盐草33.48株/m^2、喜盐草505.20株/m^2（图2.157）。

(4) 优势度

海南岛海草优势度值如图2.158所示，海菖蒲优势度值最大，为45.77%；其次为泰莱

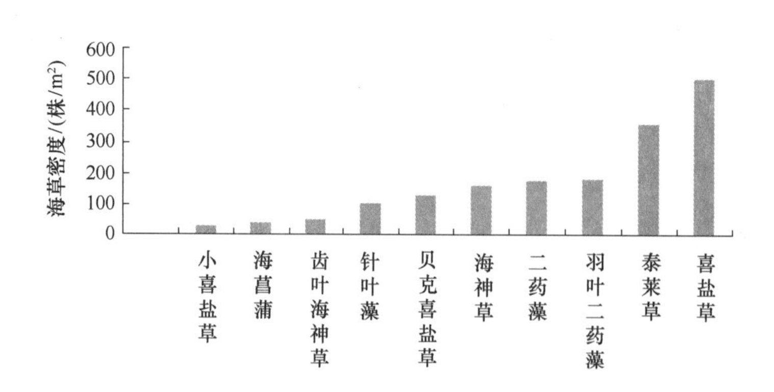

图 2.157　海南岛海草种类密度

草，为32.14%，小喜盐草值最小，为0.06%。海草优势度值大小排列顺序为：海菖蒲、泰莱草、羽叶二药藻、海神草、二药藻、齿叶海神草、针叶藻、喜盐草、贝克喜盐草、小喜盐草（图2.158）。

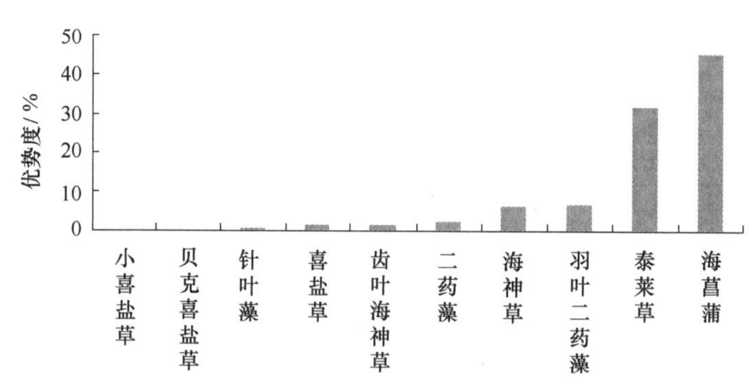

图 2.158　海南岛海草种类优势度

（5）多样性指数

海南岛海草平均多样性指数为1.11，其中宝峙村海草多样性指数最高，为2.36；其次为青葛，为1.70；最少的是铁炉港，为0.22。各调查区海草多样性指数大小顺序为：宝峙村、青葛、高隆湾、新村港、黎安港、冯家湾、龙湾、港东村、后海湾、长圮港、潭门、花场湾、铁炉港（图2.159）。

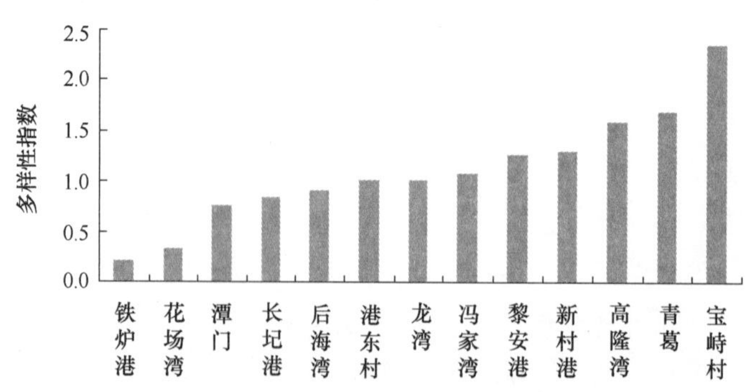

图 2.159　海南岛各调查区海草多样性指数

（6）均匀度

海南岛海草均匀度平均值为0.58，其中后海湾海草多样性指数最高，为0.92；其次为宝峙村，为0.91，最少的是铁炉港，为0.22。各调查区海草多样性指数大小顺序为：后海湾、宝峙村、高隆湾、青葛、港东村、龙湾、黎安港、新村港、冯家湾、长圮港、花场湾、潭门、铁炉港，其中港东村、龙湾、黎安港相等（图2.160）。

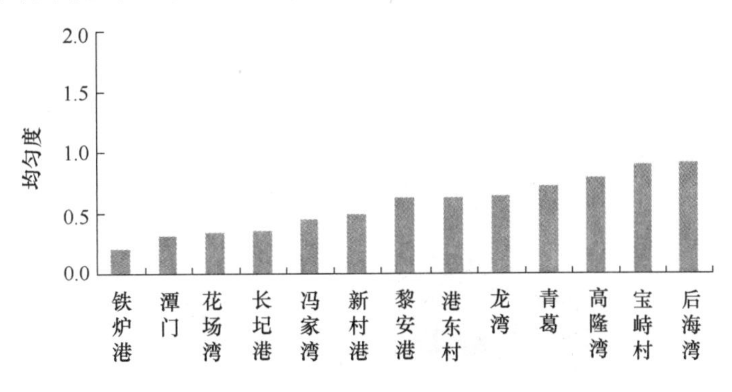

图2.160　海南岛各调查区海草均匀度

（7）群落演变速率

海南岛各调查区平均海草群落演变速率为0.95，其中花场湾海草群落演变速率最高，为0.99；其次为潭门、新村港和后海湾，均为0.97；最少的是龙湾，为0.91。各调查区海草群落演变速率高低顺序为：花场湾、潭门、新村港、后海湾、长圮港、高隆湾、宝峙村、青葛、黎安港、港东村、铁炉港、冯家湾、龙湾，其中潭门、新村港、后海弯相等，宝峙村、青葛、黎安港相等，港东村、铁炉港相等（表2.66）。

表2.66　调查区海草演变速率

市县	区域	演变速率	平均值
文昌	高隆湾	0.95	0.95
	港东村	0.93	
	长圮港	0.96	
	宝峙村	0.95	
	冯家湾	0.92	
琼海	青葛	0.95	
	龙湾	0.91	
	潭门	0.97	
陵水	新村港	0.97	
	黎安港	0.95	
三亚	后海湾	0.97	
	铁炉港	0.93	
澄迈	花场湾	0.99	

2）大型底栖生物

大型底栖生物是海草床生态系统中的次级生产力，同时也是该生态系统物质循环、能量流动中积极的消费者和转移者，因此，对海草床大型底栖生物的评价可以体现出海草床生态系统健康状态。

（1）种类组成

海南岛周边海草床大型底栖生物共41科75种，其中以软体动物为主，有28科58种，约占总种类数的77%；甲壳动物7科11种，约占总种类数的15%；棘皮动物有4科4种，约占总种类数的5%；环节动物有2科2种，约占总种类数的3%（图2.161）。

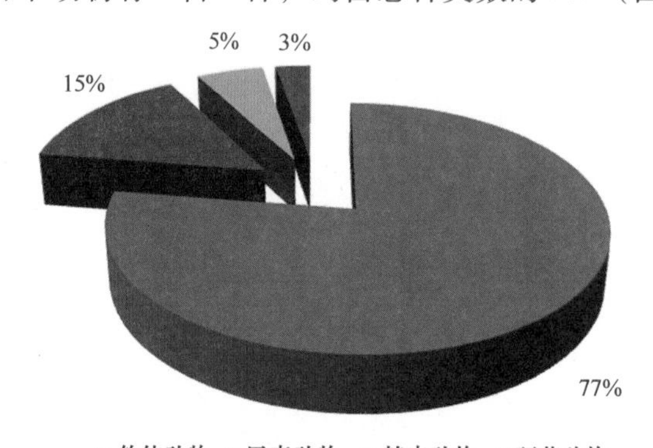

图2.161　海草床大型底栖生物种类组成

（2）优势种

海南岛南部的新村港和黎安港海草床生态系统大型底栖生物主要以多毛类的海蚯蚓（*Arenicda cristata*）、厚鳃蚕（*Dasybranchus caducus*）为优势种类，海南岛东海岸的高隆湾、长圮港、青葛港、龙湾、潭门海草床生态系统大型底栖生物主要以软体动物的双壳类为主，比较突出的是青葛港、龙湾以菲律宾偏顶蛤（*Modiolus philippinarum*）作为绝对优势种类。海南岛北面的花场湾主要以软体动物的小型腹足类为主，有秀丽织纹螺（*Nassarius festiva*）、小翼拟蟹守螺（*Cerithidea microptera*）、纵带滩栖螺（*Batillaria zonalis*）、奥莱彩螺（*Clithon oualaniensis*）。甲壳类的无刺短桨蟹（*Thalamita crenata*）分布甚广，每个海草床均有分布。

（3）生物量

大型底栖生物的生物量幅度为48.88～1 303.62 g/m^2，平均生物量为317.78 g/m^2。软体动物类群生物量最高，为315.34 g/m^2，占总生物量的97%，其次为棘皮动物，生物量为3.32 g/m^2，占总生物量的1%，环节动物的生物量为2.98 g/m^2，占总生物量的1%；甲壳动物的生物量最低，为2.40 g/m^2（表2.67）。

表2.67　各类群生物的生物量

项目	软体动物	甲壳动物	棘皮动物	环节动物
生物量/（g/m^2）	315.34	2.40	3.32	2.98
占总生物量比例/%	97	1	1	1

(4) 栖息密度

大型底栖生物的栖息密度幅度为3.2～1 057.6 ind./m^2，平均栖息密度为142.93 ind./m^2。软体动物的栖息密度最高，为140.8 ind./m^2，占总栖息密度的97%，其次为环节动物，栖息密度为3.64 ind./m^2，占总栖息密度的3%，甲壳动物的栖息密度为0.53 ind./m^2；棘皮动物的栖息密度最低，为0.18 ind./m^2（图2.162）。

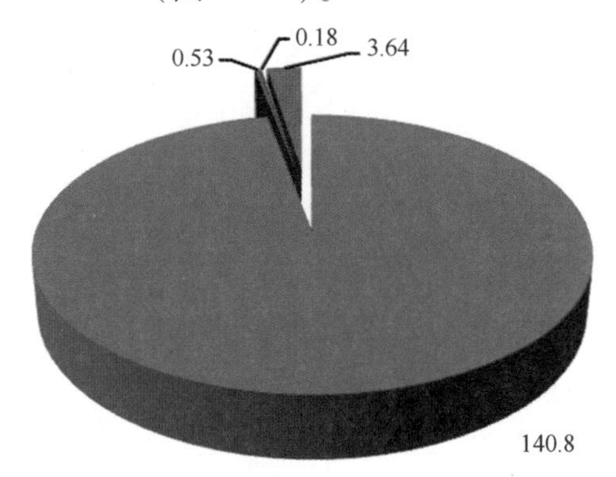

图2.162　海草床各类群大型底栖生物栖息密度（ind./m^2）

海南岛周边海草床大型底栖生物的生物多样性指数幅度为0.54～2.45，平均为1.65（图2.163）。表明海南岛海草床大型底栖生物的生物的群落结构状况整体处于中度污染状态。

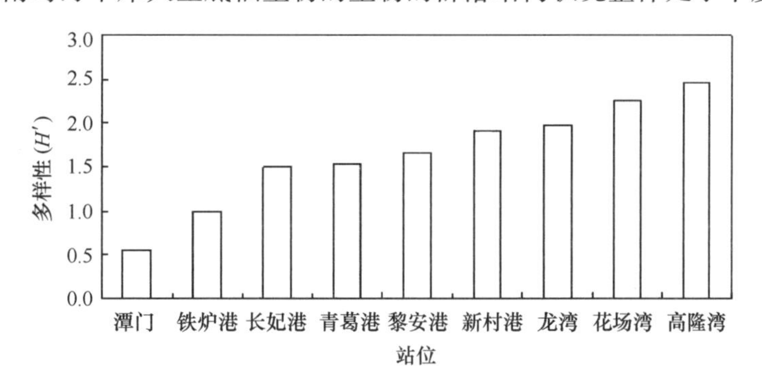

图2.163　各海草床大型底栖生物的多样性指数

其中花场湾和高隆湾海草床大型底栖生物的物种多样性指数在2～3之间，表明其生物群落结构状态处于轻度污染状态；新村港、黎安港、龙湾、青葛港、长圮港和铁炉港海草床大型底栖生物的物种多样性指数在1～2之间，表明其生境处于中度污染状态。

(6) 均匀度

生物均匀度均在0.5以上，幅度为0.51～1，平均为0.77，表明海草床大型底栖生物群落物种分布整体上较为均匀（图2.164）。

新村港、黎安港、长圮港、高隆湾和铁炉港的生物均匀度均在平均值0.77之上，表明其生物群落物种分布较为均匀，龙湾、青葛港、潭门和花场湾的生物均匀度均在平均值0.77之下，表明其生物群落物种分布不均匀。其主要原因可能与该海域的环境污染有关，个别适应能力较强的物种迅速繁殖，其数量上与其他适应能力较差的物种相差甚远。

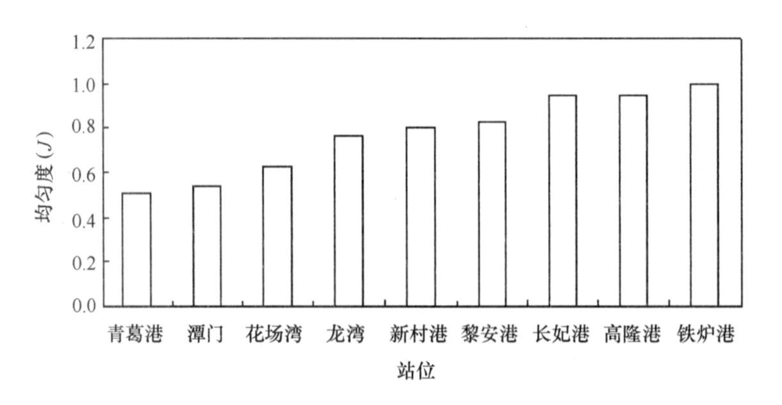

图 2.164　各海草床大型底栖生物的均匀度

3）海草床生态压力评价

海南岛海草分布区富营养化压力指数 N_I 详细见表 2.68。从调查结果可以看出，海南岛海草分布区的水质除了个别潟湖存在富营养化问题如老爷海，其他海草分布区的富营养化压力系数 N_I 小于 1，不存在水体富营养。

表 2.68　各调查区域富营养化压力指数 N_I

市县	监测站位	无机磷/（mg/dm³）	无机氮/（mg/dm³）	COD/（mg/dm³）	N_I
澄迈	花场湾	0.010	0.043	0.970	0.089
文昌	高隆湾	0.008	0.258	1.360	0.624
	港东村	0.008	0.096	0.850	0.145
	长圮港	0.008	0.130	0.880	0.203
	椰林湾	0.013	0.180	0.860	0.447
琼海	青葛	0.01	0.30	0.11	0.073
	龙湾	0.002	0.084	0.155	0.005
	谭门	0.013	0.051	0.150	0.022
万宁	大洲岛	0.002	0.025	0.220	0.002
	老爷海	0.030	0.070	4.110	1.918
陵水	新村	0.001	0.026	1.640	0.011
	黎安	0.001	0.034	2.380	0.016
	赤岭	0.001	0.016	0.330	0.001
三亚	西岛	0.004	0.047	0.312	0.013
	鹿回头	0.006	0.071	0.414	0.038
	小东海	0.003	0.028	0.312	0.006

4）海草床生态系统健康评价

（1）水环境评价

海草床生态系统水环境评价见表 2.69 和表 2.70。由表 2.69 可知，黎安港、新村港、长圮、龙湾和高隆湾海草床生态系统水环境范围在 12.5 ~ 13.75 范围，水环境均属于健康。其中潟湖沿岸的黎安港和新村港水质环境相对较差，珊瑚礁港湾沿岸的长圮、龙湾和高隆湾水质环境相对较好。

表 2.69 海草床生态系统水环境评价（站点）

监测站位	盐度		赋值	悬浮物/（mg/L）	赋值	无机氮/（mg/L）	赋值	活性磷酸盐/（mg/L）	赋值	透光率	赋值
	2008 年	2009 年									
龙湾 1	33.07	32.94	15	–	15	0.2	15	0.001	15	1.84	15
龙湾 1	33.07	33.32	15	3.1	10	0.068	15	0.001	15		
龙湾 2	33.11	32.28	15	15	5	0.031	15	0.002	15	4.82	15
龙湾 3	32.3	32.63	15	3.8	10	0.037	15	0.003	15	1.76	15
平均			15		10		15		15		15
黎安 1	34.72	32.76	15	9.2	5	0.03	15	–	15	0	5
黎安 1	34.71	33.01	15	8.6	5	0.023	15	0.001	15		
黎安 2	34.56	32.76	15	14	5	0.028	15	–	15	0.01	5
黎安 2	34.58	33.07	15	7.4	5	0.026	15	–	15		
黎安 3	34.48	32.66	15	7.6	5	0.035	15	–	15	0	5
黎安 3	34.24	33.24	15	7	5	0.058	15	0.005	15		
黎安 4	34.3	32.86	15	5.7	5	0.04	15	–	15	0.05	5
平均			15		5		15		15		5
新村 1	33.44	30.83	15	24	5	0.026	15	0.002	15	0.02	5
新村 2	32.44	30.77	15	7.9	5	0.022	15	0.002	15	0.01	5
新村 3	33.06	30.18	15	16.3	5	0.024	15	–	15	0	5
新村 4	33.81	31.93	15	2.4	15	0.031	15	0.002	15	0.01	5
新村 5	33.81	31.93	15	10.8	5	0.027	15	–	15	0	5
平均			15		7		15		15		5
长圮 1	32.84	32.38	15	4.4	10	0.016	15	–	15	0.01	5
长圮 2	33.09	32.62	15	3.7	10	0.024	15	–	15	0.03	5
平均			15		10		15	0	15		5
高隆湾 1	32.22	28.57	15	5.5	5	0.02	15	–	15	0.01	5
高隆湾 2	31.7	29.08	15	3.3	10	0.019	15	–	15	0.02	5
高隆湾 3	31.52	29.14	15	3.9	10	0.018	15	–	15	0.04	5
高隆湾 3	31.52	33.2	15	3.7	10	0.019	15	–	15		
平均			15		8.75		15		15		5

备注：“ – ”表示未检出

表 2.70　海草床生态系统水环境评价（站位）

站位	赋值					评价
	盐度	悬浮物/（mg/L）	无机氮/（mg/L）	活性磷酸盐/（mg/L）	平均	
新村港	15	7	15	15	13	健康
黎安港	15	5	15	15	12.5	健康
龙湾	15	10	15	15	13.75	健康
长玘	15	10	15	15	13.75	健康
高隆湾	15	8.75	15	15	13.438	健康

（2）沉积物环境评价

海草床生态系统沉积物环境评价见表2.71和表2.72。由表2.72可知，黎安港、新村港、长玘、龙湾和高隆湾海草床生态系统沉积物环境范围在8.25～10范围，沉积物环境均属与健康。其中潟湖沿岸的黎安港和新村港沉积物质环境相对较差，珊瑚礁港湾沿岸的长玘、龙湾和高隆湾沉积物质环境相对较好。

表 2.71　海草床生态系统沉积物环境评价（站点）

站位	站位号	沉积物监测结果			
		硫化物/（$W\times10^{-6}$）	赋值	有机碳/%	赋值
长玘	1	20.92	10	0.15	10
	2	20.23	10	0.19	10
平均			10		10
龙湾	1	17.98	10		10
	2	15.55	10		10
	3	12.78	10		10
平均			10		10
高隆湾	1	27.64	10	0.26	10
	2	26.74	10	0.36	10
	3	64.68	10	0.27	10
平均			10		10
黎安港	1	598.33	1	0.93	10
	2	445.27	5	1.59	10
	3	55.94	10	0.16	10
	4	82.98	10	0.27	10
平均			6.5		10
新村港	1	65.98	10	1.72	10
	2	496.27	5	1.6	10
	3	342.64	5	1.2	10
	4	55.74	10	0.13	10
	5	53.42	10	0.05	10
平均			8		10

表 2.72 海草床生态系统沉积物环境评价（站位）

站位	赋值			评价
	硫化物	有机碳	平均	
新村港	8	10	9	健康
黎安港	6.5	10	8.25	健康
龙湾	10	10	10	健康
长玘	10	10	10	健康
高隆湾	10	10	10	健康

（3）生物残毒状况评价

海草床生态系统生物残毒状况评价见表 2.73 和表 2.74。由表 2.74 可知，黎安港、新村港、长玘、龙湾和高隆湾海草床生态系统生物残毒状况范围在 6.8 ~7.1 范围。其中龙湾海草床生物残毒状况相对较差，环境受到轻微污染，属于亚健康状态；其他站位海草床生物残毒状况相对较好，环境未受到污染。

表 2.73 海草床生态系统生物残毒状况评价（站点）

站号	生物类别	石油烃/（10^{-6}）	赋值	总汞 Hg/（10^{-6}）	赋值	砷 As/（10^{-6}）	赋值	镉 Cd/（10^{-6}）	赋值	铅 Pb/（10^{-6}）	赋值
高隆湾 1	贝类	3.93	10	0.037	10	3.7	5	0.02	10	0.2	5
高隆湾 2	鱼类	0.72	10	0.223	1	0.4	10	–	10	0.2	5
高隆湾 3	甲壳类	0.61	10	0.144	1	1.2	5	0.02	10	0.4	5
平均			10		4		6.666 667		10		5
龙湾 1	贝类	17.2	5	0.009	10	1.8	5	0.19	10	1.8	5
龙湾 2	鱼类	–	10	0.441	1	0.5	10	0.05	10	0.4	5
龙湾 3	甲壳类	0.59	10	0.193	1	2.2	5	–	10	0.2	5
平均			8.333 333		4		6.666 667		10		5
黎安 1	贝类	6.35	10	0.023	10	3.1	5	0.03	10	1.1	5
黎安 2	鱼类	–	10	0.112	1	0.2	10	–	10	1.2	5
黎安 3	甲壳类	0.98	10	0.067	5	1.7	5	0.03	10	2.8	1
平均			10		5.333 333		6.666 667		10		3.666 667
长玘 1	贝类	3.57	10	0.027	10	2.7	5	0.02	10	0.2	5
长玘 2	鱼类	–	10	0.123	1	0.2	10	–	10	0.2	5
长玘 3	甲壳类	0.54	10	0.084	5	1.1	5	0.02	10	0.2	5
平均			10		5.333 333		6.666 667		10		5
新村 1	贝类	9.93	10	0.023	10	2.3	5	0.02	10	1.1	5
新村 2	鱼类	–	10	0.151	1	0.2	10	–	10	1.3	5
新村 3	甲壳类	1.48	10	0.068	5	1.8	5	0.02	10	3.6	1
平均			10		5.333 333		6.666 667		10		3.666 667

备注：“ – ”表示未检出

表 2.74 海草床生态系统生物残毒状况评价（站位）

站位	赋值						评价
	石油烃	总汞 Hg	砷 As	镉 Cd	铅 Pb	平均	
新村港	10	5.3	6.7	10	3.7	7.1	健康
黎安港	10	5.3	6.7	10	3.7	7.1	健康
龙湾	8.3	4	6.7	10	5	6.8	亚健康
长玘	9.4	4.9	6.7	10	4.1	7.0	健康
高隆湾	10	4	6.7	10	5	7.1	健康

（4）栖息地评价

龙湾、黎安、新村、长玘和高隆湾沿岸海域，5 年内海草分布面积变化见表 2.75，其中黎安海草 5 年内海草分布面积减少了 0.43 km^2，约占海草面积的 17.2%。其他站位海草分布面积基本稳定。

表 2.75 站位上 5 年内海草分布面积变化

站位	2004 年	2009 年	5 年内海草分布面积减少	赋值
龙湾沿岸海域	8.65	8.65	0	15
黎安沿岸海域	2.5	2.07	-0.43	5
新村沿岸海域	3.04	3.04	0	15
长玘沿岸海域	30.57	30.57	0	5
高隆湾沿岸海域	30.57	30.57	0	15

龙湾、黎安、新村、长玘和高隆湾站点上沉积物主要组分含量年度变化见表 2.76，其中黎安和长玘海草床沉积物主要组分含量年度变化较大。其他站位海草床沉积物主要组分含量年度变化相对稳定。

表 2.76 沉积物主要组分含量年度变化（站点）

站位号	主要组分							
	砂				粉砂			
	2008 年	2009 年	年度变化	赋值	2008 年	2009 年	年度变化	赋值
长玘 1	68.27	56.3	-18%	5	9.64			
长玘 2	84.44	67.3	-20%	5	6.31			
龙湾 1	74.81	72.2	-3%	15	10.86			
龙湾 2	77.06	84.4	10%	10	7.57			
龙湾 3	80.54	57.8	-28%	5	4.59			
高隆湾 1	95.9	98	2%	15	3.4			
高隆湾 2	97.05	74.1	-24%	5	1.9			
高隆湾 3	93.27	88	-6%	10	5.06			
黎安 1	23.05				60.74	76.3	26%	5
黎安 2	3.32				80.33	85.4	6%	10

续表 2.76

站位号	主要组分							
	砂				粉砂			
	2008 年	2009 年	年度变化	赋值	2008 年	2009 年	年度变化	赋值
黎安 3	9.29				77.41	81.6	5%	15
黎安 4	50.6	84.1	66%	5	44.55			
新村 1	84.72	71.9	-15%	5	7.16			
新村 2	84.21	82.5	-2%	15	6.04			
新村 3	92.81	98.1	6%	10	3.54			
新村 4	93.77	97	3%	15	3.54			

海草床生态系统栖息地评价见表 2.77，结合沉积物主要组分含量年度变化和 5 年内海草分布面积减少指标，龙湾、黎安、新村、长圮和高隆湾海草床生态系统栖息地健康指数范围在 5～12.5，其中黎安和长圮栖息地为亚健康，其他站位栖息地为健康。

表 2.77　海草床生态系统栖息地评价（站位）

站位	沉积物主要组分含量年度变化赋值	5 年内海草分布面积减少赋值	平均
龙湾	10	15	12.5
黎安	9	5	7
新村	11	15	13
长圮	5	5	5
高隆湾	10	15	12.5

5）生物指标评价

海草床生态系统生物指标评价见表 2.78 和表 2.79。如表 2.79 所示，黎安港、新村港、长圮、龙湾和高隆湾海草床生态系统生物指标评价范围在 15～35 范围。其中黎安港生物健康指数为 15，属于不健康状态；新村港、龙湾、高隆湾海草床生物健康指数分别为 20、22.5 和 25，均属于亚健康状态；长圮海草床生物健康指数为 35，均属于健康状态。

表 2.78　海草床生态系统生物指标评价（站位）

站位	盖度/（%）				生物量/（g/m^2）				密度/（ind./m^2）				底栖生物量/（g/m^2）			
	2004 年	2009 年	变化	赋值	2004 年	2009 年	变化	赋值	2004 年	2009 年	变化	赋值	2004 年	2009 年	变化	赋值
新村港	59	47.27	-20%	10	295.4	289.13	-2%	50	1 261.5	1 203.6	-4.6%	50	124.4	56.41	-55%	10
黎安港	63	50	-21%	10	647.39	405.66	-37%	10	1 241.9	888.4	-28.5%	10	105.57	95.58	-9%	30
龙湾	38	64.5	70%	50	728.34	727.24	-0.2%	50	581.5	550.4	-5.3%	30	648.5	578.4	-11%	10
长圮	47	47.31	1%	50	384.32	374.89	-2%	50	537.6	585.85	9.0%	50	129.2	55.42	-57%	10
高隆湾	44	36	-18%	10	364.53	372.96	2%	50	1 985.2	2 080	4.8%	50	374.6	343.9	-8%	30

表 2.79　海草床生态系统生物指标评价（站位）

站位	赋值				
	海草盖度	海草生物量	海草密度	底栖动物生物量	平均
新村港	10	50	50	10	30
黎安港	10	10	10	30	15
龙湾	50	50	30	10	35
长玘	50	50	50	10	40
高隆湾	10	50	50	30	35

2.6.3.3　潟湖

小海位于海南省东南部的万宁市境内，东临南海，由狭长的南北走向的沙坝与南海相隔，是一个发育良好的沙坝—潟湖式港湾。潟湖南北最大长度 22 km，东西最大宽度 14 km，总面积约 4 900 hm^2。潟湖水深一般在 1.3 m（理论深度基准面），最深处可达 5 m，为宽浅型潟湖。潟湖北部有一口门与海相通。小海是海南省最大的潟湖，周边有 8 条中小河流的入海，具有泄洪纳湖，水产养殖，环境生态，航运交通和海滩开发等多种功能，其经济地位和作用在万宁市可持续发展中占有举足轻重的位置。

小海初级生产力水平为 33.81 $mgC/m^2 \cdot h$，环境质量指数（水平指数）为 0.66，为 3 级，属于中等水平区域。初级生产力水平中等。

1）生物多样性现状与评价

（1）生物多样性现状

万宁小海生物多样性如表 2.80 所示，微微型（光合）浮游生物丰度为 $0.94 * 10^3$ cells/mL，微微型原核浮游生物丰度为 0.79×10^3 cells/mL。微型浮游生物共 13 种，其中蓝藻 1 种，甲藻 3 种，硅藻 4 种，绿藻 3 种，金藻 1 种，隐藻 1 种，平均密度为 $177.31 * 10^6$ ind./m^3，平均生物量为 341.81 mg/m^3。浮游植物共 15 种，都属于硅藻类，其中日本星杆藻（*Asterionella japonica*）和隐秘小球藻（*Cyclotella cryptica*）为优势种，平均分布密度为 453.48×10^6 ind./m^3，平均生物量为 2 036.62 mg/m^3。浮游动物共 11 种，其中原生动物 2 种，桡足类 4 种，幼体类 3 种，轮虫类 1 种，以尖额尖额真猛水蚤（*Euterpina acutifrons*）、小拟哲水蚤（*Paracalanus parvus*）和细巧华哲水蚤（*Sinocalanus tenellus*）为优势种；平均分布密度为 98.50 ind./m^3，平均生物量为 65.85 mg/m^3。

表 2.80　万宁小海生物多样性

生物类别	种类数	密度（丰度）	生物量
微微型（光合）浮游生物		$0.94 * 10^c$ cells/mL	
微微型原核浮游生物		$0.79 * 10^c$ cells/mL	
微型浮游生物	13	$177.31 * 10^6$ ind./m^3	341.81 mg/m^3
浮游植物	15	$453.48 * 10^6$ ind./m^3	2 036.6 mg/m^3
浮游动物	11	98.5 ind./m^3	65.85 mg/m^3
大型底栖生物	16	288.2 ind./m^2	57.18 g/m^2

（2）生物多样性评价

小海生物种类多样性指数、均匀度和多样性阈值的计算结果在表2.81中列出。

表2.81　小海生物种类多样性指数、均匀度和多样性阈值

站号	浮游植物			浮游动物			大型底栖生物		
	H'	J'	D_v	H'	J'	D_v	H'	J'	D_v
XH02	1.45	0.52	0.75	0.59	0.59	0.35	2.92	0.71	2.08
XH03	1.93	0.79	1.53	0.69	0.22	0.30	2.20	0.73	1.61
XH04	2.40	0.65	1.56	1.18	0.59	0.69	2.43	0.68	1.65
XH05	1.48	0.49	0.73	1.17	0.51	0.59	2.13	0.76	1.62
XH06	1.95	0.65	1.27	1.82	0.57	1.04	2.01	0.72	1.44
$\bar{x}\pm S$	1.84±0.18	0.62±0.05	1.17±0.18	1.09±0.22	0.50±0.07	0.60±0.13	2.34±0.16	0.72±0.01	1.68±0.11

根据蔡清海等（2007）浮游植物种类多样性指数、均匀度指数与污染程度的关系可知小海污染程度为中度污染。根据蔡文贵等（2007）多样性阈值 D_v 等级模型可知浮游植物、浮游动物处于2级水平，多样性一般，而大型底栖生物处于3级水平，多样性较好。

3）小海潟湖质量综合评价

小海初级生产力水平中等，浮游植物和大型底栖生物为高等水平，浮游动物也达到了中高水平，多样性一般，污染程度为中度。根据贾晓平等（2003）小海生态环境质量综合指数为0.46，总体处于3级的良好水平（表2.82）。

表2.82　港湾环境综合质量状况分级

等级	指数	质量状况
1	<0.2	优级
2	0.2~0.4	优良
3	0.4~0.6	良好
4	0.6~0.8	一般
5	0.8~1.0	较差
6	>1.0	很差

注：以上方法参照贾晓平等，海洋渔场生态环境质量状况综合评价方法探讨［J］，中国水产科学，2003，10（2）：160－164

参考文献

《南海北部陆架邻近水域十年水文断面调查报告》编委会.1990. 南海北部陆架邻近水域十年水文断面调查报告［M］. 北京：海洋出版社.

蔡爱智，李星元.1964. 海南岛南岸珊瑚礁的若干特点. 海洋与湖昭，6（2）：205－216.

蔡锋，吴自银，周兴华，等.2011. 我国近海海底地形地貌——调查研究报告.

蔡立哲，马丽，袁东星，等.2005. 九龙江口红树林区底栖动物体内的多环芳烃［J］. 海洋学报，27（5）：

112－118.
蔡清海，陈于望．1998. 福建省海岛周围水体和底质中油类的污染状况［J］．海洋通报，17（4）：94－96.
陈波．1986. 北部湾水系形成及其性质的初步探讨［J］．广西科学院学报，2：92－95.
陈春华．1993. 东海黑潮海域海水的表现铜络合容量［J］．海洋通报，12（3）：37－43.
陈慈美，林月玲，吴瑜端．1991. 沉积物二次污染对海域赤潮的影响［J］．海洋通报，10（1）：64－71.
陈德文，商少平，商少凌，等．2007. 台风期间台湾岛周边海域海面风场特征的卫星遥感研究．厦门大学学报（自然科学版）．46（1）：141－145.
陈欣树．1989. 广东和海南岛砂质海岸地貌及其开发利用．热带海洋，8（1）：43－51
陈愚，任长久，蔡晓明．1998. 镉对沉水植物硝酸还原酶和超氧化物歧化酶活性的影响［J］．环境科学学报，18（3）：3132.
崔毅，陈碧鹃，宋云利．1997. 胶州湾海水、海洋生物体中重金属含量的研究［J］．应用生态学报，8（6）：650－654.
单家林，郑学勤．2005. 海南岛红树林区系初步研究．热带林业，33（3）：8－12.
刁维萍，倪吾钟，倪天华，等．2003. 水体重金属污染的生态效应与防治对策［J］．广东微量元素与科学，10（3）：125.
董剑，潘伟然，李立，等．2009. 北部湾动力场对2006年“派比安”台风的相应过程分析．北部湾海洋科学研究论文集（II），146－153.
方杰，王凯雄．2007. 气相色谱－离子阱质谱法测定海洋贝类中多残留有机氯农药、多氯联苯和多环芳烃［J］．分析化学，35（11）：1607－1613.
冯士筰，李凤岐，李少菁．1999. 海洋科学导论［M］．北京：高等教育出版社．
符国瑗，黎军．2000. 海南三亚市红树林植被调查初报［J］．海南大学学报自然科学版，18（3）：287－291.
甘居利，等．2007. 南海北部陆架3种鱼类多氯联苯含量分布特征［J］．热带海洋学报，26（2）：69－73.
甘居利，等．2007. 南海北部三种金线鱼属鱼类BHC，DDT残留研究［J］．海洋学报，29（5）：96－101.
甘居利，贾晓平，李纯厚，等．2003. 南海北部陆架区表层沉积物中重金属分布和污染状况［J］．热带海洋学报，22（1）：36－42.
甘居利，吴光权．1998. 鱼体内锌、镉和核酸的变化及其相互关系研究［J］．水生生物学报，22（1）：98－100.
戈健梅，龚文平．1999. 海南岛的滨海旅游．海岸工程，18（2）：104－108
郭忠信，杨天鸿，仇德忠．1985. 冬季南海暖流及其右侧的西南向海流［J］．热带海洋，4（1）：1－8.
国家海洋局．2007. 2007年中国海洋环境质量公报［R］．
国家海洋局东海分局．2009. 908－01－DX55、56、57区块海底地形地貌调查研究报告．
国家质量技术监督局．1997. 海水水质标准（GB3097－1997）［S］．北京：中国标准出版社．
国家质量技术监督局．2002. 海洋沉积物质量（GB18668－2002）［S］．北京：中国标准出版社．
韩舞鹰，等．1998. 南海海洋化学［M］．北京：科学出版社．
韩舞鹰，王明彪，马克美．1990. 我国夏季最低表层水温海区－琼东沿岸上升流区的研究．海洋与湖沼，21（3）：267－275.
何文珊．2008. 中国滨海湿地［M］．中国林业出版社．
贺志鹏，宋金明，张乃星，等．2008. 南黄海表层海水重金属的变化特征及影响因素［J］．环境科学，29（5）：1153－1162.
黄金森．1965. 海南岛南岸与西岸珊瑚礁海岸．科学通报，1（1）：12－18.
黄燕波，陈润珍．2005. 影响北部湾地区热带气旋特征统计和分类．广西气象，26（II）：25－27.

贾晓平，等．2000. 广东沿海牡蛎体 Pb 含量水平及时空变化趋势［J］．水产学报，24（6）：527－532.
贾晓平，林钦，吕晓瑜．1990. 北部湾海洋动物的石油烃含量［J］．热带海洋，（1）：94－100.
江锦花，丁理法．2007. 台州湾五种海洋生物体内多环芳烃的浓度、富集特征及环境效应［J］．环境污染与防治，29（5）：394－397.
金波，鲍才旺，林吉胜．1982. 琼州海峡东、西口地貌特征及其成因分析．海洋地质研究，2（4）：94－101.
经志友，齐义泉，华祖林．2008. 南海北部陆架区夏季上升流数值研究．热带海洋学报，27（3）：1－8.
孔繁翔，陈颖，章敏．1997. 镍、锌、铝对羊角月牙藻生长及酶活性影响研究［J］．环境科学学报，17（2）：193－198.
李柳强．2008. 中国红树林湿地重金属污染研究［D］．厦门大学硕士学位论文．
李龙兵．1992. 海南岛的水文特征［J］．区域水文，（6）：49－51.
李炎，胡建宇．2009. 北部湾海洋科学研究论文集（物理海洋与海洋气象专辑）．北京，海洋出版社.
李月，谭丽菊，王江涛．2010. 山东半岛南部近海表层海水中镉、铅、汞、砷的时空变化［J］．中国海洋大学学报，40（Sup.）：179－184.
廉雪琼，王运芳，陈群英．2001. 广西近岸海域海水和沉积物及生物体中的重金属［J］．海洋环境科学，20（2）：59－62.
梁君荣，王军，苏水全，等．2001. 四种重金属对中国鲎胚胎发育的影响［J］．生态学报，21（6）：1009－1012.
廖宝文，郑德璋，郑松发，等．2000. 海南岛清澜港红树林群落演替系列的物种多样性特征［J］．生态科学，19（3）：17－22.
廖宝文．2000. 海南红树林研究的简史和展望．43（2）：28－31.
廖克．1995. 中华人民共和国国家自然地图集［M］．北京：中国地图出版社：132.
林培松，李森，李保生．2005. 近 50 年来海南岛西部气候变化初步研究［J］．气象，31（2）：51－54.
林鹏，傅勤．1995. 中国红树林环境生态及经济利用［M］．北京高等教育出版社，1－3.
林鹏．1997. 中国红树林生态系［M］．科学出版社．
刘芳明，郑洲，缪锦来，等．2007. 极地海洋石油烃污染物的生物降解研究进展［J］．极地研究，19（3）：221－230.
刘芳文，颜文，黄小平，等．2003. 珠江口沉积物中重金属及其相态分布特征［J］．热带海洋学报，22（5）：16－22.
刘华林，刘敏，杨毅，等．2004. 长江口滨岸潮滩动物体中 PCBs 和 OCPs 的分布［J］．环境科学，25（6）：69－73.
刘凌，崔广柏，郝振纯．2000. 多氯联苯在土壤水环境中生物降解过程规律研究［J］．水利学报，（6）：6－13.
刘瑞华，张忠英，韩中元．1986. 海南岛西部沙地的成因探讨．热带地理，6（3）：256－262.
刘晓茹，冯惠华，张燕．2002. 我国水环境有机污染现状与控制对策［J］．水利技术监督，（5）：58－60.
刘昭蜀，赵焕庭，范时清，等．2002. 南海地质，北京：科学出版社，70－189.
刘忠臣，刘保华，黄振宗，等．2005. 中国近海及邻近海域地形地貌［M］．北京，海洋出版社：85－119.
刘忠臣，等．2005. 中国近海及邻近海域地形地貌［M］．北京：海洋出版社．
隆茜，张经．2002. 陆架区沉积物中重金属研究的基本方法及其应用［J］．海洋湖沼通报，（3）：25－35.
陆超华．1988b. 海南岛沿岸海域底栖生物污染调查研究［J］．海洋环境科学，（1）.
陆超华．1988a. 海南岛沿海底栖生物体的痕量金属［J］．海洋通报，（3）.
陆超华．1999. 海南岛沿海底栖生物体内的砷［J］．海洋通报，9（6）：30－33.
陆超华．1995. 南海北部海域经济水产品的重金属污染及其评价［J］．海洋环境科学，14（2）：12－19.

陆超华.1994. 南海北部海域经济鱼类的重金属含量与分布[J]. 中国水产科学，1（2）：68－77.
路鸿燕，何志辉.2000. 大庆原油及成品油对蒙古裸腹溞的毒性[J]. 大连水产学院学报，15（3）：169－174.
吕炳全，王同忠，全松青.1984. 海南岛珊瑚岸礁的特点. 地理研究，3（3）：11－16.
孟伟，刘征涛，范薇.2004. 渤海主要考核口污染特征研究[J]. 环境科学研究，17（6）：66－69.
莫燕妮，庚志忠，王春晓.2002. 海南岛红树林资源现状及保护对策. 热带林业，30（1）：45－50.
钱伟平.2006. 二种含磷化合物在双旋环棱螺体内生物积累作用的研究[J]. 经济动物学报，10（2）：88－91.
任美锷. 2000. 海平面研究的最近进展[J]. 南京大学学报（自然科学版），36（3）：269－279.
沈南南，等.2006. 石油污染对海洋浮游生物的影响[J]. 生物技术通报，增刊：95－99.
苏纪兰.2005. 中国近海水文[M]. 北京，海洋出版社：291－293.
孙湘平. 2006. 中国近海区域海洋. 北京：海洋出版社：101－110.
孙振宇，胡建宇，李炎. 2008. 908－ST09 区块物理海洋与海洋气象调查研究报告　第一部分：温度、盐度、密度、浊度[R].
覃光球，严重玲. 滩涂底栖动物有机污染生态学研究进展[J]. 生态学报，2006，26（3）：914－922.
王宝灿，陈沈良，龚文平，等.2006. 海南岛港湾海岸的形成及演变. 北京：海洋出版社.
王汉奎，董俊德，王友绍，等.2005. 三亚湾近3年营养盐含量变化及其输送量的估算. 热带海洋学报，24（5）：90－95.
王文卿，王瑁.2007. 中国红树林[M]. 科学出版社.
王晓伟，等.2006. 石油污染对海洋生物的影响[J]. 南方水产，2（2）：76－79.
王艳，方展强，周海云.2008. 北部湾海域江豚体内有机氯农药和多氯联苯的含量及分布[J]. 海洋环境科学，27（4）：343－347.
王艳，黄玉明.2007. 我国水环境中重金属污染行为和相关效应的研究进展[J]. 癌变、畸变、突变，19（3）：198－201.
王艳等.2008. 北部湾海域江豚体内有机氯农药和多氯联苯的含量及分布[J]. 海洋环境科学，27（4）：343－347.
王永杰. 人体90% 的铅来自食物[EB/OL].（2005－10－18）. http：//www. people. com. Cn/GB/paper3024/15925/1407734. html.
韦利珠.2007. 九洲江广西段石油类污染现状及防治新思路初探[J]. 珠江现代建设，（1）：17－20.
吴浩.2009. 中国主要红树林湿地中甲基汞的分布规律及其微生物甲基化作用[D]. 厦门大学硕士学位论文.
吴钟解，吴瑞，王道儒，等. 2011. 海南岛东、南部珊瑚礁生态健康状况初步分析. 热带作物学报，32（1）：122－130.
徐锡祯，邱章，陈惠昌.1980. 南海水平环流的概述[M]//中国海洋湖沼学会水文气象学会学术会议（1980）论文集. 北京，科学出版社：136－145.
颜廷壮. 1992. 浙江和琼东上升流的成因分析. 海洋学报，14（3）：12－18.
杨红玉，王焕校.2001. 某些绿藻对镉的富集作用及其毒性反映[J]. 环境科学学报，21（3）：3282332.
杨洁萍.2006. 中山大学硕士学位论文.
余刚，张祖麟.2004. 水污染导论[M]. 北京：科学出版社.
张虎男.1985. 闽粤沿海“老红砂”沉积成因和时代探讨，海洋地质与第四圮地质，1（5）：47－55
张尽华. 提防铅对身体的危害[EB/OL].（2007－01－25）. http：//bt. xinhuanet. com /2007－01/25/content－9138730. html

张蕾，王修林，韩秀荣，等．2002. 石油烃污染物对海洋浮游植物生长的影响——实验与模型［J］．青岛海洋大学学报，32（5）：804－810.
张晓龙，李培英，李萍，等．2005. 中国滨海湿地研究现状与展望［J］．海洋科学进展，23（1）：87－95.
张笑一，潘渝生．1997. 重金属致毒的化学机理［J］．环境科学研究，10（2）：45－49.
张学佳，纪巍，康志军，等．2009. 水环境中石油类污染物的危害及其处理技术［J］．石化技术与应用，27（2）：181－186.
张远辉，杜俊民．2005. 南海表层沉积物中主要污染物的环境背景值［J］．海洋学报，27（4）：161－166.
赵卫红．2006. 福建近岸海域水质现状及污染防治对策［J］．福建地理，21（2）：107－115.
赵云英，马永安．1998. 天然环境中多环芳烃的迁移转化及其对生态环境的影响［J］．海洋环境科学，17（2）：68－72.
郑德璋，郑松发，廖宝文．1995. 海南岛清澜港红树林发展动态研究［M］．广东科学出版社．
中国科学院《中国自然地理》编辑委员会．1979. 中国自然地理（海洋地理分册）［M］．北京，科学出版社.
中国科学院南海海洋研究所．2010. QC28 区块浅地层剖面和侧扫声呐探测调查与研究——调查研究报告．
周静，杨东，彭子成，等．2007. 西沙海域海水中溶解态重金属的含量及其影响因子［J］．中国科学技术大学学报，37（8）：1037－1042.
周启星，孔繁翔，朱琳．2004. 生态毒理学［M］．北京科学出版社，380－381.
周祖光．2004. 海南岛红树林体系与发展思路．海洋开发与管理，21（4）：51－53.
周祖光．2004. 珊瑚礁的现状与保护对策．海洋开发与管理，2（6）：48－51.
周祖光．2004. 海南可持续战略中水资源保护的研究［J］．水资源保护，20（4）：58－61.
908－01－ST08 区块水文气象研究总报告［R］．中国科学院南海海洋研究所，2008.
908－01－ST09 海洋水体环境化学调查研究报告［R］．厦门大学，2009.
Abollino, O., Aceto, M., Sacchero, G., et al. 2001. Spatial and seasonal variations of major, minor and trace elements in Antarctic seawater. Chemometric investigation of variable and site correlations [J]. Advances in Environmental Research, 6 (1): 29－43.
Al－Yousuf M H, El－Shahawi M S, Al－Ghais S M. 2000. Tracemetals in liver, skin and muscle of lethrinus lentijan fish species in relation to boby length an sex [J]. The Science of Total Ewnvironment, 256 (2－3): 87294.
Barbara R Sheedy, Vincent RMattson, Julie S Cox, et al. 1998. Bioconcentration of polycyclic aromatic hydrocarbons by the freshwater oligochaete Lumbriculus variegates [J]. Chemosphere, 36 (15): 3061－3070.
Bebbington, G. N., et al. 1977. Heavy metals, selenium and arsenic in nine species of Australian commercial fish. Auts [J]. J. mar. Freshwat. Res. 28: 277－286.
Bohn, A., B. W. Fallis. 1978. Metal concerations (As, cd, Cu, Pb and Zn) in sborthorn sculpins, M yoxocephalus scorpius (Linnaeus), and Aritic char, Salvelinus alpirus (Linnaeus), from the vicinity of strathcona Sound, Northwest Territories [J]. Wat. Res. 12: 659－663.
Bryan. G. W. 1976. Heavy metal concentration in the sea [J]. Marine Pollution. 185－302. Academic Press, London.
Buccolieri A, Buccolieri G, Cardellicchio N, et al. 2006. Heavy metals in marine sediments of Taranto Gulf (Ionian Sea, Southern Italy) [J]. Marine Chemistry, 99 (1－4): 227－235.
Cobelo－Garacia A, Millward G E, Prego R, et al. 2006. Metal concentrations in Kandalaksha Bay, White Sea (Russia) following the spring snowmelt [J]. Environmental Pollution, (143): 89－99.
Cross, F A, et. al. 1973. Relation between total body weight and concertration of manganese, iron, copper, zinc, and abbathyldemersal fish Antimira rostrata [J]. J. Fish. Res. Bd Can. 30: 1287－1291.

Dention, G. R. W. , C. 1986. Burdon - Jones, Trace metal in fish from the Great Barrier Reef. Mar. Pollution Bull. , 17 (5): 201 - 209.

Eisler, R. L. 1987. Trace metal concerntrations in marine organisms [M] . Pergamon Press, Oxford.

Forstner U, Wittnann G T W. 1981. Metal pollution in the aquatic environment [M] . Second edition, Spring Verlag.

Giordano, R. , Arata, P. , Ciaralli. L. , et al. 1991. Heavy metals in mussels and fish from Italian coastal waters [J] . Marine Pollution Bulletin, 22 (1): 10 - 14.

Glynn P. 2000. Neural development and neurodegeneration: two faces of neuropathy target esteras [J] . ProgNeurobiol, 61 (1) : 61 - 74.

Greenfield B K, et al. 2005. Seasonal, interannual, and longterm variation in sport fish contamination, SanFrancisco Bay [J] . Science of the Total Environment, (336) : 25 - 43.

Guinan J, Charlesworth M, Service M, et al. 2001. Sources and geochemical constraints of polycyclic aromatic hydrocarbons (PAHs) in sediments and mussels of two Northern Irish Sea - loughs [J] . Marine Pollution Bulletin, 42 (11) : 1073 - 1081.

Halcrow, W. , et al. 1973. The distribution of trace metals and fauna in the Firth of Clyde in relation to the disposal of sewage sludge [J]. J. mar. biol. Assoc. 53: 721 - 739.

Hamed M A, Emara A M. 2006. Marine molluscs as biomonitors for heavy metal levels in the Gulf of Suez, Red Sea [J] . Journal of Marine Systems, 60 (3 - 4): 220 - 234.

Harding Lee, Darcy Goyette. 1989. Metals in northeast Pacific coastal sediments and fish, ahrimp, and prawn tissues [J] . Mar. Pollut. Bull. , 20: 187 - 189.

Hoare R J. 1980. Metals in biochemistry [M] . London: Chapmam and Hall, 10 - 30.

Hollibaugh, J. T. 1980. A comparison of the acute toxicities of ten heavy metals to phytoplankton for Saunich Inlet, B C Canda [J] . Estua. Mar. Sci. , 10 (1): 93 - 105.

James P. Meador, Paul A. 1998. Robisch, Robert C. Clark JR. et al. Elements in Fish and Sediment from the Pacific Coast of the United States: Results from the National Benthic Surveillance Project [J] . Marine Pollution Bulletin, 37 (1 - 2): 56 - 66.

Kannan K, et al. 1995. Geographical dist ribution and accumulation features of organochlorine residues in fish in t ropical Asian and Oceania [J] . Environmental Science and Technology, (29) : 2673 - 2683.

Kowk Lim Lam, Po Wai Ko, Judy Ka - Yee Wong, et al. 1998. Metal toxicity and mentallothionein gene expression studies in common Carp and Tilapia [J] . Marine Environmental Research, 46 (1 - 5): 5632566.

Madoni P. 2000. The acute toxicity of freshwater ciliates [J] . Environmental, 109 (1) : 53259.

Maher W A. 1983. Inorganic arsenic in marine organisms [J] . Mar. Pollut Bull, 14 (8) : 308 - 3101.

Martin M H, Coughtrey P J. 1982. Biological monitoring of heavy metal pollution: Land and air [M] . London: Applied Science Publishers of The United Kingdom.

Mcdermott, D. J. , et. al. 1976. Metal contamination of flatfiah around a large submarine outfall [J] . Water Pollut. Contr. Fed. , 48: 1913 - 1918.

Michelle M Grundy, Norman A Ratcliffe, Michael N Moore. 1996. Immune inhibition in marine mussels by polycyclic aromatic hydrocarbons [J] . Marine Environmental Research, 42 (1 - 4) : 187 - 190.

Monirith I, et al. 1999. Persistent organochlorine residues in marine and f reshwater fish in Cambodia [J] . Marine Pollution Bulletin, 38 (7) : 604 - 612.

Munksgaard N C, Parry D L. 2001. Trace metals, arsenic and lead isotopes in dissolved and particulate phases of North Australian coastal and estuarine seawater [J] . Marine Chemistry, 75 (3): 165 - 184.

NandiniMenon N, Menon N R. 1999. Uptake of polycyclicaromatic hydrocarbons from suspended oil borne sediments by the marine bivalve Sunetta scrip ta [J]. Aquatic Toxicology, 45 (1): 63-69.

Pawlowicz R., B. Beardsley and S. Lentz, 2002. Classical tidal harmonic analysis including error estimates in MATLAB using T_ TIDE. Computers and Geosciences, 28: 929-937.

Phillips, D. J. H. 1980. Quantitative Aquatic Biological Indication. Pollution Monitoning series [J]. Applied Science Publishers, London.

Powell, J. H., et. al. 1981. Trace element concertration in tropical marine fish at Bougainville Tslang, Papua New Guinea. Water, Air [J], Soil Rollut, 16, 143-158.

Rainbow P S. 1995. Biomonitoring of heavy metal availability in the marine environment [J]. Marine Pollution Bull, 31: 183-192.

Rainbow P S. 1985. The biology of heavy metals in the sea [J]. Inter J Environ Studies, 25: 195-211.

Rainbow P S. 1997. Trace metal accumulation in marine invertebrates: marine biology or marine chemistry [J]. Journal-Marine Biological Association of The United Kingdom [J], 77 (1): 195-210.

Rainbow P S., Furness R W. 1990. Heavy metal levels in marine environment [M]. London: CRCPress, 1-4.

Ral F R, et al. 2002. Analyses of organic and inorganic contaminant s in Salton Sea fish [J]. Marine Pollution Bulletin, (44): 403-411.

Reddy, M. S., Basha, S., et al. 2004. Distribution, enrichment and accumulation of heavy metals in coastal sediments of Alang-Sosiya ship scrapping yard, India [J]. Marine Pollution Bulletin, 48 (11-12): 1055-1059.

Sanudo-Wilhelmy S A, Olsen K A, Scelfo J M. et al. 2002. Trace metal distributions off the Antarctic Peninsula in the Weddell Sea [J]. Marine Chemistry, 77: 157-170.

Sims, R. R., et. al. 1976. Heavy metal concerntration in organisms from an actively dredged Texas bay [J]. Bull. Environ. Contam, 16: 520-527.

Somer, E. 1974. Toxic potential of trace metals in foods [J]. A review. Journal of Food Science, 39: 215-217.

Srinivasa Reddy, M., Basha, S., Joshi, H. V., et al., 2005. Seasonal distribution and contamination levels of total PHCs, PAHs and heavy metals in coastal waters of the Alang-Sosiya ship scrapping yard, Gulf of Cambay, India [J]. Chemosphere, 61 (11). 1587-1593.

Wang C Y. Wang X L. 2007. Spatial distribution of dissolved Pb, Hg, Cd, Cu and As in the Bohai Sea [J]. Journal of Environmental Sciences-China, 19 (9): 1061-1066.

Wang S J, Chen J W, Zhao Z Q, et al. 2000. Biodegradation of PCOC in soil/sediment and its application in remediation. Techniques and Equipment for Environmental Pollution Control, 1 (6): 1-6.

Wang, C. Y., Wang X. L. d Spatial distribution of dissolved Pb, Hg, Cd, Cu and as in the Bohai sea [J]. Journal of Environmental Sciences-China, 19 (9): 1061-1066.

Wyrtki K. 1961. Physical Oceanography of the South-east Asian water. Scientific results of marine investigation of the South China Sea and Gulf of Thailand 1959-1961. Naga Report 2.

第三章　海洋资源

3.1　海岛资源

3.1.1　海岛自然地理特征

海南省陆地主体海南岛位于18°10′～20°10′N、108°37′～111°03′E，东西宽约240 km，南北长约210 km，呈雪梨状，面积约3.38×10^4 km^2，仅次于台湾岛，是我国第二大岛屿，海岸线长1 855.27 km。

在海南岛沿岸，分布有329个大小岛屿，海岛岸线长267.197 km，岛屿面积42.320 km^2。环海南岛的12个沿海市（县）包括海口市、文昌市、琼海市、万宁市、陵水黎族自治县、三亚市、乐东黎族自治县、东方市、昌江黎族自治县、儋州市、临高县、澄迈县等均有海岛分布。

三沙市所管辖的西沙群岛、中沙群岛和南沙群岛位于海南岛的东南面和南面海域，习惯上合并称为西南中沙群岛，由403个岛、礁、沙、滩组成，总面积2 385.856 37 km^2（依据国家“908专项”遥感调查成果）。其中，海岛90个，面积约16.378 65 km^2；干出礁（沙）54个，面积约620.564 43 km^2；暗礁（沙）259个，面积1 748.867 45 km^2。

3.1.1.1　海南岛沿岸海岛

1）海岛数量与分布

海南岛沿岸海岛在海南岛周边呈环带状分布，地理坐标范围为18°10′18.27″（莺歌鼻）～20°09′41.61″N（海南角）、108°37′14.82″（双洲）～111°16′21.53″E（北峙）之间。通过本次“908专项”海岛调查，确认本区现有329个海岛，海岛总面积42.320 187 km^2，岸线长267.197 km（图3.1）。海岛在海南岛东部海域分布较为密集，北部和南部次之，西部最少（表3.1）；93.61%的海岛距离海南本岛岸线不超过10 km，最远的北峙岛距海南本岛32.2 km。

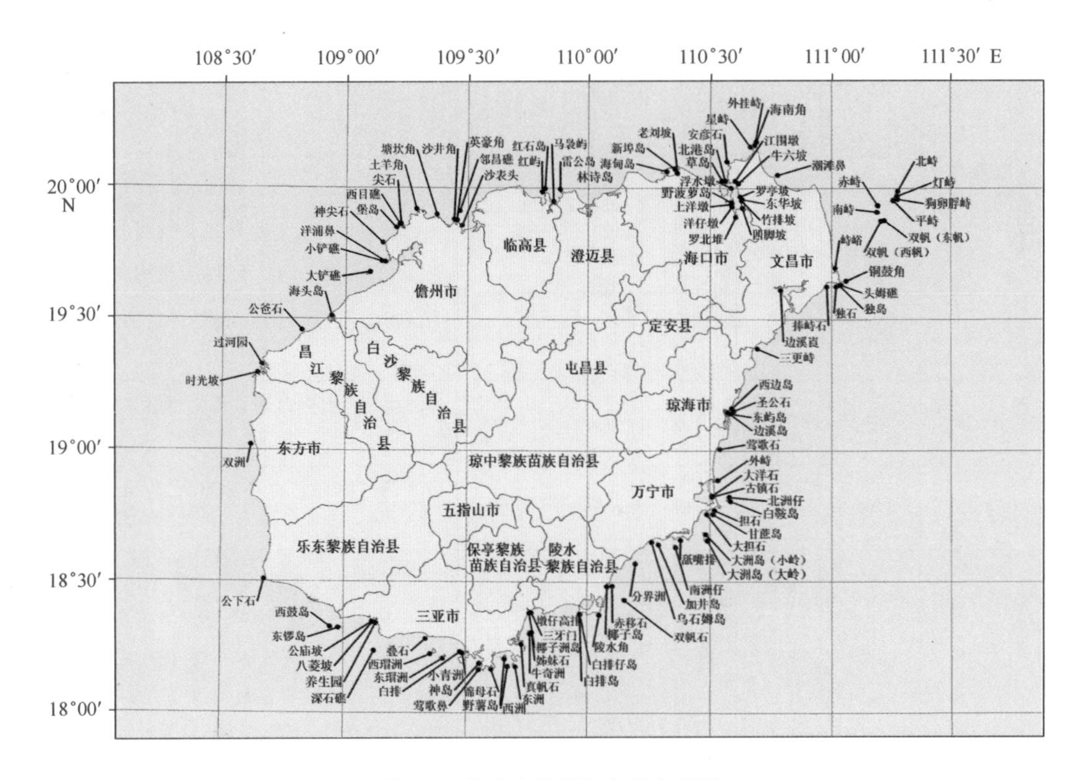

图 3.1　海南岛沿岸海岛分布概况

表 3.1　海南岛沿岸海岛分布及信息统计（按地理位置）

地理位置	海岛数量/个	海岛面积/km²	海岛岸线长/km	海南本岛岸线长/km	每百千米本岛岸线海岛数/（个/100 km）
东部文昌—万宁海域	132	11.739 8	99.414	545.71	24.2
南部陵水—乐东海域	72	6.484 6	59.434	451.80	15.9
西部东方—昌江海域	13	0.687 6	10.866	193.00	6.7
北部儋州—海口海域	112	23.408 2	99.414	632.60	17.7
合计	329	42.320 2	267.197	1822.85 *	/

*引用“908 专项”最新数据

海南岛沿海各市（县）均有海岛分布。其中，海岛数量最多的是儋州市，共有 82 个海岛，占海南岛沿岸海岛总数（下同）的 24.92%；其次是文昌市，有海岛 78 个，占 23.71%；再次是三亚市，有海岛 50 个，占 15.20%；海岛数量最少的是澄迈县，只有 2 个海岛，占 0.61%；其次为东方市，只有 5 个海岛，占 1.52%（表 3.2）。

表 3.2　海南岛沿海各市（县）海岛数量、面积、岸线长度及主要海岛情况统计表

行政区划	海岛数量		海岛面积		海岛岸线		主要海岛
	个数	百分比/%	面积/km²	百分比/%	长度/km	百分比/%	
海口	18	5.47	20.400 4	48.20	46.379	17.36	南渡江口（海甸岛、新埠岛等）和铺前港湾（北港岛、野菠萝岛、浮水墩、罗亭坡等）

续表 3.2

行政区划	海岛数量		海岛面积		海岛岸线		主要海岛
	个数	百分比/%	面积/km^2	百分比/%	长度/km	百分比/%	
文昌	78	23.71	3.733 1	8.82	48.843	18.28	铺前港及哥村港海岛（牛六坡等）、海南角海岛、七洲列岛、铜鼓岭海岛、清澜港海岛
琼海	30	9.12	2.930 3	6.92	22.151	8.29	万泉河口及沙美内海海岛（东屿岛、边溪岛等）；
万宁	24	7.29	5.076 5	12.00	26.489	9.91	小海海岛、大洲岛附近海岛（大洲岛、南洲仔等）
陵水	13	3.95	0.435 5	1.03	6.762	2.53	陵水河口海岛（椰子岛等）、陵水湾海岛（白排、白排仔等）
三亚	50	15.20	5.933 8	14.02	47.548	17.80	藤桥河口及海棠湾海岛（椰子洲岛、牛奇洲等）、亚龙湾及榆林湾海岛（野薯岛、东洲、西洲、神岛等）、三亚湾海岛（东瑁洲、西瑁洲等）、宁远河口及崖州湾海岛（养生园、东锣岛、西鼓岛等）
乐东	9	2.74	0.115 4	0.27	5.123	1.92	望楼河口海岛、莺歌嘴附近海岛（公下石）；
东方	5	1.52	0.202 6	0.48	3.922	1.47	双洲岛、昌化江口海岛（时光坡）；
昌江	8	2.43	0.484 9	1.15	6.944	2.60	昌化江口海岛（过河园）、珠碧江口海岛
儋州	82	24.92	2.816 2	6.65	44.176	16.53	珠碧江口海岛（海头岛等）、儋州湾附近海岛（大铲礁、洋浦鼻、神头角等）、后水湾海岛（土羊角、沙井角、英豪角等）
临高	10	3.04	0.149 1	0.35	7.671	2.87	后水湾海岛（邻昌礁等）、文澜河口海岛、金牌港海岛（红屿岛、红石岛、马袅屿）
澄迈	2	0.61	0.042 5	0.10	1.188	0.44	雷公岛、林诗岛
合计	329	100	42.320 2	100	267.197	100	

（1）海口市

海口市有 18 个海岛，占海南岛沿岸海岛总数的 5.47%；海岛面积 20.400 4 km^2，占海岛总面积的 48.20%；海岛岸线长 46.379 km，占海岛岸线总长度的 17.36%。该市海岛主要分布在南渡江口和铺前港湾，主要岛屿包括海甸岛、新埠岛、老刘坡、北港岛、草岛、浮水墩、野菠萝岛、上洋墩、洋仔墩、四脚坡、东华坡、竹排坡、罗亭坡等，其中海甸岛、新埠岛和北港岛为有居民海岛。

（2）文昌市

文昌市有 78 个海岛，占海南岛沿岸海岛总数的 23.71%；海岛面积 3.733 1 km^2，占沿岸海岛总面积的 8.82%；海岛岸线长 48.843 km，占沿岸海岛岸线总长度的 18.28%。该市海岛主要分布在铺前港湾、哥村港、海南角、七洲列岛、铜鼓岭和清澜港，主要海岛包括牛六坡、江围墩、安彦石、牛姆石、仕尾岛、星峙、峙北、外挂峙、海南角、潮滩鼻、北峙、小北峙、灯峙、灯峙南、狗卵脬峙、平峙头、平峙、平峙尾、小赤峙、赤峙、南峙、南峙石排、南峙北、南峙东、南峙南、小南峙、南峙西、双帆（西帆）、双帆（东帆）、峙峪、铜鼓角、头姆礁、雷鸣石、独石、独岛、西曹石、飞鱼排、独石子、捧峙石、边溪崀和三更峙等。

（3）琼海市

琼海市有30个海岛，占海南岛沿岸海岛总数的9.12%；海岛面积2.930 3 km^2，占沿岸海岛总面积的6.92%；海岛岸线长22.151 km，占沿岸海岛岸线总长度的8.29%。该市海岛主要分布在万泉河口及沙美内海，主要海岛有东屿岛、边溪岛、西边岛和圣公石等。

（4）万宁市

万宁市有24个海岛，占海南岛沿岸海岛总数的7.29%；海岛面积5.076 5 km^2，占沿岸海岛总面积的12.00%；海岛岸线长26.489 km，占沿岸海岛岸线总长度的9.91%。该市海岛主要分布在小海至石梅湾海域，主要海岛有莺歌石、外峙、古镇石、大洋石、北洲仔、白鞍岛、担石、甘蔗岛、大担石、大洲岛（小岭）、大洲岛（大岭）、舐嘴排、南洲仔、加井岛、乌石姆岛等。

（5）陵水黎族自治县

陵水黎族自治县有13个海岛，占海南岛沿岸海岛总数的3.95%；海岛面积0.435 5 km^2，占沿岸海岛总面积的1.03%；海岛岸线长6.762 km，占沿岸海岛岸线总长度的2.53%。该县海岛主要分布在陵水河口和陵水湾内，主要海岛有分界洲、椰子岛、赤移石、双帆石、陵水角、白排仔岛、白排岛和墩仔高排等。

（6）三亚市

三亚市有50个海岛，占海南岛沿岸海岛总数的15.20%；海岛面积5.933 8 km^2，占沿岸海岛总面积的14.02%；海岛岸线长47.548 km，占沿岸海岛岸线总长度的17.80%。该市海岛主要分布在藤桥河口、海棠湾、亚龙湾、榆林湾、三亚湾、宁远河口及崖州湾，主要海岛有三牙门、椰子洲、姊妹石、牛奇洲、真帆石、东洲、东洲东、东洲头、西洲、西洲头、野薯岛、东排、西排、锦母石、莺歌鼻、神岛、小青洲、白排、东瑁洲、石离角、双扉石、双扉西、西瑁洲、牛王岭、叠石、鸡母石、大公石、深石礁、船帆石、鼻子石、瓜天石、养生园、八菱坡、草坡、公庙坡、东锣岛、西鼓岛和长堤礁等，其中西瑁洲岛为有居民海岛。

（7）乐东黎族自治县

乐东黎族自治县有9个海岛，占海南岛沿岸海岛总数的2.74%；海岛面积0.115 4 km^2，占沿岸海岛总面积的0.27%；海岛岸线长5.123 km，占沿岸海岛岸线总长度的1.92%。该县海岛主要分布在望楼河口和莺歌嘴附近，藤桥河口、海棠湾、亚龙湾、榆林湾、三亚湾、宁远河口及崖州湾，主要海岛有公下石等。

（8）东方市

东方市有5个海岛，占海南岛沿岸海岛总数的1.52%；海岛面积0.202 6 km^2，占沿岸海岛总面积的0.48%；海岛岸线长3.922 km，占沿岸海岛岸线总长度的1.47%。该市主要海岛有双洲和时光坡岛。

（9）昌江黎族自治县

昌江黎族自治县有8个海岛，占海南岛沿岸海岛总数的2.43%；海岛面积0.484 9 km^2，占沿岸海岛总面积的1.15%；海岛岸线长6.944 km，占沿岸海岛岸线总长度的2.60%。该县海岛主要分布在昌化江口和珠碧江口，主要海岛有过河园岛和公爸石。

（10）儋州市

儋州市有82个海岛，占海南岛沿岸海岛总数的24.92%；海岛面积2.816 2 km^2，占沿岸海岛总面积的6.65%；海岛岸线长44.176 km，占沿岸海岛岸线总长度的16.53%。该市海岛主要分布在珠碧江口、儋州湾及附近海域、后水湾，主要海岛包括海头岛、大铲礁、洋浦鼻、小铲礁、神头角、堡岛、西目礁、土羊角、塘坎角、沙井角、英豪角、沙表头等，其中海头岛为有居民海岛。

（11）临高县

临高县有10个海岛，占海南岛沿岸海岛总数的3.04%；海岛面积0.149 1 km^2，占沿岸海岛总面积的0.35%；海岛岸线长7.671 km，占沿岸海岛岸线总长度的2.87%。该县海岛主要分布在后水湾、文澜河口、金牌港和马袅港，主要海岛包括邻昌礁、红屿岛、红石岛、马袅屿等。

（12）澄迈县

澄迈县有2个海岛，占海南岛沿岸海岛总数的0.61%；海岛面积0.042 5 km^2，占沿岸海岛总面积的0.10%；海岛岸线长1.188 km，占沿岸海岛岸线总长度的0.44%。该县主要海岛为雷公岛和林诗岛，前者位于澄迈湾西部道伦角上，后者位于澄迈湾西部玉苞角上。

2）海岛类型

海南岛沿岸海岛，按其社会属性分为有居民海岛和无居民海岛，按物质组成分分为基岩岛、沙泥岛和珊瑚岛，按距离海南本岛岸线的远近分为陆连岛、沿岸岛和近岸岛。

（1）有居民海岛和无居民海岛

有居民海岛是指有户籍人口的海岛，依据其行政级别可进一步划分为县级岛、乡级岛、村级岛、自然村岛。依据2006年08月07日海南省民政厅发布的《海南省无居民海岛名录》及本次“908专项”现场海岛调查结果，在海南岛沿岸的329个海岛中，只有5个有居民海岛，分别是海口市的海甸岛、新埠岛和北港岛，三亚市的西瑁洲岛和儋州市的海头岛。有居民海岛总面积为23.750 3 km^2，占海南岛沿岸海岛总面积的56.12%；海岛岸线长45.871 km，占海南岛沿岸海岛岸线总长度的17.17%（表3.3）。

无居民海岛是指没有户籍人口的海岛。海南岛沿岸主要海岛虽然有不同程度的开发，但绝大多数为无居民海岛。本次海岛调查查明，海南岛沿岸共有324个无居民海岛，海岛总面积18.569 9 km^2，占海南岛沿岸海岛总面积的43.88%；海岛岸线长221.322 km，占海南岛沿岸海岛岸线总长度的82.83%。沿海各市（县）无居民海岛特征统计见表3.4，无居民海岛数量最多的是文昌市和儋州市，资源优势比较突出的是三亚市和万宁市。

应该指出的是，大洲岛（小岭）、过河园、时光坡等海岛上有季节性暂住人口，大多从事海洋捕捞和海水养殖等；东屿岛已开发成为博鳌亚洲论坛永久会址和“万泉河口海滨旅游区”的一部分，居民全部迁出；分界洲和牛奇洲岛（又称蜈支洲岛）曾有暂住人口，但目前海岛已开发成为海南岛东南部沿岸最重要的休闲旅游风景区，岛上无常住人口。故通过本次“908专项”海岛调查，将东屿岛、大洲岛、分界洲、牛奇洲、过河园和时光坡岛重新划分为无居民海岛。

表 3.3　海南岛沿岸有居民海岛基本信息表

海岛名称	行政级别	第一次全国海岛资源综合调查结果（1994 年）			本次调查结果（2009 年）		
		面积/km^2	岸线长/km	人口/人	面积/km^2	岸线长/km	人口/人
海甸岛	乡镇级岛	9.54	13.26	不详	13.163 5	16.593	31 275
新埠岛	乡镇级岛	5.46	13.70	不详	5.631 6	12.338	12 000
北港岛	村级岛	0.98	4.36	988	1.027 9	4.503	1 600
东屿岛*	/	1.72	6.52	641	/	/	/
大洲岛*	/	4.42	14.46	60**	/	/	/
分界洲岛*	/	0.40	2.78	1**	/	/	/
椰子洲岛*	/	0.38	4.08	7**	/	/	/
牛奇洲岛*	/	1.05	4.80	3**	/	/	/
西瑁洲岛	村级岛	2.12	7.46	2 631	1.935 5	6.005	4 100
时光坡岛*	/	0.52	5.42	5**	/	/	/
过河园岛*	/	1.05	5.78	8**	/	/	/
海头岛	乡镇级岛	1.57	8.50	不详	1.991 7	6.432	7 013
合计		29.21	96.00	4 344	23.750 2	45.871	55 988

*当前社会属性为无居民海岛；**《全国海岛资源综合调查报告－资料汇编》数据，应为暂住人口。

表 3.4　海南岛沿岸无居民海岛基本信息表（按行政区划）

行政区划	数量/个	面积/km^2	岸线长/km
海口市	15	0.577 3	12.943
文昌市	78	3.733 1	48.840
琼海市	30	2.930 3	22.151
万宁市	24	5.076 5	26.488
陵水黎族自治县	13	0.435 5	6.763
三亚市	49	3.998 3	41.542
乐东黎族自治县	9	0.115 4	5.124
东方市	5	0.202 6	3.922
昌江黎族自治县	8	0.484 9	6.944
儋州市	81	0.824 6	37.745
临高县	10	0.149 1	7.672
澄迈县	2	0.042 5	1.188
合计	324	18.570 1	221.322

（2）基岩岛、沙泥岛和珊瑚岛

按物质组成，海南岛沿岸海岛可分为基岩岛、沙泥岛和珊瑚岛三类（表 3.5、表 3.6）。

表 3.5　海南岛沿岸基岩岛、泥沙岛基本信息表

行政区划	基岩岛			泥沙岛		
	数量/个	面积/km²	岸线长/km	数量/个	面积/km²	岸线长/km
海口市	1	0.003 2	0.212	17	20.397 2	46.165 0
文昌市	71	1.137 3	28.875	7	2.595 8	19.965 0
琼海市	10	0.011 8	1.384	20	2.918 4	20.767 0
万宁市	21	5.018 4	24.841	3	0.058 0	1.647 0
陵水黎族自治县	11	0.339 3	4.746	2	0.096 2	2.017 0
三亚市	38	4.840 5	32.135	12	1.093 2	15.412 0
乐东黎族自治县	2	0.023 7	1.158	7	0.091 7	3.966 0
东方市	1	0.001 9	0.205	4	0.200 7	3.717 0
昌江黎族自治县	1	0.005 0	0.280	7	0.479 9	6.664 0
儋州市	62	0.331 9	16.797	11	2.094 0	11.500
临高县	3	0.087 5	3.824	6	0.0531	2.964 0
澄迈县	2	0.042 5	1.188	/	/	/
合计	223	11.843 1	115.645	96	30.0783	134.784

表 3.6　海南岛沿岸珊瑚岛基本信息表

名称	中心纬度（°N）	中心经度（°E）	面积/km²	岸线长/km
大铲礁-1	19.670 515	109.085 534	0.066 8	2.984
大铲礁-2	19.669 213	109.092 438	0.047 2	1.195
大铲礁-3	19.671 484	109.095 747	0.033 2	1.415
大铲礁-4	19.673 648	109.098 982	0.066 6	1.946
大铲礁-5	19.679 035	109.094 829	0.058 3	2.439
大铲礁-6	19.683 911	109.101 736	0.043 9	1.514
大铲礁-7	19.681 677	109.107 722	0.023 6	1.610
小铲礁	19.718 385	109.155 762	0.045 0	2.393
西目礁	19.846 694	109.213 250	0.005 7	0.384
邻昌礁	19.906 349	109.461 880	0.008 5	0.884
合计	/	/	0.398 8	16.764

基岩岛是由坚硬、固结岩石组成的岛屿。海南岛沿岸共有223个基岩岛，占本区海岛总数的67.78%；海岛面积11.843 1 km²，占本区海岛总面积的27.98%。海南岛沿海各市（县）均有基岩岛分布，其中东部和南部海域主要为花岗岩基岩岛，西北部海域主要为玄武岩基岩岛。

泥沙岛主要由松散沉积物组成。海南岛沿岸共计有96个泥沙岛，占海南岛沿岸海岛总数的29.18%；海岛面积30.078 3 km²，占本区海岛总面积的71.07%。泥沙岛主要分布于海南岛沿岸各主要河口和港湾内；除澄迈外，其他各沿海市（县）均有分布。

珊瑚岛是以海洋珊瑚骨屑（包括珊瑚礁块、珊瑚砂砾等，含部分贝屑）为主形成的特殊堆积岛。海南岛沿岸分布有10个珊瑚岛，占沿岸海岛总数的3.04%；海岛面积0.398 8 km²，

占沿岸海岛总面积的0.94%。主要包括儋州的大铲礁、小铲礁、西目礁和临高的邻昌礁。

（三）陆连岛、沿岸岛和近岸岛

依据离海南本岛岸线的远近，海南岛沿岸海岛可分为陆连岛、沿岸岛和近岸岛三类（表3.7）。

表3.7 海南岛沿岸海岛离岸距离分类统计信息

县（市、区）	陆连岛			沿岸岛			近岸岛		
	数量/个	面积/km²	岸线长度/km	数量（个）	面积/km²	岸线长度/km	数量/个	面积/km²	岸线长度/km
海口市	5	19.062 3	33.173	13	1.338 1	13.206			
文昌市	2	0.759 0	5.500	55	2.000 8	27.259	21	0.9733	16.084
琼海市	5	2.621 5	11.266	25	0.308 8	10.885			
万宁市	1	0.000 3	0.069	23	5.076 2	26.420			
陵水黎族自治县				13	0.435 5	6.762			
三亚市	1	0.001 2	0.214	49	5.932 6	47.334			
乐东黎族自治县	1	0.011 8	0.455	8	0.103 6	4.668			
东方市				5	0.202 6	3.922			
昌江黎族自治县	1	0.141 5	1.903	7	0.343 4	5.041			
儋州市	21	2.198 3	19.032	61	0.617 9	25.144			
临高县	1	0.003 7	0.251	9	0.145 4	7.420			
澄迈县				2	0.042 5	1.188			
合计	38	24.799 6	71.863	270	16.547 4	179.249	21	0.973 3	16.084

陆连岛指以人工修建的道路（单一道路）、堤坝、桥梁、盐田、养殖池塘等形式与海南本岛相连的海岛。海南岛周边海域共有38个陆连岛，分布在沿海9个市（县），占该区海岛总数的11.55%；海岛面积24.7966km²，占该区海岛总面积的58.59%。海甸岛、新埠岛、海头岛、东屿岛、边溪岛等为桥连岛，其他海岛多以堤坝、养殖池塘等形式与海南本岛相连。

沿岸岛指不与海南本岛相连、沿本岛岸线分布且距离本岛岸线不超过10 km的海岛。海南岛周边海域共有270个沿岸岛，沿海各市（县）均有沿岸岛，占该区海岛总数的82.07%；海岛面积16.547 3 km²，占该区海岛总面积的39.10%。

近岸岛指距离海南本岛岸线在10 km以上、但小于100 km的海岛。海南岛周边海域共有21个近岸岛，占该区海岛总数的6.38%；海岛面积0.973 3 km²，占该区海岛总面积的2.30%。近岸岛集中分布在海南岛东北部的七洲洋中，统称为七洲列岛，全部隶属于文昌市。七洲列岛位于19°53′0.5″~19°59′12″N，111°11′49″~111°16′24.5″E之间，呈北东——南西向排列，分为南北两个部分：北部从北向南依次是北峙、灯峙、卵脬峙岛、平峙等10个海岛，南部从南向北依次是双帆、南峙、赤峙等11个海岛。其中，最远的北峙岛距海南本岛岸线32.2 km，最近的双帆（西帆）距海南本岛岸线24 km。

3）海岛面积

根据本次海岛调查结果，海南岛沿岸329个海岛面积之和为42.320 2 km²，不足海南本岛面积的0.2%。其中，面积最大的海岛是海口市的海甸岛，陆域面积为13.163 5 km²。

海岛按面积大小可划分为五大类：特大岛（面积≥250 0 km²）、大岛（100 km²≤面积<2 500 km²）、中岛（5 km²≤面积<100 km²）、小岛（500 m²≤面积<5 km²）和微型岛（面积<500 m²）。按照该分类标准，海南岛沿岸没有特大岛和大岛；仅有2个中岛，即海口市的海甸岛和新埠岛；有294个小岛，33个微型岛。

海南岛沿岸海岛面积分布具有"大岛少、小岛多"的特征。如表3.8所示，海南岛沿岸0.1 km²以上的海岛共36个，占该地区海岛总数的10.95%，面积占该地区海岛总面积的93.06%，包括海甸岛、新埠岛、大洲岛（大岭）、海头岛、西瑁洲、东屿岛、边溪岀、大洲岛（小岭）、北港岛、牛奇洲、边溪岛、牛六坡、野薯岛、东瑁洲、南洲仔、椰子洲岛、东洲、南峙、过河园、北峙、分界洲、养生园、白鞍岛、西瑁洲、时光坡、加井岛、江围墩、平峙、东锣岛、八菱坡，以及6个新确定的无名岛（HAK02、WEC01、WEC02、WEC32、CJX01、DNZ36）。其中，中岛数量仅占海岛总数的0.61%，面积却占海岛总面积的44.41%。相比之下，面积在0.001~0.01 km²之间的海岛数量最多，占总数的46.50%，但面积仅占总面积的1.38%。

表3.8 海南岛沿岸海岛面积大小分类统计表

海岛面积分类		海岛数/个	面积/km²	海岛数百分比/%	面积百分比/%
中岛	5~100 km²	2	18.795 2	0.61	44.41
小岛	1~5 km²	7	12.122 5	2.13	28.64
	0.1~1 km²	27	8.467 4	8.21	20.01
	0.01~0.1 km²	67	2.311 7	20.36	5.46
	1 000~1×10⁴ m²	153	0.583 9	46.50	1.38
	500~1 000 m²	40	0.029 8	12.16	0.07
微型岛	<500 m²	33	0.009 8	10.03	0.02
合计		329	42.320 2	100.00	100.00

3.1.1.2 西南中沙群岛

西沙群岛、中沙群岛和南沙群岛位于海南岛的东南面和南面海域，是我国南海诸岛的主要组成部分。据本次遥感调查成果综合统计，在我国的西南中沙群岛海域，分布有海岛、干出礁（沙）、暗礁（沙）、人工岛4类，共计406个统计单元，总面积2 385.856 37 km²。其中，海岛90个，总面积16.378 65 km²，分灰沙岛、沙洲、明礁（点礁）、基岩岛、礁岩岛5种类型。各类型中，数量上以沙洲为主，灰沙岛居其次，含1个火山岛、2个礁岩岛和2个成分不详的明礁；面积上，以灰沙岛为主，沙洲居其次。干出礁（沙）54个，总面积620.564 43 km²。暗礁（沙）259个，总面积1 748.867 45 km²。人工岛3个，总面积0.045 814 km²（图3.2、表3.9）。

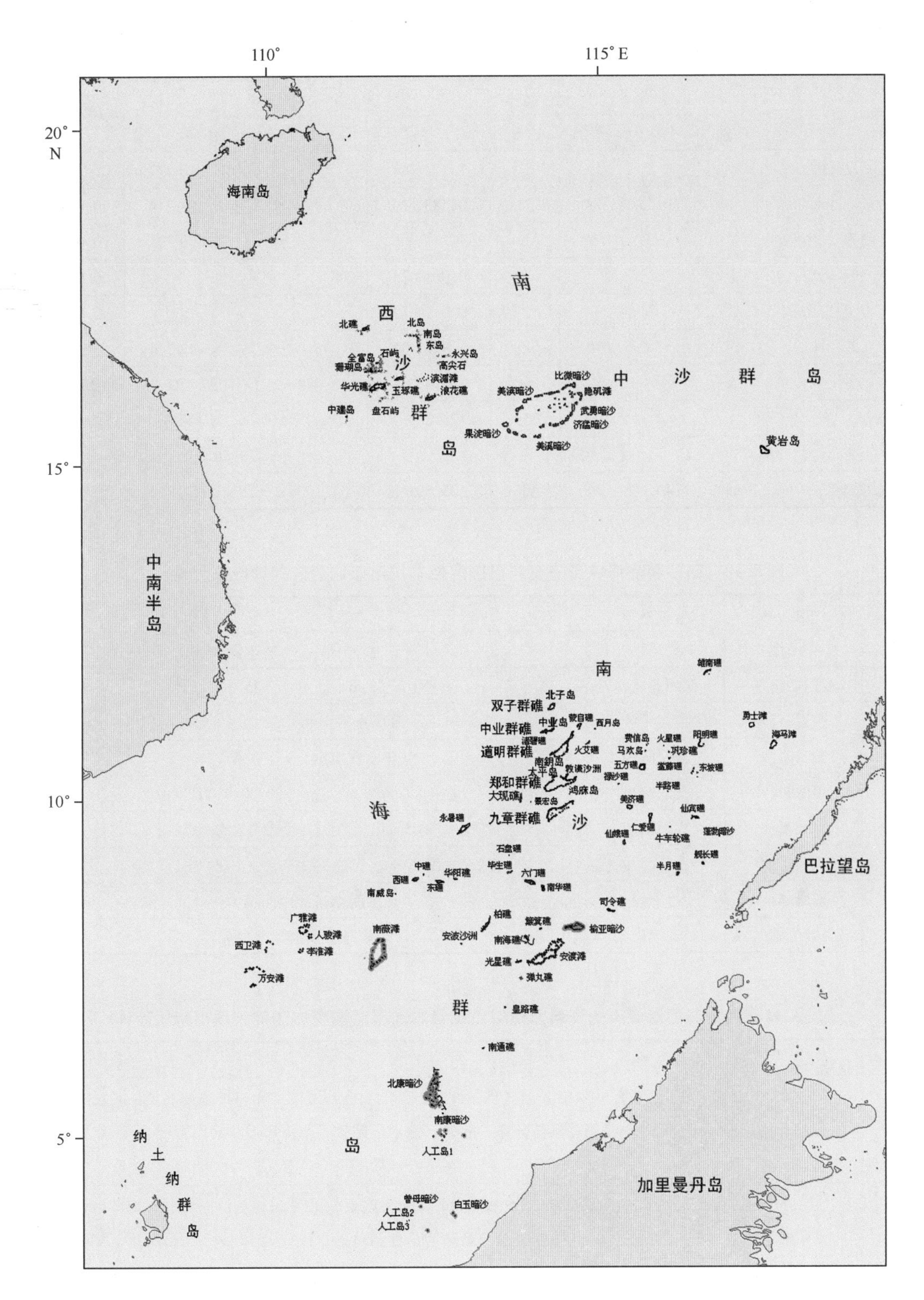

图 3.2 西南中沙群岛分布图

此外，历史资料中记载西沙群岛的一些暗滩（沙）如西渡滩、嵩焘滩、湛涵滩和北边廊等未能在本次遥感影像中发现。另外，据“908 专项”WY10 区块调查成果，南沙南部区块历史资料中有确定标注，但受数据质量，水深等多方面影响，未判读出来的岛礁有 9 个（表 3.10）；历史资料中为疑似岛礁，在影像上也未判读出的岛礁 10 个（表 3.11）。

表 3.9　西南中沙群岛岛礁类型及面积统计

类型		数量/个				面积/km^2			
		西沙	中沙	南沙	合计	西沙	中沙	南沙	合计
海岛	灰沙岛	15		16	31	7.372 283		8.310 277	15.682 56
	沙洲	36		18	54	0.483 979		0.138 744	0.622 723
	明礁（点礁）			2	2			0.000 725	0.000 725
	基岩岛	1			1	0.001 023			0.001 023
	礁岩岛	2			2	0.071 619			0.071 619
	合计	54		36	90	7.928 904		8.449 746	16.378 65
干出礁（沙）		5	1	48	54	173.452 3	48.978 694	398.133 44	620.564 43
暗礁（沙）		4	44	211	259	124.209 9	514.327 556	1 110.33	1 748.867 456
人工岛				3	3			0.045 814	0.045 814
总计		63	45	298	406	305.591 1	563.306 27	1 516.959	2 385.856 37

表 3.10　南沙群岛海域历史资料已确定但本次遥感调查未判读出来的岛礁

序号	所属岛礁	岛礁名称	备注
1	指向礁	指向礁	水下，水深不明。基座水深 2 101 m。
2	亚西北暗沙	亚西北暗沙	基座水深 45 m。油井（3°45.0′ 111°35.5′）
3	校尉暗沙	校尉暗沙	基座水深 1 463 m，独立暗沙
4	普宁暗沙	普宁暗沙	基座水深 1 545 m 上的孤立暗沙
5	美丽暗沙	美丽暗沙	基座水深 620 m。油井（4°20.0′ 112°40.5′）
6	立地暗沙	立地暗沙	基座水深 45 m。石油钻井平台（3°53.0′ 112°32.0′）
7	八仙暗沙	八仙暗沙	基座水深 50 m。石油钻井平台（4°09.0′ 111°34.5′）
8	南康暗沙	澄平礁	南康暗沙南部礁体
9	破浪礁	破浪礁	该礁在安渡滩西外坡

表 3.11　南沙群岛海域历史资料为疑似岛礁且本次遥感调查亦未能判读出来的礁体

序号	岛礁名称	类型	备注
1	双 礁	暗礁	位于 8°19.4′～8°21.2′N，115°23.8′～115°25.2′E。在司令礁東面 8 n mile，以 NE—WS 向呈两片礁体分布，故名。为水下暗礁，水深不明，海图标“据报”、“疑存”。礁基座水深 1 400 m
2	玉诺礁	暗礁	位于 8°30. 0′N，114°21.0′E。在南华礁東南 14 km^2，为一暗礁，水深范围不明。礁基 1 300 m。1935 年公布名称为马林诺暗礁，1947 年和 1983 年公布为玉诺礁。海图标以（1940）据报。
3	碎浪暗沙	暗沙	中心位于 7°11.7′N，114°49.0′E。在榆亚暗沙南面 54 n mile，暗沙呈北东向延伸约 3 n mile，浅于 100 m 水深的礁顶面积约 10 km^2，最浅处水深 82 m。
4	隐遁暗沙	暗沙	中心位于 8°23.0′N，112°56.9′E。在华阳礁南南东面 29 n mile。据资料，此暗沙 1802 年“发现”，且有出露水面的礁石，但未证实存在，故海图标以“（1862）据报”，有待进一步查核。

续表 3.11

序号	岛礁名称	类型	备注
5	奥援暗沙	暗沙	位于 8°05.6′~8°10.5′N，111°55.4′~112°01.7′E。在，南薇滩东北面 16 n mile，是一个发育在 1 200~1400 m 水深大陆台阶上部的一个礁体。礁顶近似椭圆，直径达 5 n mile 多，面积约 78 km²。经纬范围在 8°05.0′~8°10.0′N，111°55.5′~112°01.5′E，面积广，比水下台礁面积大的多，且水下地形崎岖，礁顶水深 50~100 m，最浅处水深 6.4 m。有的资料称之为散列暗礁，其实归类为暗沙更贴切。南海渔场图把此暗沙标为“据报此暗沙不存在”。此礁 1935 年公布名为湾滩，1947 年和 1983 年公布为现名。
6	南乐暗沙	暗沙	中心位于 8°29.0′N，115°30.5′E。在司令礁东北方 16 n mile，发育在水深 2 232 m 南沙陆坡台阶上，沙洲礁顶面形态与水深不明。海图标为（1940）据报。
7	都护暗沙	暗沙	位于 8°00.0′~8°03.7′N，115021.9′~115023.3′E。在司令礁南南东面 19 n mile，南北伸延约 2.5 n mile（两处）连为一片，范围较大，疑似水下暗沙环礁。有的资料认为是暗礁。海图标为（1940）据报。
8	金吾暗沙	暗沙	中心位于 7°59.6′N，114°51.5′E。在榆亚暗沙东南面 8 n mile，礁基水深 1 125 m，礁顶水深与形态不明。海图上标以“（1940）据报”。
9	保卫暗沙	暗沙	中心位于 7°31.6′N，114°59.0′E。在榆亚暗沙南南东 37 n mile，礁基坐落在 2 910 m 水深陆坡台阶上，礁顶水深与形态不明。海图标“（1940）据报”。
10	朱应滩	暗滩	中心位于 8°30.0′~8°33.0′N。朱应滩位于日积礁西南面 11 n mile，发育在 1 000~1 500 m 水深的大陆坡上部的一个水下礁滩。滩顶至少在水面下 278 m（即最小水深）。278~500 m 水深的滩顶面积约 30 km²，滩顶面积可能更宽广，也就是说礁滩与海床的交界可能比 500 m 更深。南海渔场图 17 把朱应滩水深标为 277 m、305 m（1972，据报）。

1）西沙群岛

西沙群岛古名“千里长沙”、“万里石塘”，位于南海中部，海南岛的东南方向，海岛地理位置在 15°46′49″（中建岛）~16°58′56″N（赵述岛）、111°11′40″（中建岛）~112°44′22″E（东岛）之间。永兴岛是三沙市人民政府所在地。西沙群岛大致以东经 112°为界，分为东、西两群，东群为宣德群岛，西群为永乐群岛。根据“908 专项”调查成果，西沙群岛由 63 个岛、礁、沙、滩组成，面积 305.591 1 km²。其中，海岛 54 个，面积 7.928 904 km²；干出礁 5 个，面积 173.452 3 km²；水下珊瑚礁暗沙或暗滩 4 个，面积 124.209 9 km²（图 3.3 和表 3.9）。其中的永兴岛、赵述岛、石岛、广金岛、琛航岛、东岛和中建岛等有人居住；据《海南年鉴》，2004 年西南中沙群岛户籍人口数为 244 人，均为非农业人口。西沙群岛最大的海岛为永兴岛，面积 2.077 309 km²，位于西沙群岛的中部，距海南岛榆林港 337 km（182 n mile）。西沙群岛的第二大岛为东岛，面积 1.735 774 km²；岛上终年常绿，植被茂盛，是西沙群岛中海鸟最多的岛屿，1980 年建立了以保护红脚鲣鸟为主的自然保护区。

西沙群岛的 54 个海岛进一步划分为 15 个灰沙岛、2 个礁岩岛、1 个基岩岛和 36 个沙洲。

灰沙岛为珊瑚岛的一种，指平均大潮高潮面以上较大的、固定的沙洲，是沙洲进一步堆高、扩大的结果，不致被台风大潮淹没。海岛底层主要由珊瑚沙、贝壳沙等生物屑组成，岛上往往覆盖有鸟粪层和繁茂的植被，地下水含量丰富，四周环绕有白色的沙滨。这类海岛包括北岛、琛航岛、东岛、甘泉岛、广金岛、金银岛、晋卿岛、南岛、全富岛、珊瑚岛、鸭公岛、永兴岛、赵述岛、中岛和中建岛，它们构成西沙群岛的主体。

礁岩岛亦划归为珊瑚岛，底层主要由固结成岩的珊瑚礁碎屑海滩岩组成。包括石岛和石屿，石岛位于永兴岛东北 1 130 m 处，面积 0.070 408 km^2，最高处 15.9 m，是南海诸岛中最高的岛屿，环岛为峭壁。石屿位于永乐环礁东部礁缘的新月形长礁盘的北端，海南渔民亦称“石峙”，呈圆形，面积 0.001 211 km^2，海拔高 2 m 左右。

沙洲亦为珊瑚岛的一种，指露出海面不久的陆地，由珊瑚沙和贝壳沙等组成；海拔较低，平时不被海潮所淹没，但台风和大潮时容易被淹没。沙洲通常分布在灰沙岛周边海域，外形不稳定，面积较小；由于受潮水冲刷，植物很少生长，岛上淡水层浅薄。如北沙洲、东新沙洲，以及金银岛、羚羊礁、全富岛和银屿附近的众多沙洲。

基岩岛与珊瑚岛不同，底层由火山碎屑岩组成。位于东岛马蹄形礁西北边缘 15 km 的高尖石岛，是西沙群岛中唯一的基岩岛和火山岛，岸线长 0.148 km，面积 0.001 023 km^2，高出海面 5.1 m。

西沙群岛的干出礁包括北礁、华光礁、浪花礁、羚羊礁和玉琢礁，均为珊瑚环礁。其中，浪花礁位于宣德群岛的南部，北礁、玉琢礁、华光礁和羚羊礁属永乐群岛。西沙群岛的水下珊瑚礁暗沙指筐仔沙洲和珊瑚岛东暗沙，水下珊瑚礁暗滩指滨湄滩和银砾滩。

此外，历史资料中记载的其他暗滩（沙），如西渡滩、嵩焘滩、湛涵滩和北边廊等未能在本次遥感影像中发现。

2）中沙群岛

中沙群岛古称“红毛浅”、“石星石塘”等，位于南海中部海域，西沙群岛的东南面，距永兴岛约 200 km，是南海诸岛中位置居中的一群。该群岛北起神狐暗沙，南止波洑暗沙，东至黄岩岛，地理位置在北纬 13°57′~19°33′，东经 113°02′~118°45′之间，南北跨纬度 5°36′，东西跨经度 5°43′，海域面积超过 60×10^4 km^2，岛礁散布范围仅次于南沙群岛。中沙群岛是穿越南海航道的必经之地，与西沙群岛的永兴岛相距约 220 km；西北距海南岛榆林港超过 570 km。

中沙群岛为海洋型岛礁，发育在南海北部陆坡和中央深海盆地的海山顶部，由中沙大环礁、黄岩岛（民主礁）、中南暗沙、宪法暗沙、神狐暗沙以及一统暗沙组成，大部分岛礁淹没在水下，黄岩岛是中沙群岛唯一有礁石露出水面的珊瑚礁。“908 专项”调查仅对中沙大环礁和黄岩岛进行了调查。结果表明，黄岩岛为干出礁，面积 48.978 694 km^2。中沙大环礁，由 44 个水下珊瑚礁暗沙组成，面积 514.327 556 km^2（图 3.4 和表 3.10）。

黄岩岛实为包括南岩和北岩在内的一个大环礁，是中沙群岛中唯一露出海面的一座珊瑚岛礁。1947 年取名为民主礁，1983 年更名为黄岩岛（也称黄岩环礁），仍亦以民主礁为副名。地理坐标为 15°08′~15°14′N，117°44′~117°48′E，即位于中沙群岛的东端，靠近菲律宾群岛，西距中沙大环礁约 316 km（170 n mile）。黄岩岛环礁呈等腰直角三角形，周长约 55 km；外围环礁（干出礁）面积 48.978 694 km^2，内部潟湖面积 76.462 981 km^2；潟湖内部零星分布塔礁，面积 2.437 378 km^2；三者总面积 127.878 8 km^2。

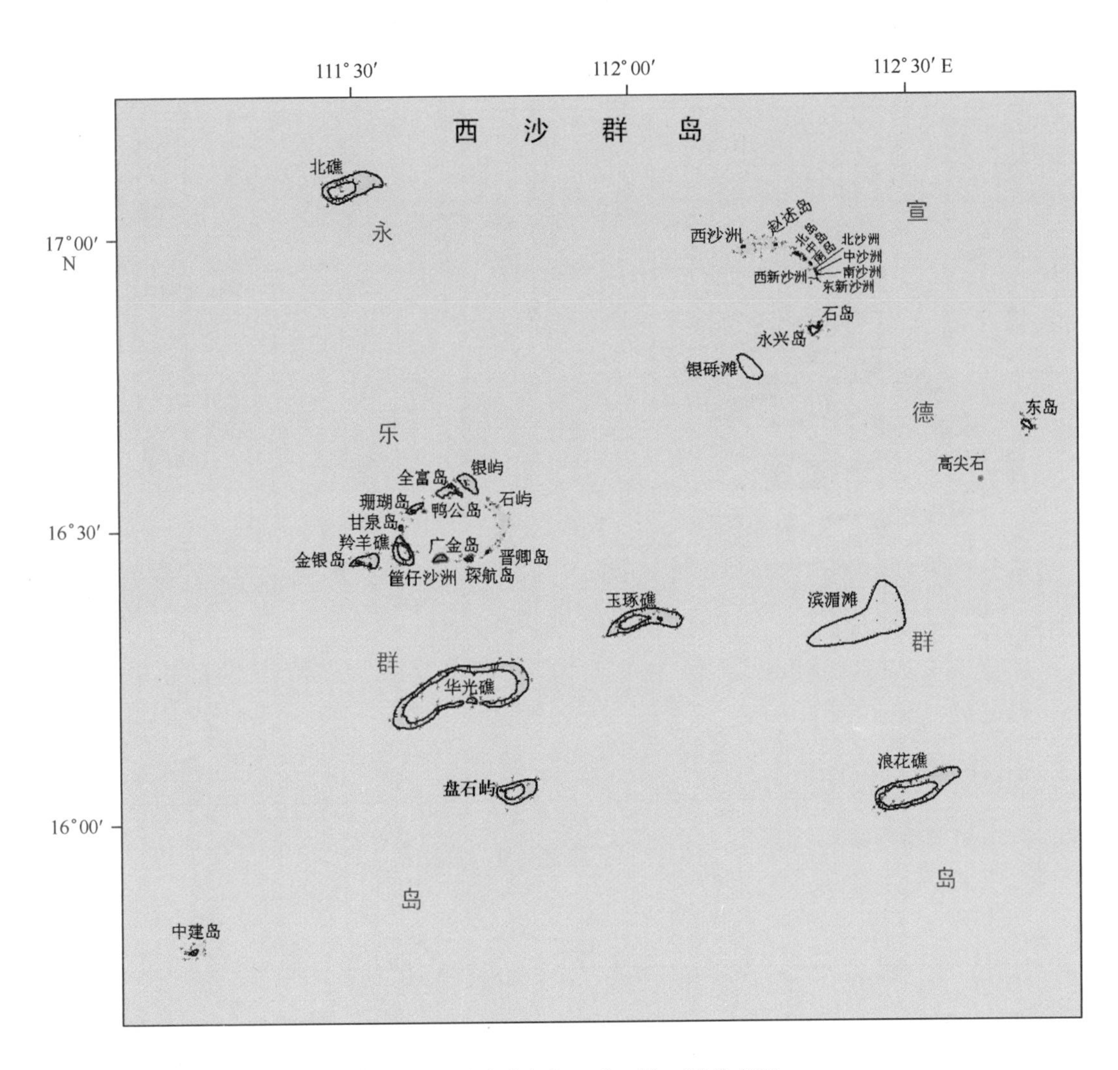

图 3.3　西沙群岛岛、礁、沙、滩分布图

中沙环礁由 44 个暗沙（滩）组成，其中已命名的有 26 个，即安定连礁、本固暗沙、比微暗沙、波洑暗沙、布德暗沙、果淀暗沙、海鸠暗沙、华夏暗沙、济猛暗沙、控湃暗沙、乐西暗沙、鲁班暗沙、漫步暗沙、美滨暗沙、美溪暗沙、南扉暗沙、排波暗沙、排洪滩、屏南暗沙、石塘连礁、涛静暗沙、武勇暗沙、西门暗沙、隐矶滩、指掌暗沙、中北暗沙，尚未命名的有 18 个。

除中沙大环礁外，在中沙群岛的东南和东北部海盆区分布有宪法暗沙和中南暗沙，在南海北部陆坡区分布有神狐暗沙和一统暗沙。

3）南沙群岛

南沙群岛古称“万里石塘”、“万里长堤”、“万生石塘屿”等，位于南海南部海域，北起雄南礁，南至曾母暗沙，西为万安滩，东为海马滩，是我国最南方的群岛，也是我国南海四大群岛中位置最南、岛礁最多、散布最广的群岛，地理上位于 3°20′ ~ 11°30′N，109°30′ ~ 117°50′E 之间，东西长约 905 km，南北宽约 887 km，海域面积为 88.6×10^4 km^2。根据“908 专项”调查成果，我国南沙群岛辖海域共分布 298 个岛、礁、沙、滩，面积总计 1 516.959 km^2（图

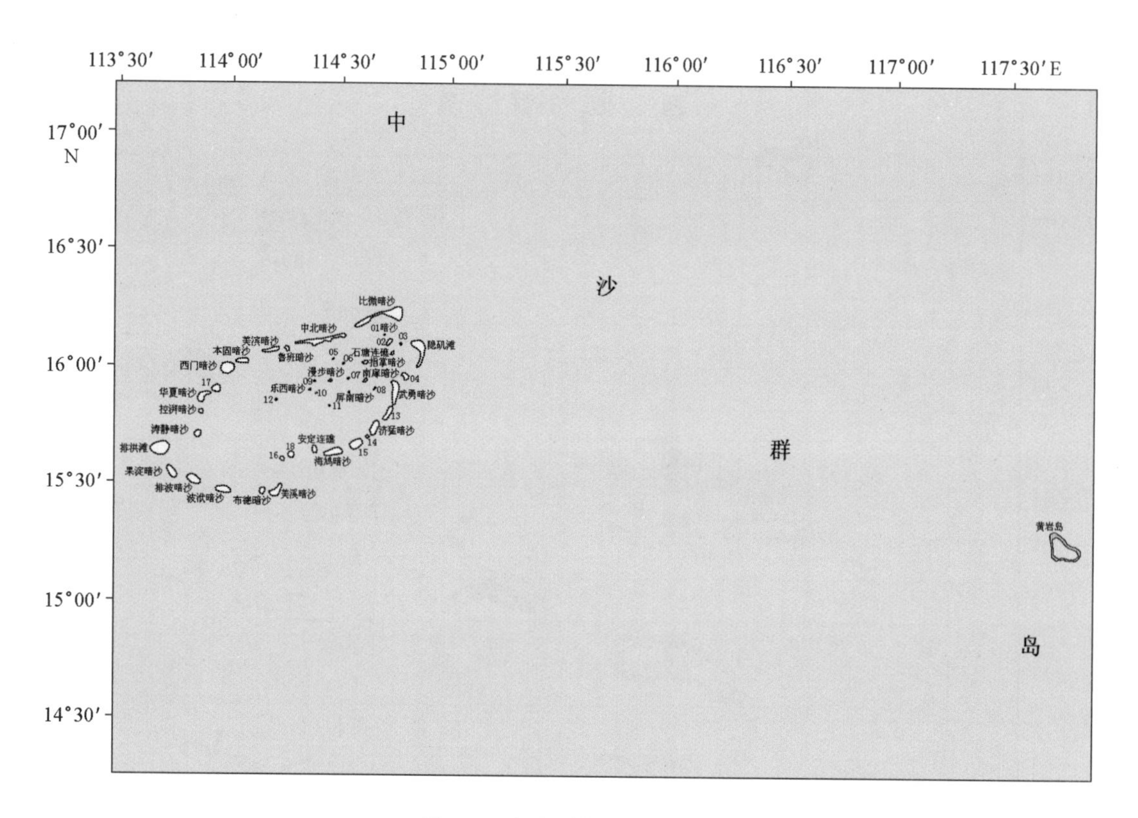

图 3.4　中沙群岛岛礁分布图

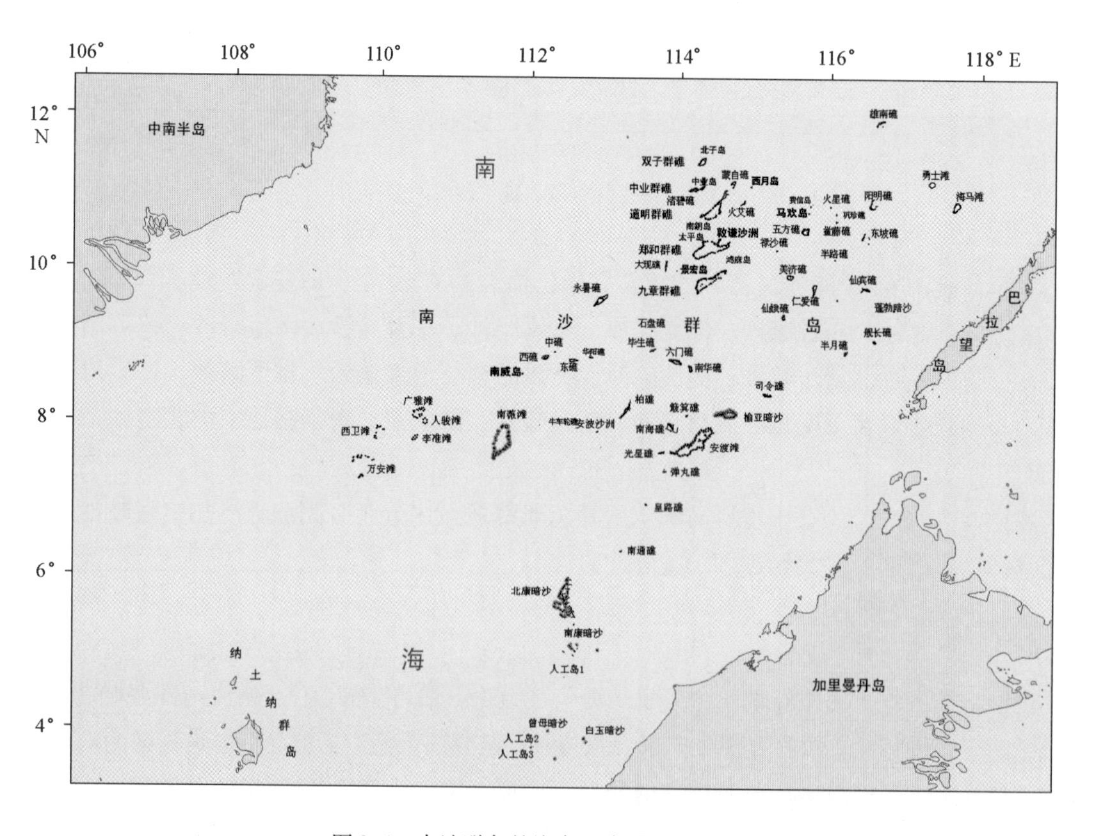

图 3.5　南沙群岛的海岛（岛礁）分布图

3.5）。其中，海岛36个，面积8.449 746 km^2；干出礁（沙）48个，面积398.133 4 km^2；暗礁（沙）211个，面积1 110.33 km^2。

南沙群岛自古就是我国的领土，在行政上现属我国海南省三沙市管辖，但目前除中国大陆和台湾省控制少数岛屿外，主要岛屿均被越南、菲律宾、马来西亚等国侵占。在广阔的南沙群岛海域，以南沙海底高原为基底，发育有双子群礁、中业群礁、道明群礁、郑和群礁、九章群礁、尹庆群礁等群岛，太平岛、中业岛、西月岛、南威岛、南子岛、北子岛、鸿庥岛、马欢岛、南钥岛、敦谦沙洲、景宏岛和南威岛等岛屿以及广雅滩、万安滩、西卫滩、人骏滩、李准滩、南薇滩、安渡滩、榆亚暗沙、北康暗沙、南康暗沙、曾母暗沙等礁、沙、滩，这些岛礁大致呈北东—南西向、北西—南东向、南—北向和东—西向的分布格局。

南沙群岛中高潮时出露海面的海岛数量较少，包括16个灰沙岛，18个沙洲和2个成分不详的明礁，总计36个海岛。其中，太平岛是南沙群岛最大的海岛，位于南沙北部郑和群礁的西北角，岛屿面积0.360 87 km^2；该岛表层为珊瑚礁风化形成的细砂土，下部为坚硬的珊瑚礁灰岩；岛上植被繁茂，灌木丛生，同时生长有白避霜花树（麻枫桐）等乔木以及人工种植的椰子树、木瓜、香蕉、羊角树和菠萝蜜树等；该岛现由我国台湾省管辖。南沙群岛海拔最高的岛屿为北子岛，位于双子群礁西北缘的一个椭圆形礁盘上，海岛呈长椭圆形，面积0.115 677 km^2，一般海拔高度为3 m左右，最高处12.5 m，岛上大部分地区为绿色的草海桐所覆盖，中南部为绿茸茸的草地，我国渔民在岛上建有房屋、水井，从事种植和捕捞，还有两座清同治年间修建的古坟及其碑刻，但现被菲律宾侵占。

据本次“908专项”遥感调查统计，南沙群岛海域分布有48个干出礁（沙）。其中，干出沙11个，底质以珊瑚砂砾为主，主要分布在南沙北部，包括南华礁、仙娥礁、海马滩、半月礁、舰长礁、西门礁、安乐礁、杨信沙洲、中业群礁无名礁01、火艾礁、库归礁等。干出礁共37个，底质以珊瑚礁块为主，包括北部海域的东礁、仁爱礁、五方礁、安达礁、牛轭礁、仙宾礁、长线礁、铁峙礁、梅九礁、蒙自礁、贡士礁、铁线西礁、铁线西礁1、牛车轮礁、禄沙礁、鲎藤礁、巩珍礁、铁线东礁、南门礁、龙虾礁、小南薰礁、华礁、漳溪礁、费信岛、吉阳礁、铁线中礁、屈原礁、扁参礁和中业群礁无名礁31等，南部海域的司令礁、光星仔礁、光星礁、簸箕礁、南康暗沙－琼台礁、南通礁、北康暗沙－南屏礁和北康暗沙－32。

南沙群岛海域还分布有211个暗礁（沙），包括水下珊瑚暗礁、水下珊瑚暗沙和适淹礁等，由于遥感解译的局限性，暗礁和暗沙的数量变化较大。本次遥感调查确认，在南沙北部海域有暗礁和暗沙70个，主要分布在道明群礁、郑和群礁和九章群礁等地，其中有历史命名的包括勇士滩、雄南礁、阳明礁、东坡礁、福禄寺礁、火星礁、主权礁、石盘礁、半路礁、小现礁等；南沙南部海域有暗礁（暗沙）141个，包括北康暗沙群、广雅滩暗沙群、南康暗沙群、南薇滩暗沙群、万安滩暗沙群、西卫滩暗沙群、安渡滩暗沙群、人骏滩、李准滩、曾母暗沙和榆亚暗沙等。

根据本次“908专项”遥感调查，我国南沙群岛管辖海域现有人工岛3个，面积0.045 814 km^2，主要位于曾母暗沙和海宁礁附近海域，距离加里曼丹岛120～160 km。此外，南沙群岛的部分海岛兼具人工岛性质，如弹丸礁等。

3.1.2 海岛资源类型、数量与分布

3.1.2.1 岸线

1）海南岛沿岸海岛

海南岛沿岸329个海岛，岸线总长267.197 km。岸线类型以砂质岸线、基岩岸线和人工岸线为主，含少量砾石岸线、红树林岸线和淤泥质岸线。不同区域海岛岸线资源分布很不均衡：东部和北部海域海岛岸线资源最为丰富，南部次之，西部最少。不同区域海岛岸线类型差别也较大：东部和南部海域以基岩岸线为主，砂质岸线次之；北部和东部海域人工岸线较多；砾石岸线主要分布于西北部海域，红树林岸线和淤泥质岸线分布于东部和北部的港湾区。海南岛沿岸（及各海域）海岛岸线类型及长度统计见表3.12～表3.15，海岛岸线分布特征如下：

表3.12 海南岛沿岸海岛岸线类型及长度统计表

岸线类型	海岛岸线长/km	岸线长百分比/%	分布海岛数/个
基岩岸线	82.959	31.05	162
砾石岸线	14.807	5.54	64
砂质岸线	95.736	35.83	105
淤泥质岸线	3.807	1.42	5
红树林岸线	14.421	5.40	17
人工岸线	55.467	20.76	33
合计	267.197	100.00	/

表3.13 海南岛沿岸海岛岸线分布及统计（按地理位置）

地理位置	海岛数量/个	海岛岸线长/km	岸线长度百分比/%	各岛平均岸线长/km
东部文昌－万宁海域	132	97.479	36.48	0.738
南部陵水－乐东海域	72	59.434	22.24	0.825
西部东方－昌江海域	13	10.866	4.07	0.836
北部儋州－海口海域	112	99.414	37.21	0.888
合计	329	267.197	100.00	0.812

表3.14 海南岛沿岸各海域海岛岸线类型及长度统计 单位：km

岸线类型	东部 文昌—万宁海域	南部 陵水—乐东海域	西部 东方—昌江海域	北部 儋州—海口海域
基岩岸线	53.564	25.721	0.485	3.197
砾石岸线	0.444	0.981	/	13.380
砂质岸线	20.292	25.459	8.259	41.344
淤泥质岸线	2.742	/	/	1.064
红树林岸线	7.469	/	/	6.950
人工岸线	12.968	7.273	2.122	33.479
合计	97.479	59.434	10.866	99.414

表 3.15　海南岛沿海各市（县）海岛岸线类型及长度统计表　　单位：km

行政区域	基岩岸线	砾石岸线	砂质岸线	淤泥质岸线	红树林岸线	人工岸线	合计	区域百分比/%
海口市	0.212		11.166	1.065	6.951	26.985	46.379	17.36
文昌市	28.434	0.444	5.655	2.742	7.174	4.394	48.843	18.28
琼海市	1.383		11.901		0.296	8.571	22.151	8.29
万宁市	23.749		2.740				26.489	9.91
陵水县	3.675		2.396			0.691	6.762	2.53
三亚市	20.879	0.982	19.105			6.582	47.548	17.80
乐东县	1.158		3.965				5.123	1.92
东方市	0.205		2.809			0.909	3.922	1.47
昌江县	0.280		5.823			0.841	6.944	2.60
儋州市	1.197	11.842	26.079			5.058	44.176	16.53
临高县	0.841	1.495	3.899			1.435	7.671	2.87
澄迈县	0.947	0.045	0.196				1.188	0.44
合计（km）	82.959	14.807	95.736	3.807	14.421	55.467	267.197	100

海南岛沿岸12个沿海市（县）海岛均有基岩岸线和砂质岸线，人工岸线分布在9个沿海市（县）的33个海岛上，这三类岸线之和占全部海岛岸线的87%以上，是海南岛沿岸海岛的主要岸线类型。与基岩岸线和砂质岸线的普遍分布不同，砾石岸线、淤泥质岸线和红树林岸线的分布有限且比较集中，三者之和约占海南岛沿岸海岛岸线总长度的13%，为本区海岛的次要岸线类型。砾石岸线出现在5个沿海市（县）的64个海岛上，其中以儋州市沿岸海岛最为发育，该市砾石岸线长度约占海南岛沿岸海岛砾石岸线的80%。红树林岸线仅在海口、文昌和琼海三市的17个海岛上出现，主要集中在东寨港和清澜湾内。淤泥质岸线是海南岛沿岸海岛最少的岸线类型，仅分布于海口市和文昌市交界的东寨港内。

海南岛沿岸有162个海岛具有基岩岸线，具有基岩岸线的海岛占该区海岛总数的49.24%。基岩岸线总长度为82.959 km，约占海南岛沿岸海岛岸线总长度的31.05%。海岛基岩岸线在海南岛东、西、南、北部海域均有分布。海南岛沿岸基岩岛可分为玄武岩基岩岛和花岗岩基岩岛两种主要类型。相应地，海岛基岩岸线也大致可分为玄武岩质基岩岸线和花岗岩质基岩岸线两种主要类型，前者如澄迈县的雷公岛，后者如文昌市的海南角和七洲列岛、万宁市的大洲岛（大岭、小岭）等。此外，海南岛沿岸少数海岛局部岸段发育海滩岩，海滩岩岸段也归入基岩岸线。从空间分布来看，从文昌的海南角顺时针方向至三亚的西鼓岛海域，共有149个海岛具有基岩岸线，约占海南岛沿岸海岛基岩岸线的94%。而海南岛北部和西部海域仅13个海岛具有基岩岸线，基岩岸线资源相对较少。

海南岛沿岸有64个海岛具有砾石岸线，占海岛总数的19.45%。砾石岸线总长度为14.807 km，占海南岛沿岸海岛岸线总长度的5.54%。海南岛北部的神诚意角—土羊角—沙表头海域是砾石岸线的集中分布区，南部的牛奇洲—锦母角—西鼓岛海域、北部的红屿岛—林诗岛海域和东部的文昌—万宁海域是砾石岸线的零星分布区。

海南岛沿岸有105个海岛具有砂质岸线，占该区海岛总数的31.91%。砂质岸线总长度为

95.736 km，占海南岛沿岸海岛岸线总长度的35.83%。从分布上看，海南岛东、南、西、北各海域都有砂质岸线的分布。其中，砂质岸线的贡献主要来自于海南岛沿岸各港湾和河口的堆积岛，如海甸岛、新埠岛、西边岛、椰子岛、三牙门、椰子洲、时光坡、过河园和马袅岛等。除堆积岛外，具有砂质岸线的海岛也有基岩岛和珊瑚岛，两类海岛砂质岸线的分布相对分散。在海南岛东部和南部海域一些距离海南本岛较近的、较大的基岩岛周边岬湾地段或背风的岛影区（通常为面向海南本岛一侧）也常发育砂质海滩，相应海岛岸线亦为砂质岸线，典型海岛如大洲岛（大岭和小岭）、南洲仔、加井岛、分界洲、牛奇洲、东洲、野薯岛、神岛、小青洲、东瑁岛、西瑁岛和东锣岛等；海南岛西北部少数玄武岩台地型基岩岛（如土羊角等）的局部岸段亦发育砂质岸线。此外，海南岛西北部沿岸珊瑚岛（除西目礁外），岸滩物质以珊瑚砂砾为主，岸线类型亦归为砂质岸线，如大铲礁、小铲礁和邻昌礁等。

海南岛沿岸仅有5个海岛具有淤泥质岸线，占海岛总数的1.52%。淤泥质岸线长3.807 km，占海南岛沿岸海岛岸线总长度的1.42%。这5个海岛集中分布于海口市和文昌市交界的铺前港湾特别是其内湾东寨港内。其中，东寨港内的洋仔墩、无名岛HAK03及竹排坡的岸线由淤泥质岸线和红树林岸线组成，四脚坡的岸线由淤泥质岸线、红树林岸线和人工岸线组成，淤泥质岸线出现在红树林不发育的岸段。位于铺前镇附近的无名岛WEC02为一条长条形沙坝，该岛东侧与海南本岛岸线之间为一个狭长的潟湖，潟湖内发育淤泥质潮滩，相应岸段亦为淤泥质岸线。

海南岛沿岸有17个海岛具有红树林岸线，占海岛总数的5.17%。红树林岸线长14.421 km，占海南岛沿岸海岛岸线总长度的5.40%。红树林岸线主要分布在东寨港岛区，在清澜港和琼海市北部的一些海岛周边亦有零星分布。红树林岸线主要出现在红树林保护区内。

海南岛沿岸有33个海岛具有人工岸线，占海岛总数的10.03%。人工岸线长55.467 km，占海南岛沿岸海岛岸线总长度的20.76%。人工岸线分布具有“整体分散、局部集中”的特征。人工岸线主要分布在海南岛沿岸各河口和港湾较大的堆积岛上，如南渡江口的海甸岛、新埠岛、无名岛HAK01，东寨港的北港岛、草岛、野菠萝岛、罗北堆、四脚坡、东华坡、罗亭坡、无名岛WEC01、牛六坡和江围墩，清澜港的边溪崀，万泉河口的边溪岛和东屿岛等，藤桥河口的椰子洲岛，宁远河口的养生园、八菱坡和公庙坡岛，昌化江口的时光坡岛，珠碧江口的海头岛，马袅港的马袅屿等。此外，人工岸线还分布在分界洲、西瑁洲、牛王岭以及海南岛西北部的土羊角、红屿岛、红石岛等基岩岛周边。从人工岸线用途来看，一是沿河道或海岸构筑的防护岸线，二是养殖岸线，三是港口码头岸线。

2）西南中沙群岛

西南中沙群岛中，中沙群岛由干出礁和暗沙组成，没有海岛，西沙群岛和南沙群岛共有90个海岛，岸线总长度为119.258 km。从西沙群岛和南沙群岛海域海岛类型来看，海岛以灰沙岛（31个）和沙洲（54个）为主，仅有1个火山岛，2个礁岩岛，2个成分不详的明礁，组成海岛的物质主要为松散的珊瑚礁碎屑砂、砾，只有个别海岛由基岩或珊瑚礁块组成。相应地，海岛岸线以砂质岸线为主，人工岸线居其次，基岩岸线较少，各岛岸线情况见表3.16。

表 3.16　西沙、中沙、南沙群岛海岛岸线统计表　　单位：km

岸线类型	西沙群岛	中沙群岛	南沙群岛	合计
砂质岸线	50.267	/	50.634	100.901
人工岸线	7.712	/	6.555	14.267
基岩岸线	3.796	/	0.294	4.090
合计	61.775	/	57.483	119.258

西南中沙群岛砂质岸线长 100.901 km，占西南中沙海岛岸线总长度的 84.61%。砂质岸线是灰沙岛和沙洲岛自然岸线的基本类型，同时见于石岛等礁岩岛局部岸段。从整个岛区来看，砂质岸线资源超过 1 km 的海岛有 25 个，包括弹丸礁、东岛、中建岛、永兴岛、琛航岛、太平岛、北岛、金银岛、珊瑚岛、甘泉岛、中业岛、晋卿岛、西沙洲、北子岛、赵述岛、西月岛、南岛、广金岛、盘石屿、中岛、西礁、南海礁、南沙洲、全富岛、南钥岛。通常，灰沙岛的砂质岸线比较稳定，岸线上有植被分布，并在一定程度上受到植被和人工建筑的保护。沙洲岛的砂质岸线随着珊瑚礁沉积体系的发育，总体处于淤涨状况，但岸线也受海浪、大潮和风暴潮的影响，季节性变化较强。

基岩岸线长 4.090 km，占西南中沙海岛岸线总长度的 3.43%。从整个岛区来看，基岩岸线长度从大到小依次为永兴岛、石岛、东岛、石屿、榆亚暗沙—二角礁、高尖石、蓬勃暗沙 - 乙辛石。其中，永兴岛、石岛、东岛和石屿周边基岩岸线主要为侵蚀出露的珊瑚礁碎屑海滩岩，高尖石基岩岸线为火山碎屑岩，南沙群岛的蓬勃暗沙—乙辛石和榆亚暗沙—二角礁为成分不详的独立礁石。基岩岸线总体处于侵蚀或基本稳定状况。

人工岸线长 14.267 km，占西南中沙海岛岸线总长度的 11.96%。从整个岛区来看，人工岸线长度从大到小依次为永兴岛、琛航岛、南子岛、鸿庥岛、中业岛、南威岛、景宏岛、敦谦沙洲、珊瑚岛、东岛、金银岛、中建岛。人工岸线大体反映了西南中沙群岛海岛及其岸线的开发状况，但人工岸线的界定存在很大的人为性，特别是一些为周边国家侵占的沙洲岛如弹丸礁等，据历史资料该岛基本上为人工岛，但本次遥感调查将其界定为沙洲岛，周边岸线亦界定为砂质岸线，值得商榷。

3.1.2.2　淡水

1）海南岛沿岸海岛

（1）地表水

海南岛及周边海域的降水量，自东向西、自北向南逐渐递减。其中，海口—万宁一带的海岛区年降水量在 1 620 ~ 2 100 mm 之间；陵水—三亚一带海岛区，年降水量在 1 400 ~ 1 800 mm 之间；儋州的白马井—东方—莺歌海一带海岛区的降水量最少，年降水量在 900 ~ 1 100 mm 之间；临高一带海岛区的年降水量在 1 400 mm 左右。

海岛区降水年际变化较大。位处降水高值区的琼海、万宁一带海岛区，最多雨的年份，年降水量可达 3 200 ~ 3 550 mm；少雨的年份，雨量只有 830 ~ 1 080 mm。位处降水低值区的东方一带海岛区，最多雨的年份，年降水量可达 1 550 mm，最少雨的年份只有 270 mm。

海岛区干湿季节分明。若以月雨量大于或等于 100 mm 作为雨季的话，则海口—万宁—

带海岛区，雨季从4月份开始（清澜港从5月份开始），到11月份结束，雨季长达8个月，雨季降水量占全年降水量的84%～91%；陵水—三亚—莺歌海一带海岛区的雨季是5月份开始，10月份结束，雨季长达6个月，雨季降水量占全年降水量的85%～90%；东方—儋州的白马井一带海岛区，雨季从6月开始，10月结束，雨季达5个月，雨季降水量占全年降水量的81%；临高一带海岛区的雨季从5月开始，10月结束，雨季达6个月，降水量占全年降水量的73%。

（2）地下水

①地下水类型

根据含水层介质、水力性质，将海南岛沿岸海岛地下水划分为松散岩类孔隙潜水、松散固结岩类孔隙承压水、火山岩裂隙孔洞水和基岩裂隙水4个类型（表3.17）。

表3.17 海南岛沿岸海岛地下水类型划分表

地下水类型		地质代号	含水层分布及埋藏条件		地下水质
大类	亚类		分布	含水层	
松散岩类空隙潜水	海漫滩空隙潜水	Q_4^3	西瑁洲、东瑁洲、牛奇洲、大洲岛	浅埋	咸水局部淡水
	海积阶地、砂堤空隙潜水	Q_4^2	西瑁洲、东瑁洲、牛奇洲、大洲岛、野薯岛	浅埋	浅部淡水
	滨海三角洲空隙潜水	Q_4^3	北港岛、边溪岛、东屿岛、三茅坡、时光坡、过河园	浅埋	浅部淡水
松散固结岩类空隙承压水		N_2^2	罗亭坡、北港岛、牛六坡	浅埋	淡水
火山岩类裂隙孔洞水		βQ_2 βQ_3	土羊角、红牌屿	浅埋	咸水
基岩裂隙水	红层裂隙水	K_1	东锣岛	浅埋	咸水
	块状岩类（网状脉状）裂隙水	γ_5	西瑁洲、东瑁洲、牛奇洲、大洲岛、分界洲	浅埋	浅部淡水
	层状岩类（网状层状）裂隙水	Q_2 S_{1+2}	小青洲、边溪崀	浅埋	咸水

a. 第四系松散岩类孔隙潜水

海积阶地、砂堤砂地孔隙潜水：分布于大洲岛小岭、牛奇洲、野薯岛、东瑁洲和西瑁洲等岛屿。含水层岩性为灰白色细砂、中砂、含砾粗砂、珊瑚贝壳碎屑等。厚度大于4.4 m。水位埋深1.25～4.65 m，民井单井涌水量0.278～3.774 L/（s·m），推算最大单井涌水量11～241 m^3/d。钻孔单位涌水量0.811～1.132 L/s·m，单井涌水量95～208 m^3/d。富水性属中等至贫乏。

滨海三角洲孔隙潜水：主要分布于北港、东屿、边溪岛、三寮坡、下朗、时光坡和过河园等岛屿。含水层岩性为细砂、中砂、粗砂和砾砂，厚度大于1.06 m，水位埋深0.05～2.21 m，民井单位涌水量0.123～8.86 L/s·m，推算单井最大涌水量10～635 m^3/d。富水性属中等至贫乏。

b. 第三系松散固结岩类孔隙承压水

分布于北港、牛六坡和罗亭坡等海域的岛屿。据北港ZK45孔资料，含水层岩性为褐红色贝壳砂砾岩、砾岩等，厚48.39 m，水位埋深1.07 m。该含水层属琼北自流盆地第二含水层。据邻近塔市太阳养殖场ZK1孔抽水资料，单位涌水量3.681 L/s·m，推算降深5 m，涌水量1 790 m^3/d，水量属丰富。

c. 火山岩孔洞裂隙水

分布于土羊角、红牌屿和西鼓岛。岩性为灰黑色致密状、气孔状玄武岩和流纹质凝灰熔岩。柱状及水平节理发育，厚约20 m。因岛面积小，未见地下水出露。

d. 基岩裂隙水

红层裂隙水：仅分布于东锣岛，含水层岩性为紫红、肉红色砂砾石、砾岩。因岛屿小，未见地下水出露。

块状岩类（网状、脉状）裂隙水：主要分布于大洲岛、洲仔岛、分界洲、牛奇洲、东瑁洲、西瑁洲、南峙等岛屿。含水层岩性为灰白色中粗粒黑云母花岗岩、细粒花岗岩和闪长岩脉等。地下水一般为潜水，局部承压。水位埋深+6.46~5.57 m。钻孔单位涌水量0.021~0.123 L/s·m，单井推算最大涌水量26.0~132.0 m^3/d，民井单位涌水量0.139~1.874 L/s·m，单井推算最大涌水量8.0~78.0 m^3/d，泉流量0.05~1.243 L/s。

层状岩类（网状、层状）裂隙水：仅分布于小青洲和边溪崀，含水层岩性为石英岩。因岛屿面积小，未见地下水出露。

②地下水的补给、径流与排泄条件及水质评价

海岛地下水的补给主要为大气降水垂直渗入补给，其次为冲沟水的互为补给。孔隙承压水靠陆地侧向补给。基岩海岛为丘陵、台地，径流短，地形坡度大，基岩多裸露，切割较强烈，地下水往往于沟谷切割处以泉的形式排泄或直接入海，部分以潜流形式侧向补给松散岩类孔隙水。孔隙承压水以径流形式往北向排泄。另外，人工开采也是地下水的排泄方式。河口三角洲低平岛屿，排泄以蒸发为主，或直接与咸水交互出现，过渡为微咸水至咸水。

潜水水化学类型为Cl-Na、Cl·HCO_3-Na·Ca、Cl-Na·Ca型水，矿化度0.116~12.94 g/L，总硬度1.31~138.14德度，pH值5.6~8.1，承压水水化学类型为Cl·HCO_3-Na、Cl-Na水，矿化度0.556~0.889 g/L，总硬度10.66~15.91德度，pH值为7.59~7.95。

潜水水化学类型由岛的中部Cl·HCO_3-Na·Ca水向海边过渡为Cl-Na水。矿化度、硬度也自岛的中部向海边逐渐增加，重碳酸离子含量逐渐减少，氯离子含量逐渐增加。潜水受潮汐影响较大，其影响范围一般为距离高潮线50~100 m，但随季节和岩性不同，其影响范围也会有所变化。

潜水矿化度、硬度随深度的增大而增大。例如牛奇洲7号井，深度为3.65 m，矿化度为0.43 g/L，总硬度为13.76德度；ZK1孔深度为8.28 m，矿化度为4.357 g/L，总硬度83.14德度。在北港地下水具有上咸下淡的特点，上部潜水为咸水，下部承压水为淡水。

饮用水，地下水无色、无味、无臭、透明，水温19~28.5℃，总硬度小于20德度，矿化度一般小于0.8 mg/L，pH值5.68~8.14，一般可饮用。边溪崀G8、西瑁洲#16、ZK13-2、东瑁洲#30、#31，总硬度、矿化度均超标，不宜饮用。北港D125，Fe、NH_4、PO_4超标。野薯岛#1、分界洲#9，NH_4超标。大洲岛泉4，PO_4超标，也不宜饮用。

工业及灌溉用水，地下水锅垢总量34.85~1 373.79 mg/L，硬垢系数0.011~3.521，起泡系数27.35~10 762.58，腐蚀系数大部分小于0，为锅垢很少至很多，具软至硬沉淀物，不起泡至起泡，腐蚀至非腐蚀性水。地下水矿化度一般小于1.0g/L，水温19~28℃，灌溉系数

大多数在2～27之间，除东瑁洲#31、边溪崀G8灌溉系数小于1.2，不适于直接作灌溉用水外，其他海岛的地下水一般适于灌溉。

2）西南中沙群岛

（1）地表水

广阔的南海和西太平洋提供了丰富的水汽来源，大量水汽受各种各样条件的作用在西南中沙群岛形成丰沛的降水；但季节分配不均匀，年际和季节间的变化差异较大，台风雨约占1/3。

西沙群岛的降水量充沛。其中，宣德群岛的年降水量接近1 500 mm，永乐群岛接近1 400 mm；宣德群岛比永乐群岛多100 mm左右。降水量年内分配很不均匀，主要集中在6—11月。宣德群岛一年中最多雨的月份是10月，月雨量达259.3 mm；最少雨的月份是2月，月雨量仅有11.9 mm。永乐群岛最多雨的月份是9月，月雨量达302.3 mm；最少雨的月份也是2月，月雨量仅有12.8 mm。西沙群岛的干湿季分明。若以月雨量大于100 mm作为划分雨季标准的话，则宣德群岛6—11月为雨季，12月至次年5月为干季；永乐群岛6—10月为雨季，11月至次年5月为干季。宣德群岛的雨季降水量为1 283 mm，占年雨量的87%；永乐群岛的雨季降水量为1 111 mm，占年降水量的80%。宣德群岛与永乐群岛的干季降水较少，降水量分别仅为198 mm和271 mm，约占年雨量的13%和20%。另外，西沙群岛的雨量月际变化有两个峰值和两个谷值。宣德群岛的雨量峰值分别出现在6月和10月，谷值分别出现在2月和7月，前峰（谷）值均小于后峰（谷）值；永乐群岛的雨量峰值分别出现在6月和9月，谷值出现在2月和7月，前峰（谷）值也均小于后峰（谷）。

中沙群岛海域雨量充沛，年平均降水量为1 500～2 000 mm。降水几乎都是由积状云造成的，因而持续时间较短，具有明显的阵性特征。降水主要集中在6—12月。

南沙群岛海域雨量充沛，年平均降水量在2 000 mm左右，自南向北降低，降雨多集中在6—12月份。降雨主要由热带气旋和西南季风所致，也出现对流雨，但无地形雨。

（2）地下水

①地下水类型

根据含水层介质特征、水力特性，将西沙群岛海岛地下水划分为松散岩类孔隙潜水和固结岩类孔洞裂隙水2大类。按钻孔、民井单井推算最大涌水量来划分富水等级，各类分为丰富（富水指标大于1 000 m^3/d）、中等（富水指标为100～1 000 m^3/d）、贫乏（富水指标小于100 m^3/d）3个等级。

a. 松散岩类孔隙潜水

主要分布于永兴岛、东岛、中建岛、琛航岛、金银岛、珊瑚岛、晋卿岛和甘泉岛等的砂堤砂地。含水层岩性为珊瑚贝壳碎屑砂、砾砂等。厚16.49～23.90 m，水位埋深1.50～3.50 m。钻孔单位涌水量1.989～4.800 $dm^3/s·m$，单孔推算最大涌水量为168.4～304.8 m^3/d，富水性属中等。民井单位涌水量3.035～20.18 $dm^3/s·m$，推算单井最大涌水量52.4～427.1 m^3/d，富水性属中等至贫乏。

b. 固结岩类孔洞裂隙水

主要分布于石岛、永兴岛、东岛、金银岛、珊瑚岛、琛航岛和甘泉岛等岛屿，含水层岩性为珊瑚礁灰岩、珊瑚贝壳砂砾岩等，厚度大于196.62 m，水位埋深0.57～3.27 m。钻孔单位涌水量为6.665 $dm^3/s·m$，推算最大单孔涌水量641.2 m^3/d；民井单位涌水量12.68 $dm^3/s·m$，推算最大单井涌水量为134.1 m^3/d，富水性中等。

3.1.2.3 植被

1）海南岛沿岸海岛

（1）植被类型

植被分类原则及系统

根据《海岛调查技术规程》，同时参考20世纪90年代的“海南省海岛资源综合调查”成果，可将海南岛沿岸海岛植被共划分为9个三级类、18个四级类、48个群落类型，其分类系统见表3.18。

表3.18 植被分类系统

Ⅰ级	Ⅱ级	Ⅲ级	Ⅳ级
植被	天然植被	Ⅰ 阔叶林	1 落叶季雨林
			2 常绿季雨林
		Ⅱ 红树林	1 海滩红树林
			2 海岸半红树林
		Ⅲ 灌丛	1 落叶灌丛
			2 常绿灌丛
			3 刺灌丛
		Ⅳ 草丛	1 草丛
			2 灌草丛
		Ⅴ 滨海盐生植被	1 肉质盐生植被
			2 杂类草型盐生植被
		Ⅵ 滨海沙生植被	1 草本沙生植被
			2 灌木沙生植被
		Ⅶ 沼生水生植被	1 沼生植被
	人工植被	Ⅷ 木本栽培植被	1 经济林
			2 防护林
			3 果园
		Ⅸ 草本栽培植被	1 农作物群落
			2 特用经济作物群落

①天然植被

Ⅰ. 阔叶林

$Ⅰ_1$. 落叶季雨林

• 厚皮、海南榄仁（鸡针）、白梨么群落（Comm. *Lanna grandis*, *Terminalia hainanensis*, *Drypetes perreticulata*）

$Ⅰ_2$. 常绿季雨林

• 鸭脚木、土坛群落（Comm. *Scheffiera octophylla*, *Alangium salvifolium*）

• 吊罗栎、闭花木群落（Comm. *Quercus tiaoloshanensi – Cleistanthus saichikii*）

• 滨玉蕊单优群落（Comm. *Barringtonia asiadica*）

• 小花龙血树单优群落（Comm. *Dracaena cambodiana*）

Ⅱ. 红树林

$Ⅱ_1$. 海滩红树林

• 海桑林群落（Comm. *Sonneratia caseolaris*）

• 红树—角果木、白骨壤群落（Comm. *Rhizophora apiculata—Ceriops tagal*, *Avicennia marina*）

• 海莲林群落（Comm. *Bruguiera sexangula*）

$Ⅱ_2$. 海岸半红树林

• 海漆林群落（Comm. *Excoecaria agallocha*）

• 桐花树群落（Comm. *Aegiceras corniculatum*）

• 海芒果林群落（Comm. *Cerbera manghas*）

• 水黄皮林群落（Comm. *Pongamia pinata*）

• 榄李群落（Comm. *Lumnilzera racemosa*）

• 黄槿林群落（Comm. *Hibiscus tiliaceus*）

Ⅲ. 灌丛

$Ⅲ_2$. 常绿灌丛

• 小花龙血树、喜光树、细基丸群落（Comm. *Dracaena angustifolia*, *Actephila merrilliana*, *Polythia cerasoides*）

• 笔管榕、潺槁树、伞序臭黄荆群落（Comm. *Ficus wightiana*, *Litsea glutinosa*, *Premna corymbosa*）

• 倒吊笔、伞序臭黄荆、九节木群落（Comm. *Wrightia pubescens*, *Premna corymbosa*, *Psychotria rubra*）

• 博兰木群落（Comm. *Poilaniella fragilis*）

• 了哥王、黑面神群落（Comm. *Wikstroemia indica*, *Breynia frutifcosa*）

• 银叶巴豆群落（Comm. *Croton cascarilloide*）

$Ⅲ_3$. 刺灌丛

• 刺桑、细叶裸实、基及树群落（Comm. *Taxotphis ilicifolius*, *Gymnosporia divesifolia*, *Carmona microphylla*）

• 露兜群落（Comm. *Pandanus tectorius*）

• 疏刺茄、印度鸡血藤群落（Comm. *Solanum nienkui*, *Milletia pulchra*）

Ⅳ. 草丛

$Ⅳ_1$. 草丛

• 华三芒群落（Comm. *Aristida chinensis*）

• 高野黍群落（Comm. *Eriochloa procera*）

• 五节芒、短颖马唐群落（Comm. *Miscanthus floridulus*, *Digitaria microbachae*）

• 白羊草群落（Comm. *Bothriochloa ischaemum*）

• 竹节草群落（Comm. *Chrysopogon aciculatum*）

• 沟叶结缕草群落（Comm. *Zoysia matrella*）分布于宝陵峙、灯峙。

• 铺地黍群落（Comm. *Panicum repens*）

Ⅳ$_2$. 灌草丛

• 海巴戟天、斑茅、仙人掌群落（Comm. *Morinda citrifolia*, *Saccharum arundinaceum*, *O-puntia dillenii*）

• 扭黄茅—刺葵群落（Comm. *Heteropogon contotus* – *Phoenix hanceana*）

Ⅴ. 滨海盐生植被

Ⅴ$_1$. 肉质盐生植被

• 节藜群落（Comm. *Arthrocnemum indicum*）

Ⅵ. 滨海沙生植被

Ⅵ$_1$. 草本沙生植被

• 厚藤、鬣刺草群落（Comm. *Ipomoea pes – caprae*, *Canavalia maritima*, *Spinifex littoreus*）

• 厚藤群落（Comm. *Ipomoea pes – caprae*）分布于琼海市边溪岛。

Ⅵ$_2$. 灌木沙生植被

• 草海桐、许树、露兜树群落（Comm. *Scaevola sericea*, *Clerodendron inerme*, *Pandanus tectorius*）

• 许树、鼠尾草、厚藤群落（Comm. *Clerodendron inerme*, *Sporobolus indicus*, *Ipomoes pes—caprae*）

• 基及树、草海桐、翅叶九里香群落（Comm. *Carmona microphylla*, *Scaevola sericea*, *Murraya alata*）分布于三亚市西鼓岛。

• 草海桐、沟叶结楼草群落（Comm. *Scaevola sericea*, *Zoysia matrella*）分布于七洲列岛的南峙。

• 李花蟛蜞菊、草海桐群落（Comm. *Wedelia biflora*, *Scaevola sericea*）分布于七洲列岛的灯峙。

Ⅶ. 沼生水生植被

Ⅶ$_1$. 沼生植被

• 猪笼草、铺地蜈蚣群落（Comm. *Nepenthes mirabilis*, *Lycopodium cernuum*）大洲岛南岛中部坡谷有小面积分布。

b. 人工植被

Ⅷ. 木本栽培植被

Ⅷ$_1$. 经济林

• 桉树林（Comm. *Eucalyptus* spp.）

Ⅷ$_2$. 防护林

• 木麻黄林（Comm. *Casuarina* spo.）

Ⅷ$_3$. 果园

• 椰子林（Comm. *Cocos nucifera*）

Ⅸ. 草本栽培植被

Ⅸ$_1$. 农作物群落

• 水稻群落（Comm. *Oryza sativa*）

• 甘蔗群落（Comm. *Saccharum officinarum*）

• 蕹菜、冬瓜、番茄群落（Comm. *Ipomoea aquatica*，*Benincasa hispida Lycospersium esculentum*）

Ⅸ$_2$. 特种经济植物群落

• 剑麻园（Comm. *Agava sisalana*）

②植被类型及分布

海南岛沿岸海岛的植被总面积为27.423 6 km^2。其中，天然植被面积21.817 5 km^2，人工植被面积5.606 1 km^2。天然植被中，阔叶林面积2.912 0 km^2，占总面积的10.62%；红树林面积6.579 3 km^2，占总面积的23.99%；灌丛面积8.239 9 km^2，占总面积的30.05%；草丛面积3.972 1 km^2，占总面积的14.48%；滨海沙生植被面积0.114 2 km^2，占总面积的0.42%；木本栽培植被3.496 8 km^2，占总面积的12.75%；草本栽培植物2.109 3 km^2，占总面积的7.69%。可见，海南岛沿岸海岛植被以天然植被为主，其中灌丛最多，红树林次之，再次为草丛（表3.19）。

表3.19 海南岛沿岸海岛植被类型及面积统计

植被类型		面积/km^2		百分比/%	
天然植被	阔叶林	2.912 0	21.817 5	10.62	79.56
	红树林	6.579 3		23.99	
	灌丛	8.239 9		30.05	
	草丛	3.972 1		14.48	
	滨海盐生植被	/		/	
	滨海沙生植被	0.114 2		0.42	
	沼生和水生植被	/		/	
人工植被	木本栽培植被	3.496 8	5.606 1	12.75	20.44
	草本栽培植物	2.109 3		7.69	
合 计		27.423 6			

a. 天然植被

天然植被是海南岛沿岸海岛现状植被的主要植被，其主要类型有7大类41个类型，即阔叶林、红树林、灌丛、草丛、滨海盐生植被、滨海沙生植被和沼生及水生植被，概述如下：

• 阔叶林

主要为热带常绿季雨林，包括厚皮－海南榄仁－白梨么群落、鸭脚木－土坛群落、吊罗栎－闭花木群落、滨玉蕊单优群落、小花龙血树单优群落等5个群落类型，主要分布于海口、琼海和三亚所属的几个面积较大的海岛，包括海甸岛、新埠岛、西瑁洲、东瑁洲、东屿岛、牛奇洲、边溪岛、海头岛和野菠萝岛等。优势种为海南榄仁、厚皮树、刺桐、鸭脚木、吊罗栎、厚壳桂、海南大风子、莱豆树、海南蒲桃、毛叶杜英、闭花木、铁线子、海南苏铁、小花龙血树等。乔木层（第一层）一般高达10 m，胸径15～20 cm，枝下高2～3 m，树干挺直，最大的蓄材量每公顷为400 m^{3}左右；第二层高3～5 m，胸径6～10 m不等，覆盖度达90%，林下灌木、草本植物有荫生的蕨类植物外，还有海芋、山蓝、刺轴榈、红藤、白藤、钩枝藤、蜈松藤及锡叶藤等林内林缘均有生长；茎花植物有高山榕、青果榕、细叶榕等板根绞杀植物不少，充分显示出其热带森林的特点。

阔叶林是海岛植被长期演化发展的结果，是人类长期生产生活的物种资源（包括珍稀濒危植物）得到保存下来的场所，是生态平衡的标志，也是生态平衡的有力维持者（如西瑁洲、牛奇洲等），因而应该加以保护和发展。

● 红树林

海南岛沿岸海岛红树林主要有海桑林、红树—角果木 - 白骨壤、海莲林、海漆林、桐花树、海芒果林、水黄皮林、榄李和黄槿林等 9 个群落类型，分布于东寨港、清澜港（八门湾）、儋州湾及儋州北部岛区。其中海岸半红树林主要分布于边溪崀、牛六坡、无名岛 WEC32、北港岛、无名岛 DNZ23、罗北堆、无名岛 DNZ24、无名岛 WEC33、无名岛 DNZ13、无名岛 DNZ25、无名岛 DNZ14、上洋墩、无名岛 QHA01、无名岛 DNZ19、无名岛 DNZ15、无名岛 DNZ27、无名岛 LGO06、无名岛 DNZ35、无名岛 DNZ11、浮水墩、无名岛 DNZ12、无名岛 DNZ07、无名岛 DNZ10、无名岛 DNZ09、无名岛 DNZ22、无名岛 DNZ26、无名岛 DNZ08 和无名岛 DNZ16 等岛的岛内。海滩红树林主要分布在草岛、野菠萝岛、无名岛 WEC01、四脚坡、无名岛 HAK04、江围墩、牛六坡、洋仔墩、竹排坡、东华坡、尖石、无名岛 DNZ36、北港岛、罗北堆、无名岛 DNZ13、边溪崀、上洋墩、无名岛 LGO06、无名岛 DNZ19、无名岛 DNZ11、无名岛 DNZ18、红石岛、无名岛 DNZ35、无名岛 DNZ15、罗亭坡、无名岛 DNZ07、无名岛 DNZ06、马袅屿、无名岛 DNZ12 和沙井角的潮间带。红树林、半红树林的主要优势种有红树、海莲、角果木、海桑、海芒果、桐花树、榄李、水黄皮、黄槿等，树高一般为 4 ~ 5.5 m（ -7.5 m），胸径一般为 20 ~ 35 cm，最粗达 45 cm，林下常丛生或散生有红树林上层的幼苗或灌丛，高矮不一，一般在 1.0 ~ 1.5 m，群落总覆盖度为 80% ~ 90%。

红树林是海滩潮间带的一种特殊植被资源，群落内有丹宁（鞣料）、药用、木材及食用等资源植物，有鱼、虾、蟹、毛蚶等栖宿，还有海鸟投栖，这对于抗风浪、护堤、固岸和水产养殖都有特殊的生态效益和经济效益，对维护生态平衡也有着重要意义。过去海南岛沿岸海岛红树林的面积较大，由于受到砍伐或围垦等影响，而导致面积减少，目前已受到逐步保护、恢复和发展。

● 灌丛

海南岛沿岸海岛的灌丛是由森林经过多次反复砍伐后演化而成的次生植被类型，以刺灌丛为主。有些雨量较多、水温条件较好的可发展成乔灌林；有些较干旱的海岛，在长期人为影响下演化为落叶灌丛或刺灌丛，分布面积颇广，包括小花龙血树 - 喜光树 - 细基丸群落、笔管榕 - 潺槁树 - 伞序臭黄荆群落、倒吊笔 - 伞序臭黄荆 - 九节木群落、博兰木群落、了哥王 - 黑面神群落、银叶巴豆群落、刺桑 - 细叶裸实 - 基及树群落、露兜群落、疏刺茄 - 印度鸡血藤群落等 9 个类型。分布于海南岛周边各岛区，包括大岭、小岭、西瑁洲、牛奇洲、野薯岛、南洲仔、东洲、分界洲、北峙、白鞍岛、过河园、西洲、南峙、东锣岛、加井岛、甘蔗岛、时光坡、平峙、西鼓岛、雷公岛、盛羊角、红石岛、灯峙、边溪岛、东瑁洲、红屿岛、小青洲、神岛、牛王岭、舐嘴排、无名岛 LDX08、英豪角、无名岛 DNZ51、无名岛 DNZ52、峙峪、无名岛 DNZ59、无名岛 DNZ60、狗卵脬峙、沙井角、外峙、无名岛 DNZ39、三更峙、无名岛 DNZ42、塘坎角、无名岛 DNZ53、无名岛 DNZ54、无名岛 DNZ40、无名岛 DNZ62、林诗岛、无名岛 DNZ50、无名岛 WEC02、无名岛 DNZ46、无名岛 DNZ38、无名岛 DNZ43、沙井角、无名岛 DNZ47、无名岛 DNZ48、锦母石、神尖石、无名岛 DNZ41、无名岛 DNZ49、沙表头、无名岛 DNZ37、无名岛 DNZ45 和墩仔高排。主要组成种类也颇为丰富，其建群种类有喜光树、细基丸、小花龙血树、笔管榕、潺槁树、伞序臭黄铜、博兰木、银叶巴豆、刺桑、仙人掌、基及树、黑面神、印度鸡血藤等。株高一般 1 ~ 2 m（0.8 ~ 2.5 m）；密集或散生，形成丛林状，覆盖度 75% ~85%。在灌丛中草本植物有飞机草、扭黄茅、高马唐、弓果黍等。本类型仍处于向热带季雨林方向发展阶段，应加以封岛育林，使其发展为经济用材林和水源林。

● 草丛

海南岛沿岸海岛的草丛也是在人类生产、生活活动干扰下形成的一种草丛，是较大的次生植被类型，包括华三芒群落、高野黍群落、五节芒 - 短颖马唐群落、白羊草群落、竹节草群落、沟叶结缕草群落、铺地黍群落、海巴戟天 - 斑茅 - 仙人掌群落、扭黄茅—刺葵群落等 9 个类型。主要分布于海口、文昌、琼海、三亚所属的海岛，包括海甸岛、新埠岛、边溪岛、东屿岛、南峙、无名岛 HAK02、分界洲、加井岛、无名岛 LDX07、海头岛、无名岛 LDX06、南洲仔、无名岛 QHA16、洋仔墩、无名岛 LGO04、无名岛 LDX05、无名岛 LDX03、无名岛 QHA12、无名岛 SYX09、无名岛 LGO03、无名岛 QHA15、无名岛 DFG02、无名岛 HAK03、椰子洲岛、无名岛 WAN09、无名岛 SYX08、三牙门、无名岛 LDX04、无名岛 LDX02、无名岛 LDX01、无名岛 LGO02、双帆（西帆）、无名岛 DFG01、无名岛 QHA06、无名岛 QHA10、无名岛 LGO05、大洋石。主要建群种为华三芒草、高野黍、五节芒、短颖马唐、白羊草、铺地黍、竹节草、沟叶结缕草、斑茅、扭黄茅、刺葵等。灌木不多，有海巴戟天、细基丸、基及树稀疏散生其间，草的高度为 40 ~ 80 cm（ - 150 cm），群落总覆盖度高达 85% ~90%。

海南岛沿岸海岛植被中的草丛是不稳定的一种群落类型。这与人为干扰的程度不同与历史、种群间的关系、作用等而形成的，应以封岛育林、造林为主，适当发展一些热带果树或药用植物，以促进其植被的顺向发展。

● 滨海盐生植被

海南岛沿岸海岛只有节藜群落 1 个类型，见于西部昌化江河口的时光坡岸边潮汐所淹渍的低洼地及西北部的红牌屿（少量），其优势种为节藜（*Arthrocnemun indica*），白花矶松也有稀疏的分布，高度为 20 ~ 30 cm，总盖度在 90% 以上。

本植被类型小，且土壤碱性，可以挖深为水产养殖业的发展用地，也可以试种一些耐碱植物，如平托花生、光叶野花生（*Arachis pintoi* 及 *A. glabra*）或引种大米草（*Speatinaanglica*）和田青等资源植物。

● 滨海沙生植被

海南岛沿岸海岛的沙生植被包括厚藤 - 鬣刺草群落、厚藤群落、草海桐 - 许树 - 露兜树群落、许树 - 鼠尾草 - 厚藤群落、基及树 - 草海桐 - 翅叶九里香群落、草海桐 - 沟叶结楼草群落、李花蟛蜞菊 - 草海桐群落等 7 个类型。主要分布于昌化江、珠碧江、宁远河等河口滨海海岛沙滩地段，如无名岛 DNZ03、海头岛、无名岛 WAN05、无名岛 QHA08、无名岛 SYX10、草坡、无名岛 DNZ02、无名岛 CJX06、无名岛 CJX02、无名岛 CJX03、无名岛 CJX05、无名岛 SYX09、无名岛 CJX04、无名岛 DNZ05、养生园、无名岛 DFG03 等海滩沙地上或个别海岛的斜坡边缘。主要的建群种类有厚藤、海刀豆、鬣刺草、草海桐、许树、露兜勒、翅叶九里香、基及树、仙人掌、李花蟛蜞菊、羊角藤等。高度为 20 ~ 30 cm，盖度约 20%（草本），海滨灌木的高度为 60 ~ 100 cm，盖度为 60%。

本类型的植被种类多为喜光耐盐、抗风力强，叶大肉质具多毛的灌丛，有防风、固沙和改良土壤等作用，所以，在结合海滩沙地造林的同时，可适当种植蔓荆子、沙参等药用植物。

• 沼生及水生植被

只有猪笼草－铺地蜈蚣群落一个沼生植被类型，见于大洲岛大岭中部山坡峡谷间，属山泉常年积水的沼泽地。群落的优势种为猪笼草，是一种典型的热带植被类型；除猪笼草外，还分布有铺地蜈蚣、海金砂、扁茎莎草，伴生有野牡丹、桃金娘等灌木，高度在 80 ~ 120 cm，盖度 60% ~70% 。

本群落类型可以开挖，为岛上淡水源地，应予以保护与发展。

b. 人工植被

海南岛沿岸海岛通常面积不大，以离岸基岩岛居多。由于常年受海风、台风等因素的影响，加上海岛淡水缺水，居民点不多，因而人工植被面积也不大，可划分木本和草本栽培植被 2 个三级类，下分 5 个四级类。

• 木本栽培植被

木本栽培植被分经济林、防护林和果园 3 类。经济林以桉树为主，主要分布于老刘坡、无名岛 QHA14、无名岛 QHA18、无名岛 QHA17、无名岛 QHA13、养生园、无名岛 QHA19 和无名岛 HAK01 等 8 个海岛上，其中以南渡江口和沙美内海较为集中。

防护林以木麻黄为主，主要分布于海甸岛、新埠岛、海头岛、东屿岛、北港岛、四脚坡、无名岛 WEC02、西边岛、西瑁洲、无名岛 SYX09、无名岛 CJX01、无名岛 WAN06、无名岛 QHA07、养生园、马袅屿、无名岛 DNZ04、草岛、无名岛 QHA11、罗亭坡、洋浦鼻、无名岛 QHA02、东洲、无名岛 DNZ18、外峙、无名岛 QHA03 和无名岛 DNZ17 等 26 个海岛上，其中海甸岛、新埠岛、海头岛和北港岛等面积较大的、有居民常住的海岛沿海都有集中分布。

果园以椰子林为主，主要分布于椰子洲岛、北港岛、椰子岛、三牙门、西瑁洲、海头岛、无名岛 DNZ36、无名岛 SYX01、海甸岛、无名岛 SYX02 等 10 个海岛上，其中以三亚藤桥河口的椰子洲和三牙门等地较为集中。

• 草本栽培植被

草本栽培植被包括农作物群落和特用经济植物群落两种类型。农作物群落见于海头岛、无名岛 DNZ36、时光坡、北港岛、新埠岛、无名岛 WEC32、江围墩、东屿岛等岛屿上。特用经济植物群落见于东屿岛、边溪岛、西瑁洲和无名岛 QHA09 等海岛上。其中，东屿岛和边溪岛有面积不小的高尔夫球场用草坪。

（2）植物区系特征

综合第一次海岛植被调查成果和本次海岛植被调查所得的现场认识，海南岛沿岸海岛植被区系特征总结如下：

①植被组成种类以热带性为主，唯区系的种、属很少，单独的种、属多。

由于海南岛沿岸海岛地处热带海洋气候区，除受到热带高温多雨及海风等自然因素的影响之外，还受到人类生产生活的干扰，因而其现状植被已演化为以次生植被为主，组成种类单纯。据数年来的采集统计，海南岛沿岸海岛植物共有 143 个科、760 种（含亚种、变种），植物区系多为热带性。由于这些海岛与海南岛相距不远，同是大陆型岛屿，常见主要的热带科有：番荔枝科、樟科、龙脑香科、桃金娘科、野牡丹科、藤黄科、豆科、桑科、无患子科、芸香科、夹竹桃科、萝摩科、苦苣苔科、爵床科、五椏果科、天料木科、梧桐科、豆蔻科、红树科、椴树科、草海桐科、马鞭草科、海桐科、大戟科、茜草科、莲叶桐科、金粟兰科、牛栓藤科、猪笼草科、苏铁科、钩枝藤科、菊科、棕榈科、兰科、姜科、莎草科及禾本科等等。由于这些海岛生境条件的差异，其植被种类结构有如下特征：

a. 海岛植被组成种类与海南本岛的植物种类大同小异。

b. 海岛植物多为单科、单属、单种。

c. 海岛植被的起源、演化或迁移与海南本岛关系密切。

c. 受海风、海流、潮汐及土壤等自然因素和人类活动的长期影响，海岛植被结构比较简单，高大树木稀少，层次不多。

海南岛沿岸海岛植被单科 - 单属 - 单种现象普遍。如蕨类植物中，水龙骨科（Polypodiaceae）有 7 个属、8 个种；叉蕨科（Aspidiaceae）2 属、2 种；海金沙科（Lygodiaceae）、铁线蕨科（Adiantaceae）、凤尾蕨科（Pteridaceae）分别为 1 属 3 个种；其余 12 个科均为单属、单种。裸子植物仅有苏铁科（Cycadaceae）和买麻藤科（Gnetaceae），为单属、单种。被子植物中，具 45 种以上的有大戟科（Euphorbiaceae）（26 属/51 种，下同），豆科（Leguminosae）（32/47）、禾本科（Granineae）（34/50）；具 30 种以上的有菊科（Compositae）（21/30）和茜草科（Rubiaceae）（17/31）；具 20 种以上的仅有莎草科（Cyperaceae）（13/21）；具 10 种以上的有：樟科（Lauraccae）（6/12）、芸香科（Rutaceae）（9/14）、无患子科（Sapindaceae）（9/10）、锦葵科（Malvaceae）（5/10）、木犀科（Oleaceae）（9/10）、夹竹桃科（Apocynaceae）（9/10）、萝摩科（Asclepiadaceae）（9/11）、旋花科（Convolvulaceae）（6/16）、马鞭草科（Verbenaceae）（9/16）、茄科（Solanaceae）（4/10）、爵床科（Acanthaceae）（11/13）、棕榈科（Patmae）（10/12）、百合科（Liliaceae）（10/17）等科。具 5 ~ 9 种的有番荔枝科（Annonaceae）（5/9）、防己科（Menispermaceae）（8/9）、白花菜科（Capparidaceae）（4/7）、楝科（Meliaceae）（6/9）、葡萄（Vitaceae）（6/8）、椴树科（Tiliaceae）（4/6）、梧桐科（Stereuliaceae）（6/8）、桃金娘科（Rubiaceae）（3/8）、紫金牛科（Myrsinaceae）（4/9）、紫草科（Borraginaceae）（5/7）、唇形科（Labiatae）（6/7）、紫葳科（Bignoliaceae）（3/5）、葫芦科（Cucurbitaceae）（5/7）。有些热带的科，如猪笼草科（Nepenthaceae）、牛栓藤科（Connaraceae）、金莲木科（Ochnaaceae）、藤黄科（Guttiferea）、钩枝藤科（Ancistrocladaceae）、水东哥科（Saurauiaceae）、梧桐科（Stereuliaceae）等都是单属单种者为多。

②次生植被群落结构简单

海南岛沿岸海岛的现状植被是在人类长期生产、生活的干扰下形成的，以次生植被类型为主，共有 41 个类型。天然植被群落组成较简单，在 100 m^2 的样方中，含灌木、草本和藤本植物 40 余种，优势种明显，层次分明，分为乔木、灌木及草本三层；乔木层高度在 12 ~ 15 m；灌木一般高在 1.5 ~ 2.0 m（ - 2.5 m），覆盖度 85% ~ 95%。人工林通常多为乔木、灌木和草本三层，各层种类较简单，显示出海南岛沿岸海岛植被次生性之特点。

③植被生境特点

植物生长地点的环境，特称“生境”。植物生境由许多相互作用的物理因子、化学因子和生物因子综合而成，包括光、温、水、化学物质、机械作用等。每一种植物在长期的进化过程中都形成了适宜自身生长发育及繁衍的自然环境。

露兜簕是兼盐性植物，适应的生境较宽。在海滩上，从生境尚未脱盐的高潮线附近到完全脱盐的陆地边缘的酸性土壤都有分布。当分布在尚未脱盐的滩涂，因盐度限制，群落的组成种类简单；当分布在半脱盐或完全脱盐的沙滩或沙地，群落中除兼盐性植物外，还混生一些适应性更广的植物，如苦楝、银合欢、槌果藤、海南海金沙等。

仙人掌属植物叶退化，茎为绿色、肉质、肥胖的木质体。高数十厘米至十余米，根系不发达，只需少量根系便可固定于地上。所需水分主要不是靠根系吸收土壤中水分，而是依靠茎上长刺的孔穴吸收空气中的水汽，贮藏于肉质茎中备用，形成少雨干热地带的植被。在海南岛南部、西部、北部等局部少雨干热岛区均有分布。

刺葵喜高温干燥和光线充足的环境，耐盐碱性强。生长适宜温度为 15～25℃。在轻质、排水良好的沙质土壤中生长较好。

厚藤生长于贫瘠的砂土地，有良好的固沙能力，可作海滩固沙或覆盖植物，常见于海南岛东南部和南部沿岸海岛砂质海滩上。

李花蟛蜞菊生长在草地、林下或灌丛中，海岸干燥砂地上也常见。

椰子为热带喜光作物，在高温、多雨、阳光充足和海风吹拂的条件下生长发育良好，适宜在低海拔地区生长，适宜生长的土壤为冲积和海积沙土。

许树生长于海岸带受潮汐影响到的地带，也被作为沿海防沙造林树种之一。

草海桐常见于沿海沙滩和石砾地。常在海岸林前线丛生，也常和露兜、黄槿等树种混生，它生长迅速，是海岸固沙防潮树种。

④植被分区特征

根据海南岛沿岸海岛所处的地理位置、地形地貌、气候及土壤的因素，大致可分为 4 个植被及生态类型区（图 3.6）：

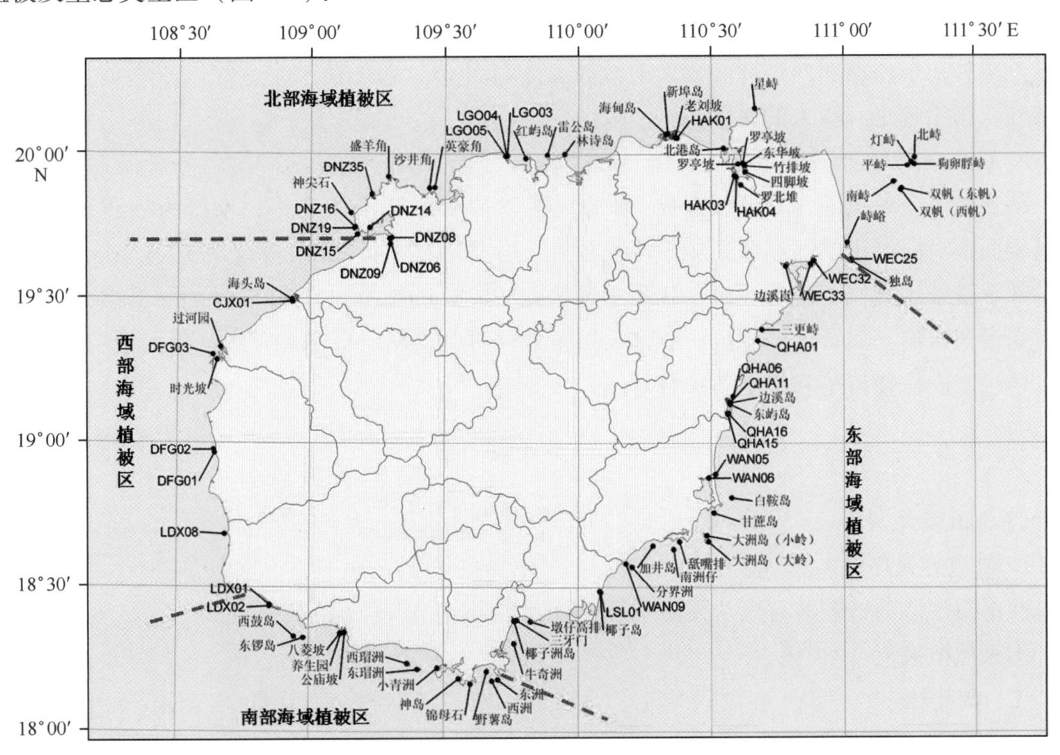

图 3.6 海南岛沿岸海岛植被分区及主要有植被覆盖海岛分布图

a. 北部海域岛屿植被区

本区濒临琼州海峡，西起儋州湾，东至文昌市冯家湾。海岛地貌以玄武岩台地、冲积－海积平原、花岗岩丘陵与台地为主；基岩岛土壤为玄武岩和花岗岩风化的砖红壤性土壤，冲积岛土壤为碱性沙土或泥沙；属北部热带季风气候，年平均气温在22～24℃之间，冬季有低温、寒潮的影响，降雨量在1 300～1 800 mm之间。该区海岛天然植被的突出特征是红树林及半红树林集中分布在几个港湾之中，此外常绿季雨林和草丛也有面积不小的分布。人工植被中，以木麻黄为主的防护林比重较高。

b. 东部海域植被区

从文昌市的边溪崀、三更峙向南至三亚市东北部的海棠湾。基岩岛地貌属花岗质丘陵和台地，堆积岛地貌属琼东南沙坝潟湖体系；土壤多属花岗岩风化土和海滩砂质土；气候为高温、多雨的湿润小区，年平均气温在24～26℃之间，年雨量在2 200～2 800 mm，也是海南岛台风影响最大的小区。该区海岛天然植被的突出特征是刺灌丛集中在分布面积较大的离岸基岩岛上，此外常绿季雨林和草丛也有面积不小的分布。人工植被中，除以木麻黄为主的防护林外，椰子林也有较高的比重，特用经济植物群落集中分布在东屿岛、边溪岛等面积较大的河口堆积岛上。

c. 南部海域植被区

从三亚市亚龙湾的东洲、西洲、野薯岛至东瑁洲、西瑁洲、东锣岛、西鼓岛等岛屿。海岛地貌为基岩丘陵、台地和河口冲积平原，土壤多属花岗岩风化土和海滩砂质土；气候属南部沿海半干旱气候区，年平均气温在25.5～26.5℃之间，降雨量在1 275～1 500 mm，也受台风的影响，但比东部气候小区较轻。该区海岛天然植被的突出特征是刺灌丛分布面积较大，常绿季雨林在东瑁洲和西瑁洲等较大的海岛上亦有分布。人工植被中，除以木麻黄为主的防护林外，椰子林也有较大的比重。

d. 西部海域植被区

从莺歌海至海头港（珠碧江口）。海岛地貌以冲积海积平原为主，土壤为砂质土壤，气候属于西部沿海半干旱气候区，年平均气温在24～25℃之间，降雨量仅993～1 100 mm，不及东部热带季风气候小区的一半，年蒸发量达2 596.8 mm，大于其降雨量的一倍多，但不受或少受台风影响，属背风的小区。该区天然植被仅有刺灌丛、草丛和草本沙生植被三种类型，人工植被有农作物群落和海岸防护林等。

2）西南中沙群岛

（1）植被类型

1. 植被分类原则及系统

西南中沙群岛植被共有5个植被型组，11个植被型和24个植被类型：

①天然植被

Ⅰ. 阔叶林

Ⅰ_1. 珊瑚岛常绿乔木林

• 白避霜花林（Form. Pisonia grandis）主要分布于东岛、永兴岛、琛航岛、金银岛及珊瑚岛等。

• 海岸桐林（Form. Guettarda speciosa）主要分布于琛航岛、晋卿岛、金银岛、甘泉岛、永兴岛、东岛及赵述岛等。

Ⅱ. 灌丛

$Ⅱ_1$. 珊瑚岛常绿灌丛

• 草海桐林（Form. Scaevola sericea）主要分布于永兴岛、东岛、北岛、南岛、广金岛、琛航岛等。

• 银毛树林（Form. Messerschmidia argentea）广泛分布于西沙群岛的各岛屿，海岸沙堤、沙滩常见。

• 水芫花林（Form. Pemphis acidula）分布于东岛、晋卿岛等。

• 许树林（Form. Clerodendrum inerme）分布于珊瑚岛、甘泉岛等。

• 伞序臭黄荆林（Form. Premna corymbosa）分布仅见于东岛北部与西北部。

• 橙花破布木林（Form. Cordia subcordata）主要分布于琛航岛、甘泉岛。

• 海巴戟天林（Form. Morinda citrifolia）主要分布于东岛和琛航岛，永兴岛也有少量分布。

$Ⅱ_2$. 珊瑚岛常绿有刺灌丛

• 露兜树林（Form. Pandanus tectorius）主要分布于赵述岛，广金岛也有少量分布。

• 假老虎刺林（Form. Caosalpinia nuga）分布于金银岛、琛航岛。

Ⅲ. 草丛

$Ⅲ_1$. 草丛

• 高野黍群落（Comm. Eriochloa procera）

• 五节芒、短颖马唐群落（Comm. Miscanthus floridulus, Digitaria microbachae）

• 白羊草群落（Comm. Bothriochloa ischaemum）

• 铺地黍群落（Comm. Panicum repens）

$Ⅲ_2$. 灌草丛

• 斑茅、仙人掌群落（Comm. Saccharum arundinaceum, Opuntia dillenii）

• 扭黄茅—刺葵群落（Comm. Heteropogon contotus – Phoenix hanceana）

• 沟叶结缕草群落（Comm. Zoysia matrella）

②人工植被

Ⅳ. 木本植物栽培植被

$Ⅳ_1$. 经济林

• 椰子林（Form. Cocos nucifera）主要分布于永兴岛、东岛、珊瑚岛、金银岛及琛航岛，其他岛屿有少量零星分布。

$Ⅳ_2$. 防护林

• 木麻黄林（Form. Casuarina spp.）主要分布于永兴岛、金银岛及琛航岛，其他岛屿有少量分布。

$Ⅳ_3$. 果园

• 番石榴林（Form. Psiduim guajava）分布于永兴岛，甘泉岛有少量栽培。

Ⅴ. 草本植物栽培植被

$Ⅴ_1$. 农作物群落

• 蕹菜、青菜、番茄群落（Form. Ipomoea aquatica Brassica chinensis, Lycospersicum esculentum）永兴岛、东岛、珊瑚岛、金银岛、琛航岛等均有栽培。

V_2. 特种经济植物群落

• 剑麻园（Form. Agava sisalana）分布于珊瑚岛、金银岛、琛航岛有少量分布。

V_3. 草本型果园

• 香蕉园（Form. Musa nana）永兴岛、东岛、琛航岛等有少量分布。

其他绿化美化的园林植物及食用植物种类均有不少栽培，但都是零星分散栽培，不成群落、群丛，故不列入本植被系统中。

②植被类型及分布

西南中沙群岛海岛植被主要分布在西沙群岛，其次为南沙群岛，中沙群岛没有植被分布，3 大群岛的植被总面积为 5.993 438 km^2。其中，天然植被面积 5.372 855 km^2，人工植被面积 0.620 583 km^2。天然植被中，阔叶林面积 4.139 832 km^2，占总面积的 69.07%；灌丛面积 0.870 496 km^2，占总面积的 14.52%；草丛面积 0.362 527 km^2，占总面积的 6.05%。人工植被中，木本栽培植被面积 0.338 935 km^2，占总面积的 5.66%；草本栽培植物面积 0.281 648 km^2，占总面积的 4.70%（表 3.20）。可见，西南中沙群岛海岛植被以天然植被为主，其中阔叶林最多，灌丛次之，再次为草丛。西沙、南沙各岛植被类型及面积统计见表 3.21 和表 3.22。

表 3.20　西南中沙群岛植被类型及面积统计

植被类型		面积/km^2		百分比/%	
天然植被	阔叶林	4.139 832	5.372 855	69.07	89.64
	灌丛	0.870 496		14.52	
	草丛	0.362 527		6.05	
人工植被	木本栽培植被	0.338 935	0.620 583	5.66	10.36
	草本栽培植物	0.281 648		4.70	
合　计		5.993 438		100	

表 3.21　西沙群岛各主要海岛植被类型及面积统计表

名称	植被类型、面积及百分比			植被总面积/km^2
	植被类型	植被面积/km^2	比例/%	
赵述岛	灌丛	0.150 779	100	0.150 779
北岛	草丛	0.033 693	13.81	0.243 991
	灌丛	0.210 298	86.19	
中岛	灌丛	0.095 613	100	0.095 613
南岛	灌丛	0.073 762	100	0.073 762
永兴岛	草本栽培植被	0.279 296	19.93	1.401 118
	草丛	0.038 123	2.72	
	灌丛	0.002 007	0.14	
	阔叶林	0.800 250	57.12	
	木本栽培植被	0.281 442	20.09	

续表 3.21

名称	植被类型、面积及百分比			植被总面积/km²
	植被类型	植被面积/km²	比例/%	
东岛	草丛	0.103 128	6.33	1.629 85
	灌丛	0.016 908	1.04	
	阔叶林	1.509 814	92.63	
珊瑚岛	草丛	0.026 968	11.20	0.240 7
	阔叶林	0.213 732	88.80	
甘泉岛	草丛	0.054 353	18.19	0.298 859
	阔叶林	0.244 506	81.81	
晋卿岛	灌丛	0.167 253	100	0.167 253
琛航岛	草本栽培植物	0.002 020	0.83	0.243 344
	草丛	0.001 550	0.64	
	灌丛	0.063 908	26.26	
	阔叶林	0.164 409	67.56	
	木本栽培植被	0.011 457	4.71	
金银岛	灌丛	0.066 378	18.82	0.352 668
	阔叶林	0.274 389	77.80	
	木本栽培植被	0.011 901	3.38	
中建岛	草本栽培植被	0.000 332	0.96	0.034 467
	木本栽培植被	0.034 135	99.04	
石岛	阔叶林	0.043 298	100	0.043 298
南沙洲	草丛	0.010 905	31.61	0.034 495
	灌丛	0.023 590	68.39	
总计		5.010 197		

表 3.22　南沙群岛各海岛植被类型及面积统计表　　单位：km²

海岛名称	常绿阔叶林	草丛	总面积
太平岛	0.178 472	0.011 076	0.189 548
北子岛	0.107 326	0.002 604	0.109 930
南威岛	0.065 338	0.023 555	0.088 893
南子岛	0.010 095	0.055 548	0.065 643
敦谦沙洲		0.001 024	0.001 024
鸿庥岛	0.057 71		0.057 71
景宏岛	0.022 51		0.022 51
马欢岛	0.049 79		0.049 79
西月岛	0.146 864		0.146 864
中业岛	0.201 34		0.201 34
南钥岛	0.049 99		0.049 99

a. 天然植被

天然植被是西南中沙群岛现状植被的主要植被，其主要类型有3个植被型组，5个植被型和18个植被类型：

- 阔叶林

阔叶林，即珊瑚岛常绿乔木林。有2个植被类型，白避霜花林和海岸桐林。主要分布在东岛、永兴岛、琛航岛、金银岛、珊瑚岛、晋卿岛、甘泉岛和赵述岛等。这两个类型代表本海域珊瑚岛中的乔木群落，其组成和结构简单，可分为三层。第一层为乔木层，高度在8～10 m之间，胸径粗达30～40 cm；第二层为灌木层，高度在2～5 m之间；林下草本为第三层，只有少量莎草科及禾本科的柔弱少草，无茎花、板根、绞杀植物存在，明显地与季雨林、雨林截然不同。这种现状，与地质、土壤、海风条件的限制和人类长期生产活动的影响息息相关。白避霜花生长快，有防风固沙作用，但木质疏松，枝条脆弱，常被台风袭击而断枝。海岸桐的高度、径粗都不如白避霜花高大，但其木质较坚硬，具有一定的防风作用，木林可做工具、建筑或柴薪用外，其花芳香、叶常绿，有园林观赏、绿化等价值，应加以保护与发展。

- 灌丛

植被型包括珊瑚岛常绿灌丛和常绿有刺灌丛。珊瑚岛常绿灌丛有7个类型，包括草海桐林、银毛树林、水芫花林、许树林、伞序臭黄荆林、橙花破布木林、海巴戟天林，主要分布在永兴岛、东岛、北岛、南岛、广金岛、琛航岛、甘泉岛及晋卿岛等，几乎为单优群落状态。高度在1～2 m之间，树冠花绿、枝繁叶茂，林下草本植物稀少。除水芫花林生长在珊瑚岩石上，草海桐林与银毛树林多数生长在岛屿的沙堤上或沙堤的内侧，对抗风浪、护堤固沙都有一定的作用，应予以保护及改造发展。许树林、伞序臭黄荆林，橙花破布木材及海巴戟天林，主要分布于珊瑚岛、甘泉岛、东岛、琛航岛等，分布的范围较小。珊瑚岛常绿有刺灌丛有2个类型，包括露兜勒林和假老虎刺林。前者分布于赵述岛及广金岛，后者见于金银岛与琛航岛，高度在1.5～2.2 m之间，长势茂密，土壤有机质较丰富，可以适当发展为蔬菜用地。

- 草丛

植被型包括草丛和灌草丛。有7个植被类型。主要建群种为高野黍、五节芒、短颖马唐、白羊草、铺地黍、沟叶结缕草、斑茅、扭黄茅、刺葵等。灌木不多，有海巴戟天、细基丸、基及树稀疏散生其间，草的高度为40～80 cm（最高达150 cm），群落总覆盖度高达85%～90%。主要分布于永兴岛、东岛、北岛、珊瑚岛、南沙洲、琛航岛、甘泉岛、敦谦沙洲、太平岛、北子岛、南威岛和南子岛。

b. 人工植被

本海域岛屿，都是小面积分散的珊瑚岛磷质石灰土。长期以来，由于受到人类生产活动的影响，人工植被有2个植被型，6个植被类型，分别概述如下。

- 木本植物栽培植被

本海域岛屿分布有经济林、防护林和果园3类。

经济林，以椰子林为主，分布于永兴岛、东岛、珊瑚岛等岛屿中部地势平坦而含有机质较丰富的地方。茎高达6～7 m或10～12 m，胸径在25～28 cm之间，林冠郁蔽度70%～80%，林下种有蔬菜或被其他杂草所覆盖，盖度为60%～70%。在永兴岛上的营区周围都栽有果实累累的椰子树，为岛上优良的经济植物，又是驻地的高级饮料。在椰风与海韵的融合下，构成珊瑚岛热带常绿林的外貌景观特色，应予以积极保护和发展。

防护林，以木麻黄林为主，分布于永兴岛、金银岛、琛航岛，其他岛屿也有少量的栽培。大多数种植于岛屿周边的沙堤上或沙堤内侧以至路旁，总面积约有 2～2.67 ha，高度 5～6 m 或 12～13 m 者不等，径粗为 6～10 cm，林冠郁蔽度有达 70%～80% 者，但树冠常有枯梢现象，此与强台风侵袭有关。本海域岛屿栽种的有木麻黄、短枝木麻黄、粗枝木麻黄 3 种。其适应性强、速生，对海岛的防护、绿化环境起着重要作用，应当继续积极发展。此外还有少量的红厚壳（海棠果）、榄仁树和凤凰树，由于数量不多而略之。

果园，主要为番石榴，分布于永兴岛和甘泉岛。前者引种不久，数量少；后者已有开花结果，可惜无人管理，已成野生状态。谨此提及，建议今后发展其他果树时，重视对果树种类的选择与加强果树培育的管理。其他如芒果、番荔枝、木瓜等在永兴岛等居民点有少量的栽培（试种阶段），尚未产生经济效益。

• 草本植物栽培植被

草本植物栽培植被主要有农作物群落、特种经济植被群落和草本型果园三类。

农作物群落，以旱作杂粮、薯类、玉蜀黍、豆类及蔬菜等作物为主，主要分布于有居民点或曾有居民住过的岛屿，如永兴岛、东岛、珊瑚岛、金银岛、琛航岛、甘泉岛等。由于气温高，作物生长发育快、花期早，四季均可栽培，对生产非常有利。但土壤沙性，保水力差，应注意改良土壤肥力、防治病虫害等措施。

特种经济植物群落，主要为剑麻园。面积不大，分布于珊瑚岛、金银岛、琛航岛等。由于缺乏管理，长势不好，今后如何发展本海域岛屿的剑麻、番麻等纤维植物，亟须有个统一的规划。

草本型果园，主要为香蕉园。分布于永兴岛、东岛与琛航等，属于引种试种性质，未产生经济效益。对缺乏果蔬的本海域岛屿来说，发展草本型果类的香蕉及菠萝等水果，是十分重要的课题。

其他绿化美化、园林观赏及食用植物均有少量零星栽培，不成群落不成园，故不列入本植被中。

（2）植物区系特征

西南中沙群岛因地处热带海洋，气候适宜，雨量充沛，岛陆植被茂盛，但岛陆分布的不平衡导致植被资源主要集中在西沙群岛。中沙群岛大部分在水面以下，呈暗礁的形式存在；而南沙群岛多为极小的礁盘，缺乏一个面积稍大的、可供动植物稳定栖息繁殖的陆地。故历史上及目前对典型的热带珊瑚岛植被的研究集中于西沙群岛。

由于地形、基质及土壤因子和生物等自然因素及人类生产活动的影响，西南中沙群岛植被和林业的发育和发展都受到一定的限制，故植物群落的外貌、区系组成、组织结构等都与热带雨林、季雨林的特征不同，茎花、板根及粗大藤本等特征根本不存在。惟其地处热带，具高温和季雨丰沛等优越气候，因而植物生长茂密旺盛，四季常青，所以统称为珊瑚岛热带常绿林。

综合本次西南中沙群岛遥感调查成果、1989—1994 年开展的海南省海岛资源综合调查成果以及 2006—2009 年中国科学院南海海洋研究所开展西沙群岛生物多样性研究等成果，对西南中沙群岛植被区系特征总结如下：

①本海域岛屿植被的组成种类以热带性为主，多数为单科、单属、单种

本海域岛屿气候炎热、季雨丰沛，还受到海风、台风、土质及人为等因素的影响，其植

被组成种类简单。根据历史资料综合统计，本海域岛屿维管植物共有296种（含变种），隶属于78个科，2个门（蕨类植物门和种子植物门）。常见的热带科有紫茉莉科、豆科、露兜科、夹竹桃科、大戟科、藤黄科、菊科、莎草科、禾本科等；典型的热带岛屿植物以白避霜花（*Pissonia grandis*）、草海桐（*Scaevola sericea*）、滨樗（*Suriana maritima*）等最为普遍，大多数岛屿均有分布。

本海域岛屿的植被中，多数为单科、单属、单种。在植物区系中，种数在33～43种的科有禾本科（43种）和豆科（含羞草和蝶形花2亚科33种）。

10～15种的科有大戟科（15种）、锦葵科（14种）、茄科（13种）、莎草科（12种）、菊科（11种）和葫芦科（10种）等6个科。

5～9种的科有苋科（9种）、旋花科（9种）、马齿苋科（6种）、茜草科（6种）、紫茉莉科（5种）、马鞭草科（5种）、龙舌兰科（5种）等7个科。

2～4种的科有石蒜科（4种）、棕榈科（4种）、木麻黄科（3种）、桑科（3种）、十字花科（3种）、芸香科（3种）、椴树科（3种）、夹竹桃科（3种）、紫草科（3种）、唇形花科（3种）、天南星科（3种）、粟米草科（2种）、番杏科（2种）、仙人掌科（2种）、白花菜（2种）、蒺藜科（2种）、楝科（2种）、千屈菜科（2种）、草海桐科（2种）、水鳖科（2种）、鸭跖草科（2种）、芭蕉科（2种）、美人蕉科（2种）、兰科（2种）等24个科。

单科、单属、单种的有39个科，占总科数的50%。可见，单科－单属－单种占很大的优势。如蕨类植物的松叶蕨科、莲座蕨科、骨碎补科和水龙骨科等4个科；裸子植物中的柏科、南洋杉科与罗汉松科等3个科；被子植物中的榆科、藜科、番荔枝科、樟科、藤黄科、蔷薇科、酢浆草科、苦木科、漆树科、黄杨科、本棉科、梧桐科、西番莲科、番木瓜科、秋海棠科、桃金娘科、安石榴科、使君子科、五加科、伞形花科、木犀科、玄参科、紫葳科、爵床科、苦槛蓝科、眼子菜科、茨藻科、百合科、雨久花科、凤梨科、露兜科、姜科等32个科。

②植被类型简单

珊瑚岛热带常绿林外貌整齐、结构单纯，其类型共24个，属自然植被的有18个，属人工植被的有6个。自然植被属珊瑚岛常绿乔木林的有2个类型，珊瑚岛常绿灌丛有7个类型，珊瑚岛常绿有刺灌木林有2个类型，草丛有4个类型，灌草丛有3个类型，人工植被属木本植物栽培植被的有3个，属草本植物栽培植被的有3个。

自然植被组成种类简单，优势种非常显著，在100 m^2 的样地中仅有5～6种。第一层有白避霜花和海岸桐2种，第二层为草海桐、银毛树、海巴戟天等灌木，第三层为草本层，为一些稀少的莎草科及禾本科植物。常见的常绿灌木林有草海桐、银毛树、水芫花、伞序臭黄荆、许树等，组成种类非常简单，几乎纯灌丛状态。由此，即可了解本海域岛屿植被的单纯性和珊瑚岛热带常绿林的特征。

③植被生境特点

西南中沙群岛植被都是在地形、基质和土壤条件一致的珊瑚岛上发育起来的，它们的生境特点是面积小、海拔低、地势平，土壤中钙和磷丰富，缺乏硅、铁与铝，在热带珊瑚磷质石灰土中生长繁衍。由于这些海岛孤悬海上，成陆时间不长，岛上植物从无到有，都是从邻近地区通过海流、鸟类、风力和人为传播进来的，种类不多，优势树种以麻疯桐、海岸桐、草海桐、银毛树为主，都存在程度不同的枯梢、匍匐、低矮等迎风效应。

3.1.2.4　土地

1）海南岛沿岸海岛

通过本次海岛综合调查，确认海南岛沿岸现有329个海岛，陆域面积42.320 2 km^2，岸滩面积约32.743 6 km^2。海南岛沿岸海岛具有林地、草地居多，岛内未利用地不多，岸滩开发利用率低等土地利用特点。

海岛陆域土地利用类型分为农用地、建设用地和未利用地3个二级类（表3.23、表3.24）。其中，农用地面积为22.396 8 km^2，约占海岛陆域面积的52.93%；建设用地面积为15.398 4 km^2，约占海岛陆域面积的36.39%；未利用地面积为4.524 8 km^2，约占海岛陆域面积的10.69%。三级分类中，林地和草地的面积之和占到了将近50%，住宅用地、水域及水利设施用地（以养殖池塘为主）和交通运输用地等生产生活开发用地的面积之和占1/3，其他土地（以沙地、裸地为主）也有10%，而耕地和园地的面积之和不足5%。

表3.23　海南岛沿岸海岛土地利用类型、面积及分布海岛数（三级分类）

土地利用类型		面积/km²		百分比/%		分布海岛数/个
二级类	三级类					
农用地	耕地	1.002 8	22.396 8	2.37	52.92	8
	园地	0.798 5		1.89		10
	林地	15.402 7		36.40		122
	草地	5.192 8		12.27		57
建设用地	商服用地	0.298 9	15.398 4	0.71	36.39	6
	工矿仓储用地	0.042 7		0.10		1
	住宅用地	6.153 0		14.54		8
	公共管理与公共服务用地	0.854 9		2.02		4
	特殊用地	0.058 2		0.14		1
	交通运输用地	1.454 6		3.44		8
	水域及水利设施用地	6.536 1		15.44		35
未利用地	其他未利用土地	4.524 8	4.524 8	10.69	10.69	196
合计		42.320		100		

表3.24　海南岛沿岸海岛土地利用类型、面积及分布海岛数（四级分类）

土地利用类型			面积/km²	百分比/%	分布海岛数/个
二级类	三级类	四级类			
农用地	耕地	水田	0.424 6	1.00	6
		旱地	0.578 2	1.37	3
	园地	其他园地	0.798 5	1.89	10
	林地	有林地	6.975 2	16.48	64
		灌木林地	8.239 9	19.47	65
		其他林地	0.187 6	0.44	1
	草地	其他草地	5.192 8	12.27	57

续表 3.24

土地利用类型			面积/km²	百分比/%	分布海岛数/个
二级类	三级类	四级类			
建设用地	商服用地	住宿餐饮用地	0.1087	0.26	4
		其他商服用地	0.1901	0.45	4
	工矿仓储用地	工业用地	0.042 7	0.10	1
	住宅用地	城镇住宅用地	5.364 7	12.68	4
		农村宅基地	0.788 3	1.86	5
	公共管理与公共服务用地	科教用地	0.837 3	1.98	2
		风景名胜设施用地	0.017 7	0.04	2
	特殊用地	特殊用地	0.058 2	0.14	1
	交通运输用地	街巷用地	1.356 1	3.20	5
		农村道路	0.051 7	0.12	1
		机场用地	0.001 0	0.00	1
		港口码头用地	0.045 8	0.11	5
	水域及水利设施用地	沟渠	0.608 2	1.44	4
		养殖池塘	5.927 9	14.01	35
未利用地	其他未利用土地	空闲地	0.034 3	0.08	2
		沙地	0.858 2	2.03	24
		裸地	3.632 3	8.58	177

海南岛沿岸海岛周边相对独立的滩涂面积与岛陆面积比为1∶1.29。根据本次调查采用的土地利用现状分类体系，滩涂可划分为海域港口码头、海域养殖池塘、红树林滩、丛草滩和沿海滩涂5种类型，其中以沿海滩涂、红树林滩和海域养殖池塘3种类型为主。三种主要类型中，沿海滩涂面积为25.739 1 km²，占海岛滩涂总面积的78.61%；红树林滩面积为5.026 7 km²，占15.35%；海域养殖池塘面积为1.930 7 km²，占5.90%（表3.25）。

表3.25　海南岛沿岸海岛岸滩利用类型、面积及分布海岛数（四级分类）

岸滩利用类型	面积/km²	百分比/%	分布海岛数/个
海域港口码头	0.017 1	0.05	4
海域养殖池塘	1.930 7	5.90	21
红树林滩	5.026 7	15.35	30
丛草滩	0.030 0	0.09	2
沿海滩涂	25.739 1	78.61	168*

*部分海岛的沿海滩涂连为一片，实际具有海岛个数大于本表统计个数。

各沿海市（县）海岛土地利用类型分布特征差异明显。海口、三亚和儋州的海岛土地利用类型最为丰富，琼海和文昌次之，乐东、东方、昌江和临高的海岛土地利用类型比较单一，澄迈海岛土地利用类型最为单一（表3.26、表3.27）。

表 3.26　海南岛沿岸海岛三级土地利用类型及面积统计（按行政区划）　　单位：km^2

土地利用类型	海口	文昌	琼海	万宁	陵水	三亚	乐东	东方	昌江	儋州	临高	澄迈
耕地	0.096 2	0.048 0	0.0134					0.052 4		0.792 8		
园地	0.214 0				0.088 7	0.434 4				0.061 3		
林地	3.445 7	1.829 1	0.801 8	4.457 0	0.228 4	3.687 1	0.010 8	0.056 3	0.215 3	0.536 6	0.092 1	0.042 5
草地	2.756 1	0.131 5	1.648 2	0.087 6	0.061 0	0.184 5	0.091 7	0.006 8	0.121 8	0.082 7	0.020 8	
商服用地	0.029 1		0.179 9		0.018 9	0.071 0						
工矿仓储用地	0.042 7											
住宅用地	5.386 0					0.291 2	0.001 0			0.474 8		
公共管理与公共服务用地	0.714 8					0.017 7				0.122 5		
特殊用地						0.058 2						
交通运输用地	1.275 8		0.005 5			0.062 3				0.111 0		
水域及水利设施用地	4.457 9	1.005 5	0.225 7	0.000 2		0.536 5		0.061 3	0.091 6	0.157 4		
其他土地	1.982 0	0.719 0	0.055 8	0.531 6	0.038 4	0.590 8	0.011 9	0.025 8	0.056 2	0.477 2	0.036 2	
合计	20.400 4	3.733 1	2.930 3	5.076 5	0.435 5	5.933 8	0.115 4	0.202 6	0.484 9	2.816 2	0.149 1	0.042 5

（1）农用地

①耕地

包括水田和旱地两种类型。其中，水田分布在新埠岛、北港岛、江围墩、无名岛WEC32、海头岛和无名岛DNZ36等6个海岛，旱地分布在东屿岛、时光坡和海头岛3个海岛。

②园地

以椰子林为主，分布在海甸岛、北港岛、椰子岛、三牙门、无名岛SYX01、无名岛SYX02、椰子洲岛、西瑁洲、海头岛和无名岛DNZ36等10个海岛。

③林地

分布在12个沿海市（县）的122个海岛上。包括有林地、灌木林地和其他林地三种类型。其中，有林地分布在海口、文昌、琼海、万宁、三亚、昌江、儋州和临高8个市（县）的64个海岛；灌木林地分布在除海口之外的11个沿海市（县）的65个海岛。其他林地只分布在琼海的东屿岛。

④草地

系非天然牧草地和人工牧草地的其他草地类，分布在除澄迈外的11个沿海市（县）的57个海岛。

（2）建设用地

①商服用地

包括住宿餐饮用地和其他商服用地2种类型。其中，住宿餐饮用地分布在海甸岛、边溪岛、东屿岛和分界洲等4个海岛，其他商服用地分布在东屿岛、分界洲、牛奇洲和西瑁洲等4个海岛。

②工矿仓储用地

只分布在海口市的海甸岛。

③住宅用地

包括城镇住宅用地和农村宅基地2种类型。其中，城镇住宅用地分布在海甸岛、新埠岛、

表 3.27　海南岛沿岸海岛四级土地利用类型及面积统计（按行政区划）

单位：km^2

土地利用类型		海口	文昌	琼海	万宁	陵水	三亚	乐东	东方	昌江	儋州	临高	澄迈
三级类型	四级类型												
耕地	水田	0.096 2	0.048 0								0.280 4		
	旱地			0.013 4					0.052 4		0.512 4		
园地	其他园地	0.214 0				0.088 7	0.434 4				0.061 3		
林地	有林地	3.445 7	1.448 8	0.582 2	0.038 1		0.946 6			0.037 0	0.444 7	0.032 1	
	灌木林地		0.380 3	0.032 0	4.419 0	0.228 4	2.740 4	0.010 8	0.056 3	0.178 3	0.091 9	0.060 0	0.042 5
	其他林地			0.187 6									
草地	其他草地	2.756 1	0.131 5	1.648 2	0.087 6	0.061 0	0.184 5	0.091 7	0.006 8	0.1218	0.082 7	0.020 8	
商服用地	住宿餐饮用地	0.029 1		0.075 7		0.003 9							
	其他商服用地			0.104 1		0.015 0	0.071 0						
工矿仓储用地	工业用地	0.042 7											
住宅用地	城镇住宅用地	4.897 2									0.467 5		
	农村宅基地	0.488 8					0.291 2	0.001 0			0.007 3		
公共管理与公共服务用地	科教用地	0.714 8									0.122 5		
	风景名胜设施用地						0.017 7						
特殊用地	特殊用地						0.058 2						
交通运输用地	街巷用地	1.236 4					0.008 7				0.111 0		
	农村道路						0.051 7						
	机场用地						0.001 0						
	港口码头用地	0.039 4		0.005 5			0.000 9						
水域及水利设施用地	沟渠	0.603 7		0.004 5									
	养殖池塘	3.854 1	1.005 5	0.221 2	0.000 2		0.536 5		0.061 3	0.091 6	0.157 4		

续表 3.27

土地利用类型		海口	文昌	琼海	万宁	陵水	三亚	乐东	东方	昌江	儋州	临高	澄迈
三级类型	四级类型												
其他土地	空闲地						0.013 9				0.020 4		
	沙地	0.214 0	0.092 3	0.027 2	0.018 6		0.037 7		0.023 9	0.051 2	0.384 7	0.008 7	
	裸地	1.768 0	0.626 6	0.028 6	0.513 0	0.038 4	0.539 3	0.011 9	0.001 9	0.005 0	0.072 1	0.027 5	
海域（岸滩）	海域港口码头			0.003 7	0.000 5		0.013 0						
	海域养殖池塘	0.242 0	0.320 5	0.775 8			0.022 7				0.387 4	0.182 2	
	红树林滩	3.596 9	0.943 8								0.438 3	0.047 7	
	丛草滩	0.030 0											
	沿海滩涂	4.226 0	1.945 4	0.572 3	0.816 5	0.203 1	2.388 4	0.148 4	0.379 7	0.223 4	6.392 4	8.330 7	0.112 6

海头岛和无名岛 DNZ01 等 4 个海岛，农村宅基地分布在新埠岛、北港岛、西瑁洲、无名岛 LDX08 和无名岛 DNZ36 等 5 个海岛。

④公共管理与公共服务用地

包括科教用地和风景名胜设施用地 2 种类型。其中，科教用地分布在海甸岛和海头岛，风景名胜设施用地分布在西瑁洲和牛王岭。

⑤特殊用地

只分布在三亚市的东瑁洲。

⑥交通运输用地

包括街巷用地、农村道路、机场用地和港口码头用地 4 种类型。其中街巷用地和港口码头用地是主要类型；前者分布在海甸岛、新埠岛、北港岛、西瑁洲和海头岛等 5 个海岛；后者分布在海甸岛、新埠岛、北港岛、东屿岛、牛奇洲和海头岛等 6 个海岛。农村道路只分布在三亚市的西瑁洲；机场用地只分布三亚市的牛王岭，为直升机停机坪。

⑦水域及水利设施用地

包括沟渠和养殖池塘 2 种类型。其中养殖池塘是主要类型，分布在海口、文昌、琼海、三亚、东方、昌江和儋州七个市（县）的 35 个海岛。沟渠分布在海甸岛、新埠岛、北港岛和边溪岛等 4 个海岛。

（3）未利用地

分布在除澄迈以外的 11 个沿海市（县）的 196 个海岛上，包括空闲地、沙地和裸地三种类型。其中，空闲地仅分布在西瑁洲和海头岛；沙地分布在海口、文昌、琼海、万宁、三亚、东方、昌江、儋州和临高等 9 个市（县）的 24 个海岛；裸地分布在除澄迈以外的 11 个沿海市（县）的 177 个海岛。

（4）滩涂

海南岛沿岸海岛的滩涂以沿海滩涂、红树林滩和海域养殖池塘 3 种类型为主。其中，沿海滩涂分布最广，分布在 12 个沿海市（县）的 168 个海岛周边；红树林滩居其次，分布在海口、文昌、儋州和临高等 4 个市（县）的 30 个海岛周边；海域养殖池塘再次，分布在海口、文昌、琼海、三亚、儋州和临高等 6 个市（县）的 21 个海岛周边。

2）西南中沙群岛

基于“908 专项”遥感调查成果，对该岛区海岛土地利用现状进行初步统计、分析和评价，从土地利用的现状出发，依据土地用途、利用方式和地域分布规律，将西南中沙群岛海岛土地利用类型分为农用地、建设用地和未利用地 3 个二级类，下分出 11 个三级类。由于中沙群岛主要由干出礁和暗沙组成，本次海岛土地利用调查主要涉及西沙群岛和南沙群岛中已确认的海岛（包括灰沙岛、基岩岛和沙洲）。西沙群岛和南沙群岛海域海岛土地利用总面积为 10.322 75 km^2，该数据与海岛陆域面积的 16.378 65 km^2 有较大出入。从整个岛区来看，三级土地利用类型面积从大到小依次为林地、未利用土地、交通运输用地、特殊用地、草地、公共服务与设施用地、住宅用地、水利设施用地、耕地、工矿仓储用地和商服用地（表 3.28）。

此外，西沙群岛有沿海滩涂面积 273.327 439 km^2，中沙群岛中黄岩岛沿海滩涂面积 48.978 7 km^2，两者具有重要的开发价值。

表 3.28 西南中沙群岛海岛土地利用类型及面积统计表

<table>
<tr><th colspan="2">土地利用类型</th><th colspan="2" rowspan="2">面积/km²</th><th colspan="2" rowspan="2">百分比/%</th></tr>
<tr><th>二级类</th><th>三级类</th></tr>
<tr><td rowspan="3">农用地</td><td>耕地</td><td>0.017 674</td><td rowspan="3">5.645 369</td><td>0.17</td><td rowspan="3">54.69</td></tr>
<tr><td>林地</td><td>5.289 229</td><td>51.24</td></tr>
<tr><td>草地</td><td>0.338 466</td><td>3.28</td></tr>
<tr><td rowspan="7">建设用地</td><td>商服用地</td><td>0.003 474</td><td rowspan="7">1.837 228</td><td>0.03</td><td rowspan="7">17.80</td></tr>
<tr><td>工矿仓储用地</td><td>0.012 636</td><td>0.12</td></tr>
<tr><td>住宅用地</td><td>0.058 541</td><td>0.57</td></tr>
<tr><td>公共管理与公共服务用地</td><td>0.128 435</td><td>1.24</td></tr>
<tr><td>交通运输用地</td><td>1.121 286</td><td>10.86</td></tr>
<tr><td>水利设施用地</td><td>0.021 698</td><td>0.21</td></tr>
<tr><td>特殊用地</td><td>0.491 158</td><td>4.76</td></tr>
<tr><td>未利用地</td><td>其他未利用土地</td><td colspan="2">2.840 149</td><td colspan="2">27.51</td></tr>
<tr><td colspan="2">合计</td><td colspan="2">10.322 75</td><td colspan="2">100.00</td></tr>
</table>

(1) 农用地

农用地包括耕地、林地和草地。

①耕地

耕地指种植农作物的土地，以旱地为主，含少量的水浇地，分布于西沙群岛的永兴岛和中建岛等有居民海岛上。

②林地

指生长乔木、竹类、灌木的土地，主要分布在西沙群岛的东岛、永兴岛、金银岛、甘泉岛、琛航岛、珊瑚岛、北岛、晋卿岛、赵述岛、中岛、南岛、石岛、广金岛、中建岛、南沙洲以及南沙群岛的中业岛、太平岛、西月岛、北子岛、南威岛、鸿庥岛、南钥岛、马欢岛、景宏岛和南子岛上，发育珊瑚岛热带常绿林，包括白避霜花林、海岸桐林和灌木林等。

③草地

草地指生长草本植物为主的土地，主要分布在西沙群岛的东岛、甘泉岛、北岛、珊瑚岛、永兴岛、南沙洲、琛航岛和南沙群岛的南子岛、南威岛、太平岛、北子岛、敦谦沙洲上，以高野黍、五节芒、短颖马唐、白羊草、铺地黍、沟叶结缕草、斑茅、扭黄茅和刺葵等为主。

(2) 建设用地

指以人工建筑或人工地貌为主，主要用于商业与服务业、工矿仓储、住宅、公共管理与公共服务、交通运输、水域及水利设施及其他特殊用途的土地。

①商服用地

商服用地指主要用于商业、服务业的土地，主要分布在西沙群岛的永兴岛，为居民集中地的住宿餐饮用地和其他商服用地。

②工矿仓储用地

工矿仓储用地主要指用于物资存放场所的土地，见于西沙群岛的永兴岛。

③住宅用地

住宅用地指主要用于人们生活居住的宅基地及其附属设施的土地，主要分布于西沙群岛的永兴岛、赵述岛、中建岛、鸭公岛、石岛和北岛，亦见于南沙群岛的弹丸礁、安波沙洲、光星仔礁、南海礁和簸箕礁等目前为周边国家非法侵占的海岛。

④公共管理与公共服务用地

指用于机关团体、科教文卫、风景名胜、公共设施等的土地，主要分布于西沙群岛的永兴岛、东岛和琛航岛上。

⑤交通运输用地

指用于运输通行的地面线路、场站等的土地，包括民用机场、港口、码头、地面运输管道和各种道路用地，主要分布于西沙群岛的永兴岛、琛航岛、珊瑚岛、东岛、金银岛、石岛、中建岛、广金岛，南沙群岛的中业岛、太平岛、南海礁、光星仔礁、榆亚暗沙、南威岛、簸箕礁、景宏岛、司令礁、鸿庥岛、染青沙洲、南子岛。

⑥水利设施用地

水利设施用地指水库、沟渠、水工建筑物等用地，主要见于西沙群岛的鸭公岛、东岛、永兴岛和珊瑚岛，南沙群岛的南子岛、鸿庥岛和景宏岛。

⑦特殊用地

主要见于西沙群岛的永兴岛、琛航岛、珊瑚岛、金银岛、石岛和中建岛，南沙群岛的弹丸礁、南威岛、西礁、中业岛、毕生礁、永暑礁、太平岛、南子岛、大现礁、鸿庥岛、六门礁、敦谦沙洲、东门礁、美济礁、赤瓜礁、渚碧礁、南薰礁、华阳礁、南华礁、舶兰礁、琼礁、鬼喊礁、景宏岛、中礁、奈罗礁、染青沙洲、北子岛、簸箕礁、西月岛、南海礁、双黄沙洲、光星仔礁、南钥岛。

（3）未利用地

指上述地类以外的其他类型的土地，包括空闲地、沙地、裸地等，普遍分布于各海岛之上，在西沙群岛以西沙洲、琛航岛、盘石屿、东岛、永兴岛、金银岛、北岛、珊瑚岛、晋卿岛、中沙洲、全富岛、广金岛、甘泉岛、赵述岛、盘石屿东01沙洲、南岛、石岛、金银岛东08沙洲、中岛、南沙洲和羚羊礁南01沙洲未利用土地面积较大，在南沙群岛以太平岛、南子岛、中业岛、敦谦沙洲、北子岛、南威岛、西月岛、西门礁、马欢岛、南钥岛、东门礁、景宏岛、鸿庥岛、中礁、中洲和双黄沙洲未利用土地面积较大。

3.1.3 海岛资源利用状况

3.1.3.1 岸线

1）海南岛沿岸海岛

海岛及其周围海域资源丰富，海岛岸线的开发利用主要是指利用海岛岸线两侧特殊的海陆环境和资源，从事海水养殖、港口航运、海岛旅游等产业，服务于沿海地区经济建设、城乡居民生活和环境保护等。根据海南岛沿岸海岛岸线附近的各类开发活动及其功能区划，将海岛岸线的开发利用状况分为已开发利用和未开发利用两大类，前者包括港口码头岸线、城乡居民生活岸线、养殖岸线、种植岸线和旅游岸线五类，后者包括保护区岸线和尚未有特殊利用的自然岸线两类。海南岛沿岸海岛已开发利用的海岛岸线长 101.064 km，占岸线总长的 38%；未开发利用的海岛岸线长 166.129 km，占 62%（表 3.29）。

表 3.29 海南岛沿岸海岛岸线开发利用状况统计表

<table>
<tr><th colspan="2">岸线开发利用类型</th><th colspan="2">长度/km</th><th colspan="2">百分比/%</th></tr>
<tr><td rowspan="5">已开发利用</td><td>港口码头岸线</td><td>8.583</td><td rowspan="5">101.064</td><td>3</td><td rowspan="5">38</td></tr>
<tr><td>城乡居民生活岸线</td><td>25.759</td><td>10</td></tr>
<tr><td>养殖岸线</td><td>30.358</td><td>11</td></tr>
<tr><td>种植岸线</td><td>15.072</td><td>6</td></tr>
<tr><td>旅游岸线</td><td>21.292</td><td>8</td></tr>
<tr><td rowspan="2">未开发利用</td><td>保护区岸线</td><td>74.156</td><td rowspan="2">166.129</td><td>28</td><td rowspan="2">62</td></tr>
<tr><td>尚未有特殊利用的自然岸线</td><td>91.973</td><td>34</td></tr>
</table>

（1）已开发利用岸线

①港口码头岸线

主要分布在海甸岛、新埠岛、北港岛、东屿岛、分界洲和牛奇洲等岛屿上。港口码头岸线既有一般性的客货运交通码头，见于海甸岛、新埠岛和北港岛等地，也有专门的旅游码头，见于东屿岛、分界洲和牛奇洲等地。

②城乡居民生活岸线

主要分布在海甸岛、新埠岛、北港岛、西瑁洲、海头岛和无名岛 DNZ01 等岛屿上。城乡居民生活岸线邻近海岛居民的生活场所，常常兼有居住、交通、排污等众多与日常生活密切相关的功能。

③养殖岸线

主要分布在新埠岛、无名岛 HAK02、北港岛、草岛、罗北堆、四脚坡、东华坡、罗亭坡、无名岛 WEC01、牛六坡、江围墩、无名岛 WEC33、边溪崀、无名岛 QHA02、无名岛 QHA03、无名岛 QHA16、椰子洲岛、无名岛 SYX09、无名岛 SYX11、养生园、八菱坡、公庙坡、时光坡、过河园、海头岛、无名岛 DNZ06、无名岛 DNZ11、红石岛和马袅屿等岛屿上。养殖岸线有两种情况，一种为顺岸线开发的岛内养殖池塘，另一种情况为顺岸线围垦的岸滩养殖池塘。

④种植岸线

主要分布在新埠岛、无名岛 WEC33、椰子岛、三牙门、无名岛 SYX01、无名岛 SYX02、椰子洲岛、时光坡、无名岛 CJX01 和无名岛 DNZ36 等岛屿上。种植岸线仅指海岛陆耕地和园地外缘的开发岸线，对于种植有木麻黄等防护林的砂质岸线，因其常常能保持砂质岸线的自然特征，故未归入种植岸线。

⑤旅游岸线

主要分布在野菠萝岛、边溪岛、东屿岛、无名岛 QHA09、分界洲、姊妹石 -1、姊妹石 -2、牛奇洲、西瑁洲、牛王岭、无名岛 SYX04、无名岛 SYX05、无名岛 SYX06、叠石、船帆石、鼻子石、无名岛 SYX07 和瓜天石等海岛上。旅游岸线既包括开发利用为海水浴场或修筑有旅游休闲设施的岸段，也包括列入风景名胜等旅游景点的具有一定观赏价值的岸线。

（2）未开发利用岸线

①保护区岸线

保护区岸线分布于8个沿海市（县）的94个海岛上。根据海南省海洋保护区名录及分布范围，大致确定各保护区海岛分布情况见表3.30；保护区内海岛除人工岸线外，均作为保护区岸线统计。

表3.30　海南岛沿岸海岛保护区岸线分属情况表

序号	保护区名称	海岛数/个	海岛名称
1	海南东寨港国家级自然保护区	11	草岛、野菠萝岛、上洋墩、洋仔墩、无名岛 HAK03、无名岛 HAK04、罗北堆、四脚坡、东华坡、竹排坡、罗亭坡
2	海南三亚珊瑚礁国家级自然保护区	10	野薯岛、东排、西排、小青洲、无名岛 SYX03、东瑁洲、石离角、双扉石、双扉西、西瑁洲
3	大洲岛国家级自然保护区及周边保护区	5	北洲仔、白鞍岛、小岭、无名岛 WAN08、大岭
4	琼海麒麟菜省级自然保护区	1	无名岛 QHA1
5	文昌麒麟菜省级自然保护区	19	峙峪、无名岛 WEC23、铜鼓角、头姆礁、雷鸣石、独石、独岛、无名岛 WEC24、无名岛 WEC25、无名岛 WEC26、无名岛 WEC27、西曹石、无名岛 WEC28、飞鱼排、独石子、无名岛 WEC29、无名岛 WEC30、无名岛 WEC31、捧峙石
6	海南清澜省级自然保护区	6	无名岛 WEC01、牛六坡、江围墩、无名岛 WEC32、无名岛 WEC33、边溪崀
7	儋州白蝶贝省级自然保护区	25	大铲礁、无名岛 DNZ07、无名岛 DNZ08、无名岛 DNZ09、无名岛 DNZ10、无名岛 DNZ11、无名岛 DNZ12、无名岛 DNZ13、无名岛 DNZ14、无名岛 DNZ21、无名岛 DNZ22、无名岛 DNZ23、无名岛 DNZ24、无名岛 DNZ25、无名岛 DNZ26、无名岛 DNZ27、无名岛 DNZ28、尖石、无名岛 DNZ29、无名岛 DNZ30、无名岛 DNZ31、无名岛 DNZ32、无名岛 DNZ33、无名岛 DNZ34、无名岛 DNZ35
8	临高白蝶贝省级自然保护区	17	无名岛 DNZ56、沙井角－1、沙井角－2、无名岛 DNZ57、无名岛 DNZ58、无名岛 DNZ59、无名岛 DNZ60、无名岛 DNZ61、无名岛 DNZ62、英豪角、沙表头、邻昌礁、无名岛 LGO01、无名岛 LGO02、无名岛 LGO03、无名岛 LGO04、无名岛 LGO05

②尚未有特殊利用的自然岸线

尚未有特殊利用的自然岸线分布于12个沿海市（县）的191个海岛上（表3.31）。从尚未有特殊利用的自然岸线的属性来看，基岩岸线和砂质岸线是其主体，分别占51.06%和36.05%。从不同类型岸线的利用情况来看，半数以上的基岩岸线、60%以上的砾石岸线和70%以上的淤泥质岸线均未有特殊的开发利用（表3.32）。

表 3.31 海南岛沿岸海岛尚未有特殊利用的自然岸线分属情况表

行政区划	海岛数/个	海岛名称
海口市	5	老刘坡、无名岛 HAK01、无名岛 HAK02、北港岛、浮水墩
文昌市	52	无名岛 WEC02、安彦石、牛姆石、仕尾岛 -1、仕尾岛 -2、仕尾岛 -3、无名岛 WEC03、无名岛 WEC04、无名岛 WEC05、无名岛 WEC06、无名岛 WEC07、无名岛 WEC08、无名岛 WEC09、星峙、峙北、无名岛 WEC10、无名岛 WEC11、无名岛 WEC12、无名岛 WEC13、外挂峙、海南角、无名岛 WEC14、无名岛 WEC15、无名岛 WEC16、无名岛 WEC17、无名岛 WEC18、无名岛 WEC19、无名岛 WEC20、无名岛 WEC21、潮滩鼻、北峙、小北峙、北峙 -01、北峙 -02、灯峙、灯峙南、狗卵脬峙、平峙头、平峙、平峙尾、小赤峙、赤峙、南峙、南峙石排、南峙北、南峙东、南峙南、小南峙、南峙西、双帆（西帆）、双帆（东帆）、三更峙
琼海市	24	无名岛 QHA04、无名岛 QHA05、西边岛、无名岛 QHA06、无名岛 QHA07、无名岛 QHA08、无名岛 QHA10、无名岛 QHA11、无名岛 QHA12、无名岛 QHA13、无名岛 QHA14、无名岛 QHA15、无名岛 QHA16、无名岛 QHA17、无名岛 QHA18、无名岛 QHA19、无名岛 QHA20、圣公石、无名岛 QHA21、无名岛 QHA22、无名岛 QHA23、无名岛 QHA24、无名岛 QHA25、无名岛 QHA26
万宁市	20	莺歌石、无名岛 WAN01、外峙、无名岛 WAN02、无名岛 WAN03、无名岛 WAN04、无名岛 WAN05、无名岛 WAN06、古镇石、无名岛 WAN07、大洋石、担石、甘蔗岛、大担石、舐嘴排、南洲仔、加井岛、乌石姆岛、无名岛 WAN08、无名岛 WAN09
陵水黎族自治县	11	无名岛 LSL01、赤移石、双帆石 -1、双帆石 -2、双帆石 -3、双帆石 -4、陵水角、无名岛 LSL02、白排仔岛、白排岛、墩仔高排
三亚市	19	真帆石、东洲、东洲东、东洲头、西洲、西洲头、锦母石、莺歌鼻、神岛、白排、鸡母石鸡仔石、大公石、深石礁、无名岛 SYX08、无名岛 SYX10、草坡、东锣岛、西鼓岛、长堤礁
乐东黎族自治县	9	无名岛 LDX01、无名岛 LDX02、无名岛 LDX03、无名岛 LDX04、无名岛 LDX05、无名岛 LDX06、无名岛 LDX07、公下石、无名岛 LDX08
东方市	4	无名岛 DFG01、无名岛 DFG02、双洲、无名岛 DFG03
昌江黎族自治县	7	公爸石、无名岛 CJX01、无名岛 CJX02、无名岛 CJX03、无名岛 CJX04、无名岛 CJX05、无名岛 CJX06
儋州市	37	无名岛 DNZ02、无名岛 DNZ03、无名岛 DNZ04、无名岛 DNZ05、无名岛 DNZ15、洋浦鼻、小铲礁、无名岛 DNZ16、无名岛 DNZ17、无名岛 DNZ18、无名岛 DNZ18、无名岛 DNZ19、神头角、无名岛 DNZ20、堡岛、西目礁、盛羊角、无名岛 DNZ37、无名岛 DNZ38、无名岛 DNZ39、无名岛 DNZ40、无名岛 DNZ41、无名岛 DNZ42、无名岛 DNZ43、无名岛 DNZ44、无名岛 DNZ45、无名岛 DNZ46、无名岛 DNZ47、无名岛 DNZ48、无名岛 DNZ49、无名岛 DNZ50、无名岛 DNZ51、无名岛 DNZ52、无名岛 DNZ53、无名岛 DNZ54、塘坎角、无名岛 DNZ55
临高县	3	红屿岛、红石岛、无名岛 LGO06
澄迈县	2	雷公岛、林诗岛

表 3.32 海南岛沿岸海岛尚未有特殊利用的自然岸线组成统计表

岸线类型	岸线长度/km	百分比/%	各类型岸线总长度/km	未利用率/%
基岩岸线	46.958	51.06	82.959	56.60
淤泥质岸线	2.742	2.98	3.807	72.03
砂质岸线	33.161	36.05	95.736	34.64
砾石岸线	9.113	9.91	14.807	61.55

2）西南中沙群岛

西南中沙群岛海岛岸线附近的开发活动在人工岸线分布的永兴岛、琛航岛、南子岛、鸿庥岛、中业岛、南威岛、景宏岛、敦谦沙洲、珊瑚岛、东岛、金银岛、中建岛等海岛，特别是永兴岛、赵述岛、石岛、琛航岛、东岛和中建岛等有人居住的海岛。其中永兴岛位于西沙群岛的中部，是三沙市人民政府驻地岛，修建有机场、码头。

西南中沙群岛海岛人工岸线总长 14.267 km，占西南中沙海岛岸线总长度的 33.50%（表 3.33）。从整个岛区来看，人工岸线大体反映了西南中沙群岛海岛及其岸线的开发状况，但人工岸线的界定存在很大的人为性，特别是一些为周边国家侵占的沙洲岛如弹丸礁等，据历史资料该岛基本上为人工岛，但本次遥感调查将其界定为沙洲岛，周边岸线亦界定为砂质岸线，值得商榷。

表 3.33 西南中沙群岛海岛人工岸线分布及统计表

序号	群岛	岛屿名称	人工岸线长度/km	岸线总长度/km	百分比/%
1	西沙群岛	琛航岛	2.487	5.96	41.73
2		东岛	0.153	6.418	2.38
3		金银岛	0.138	3.303	4.18
4		珊瑚岛	0.17	2.403	7.07
5		永兴岛	4.645	9.434	49.24
6		中建岛	0.119	4.806	2.48
7	南沙群岛	景宏岛	0.745	0.745	100.00
8		敦谦沙洲	0.268	0.981	27.32
9		南子岛	1.755	1.755	100.00
10		中业岛	1.48	3.536	41.86
11		鸿庥岛	1.529	1.529	100.00
12		南威岛	0.778	1.713	45.42
合计			14.267	42.583	33.50

3.1.3.2 植被

1）海南岛沿岸海岛

（1）资源植物的开发利用

海南岛沿岸海岛资源植物主要包括大戟科、茜草科、楝科、桑科、番荔枝科、无患子科、棕榈科、马鞭草科、菊科、豆科、芸香科、旋花科、莎草科、百合科等植物。按其主要用途（经济价值）可分为药用植物、材用植物、纤维植物、油脂植物、淀粉植物、香料植物、食用植物、鞣料植物、防污染绿化植物、橡胶植物、树脂和树胶植物、染料植物、糊料植物、饲料植物、绿肥植物、蜜源植物、热带花卉和绿化美化环境植物。

药用植物：海南岛沿岸热带植物资源甚为丰富，蕴藏有123科356属478种药用植物。包括翠云草、海金砂、铁芒萁、肾蕨、半边旗、蜈蚣草、凤尾草、扇叶铁线蕨、水蕨、栎叶槲蕨、抱树莲、伏石蕨、崖姜蕨、七指蕨、乌蕨、铁线蕨、巢蕨、星毛蕨、乌毛蕨、地耳蕨、贴生石韦、海南苏铁、买麻藤、假蒌、白颜树、山黄麻、毛叶轮环藤、苍白秤钩风、中华青牛胆、无根藤、木姜子、潺杭木姜、白花菜、臭撩菜、相思子、金合欢、刺果苏木、海刀豆、水黄皮、酒饼簕、假黄皮、大管、两面针、疏刺花椒、牛筋果、鸦胆子、杜楝、苦楝、割舌树、大沙叶、黑面神、土密树、飞扬草、绿玉树、千根草、海漆、白饭树、博兰木、乌桕、铁冬青、桫拉木、异木患、赛木患、赤才、无患子、毛果扁担杆、刺蒴麻、磨盘草、小柴胡、木棉、锡叶藤、小花五桠果、岭南山竹子、黄牛木、红厚壳、仙人掌、了哥王、海莲、木榄、角果木、八角枫、土坛树、野牡丹、崩大碗、朱砂根、罗伞树、白花酸藤子、补血草、海南地不容、铁线子、扭肚藤、牛矢果、三脉马钱、长春花、白长春花、海芒果、仔榄树、山橙、倒吊笔、狭叶铁草鞋、肉珊瑚、弓果藤、三分丹、硬毛白鹤藤、黄毛白鹤藤、凹脉丁公藤、土丁桂、银丝草、厚藤、尖萼山猪菜、基及树、厚壳树、海榄雌、白茅紫珠、许树、马缨丹、玉龙鞭、单叶蔓荆、蔓荆、广防风、山香、蜂巢草、圣罗勒、野甘草、母草、猫尾木、木蝴蝶、海南菜豆树、假杜鹃、老鼠簕、穿心莲、接骨草、灵芝草、海尔草、糙叶丰花草、细叶巴戟天、玉叶金花、鸡屎藤、三角瓣花、山石榴、山银花、接骨草、鳢肠、地胆草、一点红、鹅不食草、飞机草、革命菜、黄花苦买菜、六棱菊、阔苞菊、咸虾花、苍耳、对叶榕、五指毛桃、刺桑、广寄生、火炭母、土荆芥、青葙、白鼓钉、落地生根、厚皮树、海南大风子、丝瓜、露兜簕、竹节草、龙爪茅、黄茅、狼尾草、香附子、畦畔莎草、球柱草、水蜈蚣、饭包草、竹节草、四孔草、小花龙血树、土麦冬、天门冬、龙舌兰、土茯苓、槟榔、小花百部、对叶百部、文殊兰、草豆蔻、海南假砂仁、珊瑚姜、闭鞘姜、美人蕉等。

材用植物：红花天料木、大叶山楝、阴香、水石梓、海南蒲桃、黑格、苦楝、猴耳环、海南红豆、海南菜豆树、重阳木、厚皮树、猫尾木、海滨猫尾木、倒吊笔、绢毛杜英、白格、柯树、山椤、白梨么、降香檀、海南榄仁、厚壳桂、白桂木、乌桕、香蒲桃、第伦桃、山竹子、海桑、木果楝、玉蕊、海莲、秋茄、黄槿等。

纤维植物：陆地棉、黄槿、肖婆麻、厚皮树、黄花稔、买麻藤、磨盘草、半枫荷、了哥王（茎皮）、倒吊笔、黄藤（红藤）、白藤、鸡藤、刺蒴麻、鹧鸪麻等。

油脂植物：木姜子、潺槁树、橡胶树、蓖麻、乌桕等。

淀粉植物：海南薯、零余薯（山薯）、白薯草、木茨、番茨、毛茨（甜薯）等。

香料植物：山姜、菖蒲、阴香、香茅、香附子、罗勒、鹰爪、金合欢、木姜子。

食用植物：包括果类、蔬菜类、饮料类。种类有桃金娘、荔枝、龙眼、菠萝蜜、香蕉、凤梨、番石榴、芒果、黄皮、杨桃、洋蒲桃、海南蒲桃、山竹子、番木瓜、山芭蕉（番荔枝科）、牛心梨、刺番荔枝、细基丸、刺葵、多果猕猴桃、西瓜、荸荠、水蕨、毛蕨、野苋、空心菜、葱、蒜、辣椒、茄、番茄、白菜、南瓜、冬瓜、丝瓜、苦瓜、萝卜、芹菜、油菜、苋菜、韭菜、豆类（多种）、椰子、甘蔗、鹧鸪茶及山茶之外，还有黄牛木（嫩叶）及暗罗

（嫩叶）等，是当地渔民、农民常用为清凉止渴的饮料植物。

鞣料植物：是一类富含单宁的植物，从其提取的栲胶是皮革工业的一种主要原料。该研究区内主要有红鳞蒲桃、番石榴、桃金娘、红海榄、秋茄、木榄、黑面神、土密树、厚叶算盘子、白背算盘子、猴耳环、山合欢、香合欢、菝葜、薯莨。

防污染绿化植物：海桐花、厚皮香、蒲桃、黄槿、乌桕、美人蕉、棕榈等。

橡胶植物：橡胶树。

树脂和树胶植物：植物的树枝和树胶，包括香树脂、硬树脂和树胶，为主要的工业原料。该区内的树脂和树胶植物主要包括黄牛木、杧果、漆树、金合欢、海芋等。

染料植物：植物色素的利用在我国有着悠久的历史，民间常用于纺织品和食品的染色。该岛区主要染料植物有假蓝靛、鸡屎藤、枫香、乌桕、薯莨等。

糊料植物：无根藤、木姜子、潺槁树、玉叶金花等。

饲料植物：红薯、芭蕉、凤眼莲、五节芒、山黄麻、小叶榕、马唐、木薯、蓖麻、枫香等。

绿肥植物：野牡丹、红背山麻杆、算盘子、山乌桕、牛耳枫、山扁豆、猪屎豆、假蓝靛、盐肤木、枫杨、鸭脚木、木蝴蝶、黄荆。

蜜源植物：油菜、青菜、水蓼、大花五桠果、山龙眼、西瓜、厚皮香、柠檬桉、隆缘桉、番石榴、乌桕、余甘子、鸭脚木、五加。

有毒有害植物：买麻藤、毛茛、鸦胆子、苦楝、白花曼陀罗、菟丝子、蓖麻、了哥王、海杧果、海芋。

热带花卉和绿化美化环境植物：射干、海金沙、铺地蜈蚣、肾蕨、山银花、文珠兰、长春花、野牡丹、米仔兰、腊兰、仙人掌等之外，细叶榕、垂叶榕、笔管榕、青果榕、凤凰树、海南菜豆树、鱼尾葵、短穗鱼尾葵、蜈蚣藤、密脉崖爬藤等荫生植物也很多。

固沙、水土保持植物：海刀豆、厚藤、鬣尾草、草海桐、树木即以常见的木麻黄为主要树种。

（2）植被和资源植物的保护

海南岛沿岸海岛地处热带，在水热温光等优越的条件下，资源植物十分丰富，具有生态和经济效益等多方面的价值，应当予以必要的保护。

对于海岸防护及固堤植物，除了木麻黄等常见防护林外，还包括多种红树林，应就地保护，禁止一切破坏性活动。在保护好现有的木麻黄林的基础上，可发展和保留仙人掌和露兜簕作为护岸植物，充分发挥当地植被的生态功能。其中，红树林具有很高的生态、社会和经济效益，是海岸的天然防护林，对维持海岛的生态平衡具有重要意义，今后要加强保护，让其休养生息，促进其天然更新，并积极采取人工造林，使之恢复和发展。

对于海岛绿化美化环境植物，如阴香、厚壳桂、黄樟、海南蒲桃、粘木、海南大风子、母生、绢毛杜英、山杜英、重阳木、山乌桕、山楝、八角枫、假玉桂、白梨么、假苹婆、降真香、海南黄檀、降香檀、山竹子、榕树（多种）等，应在海南本岛建设国际旅游岛的大发展背景下，积极配合无居民海岛开发利用的有关政策，从注重生态效益与经济效益的原则出发，有重点地推广、扩大植物的种植。

对于药用植物，如小花龙血树、天门冬、土麦冬、草豆蔻、香附子、槟榔、小花百部、对叶百部、香茅、穿心莲、苍耳、木蝴蝶、单叶蔓荆、三脉马钱、长春花、海南大风子、鸡冠木、木棉、乌桕、黑面神、绿玉树、五月茶、大沙叶、杜楝、两面针、排钱草、降香檀、猪笼草、海南轮环藤、海南地不容、假鹰爪、土荆芥、土牛膝、闭花木等，它们是我国人民长期探索和总结研究出来的重要中草药，有的则是近年来通过植化的分离、提取方法发掘出来的一些特效药和新药，如抗癌药物—闭花木（ *Cleistanthus spp.* ）、肌肉松弛剂药物—海南轮环藤（*Cyclea polypetala*）等具有较大的开发利用潜力，需要合理的保护。

对于经济植物，野生果树如桃金娘、山竹子、余甘子、多花猕猴桃、细基丸、刺葵、破布木、山蕉（番荔枝科）、买麻藤等，野菜如水蕨、野苋、马齿苋、革命菜等，观赏植物如海南苏铁、九里香、文珠兰、果蕨、栎叶槲蕨、崖姜蕨、长葶沿阶草、阔叶沿阶草、白点兰、白花龙船花、薄叶龙船花、棕竹等，饮料植物如山苦茶（鹧鸪）、基及树、暗罗（叶）、黄牛木，淀粉植物如山薯、海芋、白薯莨等，芳香植物如黄樟、阴香、野香茅、香附子等，可以土沉香和海南龙血树等6种。对于这些珍稀濒危保护植物，应结合自然保护区建设加强保护。

2）西南中沙群岛

（1）资源植物的开发利用

西南中沙群岛的维管植物共有78个科，296种（含变种），其中资源植物共有283种，占总数的95.6%。主要热带岛屿区系成分有紫茉莉科、茜草科、紫草科、苦木科、椴树科、番杏科、千屈菜科、桑科、番荔枝科、无患子科、棕榈科、马鞭草科、菊科、豆科、芸香科、大戟科、莎草科等。按其主要用途、经济价值归类分述于下。

①食用植物有：番薯、马铃薯、芋、高粱、玉蜀黍、花生、椰子、白瓜、葫芦瓜、丝瓜、水瓜、毛瓜、西瓜、南瓜、冬瓜、苦瓜、黄瓜、豆角、眉豆、扁豆、白扁豆、沙葛、芹菜、苋菜、芥兰头、芥兰、青菜、萝卜、茄子、辣椒、指天椒、灯笼椒、番茄、空心菜、葱、蒜、韭菜、野苋菜、姜、芒果、番石榴、凤梨（菠萝）、柑、木瓜、香蕉、芭蕉、刺番荔枝、酸豆、甘蔗、咖啡黄葵等种。

②药用植物：槟榔、蔓京子、青箱子、香附子、茅根、土牛膝、穿心莲、鬼针草、香丝草、鳢肠、夜香牛、飞机草、咸虾草、草海桐、羽芒菊、银毛树、紫心牵牛、水蜈蚣、大尾摇、土丁桂、蔓陀萝、小酸浆果、圣罗勒、白花菜、臭矢草、假马齿苋、海马齿、多毛马齿苋、龙珠果、人苋、珠子草、猩猩草、飞扬草、通奶草、千根草、地杨桃、蓖麻、假老虎勒、许树、猪屎豆、长花小牙草、多枝粟米草、簇花粟米草、粗叶丰花草、沙漠拟马齿、马齿苋、土高丽参、虾钳菜、大花蒺藜、蒺藜、红瓜、仙人掌、黄花稔、白背黄花稔、蛇婆子、野扁豆、练夹豆、蔬花木兰、长春花、白长春花、伞花耳草、海巴戟天、过江藤、山香、露兜勒等种。

③有毒杀虫植物：海芒果、沙葛（种子）、松叶蕨等种。

④用材及纤维植物：花梨森、苦楝、海棠、木麻黄、海岸桐、橙花破布木、竹、陆地棉、木棉、磨盘草、龙舌兰、剑麻、黄花稔等。

⑤绿化美化植物、行道树种：美人蕉、红花莲、五星花、金边虎尾兰、朱蕉、粤万年青、鸡冠花、昙花、吉庆果、肾蕨、松叶牡丹（太阳花）、竹节海棠、黄杨、安石榴、宝巾、水芫花、九里香、短叶罗汉松、扶桑、变叶木、洒金榕、散沫花、月季花、南洋杉、榄仁树、龙柏、吊瓜树、凤凰树、印度榕、木麻黄、橙花破布木、椰子、蒲葵、银合欢、台湾相思、笔管榕等。

⑥绿肥植物：木兰、猪屎豆、灰叶、野扁豆、决明、疏花木兰、田青、飞机草、海南槐等。

⑦饲料植物：沙漠拟马齿苋、白避霜花（叶）、西沙黄细心、华黄细心、羽芒菊、孪花蟛蜞菊、饭苞草、野苋、长管牵牛、虎脚牵牛、刺苋等。

⑧牧草类：扁穗莎草、白羊草、光孔颖草、多枝臂形草、四生臂形草、孟仁草、台湾虎尾草、宽叶绊根草、双花草、华马唐、牛筋草、纤毛画眉草、假俭草、野高粱、牛鞭草、扭黄茅、铺地黍、雀稗、长叶雀稗、鞘叶雀稗、千金子、芒、沟叶结缕草、绉蕾草等。

⑨固沙植物：鼠尾草、盐地鼠尾草、锥穗钝叶草、海刀豆、海滨豇豆、厚藤、单叶蔓荆等。

（2）植被和资源植物的保护

①在本海域岛屿周边沙堤及其内侧植树造林，选用木麻黄、小叶桉、台湾相思、银合欢、非洲楝等耐高温、耐热、耐瘠瘦的速生高产树种，作为本海区海岛的造林树种。

②岛屿中部低平地，多发展椰子林，以增加热带海岛的景观物色，可还以解决人们对饮水的需求。

③积极引种栽培热带、亚热带果树。如芒果、蛋黄果、腰果、杨桃、洋蒲桃、菠萝蜜、凤梨、芭蕉、鸡蛋果、酸豆、柑、橘等，以丰富人们的营养生活，增强体系。

④三沙群岛蔬菜缺乏，应考虑多种植菜类，如白菜、萝卜、蕹菜、芹菜、茄子、番茄、辣椒类、瓜类及豆类等。

⑤继续引种绿化美化等观赏植物或适当利用本海域的花卉资源美化环境，如水芫花、滨樗、草海桐及耐旱耐高温的热带多浆植物仙人掌、仙人球、仙人鞭及大戟科等多汁、观叶等。

⑥在三沙群岛已发现的药用植物有蔓京子、蒺藜、茅根（白茅）、穿心莲、香附子等，可以适当在林下或林缘试种。

⑦热带竹类可以适宜引种栽培，不但美化环境，还可解决一些蔬菜不足问题。

3.1.3.3　土地

1）海南岛沿岸海岛

海南岛沿岸海岛土地资源利用状况有如下特征：

（1）未利用地不多，岸滩开发利用率低

海南岛沿岸329个海岛，陆域面积42.320 2 km^2，岸滩面积约32.743 6 km^2。海岛陆域中已开发利用为农用地的面积为22.396 8 km^2，占海岛总面积的52.92%，建设用地15.398 4 km^2，占36.39%；未利用地4.524 8 km^2，占10.69%。海南岛沿岸海岛周边相对独立的滩涂面积与岛陆面积比为1：1.29。滩涂中未开发利用的沿海滩涂面积为25.739 1 km^2，占海岛滩涂总面积的78.61%；应予以保护、限制开发的红树林滩面积为5.026 7 km^2，占15.35%。已开发利用的海域养殖池塘面积为1.930 km^2，占5.90%。

（2）耕地、园地量少且分布集中，林地、草地比例高而分布广泛

海南岛沿岸海岛中，林地和草地的面积之和占到了将近50%，耕地和园地的面积之和不足5%。其中，耕地集中在新埠岛、北港岛、江围墩、无名岛WEC32、东屿岛、时光坡、海头岛和无名岛DNZ36等8个海岛。园地集中在海甸岛、北港岛、椰子岛、三牙门、无名岛SYX01、无名岛SYX02、椰子洲岛、西瑁洲、海头岛和无名岛DNZ36等10个海岛。与耕地园地的集中分布不同，农用地中的林地和草地分布广泛。海南岛12个沿海市（县）的122个海岛有林地分布，除澄迈外的11个沿海市（县）的57个海岛有草地分布。

（3）住宅及商服用地集中，岛内养殖池塘面积可观

海南岛沿岸海岛中，商服用地集中在海甸岛、边溪岛、东屿岛、分界洲、牛奇洲和西瑁

洲等6个海岛。住宅用地集中在海甸岛、新埠岛、北港岛、西瑁洲、无名岛LDX08、海头岛、无名岛DNZ01和无名岛DNZ36等8个海岛。养殖池塘分布在海口、文昌、琼海、三亚、东方、昌江和儋州七个市（县）的35个海岛，面积总计5.927 9 km^2，占海南岛沿岸海岛总面积的14.01%。

2）西南中沙群岛

西沙、南沙群岛海域90个海岛，陆域面积16.378 65 km^2，土地利用总面积为10.322 75 km^2（两者有较大出入）。西沙、南沙群岛海岛土地资源利用状况特征有：岛内未利用地比例不小，海岛滩涂资源极具开发潜力，耕地极其有限，林地比例高。

西沙群岛海岛土地利用面积总计7.928 904 km^2，其中农用地4.611 78 km^2（58.91%），建设用地1.136 036 km^2（14.33%），未利用土地2.121 69 km^2（26.76%）。南沙群岛土地利用面积总计2.393 841 km^2，其中农用地0.974 191 km^2（40.70%），建设用地0.701 191km^2（29.29%），未利用土地0.718 459 km^2（30.01%）。

西沙群岛尚有沿海滩涂面积273.327 439 km^2，为海岛陆域总面积的34.47倍。中沙群岛中黄岩岛沿海滩涂面积48.978 7 km^2。两者都具有重要的开发价值。

西南中沙群岛海岛中，耕地极其有限，面积仅为0.017 674 km^2，只占海岛总面积的0.17%，分布于西沙群岛的永兴岛和中建岛。

西南中沙群岛海岛中，林地是面积最大的土地资源类型，达5.289 229 km^2，占海岛总面积的51.24%，分布在西沙群岛的东岛、永兴岛、金银岛、甘泉岛、琛航岛、珊瑚岛、北岛、晋卿岛、赵述岛、中岛、南岛、石岛、广金岛、中建岛、南沙洲以及南沙群岛的中业岛、太平岛、西月岛、北子岛、南威岛、鸿庥岛、南钥岛、马欢岛、景宏岛和南子岛等25个海岛上（表3.34）。

表3.34　西沙、南沙群岛海岛林地面积统计表

群岛	海岛名称	林地面积/km^2	海岛（土地利用）面积/km^2	林地比例/%
西沙群岛	北岛	0.210 298	0.288 023	73.01
	琛航岛	0.240 288	0.469 974	51.13
	东岛	1.526 721	1.735 773	87.96
	甘泉岛	0.244 506	0.319 652	76.49
	广金岛	0.039 411	0.061 656	63.92
	金银岛	0.313 257	0.378 344	82.80
	晋卿岛	0.167 087	0.195 256	85.57
	南岛	0.073 762	0.090 78	81.25
	南沙洲	0.023 59	0.044 995	52.43
	珊瑚岛	0.213 732	0.300 648	71.09
	石岛	0.043 298	0.070 408	61.50
	永兴岛	1.032 365	2.077 309	49.70
	赵述岛	0.150 779	0.177 064	85.16
	中岛	0.095 613	0.107 868	88.64
	中建岛	0.034135	1.133 084	3.01

续表 3.34

群岛	海岛名称	林地面积/km²	海岛（土地利用）面积/km²	林地比例/%
南沙群岛	北子岛	0.107 326	0.115 677	92.78
	鸿庥岛	0.057 709	0.071 416	80.81
	景宏岛	0.013 459	0.028 555	47.13
	马欢岛	0.049 79	0.053 353	93.32
	南威岛	0.065 34	0.143 074	45.67
	南钥岛	0.049 99	0.051 927	96.27
	南子岛	0.010 095	0.134 499	7.51
	太平岛	0.178 471	0.360 87	49.46
	西月岛	0.146 864	0.149 139	98.47
	中业岛	0.201 343	0.350554	57.44
合计		5.289 229	8.909 898	59.36

3.1.4 海岛资源评价

3.1.4.1 海南岛沿岸海岛

海南岛沿岸海岛的资源优势首先是其独具魅力的热带海岛风光和旅游资源。

海南岛沿岸各河口及港湾堆积岛地势低平，四季常绿，周边具有河口潟湖、河口沙坝、砂质海滩和红树林滩等特色地貌景观，特别是东寨港、万泉河口（博鳌水城）和藤桥河口等岛群区位优势明显，四周环水，绿树成荫，环境幽雅，自然和人文景观资源相对集中，是发展海岛水乡旅游和多功能服务性行业的最佳场所。在东屿岛和边溪岛等开发的基础上，目前海南省已着手开发东寨港（如北港岛）和藤桥河口（如椰子洲岛）等岛群开发。

海南岛沿岸基岩岛地貌特色突出，环岛海蚀崖、海蚀穴、海蚀平台、海蚀柱、礁石等海蚀地貌多姿多彩，巧夺天工；同时，在一些距离海南本岛较近的、较大的海岛周边岬湾地段或背风的岛影区（通常为面向海南本岛一侧）常发育洁净的白沙滩，周边水域海水清澈湛蓝，珊瑚斑斓多姿，蓝天、绿岛、碧水、海蚀地貌、沙滩、珊瑚岸礁，浑然一体，相得益彰，是发展海岛滨海旅游、海边垂钓、海底漫步、海岛探险等娱乐项目的优良场所，目前分界洲和牛奇洲等已发展成为国家4A级旅游景区，其他无居民海岛如大洲岛（大岭和小岭）、南洲仔、加井岛、白鞍岛、东锣岛、西鼓岛、七洲列岛、铜鼓岭、海南角等亦是重要的潜在旅游资源。与海南岛东部和南部花岗岩质基岩岛地貌形成鲜明对比，海南岛西北部沿海地区及沿岸岛区第四纪火山地貌发育，具有林诗岛、雷公岛、土羊角、神尖角和神尖石等特色火山地貌、海蚀地貌和海积地貌，配以邻昌礁、西目礁、大铲礁和小铲礁等珊瑚岛风光，是环海南岛旅游发展的潜在亮点。

除旅游资源外，海南岛沿岸海岛的另一优势是拥有丰富的热带海洋水产资源。

海南岛海域有着丰富的海洋生物资源，许多沿岸海岛周边均有丰富的水产资源。部分海岛虽然没有常住人口，但每到渔季却是渔民的集结之地，例如大洲岛周围的大洲渔场与小海口门（外峙）附近渔场均是远近闻名的水产基地。其中，大洲渔场盛产蓝圆鲹、圆腹鲱、飞鱼、马鲛鱼、金枪鱼、带鱼、小公鱼、龙虾等，每逢捕鱼季节，数百艘大小渔船云集海岛周边，景象十分壮观。港北小海有太阳河、龙首河、龙尾河等河流注入，水质肥沃，饵料丰富，盛产著名水产和乐蟹、港北对虾和后安鲻等，远销东南亚。此外，东寨港、清澜港、宁远河口、朱碧江口、儋州湾、后水湾等海岛周边潮间带和海域海洋生物丰富，特色海产各异。

淡水资源是人类生存和从事社会经济活动所必需的基本条件之一。从海南岛沿岸各岛来看，有较大规模开发活动的海岛如海甸岛、新埠岛、北港岛、西瑁洲、海头岛、东屿岛、边溪岛、大洲岛、分界洲、牛奇洲等海岛上淡水资源相对较为丰富，北峙、平峙、洲仔岛、加井岛、东锣岛等岛屿上也有一定的淡水资源。淡水是制约海南岛沿岸海岛特别是无居民海岛深度开发的一个重要因素；要大规模地开发利用无居民海岛，首先要解决淡水的补给问题。

在国家首批公布的49个大陆领海基点之中，有18个领海基点位于海南岛周边海域，它们位置特殊，既是我国领土的重要组成部分，又是划分领海及管辖海域（经济专属区和大陆架管辖权归属）的重要基点，具有独特的、重大的、事实的和潜在的主权和权益价值，必须优先予以保护。

伴随着海南岛、沿岸海岛及海域的开发，海岛植被、珊瑚礁等脆弱性生态系统将面临更大的环境压力，而海岛植被的破坏将直接导致海岛的水土流失和侵蚀，珊瑚的死亡和珊瑚岸礁建造的中止将使离岸岛型领海基点及陵水角、锦母角、峻壁角等基岩岬角型领海基点海岸因失去珊瑚礁的保护屏障而加速侵蚀。对相对干旱缺水的西部海岸来说，海岸带的深度开发可能导致入海河流的径流量和输沙量大幅降低，不利于河流三角洲、沿海平原以及沿岸沙脊等自然生长，并导致海南本岛岸线及感恩角、四更沙角等冲淤型领海基点受到侵蚀。因此，加强海南岛周边海岛资源的开发务必以加强领海基点岛礁的保护为前提，将领海基点岛礁的保护置于战略高度，特别是要注重加强感恩角、四更沙角等冲淤型领海基点的保护。

3.1.4.2 西南中沙群岛

西沙群岛、中沙群岛和南沙群岛蕴藏着丰富的海岛、滩涂和海洋资源，包括海岛土地资源、海底石油和天然气资源、渔业资源、植物资源、鸟类资源、海洋可再生能源以及热带海岛旅游资源等。

对于西沙群岛，应充分利用其自然资源、基础设施，从国家领土防卫出发对西沙群岛进行全面开发，将其作为海南国际旅游岛的对外开放窗口、我国南海海洋经济技术产业中心和西南中沙群岛开发的中转基地，努力把西沙群岛建设成为特区前沿的特区。在现阶段，要努力建设和拓展海岛边贸、海岛旅游、水产品捕捞交易和海洋开发补给等4个市场。以岛屿面积最大，基础设施最完善的永兴岛作为开发的重点，其次是石岛、东岛和港口资源丰富的永乐环礁（甘泉岛、珊瑚岛、全富岛、鸭公岛、银屿、石屿、晋卿岛、琛航岛和广金岛、金银岛等）。西沙群岛作为西南中沙群岛开发的基础和重中之重，开发要起点高，不可亦步亦趋。近期要抓好海上运输、捕捞业、海洋旅游业等传统产业的开发，同时要特区特办，广纳资金和技术，逐步建立和完善4个市场体系的建设，充分开发西南中沙群岛海底资源和海洋生物资源，使之成为南海的海上贸易中心、旅游胜地和海洋高技术产业中心和中转站。

对于中沙群岛，应优先组织开展中沙群岛的海洋科学考察、常态调查和立体观测，扩大中沙群岛海域渔业资源开发活动，大力开展海底油气资源和天然气水合物资源的勘探与开发。由于中沙群岛与西沙群岛相距较近，因此中沙群岛在开发利用上可与西沙群岛作为一个整体考虑：①可以将中沙群岛列入西沙群岛海洋旅游区，重点开发黄岩岛礁，建立小型停泊站，开辟西沙永兴岛与黄岩岛的旅游航线，发展潜水观光、礁盘考察、垂钓等海上游乐旅游；②以西沙为基地，在中沙海域发展深海渔业，同时在礁盘水域发展海珍品养殖；③充分利用中沙群岛的光热资源和风能资源，在黄岩岛建立小型海洋热能、风能开发试验研究，建立永久性海洋观测平台。

南沙群岛及其邻近海域自古以来就是我国的领土。但是，自 20 世纪 70 年代以来，大部分主要岛屿已被越南、菲律宾和马来西亚等非法侵占。目前我国大陆仅驻守 7 个次要岛礁，台湾当局驻守太平岛。南沙群岛及其邻近海疆面临复杂的主权和海域划界争议。因此，南沙群岛的开发利用，要从维护国家领土和海洋主权和权益着眼，立足当前，切实加强我国在南沙群岛的实质性存在；要以高度的主人翁责任感、时代紧迫感和对历史负责的理智态度，从长计议，从容应对。具体要抓好以下工作：①正视争议，放手开发。根据中央关于“搁置争议，共同开发”的方针，务必正视争议，放手开发，务必以我为主，扎实工作，尽快将中沙群岛和南沙群岛的开发与主权维护纳入国家和海南省长远海洋发展战略和开发规划。②加强西沙母港建设，巩固和发展在南沙群岛的据点。开发南沙，关键在于建设西沙，要努力将西沙建设成为我国南海海洋经济技术产业中心和西南中沙群岛开发的母港。同时，要在南沙选择适当的岛礁，建设次一级的海上补给基地，为在南沙海域活动的船舶和其他据点提供油料、淡水和食物等补给服务，形成南沙南部海洋科研、开发和执法管理活动的基地。③提高全民海洋国土观念，鼓励和吸纳大陆、台湾、香港、澳门等民间资本参与南海海洋渔业、海洋旅游、海洋油气资源、太阳能、风能、海洋能的勘探与开发，让责于民，让利于民，全方位支持西南中沙群岛的发展事业。要以“积极稳妥，统一组织，确保安全，讲求效益，加快发展”为指导思想，优先组织开展中沙群岛和南沙群岛的海洋科学考察、常态调查和立体观测，扩大南沙海域渔业资源开发活动，大力开展南沙海域油气资源的系统勘探与开发。④积极开展与周边国家和地区科技合作，开展南沙海域环境、生态和资源的国际合作调查，选择若干有油气远景和存在边界争议的海域实行共同开发。⑤大力发展海洋服务与保障技术，建立健全西南中沙群岛的立体监控体系和常态巡视制度，建立健全西南中沙群岛海洋安全生产体系，海洋问题应急处理体系和救助体系，切实维护西南中沙群岛安全生产与海洋生态环境健康。

3.2 海岸带与土地资源

海岸带是指陆地与海洋的交界地带，是海岸线向陆、海两侧扩展一定宽度的带型区域。一般而言，它可分为三个部分，即陆上部分、潮间带和水下岸坡。我国在 20 世纪 80 年代全国海岸带和海洋资源综合调查中规定，海岸带调查的宽度为海岸线向陆侧延伸 10 km，向海侧延至 10 ~ 15 m 等深线。但本次关于海岸带土地分析对海岸带的划定只考虑以海岸线向陆侧延伸 2 km 的陆域部分。海岸带具体范围的划定依赖于海岸线的确切位置。由于种种原因的影响，海水动荡不定，海水面并不处在一个固定的平面位置上，因此，如何确定海岸线是一件非常困难的事情。我国国家标准《1∶5 000，1∶10 000 地形图图式》（GB/T5791－93）和《海域使用管理法》规定“海水大潮时连续数年的平均高潮位与陆地（包括大陆和海岛）的分界线为海岸线”。在我国《第二次土地调查土地地类分类国家标准》中将沿海滩涂确定为“沿海大潮高潮位与低潮位之间的潮浸地带。”据此，将沿海滩涂紧邻陆地一侧的边界线确定为本次土地分析中海岸带划分的起始点即海岸线，然后以此海岸线为基准，运用 GIS 技术向陆一侧进行 2 km 的单侧缓冲，从而得到本次分析所需要的具体海岸带范围。

3.2.1 海岸带土地资源

3.2.1.1 海岸带土地利用类型及面积概况

本次关于海南省海岸带土地数据的获取，主要通过两种途径得到：一是通过沿海部分市县 2008 年的 SPOT 遥感影像解译获得；二是直接采用部分市县的调查成果。为了便于进行不同土地类型之间的比较分析，此处以《土地利用现状分类》国家标准（GB/T21010－2007）为基准，以国土资源部 2009 年发布实施的《土地规划分类体系》为补充，进行部分相关地类的归并与调整，确定出统一的海岸带土地资源现状分类体系（三级分类体系）。然后，根据分类体系对全省海岸带的土地资源进行分类统计，其具体结果如表 3.35 所示。

表 3.35 海南岛海岸带土地资源现状统计表

土地利用类型			面积/hm^2	比重 1/%	比重 2/%	比重 3/%
农用地	耕地	水田	32 908.52	14.42	0.96	8.34
		水浇地	62.99	0.03	0.00	12.89
		旱地	18 829.22	8.25	0.55	5.64
		小计	51 800.73	22.70	1.51	7.11
	园地	果园	4577.77	2.01	0.13	3.34
		茶园	0.00	0.00	0.00	0.00
		其他园地	8 976.45	3.93	0.26	1.12
		小计	13 554.22	5.94	0.39	1.44
	林地	有林地	46 422.53	20.35	1.35	4.79
		灌木林地	1 540.56	0.68	0.04	1.01
		其他林地	5 319.78	2.33	0.15	5.88
		小计	53 282.87	23.35	1.55	4.40
	其他农用地	设施农用地	3 938.66	1.73	0.11	24.99
		坑塘水面	743.44	0.33	0.02	1.76
		沟渠	77.26	0.03	0.00	0.55
		农村道路	21.65	0.01	0.00	0.06
		小计	4 781.00	2.10	0.14	4.33
	合计		123 418.83	54.09	3.59	4.12

续表 3.35

土地利用类型			面积/hm²	比重 1/%	比重 2/%	比重 3/%
建设用地	城镇、旅游及特殊用地		73 123.33	32.05	2.13	69.06
	村庄用地		16 602.47	7.28	0.48	13.95
	工矿用地		2 606.07	1.14	0.08	23.76
	交通用地	铁路用地	87.73	0.04	0.00	3.97
		公路用地	815.06	0.36	0.02	5.54
		小计	902.79	0.40	0.03	5.34
	水利设施用地	水工建筑用地	8.88	0.00	0.00	0.70
		水库水面	38.40	0.02	0.00	0.07
		小计	47.28	0.02	0.00	0.09
	合计		93 281.94	40.88	2.71	30.33
未利用地	水域	河流水面	4 992.01	2.19	0.15	12.89
		湖泊水面	301.30	0.13	0.01	46.48
		小计	5 293.31	2.32	0.15	13.45
	滩涂沼泽	内陆滩涂	866.05	0.38	0.03	6.49
		沼泽地	1.48	0.00	0.00	18.87
		小计	867.53	0.38	0.03	6.50
	自然保留地	盐碱地	135.77	0.06	0.00	82.17
		沙地	2341.67	1.03	0.07	70.84
		裸地	353.73	0.16	0.01	19.33
		其他草地	2473.65	1.08	0.07	8.01
	小计		5304.82	2.32	0.15	14.66
	合计		11 465.66	5.03	0.33	12.90
土地总面积			228 166.44	100.00	6.63	—

注：1. 本表只统计了海南岛的土地资源现状，未包括其他岛屿；

2. 比重 1：指各类现状土地利用类型占其相应市县海岸带土地总面积的百分比；

3. 比重 2：指各类现状土地利用类型占全省土地资源总面积的百分比；

4. 比重 3：指各类现状土地利用类型占全省同类土地资源总面积的百分比。

由表 3.25 可知，全省 12 个沿海市县位于 2 km 宽度海岸带内的土地资源共计 228 166.44 hm²，约占全省土地资源总面积的 6.63%。全省海岸带各种土地利用类型及其面积概况如下：

1）农用地

全省海岸带农用地合计为 123 418.83 hm²，约占全省海岸带总土地面积的 54.09%，占全省农用地总面积的 4.12%，占全省土地总面积的 3.59%。

（1）耕地：耕地包括水田、水浇地和旱地。全省海岸带共有耕地资源 51 800.73 hm²，约占全省海岸带总土地面积的 22.70%。其中，水田 32 908.52 hm²，水浇地 62.99 hm²，旱地 18 829.22 hm²。

（2）园地：园地包括果园、茶园、其他园地。全省海岸带共有园地 13 554.22 hm²，约占全省海岸带总土地面积的 5.94%。其中，果园面积 4 577.77 hm²，其他园地面积 8 976.45 hm²，没有茶园。

（3）林地：林地包括有林地、灌木林地和其他林地。全省海岸带共有林地 53 282.87 hm²，约占全省海岸带总土地面积的23.35%。其中，有林地面积46 422.53 hm^2，灌木林地1 540.56 hm^2，其他林地5 319.78 hm^2。

（4）其他农用地：其他农用地包括设施农用地、坑塘水面、沟渠、农村道路等。全省海岸带共有其他农用地4 781.00 hm^2，约占全省海岸带总土地面积的2.10%，其中，设施农用地面积3 938.66 hm^2，坑塘水面743.44 hm^2，沟渠77.26 hm^2，农村道路21.65 hm^2。

2）建设用地

全省海岸带建设农用地合计为93 281.94 hm^2，约占全省海岸带总土地面积的40.88%，占全省建设用地总面积的30.33%，占全省土地总面积的2.71%。

（1）城镇、旅游及特殊用地：全省海岸带共有城镇、旅游及特殊用地73 123.33 hm^2，约占全省海岸带总土地面积的32.05%，占全省城镇、旅游及特殊用地总面积的69.06%。

（2）村庄用地：全省海岸带共有村庄用地16 602.47 hm^2，约占全省海岸带总土地面积的7.28%，占全省村庄用地总面积的13.95%。

（3）工矿用地：全省海岸带共有工矿用地2 606.07 hm^2，约占全省海岸带总土地面积的1.14%，占全省工矿用地总面积的23.76%。

（4）交通用地：全省海岸带共有交通用地902.79 hm^2，约占全省海岸带总土地面积的0.40%，占全省交通用地总面积的5.34%。其中，铁路用地面积87.73 hm^2，公路用地815.06 hm^2。

（5）水利设施用地：水利设施用地主要包括水库水面和水工建筑用地。全省海岸带共有水利设施用地47.28 hm^2，约占全省海岸带总土地面积的0.02%，占全省同类土地总面积的0.09%。其中，水工建筑用地8.88 hm^2，水库水面38.40 hm^2。

3）未利用地

全省海岸带共有未利用土地11 465.66 hm^2，约占全省海岸带总土地面积的5.03%，占全省未利用地总面积的12.90%，占全省土地总面积的0.33%。

（1）水域：水域主要包括河流水面与湖泊水面。全省海岸带共有水域面积5 293.31 hm^2，占全省水域总面积的13.45%，约占全省海岸带总土地面积的2.32%。其中，河流水面4 992.01 hm^2，湖泊水面301.30 hm^2。

（2）滩涂沼泽：滩涂沼泽主要包括内陆滩涂与沼泽地。全省海岸带共有滩涂泽泽地867.53 hm^2，占全省滩涂沼泽总面积的6.50%，约占全省海岸带总土地面积的0.38%。其中，内陆滩涂866.05 hm^2，沼泽地1.48 hm^2。

（3）自然保留地：自然保留地主要包括盐碱地、沙地、裸地、其他草地（荒草地）等。全省海岸带共有自然保留地面积5 304.82 hm^2，约占全省同类土地总面积的14.66%，占全省海岸带总土地面积的2.32%。其中，盐碱地135.77 hm^2，沙地2 341.67 hm^2，裸地353.73 hm^2，其他草地（即荒草地）2 473.65 hm^2。

3.2.1.2 海岸带土地资源的空间分布

在已有的资料数据基础上，利用ARCGIS软件对海岸带土地资源进行空间分析与统计，获得全省各沿海市县的土地利用类型、面积和空间分布图，如表3.36和图3.7~图3.10所示。

由表3.26可知，全省沿海各市县的海岸带土地资源面积不等，其中面积最大的是文昌市，

表 3.36　海南省沿海各市县海岸带土地资源比较统计表

单位：hm^2

行政区名称			海口市	三亚市	琼海市	儋州市	文昌市	万宁市	澄迈县	昌江县	东方市	乐东县	临高县	陵水县
农用地	耕地	水田	1 235.01	3 307.98	1 594.29	4 118.23	6 667.23	4 862.62	1 295.99	695.84	2 201.89	2 260.96	2 691.26	1 977.21
		水浇地	7.16	5.81	5.15	0.00	0.00	2.83	0.00	0.00	0.00	38.77	3.26	0.00
		旱地	383.00	1 445.22	612.30	4 359.97	1 021.59	1 166.73	2 182.77	751.25	2 079.82	1 609.63	2 518.32	698.62
		小计	1 625.18	4 759.01	2 211.75	8 478.20	7 688.82	6 032.18	3478.76	1 447.09	4 281.71	3 909.36	5 212.83	2 675.83
	园地	果园	166.43	2394.60	16.33	27.43	233.81	612.99	29.09	10.72	198.00	425.04	69.82	393.51
		茶园	0.00	0.00	0.00	0.00	0.00	0.00	0.00	0.00	0.00	0.00	0.00	0.00
		其他园地	76.29	424.93	2 228.64	582.09	1 938.08	1 340.48	74.55	33.76	1 363.29	177.05	80.75	656.53
		小计	242.72	2 819.54	2 244.97	609.51	2 171.89	1 953.47	103.64	44.48	1 561.29	602.10	150.57	1 050.04
	林地	有林地	2 271.15	2 370.76	511.41	7 825.31	12 924.74	4 323.61	1 755.88	4 828.22	2 415.58	1 238.31	3 669.33	2 288.23
		灌木林地	0.00	0.00	0.00	0.00	69.79	586.54	0.00	0.00	126.29	0.00	155.91	602.03
		其他林地	0.00	0.00	0.00	0.00	3 924.76	173.11	0.00	0.00	780.29	0.12	286.85	154.66
		小计	2 271.15	2 370.76	511.41	7 825.31	16 919.29	5 083.25	1 755.88	4 828.22	3 322.17	1 238.42	4 112.10	3 044.91
	其他农用地	设施农用地	0.00	0.00	0.00	0.00	153.16	1 749.66	0.00	0.00	972.67	0.00	438.40	624.77
		坑塘水面	0.00	0.00	0.00	0.00	0.00	164.68	0.00	0.00	225.40	0.00	260.16	93.20
		沟渠	0.00	0.00	0.00	0.00	69.27	7.99	0.00	0.00	0.00	0.00	0.00	0.00
		农村道路	4.28	7.17	0.00	0.00	0.00	0.00	5.76	0.00	0.00	4.44	0.00	0.00
		小计	4.28	7.17	0.00	0.00	222.43	1922.32	5.76	0.00	1198.07	4.44	698.56	717.98
	合计		4 143.33	9 956.48	4 968.13	16 913.02	27 002.43	14 991.23	5 344.04	6 319.79	10 363.25	5 754.33	10 174.06	7 488.76

续表 3.36

行政区名称			海口市	三亚市	琼海市	儋州市	文昌市	万宁市	澄迈县	昌江县	东方市	乐东县	临高县	陵水县
建设用地	城镇、旅游及特殊用地		12 424.27	17 751.95	3 149.64	11 343.40	6 861.28	4 004.05	2 597.19	1 273.01	2 517.21	4 489.89	1 434.04	5 277.40
	村庄用地		872.52	1 291.36	986.63	1 396.61	5 965.78	2 156.25	561.34	133.96	573.88	874.37	907.88	881.88
	工矿用地		0.00	513.40	96.27	138.92	173.80	64.14	115.77	3.04	666.65	534.15	273.23	26.71
	交通用地	铁路用地	0.00	0.00	0.00	0.00	10.58	50.61	0.00	0.00	0.00	0.00	0.00	26.54
		公路用地	99.15	294.14	63.33	17.68	13.64	46.49	56.67	0.00	1.01	71.40	0.00	151.55
		小计	99.15	294.14	63.33	17.68	24.22	97.11	56.67	0.00	1.01	71.40	0.00	178.09
	水利设施用地	水工建筑用地	0.00	0.00	0.00	0.00	0.48	3.99	0.00	0.00	0.00	0.00	1.58	2.83
		水库水面	0.00	0.00	0.00	0.00	0.00	0.00	0.00	0.00	0.00	0.00	38.32	0.09
		小计	0.00	0.00	0.00	0.00	0.48	3.99	0.00	0.00	0.00	0.00	39.90	2.91
	合计		13 395.94	19 850.85	4 295.88	12 896.61	13 025.55	6 325.53	3 330.97	1 410.01	3 758.75	5 969.81	2 655.05	6 366.99
未利用地	水域	河流水面	487.88	593.16	556.19	585.56	292.15	372.31	288.38	631.85	597.79	180.96	175.55	230.23
		湖泊水面	0.00	0.00	0.00	0.00	0.00	252.15	0.00	0.00	0.00	0.00	0.00	49.15
		小计	487.88	593.16	556.19	585.56	292.15	624.46	288.38	631.85	597.79	180.96	175.55	279.39
	滩涂沼泽	内陆滩涂	3.00	9.13	58.35	73.25	7.48	18.00	1.12	123.34	252.66	36.33	138.64	144.75
		沼泽地	0.00	0.00	0.00	0.00	0.68	0.00	0.00	0.00	0.00	0.00	0.79	0.00
		小计	3.00	9.13	58.35	73.25	8.16	18.00	1.12	123.34	252.66	36.33	139.43	144.75
	自然保留地	盐碱地	85.01	0.00	0.00	50.75	0.00	0.00	0.00	0.00	0.00	0.00	0.00	0.00
		沙地	0.00	0.00	0.00	33.78	1612.79	628.96	0.00	44.79	15.26	1.93	0.00	4.17
		裸地	0.00	129.81	0.00	0.00	113.81	41.99	9.02	0.61	52.23	0.00	4.76	1.50
		其他草地	206.57	224.58	49.33	568.40	262.74	387.85	73.23	5.44	188.37	154.52	261.14	91.47
		小计	291.58	354.40	49.33	652.93	1 989.33	1 058.80	82.26	50.83	255.86	156.45	265.91	97.14
	合计		782.47	956.69	663.87	1 311.74	2 289.64	1701.26	371.76	806.02	1 106.32	373.75	580.88	521.27
土地总面积			18 321.74	30 764.01	9 927.87	31 121.37	42 317.62	23 018.02	9 046.77	8 535.81	15 228.32	12 097.89	13 409.98	14 377.02
面积大小排名			5	3	10	2	1	4	11	12	6	9	8	7

注:表中所有值均指各市县海岸带内的该土地类型之值。

为42 317.62 hm^2，其次是儋州市，为31 121.37 hm^2，三亚市排名第三，面积为30 764.01 hm^2。海岸带土地面积最小的是昌江县，仅为8 535.81 hm^2。沿海各市县海岸带土地资源占全省总土地面积的百分比和占本行政区土地总面积的百分比，分别如图3.7和图3.8所示。

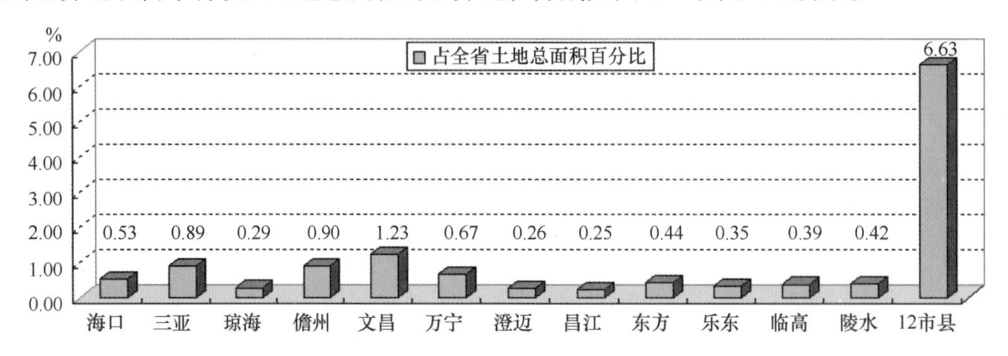

图3.7 海南省沿海各市县海岸带土地资源占全省土地总面积百分比图

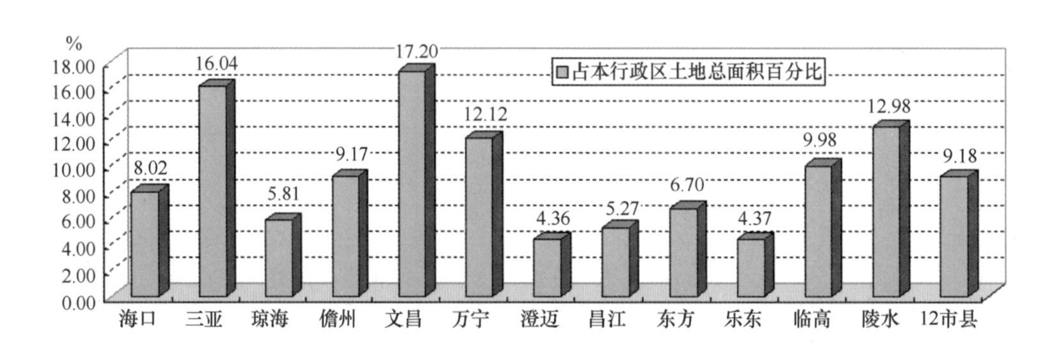

图3.8 海南省沿海各市县海岸带土地资源占本行政区土地总面积百分比图

由图3.7和图3.8可知，在全省沿海各市县中文昌市的海岸带土地资源所占百分比最大，分别占全省土地总面积的1.23%、占全市土地总面积的17.20%；海岸带土地资源占全省土地总面积百分比第二大的是儋州市，为0.90%；海岸带土地资源占其所在行政区面积第二大的则是三亚市，约为16.04%。全省沿海12个市县的海岸带土地资源占12个市县行政区总面积的9.18%。

图3.9显示，沿海市县海岸带农用地面积最大的是文昌市，其次是儋州市，万宁市和东方市分列第三与第四，海口市面积最小。全省海岸带建设用地面积最大的为三亚市，近2×10^4 hm^2，海口名列第二，儋州市与文昌市紧随海口之后，昌江县的面积最小。海岸带未利用地则以文昌市最多，其次是万宁市，儋州市和东方市面积也比较大，最小的是澄迈县。

表3.26及图3.10看，全省海岸带建设用地主要集中分布在南部的三亚市、北部的海口市、西部的儋州市和东部的文昌市。其中，海岸带城镇、旅游及特殊用地分布面积最大的是三亚市（17 751.95 hm^2），其次是海口市（12 424.27 hm^2），第三位是儋州市（11 343.40 hm^2）。就具体空间分布来说，三亚市的海岸带城镇、旅游及特殊用地主要分布于崖城镇的东南部、凤凰镇和田独镇的南部，以及三亚市区；海口市的海岸带城镇、旅游及特殊用地集中分布于西秀镇、长流镇、海秀镇、新埠镇和灵山镇的北部沿海地带，以及海口市区的北部滨海带；儋州市的海岸带城镇、旅游及特殊用地则集中布局在洋浦经济开发区、峨蔓镇和木棠镇的北部

滨海带、白马井镇和新州镇的西部滨海区。

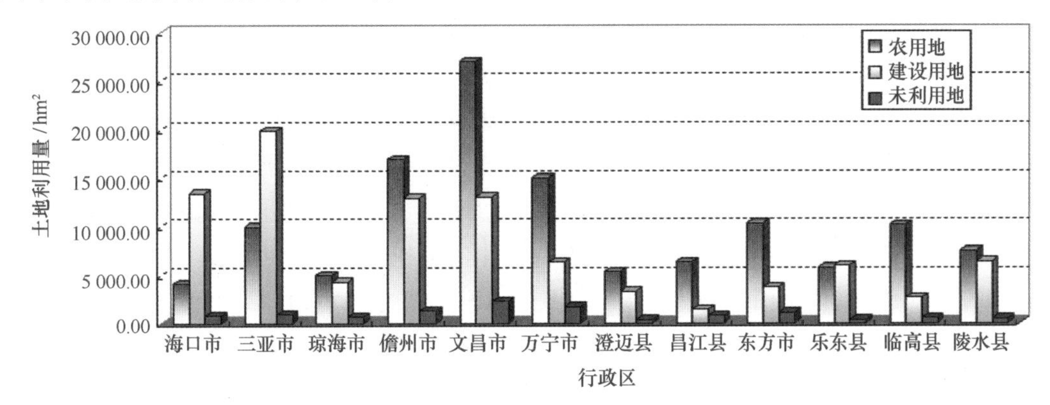

图 3.9　海南省沿海各市县海岸带三大土地利用类型统计比较图

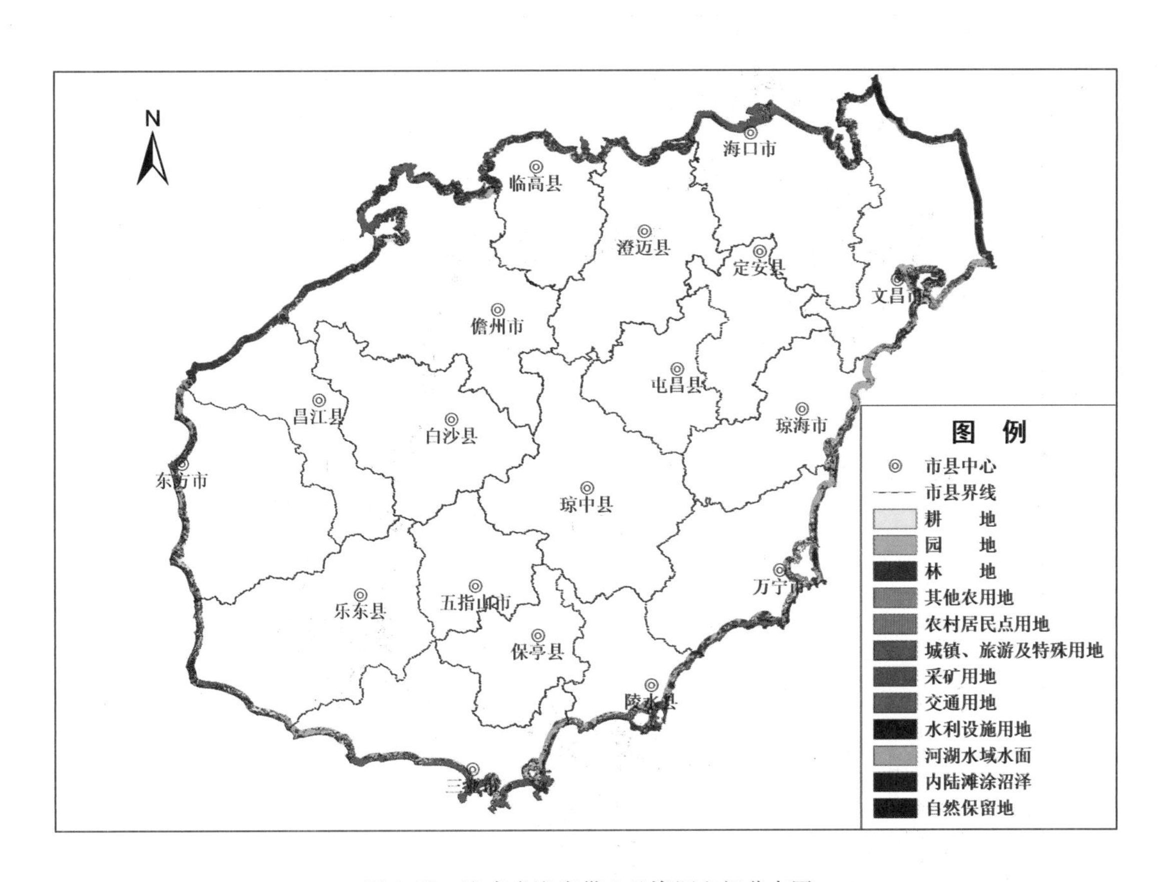

图 3.10　海南省海岸带土地资源空间分布图

全省海岸带农村居民点即村庄用地分布面积最大的是文昌市，达 5 965.78 hm^2，其次是万宁市（2 156.25 hm^2），紧随万宁之后的分别是儋州市和三亚市，依次为 1 396.61 hm^2 与 1 291.36 hm^2，其余各市县的海岸带村庄用地面积均小于 1 000 hm^2。文昌市的海岸带农村居民点主要集中于铺前镇西部沿海区、翁田镇的北部滨海区、东郊镇、东阁镇的南部滨海区、文成镇的东部滨海区和会文镇的南部滨海区；万宁市海岸带的农村居民点主要集中于山根镇、和乐镇、后安镇、大茂镇、万城镇 5 个镇的东部滨海区，以及东澳镇的东北滨海地带。三亚市的海岸带农村居民点集中分布于海棠湾镇的东部和崖城镇的南部滨海区。

全省海岸带农用地总面积排在前3位的市县分别是文昌市、儋州市和万宁市，其面积分别为27 002.43 hm^2、16 913.02 hm^2 与14 991.23 hm^2。此外，海岸带农用地总面积在 1×10^4 hm^2 以上的市县还有东方市和临高县。文昌市的海岸带农用地主要分布于铺前镇、锦山镇、冯坡镇、翁田镇、昌洒镇和龙楼镇6个镇的滨海区，基本上为林地；其耕地主要分布于铺前镇的西部沿海、东阁镇南部沿海，以及文成镇和会文镇的东部滨海区；园地则主要分布在东郊镇的东部滨海区（见图3.11）。儋州市的海岸带农用地主要分布于北部的光村镇、南部的排浦镇和海头镇的滨海区，其中光村镇海岸带既有大片的林地和耕地，也有集中成片的园地；排浦镇和海头镇林地和耕地面积均比较大（见图3.12）。万宁市的海岸带耕地资源主要分布于和乐镇、后安镇、大茂镇、万城镇和东澳镇的滨海区；其海岸带林地主要集中在万城镇、礼纪镇和南桥镇的滨海区；万宁市的海岸带园地主要分布于北部的龙滚镇和山根镇、中部的万城镇和南部的南桥镇滨海区。全省海岸带农用地面积最小的是海口市，仅4 143.33 hm^2。

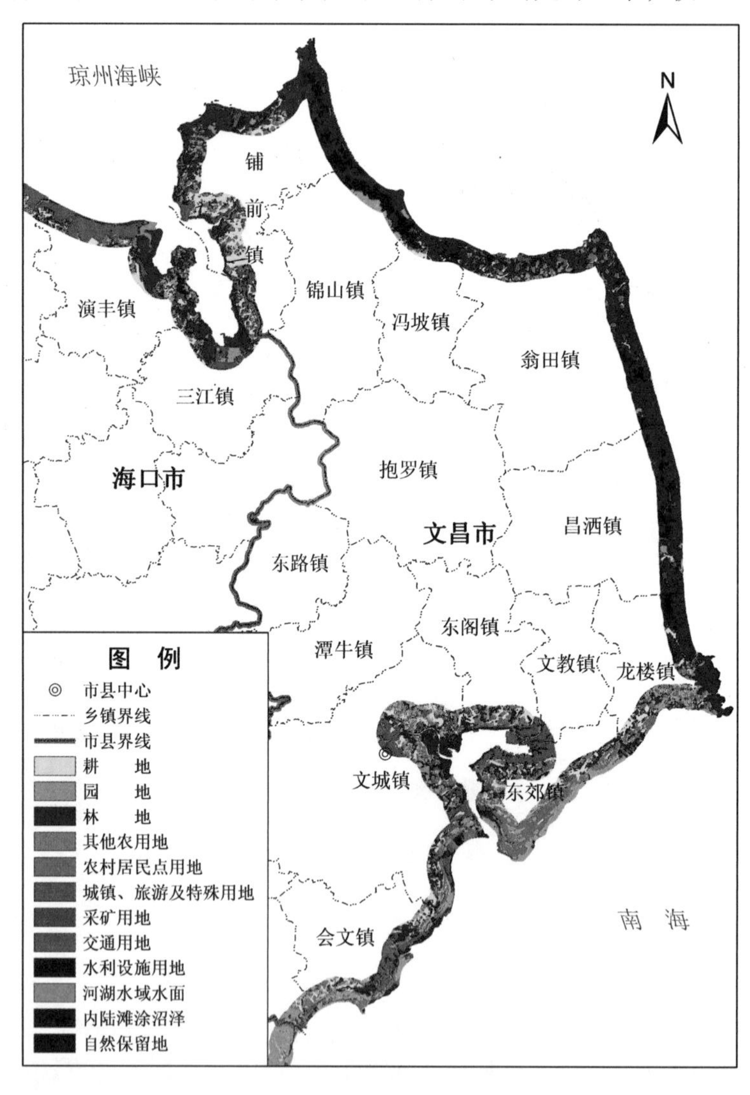

图3.11　文昌市海岸带土地利用类型分布图

全省海岸带未利用地总面积最大的是文昌市，面积为2 289.64 hm^2，排名第二位的是万宁市，面积为1 701.26 hm^2，儋州市和东方市分别排名第三和第四，其面积分别为1 311.74 hm^2

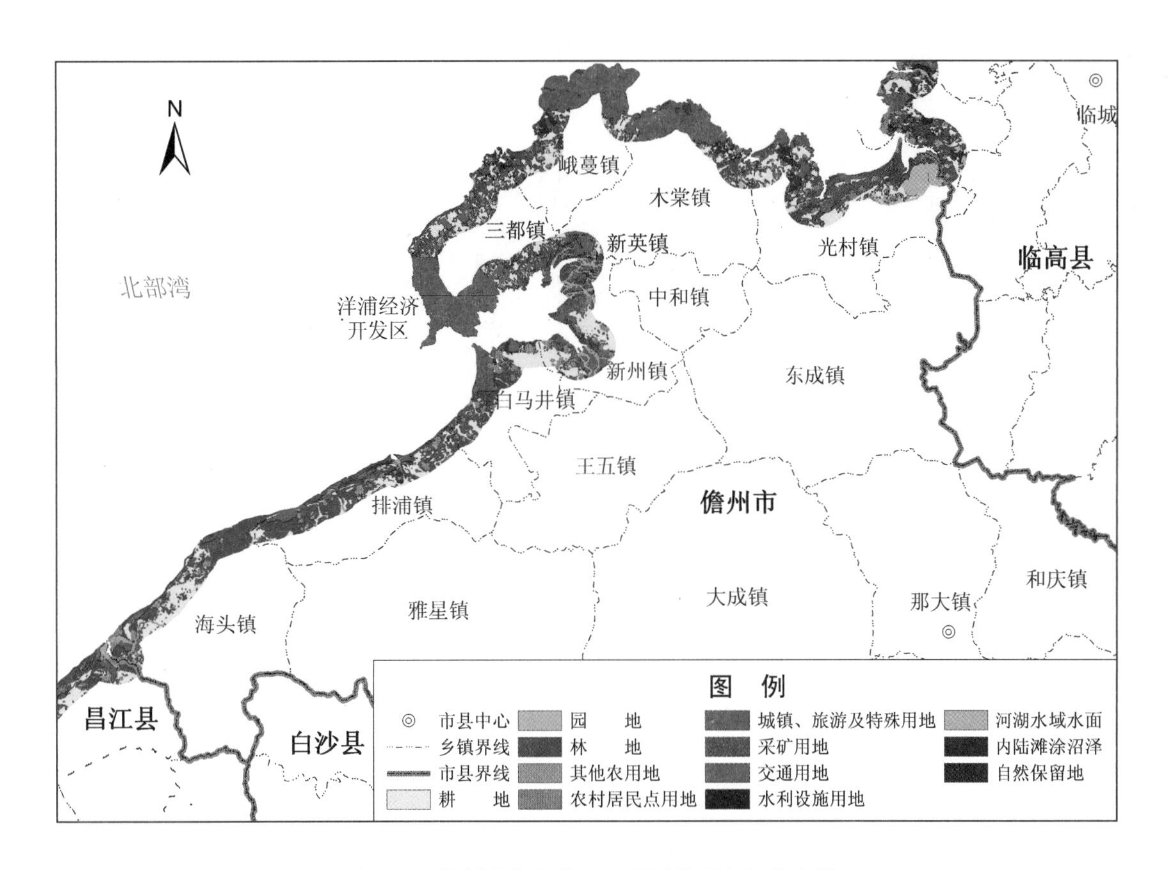

图 3.12 儋州市海岸带土地利用类型空间分布图

和 1 106.32 hm^2。文昌市海岸带未利用地主要分布于北部的铺前镇、锦山镇、冯坡镇，中部的昌洒镇和龙楼镇，以沙地为主。万宁市的海岸带未利用地主要分布于万城镇和东澳镇，也以沙地为主；儋州市的海岸带未利用地主要光村镇、新州镇和排浦镇，以水域为主，其次是其他草地即荒草地；东方市的海岸带未利用地集中分布于北部的四更镇，中部的八所镇和南部的感城镇，其中四更镇的未利用地类型主要是水域水面，八所镇的未利用地类型为水域和其他草地，而感城镇的未利用地类型主要是内陆滩涂和其他草地。全省海岸带未利用地分布面积最小的是澄迈县，仅 371.76 hm^2，其次为乐东县（373.75 hm^2）。

3.2.2 海岸线资源

3.2.2.1 海岸线类型、长度与分布

1）海岸线长度特征

对海南本岛岸线按类型特征、行政区划等进行统计，分类体系参照海岸线修测技术规程的规定，行政区划按省、市（县）二级划分，各类型海岸线长度计算根据矢量坐标求线段和，单位为米。根据海岸线属性数据表查询统计功能，分别量算海南本岛全省以及各市县海岸线长度，并形成岸线数据统计表，见表 3.37 和图 3.13、3.14、3.15。

表 3.37 海南岛海岸线修测统计表

单位：m

岸线类型 \ 市县			海口	文昌	琼海	万宁	陵水	三亚	乐东	东方	昌江	儋州	临高	澄迈	全省	
自然岸线	基岩		3 323.4	14 956.8	374.1	14 864.1	19 856.5	58 481.4	2 009.3	544.4	4 296.0	49 714.2	10 481.5	10 885.0	189 786.7	10.23%
	砂质		44 775.0	136 835.5	38 358.8	80 708.4	50 787.3	102 149.8	58 726.7	89 634.3	37 190.8	69 272.1	36 746.7	31 291.0	776 476.4	41.85%
	粉砂淤泥质		142.9	2 773.7				13 200.5		2 522.2	857.1	1 486.2	8 166.6	4 776.7	33 925.9	1.83%
	生物	珊瑚礁						3 101.2							3 101.2	0.17%
		红树林	52 513.4	29 937.2			3 533.9	6 310.1		2 303.1		30 122.0	9 246.8	18 242.4	152 208.9	8.20%
		丛草	2 475.7	4 760.0	13 819.1		2 808.0	4 826.3	3 383.6	3 030.2	4 351.2	22 551.5		477.3	62 482.9	3.37%
小计			103 230.4	189 263.2	52 552.0	95 572.5	76 985.7	188 069.3	64 119.6	98 034.2	46 695.1	173 146.0	64 641.6	65 672.4	1 217 982.0	65.65%
人工岸线	防潮堤		24 534.3	4 731.2	6 692.8	21 212.7	5 728.2	7 518.8	2 016.5		886.7	1 927.1	3 409.2	2 629.4	81 286.9	4.38%
	防潮闸											23.7	354.8		378.5	0.02%
	防波堤		1 356.2					2 316.7			200.7		2 399.2	5 723.3	11 996.1	0.65%
	护坡		6 851.4	1 704.0	1 521.0	1 143.9	804.3	8201.4		1 247.3	231.2	6 849.4	10 287.5	1 458.1	40 299.5	2.17%
	挡浪墙		988.1	1 941.0	1 507.9	5 120.7	802.8			2 005.2	1 321.3	11 961.0	3 123.4	916.7	29 688.1	1.60%
	码头		7 625.0	3 931.1	2 370.4	2 708.3	1 156.1	10 728.3		3 568.2	2 506.2	11 422.3	1 333.4	3 451.0	50 800.3	2.74%
	船坞											438.7	217.7		656.4	0.04%
	道路		6 910.6	1 642.1				2 223.8		8.3	789.3	6 236.9	1 042.4	114.5	18 967.9	1.02%
	盐田									251.2	2 729.3	8 438.8			11 419.3	0.62%
	养殖区		10 851.3	71 992.9	14 702.2	56 131.8	26 293.3	37 843.7	16 750.8	20 748.1	7 096.5	44 703.2	25 835.0	33 200.0	36 6148.8	19.74%
小计			59 116.9	85 942.3	26 794.3	86 317.4	34 784.7	68 832.7	18 767.3	27 828.3	15 761.2	92 001.1	48 002.6	47 493.0	611 641.8	32.97%
河口岸线			2 373.6	3 283.1	2 962.1	3 064.1	1 739.0	1 747.0	1416.3	2512.1	1207.2	2122.4	2057.9	1165.1	25649.9	1.38%
合计			164 720.9	278 488.6	82 308.4	184 954.0	113 509.4	258 649.0	84 303.2	128 374.6	63 663.5	267 269.5	114 702.1	114 330.5	1 855 273.7	100.00%
占全省岸线比例			8.88%	15.01%	4.44%	9.97%	6.12%	13.94%	4.54%	6.92%	3.43%	14.41%	6.18%	6.16%	100.00%	

图 3.13　全省岸线类型分布图一

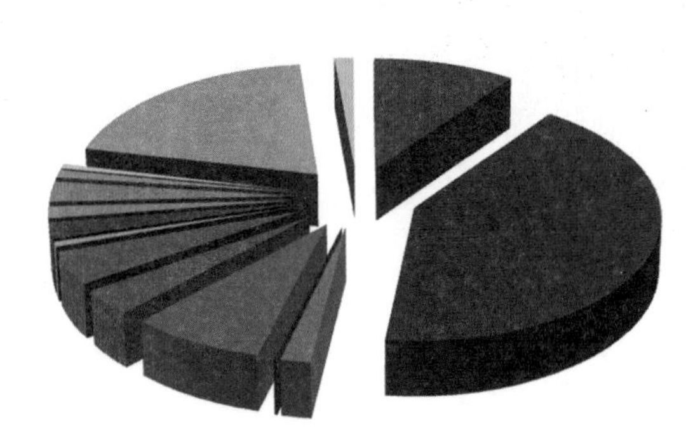

图 3.14　全省岸线类型分布图二

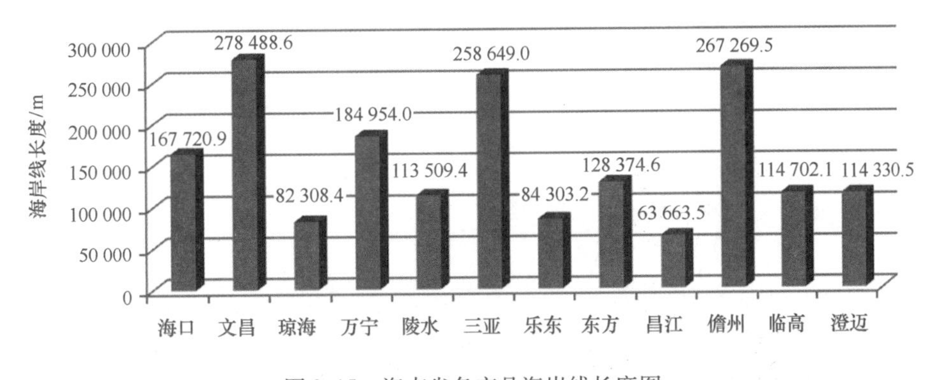

图 3.15　海南省各市县海岸线长度图

2）海岸线类型分布特征

根据本次海岸线修测统计数字，海南本岛全省海岸线长度约 1 855. 27 km，其中自然岸线长度约 1 217. 98 km，占全省海岸线的 65. 65%；人工岸线长度约 611. 64 km，占全省海岸线的 32. 97%；河口岸线长度约 25. 65 km，占全省海岸线的 1. 38%。说明海南省海洋开发程度相对比较低，人为活动对岸线影响相对较小。

海南省自然岸线类型最长的是砂质岸线，全长 776.48 km，占全省海岸线长度的 41.85%，是海南省的主要海岸线类型，分布于全省各市县的大小海湾中。其中昌江、东方和乐东三市县中砂质岸线所占比例最高。砂质岸线大体包括两种类型，一种是以硅酸盐细沙为主要基质型海岸，主要分布于海南岛沿海（图 3.16A）；另一种是以珊瑚和贝类等生物砂砾组成的白色或灰白色沙质型海岸，主要分布于三沙群岛沿岸，其地势平缓，岸线基本平直，近岸水下沙质浅滩较窄，多潟湖和岛屿（图 3.16B）。

图 3.16　砂质岸线

其次是基岩岸线，全长 189.79 km，占全省海岸线长度的 10.23%，主要是延伸入海的山脉形成的岬角岸线，主要分布于东北部的文昌市的铜鼓岭和海南角、东南部的万宁市大花角、石梅湾和神州半岛，陵水县的陵水角、南湾岭和赤岭，南部的三亚市牙笼岭、坎秧湾、鹿回头岭和南山岭，西部的昌江峻壁角，西北部的儋州市北部沿岸以及北部的临高县大雅村及澄迈县头友角、玉包岭等沿岸。其中儋州市和三亚市中基岩岸线所占比例最高。这类岸线的坡度较大，地势陡峭，岸线曲折，岬、湾相间，湾宽水深，多以玄武岩为主（图 3.17）。

图 3.17　基岩岸线

第三是红树林岸线，这是具有南海热带特色的生物岸线，全长约 152.21 km，占全省海岸线长度的 8.20%，主要分布于潟湖港湾和入海河口岸段，如海口的东寨港、文昌的八门湾和长杞港、陵水的新村港和黎安港、儋州的新英湾、临高的后水湾、澄迈的花场湾等。其中海口市红树林岸线所占比例最高。

现阶段海南省的人工岸线主要还是由围塘养殖形成的养殖区岸线，全长约366.15 km，占全省海岸线长度的19.74%，位于入海河口和潟湖港湾两侧，全省各市县均有分布，其中万宁、澄迈和临高三市县中养殖岸线所占比例最高。有相当部分保留原有自然岸段属性，属初级人工岸线。其他人工岸线类型主要包括防波堤、防潮堤、护坡和码头等岸线类型。

河口岸线主要有南渡江河口岸线、昌化江河口岸线、万泉河河口岸线、宁远河河口岸线。

南渡江河口岸线东起海口市沙上港，西至海口市新港，整个河口岸线总长39.672 km，其中防潮堤岸线长12.950 km，占整个河口岸线长度的32.64%，主要集中于南渡江入海口岔道两侧；砂质岸线长12.278 km，占整个河口岸线长度的30.95%，主要集中于新埠岛北侧、海甸岛白沙门和沙上；码头岸线长3.020 km，占整个河口岸线长度的7.61%，主要集中于海口海甸溪的新港。总体上看，南渡江河口岸线人为开发程度较高，约占整个河口岸线总长的2/3。

昌化江河口岸线北起昌江县昌化镇，南至东方市旦场村，整个河口岸线总长45.773 km hm^2，其中砂质岸线长18.480 km hm^2，占整个河口岸线长度的40.37%，主要集中于昌化江河口靠东方市一侧；养殖区岸线长16.945 km hm^2，占整个河口岸线长度的37.02%，在昌化江河口的江心洲及岔道两侧均有分布。这两类岸线约占整个河口岸线总长的3/4。总体上看，昌化江河口开发程度不高，主要开发方式于低级的养殖岸线为主，港口和护岸长度很少，多分布于昌化镇昌化港一侧，但港口淤积较为严重，亟须对其进行综合整治。

万泉河河口岸线北起琼海市博鳌镇，南至琼海市与万宁市交界的治坡村以北，整个河口岸线总长45.493 km，其中砂质岸线长17.764 km，占整个河口岸线长度的39.05%，主要集中于玉带滩靠海以南侧；丛草岸线长11.0 km，占整个河口岸线长度的24.18%，主要集中于万泉河入海口南侧龙潭村附近岸段。这两类岸线约占整个河口岸线总长的2/3。总体上看，万泉河河口开发程度不高，河口生态环境保持较好，养殖岸线相对较少，港口和防潮堤多分布于博鳌镇镇区附近和培兰村至芳岭村一带。

宁远河河口岸线东起大蛋村，西至盐灶村，整个河口岸线总长24.895 km，其中砂质岸线长8.452 km，占整个河口岸线长度的33.95%，主要集中于河口外海侧；养殖区岸线长11.41 km，占整个河口岸线长度的45.84%，主要集中于宁远河河口岔道两侧。这两类岸线约占整个河口岸线总长的4/5。总体上看，昌化江河口开发程度不高，主要开发方式于低级的养殖岸线为主，港口和护岸长度很少，多分布于港门港附近。

3.2.2.2　海岸线资源利用状况

1）海岸线利用状况

海南省是我国热带岛屿省份，沿岸市县多达12个，海岸线类型复杂多样，据2007年“908专项”最新修测成果，海南本岛全省海岸线长度约1 855.27 km。海南省各类型海岸线长度见表3.27。

由表3.27得出，海南省有基岩岸线、砂质岸线、粉砂淤泥质岸线、珊瑚礁岸线、红树林岸线、丛草岸线、防潮堤岸线、防潮闸岸线、防波堤岸线、护坡岸线、挡浪墙岸线、码头岸线、船坞岸线、道路岸线、盐田岸线、养殖区岸线、河口岸线17个类型。其中基岩岸线、砂质岸线、粉砂淤泥质岸线、珊瑚礁岸线、红树林岸线、丛草岸线是自然岸线；防潮堤岸线、防潮闸岸线、防波堤岸线、护坡岸线、挡浪墙岸线、码头岸线、船坞岸线、道路岸线、盐田岸线、养殖区岸线是人工岸线。据修测数据显示，人工岸线长只占全省海岸线的32.97%，说明海南省海岸线资源利用程度相对较低，人为活动对岸线影响相对较小。

（1）防潮堤岸线

海南省防潮堤岸线长81.29 km，占人工岸线总长度的13.29%，海南省防潮堤岸线在沿海12市县除了东方市没有分布外，其余11市县均有分布。其中，海口市主要分布于万绿园至海口湾一带，长24.53 km；文昌市主要分布于八门湾口门南面，长4.73 km；琼海市主要分布于博鳌湾里面，长6.69 km；万宁市主要分布于小海，长21.21 km；陵水县主要分布于黎安、新村港，长5.73 km；三亚市主要分布于榆林港和三亚港附近，长7.52 km；乐东县主要分布于望楼港和岭头湾一带，长2.02 km；昌江县主要分布于昌化江入海口和海头一带，长0.89 km；儋州市主要分布于新英湾的小薛附近，长1.93 km；临高县主要分布于新盈港和博铺港，长3.41 km；澄迈县主要分布于东水港，长2.63 km。11个市县的防潮堤岸线中，海口市的防潮堤岸线最长，其次是万宁市，昌江县的防潮堤岸线最短。

据报道，近年由于受到人类活动的影响，环境不断被破坏，海水潮位逐年升高，部分防潮堤已不能起防潮的作用，如调楼镇龙楼村每年下半年特别是阴历十月下旬，海水潮位比平常高，每次涨潮海水都会漫过堤面，给当地农民群众的生产和生活带来了极大的威胁。

（2）防潮闸岸线

海南省防潮闸岸线长0.38 km，占人工岸线总长度的0.06%，是所有人工岸线中长度最短的一个岸线类型。只在儋州、临高两个市县有分布，其长度分别为0.02 km、0.4 km。

（3）防波堤岸线

防波堤是为阻断波浪的冲击力、围护港池、维持水面平稳以保护港口免受坏天气影响、以便船舶安全停泊和作业而修建的水中建筑物。防波堤还可起到防止港池淤积和波浪冲蚀岸线的作用，是人工掩护沿海港口的重要组成部分。防波堤按其构造形式（或断面形状）及对波浪的影响有斜坡式防波堤、直立式防波堤、混合式防波堤、透空式防波堤和浮式防波堤，以及喷气消波设备和喷水消波设备等多种类型。

海南省防波堤岸线长12 km，占人工岸线总长度的1.96%。主要分布于海口、三亚、昌江、临高和澄迈5个市县，海口市主要分布在新海村附近和东寨港的云路村，防波堤岸线长1.36 km；三亚市主要分布在铁炉港、鹿回头的水尾岭附近和烧旗沟如海口附近，防波堤岸线长2.32 km；昌江县主要分布在昌化港，防波堤岸线长0.2 km；临高县主要分布在龙楼村，防波堤岸线长2.4 km；澄迈县主要分布于玉包港西侧和马村一带，澄迈县防波堤岸线长度在全省各市县中防波堤岸线中最长，为5.72 km。

（4）护坡岸线

海南省护坡岸线长40.30 km，占人工岸线总长度的6.59%。除乐东县没有分布外，其余市县均有分布。临高县护坡岸线最长为10.29 km，昌江县护坡岸线最短，仅为0.23 km。

（5）挡浪墙岸线

海南省挡浪墙岸线长29.69 km，占人工岸线总长度的4.85%。海南省沿海12市县中，三亚和乐东没有分布，其余10个市县均有分布，儋州市挡浪墙岸线最长，11.96 km，其次是万宁市，挡浪墙岸线长5.12 km，陵水县挡浪墙岸线最短，为0.8 km。

（6）码头岸线

海南省码头岸线长50.8 km，占人工岸线总长度的8.31%。除乐东没有码头岸线外，其余11市县均有码头岸线分布，其中，儋州市码头岸线最长，为11.42 km，主要有洋浦港码头、白马井码头、新英港码头等；其次为三亚市，码头岸线长10.73 km，主要有牙笼码头、三亚码头、榆林港码头、烧旗港码头、港门港码头等；陵水县码头岸线最短，主要是新村港码头，为1.16 km。另外，海口主要有新港码头、秀英港码头，码头岸线长7.63 km；文昌主要有铺前港码头、清澜港码头，码头岸线长3.93 km；琼海主要有潭门港码头、博鳌港码头，码头岸线长2.37 km；万宁主要有岛渡码头，码头岸线长2.71 km；东方主要有八所港码头，码头岸线长3.57 km；昌江主要有昌化港码头、海尾和海头港码头，码头岸线长2.51 km；临高主要有抱才港码头、金牌港码头、和邦码头，码头岸线长1.33 km；澄迈主要有玉包港码头、林诗港码头、马村码头、东水港码头，码头岸线长3.45 km。

海南省四面环海，目前国内航线已覆盖所有沿海港口，形成了北有海口港、南有三亚港、西有洋浦港和八所港、东有龙湾、清澜港的“四方五港”格局。

海口港是我国沿海综合运输网中25个主要港口之一，是海南岛与大陆交通联系的咽喉，是海南省能源物资、原材料和外贸物资中转运输的重要港口。作为海南省水、陆对外联系的窗口和门户，处于海南省综合交通运输网的连接点和中心，在海南省的经济发展中具有特殊重要的地位和作用。目前海口港有秀英港区、海甸港区、马村港区、新海港区共四个港区。

秀英港区：

秀英港区的岸线范围西起海南省石油公司油码头西侧的根部，东至秀英港大突堤东侧的排水渠，总长仅约2.8 km。

规划考虑由秀英港区现有陆域北侧端部向北继续向海延长196 m，然后向西侧沿与大突堤成120°的方向填筑内侧长1 004 m，宽600 m的第二突堤。规划拟将一突堤加宽至380 m、加长至670 m。规划完成后，秀英港区陆域总面积约2.98 km^2，可形成码头岸线6.2 km。

新海港区：

新海港区已建粤海铁路南港区占用岸线总长1 076 m，规划布置2个火车轮渡泊位和1个检修泊位，共占用岸线长667 m。目前南侧1个轮渡码头、检修码头及后方的配套设施已经投产使用，北侧剩余的预留409 m岸线，预留发展用。

规划新建汽车滚装码头作业区布置位于粤海铁路南港池的北侧和民生燃气码头引桥根部之间1.3 km长左右的岸线上。

马村港区：

马村港区位于澄迈湾顶西侧，西起玉包角，东至美当湾的东湾口，岸线总长20 km。

已建3.5×10^4吨级码头和海口电厂20 000吨级码头位于马村岬角附近，规划考虑从3.5×10^4吨级码头向西建设390 m码头岸线，然后向西北建设694 m码头岸线，形成5个20 000吨级的散杂货码头区。

另外海口电厂新建3.5×10^4吨级配套码头位于新建电厂北侧，比邻新兴港码头，两码头之间尚有321 m岸线，规划考虑在此岸线上建设2个独立的通用杂货泊位。

马村港区西部从马村岬角至玉苞角（林诗岛）为花场湾岸段，目前尚未开发，规划考虑从海口电厂码头和马村港务公司3.5×10^4吨级码头港池基础上建设2 283.16 m岸线，其后方陆域最大纵深为1 000 m；在港池底建设971.82 m的码头岸线，其后方陆域最大纵深为680 m；

马村新港区自然岸线长约14 km，2020年后，包括已形成港池剩余岸线，新港区还有可利用岸线约10.5 km，最大陆域纵深2.8 km左右。可形成30～40个左右的泊位。

洋浦港于1987年由交通部投资兴建，位于洋浦湾北岸中部的西浦村与白沙村之间，是天然深水避风良港，其中有海南唯一的标准化集装箱专用码头，自该港可达海口、湛江、广州、香港以及我国其他一些沿海港口，国际航线可达河内、大阪、新加坡等。洋浦港一、二、三期工程已建成1个3.5×10^4吨级标准化集装箱专用泊位、3个2×10^4吨级通用泊位、1个2×10^4吨级散货泊位、1个3 000吨级工作船泊位、3个2×10^4吨级散货泊位。同时，开发区内企业也相应建成了一些专用码头，其中海南炼化企业已建成1个30×10^4吨级原油泊位、1个10×10^4吨级成品油泊位、3个5千吨级成品油泊位。金海浆纸企业已建成1个5×10^4 t、1个2×10^4吨级木片泊位，1个3.5×10^4 t、1个2×10^4 t、3个5千吨级通用泊位。洋浦港规划港口岸线长达59 km，规划建设三个核心港区，分别为洋浦港区、神头港区、后水湾港区，2010年前港口重点建设主要放在洋浦港区和神头港区。据预测，2020年洋浦港口吞吐量将达到2.2×10^8 t。2015年规划建设（1～30）$\times10^4$吨级码头泊位56个，其中30×10^4吨级泊位3个，25×10^4 t级泊位6个。2020年规划建设的万吨级以上码头泊位将达到120个。

八所港是以出口铁矿砂，进口煤炭为主的综合性深水港，年通过能力为415×10^4 t，全港现有生产性泊位8个，其中1.8×10^4吨级铁矿石泊位2个，码头岸线长371 m；1×10^4吨级杂货泊位2个，码头岸线长370 m；1.5×10^4吨级杂货泊位2个，码头岸线长400 m；1千吨级工作船泊位2个，码头岸线长271 m；全港码头岸线总长度1 412 m。规划八所港利用岸线总长约4 400 m，鱼鳞洲以东至现八所港东边，岸线长约1 400 m。鱼鳞洲以南至罗带河口南约1.5 km，岸线长约4 700 m，规划为远期使用岸线。岸线后方800 m范围内为港口陆域使用带。

清澜港是一个综合性港口，现有码头包括清澜新港、清澜渔港、轮渡码头、公务码头等，主要码头设施分布在清澜潮汐通道的西侧。清澜渔港是海南省东部避风和水深自然条件比较好的商业、渔业综合性港口，是国家一级渔港。码头岸线长426 m，码头工作面17 246 m^2，渔船泊位23个，渔港陆域面积200亩，港池面积1 245亩。

目前清澜新港拥有一个5 000吨级油气泊位，泊位岸线长135 m。为充分利用油气泊位库区南侧岸线，规划沿现有码头向北扩建，码头岸线149 m。

（7）船坞岸线

海南省船坞岸线长0.66 km，占人工岸线总长度的0.11%。只在儋州和临高有分布，儋州主要分布在洋浦港、白马井港还有新英港附近，长度为0.44 km；临高主要分布在新盈港附近，长度为0.22 km。

（8）道路岸线

海南省道路岸线长18.97 km，占人工岸线长度的3.10%。海南省沿海12市县中琼海、万宁、陵水和乐东没有道路岸线分布，其余8个市县均有分布。海口道路岸线最长，为6.91 km；其次是儋州，道路岸线长6.24 km；东方道路岸线最短，只有0.01 km。

（9）盐田岸线

海南盐田岸线长11.42 km，占人工岸线长度的1.87%。分布于东方、昌江、儋州三个市县，盐田岸线长度分别为0.25 km、2.73 km和8.44 km。其中，儋州市的盐田岸线最长，主要是新英盐田岸线。

（10）养殖区岸线

海南省养殖区岸线长 366.15 km，占人工岸线长度的 59.86%；占全省海岸线长度的 32.97%。渔业是海南省主要产业，沿海各市县均有大力发展海水养殖，主要是分布于海口的东寨港、澄迈的花场湾、儋州新英湾、昌江的昌化江入海口、三亚的铁炉港、陵水新村港、文昌铺前和八门湾，万宁小海和老爷海等市县入海河口和潟湖港湾两侧。

海南地处热带，是我国唯一的热带岛屿省份，也是我国最大的海洋省份，所辖海域面积超过 200×10^4 km^2，拥有海岸线总长 1 822.8 km，沿岸地质和生态类型多样，港湾达 84 处，鱼、虾、贝、藻等热带海洋生物资源十分丰富，已记录有鱼类 807 种、虾蟹类 434 种、软体动物 739 种、棘皮动物 511 种，依次分别占全国对应物种总数的 67%、80%、75% 和 76%。2008 年，海南省海水养殖面积 12 984.2 hm^2，养殖产量 191 941 t。其中，海湾网箱养殖水体 1 044 237 m^2，产量 12 269 t；深水网箱养殖水体 305 800 m^3，产量 10 717 t；高位池养殖面积 2 548.3 hm^2，产量 43 002 t；低位池养殖面积 5 283.6 hm^2，产量 69 438 t；工厂化养殖水体 331 400 m^3，产量 2133 t；海水育苗场 286 900 立方米，海水鱼苗产量 13 718 万尾、虾苗产量 304.43 亿尾、贝苗产量 22 375 万粒；筏式养殖面积 599 hm^2，产量3 864 吨；底播养殖面积 717 hm^2，产量 8 456 t（图 3.18、图 3.19）。

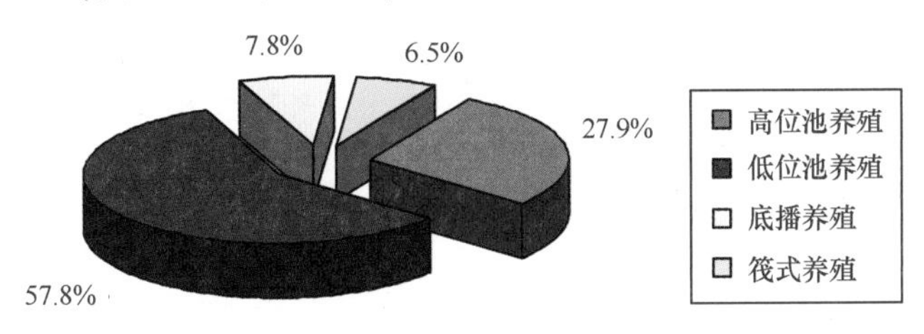

图 3.18　海南主要海水养殖模式（未包含工厂化养殖和网箱养殖）

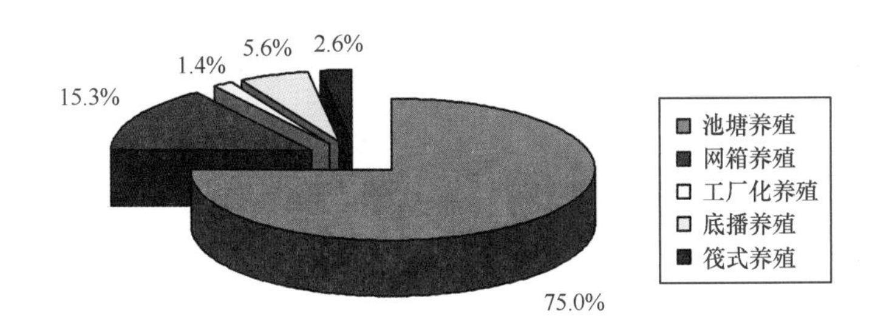

图 3.19　海南各主要养殖模式的产量

海南省目前主要的海水养殖模式有：网箱养殖、池塘养殖、工厂化养殖、筏式养殖、底播养殖和插桩养殖等。

2）海岸线利用特点

岸线利用类型较简单。养殖区岸线长度为各人工岸线类型之最，占人工岸线的 59.86%；其次为防潮堤岸线，海南周边有很多渔村，村民主要靠出海打鱼为生，他们居住的村子离海很近，近年来由于生态环境的破坏，气候恶化，海水潮位逐年升高，因此，为了保住渔村人民群众的生命财产必须得修建防潮堤，在海水涨潮或发大水的时候能起到一定的防潮作用。

岸线类型分布不均。养殖区岸线在沿海 12 市县均有分布；其次是防潮堤岸线、护坡岸线和码头岸线在 11 个市县均有分布；防潮闸岸线、船坞岸线都只在两个市县有分布。

总的来说，海南省海岸线开发程度相对比较低，人为活动对岸线影响相对较小。

3.2.3 滩涂资源

3.2.3.1 潮间带的类型、面积与分布

潮间带是海岸带的一部分，是介于高潮位和低潮位之间、受潮汐作用的滩地（彭阜南，2001）。根据“908 专项”有关技术规程，本次调查的潮间带为海岸线至理论最低潮面（即海图零米线）之间的区域；由于构成潮间带的物质不同，又细分为基岩岸滩、砾石滩、砂质海滩、粉砂淤泥质滩和生物滩等五种类型。

基岩岸滩是由坚硬岩石组成的海蚀地貌。基岩海岸的海岸线曲折，岬角与海湾相间分布，岬角向海突出，海湾深入陆地。在波浪和海流的作用下，岬角处侵蚀下来的物质和海底坡上的物质被带到海湾内堆积起来。由于不同岩石抵抗海蚀作用的能力千差万别，基岩岸滩又各自呈现不同的形态。

海滩是在波浪和波浪流作用下形成的松散沉积物地貌体，根据物质组成可分为砾石滩和砂质海滩两种。

砾石滩是由卵石、砾石等粗颗粒沉积物构成的地貌体，其形成过程分为两个阶段：第一阶段是岩石风化、崩塌阶段；第二阶段是岩石碎块在水动力作用下搬运、磨圆、再堆积阶段。其分布一般与基岩岸滩关系密切。

砂质海滩是由河流携带入海和沿岸岩石风化的泥沙在横向运动和纵向运动共同作用下形成的堆积地貌。不同岸段的水动力环境有差异，海沙在海浪、海流、潮汐以及河流的作用下堆积成各种秀丽多姿的堆积地貌体，也形成了不同形态的砂质海滩。

粉砂淤泥质滩是潮汐作用下形成的松散沉积物地貌体，其主要是由粉砂、黏土等细颗粒泥沙组成，有时也有砂和贝壳等碎屑组分。由于作用于粉砂淤泥质滩上的海洋动力条件较弱，构成物质较细，因而海岸坡度相当平缓，一般在 1 ~ 2。

生物滩是指由生物对海岸起建设性作用形成的堆积地貌体。在海南岛常见的类型主要有红树林海岸、珊瑚礁海岸等。

根据海岸线、潮间带底质、岸滩地貌与冲淤动态等专题的调查结果总结出海南省沿岸潮间带的类型，并从最新出版的海图综合出海南省沿岸理论最低潮面的位置，由此量算海南省潮间带的面积。

1）面积与地域分布

通过对“908 专项”海南省海岸带调查和海岛调查的结果进行集成处理，统计出海南本岛及其附近岛屿的潮间带面积为 621 km^2（表 3.38、表 3.39），其中海南本岛潮间带面积 579 km^2，占 93% 强；周边海岛潮间带面积约 42 km^2，所占比例不足 7% 。

表 3.38 海南省潮间带类型、面积与分布 单位：km^2

县（市）	岩滩	砾石滩	砂质海滩	粉砂淤泥质滩	生物滩		人工开发岸滩	总计
					红树林滩	珊瑚滩		
海口	0.004	0.481	21.580	29.350	25.755		0.182	77.352
文昌	5.422	0.041	104.140	19.296	9.547		0.130	138.576
琼海	0.005		20.729	4.172	0.046		0.798	25.749
万宁	0.916		9.747	3.996				14.659
陵水	0.392	0.013	16.267	1.770				18.441
三亚	1.335	0.411	19.167	5.254		0.531	0.011	26.710
乐东	0.032		5.613	2.241				7.885
东方	0.003		11.966	13.155				25.124
昌江	0.100		19.540	11.403				31.043
儋州	0.258	1.890	107.140	38.387	9.113	4.634	0.740	162.162
临高	3.012	1.576	34.481	13.159	2.054	7.647	0.156	62.084
澄迈	1.544	1.389	8.965	18.971	0.098			30.967
合计	13.021	5.801	379.334	161.153	46.613	12.812	2.018	620.752

表 3.39 海南省潮间带面积变化情况 单位：km^2

"908 专项"调查		20 世纪 80 年代海岸带和海涂资源调查[1]		潮间带面积变化[2]
沿海县市	潮间带面积	沿海县市	海涂面积	
海口	65.25	海口	17.17	-2.78
		琼山	50.86	
文昌	136.78	文昌	90.29	+46.49
琼海	24.61	琼海	25.41	-0.80
万宁	13.86	万宁	14.11	-0.25
陵水	18.23	陵水	20.24	-2.01
三亚	24.40	三亚	25.06	-0.66
乐东	7.44	乐东	3.01	+4.43
东方	21.23	东方	13.47	+7.76
昌江	30.82	昌江	19.98	+10.84
儋州	152.68	儋州	149.33	+3.35
临高	53.02	临高	39.69	+13.33
澄迈	30.62	澄迈	19.78	+10.84
全省合计	578.94	全省合计	486.60	+92.34

注：1 数据引自唐永銮总编（1987），《广东省海岸带和海涂资源综合调查报告》，p. 2－4。

2 潮间带面积变化数据，负值（－）表示"908 专项"调查结果较 20 世纪 80 年代的调查结果减少，正值（＋）表示增加。

从沿海市（县）的分布来看，儋州的潮间带面积最大，超过 162 km^2，占全省的 26%；其次是文昌和海口，潮间带面积分别为 139 km^2 和 77 km^2，所占比例为 22% 和 12%。乐东县潮间带面积最小，不足8 km²。其余各市（县）的潮间带面积在10～62 km²之间。一般来说，沿海市（县）潮间带面积与其拥有的港湾（如新英湾、东寨港、八门湾等）和海岸线长度呈显著的正相关。

从各种潮间带类型的对比来看，以砂质海滩面积最大，达379 km²、占海南省潮间带61.1%；其次是粉砂淤泥质滩，面积为161 km²，占26.0%；以红树林滩、草滩和珊瑚礁坪为代表的生物滩面积59 km²，占9.6%；岩石滩面积13 km²，占2.1%；砾石滩面积最小，为5.8 km²，仅占0.9%。另有经人类活动开发的潮间带2km²，主要是养殖塘等。

海南省潮间带的分布与海岸类型是比较一致的。根据罗章仁（1987）的研究，海南岛约四分之三为沙质海岸，其余主要为基岩海岸。不过，由于海岸线只是潮间带的大小沿岸量度，垂直海岸的宽度对于潮间带面积影响也很重要，因此，综合起来，海南岛沿岸潮间带面积以沙滩最大，其次是港湾和潟湖的粉砂粉砂淤泥质滩，再次为红树林滩等生物滩，岩石滩面积最小。

沙质海滩在全省广泛分布，除琼北海岸外，在琼东、南、西三面几乎连片分布。

粉砂淤泥质滩主要分布在溺谷型海湾或沙坝－潟湖内部，如洋浦湾、东寨港、八门湾、沙美内海、小海等地。

红树林、珊瑚礁和海草床是海南省特有的热带海洋生态系统。海南省的红树林分布、无论是面积大小还是物种数的多少，都是全国之冠（林鹏，1997）。海南沿海各市县都有红树植物的分布，尤其是东寨港和清澜港红树林集中连片生长。树木高大，有林面积分别为2 065 hm² 和2 722 hm²（邹发生等，1999），

海南岛沿岸海域十分适合于珊瑚的生长发育，珊瑚礁生态系统与礁坪地貌发育。在海南岛西北部沿岸，分布有大铲礁、小铲礁、西目礁和邻昌礁等珊瑚岛和离岸珊瑚礁生态系统，海岛周边发育面积较大的珊瑚礁坪，突出的珊瑚礁坪在低潮时露出海面，在波浪作用下珊瑚礁块破碎形成珊瑚砾石滩和沙滩。在海南岛东部和南部沿岸，珊瑚礁依托铜鼓角、大洲岛、分界洲、牛奇洲、东洲、野薯岛、神岛、小青洲、东瑁岛、西瑁岛、东锣岛等海岛基岩岸滩发育，形成珊瑚岸礁（裙礁）；部分珊瑚礁坪在低潮时可露出海面，其中以三亚湾的东、西瑁洲最为典型。

基岩海岸在琼北和琼南比较集中，琼东和琼西的岩石滩在连续的砂质海滩之间穿插分布。

砾石滩较小，比较典型的有万宁小海东南的大花角、昌江口北侧的棋子湾、琼西北火山海岸的玄武岩砾石滩等。

2）潮间带面积的变化

20世纪80年代进行的广东省海岸带和海涂资源综合调查工作曾统计了海南岛沿海各县的潮间带面积。通过对比两次调查的结果，可以了解海岸带滩涂资源的变化。

全国海岸带和海涂资源调查出海南岛海涂总面积为486.60 km²，而本次“908专项”量算出的海南岛潮间带面积为578.94 km²，增加了92.34 km²。

从各地潮间带面积变化情况来看，基本可分为两种情况。海口至三亚一线，除文昌市潮间带面积增加了46.49 km²以外，其余各地的潮间带面积基本稳定、略有减小，潮间带面积减小幅度最大是海口，不足3 km²。乐东至澄迈一线，潮间带面积都有增加，增加值3～10 km²（图3.20）。

由于两次调查的方法、精度、海岸线与海图 0 m 线的确定等方面都不一致，因此，上述对比结果仅供参考。

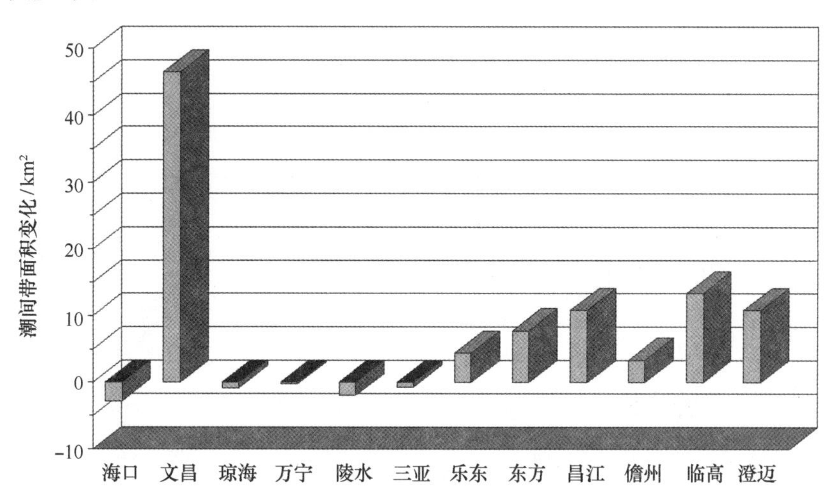

图 3.20 海南省沿海各县（市、区）潮间带面积变化

3.2.3.2 潮间带资源开发利用状况

1）开发利用的主要方式

海南岛的滩涂以沙滩、泥滩、红树林滩为主，根据沿海滩涂自然生态景观的差异，滩涂的开发利用方式多种多样，包括水产养殖、开辟盐田、港口建设、海洋自然生态保护区、围海造地、观光旅游、滨海矿区开采等（图 3.21）。

海南地处热带，年平均水温 25℃以上，局部海域表层水最高水温为 33.5℃，最低水温达 13.7℃，鱼、虾、贝、藻等热带海洋生物资源十分丰富，已记录有鱼类 807 种、虾蟹类 434 种、软体动物 739 种、棘皮动物 511 种，依次分别占全国对应物种总数的 67%、80%、75% 和 76%。南海丰富的海洋生物资源海南省海水养殖业的发展提供了广阔空间。近些年来海南省的海水养殖规模不断扩大，促进海洋渔业快速增长，已成为海南热带高效农业中仅次于种植业的第二大支柱产业。2010 年，海南省海水养殖的总面积为 1.45×10^4 hm^2，海水养殖的总产值达 48.9 亿元，占海洋渔业总产值 25.9%。

海南岛是我国南方理想的天然盐场，四面环海，日照强烈，海水清澈，沿海港湾滩涂多，许多地方都可以晒盐。尤其是海南岛的西南部和南部，这里海滩平坦，终年炎热，阳光充足、风力较大，降雨量少，蒸发量大，晒盐条件良好，目前海南的盐场主要集中在三亚至东方沿海数百里的弧形地带上。已建成的大型盐场有莺歌海、东方、榆亚等，其中莺歌海盐场是全国的大盐场之一，拥有盐田总面积 3 734.87 hm^2。盐田产量 14.73×10^4 t，占全省海盐总产量的 80.6%。

海南岛海岸线绵长、曲折，共有大小海湾与潟湖 84 个，其中可供开发的港湾有 68 处，有 18 处港湾已开辟为港口，有渔港 43 个，除已建港外，尚有 40 多处具有建港的优良自然环境条件，其中 20 余处港湾可辟为大、中型港口。海南省经过改革开放以来的发展和建设，已经形成了以海口港为主枢纽港，八所、洋浦、三亚为重要港口和清澜港、铺前港等地方中小

图 3.21 文昌市滨海区主要采矿区分布

港口组成的港口群体。

海南是红树林分布比较丰富的地区，主要分布于海口、文昌、澄迈、临高、儋州、琼海、万宁、陵水、三亚、东方、昌江等 11 个市县的沿海一带的河口港湾滩涂。由于海岸开发的不合理对红树林造成了严重的破坏，在过去的 50 年里，海南失去了 60% 以上的红树林，到 2001 年，海南省红树林总面积只有 3 923.22 hm^2。目前，海南省划定了 8 个红树林自然保护区，保护区的总面积达 7 508.57 hm^2，其中，位于海口、文昌一带的东寨港和清澜港的红树林面积最大，占现有红树林总面积的 85.9%。

2）海水养殖发展现状

海南岛沿海滩涂水质肥沃，饵料充足，适宜鱼、虾、蟹、贝的生存繁衍。滩涂养殖在海南的海水养殖占有极其重要的地位。2010 年，海南省的海水养殖面积共计 14 529.07 hm^2（见表 3.40），滩涂养殖面积为 8 934.74 hm^2，占总面积的 61.5%，海水养殖总产量为

188 494 t，滩涂养殖产量为 107 971 t，占总产量的 57.3%。海南岛的沿海滩涂中可供养殖的滩涂面积为 2.57×10^4 hm^2，现有的滩涂养殖面积仅占可养殖滩涂总面积的 34.8%，后备资源充足，开发潜力巨大。

海口市：沿海有海口湾、铺前湾、金沙湾，东有东寨港，海域宽阔，水清浪平、水深适宜、滩涂平缓、生物资源丰富，是全省海水养殖的重点区域。全市沿海有潮间带滩涂面积 6 800 hm^2，0 ~5 m 浅海面积 7 733 hm^2，0 ~10 m 浅海面积 18 667 hm^2。海口市 2010 年海水养殖面积 1 260 hm^2，养殖总产量 12 101 t，滩涂养殖面积 1 010 hm^2；养殖产量 10 794 t，分别占海口海水养殖总面积的 80.1%，总产量的 89.2%。养殖的主要品种有凡纳滨对虾、泥蚶、文蛤、锯缘青蟹、石斑鱼等。

三亚市：拥有沿海滩涂 2 510 hm^2，0 ~10 m 浅海面积 19 130 hm^2，主要分布在宁远河、藤桥河、三亚河等河流出海口以及铁炉港湾等地区。由于三亚是国内外知名的旅游城市，是海南国际旅游岛建设的核心地区，为与旅游业发展相适应，近年来三亚海水养殖模式也进行了较大调整，对旅游业和水质环境影响较大的网箱养殖和池塘养殖日益减少，重点发展休闲渔业和生态渔业。2010 年海水养殖面积 292.32 hm^2，养殖总产量 5 323 t；滩涂养殖面积 180 hm^2，养殖产量 2 650 t，分别占三亚海水养殖总面积的 61.6%，总产量的 49.8%。养殖品种主要为凡纳滨对虾、石斑鱼、牡蛎、泥蚶等。

临高县：海岸线曲折，地势平坦，拥有金牌港、新盈港、调楼港、黄龙港等 11 处港湾，滩涂面积较大，有浅海滩涂面积 5 333 hm^2，其中可养殖浅海滩涂为 2 666.7 hm^2。临高 2010 年海水养殖面积 1 347.74 hm^2，养殖产量 32 789 t，产量仅次于儋州；滩涂养殖面积 629.21 hm^2，养殖产量 13 173 t，分别占海水养殖总面积的 46.7%，总产量的 40.2%。养殖品种主要为凡纳滨对虾等。临高的滩涂养殖面积仅占到可养滩涂的 23.6%，拥有巨大的开发潜力。

表 3.40 海南省海水养殖情况统计表（2010 年）

	海水养殖		滩涂养殖	
	总面积/hm^2	总产量/t	面积/hm^2	产量/t
海口市	1 260	12 101	1 010	10 794
三亚市	292.32	5 323	180	2 650
临高县	1 347.74	32 789	629.21	13 173
儋州市	2 324.01	41 127	1 283.33	32 922
陵水县	450	8 722	247	1 829
乐东县	597	5 489	221.2	1 418
琼海市	772	6 094	301	3 545
文昌市	3 004	25 127	2138	10 761
昌江县	704	5 915	393	3 215
万宁市	1 175	16 959	895	10 766
澄迈县	706	12 498	423	8 414
东方市	607	5 783	364	2 106
农垦	1290	10 567	850	6 378
总计	14 529.07	188 494	8 934.74	107 971

资料来源：海南省海洋与渔业厅养殖处提供.

儋州市：港湾丰富，有新英湾、白马井港等港湾8个，0～5 m浅海5 993 hm^2，0～10 m浅海15 147 hm^2，滩涂面积3 333 hm^2。浅海海底地形变化不大，坡度平缓，有珊瑚礁分布，底质为泥、砂泥、砂和岩礁。滩涂底质以泥沙和砂为主，发展海水养殖的自然条件优越。儋州（含洋浦）2010年海水养殖面积2 324.01 hm^2，养殖产量41 127 t，均居全省之首；其中滩涂养殖面积1 283.33 hm^2，养殖产量32 922 t，分别占海水养殖总面积的55.2%，总产量的80.0%。养殖品种主要为凡纳滨对虾、石斑鱼、等边浅蛤等。

陵水县：现有滩涂面积3 123.9 hm^2，主要分布在陵水河下游出海口、黎安湾、新村港等海湾。海岸滩涂类型有岩礁、珊瑚礁、泥质滩涂、泥沙或泥沙质滩涂、沙质滩涂、红树林滩涂，多种类型的海岸、底质和海域环境，为发展多方式、多品种的海水增养殖提供了良好的自然条件。陵水2010年海水养殖面积450 hm^2，养殖总产量8 722 t；其中滩涂养殖面积247 hm^2，养殖产量1 829 t，分别占海水养殖总面积的54.9%，总产量的21.0%。养殖品种主要为凡纳滨对虾、石斑鱼、鲳鱼、尖吻鲈和鲷鱼等鱼类鱼苗。

乐东县：拥有0～20 m浅海面积39 000 hm^2，0～10 m浅海面积9 000 hm^2。浅海区域地势平缓，可养殖滩涂面积600 hm^2。乐东虽水质优良，但因缺少能有效抵御台风等灾害性天气的封闭或半封闭港湾，网箱养殖等海上养殖方式发展受到较大限制，目前主要养殖方式为陆基养殖。2010年，乐东海水养殖面积597 hm^2，养殖总产量5 489 t；滩涂养殖面积221.2 hm^2，养殖产量1 418 t，分别占海水养殖总面积的37.1%，总产量的25.8%。养殖品种主要为凡纳滨对虾、石斑鱼、锯缘青蟹等。

琼海市：沿海有博鳌港、潭门港、龙湾港和青葛港，沿海滩涂面积1 695 hm^2，其中沙滩底质991 hm^2，半泥半沙底质704 hm^2，0～10 m浅海面积14 025 hm^2。琼海2010年海水养殖面积772 hm^2，养殖总产量6 094 t；滩涂养殖面积301 hm^2，养殖产量3 545 t，分别占海水养殖总面积的39.0%，总产量的58.2%。养殖品种主要为凡纳滨对虾、石斑鱼和鲳鱼等。

文昌市：是海南省海岸线最长的市县，现有潮间带滩涂面积8 963 hm^2，可供开发养殖业的滩涂面积6 390 hm^2，主要分布在铺前湾、东寨港、海南湾、清澜港和八门湾等海湾。海岸滩涂类型有岩礁、珊瑚礁、泥质滩涂、泥沙或泥沙质滩涂、沙质滩涂、红树林滩涂，其中，红树林滩涂面积为全省之最。2010年，文昌海水养殖面积3 004 hm^2，养殖总产量25 127 t；滩涂养殖面积2 138 hm^2，养殖产量10 761 t，分别占海水养殖总面积的71.2%，总产量的42.8%。养殖品种主要为凡纳滨对虾、锯缘青蟹、石斑鱼、泥蚶、文蛤等。

昌江县：沿海属滨海平原沙滩地带，海岸类型多样，底质多为固定沙土和半固定沙土，其次为泥沙质，珊瑚礁质、水域广阔，浅海滩涂面积4 893 hm^2。2010年，昌江海水养殖面积704 hm^2，养殖总产量5 915 t；滩涂养殖面积393 hm^2，养殖产量3 215 t，分别占海水养殖总面积的55.8%，总产量的54.4%。养殖品种主要为对虾、泥蚶等。

万宁市：岸线曲折，潟湖和港湾较多。现有滩涂面积4 213.5 hm^2，主要分布在龙滚河入海口、乌场湾、小海、老爷海等海湾。海岸滩涂类型有岩礁、珊瑚礁、泥质滩涂、泥沙或泥沙质滩涂、沙质滩涂、红树林滩涂等。2010年，万宁海水养殖面积1 175 hm^2，养殖总产量16 959 t；滩涂养殖面积895 hm^2，养殖产量10 766 t，分别占海水养殖总面积的76.2%，总产量的63.5%。养殖品种主要为凡纳滨对虾、锯缘青蟹、石斑鱼、后安鲻鱼、文蛤等。

澄迈县：现有可养殖海滩涂面积1 462 hm^2，0～10 m浅海面积416 hm^2，主要分布在花场湾及东水港湾。澄迈2010年的海水养殖面积706 hm^2，养殖总产量12 498 t；滩涂养殖面积

423 hm^2，养殖产量 8 414 t，分别占海水养殖总面积的 59.9%，总产量的 67.3%。养殖品种主要为凡纳滨对虾、锯缘青蟹、石斑鱼、泥蚶、文蛤等。

东方市：现有 0～10 m 浅海面积 34 400 hm^2，港湾滩涂面积 1 125.9 hm^2，可利用滩涂面积 401.67 hm^2。所辖海域宽阔，缺少封闭性或半封闭性港湾，海水养殖方式发展受到较大限制，主要以滩涂和陆基养殖为主。东方 2010 年的海水养殖面积 607 hm^2，养殖总产量 5 783 t；滩涂养殖面积 364 hm^2，养殖产量 2 106 t，分别占海水养殖总面积的 60.0%，总产量的 36.4%。东方为海南省著名的泥蚶滩涂养殖区，是全省为数不多的泥蚶增养殖的天然苗种场，泥蚶的滩涂养殖为东方滩涂养殖的主要对象。

3.2.4　海岸带与土地资源评价

3.2.4.1　土地资源评价

1）各市县土地利用现状结构分析

海口市：全市海岸带土地总面积 18 321.74 hm^2，约占海南省土地总面积的 0.53%。其中，海岸带农用地共 4 143.33 hm^2，约占海口市海岸带土地总面积的 22.61%，占全省农用地总面积的 0.14%。海岸带农用地中林地面积最大，为 2 271.15 hm^2，约占海口市海岸带土地总面积的 12.40%；耕地面积次之，为 1 625.18 hm^2，约占海口市海岸带土地总面积的 8.87%、占全省耕地总面积的 0.22% 和全省土地总面积的 0.05%；园地面积仅为 242.72 hm^2，且多为果园。海口市海岸带建设用地共 13 395.94 hm^2，约占海口市海岸带土地总面积的 73.12%，其中以海岸带城镇、旅游及特殊用地面积最大，达 12 424.27 hm^2，约占全市海岸带土地总面积的 67.81%，占全省城镇、旅游及特殊用地总面积的 11.73%。海口市海岸带的村庄用地为 872.52 hm^2，约占全市海岸带土地总面积的 4.76%；海岸带交通用地仅 99.15 hm^2，无海岸带工矿用地和水利设施用地。海口市海岸带未利用地共 782.47 hm^2，约占海口市海岸带土地总面积的 4.27%，其中以海岸带河流水面面积最大（487.88 hm^2），其次是其他草地（荒草地），约 206.57 hm^2，另有 85.01 hm^2 的盐碱地。

三亚市：全市海岸带土地总面积 30 764.01 hm^2，约占海南省土地总面积的 0.89%。其中，海岸带农用地共 9 956.48 hm^2，约占三亚市海岸带土地总面积的 32.36%，占全省农用地总面积的 0.33%。在海岸带农用地中耕地面积最大，为 4 759.01 hm^2，约占三亚市海岸带土地总面积的 15.47%；园地面积次之，为 2 819.54 hm^2，约占三亚市海岸带土地总面积的 9.17%、占全省园地总面积的 0.30% 和全省土地总面积的 0.08%，主要为果园；林地面积为 2 370.76 hm^2，约占三亚市海岸带土地总面积的 7.71%，全为有林地。三亚市海岸带建设用地共 19 850.85 hm^2，约占三亚市海岸带土地总面积的 64.53%，其中以海岸带城镇、旅游及特殊用地面积最大，达 17 751.95 hm^2，约占全市海岸带土地总面积的 57.70%，占全省城镇、旅游及特殊用地总面积的 16.77%。三亚市海岸带的村庄用地为 1 291.36 hm^2，约占全市海岸带土地总面积的 4.20%；海岸带交通用地 294.14 hm^2，海岸带工矿用地 513.40 hm^2，无水利设施用地。三亚市海岸带未利用地共 956.69 hm^2，约占三亚市海岸带土地总面积的 3.11%，其中以海岸带河流水面面积最大，为 593.16 hm^2，其次是其他草地（荒草地），约

224.58 hm^2。

琼海市：全市海岸带土地总面积9 927.87 hm^2，约占海南省土地总面积的0.29%。其中，海岸带农用地共4 968.13 hm^2，约占琼海市海岸带土地总面积的50.04%，占全省农用地总面积的0.17%。在海岸带农用地中以园地面积最大，为2 244.97 hm^2，约占琼海市海岸带土地总面积的22.61%；耕地面积次之，为2 211.75 hm^2，约占琼海市海岸带土地总面积的22.28%、占全省耕地总面积的0.30%和全省土地总面积的0.06%；海岸带林地面积为511.41 hm^2，全为有林地。琼海市海岸带共有建设用地4 295.88 hm^2，约占琼海市海岸带土地总面积的43.27%，其中以海岸带城镇、旅游及特殊用地面积最大，为3 149.64 hm^2，约占全市海岸带土地总面积的31.73%，占全省城镇、旅游及特殊用地总面积的2.97%。琼海市海岸带的村庄用地为986.63 hm^2，占全市海岸带土地总面积的9.94%，海岸带交通用地63.33 hm^2，海岸带工矿用地96.27 hm^2，无水利设施用地。琼海市海岸带未利用地共663.87 hm^2，约占琼海市海岸带土地总面积的6.69%。其中，以海岸带河流水面面积最大，556.19 hm^2，内陆滩涂和其他草地分别为58.35 hm^2 与49.33 hm^2。

儋州市：全市海岸带土地总面积31 121.37 hm^2，约占海南省土地总面积的0.90%。其中，海岸带农用地共16 913.02 hm^2，约占儋州市海岸带土地总面积的54.35%，占全省农用地总面积的0.57%。在海岸带农用地中耕地所占面积最大，为8 478.20 hm^2，约占儋州市海岸带土地总面积的27.24%；林地面积次之，为7 825.31 hm^2，约占儋州市海岸带土地总面积的25.14%，占全省林地总面积的0.65%；园地面积为609.51 hm^2，主要为其他园地。儋州市海岸带建设用地共计12 896.61 hm^2，约占儋州市海岸带土地总面积的41.44%，其中海岸带城镇、旅游及特殊用地面积为11 343.40 hm^2，约占全市海岸带土地总面积的36.45%，占全省城镇、旅游及特殊用地总面积的10.71%。儋州市海岸带的村庄用地为1 396.61 hm^2，约占全市海岸带土地总面积的4.49%，海岸带交通用地17.68 hm^2，海岸带工矿用地138.92 hm^2，无水利设施用地。儋州市海岸带共有未利用地1 311.74 hm^2，约占儋州市海岸带土地总面积的4.21%，其中以海岸带河流水面面积最大，为585.56 hm^2，其他草地为568.40 hm^2。

文昌市：全市海岸带土地总面积42 317.62 hm^2，约占海南省土地总面积的1.23%。其中，海岸带农用地共27 002.43 hm^2，约占文昌市海岸带土地总面积的63.81%，占全省农用地总面积的0.90%。在海岸带农用地中林地所占面积最大，为16 919.29 hm^2，约占文昌市海岸带土地总面积的39.98%，林地中有林地面积12 924.74 hm^2；海岸带耕地面积为7 688.82 hm^2，约占文昌市海岸带土地总面积的18.17%，占全省耕地总面积的1.05%；园地面积为2 171.89 hm^2，主要为其他园地（1 938.08 hm^2）。文昌市海岸带建设用地共计13 025.55 hm^2，约占文昌市海岸带土地总面积的30.78%，其中海岸带城镇、旅游及特殊用地面积为6 861.28 hm^2，约占全市海岸带土地总面积的16.21%，占全省城镇、旅游及特殊用地总面积的6.48%。文昌市海岸带村庄用地为5 965.78 hm^2，约占全市海岸带土地总面积的14.10%，占全省村庄用地的5.01%；海岸带交通用地24.22 hm^2，海岸带工矿用地173.80 hm^2，水利设施用地0.48 hm^2。文昌市海岸带未利用地共2 289.64 hm^2，占文昌市海岸带土地总面积的5.41%，其中以海岸带沙地面积最大，达1 612.79 hm^2，约占全省沙地面积的48.79%；河流水面和其他草地分别为292.15 hm^2、262.74 hm^2。

万宁市：全市海岸带土地总面积23 018.02 hm^2，约占海南省土地总面积的0.67%。其中，海岸带农用地共14 991.23 hm^2，约占万宁市海岸带土地总面积的65.13%，占全省农用地总面积的0.50%。海岸带农用地中耕地所占面积最大（6 032.18 hm^2），约占万宁市海岸带土地总面积的26.21%，耕地中绝大部分为水田，其面积为4 862.62 hm^2；海岸带林地面积为5 083.25 hm^2，约占万宁市海岸带土地总面积的22.08%，占全省林地总面积的0.42%和全省土地总面积的0.15%；海岸带园地面积为1 953.47 hm^2，主要为其他园地（1 340.48 hm^2）。海岸带其他农用地共1 914.33 hm^2，主要为设施农用地（1 749.66 hm^2）。万宁市海岸带建设用地共计6 325.53 hm^2，约占万宁市海岸带土地总面积的27.48%，其中海岸带城镇、旅游及特殊用地面积为4 004.05 hm^2，约占全市海岸带土地总面积的17.40%，占全省城镇、旅游及特殊用地总面积的3.78%。万宁市海岸带村庄用地为2 156.25 hm^2，占全市海岸带土地总面积的9.37%，占全省村庄用地的1.81%；海岸带交通用地97.11 hm^2，海岸带工矿用地64.14 hm^2，水利设施用地3.99 hm^2。万宁市海岸带共有未利用地1 701.26 hm^2，约占万宁市海岸带土地总面积的7.39%，其中以海岸带沙地面积最大，为628.96 hm^2，水域水面和其他草地分别为624.46 hm^2、387.85 hm^2。

澄迈县：全县海岸带土地总面积9 046.77 hm^2，约占海南省土地总面积的0.26%。其中，海岸带农用地共5 344.04 hm^2，约占澄迈县海岸带土地总面积的59.07%，占全省农用地总面积的0.18%。在海岸带农用地中耕地所占面积最大，为3 478.76 hm^2，约占澄迈县海岸带土地总面积的38.45%，耕地大部分为旱地，其面积为2 182.77 hm^2；海岸带林地面积为1 755.88 hm^2，约占澄迈县海岸带土地总面积的19.41%，占全省林地总面积的0.14%；海岸带园地面积为103.64 hm^2；海岸带其他农用地仅5.76 hm^2。澄迈县海岸带建设用地共计3 330.97 hm^2，约占澄迈县海岸带土地总面积的36.82%，其中海岸带城镇、旅游及特殊用地面积为2 597.19 hm^2，约占全县海岸带土地总面积的28.71%，占全省城镇、旅游及特殊用地总面积的2.45%。澄迈县海岸带村庄用地为561.34 hm^2，约占全县海岸带土地总面积的6.20%，占全省村庄用地的0.47%；海岸带交通用地56.67 hm^2，海岸带工矿用地115.77 hm^2，无水利设施用地。澄迈县海岸带未利用地共371.76 hm^2，约占澄迈县海岸带土地总面积的4.11%，其中以海岸带河流水面面积最大，为288.38 hm^2，其他草地73.23 hm^2。

昌江县：全县海岸带土地总面积8 535.81 hm^2，约占海南省土地总面积的0.25%。其中，海岸带农用地共计6 319.79 hm^2，约占昌江县海岸带土地总面积的74.04%，占全省农用地总面积的0.21%。在海岸带农用地中林地所占面积最大，为4 828.22 hm^2，约占昌江县海岸带土地总面积的56.56%，全为有林地类型；海岸带耕地面积为1 447.09 hm^2，占昌江县海岸带土地总面积的16.95%，占全省耕地总面积的0.20%；海岸带园地面积仅为44.48 hm^2，无其他农用地。昌江县海岸带建设用地共计1 410.01 hm^2，约占昌江县海岸带土地总面积的16.52%，其中海岸带城镇、旅游及特殊用地面积为1 273.01 hm^2，约占全县海岸带土地总面积的14.91%，占全省城镇、旅游及特殊用地总面积的1.20%。昌江县海岸带村庄用地为133.96 hm^2，约占全县海岸带土地总面积的1.57%，占全省村庄用地的0.11%；海岸带工矿用地3.04 hm^2，无海岸带交通用地和水利设施用地。昌江县海岸带未利用地共计806.02 hm^2，约占昌江县海岸带土地总面积的9.44%，其中以海岸带河流水面面积最大，为631.85 hm^2，内陆滩涂和沙地分别为123.34 hm^2、44.79 hm^2。

东方市：全市海岸带土地总面积15 228.32 hm^2，约占海南省土地总面积的0.44%。其中，海岸带农用地共1 0363.25 hm^2，约占东方市海岸带土地总面积的68.05%，占全省农用地总面积的0.35%。海岸带农用地中耕地面积最大，为4 281.71 hm^2，约占东方市海岸带土地总面积的28.12%，耕地中水田与旱地的面积大体相当；海岸带林地面积为3 322.17 hm^2，约占东方市海岸带土地总面积的21.82%，占全省林地总面积的0.27%和全省土地总面积的0.10%；海岸带园地面积为1 561.29 hm^2，主要为其他园地（1 363.29 hm^2）；海岸带其他农用地共1 198.07 hm^2，主要为设施农用地（972.67 hm^2）。东方市海岸带建设用地共计3 758.75 hm^2，约占东方市海岸带土地总面积的24.68%，其中海岸带城镇、旅游及特殊用地面积为2 517.21 hm^2，约占全市海岸带土地总面积的16.53%，占全省城镇、旅游及特殊用地总面积的2.38%。东方市海岸带村庄用地为573.88 hm^2，占全市海岸带土地总面积的3.77%，占全省村庄用地的0.02%；海岸带工矿用地666.65 hm^2，无水利设施用地。东方市海岸带未利用地共1 106.32 hm^2，占东方市海岸带土地总面积的7.26%，其中以海岸带河流水面面积最大（597.79 hm^2），内陆滩涂和其他草地分别为252.66 hm^2、188.37 hm^2。

乐东县：全县海岸带土地总面积12 097.89 hm^2，约占海南省土地总面积的0.35%。其中，海岸带农用地共5 754.33 hm^2，约占乐东县海岸带土地总面积的47.56%，占全省农用地总面积的0.19%。在海岸带农用地中耕地所占面积最大，为3 909.36 hm^2，约占乐东县海岸带土地总面积的32.31%，耕地大部分为水田，其面积为2 260.96 hm^2；海岸带林地面积为1 238.42 hm^2，约占乐东县海岸带土地总面积的10.24%，占全省林地总面积的0.10%和全省土地总面积的0.04%，基本上全为有林地；海岸带园地面积为602.10 hm^2，大部分属果园（425.04 hm^2）；海岸带其他农用地仅4.44 hm^2。乐东县海岸带建设用地共计5 969.81 hm^2，约占乐东县海岸带土地总面积的49.35%，其中海岸带城镇、旅游及特殊用地（包括海岸带盐田在内）面积为4 489.89 hm^2，约占全县海岸带土地总面积的37.11%，占全省城镇、旅游及特殊用地总面积的4.24%。乐东县海岸带村庄用地为874.37 hm^2，约占全县海岸带土地总面积的7.23%，占全省村庄用地的0.73%；海岸带交通用地71.40 hm^2，海岸带工矿用地534.15 hm^2，无水利设施用地。乐东县海岸带共有未利用地373.75 hm^2，约占乐东县海岸带土地总面积的3.09%，其中海岸带河流水面和其他草地分别为180.96 hm^2、154.52 hm^2。

临高县：全县海岸带土地总面积13 409.98 hm^2，约占海南省土地总面积的0.39%。其中，海岸带农用地共10 174.06 hm^2，约占临高县海岸带土地总面积的75.87%，占全省农用地总面积的0.34%。海岸带农用地中耕地面积5 212.83 hm^2，约占临高县海岸带土地总面积的38.87%，耕地中水田与旱地面积几乎相当；海岸带林地面积为4 112.10 hm^2，约占临高县海岸带土地总面积的30.66%，占全省林地总面积的0.34%和全省土地总面积的0.12%，且绝大部分属有林地类型（3 669.33 hm^2）；海岸带园地面积为150.57 hm^2，海岸带其他农用地698.56 hm^2，其他农用地中设施农用地占438.40 hm^2。临高县海岸带建设用地共计2 655.05 hm^2，约占临高县海岸带土地总面积的19.80%，其中海岸带城镇、旅游及特殊用地面积为1 434.04 hm^2，约占全县海岸带土地总面积的10.69%，占全省城镇、旅游及特殊用地总面积的1.35%。临高县海岸带村庄用地为907.88 hm^2，约占全县海岸带土地总面积的6.77%，占全省村庄用地的0.76%；海岸带工矿用地273.23 hm^2，水利设施用地39.90 hm^2。临高县海岸带未利用地共580.88 hm^2，约占临高县海岸带土地总面积的4.33%，主要为海岸带其他草地和河流水面，分别为261.14 hm^2、175.55 hm^2。此外，内陆滩涂面积亦有138.64 hm^2。

陵水县：全县海岸带土地总面积14 377.02 hm^2，约占海南省土地总面积的0.42%。其中，海岸带农用地共7 488.76 hm^2，约占陵水县海岸带土地总面积的52.09%，占全省农用地总面积的0.25%。在海岸带农用地中林地所占面积最大，为3 044.91 hm^2，约占陵水县海岸带土地总面积的 21.18%，林地中大部分为有林地，其面积为 2 288.23 hm^2；海岸带耕地面积为 2 675.83 hm^2，约占陵水县海岸带土地总面积的 18.61%，占全省耕地总面积的 0.37%，海岸耕地中绝大部分为水田（1 977.21 hm^2）；海岸带园地面积为 1 050.04 hm^2，大部分属其他园地（656.53 hm^2）；海岸带其他农用地 717.98 hm^2，绝大部分属设施农用地（624.77 hm^2）。陵水县海岸带建设用地共计 6 366.99 hm^2，约占陵水县海岸带土地总面积的 44.29%，其中海岸带城镇、旅游及特殊用地面积为 5 277.40 hm^2，约占全县海岸带土地总面积的 36.71%，占全省城镇、旅游及特殊用地总面积的 4.98%。陵水县海岸带村庄用地为 881.88 hm^2，约占全县海岸带土地总面积的 6.13%，占全省村庄用地的 0.74%；海岸带交通用地 178.09 hm^2，海岸带工矿用地 26.71 hm^2，水利设施用地 2.91 hm^2。陵水县海岸带共有未利用地 521.27 hm^2，约占陵水县海岸带土地总面积的 3.63%，其中海岸带水域水面和内陆滩涂分别为 279.39 hm^2、144.75 hm^2。

2）海岸带土地开发利用程度分析

（1）土地垦殖率：它指耕地面积与土地总面积之比，反映土地开发程度和种植业发展程度。全省沿海各市县的土地垦殖率统计结果如表 3.41 所示。

表 3.31 显示，在全省 12 个沿海市县中，土地垦殖率最高的是临高县（38.87%），其次是澄迈县（38.45%），排名第三的为乐东县（32.31%）。全省海岸带土地平均垦殖率为 22.70%，高于全省土地平均垦殖率（21.20%）。海岸带土地垦殖率低于全省海岸带土地垦殖率均值的市县有海口、三亚、琼海、文昌、昌江和陵水 6 个市县，这反映出这 6 个市县的海岸带种植业发展程度落后于其他 6 个市县。

表 3.41　海南省沿海市县海岸带土地垦殖率比较表

行政区名称	海口市	三亚市	琼海市	儋州市	文昌市	万宁市	澄迈县
耕地面积/hm^2	1 625.18	4 759.01	2 211.75	8 478.20	7 688.82	6 032.18	3 478.76
土地垦殖率/%	8.87	15.47	22.28	27.24	18.17	26.21	38.45
行政区名称	昌江县	东方市	乐东县	临高县	陵水县	12 沿海市县	全省*
耕地面积/hm^2	1 447.09	4 281.71	3 909.36	5 212.83	2 675.83	51 800.73	728 944.01
土地垦殖率/%	16.95	28.12	32.31	38.87	18.61	22.70	21.20

注：* 处的值是全省耕地总面积、土地垦殖率。

（2）土地利用率：它是已利用土地面积与土地总面积之比，反映了土地总的利用程度。全省沿海各市县的土地利用率统计结果如表 3.42 所示。

表 3.42　海南省沿海市县海岸带土地利用率比较表

行政区名称	海口市	三亚市	琼海市	儋州市	文昌市	万宁市	澄迈县
未利用地面积/hm^2	782.47	956.69	663.87	1 311.74	2 289.64	1 701.26	371.76
土地利用率/%	95.73	96.89	93.31	95.79	94.59	92.61	95.89
行政区名称	昌江县	东方市	乐东县	临高县	陵水县	12 沿海市县	全省*
未利用地面积/hm^2	806.02	1106.32	373.75	580.88	521.27	11465.66	88913.91
土地利用率/%	90.56	92.74	96.91	95.67	96.37	94.97	97.41

注：* 处的值是全省未利用地总面积、土地利用率。

表3.32表明，全省海岸带土地利用率达94.97%，但低于全省总的土地利用率（97.41%）。这说明，海岸带的土地利用率还有一定的提升空间。在全省12个沿海市县中，土地利用率最高的是乐东县（96.91%），其次为三亚市（96.89%）和陵水县（96.37%），土地利用率低于全省海岸带平均利用率的市县有文昌、琼海、万宁、昌江、东方5个市县。这意味着在未来要提高海岸带土地利用率，这5个市县具有较大的潜力空间。

（3）林地利用率和森林覆盖率。林地利用是有林地面积占林地总面积的比例，而森林覆盖率指有林地占总土地面积的比例。通过对全省各沿海市县的相关数据统计，得到其海岸带林地利用率及森林覆盖率如表3.43所示。

表3.43　海南省沿海市县海岸带林地利用率及森林覆盖率比较表

行政区名称	海口市	三亚市	琼海市	儋州市	文昌市	万宁市	澄迈县
有林地面积/hm^2	2 271.15	2 370.76	511.41	7 825.31	12 924.74	4 323.61	1 755.88
林地利用率/%	100.00	100.00	100.00	100.00	76.39	85.06	100.00
森林覆盖率/%	12.40	7.71	5.15	25.14	30.54	18.78	19.41
行政区名称	昌江县	东方市	乐东县	临高县	陵水县	12沿海市县	全省*
有林地面积/hm^2	4 828.22	2 415.58	1 238.31	3 669.33	2 288.23	46 422.53	968 720.59
林地利用率/%	100.00	72.71	99.99	89.23	75.15	87.12	79.99
森林覆盖率/%	56.56	15.86	10.24	27.36	15.92	20.35	28.17

注：*处的值是全省有林地总面积、林地利用率和森林覆盖率。

由表3.33可知，海口、三亚、琼海、儋州、澄迈和昌江的海岸带林地利用率高，东方、文昌和陵水3市县的海岸带林地利用率较低，均不超过80%，其中以东方市林地利用率最低（72.71%）。从森林覆盖率来看，昌江县海岸带的森林覆盖率最高，达56.56%。其次是文昌市（30.54%）和临高县（27.36%）。琼海市海岸带的森林覆盖最低，仅为5.15%，三亚市海岸带的森林覆盖率位列全省倒数第二（7.71%）。除昌江县外，其余11个沿海市县海岸带的森林覆盖率均低于全省平均值。全省海岸带的林地利用率高出全省总体林地利用率7个百分点，但全省总体森林覆盖率高于全省海岸带森林覆盖率。这表明，全省海岸带还需进一步提高其森林覆盖率。

（4）水面利用率。指已利用水面占水面总面积的百分比，它反映了水面的开发利用程度。依据《土地利用现状分类》国家标准（GB/T21010－2007），海南省全省海岸带水面包括坑塘水面、水库水面、河流水面、湖泊水面和内陆滩涂，其面积总计为6 941.21 hm^2，其中已利用水面仅为坑塘和水库。全省沿海各市县海岸带水面利用率统计结果如表3.44所示。

表3.44　海南省沿海市县海岸带水面利用率比较表

行政区名称	海口市	三亚市	琼海市	儋州市	文昌市	万宁市	澄迈县
已利用水面/hm^2	0.00	0.00	0.00	0.00	0.00	164.68	0.00
水面总计/hm^2	490.88	602.29	614.54	658.81	299.62	807.14	289.50
水面利用率/%	0.00	0.00	0.00	0.00	0.00	20.40	0.00
行政区名称	昌江县	东方市	乐东县	临高县	陵水县	12沿海市县	全省*
已利用水面/hm^2	0.00	225.40	0.00	298.48	93.29	781.84	95 864.11
水面总计/hm^2	755.19	1 075.86	217.30	612.66	517.42	6 941.21	148 574.73
水面利用率/%	0.00	20.95	0.00	48.72	18.03	11.26	64.52

注：*处的值是全省已利用水面、总水面及水面利用率。

由表3.34可看出，全省海岸带水面利用率为11.26%，远低于全省水面平均利用率(64.52%)。就沿海各市县而言，临高县海岸带的水面利用率最高，达48.72%，东方市、万宁市和陵水县海岸带的水面利用率在20%左右，而其他市县海岸带的水面利用率为零。

3）海岸带土地利用的生态效应分析

（1）土地沙化面积指数

土地沙化面积指数是土地利用对土地生态环境产生不良影响的重要衡量指标，它反映着土地利用的生态恶化状况。从沿海各市县的土地利用类型统计来看（表3.45），全省具有海岸带沙地的市县有儋州、文昌、万宁、昌江、东方、乐东和陵水。由表3.35中可知，文昌市的海岸带沙地面积最大，达1 612.79 hm^2，占全省海岸带沙地总面积的68.87%，占全省沙地总面积的48.79%，其土地沙化面积指数最大。其次，万宁市的海岸带沙地面积也较大，有628.96 hm^2，占全省海岸带沙地总面积的26.86%，占全省沙地总面积的19.03%。从空间分布来看，从儋州到乐东的海南岛西部4个县市都有海岸带沙地分布，但其面积均不大。海南岛东部的文昌市、万宁市和陵水县也有大面积的沙地分布，其中以文昌市海岸带沙地面积最大，分布也最为集中。具体来说，文昌市的海岸沙地集中分布于铺前镇（比如，东坡村、林梧村和七岭村）、锦山镇（比如，下溪坡村、桥坡村和山雅村）、冯坡镇（例如，贝山村、堆头村）、翁田镇（龙北村）、昌洒镇（例如，昌茂村、东群村）和龙楼镇（全美村）等6个镇；万宁市的海岸沙地主要集中在万城镇的英豪村、英文村和联丰村，东澳镇的乐南村、新华村和龙山村；陵水县的海岸沙地则分布于黎安镇的岭仔村。

表3.45 海南省海岸带土地沙化面积指数统计表

行政区名称	儋州市	文昌市	万宁市	昌江县	东方市	乐东县	陵水县	12个沿海市县	全省*
沙地面积/hm^2	33.78	1 612.79	628.96	44.79	15.26	1.93	4.17	2 341.67	3 305.37
沙化地百分比1/%	1.44	68.87	26.86	1.91	0.65	0.08	0.18	100.00	—
沙化地百分比2/%	1.02	48.79	19.03	1.35	0.46	0.06	0.13	70.84	100.00
土地沙化面积指数1/%	0.014 8	0.706 8	0.275 7	0.019 6	0.006 7	0.000 8	0.001 8	1.026 3	—
土地沙化面积指数2/%	0.001 0	0.046 9	0.018 3	0.001 3	0.000 4	0.000 1	0.000 1	0.068 1	0.096 1

注：1. 沙化地百分比1＝各市县海岸带沙地面积/海岸带沙地总面积×100；
2. 沙化地百分比2＝各市县海岸带沙地面积/全省沙地总面积×100；
3. 土地沙化面积指数1＝海岸带土地沙化面积/海岸带土地总面积×100；
4. 土地沙化面积指数2＝土地沙化面积/全省土地总面积×100；
5. *处的值是全省所有相应土地类型的值。

从自然地理条件来看，琼西南地区是全省气候干旱指数最大的地区，年降水量少而蒸散发量旺盛，加上其海岸带土壤质地表现为砂土和壤质砂土，成为全省土地最易发生自然沙化的地方。但是海岸带现状土地调查显示，海南西部位于海岸带内的沙化土地面积并不大，反而东部海岸带内的沙化土地无论是在规模上，还是在集中连片程度上，均远盛于西部市县。究其原因，东部沿海的文昌、琼海、万宁和陵水一带有着丰富的矿产资源，如锆钛矿（或锆钛砂矿）、钛矿等（见图3.23）。由于受经济利益的驱动，许多实业公司纷纷投资于滨海锆钛矿的开采活动，使东部沿海地带，尤其是文昌市的滨海矿产被大肆开发。例如，海南侨友实业有限公司铺前锆钛矿、文昌市宝民有限责任公司文昌铺前矿区表外矿、文昌市冯坡恒星锆英石钛铁矿砂矿、文昌昌宁实业有限公司文昌市翁田镇第三区块锆钛砂矿、文昌龙文实业有限公司文昌市翁田镇第二区块锆钛砂矿、文昌笙笙公司文昌市昌洒镇昌茂锆钛砂矿、海南汇泓公司文昌市昌洒镇东群锆钛砂矿、万宁沙老钛矿等。在以壤质砂土为主的土壤质地和脆弱的植被覆被背景下，强烈的人为采掘、翻动、筛选等干扰活动，使原本脆弱的海岸带生态环境发生了严重的沙化现象。同时，在缺乏植被保护的滨海区，水土流失问题与土地沙化现象又往往互相激发、相互促进，陷入恶性循环。如果说海南西部地区的土地沙化现象自然因素仍起着重要作用的话，那么海南东部市县的土地沙化现象则应归因于人类长期的严重干扰活动，尤其是滨海采矿业的破坏活动。这充分表明，不合理的工农业生产活动，极易使生态环境脆弱区的土地退化程度加重。

（2）土地盐碱化面积指数

土地盐碱化面积指数是土地利用对生态条件产生不良反应的另一个重要指标。依据海岸带土地利用现状数据，算得沿海市县出现海岸带盐碱化现象及其盐碱化面积指数如表3.46所示。

表3.46显示，全省具有海岸带盐碱地的市县只有海口市和儋州市，其总面积为135.77 hm^2，约占全省盐碱地总面积的82.17%。相对于全省海岸带而言，海口市海岸带盐碱化面积指数为0.037 3，儋州市海岸带盐碱化面积指数主0.022 2；相对于全省土地而言，全省海岸带盐碱化面积指数为0.003 9，而全省盐碱化面积指数为0.004 8。也就是说，全省约82.17%盐碱地集中在海岸带内，亦即海口市和儋州市海岸带内。就空间分布而言，海口市海岸带盐碱地集中成片分布于演丰镇境内的山尾村、演中村和演海村。儋州市海岸带盐碱地则零星散布于海头镇的洋家东村，排浦镇的禾丰村与瓜兰村，白马井镇的东山村、禾能村和藤根村，新州镇的英进村、施教村、兰田村和新英盐场。其中，以排浦镇的面积最大，其次是新州镇。导致土地盐碱化的原因既与全球性温室效应引起的海平面上升有关，也与滨海区大量引入海水进行海水养殖等农业活动有关。从现况来看，后者的影响比前者的影响可能更为迅速与严重。

表3.46　海南省海岸带土地盐碱化面积指数统计表

行政区名称	海口市	儋州市	全省海岸带	全省*
盐碱地面积/ha	85.01	50.75	135.77	165.22
盐碱化土地面积百分比/%	51.46	30.72	82.17	100.00
土地盐碱化面积指数1/%	0.0373	0.0222	0.0595	—
土地盐碱化面积指数2/%	0.0025	0.0015	0.0039	0.0048

注：1. 盐碱地土地面积百分比 = 各市县海岸带盐碱地面积/全省盐碱地总面积 ×100；
2. 土地盐碱化面积指数1 = 海岸带土地盐碱化面积/海岸带土地总面积 ×100；
3. 土地盐碱化面积指数2 = 土地盐碱化面积/全省土地总面积 ×100；
4. * 处的值是全省相应土地类型的值，其余均指相应市县海岸带内的某土地类型之值。

4）海岸带土地利用存在的其他问题分析

（1）土地利用的结构还有待进一步优化

海南省海岸带农用地：

建设用地：未利用的比例大体为54%∶41%∶5%（见图3.22），而同期全省土地利用现状结构中的相应比例约为88%∶9%∶3%。可见，全省海岸带的建设用地比例是全省范围内建设用地比例的4倍多，其结构比例变幅极大。农用地面积减少而建设用地面积大幅增加，这表明人类对海岸带的土地干扰程度大大加剧了。由于建设用地的经济密度通常要比农用地好得多，这一土地利用结构变化，大大提高了海岸带土地资源利用的社会经济效益，但对生态效益来说，却不一定有利。

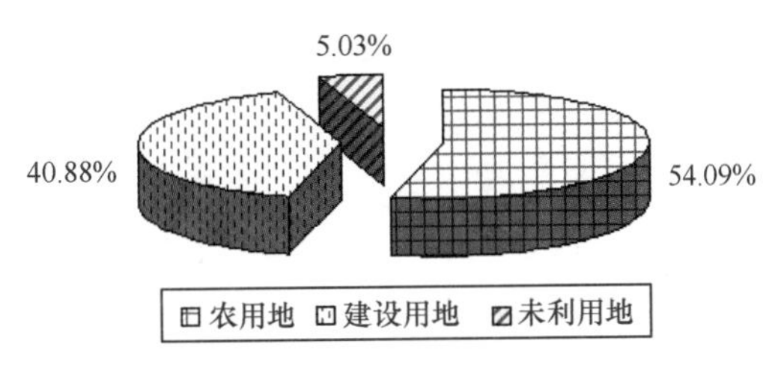

图3.22　海南省海岸带三大土地利用类型构成比

再就全省海岸带农用地的内部结构比例来看（表3.47），耕地∶园地∶林地约为42%∶11%∶43%，而全省农用地这一比例约为24%∶32%∶40%。这表明，海岸带人为垦殖土地的比例明显偏大。

表3.47　海南海岸带农用地内部结构比例表　　%

行政区名称	海口市	三亚市	琼海市	儋州市	文昌市	万宁市	澄迈县
耕地	39.22	47.80	44.52	50.13	28.47	40.24	65.10
园地	5.86	28.32	45.19	3.60	8.04	13.03	1.94
林地	54.81	23.81	10.29	46.27	62.66	33.91	32.86
其他农用地	0.10	0.07	0.00	0.00	0.82	12.82	0.11
全部农用地	100.00	100.00	100.00	100.00	100.00	100.00	100.00
行政区名称	昌江县	东方市	乐东县	临高县	陵水县	12沿海市县	全省*
耕地	22.90	41.32	67.94	51.24	35.73	41.97	24.35
园地	0.70	15.07	10.46	1.48	14.02	10.98	31.50
林地	76.40	32.06	21.52	40.42	40.66	43.17	40.46
其他农用地	0.00	11.56	0.08	6.87	9.59	3.87	3.69
全部农用地	100.00	100.00	100.00	100.00	100.00	100.00	100.00

注：*处值是全省相应农用地类型与全省农用地总面积的百分比值，其余值均相对海岸带农用地而言的百分比值。

由全省海岸带土地资源现状分布可知，全省海岸带的农用地仍占其全部土地的一半以上，但作为生态效益最重要的维育者的林地，在三亚、海口、儋州、东方、万宁、琼海和文昌等市县的海岸带都出现了大小不等的缺口，使其空间分布呈现不连续状态。这势必影响着海岸带林地的生态效应的积极发挥。

（2）人地矛盾比非海岸带区突出得多

尽管本次划定的海岸带仅2 km宽，但在这狭窄的条带里却分布着93 281.94 hm^2 的建设用地，约占全省建设用地总量的28.96%。从建设用地分布密度来说，海岸带建设用地平均密度为41 hm^2/km^2，而全省建设用地平均密度为9 hm^2/km^2。由此可见，海岸带是全省建设用地分布最密集（密度最大）的地带。事实上，除昌江、儋州、乐东、临高和澄迈外，其余七个沿海市县的城市建设都位于海岸带及附近。加上人们长期形成的“靠海吃海”趋海而居的习惯，沿海各市县海岸带均有大量的农村居民点分布。此外，随着海南确立旅游兴省和建设国际旅游的发展战略，海岸带旅游资源也正在如火如荼地进行开发建设。因海岸带城市化过程或土地硬化过程剧烈地改变着土地覆被，大量的城乡工矿建筑取代原生地林地、田野和水域等，会大大减少生物种类。可以想象，海南海岸带的生物多样性面临着越来越大的压力。

海岸带也集中了全省众多的人口，这方面在海口市表现得最为突出。据统计海口市海岸带的人口密度在450人/km^2以上。文昌北部、澄迈、临高和儋州海岸带的人口密度在250～300人/km^2，乐东、三亚、陵水和乐东海岸带的人口密度约200～250人/km^2。而非海岸带的广大丘陵台地地区，其人口密度只有150～200人/km^2，中部山区的人口密度仅50～100人/km^2，个别地方更低。因而，海岸带的人地矛盾要比非海岸带地区尖锐得多。

（3）土壤肥力不佳，制约了植被的生长和农业经济效益的提高

土壤养分是土壤提供和协调植物营养条件及环境条件的能力。根据南京土壤研究所龚子同等（2004年）对海南岛土系进行的调查成果分析，海南岛海岸带区的土壤肥力普遍低下。比如，就土壤有机质含量而言，儋州、临高、澄迈、东方、万宁5个市县的海岸带土壤有机质平均含量不超过7.98 g/kg，而昌江、乐东、三亚、陵水、琼海、文昌、海口7个市县的海岸带土壤有机质平均含量更在4.5 g/kg以下；从土壤氮肥来看，海岸带的土壤全氮平均含量均在1.06 g/kg以下，而在三亚、乐东、东方南部、海口等地的海岸带，土壤全氮平均含量竟不足0.01 g/kg；从土壤钾肥来看，海南岛周边的海岸带区除三亚半东部、琼海和文昌的土壤全钾含量可达23.90 g/kg以下，其他广大海岸带土壤其全钾含量均不足8.50 g/kg；从土壤磷肥来看，海南岛海岸带区的土壤全磷平均含量均不足0.78 g/kg，而三亚西半部、乐东、东方和海口中部的海岸带土壤全钾含量更低，甚至不足0.03 g/kg。因此，全省海岸带土壤的肥力非常低下，严重影响植被的生长和农业经济效益。再者，由于土地利用方式的转变，会引起地表覆被的变化，必然会引起土壤养分的变化，因此，对原本生态脆弱的海岸带而言，应谨慎进行土地利用方式的转变。

（4）后备土地资源的开发利用潜力不大

全省海岸带未利用土地共11 465.66 hm^2，但其中条件稍占优势的其他草地即荒草地资源仅占21.57%（见图3.23），这说明全省海岸带可开发利用的后备土地资源不大。全省荒草地除了数量小外，其分布也很不均匀。就全省而言，其他草地资源主要集中分布于儋州、万宁、文昌、三亚等少数几个市县，其中儋州、万宁和文昌3市的其他草地资源即占全省海岸带其他草地资源的49.28%。

5）海岸带土地问题的解决措施与建议

由前文分析可知，海岸带土地利用具有以下几个明显的特征：是全省建设用地最密集的分布地带；土地利用率高，但人地矛盾突出；土地利用结构尚待优化；土地利用引起部分地段生态环境明显退化；土壤质地差，自然肥力低下。

面对建设海南国际旅游岛的战略构想和各地急于脱贫致富的现实情况，要实现海南省海岸带土地资源的健康、持续地利用，务必要全面深入地综合考虑海岸带土地利用的充分性、

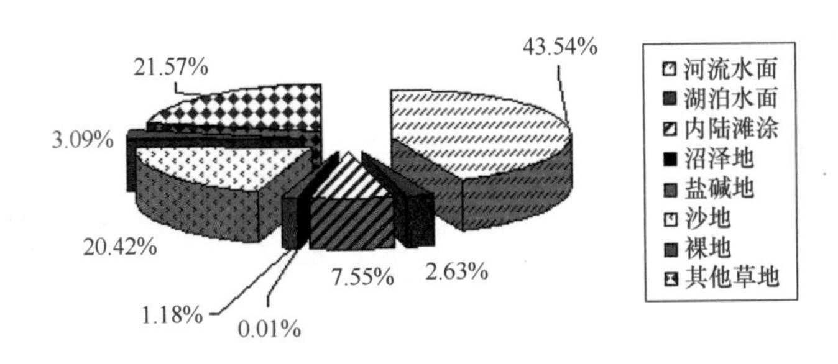

图 3.23　海南省海岸带未利用地结构

结构与布局的合理性、利用方式的科学性、三效益的满意性与发展的持续性。为此，依据全省海岸带土地利用出现的问题，提出以下解决措施与建议：

（1）在利用程度上：随着全省海岸带人地矛盾的凸显，土地利用的深度与广度必然得到拓展，土地利用率问题将不仅仅表现在二维平面空间的利用面积比上，还应进一步考虑土体三维立体空间的利用，以及时间与空间结合的四维空间利用问题。关于后者，目前尚缺乏深入研究，建议今后加强海岸带土地利用率四维空间利用研究，为海岸带土地的充分利用提供科技支撑。

（2）在利用结构上：在调整产业结构，充分开发利用土地资源时，必须考虑其生态环境效应，注重生态环境保护。故建议深入认识和研究海岸带土地利用变化对滨海区水质、生物多样性、土壤质量、局地气候等的影响过程，为优化土地利用结构提供科学依据。

（3）在空间布局上：应合理控制建设用地的扩展，进一步完善海岸带防护林体系，形成全省闭合的海岸带生态防护长城。

（4）在利用方式上：海岸带是一个海陆过渡区，在外观上，这一交界带具有不完全同于内陆的独特景观，具有明显的异质性；在特征上，它是多要素之间的转换区，各要素相互作用强烈，抗干扰能力弱，空间迁移能力强，是突变的产生区。因此，海岸带是典型的生态脆弱区，具有较强的生态敏感性，易发生环境退化，也存在逆转的可能性。这一地带的土地利用变化可引起许多自然现象和生态过程的变化，故其土地利用模式应建立在生态发展模式的基础上，并采取合理的土地管理方式。

（5）在开发效益上：只重经济效益和当前利益，盲目扩大开发规模，是导致海岸带土地退化的面积扩大、退化程度加重的最重要原因。因此，在开发利用海岸带土地资源时，应树立可持续发展思想，坚持经济与生态效益相结合，促进海岸带区域经济和生态环境的良性发展，协调好海岸带甚至整个滨海区内人类、生物、环境之间的关系。针对全省海岸带土壤肥力低下的现状，可以通过人为科学施肥方式，有效提高海岸带土壤肥力，进而提高农业单产水平。

3.2.4.2　海岸线资源评价

随着沿海各地近海资源开发活动的加剧，海岸线遭受破坏而消失的问题日益突出。海南省海岸线在利用过程中存在着同样的问题，主要是自然岸线遭受到不同程度的破坏，主要表现为围垦和城市建设对红树林岸线的破坏；陆源污染、海洋旅游开发活动以及过度捕捞和非法渔业等对造礁珊瑚带来一定程度的影响，最重要的是致使整个珊瑚礁生态环境质量恶化，珊瑚礁生态系统失去平衡以及其结构和功能的丧失，最终导致珊瑚礁死亡，珊瑚礁岸线抵挡不住海水日益的冲刷而消失。

20世纪60年代海岸线和现今岸线（2007）进行对比分析发现：

1）河口变迁

变化主要有人工围垦用于城镇建设和养殖区等、河口淤积和河口侵蚀等。如南渡江入海口，20世纪60年代南渡江入海口基本为天然岸线，是典型的河流三角洲堆积平原，湖塘星罗棋布，河汊纵横交错、水系发达、分布沙洲岛众多。海甸岛和新埠岛都未形成整体，基本为若干不等大小的沙洲岛群。现今岸线基本为防潮堤、护坡和养殖区等人工岸线所组成，海甸岛和新埠岛都基本由人工岸线所包围，岛上城镇建设日趋完善。昌化江河口海岸线向海中凸进，江心洲规模向海侧推移近2 000 m，并形成多处入海沙嘴，河口淤积现象十分严重。这主要是由于河流搬运大量的泥沙进入海岸带，以沿岸流的方式加入海滩，河流泥沙量的变化将引起附近海滩泥沙的淤积。万泉河入海口沙堤形状发生了明显的变化，沙堤宽度整体变为较为细长，河口受到一定的侵蚀，原因是上游修建水库等造成泥沙来源的减少或海岸沉积物来源不足，入海口海岸发生了侵蚀现象。

2）潟湖萎缩

海南省的所有潟湖的面积都有不同程度的萎缩，潟湖沿岸的岸线大多被围垦用于养殖围塘，这主要是70年年代以来由于大规模围垦养殖用海的发展需求。在围垦的同时，潟湖内的红树林生态系统也受到很大的破坏，红树林是生长在热带、亚热带海岸河口地带的植物群落，它们耐海水浸泡、抗台风海浪侵袭，在维护和改善海湾、河口地区生态环境，抵御海潮、风浪等自然灾害和防治近海海洋污染及保护沿海湿地生物多样性等方面具有不可替代的作用，同时它还是海岸线的保护卫士，海南岛的红树林由于人们盲目开垦沿海滩涂而减少了50%～70%。如文昌八门湾、万宁小海和老爷海、陵水黎安和新村港、三亚的铁炉港、儋州的新英湾和澄迈的花场湾等。特别是铁炉港、老爷海和花场湾的红树林基本消失殆尽，保护相对较好的只有海口和文昌交界处的东寨港，该处养殖围塘面积相对较好，红树林生态系统基本未受到破坏，这主要是由于该区设置了国家级的自然保护区，人为开发活动较少。

3）港口岸线增长

海南岛的港口岸线明显得到增加。20世纪60年代，海南的港口岸线主要集中于海口秀英港、文昌清澜港、三亚港、东方八所港等，港口等级低，成规模性的只有秀英港和东方八所港。现今，码头港口岸线增加至50.8 km，形成了多个主要港口区，如海口港群，包括秀英港、马村港、海甸港、新海港等，港口吞吐量、泊位数和专业分区都有极大的提高。新建成大型港区洋浦港，拥有多个万吨级泊位，并以此形成了海南省最大的经济开发区－洋浦经济开发区。东方八所港港区规模也得到扩大，新建了西突堤码头。文昌清澜港也新建多个5 000 t以下的泊位，使其成为海南东部最大的港口。新建多个区域型港口，如琼海龙湾港、三亚南山港、临高金牌港等。渔港规模也得到很大的发展，如临高的新盈至调楼渔港群、文昌铺前渔港、清澜渔港、琼海潭门渔港、陵水新村渔港、东方八所渔港、儋州白马井渔港、乐东岭头渔港等。

4）海岸侵蚀

海南岛周边砂质岸线多数都存在程度不一的海岸侵蚀现象，侵蚀较为严重岸段的主要有海口新海村附近岸段、文昌椰林湾附近岸段、陵水土福湾附近岸段、三亚亚龙湾西侧和三亚湾东侧岸段、乐东龙栖湾附近岸段、东方八所港以南南段、临高临高角附近岸段。

5）海岸淤积

海南岛周边岸线淤积多处于河口入海口岸段、局部修建人工突堤岸段、万宁局部岸段、陵水与万宁交界处岸段等。

3.2.4.3 滩涂资源评价

1）滩涂资源开发利用存在的问题

（1）毁林建塘现象仍然存在。50年间，海南红树林面积锐减70%，毁林养殖就是造成这一结果的主要原因之一。目前，在文昌、三亚、新英港、临高东场和澄迈花场湾均存在塘（鱼塘）进林（红树林）退的现象，只不过现在的“塘进林退”不再是以前那种大规模的准政府行为，而是采取“蚂蚁搬家”的方式。

（2）超容量养殖造成环境污染。虽然海南各地海水质量总体优良，绝大部分海域水质都达到国家一类水质标准，但在局部区域，海水养殖设施过于密集，养殖超容量，因养殖造成的污染物的排放超过了当地海水的自净能力，使养殖海域富营养化。

（3）开发盲目性大，产业化规模化程度低。海南海水养殖业的发展几乎都是个人行为或企业行为，缺乏全方位的开发指导思想，产业发展盲目性较大，缺乏长远规划。“低、小、散”等问题还在一定范围内存在，社会化和组织化程度较低，渔业产业化水平和经济效益不高。

（4）科技投入不足，养殖技术发展滞后。渔业科技人员少，技术队伍的整体素质不高，科技创新能力较低，新品种、新技术、新方式、新方法难以推广与应用，加上养殖户分散，更增加了科技推广应用的难度，进一步制约了海水养殖业的发展。

（5）海洋综合管理和协调机制不完善，资源利用综合度不高，海洋管理人员少，监察执法力量不足，各自为政、无序开发的状况仍然存在。

2）滩涂可持续开发利用建议

（1）统一规划，合理布局。建立海南滩涂资源信息管理系统，对资源的利用现状和发展趋势进行预测分析，充分发挥区域资源优势，建立综合的、可持续发展的资源利用体系；制定滩涂开发总体规划，建立项目审批制度，科学指导各地的滩涂开发，切忌盲目投入、盲目发展和超容量生产，确保海南滩涂开发的可持续发展。

（2）以科技为依托，提高滩涂开发利用效益。单纯的经济增长并非意味着经济效益的提高，只有当总产出的增加大于总投入的增加时才表明在经济增长的过程中提高了经济效益。同理，在滩涂的开发利用过程中，只有经济效益的提高才能促使滩涂经济的不断增长。利用科学技术对滩涂开发进行科学的规划，确定产业方向、改善生产布局，实现生产的合理组织、产业结构和产品结构优化配置，提高滩涂资源开发利用的效果；在提高经济效益的同时，可以获得较好的社会效益和生态效益，提高滩涂开发利用的综合效益。

（3）建立健全海洋开发的法制化与规范化。加强海洋法制建设力度，把海洋开发纳入法制化、规范化管理的轨道，是促进海洋开发持续发展的法制保障。建设海洋开发综合性法规体系，建立专业的海洋开发综合性法规体系执法队伍，加强执法力度，真正做到有法可依、有法必依、执法必严、违法必究，使海洋、海岸资源管理逐步走上法制管理的轨道，发挥、优化海洋经济效益。

3.3 港口航运资源

3.3.1 港口航运建设条件

海南岛海岸曲折，港湾（海湾）众多。海南岛拥有大小港湾（海湾）68个，洋浦港、海口港、清澜港、新村港、三亚港和北黎湾等港湾面积较大、海水较深、腹地较为广阔，适合建设港口。目前，海南尚有40多处具有建港的优良自然环境条件，其中20多个港湾可辟为大、中型港口。这些港湾深水线靠近海岸，海域较深，岸线稳定，泊位码头地基好，水文条件优良，腹地经济发展潜力较大，多数港湾具有避风条件和丰富的淡水补给条件。

海南省的岸线自然条件状况呈以下特点：在地貌特征、地质构造上，北部、西北部和南部岸线具有较好的港湾条件，在气象、水文条件上，东部、南部是台风的主要影响区，风浪条件较差，而北部、西部因为受台风影响较小，风浪和泥沙条件相对较好。这就造就了海南港口岸线资源的分布格局，琼北、琼西北深水港湾多，建港条件较好，琼南、琼西南次之，琼东的港口岸线资源较少。具体如下。

琼北岸段：位于琼州海峡南岸，包括海口市沿海、澄迈县沿海、临高县部分沿海和文昌市部分沿海，岸线总长约361 km。海岸类型除南渡江河口附近的三角洲平原海岸外，大部分以台地溺谷岸为主，港湾众多，有金牌湾、马袅湾、澄迈湾、海口湾、铺前湾和木兰湾等。由于琼州海峡水流作用，大部分海湾水深条件良好，加之受台风影响较小，波浪较弱，泥沙来源不多，海湾有一定的掩护条件，本岸段建设深水港口岸线资源较丰富。

琼东岸段：包括文昌市部分沿海、琼海市沿海、万宁市沿海及陵水县部分沿海，岸线总长约527 km。这段海岸大多为沙坝潟湖海岸，较大的潟湖有八门湾、小海、老爷海、黎安湾和新村湾等。本岸段岸上地势低平，主要的入海河流为文教河、文昌河和万泉河等，年入海泥沙量约百万余吨。对本岸段影响最大的是台风，台风既可吹扬海岸沙体，直接搬运沙粒，又可以海上掀起巨浪，引起沙质海岸强烈的侵蚀或堆积，改变港湾尤其是潟湖港湾的地貌形态，总体上本岸段宜建港口的岸线资源较少。本岸段除潟湖港湾外，还有一些螺线型海湾，如龙湾、冯家湾和春园海等，其中龙湾岸线的建港条件较好。

琼南岸段：包括三亚市沿海和陵水县部分沿海、乐东县部分沿海，岸线长约287 km。这段岸线主要为山丘溺谷海岸，岸线曲折，港湾众多，山丘溺谷海岸有崖州湾、榆林湾、大东海、亚龙湾和陵水湾等，沙坝潟湖海岸有三亚湾和铁炉湾。本岸段泥沙来源较少，主要问题是受台风影响较大，在掩护条件较好的港湾岸线可以选择作为港口使用岸线。

琼西岸段：包括儋州市沿海、昌江县沿海、东方市沿海和乐东县部分沿海，海岸线长约442 km，本岸段岸线比较平直，昌化江以北以台地溺谷海岸为主，有港湾条件良好的洋浦湾和后水湾；昌化江以南以沙坝潟湖海岸为主，目前开发了北黎湾的八所港。西海岸受台风影响相对较小，港湾不多，天然屏障较少，港口岸线的选择主要考虑在洋浦湾和北黎湾岸段。

因此，海南岛的溺谷海岸，受河流泥沙影响较小，其溺谷湾的水深条件和掩护条件较好，一般可供兴建大中型港口选用，而沙坝潟湖海岸和平原海岸均不同程度受河流泥沙影响，沿岸泥沙运动活跃，普遍存在泥沙问题，水深较浅，一般只适合于兴建中小港口。

3.3.2 港口资源

海南省位于中国的最南端，内靠粤港澳深珠形成的华南经济圈外缘要地，外临东南亚地区，处于中国—东盟自由贸易区的地理中心位置。海南省（包括海南岛、西沙群岛、中沙群岛、南沙群岛等岛屿及其海域）是个岛屿型的省份，其经济是典型的岛屿经济，大量的生产、生活物资及市场、技术、资金、人才等因素在很大程度上依赖岛外。海运是海南省对外联系的主要运输方式，约98%的进出岛物资通过海运完成，因此，港口在海南省经济发展中占有重要地位，港口已成为海南省经济发展的命脉。

港口资源指符合一定规格船舶航行与停泊条件，并具有可供某类标准港口修建和使用的筑港与陆域条件以及具备一定的港口腹地条件的海岸线、海湾、河口和岛屿等，是港口赖以建设与发展的天然资源。根据“我国近海海洋综合调查与评价专项”（简称“908专项”）的调查成果，海南省的港口资源阐述如下。

3.3.2.1 海南省港口布局

1988年海南建省，并成立了全国最大的经济特区，经济得到飞跃式的发展，也极大促进了全省港口的发展。

进入21世纪，海南省经济快速发展，海南省港口也进入了快速发展时期，吞吐量快速增长。到2007年底，海南省沿海港口能力为：散杂货5 568 $\times 10^4$ t，滚装货600 $\times 10^4$ t，集装箱21 $\times 10^4$ TEU，旅客1 018万人次，滚装车辆111.3万辆。客货运输泊位124个，其中万吨级以上泊位28个，2007年海南省沿海港口完成货物吞吐量7 330.94 $\times 10^4$ t（2006年为5 444.28 $\times 10^4$ t），其中外贸货1 320.88 $\times 10^4$ t、集装箱41.44 $\times 10^4$ t、滚装汽车运量111.5万辆。至2008年，海南省已建成沿海港口码头总泊位153个，其中，万吨级以上深水泊位30个。沿海港口的快速发展对推动海南省经济区开放开发、促进海南省重大产业布局和临海工业发展起到了重要作用，对海南省经济社会发展和对外开放提供了有力保障。

海南省充分利用不同海岸线的资源情况、自然条件、依托不同特色的经济区域，形成了以“四方五港”为主的港口布局。即琼北海口港、琼西洋浦港和八所港、琼南三亚港、琼东龙湾港，并有清澜港、木栏港、乌场港、铺前港、新村港、金牌港等一批地方中小型港口作为补充的港口布局（图3.24）。

在琼北岸线上，分布有海口港为主要港口，以及金牌港、木兰港、铺前港等地方中小型港口。海口港地处海南省的最北端，与大陆最近，所依托的海口市是海南省的政治、经济、文化中心，是海南省经济最发达的地区，也是海南省综合运输网的中心。海口港承担了全省港口货物吞吐量的58.5%，集装箱吞吐量的69.5%，客运吞吐量的99.5%。另外，它还承担了全省全部国际集装箱和琼州海峡车客渡的运输，海口港事实上已经成为海南省最重要的枢纽港。

在琼东岸线上，因为受自然条件的限制，发展大型深水港较困难，故中小港口的意义尤其重大。分布有清澜港、龙湾港、乌场港三个主要地方货运港以及其他渔货两用的港口。其中清澜港靠近琼北地区，发展较早，是我国一类口岸港口；龙湾港和乌场港建设较早，但均因后方经济需求不迫切，港口建设中的问题，没有最终完工使用。根据琼东经济区规划以发展农副业、轻工业及“三来一补”加工业为主，建设清澜、乌场、龙湾等一批中小港，可以改善本地区的

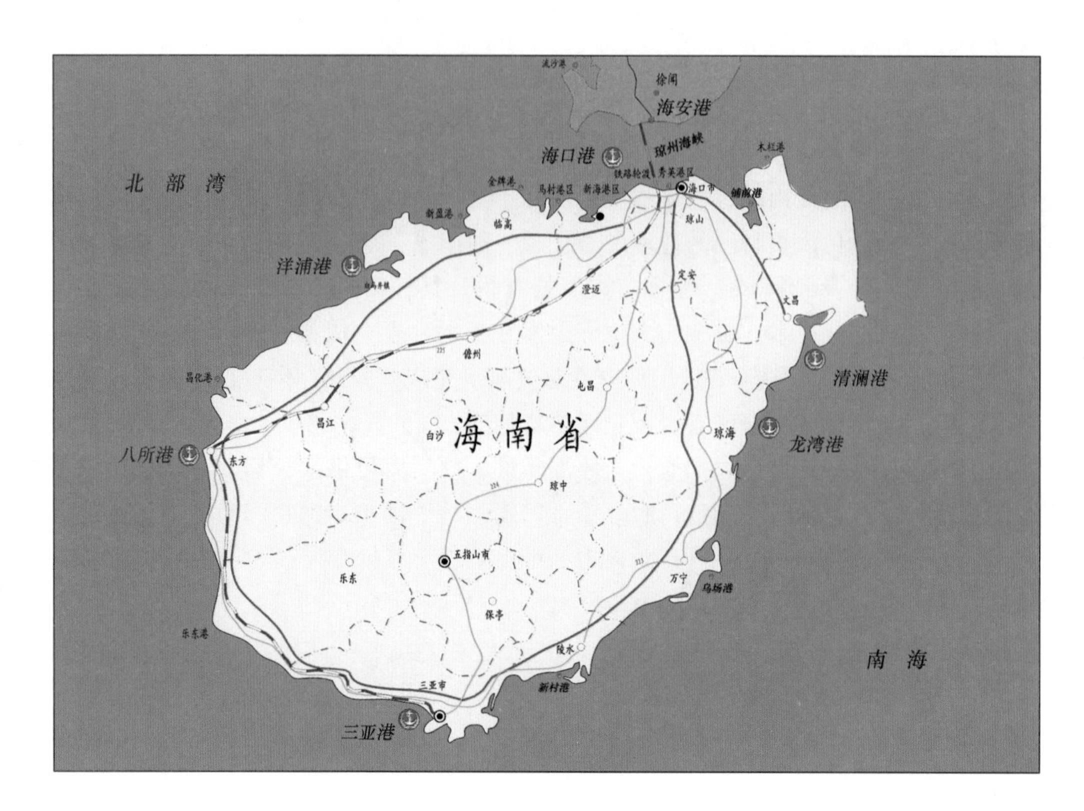

图 3.24 海南省主要港口布局图

运输条件，方便本地区的货物运输，从而改善琼东的投资环境，促进经济的发展。

在琼南岸线上，分布有三亚港为地区性重要港口，主要为琼南地区发展旅游业的客运以及地方物资运输服务。近年来根据城市发展要求，货运搬迁出市区，老港区转变成国内客运港区，新建的白排港区为国际客运服务。

在琼西岸线上，分布有洋浦港和八所港为地区性重要港口，以及新盈港、昌化港等地方中小型港口，主要为琼西工业带的大型工业企业、经济开发区和地方生活物资运输服务。其中洋浦港是海南省“七五”期间新建的深水港，自投产以来，其完成的货物吞吐量增长很快，主要为洋浦经济开发区服务；八所港主要为承担石碌铁矿的出口运输任务，另外还为其腹地经济提供综合性的水运服务。

以上除了海口港、洋浦港、八所港、三亚港、清澜港五个港口有比较完善的港口装卸设备，港口辐射服务范围较大外，其他地方小港设施均非常简陋，规模很小，有待进一步发展。

另外在海南岛以外的西南中沙群岛中，最大的岛屿——西沙永兴岛是海南省三沙市政府所在地，担负着西南中沙群岛人员的前沿服务基地的重要任务，军民生活物资需通过本岛向周边海岛运输。目前在利用永兴岛军港码头进行民用客货运输，为西南中沙群岛的开发和经济发展服务。

3.3.2.2 海南港口业发展现状

1）港口业经济总量迅速增长

2007 年，海南省港口货物吞吐量首次突破 $7\ 000\times10^{4}$ t，达到 $7\ 331\times10^{4}$ t，比 2002 年增

长了182.18%，比建省初期增长8倍；港航业总产值达到42.72亿元，比2000年增长了5倍；全省综合吞吐能力达到5 471 × 10^4 t，相当于2002年的5倍。2008年，全省港口货物吞吐量进一步增加到7 800 × 10^4 t，海口港跻身4 000 × 10^4 t港口之列，其货物吞吐量占整个海南货物吞吐量的58.8%；同时洋浦港跨入2 000 × 10^4 t港口之列，且比该港1998年的货物吞吐量增长了52倍（图3.25、图3.26、图3.27）。

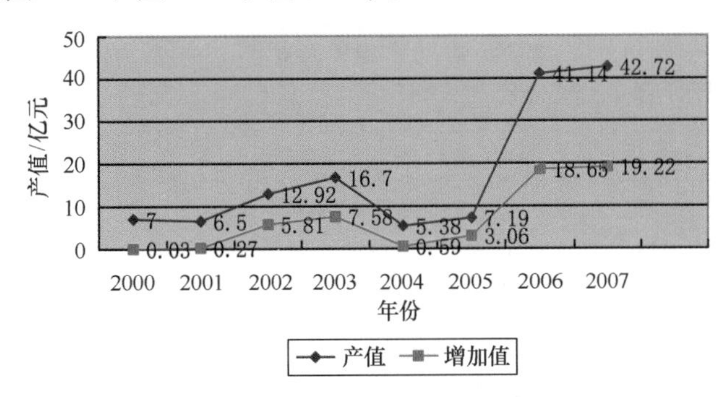

图3.25　2001—2007年海南省港航业产值业增加值变化图

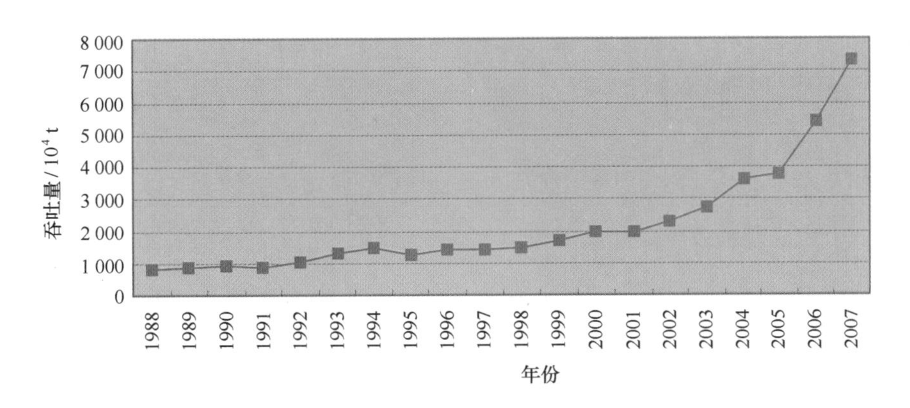

图3.26　1988—2007年海南省货物吞吐量的变化趋势

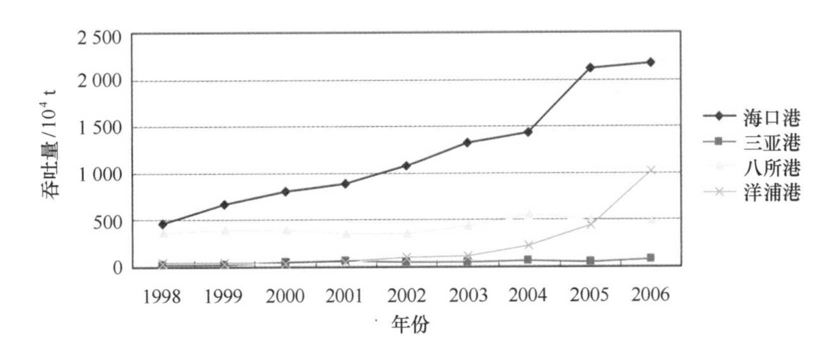

图3.27　海南省历年主要港口货物吞吐量

2）海南港口业基础设施及港航企业状况

至2008年，海南省已建成沿海港口码头总泊位153个，其中，万吨级以上深水泊位30个，分别比2002年增长了46.15%和76.47%。2007年全省沿海航道里程为31.73 km，比

2002 年增长 27.53%。全省港口集装箱吞吐量为 41 万标箱，比 2002 年增长 142.60%；外贸货物吞吐量为 1 320 $\times 10^4$ t，比 2002 年增长 877.78%（表 3.48）。新建成的洋浦炼化码头是目前我国最大的原油码头，最大可停靠 37.5 $\times 10^4$ t 油轮，是我国内地 4 个能够接卸 30 $\times 10^4$ t 油轮的原油码头之一。正在施工中的总投资 16.6 亿元的马村港区未来将发展成为以能源、集装箱、散杂货及危险品运输为主，设施先进、功能完善、文明环保的现代化综合性港区。

表 3.48　2002 年和 2007 年海南省港口吞吐能力比较

	2002 年	2007 年	2007 年比 2002 年增长
综合吞吐能力（$\times 10^4$ t/a）	994	5 471	450.4%
沿海航道里程/km	24.88	31.73	27.53%
集装箱吞吐量/（万标箱）	16.9	41	142.60%
外贸货物吞吐量/（$\times 10^4$ t）	135	1 320	877.78%

目前海南省拥有包括五大港口在内的各类港口共 19 个，初步形成了结构合理，设施较完备的现代化港口体系（表 3.49）。

表 3.49　2007 年海南省主要港口设施情况

港口名称	码头长度/米	泊位个数/个	万吨级	生产用泊位			综合吞吐能力/（10^4 t/a）
				码头长度/m	泊位数/个	万吨级	
洋浦港	3 854	17	9	3 854	17	9	3 312
八所港	1 729	10	7	1 729	10	7	680
海口港	5 268	61	6	5 268	54	6	1 354
三亚港	2 122	46	2	2 122	46	2	120

在政府补助资金及其他配套政策的带动下，海南省港航业形成了中央企业为主、地方企业为补充的投资格局。华能、金光、中石化、中海油等大公司纷纷投资建设专用码头，以满足新项目的运输需要。企业投资港口及企业专用码头积极性的不断增强，极大地促进了海南省港业基础设施建设。

2003—2007 年，全省港口建设的总投资达到 29.88 亿元，与上一个五年进行同口径比较，增幅达到 438.13%。尤其是近两年，海南省港口建设实际投资总额每年均保持在 10 亿元左右，2007 年全省港口航道建设总投资达到 10.3 亿元，比 2002 年增长了 199.42%。虽然受到全球金融危机的影响，2008 年仍完成投资 9.04 亿元。海南省港口建设投资由不足公路建设投资的十分之一，增至与公路建设实际投资总额基本相当，极大地促进了海南省港航业的发展，与海南省海洋大省的发展实际趋向吻合。

随着港口和码头建设的发展，航运企业数量也在不断增加。在沿海、近海、远洋运输方面，已建立起一支多种类、多层次、多功能、具规模的船舶航运队伍。2007 年全省水上航运企业达到 77 家，营业船舶 265 艘，总吨位达到 123 $\times 10^4$ t，分别比 2002 年增长 92%、179% 和 36%，2008 年海南新注册的航运企业继续呈现快速增长势头，截至 2008 年 11 月底，已批准筹建 29 家，新开业 9 家，新增营业船舶 22 艘，新增运力 52 706 载重吨。目前，全省专营和兼营海洋运输的公司达100多家。

为了应对国际国内港航业发展的新趋势以及激烈的市场竞争，海南省港航企业重组加快，效益明显提升。近年来，海南相继完成了琼北三港、八所港的重组改制，引进了中海油化学公司、中远集团、海南农垦、海南航空等国内外知名企业参与港航与物流发展。本土港航企业的外向型开拓意识明显增强，海南港航控股、国投洋浦港、八所港都已开展了向省内外输出港口管理承包业务。通过整合重组和改革开放，海南港航企业管理和经营水平得到了显著提升，经济效益显著好转，自我发展能力显著增强。

3.3.2.3 海南主要港口发展现状

1）海口港

海口港是我国沿海综合运输网中25个主要港口之一，是海南岛与大陆交通联系的咽喉，是海南省能源物资、原材料和外贸物资中转运输的重要港口。作为海南省水、陆对外联系的窗口和门户，处于海南省综合交通运输网的连接点和中心，在海南省的经济发展中具有特殊重要的地位和作用。

（1）码头现状

海口港经过多年的发展建设，已建成了一个初具规模的多功能的综合性港口，后备岸线较充裕，未来发展前景广阔。目前海口港有秀英港区、海甸港区、马村港区、新海港区共四个港区。共有生产性大中小泊位80个，其中万吨级以上泊位9个，总吞吐能力：散杂货818 $\times 10^4$ t/a，专业集装箱11.01 $\times 10^4$ tEU/a，旅客928万人次/a，滚装车辆103万辆。2005年全港完成货物吞吐量3 360 $\times 10^4$ t（含铁路轮渡量），其中汽车滚装运输（含铁路轮渡）完成的货物吞吐量为1 893 $\times 10^4$ t，集装箱吞吐量为21.68 $\times 10^4$ TEU，旅客吞吐量595.0万人次（含火车轮渡客运量）。

（2）航道和锚地

目前进出秀英港区、新海港区和海甸港区的航道，均为人工单向航道，进出马村港区的航道为天然航道。各个港区的航道均有完善的导助航设施，可供船舶昼夜通航。秀英港区航道长5.7 km，宽100 m，水深8.7～10.8 m之间；新海港区航道长661 m，底宽120 m，水深7.5 m；海甸港区航道长3.2 km，底宽40 m，水深2.5 m；马村港区航道连接中水道航段，走向为0°～180°，至马村11号和12号灯浮标中间处转向至港区内航段时，呈55°～235°走向。

目前，海口港在海口湾的秀英港区、海甸港区及马村港区设有明确的专用锚地共计12处。

（3）现状评价

海口港自然条件良好，可利用海岸线长82 km，海域湾阔水深，陆域平坦宽阔，适合大规模的港口建设。

海口港目前发展过程中存在的主要问题主要有：

- 海口港码头状况不适应水运运输发展的需要，也与其作为我国沿海主要港口地位不相称；
- 各港区的码头布置不合理，码头功能重复、分散、规模较小，港口的发展与城市的发展之间矛盾日益突出；
- 港口集装箱和海峡轮渡运输设施落后，通过能力严重不足，不适应现代运输发展的需要；

2）洋浦港

洋浦港于1987年由交通部投资兴建，位于海南岛的西北部，处于海南省西部工业走廊的中间地带，后方直接依托洋浦经济开发区。港口西临北部湾，毗邻东盟贸易区，处在东南亚海运主航线的中心位置，是我国距离马六甲海峡最近的港口。洋浦港作为国家一类开放港口，素有“水深、避风、回淤量少，可用岸线长”等特点，是海南天然条件优越的深水港口。

（1）码头现状

近几年来，洋浦经济开发区以油气化工、制浆造纸和保税物流为主体的产业架构已基本形成。洋浦拥有国内少有的天然深水近岸、避风良港，临海陆域平缓，深水岸线约50 km，可建（1～30）$\times10^4$ t码头泊位80多个，具有环北部湾地区建立大型港口的最佳条件。目前，洋浦港已建成（0.5～30）$\times10^4$吨级码头泊位16个，其中万吨级泊位9个，在建2×10^4吨级以上泊位5个，港口年吞吐能力将达4 000 $\times10^4$ t。2006年港口吞吐量实现1 016 $\times10^4$ t，2007年港口吞吐量达2 500 $\times10^4$ t。

洋浦港水域内设有：国投洋浦港码头、海南炼化专用码头、金海浆纸业专用码头、洋浦电厂简易专用临时燃油码头、干冲水产码头等五个码头区。其中：国投洋浦港码头的一、二、三期工程已建成1个3千吨级工作船泊位、2个2×10^4吨级多用途深水泊位、2个3.5×10^4吨级多用途泊位、1个3.5×10^4吨级集装箱泊位、3个2×10^4吨级散货泊位,；海南炼化专用码头已建成3个5 000吨级成品油泊位、1个10×10^4吨级成品油泊位、1个30×10^4吨级原油泊位；金海浆纸业专用码头已建成2个工作船泊位、1个5千 吨级木片泊位、2个5 000吨级通用泊位、1个2×10^4吨级散货泊位、1个2×10^4吨级通用泊位、1个3.5×10^4吨级散货泊位、1个5×10^4吨级木片泊位；洋浦电厂简易专用临时燃油码头已建成1个1×10^4吨级燃油专用泊位。

（2）航道和锚地

目前洋浦港已建成5×10^4吨级进港主航道长3 200 m，航道自然水深大多在10 m左右，呈东西走向。

洋浦港锚地区分布在洋浦航道外，儋州大铲礁南侧水域，共计6处，水深及避风条件好。

（3）现状评价

洋浦港目前发展过程中存在的主要问题主要有：

- 洋浦港发展现状与其作为沿海重要港口地位不相称；
- 公用码头通过能力不能满足吞吐量的快速发展需求；
- 码头布局不合理，功能重复、分散，政府管理较为薄弱；
- 岸线资源没有得到有效的利用；
- 港口的发展与开发区发展之间的矛盾日益突出。

3）八所港

八所港位于19°06′N，108°36′48″E，坐落于海南省西海岸的北黎湾，属于东方市，是海南省西部的重要工业港口，是以出口铁矿石、化肥、钢铁、木材、盐、轻工医药产品、化工原料和农林牧渔业产品，进口煤炭、石油等大宗散货、液体货和杂货为主，内外贸结合的综合性港口，是海南省建设“西部工业走廊”的重要依托。

（1）岸线利用现状

东方市海岸线北起北黎河，南至通天河，岸线总长约 24 km。除西侧的鱼鳞洲为岩礁外，岸线全为沙质海岸，目前利用情况如下：

港口码头岸线：鱼鳞洲以东约 600 m 为八所港码头使用岸线，其占用岸线长约 1 000 m；滨海公园东侧为八所港渔港，为环抱式港池，占用岸线约 630 m；最北端的北黎河入海口处为墩头渔港，使用岸线长约 500 m。

生活旅游岸线：北部海岸在滨海公园至新渔港、富岛宾馆和鱼鳞洲附近海岸，岸线总长约 2 500 m，为城市生活和旅游岸线。

自然岸线：除上述港口使用岸线和生活岸线已利用的 4 630 m 岸线外，其他岸线均未被开发利用，处于自然状态。

（2）码头现状

八所港是以出口铁矿砂，进口煤炭为主的综合性深水港，年通过能力为 415×10^4 t，全港现有生产性泊位 8 个，其中 1.8×10^4 吨级铁矿石泊位 2 个，码头岸线长 371 m；1×10^4 吨级杂货泊位 2 个，码头岸线长 370 m；1.5×10^4 吨级杂货泊位 2 个，码头岸线长 400 m；1 000 吨级工作船泊位 2 个，码头岸线长 271 m；全港码头岸线总长度 1 412 m。

随着海南省经济的不断发展，八所港运量也不断上升，从 1957 年的 11×10^4 t 发展到 1990 年的 431×10^4 t，创历史最高水平，2003 年为 425×10^4 t，港口吞吐能力及集疏运能力日趋饱和。

（3）航道和锚地

八所港进港航道为东西向，自口门至航道进口的灯标航道长 1 560 m，航道设计底标高为 −9.0 m，航道宽 120 m，乘潮时水深 10.2 ~ 11.2 m，乘潮满载通航最大船舶吨级为 1.8×10^4 吨级。

八所港现有三个锚地。

（4）现状评价

八所港目前发展过程中存在的主要问题主要有：

- 八所港现在部分设备较为陈旧，效率低下，增加装卸成本；
- 港区功能不够完善，尚无集装箱专用装卸设施；
- 油气等危险品装卸无专用泊位，且其管线穿越大部分港区，存在较大隐患；
- 港区及生活部分排水系统较混乱，雨污水合流排放，未经必要处理即直排海中，不符合环保要求；
- 部分泊位调配有待完善；
- 现有八所港（一港池）已无发展余地，必须寻求新的岸线发展新港池，以满足经济发展的需求。

4）清澜港

清澜港位于文昌市东南方，距海口市超过 90 km。港区处于八门湾潮汐通道的西岸，水域宽阔，港内风浪小，回淤较少，是自然条件优良的港口。自古以来，清澜港就是海南岛东海岸重要商港，有“琼州之肘腋”“文昌之咽喉”之美称，是海南东部水运物资集散地，是沟通西沙群岛、中沙群岛和南沙群岛的重要枢纽。

（1）码头现状

清澜港是一个综合性港口，现有码头包括清澜新港、清澜渔港、轮渡码头、公务码头等，主要码头设施分布在八门湾潮汐通道的西侧。

清澜新港现有的生产性泊位为1个5 000吨级和2个500吨级货运泊位。码头总长度260 m，综合通过能力50×10^4 t/a。为了适应市场的需要，1991年将5 000吨级货运泊位改为油气泊位。改变用途后，5 000吨级油气泊位接卸的货物主要有液化石油气、柴油、汽油等，平均每年卸油量为6×10^4 ~7×10^4 t。500吨级货运泊位主要运输货种为石英砂、木材和少量杂货。

清澜渔港是海南省东部避风和水深自然条件比较好的商业、渔业综合性港口，是国家一级渔港。1996年经过改造扩建后，码头岸线长426 m，码头工作面17 246 m^2，渔船泊位23个，渔港陆域面积200亩，港池面积1 245亩。渔汛期间，来自广东、广西、海南、港澳等地的渔船高达2 000艘，渔港年货运量在10×10^4 t以上。

清澜潮汐通道西侧的轮渡码头后方与清澜镇区相邻，它与东郊的两个轮渡码头一起承担清澜与东郊镇之间的水路交通运输。2006年车客渡运输量为42.6万人次和11.2万车次。

公务码头包括海警码头和海关码头，码头岸线长约360 m。

（2）航道和锚地

清澜港进港航道位于八门湾潮汐通道内，2007年航道按5 000吨级航道整治扩建后，航道宽度为68 m，底标高-7.3 m。

清澜港锚地区现有三个锚地。

（3）现状评价

清澜港目前发展过程中存在的主要问题主要有：

- 码头专业性不高；
- 码头等级和规模偏小；
- 港口货种结构不平衡；
- 码头等级和进港航道等级不匹配；
- 港口岸线、港口建设和发展用地规划不明确，与周边其他城市功能区相互影响；
- 油气泊位处于港区中部，影响宝贵港口岸线的充分利用；
- 疏港通道穿过城区，影响城区交通环境。

5）三亚港

三亚港是海南省的地区性重要港口之一和地区综合交通体系的重要枢纽，是三亚市及琼南地区经济社会发展和对外开放的重要依托，是海南省发展旅游事业的重要窗口。

三亚港经过多年的发展建设，已建成了一个初具规模的综合性港口，目前三亚港有三亚港区、南山港区、红塘港区、梅山港区共四个港区。

三亚港区是由三亚港与白排国际客运中心组成新的港区，位于三亚河河口及其西侧的白排礁人工岛附近海域，背依三亚市，港内风浪小，为天然良港。三亚港区现有泊位7个，其中500吨级泊位2个，1 500吨级泊位1个，5 000吨级泊位2个，客运和杂货泊位各1个，白排国际客运码头位于白排礁附近海域，在对白排礁进行人工围填形成人工岛的基础上建成，现有10×10^4吨级游轮泊位1个。

南山港区位于三亚崖州湾内，南山岭的西侧沿岸，现有海军南海舰队1 000吨级油码头1

座，中国石油化工总公司“崖13-1”天然气田陆上终端基地，建有10 000吨级输油码头1个。

红塘港区位于三亚红塘岭南侧岸边，现有10 000吨级码头1个和相应的储油及加工库房，专为三亚凤凰机场提供航空燃油。

6）龙湾港

龙湾港位于琼海市长坡镇和潭门镇交界处，陆域平坦，海域宽阔，港口自然水深12～18 m，该港具备建深水港的自然条件，是海南东部为数不多的天然深水港。

目前，海南龙湾港集团有限公司已投资1.8亿元人民币，完成了龙湾港一期工程建设，已建成1个1×10^4吨级泊位和1个工作船泊位，已初步形成港口生产能力和具备运营条件。

3.3.3 航道资源

航道是指在内河、湖泊、港湾等水域内供船舶安全航行的通道，由可通航水域、助航设施和水域条件组成。按形成原因分天然航道和人工航道，按使用性质分专用航道和公用航道，按管理归属分国家航道和地方航道。

3.3.3.1 海南岛沿海不同水深海域面积

据最新调查统计，海南岛沿海0～50 m以浅海域空间资源总面积为17 113.00 km^2，其中0～2 m等深线的海域面积为304.49 km^2、2～5 m等深线的海域面积为1 188.19 km^2、5～10 m等深线的海域面积为1 433.52 km^2、10～20 m等深线的海域面积为3 355.63 km^2、20～30 m等深线的海域面积为4 753.99 km^2、30～50 m等深线的海域面积为6 077.18 km^2。海南岛沿海海域面积见表3.50，海南岛沿海海域水深分布见图3.28，海南省沿海航路分布见图3.29。

表3.50 海南岛沿海海域不同水深面积统计表

范 围	面积/km^2
0～2 m等深线	304.49
2～5 m等深线	1 188.19
5～10 m等深线	1 433.52
10～20 m等深线	3 355.63
20～30 m等深线	4 753.99
30～50 m等深线	6 077.18
总计	17 113.00

3.3.3.2 海南岛沿海通航环境

1）琼州海峡及附近

琼州海峡位于雷州半岛与海南岛之间，宽约10～20 n mile，长约50～60 n mile，是广州、湛江等港与北部湾各港海上交通的捷径。

琼州海峡东口及附近遍布浅滩，外伸约20 n mile，主要浅滩 有罗斗沙及其西北方各浅

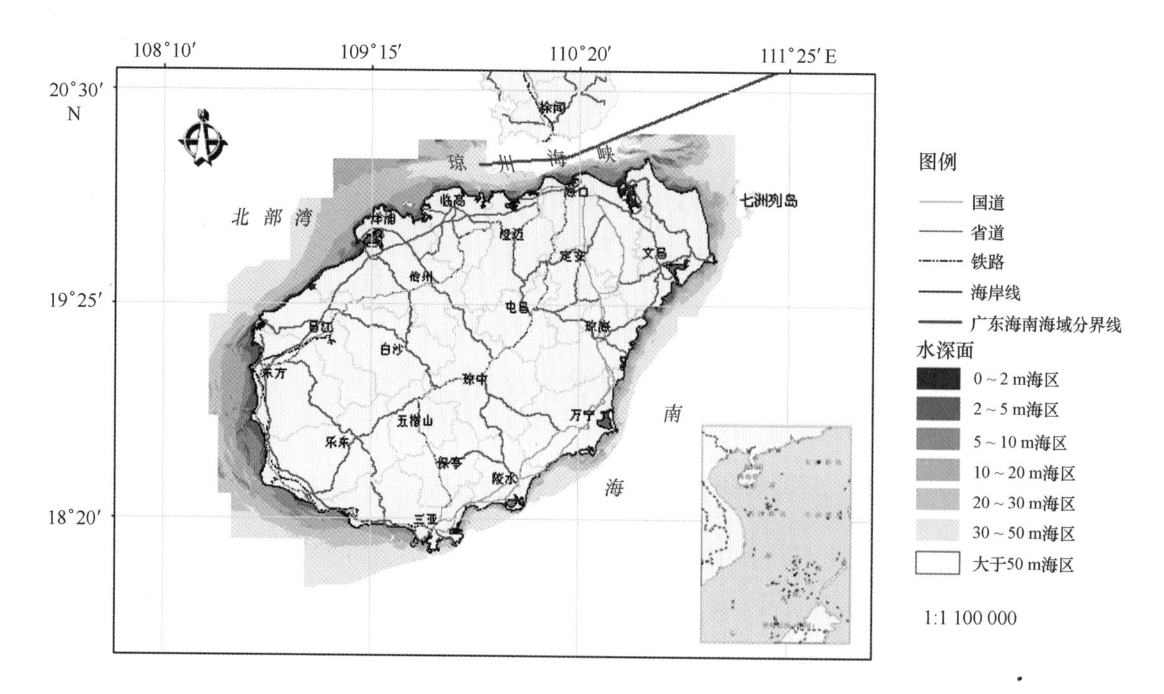

图 3.28　海南省近海海域水深分布图

滩、西北浅滩、西方浅滩、北方浅滩、南方浅滩、西南浅滩、出水浅滩等，各浅滩之间有外罗水道、北水道、中水道、南水道等四条可航水道。

琼州海峡中部是指山狗吼灯桩南北线以西、灯楼角与临高角连线以东水域，该水域水较深，约为 20～118 m，碍航物较少，但海底起伏较大。沿岸及海湾附近水较浅，两岸自然目标较多，夜航设备完善。

琼州海峡西口是指灯楼角与临高角连线以西、兵马角南北线以东水域，该水域是来往于琼州海峡，驶往八所港、三亚港等地的转向点，也是北部湾各港的转向点；该海区内散有浅滩，航行时应注意。

灯楼角以北沿海陆地地势平坦，自然目标和助航标志较少，南岸多高山，且人工助航标志完善。

2）海南岛东岸

自抱虎角至大花角为海南岛东岸，沿岸缺乏良好的港湾锚地，自然目标稀少，间或有孤立的山峰。沿海附近，北端有七洲列岛，南端有白鞍岛（棺材岭）、大洲岛等岛屿。沿岸水较深，碍航物较少。在铜鼓咀南方约 10 n mile 处有螺泥岩，距西侧海岸约 10 n mile，其水深仅 1.9 m，对航行影响较大。

沿岸主要港湾有清澜港、博鳌港等，其中以清澜港较好，为国家一类开放港口，可避 10 级以下台风。

3）海南岛东南岸和南岸

以大花角至莺歌咀为海南岛的东南岸和南岸，海岸略为弯曲，形成几个大海湾，近岸陆地自然目标较多，沿岸有一些零星岛屿，水深较深，且人工助航设备较完善，因此船舶可昼夜航行。

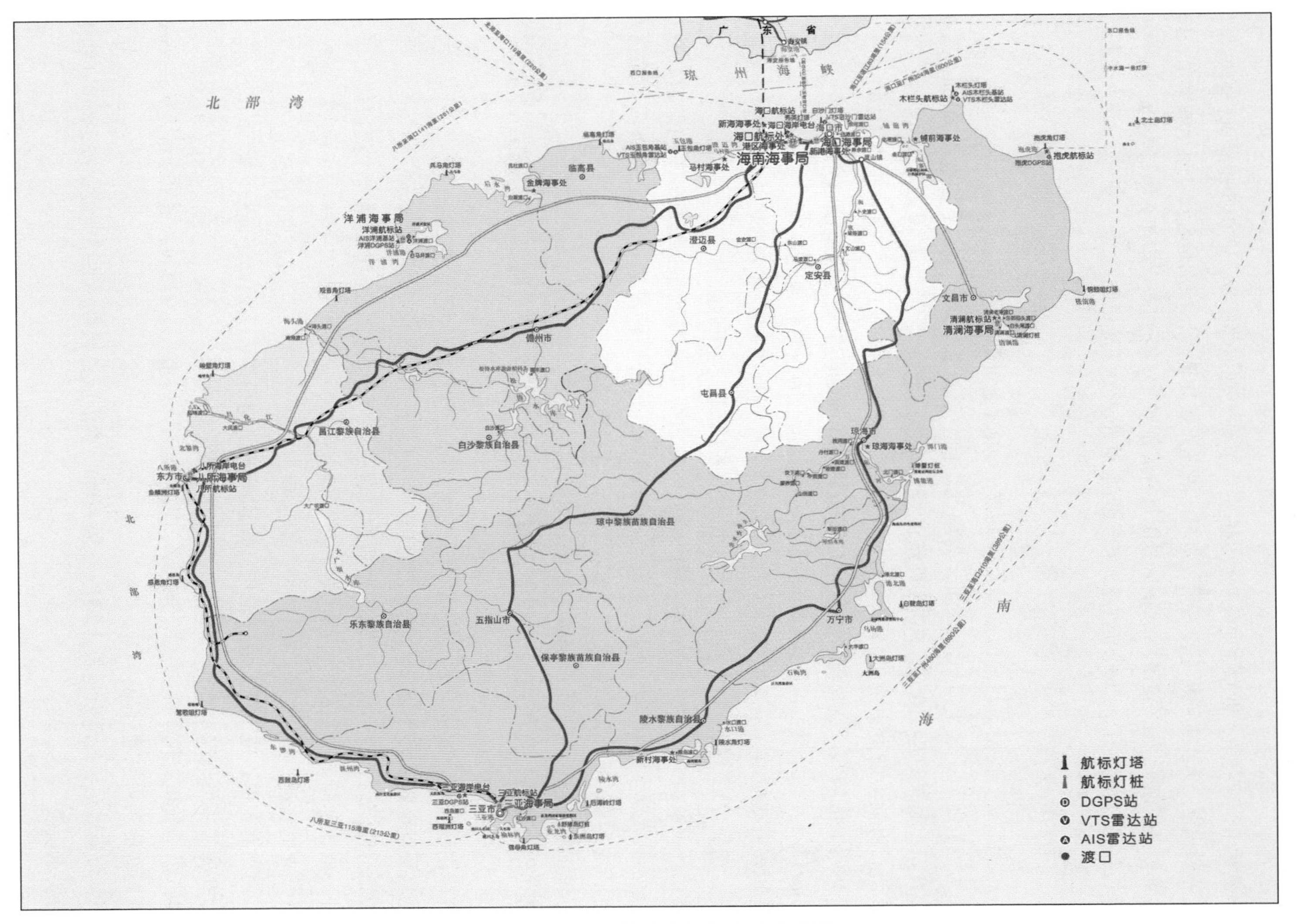

图3.29　海南省沿海航路分布图

在马骝角至陵水角的沿岸附近，有几处暗礁和险礁，南山角至莺歌咀一带多浅滩、沙洲，其他海区碍航物较少。

4）海南岛西岸

自莺歌咀至兵马角，近岸陆地除少数山丘外，其余大部地势平坦，高山距岸较远，自然目标较少且不易识别。人工助航标志多灯塔、灯桩。沿岸碍航物较多，特别是自莺歌咀至峻壁角一段，浅滩、渔栅多，在感恩角西方约8 n mile处附近有湍急流，对船舶航行影响较大，须注意。

该港区港口主要有八所和洋浦港，均为国家对外一类开放港口。

3.3.3.3 海南岛现有航道资源

根据船舶航行需要，目前海南岛沿海共有15条航道资源。

①秀英港航道：位于海口港西面，为南北走向。航道长2 300 m，平均宽度80 m，最大宽度200 m，水深约8～10 m，5 000吨级的轮船可进出港。

②海口海甸港航道：位于海口湾海甸溪口门区域，为东西走向。进港航道3 200 m，宽40 m。内港航道顺直，波稳流缓，航道口有长约940 m的防护堤，导航设施完善。

③海口新海港航道：位于海口市澄迈湾的东北角，为东西和南北走向。

④琼州海峡航道：位于琼州海峡中间海域，由琼州海峡通航水域内实施的船舶定线制的分隔带、通航分道、警戒区、避风区和沿岸通航带组成，为东西走向。

⑤清澜港航道：位于文昌清澜湾潮汐通道区，为南北走向。进港航道为单向航道，总长5 400 m，航道按5 000吨级设计，有效宽度为68 m，设计底标高为－7.3 m。目前该航道水深已可满足5 000吨级船舶航行，千吨以下船舶可昼夜通航。

⑥铺前港航道：位于海口铺前港出海口处，南北走向，长度达3 660 m。

⑦龙湾港航道：位于琼海龙湾港出海口处，为南北走向。航道为单向航道，航道宽200 m，水深6～12 m。

⑧潭门港航道：航道有效宽度60 m，长2 310 m，设计底标高－3.5 m。

⑨乌场港航道：位于万宁乌场港出海口处，为南北走向。

⑩新村港航道：位于陵水新村潟湖潮汐汊道及口门外海域。新村潟湖潮汐汊道狭长，水深条件一般，走向偏西，口门外航道走向折为偏南。

⑪三亚港航道：位于三亚河河口外，为西南走向；

⑫南山港航道：位于三亚崖州湾内，南山岭的西侧沿岸，为西南走向；

⑬红塘港航道：位于三亚红塘岭南侧岸边，航道偏南；

⑭八所港航道：位于东方八所港北部，走向偏西，航道长1 900 m，宽120 m，水深9 m，2×10^4吨级船舶可乘潮进出港口。

⑮洋浦港航道：进港航道长3 200 m，宽40 m，内港航道顺直，波稳流缓，按5×10^4 t级船舶航行要求疏浚。

3.3.4 锚地资源

锚地是在水域中的指定区域专供船舶停泊或进行水上装卸作业、避风防台的作业场所。锚地按位置可划分为港外锚地和港内锚地，港外锚地供船舶候潮、待泊、联检及避风使用；

港内锚地供停泊或水上装卸作业使用。按功能可划分为候潮、引航、检疫、避风、装卸、危险品、熏蒸、油船、货舱、军用和防台等多种锚地。

根据海上交通安全的需要和《中华人民共和国海上交通安全法》的有关规定，及满足船舶停泊、作业、避风的需要，海南省沿海各港口及港湾的锚地划定如下。

①海口港锚地区：位于海口湾海域，是秀英港、海甸港和军港的共用锚地。共有锚地5个，分别是：1号过驳作业锚地，可停泊3艘万吨级轮船；2号过驳作业锚地，可停泊3艘5 000吨级轮船；3号过驳作业锚地，可停泊3艘1 000～5 000吨级轮；4号引水检段锚地，可停泊500～1 000吨级轮2艘；5号危险品锚地，可停泊200～500吨级轮1艘。

②琼北港锚地区：位于海口美兰区铺前湾，规划锚地4个，包括：北港岛东侧锚地、铺前西侧锚地、浮水堆东南锚地和三合河口锚地。

③清澜港锚地区：位于文昌市清澜湾。水深4～9.4 m，是一个天然锚地，能避10级以下热带气旋，可停泊千吨级船舶。

④清澜渔港锚地区：位于文昌市八门湾海域。八门湾为潟湖港湾，风平浪静，避风条件好，水深一般，但能满足渔船停泊需要。

⑤龙湾港锚地区：位于琼海市龙湾港内。该区域水深20～28 m，底质为沙及珊瑚碎石。

⑥新村港避风锚地区：陵水新村港实质上是一个典型沙坝－潮汐汊道－潟湖海岸体系，港区水域宽阔，周围群山环抱，是海南岛上不可多得的天然避风良港。新村港避风锚地区位于港内水深条件较好的口门内中部海域，为季节性（热带气旋季节）避风锚地。

⑦三亚港锚地区：位于三亚河河口外白排礁和东瑁洲岛之间，以及三亚湾沿岸和东、西瑁洲之间海域。

⑧红塘港锚地区：位于三亚红塘湾海域。

⑨八所港锚地区：位于东方八所港外西北部海域，分为检疫锚地、引航锚地和避风锚地等。

⑩白马井渔港锚地区：位于儋州新英湾内，是白马井镇渔船停泊和避风的主要场所。

⑪洋浦港锚地区：分布在洋浦航道外，儋州大铲礁南侧水域，水深及避风条件好，为海事部门划定的锚地区。

⑫后水湾锚地区：位于儋州邻昌礁南侧水域，该区风浪小，底质适宜，海流弱，为海事部门划定的锚地区，也是当地渔船传统的停泊避风区。

3.3.5 港口航运资源的开发利用

3.3.5.1 利用现状评价

1）港口资源利用现状评价

（1）港口岸线开发利用速度快，但发展不平衡。经过改革开放30多年的建设，特别是海南建省办大特区以来，随着外向型经济的发展规模进一步扩大，港口吞吐量的增长加快，港口的多功能化和规模的不断扩大使用了越来越多的岸线，特别是海口港秀英港区，相继扩建了二期和三期码头的泊位。但港口岸线的使用存在不平衡现象，琼北岸段的海口市沿海和琼西岸段的洋浦开发区沿海、东方市八所沿海的港口岸线得到有效的开发，而琼东岸段和琼南岸段的开发利用由于受自然条件的限制，开发速度较慢，如清澜港和三亚港，基本上在原岸线基础上进行港口的改扩建，琼东岸段的龙湾港及乌场港等港口岸线还没有得到有效的开发利用。

（2）深水岸线开发推动了产业布局。海南省的深水岸线主要集中在琼北岸段和琼西岸段，为了适应海南西北工业走廊的产业布局要求，大量的深水岸线开发用于建设深水泊位，琼西、北部的洋浦港、八所港、海口港马村港区、海口港秀英港区等相继新建或改扩建了部分泊位，促进了海南省生产力布局。

（3）养殖业是海南省占用岸线比重最大的行业，近年来发展迅猛，经济效益明显，已经成为沿海大多市县的主导产业，而且今后的发展潜力仍然很大，因此对岸线的需求也日渐强烈。目前，养殖业的发展对港口岸线产生了一定的影响，特别是岸上养殖如高位虾池和滩涂围填养殖等，在一定程度上改变了岸段的自然属性，使部分本来适宜港口建设岸段的水动力条件和岸滩演变机制发生变化。

（4）港口开发中盲目占用岸线、资源浪费的现象仍有发生。海南省北部、西部地区具有良好的港口建设条件，早期开发中各企业集团为了各自的利益盲目占用岸线，分散布置了石油、水泥、粮食等码头，深水岸线没有得到有效的利用，重复建设现象较严重。

2）港口发展现状综合评价

（1）港口的地位与作用

①港口是海南省经济社会和对外贸易发展的重要基础。海运是海南省对外经济联系的主要运输方式，约98%的进出岛人员、货物通过海运（含轮渡滚装运输）。2007年海南省完成GDP 1 229.6亿元，港口货物吞吐量7 330.90 $\times10^4$ t，对外贸易73.58亿美元，外贸货物吞吐量132.88 $\times10^4$ t。货物的运输强度（货物吞吐量/GDP）为5.96，远大于全国2.6的平均水平；外贸运输强度（外贸货物吞吐量/外贸进出口额）17.8，远大于全国8.5的平均水平。海运是海南省经济的命脉，港口在全省的经济发展中具有举足轻重的作用。根据1990—2007年数据分析，海南省港口货物吞吐量与全省地区生产总值高度相关，相关系数为0.94，港口是经济社会和对外贸易发展的重要基础。

②港口在新兴工业省的产业布局建设中发挥着先导作用。借鉴世界上成功发展岛屿经济的经验，海南省在大力发展热带农业及热带旅游业的基础上，重点突出临海型工业的发展，港口在各具特色的产业布局中发挥先导作用。在琼北、琼西，沿海地区具有良好的深水港口资源，但土地较贫瘠，农副业欠发达，可利用港口资源在海口、洋浦、八所等沿海城市和地区建立开发区、保税区和加工园区等，依托海口港、洋浦港、八所港等港口，发展油气化工、汽车、化肥、水泥、造纸等临海型工业。在琼东，沿海地区土地肥沃，是热带农作物和旅游业的发展区，但港口建设条件较差，可利用便利的公路运输和海口港的优良资源，发展集装箱、冷藏保鲜、快速客运运输。在琼南，沿海地区具备良好的旅游资源，港口主要为客运、邮轮服务。

③主要港口发挥综合运输的枢纽作用。海南省已形成以海口市为中心，向周边辐射的环岛高速公路、铁路的综合运输骨架，通过海口港由海峡客车轮渡、粤海铁路轮渡与大陆综合运输体系衔接。海口港是人员和物资的集散地和综合运输的重要枢纽，汇集了公路、铁路、海运等多种运输方式，2007年海口港完成的货物吞吐量占全省的58.5%。与西部铁路、公路衔接的八所港、洋浦港完成货物吞吐量占全省的32%，港口也起到了水陆转运的枢纽作用，港口在综合运输体系中发挥的作用明显。

④港口是海南省沿海城市经济发展的基础。目前，海南省的临港城市都已经发展成为区

域性的经济、旅游中心，比如海口市的生产总值、财政收入均占全省的1/3以上。澄迈县老城开发区依托海口港马村港区的地理优势，发展成为全省占地面积最大，以汽车、加工制造业为主的经济开发区。东方市依托八所港和海上油气田，正在建设全国最大的天然气化工城。洋浦经济开发区依托洋浦港成为中国南方重要的石油加工和石油化工、林浆纸一体化基地。三亚市依托三亚港的 10×10^4 吨级国际邮轮码头，改变了海南省不能停靠国际邮轮的历史，成为琼南旅游业发展的重要基础。

（2）港口发展目前存在的主要问题

①码头基础设施落后，结构不合理。与全国沿海港口相比，海南省港口发展处于相对落后的状况。全省公用码头能力不足、超负荷运行，深水泊位比例太小，尤其是作为全国主枢纽港的海口港，仅有3个公用深水泊位。大型专业化的深水煤炭码头短缺，北方地区调入煤炭只能利用2万~3万吨级船舶运输，增加了运输成本。集装箱运输起步较晚，但增长很快，“十五”期间平均增长率为48.3%，主要装卸集装箱的海口港和洋浦港的集装箱泊位较少，专业化程度低，配置简单，装卸效率不高。全省至今没有化学危险品专用泊位，每年近 20×10^4 t化学危险品基本上以小船运输，靠泊杂货码头作业或以零担方式用汽车运进岛内，存在安全隐患。作为旅游大省，现有的客运专用码头和配套设施能力不足，而且标准低，乘运环境差，与海南旅游大省的地位极不相称。由于资金筹措等方面的原因，港口航道等公用基础设施的建设步伐长期滞后于港口发展需要量，难以满足快速增长的运输需要。

②港口布局有待完善。海南省已经初步形成了分层次的港口布局，但作业区散乱、功能不突出、专业化不强仍然是港口布局中的主要问题。海口港秀英港区、海甸港区受城市包围，已无发展余地，2007年全省港口货物吞吐量有34.3%是通过海峡轮渡的运输方式完成的，停车场能力不足，集疏运条件差，两个港区承担的车客滚装业务与城市的干扰越来越大，而规划布局的新海车客滚装港区尚未形成。历史形成的海口港、三亚港、八所港等老港区以及新建的洋浦港都面临着城市建设的包围，港口布局和功能需要调整的任务艰巨。

③港口对经济和社会发展的拉动作用尚未充分发挥。目前，全省港口活动仍主要局限于装卸、堆存等传统领域，虽建立了一些开发区、保税区和产业园区，但总体规模较小，港口与各类经济区之间只发挥运输服务功能。同时，港口的信息服务水平较低，与开展包括航运交易、货品交易、信息发布等在内的社会化信息服务的要求还有很大的差距；与港口运输关系紧密的贸易、金融、物流等企业规模小、布局零散、服务层次较低。受这些因素影响，港口在地区经济和社会发展中的作用尚未充分发挥出来。

④港口岸线没有得到有效的利用。由于缺乏统一和有效的管理，造成了港口布局分散，岸线使用混乱甚至浪费的后果，使港口岸线资源更加稀缺。如海口港马村港区的东部岸线，由六家不同业主将岸线瓜分，基本无再发展的余地，而且已经形成了重复建设的局面。港口岸线作为一种不可再生的资源，必须加强管理、合理布局、综合利用。

3.3.5.2　港口航运发展潜力与方向

未来海南省将按照“南北带动，两翼推进，发展周边，扶持中间”的区域经济发展思路，将海南岛划分为“琼北综合经济区、琼南旅游经济圈、西部工业走廊、东部沿海经济带、中部生态经济区”五个功能经济区。海南将发挥地理位置的优势，在“泛珠三角”区域经济以及中国与东盟的“10+1”自由贸易区等发展中，利用海南靠近国际航路的优势，发挥港口在区域货物交流、地区性物流发展中的重要作用。

根据《海南省港口总体布局规划》（海南省交通厅）提出的港口布局规划，海南省沿海港口以海口港为主要枢纽港口，洋浦港、八所港、三亚港、龙湾港为地区性重要港口，并相应发展清澜港、木栏港、金牌港、乌场港、新村港等一批地方中小型港口，逐步形成沿海港口分工合作、协调发展的分层次港口发展格局。具体的分区域港口布局规划如下：

1）琼北地区

琼北地区海岸线长约361 km，沿海分布有海口市沿海、澄迈县沿海、临高县部分沿海和文昌市部分沿海，目前主要有海口港、铺前港和金牌港。琼北港湾众多，有金牌湾、㠣湾、澄迈湾、海口湾、铺前湾和木兰湾等，发展深水港口的岸线资源较丰富。

海口港是我国沿海综合运输网中25个主要港口之一，规划发展成为现代化、多功能的综合性港口和环北部湾地区重要的物流中心。海口港可利用的岸线主要为海口湾底部的秀英港区岸线和澄迈湾的东部岸线。由于海口湾内的秀英港区和海甸港区均位于市区中心，港口的发展受到城市发展的严重制约，根据城市发展规划要求，这两个港区将调整功能：秀英港区为将来的海口港的国内、国际客运专用港区及海口港支持系统码头基地，海甸港区则发展游艇休闲码头及海上观光娱乐码头功能。货物运输今后将主要集中于澄迈湾的东侧岸线，其中新海港区为专用汽车及火车滚装轮渡码头区；马村港区为未来海口港的综合性港区和临港工业港区，后方布局发展港口综合物流中心区。

琼北众多港湾将根据运输和资源开发需要布局建设小型码头，其中铺前港和金牌港为地方中小型港口，以地方散杂货运输和滚装运输为主；此外，地方资源开采和工农业建设可适当建设相应码头，例如木兰湾将为石英砂开采建设出运码头等。

2）琼东地区

琼北地区海岸线长约527 km，沿海分布有文昌市部分沿海、琼海市沿海、万宁市沿海及陵水县部分沿海，这段海岸大多为沙坝潟湖海岸，少部分螺线型海湾，地势低平，台风影响较大，台风将引起沿岸泥沙的剧烈搬移，改变地貌形态。总体上港口建设条件较差，部分有一定掩护条件的潟湖和螺线型海湾可发展建设港口。

为开发琼东地区港口资源，近年来海南省重点对龙湾岸线的建港条件进行大量的研究，龙湾港可利用其螺线型海湾的地形和建设防波堤形成一定的掩护条件，建设万吨级深水码头，主要为海南省东部区域经济发展服务，同时也为周边地区的物资运输服务，并依托港口形成临港产业基地。今后可利用其靠近国际航线的优势，逐步发展成为国际大宗货物中转的大型深水港口。

琼北地区是我国重要的反季节瓜菜基地、热带高效农业基地，具有丰富的旅游资源，由于港口建设条件的限制，利用潟湖海湾建的清澜港、乌场港等港口规模较小，今后主要以发展散杂货运输为主。

3）琼南地区

琼南地区海岸线长约287 km，沿海分布有三亚市沿海和陵水县部分沿海、乐东县部分沿海，岸线曲折，港湾众多，受台风影响较大，主要有三亚港和一些中小型码头。

琼南地区旅游资源丰富，三亚市是海南省著名的热带滨海旅游胜地；琼南地区还是全省的繁育种基地、反季节瓜菜基地、热带高效农业基地，并在大力发展高科技型、环保型的新兴工业以及农产品加工工业。

三亚港是海南省地区性重要港口，作为海南省南部经济区的主要依托港口，应为区域内的经济发展建设提供高效的运输服务。因此，三亚港的发展重点是为旅游业服务，主要发展旅游客运，同时也适当发展货运运输，并为当地凤凰机场供油、海上油气生产材料运输服务。

4）琼西地区

琼西地区海岸线长约442 km，沿海分布有儋州市、昌江县、东方市和乐东县，目前主要有洋浦港和八所港。琼西地区的岸线比较平直，掩护条件较差，但是港口水深条件较好、受台风影响相对较小，具备发展临港工业的条件，是海南省重点发展的西部工业走廊，已经依托港口开发建设了石化、电力、造纸等大型企业。

洋浦港处于海南省西部工业走廊的中间地带，是海南省的地区性重要港口，主要为洋浦经济开发区服务，同时也为琼西工业带的工业发展以及周边地区的物资运输服务。洋浦港可利用洋浦角以北的外海深水岸线和后方土地资源建设大型工业港；也可利用洋浦湾内良好的掩护条件，发展综合性的公共港区。

八所港琼西海岸的北黎湾，属于东方市内，腹地有国内著名的石碌铁矿，南临莺歌海天然气田。八所港主要为石碌铁矿石的出运、中海油东方化工城的石化产品运输、企业物资运输以及周边市县的经济发展和货物运输服务，是海南省西部的重要工业港口。目前在八所港老港区的基础上，以电厂码头建设为起步期向南开发新的港区。

3.4 矿产资源

海南省矿产资源丰富、种类较多，约有90种。全国标明有工业储量的148种矿产，海南有67种，其中43种列入全国矿产储量。在国内占有重要位置的优势矿产主要有锆英石、钛铁矿、石英砂、天然气、蓝宝石、水晶、铝土、油贡岩、化肥灰岩、玄武岩等10种。其中，以质优、品位高闻名国内外的石碌铁矿，储量约占全国富铁矿储量的70%，最高品位达68%居全国第一，也是亚洲最大的富铁矿场；钛铁矿储量占全国的70%；锆英石储量占全国60%。此外，金、钼、铜、铅、锌、稀土、稀有金属、水泥灰岩、花岗岩石材、矿泉水、地热水等亦具有重要开发价值。

海南省拥有海南岛和西沙群岛、中沙群岛、南沙群岛及其周边 200×10^4 km² 海域管辖权，海岸带及近海海域最具优势的矿产资源主要是海砂资源和油气资源，其他矿产资源主要有角闪石、云母、褐铁矿、电气石、石英、绿泥石、绿帘石、火山泥、生物屑碳酸盐矿、黏土矿物型矿产资源、铁锰结核、针铁矿结核、海绿石等。

海南省矿产资源不仅富集区相对集中，而且主要矿产资源和新开发重点矿区外围的资源潜力大。天然气、石油富集在南海西北部的琼东南、莺歌海盆地、珠三凹陷和南沙各盆地，以及海南岛西北部的福山坳陷；石英砂矿富集在海南岛沿海第四纪沉积阶地；钛锆砂矿富集在海南岛东部文昌、琼海、万宁、陵水、三亚等市县滨海第四纪沉积地带；金矿富集在乐东、东方、昌江、定安等市县；铁矿、铜矿、钴矿、铅锌矿、白云岩、石英岩富集在昌江县石碌地区；水泥用灰岩和水泥用黏土富集在东方、昌江、儋州等市县；饮用天然矿泉水、医疗热矿水富集在海口、琼海、三亚市；地下水富集在琼北自流盆地。矿产资源储量主要集中在富集区的大型矿床中。表3.51是海南省主要矿产保有资源储量统计表。

表3.51 海南省主要矿产保有资源储量统计表

矿种（产）亚矿种名称	统计储量计算对象和单位	截止2008年年底保有资源储量				
		矿区数	储量	基础储量	资源量	资源储量
石油	万吨	11		1 329.31		1 329.31
天然气	$\times 10^8$ m^3	6		1 396.78		1 396.78
煤炭（褐煤）	千吨	8		89 819	76 723	166 542
油页岩	千吨	1		2 450 000	377 000	2 827 000
铁　矿	矿石 千吨	7		28 803	199 015	227 818
锰　矿	矿石 千吨	1		0	1 098	1 098
钛矿（钛铁砂矿）	矿物　吨	53		2 421 382	18 006 847	20 428 229
铜　矿	铜　吨	4		26 120	8 393	34 513
伴生铜	铜吨	2		42.00	24 942.00	24 984.00
铅　矿	铅　吨	4		5 523	14 113	19 636
锌　矿	锌　吨	5		1 971	26 123	28 094
铝　矿	矿石　千吨	1		0	14 711	14 711
镍　矿	镍　吨	2		1 789.00	302.00	2 091.00
钴　矿	钴　吨	5		9 302.00	5 873.00	15 175.00
钼　矿	钼　吨	5		2 281.00	30 523.00	32 804.00
金矿（岩　金）	金　千克	15		2 260.00	31 072.00	33 332.00
铌钽矿（铌钽铁矿）	矿物　吨	1		0	223	223
锆矿（锆英石）	矿物　吨	49		698 754.00	1 542 408	2 241 162
轻稀土矿（独居石）	矿物　吨	6		894	4 529	5 423
镓　矿	镓　吨	1		0	575	575
镉　矿	镉　吨	1		0	17	17
冶金用白云岩	矿石　千吨	1		0	163 114	163 114
普通萤石	萤石　千吨	1		329	518	847
耐火黏土［（半）软质黏土］	矿石　千吨	1		0	5 028	5 028
硫铁矿	矿石　千吨	3		0	2 315	2 315
伴生硫	硫　千吨	2		271	47	318
磷　矿	矿石　千吨	4		3 598	7 084	10 682
宝　石	矿物　千克	2		1 643	17 020	18 663
高岭土	矿石　千吨	4		18 968	12 653	31 621
玻璃用砂	矿石　万吨	17		31 986.9	68 106.0	100 092.9
玻璃用脉石英	矿石　千吨	1		1 480	1 140	2 620
水泥用灰岩	矿石　万吨	22		33 357.20	54 398.1	87 755.3
水泥配料用黏土	矿石　万吨	9		1 870.5	1 919.6	3 790.1
水泥用大理岩	矿石　万吨	5		1 079	3 408.2	4 487.2
膨润土	矿石　千吨	1		0	1 577	1 577
建筑用玄武岩	矿石万立方米	1		69	103	172
饰面用辉长岩	矿石万立方米	2		0	475.8	475.8
建筑用花岗岩	矿石万立方米	1		159	0	159
饰面用花岗岩	矿石万立方米	13		2 482.4	20 642.4	23 124.8
沸　石	矿石　千吨	1		0	858 470	858 470
水泥配料用砂岩	矿石　万吨	1		61	1051	1 112
红柱石	矿石　千吨	1		509 606	36 006	545 612
化工用白云岩	矿石　千吨	1		6 067	38 743	44 810

3.4.1 海砂资源

3.4.1.1 概述

海南省海砂资源主要分布在近海一带。近海包括滨海和浅海。滨海包括古海岸带和现代海岸带，按海岸带综合地质勘查规范，海岸带是指自高潮线向陆延伸不少于10 km，向海延伸至15 m水深的狭长地带；浅海一般自浪（波）基面（一般水深10～20 m）起算，下限以海水深度200 m为划分界限。因此，近海砂矿包括滨海砂矿和浅海砂矿。

滨海砂矿是指在波浪、潮汐、沿岸流、入海河流等水、风综合动力条件下富集形成，分布于现代滨海松散沉积物中，有工业价值的轻重矿物岩石碎屑或生物碎屑的堆积体。浅海砂矿（有时也称为陆架砂矿）是指波基面之下，在潮汐、海流等水动力条件下富集形成，分布于浅海海域或大陆架区域的松散沉积物中，有工业价值的轻重矿物岩石碎屑或生物碎屑的堆积体。

根据砂矿的工业类型～矿物类型，可将近海砂矿分为贱金属矿物（包括磁铁矿、赤铁矿、褐铁矿、钛铁矿、锡石等）、宝石和碾磨型矿物（包括石榴石、锆石、电气石、十字石、榍石、蓝晶石）、稀有和贵金属矿物（磷钇矿、独居石、金、铂）、玻璃原料（石英砂）和建筑材料（砾石、砂砾石和粗砂）。

海南岛拥有海岸线长1 855.27 km，其中砂质海岸分布范围广泛，约占海岸线长的1/3，东部从文昌市木兰头到陵水县新村、西部从乐东九所到儋州白马井、北部从白马井到文昌木兰头一带沿海均有分布。海南省本岛近海砂矿主要为有用重矿物（锆英石、钛铁矿、金红石、独居石等）、石英砂和建筑用砂等。

3.4.1.2 海南岛近海锆钛砂矿分布特征

自20世纪50年代末我国实施浅海海洋综合调查计划以来，广州海洋地质调查局、中国科学院南海海洋研究所、广州地球化学研究所、中国地质科学院矿床地质研究所、天津地质矿产研究所等单位先后对南海地质和矿产资源的分布做了大量矿物、地球化学调查研究工作，为综合研究海南省本岛近海砂矿资源的形成分布规律积累了丰富资料。到20世纪末，我国学者较详细地研究了南海北部陆缘区（含海南省本岛近海）具有工业价值的砂矿床的矿种类型、规模、分布规律和资源远景等，但这些研究尚不足以对海南省本岛近海固体砂矿资源进行全面评价、开发和制定长远的规划。

1）近海砂矿异常区的界定

海南省本岛近海锆钛砂矿资源主要分布有锆英石、钛铁矿、金红石、独居石等有用重矿物。

在构造运动、水动力变化及埋藏环境变迁等多种因素作用下，锆英石、钛铁矿、金红石、独居石等有用矿物富集成具有潜在经济价值的矿床异常区。异常区划分标准，根据国土资源部《矿产资源储量规模划分标准》（2000年），将矿物品位分为1～5级（表3.52）。本文将1～3级以上品位的点定义为高品位点，在此基础上划分为两个级别的异常区。Ⅰ级异常区条件：一般有用矿物为1～3级，并有数个密集的高品位点；Ⅱ级异常区条件：一般有用矿物为4～5级之间，并有一个或数个分散的高品位点。

表 3.52 海南省本岛近海砂矿异常区矿物品位分级表

单位：g/m³

有用矿物	工业品位	1	2	3	4	5
钛铁矿	>150 000	>100 000	10 000 ~ 7 500	7 500 ~ 5 000	5 000 ~ 2 500	<2 500
锆英石	4 000 ~ 6 000	>1 000	1 000 ~ 750	750 ~ 500	500 ~ 250	<250
金红石	>1 500	>1 000	1 000 ~ 750	750 ~ 500	500 ~ 250	<250
独居石	300 ~ 500	>100	100 ~ 75	75 ~ 50	50 ~ 25	<25

根据中国地质科学院地质研究所、中国科学院南海海洋研究所、中国地质科学院矿产资源研究所2005年之前的研究成果，发现和圈定海南省本岛近海砂矿异常区12个（表3.53），其中Ⅰ级异常区3个，主要分布于本岛东南、西南近岸滨海和浅海；Ⅱ级异常区9个，主要分布本岛周围浅海，其次分布于滨海带（见图3.30）。

表 3.53 海南省本岛近海砂矿异常区

编号	级别	编号	级别	编号	级别
S1（Zr）	Ⅱ	S5（Zr）	Ⅱ	S9（Zr）	Ⅱ
S2（Zr）	Ⅱ	S6（Ti·TiFe）	Ⅱ	S10（TiFe·Zr）	Ⅰ
S3（Zr·TiFe·Ti）	Ⅰ	S7（Ce·Ti·Zr）	Ⅰ	S11（TiFe·Zr）	Ⅱ
S4（Zr）	Ⅱ	S8（Zr）	Ⅱ	S12（TiFe·Zr）	Ⅱ

* Ti 为金红石，TiFe 为钛铁矿，Zr 为锆英石（$ZrSiO_4$），Ce 为独居石

2）近海锆钛砂矿远景区的划分

根据海南省海洋地质调查局、海南省地质调查院2007年提交的“省二轮矿规研究专题”、《海南省辖海域矿产资源勘查开发战略研究》，海南岛周边近海锆钛砂矿远景区的划分主要考虑下列因素：

①锆钛有用矿物含量高；

②相邻陆上具有已知锆钛矿床或化探异常等找矿标志；

③赋存锆钛砂矿的地质地貌和水动力条件；

④形成砂矿的自然环境和其他因素。

根据上述条件，海南岛周边共圈定了9个锆钛砂矿找矿远景区，其中包括5个Ⅰ级远景区和4个Ⅱ级远景区，即：港坡港—保定海找矿远景区（Ⅰ-1）；八所港找矿远景区（Ⅰ-2）；昌化—南罗找矿远景区（Ⅰ-3）；白马井找矿远景区（Ⅰ-4）；新盈—马袅找矿远景区（Ⅰ-5）；铺前—景心角找矿远景区（Ⅱ-1）；港北—琼海福田找矿远景区（Ⅱ-2）；新村港—南湾海找矿远景区（Ⅱ-3）；莺歌海—感城找矿远景区（Ⅱ-4）。各找矿远景区交通位置详见图3.31。

3.4.1.3 石英砂及建筑用砂资源分布特征

海南省石英砂资源十分丰富、优势明显。海南省石英砂和建筑用砂广泛分布于海南岛本岛周边海域，包括东、西海岸沿海、三大河入海口和琼州海峡。海南岛滨海优质石英砂资源潜力巨大，仅文昌市为主的玻璃用石英砂矿石资源潜量就达 50.93×10^8 t。据海南省国土环境

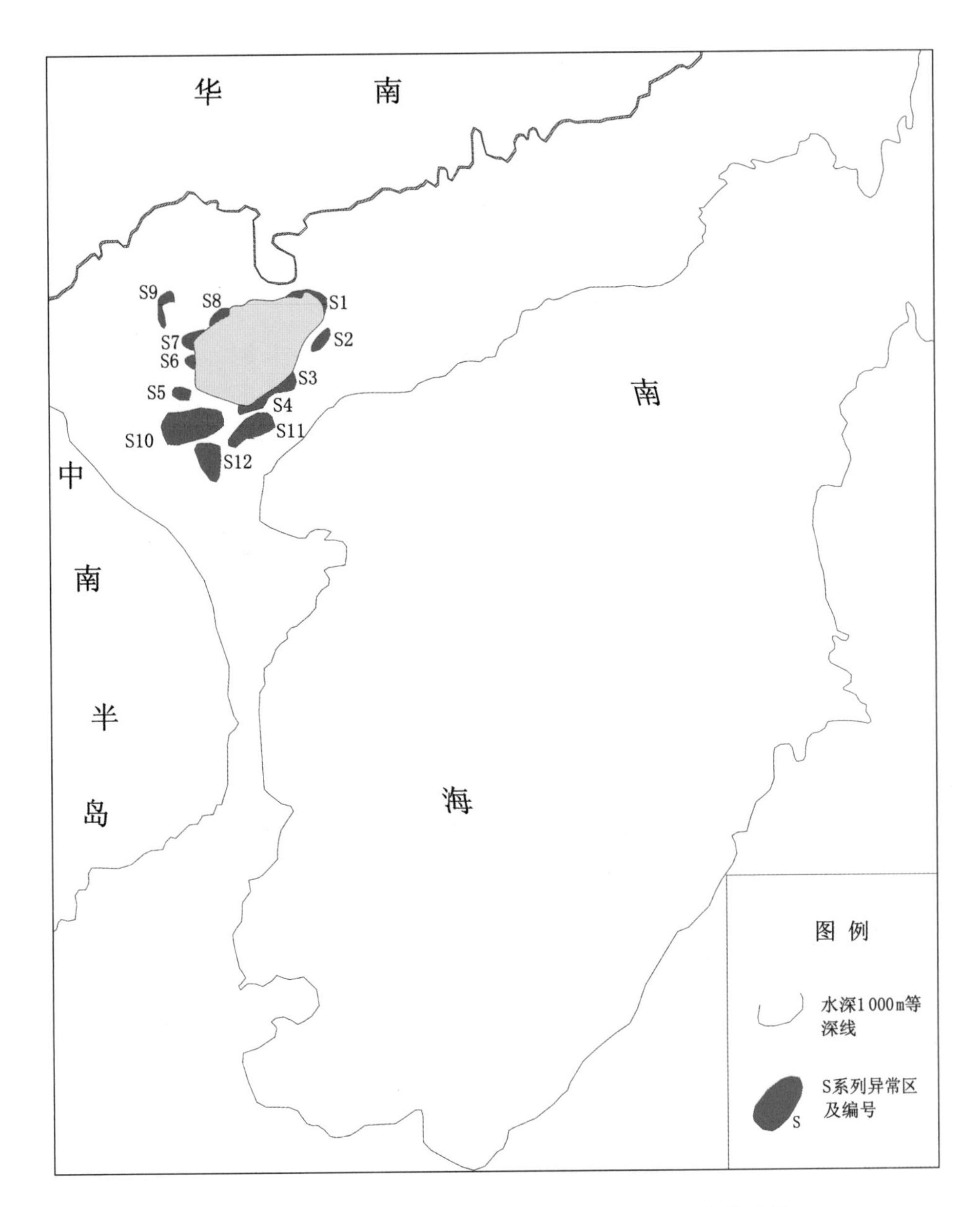

图 3.30　海南本岛近海砂矿异常区分布示意图（据杨慧宁等）

资源厅2004年度矿产资源储量统计，全省已探明石英砂矿产地11处，探明的资源储量为85 777 $\times 10^4$ t；保有资源储量为84 168 $\times 10^4$ t。

全岛现有石英砂生产厂6家，设计规模合计115 $\times 10^4$ t/a（不含在建1家），除南坡和福耀两厂家采用船采工艺以外，其他厂家均采用装载机干采工艺，其他情况见表3.54：

表3.54　全省石英砂生产企业情况

序号	生产厂家	设计规模/（10^4 t/a）	主要产品类型	备注
1	昌江石英砂有限公司	18	铸造砂和滤料砂。	
2	东方市八所石英砂矿	10	铸造砂和滤料砂。	
3	儋州松鸣石英砂厂	5	铸造砂和滤料砂。	

续表 3.54

序号	生产厂家	设计规模 /（10^4 t/a）	主要产品类型	备注
4	文昌矿产公司龙马石英砂厂	2	铸造砂和电瓷器用砂	
5	南坡集团龙马石英砂矿	30	玻璃用砂	自产自用
6	福耀玻璃集团文昌石英砂矿	50	玻璃用砂	自产自用
7	海南创域石英砂有限公司	80		正在筹建
合计		195		

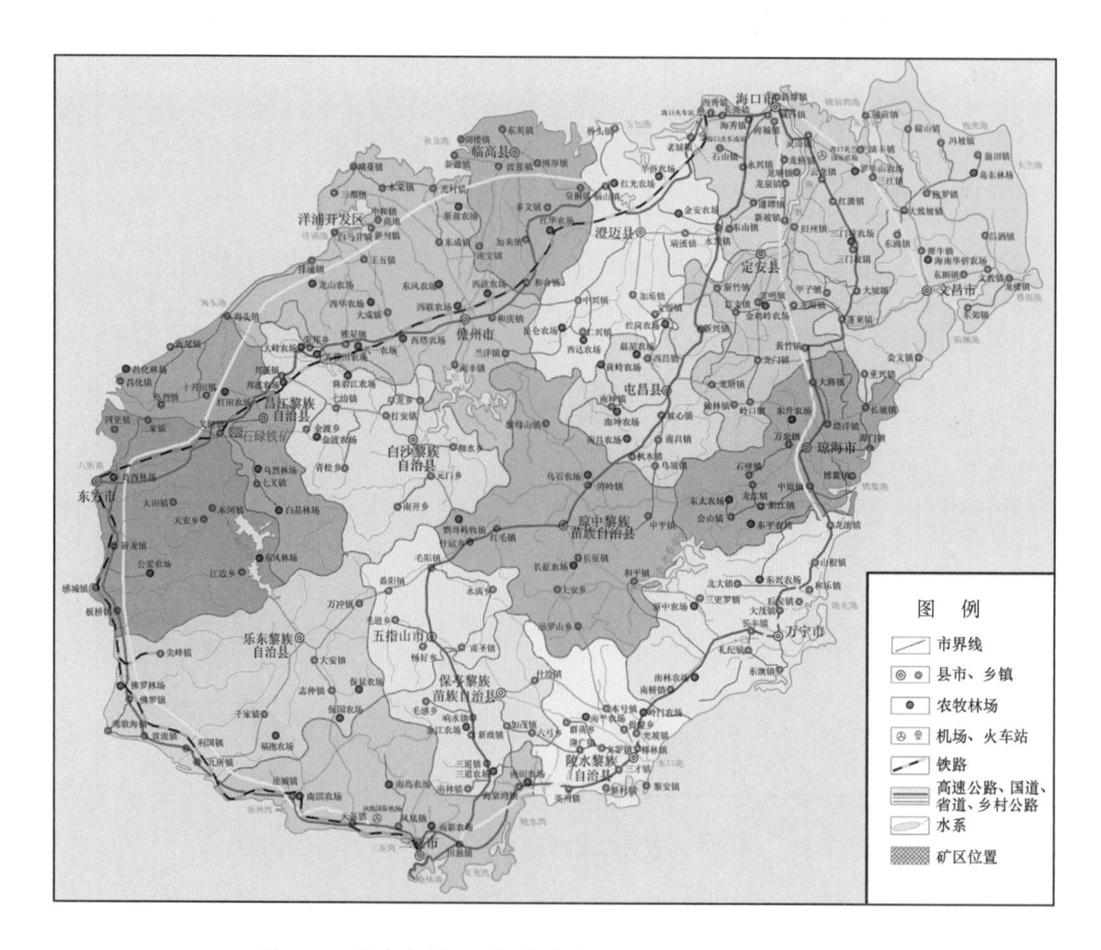

图 3.31　海南岛周边近海锆钛砂矿找矿远景区交通位置图

3.4.2　油气资源

3.4.2.1　油气资源概述

海南省虽然陆地面积只有 3.59×10^4 km^2，但管辖的海域面积超过 200×10^4 km^2。海南省管辖的南海海域内具有丰富的油气资源和天然气水合物资源，石油地质储量约为（230 ~ 300）$\times10^8$ t，占我国油气总资源量的1/3，其中70%蕴藏于深海区域，南海也是世界公认的海洋石油最丰富的区域之一。按全国二轮评价结果，我国陆地油气资源量为 994.03×10^8 t 油当量，而我国管辖海域近 $300\times10^4\ km^2$ 面积上的资源量为陆上资源量的39.84%～45.97%，即（396.02～456.26）$\times10^8$ t油当量，南海石油地质储量约在（230～300）$\times10^8$ t之间，号称全球“第二个波斯湾”，是我国油气资源开发的重要地区。

目前，在坚持我国对南沙海域“主权属我、搁置争议、共同开发”的原则下，积极协助国家及有关部门推进油气资源以新层系、新类型、新领域为重点的战略调查和共同勘查是海南海洋油气资源领域发展的主要形式。今后一段时间内，将重点优选海南岛周边的莺歌海盆地（尤其东南部乐东含气构造区）、琼东南盆地（尤其中部隆起区）、珠三坳陷（尤其神狐暗沙隆起）、北部湾盆地南部陆架和陆坡深水区的接续增储扩产勘查（探），西沙群岛周边的双峰北盆地、双峰南盆地、西沙海槽盆地等（共20个区块），以及南沙海域的北康盆地、中建南盆地、礼乐盆地南部（尤其西部和南部）和曾母盆地西北部（尤其康西坳陷和西部斜坡）的勘查，勘查的海区以大陆架为主、并创造条件逐步向资源潜力丰富的陆坡深水区（水深150～3 500 m海区）挺进（图3.32）。

3.4.2.2 海域油气资源的成矿地质条件

南海平均水深1 140 m，中央海盆深达4 200 m，最深5 377 m；海域构造属由其北部的北东东向陆架陆坡拉张地堑系、西部和南部的北东向陆坡断阶带、南沙海槽的北东向挤压拗陷带，以及广泛接受新生代第三纪巨厚的湖沼相黏土岩与煤系、河湖—三角洲—浅海相泥岩主要烃源层，砂岩、碳酸盐岩和生物礁灰岩输导—储集层，以及其上覆的黏土—泥岩盖层沉积；除在海南岛的海岸带和近岸浅水海域还蕴藏着丰富的钛铁矿、锆英石、金红石、独居石、石英砂等矿产资源外，在其广布的海底沉积盆地，蕴藏着十分丰富的石油、天然气、天然气水合物和多金属结核等矿产资源。

根据我国国土资源部（原地质矿产部）暨信息中心、中国地质调查局、广州海洋地质调查局、青岛海洋地质研究所，原石油部，中国科学院海洋研究所，中国海洋石油总公司暨南海东部、西部公司及与其合作的国外石油公司等单位所获地质、地球物理和石油天然气勘查、开发资料，以及国外有关资料的综合分析研究，南海海域具有石油、天然气、天然气水合物的生成、运移、储集、圈闭、保存等优越的成矿地质条件，被称为“世界五大海洋油气区（波斯湾、里海、加勒比海、南中国海、墨西哥湾）之一”。主要表现在：

1）沉积盆地多、分布广、厚度大。省辖海域共发现新生代沉积厚度大于等于2 000 m的盆地（或盆地群）40个（图3.33）。其中，全部或大部位于陆架区的盆地有19个；面积在（1～5）$\times10^4\ km^2$ 的大型沉积盆地有20个；大于 $5\times10^4\ km^2$ 的特大型沉积盆地有5个；最大的曾母沉积盆地面积约达 $16.87\times10^4\ km^2$；在我国传统海疆界内的沉积盆地33个，横跨我国与邻国海疆界的沉积盆地7个；其中，海南管辖海区内的沉积盆地共40个（见表3.55）。

南海各沉积盆地内以新生代第三纪河湖相、三角洲相、港湾沼泽相、滨海相、浅海相和半深海相的沉积岩为主，厚度在3 000～12 000 m，最大超过15 000 m，为油气的生成、聚集、保存提供了极为有利的地质条件，是世界油气资源七大主要集中区（中东、里海、加勒比海、西伯利亚、西非、南中国海、墨西哥湾）之一。其中，位处大陆伸展和大陆边缘伸展类沿岸内侧的沉积凹陷以生油为主，位处其外侧及走滑伸展类沉积凹陷以生气为主；预测南海蕴藏的可采资源量为石油大于 46.59×10^8 t、天然气 $74\ 766\times10^8\ m^3$。此外，在陆坡、陆隆区西沙和南沙海槽区，还蕴藏着潜力巨大的（约 643.5×10^8 t油当量）天然气水合物资源。

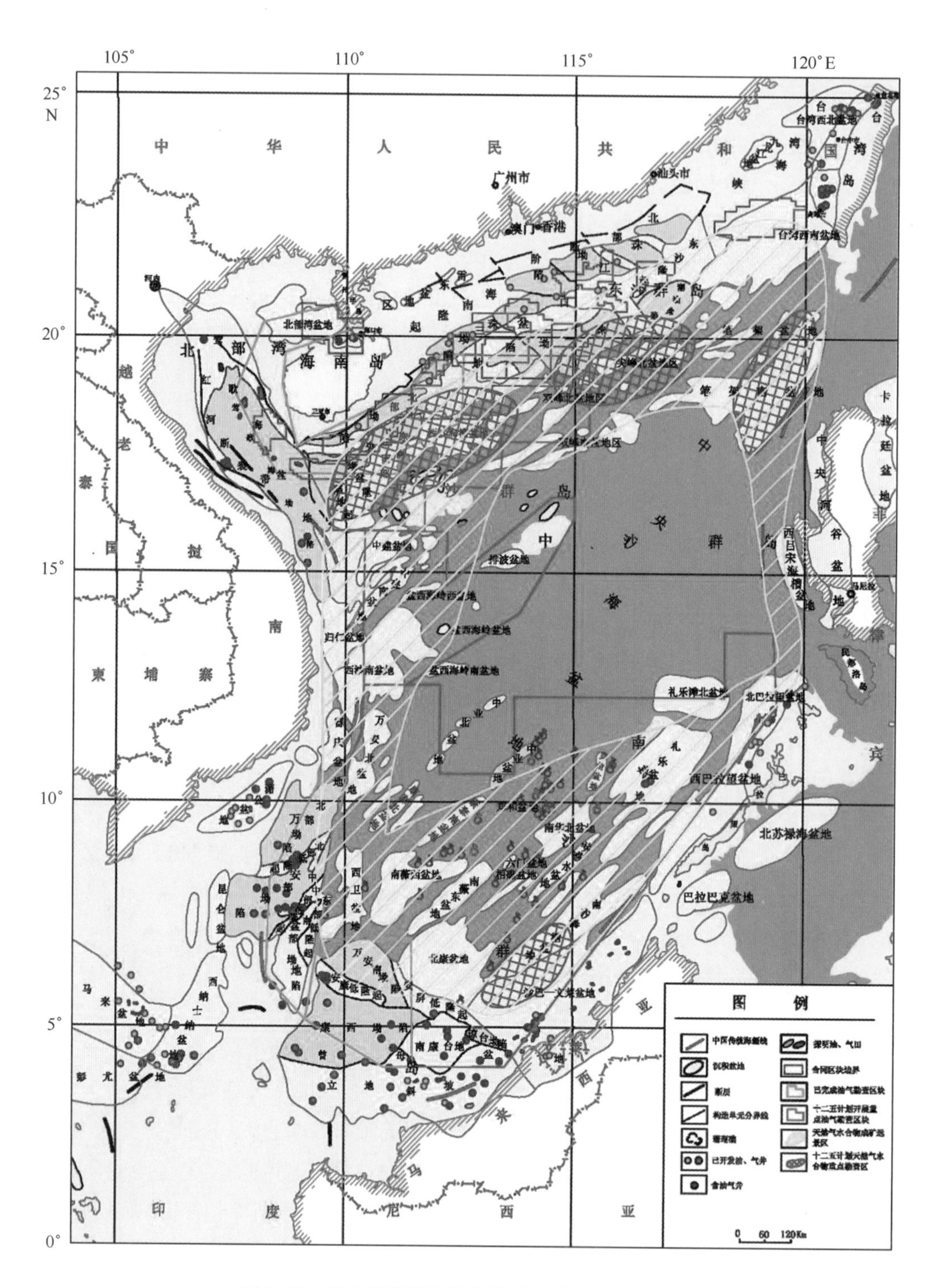

图 3.32　海南省辖海域沉积盆地及油气勘查规划图

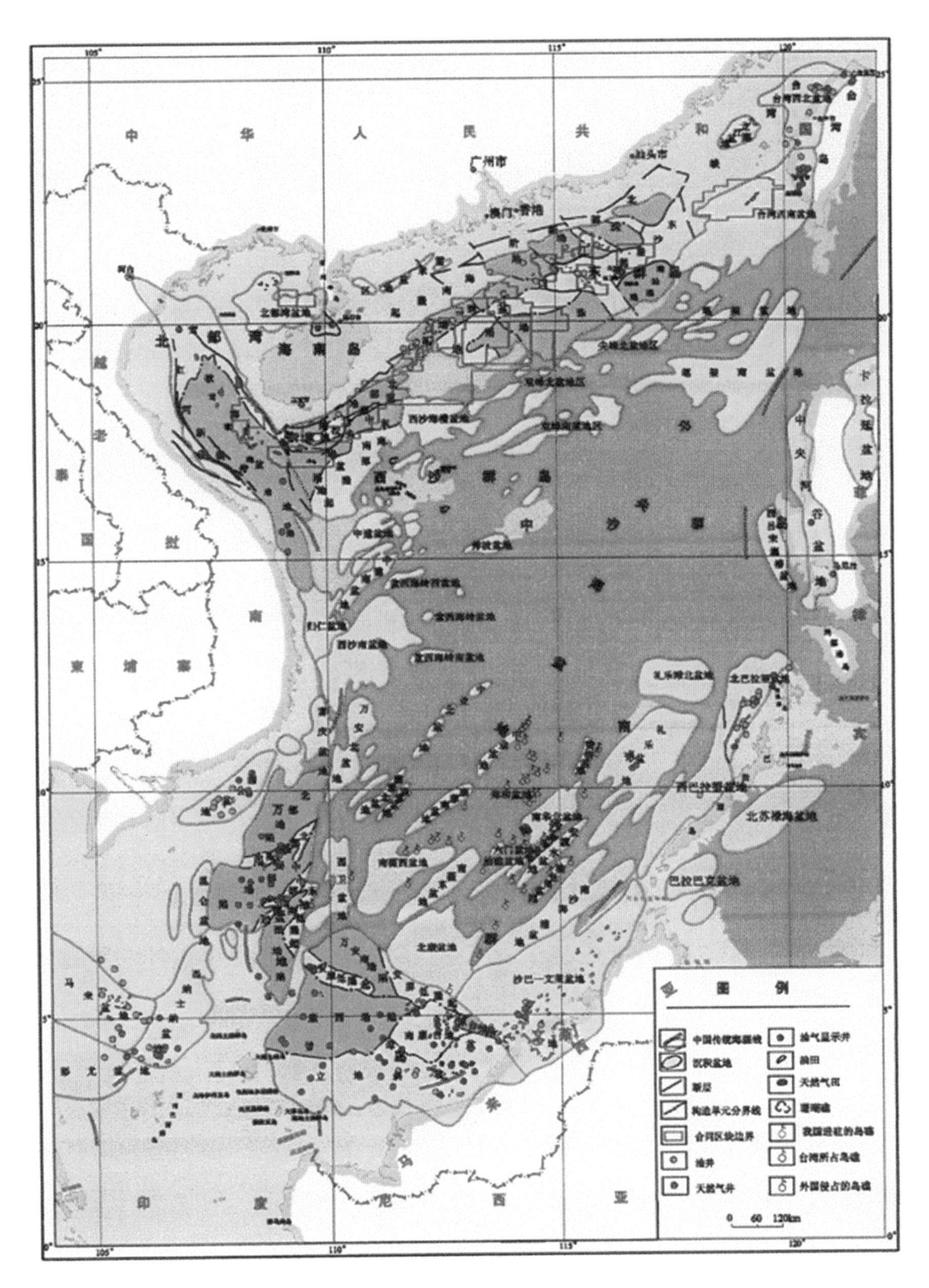

图 3.33　南海海域油气沉积盆地分布图

表 3.55　海南省辖海域新生代沉积盆地表

序号	盆地名称	面积/km²	序号	盆地称	面积/km²
1	珠三坳陷	17 416	21	万安盆地	85 010（22 230）
2	琼东南盆地	59 289	22	南薇西盆地	32 580
3	莺歌海盆地	113 000	23	南薇东盆地	4 670
4	双峰北盆地	6 320	24	北巴拉望盆地	16 840（9 620）
5	双峰南盆地	20 621	25	西巴拉望盆地	24 100（12 450）
6	西沙海槽盆地	15 625	26	南沙海槽盆地	23 100
7	中建盆地	12 535	27	北康盆地	62 000
8	中建南盆地	44 000（14 500）	28	曾母盆地	168 711（41 506）
9	排波盆地	2 693	29	文莱—沙巴盆地	94 288（61 738）
10	盆西海岭盆地	1 230	30	盆西海岭西盆地	2 036
11	盆西海岭南盆地	1 246	31	西沙南盆地	32 409（6 952）
12	礼乐滩北盆地	13 988	32	万安北盆地	12 605
13	中业盆地	2 441	33	康泰北盆地	7 865
14	中业北盆地群	2 440	34	康泰南盆地	5 442
15	蓬勃盆地	1 450	35	郑和盆地	562
16	费信盆地	1 767	36	六门盆地	632
17	安渡北盆地	11 800	37	西卫盆地	11 973
18	康泰东盆地	2 350	38	拍礁盆地	1 966
19	南华北盆地	11 234	39	息波盆地	983
20	礼乐盆地	32 157	40	榆西南盆地	2 809

注：括号内数字为我国南沙海域传统海域疆界以外的盆地面积。

2）油气生成的层次多。第三系生油气层主要有下部（古新统、始新统）、中部（渐新统、中新统）、上部（上新统）三大层；岩性有河湖相的泥岩、黏土，河漫滩~港湾沼泽相的煤系地层，海陆边缘及复合扇三角洲的泥岩，滨海－浅海－半深海相的泥岩、泥页岩、粉砂岩、礁灰岩、碳酸盐岩。油气资源丰富、生油层次多，其中主要生油层的总烃达（250~9 740）$\times 10^{-6}$，主要天然气层的生气强度一般为（8.25~15.17）$\times 10^8$ m³/km²，最大达 30.18$\times 10^8$ m³/km²。

3）油气储集层类型多。油气储集层按地质时代可分三套：a、上部为上新统和中新统上部储集层，主要分布在南部南沙海域曾母等各盆地和北部的珠三坳陷、莺歌海盆地；b、中部为中新统下部和渐新统储集层，广布于各盆地；c、下部为始新统储集层，主要分布在北部各盆地和南部南沙海域的万安盆地。按岩性划分，油气储集层的类型以碎屑岩（特别是三角洲和浊积扇的砂岩体）储集层最重要，如“崖 13－1”气田、“东方 1－1”气田和“乐东 15－1”气田，文昌“8－3”、“13－1”等；其次是礁灰岩碳酸盐岩储集层，如南部、东部各盆地和北部湾盆地；岩浆岩或火山碎屑岩裂隙性储集层，仅在局部小规模出现。

4）圈闭类型多。由于构造活动强度的不均衡性和性质的差异，在南海海域的各沉积盆地发育着构造和地层—岩性等多种不同的油气圈闭类型。除不同的地层—岩性圈闭之外，在西部、北部各盆地，以断块、泥底辟断背斜、披覆背斜等构造圈闭为主；东部和南部各盆地，以背斜、同生背斜、泥刺穿背斜及礁隆等构造圈闭为主。

5）保存条件好。南海海域在新生代的构造运动虽然频繁，但强度较小且具有自盆地边部往内部减弱的趋势；沉积间断面上下岩性变化不大，一般未遭受长期抬升剥蚀；在多数油气储集层之上，往往有良好的泥质岩覆盖，因此，保存条件既广又好。

海南省辖海域主要油气盆地地质特征概列于表 3.56。

表 3.56 海南省辖海域主要油气盆地地质特征简表

盆地名称 面积/km^2	盆地分布及成因类型	盆地规模			油气生成地质条件与预测可采资源量					探明油气可采储量		
		长度/km	宽度/km	厚度/km	烃源层（生油气层）	储集层	盖层	油气圈闭构造类型	预测可采资源量	油气田数/个	石油（凝析油）/(10^4 t)	天然气（溶解气）/(10^8 m^3)
琼东南（59289）	海南岛东南部陆架陆坡北东向大型内陆裂谷盆地	290	181	>10	崖城组陵水组泥岩为主，三亚组莺歌海组泥岩夹煤层为次。	崖城组、三亚组、梅山组砂岩、生物(礁)灰岩	各储集层上覆的泥岩、致密灰岩	基岩隆起的继承性背斜、断块;已发现含气构造5个、含油构造1个	天然气 14766 ×10^8 m^3	（2个） 崖13－1 崖13－4	（131.2） （19.7）	754.45 41.85
莺歌海（113000）	海南岛以西陆架（为主）北西向高温高压特大型走滑拉张盆地	850	200	>20	三亚组、梅山组泥（页）岩为主，莺歌海组、黄流组泥岩为次。	各生油（气）层所夹和其上覆的砂岩	各储集层上覆的泥页岩	泥背斜;已发现气田6个	天然气 6 300 ×10^8 m^3	（3个） 东方1－1 乐东15－1 乐东22－1		697.76 125.16 250.00
珠三坳陷（17416）	海南岛东北部陆架（为主）北东向大型陆缘裂陷盆地	300	115～280	9.9	文昌组、恩平组、珠海组、珠江组暗色泥岩为主、煤层为次	三角洲相水道砂、河口沙、海相砂岩、碳酸盐岩、生物礁。	各储集层上覆的泥岩、珠江组、韩江组泥岩。	受断层切割的披覆背斜、滚动背斜	石油约1×10^8 t 天然气约1 100×10^8 m^3	（7个） 文昌8－3、19－1、13－1/2、10－3、14－3、15－1	共2364	（共9.78）
万安（85010）	省辖海域南西部陆架（为主）近南北向大型走滑拉张盆地	480	220	12.0	上渐新统—中中新统泥页岩和煤系地层为主	各生油气层所夹和其上覆的砂岩(储油)、碳酸盐岩(储气)	各储集层上覆的泥岩	断块、泥底辟断背斜、披覆背斜;已发现有油气显示的构造33个	油气22.9～28.0×10^8 t油当量	油田6个 气田10个 其中大熊油田	10 746 约1×10^8 t	1 554

续表 3.56

盆地名称 面积/km²	盆地分布及 成因类型	盆地规模			油气生成地质条件与预测可采资源量					探明油气可采储量		
		长度 /km	宽度 /km	厚度 /km	烃源层 （生油气层）	储集层	盖层	油气圈闭 构造类型	预测可采 资源量	油气田 数/个	石油 （凝析油） /(10^4 t)	天然气 （溶解气） /(10^8 m^3)
曾母 （168711）	省辖海域南部陆架陆坡似三角形特大型走滑拉张盆地	669	469	16.5	渐新统—中中新统泥岩、泥页岩、煤系地层	南康和西部的生物礁、碳酸盐岩隆（储气）、巴林坚砂岩（储油）	各储集层上覆的泥岩	背斜、同生背斜、泥刺穿背斜、礁隆；已发现72个油气田和含油气构造	油气 51.87～61.90×10^8 t油当量		43 890	24 137
沙巴－文莱 （94288）	省辖海域南东部陆架陆坡北东向大型前孤盆地	380	70～240	>10	下中新统—中中新统页岩	中新统—上新统砂、岩、砂坝、砂体	各储集层上覆的泥岩	西部文莱区为生长断层与背斜切断倾圈闭，东部巴沙区为走滑断层、扭动背斜、泥刺穿背斜	油气 28.44～33.93×10^8 t油当量。已发现61个油气构造	油气田3个	17 955	14 093
礼乐 （32157）	省辖南沙群岛东北部北东向陆缘断陷－裂离陆块型盆地	360	30～120	6.0	下—中始新统泥页岩（为主）、古新统泥岩（为次）	各生油气层上覆的砂岩	各储集层上覆的泥页岩	同生背斜、泥刺穿背斜、礁隆；已发现含油气构造1个	油气 5.33～6.36×10^8 t油当量			1 265
北～西巴拉望 [16840（北） +24100]	省辖南沙礼乐盆地东南侧北东向裂离陆块型盆地	550	20～80	>3.5	下—中中新统钙质页岩	各生油气层上覆的礁灰岩、浊积砂岩、碳酸盐岩	各储集层上覆的页岩	礁隆、同生背斜、挤压背斜；已发现6个油气田、8个油气构造	油气 8.05～9.60×10^8 t油当量	（6个） 其中的马兰帕亚油气田	6 650 （8 500万桶）	1 698 708.00

注：表中万安、曾母、沙巴－文莱、礼乐、北－西巴拉望盆地的面积，均为在我国传统疆界内的面积；探明的油气可采储量均属外国投资掠夺探获。

尚应指出的是：刘光鼎院士还提出了“油气资源的第二次创业应在前新生代（中生代、特别是古生代）海相残留盆地碳酸盐岩地层（如白云岩风化壳、古潜山等）取得突破和寻找大油气田”的独特见解；刘守全研究员也提出了应当重视近海海域中生代沉积盆地油气资源新领域的勘探；按盆地沉积相和地质环境以及成盆—成烃—成藏特征，南海北部大陆架前沿和陆坡海槽海区（展布的中生代晚三叠世至早侏罗世和早白垩世两次海侵形成的特提斯海沉积盆地群体），是南海近海海域中生代盆地油气远景区之一；南海北部特提斯海可能由西从喜马拉雅北侧经越北红河缝合带向莺歌海而入南海，具有良好的海相成烃—成藏油气地质条件。这预示在南海海域新生代油气沉积盆地以下的深部，尚存在油气资源广阔良好的找矿前景。

3.4.2.3　海域的主要石油、天然气盆地及其资源

按各主要油气盆地在南海的分布，自西向东、北往南依次阐述如下：

1）莺歌海油气盆地

该油气盆地为位于海南岛以西、中南半岛以东大陆架以新生代沉积为主（总厚大于20 000 m）形似橄榄状具强烈巨大泥底辟构造、异常高温高压的特大型新生代走滑拉张盆地；北西向长850 km、北东向最宽200 km、面积11.3×10^4 km^2（图3.34）。

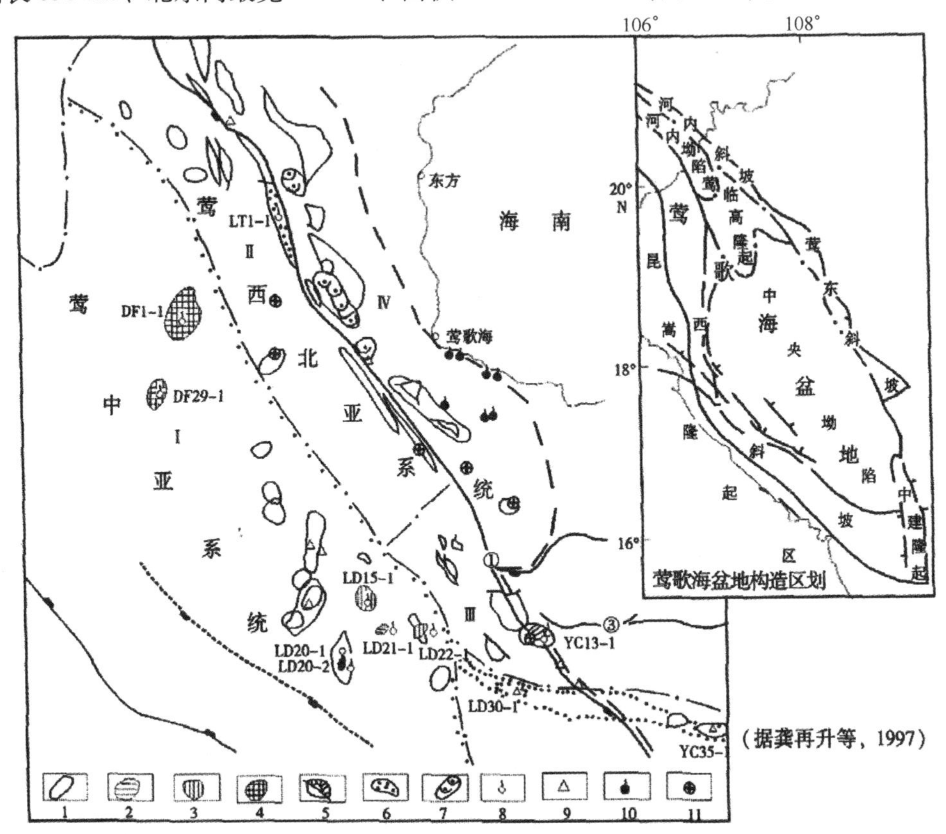

Ⅰ—中央底辟拱升背斜带；Ⅱ—①号断裂下降盘北、中段构造—岩性圈闭带；Ⅲ—①号断裂下降盘南段构造—岩性圈闭带；Ⅳ—①号断裂上升盘地层—岩性圈闭带

1—底辟区；2—底辟断背斜；3—底辟断背斜；4—构造—岩性圈闭；5—披覆断背斜；6—岩性圈闭；7—生物礁；8—气田或含气构造；9—含气显示；10—气苗；11—干井

图3.34　莺歌海盆地含油气系统气藏分布图

据最深钻井揭示，盆地地层自下而上为：下中新统三亚组海陆边缘三角洲相含砾中一粗砂岩夹少量薄层深灰色页岩，钻厚106～207 m（剖面解释厚2 750 m）；中中新统梅山组半深海相灰色富含深水浮游生物的厚层泥岩与薄层粉砂岩互层，钻厚242～578 m（剖面解释厚2 250 m）；上中新统黄流组半深海相灰色泥岩夹粉砂岩，钻厚46～657 m（剖面解释厚1 250 m），为区域性盖层；上新统莺歌海组下部半深海相深灰色厚层泥岩夹厚层块状浊积中细砂岩（厚500 m），上部浅海相灰－深灰色厚层泥岩夹绿灰色粉细砂岩（厚209～1 000 m）；第四系浅海相浅灰色软泥与砂层不等厚互层，钻厚1 049～2 178 m。盆地构造主要有：中央坳陷带（面积6.2×10^4 km^2，新生界中心沉积厚度大于等于20 000 m）及其内的河内坳陷（面积0.8×10^4 km^2，沉积厚约6 000 m）、临高隆起、北部次凹、南部次凹，以及两侧的河内—莺东斜坡（面积2.0×10^4 km^2，厚度2 500 m）、莺西斜坡（面积3.1×10^4 km^2，厚度3 500 m）；油气圈闭主要为泥拱形背斜（东方1－1大型气田）构造（图3.34）。梅山组－三亚组泥（页）岩为好一极好烃源岩；莺歌海组和黄流组的泥岩为良好一好烃源岩。其巨厚砂岩属均质高孔隙度（大容积）—中、低渗透性储层，其区域性坡盖沉积的泥页岩封盖为最佳盖层。莺歌海盆地气区成藏模式见图3.35。

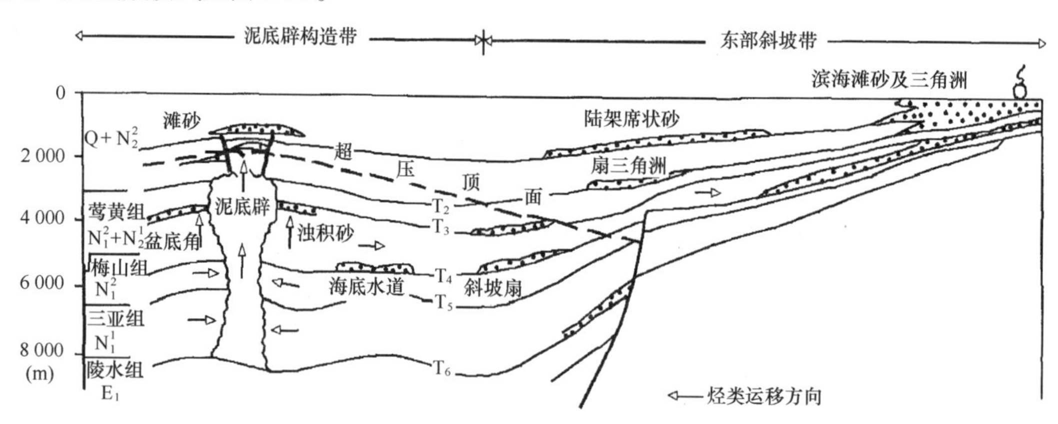

图3.35　莺歌海盆地气区成藏模式图

该盆地预测的可采资源量为$6\ 300\times10^8$ m^3。截至2008年年底，已发现气田6个，其中探明大型天然气田（“东方1－1”、“乐东22－1”）2个、中型天然气田（“乐东15－1”、“东方29－1”）2个，共探明可采天然气储量$1\ 106.78\times10^8$ m^3，2006年天然气采出量就达18.47×10^8 m^3，是海南省管辖海域最早勘探开发的油气藏之一。

2）琼东南油气盆地

该油气盆地为位于海南岛东南部大陆架和陆坡以新生代沉积为主（总厚大于10 000 m）的大型内陆裂谷盆地，北东向长290 km，北西宽181 km，面积约6×10^4 km^2（图3.36、图3.37）。盆地地层白下而上为：古近系中上渐新统崖城组滨海湖沼相灰白色含砾岩屑砂岩和长石砂岩与灰色泥岩呈不等厚互层（下部）、灰～深灰色泥岩（中部）、灰黑色含煤砂页岩（上部），厚度0～910 m；上渐新统陵水组浅海相紫灰色生物灰岩、长石、石英砂岩夹泥岩（下部）、深灰色泥岩（中部）、砂岩与泥岩互层（上部），厚度0～810 m；下中新统三亚组滨—浅海相泥质岩、砂泥岩互层夹煤层（下部），泥岩夹砂岩、生物碎屑灰岩（上部），厚度0～

499 m；中中新统梅山组由南向北披盖式浅海相灰白色有孔虫灰岩、钙质砂岩、钙质泥岩，厚度 433 ~ 1 010 m；上中新统黄流组一上新统莺歌海组滨浅海浅滩砂坝相黏土岩夹少量粉砂岩、砂岩，厚度 10 ~ 500 m；第四系广海－浅海－滨岸相泥岩夹多层含砾砂岩、绿灰色黏土、砂、砂质软泥，厚度 384 ~ 1 754 m。

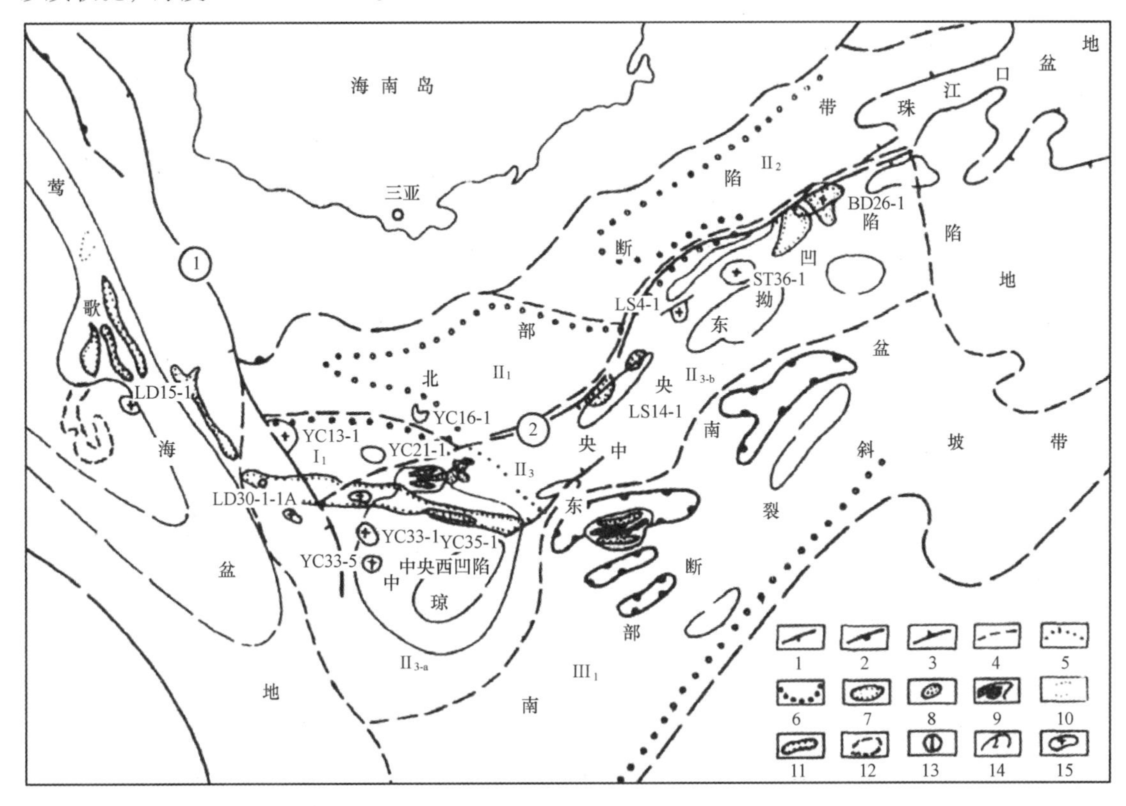

图 3.36 琼东南盆地含油气系统分布图

1. 断层线；2. 超覆线；3. 剥蚀线；4. 含油气系统边界；5. 含油气亚系统边界；6. 成熟生烃岩边界；7. 陆缘水下扇；8. 坡脚浊积砂；9. 低水位扇；10. 浊积砂体；11. 海底水道砂；12. 底辟；13. 断层编号；14. 下第三系等厚线；15. 构造圈闭含油气系统；

I_1 崖南；II_1 崖北；II_2 松东；II_3 琼中；II_{3-a} 中央西；II_{3-b} 中央东；III_1 南斜坡；关键时刻：5.5 ~ 0 Ma

琼东南盆地构造自北西往南东包括（图 3.37）：崖北—松西—松东凹陷，崖城凸起—崖南凹陷—松涛凸起，乐东凹陷—陵水凹陷—松南凹陷—永乐低凸起—永乐凹陷，甘尔西凸起—北礁凸起等 13 个构造单元；古近纪以控制断陷为主的不同级别的北东向和近东西向（为主）及北西向断裂活动强烈，以及新近纪进入坳陷阶段的区域性大幅度沉降，把盆地分割成多个沉积块体，形成基底潜山、断块山、箕状凹陷、半地堑式构造，为油气的生、储、盖提供了良好的条件。主要的生油（气）层段为崖城组上部和陵水组上部泥岩，总厚度 587 ~ 1 925 m，有机碳含量 1.16% ~9% 且向凹陷中心丰度增加，总烃为（1 200 ~ 7 450）$\times 10^{-6}$，存在着良好的生油（气）层；三亚组下部和莺歌海组下部则为较差的生油（气）层段。生储盖组合自下而上有：崖城组分布在断陷中的中上部泥岩夹薄煤层生油，其中所夹的砂岩储集，其上部泥岩为盖层的自生自储型组合；崖城组上部泥岩夹薄煤层和陵水组中上部泥岩生油，其中占 52% 的砂岩储集，陵水组上部泥岩为盖层的组合；三亚组下部泥岩和煤层生油，三亚组砂岩及梅山组砂岩和生物（礁）灰岩储集，上部泥岩或致密灰岩为封盖的组合。油气圈闭主要为基岩隆起的继承性背斜。琼东南盆地气区成藏模式见图3.37。

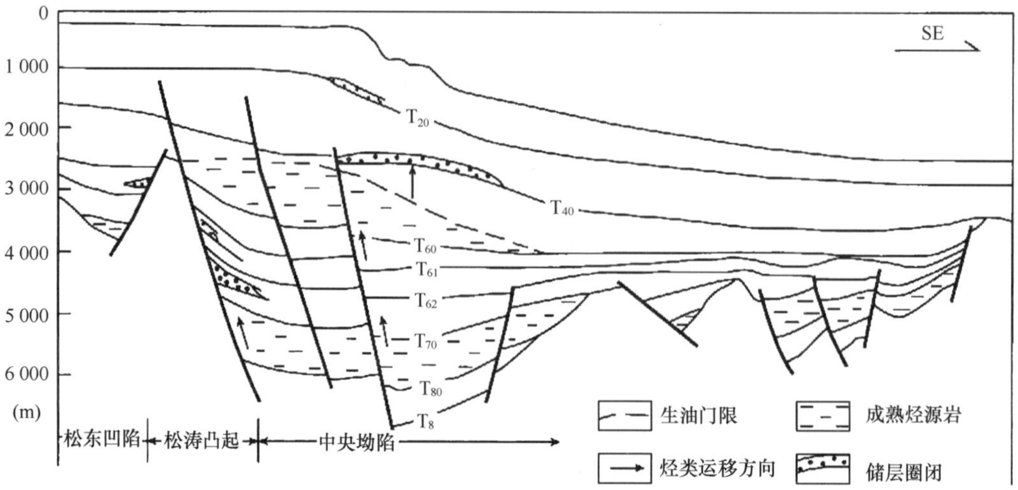

图3.37 琼东南盆地气区成藏模式图

该盆地面积3.4×10^4 km²，预测的天然气可采资源量$14\,766\times10^8$ m³，是我国海上主要产气区。截至2008年年底，已发现含气构造5个、含油构造1个，探明“崖13－1”大型气口1个（可采储量为天然气754.45×10^8 m³、凝析油131.2×10^4 t）、“崖13－4”小型气田1个（可采储量为天然气41.58×10^8 m³、凝析油19.7×10^4 t）。该盆地2006年的油气采出量：天然气29.85×10^8 m³，凝析油11.77×10^4 t，是海南省管辖海域最早的油气产区。

3）珠三坳陷油气盆地

该油气盆地为位于南海东北部大陆架（珠江口盆地的西南段），以新生代沉积为主（总厚度9 900 m）的大型陆缘裂陷盆地。盆地北东向长约300 km，北西向宽115～280 km、面积174×10^4 km²。盆地地层自下而上为古近纪的神狐组、文昌组（主要生油层）、恩平组（生油层、输导层）、珠海组（生油层、输导层），新近纪的珠江组（生油层、主要储油层）、韩江组（储油层）、粤海组（盖层）、万山组（盖层）和第四系（盖层）。盆地构造自北往南包括北部隆起带、北部坳陷带、中央隆起带、南部蚴陷带等构造单元。主要生油层为文昌组暗色泥岩、恩平组媒系地层、珠海组暗色泥岩和珠江组暗色泥祟；其中，文昌组和恩平组分别呈巨厚层状分布于文昌等凹陷，最大厚度分别为234 m和400 m，埋深多为4 000 m，其有机碳值分别为大于1%和17.98%～76.25%，总烃大于500×10^{-6}，珠海组有机碳与总烃含量中等，为成熟生油岩。主要储油层系类型为三角洲沉积体系的前缘水道砂、河口砂坝和海进砂体，碳酸盐滩、礁相等。主要区域性盖层为珠江组前三角洲泥岩、海进泥岩和韩江组海进泥岩，局部性盖层为半深湖相和湖沼相的泥岩。生储盖的组合关系为：①古新统神狐组—始新统恩平组下段的自生自储自盖型；②古新统神狐组—始新统恩平组下段—中新统珠江组的古（下）生新（上）储新（上）盖型；③中新统珠江组—粤海组的古生新储型。

珠三坳陷古近—新近纪油气的预测可采资源量石油约为1×10^8 t，天然气约为$1\,100\times10^8$ m³。截至2006年年底，在该坳陷内已探明油（气）田7个，累计探明可采储量石油为$2\,364\times10^4$ t（探明程度30%），天然气为17.67×10^8 m³；2006年采出量石油为146.53×10^4 t，天然气为

$0.47 \times 10^8\ m^3$。此外，最新油气前景评价认为，在南部深水区海相中生界油气新领域的勘探前景更加良好。

4）万安油气盆地

该油气盆地为位于越南东南部（越东断裂带西侧）至南沙群岛海域大陆架以新生代沉积为主（总厚12 000 m）的大型走滑拉张盆地，南北向长480 km、东西向最宽220 km、面积$8.5 \times 10^4\ km^2$（图3.38）。盆地地层自下而上为；渐新统西卫（桥）组河湖、三角洲—浅海相棕色底砾岩、砂岩、页岩夹粉砂岩，局部含煤，厚度100～6 000 m；下中新统万安（都）组滨海－浅海相底砾岩、砂岩夹泥岩，厚约200～800 m；中中新统李准（通—芒桥）组滨海－浅海相下部砂岩夹页岩、上部钙质砂岩夹灰岩，厚约200～800 m；上中新统万安北（昆仑）组浅—滨海相下部页岩、灰岩和砂岩、上部灰岩，厚度200～2 400 m；上新统—第四系广雅组—人骏（边同）组滨浅海黏土、泥岩和砂岩，厚度自南西向北东逐渐增厚；盆地基底为白垩系变质岩或燕山晚期花岗闪长岩。盆地构造主要受东侧近南北向越东（又称万安）断裂先右旋后左旋多次走滑强烈作用的制约，自北西向南东依次形成总体走向北东的北部坳陷（面积23 690 km^2）、北部低隆起（7 763 km^2）、中部坳陷（29 774 km^2）、中部低隆起（4 667 km^2）、南部坳陷（13 322 km^2）、东部低隆起（3 294.5 km^2）、东部坳陷（3 467 km^2）。盆地的烃源岩以上渐新统一中中新统泥页岩和煤系地层为主，有机碳含量0.5%～2.26%，可生成大量以气为主的烃类，于晚中新世—上新世排烃，其强度达18～54 Mt/km^3；主要生烃区为中部坳陷，次为北部坳陷南部和南部坳陷北部。油气储层以砂岩（如越南大熊大型油气田）、碳酸盐岩（储气为主）、前古近纪风化基岩和风化花岗岩为主；盖层主要为上新统－第四系披覆沉积的区域性巨厚泥岩，次为（局部）中新统泥岩。

该盆地内已发现局部构造257个，其中面积在50 km^2以上的大型构造120个，有油气显示的构造33个，预测油气远景资源量为（22.9～28.0）$\times 10^8$ t油当量；已评价含油构造6个、含气构造10个；估计大熊油气田（构造）的可采石油储量为（5～10）$\times 10^8$桶（1桶＝119.24 L），钻井测试日产原油5 800桶、天然气$85 \times 10^4\ m^3$。越南在20世纪80～90年代始，加强与国外合作，大规模地在南海南部及万安盆地进行油气勘探开发。

5）曾母油气盆地

该油气盆地为位于南海南部大陆架（跨越陆坡）由渐新统—第四系8个海退旋沉积组成（总厚16 500 m）的似三角形特大型走滑—周缘前陆复合型盆地，东西最宽约669 km、南北最宽约469 km，面积（海区）$16.871 \times 10^4\ km^2$（图3.39）。盆地地层自下而上为：渐新统—下中新统下部自西向东为尼亚劳组河流相的砂页岩及煤系，渐变为海湾相、海岸平原相和塔陶组的浅海相砂岩、粉砂岩、页岩夹灰岩、砾岩和酸性火山岩，总厚5 400 m；下中新统上部—上中新统下部自南向北为海岸平原—滨海—浅海相砂页岩系夹条带状灰岩，厚610～1 324 m（康西坳陷），碳酸盐岩，厚200～300 m（南康台地），砂岩，厚3 500 m（康西坳陷），碳酸盐岩礁隆，厚1 500 m（西部和南康台地）；上新统—第四系滨海沼泽、滨海—浅海相砂岩、泥岩夹煤层，厚500～4 500 m。盆地构造以断裂为主，褶皱为次；盆地南部北西向张剪性断裂发育，形成箕状隆坳相间的格局，盆地东部北东向断块发育、沉积大量礁块，盆地北部坳陷以近东西向断裂为主，白西南向东北分布有索康坳陷、拉奈隆起、塔陶垒堑区、

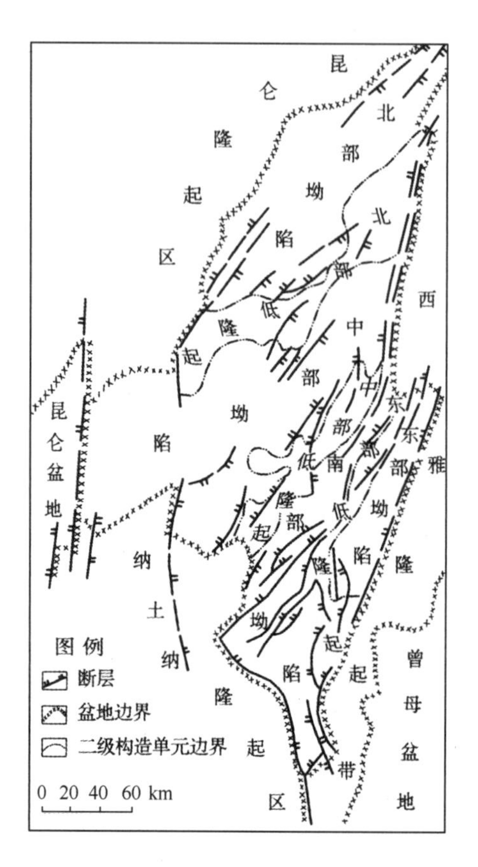

图 3.38　万安盆地含油气构造区划图

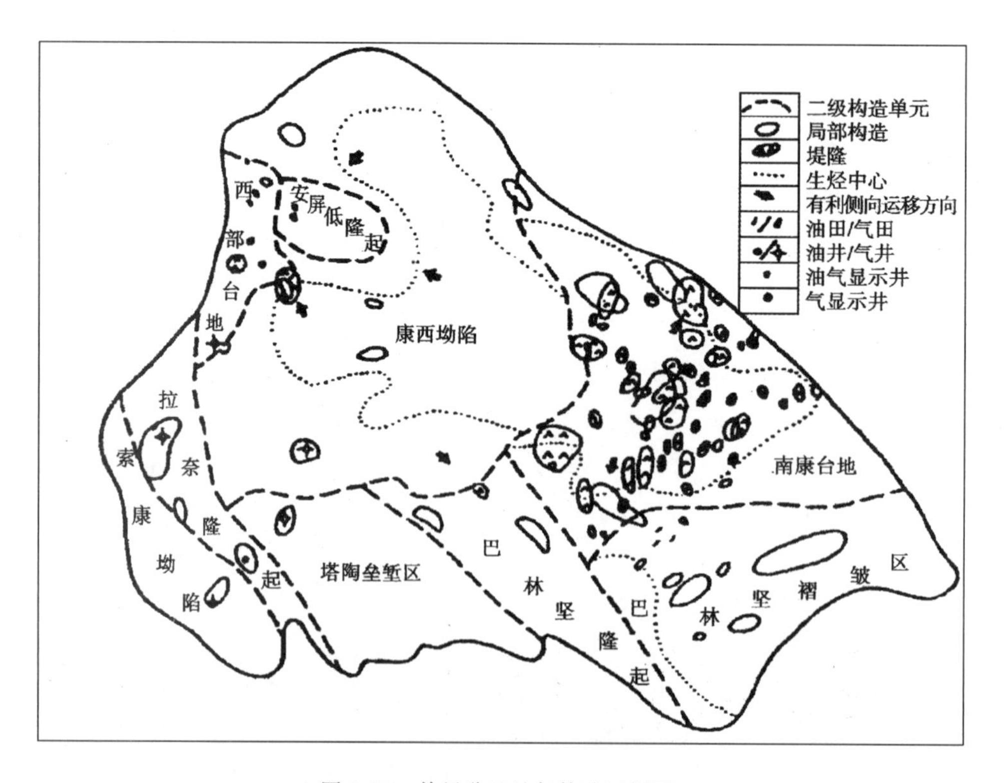

图 3.39　曾母盆地油气构造区划图

巴林坚隆起、巴林坚褶皱区、南康台地、康西坳陷、安屏低隆起、西部台地等9个次级构造单元。盆地的烃源岩为渐新统—中中新统陆相沉积的泥岩、泥页岩和煤系，生烃区以康西坳陷为主（生气为主），次为南康台地（生气为主）和巴林坚区（生油为主）；储集层主要发育于中新统南康台地和西部的生物礁和碳酸盐岩隆（长大于200 km、厚1 500 m，以气为主），次为巴林坚区大型三角洲相的砂层（面积大、埋藏浅、厚度小于20 m，以油为主）；上新统—第四系厚度达1 000 ~5 000 m的泥岩，是盆地内的区域性盖层。

曾母盆地可划分为东纳土纳和巴林坚两个油气区和中卢科尼亚（1个）天然气区，已发现72个油气田和含油气构造，以产气为主（巴林坚区则以产油为主），预测油气远景资源量为（51.87 ~61.90）$\times 10^8$ t油当量，属I类油气富集远景区。

6）文莱—沙巴油气盆地

该油气盆地为位于南沙群岛附近海域南缘由于南沙地块向巽他地块俯冲形成以新生代沉积为主（总厚大于10 000 m）的前弧盆地，走向北东，面积约9.4×10^4 km^2；该盆地由于基底性质及年代的差异而分为沉积、构造特征不同的东部沙巴区和西部文莱区（图3.40）。早在1910年始，周边国家就进行了该盆地油气勘探与开发。

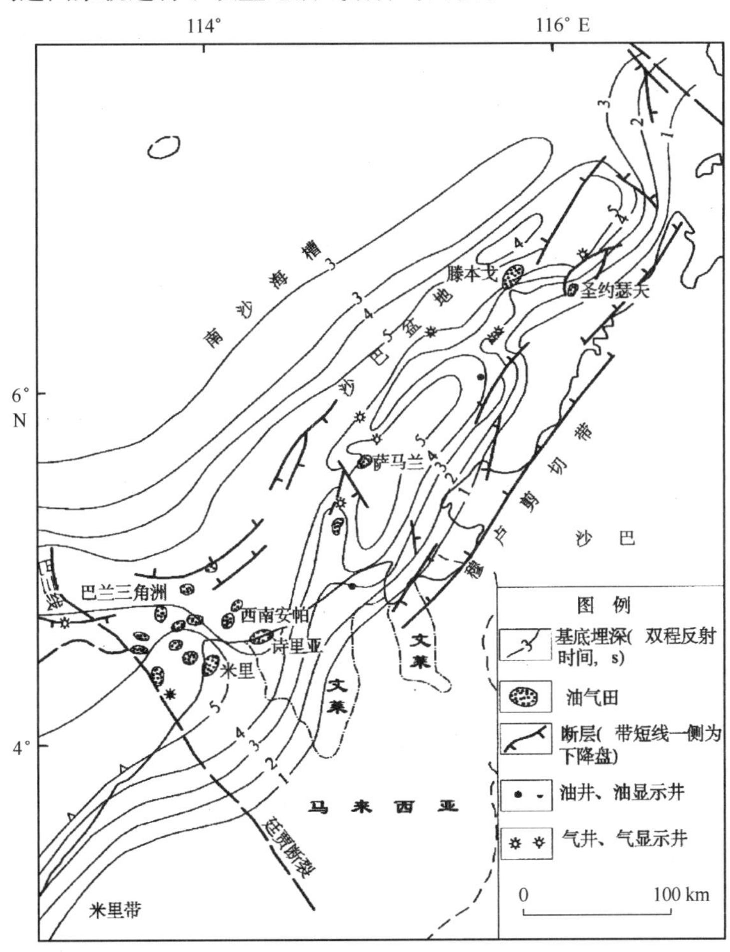

图3.40 文莱—沙巴盆地基底构造及油气田分布略图

盆地地层自下而上为：①西部巴兰—文莱三角洲区，上渐新统—下中新统浅海—三角洲相页岩褶皱基底，往上为下—中中新统塞塔晋组浅海—半咸水河口相页岩，偶夹钙质泥岩和薄层砂岩，厚度大于3 000 m；上中新统米里组潟湖—河流—沙坝相砂、泥岩多旋回互层（主要产油层之一），厚365 ~ 2 000 m；中新统贝莱特组泛滥平原或海湾相砂岩、粉砂岩与黏土互层（与上述各组呈横向相变），厚6 000 m；上中新统—上新统利昂组海岸平原相砂岩偶夹砾岩（上部）和富含褐煤的黏土层，厚度600 m，不整合于下伏老地层之上。②东部沙巴次盆地区，始新统—下中新统深海相复理石变质褶皱基底，往上为盆地内带的中中新统—上新统浅海三角洲及海岸平原的海退砂岩和海进页岩、盆地外带的上中新统—第四系陆坡海退、海进的浊积砂页岩，其中砂岩为重要的含油层系，页岩则为盖层。盆地的烃源岩为下中新统—中中新统厚度达5 000 m（盆地中心）富含树脂成分的海相—海岸平原相页岩，生油门限深度一般大于3 000 m，油气主要储层为中新统—上中新统的三角洲砂岩、近岸砂坝、浅海席状砂体和浊积砂体，单体厚30 ~ 60 m，总厚数百至近千米；上新统泥岩为良好的油气盖层。盆地内油气，在西部文莱区主要为生长断层与背斜褶皱带交切部位的断倾圈闭，在东部沙巴区主要为与走滑断层扭动有关的背斜。泥刺穿构造圈闭。

目前盆地内已发现61个油气口或含油气构造，预测油气远景资源量（28.44 ~ 3 393）$\times 10^8$ t油当量，属Ⅰ类油气富集远景区；已探明可采储量的主要有巴罗尼亚油气田（石油1.854×10^8 t、天然气356×10^8 m^3、液态天然气122.4×10^4 m^3），诗里亚油田（石油1.4×10^8 t），安帕西南油口（石油1.44×10^8 t），均在进行着大量开采。

7）礼乐油气盆地

该油气盆地位于南沙群岛东北部，北面为南海中央海盆，东南面为南沙海槽，范围除礼乐滩外，还包括安塘岛、阳明礁、忠孝滩、棕滩和海马滩等，呈北东走向的陆缘断陷—裂离陆块型盆地，面积3.2×10^4 km^2（图3.41）。盆地地层以新生代沉积为主（总厚6 000 m），自下而上为：古新统东坡组下部白垩质灰岩（厚约30 m）、上部三角洲相复成分碎屑岩（厚280 m）；下—中始新统明阳组半深海相灰绿色含钙泥祟（厚520 m）；上始新统—下渐新统忠孝组下部浅滨海相砂质页岩、粉砂岩和上部灰绿色、红色泥岩、砂岩，厚480 m；上渐新统—第四系内浅海—滨海潮滩相浅黄色碳酸盐岩（底部为粒状白云祟），钻厚2 164 m。盆地构造以北东向正断层为格架，自北西向南东为北部坳陷（最大沉积厚5 000 m）、中部隆起、南部坳陷（最大厚度6 000 m）等3个二级构造单元。盆地的烃源岩主要是厚度大于500 m的下—中始新统泥页岩（有机碳含量高达1.5% ~ 2.0%），次为古新统泥岩（有机碳一般小于0.5%）；储层为古新统和上始新统的砂岩，其上覆的泥页岩为盖层。

地球化学资料表明，盆地成熟的生油岩的有机碳是偏于生成天然气的，但也可望生成石油。产气层为中粒至细粒砂岩，分选性良好。

自20世纪70年代始，盆地南部周边国家就开始该盆地的油气勘查开发工作。目前，盆地内已钻过7口石油探井，已发现含油气构造1个，单井测试最大为天然气（两层）共27.45×10^4 m^3/d，钻深4 125 m，产气层为始新统三角洲相砂岩（Valencia，1981）。预测盆地内的油气远景资源量为$5.33 \sim 6.36 \times 10^8$ t油当量。

8）北巴拉望与西巴拉望油气盆地

该油气盆地为位于巴拉望岛和卡拉棉群岛西北大陆架和陆坡上以新生代沉积为主（总厚

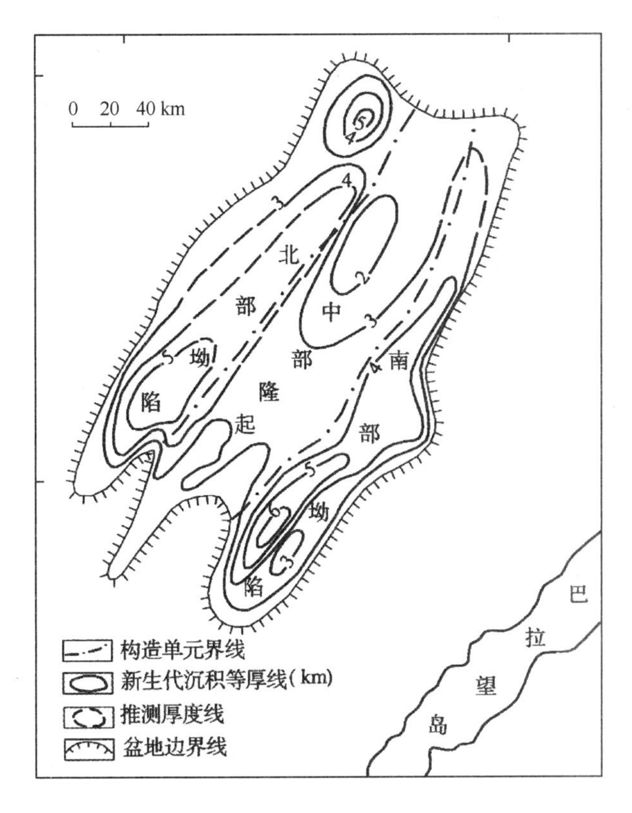

图 3.41 礼乐盆地油气构造区划图

大于 3 500 m）的裂离陆块型盆地，两盆地以北北西向的乌鲁根断裂相隔，总体走向北东，面积分别为 1.684×10^4 km^2 和 2.41×10^4 km^2（图 3.42）。盆地地层自下而上为：基底为上古生界变质岩和中生界蛇纹岩；往上为始新统内浅海相海侵长石石英砂岩、灰岩夹薄层页岩、暗灰色泥岩，钻厚 182 m；上始新统—下中新统下部台地灰岩和上部礁灰岩，钻厚 610 ~ 1 309 m，下—中中新统浅海—半深海相泥岩夹少量浊积砂岩（产油）；中—上中新统内外浅海砾状砂岩，不纯灰岩、燧石和页岩互层；上新统—第四系灰崇（部分礁灰岩或砂屑灰岩）。盆地构造有地堑地垒系、褶皱不整合、礁体及三角洲。盆地的烃源岩主要是下—中中新统的钙质页岩［含有机碳 0.33% ~ 2.48%，烃含量（250 ~ 9 740）$\times10^{-6}$］；储集层为礁灰岩，浊积砂岩、碎屑岩、深水碳酸盐岩；盖层为页岩。

预测北巴拉望盆地的油远景资源量为（3.49 ~ 4.16）$\times10^8$ t 油当量；已发现 6 个油气田和 8 个含油气构造，其油气前景乐观，其中的 Malanpaya 是目前南海已投产水深最大（约 300 m）的油气田，探获天然气 708×10^8 m^3、凝析油 $8\ 500\times10^4$ 桶。此外，其西南侧的西巴拉望盆地，预测的油气远景资源量为（4.56 ~ 5.44）$\times10^8$ t 油当量。

3.4.3 其他矿产资源

3.4.3.1 南海天然气水合物

天然气水合物（又称“可燃冰”）通常是在温度低于 10 ℃、压力高于 10 MPa 的松散沉积物中形成的，深度一般在海底以下 300 ~ 1 000 m。我国原地质矿产部第二海洋地质调查大

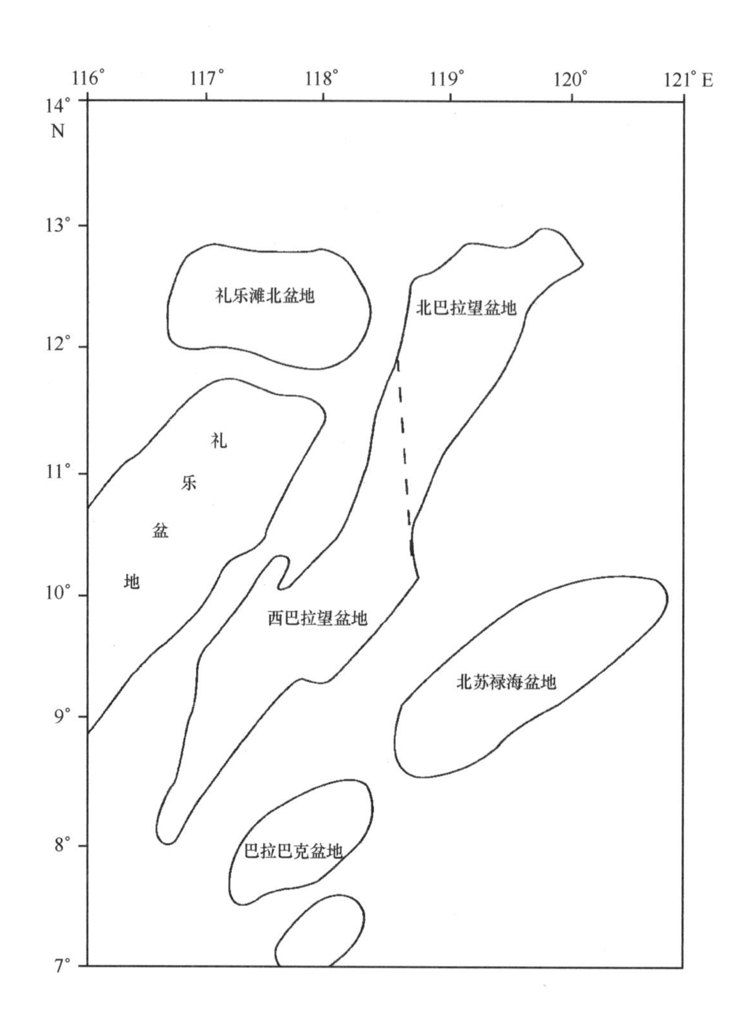

图 3.42　北巴拉望与西巴拉望油气盆地位置略图

队从 20 世纪 80 年代便已注意到南海海底沉积物中可能有天然气水合物的存在。他们分析了大量的多道地震反射剖面和近 300 个地震声呐浮标站的测量资料，结果发现在东沙群岛南部陆坡、西沙群岛以南陆坡和中沙群岛以西陆坡等这些海区的地震反射剖面中都有似海底反射层（BSR）的存在，因此，推测这些海区的海底沉积层中可能有天然气水合物存在。在南海北部的 165 个声呐浮标站中有 9 个站测得海底第一层沉积物的声速为 1.95 ~ 2.45 km/s，其余的站的海底第一层沉积物的声速为 1.6 ~ 1.8 km/s，据此，他们推测这 9 个声呐浮标站的海底第一层沉积物中，除位于珠江口外珠江海谷出口处的一个站可能是浊流沉积物，其余 8 个站的海底第一层沉积物都可能是由于存在天然气水合物而使该处的沉积物声速增加（姚伯初，1998）。

3.4.3.2　角闪石、云母

海南省角闪石含量仅次于钛铁矿，平均占重矿物的 24.7%，分布普遍，明显地富集于南海北部内陆架的东西两边。西部可能是昌化江、南渡江、万泉河、珠江、漠阳江、鉴江等河流输出物往海的搬运而富集；东部富集离岸较近，可能与沿岸流和韩江口物质来源有关。云母以黑云母和白云母为主，分布也较普遍，平均含量占 15.8%，分布情况与角闪石相似，但富集区离岸较近，往往在河口两侧。

3.4.3.3　褐铁矿

在南海陆架区分布广，含量占重矿物的8.5%，多分布在北部内陆架近岸区，总的分布趋势是向外陆架逐渐变低，较细的沉积物中相对含量较高。

3.4.3.4　电气石

在南海陆架区分布广，含量较高，占重矿物的5%，多富集在海南岛东北部海区和珠江口外。

3.4.3.5　石英

全南海区均有分布，含量较高，占海区沉积物的60%～80%。但以海南岛东北部海区、珠江口外和外陆架区的石英相对含量较多，质较纯，常呈粒状或浑圆状，磨圆较好，偶见溶蚀和被氧化等迹象，具古滨海残留沉积特征。

3.4.3.6　绿泥石、绿帘石

一般含量较少，分布零散，与源岩有关，规律性不够明显。但绿泥石与云母等片状矿物常分布于南海内陆架和河口区，绿帘石则多分布在外陆架。

3.4.3.7　火山泥

在南海沉积物中，火山物质有火山玻璃、火山碎屑矿物、火山尘和火山泥球4种，其中火山泥呈浅褐色，球状、椭球状和扁豆状等，是细粒火山灰、火山尘粘着物，在扫描电镜下是由火山碎屑矿物和火山玻璃混合组成，有时表面粘有微体生物或其他沉积物，主要分布在陆坡及深海盆中，在陆架区也见少量分布。南海火山物质主要分布有3处（见图3.43）。

火山碎屑矿物主要有橄榄石和普通辉石，次要有磁铁矿、角闪石、玄武闪石、石榴石和基性斜长石，偶见高温石英，还有沸石和文石等。

3.4.3.8　生物屑碳酸盐矿

南海生物屑碳酸盐矿物含量较丰富，分布不均匀。一般含量为20%～50%，以礁区最高（90%～100%），内陆架和深海盆最低（1%～10%），外陆架和陆坡及其外缘较高（30%～80%）。在沉积物中，一般砂粒级以上含碳酸盐矿物较多，而此粒级以下含量较少，且碳酸盐矿物在大于0.063 mm粗粒沉积物中分布普遍和均匀。根据南海西南部研究可知，碳酸盐矿物平均含量为48%，以礁区最高，曾母暗沙礁体为90%～100%；南部陆架一般含量为30%～60%，其他内陆架含量一般小于30%，最低3%～4%，外陆架大于50%；陆坡一般含量大于50%；深海盆含量为2%～60%。经x射线分析，含有以钙质骨屑为主的碳酸盐矿物主要有3种：低镁方解石（方解石结构中$CaCO_3$ mol%小于5%，又称方解石）为主，还有高镁方解石和文石。根据生物骨屑研究的结果，低镁方解石来自浮游有孔虫，高镁方解石来自珊瑚藻、底栖有孔虫和苔藓虫，文石来自石珊瑚、仙掌藻和软体动物等（苏广庆等，1993；1994）。

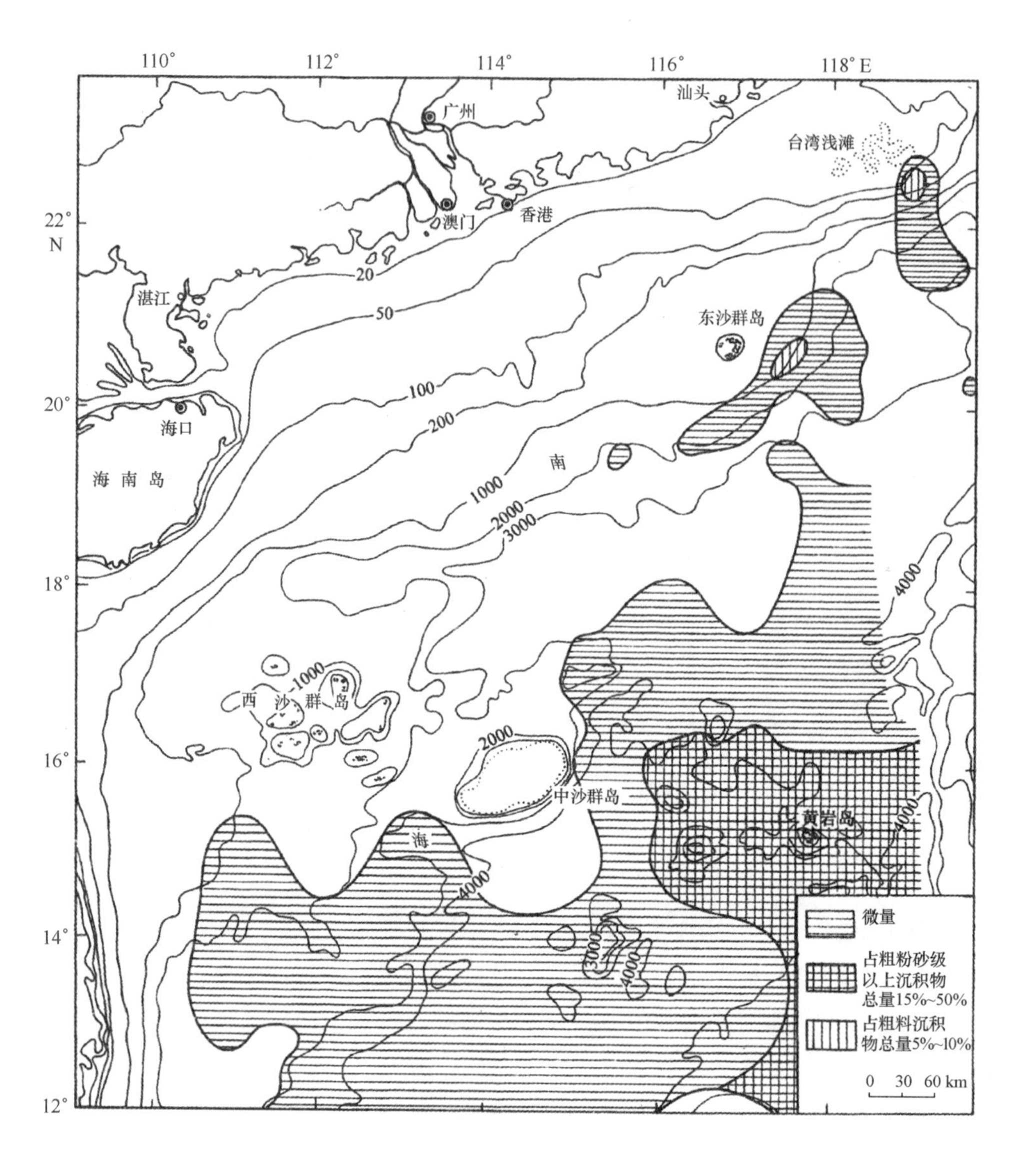

图 3.43 南海中北部沉积物中火山物质含量分布图

3.4.3.9 黏土矿物型矿产资源

南海海底黏土矿资源多分布在陆坡-深海盆区，可作美容健身产品。黏土矿物类型以伊利石为主，含有绿泥石、高岭石和蒙脱石。南海中北部黏土矿物的分布特点是：高岭石含量自近岸向深海盆逐渐减少；蒙脱石含量正相反，自岸向海逐渐增高；伊利石从北部海区至中、南部逐渐减少；绿泥石在深海盆，包括中沙群岛和西沙群岛海区含量较高。绿泥石从西北部陆架区向东西的深海盆增加，可能是高岭石在海洋环境中不断吸附 $Fe2^{+}$，Mg^{2+} 转变成绿泥石所致；黄岩岛附近含量最高，可能与海底火山有关。

3.4.3.10 自生矿物型矿产资源

南海自生矿物资源有富钴铁锰结核、海绿石、黄铁矿—石膏、黄铁矿、针铁矿结核、胶磷矿、沸石等，其中以前三者为主，后四者仅局部出现。铁锰结核主要分布于陆坡—深海盆区；海绿石分布于陆架—上陆坡区；黄铁矿－石膏分布于南部南沙群岛海区的陆架～陆坡；黄铁矿多分布于北部陆架区，也见于陆坡区；胶磷矿局部分布于北部陆架区；沸石仅在深海盆中个别站位出现。具勘查价值的主要矿物特征如下：

1）铁锰结核：铁锰结核依核心物质的形态不同而呈多种形狱粒状、微球状、结壳状和生物状等，常呈多种形态产出于海底的有孔虫－粉砂－软泥，放射虫粉砂质软泥和放射虫软泥（硅质泥）中；也见呈结壳状被覆于生物骨骼、岩屑、岩块和海底基岩之上（邱传珠，1983），常富集于平缓的陆坡坡麓和深海盆的深海黏土和硅质泥中，尤以后者最富。铁锰结核的分布如图3.44所示，在下陆坡—深海盆的沉积物中，几乎都有微量结核出现。根据铁锰结核在粗粉砂级以上沉积物中的百分含量，可分为高含量区、一般含量区和微含量区。微含量区几乎为整个海盆，各种形状的结核都有出现；一般含量区常出现在高含量区的周围，结核体多为生物状、微球状和结壳状者；高含量区有3处，结核体以碎屑团粒状者最多，生物状者次之，也见其他状者，含量占粗粉砂以上沉积物的20%～40%，为沉积物总量的2%～3.15%。总的分布趋势是向外陆架逐渐变低，较细的沉积物中相对含量较高。

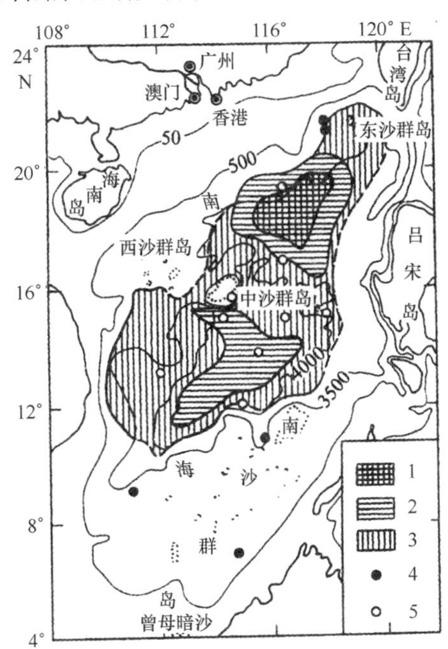

1. 高含量区（占沉积物总量的2%～3%）；2. 一般含量区（占沉积物总量的1%）；3. 微含量区（小于沉积物总量的1%）；4. 含铁锰结核站位；5. 含铁锰结壳站位

图3.44 南海铁锰结核矿产分布图

南海铁锰结核的化学成分主要有Mn，Fe，Cu，Ni，Co，U，Ti等，仅微结核、结核状者含少量Zn，P，S。其化学成分与大洋锰结核的含量相比，Cu，Co含量高于世界大洋，Ni约与其相当；而Cu，Ni含量低于太平洋，Co则较高，属富钴铁锰结核。

南海结核普遍分布于下陆坡－深海盆，水深2 000～4 500 m，但以3 000～4 000 m的深海盆区较富集，为有利的沉积环境（图3.44），但其中还可由于其他条件的不同，富集程度也各有差异。以12°～13°N为界，北部海盆结核富集的面积较大，约31 000 km^2，以结核状者为主，个别厚度可达50 cm；南部海盆结核富集面积较小，无高含量区，多见结壳状者，壳厚 10～30 mm。

铁锰结核的形成和富集：本区以外洋源和火山源为主的铁、锰等物质，在海水中常呈悬浮体、有机络合物和胶体，经过胶体凝聚、浮游与底栖生物吸收及菌解转移到沉积物中，随着沉积作用的进行，铁、锰等元素在孔隙水中富集起来，并向上扩散，在深海盆沉积物和底层水界面处氧化还原电位较高（Eh 大于 +276 mv）的条件下进行化学作用的结果，常形成胶体和微粒的沉积。同时，铁锰胶体的氧化物和氢氧化物对 Ba，Cu，Ni，Co 和 Mo 等有较强的吸取力，常共同沉积在结核中，其主要属胶体化学成因。因此，在有利于结核形成的条件下，各种形态的铁锰结核富集于东沙群岛的东南面和东北面以及中沙群岛的南面，分布面积约 31 000 km^2。结核形成的有利条件是：①深海盆比陆架的 Mn，Ba，Co，Cu，Ni 和 U 等元素有显著的增加，Mn 增加 22～26 倍，其他元素增加 2～3 倍；②深海盆比陆架化学成因的氢氧化物含量大，尤以 Mn，Ba 和 Ni 增加最多，分别为 30%、19%、18%，Cu 和 Co 次之；③铁锰氧化物丰度深海盆比陆架大，前者为 51%～88%，后者为 46%～19%；④根据目前太平洋已取得锰结核的数量与沉积类型关系对比的资料，南海结核最富集的硅质软泥（放射虫软泥），适宜于铁锰结核的形成；⑤南海在 3 000 m 以深的海域面积较广，沉积速率较慢，约为 1.7 mm/10^3a，有利于铁锰氧化物的沉积和铁锰结核的生长；⑥深海盆在巴士海峡与大洋相通，底流活跃，既供给了大量铁、锰物质，又保证了沉积物表面铁锰结核的不断增长。

综合铁锰结核的研究，得出如下结论：

——南海铁锰等物来源较多，成核条件有利，早更新世已形成结核，且结核的 Fe，Mn，Cu，Ni，Co 含量较高和较稳定，具有大洋锰结核的基本特征。调查结果表明，结核富集区的面积较大，约 31 000 km^2。显示了本区铁锰结核已具有勘查开发的经济价值。

——根据南海铁锰结核的形态、产状、分布和成因等特征，初步认为，在南海南部海盆可能有利于寻找微球状和生物状的结核；而在南海北部海盆则可能利于寻找结核、微结核状和结壳状等的结核。

2）针铁矿结核：针铁矿多分布于南海西南部，常见于水深 50～200 m 的外陆架区，从湄公河口至加里曼丹岛北面和曾母暗沙附近陆架均有分布，但以湄公河口外东北的陆架区较为集中（中国科学院南沙综合科学考察队，1993），占沉积物含量 10% 以上和 1%～10% 的地区，其周围则含量小于 1%。曾母暗沙一带，除局部含有沉积物量的 1%～3% 的结核外，多为含量小于 1% 的陆架区。结核呈褐色、黄褐色和浅棕色，表面光滑，有圆形、偏圆形、片状或表面凹凸不平的形状等，主要为 0.5～7 mm 大小的近圆形细分散状的针铁矿和含水针铁矿结核。核心为岩屑、泥屑和生物屑，核壳层较薄（0.1～0.3 mm），个别见同心圆状结构。结核形成与前三角洲外围的残留沉积物和现代沉积物有关，含量最高；紧靠河口的岸坡和河口湾结核含量减少。因此，在河口三角洲河水和海水的混合带的陆架区，以自生和吸附形成富集 Fe，Cu，Ni，Mn 等物质，形成南海西南部的针铁矿结核，有些结核则是在河口附近的河滩和海滩沉积形成后而被水动力作用迁移到陆架富集的。

3）海绿石：本区海绿石类沿 NE 向与等深线呈带状延伸（图 3.45），大体与海岸平行，广布于大陆架至上陆坡，多富集于水深 100～600 m 的海域，以水深 150～400 m 处最富，见于东沙群岛北面及海南岛以东至神狐暗沙一带。

南海海绿石多为黑色、褐色、深绿色、黄绿色、灰绿色、绿黄色等，各种颜色中以含绿色为主。主要是自生成因，部分黑色、褐色海绿石（碎屑海绿石）在少数站位较富集，主要

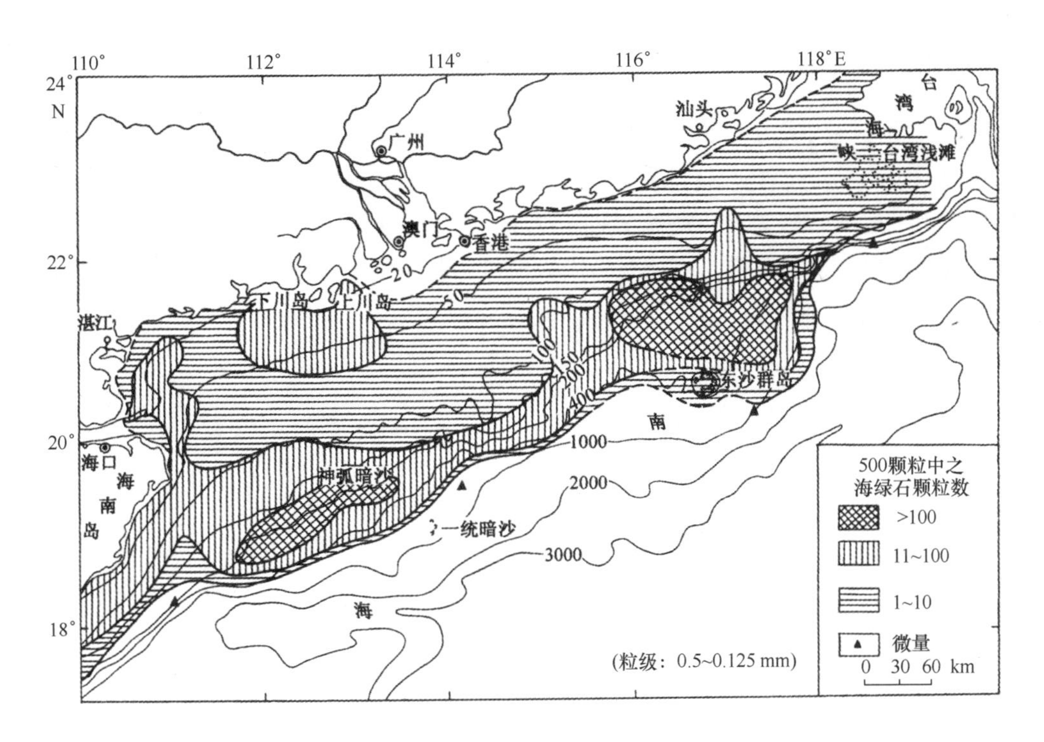

图 3.45 南海北部海绿石类矿分布图

分布于水深 150 ~ 400 m 的外陆架及其外缘，初步认为属他生成因。海绿石最大粒径 1 ~ 2 mm，一般以 0.5 ~ 0.063 mm 中较富集，尤其是 0.5 ~ 0.125 mm 这一粒级。常与含黏土的有孔虫、粉砂、细砂的沉积类型及外陆架和上陆坡的沉积环境有关。页状海绿石和颗粒状海绿石的分布还受海底的水动力和地形所控制。

南海中其他自生矿物，如黄铁矿—石膏、黄铁矿、针铁矿结核等，其研究意义尚有待进一步分析。

3.4.4 矿产资源的开发利用状况

3.4.4.1 *矿产资源的开发利用总体概述*

目前，海南省已开发利用的矿种有 29 种，其中，开发强度较大的有石油、天然气、富铁矿、锆钛砂矿、金矿、水泥灰岩、石英砂、建筑用砂石黏土、饮用天然矿泉水、医疗热矿水等。

据 2008 年度的统计数据，全省开采固体矿产矿石总量 8 276.95 $\times 10^4$ t，采出天然气 55.99 $\times 10^8$ m^3，原油（包括海域、陆地）217.16 $\times 10^4$ t，凝析油 8.84 $\times 10^4$ t，全省矿业总产值达 526.8 亿元（其中采选业 50.8 亿元，以原油加工为主的矿产加工业 476 亿元），占同年全省工业总产值的 47.8%。石油天然气开发占全省矿业的主导地位，其采选及加工产值 406.4 亿元，占全省矿业总产值的 77.1%。省内多种有益组分共伴生的矿床有多处，大部分矿山企业在开采主要矿产的同时回收共伴生的矿产，2008 年综合利用产值共计 6 230.7 万元。

3.4.4.2 近海砂矿勘查开发利用现状

海南省实施本岛周边近海砂矿资源勘查工作比较早。但是，截至目前，海南省系统的海洋矿产资源调查、勘查工作还未全面展开。无论与国内其他沿海省市相比，还是与海南省陆域相比，海南省近海砂矿资源勘查程度都显得非常低。海南岛周边近海锆钛砂矿资源勘查工作还处于起步阶段，但所取得的成果对岛周边海域锆钛砂矿资源进一步勘查却具有十分重要的作用和深远的意义。

1）砂矿资源勘查现状

海南岛近海砂矿资源的勘查现状大体如下：

（1）20 世纪 80 年代初，广州海洋地质调查局首次对海南岛周边近岸浅水（-30 ~ -50 m）以上海区，开展了 1:50 万海底沉积物调查。通过这次工作，对海南岛周边海域底质沉积物分布、锆钛砂矿资源潜力有了大致的了解。

（2）20 世纪 90 年代初期，海南有色地质勘查局九三四队组织开展了海南岛东海岸潮间带及近海锆英石、钛铁矿、独居石等矿产资源的找矿和研究工作。本次工作主要是钻探，兼作部分地质调查，共施工砂钻 39 个，进尺 524.1 m，采样 524 个，见矿钻孔 26 个，见矿率 70.3%，地质效果较好。通过这次工作，表明潮间带及陆上深部矿层具较好的找矿前景，发现了新村港、大头、乌石、保定等滨海锆钛砂矿向海中延伸的矿藏特征。

（3）1998 年至 2000 年 10 月，海南省地质勘查局在陵水新村港至南湾海 24 km^2 海域近海 10 m 以浅水深范围内开展了锆钛砂矿的找矿工作，成功实施钻孔 22 个，进尺 398.25 m，圈定水下矿体 2 个，探获了锆英石资源量 8.85×10^4 t，钛铁矿 44.66×10^4 t，这也是岛周边海域第一个已探明的海域锆钛砂矿床。

（4）1999 年，海南省地质综合勘查院在万宁市东澳浅海海域开展了锆钛砂矿的找矿工作，通过浅海钻探，对该区域锆钛砂矿成矿条件有了初步的了解。

（5）2006 年，受海南省国土环境资源厅的委托，由海南省地质勘查局九三四地质队编制完成了《海南岛周边近岸浅水海区锆钛砂矿探矿权设置方案》，标志着海南岛周边海域锆钛砂矿资源勘查工作已纳入了政府部门计划。

（6）2007—2008 年，海南省国土环境资源厅根据《海南岛周边近岸浅水海区锆钛砂矿探矿权设置方案》，由海南省财政拨出专款开展了保定海、感城港、昌化港浅海区锆钛砂矿等 4 个近浅海锆钛砂矿区详查评价工作，其中，由省地质勘查局九三四地质队完成的保定海浅海区锆钛砂矿详查工作，共探获锆英石矿物量（332 +333）529 323 t、钛铁矿矿物量（332 +333）2 239 879 t，矿床规模为一大型矿床。目前，保定海浅海区锆钛砂矿采矿权已通过挂牌竞价出让给海南泰鑫矿业股份有份公司，海域锆钛砂矿的开采工作已进行采、选试验及开采设计、环评阶段。

至 2007 年底，海南省近岸浅海域砂矿资源潜量为：锆英石（380 ~473）$\times 10^4$ t、钛铁矿（3 930 ~4 308）$\times 10^4$ t，伴生的金红石（111 ~185）$\times 10^4$ t、独居石（2.2 ~2.7）$\times 10^4$ t、石英砂 50.93×10^8 t（详见表 3.57）。可以看出，海南省近岸浅海域中钛铁矿、锆英石、石英砂等资源潜力非常巨大，通过科学勘查，合理规划，酌情、有序开发，高效、持续利用海南省宝贵的滨海海底砂矿资源，将是海南省海洋产业极为重要的新的经济增长点。

表 3.57 海南岛近海砂矿资源潜量预测及其找矿远景区分布表

序号	矿种	储量对象与单位	预测资源量	找矿远景区分布
1	钛铁矿	矿物/万吨	3 930 ~4 308	铺前、沙老、东澳、黎安、陵水湾、昌化陆地及近岸浅海（−30 m 以浅）远景区
2	锆英石	矿物/万吨	380 ~473	
3	独居石	矿物/吨	22 000 ~27 463	
4	金红石	矿物/万吨	111 ~185	
5	石英砂	矿石/亿吨	50.93	文昌东北为重点的环岛滨海阶地分布区

（《海南省矿产资源总体规划》2008 ~2015）

2）锆钛砂矿资源开发利用现状

在2003年以前，海南省近岸海域的锆钛砂矿资源开采几乎是空白，除了个体采矿者在局部海岸的潮间带有小量人工采矿以外，几乎没有成规模的采矿活动。其原因一是缺少近岸海域砂矿资源勘查的地质资料；二是海上作业环境复杂，安全保障要求较高；三是海上采选作业的成本相对较高，在矿产品价格不够高时难以取得好的经济效益。近年来，随着滨海陆域锆钛砂矿开采的不断深入和可采资源的日益减少，加上市场需求量的增加和锆钛矿产品价格的持续上升，万宁市东澳镇新群滨海海域开始出现个体采矿者开采锆钛砂矿的情况。

（1）采选工艺：最初的采矿方法是：由携带氧气的操作者潜入深达几米至十几米的水中，操作砂泵的吸管在海底吸采矿砂，矿砂被送往一座以泡沫块联结而成的浮台上、并在这座浮台上安装的螺旋溜槽（4 ~5 台）中粗选，毛矿用小船送上岸，尾矿直接排入海中。后由于潜水操作人员出现了安全事故，采矿操作被改进为在船上进行。工艺流程见图 3.46。

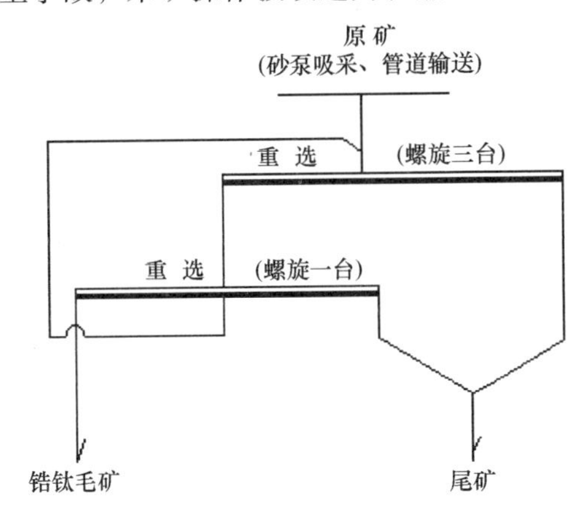

图 3.46 采矿及粗选工艺

（2）有关指标：据了解，一套简易的采选设备（见照片 3.47），投资约 5 万元，每天（以 20 h 计）可生产毛矿 5 ~6 t，毛矿品位 ZrO_2 12% ~13%；TiO_2 27% ~30%，毛矿单价约 1 200 元/t。据此计算，每组设备每天产值可达 6 000 ~7 200 元，减去各项成本费用，获利可达每天 3 500 ~4 500 元。

（3）开采情况：由于投资不大，开采成本也相对不高，加上当地海域锆钛矿物含量相当高，因而采矿获利不小，曾一度吸引不少个体采矿者前往开采。在 2005 年春节期间，在东澳新群海离岸不超出一千米的近海，最多时曾集中约 200 组简易采选设备同时作业，每天采得

图 3.47　万宁新群近海锆钛采矿简易浮台

毛矿 1 000 t 以上。

由于开采者没有按照规定的程序办理采矿许可证，采矿过程也没有经过规划和设计，属非法开采，已于 2005 年初被万宁市政府令停。

3）石英砂资源勘查开发利用现状

截至 2005 年底已查明 14 个矿区玻璃用石英砂保有总资源储量达 95 632 $\times 10^4$ t（居全国第一）。截至 2007 年底，海南岛滨海 17 个矿区累计查明资源量 69 296.7 $\times 10^4$ t，保有资源量 68 106.0 $\times 10^4$ t（表 3.58）。

表 3.58　截至 2007 底海南岛滨海石英砂矿累计查明及保有资源储量统计表 单位：矿石万吨

矿区名称	开采情况	累计查明		2007 年开采		2007 年底保有		SiO_2 平均含量/%
		基础储量	资源量	基础储量	资源量	基础储量	资源量	
文昌市铺前			21 482				20 295	98.73
文昌市龙马		6 421	26 838			6 417	26 838	97.64
文昌堆富村	开采	1 605	354	78.59		1 103.1	354	97.93
文昌赤筠村	开采	3 826.2	215	62.43		3 661.0	215	97.38
文昌小惠村	在建	6 439	7 865			6 439	7 865	97.38
文昌墩来村		9 887.5	1 354.8			9 887.5	1 354.8	96.59
文昌市宝西	在建	2 539.1				2 539.1		98.37
儋州市新隆	在建	535	3 064			510	3 064	98.46
儋州市松鸣	开采	196	900	3		189.3	897.3	97.24
儋州沙沟村			432				432	97.15
昌江县南罗	开采	245	70	3		229	70	98.27
昌江县海尾		148	1132			147.9	1 132	97.46
东方市八所	停采	860	1 014			638	1 013	95.93
陵水县龙岭	在建	226	413			226	413	97.54
文昌富堆村			2 358.3				2 358.3	97.19
文昌市昌洒			1 341.4				1 341.4	96.89
昌江县新村			463.2				463.2	98.30
合计		32 927.8	69 296.7	147.02		31 986.9	68 106.0	97.51

（引自：周旦生，梁新南编著《海南省矿产资源可持续发展研究》，2009.4）

4）海南岛近海砂矿资源勘查开发利用存在的主要问题

①海域锆钛砂矿资源勘查投入不足，没有建立海域锆钛砂矿资源勘查基金，国家、省级地质勘查投资费用不多。

②海南省滨海矿产调查较多，浅海域矿产调查较少，综合研究程度低，系统的、有计划的基础性海域锆钛砂矿资源勘查工作少。对海域锆钛砂矿资源的整体性把握差。

③多年来，海域锆钛砂矿资源勘查工作滞后于社会需求，已有勘查成果不能满足社会发展需求。

④海域锆钛砂矿有关的基础地质图件实测的少，编得多，推测的多。缺乏系统性和全面性。

⑤采选技术和设备落后，科技含量低，回采率及回收率低，对矿床造成了一定的破坏。非法乱采锆钛砂矿现象时有发生。

⑥海域锆钛砂矿矿产资源利用方式（含采选加工）总体上处于粗放型、规模小、效益差的较低水平，采选与深加工的产值比例低；以市场导向和高科技系列深加工高增值产业发展滞后，海域锆钛砂矿产值对全省工业总产值的贡献较小。

3.4.4.3　海南省辖南海海域油气资源勘查开发现状

我国对南海油气资源的调查始于20世纪30年代。

1）北部海域大陆架油气勘探开发现状

1957年，我国便开始在莺歌海水域开展了油气勘探工作，1965年打出原油，截至2005年底，在珠三坳陷、福山凹陷、琼东南盆地、莺歌海盆地累计探明可采储量为石油（含凝析油）2 698.3 $\times 10^4$ t，天然气（含溶解气）1 948.98亿 m^3；其中已累计采出量为石油978.0 $\times 10^4$ t，天然气355.6亿 m^3。

2）南部（南沙）海域大陆架油气勘探开发现状

南海中南部海域油气勘探始于20世纪50年代，于1962年发现特马那（Temana）油田起，特别是20世纪60年代末，南海周边各国疯狂抢占我南沙岛礁，分割我南沙海域，争相在南沙海域勘探开发石油和天然气资源。2001年底止，周边国家在南沙海域我国传统海疆界线内探明的石油总储量达24 $\times 10^8$ 桶，天然气28 261.6 $\times 10^8$ m^3。至2003年，周边国家从我国传统海疆界线内侧掠夺开采的油气总产量达4 633 $\times 10^4$ t油当量（表3.59）。

为了维护中国在南沙海域的领土主权和海洋权益，经国务院批准，从1987年起至2002年，广州海洋地质调查局在南海海域开展总面积约82 $\times 10^4$ km^2 的油气勘（调）查工作，估算南海中南部（16°N以南）我国传统海疆界内的22个沉积盆地的油气总资源量为（165.73～196.05）$\times 10^8$ t油当量，其中我国传统海疆界线以内的油气资源量为（121.76～143.44）$\times 10^8$ t油当量。

此后，在中国提出“搁置争议、共同开发”的倡议下，中国和菲律宾已于2004年11月签署了在双方争议海区共同勘探油气资源的协议；2005年3月14日，中国海洋石油总公司、菲律宾国家石油公司、越南石油和天然气公司又共同签订了为期3年、各方投资500万美元、

总面积 $14.3\times10^4\ km^2$ 的联合勘探协议。

3）天然气水合物勘探现状

我国国土资源部从 1999 年开始，就启动天然气水合物海上勘查工作，由中国地质调查局统一组织，广州海洋地质调查局具体实施。先后组织实施高分辨率地震调查，继发现显示天然气水合物的地震综合异常信息之后，又系统部署了调查与评价工作，通过连续多年的艰苦探索，取得了天然气水合物赋存的一系列地球物理、地球化学、地质和生物等有利证据。初步预测，我国南海北部陆坡天然气水合物远景资源量可达上百亿吨油当量。

2007 年 4 月 21 日至 6 月 12 日，中国地质调查局在南海首次实施天然气水合物钻探工程。于 5 月 1 日在南海海域首钻获取天然气水合物实物样品，实现了我国天然气水合物资源调查和找矿的重大战略突破，使我国成为继美国、日本、印度之后第 4 个通过国家级研发计划在海底钻探获得天然气水合物实物样品的国家。

表 3.59　周边国家在我国南沙及其邻近海域油气勘探开发情况表

国家	主要盆地名称	累计钻井/口	1997 年底探明储量及年产量				2004 年底全国存量及年产量			
			石油		天然气/（$10^8\ m^3$）		石油/（10^4 t）		天然气/（$10^8\ m^3$）	
			探明	产量	探明	产量	探明	产量	探明	产量
菲律宾	礼乐盆地，西、北巴拉望盆地	56	2.0（亿桶）	4.9（万吨）	764.1	0	2082.2	66.5	1 067.6	25.8
文莱	文莱—沙巴盆地	211	13.5（亿桶）	719.8（万吨）	3 990.3	96.2	18 493	950	3 908	124
马来西亚	曾母盆地、沙巴盆地	768	39.0（亿桶）	3 201.8（万吨）	22 583.4	367.9	41 096	4 275	21 238	534
印度印西亚	曾母盆地（西北部）	占很少（7191）	2.0（亿桶）	228.3（万吨）	13 100	0	64 384	4 865	25 570	726
越　南	万安盆地	428	6.0（亿桶）	893.5（万吨）	1 698.5	8.5	8 219.2	1 700	1 925.6	20.4
合 计		1 463（8 654）	62.5（亿桶）	5 048.3（万吨）	42 136.3	472.6	134 274.4	11 856.5	53 709.2	1 430.2

（据刘增洁等 2005 年资料整编）

4）省辖海域油气勘查开发存在的主要问题

（1）由于体制、投资、技术、设备，以及海域油气田受高温高压地质条件等多因素的制约和影响，省辖海域油气资源的地质和综合性地球物理勘（调）查和勘探、开发的范围有限、程度低，资源潜力未明，勘探开发的难度加大、成本增加，海域油气成藏理论、深水钻探开发等理论技术亟待攻关和突破。随着科学技术的发展，向陆坡深海区勘探开发，同时注重和加速天然气水合物勘探开发技术、设备的研发和利用，已是 21 世纪油气产业发展的总趋势。

（2）省辖海域油气资源的勘探和开发（特别是南部的南沙海域），还由于与周边国家的外交与权益关系，仅局限在北部近海海区的琼东南盆地、莺歌海盆地和珠三坳陷的陆架区已重点勘探并探明可采储量的为数不多的油田和气田内；省辖海域油气资源的探明程度很低，但潜力很大，资源优势亟待加大勘探力度得以探明和充分发挥；将省辖海域的油气资源优势尽快有效转变为集约化炼化能源化工产业优势和经济优势，必定是任重道远。

（3）随着国民经济快速发展对油气消费量的快速增长，供需矛盾日益加大；特别是洋浦 800 $\times 10^4$ t 炼油厂对原油的需求，每年对国外（中东、阿曼、安哥拉等）原油的依存度约达 70%；如何确保炼化化工产业对油气长期、稳定、安全的供给，将面临着复杂的国际环境和压力。

（4）油气可采储量补充不足，储采比下降，油气产量的增长缺乏后劲；需要通过加大勘探力度、增加储量，遏止这种势头的发展。

（5）至今海南尚无从事海域油气勘探开采的大公司进驻，新成立的海南省海洋地质调查局的职能作用亟待壮大和发挥。与此同时，经济全球化和国际油气行业的大规模重组，使我国油气公司面临严峻的挑战，如何在低油气价格条件下生存和图发展，又在高油气价格条件下回避价格风险稳定获取国外廉价原油，都是需要长期面对和正确解决的实际问题。

3.4.5　矿产资源评价

3.4.5.1　海域成矿的时空分布规律及成矿预测

海洋矿产资源主要产于南海海域。海南省作为一个海洋大省，理应为维护我国在国际海底的合法权益，同时也为维护发展中国家海洋合法权益作出贡献，从战略上开展海底矿产资源勘查开发系列工作是十分必要的。

1）海洋固体矿产成矿的时空分布规律及成矿预测

根据前述海洋矿产资源情况，我们认为其中的锆钛砂矿、富钴铁锰结核矿、碳酸盐矿、黏土矿和海绿石矿具有勘查开发价值。南海沉积物的各种矿物沉积特征和沉积作用不同，沉积环境差异，矿物分区性明显，可将海洋固体矿产划分为 5 个成矿预测区：

（1）海南岛周边—陆架区锆钛砂矿成矿预测区

主要为海南岛周边水深 0 ~ 400 m 的内陆架区。锆钛砂矿是南海北部陆架区分布最广、含量最高的重矿物，分别于近岸水深 20 ~ 30 m，50 m，80 m，100 ~ 150 m，200 ~ 400 m 处呈连续或断续带状延伸。其共生有金红石、独居石；主要非金属矿物为石英和长石；其他微量矿物有角闪石、电气石、磁铁矿、方铅矿、萤石、石榴石、方解石、透闪石、白钛矿、黄玉、软锰矿、白钨矿、黑钨矿、斑铜矿、自然金、屑石、磷灰石等。

（2）南海下陆坡—深海盆富钴铁锰结核矿成矿预测区

包括下陆坡—深海盆，水深 2 000 ~ 4 500 m，但以 3 000 ~ 4 000 m 的深海盆区成矿预测区。其中以 12° ~ 13°N 为界，北部海盆结核富集的面积较大，约 31 000 km^2。根据南海铁锰结核的形态、产状、分布和成因等特征，初步认为，在南海南部海盆可能有利于寻找微球状和生物状的结核；而在南海北部海盆则可能利于寻找结核、微结核状和结壳状等的结核。铁锰结核的化学成分主要有 Mn，Fe，Cu，Ni，Co，U，Ti 等，仅微结核、结核状者含少量 Zn，P，S。

（3）南沙群岛海域碳酸盐矿成矿预测区

包括礼乐滩、双子礁、南薇滩和皇路礁之间近棱形 NE 方向延伸的南沙群岛陆坡海台区及其南部岛礁、暗沙（滩）的岛架区，南沙群岛的东南、南和西南部水深约 50 ~ 200 m 的外陆架区，以及南沙海槽和其西南及西部水深约 1 000 ~ 3 000 m 的陆坡海槽及海台区。根据南海西南部研究可知，碳酸盐矿物平均含量为 48%，以礁区最高，曾母暗沙礁体为 90% ~ 100%；南部陆架一般含量为 30% ~ 60%，其他内陆架含量一般小于 30%，最低 3% ~ 4%，外陆架大于 50%；陆坡一般含量大于 50%；深海盆含量为 2% ~ 60%。

（4）南海陆坡—深海盆黏土矿成矿预测区

包括南海水深 400 ~ 3 000 m 的陆坡区及水深 3 000 m 以下的下陆坡—深海盆区。根据黏土矿物种类、含量变化、物质来源和沉积环境等，可将海南管辖海域黏土矿物分为 3 个亚区：

Ⅰ区：主要为 110° ~ 120°E 18° ~ 8°N 的南海深海盆区。伊利石分布均匀，含量较高，约为沉积物的 50%；绿泥石含量一般，为 20% ~ 30%；高岭石含量为 10% ~ 20%；蒙脱石含量相对较高，为 10% ~ 20%。主要物源来自 110°E 以西的陆架和陆坡、110°E 以东的南海北部海区及附近岛屿，由陆源、岛屿源和火山源集合沉积形成。

Ⅱ区：包括礼乐滩、双子礁、万安滩和南通礁范围内南沙群岛台阶的主要海区。沉积物以珊瑚礁碳酸盐生物类群为主，黏土矿物仅占沉积物的 5% ~ 20%。以伊利石和高岭石为主，含绿泥石和极少量蒙脱石。物源多来自南海东部和东南边岛屿，属岛屿源为主的沉积形成。

Ⅲ区：主要为南海东南部海区，包括南沙海槽与纳土纳群岛之间的陆架和陆坡区。以伊利石为主，含量占黏土矿物的 50% ~ 65%；其次为高岭石和绿泥石，含量分别为 15% ~ 20% 和 12% ±；蒙脱石含量较少（5% ~ 10%）。

（5）海南岛东部外陆架海绿石矿成矿预测区

位于海南岛以东至神狐暗沙一带及东沙群岛北面、水深 150 ~ 400 m 的外陆架及其外缘。本区海绿石矿沿 NE 向与等深线呈带状延伸，大体平行海岸分布。

2）海域油气成矿的时空分布规律及成矿预测

省辖海域大陆架和陆坡区新生代沉积盆地蕴藏有丰富的石油和天然气资源。在大陆架的主要油气盆地有莺歌海盆地、琼东南盆地、珠三坳陷、万安盆地、曾母盆地、文莱—沙巴盆地、西巴拉望陆架盆地和礼乐滩盆地等；在大陆坡区，也有一些沉积层相当厚的盆地，如两沙海槽盆地、西沙两盆地、中建岛西南盆地等，推测这些盆地也可能有形成油气藏的条件。总体上看，海域油气的生、储、盖和圈闭有以下规律（表 3.60）：

（1）盆地形成的地质时代：南海大陆架的含油气盆地，一般说来都是古近—新近纪沉积盆地，其中充填有几千米至 1 万多米古近—新近纪沉积。个别盆地的沉积层下部可能有上白垩统存在，说明这些盆地从晚向些世时便已开始发育。

（2）盆地的生油（气）层、储集层和盖层：南海大陆架的油气主要产自始于新纪至中新纪。无论是南海北部大陆架或南部大陆架的油气盆地，都有多套的生、储、盖组合，并有各种类型的油气圈闭。

在南海北部大陆架的含油气盆地中，可划分出 3 套不同的生、储、盖组合：①在北部湾盆地，始新纪泥岩生油，砂岩储油，泥岩（或部分渐新统泥岩）为盖层；在珠三坳陷和琼东南盆地的坳陷中心也可能有这套生、储、盖组合。②在珠三坳陷和琼东南盆地始新纪和渐新纪泥岩生油，渐新纪砂岩储油，渐新纪或下中新纪泥岩为盖层。③在珠三坳陷、琼东南盆地和莺歌海盆地，渐新纪或下中新纪泥岩生油，中、下中新统砂岩和侧向上古生界石灰岩储油

表 3.60 南海新生代盆地生油(气)层、盖层及圈闭构造对比表

地层单位			南海北部大陆架				南海南部大陆架			
界	系	统	生油层	储集层	盖层	圈闭构造	生油层	储集层	盖层	圈闭构造
新生界	第四系	全新统								
		更新纪 上								
		更新纪 中								
		更新纪 下								
	新近系	上新纪 上								
		上新纪 中							③	
		上新纪 下			③		④	④	④	
		中新纪 上						③		
		中新纪 中								
		中新纪 下		③			③			
	古近系	渐新纪 上				多属拉张型油气盆地,受基底断裂控制的基底隆起披覆构造为最重要的储油气圈闭构造	②	②	②	多属挤压型油气盆地,挤压形成的褶皱背斜构造为最重要的储油气圈闭构造
		渐新纪 中	③	②	②					
		渐新纪 下	②							
		始新纪 上						①	①	
		始新纪 中	①	①	①		①			
		始新纪 下								
		古新纪 上								
		古新纪 中								
		古新纪 下								
中生界、古生界										

(据陈森强,2001 年资料整编)

注:表中南海北部大陆架油气盆地划分为 3 套不同的生、储、盖组合,分别以①②③表示;南海南部大陆架油气盆地划分为 4 套不同的生、储、盖组合,分别以①②③④表示,与书中编号相对应。

（即新生油、古储油组合），上中新纪、上新纪泥岩为盖层。

在南海南部大陆架的含油气盆中，大体可划分出4套生、储、盖组合：①在礼乐滩盆地的桑吉塔-1井，始新纪中、下部页岩生油，上部砂岩储油，泥岩为盖层。②在西纳土纳盆地和曾母盆地的巴林坚区，生油层为渐新纪—下中新纪页岩，储油层为页岩中所夹的砂岩，盖层为同时代的泥岩。③在曾母盆地西部（卢科尼亚区及其西部邻区），生油岩为下中新纪页岩和中中新纪礁灰岩，储油岩为中—上中新纪礁灰岩，盖层为上中新纪—上新纪泥岩；西巴拉望陆架盆地的尼多、卡德劳等油田的生、储、盖组合与此类似，只是礁灰岩的时代略早一些，为晚渐新世—早中新世。④在曾母盆地的东部和文莱-沙巴盆地的巴兰三角洲区及沙巴区等，生油层为中新纪—上新纪泥岩，其中所夹的三角洲砂岩和浊积砂岩为储油层，泥岩为盖层。

（3）盆地的储油气圈闭：南海大陆架的含油气盆地，有各种类型的储油气圈闭。但总的说来，南海北部的含油气盆地属拉张型盆地，因此，受基底断裂控制的基底隆起披覆构造为最重要的储油气圈闭。南海南部纳土纳隆起以西的含油气盆地，盆地的发育也因基底的拉张、断裂而引起的，因此，基底隆起披覆构造也是这些盆地重要的油气圈闭类型；但是南海南部油气最丰富的曾母盆地东部和文莱~沙巴盆地属挤压型盆地，因此，最重要的储油气圈闭是挤压形成的褶皱背斜构造。

3）南海天然气水合物成矿的时空分布规律及成矿预测

南海的北部为被动大陆边缘，南部为主动大陆边缘，西部为剪切带，东部为马尼拉海沟俯冲带。南海大陆坡的水深范围为150~3 500 m，面积约126.1×10^4 km^2，其上分布有东沙群岛、西沙群岛、中沙群岛和南沙群岛，以及一些海底脊岭、海山和槽谷。水深大于300 m的大陆坡和岛坡区约有（70~80）$\times10^4$ km^2，这些地区都具有形成天然气水合物的地质构造环境。南海天然气水合物成矿远景分布见图3.48。

在2000年，张光学等综合研究了南海北部陆坡的3个重5探区的地质、地球物理资料，初步估算出这3个探区的天然气水合物的甲烷量达$1\ 000\times10^8$ m^3，分布面积100 km^2，厚度250 m，含天然气水合物系数2.5%，稳定带沉积孔隙率40%，密度0.92 g/m^3。

至2001年，姚伯初分析南海北部大陆坡可能有天然气水合物存在的情况下，进一步推断整个南海可能有天然气水合物分布的地区，并估算出天然气水合物稳定带之下沉积物中的甲烷游离气量为4.185×10^{13} m^3。得出南海天然气水合物矿藏的总甲烷量为10.87×10^{13} $m^3\approx$ $1\ 087\times10^8$ t油当量，假定南海满足天然气水合物稳定条件的海域中有50%~60%的地区分布有天然气水合物矿藏，则其总甲烷量约为（543.5~652.2）$\times10^8$ t油当量。

对比张光学等对南海北部陆坡3个重点探区估算的天然气水合物的甲烷量（$1\ 000\times10^8$ $m^3\approx1\times10^8$ t油当量）和姚伯初对整个南海估算的天然气水合物矿藏的总甲烷量［（543.5~652.2）$\times10^8$ t油当量］，可以看到，后者显然是高得多。原因是他们估算时选取的参数值大小不一样，如厚度前者取250 m，后者取482 m，两者相差近一半，又如沉积物孔隙度前者取40%，后者取50%。

总的来说，预测南海天然气水合物其资源潜力及经济价值十分巨大。考虑到天然气水合物的形成和保存条件，温度是一个很重要的因素，因此，在调查研究南海的天然气水合物矿藏时，尚应研究晚新生代以来南海的古地温情况，这对更有效地调查和勘探南海的天然气水合物矿藏是十分必要的。

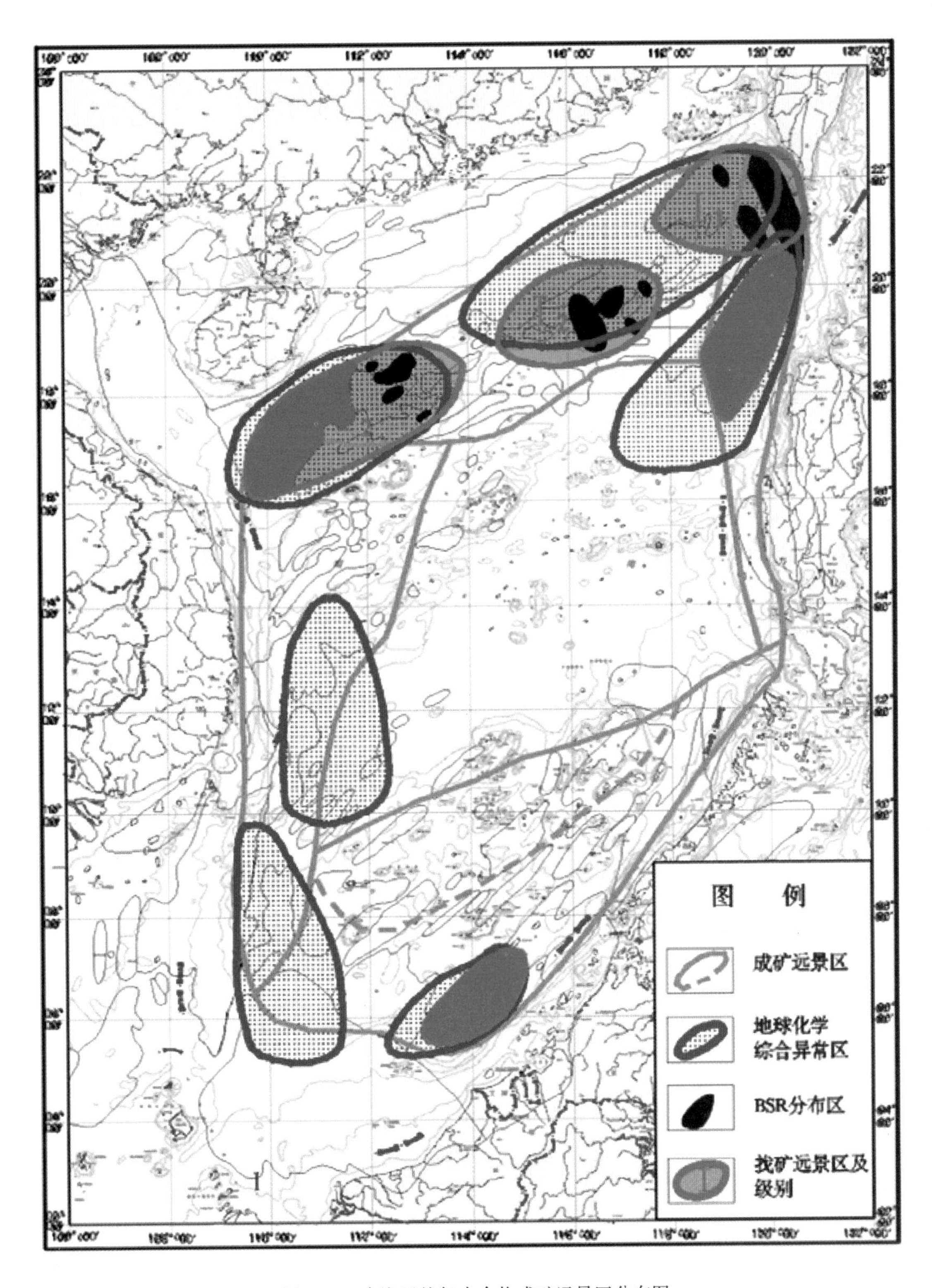

图 3.48　南海天然气水合物成矿远景区分布图

3.4.5.2 主要海洋矿产资源潜力分析

1）海洋固体矿产资源潜力

（1）海南岛周边—陆架区锆钛砂矿成矿预测区矿产资源潜力

主要为海南岛周边水深0~400 m的内陆架区。据广州海洋地质调查局20世纪80年代初在海南岛周边海区（0~50 m水深）开展的1∶50万区域重矿物表层采样分析所获资料，海南省地矿局于1992年采用地质类比法预测评价的矿物总资源潜量为：锆英石大于500×10^4 t、钛铁矿大于$4\ 000\times10^4$ t，伴生的金红石大于150×10^4 t、独居石大于2.5×10^4 t。此外，还伴生有大量绿泥石、云母；其次还有角闪石、绿帘石、金红石、石榴石、蓝晶石、硅线石、十字石、电气石、辉石、独居石、磷钇矿、磁铁矿、褐铁矿和锡石等。若考虑水深50~400 m范围，则预测其资源潜力在2倍以上。

（2）南海下陆坡—深海盆富钴铁锰结核矿成矿预测区矿产资源潜力

以12°~13°N为界，在南海北部海盆富钴结核富集的面积约31 000 km^2。其化学成分主要有Mn，Fe，Cu，Ni，Co，U，Ti等，仅微结核、结核状者含少量Zn，P，S。按结核含量占沉积物总量的2%~3.15%计，预测铁锰结核总资源潜量约200亿t。

（3）南沙群岛海域碳酸盐矿成矿预测区矿产资源潜力

包括礼乐滩、双子礁、南薇滩和皇路礁之间近菱形NE方向延伸的南沙群岛陆坡海台区及其南部岛礁、暗沙（滩）的岛架区，南沙群岛的东南、南和西南部水深约50~200 m的外陆架区，以及南沙海槽和其西部及西部水深约1 000~3 000 m的陆坡海槽及海台区，分布面积约50 000 km^2，厚度较大，预测其资源潜量约5 000亿t，碳酸盐矿物平均含量为48%。

（4）南海陆坡—深海盆黏土矿成矿预测区矿产资源潜力

包括南海水深400~3 000 m的陆坡区及水深3 000 m以下的下陆坡—深海盆区，可进一步划分为Ⅰ~Ⅲ共3个区，主要成分为伊利石（50%~65%）、绿泥石（10%~30%），其次为蒙脱石、高岭石，预测黏土矿资源潜力及经济巨大。

（5）海南岛东部外陆架海绿石矿成矿预测区矿产资源潜力

海南岛以东至神狐暗沙及东沙群岛北面一带、水深150~400 m的外陆架及其外缘，预测其资源潜力巨大，其矿产资源勘查与开发价值有待进一步研究。

2）省辖海域石油、天然气、天然气水合物资源潜力

对油气资源潜力的预测评价，我国分别于1987年、1994年、2000年、2004年进行过多次。主要预测结果如下：

（1）根据国土资源部信息中心（为主）以体积法估算，南沙海域（北纬16°以南）我国传统海疆界线以内22个盆地（为主）及珠三坳陷、琼东南盆地、莺歌海盆地的预测估算油气总经济资源量为石油152×10^8 t、天然气11.7×10^{12} m^3［（121.76~143.44）$\times10^8$ t油当量以上］。在南沙海域我国传统疆界内的礼乐、万安、北（西）巴拉望、曾母、文莱—沙巴等盆地探明的可采储量为石油7.577×10^8 t、天然气$4.463\ 4\times10^{12}$ m^3，其探明程度还很低，潜在待探明的可采资源量（特别是各盆地陆坡区的资源量）巨大（详见表3.61）；此外，经初步预测评价在海南省管辖海域陆坡、陆隆区和西沙海槽区的天然气水合物潜在总资源量约

表 3.61 海南省辖海域各沉积盆地以沉积体积(为主)预测估算的油气资源量表

序号	盆地名称	面积/km^2	平均沉积厚度/km	盆地构造类型	油气生储盖层的时代、岩性及圈闭构造	预测估算的油气可采资源量		已探明可采资源量				潜在待探明可采资源量	
						石油/(10^8 t)	天然气/(10^8 m^3)	石油/(10^4 t)	探明程度	天然气/(10^8 m^3)	探明程度	石油/(10^4 t)	天然气/(10^8 m^3)
1	珠三坳陷	17 416	9.26	南海位于太平洋板块、欧亚板块、印－澳板块的交汇处,曾经历微陆块、岛弧等构造单元分离、拼贴、增生的演化过程,在南海盆地周缘呈现北缘拉张型盆地、南缘挤压型盆地、西缘剪切－拉张型盆地、东缘俯冲挤压型盆地,并广泛接受第三系与油气具成生联系的巨厚沉积;盆地基底为古、中生界沉积岩、变质岩、岩浆岩组成。南海北部大陆架盆地的油气生源层主要是下始渐新统至下中新统的暗色泥岩(为主)和煤系地层,储集层主要是始新统至中中新统的砂岩、礁灰岩(局部上古生界灰岩),盖层主要为始新统至上新统和第四系的泥岩;油气圈闭构造主要是受基底断裂构造控制的基底隆起披覆构造。	南海南部大陆架盆地的油气生源层主要是下始新统至上新统的煤层、炭质页岩和黏土、礁灰岩、泥岩,储集层主要为上始新统至上新统的砂岩、碳酸盐岩,盖层主要为上始新统至上新统和第四系的泥页岩;油气圈闭构造主要是挤压形成褶皱背斜构造。	约 1.0	1 100	2 364	24%	17.67	1.6%	7 636	1 082
2	琼东南盆地	59 289	10.50				14 766	150.9		796.03	5.4%		13 970
3	莺歌海盆地	113 000	17.0				6 300			1 072.95	17%		5 227
4	双峰北盆地	6 320											
5	双峰南盆地	20 621											
6	西沙海槽盆地	15 625											
7	中建盆地	12 535				(亿吨油当量)							
8	中建南盆地	44 000	4.8			8.016 1～9.413 2							
9	排波盆地	2 693	2.6			0.413 9～0.493 9							
10	盆西海岭盆地	1 230	2.6			0.189 0～0.225 6							
11	盆西海岭南盆地	1 246	2.8			0.206 2～0.246 1							
12	礼乐滩北盆地	13 988	2.8			2.315 6～2.763 2							
13	中业盆地	2 441	2.3			0.331 9～0.396 1							
14	中业北盆地群	2 440	2.3			0.3							
15	蓬勃盆地	1 450	2.2			0.2							
16	费信盆地	1 767	2.3			0.240 2～0.286 7							
17	安渡北盆地	11 800	2.6			1.8							
18	康泰东盆地	2 350	2.2			0.305 6～0.364 7							
19	南华北盆地	11 234	2.2			1.461 2～1.743 6							
20	礼乐盆地	32 157	3.1			5.331 9～6.362 5				1 265			
21	万安盆地	85 010 (22 230)	4.6			22.896 4～28.001 3 (6.248 8～7.322 1)		10 746		1 554			
22	南薇西盆地	32 580	4.4			8.475 6～10.113 8							
23	南薇东盆地	4 670	2.4			0.662 6～0.790 7							

续表 3.61

序号	盆地名称	面积/km^2	平均沉积厚度/km	盆地构造类型	油气生储盖层的时代、岩性及圈闭构造	预测估算的油气可采资源量		已探明可采资源量				潜在待探明可采资源量	
						石油/(10^8 t)	天然气/(10^8 m^3)	石油/(10^4 t)	探明程度	天然气/(10^8 m^3)	探明程度	石油/(10^4 t)	天然气/(10^8 m^3)
24	北巴拉望盆地	16 840 (9 620)	3.5			3.484 7 ~ 4.158 3 (1.990 7 ~ 2.375 5)		665		1698			
25	西巴拉望盆地	24 100 (12 450)	3.2			4.559 6 ~ 5.441 0 (2.355 5 ~ 2.810 8)							
26	南沙海槽盆地	23 100	2.5			3.344 3 ~ 3.990 9							
27	北康盆地	62 000	5.7			20.894 5 ~ 24.933 2							
28	曾母盆地	168 711 (41 506)	5.2			51.869 6 ~ 61.895 4 (12.760 8 ~ 15.227 4)		43 890		24 137			
29	文莱－沙巴盆地	94 288 (61738)	5.1			28.436 0 ~ 33.926 4 (18.616 1 ~ 22.214 4)		17 955		14 093			
序号 8 ~ 29 南沙海域 22 个盆地合计 中国		640 095 (162 044) 478 051	单位为亿吨油当量			165.73 ~ 196.05 (43.97 ~ 52.61) 中国 121.76 ~ 143.44							
30	盆西海岭西盆地	2 036											
31	西沙南盆地	32 409											
32	万安北盆地	12 605											
33	康泰北盆地	7 865											
34	康泰南盆地	5 442											
35	郑和盆地	562											
36	六门盆地	632											
37	西卫盆地	11 973											
38	拍礁盆地	1 966											
39	息波盆地	983											
40	榆西南盆地	2 809											
总计						>46.59	>74 766	75 771	约 16%	44 634	约 59%	大于 390 000	大于 31 146

643.5×10^8 t 油当量，待勘探开发的资源潜力巨大。

（2）据第三轮油气资源潜力评价（2004 年）项目，采用类比法对南沙海域 14 个主要新生界沉积盆地（总面积 71.8×10^4 km^2）的油气资源潜力预测评价，在我国传统海域疆界线以内的资源量分别为：远景资源量石油 209.54×10^8 t、天然气 13.93×10^{12} m^3；地质资源量石油 134.48×10^8 t、天然气 8.52×10^{12} m^3，可采资源量石油 45.59×10^8 t、天然气 5.26×10^{12} m^3；按照油当量计算，其油气远景资源量为 348.97×10^8 t 油当量。

（3）根据张光学等（2003 年）设定的基本参数值：天然气水合物稳定条件的区域面积为陆坡区海域以深总面积约 118×10^4 km^2 的 50%（海南省辖海域约占 76%，为 90×10^4 km^2），平均厚度 350 m，沉积层孔隙度 50%，孔隙中水合物饱和度 5%，天然气容积倍率 164，水合物成矿率 10%，使用“容积法”公式对南海天然气水合物资源潜量进行估算的结果为南海天然气水合物甲烷资源潜量 84.5×10^{12} m^3，相当于 845 亿 t 油当量（海南省辖海域相当于 643.5 亿 t 油当量）。2007 年 5 月 1 日凌晨，广州海洋地质调查局在南海北部珠三坳陷神狐海域水深 1 245 m 海底以下 183 ~ 225 m 成功采到天然气水合物实物样品，水合物丰度 20% ~ 43%，含水合物沉积层厚度 18 ~ 34 m，气体中甲烷含量 99.8%，据初步预测，南海北部陆坡天然气水合物远景资源量可达 100 亿 t 油当量。

由此可见，遵照我国对南沙海域“主权属我，搁置争议，共同开发”的立场，南沙海域各沉积盆地油气资源与周边国家合作共同开发的潜力是很大的。

3.5 植被资源

3.5.1 植被类型、面积与分布

3.5.1.1 植被分类

海南岛植被的生态特征表现为一定的热带性，但又有别于赤道带植被，具有季风热带植被的特点。海岸带在季风热带生物气候条件作用下，植被与环境相应，具有热带性，组成种类复杂，同时海岸带地形地貌较为复杂，土壤类型也较为多样，所以植被类型呈现出多样性。如有淤泥红树林植被，海岸低丘森林、沙滩植被森林、灌丛和草丛等。其中海岸低丘森林有自然林和人工用材林和经济林，沙滩植被有沙生草本和沙生灌木植被等。调查发现，本岛海岸带分布的沙滩植被不够典型，所以本报告把沙生草本和沙生灌木植被统一归入灌丛和草丛进行描述。

在总结前人的研究成果基础上，应用聚类方法对全岛不同地区的海岸低丘自然森林群落和红树林群群进行聚类，以此作为海南岛海岸带植被划分参考依据（图 3.49，图 3.50）。同时参考《广东省海岸带和海涂资源综合调查报告》，采用群落外貌——结构的分类原则，紧密结合立地条件，并采用了《中国植被》的分类系统：

植被型组 Vegetation type group

植被型 Vegetation type（用Ⅰ，Ⅱ，等表示）

群系组（用 A，B，等表示）

群系 Formation（用 1，2，等表示）

可将海南岛沿海地区植被类型具体划分天然植被和人工植被两大类，其中天然植被可划

分为海岸低丘陵森林植被、红树林、灌丛、草丛及湿地植被5个植被型。依据《中国植被》的分类单位命名如下。

1）天然植被（海南岛海岸带低丘陵植被）

Ⅰ 热带季雨林

A 常绿季雨林

①海南大风子+黄椿木姜+滨木患群系；

②破布叶+贡甲群系；

③岭南山竹子+毛果扁担杆群系；

④鳞花木+海南大风子群系；

⑤破布叶+翻白叶+鹧鸪茶群系；

⑥闭花木+叶被木群系；

⑦青梅+琼榄+银柴群系。

B 半落叶季雨林

①银柴+单叶豆群系；

②厚皮树+叶被木群系；

③厚皮树+银柴群系；

④黄牛木+坡柳+黄茅群系。

C 落叶季雨林

①海南榄仁+圆叶刺桑+龙胆木群系；

②厚皮树+博兰树+海南榄仁群系。

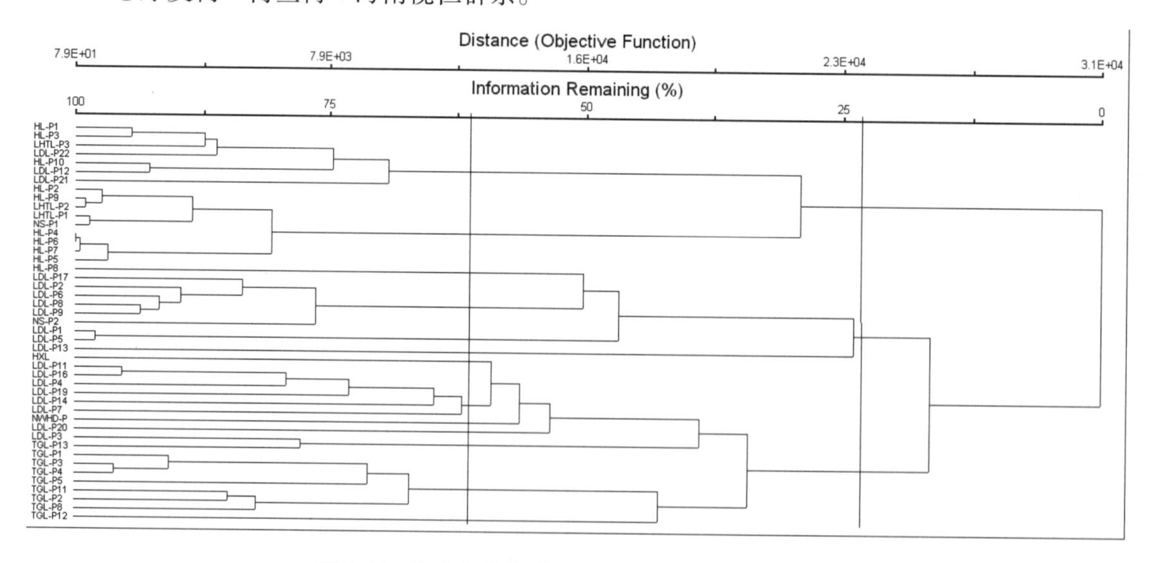

图3.49 海南岛海岸带低丘陵植被调查样地聚类图

Ⅱ 红树林与半红树林

A 红树林

①海莲+木果楝群系；

②杯萼海桑+榄李群系；

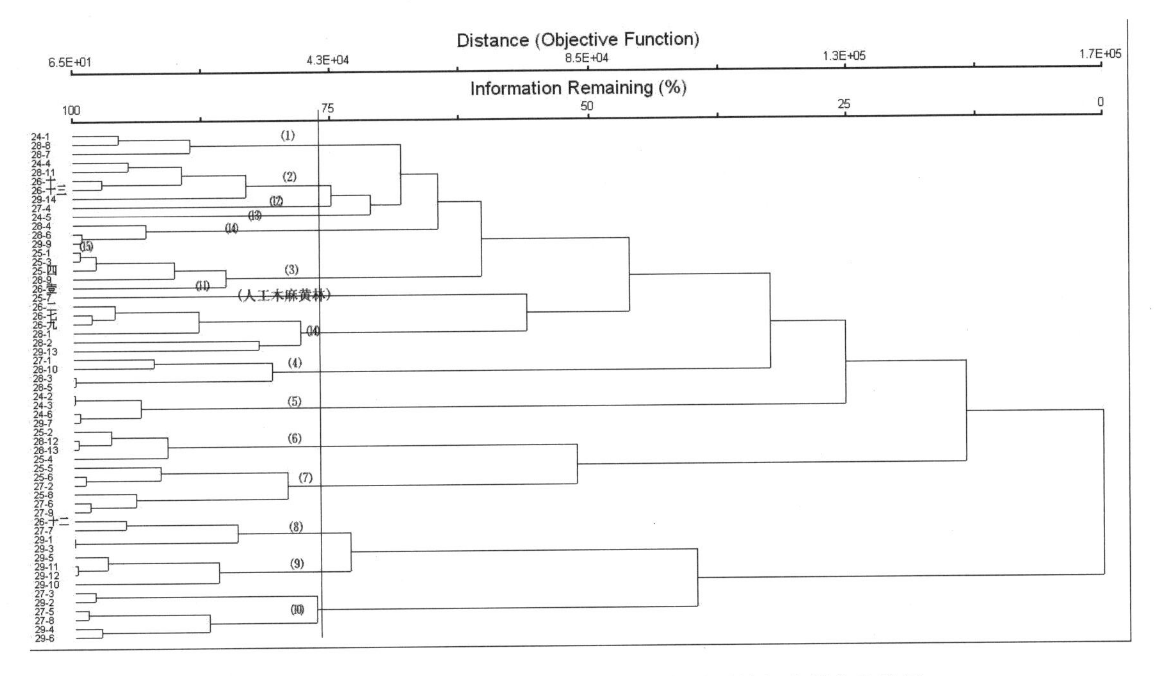

图 3.50　以文昌境内红树林为例的海南红树林植被调查样点聚类图

③红树 + 海莲群系；

④海桑群系；

⑤桐花树群系；

⑥杯萼海桑群系；

⑦白骨壤 + 杯萼海桑 + 角果木群系；

⑧红海榄 + 角果木群系；

⑨角果木群系；

⑩红海榄群系；

⑪榄李群系；

⑫榄李 + 海莲群系。

B 半红树林

⑬银叶树 + 水黄皮群系；

⑭黄槿 + 海桑群系；

⑮水黄皮 + 海漆群系；

⑯黄槿 + 卤蕨群系。

Ⅲ 灌丛

A 常绿灌丛

①林仔竹单优群系；

②桃金娘 + 紫毛野牡丹群系；

③基及树 + 坡柳群系。

B 半常绿灌丛

①露兜勒 + 仙人掌 + 酒饼簕群系。

C 落叶灌丛

①圆叶刺桑＋基及树＋鹊肾树群系。

Ⅳ 草丛

①斑茅＋芒＋割鸡芒＋海金沙群系；

②绿珠藜＋弓果黍＋牛筋草群系；

③厚藤＋海滨莎＋蔓荆子＋鬣刺匍匐群系。

Ⅴ 沼生或水生植被

①卤蕨群系；

②香蒲＋水竹群系；

③两岐飘拂草＋水蜈蚣群系。

2）人工植被

①木麻黄林；

②桉树林；

③椰子林；

④沿海村庄植被。

3.5.1.2 植被面积

海南省海岸带植被分布面积共计 482 319.16 hm^2（表 3.62），其中天然植被面积约 72 973.24 hm^2，占全省海岸带植被面积的 15.13%；人工植被面积约 409 345.92 hm^2，占全省海岸带植被面积的 84.87%（图 3.51）。农作物群落面积最大，约 252 989.23 hm^2，占全省海岸带植被面积的 52.45%。其次为经济林，面积为 101 685.13 hm^2，占全省海岸带植被面积的 21.08%。木本栽培植被面积最小，仅有 16.14 hm^2，不足全省海岸带植被面积的 0.01%（图 3.52）。

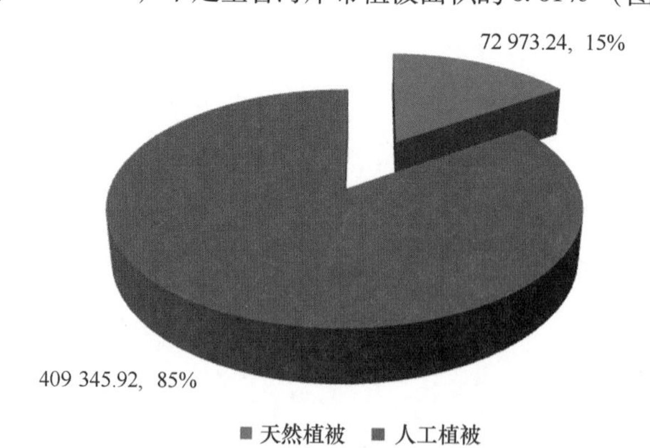

图 3.51 海南省天然植被和人工植被面积（hm^2）

海南省海岸带天然植被面积如图 3.53 所示，其中面积最大的是常绿灌丛，面积约为 39 266.85 hm^2，占天然植被的 53.81%，全省海岸带植被的 8.14%。其次为草丛，面积为 16 084.66 hm^2，占天然植被的 22.04%，全省海岸带植被的 3.33%。刺灌丛面积最小，约 0.27 hm^2。其余天然植被面积共 17 621.46 hm^2，占天然植被的 24.15%，全省海岸带植被的 3.65%。

海南省海岸带人工植被面积如图 3.54 所示，其中面积最大的是农作物群落，面积约为

表 3.62　海南省海岸带植被资源特征统计表

单位：hm^2

植被类型 \ 市县		海口	文昌	琼海	万宁	陵水	三亚	乐东	东方	昌江	儋州	临高	澄迈	全省
天然植被	常绿针叶林	–	32.22	–	–	–	–	–	–	–	–	–	–	32.22
	常绿阔叶林	247.91	914.09	94.89	43.06	–	5 363.71	–	–	–	–	–	–	6 663.65
	常绿季雨林	–	–	–	–	–	8 725.17	1 560.53	–	–	–	–	–	10 285.70
	海滩红树林	296.51	109.17	1.09	13.41	31.63	72.21	–	12.19	2.60	31.35	1.25	0.65	572.05
	海岸半红树林	45.13	–	–	–	–	–	–	–	–	–	–	–	45.13
	灌丛	–	–	21.60	–	–	–	–	–	–	–	–	–	21.60
	常绿灌丛	17.46	427.17	90.89	11 963.97	9 571.04	15 353.94	496.12	33.48	1311.76	–	1.02	–	39 266.85
	刺灌丛	–	–	–	–	–	–	–	–	–	0.27	–	–	0.27
	草丛	2 357.58	4 333.50	227.50	505.44	296.78	1 262.40	1 400.57	1 405.68	1 585.95	2 133.22	322.92	253.11	16 084.66
	稀疏草丛	–	–	–	–	1.11	–	–	–	–	–	–	–	1.11
小计		2 964.59	5 816.15	435.97	12 525.88	9 900.56	30 777.43	3 457.22	1 451.35	2 900.31	2 164.84	325.19	253.76	72 973.24
人工植被	木本栽培植被	–	–	16.14	–	–	–	–	–	–	–	–	–	16.14
	经济林	8 438.10	35 200.68	7 206.83	6 949.51	2 120.40	4 064.83	1 915.50	5 525.91	6 213.16	12 974.55	4 091.51	6 984.15	101 685.13
	防护林	2 356.58	7 910.20	691.88	1 623.08	1 170.63	724.40	1 639.88	3 486.03	2 585.27	2 705.28	1 326.70	676.31	26 896.24
	果园	814.38	620.84	24.02	140.54	735.12	7 730.90	706.92	450.30	343.95	93.74	687.93	1 065.45	13 414.08
	人工草地	500.80	107.96	–	65.73	6.27	358.06	–	9.74	–	198.65	–	132.27	1 379.49
	农作物群落	17 620.40	44 172.56	7 140.53	20 575.07	11 361.74	19 484.18	14 769.60	18 333.50	8 483.01	46 614.99	26 960.33	17 473.33	252 989.23
	特用经济植物群落	–	3.46	312.24	1 763.46	–	–	11.10	208.85	–	108.36	535.01	41.79	2 984.27
	草木型果园	137.44	1 537.23	3 100.43	3 090.60	91.72	154.70	9.39	1129.83	245.87	47.37		436.77	9 981.34
小计		29 867.7	89 552.93	18 492.07	34 207.99	15 485.88	32 517.07	19 052.39	29 144.16	17 871.26	62 742.94	33 601.48	26 810.07	409 345.92
合计		32 832.29	95 369.08	18 928.04	46 733.87	25 386.44	63 294.5	22 509.61	30 595.51	20 771.57	64 907.78	33 926.67	27 063.83	482 319.16

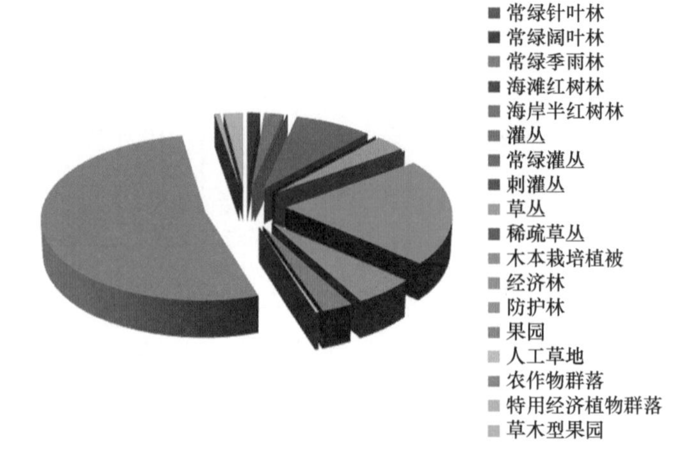

图 3.52 海南省海岸带各植被类型面积百分比

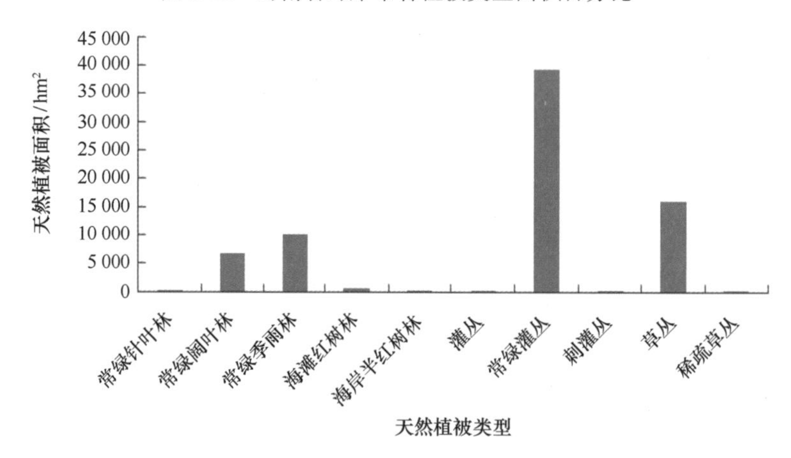

图 3.53 海南省海岸带天然植被面积

252 989.23 hm^2，占人工植被的61.80%，全省海岸带植被的52.45%，是海南省海岸带主要植被类型。其次是经济林，面积为101 685.13 hm^2，占人工植被的24.84%，全省海岸带植被的21.08%，全省沿海市县均有分布。人工草地面积最小，约1 379.49 hm^2，占人工植被的0.34%，全省海岸植被的0.29%。其余人工植被面积共计54 671.56 hm^2，占人工植被的13.36%，全省海岸带植被的11.34%。

海南省沿海市县海岸带植被面积如图3.55所示，其中文昌海岸带植被面积最大，为95 369.08 hm^2，占全省海岸带植被面积的19.77%。其次为儋州，面积约64 907.78 hm^2，占全省海岸带植被面积的13.46%。三亚海岸带植被面积为63 294.5 hm^2，占全省海岸带植被面积的13.12%。万宁海岸带植被面积46 733.87 hm^2，占全省海岸带植被面积的9.69%。海口海岸带植被面积32 832.29 hm^2，占全省海岸带植被面积的6.81%。琼海海岸带植被面积最小，约为18 928.04 hm^2，占全省海岸带植被面积的3.92%。

3.5.1.3 植被分布

1）常绿季雨林

沿海常绿季雨林主要分布于本岛北部丘陵、台地及东南部山麓丘陵地上，现以文昌铜鼓

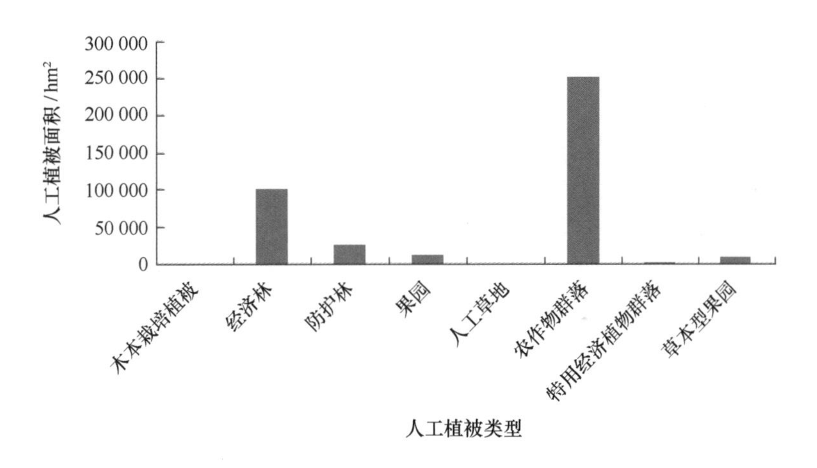

图 3.54 海南省海岸带人工植被面积

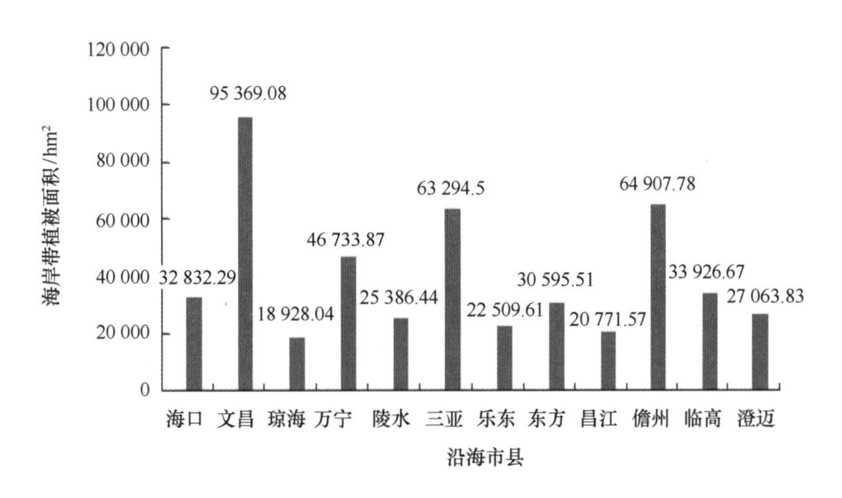

图 3.55 海南省沿海市县海岸带植被面积

岭为例描述其植被分布特征。森林外貌深绿色，林冠稠密，高度约为 2 ~ 9 m，总郁闭度为 0.85 ~0.9。群落层次结构复杂，分层不明显，基本上可分为乔木、灌木和草本层等。乔木树干较粗矮，除个别雨林树种之外，一般不甚挺直，枝下高较低，约占树高 1/2 以下，树冠扩展而较稀疏，因此林内光线较充足，旱季土壤较干燥。群落的各种雨林特征仍具备，但已经不如热带雨林明显。外貌有较明显的雨季和旱季不同季相。乔木层以常绿种类为主，但上层乔木层杂有少数落叶树种，林下植物则多为常绿性种类，群落的组成种类丰富并以热带植物区系成分为主，但与热带雨林相比，则雨林种类大减，树种的重复出现频率也较大。

2）半落叶季雨林

调查发现，半落叶季雨林主要分布在三亚六道岭地区，分布特征表现为：群落高度多为 5.5 ~7.0 m，林下郁闭度为 0.6 ~8.0，外貌呈黄绿色，呈不连续分布。森林群落结构不是很复杂，优势种还是较明显，可分为乔木层、灌木层和草本层和层间植物。乔木层主要以厚皮树、银柴占优势，同时混生有破布叶、翻白叶、小花龙血树等，林下灌木层主要以银柴、九节、叶被木、毛柿等最为常见。另外需要特别说明的是，这一地区为干旱与潮湿的过渡区域，经人为破坏后，先表现为干旱植被类型的特性，可推测在 20 多年前是以披叶木、圆叶刺桑、银柴和厚皮为优势的刺灌丛，经过20多年的演替，目前发育为群落高度较矮、外貌仍然以干旱季节落叶的森林类型。

3）落叶季雨林

本群落较矮小，一般高10~12 m，个别植株可达15 m。乔木层有1~2层。上层乔木散生，树冠伞形，扩展，不连续，分枝多而稠密，以落叶种类占优势。下层乔木及灌木多呈丛生状，枝干弯曲、多节或有刺，以半落叶性及常绿性树种为主。群落次生性愈强，落叶树种比例也愈大。树皮粗糙而厚，羽状复叶和先花后叶等特征较普遍。

4）红树林分布特征

由于人为活动的干扰及破坏，本岛红树林已受到不同程度的破坏，现存的很大程度上都是次生林。因此，森林群落面积比较矮小，多呈带状分布，植物群落结构比较简单。一般多为灌木或小乔木，通常1~2层，且零散分布于各河口海湾。东寨港、清澜港等地保护较好的红树林，森林群落终年常绿，高10~15 m，胸径20~30 cm，最大可达40~50 cm。可分乔木、灌木和草本层，藤本和附生植物比较丰富。

5）人工植被分布特征

海岸带人工植被主要由分布在沿海岸线上的木麻黄林及木麻黄用材林构成，其次也零散分布有面积不是很大的椰子林和桉树林。沿海木麻黄林带分布宽度不一，林相不整齐，覆盖率为10%~60%不等。最差的林段覆盖率为10%左右，保护较好的林段覆盖率为60%~70%，平均株行距为3~3.5 m，林木胸径为10~20 cm，平均胸径为14 cm，树高为8~12 m，平均树高为10 m。椰子林主要是在村庄周围有片状或零星分布和部分海岸边有成排种植。群落覆盖度在5%~50%不等。桉树林结构较为紧密，株行距为1 m×1.5 m，以2~3年的幼树为主。林木个体发育较好，个体间变化不大，林木胸径为1.5~8 cm不等，平均胸径为4 cm；树高为2~6 m，平均树高4 m。上层桉树群落覆盖度为45%~50%左右，由于林木年龄结构偏轻，林下多为桃金娘、九节和禾草植物覆盖，整个植物群落覆盖率在85%左右。

3.5.2 植被资源评价

3.5.2.1 植物种质资源数量和质量的评价

1）低丘陵植被

海南岛沿海低丘森林植被总体上还算不错，特别是文昌铜鼓岭、三亚六道岭和火岭等几个保护区。在这几个典型的沿海自然森林植被分布区域内，植物种类相当丰富，仅在文昌铜鼓岭区域的植物种类有984种，隶属166科，618属。其中蕨类植物41种，隶属19科，30属；裸子植物2种，隶属2科，2属；被子植物941种，隶属145科，586属，在被子植物中，双子叶植物797种，隶属118科，496属；单子叶植物144种，隶属27科，90属。在这里需要指出的是，我们认为对铜鼓岭植物种类调查还不完全，特别是对莎草科和禾本科植物，预计铜鼓岭植物种类应在1 000~1 200种之间，这些工作都需要在以后的调查研究工作中不断完善；在这些种野生植物中海南特有种35个，特有种占总种数的3.6%，体现出有一定的地区特性。三亚六道自然保护区分布有736个植物种类，隶属107科，430属，其中蕨类植物6种，隶属3科，3属；裸子植物3种，隶属1科，1属；被子植物727种，隶属103科，416属，其中双子叶植物有612种，隶属89科，357属，单子叶植物115种，隶属14科，59属；三亚火岭自然保护区境内火岭保护区调查，总共记录维管植物有454种，隶属83科，278属，其中蕨类植物十分稀少，只发现有1种；裸子植物没有发现；被子植物453种，隶属82科，277属，在被子植物中，双子叶植物390种，隶属72科，236属；单子叶植物63种，隶属10科，41属。

2）红树林

调查发现，本岛沿海分布红树林植物物种相当丰富。21个科、25个属、35种，其中真红树1 2科、16属、25种，半红树9科、10属、10种。海南省的红树林几乎包括我国红树植物的全部种类。以分布面积最大（总面积2 948 hm^2）的文昌清澜港红树林保护区为例，发现沿海保护区内的真红树林植物种类有24种，隶属于11科15属（表3.63），半红树植物有20种，隶属15科19属（表3.64）。

表3.63 清澜港红树林保护区红树植物名录

序号	种名	学名	科名
1	尖叶卤蕨	*Acrostichaceae speciosum*	卤蕨科 Acrostichaceae
2	卤蕨	*Acrostichum aureum*	卤蕨科 Acrostichaceae
3	杯萼海桑	*Sonneratia alba*	海桑科 Sonneratiaceae
4	拟海桑	*S. paracaseolaris*	海桑科 Sonneratiaceae
5	海南海桑	*S. hainanensis*	海桑科 Sonneratiaceae
6	卵叶海桑	*S. ovata*	海桑科 Sonneratiaceae
7	无瓣海桑	*S. apetala*	海桑科 Sonneratiaceae
8	海桑	*S. caseolaris*	海桑科 Sonneratiaceae
9	榄李	*Lumnitzera racemosa*	使君子科 Combretaceae
10	木榄	*Bruguiera gymnorrhiza*	红树科 Rhizophoraceae
11	海莲	*B. sexangula*	红树科 Rhizophoraceae
12	尖瓣海莲	*B. s.* var. *rhynchopetala*	红树科 Rhizophoraceae
13	角果木	*Ceriops tagal*	红树科 Rhizophoraceae
14	秋茄	*Kandelia candel*	红树科 Rhizophoraceae
15	红树	*Rhizophora apiculata*	红树科 Rhizophoraceae
16	红海榄	*R. stylosa*	红树科 Rhizophoraceae
17	海漆	*Excoecaria agallocha*	大戟科 Euphorbiaceae
18	木果楝	*Xylocarpus granatum*	楝科 Meliaceae
19	桐花树	*Aegiceras corniculatum*	紫金牛科 Myrsinaceae
20	瓶花木	*Scyphiphora hydrophyllacea*	茜草科 Rubiaceae
21	小花老鼠簕	*Acanthus ebracteatus*	爵床科 Acanthaceae
22	老鼠簕	*A. ilicifolius*	爵床科 Acanthaceae
23	白骨壤	*Avicennia marina*	马鞭草科 Verbenaceae
24	水椰	*Nypa fruticans*	棕榈科 Palmae

表 3.64　清澜港红树林保护区半红树植物名录

序号	种名	学名	科名
1	海金沙	*Lygodium japonicum*	海金沙科 Lygodiaceae
2	小叶海金莎	*L. scandens*	海金沙科 Lygodiaceae
3	光叶藤蕨	*Stenochlaena palustris*	乌毛蕨科 Blechnaceae
4	莲叶桐	*Hernandia Sonora*	莲叶桐科 Hernandiaceae
5	水芫花	*Pemphis acidula*	千屈菜科 Lythraceae
6	玉蕊	*Barringtonia racemosa*	玉蕊科 Lecythidaceae
7	榄仁树	*Termninalia catappa*	使君子科 Combretaceae
8	琼崖海棠	*Calophyllum inophyllum*	藤黄科 Guttiferae
9	银叶树	*Heritiera littoralis*	梧桐科 Sterculiaceae
10	黄槿	*Hibiscus tiliaceus*	锦葵科 Malvaceae
11	杨叶肖槿	*Thespesia populnea*	锦葵科 Malvaceae
12	藤檀	*Dalbergia hancei*	蝶形花科 Papilionaceae
13	鱼藤	*Derris trifoliata Lour*	蝶形花科 Papilionaceae
14	水黄皮	*Pongamia pinnata*	蝶形花科 Papilionaceae
15	海杧果	*Cerbera manghas*	夹竹桃科 Apocynaceae
16	海巴戟	*Morinda citrifolia*	茜草科 Rubiaceae
17	阔苞菊	*Pluchea indica*	菊科 Compositae
18	海滨猫尾木	*Dolichandrone spathacea*	紫葳科 Bignoniaceae
19	许树	*Clerodendrum inerme*	马鞭草科 Verbenaceae
20	臭黄荆	*Premna ligustroides*	马鞭草科 Verbenaceae

3.5.2.2　植被质量评价

海南岛海岸植被主要由天然植被与人工植被组成。在天然植被中，沿海森林植被目前保留完整的区域不多，最好的是分布在海口市东寨港的红树林、文昌铜鼓岭的低山季雨林、文昌清澜港的红树林、万宁石梅湾的青皮林、陵水南湾半岛的常绿季雨林及三亚境内的常绿季雨林、半落叶季雨林和落叶季雨林。这些区域目前都采用建立自然保护区的形式加强保护。其中东寨港、铜鼓岭为国家级保护区；石梅湾、清澜港和南湾半岛为省级保护区；三亚境内也建立了六道和火岭市级保护区。经过十多年的保护，森林植被得到有效的恢复。调查结果表明，植被生态系统组成较为丰富，生物多样性指数较高，森林结构也越来越复杂，结合沿海森林中物种多样性的丰富度及各优势种群的数值特征、胸径结构及树高结构分析结果显示，可以看出沿海森林植被生态整体处于向稳定发展的趋势。存在的问题是，这些较好的森林植被分布的面积较小，从全岛的来看，它们多呈小斑块状分布。大面积的沿海坡面上的植被为灌木林或组成简单的斑茅、芒草本群落。影响沿海天然植被质量的首要因素是人类经济活动。目前沿海天然植被的保护与旅游开发之间存在较大的矛盾。调查结果表明，三亚沿海现存的低丘陵森林植被面积最大，但三亚沿海旅游开发的程度也是海南最强的。希望未来三亚市在沿海低丘陵区域进行开发时，必须加强环境评价工作，同时一定要责令开发商必须严格遵守环境评价的要求，不能随意开发。

另外，东方的红树林仅存有一个种，该群落面积小，物种单一，结构简单，质量也较差，较为敏感，容易受到破坏。2005 年这里建立了省级保护区，加强保护，但是否能增加红树林组成成分，有待开展研究工作。儋州、临高、澄迈等其他市县的红树林尽管其组成要比东方的红树林组成复杂多样，但面积较小，且多处在敏感的状态。沿海旅游与养殖开发是直接影响红树林的最主要因素。例如文昌宝陵港 1987 年发现该地区的红树林由桐花树、角果木群落，红树、海莲群落，海桑群落组成，主要分布在铜鼓溪入海处和港内村西面的海湾淤泥地中。其中桐花树群落约 70 多亩，红树群落约 100 多亩，海桑群落约 200 多亩。现在这一地区环境发生了很大的变化，过去的海湾淤泥地已经被当地农民挖泥建塘，发展渔虾养殖业，红树林被砍的被砍，不被砍的虽然残存下来，但也发生很大的变化。目前在这一地区的红树林，分布在港内村西面的海湾淤泥地中红树、海莲群落仍保留有约 80 多亩，具有防台风保护村庄的作用，但植物种类组成也发生了一定程度的变化，桐花树、角果木群落和海桑群落仅存有不足 10 亩，土壤含沙量高，红树林类植物个体数目偏少，沙生植物多，组成成分有角果木、榄李、桐花树、白骨壤、海漆、海桑、海芒果、海马齿苋、苦郎等 15 种。文昌境内其他地区、三亚、儋州、临高、澄迈等地的红树林也受到养殖或旅游发展的影响。因此，在未来如何处理好养殖业、旅游业与红树林保护、恢复极为重要。

沿海沙滩目前分布的天然植被不多，仅万宁石梅湾分布的青梅林最为典型（在试点工作报告里已经详细描述），目前还有在琼海境内有小面积的莲叶桐林及昌江海尾分布有小面积的次生林。大面积的沙滩多种植了木麻黄林、椰子林和桉树林。在文昌东郊农村、文昌会文南部、琼海长坡和陵水部分农村及陵水风车旅游区境内的椰子林生长较好，林带宽度较适宜，植物种类也比较丰富一些，结构相对稳定。但是沿海木麻黄林受到人类经济活动影响较大，这些经济活动内容主要有沿海养殖、种西瓜、采矿和旅游开发。现有的木麻黄林带最好的地段是文昌宝陵河以北到翁田镇明月村一带（19°56′53. 53″N，110°57′7. 78″E 到 19°42′8. 68″N，111° 0′1. 37″E），但也是受到采矿和种植西瓜业的影响，目前海岸带木麻黄林带出现的问题主要有：①断带；②有的地方林带过窄；③林带植株过稀；④林带只有木麻黄一个种，过于单一。桉树林在沿海岸线近缘分布不多，也生长不好。

3. 5. 2. 3　资源特征分析

海岸带生态环境条件较为特殊，植被资源也极有其特殊性。首先不同的是红树林植被相当特殊；其二是沿海低丘陵地森林植被组成与结构也较为特殊，与典型的海南热带雨林、常绿季雨林、落叶半落叶季雨林有一定的差异，但森林植被被破坏后，灌木林与草地却与海南其他相应区域的灌木林及草地较为接近；其三是在沙滩上分布有极为特殊的自然青梅林和莲叶桐片丛（青梅林在试点区万宁境内，已经描述过）；第四是沿海椰子林和有些景区海防林都很具有特色。现以红树林和低丘陵森林植被资源特征为例说明之。

1）红树林

真红树林植物，在整个海南岛有 26 种，清澜港保护区就有 24 种，种类占全省的 92. 31%，占全国（28 种）的 85. 71%，占全世界（86 种）的 27. 91%；与广东相同的有 13 种，与香港相同的有 11 种，与澳门相同的有 5 种，与广西相同的有 12 种，与台湾相同的有 10 种，与福建、浙江相同的分别有 7 种、1 种。红树科就有 7 种，占我国红树科植物（9 种）

的77.78%，占全世界（17种）的41.18%。海桑科植物有6种，分别是杯萼海桑、拟海桑、卵叶海桑、海南海桑和无瓣海桑。海南海桑为海南特有种，仅在清澜港有天然分布，目前，仅记录有3棵，十分珍贵，已被《中国生物多样性保护行动计划》列入“植物种优先保护名录”（表3.65）。

表3.65 清澜港红树林真红树植物种类与中国海岸红树植物比较

科名	种名	清澜	海南	广东	香港	澳门	广西	台湾	福建	浙江
卤蕨科 Acrostichaceae	1. 尖叶卤蕨 *Acrostichaceae speciosum*	+	+	+			+			
	2. 卤蕨 *Acrostichum aureum*	+	+	+	+	+	+	+	+	
海桑科 Sonneratiaceae	3. 杯萼海桑 *Sonneratia alba*	+	+							
	4. 海桑 *S. caseolaris*	+	+							
	5. 卵叶海桑 *S. ovata*	+	+							
	6. 拟海桑 *S. paracaseolaris*	+	+	+	+		+	+		
	7. 海南海桑 *S. hainanensis*	+	+							
	8. 无瓣海桑 *S. apetala*（国外引种）	+	+							
使君子科 Combretaceae	9. 红榄李 *Lumnitzera Littorea*		+							
	10. 榄李 *L. racemosa*	+	+	+	+		+	+		
红树科 Rhizophoraceae	11. 柱果木榄 *Bruguiera cylindrica*		+							
	12. 木榄 *B. gymnorrhiza*	+	+	+	+		+	+	+	
	13. 海莲 *B. sexangula*	+	+							
	14. 尖瓣海莲 *B. s.* var. *rhynchopetala*	+	+							
	15. 角果木 *Ceriops tagal*	+	+	+	+		+	+		
	16. 秋茄 *Kandelia candel*	+	+	+	+	+	+	+	+	+
	17. 红树 *Rhizophora apiculata*	+	+							
	18. 红茄苳 *R. mucronata*			+				+		
	19. 红海榄 *R. stylosa*	+	+	+	+		+			
大戟科 Euphorbiaceae	20. 海漆 *Excoecaria agallocha*	+	+	+	+		+	+	+	
楝科 Meliaceae	21. 木果楝 *Xylocarpus granatum*	+	+							
紫金牛科 Myrsinaceae	22. 桐花树 *Aegiceras corniculatum*	+	+	+	+	+	+	+	+	
茜草科 Rubiaceae	23. 瓶花木 *Scyphiphora hydrophyllacea*	+	+							
爵床科 Acanthaceae	24. 小花老鼠簕 *Acanthus ebracteatus*	+	+	+						
	25. 老鼠簕 *A. ilicifolius*	+	+	+	+	+	+	+	+	
	26. 厦门老鼠簕 *A. xiamenensis*								+	
马鞭草科 Verbenaceae	27. 白骨壤 *Avicennia marina*	+	+	+	+	+	+	+	+	
棕榈科 Palmae	28. 水椰 *Nypa fruticans*	+	+							
合计		24	26	14	11	5	12	11	8	1

半红树植物20种，其中较常见的半红树植物中，乔木有黄槿、银叶树、水黄皮、海杧果；灌木有许树；草本植物有阔苞菊等，广泛分布在海岸堤边。藤本植物有鱼藤等，多为红树林林下及半红树林层间植物。在实际的调查中，发现分布在非盐渍土的海金沙、小叶海金沙、榄仁树、海巴戟和臭黄荆也能分布在盐渍土的环境中，因此，把它们列入半红树植物。另外，在全国没有一份统一的半红树植物名录的情况下，本报告主要以陈桂葵和陈桂珠所列表出的半红树植物为基础，与我国其他省区分布半红树植物进行比较（表3.66），从表中可以看出，清澜港红树林保护区半红树植物与广东相同的有11种，与香港、澳门相同的都有3种，与广西相同的有9种，与台湾相同的有12种，与福建相同的有8种，与浙江相同的有1种。

表3.66　清澜港红树林半红树植物种类与中国海岸半红树植物比较

科名	种名	清澜	海南	广东	香港	澳门	广西	台湾	福建	浙江
海金沙科 Lygodiaceae	1. 海金沙 *Lygodium japonicum*	+	+							
	2. 小叶海金莎 *L. scandens*	+	+							
乌毛蕨科 Blechnaceae	3. 光叶藤蕨 *Stenochlaena palustris*	+	+							
莲叶桐科 Hernandiaceae	4. 莲叶桐 *Hernandia Sonora*	+	+							
千屈菜科 Lythraceae	5. 水芫花 *Pemphis acidula*	+	+					+	+	
玉蕊科 Lecythidaceae	6. 玉蕊 *Barringtonia racemosa*	+	+					+		
梧桐科 Sterculiaceae	7. 银叶树 *Heritiera littoralis*	+	+							
使君子科 Combretaceae	8. 榄仁树 *Termninalia catappa*	+	+							
藤黄科 Guttiferae	9. 琼崖海棠 *Calophyllum inophyllum*	+	+							
锦葵科 Malvaceae	10. 黄槿 *Hibiscus tiliaceus*	+	+	+	+		+	+	+	+
	11. 杨叶肖槿 *Thespesia populnea*	+	+	+			+	+	+	
蝶形花科 Papilionaceae	12. 水黄皮 *Pongamia pinnata*	+	+	+			+	+	+	
	13. 藤檀 *Dalbergia hancei*	+	+							
	14. 鱼藤 *Derris trifoliata Lour*	+	+							
夹竹桃科 Apocynaceae	15. 海杧果 *Cerbera manghas*	+	+	+	+	+	+	+	+	
茜草科 Rubiaceae	16. 海巴戟 *Morinda citrifolia*	+	+							
菊科 Compositae	17. 阔苞菊 *Pluchea indica*	+	+	+		+		+	+	

续表 3.66

科名	种名	清澜	海南	广东	香港	澳门	广西	台湾	福建	浙江
紫葳科 Bignoniaceae	18. 海滨猫尾木 *Dolichandrone spathacea*	+	+	+						
草海桐科 Goodeniaceae	19. 草海桐 *Scaevola sericea*		+	+			+	+		
	20. 海南莲叶桐 *S. hainanensis*		+	+			+	+		
苦槛蓝科 Myoporaceae	21. 苦榄槛 *Myoporum bontiodides*		+	+			+	+		
马鞭草科 Verbenaceae	22. 许树 *Clerodendrum inerme*	+	+	+	+	+	+	+	+	
	23. 钝叶豆腐木 *Premna obtusifdia*		+	+			+	+	+	
	24. 臭黄荆 *Premna ligustroides*	+	+							
	合计	20	24	11	3	3	9	12	8	1

• 表示添加的；＊＊ 文献中是作为真红树物种（陈桂葵和陈桂珠 2000），但本报告作为半红树植物进行比较。

由此，可见海南沿海红树林种类是中国最丰富的，仅一个保护区其种类就几乎涵盖全国所有的种类。

2）沿海低丘陵森林植被的主要特征

海南沿海低丘陵森林植被的主要特征主要表现在：①植被类型多样，有常绿季雨林、半落叶季雨林、落叶季雨等次生林；②森林高度结构明显矮化，与典型的热带森林有较大的差别；③在组成上各区域间有一定的差异。例如，三亚沿海低丘陵的气候条件与尖峰岭的气候条件较接近，但该地区的植物区系与文昌境内的铜鼓岭的相似性要高过与乐东境内的尖峰岭的相似性，特别是前两者都是泛热带分布属最大，而且所占比例很接近，说明了沿海环境与海拔高度等环境综合因子对植物区系的影响要大过季节性干旱气候对植物区系的影响程度，当然这一结论还有待于进一步的研究。三亚沿海低丘陵与铜鼓岭低丘陵的植物区系还是有较大的不同，主要表现在热带亚洲和热带美洲间断分布成分，三亚的要低过文昌，而热带亚洲成分所占的比例却又高一些，这些差异是否与湿润程度有关，有待于进一步的研究。文昌森林为常绿季雨林，优势种为海南大风子和黄椿木姜子，而三亚森林为落叶季雨林，优势种为厚皮和银柴等，厚皮树冠比银柴的大，且落叶，因此整个森林外貌多干旱季落叶的景象。森林植物组成有较明显的不同，这种分布区上的差异，是否表现在热带亚洲和热带美洲间断分布成分、热带亚洲成分上的差异，这都有待于进一步开展研究工作；④植物种类组成比较丰富，保护植物与海南特有植物种类也比较多，例如在三亚六道岭有 24 个国家级、省级保护植物，有 64 个海南特有植物。三个区域的植物多样性指数（Shannon – Wiener 指数）可达379 ~ 4.95（表 3.67），表现较高的植物多样性的特点，当然距海南中部山区热带雨林的植物多样性还有一定的距离。

表 3.67 海岸低丘 3 个不同森林群落（立木层）多样性指数

调查地点	群落类型	树高/m	海拔/m	计算样地面积/m^2	Shannon - Wiener 指数（H'）
文昌铜鼓岭	常绿季雨林	≥1.5	50 - 330	2 500	4.95
三亚六道岭	半落叶季雨林	≥1.5	50 - 460	1 900	3.96
三亚火岭	落叶季雨林	≥1.5	40 - 170	2 000	3.79

3.5.2.4 植物与植被资源的变化趋势分析

这是一个动态变化的内容，我们研究小组有 1987 年文昌铜鼓岭森林植物与植被的调查材料，结合本次调查，以文昌铜鼓岭为例，说明沿海低丘陵及其周边的植物与植被资源的动态变化情况及未来的发展趋势。

1）森林树高与种群年龄结构的变化

1987 年的调查结果表明，这一地区的热带热带季雨林的树高结构是 2 ~3 m 高的占 12.3%，3 ~4 m 高的占 34.7%，4 ~5 m 高的占 25.0%，5 ~6 m 高的占 13.6%，6 ~7 m 高的占 7.6%，7 ~8 m 高的占 3.7%，8 m 高以上的占 2.7%；现在相应的树高结构变化是 2 ~3 m 高的占 14.5%，3 ~4 m 高的占 16.6%，4 ~5 m 高的占 18.0%，5 ~6 m 高的占 18.0%，6 ~7 m 高的占 15.4%，7 ~8 m 高的占 9.3%，8 ~9 m 高的占 2.0%，9 m 高以上的占 6.1%（表 3.68）。从这两组数据我们可以发现，经过近 20 年的保护，森林树高结构趋向稳定方向发展。1987 年 3 ~4 m 高的个体占的比例较大，说明当时属于发展的初期阶段，从被破坏的环境中刚得恢复，到 2005 年后，在 2 m 高到 6 m 高的各级比例较为接近，表现出较为开始进入稳定阶段。另外一个现象是整个群落高度在增高。

表 3.68 20 年前与现在的低山季雨林树高比较分析表**

树高（m）	1987 年*		2007 年（“908 专项”）	
	植物个体数	占百分比/%	植物个体数	占百分比/%
2 ~3	37	12.3	93	14.5
3 ~4	104	34.7	107	16.6
4 ~5	75	25.0	116	18.0
5 ~6	41	13.6	116	18.0
6 ~7	23	7.6	99	15.4
7 ~8	11	3.7	60	9.3
8 ~9	8 *	2.7	13	2.0
9 ~			39	6.1

*20 年前记录为 8 m 高以上；**20 年前统计个体数 300 棵，现在统计个体数 634 棵。

从胸径的数据变化情况来看，20 年前 2.5 cm ~77.5 cm 占 3 级的比例为 74.2%，7.6 ~22.5 cm 占 3 级的比例为 24.2%，22.5 cm 以上占 3 级的比例为 1.6%；2005 年 2.5 ~77.5 cm 占 3 级的比例为 57.9%，7.6 ~22.5 cm 占 3 级的比例为 41.1%，22.5 cm 以上占 3 级的比例

为1.0%（表3.69）。经过近20年的保护，热带低山季雨林植物组成种群结构发生了较大的变化，表现为小径级的比例明显下降，较多的小径级个体得到了很快的发展，种群结构与群落结构向着稳定方向发展。

表3.69　20年前与现在的低山季雨林树木种群大小比较分析表

胸径/cm	1987年		2007年（“908专项”）	
	植物个体数	占百分比/%	植物个体数	占百分比/%
2.5～7.5	402	74.2	324	57.9
7.6～22.5	131	24.2	230	41.1
22.6～	9	1.6	6	1.0

2）森林分布变化情况分析

18年保护效果最为明显的是，铜鼓岭热带常绿季雨矮林的面积增大了。1987年没有记录这一植被类型面积，但从20年前制作的铜鼓岭现有植被生态系列图来看，这次调查发现铜鼓岭地区这一主要的植被类型面积增大了。增大部分主要表现在背海一面，20年前描述为灌木林的现在已经有较大部分演替成为次生林，也有较大面积的林仔竹已经被次生林替代。这主要由于这10多年来，当地农民经常上山砍竹子用于种植瓜菜的架子，而使竹子减少，森林植物得于生长。

3）灌木林变化情况分析

20年保护取得的第二个成果是，灌木林植物群落也发生了较大的变化。灌木木向次生林演替是其一，其二是原来灌木种类个体较稀疏的灌草丛，现在多被灌木所取代，林仔竹的个体数明显减少，有的地方在25 m^2 的样方里，林仔竹只有1～2棵，其他高草植物也少见，绝大多数灌木林已经发育成为人没有办法行走的丛林。20年前描述铜鼓岭地区的山麓丛林有①桃金娘＋紫毛野牡丹群落；②短穗鱼尾葵＋草豆蔻群落；③林仔竹单优群落和④黄藤＋白藤群落等4个类型。其中桃金娘＋紫毛野牡丹群落当时分布较广，在铜鼓岭的西南面、西北面山坡、东南角均有分布，面积较大，可达1 000多亩，该群落以桃金娘、紫毛野牡为优势，主要的伴生种有：九节、潺槁木姜、林仔竹、香蒲桃、琼刺、刺葵等30个种。这次调查发现，除了东北角山坡由于受海风的影响，这一群落18年变化不是很大外，西南面和西北面山坡都发生了较大的变化。20年来一些森林树种已经发育起来，如岭南山竹子、海南大风子、山杜英、假苹婆、禾串等多种；而林仔竹、刺葵、黑面神等的个体减少，桃金娘、紫毛野牡丹的优势不明显，有的地方桃金娘与紫毛野牡丹已经减少成为群落中的少见种。短穗鱼尾葵＋草豆蔻群落可以说已经完全演替成为次生林，短穗鱼尾葵、草豆蔻只是现有次生林的林中伴生种；林仔竹单优群落面积在缩小；黄藤＋白藤群落还存在，但面积不像以前那样集中，多分散在次生林中，这与藤类植物被偷砍有一定的关系。

20年描述铜鼓岭地区分布有单优的草海桐群落，主要伴生种有刺葵。现在已经发展为以草海桐、黄槿、刺葵等优势的群落。从单优势到多优势的发展是群落趋向稳定的发展规律。该群落多分布在向海且海拔较低的坡面上，虽然面积不大，组成较为简单，除优势种外，常见的植物有海棠木、鱼尾葵、细叶裸实、刺柊和柳叶密花树等10多种，但该群落是该地区的较有特色的植被类型之一，发育之好为全岛少见。

4）红树林群落的变迁

20年前年发现该地区的红树林由桐花树、角果木群落，红树、海莲群落，海桑群落组成，主要分布在铜鼓溪入海处和港内村西面的海湾淤泥地中。其中桐花树群落约70多亩，红树群落约100多亩，海桑群落约200多亩。但20年来，这一地区环境发生了很大的变化，过去的海湾淤泥地已经被当地农民挖泥建塘，发展渔虾养殖业，红树林被砍的被砍，不被砍的虽然残存下来，但也发生很大的变化。目前在这一地区的红树林除了分布在港内村西面的海湾淤泥地中红树、海莲群落具有防台风保护村庄的作用，仍保留较大的面积，约80多亩，但植物种类组成也发生了一定程度的变化，当时记录的秋茄现在没有发现。

桐花树、角果木群落和海桑群落目前仅存有不足10亩，土壤含沙量高，红树林类植物个体数目偏少，沙生植物多，组成成分有角果木、榄李、桐花树、白骨壤、海漆、海桑、海芒果、海马齿苋、苦郎等15种。

20年前研究结果认为，在铜鼓岭的西南、西和西北面，由于受海浪、海风的影响较小，而且土壤类型多样，有淤泥地、泥沙地、沙地和砖红壤等，不同的土壤类型分布着不同的植被类型，并随着海拔高度的变化发生着较有规律的变化，最典型的地段为铜鼓岭正西面地段，其植物分布规律为，海拔1～5 m处，潮水经常可浸没，植物种类、个体数都较少，主要有厚藤、李花蟛蜞菊、沟叶结缕草等沙生植物，5～15 m分布有红树林和半红树林，在15 m高处后，分布有灌木林、林仔竹林和季雨矮林。20年过去，这一坡面的植被在人类的保护与干扰的矛盾中，也发生了较大的变化，大面积的红树林已经不存在，沙生植被和半红树林也遭到严重的破坏，现有已经没有成片的沙生植被和半红树林，如仅在池塘边有一些沙生植物的分布，泥沙地、沙地与砖红壤的接壤处有小面积的半红树林，主要植物有海芒果、海漆和黄槿等。

3.6　海洋渔业资源

海洋渔业资源是指海洋中具有开发利用价值的鱼、虾、蟹、贝、藻和海兽类等经济动植物的总称，它是渔业生产的基础和自然源泉。据报道，全球海洋渔业资源（不包括南极磷虾）总蕴藏量估计达（10～20）$\times 10^8$ t。

海南省海洋渔业资源十分丰富。对南海和海南海域渔业生物资源的物种多样性研究表明，南海和海南海域比我国其他海区具有明显的渔业生物资源物种多样性。海南岛沿岸海域已记录有鱼类807种，南海北部大陆架海域记录有鱼类1 064种，远高于东海的727种和黄海的289种；越南对南海鱼类资源的调查结果表明，北部湾已鉴定的鱼类961种、南海中部鉴定的鱼类177种、南海南部鉴定的鱼类369种。从区系特征来看，南海北部大陆架海域的绝大多数鱼类为广泛分布于印度至西太平洋海域的暖水性鱼类，只有沿岸的少数鱼类为暖温性种类，因此，南海北部大陆架海域鱼类区系应属暖水性区系。南海的虾类也远高于东海和南海，据刘瑞玉和钟振如等的统计，南海北部的虾类在350种以上，其中对虾类不少于100种；南海的头足类资源也极为丰富，在我国海域已记录的92种头足类中，南海北部有记录的就达

73种，占全国头足类种数的79%。此外，海南沿岸海域还记录有蟹类348种、贝类681种、海参和海胆等棘皮动物511种、海藻类162种。南海和海南海域渔业生物资源的物种数目占全国对应的物种总数的百分率，鱼类为67%、虾蟹类为80%、软体动物为75%、棘皮动物为76%，渔业生物资源的多样性十分丰富。

3.6.1 海洋渔业资源的主要类型

海洋渔业资源的类型因分类方式不同而异，常见的分类方式包括以栖息环境分类和以物种分类等。本文主要根据海南近海主要海洋渔业资源的物种进行分类，另外，由于海洋浮游动植物既是海洋鱼、虾、蟹、贝等动物性海洋渔业资源的良好饵料，其种类和数量与这些动物性海洋渔业资源的生物量密切相关，并且，许多海洋浮游动植物本身也具有良好的开发与利用价值，为此，在本节中将海洋浮游动植物也纳入海洋渔业资源中。

3.6.1.1 *海洋浮游植物资源*

南海北部海域已鉴定的浮游植物包括硅藻门、甲藻门、蓝藻门、金藻门、绿藻门和黄藻门共6门的91属503种。其中，硅藻种类最多，有66属331种，占65.80%；其次是甲藻，有19属154种，占30.62%；蓝藻、金藻、绿藻和黄藻4门种类较少，只有6属18种，占3.58%。浮游植物的平面分布于其他区域的分布一样，主要决定于海流和营养盐类等外界环境因子，其浮游植物数量的平面分布受广东沿岸水和南海外海水的分布变动和相互推移的影响，数量的平面分布很不均匀，密集区主要分布在盐度低于34的近岸的海域；外海水域除个别月份有密集区出现外，常年绝大多数时间属于分布密度低于100 ind./m^3的稀疏区。密集区和稀疏区的分布界限呈蛇形蜿蜒横陈。在密集区内分布的主要种类有洛氏角刺藻、拟旋链角刺藻和掌状冠盖藻等热带近岸种，也有菱形海线藻和伏恩海毛藻等世界分布的种类；有时蓝藻类的束毛藻也占较大比重。南海浮游生物分布具有以下特点：①南海海域浮游植物数量的密集分布区，通常都形成于营养盐含量丰富的河口区附近、不同海流的交汇区及出现涌升流的海域；②营养盐含量贫乏的外海高盐水和黑潮系暖水及南海暖流流经的海域，是浮游植物数量分布的稀疏水区；③浮游植物数量密集区的密集程度及密集区范围的变动，除取决于营养盐类含量的多寡外，还与形成密集区的优势种类的生态特点及其数量的季节消长有关。

海南岛周围海区共发现浮游植物289种，分别隶属于5门71属，其中硅藻50属191种，占66.1%；甲藻16属89种，占30.8%；蓝藻3属5种；绿藻1属3种；金藻1属1种。主要浮游植物种类有角毛藻属、根管藻属、辐杆藻属、圆筛藻属、菱形藻属和多甲藻属等。优势种有菱形海线藻、佛氏海毛藻、奇异棍形藻、高盒形藻、钟状中鼓藻、角毛藻、骨条藻、根管藻等。海南周边海域特别是营养盐含量较高的港湾地区，属于浮游植物分布的密集区，春季浮游植物总平均数量为8.58×10^6 ind./m^3，秋季浮游植物含量为（0.7～1.90）$\times10^7$ ind./m^3，平均1.54×10^7 ind./m^3。其中，春季在后水湾、铺前湾、七洲列岛、清澜港海区和大铲礁周围浮游植物的分布尤为密集，而三亚东部亚龙湾和陵水湾南部海区浮游植物的数量相对较低；秋季以琼西的儋州西部至东方北部海区和琼东南的万宁南部至三亚东部的牙龙湾海区浮游植物较为密集，七洲列岛海区浮游植物的数量相对较低。

南海浮游植物数量的季节变化总体以夏、冬季数量最高，秋季次之，春季最低（表3.70）。海南近岸四周海域为秋冬季高峰型；海南岛南部海域也是夏季数量最高，但总体表现为四季比较稳定（表3.71）。

表3.70　海口湾不同季节浮游植物主要种类、数量和季节变化

属类	不同季节密度/（10^3 ind./m^3）			
	春季	夏季	秋季	冬季
盒形藻属	6.7	1 436.6	2.2	8.1
角刺藻属	2 708	7 409.1	6.6	114.9
圆筛藻属	61.3	153.4	2.3	23.2
菱形藻属	46.6	993.2	5.4	26.7
根管藻属	112.3	45	1.6	129
海莲藻属	122.6	433.2	7.1	3 847.2
其　他	301.5	735.5	19.8	2 338.9
合　计	3 359	11 206	45	6 488

表3.71　三亚湾不同季节浮游植物主要属、种的季节变化

属	密度/（10^4 ind./m^3）				优势种	密度/（10^4 ind./m^3）			
	夏	秋	冬	春		夏	秋	冬	春
角刺藻	37.0	20.8	90.0	20.0	洛氏角刺藻	6.7	8.3	43.3	2.0
菱形藻	147.4	38.7	13.4	4.4	奇异菱形藻	2.2	37.9	7.8	4.0
					尖刺菱形藻	144.4	0.0	0.0	0.0
根管藻	4.5	3.8	9.4	50.6	距端根管藻	0.2	0.0	4.4	32
海链藻	8.2	6.9	8.3	30.0	菱形海链藻	0.0	1.3	8.3	12.0
					细弱海链藻	2.4	0.8	0.0	14.0

3.6.1.2　海洋浮游动物资源

浮游动物属次级生产力，在海洋生物链中居重要位置。南海处于热带和亚热带海域，浮游动物种类繁多、组成复杂。据1998—1999年调查，南海区浮游动物共有709种（不含浮游幼体），隶属于8门20大类群，以甲壳动物占绝对优势，共470种，占总种数的66.3%，其中桡足类种类数最多，占总种数的38.5%。在2001年专项调查中，北部湾采集到浮游动物137种，隶属于7门17大类群，以甲壳动物占绝对优势，共62种，占总种数的45.3%。

根据浮游动物的生态习性和分布，南海区的浮游动物主要可分为以下4种类型：①暖水广布种，主要种类为亚强真哲溞、精致真刺水溞、肥胖箭虫、马蹄水母、中型莹虾、尖笔帽螺等；②大洋性暖水种，主要种类包括细真哲水溞、异尾平头水溞、太平洋箭虫、长额磷虾、玫瑰明螺等；③暖水近岸种，主要代表种类为椭圆形长足水溞、百陶箭虫、真囊水母、纳米海莹等；④暖温带近岸种，代表种有强壮箭虫和耳状囊水母等。

许多种类的浮游动物不仅是中上层鱼类的主要饵料，也是许多底层鱼类的重要饵料之一，这类浮游动物也称为饵料浮游动物，它是海洋渔业资源的主要饵料基础。目前，饵料浮游动物主要有桡足类、介形类、磷虾、莹虾、端足类、毛颚类、有尾类和甲壳类幼体等。其数量变动和分布与鱼类的移动和集群有着密切的关系，其数量的多少直接影响南海不同区域的渔业资源种类与分布。与我国东海和黄渤海等海域相比，南海的饵料浮游动物生物量比较低，平均只有22.05 mg/m^3，这也是南海区渔业资源量偏低的主要原因之一。南海海域饵料浮游动物的高生物量区大部分出现在沿岸的浅近海水域，生物量平面分布呈现出由浅海向外海水域递减的分布趋势。

海南岛周围海域浮游动物的种类较为多样，绝大多数的种类属于热带、亚热带的沿岸性种类，已鉴定的种类有200余种，其中桡足类、水母类占的比例较大，浮游动物的年平均总生物量为300 mg/m^3。从生物量而言，春季38～1 000 mg/m^3，平均295 mg/m^3，出现生物量最高的是在琼西海区调查站位，平均高达1 000 mg/m^3；最低是在琼北海区的站位，平均只有38 mg/m^3。秋季的平均总生物量为305 mg/m^3。从分布密度而言，浮游动物的总平均数量为152 ind./m^3，数量最大的是琼北海区，平均为244 ind./m^3，最低的是琼南海区，平均107 ind./m^3。从分布种类而言，夏季浮游动物的种类最多，占总种数的55%；其次是秋季和春季，各约占总种数的30%；冬季出现种数最少，为15%以内。

3.6.1.3 海洋鱼类资源

鱼类是南海最重要的渔业资源，也是南海渔业的主要捕捞对象，根据其栖息环境的不同，南海鱼类分为陆架海域的底层和近底层鱼类、中上层鱼类以及珊瑚礁鱼类等。据报道，南海北部大陆架海域记录有鱼类1 064种，海南岛沿岸海域已记录的鱼类也有807种，且南海北部大陆架海域的鱼类绝大多数为广泛分布于印度－西太平洋海域的暖水性鱼类，只有少数沿岸分布的鱼类为适温范围较广的亚热带暖温性种类。

海南岛周边海域鱼类分布不均匀，主要表现为东南部海区的生物量与生物密度均比东北、西北海区为高；从季节上看，春—夏季平均生物量要高于秋—冬季。其中，主要的经济种类包括：鲻、黄鳍鲷、平鲷、真鲷、黑鲷、二长棘鲷、短尾大眼鲷、灰鳍鲷、红鳍笛鲷、花尾胡椒鲷、鲈鱼、尖吻鲈、云纹石斑鱼、赤点石斑鱼、青石斑鱼、鲑点石斑鱼、篮子鱼、金线鱼、金枪鱼、卵形鲳鲹、大弹涂鱼、三斑海马、小沙丁鱼、大魣、海鲶、海鳗、蛇鲻、竹荚鱼、蓝圆鲹、蛳鲤、马六甲蛳鲤、带鱼、银鲈，马面鲀、马鲅、扁舵鲣、中国鲳、黑鲳、康氏马鲛等。

2006—2007年厦门大学对北部湾进行的4个航次调查中，中上层经济鱼类平均底拖网渔获率为15.15 kg/h，其中竹荚鱼占绝对优势，达11.05 kg/h，另外占0.5%以上的中上层经济鱼类还有蓝圆鲹（1.59 kg/h）和康氏马鲛（0.5 kg/h）；底层经济鱼类平均渔获率为29.6 kg/h，其中，占1%以上的有二长棘鲷（7.18 kg/h）、大头白姑鱼（3.74 kg/h）、皮氏叫姑鱼（3.22 kg/h）和带鱼（2.29 kg/h）；占0.5%以上的有单角革鲀（0.98 kg/h）、蝲（0.90 kg/h）、黄带绯鲤（0.89 kg/h）、花斑蛇鲻（0.86 kg/h）、多齿蛇鲻（0.68 kg/h）、纵带裸颊鲷（0.63 kg/h）、条尾绯鲤（0.58 kg/h）和印度无齿鲳（0.54 kg/h）等（表3.72）。

自20世纪60年代至今的40多年间，因捕捞作业方式的变化，海南陆架生态系资源结构已发生了很大的变动。在60年代前期的渔船动力风帆时代，海洋捕捞的渔获品种以红鳍笛鲷、金线鱼、蛳鲤、蛇鲻等为主，其中拖风船渔获中红鳍笛鲷占有很大比例，高者甚至可达到40%；自60年代后期渔船动力进入内燃机时代、渔业网具的网线材料进入人工纤维时代，海洋捕捞渔获中除了红鳍笛鲷、金线鱼、蛳鲤、蛇鲻等传统品种外，蓝圆鲹、马鲛鱼、小型金枪鱼、带鱼、马面鲀等游速较快的近底层和中上层鱼类也逐渐占有较大比例；目前，海洋捕捞渔获中只有蓝圆鲹、带鱼、金线鱼等少数种类的生物量较大。由于环境变化和人为捕捞的影响，目前，近海传统渔场渔业资源发生了较大的变化，其主要表现为：渔获物中主要为次新型种类，原始型种类所占比例逐渐减少；捕捞群体明显呈低龄化，渔获个体越来越小；渔获品中优质鱼比例日益下降，低值鱼比例则大幅度增加。

表 3.72 北部湾底拖网渔获物的主要经济鱼类组成及其所占比例

种类		渔获率		个体数		平均个体重
		kg/h	%	ind./h	%	g/ind
中上层经济鱼类	竹荚鱼	11.05	11.47	433.48	4.76	25.49
	蓝圆鲹	0.66	0.69	13.24	0.15	49.83
	康氏马鲛	0.50	0.52	2.56	0.03	195.49
	长吻裸胸鲹	0.47	0.49	1.10	0.01	428.77
	银鲳	0.43	0.45	1.75	0.02	245.79
	斑点马鲛	0.38	0.40	1.90	0.02	199.60
底层经济鱼类	二长棘鲷	7.18	7.46	823.30	9.05	8.72
	大头白姑鱼	3.74	3.88	90.01	0.99	41.55
	皮氏叫姑鱼	3.22	3.34	58.43	0.64	55.10
	带鱼	2.29	2.37	19.27	0.21	118.81
	单角革鲀	0.98	1.01	1.19	0.01	823.83
	鯻	0.90	0.93	27.10	0.30	33.22
	黄带绯鲤	0.89	0.92	46.44	0.51	19.17
	花斑蛇鲻	0.86	0.89	36.03	0.40	23.87
	多齿蛇鲻	0.68	0.71	17.52	0.19	38.82
	纵带裸颊鲷	0.63	0.66	0.65	0.01	963.53
	条尾绯鲤	0.58	0.6	24.17	0.27	23.99
	印度无齿鲳	0.54	0.56	15.76	0.17	34.27
	刺鲳	0.45	0.46	4.87	0.05	92.43
	白姑鱼	0.40	0.42	13.82	0.15	28.94

目前，海南近海渔业资源中的渔获量较高的主要经济品种包括蓝圆鲹、带鱼、金线鱼、红鳍笛鲷、二长棘鲷、短尾大眼鲷、康氏马鲛和扁舵鲣等。

3.6.1.4 海洋虾蟹类资源

南海地处热带和亚热带，气候温和，沿岸江河密布，海岸线曲折而多港湾，特别适合于虾类和蟹类等甲壳类的生长和繁殖，因此，南海区的甲壳类资源十分丰富、种类繁多。据刘瑞玉和钟振如等的统计，南海北部的虾类有 350 种以上，其中对虾类 100 种以上，常见的经济种类有 35 种。在蟹类中，海南沿岸海域还记录有蟹类 348 种，近梭子蟹科的种类就有约 40 种。根据分布水深不同，南海的虾类可分为近岸虾类、浅海虾类和深海虾类共三大类群。

近岸虾类是指分布于沿岸、河口等水深 40 m 以内海域的虾类，该海域是虾类重要的自然分布场所，大多数的经济虾类均分布于其中。南海已报道的主要经济虾类有：斑节对虾、日本对虾、长毛对虾、墨吉对虾、短沟对虾、宽沟对虾、刀额新对虾、近缘新对虾、布氏新对虾、黄新对虾、中型新对虾、哈氏仿对虾、亨氏仿对虾、角突仿对虾和须赤虾等。

浅海虾类是指分布于水深 40 ~200 m 大陆架海域的虾类，主要为底拖网捕获的种类，常见的主要有：鹰爪虾、长足鹰爪虾、凹管鞭虾、高脊管鞭虾、短足管鞭虾、栉管鞭虾、拟栉管鞭虾、对突管鞭虾、长足拟对虾、硬壳赤虾、披针单肢虾和假长缝拟对虾等。

深海虾类是指分布于大陆斜坡水深 200 ~1 000 m 海域的虾类。中国水产科学研究院南海水产研究所 1981 年在北部大陆斜坡海域调查时共捕获 90 种虾类，其中常见种类包括：拟须虾、刀额拟海虾、绿须虾、短足假须虾、长肢近对虾、短肢近对虾、尖直似对虾、长足红虾、六突拟对虾、印度红虾、圆板赤虾、东方深对虾、亚非海虾、弯角膜对虾、圆突膜对虾、叉突膜对虾和尖管鞭虾等。

海南沿海的蟹类资源虽然十分丰富，但具有较高经济价值的经济种类只有梭子蟹科的一些种，主要包括锯缘青蟹、三疣梭子蟹和远海梭子蟹等。其中，锯缘青蟹主要分布于近岸和河口地区，是南海区经济价值最高的蟹类；三疣梭子蟹和远海梭子蟹主要分布于近海，是底拖网的常见渔获物。

2006—2007 年厦门大学对北部湾进行的 4 个航次调查中，甲壳类平均渔获率为 2. 78 kg/h，数量较低，主要种类包括哈氏仿对虾（0. 16 kg/h）、吐露赤虾（0. 16 kg/h）、中华管鞭虾（0. 15 kg/h）、长足鹰爪虾（0. 13 kg/h）、宽突赤虾（0. 11 kg/h）、猛虾蛄（0. 11 kg/h）、口虾蛄（0. 10 kg/h）、武士蟳（0. 29 kg/h）和锈斑蟳（0. 12 kg/h）等（表 3. 73）。

表 3. 73　北部湾底拖网渔获物的主要经济甲壳类组成及其所占比例

种　类		渔获率		个体数		平均个体重
		kg/h	%	ind. /h	%	g/ind
虾类	哈氏仿对虾	0. 16	0. 17	37. 41	0. 41	4. 28
	吐露赤虾	0. 16	0. 17	28. 36	0. 31	5. 64
	中华管鞭虾	0. 15	0. 16	28. 17	0. 31	5. 32
	长足鹰爪虾	0. 13	0. 14	32. 84	0. 36	3. 96
	宽突赤虾	0. 11	0. 11	25. 43	0. 28	4. 33
虾蛄类	猛虾蛄	0. 11	0. 11	3. 73	0. 04	29. 51
	口虾蛄	0. 10	0. 11	10. 11	0. 11	9. 90
蟹类	武士蟳	0. 29	0. 30	5. 56	0. 06	52. 14
	锈斑蟳	0. 12	0. 13	1. 42	0. 02	84. 32

3. 6. 1. 5　海洋软体动物资源

南海的软体动物主要包括两大类型，一类为营游泳生活的头足类，另外一类为营底栖生活的底栖贝类。

头足类广泛分布于南海水深 0 ~1 000 m 的广阔海域，据历史调查资料，南海北部有记录的头足类有 73 种，占全国海域已记录的 92 种头足类数的 79%，其中常见的经济种类包括：太平洋柔鱼、夏威夷柔鱼、火枪乌贼、中国枪乌贼、杜氏枪乌贼、剑尖枪乌贼、田乡枪乌贼、莱氏拟乌贼、椭乌贼、金乌贼、神户乌贼、罗氏乌贼、拟目乌贼、虎斑乌贼、曼氏无针乌贼、双蟓耳乌贼、图氏后乌贼、柏氏四盘耳乌贼、克氏后耳乌贼、环蛸、纺锤蛸、短蛸、卵蛸、长蛸和真蛸等。根据2006—2007年厦门大学对北部湾进行4个航次调查的结果，该海域头足类的平均渔获率为5.58 kg/h，主要种类包括剑尖枪乌贼（2.58 kg/h）、杜氏枪乌贼（1.30 kg/h）、中国枪乌贼（0.67 kg/h）、白斑乌贼（0.19 kg/h）、莱氏拟乌贼（0.18 kg/h）、虎斑乌贼（0.16 kg/h）、拟目乌贼（0.13 kg/h）和短蛸（0.12 kg/h）等（表3.74）。

表3.74　北部湾底拖网渔获物的主要经济头足类组成及其所占比例

种　类		渔获率		个体数		平均个体重
		kg/h	%	ind./h	%	g/ind
枪形目	剑尖枪乌贼	2.58	2.68	123.31	1.35	20.92
	杜氏枪乌贼	1.30	1.35	58.49	0.64	22.23
	中国枪乌贼	0.67	0.69	9.04	0.10	74.09
乌贼目	白斑乌贼	0.19	0.20	1.15	0.01	164.67
	莱氏拟乌贼	0.18	0.19	1.33	0.01	135.65
	虎斑乌贼	0.16	0.17	0.42	0.01	378.18
	拟目乌贼	0.13	0.14	0.19	0.01	676.00
八腕目	短蛸	0.12	0.12	2.44	0.03	49.13

海南周边海域底栖贝类的分布范围十分广泛，包括潮间带、浅海和深海都有底栖贝类分布，是渔业生产的重要捕捞对象。海南近岸常见的海洋经济底栖贝类中，分布于潮间带的种类主要有：近江牡蛎、褶牡蛎、泥蚶、杂色蛤仔、菲律宾蛤仔、寻氏肌蛤、麦氏偏顶蛤、渤海鸭嘴蛤、中国绿螂、红肉河蓝蛤、中华乌蛤、黄边糙乌蛤、日本镜蛤、加夫蛤、文蛤、大蛤蜊、四角蛤蜊、缢蛏和海月等。分布于近海海域的底栖贝类主要有：马氏珠母贝、企鹅珍珠贝、大珠母贝、珠母贝、华贵栉孔扇贝、毛蚶、翡翠贻贝、栉江珧、紫色裂江珧、波纹巴非蛤、杂色鲍、密鳞牡蛎、日本日月贝、草莓海菊蛤、缀锦蛤、西施舌、布纹蚶、大砗磲、蝾螺、大马蹄螺、虎斑宝贝和管角螺等。

3.6.1.6　其他海洋生物资源

南海海域的海洋生物资源除以上介绍的种类外，还有其他一些种类，如：藻类和棘皮动物等，这些海洋资源也是沿海居民重要的采集或捕捞对象，其中有些可以直接食用，有些种类则是重要的工业原料原料，也有的可以作为医用、观赏和工艺等用途。

海南周边海域的藻类资源比较丰富，其中有的栖息于潮间带，有的分布于浅海。栖息于潮间带的藻类主要有：细基江蓠、红江蓠、真江蓠、脆江蓠、芋根江蓠、长紫菜、广东紫菜、越南紫菜、礁膜、浒苔、蛎菜、细毛石花菜、小石花菜和海萝等；分布于浅海的藻类主要有：琼枝麒麟菜、鹿角沙菜、冻沙菜、马尾藻、蜈蚣菜、凝花菜和凤尾菜等。

棘皮动物主要分布于浅海海域，海南周边海域的主要种类有：紫海胆、糙海参、玉足海参、棕环海参、米氏参、黑怪参、黑乳参、白底腹肛参、花刺参、糙刺参和绿刺参等。

3.6.2 海洋渔业资源的分布特征

3.6.2.1 海南周边海域渔业资源的主要特征

1）渔业生态系统的多样性

海南管辖海域环境多种多样，包括滩涂、潟湖、浅海大陆架、大陆坡和深海，从而形成了海南海洋渔业自然资源的生态系统多样性和物种多样性。

在海南海域，至少存在着河口生态系统、港湾生态系统、海岸生态系统、海岛生态系统、深海生态系统、上升流生态系统、珊瑚礁生态系统和红树林生态系统等多种自然生态系统。这种生态系统的多样性导致了多种渔业资源类型，大大丰富了渔业资源。然而，这些生态系统也十分脆弱，容易因人工的干扰而受到破坏，如万宁老爷海、小海和陵水新村湾都因大规模的无序养殖致使水体富营养化、水质恶化，经常发生大面积的养鱼事故。为此，在海南海洋开发中必须走可持续发展渔业经济之路，在科学养殖和合理开发的同时，必须努力保护海域环境，保护海域生态系统的稳定性。只有维护渔业生态系统的良性循环，才能有效地保护渔业资源，从而保证渔业经济的可持续发展。

2）热带海洋性气候特征和印度——太平洋热带区动物区系特征

有关资料显示，海南省海域绝大多数的渔业生物种类属于印度——太平洋热带区系性质的暖水性生物，少数属于亚热带或温带海域广布性的暖温性生物，而广布性的冷温水性或冷水性种类几乎没有。如：海南岛周围海域的鱼类90.7%属于暖水性种类，9.3%属于暖温水性种类；西沙海区鱼类98.9%属于暖水性种类，1.1%属于暖温水性种类；南沙海区鱼类97.8%属于暖水性种类，2.2%属于暖温水性种类。因此，海南及其周边海域的渔业资源具有鲜明的热带海洋特色。

3）渔业生物资源物种多样性明显

与我国其他海区渔业生物资源的物种多样性相比，南海和海南海域渔业生物资源物种呈现更明显的多样性。南海和海南海域渔业生物资源的物种数目占全国对应的物种总数的百分率，鱼类为67%，虾蟹类为80%，软体动物为75%，棘皮动物为76%。南海已知鱼类种数为东海的1.4倍，为黄海、渤海的3.6倍，其他经济品种也类同。此外，海南周边海域水母和珊瑚等海洋腔肠动物资源和海藻资源也较丰富，其中，有记录的海藻有162种，如马尾藻、麒麟菜、江篱、紫菜、凝花菜、沙菜等开发前景很好。南海和海南海域渔业生物资源的物种多样性的原因，除了由于海域辽阔（占全国的67%）之外，还与海域环境的多样性、热带海域和生态系统的多样性有关。丰富多彩的海洋生物种类，不仅是品种多样的捕捞水产品，而且为海水增养殖提供了十分多样的驯化对象。

4）污染较少，水质清瘦，资源密度低

据近年来海南省海洋监测中心在海口湾、洋浦湾、三亚湾、清澜湾和八所港等重点港湾对海域水质全年监测分析，海南重点港湾的水质都在国家二类水质标准以内，达到渔业用水的质量标准要求。对海南岛周边海区以及西、南、中沙群岛海区海水污染物质的监测结果表明，除个别海区海水中石油类含量已超过国家海水水质标准所规定的最高允许浓度外，其他指标如总汞、铜、锌、铅、镉等重金属含量均符合一类水质标准或二类水质标准，说明海南海域海水的水质总体良好，污染较轻，因此海洋生物体内残毒量也较低。据调查，除了个别种类外，海南海域海洋生物中各种重金属含量均符合国家发布的海洋生物残毒标准。

海南海域水质的另一个显著特征为表层海水中营养盐和有机质含量较低，水质清瘦，海洋生物初级生产力较低。已有调查资源表明，西、南、中沙群岛海区初级生产力为每天每 m^2 每区生产 190 ~ 410 mg，只有南海东北部、台湾海峡、东海、黄海和渤海等我国其他海区的 1/2 ~ 1/3。海南周边海域虽然海洋生物多样性丰富，但由于其初级生产力低，单位面积的海洋生物量（资源密度）也很低，南海海区每 km^2 海域的年持续鱼产量只有 1.35 t，还不到我国东海和黄渤海的一半。即使是在南海一直占主导地位的蓝圆鲹和马面鲀等优势品种，其最高年产量也不足 40×10^4 t；其中蓝圆鲹最高为 36.5×10^4 t（2002 年），马面鲀最高为 16.3×10^4 t（1998 年），远不及东海、黄海、渤海的鳀和带鱼，东海、黄海、渤海带鱼的最高年产量达到 128.8×10^4 t（2002 年），鳀的最高年产量则曾达到 137.3×10^4 t（1998 年）。此外，南海鱼类多数种类为陆架地方性种群，分布广而分散，一般不作长距离洄游，仅有从深水至浅水域的往复移动。

5）性成熟早，繁殖力强

由于南海鱼类栖息环境的水温较高，该区域的绝大多数海洋生物性成熟早，繁殖力强，产卵期长，产卵场分散，多数鱼种性成熟早，一般 1 ~ 2 岁可达性成熟，2 ~ 3 龄达到繁殖高峰。南海鱼类中，各鱼种个体的平均繁殖力差别很大，怀卵量为 2 万 ~ 160 万粒不等，常见经济鱼种怀卵量为 10 万 ~ 20 万粒，且产卵期长，一般产卵期为 3 ~ 6 个月，有些经济鱼种的产卵期长达 8 个月，有的甚至终年产卵。除少数鱼种有相对集中地产卵场外，多数鱼种分散产卵，鱼卵、仔鱼、稚鱼广泛分布于整个陆架区，但其分布的密度不高。南海鱼类资源的这一生态学特点一方面有利于通过控制捕捞量快速恢复自然资源，但也表现出脆弱的一面，如果捕捞作业失控，很容易导致资源的快速衰退甚至灭绝。

6）生长快，个体小

海南海域多数经济海洋生物种类生长快，个体小，生命周期短，世代更新快。南海北部陆架区多数鱼种的个体都属于中小型，个体生长速度快，生命周期亦短，多数鱼种的最大年龄只有 5 龄左右。种群的自然死亡率比高纬度海域的种类高，鱼类的世代交替频繁，补充群体往往大于剩余群体。

7）食性广，食谱杂

南海鱼类的食性广，食谱复杂。南海北部陆架区各种鱼类的食性可以划分为以下 4 种类型：以摄食底栖生物为主的鱼类、以摄食自泳生物为主的鱼类、以摄食浮游生物为主的鱼类、杂食性的鱼类。不过，许多种类在各种食性之间并无严格的界限，常常随着海区饵料生物优势种的变更而转移。

3.6.2.2 海南主要的海洋渔业资源生态系

南海的地貌呈多样化，具有大陆架、大陆坡、南海诸群岛及诸岛周沿深海、中央海盆（水深在4 000 m以上）等多种不同类型。地理地貌的多样性造就了海南同时拥有陆架生态系、陆坡生态系、珊瑚礁生态系、上升流生态系以及大洋生态系等多种渔业资源生态系（图3.56）。

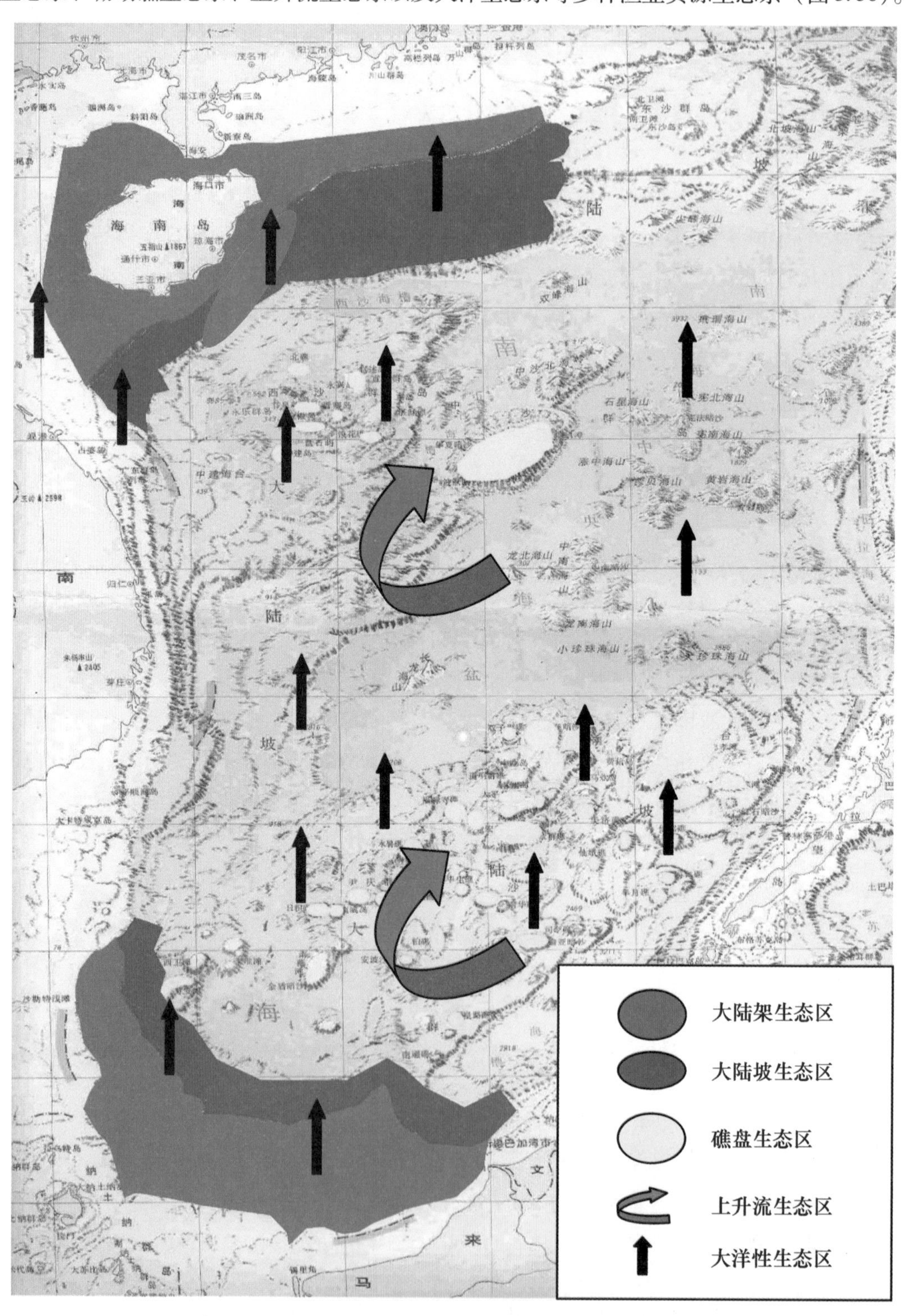

图3.56　海南渔业资源生态区域分布图

1）陆架生态系

陆架生态系资源一般是指水深在200 m以浅的大陆架区域渔业资源。海南省近海水深在200 m以浅的大陆架区域面积约为13×10^4 km^2，主要环绕着海南岛分布，包括北部湾与湾口区的北方区域、岛东北面区域、岛东与东南面区域等。此外，在南海南端曾母暗礁西面，属于海南省传统疆域水深在200 m以浅的大陆架区域有约12×10^4 km^2。

海南岛海域除了本岛的伞射状江河外，中南半岛和我国大陆南端的众多大河急流，常年源源不断地带来了丰富的有机质。这些丰富有机质哺育出鲱鳀类、贝类、虾蟹类和头足类等丰富的低层营养级渔业资源；并因此引发出大量以捕食低层营养级资源的鲐鲹类、蛇鲻类、鲱鲤类、鲆鲽类等次层营养级海洋渔业资源，进而到如鲷类、笛鲷类、石斑鱼类、石首鱼类、马鲛类、小型金枪鱼类等凶猛的高层营养级渔业资源。由于海南近海陆架区域具有丰富的有机质和多样的地貌类型，使之成为许多鱼类的育肥索饵场所和产卵繁殖场所。在南海海域虽然已知的鱼类种类多达1 000多种，但经常在渔获中出现并具有一定经济价值的只有100多种。一般陆架区域渔业资源的组成包括有中上层资源以及底层和近底层资源，而海南近海大陆架生态系资源的构成较复杂，既有区域性的中上层、底层和近底层资源，也常涌入大量的大洋性洄游资源和上升流资源。主要原因为：①在季节转换或生理需求（生殖、育肥、越冬）时期，海南岛东面近海陆架水域是海洋水生生物的主要洄游通道；②海南岛东南面近海陆架边缘存在一个上升流区域。自古以来，蕴藏着丰富渔业资源的近海大陆架区域就是人类的主要生产渔场，目前，海南省海洋捕捞产量的90%以上来自于海南岛近海陆架区域。

另外，大陆架生态系资源还有一个群体结构特点，就是大多数品种都以地方性种群的形式各自分散地栖息在不同的局部海域，习性相近的各个群体又彼此混居，在局部海域形成多鱼种的小群体。这样的一种资源群体结构，其优点是可为捕捞提供多个可选择的作业场地和捕捞对象，而其脆弱点则是经受不了同一场地内往复式的过度捕捞，特别是底层资源受过度捕捞的影响较大。

海南陆架区域是南海区渔业资源生产力最高的海域之一，也是资源密度最高区域之一。因此，除非发生重大环境灾难（如大陆径流断绝或水体重度污染等），海南岛四周近海大陆架的渔业资源将是永难枯竭的。

2）陆坡生态系

陆坡生态系资源是指潜贴在大陆坡斜面上的渔业资源。海南省水深200～1 000 m的陆坡区域有6×10^4 km^2，主要分布于海南岛的东面距海岸线约150 km和东南面距海岸线约80 km外的狭长区域。而1 000～2 000 m水深的大陆坡区域约有50×10^4 km^2，分布在海南岛东面和西中南沙群岛礁盘外区域。

大陆坡区域原本水质瘦脊，且光照弱，渔业资源一般都较贫乏。但在海南岛东面和东南面水深200～1 000 m的大陆坡区域，存在着一个上升流区，海南陆坡生态系资源主要就是指这上升流区域的生态系资源，区域上升流带来的丰富营养盐是此区域生态系资源繁盛的基础。此区域的渔业资源种类有300余种，有猫鲨科、鳐科、钻光鱼科、褶胸鱼科和灯笼鱼科等鱼类，须虾科、近对虾科和膜对虾科等虾蟹类，小头乌贼科和柔鱼科等头足类。而较高经济价值和较大潜在资源量的主要有灯笼鱼科的灯笼鱼、虾蟹类的海螯虾和蝉虾、头足类的鸢乌贼等。海南陆坡资源主要是随着上升流的季节性出现而出现的。

海南大陆坡区域是一个渔业资源较丰富的区域，而且，该区域渔业资源量受捕捞生产的影响不大。

3）珊瑚礁生态系

珊瑚礁生态系资源是指水深约200 m以浅珊瑚礁盘上的渔业资源。海南省管辖的海洋海域是世界上珊瑚礁区最多的海域之一。南海诸岛水深200 m以浅的珊瑚礁盘面积有近2×10^4 km^2，分布在西、中、南沙群岛岛礁区，其中南沙群岛中北部区域占有近80%。

热带海洋中的珊瑚礁区由于远离大陆，缺少大陆径流带来的营养盐和有机物，水域生产力远比大陆架低。不过，珊瑚礁区地处热带、气候炎热，阳光充足，雨量充沛，珊瑚虫直接从海水吸收营养，包括无机氮和磷。此外它们可摄食随水流带来的浮游动物；珊瑚内部共生的单细胞虫黄藻还能通过光合作用产生有机物，为珊瑚虫提供营养。珊瑚礁区自身产生并形成了一个富庶的生物体系，虽然其水域生产力低，但它们的初级生产量和生物多样性却非常高。

由于独特的海洋环境，珊瑚礁区为许多动植物提供了较好的生活环境。除了热带礁栖性鱼类外，还包括蠕虫、软体动物、海绵、棘皮动物和甲壳动物等，此外也是大洋性鱼类的幼鱼生长地。珊瑚礁区渔业资源种类繁多，有较高经济价值的主要种类有鲨鱼类、石斑鱼类、梅鲷类、鹦嘴鱼类、唇鱼类、裸胸鳝类、鲹科类、龙虾类、海参类和贝类等。珊瑚礁区渔业资源虽然种类较多，但各品种的资源量并不大，品种恢复能力弱且周期长，一旦受到破坏，将对整个生态系造成毁灭性影响。

虽然珊瑚礁生态系生物资源的密度较低，但由于资源的区域聚集和区域广阔，海南珊瑚礁盘区渔业资源的总量仍然很大，并且，其中的优质品种较多，有些品种的品质很高。

4）大洋生态系

在海洋中，有一些鱼类是营游历生活的。这些鱼类因索饵、生殖、越冬等生理和生活需求，需在宽阔无垠的大洋表层作长距离的游弋，称之为大洋性洄游鱼类，也就是大洋生态系资源。其主要品种包括有金枪鱼类、旗鱼类、蛇鲭科鱼类、马鲛类、鲨鱼类和燕鳐（飞鱼）类等。

海南省的200×10^4 km^2海洋区域，处于赤道体系与温寒带体系、印度洋体系与太平洋体系、外洋性体系与沿岸性体系海流的交汇点及交换通道，也是各种大洋洄游性鱼类的交汇点和洄游通道。海南近海海域既是大洋性洄游鱼类的索饵场，也是这些鱼类的产卵场。每年的开春到初夏时节，都有大批小型金枪鱼类、马鲛类洄游到海南岛的东西面海域进行繁殖产卵和索饵育肥；每年随着海水水温的升降，海南岛东部和东南部近海海域还是一批批带鱼鱼群往返于南北水域的必经之地。在海南岛东部外海渔场，利用大型表层流刺网常常可捕获到数量不菲的大型金枪鱼和旗鱼；此外，西、中沙海域还有黄鳍金枪鱼、裸狐鲣、刺鲅等鱼类的密集分布区；南沙群岛海域有四个金枪鱼类的密集分布区。全球大洋性洄游鱼类的蕴藏量巨大，南海东南面就有水道穿过菲律宾的陆域岛链，相通于世界著名的金枪鱼渔场。

5）上升流生态系

上升流生态系资源是指生长在上升流区域中的渔业资源。海洋中上升流区域一般都是优良的渔场，占世界海洋面积1%的上升流区域，为世界海洋捕捞业提供了一半的总产量。

上升流区域出现的首要条件是必须在某些特定的纬度区域，其次还必须有相对稳定和一定力度的季风与洋流，第三为必须有足够的深度。海南岛东南面海域恰好都满足这三点要求。除台湾东部海域外，海南岛东南面海域是我国海水等深线密度最大的区域，离海岸线不足50 km处就是水深1 000 m的陆坡；每年从春末至秋初，海南岛大部分时间受到从中南半岛刮来的西南季风控制，海域沿岸流与南海暖流汇合，在表层形成了强盛的东北向漂流，从而带动了深海冷海水的涌升，造就了上升流区域。海南岛东南面海域的上升流，产生了海南陆坡生态系资源。每年夏初至秋初，由于上升流的影响在海南岛东面近海海域形成了清澜渔汛。清澜渔汛渔获占海南省海洋捕捞产量的相当比重，其丰歉决定着海南省海洋捕捞年渔获量的增减。

在西、中、南沙群岛海域，也存在上升流渔业资源。南海诸岛岛屿与礁盘大都以柱状突立于数千米的深海海盆中。南海位于热带季风区，夏季盛行西南风，冬季盛行东北风；南海表层环流的方向和强度随季风变化并一致。在地转偏向力的作用下，南海西南向环流在岛屿与礁盘的柱坡处产生了离柱流，相应的补偿流就成为沿柱坡面的上升流，从而产生出丰富的渔业资源。近年来，在西、中沙群岛礁盘边缘区海域生产作业的三亚灯围渔轮，夜渔获产量可达30～40 t；在东沙群岛海域，还有日本及“台湾省”围网船最高网产114t的记录。

海南岛东南面海域以及海诸岛岛屿与礁盘外区域都是存在上升流的区域，这些上升流区域具有丰富的渔业资源，其丰富程度主要与西南季风的强度呈正相关。

3.6.3 海洋渔业资源利用的基本状况

海洋渔业资源状况与变化主要受限于自然环境及人为捕捞的影响。从捕捞业发展来看，限于生产力发展水平，在20世纪60年代之前，海南海洋捕捞的生产方式一直以风帆拖网为主，主要拖捕游速较慢的底层和近底层鲷科类、蛇鲻类、鱼或鱼类、鲱鲤类等，兼有流刺网和钓业。20世纪60年代至80年代，渔业生产方式除机拖网业外，兼有围网业、流刺网业和钓业。机拖网除拖捕游速较慢的底层和近底层鱼类外，还拖捕游速较快的中上层鲐鲹类、马鲛类、带鱼类等；加上其他作业，海域中的渔业资源已达到了充分利用阶段。20世纪80年代后，由于底层和近底层资源衰退，中上层资源又太过分散，渔业生产方式主要以灯围网业、流刺网业为主，兼有虾拖网业和钓业。目前，海南的群众大机拖业已不存在；自20世纪60年代起，渔船的动力从风帆发展到了内燃机时代；渔业网具的网线材料也从青麻换成了棉纱，后又进入了人工纤维的时代，渔业的生产手段和捕捞能力都发生了质的飞跃。

目前，与20世纪60～70年代相比，灯围作业船网具网长增加了2～3倍，网高增高了2倍多，船灯光功率从2～3 kw增加到$2\times10^4\sim3\times10^4$ kw；流刺网作业船放网长度从1～2 km增加到20～30 km；延绳钓业船放钓钩数一般也增加在10倍左右。从当前这些作业的渔获效果上来看，在单位时间段内，这些作业的渔获量一般都不及20世纪60～70年代，说明海域中的渔业资源已过度利用。

在20世纪80年代以前，除了在70年代中期开发了西、中沙群岛海域渔场外，海南海洋捕捞的作业渔场主要在北部湾、海南岛东部和东南部海域。20 世纪 80 年代后，流刺网作业又开发了粤东渔场和北部湾口南部渔场，同时，琼海渔民开发了南沙群岛渔场。但一直以来，海南海洋捕捞的主要渔场是在海南岛四周近海海域，主要开发的是陆架生态系资源，同时有部分渗入陆架区的大洋生态系资源和上升流生态系资源，渔业产量的 90% 来自于陆架区域。

海南建省以来，由于渔业的快速发展，全省渔业产值在农业总产值中的比重已由 1990 年的 10.7%、发展到 1999 年之后稳定在 20% 左右。随着科技进步、渔业产业结构调整和产业升级，渔业特别是海洋渔业在农业中将一直占有很大的份额，海洋渔业对全省经济和社会发展的贡献是突出的，海洋渔业已成为“建设海洋经济强省”先行产业和生力军。

目前，海南海洋渔业资源开发具有以下特点：

①海南陆架生态系资源的底层和近底层部分已过度利用，中上层部分因资源形成和影响资源变动的因素复杂，仍有一定的可持续开发潜力。

②海南陆坡生态系资源还处于未开发状态，具有良好开发前景。

③海南珊瑚礁生态系资源的海珍品和鲜活产品经多年的开发，其开发潜力已有限；由于保鲜加工环节跟不上去，珊瑚礁生态系中的鱼类资源仍处于未开发状态。

④海南大洋生态系资源除了洄游近岛的部分已开发外，其他区域的大洋生态系资源开发尚属空白。

⑤海南上升流生态系资源的海南岛东面区域部分，属于正常开发状态，而南海诸岛岛礁区域部分处于探捕阶段。

3.6.3.1 海洋捕捞业

海洋捕捞业，是采捕海洋经济动植物（主要是经济鱼类）的生产事业。海南渔民在南海从事海洋渔业生产的年代久远，海洋捕捞业是海南省的传统产业。在上世纪 30 年代末的抗战前，海南海洋捕捞业就已达到作业渔船 4 000 多艘、产量超过 5×10^4 t 的生产规模。后虽因战乱大幅萎缩，但在新中国成立后的 50 年代中期，海南渔船数量和产量又达到了战前的水平。自此，经历了约 20 多年后至 80 年代初期，虽然渔船数量和吨位增长不大，但这时渔船的动力已从风帆发展到了内燃机时代；另外，渔业网具的网线材料也从青麻换成了棉纱，后又进入了人工纤维的时代。现今，海南省渔船达 2.5 万艘，总吨位达 40.0×10^4 t，功率达 110.7×10^4 kw。渔船和船用柴油机实现了标准化，渔捞操作实现了机械化和半机械化，助渔导航仪器和渔业通讯开始向现代化发展。与 40 多年前对比，渔业的生产手段和捕捞能力都发生了质的飞跃。

自 20 世纪 80 年代初起至今，依据公布的生产统计，海南省年海洋捕捞产量逐年增长，并且从 80 年代后期起每年的增长率都在两位数以上。

2009 年，海南全省海洋捕捞产量达 105.08×10^4 t，占水产品总产量 159.06×10^4 t 的 66.06%。其中，鱼类产量 85.6×10^4 t，占捕捞产量的 81.46%；甲壳类产量 7.18×10^4 t，占捕捞产量的 6.83%；贝类产量 2.73×10^4 t，占捕捞产量的 2.6%；藻类产量 1.27×10^4 t，占捕捞产量的 1.21%；头足类产量 6.64×10^4 t，占捕捞产量的 6.32%；其他产量 1.65×10^4 t，占捕捞产量的 1.57%（见图 3.57 ~ 3.59）

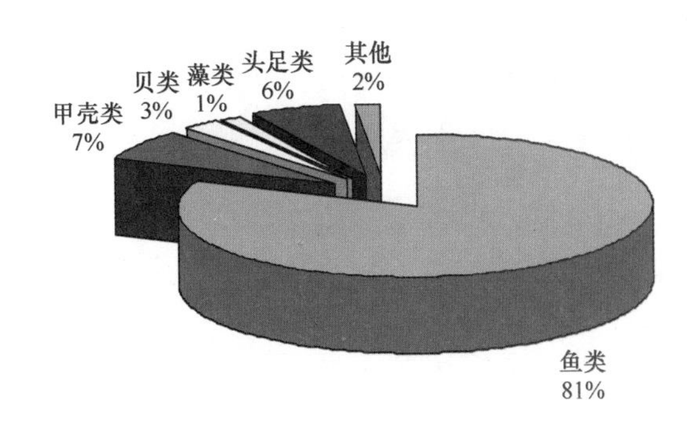

图 3.57 2009 年海南海洋捕捞产品种业构成图

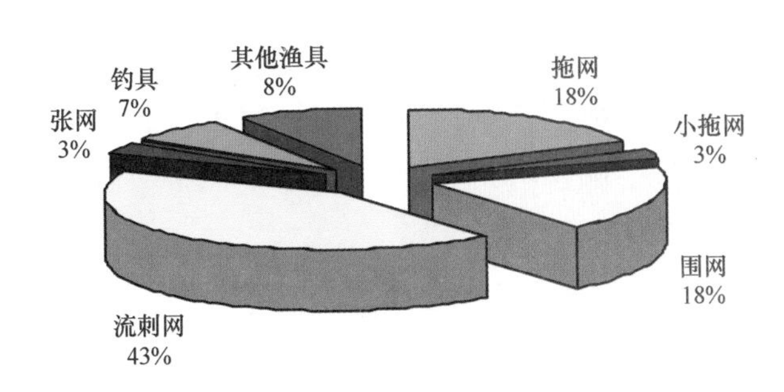

图 3.58 2009 年海南捕捞渔具产量图

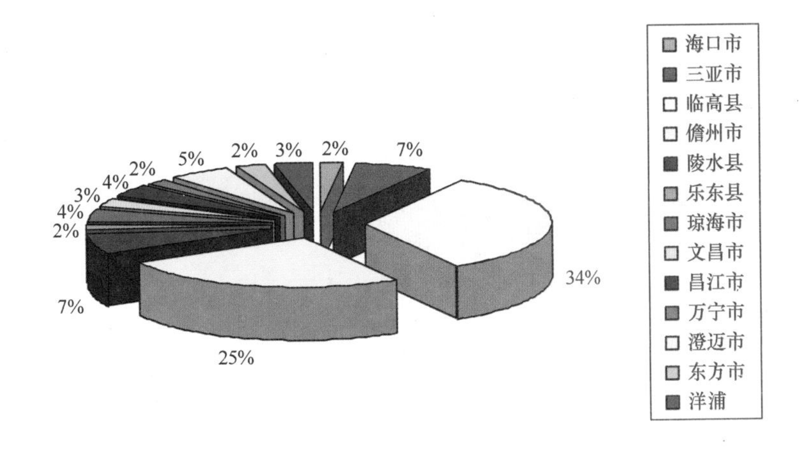

图 3.59 2009 年海南各市县捕捞产量比例图

1）渔船

渔船是海洋捕捞业生产的重要工具。在 20 世纪 60 年代以前，海洋捕捞渔船均为风帆船或人力划桨的小艇、竹排，吨位小，结构比较简单。60 年代起，开始大力发展机帆船；进入 70 年代，海南渔船进入机动化迅速发展阶段。随着改革开放的进程，海南捕捞业进入了大造船时期。在新世纪初期，临高县等渔业大县掀起了一股造大船的热潮，近年来，在各沿海市县政府的大力支持下，又开始了新一轮大造大型钢壳渔船的高潮。

2009 年海南省海洋渔业船舶共 25 762 艘，总吨位 399 731 t，总功率 1 107 434 kw。海南省海洋捕捞渔船作业类型构成见图 3.60。

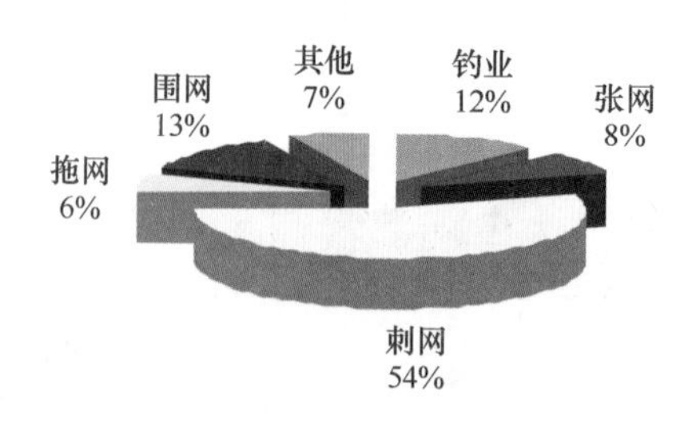

图 3.60 海洋捕捞渔船作业类型构成

2）渔具

渔具是海洋捕捞业用于捕捞渔获对象的直接工具。由于南海渔业环境和渔业资源的多样性，海南渔民在渔业生产中，创造了十分丰富的作业方式和渔具式样。当前海南的主要渔具为：拖网、围网、刺网、张网、陷阱网、笼壶、罩网、钓具等。海南各种渔具的种类、数量和作业方式见表 3.75。

表 3.75 海南省种渔具汇总表

单位：张

作业类型	作业方式	渔具总数
拖网	单船底拖网	3 125
掩罩网	灯光罩网	1 200
刺网	漂流刺网	1 843 797
定置刺网		208 250
围网	灯光围网	5 547
张网	锚式张网	22 759
桩式张网		7 459
樯张式张网		1 120
笼壶类	延绳式捕笼	153 280
封闭列式笼网		458 500
钓具类	延绳钓	87 443
陷阱网	道陷式建网	89
合计		2 792 569

近年来，广大渔民群众和科技人员在生产中通过不断改革创新，在渔具技术进步方面取得了很大成就。如在拖网作业中，引进改造了高口疏目拖网；在灯光围网作业中，由于渔船吨位功率和灯光的不断加大，围网网具也在不断的加长加深；底流刺网作业中，也创新了高目双层流刺网；近年来，海南岛东部近海又引进了一种既对保护近海资源有利，生产效益又较高的陷阱网——“鹅网”。这些新渔具和新渔法都为捕捞业的可持续发展做出了贡献。

3.6.3.2 海水增养殖业

海水增养殖是海洋渔业资源利用的重要方式，2008 年，海南省海水养殖面积 12 984.2 hm^2，养殖产量 191 941 t。其中，海湾网箱养殖水体 1 044 237 m^2，产量 12 269 t；深水网箱养殖水体

305 800 m^3，产量 10 717 t；高位池养殖面积 2 548.3 hm^2，产量 43 002 t；低位池养殖面积 5 283.6 hm^2，产量 69 438 t；工厂化养殖水体 331 400 m^3，产量 2 133 t；海水育苗场 286 900 m^3，海水鱼苗产量 13 718 万尾、虾苗产量 304.43 亿尾、贝苗产量 22 375 万粒；筏式养殖面积 599 hm^2，产量 3 864 t；底播养殖面积 717 hm^2，产量 8 456 t（图 3.61、图 3.62）。

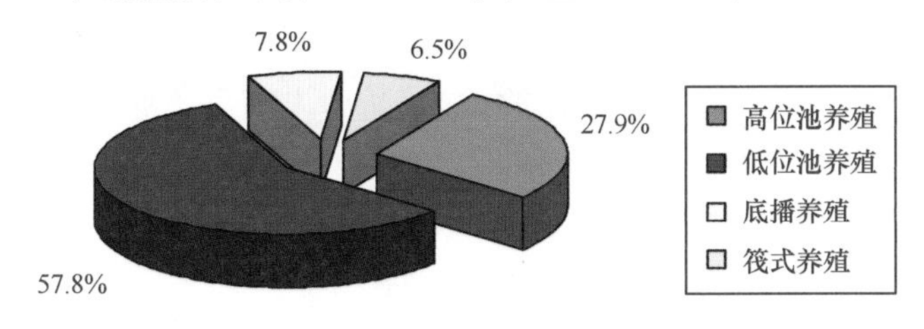

图 3.61　2008 年海南主要海水养殖模式（未包含工厂化养殖和网箱养殖）

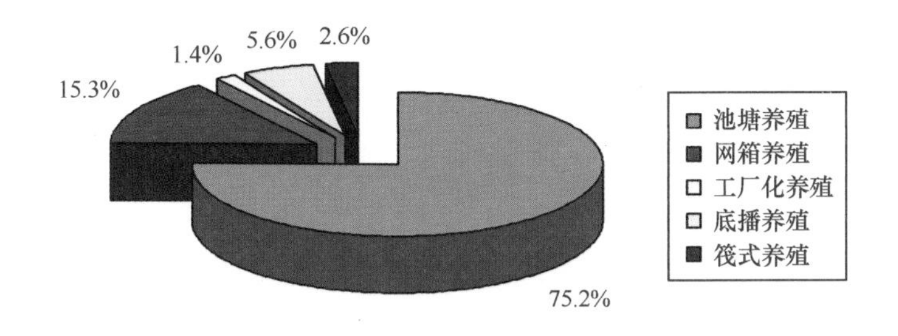

图 3.62　2008 年海南各主要养殖模式的产量

在海水养殖方面。目前海南主要的海水养殖模式有：网箱养殖、池塘养殖、工厂化养殖、筏式养殖、底播养殖和插桩养殖等。已有的养殖种类主要包括鱼类中的点带石斑鱼、斜带石斑鱼、棕点石斑鱼、鞍带石斑鱼、卵形鲳鲹、布氏鲳鲹、眼斑拟石首鱼（美国红姑鱼）、紫红笛鲷、红鳍笛鲷、千年笛鲷、尖吻鲈、鲻鱼、军曹鱼、漠斑牙鲆、大海马、三斑海马；甲壳类中的斑节对虾、凡纳滨对虾、日本对虾、新对虾、锯缘青蟹（和乐蟹）；贝类中的杂色鲍、近江牡蛎、华贵栉孔扇贝、文蛤、泥蚶、菲律宾蛤仔、方斑东风螺、泥东风螺、大珠母贝、珠母贝、马氏珠母贝、企鹅珍珠贝；藻类中的江蓠和麒麟菜等。其中，2008 年，海南海水鱼类养殖面积 1 942.3 hm^2，产量 37 374 t；海水虾蟹类的养殖面积 8 327.5 hm^2，产量 119 496 t；海洋贝类养殖总面积 1 534.4 hm^2，养殖产量 15 916 t；藻类养殖的总面积为 1 027 hm^2，产量 18 777 t。

在海水增殖方面，主要的方式有人工鱼礁和增殖放流，但海南这 2 种增殖方式的起步较晚，从 21 世纪初才逐步开始，并且迄今的发展比较缓慢，2002—2009 年共 8 年间只投入资金 676 万元，放流海水鱼苗 499.5 万尾，斑节对虾苗 2 451 万尾，贝类苗种 136.5 万粒；放置人工鱼礁也不足 1 000 m^3。不过，随着近年来海南国际旅游岛的建设，休闲渔业快速发展，海域环境保护和生物多样性恢复也越来越得到重视，有力推动了海南人工鱼礁和增殖放流等海水增殖方面的工作开展，预计在今后 5 ~ 10 年内，在海南周边海域人工鱼礁和增殖放流的数量将会大幅增加，对近岸海洋渔业资源的恢复和发展做出重要贡献。

3.6.3.3　海洋渔业资源加工业

水产品加工业是海洋渔业的一个重要组成部分。随着渔业发展和市场需求的需要，不但新的水产品在不断地出现，新的加工手段、新的加工设施也在不断地创新。在经济日益发展的形势下，大型现代水产加工企业在不断地建立。

2009 年，海南省水产品加工企业达 224 家，年加工能力达 88×10^4 t；全省水产冷库 130 座，冻结能力 3 600 t/天，冷藏能力 3.37×10^4 t/次，水产品加工总量 46.06×10^4 t，加工产品品种达 90 多个。

在水产品出口加工方面，目前海南省拥有水产品加工出口企业 44 家，加工能力达 51×10^4 t，年出口水产品 12.9×10^4 t，创汇 4.4 亿美元，水产品出口量和出口额居全省产品出口第一位。罗非鱼、对虾、带鱼占海南省水产品出口量的 80%，是海南省水产品出口的拳头产品。海南省水产加工企业有 30 多家通过美国 HACCP 验证，15 家企业获欧盟注册。海南省水产品已远销美国、加拿大、英国、法国、德国、西班牙、意大利、俄罗斯、日本、韩国、澳大利亚等 63 个国家。

3.6.4 海洋渔业资源评价

3.6.4.1 海南及其周边海域主要渔场

根据地理位置和传统作业习惯，海南及其周边海域的主要渔场可分为围网渔场、底拖网渔场、虾场、流刺网和钓业渔场等四类。

1）围网渔场

海南海域围网作业主要以捕捞中上层鱼类为主，如蓝圆鲹、沙丁鱼、鲐鱼、竹筴鱼、圆腹鲱、青鳞鱼、乌鲳、小公鱼等。这些鱼类产卵期间，鱼群相对密集，形成了中上层围网渔业的渔场。海南的围网渔场渔汛主要有：

（1）清澜渔场：位于海南岛东部的清澜港外及七洲列岛东南水深 100 m 以内的海域，具体范围为 18°49′~20°16′N，110°32′~111°21′E，主要渔区为 421、446、469、492 等。渔场面积约 262 km^2，作业水深在 100 m 之内。一般汛期为 5—9 月，旺汛期在 6—7 月。主要捕捞对象为圆腹鲱、蓝圆鲹、沙丁鱼、小公鱼、青鳞鱼、青干金枪鱼等。

（2）三亚及北部湾口渔场：位于海南岛南部的近海及北部湾口水深 100 m 以内的海域，具体范围为 17°30′~18°30′N，107°30′~110°30′E，主要渔区为 512、513、514、515、516 等。渔场面积约 220 km^2，作业水深在 80 m 之内。一般汛期为 9 月至翌年 3 月，旺汛期在 11—月至翌年 2 月。主要捕捞对象为蓝圆鲹、沙丁鱼、小公鱼、眼镜鱼、鲳鱼、青干金枪鱼等。

（3）北部湾北部渔场：位于涠洲西南、青兰山一带海域，具体范围为 20°30′~21°30′N，108°30′~109°30′E，主要渔区有 360、361、362、363、387、388、389、390 等。渔场面积约 1 691 km^2，作业水深 10~35 m。汛期为 11 月至翌年 5 月，旺汛为 1—2 月。主要捕捞对象为青鳞鱼、蓝圆鲹、沙丁鱼等。

2）底拖网渔场

南海北部的底拖网渔场在沿岸 200 m 等深线以内的海域几乎都有分布。估计渔场面积，环海南岛约有 1 904 km^2，北部湾约 3 020 km^2。重要的拖网渔场主要有：

（1）海南岛西岸渔场：位于海南岛西部沿岸，具体范围为17°55′~20°10′N，108°02′~109°38′E，渔区包括444、417、418、445、467、490、512、513、536等。渔场面积约816 km^2，作业水深30~65 m。一般汛期为3—6月，旺汛期为4—5月。主要捕捞对象为金线鱼、红鳍笛鲷、长鳍银鲈、乌鲳、青鳞鱼等。

（2）三亚渔场：位于17°07′~18°38′N，109°13′~110°33′E，渔区包括514、537、515、538、516、539、491、558、559等。渔场面积875 km^2，作业水深20~100 m。渔汛期为9月至翌年1月，旺汛有两次，分别为9~10月和11~12月。主要捕捞对象为蛇鲻、金线鱼、黄鲷、二长棘鲷、鲱鲤等。

（3）琼东渔场：位于18°57′~19°35′N，110°38′~111°21′E，渔区包括446、468、469、492等。渔场面积约283 km^2，作业水深18~75 m。一般渔汛期为3—6月、7—9月、11月至翌年2月，旺汛期为3—4月。主要捕捞对象为毛虾、马鲛、青干金枪鱼、红鳍笛鲷、金线鱼、蛇鲻、鲱鲤、鱼或鱼、大眼鲷等。

（4）北部湾北部渔场：位于20°10′~21°18′N，107°42′~109°45′E，渔区包括363、361、387、388、362、389、416、388、390、417、391、415等。渔场面积约948 km^2，作业水深15~40 m。渔期为9月至翌年5月。主要渔获种类为长鳍银鲈、蛇鲻、红鳍笛鲷、断斑石鲈、鱼或鱼、海鳗等。

3）虾场

海南岛沿岸分布着众多的虾场，但虾场大多数小而散。重要的虾场有兵马角虾场、儋州沿岸虾场、三亚沿岸虾场、陵水沿岸虾场、抱虎虾场等。

（1）兵马角虾场：位于琼州海峡西口，即19°51′~20°10′N，109°01′~109°37′E。西部水深为8~27 m、东南部水深为8~11 m。虾汛期为9—12月。捕获种类主要为日本对虾、刀额新对虾、短沟对虾、墨吉对虾、斑节对虾、近缘新对虾、管鞭虾等。

（2）儋州沿岸虾场：位于19°07′~19°12′N，108°34′~109°39′E。水深在10 m以内，渔汛期为9月至翌年2月。捕获种类以对虾属为主，其次为新对虾属；按种类来说，主要为刀额新对虾、短沟对虾等。

三亚沿岸虾场：位于18°07′~19°26′N，108°43′~109°32′E。水深为6~32 m，汛期为6月至翌年1月。捕获种类主要有赤虾、刀额新对虾、竹节仿对虾、长额仿对虾、鹰爪虾、墨吉对虾、短沟对虾等。

（3）陵水沿岸虾场：位于18°15′~18°40′N，109°44′~110°27′E。水深为18~52 m，汛期为2—8月。主要捕获种类为短沟对虾、中型新对虾、斑节对虾、日本对虾、宽沟对虾、墨吉对虾等。

（4）抱虎虾场：位于琼州海峡东端，具体位置为20°05′~20°26′N，110°55′~111°01′E。水深为30~50 m，汛期为5—9月。捕获对象主要有刀额新对虾、日本对虾、中型新对虾、墨吉对虾、短沟对虾等。

4）流刺网和钓业渔场

流刺网作业主要是根据自身网具特点和捕捞对象选择作业场所，其作业范围西起北部湾，东至东海、南海交界海域，南到南沙群岛的曾母暗沙附近海域，均有流刺网作业。但流刺网比较集中的作业渔场主要包括北部湾渔场、海南岛东南部渔场、珠江口渔场，以及西、中、南沙渔场等；流刺网的捕捞对象为经济价值高的品种，主要包括金线鱼、马鲛、海鳗、乌鲳、鱿鱼、乌贼等。

钓业渔船作业范围也十分广泛。有些以大洋性鱼类为主要捕捞对象，如鲨、鲔鱼、金枪鱼、海鳗等，这部分渔船的主要渔场为南海外海及西沙、中沙、南沙等海域；有些则以集群性品种为钓取目标，如金线鱼、二长棘鲷、石斑鱼、鱿鱼、乌贼等，这些渔船主要集中于北部湾、珠江口、海南岛东南部等海域。

3.6.4.2 海南及其周边海域渔业资源评估

渔业资源是渔业发展的基础。据2004年统计，南海周边国家在南海每年的捕捞产量达到 490×10^4 t，其中，我国广东、广西、海南三省（区）海洋捕捞产量为 356.89×10^4 t，香港海洋捕捞产量为 16.75×10^4 t，福建省在南海的年捕捞产量约为 9×10^4 t；越南在南海年捕捞产量为 82×10^4 t，其中北部湾的年产量为 20×10^4 t左右；南海其他周边国家在南海的年捕捞产量约 25×10^4 t。

南海渔业资源量在不同的时期有不同的评估，但大多是局部的，缺少全面的调查评估。1973年青山恒雄和真道重明等估算南海水深500 m以浅水域的最佳持续资源量为 498×10^4 t。1985年杨纪明估算南海鱼类的年生产量为 945×10^4 t，最大持续渔获量为 472.5×10^4 t。1985年施秀帖等估计南海北部（包括北部湾）大陆架渔业资源的可捕量为（100 ~ 120） $\times10^4$ t。1988年前苏联有关专家估计湄公河河口区、马来西亚东部及西部水域、沙捞越州及沙巴州东部水域中上层鱼类资源的可捕量为 263×10^4 t；其他陆架北部、中部、南部及东部海域底层鱼类资源的可捕量为 204.2×10^4 t。1983年袁蔚文和姚冠锐估算整个南海北部中、上层鱼类的潜在资源量为（35 ~ 40） $\times10^4$ t。

根据“我国专属经济区和大陆架勘测”专项及其他调查，南海不同海域的渔业资源评估结果如下：

1）南海北部

根据对南海25个主要渔业资源品种的声学评估，得出南海北部四季平均总生物量为 302.9×10^4 t。春季评估鱼种的生物量密度为6 776 kg/km^2，首先为带鱼生物量为 36.8×10^4 t，占总生物量的15.9%；其次为枪乌贼类，平均生物量密度为998 kg/km^2，生物量为 34.3×10^4 t，占总生物量的14.8%。其他鱼种的生物量都较小，所占比重均在10%以下。这些鱼种按生物量高低依次为：蝠类 21.2×10^4 t，占9.1%；二长棘鲷 20.5×10^4 t，占8.9%；蓝圆鲹 16.5×10^4 t，占7.1%；鲳类 13.2×10^4 t，占5.7%。夏季评估鱼种的生物量密度为6 267 kg/km^2，总生物量为 225.3×10^4 t。在夏季的生物量中，枪乌贼的平均生物量密度最高，达2 222 kg/km^2，生物量为 79.9×10^4 t，占总生物量的35.5%；其次是带鱼类，平均生物量密度为984 kg/km^2，生物量为 35.4×10^4 t，占总生物量的15.7%。秋季评估鱼种的生物量密度为11 288 kg/km^2，总生物量为 365.8×10^4 t。生物量中没有明显的优势种。冬季评估鱼种的生物量密度为8 072 kg/km^2，总生物量为 388.8×10^4 t。冬季的优势种为带鱼，占总生物量的26.4%，其次为灯笼鱼，占总生物量的13.6%，枪乌贼居第三位，占总生物量的10.6%。从生物量的季节变化来看，南海北部评估区域内种类的总生物量密度以秋季最高，冬、春、夏依次降低，但差异不大。

2）南海中部

南海中部海域辽阔，初级生产力相对较低，根据调查评估，南海中部的资源储量还比较丰富，达 130×10^4 t，但目前可供利用的种类不多，鸢乌贼是较具开发潜力的种类。

3）南海南部

南海南部主要包括南沙群岛及其他大陆架海域。通过对南海西南部 85 176 平方海里调查海域的声学评估，得出南海西南部海域的生物量密度 3 888 kg/km^2，生物量为 113.6×10^4 t。主要经济鱼类品种为黄鳍马面鲀、金线鱼类、无斑圆鲹、大眼鲷类、颌圆鲹、鲳类等。根据南海主要岛礁生物资源调查报告，南沙岛礁水域鱼类的年生产量不少于 11×10^4 t，其中南沙群岛中北部渔场岛礁水域鱼类的年产量为 6.6×10^4 t。陈铮根据南沙群岛西南部陆架区底拖网调查，推算出南沙西南部陆架区（153 412 km^2）的渔业资源平均密度为 2.25 t/km^2，原始资源量约 35.5×10^4 t。

4）北部湾海域

北部湾是南海生产力最高的海域之一，是南海北部的重要渔场，然而，根据多年的调查显示，北部湾渔业资源一直呈下降趋势。1999 年，袁蔚文应用营养动态法，评估出北部湾渔业资源的潜在渔获量为 71×10^4 t。2001—2002 年"北部湾生物资源补充调查和研究"课题的调查显示，北部湾秋、冬两季的平均资源密度为 1 029 kg/km^2，现存资源量为 16.9×10^4 t。

根据越南海洋研究所的报告，北部湾北部海域（17°00′N 以北）的中上层鱼类资源量为 44.7×10^4 t，可捕量为 17.9×10^4 t；中部海域的中上层鱼类资源量为 11.3×10^4 t，可捕量为 4.5×10^4 t；南部海域资源量为 138.3×10^4 t，可捕量为 55.3×10^4 t。北部海域底层鱼类资源量为 29.8×10^4 t，可捕量为 14.8×10^4 t；南部海域资源量为 27.6×10^4 t，可捕量为 15.8×10^4 t。

南海水产研究所 2008 年的综合研究认为，南海渔业资源的潜在渔获量正常情况下为（450 ~ 500）$\times10^4$ t，其中在我国传统疆域线以内约占一半，为（220 ~ 250）$\times10^4$ t；另外，南沙群岛岛礁水域鱼类资源的开发潜力不低于 2.1 $t/km^2\cdot a$，南沙群岛岛礁水域鱼类资源的潜在渔获量不少于 5.5×10^4 t。

3.7 海洋可再生能源

3.7.1 风能

3.7.2.1 概述

地球接受太阳的辐射，由于表面受热不均，引起大气层中压力分布不均，从而使空气沿水平方向运动，空气流动所形成的动能称为风能。风能的利用，主要是将它的动能转化为其他形式的能。衡量一地的风能资源指标，一般采用有效风速（3 ~ 20 m/s）时数、有效风能功率密度（W/m^2）和有效风能（$kW\cdot h/m^2$）。

风能与其他能源相比，既有其明显的优点，又有其突出的局限性。蕴量巨大、可以再生、分布广泛、没有污染是风能的四大优点，而其三大弱点是密度低、不稳定以及地区差异大。

3.7.2.2 海南省风能条件分析

1）海南岛近海风能资源分布

（1）年有效风速时数

海南岛海域的风力资源丰富，年平均风速在 2 m/s 以上，最高达 5.8 m/s。

海南岛海域的有效风速（3～20 m/s）时数，以东方一带为最多，接近 6 000 h；其次为乐东的莺歌海—三亚一带，约 4 500 h；其他地区在 3 000～4 000 h。

全年有效风速时数占总时数的比例，东方一带高达 68%，其他地区大约 40%～50%，平均每天风力机可工作 8～12 h。

海南岛海域的有效风速时数，一般以冬、春季较多，夏季较少；部分地区，比如东方一带，冬、春季最多，秋季较少。

（2）有效风能功率密度

海南岛海域的年平均风能功率密度，东方—乐东的莺歌海一带为 320 W/m^2 左右，琼海一带在 110～120 W/m^2，其他地区在 60～100 W/m^2 之间。

有效风能功率密度也有明显的季节变化，其特点大致同有效风速时数情况类似。

（3）有效风能

有效风能（3～30 m/s 范围）表征风力发电的利用潜力。东方一带地区的有效风能最高，全年达 2 000 $kW \cdot h/m^2$ 左右，且各月分配较均匀，各月有效风能都在 100 $kW \cdot h/m^2$ 以上，7 月份最高达 200 $kW \cdot h/m^2$；其次为琼海一带地区，年有效风能达 630 $kW \cdot h/m^2$ 左右，各月有效风能在 20 $kW \cdot h/m^2$ 以上，6 月份最高达 110 $kW \cdot h/m^2$；其他地区，年有效风能在 200～300 $kW \cdot h/m^2$ 之间，各月有效风能在 10～50 $kW \cdot h/m^2$ 之间。

（4）风能资源分析

受季风影响，海南岛沿岸区域以西部沿海的东方到乐东莺歌海风能资源最为丰富，其次为从西部昌江县海尾镇沿着海岸线朝东北方向至临高县的马袅，东北部风速要比西部沿海地区略小，南部的乐东、三亚、陵水和万宁一带沿海地区风能资源则相对一般；由于海陆风从东北方向登陆后衰减明显，因此，在海陆风和季风的共同作用下，海南岛近海海域以东北部的文昌海域风能资源最为丰富；受琼州海峡“狭管效应”影响，琼州海峡以西的临高、儋州海域风能资源也较为丰富（图 3.63）。

根据全国风能区划一级指标，东方－乐东的莺歌海一带地区为风能丰富区，其他地区为风能较丰富区。

2）西沙群岛风能资源分析

（1）年有效风速时数

西沙群岛的风力资源丰富，平均风速较大。年平均风速达 5～6 m/s 以上，全年各月的月平均风速在 4～8 m/s 之间，有 7 个以上的月份月平均风速在 5 m/s 以上。全年中无风的时间不多，年静风频率在 3% 以下。

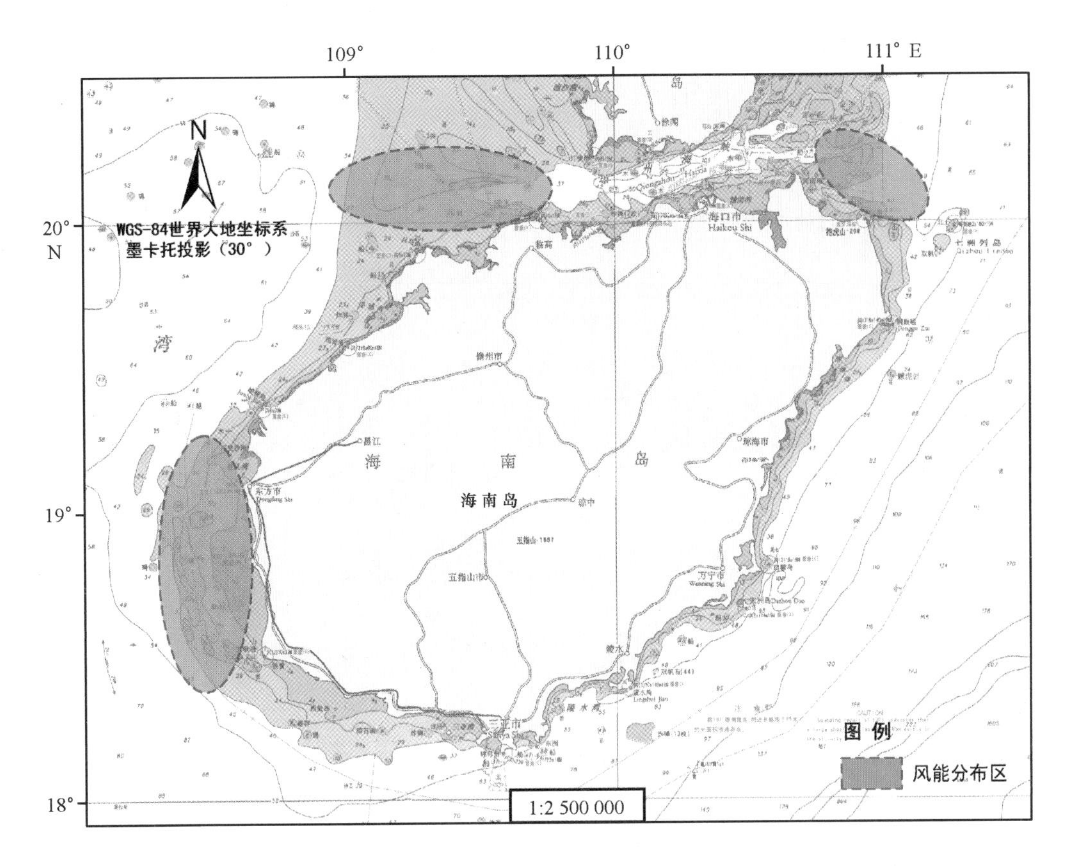

图 3.63 海南岛周边风能分布示意图

西沙群岛的有效风速（3～20 m/s）时数较多，全年在 5 700～6 500 h 之间，平均每天可达 16～18 h。其中，永乐群岛多于宣德群岛。

西沙群岛的有效风速时数年变呈双峰型。月有效风速时数都在 380 h 以上，有 10 个以上的月份达 400 h 以上，有 6～8 个月份达 500 h 以上。年内有效风速时数为 11 月份最多，达 590～700 h，平均每天达 20 h 以上，其他月份在 380～435 h 之间，平均每天 13～15 h。

西沙群岛有效风速时数以冬季最多，夏季次多，春季最少。

（2）有效风能密度

西沙群岛的有效风能密度，年平均在 180～285 W/m^2 之间，月有效风能密度在 75 W/m^2 以上，最高可达 495 W/m^2。永乐群岛全年各月有效风能密度在 135 W/m^2 以上，有 8 个月份的有效风能密度在 200 W/m^2 以上；宣德群岛各月有效风能密度在 75 W/m^2 以上，有 9 个月份在 100 W/m^2 以上，有 5 个月份在 200 W/m^2 以上。

有效风能密度也有明显的季节变化，其特点大致同有效风速时数情况类似。

（3）有效风能

西沙群岛的年有效风能（3～30 m/s 范围）在 1 050 kW · h/m^2 以上，永乐群岛达 1 800 kW · h/m^2。全年各月的有效风能在 29 kW · h/m^2 以上，永乐群岛在 58 kW · h/m^2 以上，最高达 345 kW · h/m^2。永乐群岛全年有 8 个月份有效风能在 100 kW · h/m^2 以上，有 3 个月份达 210 kW · h/m^2 以上；宣德群岛有 6 个月份有效风能在 100 kW · h/m^2 以上，最高达 173 kW · h/m^2。

西沙群岛的有效风能季节变化相似于有效风速时数。

（4）西沙群岛海域风能资源分析

通过分析西沙群岛海域上述数据，年平均风速达 5～6 m/s 以上，年有效风能在 1 050 kW·h/m^2 以上。根据全国风能区划一级指标，西沙群岛属于风能丰富区，可在礁盘区域安装风电设备，利用风能发电（图 3.64）。

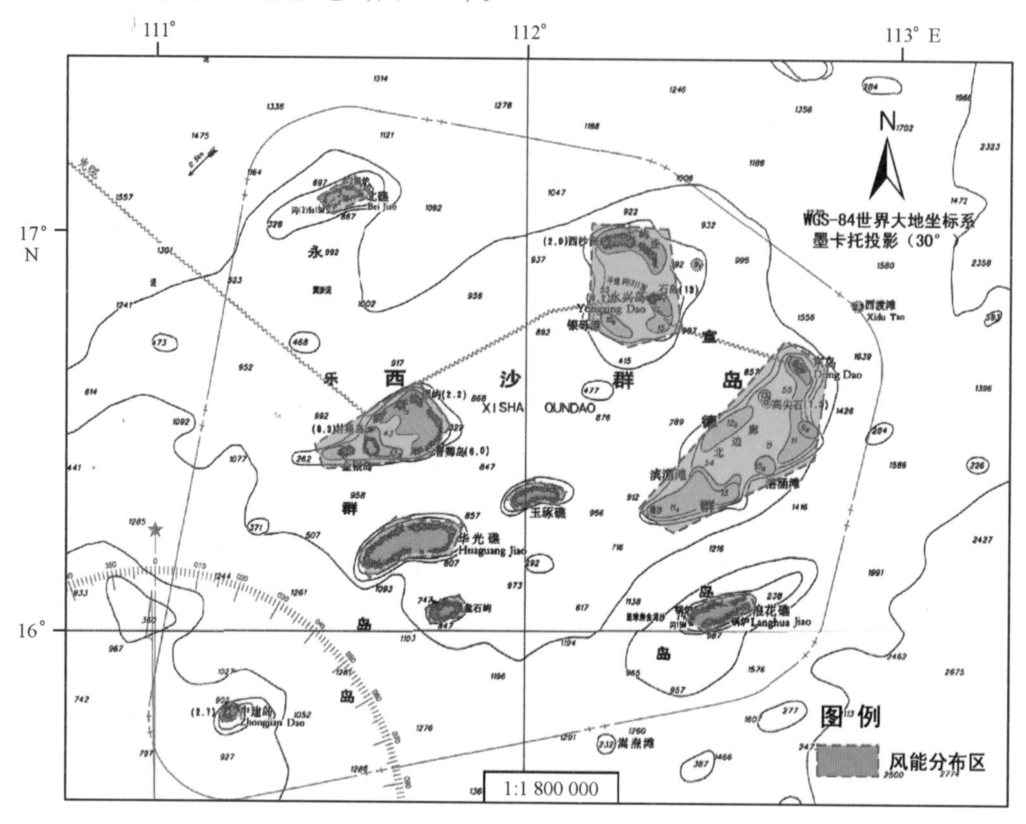

图 3.64　西沙群岛风能分布示意图

3）中沙、南沙群岛风能资源分析

中、南沙海区全年大部时间受东北季风和西南季风控制，风向大部时间定向，风时持续时间较长，季风期平均风速 6 m/s 以上，阵风风力可达 6～7 级，最大风速出现在 11 月，可达 35 m/s，次为 6 月，为 32 m/s。东北季风转至西南季风的过渡季节，海面风向开始作顺时针偏转，平均风速也在 3 m/s 左右，无风期较短，季风间歇期风力微弱，但年均风力仍较强，平均风速 5～10 m/s，属风能丰富区。若以每天 24 h，全年有风天 280～300 天计算，全年风时可达 7 000 h 左右，可在礁盘区域安装风电设备，利用风能发电（图 3.65，图 3.66）。

3.7.2　海流能

海流能是指海水流动的动能。在外海、特别是大洋，主要是指洋流；而近海主要是指海底水道和海峡中较为稳定的流动以及由于潮汐导致的有规律的海水流动（图 3.67、图 3.68）。

海流的能量与流速的平方和流量成正比。海流发电系利用海洋中海流的流动动力推动水轮机发电。一般来说，最大流速在 2 m/s 以上的水道，其海流能均有实际开发的价值。

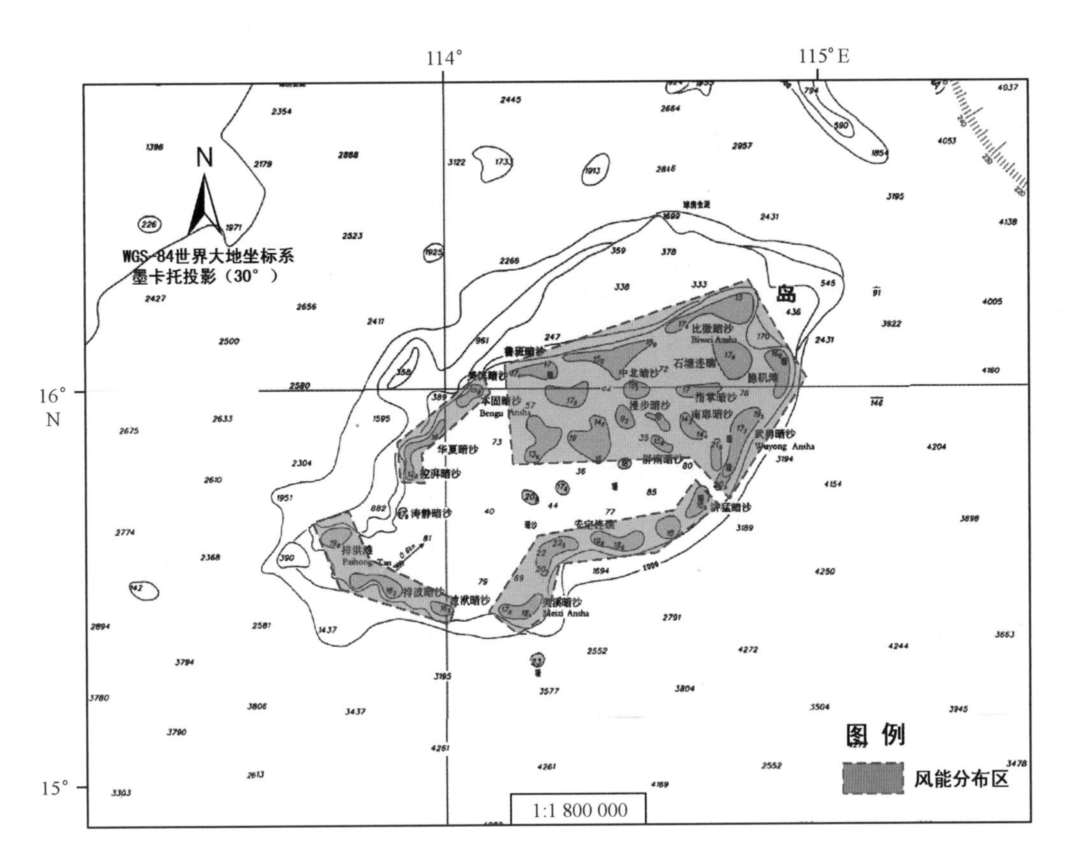

图 3.65 中沙群岛风能分布示意图

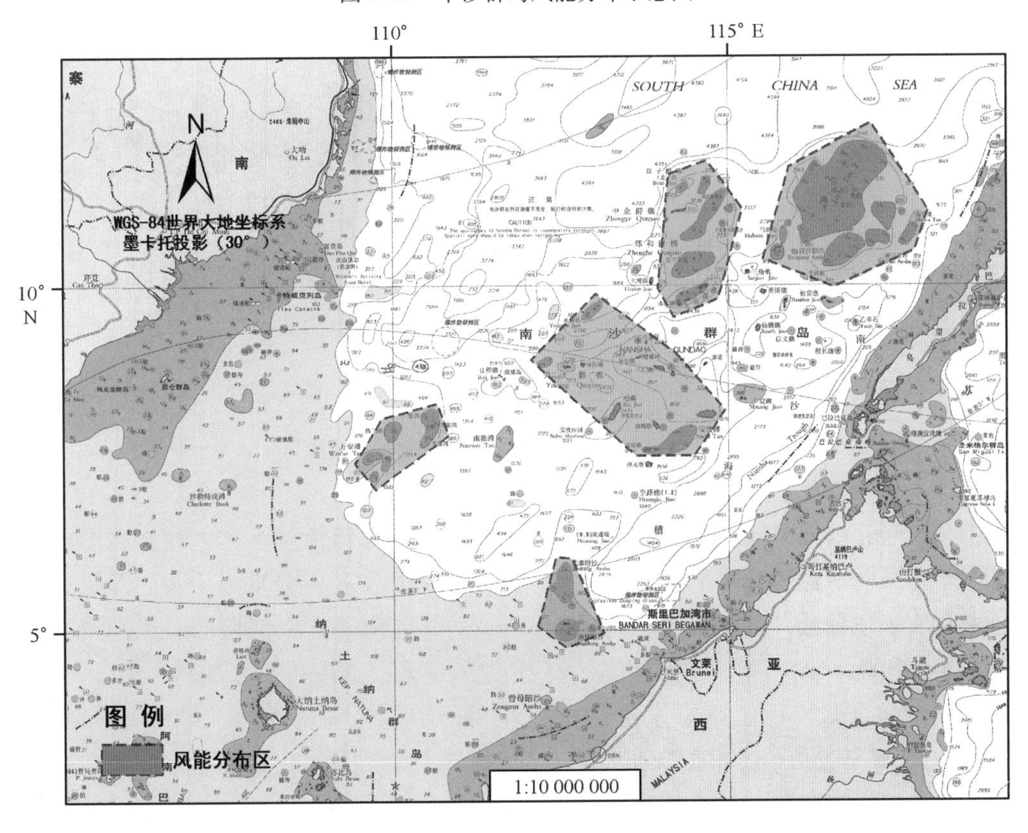

图 3.66 南沙群岛风能分布示意图

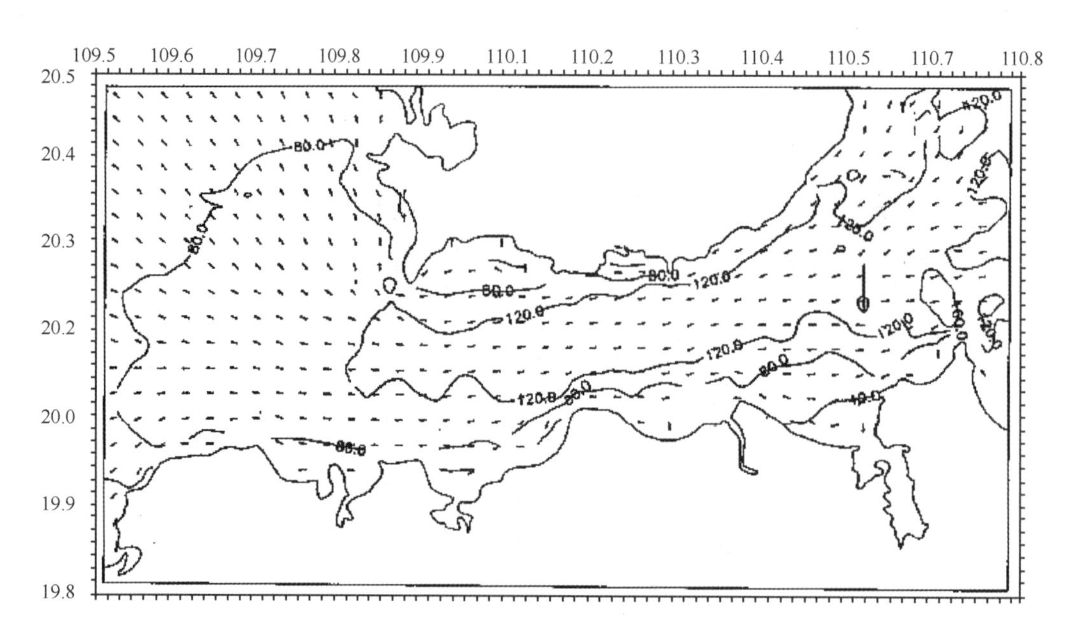

图 3.67　琼州海峡大潮涨潮流流速等值线

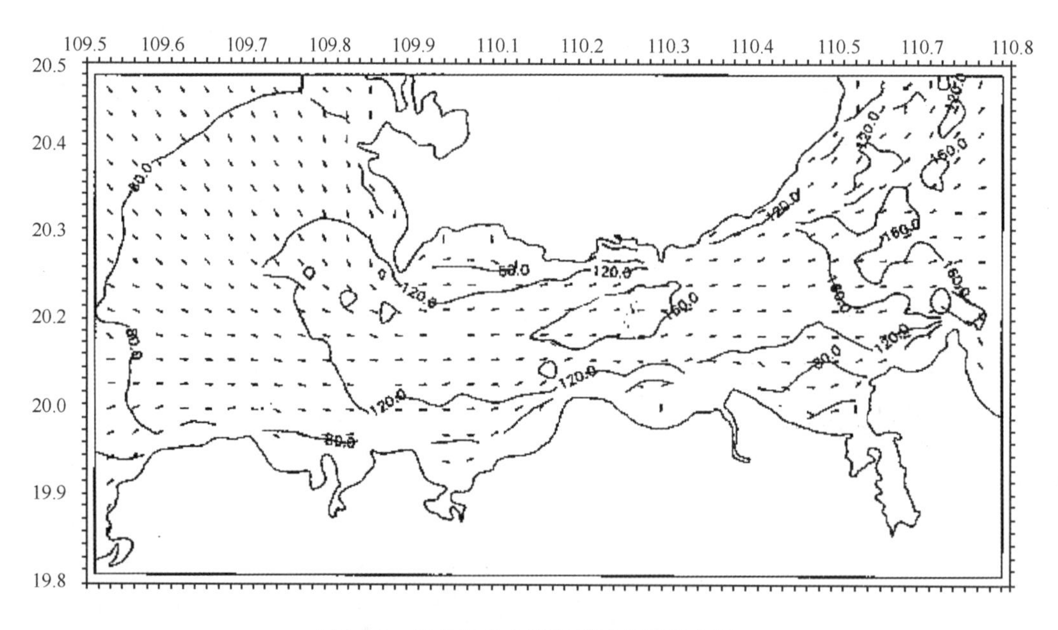

图 3.68　琼州海峡大潮落潮流流速等值线

就海南省管辖海域海流分布情况来看，整个南海区域海流流速不大，而且能形成稳定的长时间且流速强的海流区域几乎没有，因此，海流能的开发利用前景不乐观。海南岛周边潮流流速总的看来也偏低，最大流速不超过 1 m/s，西沙、南沙岛礁区域的一些潟湖水道，在大潮期间可能出现 1 m/s 以上的潮流流速，但持续时间段，开发价值并不高。

在琼州海峡区域，由于狭窄水道的集束作用，中间和北部水域，最大流速普遍超过 1.2 m/s，有较好开发价值。根据琼州海峡潮流场数值计算结果，下面几个海区的潮流能利用价值比较高。①天尾角北部深水区域，这里最大流速超过 150 cm/s；②铺前湾东部木兰头，这里流速超过 160 cm/s。③海口湾东南渡江西北角，这里流速超过 120 cm/s。

3.7.3 温差能

海洋是世界上最大的太阳能收集器，每平方千米海水聚集的能量相当 7 000 多桶石油。热带海洋表面温度经常在 30℃以上，而深海水温度只在零上几度。海洋温差换能（OTEC）技术用来发电，其能量转换率可以达到3% ~5%。

西沙群岛地处热带 16° ~17°N 之间，海水表面年平均温度为 27.5℃，而相距陆地几百米处的水深就达 600 m，这里水温降至 7℃以下，考虑到西沙海域面积 50×10^4 km^2，则蕴藏的温差能达 50×10^8 kw，温差能十分巨大。

3.7.4 海洋可再生能源利用现状及前景

海南是国内开发风电较早的省份之一，早在 1985 年，东方县农委下属的东方风力试验站引进丹麦 Vestas 公司 55/11kW 风力发电机组，进行试验探索建设大规模风电场的可行性。1994 年，海南国信能源公司开始筹建位于东方市八所镇鱼鳞洲的东方风电场。该风电场是原国家计委和电力部确定的“九五”定点新项目，也是中德两国政府财政合作的示范项目。风电场于 1997 年完成。其中：一期工程是根据德国政府“黄金计划 - 风能”项目，利用德国政府赠款及国内贷款、自筹资金引进德国胡苏姆船厂 6 台 250 kW 风机，于 1996 年 3 月建成并网发电；二期工程是利用德国政府新能源贷款引进德国 AN 公司 12 台 600 kW 风机，于 1997 年 4 月投入运行并网发电。两期工程总投资 1.06 亿元，总装机 8 755 kW，每年可向海南省电网输送清洁电能（1 500 ~1 800）$\times10^4$ kW 时。该项目每年可节约标准煤 9 000 t 左右，节约水 50 000 t 左右，少向大气层排放有害物质烟尘 64.57 t，二氧化碳 148.82 t、氮氧化物 81.23 t，环保效益、社会效益都很明显。同时，锻炼和培养了一批风力发电的专业技术队伍，为今后海南大规模发展风力发电积累了有益的经验。截止 2010 年 9 月底，海南省已建风电装机容量达 20.52 MW，已核准在建的风电装机容量为 50 MW，均为陆地风电场。

海南省风能发电利用对经济建设和经济发展起到了积极的推动作用。但随着发展，存在的问题也逐渐显现出来，海南省风能发电利用主要存在以下问题：

①风电成片区域整体开发程度不高，分散式的风电开发较为突出；

②风电场景观设计考虑不足，缺乏对风电场区域开发的景观效益的考虑，风电场与旅游结合、新能源教育基地相结合开发的方式较少；

③风电装备产业发展相对滞后，海上风电开发利用较少。在总体符合国家风电装备产业指导政策的前提下，下阶段应重点以海上风电场的建设带动风电产业的发展，以促进风电配套产业发展地方经济，以海上风电发展促进国产风机的技术水平提升。

随着经济社会稳步快速发展，海南省能源资源瓶颈制约日益突出，环境制约日益加剧。优化能源结构、保障能源供给、保护生态环境已成为事关全局的重大战略性任务。利用海南沿海丰富的风能资源，加快风电等新能源产业发展，可以从根本上优化能源结构、减少煤炭消耗、促进节能减排、保护生态环境、缓解能源约束，保障海南省能源和经济社会的可持续发展。同时新能源和节能环保产业是战略性先导产业，发展前景广阔、发展潜力巨大。加快新能源和节能环保产业发展，对培育海南省新的经济增长点，促进产业结构升级、转变经济发展方式，推动生态省和国际旅游岛建设均有着十分重要的意义。

海南省具有巨大的海洋能利用前景，可成为未来中国海洋能利用的示范之省。①海南省琼州海峡沿岸潮流速度超过150 cm/s，且是全日潮，可以进行潮流发电；②西沙群岛等岛屿温差发电，是我国最具发展远景的海洋能利用。如果温差发电在西沙群岛认真开发，可以解决西沙群岛全部用电和淡水1/2供应；③波能是全国海岸线中最高的：全年平均波高达到1.7 m，是北方海域的5倍。海底平坦，是安装坐底式波能发电机的理想场所。初步估算，从文昌到陵水，海面波能1/10被利用，可以解决海南省全部普通家庭用电；④海南岛东部（琼东）上升流区域，200 m深处水温只有15～16℃，比表层低15℃，夏天可以用作空调冷却水，耗能不到现在空调1/15，取之不尽，用之不竭，冷却水排海之后，还可以改善养殖生态。

3.8 滨海旅游资源

3.8.1 海南省滨海旅游资源概况

在海南岛1 855.27 km的海岸线中，有50%以上是可供旅游业开发的优质砂质岸线。滨海地区风光秀丽，阳光明媚，海水清澈，沙滩宽阔平坦，洁白如银，细软如毯，气候温暖。滨海旅游资源品质一点也不逊色于美国的夏威夷、印尼的巴厘岛、泰国的巴蒂亚、澳大利亚的黄金海岸和西班牙的太阳海岸。

在80多个海湾中，有60多个可辟为滨海浴场。著名的有亚龙湾、三亚湾、海棠湾、大东海、石梅湾、清水湾、香水湾、美丽沙、棋子湾和龙沐湾等。在海湾中，风平浪静，波光粼粼，水面湛蓝，清澈见底，水底深处，珊瑚遍布，色彩斑斓，形态各异，鱼虾穿梭，五颜六色，宛如一幅幅美妙的龙宫胜景。

海南热带海岛资源较为丰富，在海南岛周边有大小海岛300多个，另有西沙群岛、中沙群岛和南沙群岛。这些海岛风景优美，碧海银沙，椰风海韵，渔歌晚唱，断岸激浪，更有海底色彩斑斓、五光十色的珊瑚礁景观。主要海岛有蜈支洲岛、分界洲岛、西岛、大洲岛、加井岛、东排、西排、东锣、西鼓等，是休闲度假、科考探险的理想胜地。

红树林和珊瑚礁等海洋生态系统和珍稀海洋生物更是海南海洋旅游资源的重要构成部分，具有很高的观赏价值和科学研究价值，著名的有海口东寨港国家级红树林自然保护区、三亚国家级珊瑚礁自然保护区、大洲岛国家级海洋生态自然保护区、铜鼓岭国家级自然保护区等。

热带滨海温泉是海南滨海旅游资源又一特色，已发现的滨海温泉有30多处，著名的有琼海的官塘温泉、万宁的兴隆温泉、三亚的南田温泉、儋州的蓝洋温泉等。海南的滨海温泉具有矿化度低、温度高、水量大、水质佳等特点，大多数属于治疗和疗养性温泉，而且滨海温泉多与秀丽的风景紧密结合。

海南独特的地域文化为海南滨海旅游资源增色不少。黎族文化（如黎锦、黎陶、黎族纹身）、南海丝路文化、妈祖文化、长寿文化、红色文化等，吸引着为数众多的国内外游客。

海上餐饮已成为海南滨海旅游资源的独特内容。国内外游客来海南“看大海、吃海鲜”几乎成了最基本的旅游需求。

3.8.2　海南省滨海旅游资源分类

对旅游资源进行科学的分类是做好旅游资源评价、规划与开发的基础。参照《旅游资源分类、调查与评价》（GB/T 18972 – 2003），对海南滨海地区进行旅游资源普查，并在普查的基础上选取典型旅游资源单体进行详查。

滨海旅游资源调查结果表明，海南省滨海旅游资源类型齐全。海南拥有地文景观、水域风光等 8 大主类旅游资源，占全部大类的 100%；除冰雪地亚类和草原与草地亚类外，海南省拥有综合自然旅游地、综合人文旅游地等其余 29 个亚类的滨海旅游资源，占全部 31 个亚类的 93.55%；拥有滩地型旅游地、沼泽和湿地等 112 个基本类型的滨海旅游资源，占全部 155 个基本类型的 72.26%。

调查统计资料表明，在所评价的 571 个海南滨海旅单体（或组合）中，建筑与设施类 81 个，占 14.19%，地文景观类 308 个，占 53.94%，第三是水域风光类 102 个，占 17.86%（见表 3.76）。

表 3.76　海南省主要滨海旅游资源单体类型统计表

旅游资源类型	数量/个	占评价总量的比例/%
地文景观	308	53.94
水域风光	102	17.81
生物景观	20	3.50
遗址遗迹	14	2.45
建筑与设施	81	14.19
旅游商品	25	4.38
人文活动	20	3.50
气象气候	1	0.18
合计	571	100

需要说明的是，水域风光类旅游资源虽然所占比例较低，仅占 17.86%，但实际上，海南滨海旅游景区大部分景点都是和水域风光紧密结合在一起的，如滨海地区大量优良海湾，在进行分类时，把这些景点归类为地文景观类中的滩地型旅游地，而实际上，海湾内的海水风光也是非常优美，具有很高的观赏价值和使用价值，故在对海湾类旅游资源进行分类时，把它们划为地文景观和水域风光两种主类。再就是生物景观，虽然占全部调查评价景点的比例也偏低，仅 3.30%，但实际上海南大部分滨海海底以及山地丘陵都分布有大量的生物景观旅游资源，只是因为其他景观相比较而言更加突出，故没有把它们单列为生物景观。关于遗址遗迹，因为海南属于孤岛型旅游地，远离经济文化发达的长江和黄河流域，故遗址遗迹旅游景点和资源相对占的比例偏低。另外，天象与气候景观、旅游商品、人文活动类型的旅游资源，海南也有很多，但这些旅游资源很少是以景区（点）的形式存在，往往是和上述五类旅游景区（点）旅游资源紧密结合在一起的，一般不单独被列为景点，故这里不再单独列出比较。

3.8.3　海南省滨海旅游资源的评价

海南省滨海旅游资源不仅类型齐全，数量丰富，而且品质高，许多滨海旅游资源堪称世界一流。

3.8.3.1 评价指标体系

以《旅游资源分类、调查与评价》（GB/T18972－2003）为依据，根据“旅游资源共有因子综合评价系统”赋分，设“评价项目”和“评价因子”两个层次。

评价项目又分为“资源要素价值”、“资源影响力”和“附加值”。其中，“资源要素价值”包含“观赏游憩使用价值”、“历史文化科学艺术价值”、“珍稀奇特程度”、“规模、丰度与几率”、“完整性”等5项评价因子。“资源影响力”包含“知名度和影响力”、“适游期或使用范围”等2项评价因子。“附加值”包含“环境保护与环境安全”1项评价因子。

3.8.3.2 等级划分

评价项目和评价因子用量值表示。资源要素价值和资源影响力总分值为100分，其中，“资源要素价值”为85分，“资源影响力”为15分。“附加值”中“环境保护与环境安全”根据不同情况分别赋值。

根据对旅游资源单体的评价，得出该单体旅游资源共有综合因子评价值。然后依据旅游资源单体评价总分，将其分为五级，从高级到低级依次为：

五级旅游资源，得分值域大于等于90分。

四级旅游资源，得分值域大于等于75～89分。

三级旅游资源，得分值域大于等于60～74分。

二级旅游资源，得分值域大于等于45～59分。

一级旅游资源，得分值域大于等于30～44分。

此外还有未获等级旅游资源，得分小于等于29分。

其中：五级旅游资源称为“特品级旅游资源”；五级、四级、三级旅游资源被通称为“优良级旅游资源”；二级、一级旅游资源被通称为“普通级旅游资源”。

3.8.3.3 海南省滨海旅游资源的定量评价

根据上述定量评价方法，请9位专家独立地分别对所提供的旅游资源列表中的旅游资源打分，最后取平均值，得出海南主要滨海旅游景区（点）及相关旅游资源单体的分值。在此基础上进行统计，得到表3.77。

表3.77 海南省滨海旅游资源评分等级统计表

等级	数量/个	占评价总量的比例/%
五级	32	5.60
四级	117	20.49
三级	179	31.35
二级	123	21.54
一级	120	21.02
合计	571	100

从表3.77可见，海南省滨海地区共有五级旅游资源单体32个，占全部调查评价旅游资源单体的5.60%；四级旅游资源单体117个，占全部调查评价旅游资源单体的20.49%；三级旅游资源单体179个，占全部调查评价旅游资源单体的31.35%；二级旅游资源单体123个，占全部调查评价旅游资源单体的21.54%；一级旅游资源单体120个，占全部调查评价旅游资源单体的21.02%。其中，优良级旅游资源单体（五、四、三级）总共有328个，占全部调查评价旅游资源单体的57.44%，普通级旅游资源单体（二、一级）共243个，占全部调查评价旅游资源单体的42.56%。可见，海南省滨海旅游资源总体上具有品质高的特点。

3.8.4　海南省滨海旅游资源分布

①海南的滨海旅游资源主要集中分布在东部县市。在所调查的滨海旅游资源单体中，位于东部6个县市的约占60.80%，而位于西部以及西沙群岛的仅占39.20%。

②优良级滨海旅游资源单体更加集中分布在东部县市。东部6个县市共有优良级滨海旅游资源单体198个，占全部优良级旅游资源单体总数的64.29%，西部6个县市仅有优良级滨海旅游资源单体79个，仅占25.65%，三沙市有优良级旅游资源单体31个，占10.08%。

③滨海旅游资源在沿海县市的分布相对集中。其中以三亚市最多，占所调查和评价的总量的约15.76%，最少的是澄迈县，仅占总量的3.15%。

④优良级滨海旅游资源在沿海县市的分布更为集中。其中三亚约占总量的18.60%，而最少的乐东县仅占总量的1.83%（图3.78）。

表3.78　海南省滨海旅游资源等级与分布统计表

县市	旅游资源单体数量/个	占评价旅游资源单体总量的比例/%	优良级旅游资源单体数量/个	占评价优良级旅游资源单体总量的比例/%
合计	571	100	328	100
三亚市	90	15.76	61	18.60
万宁市	42	7.36	30	9.15
海口市	53	9.28	34	10.37
文昌市	87	15.24	38	11.59
琼海市	32	5.60	16	4.88
陵水县	31	5.43	19	5.79
儋州市	74	12.96	14	4.27
三沙市	31	5.43	31	9.45
澄迈县	18	3.15	14	4.27
临高县	34	5.95	20	6.10
昌江县	18	3.15	11	3.35
乐东县	18	3.15	6	1.83
东方市	23	4.03	14	4.27
全省范围均有分布	20	3.50	20	6.10

3.8.5　重要旅游景区（点）分布

海南省滨海旅游景区集中了绝大多数海南旅游资源的精华，且开发历史较早，旅游产品和线路相对成熟。

截止到2012年，全省共有在海南省旅游发展委员会登记注册的旅游景区106家，其中位于滨海县市的92家。共有A级旅游景区35家，其中位于滨海地区的有29家。在全省全部A级景区中，5A级景区3家，都位于滨海地区的有2家，4A景区13家，位于滨海地区的11家，3A级景区13家，位于滨海地区的11家，2A级景区6家，位于滨海地区的5家（见表3.79）。滨海地区A级旅游景区及其所在县市情况详见表3.80，表3.81。

表3.79　海南省及其滨海地区主要旅游景区统计

小计	景区总数	A级景区总数				
		小计	5A	4A	3A	2A
全省/家	106	35	3	13	13	6
滨海县市/家	92	29	2	11	11	5

资料来源：根据省旅游委有关资料。

表3.80　海南省滨海地区A级旅游景区名录（截止2009年12月）

序号	景区名称	等级	所在县市	序号	景区名称	等级	所在县市
1	三亚南山文化旅游区	5A	三亚	17	博鳌东方文化苑	3A	琼海
2	三亚南山大小洞天旅游区	5A	三亚	18	红色娘子军纪念园	3A	琼海
3	海南热带野生动植物园	4A	海口	19	兴隆亚洲风情园	3A	万宁
4	雷琼海口火山群世界地质公园	4A	海口	20	东山岭风景名胜区	3A	万宁
5	海口假日海滩旅游区	4A	海口	21	日月湾海门公园	3A	万宁
6	天涯海角风景区	4A	三亚	22	海南天涯雨林博物馆	3A	万宁
7	亚龙湾国家旅游度假区	4A	三亚	23	兴隆热带药用植物园	3A	万宁
8	三亚蜈支洲岛度假中心	4A	三亚	24	松涛天湖风景区	3A	儋州
9	三亚大东海旅游区	4A	三亚	25	儋州石花水洞地质公园	3A	儋州
10	博鳌亚洲论坛永久会址	4A	琼海	26	东坡书院	3A	儋州
11	兴隆热带植物园	4A	万宁	27	海瑞墓	2A	海口
12	南湾猴岛生态景区	4A	陵水	28	三亚美天涯热带海洋世界	2A	三亚
13	分界洲生态文化旅游度假区	4A	陵水	29	海南京润珍珠博物馆	2A	三亚
14	五公祠	3A	海口	30	博鳌海洋馆	2A	琼海
15	鹿回头公园	3A	三亚	31	万泉湖旅游区	2A	琼海
16	文昌椰子大观园	3A	文昌				

资料来源：根据省旅游委有关资料整理。

表 3.81　海南省滨海地区 A 级旅游景区空间分布

县市	三亚	万宁	海口	琼海	儋州	陵水	文昌
A 级景区数	9	6	5	5	3	2	1

资料来源：根据省旅游委有关资料整理。

从表 3.71 可见，在滨海县市中，A 级景区最多的是三亚市，共 9 个，占滨海地区 A 级景区总数的 29%，其次是万宁市，占滨海地区 A 级景区总数的 19.4%。在 12 个滨海县市中，东部的 6 个县市都有 A 级旅游景区，而西部 6 个县市除儋州有 3 个 A 级旅游景区外，其他县市都没有 A 级旅游景区。

除儋州有三个 3A 级旅游景区外，其他 5 个西部县市都没有 A 级旅游景区，反映了海南西部旅游景区建设的落后局面。

3.9　海域空间资源

海域是指包括水上、水下在内的一定海洋区域。《海域使用管理法》规定海域指的是中华人民共和国内水、领海的水面、水体、海床和底土。内水是指中华人民共和国领海基线向陆地一侧至海岸线的海域。领海是内水以外邻接的一带海域，领海的宽度从领海基线量起 12 n mile。

3.9.1　海域空间的面积与分布

3.9.1.1　内水

海南毗邻海域的内海为领海基线向陆一侧的海域。包括：

1）海南岛海域。由于昌江至海口一带未公布领海基点，其毗邻海域的内海面积不做量算。琼海至东方一带海域内海为领海基线与琼海——文昌、东方——昌江的海域勘界线，向陆与海岸线围成的区域面积为 3 349.78 km^2，其中海岛陆域面积 14.60 km^2，琼海至东方海域面积 3 335.18 km^2。文昌海域内海为领海基线、海口—文昌海域勘界线、广东海南海域分界线延线与领海基线相交所围成的海域，面积为 6 856.69 km^2，其中海岛陆域面积 3.74 km^2，文昌海域面积 6 852.95 km^2。

2）西沙群岛海域。西沙群岛领海基线围成的区域，面积 17 245.22 km^2，其中海岛陆域面积 7.97 km^2，西沙群岛海域面积 17 237.25 km^2。

3.9.1.2　领海

领海宽度为从领海基线量起向外 12 n mile。海南毗连海域领海包括：

1）海南岛海域。文昌至东方一带海域领海以广东海南海域分界线延线与 12 n mile 线相交，东方—昌江海域勘界线和领海基线向外 12 n mile 的海域，昌江至海口一带海域领海以海域勘界线顶点的直线连线与岸线所围成的海域，面积为 18 236.64 km^2。

2）西沙群岛海域。以领海基线向外 12 n mile 海域，面积为 13 209.58 km^2。

据最新调查统计，海南岛 0 ~ 50 m 以浅海域总面积为 17 113.00 km^2，其中 0 ~ 2 m 等深线的海域面积为304.49 km²、2~5 m等深线的海域面积为1 188.19 km²、5~10 m等深线的海域面积为1 433.52 km²、10~20 m等深线的海域面积为3 355.63 km²、20~30 m等深线的海域面积为4 753.99 km²、30~50 m等深线的海域面积为6 077.18 km²。其范围面积见表3.82，水深分布见图3.69。

表3.82 海南岛毗邻海域不同水深面积统计表

范 围	面积/km²
0~2 m等深线	304.49
2~5 m等深线	1 188.19
5~10 m等深线	1 433.52
10~20 m等深线	3 355.63
20~30 m等深线	4 753.99
30~50 m等深线	6 077.18
总计	17 113.00

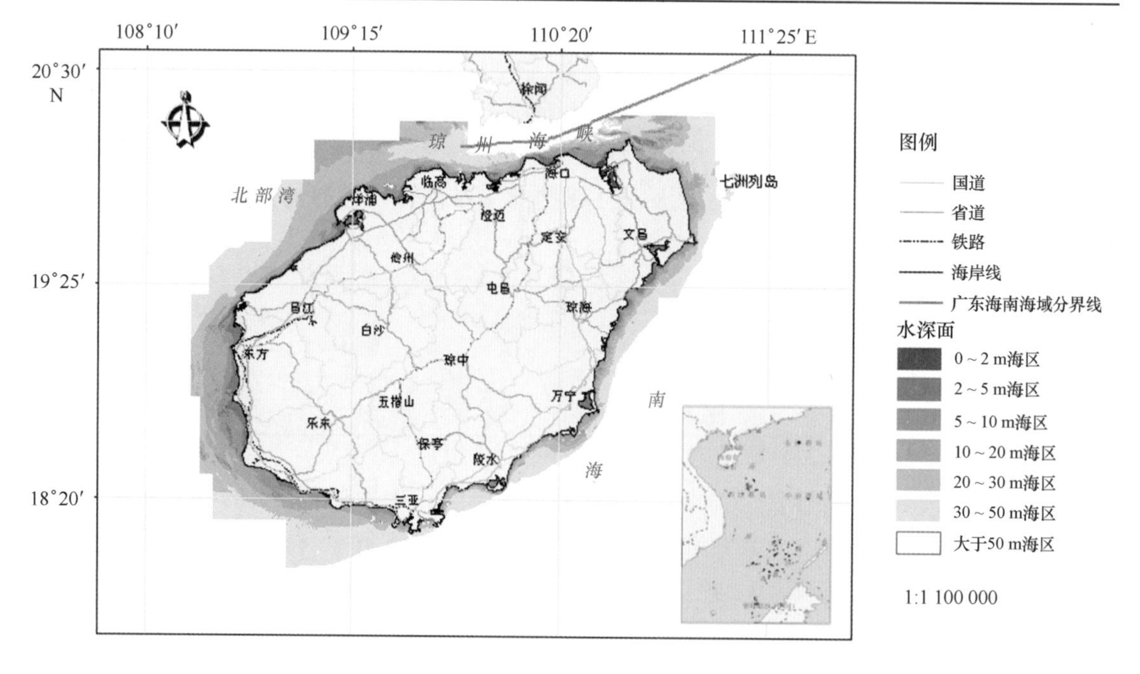

图3.69 海南省毗邻海域水深分布图

3.9.1.3 海湾潟湖

海湾是指伸入大陆、深度逐渐变浅的水域。海南海湾除包括《联合国海洋法公约》对海湾的规定外，更主要是以其成因、形态来定义的，以海岸线作为海湾水域的边界。

海南岛海岸曲折，港湾（海湾）众多。据“908专项”海岸带调查，海南岛拥有大小港湾（海湾）68个，其中，小海为海南岛最大的潟湖。海南岛主要的内湾与潟湖如下：

铺前湾及东寨港：位于海口市北部与文昌市北部之间海湾。包括哥村港、新埠港、铺前港、东营港及东寨港等，海湾面积约148.5 km²，海岸线受第四纪初、中期断裂凹陷和明朝万历三十三年（1605年）琼州大地震影响，曲折而深入陆地，其中52 km²已于1980年建成国际东寨港湿地自然保护区（包括海上红树林面积17.3 km²）。

清澜港及八门湾：位于文昌市东南部海港的葫芦状海湾，面积约 67 km^2，有海滩红树林面积超过 53 km^2。

小海：位于万宁市港北镇、和乐镇、后安镇和北坡镇境内。是一个发育良好的沙坝－潟湖体系，可分为以下四个地形单元：

① 沙坝：指将潟湖与外海分隔的、呈 NNW—SSE 走向的沿海狭长的砂质沉积体，主要由海滩砂和风成砂构成。沙坝分南、北两部分：南沙坝长约 12 km，宽 1.5 ~ 2.0 km，最高处高程 15 ~ 24 m，北沙坝较短、较窄，约长 4 km，宽度小于 1 km。沙坝是整个沙坝－潟湖体系的基干，整个体系依沙坝的存在而存在，同样亦依沙坝的消失而消失。

② 潟湖：指被沙坝（半）封闭的坝后水域，即小海，面积达 49 km^2，湖水较浅，多在 1 m 左右。湖岸周围有泥质潮滩 12.5 km^2，这些潮滩随涨、落潮时而淹没或出露。

③ 潮汐通道：简称通道，指潟湖穿越沙坝的出海口，它主要由潮汐动力即涨、落潮流的往返运动所维持，故称“潮汐通道”，由最狭窄的咽喉部位——通道口门及口门内、外的涨、落潮三角洲堆积砂体组成，其中还包括发育在口门砂体上的潮流冲刷槽，如口门内的北槽、南槽（当地群众称“后海”）和口门外的北汊、南汊。

④ 入湖河流三角洲：注入小海的河系很多，主要有经北坡镇入湖的太阳河、经后安镇入湖的龙尾河与经和乐镇入湖的龙首河等三大河系。据统计，入湖河系的年径流量达 1.62×10^{10} km^3，三大河系都在入湖处形成了明显的、突伸于湖中的河流三角洲。

老爷海：位于万宁市东澳镇中南部，为长 10 km 的条状天然潟湖，面积 4.5 km^2，与大海接通的地段宽度只有 30 m。

黎安港：位于陵水县东南沿海，面积 10.1 km^2。

陵水湾：位于陵水县南部至三亚市东部。湾口东北端为陵水角，西南端为牙笼角，西部为蜈虫支洲，湾顶有藤桥河注入，海湾面积约 355 km^2。包括新村港、铁炉港等海港，其中，新村港面积 13.1 km^2。

亚龙湾：位于三亚市东南部。湾口东起牙笼角，西止锦母角，海湾面积约 46.4 km^2。砂岸 15.2 km^2，红树林海岸 2.2 km^2，珊瑚礁海岸 9.7 km^2，其余为基岩海岸。湾顶平直，沙滩广阔，湾中有野猪岛、东排、西排、东洲和西洲等岛，是优良海滨泳场。

榆林港：位于三亚市东南部。湾口西起鹿回头角，东止锦母角。面积约 38.4 km^2，大小东海有沙滩 5 km^2。多基岩海岸，内湾有红树林。

昌化港：位于昌江县四更镇与昌化镇境内，总面积 35.6 km^2。是昌江县主要通商港口。昌化渔场是天然渔场，为华南四大渔场之一，目前，该港沙化现象较为严重，港中有若干大小不等的沙泥滩或沙洲。

海头港：位于儋州市海头镇西南与昌江县海尾镇东北之间，盛产鱿鱼等。

洋浦湾：位于儋州市西部，包括内海儋州湾，面积超过 220 km^2。有白马井港、新英港、排浦港和干冲港等。

后水湾及头咀港：别名后水港，儋州北部与临高县西北部之间的海湾，面积约 156 km^2，底质主要为沙泥质，平缓而深，为临高县近海抗风浪网箱的主要分布区。湾顶临高县一侧为头咀港，分布有近万亩的红树林。

金牌港：位于临高县马袅乡境内，东起金牌咀，西至临高角，海岸线长 26.4 km。东侧海岸为基岩海岸，西侧为沙质海岸，湾总面积 32.5 km^2，其中 0 m 等深线以下浅水域面积约

6.5 km^2。海湾口门向北，宽约11.24 km。

马袅港：位于临高县马袅乡境内，与澄迈湾相连，该海湾口门东西两端分界点分别是建仑角（澄迈）、金牌咀，全湾海岸线长22.5 km，其中东西两侧为基岩海岸，长约15.5 km；南部湾底为沙质海岸，长约7 km。总面积为26.2 km^2，其中0 m等深线以下浅水域面积6 km^2，岛礁面积0.2 km^2。海湾口门向北，宽为6.3 km，建有马袅渔港。此外海湾周边生长有不连续分布的红树林，湾底部面积较大。

澄迈湾：位于澄迈县桥头镇与马村镇之间，湾口西起澄迈县的玉包港，东至海口市的天尾角，包括马村港及英浪港，平均水深约为10 m，海域面积约为16 km^2。

东水港：位于澄迈县老城区北部，面积约7.4 km^2。

海南岛沿海海湾行政分布见表3.83所示，沿海重点海湾基本信息见表3.84所示，沿海重点海湾地理分布见图3.70。

表3.83　海南沿海海湾行政分布

地市、县	海湾名称	个数	主要海湾	海涂面积/km^2
海口市	海口湾、南渡江口	2	海口湾、南渡江口	68.56
文昌市	铺前港湾、东寨港湾、木兰湾、抱虎港湾、淇水湾、大陆湾、邦塘湾、八门湾、高隆湾、冯家湾	10	铺前港湾、东寨港湾、八门湾、高隆湾、冯家湾	90.29
琼海市	沙老港湾、龙湾（龙湾河）、博鳌港湾、潭门港湾	4	博鳌港湾、潭门港湾、龙湾	25.41
万宁市	小海、老爷海、乌场湾、春园湾、大花角湾、南燕湾、石梅湾、日月湾	8	小海、老爷海、乌场湾、石梅湾	14.11
陵水县	陵水湾、新村湾、黎安湾、土福湾、水口港湾（陵水河）、香水湾	6	陵水湾、新村湾、黎安湾	20.24
三亚市	崖州湾、三亚湾、榆林湾、亚龙湾、海棠湾、铁炉湾、坎秧湾、竹湾、红塘湾、角头湾	10	三亚湾、榆林湾、亚龙湾、海棠湾	25.06
乐东县	岭头湾、莺歌海湾、望楼河口、龙沐湾、东锣湾	5	莺歌海湾	3.01
东方市	北黎湾、墩头港湾、感城港湾、南港湾、通天港湾、利章港湾	6	北黎湾	13.47
昌江县	昌化港湾（昌化江）、海尾港湾、棋子湾	3	棋子湾	19.98
儋州市	洋浦湾、后水湾、海头港湾（珠碧江）、峨蔓港湾	4	洋浦湾、后水湾	149.33
临高县	新盈湾、黄龙港湾、博铺港湾（文澜河）、金牌湾、抱吴港湾、美夏港湾	6	金牌湾、新盈湾、博铺港湾	39.69
澄迈县	澄迈湾、马袅湾、花场湾、边湾（东水港）	4	澄迈湾、马袅湾、边湾	19.78

3.9.2　海域空间使用状况与分析

3.9.2.1　海域使用类型、数量及面积统计

海域使用是指持续使用特定海域三个月以上的排他性用海活动。《海域使用分类》（HY/T 123－2009）将海南省海域使用类型划分为9个一级类，30个二级类，具体分类系统见表3.85。

表 3.84　海南省沿海重点海湾基本信息表

海湾名称	隶属	面积/km^2				岸线长度/km^2	口门宽度/km^2	最大水深/m	潮差/m		海岸类型	开发利用现状
		总面积	0 m线	5 m线	10 m线				平均	最大		
海口湾	海口市	42	5.8	29.2	7	20.5	12.5	8	秀英 1.11	3.60	沙质	港口及航运、海水养殖、旅游
									海口 0.82	3.31		
铺前湾	文昌市	145	42	36	63.5	37.5	19	11	0.83	2.05	沙质、粉砂淤泥质	港口、海水养殖、旅游、晒盐
清澜湾	文昌市	40	10	29.5	0.5	48.5	5.2	9	0.75	2.06	沙质、红树林、珊瑚礁等海岸	港口及航运、养殖、旅游、自然保护区
小海	万宁市	43	3.4	39.6	0.0	41.5	0.15	1.5	0.71	1.97	沙质、泥质	港口、海水养殖
新村湾	陵水县	22.6	10.1	7.0	5.1	28.5	0.25	11.2	0.69	1.55	沙质、泥质	港口及航运、海水养殖、旅游
亚龙湾	三亚市	50.2	0.6	2.0	5.3	20.4	10.2	30.5	0.93	3.14	基岩、沙质、珊瑚礁海岸	港口及航运、旅游
榆林湾	三亚市	37.2	1.5	4.8	3.4	37.2	7.7	30.4	0.85	2.14	基岩、沙质、珊瑚礁海岸	港口及航运、自然保护区
三亚湾	三亚市	68.6	1.6	15.4	34.9	27.0	15.0	20.6	0.85	2.14	沙质、珊瑚礁海岸	港口及航运、自然保护区、旅游
洋浦湾	儋州市 内湾	38	31	6	1	70.8	8.0	24.4	1.81	3.59	基岩、泥质、珊瑚礁海岸	港口及航运、海洋渔业\临海工业开发、自然保护区、旅游
	儋州市 外湾	71	13	20.5	34							
后水湾	儋州市	127	36	15	68	75.4	东口 4.1 西口 8.2	13	1.89	3.94	沙质、基岩、珊瑚礁海岸	渔港、海洋渔业、度假旅游
澄迈诸湾	澄迈县 东水港	4.5	0.5	4.0	0.0	19	0.25	2	1.71	3.18	基岩、沙质、泥质海岸	港口及航运、旅游、海洋渔业、临海工业区
	澄迈县 澄迈、花场湾	128.9	13	21	24	51.2	23.8	31				
	临高县 马袅湾	26.2	6	7	10	22.5	6.3	17				

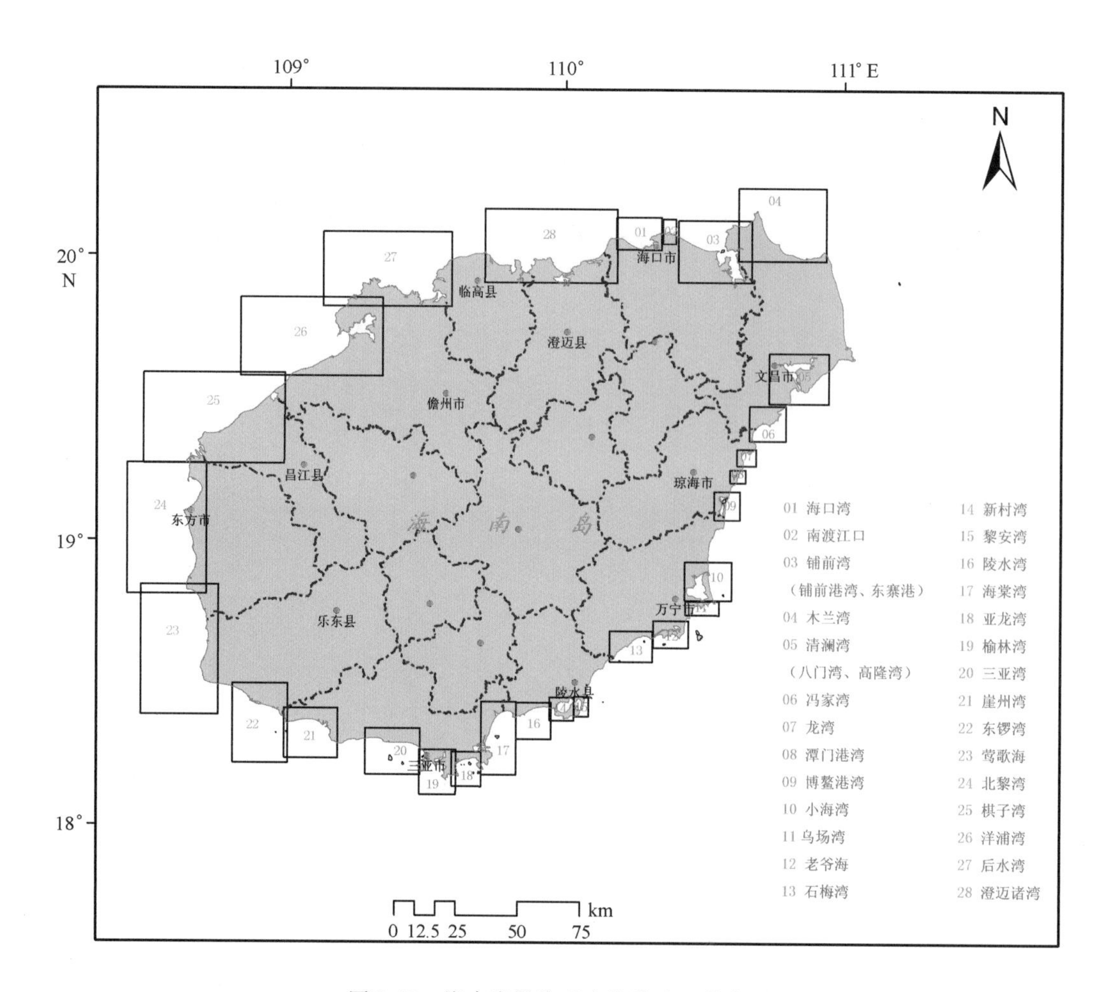

图 3.70　海南省沿海重点海湾地理分布图

表 3.85　海南省海域使用分类体系

一级类			二级类		
代码	名称	含义	代码	名称	含义
1	渔业用海	为开发利用渔业资源、开展海洋渔业生产所使用的海域	1.1	渔港	渔船停靠、进行装卸作业和避风所使用的区域。
			1.2	渔船修造	渔船修造业所使用的区域。
			1.3	工厂化养殖	采用现代技术，在半自动或全自动系统中高密度养殖（包括苗种繁殖）优质海产品所使用的区域。
			1.4	围海养殖	通过围海筑堤进行养殖所使用的区域。
			1.5	设施养殖	筏式养殖、网箱养殖所使用的区域。
			1.6	底播养殖	人工投苗或自然增殖海洋底栖生物所使用的区域。
2	交通运输用海	为满足港口、航运、路桥等交通需要所使用的海域	2.1	港口工程	大中型港口突堤、引堤、防波堤等工程所使用的区域。
			2.2	港池	由防波堤（外堤）或防浪板等设施围成的港口用海。
			2.3	航道	在沿海水域中，供一定标准尺度的船舶在不同水位期通航航行的水域通道。
			2.4	锚地	船舶候潮、待泊、联检、避风或者进行水上装卸作业所使用的海域。
			2.5	路桥用海	建设跨海桥梁、公路及以交通为主要目的的堤坝、栈桥等所使用的海域。

续表 3.85

一级类			二级类		
代码	名称	含义	代码	名称	含 义
3	工矿用海	开展工业生产及勘探开采矿产资源所使用的海域	3.1	盐业用海	盐田及其取水口所使用的海域。
			3.2	临海工业用海	修造船厂、临海而建的电站（厂）、加工厂、化工厂等为满足生产需要所使用的不改变海域属性海域，其中包含所属取水口和排水口用海等。
			3.3	固体矿产开采用海	开采固体矿产所使用的海域。
			3.4	油气开采用海	开采油气资源所使用的海域，如石油平台用海、管线等。
4	旅游娱乐用海	开发利用滨海和海上旅游资源，开展海上娱乐活动所使用的海域	4.1	旅游基础设施用海	用于建设景观建筑、宾馆饭店、旅游平台等旅游设施的海域。
			4.2	海水浴场	专供游人游泳、嬉水的海域。
			4.3	海上娱乐用海	开展快艇、帆板、冲浪等海上娱乐活动所使用的海域。
5	海底工程用海	建设海底工程设施所使用的海域	5.1	电缆管道用海	埋（架）设海底油气管道、通讯光（电）缆、输水管道及深海排污管道等海底管线所使用的海域。
			5.2	海底隧道用海	建设海底隧道及附属设施所使用的海域。
			5.3	海底仓储用海	建设海底仓储设施所使用的海域。
6	排污倾倒海用	用来排放污水和倾废的海域	6.1	污水排放用海	受纳指定污水所使用的海域。
			6.2	废物倾倒用海	倾倒疏浚物或固体废弃物所使用的海域。
7	围海造地用海	在沿海筑堤围割滩涂和港湾并填成土地的工程用海	7.1	港口建设用海	通过围填海域形成土地并用于港口建设的工程用海。
			7.2	城镇建设用海	通过围填海域形成土地并用于城镇建设的工程用海。
			7.3	围垦用海	通过围填海域形成土地并用于农林牧业生产的工程用海。
8	特殊用海	用于科研教学、军事、自然保护区、海岸防护工程等用途的海域	8.1	科研教学用海	专门用于科学研究、试验和教学活动的海域。
			8.2	军事设施用海	军事设施包括部队机关、营房、军用工厂、仓库和其他军事设施所使用的海域。
			8.3	保护区用海	各类涉海自然保护区所使用的海域
			8.4	海岸防护工程用海	建造为防范海浪、沿岸流及风暴潮等自然灾害侵袭的海岸防护工程所使用的海域。
9	其他用海	上述用海类型以外的用海		其他	上述用海类型以外的用海

截止 2008 年年底，海南省海域使用总宗数 4 745 宗，使用总面积 9 520.74 hm^2。依据海域使用分类体系，对海南省海域使用进行分类统计，得到海南省各类用海类型的面积和所占比例见图 3.71 和图 3.72。

海南省各类型用海宗数中，以渔业用海所占比例排第一，共计 4 577 宗，占全部用海的 96.46%；旅游娱乐用海共计 63 宗，占全部用海的 1.33%；交通运输用海共计 59 宗，占全部用海的 1.24%；围海造地用海共计 28 宗，占全部用海的 0.59%；特殊用海共计 7 宗，占全

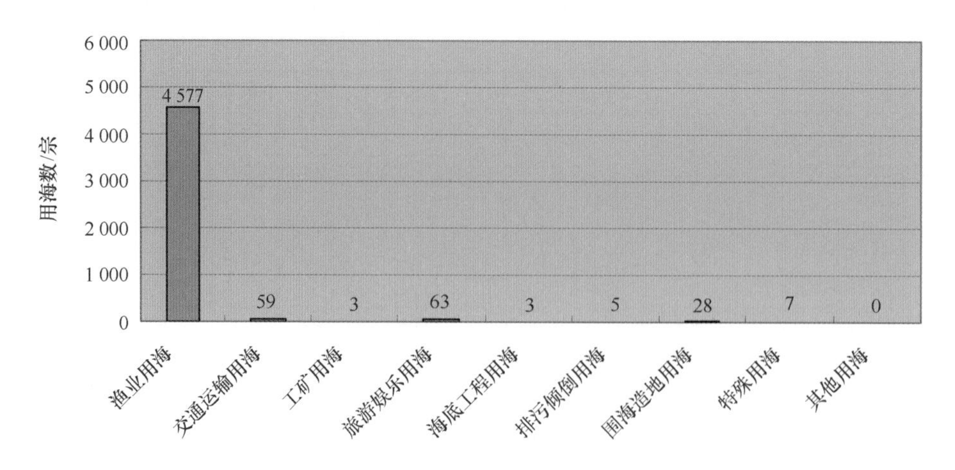

图 3.71　海南省各类型用海宗数统计图

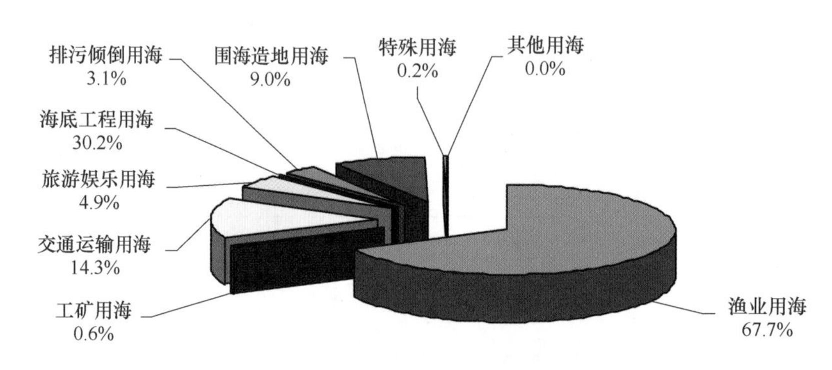

图 3.72　海南省各类型审批用海面积比例图

部用海的 0. 15%；排污倾倒用海共计 5 宗，占全部用海的 0. 11%；工矿用海共计 3 宗，占全部用海的 0. 06%；海底工程用海共计 3 宗，占全部用海的 0. 06%。

海南省各类型用海面积中，渔业用海共计 6 445. 17 hm^2，占全部用海的 67. 70%；交通运输用海共计 1 361. 43 hm^2，占全部用海的 14. 30%；围海造地用海共计 858. 16 hm^2，占全部用海的 9. 01%；旅游娱乐用海共计 468. 94 hm^2，占全部用海的 4. 93%；排污倾倒用海共计 294. 15 hm^2，占全部用海的 3. 09%；工矿用海共计 58. 64 hm^2，占全部用海的 0. 62%；海底工程用海共计 19. 35 hm^2，占全部用海的 0. 20%；特殊用海共计 14. 9 hm^2，占全部用海的 0. 16%。

截至 2008 年年底，全省审批确权用海 4 634 宗，总用海面积 9 395. 38 hm^2。根据调查结果显示，从用海项目确权宗数角度看，以文昌市最多，为 1 151 宗；其次是儋州市，为 760 宗；再次是陵水县，用海 629 宗；确权宗数最少的是东方市，为 30 宗。从用海面积角度看，儋州市用海面积位居第一，达 1 766. 01 hm^2，排在第二、三和四位分别是三亚市、文昌市和海口市，用海面积分别是 1 616. 28 hm^2、1271. 02 hm^2 和 1 085. 34 hm^2，向下依次为澄迈、昌江、琼海、临高、东方、万宁、陵水和乐东。省厅直接审批用海面积为 3 021. 92 hm^2。用海类型分类统计见表 3. 86。

表 3.86　海南省用海类型分类统计表

单位:宗、hm^2

地区	渔业用海		工矿用海		交通运输用海		旅游娱乐用海		海底工程用海		排污倾倒用海		围海造地用海		特殊用海		其他用海		合计	
	宗数	面积	宗数	面积	宗数	面积	宗数	面积	宗数	面积	宗数	面积	宗数	面积	宗数	面积	宗数	面积	宗数	面积
海口	432	297.84			9	293.46	11	17.14			1	1.14	8	464.28	5	11.48			466	1 085.34
澄迈	519	832.24			3	57.69													522	889.93
临高	173	596.54	1	50									1	0.25					175	646.79
儋州	744	1 337.08	2	8.64	6	227.75			1	2.67	2	16.79	5	173.08					760	1 766.01
昌江	196	750.65			2	3.01													198	753.66
东方	28	125.2			2	179.22													30	304.42
乐东	252	143.51																	252	143.51
三亚	279	907.13			5	27.9	22	361.63	1	12.28	1	268.80	1	36.54	1	2			310	1 616.28
陵水	626	136.34					2	18.49					1	20.23					629	175.06
万宁	115	205.02			6	9.62	9	46.58			1	7.42			1	1.42			132	270.06
琼海	111	50.42			3	545	6	3.24											120	598.66
文昌	1 102	1 063.2			23	17.78	13	21.86	1	4.4			12	163.78					1151	1271.02
合计	4 577	6 445.17	3	58.64	59	1 361.43	63	468.94	3	19.35	5	294.15	28	858.16	7	14.9	0	0	4 745	9 520.74

3.9.2.2 海域使用分布

1）渔业用海

渔业用海指为开发利用渔业资源、开展海洋渔业生产所使用的海域。依据海域使用分类体系，渔业用还包括渔港、渔船修造、工厂化养殖、围海养殖、设施养殖和底播养殖共六类海域使用类型。

截至2008年年底，海南省渔业用海项目共计4 577宗，确权面积为6 445.17 hm^2。其中，渔业用海宗数文昌市居首，共计1 102宗，占全省渔业用海宗数的24.1%；其次为儋州市，共计744宗，占全省渔业用海宗数的16.3%；陵水黎族自治县居第三，共计626宗，占全省渔业用海宗数的13.7%；其余沿海市县渔业用海宗数分别为：澄迈县519宗，占全省渔业用海宗数的11.3%，海口市432宗，占全省渔业用海宗数的9.4%，三亚市279宗，占全省渔业用海宗数的6.1%，乐东黎族自治县252宗，占全省渔业用海宗数的5.5%，昌江黎族自治县196宗，占全省渔业用海宗数的4.3%，临高县173宗，占全省渔业用海宗数的3.8%，万宁市115宗，占全省渔业用海宗数的2.5%，琼海市111宗，占全省渔业用海宗数的2.4%，东方市28宗，占全省渔业用海宗数的0.6%（图3.73）。

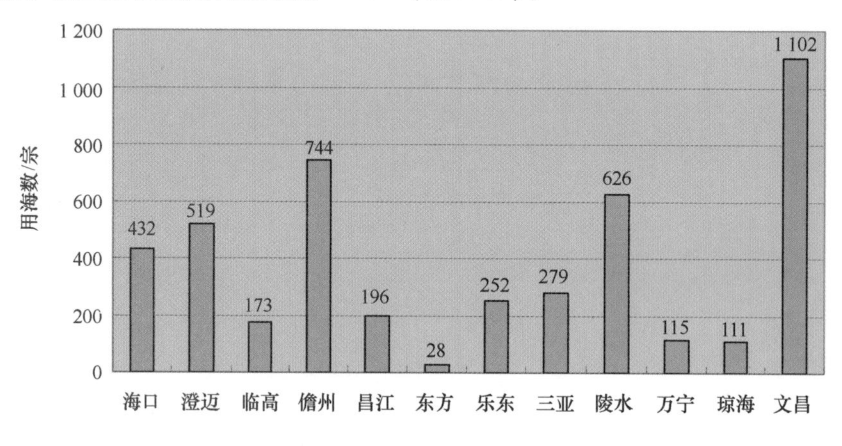

图3.73 海南省渔业用海宗数分布图

海南省渔业用海确权面积儋州市最大，共计1 337.08 hm^2，占全省渔业用海总面积的20.7%；其次为文昌市，共计1 063.2 hm^2，占全省渔业用海总面积的16.5%；三亚市居第三，共计907.13 hm^2，占全省渔业用海总面积的14.1%；其余沿海市县面积分别为：澄迈县用海面积832.24 hm^2，占全省渔业用海总面积的12.9%，昌江黎族自治县用海面积750.65 hm^2，占全省渔业用海总面积的11.6%，临高县用海面积596.54 hm^2，占全省渔业用海总面积的9.3%，海口市用海面积297.84 hm^2，占全省渔业用海总面积的4.6%，万宁市用海面积205.02 hm^2，占全省渔业用海总面积的3.2%，乐东黎族自治县用海面积143.51 hm^2，占全省渔业用海总面积的2.2%，陵水黎族自治县用海面积136.34 hm^2，占全省渔业用海总面积的2.1%，东方市用海面积125.2 hm^2，占全省渔业用海总面积的1.9%，琼海市用海面积50.42 hm^2，占全省渔业用海总面积的0.8%（见图3.74）。

渔业用海是海南省各类用海中宗海数量最多、使用面积最大的用海类型。各渔业用海类

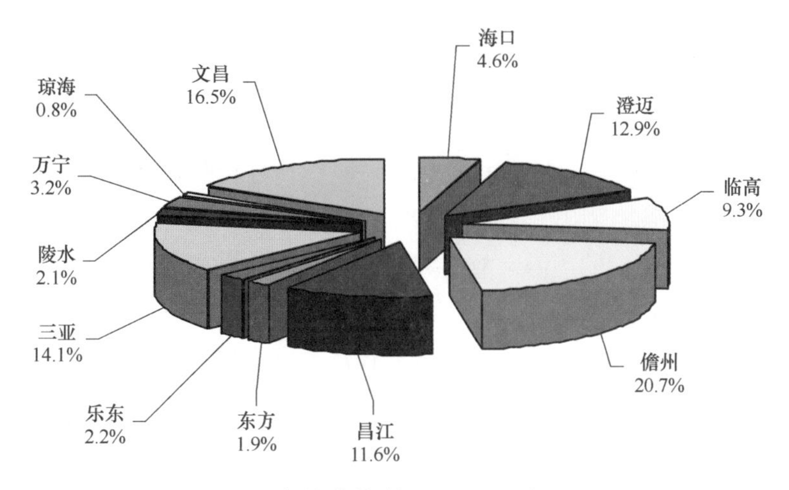

图 3.74 海南省渔业用海确权面积分布图

型中，渔业基础设施 8 宗、工厂化养殖 26 宗、池塘养殖 1 910 宗、设施养殖 2 602 宗、底播养殖 31 宗。其分布多集中在东寨港、八门湾、黎安港、新村港、新英湾和花场湾等潟湖浅海区（图 3.75）。

图 3.75 各类渔业用海（2007 年海域调查现场拍摄）

2）交通运输用海

交通运输用海指为满足港口、航运、路桥等交通需要所使用的海域。

截止 2008 年，海南省交通运输用海项目共计 59 宗，确权面积为 1 361.43 hm^2。其中交通运输用海宗数文昌市最多，共计 23 宗，占全省交通运输用海宗数的 39.0%；其次为海口市，共计 9 宗，占全省交通运输用海宗数的 15.3%；再次为儋州市和万宁市，同为 6 宗，各占全省交通运输用海宗数的 10.2%；其余各沿海市县分别为：三亚市 5 宗，占全省交通运输用海宗数的 8.5%，琼海市、澄迈县同为 3 宗，各占全省交通运输用海宗数的 5.1%，东方市、昌江黎族自治县同为 2 宗，各占全省交通运输用海宗数的 3.4%，陵水黎族自治县、乐东黎族自治县和临高县暂无交通运输用海。

海南省交通运输用海确权面积以琼海市最大，为 545 hm^2，占全省交通运输用海总面积的 40%；其次为海口市，确权面积 293.46 hm^2，占全省交通运输用海总面积的 21.6%；再次为儋州市，确权面积 227.75 hm^2，占全省交通运输用海总面积的 16.7%；其余各沿海市县分别为：东方市确权面积 179.22 hm^2，占全省交通运输用海总面积的 13.2%，澄迈县确权面积 57.69 hm^2，占全省交通运输用海总面积的 4.2%，三亚市确权面积 27.9 hm^2，占全省交通运输用海总面积的 2.0%，文昌市确权面积 17.78 hm^2，占全省交通运输用海总面积的 1.3%，万宁市确权面积 9.62 hm^2，占全省交通运输用海总面积的 0.7%，昌江黎族自治县确权面积 3.01 hm^2，占全省交通运输用海总面积的 0.2%（见图 3.76、图 3.77）。

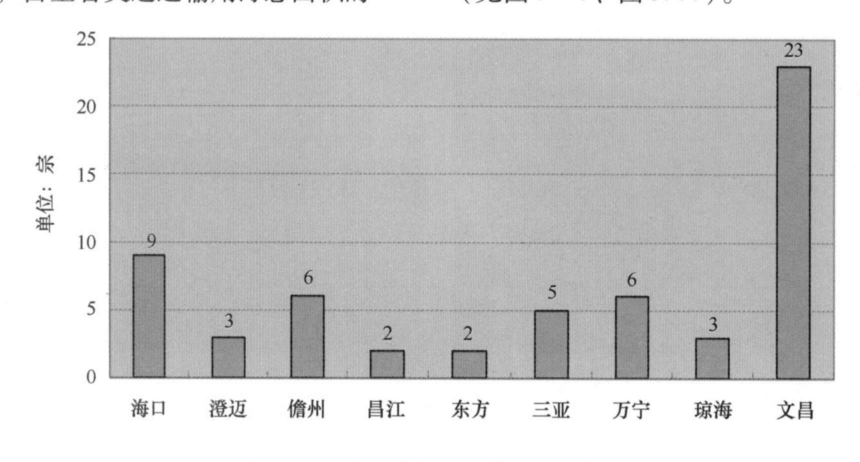

图 3.76　海南省交通运输用海分布图

各交通运输用海类型中港口工程 41 宗、港池 10 宗、航道 1 宗、路桥用海 7 宗。主要分布在海南岛东部沿海，其中以文昌市和海口市居多（见图 3.78）。

3）工矿用海

工矿用海指开展工业生产及勘探开采矿产资源所使用的海域。依据海域使用分类体系，工矿用海包括盐业用海、临海工业用海、固体矿产开采用海和油气开采共四种海域使用类型。

截止 2008 年，海南省工矿用海项目共计 3 宗，确权面积 58.64 hm^2。分别为临高 1 宗，50 hm^2，占全省工矿用海总面积的 85.3%；儋州 2 宗，8.64 hm^2，占全省工矿用海总面积的 14.7%。

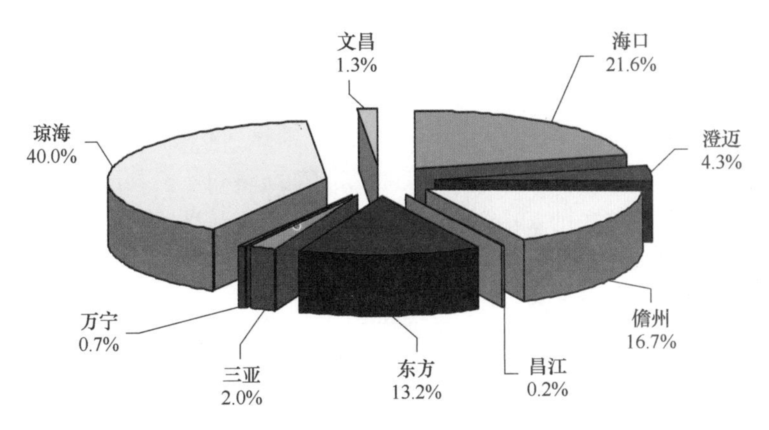

图 3.77　海南省交通运输用海确权面积分布图

图 3.78　各类交通运输用海（2007 年海域调查现场拍摄）

工矿用海类型比较单一，只有临海工业用海 1 种，分布在儋州市与临高县。另外乐东黎族自治县盐业资源丰富，但是已审批土地使用权，因此未列入调查范围。

4）旅游娱乐用海

旅游娱乐用海指开发利用滨海和海上旅游资源，开展海上娱乐活动所使用的海域。依据海域使用分类体系，旅游娱乐用海包括旅游基础设施用海、海水浴场和海上娱乐用海三种海域使用类型。

截止2008年，海南省旅游娱乐用海共计63宗，确权面积468.94 hm^2。其中三亚市确权宗数最多，共计22宗，占全省旅游娱乐用海确权宗数的34.9%；其次为文昌市，共计13宗，占全省旅游娱乐用海确权宗数的20.6%；再次为海口市，共计11宗，占全省旅游娱乐用海确权宗数的17.5%；其余各沿海市县分别为：万宁市9宗，占全省旅游娱乐用海确权宗数的14.3%，琼海市6宗，占全省旅游娱乐用海确权宗数的9.5%，陵水黎族自治县2宗，占全省旅游娱乐用海确权宗数的3.2%。澄迈县、临高县、儋州市、昌江黎族自治县、东方市、乐东黎族自治县暂无确权旅游娱乐用海（图3.79）。

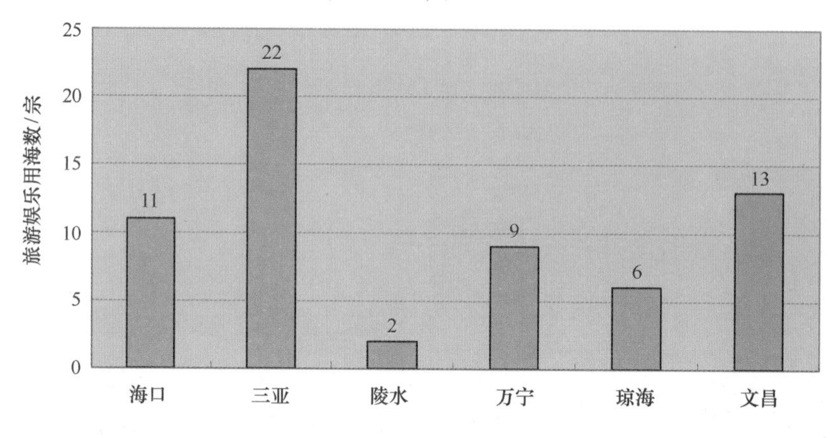

图3.79 海南省旅游娱乐用海分布图

海南省旅游娱乐用海面积最大的为三亚市，共计361.63 hm^2，占全省旅游娱乐用海总面积的77.1%；其次为万宁，用海面积46.58 hm^2，占全省旅游娱乐用海总面积的9.9%；再次为文昌市，共计21.86 hm^2，占全省旅游娱乐用海总面积的4.7%；其余各沿海市县分别为：陵水黎族自治县共计18.49 hm^2，占全省旅游娱乐用海总面积的3.9%，海口市共计17.14 hm^2，占全省旅游娱乐用海总面积的3.7%，琼海市共计3.24 hm^2，占全省旅游娱乐用海总面积的0.7%（图3.80）。

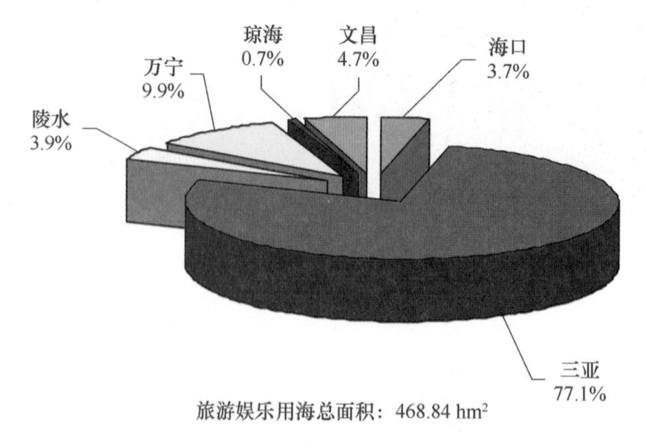

图3.80 海南省旅游娱乐用海确权面积分布图

旅游娱乐用海宗数仅次于渔业用海，为海南省海洋经济的重要支柱。用海类型中旅游基础设施用海 12 宗、海水浴场 15 宗、海上娱乐用海 36 宗。主要分布在海口市—三亚市一线以东，以三亚市为最主要集中地，其次为文昌市和海口市（表 3.87）。

表 3.87 海南省旅游娱乐用海审批及确权面积

县市	用海总数		占用海域	
	数量/宗	所占比重/%	面积/hm^2	所占比重/%
海口市	18	16.36	114.65	10.26
三亚市	54	49.09	896.03	80.20
陵水县	10	9.09	34.83	3.12
万宁市	9	8.18	46.58	4.17
琼海市	6	5.45	3.24	0.29
文昌市	13	11.82	21.86	1.96
合计	110	100	1 117	100

资料来源：海南省海洋功能区划修编专题研究之海域开发利用现状评价。

旅游娱乐占用海岸线长度约 13.6 km，占全省用海岸线长度的 0.75%，仅次于渔业用海和造地工程用海所占用的岸线长度，位居第三位。旅游娱乐用海占用的海域面积为 1 117.19 hm^2，占全省用海面积的 8.48%，仅次于渔业用海、交通运输用海和造地工程用海所占用的海域面积，位居第四位（见图 3.81、表 3.88）。

图 3.81 各类旅游娱乐用海（2008 年海域调查现场拍摄）

表 3.88 海南省各类用海占用岸线长度及用海面积

用海类别	占用岸线		占用海域	
	长度/km	占全省用海岸线比重/%	面积/hm^2	占全省用海面积比重/%
渔业用海	362.2	19.9	7 232.69	54.90
工业用海	0.839	0.05	66.09	0.50
交通运输用海	13.3	0.73	2 562.10	19.45
旅游娱乐用海	13.6	0.75	1 117.19	8.48
海底工程用海	0.224	0.01	56.11	0.43
排污倾倒用海	0.548	0.03	43.69	0.33
造地工程用海	20.4	1.12	2081.16	15.80
特殊用海	0.778	0.04	14.90	0.11

资料来源：海南省海洋功能区划修编专题研究之海域开发利用现状评价。

5）海底工程用海

海底工程用海指建设海底工程设施所使用的海域。依据海域使用分类体系，海底过程用海包括电缆管道用海、海底隧道用海和海底仓储用海三种海域使用类型。

截止 2008 年海南省海底工程用海确权项目共 3 宗，确权面积 19.35 hm^2。分别为三亚 1 宗，12.28 hm^2，占全省海底工程用海总面积的 63.5%；文昌 1 宗，4.4 hm^2，占全省海底工程用海总面积的 22.7%；儋州 1 宗，2.67 hm^2，占全省海底工程用海总面积的 13.8%（图 3.82）。

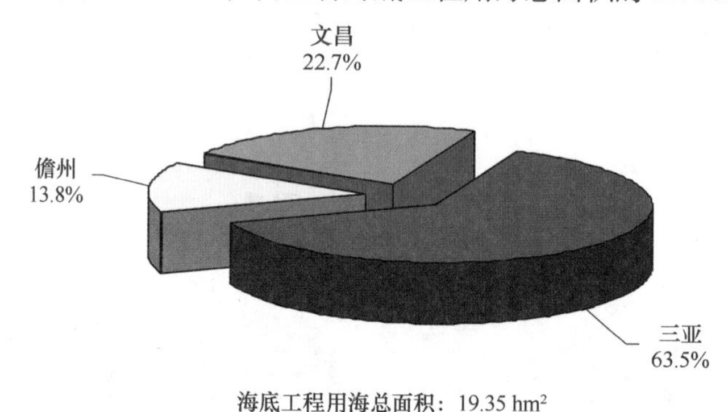

图 3.82 海南省海底工程用海确权面积分布图

海底工程用海目前只有管线路由用海 1 种类型，分布在儋州市、文昌市和三亚市。

6）排污倾倒用海

排污倾倒用海指用来排放污水和倾废的海域。依据海域使用分类体系，排污倾倒用海包括污水排放用海和废物倾倒用海共两种海域使用类型。

截止 2008 年，海南省排污倾倒用海项目 5 宗，确权面积 294.15 hm^2。其中儋州市审批 2 宗，确权面积 16.79 hm^2，占全省排污倾倒用海总面积的 5.7%；三亚市 1 宗，确权面积为 268.8 hm^2，占全省排污倾倒用海总面积的 91.4%；万宁市 1 宗，确权面积分别为 7.42 hm^2，占全省排污倾倒用海总面积的 2.5%；海口市 1 宗，确权面积分别为 1.14 hm^2，占全省排污倾倒用海总面积的0.4%（图3.83）。

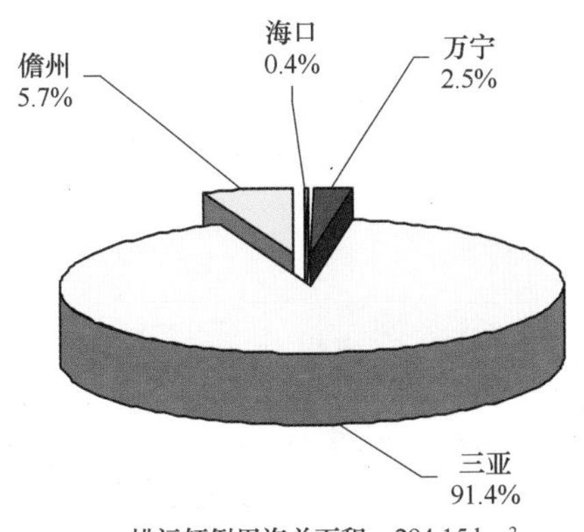

图3.83 海南省排污倾倒用海确权面积分布图

排污倾倒用海各类型中污水排放用海4宗、废物倾倒用海1宗。其中废物倾倒用海为“第四批三类疏浚物海洋倾倒区”。海南省“十一五”规划全省新建污水处理项目28个，未来污水排放用海数量也会相应增加。

7）围海造地用海

围海造地用海指在沿海筑堤围割滩涂和港湾并填成土地的工程用海。依据海域使用分类体系，围海造地用海包括港口建设用海、城镇建设用海和围垦用海三种海域使用类型。

截止2008年海南省共围海造地用海28宗，确权用海面积858.16 hm^2。其中围海造地用海宗数最多的为文昌市，共计12宗，占全省围海造地用海宗数的42.9%；其次为海口市，共计8宗，占全省围海造地用海宗数的28.6%；再次为儋州市，共计5宗，占全省围海造地用海宗数的17.9%；三亚市、临高县和陵水黎族自治县各1宗，分别占全省围海造地用海宗数的3.6%。澄迈县、昌江黎族自治县、东方市、乐东黎族自治县、万宁市、琼海市暂无围海造地用海（图3.84）。

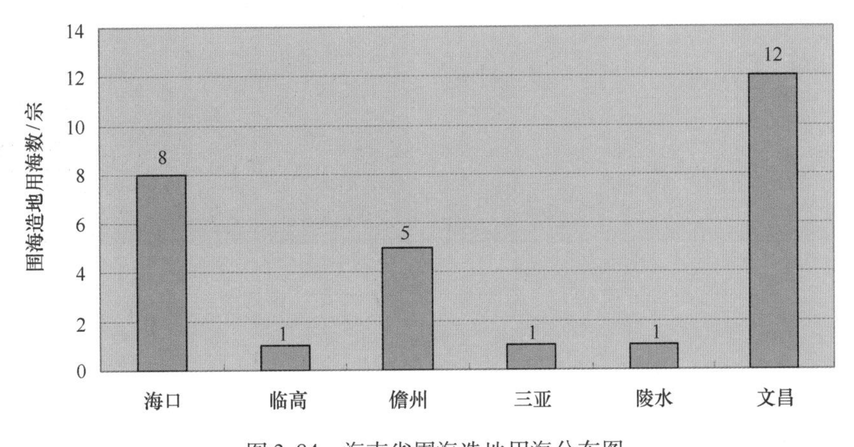

图3.84 海南省围海造地用海分布图

海南省围海造地用海确权面积最大为海口市，共464.28 hm^2，占全省围海造地用海总面积的54.1%；其次为儋州市，确权面积173.08 hm^2，占全省围海造地用海总面积的20.2%；

再次为文昌市，确权面积 163.78 hm^2，占全省围海造地用海总面积的 19.1%；其余各沿海市县分别为：三亚市确权面积 36.54 hm^2，占全省围海造地用海总面积的 4.3%，陵水黎族自治县确权面积 20.23 hm^2，占全省围海造地用海总面积的 2.4%，临高县确权面积 0.25 hm^2，占全省围海造地用海总面积的 0.1% 不足（图 3.85）。

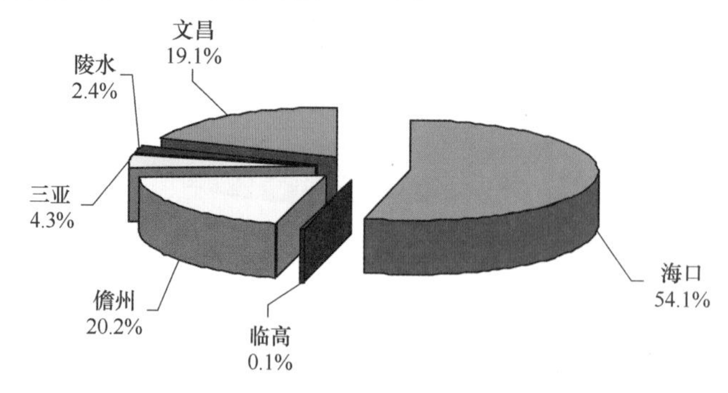

图 3.85　海南省围海造地用海确权面积分布图

围海造地用海各类型用海中港口建设用海 16 宗、城镇建设用海 11 宗、围垦用海 1 宗，其数量以文昌市和海口市居多。

8）特殊用海

特殊用海指用于科研教学、国防、自然保护区、海岸防护工程等用途的海域。依据海域使用分类体系，特殊用海包括科研教学用海、军事用海、保护区用海和海岸防护工程用海共四种海域使用类型（图 3.86）。

图 3.86　各类围海造地用海（2008 年海域调查现场拍摄）

截止 2008 年，海南省特殊用海共 7 宗，确权用海面积 14.9 hm^2。其中海口市 5 宗，确权面积 11.48 hm^2，占全省特殊用海总面积的 77.0%；三亚市 1 宗，确权面积 2.0 hm^2，占全省特殊用海总面积的 13.4%；万宁市 1 宗，确权面积 1.42 hm^2，占全省特殊用海总面积的 9.5%。

海南省特殊用海分布和确权面积分布如图 3.87 和图 3.88 所示。特殊用海各用海类型中科研教学用海 1 宗、军事设施用海 1 宗、海岸防护工程用海 5 宗。其中海岸防护工程集中在海口市，科研教学用海位于三亚市，军事设施用海位于万宁市。

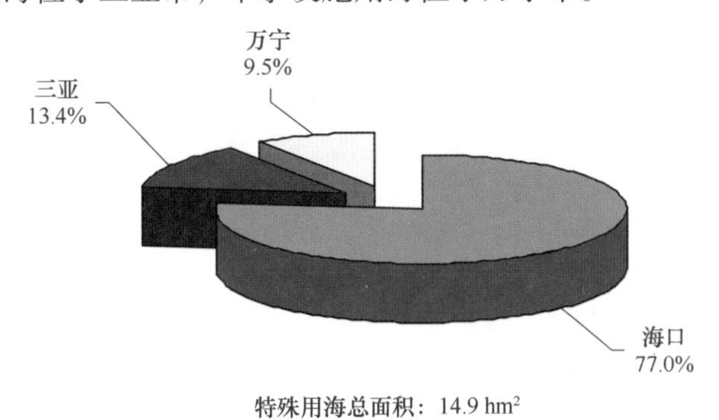

图 3.87　海南省特殊用海确权面积分布图

图 3.88　各类特殊用海（2008 年海域调查现场拍摄）

9）其他用海

其他用海是指上述用海类型以外的用海。截至本次海域使用调查结束，海南省无其他类型的用海。

3.9.3　海域空间资源评价

3.9.3.1　海域整体利用程度

“908 专项”海域使用现状调查统计得出海南岛海域使用 4 745 宗，其中渔业用海 4 577 宗，占总用海宗数的 96.46%。海域使用面积 9 520.74 hm^2，渔业用海面积 6 445.17 hm^2，占总海域使用面积的 67.7%，特殊用海面积 14.9 hm^2，占总海域使用面积的 0.16%。海南岛 0 至50 m 以浅海域面积为 1 711 300 hm^2，其中 0 m 至 2 m 以浅的海域面积为 30 449 hm^2、2 m 至5 m 以浅的海域面积为 118 819 hm^2、5 至 10 m 以浅的海域面积为 143 352 hm^2、10 至 20 m 以浅的海域面积为 335 563 hm^2、20 至 30 m 以浅的海域面积为 475 399 hm^2、30 至 50 m 以浅的海域面积为 607 718 hm^2。海域使用面积占 0 至 50 m 以浅海域面积的 0.56%、占 0 m 至 2 m 以浅的海域面积 31.27%、占 2 m 至 5 m 以浅的海域面积 8.01%、占 5 m 至 10 m 以浅的海域面积

6.64%、占10 m至20 m以浅的海域面积2.84%、占20 m至30 m以浅的海域面积2.00%、占30 m至50 m以浅的海域面积1.57%。由此可见，海南岛海域利用主要集中在0 m至2 m以浅的海域，总而言之，海域整体利用程度相对较低，尤其是深海海域还有很大的开发利用空间。

3.9.3.2 海域使用分布特点

海南岛海域使用类型有渔业用海、工矿用海、交通运输用海、旅游娱乐用海、海底工程用海、排污倾倒用海、围海造地用海、特殊用海。以区位自然条件为前提，以各种发展规划为指导，海南岛各类型用海在不同地区有不同侧重。

北部：为综合产业带，包括海口、澄迈、临高、文昌4个市县以交通运输用海、旅游娱乐用海和渔业用海为主。

南部：为度假休闲产业带，包括三亚、陵水和乐东三县市，旅游娱乐用海较为突出。

东部：为旅游农业产业带，包括琼海和万宁2个市，以旅游和交通运输用海为主，渔业用海其次。

西部：为工业产业带，包括儋州、昌江、东方3个市县，目前渔业用海所占比例仍然较大，交通运输用海、工矿用海等数量逐渐增多。

海南岛海域使用面积分布不均，海域使用面积最多的是儋州市，其次是三亚市，海域使用面积最小的是乐东县，如图3.89所示。

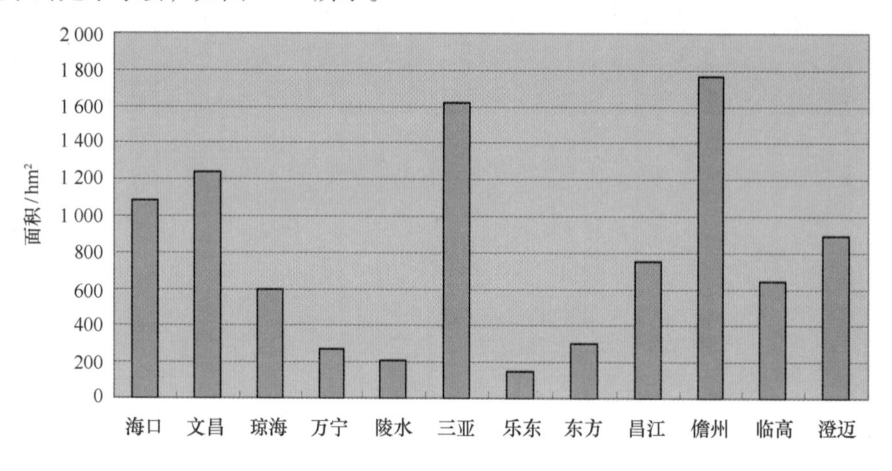

图3.89 海南岛各市县海域使用面积

3.9.3.3 海域使用地域特征

海南岛海域使用起主导地位的是渔业（主要是养殖业），沿海12市县均有分布，尤其是分布于较大的海湾及潟湖，如小海、新村港、黎安港、红沙港、新英湾、后水湾、金牌港、马袅港、东寨港等沿岸。根据地域特征，海南东部主要是旅游娱乐用海，如海口、文昌、琼海、万宁、陵水、三亚六大市县，具有优质的沙滩、港湾、可开辟为滨海浴场。著名的有亚龙湾、三亚湾、大东海、博鳌水城、海棠湾、石梅湾、清水湾、香水湾、月亮湾等，特别是三亚地属海南岛最南端，拥有珊瑚礁、红树林资源，是旅游胜地。海南西部则主要是工矿用海，如儋州、临高等，特别是儋州聚集了金海浆、国投孚宝洋浦港区码头有限公司、中石化海南炼油化工有限公司、中海石油海南天然气有限公司等大型工业。

总的来说，海南岛海域使用地域分布不均，尤其是交通运输用海、海底工程用海、排污倾倒用海、围海造地用海、工矿用海、特殊用海。今年来，根据各市县地域特征，结合海洋经济发展规划、海洋功能区划的指导，海南海域使用结构与布局日趋合理，全岛海域使用管理工作也逐步形成“规范、适度、有序”的管理新局面。

3.9.3.4　海域使用与资源条件适宜程度

海南岛有珊瑚礁、红树林、海草三大典型热带海洋生态系统资源，海南岛从东部的文昌、琼海、万宁、陵水，南部的三亚，至西部的东方、昌江、临高、儋洲、澄迈，沿岸均有珊瑚礁及活珊瑚分布。三亚娱乐用海充分利用珊瑚礁资源，开展了潜水、海底漫步等海上娱乐项目，吸引了海内外游人。海南的红树植物种类分布东西部差异明显。东海岸的红树植物种类远比西海岸丰富，西海岸有的红树植物种类在东海岸均可以找到，且一些种类如海桑属、瓶花木、木果楝、红榄李、正红树和银叶树等仅分布于东海岸，目前建有东寨港红树林自然保护区、清澜港红树林自然保护区、花场湾红树林自然保护区、临高彩桥红树林自然保护区、新英红树林自然保护区、三亚河口红树林自然保护区、青梅港红树林自然保护区。在有红树林分布的区域严禁围海造地用海毁坏红树林。海南海草主要分布于海南的东部、北部和南部。从目前情况来看，海南岛海域使用与资源条件相适宜。

3.9.3.5　海域使用结构与布局评价

海域使用面积最大的是渔业用海，占总海域使用面积的67.7%，主要分布在沿海12市县；其次是交通运输用海，占总海域使用面积的14.3%，陵水、乐东、临高三个市县没有分布，其余沿海9个市县均有分布；海域使用面积最小的是特殊用海，占总海域使用面积的0.16%，只在海口、万宁、三亚有分布。总之，海南海域使用结构简单，布局不均，但随着经济的发展，工矿用海、海底工程用海等也初露端倪。随着省海域使用管理工作的加强和完善，海域使用意识的增强和全省及市县海洋功能区划的完成，海南岛海域使用结构与布局日趋合理。

参考文献

陈桂葵，陈桂珠．1998. 中国红树林植物区系分析［J］．生态科学，17（2）：19－23.

陈国宝 李永振．2005. 南海岛礁渔业可持续利用的探讨［J］．海洋开发与管理，22（6）：84－87.

陈再超，刘继兴．1982. 南海经济鱼类［M］．广东：广东科技出版社．

陈作志，林昭进，邱永松．2010. 基于AHP的南海海域渔业资源可持续利用评价［J］．自然资源学报，25（2）：249－257.

符国瑗．1995. 海南东寨港红树林自然保护区的红树林［J］．广西植物，15（4）：340－6.

广东省海岸带和海涂资源综合调查大队及调查领导小组办公室．1987. 广东省海岸带和海涂资源综合调查报告［M］．北京：海洋出版社．

广东植物研究所．1976. 广东植被［M］．北京：科学出版社．

贾晓平，李永振，李纯厚．2004. 南海专属经济区和大陆架渔业生态环境与渔业资源．北京：科学出版社．

刘超，马志荣．2010. 南海渔业可持续发展的SWOT分析与对策研究［J］．广东农业科学，（9）：238－240.

马彩华，游奎，陈大刚，等．2007. 刍议南海渔业及渔业区划［J］．海洋湖沼通报，128－134.

马彩华，游奎，李凤岐，等．2006. 南海鱼类生物多样性与区系分布［J］．中国海洋大学学报，36（4）：665－670.
麦贤杰．2007. 中国南海海洋渔业［M］．广东：广东经济出版社．
邱永辉，曾晓光，陈涛，等．2008 南海渔业资源与渔业管理［M］．海洋出版社，109－115，192－241.
王伯荪．1987. 论季雨林的水平地带性［J］．植物生态学与地植物学学报，11（2）：154－8.
王德祯．1987. 海南岛尖峰岭热带半落叶季雨林的群落学特征［J］．热带林业科技，（3）：19－32.
厦门大学．2010. 海南近岸水体环境调查研究报告．国家海洋局“908 专项”办．
颜云榕，袁 路，安立龙．2009. 南海资源利用与生态环境保护存在的问题及对策［J］．26（11）：92－96.
杨吝．2000. 21 世纪初南海区捕捞渔业可持续发展趋势［J］．现代渔业信息，15（7）：4－7.
杨吝．2001. 南海区捕捞渔业现状与对策［J］．湛江海洋大学学报，21（1）：73－77.
袁蔚文．2000. 南海渔业资源评估［J］．海洋水产科学研究文集，广州：广东科技出版社，82－85.
张本．2000. 海南海洋渔业资源特征与发展前景分析［J］．现代渔业信息，15（8）：1－5.
郑德璋，廖宝文，郑松发，等．1995. 海南岛清澜港红树树种适应生境能力与水平分布［J］．林业科学研究，8（1）：67～72.
中国植被编委会．1980. 中国植被［M］．北京：科学出版社．

第四章　典型热带海洋生态系统

4.1　珊瑚礁生态系统

4.1.1　珊瑚礁调查评价内容与方法

本次珊瑚礁生态系统共调查17个区域，其中三亚市6个调查区域，文昌市5个调查区域，琼海市、万宁市、东方市、昌江县、儋州市、临高县各1个调查区域，调查区域遍布海南岛近岸海域（图4.1）。调查方法主要是断面法，调查对象包括珊瑚、鱼类和大型藻类。利用调查结果，进行富营养化压力、污染压力、生态结构功能和生态系统健康评价。调查评价结果比较准确地反映了海南岛目前珊瑚礁资源的状况。

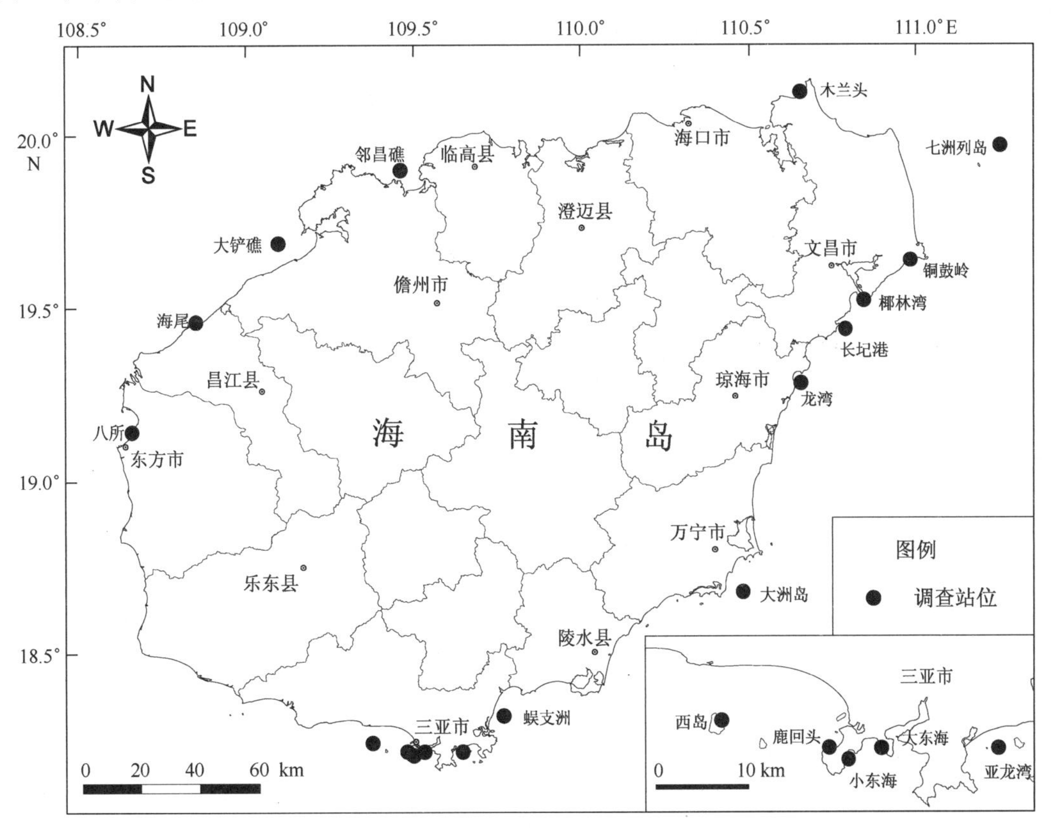

图4.1　海南岛珊瑚礁调查站位图

4.1.2 珊瑚礁生态系统现状分析

4.1.2.1 海南岛海域珊瑚礁空间分布

海南岛海域珊瑚礁的平面分布，反映出断断续续的特点。从东部海域的文昌、琼海、万宁、陵水，南部海域的三亚，至西部海域的东方、昌江、临高、儋州、澄迈沿岸均有珊瑚礁及活珊瑚分布。本次调查统计环岛海域活珊瑚分布面积约为140.04 km^2，其中文昌分布面积最大，可以达到62.44 km^2（图4.2、表4.1）。

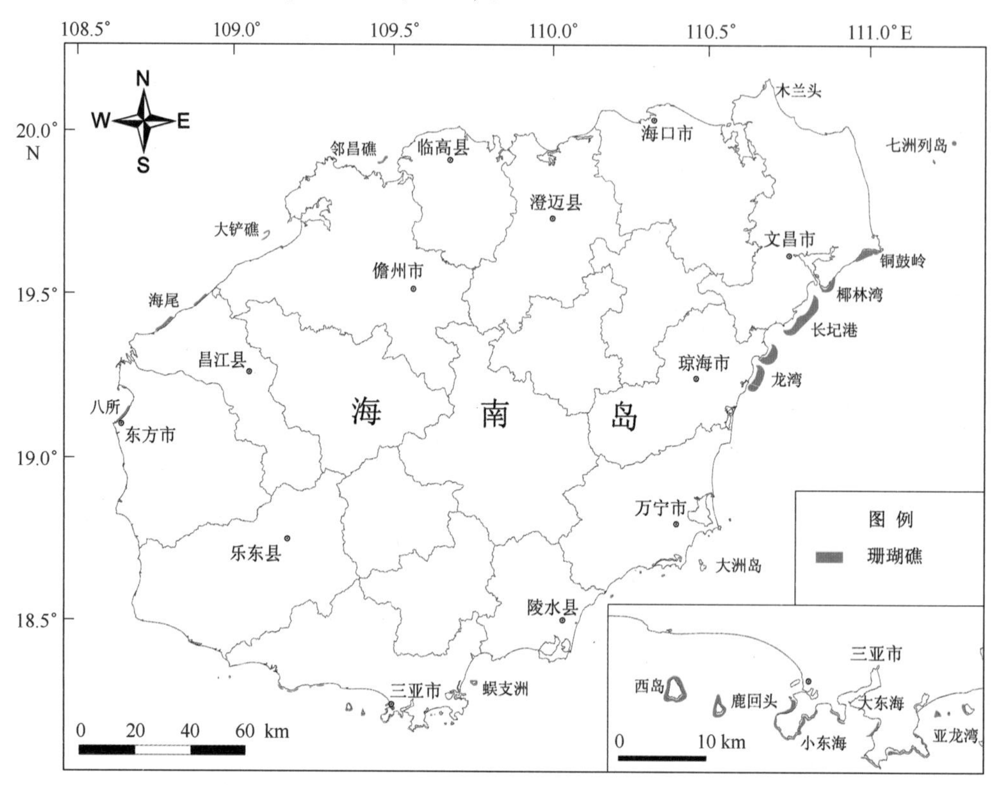

图4.2 环岛海域活造礁石珊瑚分布图

表4.1 海南岛各主要珊瑚分布区分布面积

地点	海尾	儋州	东方	临高	陵水	琼海	三亚	万宁	文昌	合计
面积/km^2	9.83	2.24	4.27	2.63	0.48	43.08	14.40	0.67	62.44	140.04

4.1.2.2 海南岛海域珊瑚礁种类分布

本次海南岛海域珊瑚礁资源普查共调查到13科35属95种。其中文昌13科29属73种，三亚13科30属86种，琼海11科20属29种，万宁12科23属44种，东方8科13属14种，昌江8科14属21种，儋州9科16属24种，临高6科13属14种。

根据本次调查统计，海南岛海域造礁石珊瑚在科级组成中，鹿角珊瑚科和蜂巢珊瑚科为科级优势类群；在属级组成中，鹿角珊瑚属、蜂巢珊瑚属、扁脑珊瑚属等为属级优势类群；

种类组成中，从生盔形珊瑚、多孔鹿角珊瑚、标准蜂巢珊瑚、秘密角蜂巢珊瑚、精巧扁脑珊瑚、澄黄滨珊瑚、二异角孔珊瑚、十字牡丹珊瑚等为海南岛珊瑚主要优势种（图 4.3 ~ 4.11）。

图 4.3　多孔鹿角珊瑚
Acropora millepora

图 4.4　从生盔形珊瑚
Galaxea fascicoularis

图 4.5　从生盔形珊瑚（局部）
Galaxea fascicoularis

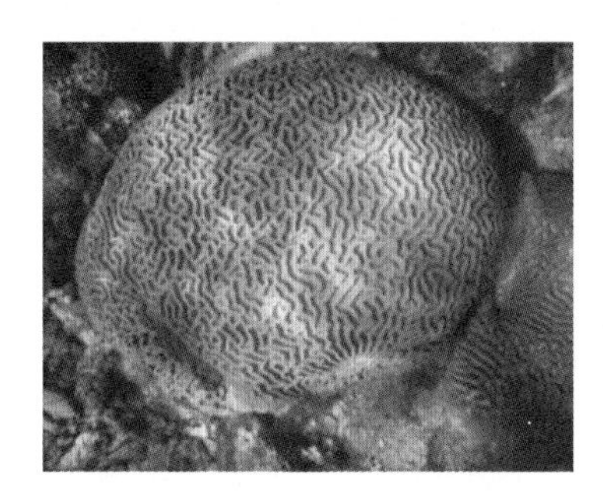

图 4.6　精巧扁脑珊瑚
Platygyra daedalea

图 4.7　澄黄滨珊瑚
Porites lutea

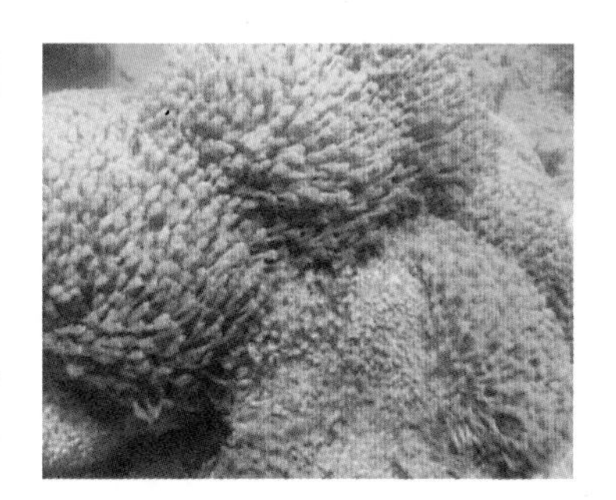

图 4.8　二异角孔珊瑚
Goniopora duofaciata

图 4.9　*Goniastrea palauensis*

图 4.10　标准蜂巢珊瑚
Favia maritima

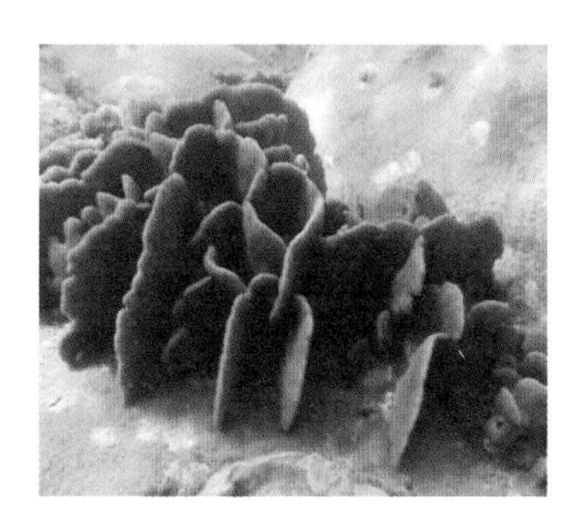

图 4.11　十字牡丹珊瑚
Pavona decussata

同时又对海南岛东部、西部、南部和北部的珊瑚种类进行了统计，结果如表 4.2 和图 4.12 所示。从调查范围的大区域来看，基本上珊瑚种类分布数量是按照从南向北，由东向西逐级递减的。最高的海南岛南部区域珊瑚种类可以达到 84 种，而北部只有 35 种。海南岛东部拥有珊瑚种类 76 种，而西部却只有 35 种。这和造礁石珊瑚的覆盖率变化规律是一致的。

表 4.2 海南岛各区域珊瑚种类数量（南部、东部、北部、西部）

调查区	科	属	种
海南岛南部	12	25	84
海南岛东部	13	31	76
海南岛北部	8	14	35
海南岛西部	11	22	35
总数	13	35	95

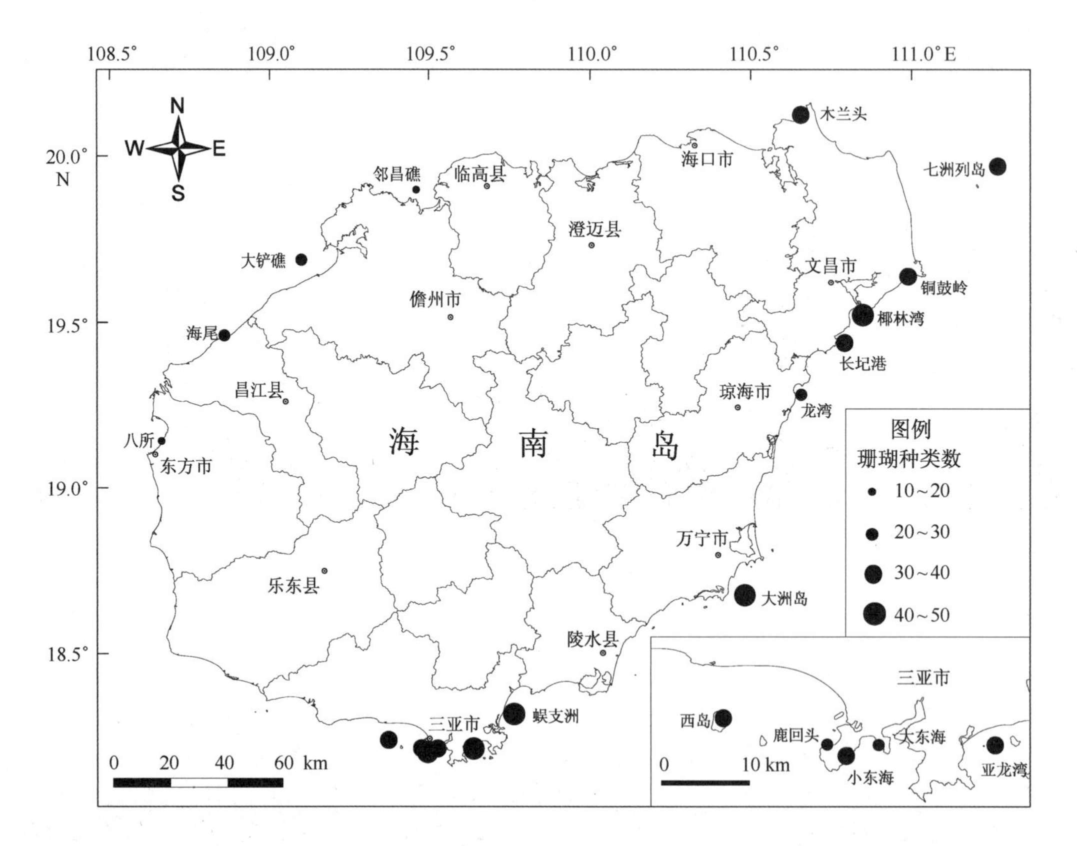

图 4.12 海南岛沿岸各调查站位珊瑚种类

4.1.2.3 海南岛海域珊瑚覆盖率分布

海南岛海域珊瑚主要分布在南部和东部，珊瑚覆盖率的基本走势是南部高于北部，东海岸高于西海岸（图 4.13）。

结合历史资料，我们对整个海南岛海域的珊瑚覆盖率变迁进行了统计，变化趋势如图 4.14 所示。

4.1.2.4 海南岛海域珊瑚礁补充量分布

从珊瑚补充量也可以看出，整体上珊瑚补充量都达到 0.5 ind./m^2 以上，尤其是海南岛东部海域甚至达到了 1.0 ind./m^2 以上，说明珊瑚礁生态系统的珊瑚补充充足，经过一个足够长的时间后，受损的珊瑚礁生态系统是可以恢复的（图 4.15）。

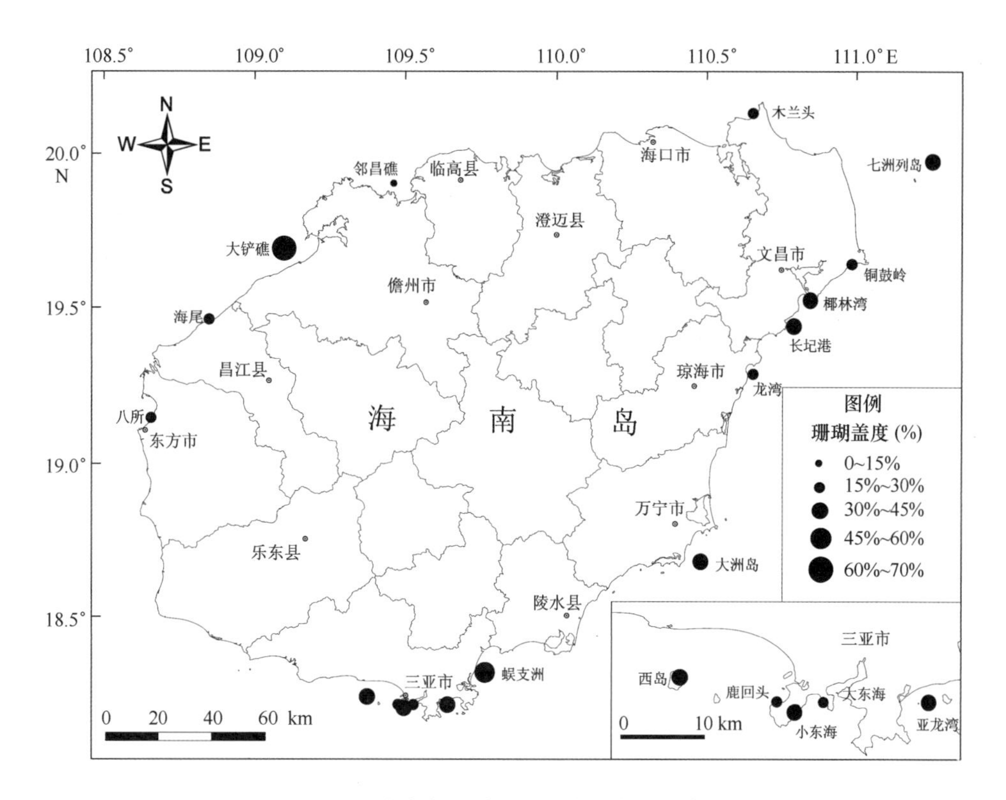

图 4. 13　海南岛海域调查站位珊瑚覆盖率图

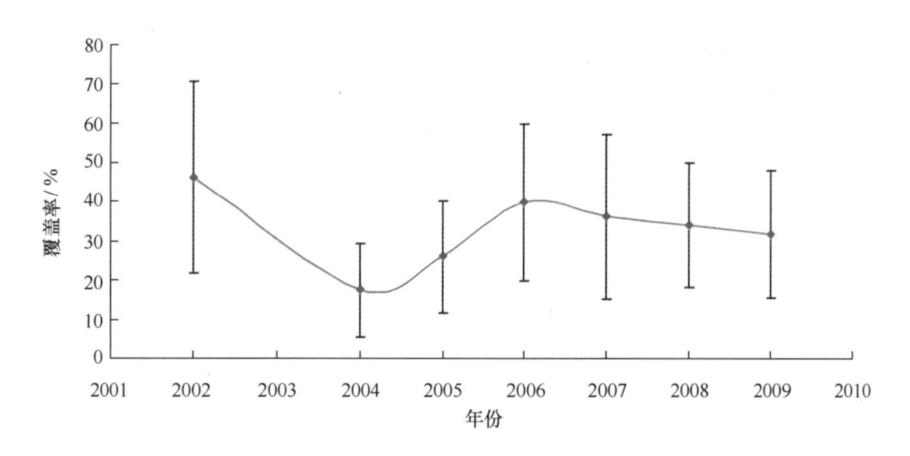

图 4. 14　海南岛海域珊瑚覆盖率变化趋势

4. 1. 2. 5　海南岛珊瑚礁软珊瑚分布

2009 年海南岛区域调查到的主要软珊瑚种类有：豆荚软珊瑚、多棘软珊瑚、圆裂短足软珊瑚、小枝散枝软珊瑚、多棘穗球软珊瑚、乳白肉芝软珊瑚、条状短指软珊瑚、纤状短指软珊瑚、肥大短指软珊瑚、瘤状短指软珊瑚、畸形短指软珊瑚、多型短指软珊瑚、柔弱短指软珊瑚等。

而柳珊瑚主要有侧扁软柳珊瑚、网状软柳珊瑚、扁小尖柳珊瑚、中华小尖柳珊瑚、长小月柳珊瑚、紧绒柳珊瑚、疏枝刺柳珊瑚、枝网刺柳珊瑚、花刺柳珊瑚、楞刺柳珊瑚、细如灯

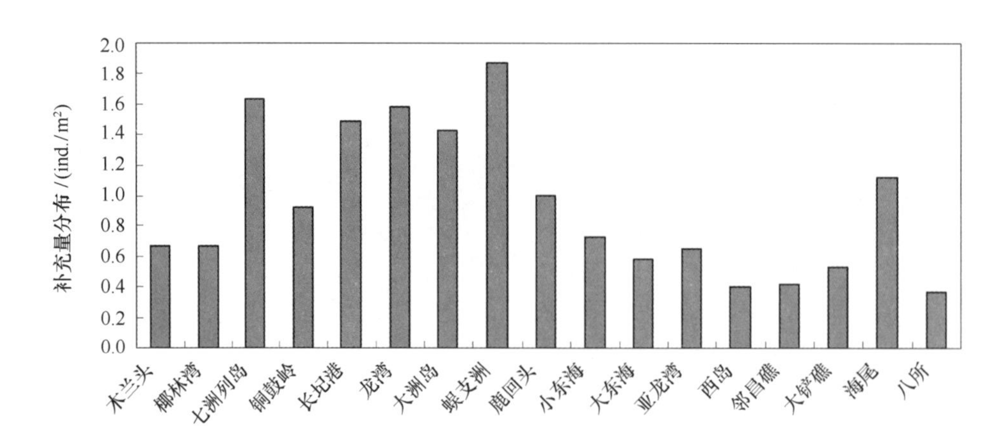

图 4. 15　各调查区域珊瑚补充量分布

芯柳珊瑚、黄如灯芯柳珊瑚、灯芯柳珊瑚、鳞灯芯柳珊瑚、厚丛柳珊瑚、赭色海底柏、黄叠叶柳珊瑚等。各调查区软珊瑚分布见图 4. 16。

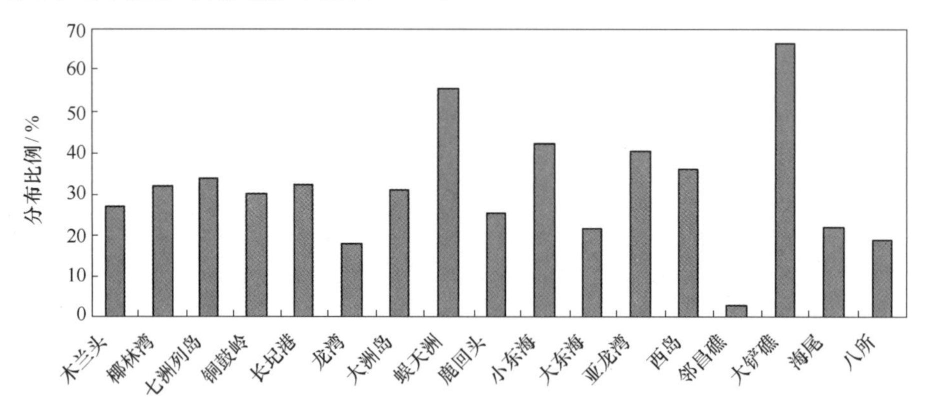

图 4. 16　各调查区域软珊瑚分布

4. 1. 2. 6　海南岛海域珊瑚礁死亡率分布

从死珊瑚的覆盖率来看，海南岛近岸调查区域的死珊瑚覆盖率非常低，这四个大海域中只有海南岛南部的死珊瑚覆盖率达到 6%，其他区域死珊瑚覆盖率基本为 0。主要是因为海南岛南部海域的亚龙湾调查站位死珊瑚覆盖率比较高，尤其是西排，死珊瑚覆盖率高达 80%，几乎整个礁坪都是死珊瑚。其他调查区域的死珊瑚覆盖率非常低，主要是因为近年来珊瑚礁保护工作的加强以及人们意识的提高，使得珊瑚礁生态系统受到保护，珊瑚死亡率降低。

海南岛南部海域死亡率最高的两个区域是亚龙湾西排和西岛码头，这两个海域虽然都存在旅游开发的活动，但是是否是由于旅游开发活动导致的珊瑚死亡率提高，这还不能定论。这两个海域又各自有自己的特点，亚龙湾区域由于码头的修建，改变了西排周围的水动力条件，使得珊瑚大量死亡；而西岛很大原因可能是岛上居民的日常生活污水和污物，加上三亚湾近岸的城市生活污水等，严重影响了珊瑚的正常生长。海南岛北部的木兰湾出现珊瑚死亡率较高的原因，可能是由于木兰湾海域没形成规模的礁坪，也没有天然海湾，珊瑚生长的避风浪条件差，开阔的海域使珊瑚受台风或热带风暴等袭击更大，而且受湾内养殖污水的污染，珊瑚自然生长分布不完好，当然人为的炸鱼也是使造礁石珊瑚死亡的主要原因。

另外，此次对全岛的珊瑚礁资源进行的调查只有在少数几个区域发现有珊瑚病害，如琼海的龙湾珊瑚发病率为0.33%，三亚的蜈支洲珊瑚发病率为7.5%，三亚的西岛珊瑚发病率为2.3%。珊瑚病害主要为珊瑚白化。出现珊瑚白化的原因是多方面的，生物原因可能是长棘海星、核果螺，而环境因素可能是海水中N、P的增多、悬浮物增多等原因。从发病区域来看，珊瑚病害主要集中在海南岛南部的三亚海域，而其是两个著名的潜水旅游区域，探究原因西岛可能是由于居民生活污水等引起的病变，而蜈支洲可能是由于长棘海星等的侵蚀引起的白化。

4.1.2.7　海南岛珊瑚礁大型藻类和大型底栖动物分布

藻类主要是柔软的匍扇藻、团扇藻和海门冬，以及石灰质的叉节藻等。海胆主要是马粪海胆和长刺海胆等。从大型藻类和海胆的柱状图（图4.17）来看，非常明显的显示随着海胆数量的降低藻类覆盖度明显升高，而藻类覆盖率的提高势必会导致与珊瑚竞争的加剧。由于藻类在生长时间和空间上都占有很大优势，一旦藻类大面积爆发，造礁石珊瑚必然会受到更多的压力，珊瑚礁生态系统逐渐开始退化。

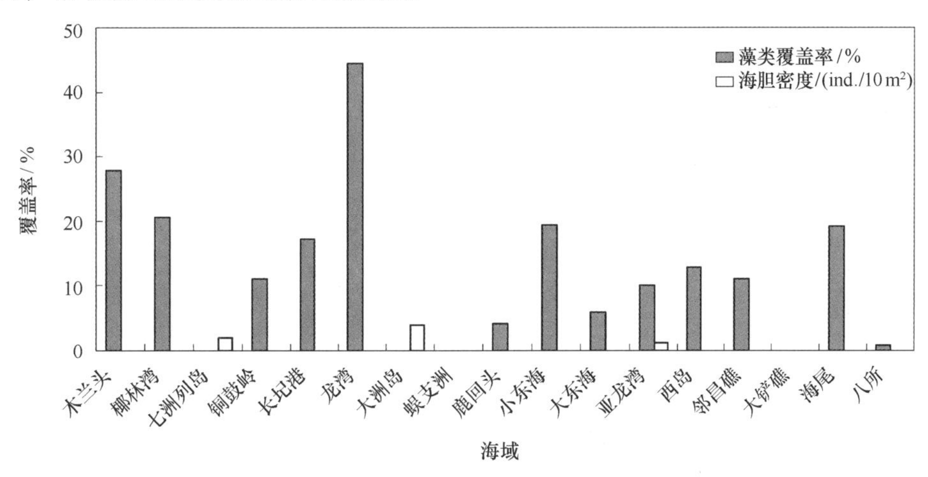

图4.17　调查区域大型藻类覆盖率和海胆密度图

当然可以消除大型藻类的生物不是只有海胆，这里只是拿海胆数量来作为一个指标，间接的反应珊瑚海域底栖动物的状况，进而说明过度捕捞等活动对珊瑚造成的间接伤害。海南岛各调查站位藻类盖度和各调查区域海胆密度图见图4.18和图4.19.

4.1.2.8　海南岛海域珊瑚礁鱼类分布

1）种类

本次调查到珊瑚礁鱼类59属93种；珊瑚礁鱼类种类分布较多的海域一般在珊瑚礁旅游开发区和偏远海岛，而珊瑚礁鱼类较少的海域一般在珊瑚礁分布稀少的海南岛西部海域；各调查区域中珊瑚礁鱼类种类最多的是亚龙湾，其次是蜈支洲；较少的是八所、邻昌礁等海域（图4.20）。

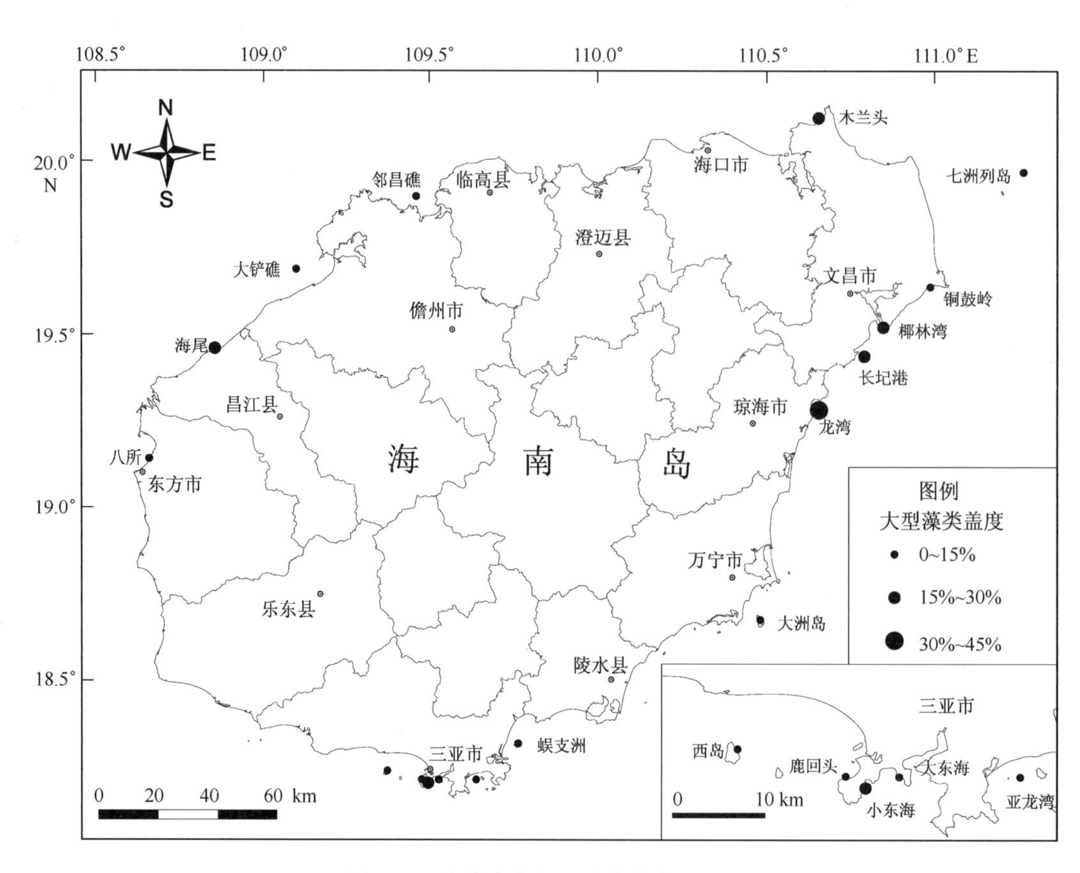

图 4.18　海南岛各调查站位藻类盖度图

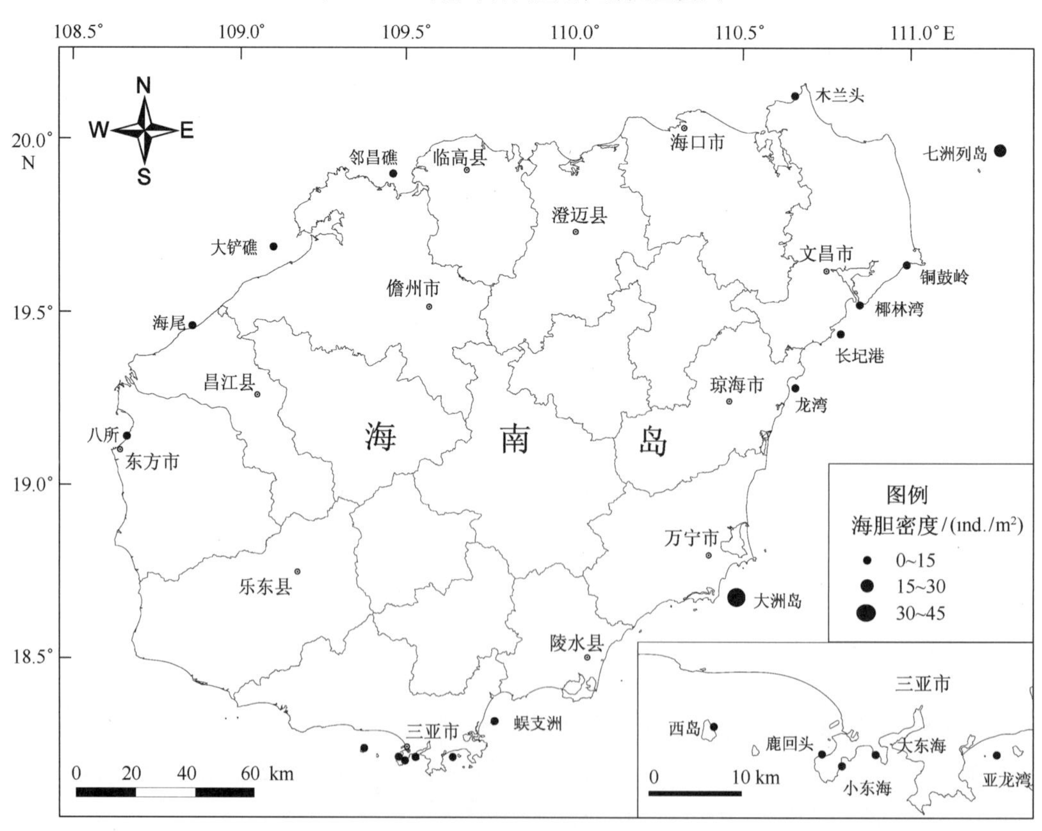

图 4.19　海南岛各调查区域海胆密度图

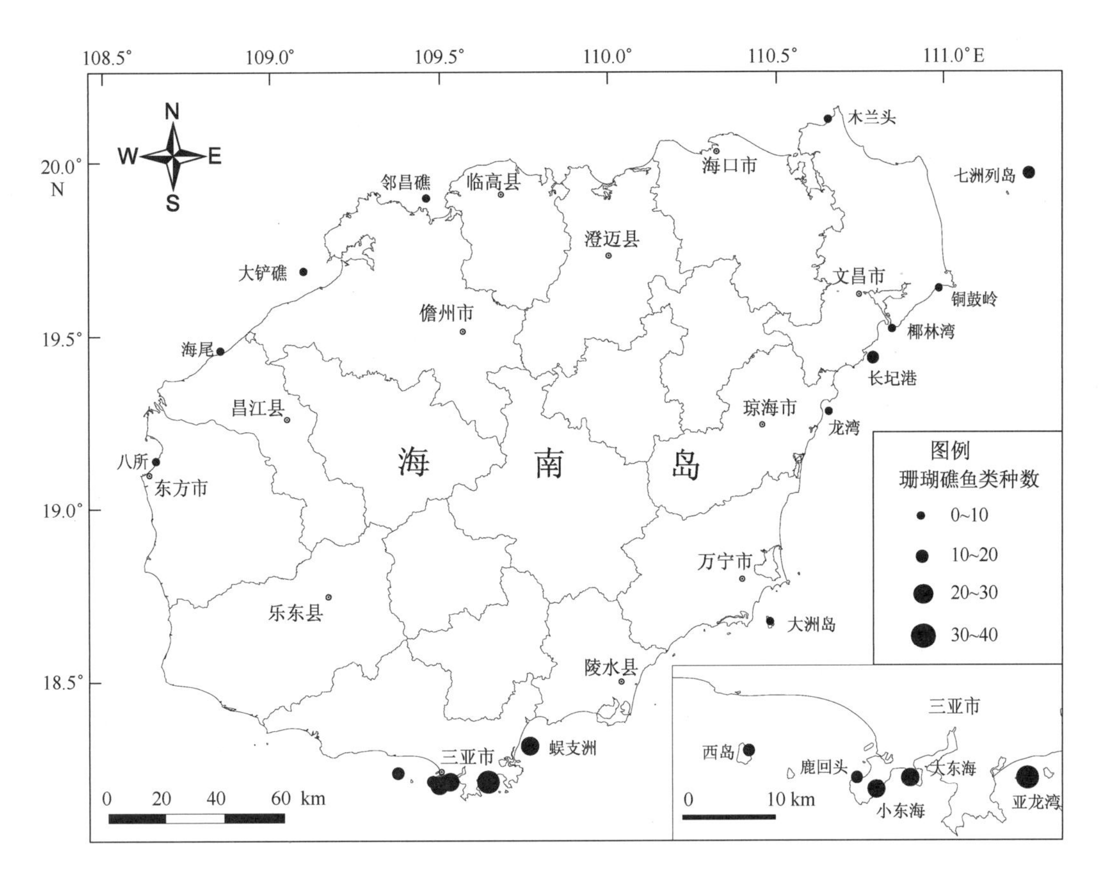

图 4.20　海南岛各调查区域珊瑚礁鱼类种类分布图

2）珊瑚礁鱼类密度

各调查区珊瑚礁鱼类平均密度为 48.24 ind./100 m^2，珊瑚礁鱼类密度分布与种类分布一样，各调查区域中鱼类密度最多的是蜈支洲海域，为 168 ind./100 m^2，其次是亚龙湾海域，为 128 ind./100 m^2；较少的是邻昌礁海域，为 10 ind./100 m^2 见图 4.21。

3）珊瑚礁鱼类个体大小

海南岛各调查区珊瑚礁鱼类个体普遍较小，其中珊瑚礁鱼类个体数为 0～5 cm 鱼类占 22.93%；6～10 cm 鱼类占 50.49%；11～20 cm 鱼类占 23.90%；21～30 cm 鱼类占 1.83%；31～40 cm 鱼类占 0.49%；大于 40 cm 鱼类占 0.37%，见图 4.22。

4）优势种

根据各调查区珊瑚礁鱼类优势度分析，海南岛珊瑚礁优势种主要有灰边宅泥鱼、五带豆娘鱼、网纹宅泥鱼、弧带豆娘鱼、褐篮子鱼、粗体天竺鲷、三带蝴蝶鱼、八带蝴蝶鱼、三斑宅泥鱼、倒盖鳞鱼。

5）多样性指数

海南岛各调查区珊瑚礁鱼类多样性指数平均值为 2.75，其中亚龙湾珊瑚礁鱼类多样性指

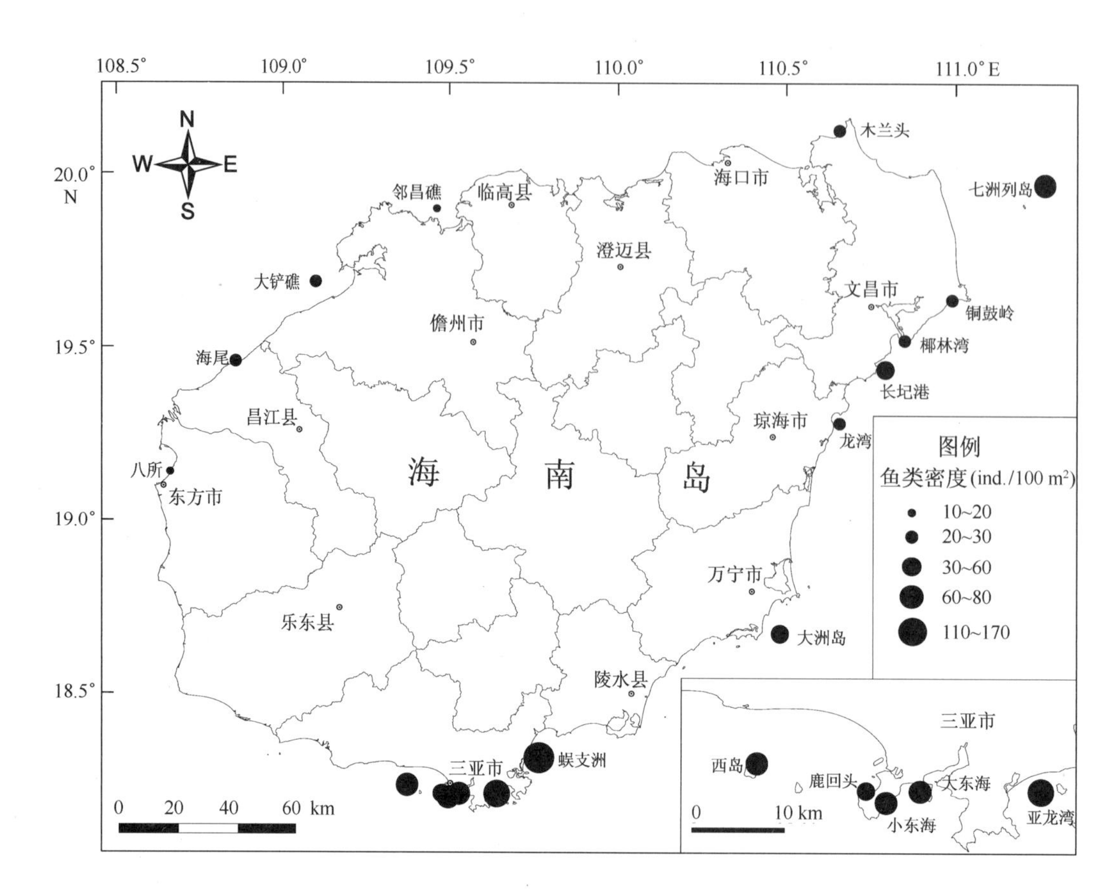

图 4.21　调查区域珊瑚礁鱼密度分布现状

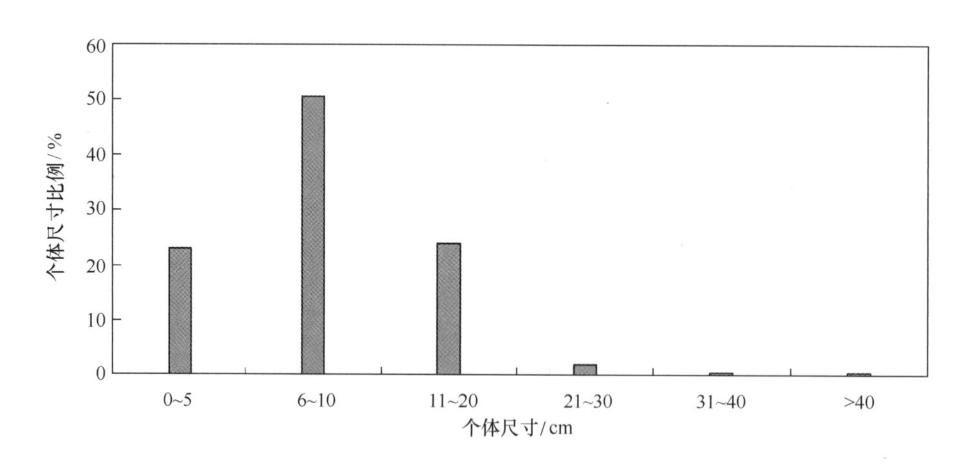

图 4.22　海南岛调查区域珊瑚礁鱼类个体尺寸比例

数最高为4.71，其次为大东海3.81，最少的是八所和邻昌礁均为1.49。各调查区海草多样性指数大小顺序为：亚龙湾、大东海、七州列岛、鹿回头、小东海、长圮、蜈支洲、西岛、龙湾、铜鼓岭、椰林湾、大洲岛、大铲礁、木兰港、海尾、八所港、邻昌礁（图4.23）。

6）均匀度

海南岛各调查区珊瑚礁鱼类均匀度平均值为0.84，其中八所和邻昌礁珊瑚礁鱼类均匀度最高均为0.94，其次为龙湾0.93，最少的是大铲礁为0.69。各调查区珊瑚礁鱼类均匀度由大

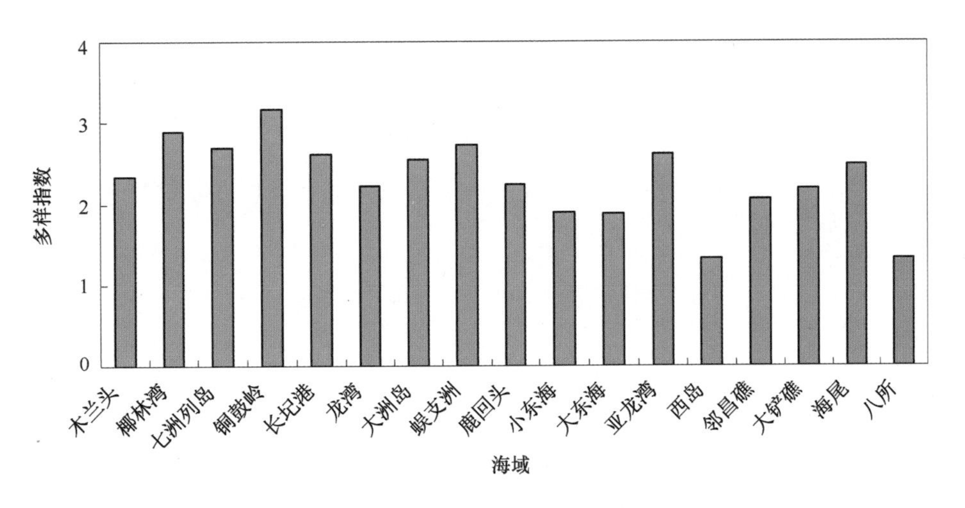

图 4.23　各调查区珊瑚礁鱼类多样性指数

到小顺序为：八所港、邻昌礁、龙湾、长圮、铜鼓岭、亚龙湾、七州列岛、大东海、鹿回头、小东海、木兰港、蜈支洲、海尾、大洲岛、椰林湾、西岛、大铲礁（图 4.24），其中八所港等于邻昌礁，长圮等于铜鼓岭，大东海等于鹿回头，蜈支洲等于海尾。

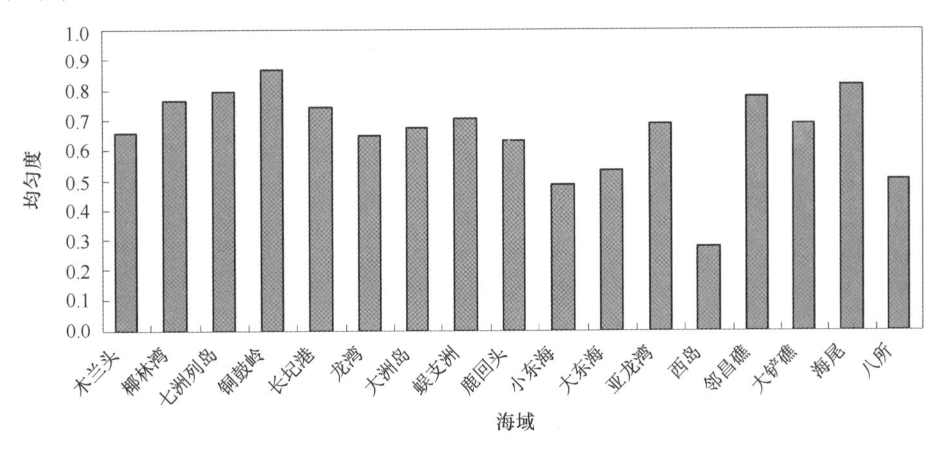

图 4.24　各调查区珊瑚礁鱼类均匀度

4.1.3　珊瑚礁生态系统健康评价

健康的生态系统既是自然生命力存在的根本，也是人类经济活动与可持续发展的重要前提。为了解生态系统健康状况，生态工作者们建立了多种多样的指标体系。由于生态系统的复杂性，不同的生态系统所处的自然、社会、经济状态不同，因此很难建立统一的指标体系来评价所有的生态系统，即使同类生态系统的指标体系也可能由于发展阶段不同，环境目标不同以及公众的需求不同有很大区别，实际上绝对健康的生态系统是不存在的，健康是一种相对的概念，它表示现有管理目标下生态系统所处的状态，因此，首先需要确定环境管理目标，即健康标准。指标是用来表达和交流持续发展状态和过程信息的工具，指标选择的好坏，直接影响决策的正确性。指标的选择，首先必须要立足于评价地区的生态系统特征及管理要求。

将珊瑚礁生态调查数据分为六类—造礁石珊瑚（hard corals，HC），死珊瑚（dead corals，DC），软珊瑚（soft corals，SC），非生物物质（abiotic，AB），藻类（algae，AL）和其他生物（other fauna，OT），各数据最后都以覆盖率的形式表示出来（表 4.3）。这六个分类数据可用来准确计算表述珊瑚礁健康状况的两个指数（CI，DI），这样的分析也可以为珊瑚礁生态系统的群落结构分析提供大量的信息。

表 4.3　调查站位六类底质类型

站位	HC	DC	AB	SC	AL	OT
木兰头	26.87	0.00	73.14	0.00	27.80	0.65
椰林湾	31.60	0.00	68.40	0.20	20.57	1.18
七洲列岛	33.90	0.00	66.10	0.00	0.00	2.00
铜鼓岭	12.00	0.00	70.13	17.87	11.07	0.00
长圮港	29.60	0.00	67.80	2.60	17.18	0.29
龙湾	12.93	0.00	82.33	4.73	44.43	0.00
大洲岛	30.95	0.00	69.05	0.00	0.00	5.42
蜈支洲岛	54.10	0.00	44.30	1.60	0.00	0.10
鹿回头	25.20	0.00	74.80	0.00	4.15	0.00
小东海	42.00	0.00	57.80	0.20	19.43	0.00
大东海	21.30	0.00	78.70	0.17	5.95	0.00
亚龙湾	35.10	39.45	18.60	5.10	10.00	2.03
西岛	35.90	0.00	64.10	0.00	12.93	0.00
邻昌礁	2.93	0.00	97.07	0.00	11.10	18.10
大铲礁	65.00	0.00	33.40	1.60	0.00	0.10
海尾	22.00	0.00	78.00	0.00	19.17	0.00
八所	18.70	0.00	81.30	0.00	0.85	0.00

1）珊瑚礁状态参数评价

状况参数是用来表述珊瑚礁的健康状况和遭受环境压力的程度。通过状况参数，我们可以评价调查区域的健康状况和遭受来自外界环境的压力，间接反映出调查海域的环境状况以及是否适合珊瑚生长。

海南岛调查区域的状况参数的调查结果如图 4.25 所示。从 CI 值排序图中，我们可以看出目前海南岛珊瑚礁健康状况非常好的区域为蜈支洲和大铲礁，而八所、七洲列岛、鹿回头、大洲岛、大东海、西岛、铜鼓岭的珊瑚健康状况较好，小东海、长圮港、椰林湾、海尾的珊瑚礁健康状况一般，木兰头、亚龙湾、龙湾和邻昌礁的珊瑚礁健康状况较差。

将海南岛各调查站位的 CI 值和覆盖率值进行对比，结果如图 4.26。从对比图可以看出 CI 值最高的两个站位大铲礁和蜈支洲的珊瑚覆盖率也是最高的。CI 值最低两个站位龙湾和邻昌礁其珊瑚覆盖率也是最低的。其他站位 CI 值和珊瑚覆盖率基本上都是对应的。木兰头和亚龙湾，从珊瑚覆盖率上看这两个区域的珊瑚覆盖率可以达到 30% 左右。

通过对珊瑚礁生态系统 CI 值的研究，发现目前龙湾和邻昌礁的珊瑚礁生态系统是不健康

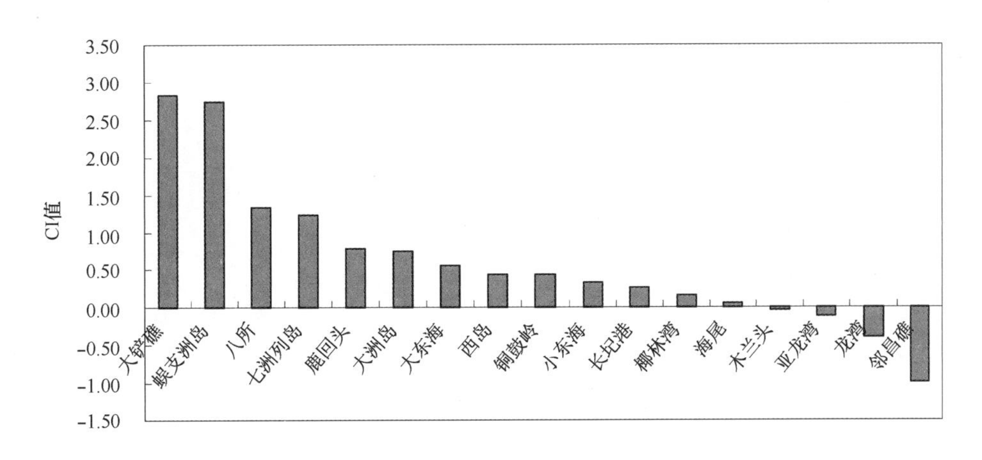

图 4.25　海南岛各调查站位 CI 值

的，珊瑚覆盖率也明显降低，而木兰头和亚龙湾的珊瑚覆盖率虽然还保持一个相对较高的水平，但是由于其 CI 值偏低，珊瑚礁生态系统处于不健康状态，所以这两个区域的珊瑚覆盖率会可能会继续降低。其他调查区域的 CI 值基本和珊瑚覆盖率对应，说明这些区域的珊瑚礁生态系统比较稳定，珊瑚礁比较健康，外界环境压力比较小。

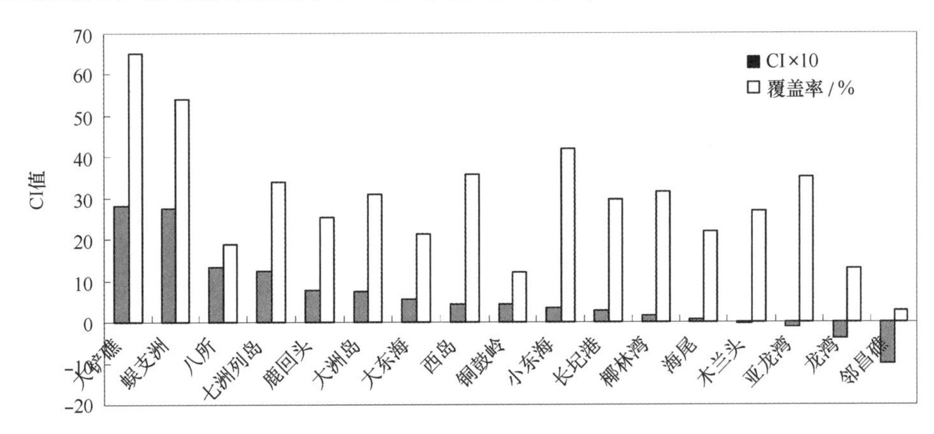

图 4.26　海南岛各调查站位覆盖率和 CI 值对比柱状图（CI × 10）

2）珊瑚礁发育参数评价

发育指数是用来表述珊瑚礁群体的发育水平，可以提供珊瑚礁自然状况信息。通过对调查区域的 DI 值进行分析，可以了解该区域的珊瑚礁群体发育水平，了解将来珊瑚礁的发展空间及发展趋势等自然状况信息。

海南岛各调查区域的 DI 值分析结果如图 4.27 所示。从 DI 值排序图中可以看出海南岛所有调查站位中亚龙湾的珊瑚礁发育是最早的也是最好的，相对其他调查区域来说亚龙湾珊瑚礁未来的发展空间相对较小，其次是大铲礁和蜈支洲。从大铲礁和蜈支洲的情况来推断，亚龙湾以前的珊瑚礁覆盖率一定非常高，回顾亚龙湾的珊瑚礁调查历史可以证实，在 2006 年以前亚龙湾珊瑚覆盖率可以达到 77% 以上，虽然现在降到 30%，但是其珊瑚礁发育依旧是最好的。

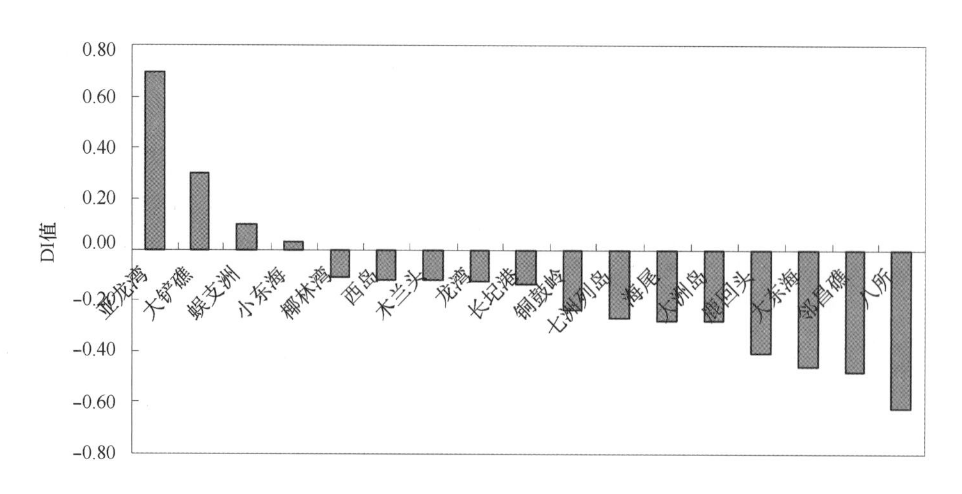

图 4.27　海南岛调查区域 DI 值排序柱状图

其他调查区域的 DI 值调查结果显示，其珊瑚礁发育的都不完善，都有非常大的发育空间和发育能力。

4.1.4　珊瑚礁生态系统对环境变化的响应及演替机制

由于三亚鹿回头岸段的珊瑚研究较早，数据充分，所以对于海南岛珊瑚礁生态系统对环境变化的响应及演替机制的研究主要以三亚鹿回头岸段的珊瑚为主。

4.1.4.1　自然环境因子

工业革命以来，化石燃料燃烧等使得大气中的 CO_2 浓度由 280 ppm 增加到目前的 380 ppm 左右。大气中 CO_2 浓度的持续增长，导致全球变暖，使得海水表层温度上升、海水酸化。这些变化都可能对珊瑚礁生态系统产生影响，导致造礁石珊瑚群落的演变变化。

（1）海水表层温度：造礁石珊瑚属于热带海洋生物群落，海水温度是极其重要的生态因子，通常以海水表层温度（SST）为指标。最适宜造礁石珊瑚生长的温度范围是 25 ~ 29℃，低于 15℃或者高于 32℃很多珊瑚种类就难于忍受。

（2）海水酸化：大气中 CO_2 浓度的不断升高可能会导致海洋酸化，表层海水 pH 值下降和海碳酸盐系统改变。受燃烧化石燃料和其他人类活动产生的 CO_2 浓度增加的影响，目前的表层海水 pH 值已经比工业化前下降了 0.1，如果不采取减排措施，预计 2100 年可能会再下降 0.3 ~ 0.4。目前尚没有资料说明海洋酸化对鹿回头珊瑚礁持续衰退的影响。

（3）台风等灾害事件：台风对珊瑚礁生态系统造成的影响极为剧烈而且破坏性强。在台风掀起的巨浪冲击下，受破坏最重的是分枝状的鹿角珊瑚，它们往往被成片折断。对块状珊瑚来说，有的即使幸免不被敲裂、击碎，也承受不了这种携带大量泥沙和砾块的水体在珊瑚表面的往返摩擦，因而台风常常会造成珊瑚大面积死亡。

4.1.4.2　人类活动影响

人类活动对珊瑚礁的影响主要表现在造成海水污染、富营养化、陆源泥沙沉积增多，和过度捕捞、海水养殖以及滨海旅游等对珊瑚礁生态系统造成破坏和威胁等。相比全球气候变化，人类活动对珊瑚礁生态系统的影响范围较小，具有局域性，但是其造成的危害不容忽视，是导致某些珊瑚礁区出现严重生态退化的主要原因。

4.2 红树林生态系统

海南省是红树林分布较丰富的地区，在我国7个省级以上的红树林自然保护区中，海南省占了其中2个。据报道：目前，全世界现有红树林植物24科82种，共有红树林总面积1 700 × 10^4 hm^2。我国有红树林植物种类18科31种，海南岛现有红树林植物16科28种，约为全世界红树林植物种类的一半，占我国红树林植物种类的90%以上。其中，海南独有的红树林珍贵种类有8个。特别是以东寨港的海湾红树林最为典型。

本次调查与评价力求全面了解这生态系统在海南省的分布，全面准确的评价其生态压力和生态结构功能。通过红树林生态系统的调查，了解海南省红树林空间分布、生物种属与生态健康等基本情况，系统地掌握海南热带海洋生态资源的自然属性与变化的原因，以满足热带特色旅游、海洋经济发展、海洋生态资源的管理、保护和合理利用的需要。

4.2.1 红树林调查与评价方法

通过对海南岛调查海南岛近岸海域红树林的地理分布区域、红树种类、树高、覆盖率、群落结构、生物多样性状况等。通过调查资料分析海南省红树林的变化情况、健康水平及所面临的威胁，提出红树林修复建议，以及红树林资源合理开发利用的对策。

此次的研究共调查了8个红树林保护区（图4.28），调查对象包括红树林、浮游生物和大型底栖生物。

红树植物调查采用历史资料分析、样线与样方调查、遥感解译等方法结合进行。浮游生物调查和大型底栖生物调查遵照“908专项”《海洋生物生态调查技术规程》。

利用调查结果，评价红树林的生态功能和结构、生态压力。

4.2.2 红树林生态系统现状分析

4.2.2.1 植物资源

1）红树植物分布和种类

中国共有真红树植物24种，半红树植物12种（王文卿，王瑁，2007）。除水芫花外，本次调查均有记录到。结合历次的调查结果，尤其是2000年以来的近16次海南红树林调查，我们总结了海南主要红树林分布地红树林种类的分布现状及红树林伴生植物，并与陈焕熊和陈二英（1985）的调查结果进行林对比。海南是我国红树植物种类分布最多的省区，真红树植物种类占世界1/3。除红榄李外，中国所有的真红树植物和半红树植物在文昌清澜港均有天然分布，成为我国红树植物种类最多的自然保护区。尤其值得一提的是文昌清澜港自然分布有海桑属的5个种类（包括2个杂交种），这在世界其他地区也非常少见。

2）珍稀濒危红树植物种类

①银叶树：共发现5个分布点，分别为：海南东寨港、文昌清澜港（松马村、霞场村、

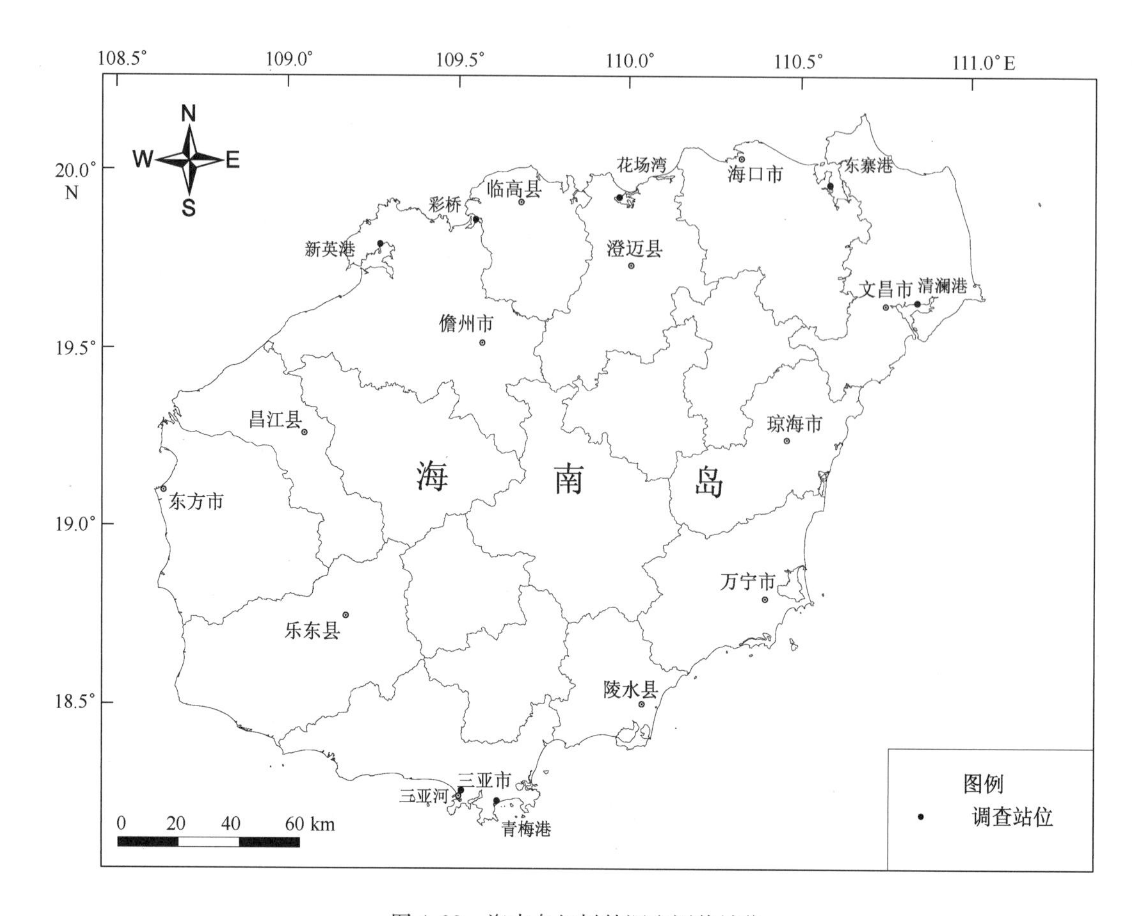

图 4.28　海南岛红树林调查评价站位

清澜港码头东南侧、冼海村）、三亚铁炉港、临高东场村。

②红榄李：仅分布于陵水黎安镇大墩村、三亚铁炉港和海口东寨港。

③尖叶卤蕨：尖叶卤蕨仅分布于文昌清澜港。清澜港尖叶卤蕨主要分布于文昌头宛的松马村、霞场村和海口村，数量较多，多生长于红树林林缘，一般生长于海莲林下，偶尔在林地空隙形成小面积斑块。

④小花老鼠簕：20 世纪 80 年代的调查发现儋州新英港、临高彩桥、澄迈花场湾、东寨港、文昌清澜港、琼海潭门和三亚均有小花老鼠簕的分布（陈焕雄，陈二英，1985）。但本次调查仅在文昌清澜港、东寨港、儋州新英港和三亚发现有小花老鼠簕，且除文昌清澜港种群数量较大外，其他地点的小花老鼠簕数量十分稀少。儋州新英港仅发现 1 丛、三亚榆林河仅找到 1 棵，而且已经被人拔掉，东寨港的小花老鼠簕数量也十分稀少。

⑤海南海桑：作为卵叶海桑和杯萼海桑的杂交种，文昌清澜港是国内唯一的海南海桑天然分布地。原先报道清澜港仅有 4 棵海南海桑，2006 年期间我们对整个清澜港保护区拉网式的调查发现，整个清澜港海南海桑种群数量有 24 棵，分布于文教、东阁、头宛等乡镇及海口村附近。均为成年个体，开花结果正常，未发现幼苗。其中文教镇溪头村数量最多，共有 14 棵，但所有植株均被围于鱼塘中，部分植株处于明显衰退状态。

⑥卵叶海桑：仅分布于文昌清澜港的头宛的霞场村，清澜镇的冼海村、下洋村和海口村，文教镇的溪头村，共记录成年个体数量 51 棵，其中霞场村最多，有 31 棵，散生于杯萼海桑、正红树、角果木等组成的红树林中，未见集群分布。开花结果正常，能形成可育的种子，但

未见小苗。

⑦拟海桑：拟海桑为海桑和杯萼海桑的杂交种，分布范围狭窄，目前仅分布于海南东海岸的清澜港和琼海谭门。拟海桑主干通直饱满，树体高大，文昌个别植株高度超过 20 m，为国内最高大的红树植物，生长快，根系发达，枝繁叶茂，对于水土保持、防风、消浪、固堤、保护农田和村庄、促淤造陆有显著效果。宜大量在海南推广。

⑧水椰：水椰曾经广泛分布于海南岛东海岸，从文昌清澜港、琼海、万宁、到三亚均有分布，东寨港也有。现在在文昌清澜港、琼海、万宁还可以找到水椰。完整调查了三亚所有的红树林分布区，均没有找到水椰，三亚水椰灭绝的可能性非常大。万宁石梅湾是目前国内水椰分布最集中的地区，有连片面积最大的水椰林。文昌清澜港的水椰分布于头宛和会文两地，头宛种群沿河岸分布，个体数量在 50 棵，会文种群为一远离海岸的沼泽地，面积 200 m^2 左右，个体数量在 100 棵左右。东寨港的水椰主要分布于保护区管理局和河公堤附近。

⑨玉蕊：玉蕊天然分布于海南东海岸，从文昌清澜港到万宁石梅湾均有天然分布，东寨港也有分布（仅发现 1 棵）。陈焕雄和陈二英（1985）报道三亚有玉蕊分布，但 2001 年以来我们对三亚河、铁炉港、榆林河和青梅港等地连续多次的调查均没有发现。最近在广东雷州半岛有发现（王文卿等，2009）。文昌头宛横山桥附近的玉蕊林是目前国内唯一的一片玉蕊纯林。

⑩木果楝：仅天然分布于海南东海岸，从文昌清澜港到三亚均有天然分布。三亚铁炉港和榆林河的有大量木果楝古树，榆林河岸一木果楝植株基围大 3.2 m，高 8 m，为国内最大的木果楝植株。20 世纪 80 年代，木果楝被引种到东寨港，能够正常开花结果。广东湛江市相关部门在雷州南渡大堤引种木果楝获得成功。木果楝已载入《中国植物红皮书》。

⑪水芫花：我国水芫花仅分布于台湾南部、海南岛和西沙群岛，数量稀少。水芫花为一典型珊瑚礁植物，多生于高潮线附近的珊瑚石灰岩缝或浪花飞溅区的珊瑚礁上，紧贴着礁石生长，故称珊瑚礁的指标植物。在海南岛，水芫花仅分布于文昌，在铜鼓岭和会文有分布，个体数量十分稀少。

⑫莲叶桐：为半红树植物，生长于海滨平地砂质土壤的疏林中、海岸沙地或基岩海岸的浪花飞溅区，为热带海岸林的重要成分之一。我国台湾、海南有分布。原先报道莲叶桐在海南仅分布于文昌会文。我们的调查发现，除会文外，清澜、东郊等乡镇的海岸林中均有莲叶桐分布，整个文昌莲叶桐数量不超过 15 棵，除会文的 3 棵为常年植株外，其他的均为幼苗。文昌的莲叶桐能够正常开花，但结果非常少，2005—2009 年间，我们只发现 2 个果实。此外，在琼海的谭门等地的海岸木麻黄防护林中，有相当数量莲叶桐，个体数量约 100 棵。这些莲叶桐多分布于防护林的最前沿，植株高大，开花结果多，地上小苗多。记录到的最大个体高 18 m，胸围 3 m。

⑬海滨猫尾木：分布于海南东海岸，从文昌清澜港到三亚均有分布。海滨猫尾木一般散生于红树林内缘，大潮可以淹及，但更多的植株生长在不受潮水影响的海岸林或堤岸，未发现集中分布区，更没有以海滨猫尾木为优势种的群落。所有海滨猫尾木植株生长正常，开花结果正常，地上有的为小苗。

4.2.2.2 植被资源

1）东寨港红树林自然保护区

①红海榄群落：调查的红海榄群落位于塔市附近，外貌为深绿色，结构简单。郁闭度在90%以上，纯林，偶有木榄（*Bruguiera gymnorrhiza*）、白骨壤（*Avicennia marina*）和桐花树（*Aegiceras corniculatum*）混生。树高2～5 m，平均树高2.5 m，平均基径4.5 cm，密度为44丛/100 m^2，支柱根明显，且多分支。

②白骨壤群落：调查的白骨壤群落位于塔市附近，白骨壤外貌银灰绿色，结构简单。郁闭度在90%以上，纯林，树高2～4 m，平均树高2.1 m，平均基径7.3 cm，密度为27株/100 m^2，地表密布笋状呼吸根，高达10～15 cm。白骨壤群落是红树林演替系列的前期类型，也可散生于演替中后期的群系之中，是一种适应性广的类型。

③无瓣海桑+海桑群落：调查的无瓣海桑+海桑群落位于三江。无瓣海桑是从孟加拉国引种，而海桑是从海南文昌引种种植的。最早种植的无瓣海桑约有25a。无瓣海桑树形高大，外貌深绿色。由于是人工林，混种有秋茄（*Kandelia obovata*）和桐花树（*Aegiceras corniculatum*）。郁闭度在90%以上。无瓣海桑高达10～15 m，平均树高14.2 m，平均基径30.2 cm；海桑高达8～10 m，平均树高8.9 m，平均基径19.7 cm，秋茄和桐花树树高小于3 m。林下密布笋状呼吸根，高达10～30 cm，利于固着秋茄、桐花树的繁殖体。

④秋茄群落：调查的秋茄群落位于三江。为秋茄人工林，混种有无瓣海桑（*Sonneratia apetala*）和海桑（*Sonneratia caseolaris*），分布有桐花树（*Aegiceras corniculatum*）。秋茄林外貌黄绿色，郁闭度在90%以上。秋茄高3～5m，平均树高4.2 m，平均基径8.6 cm；海桑高达7.6 m，无瓣海桑高10.9 m，桐花树高2.5 m。林下有笋状呼吸根，高达10～30 cm，和秋茄幼苗。

⑤海莲群落：调查的演丰山尾小学附近的海莲群落属于成熟林，郁闭度在90%以上。平均树高6.0 m，平均基径20.1 cm。林内混生有木榄（*Bruguiera gymnorrhiza*）和尖瓣海莲（*Bruguiera sexangula* var. *rhynchopetala*）。分布于高潮带，靠近岸边。林下密布膝状呼吸根。

调查的三江溪头的海莲群落属于中幼林，郁闭度在90%以上。平均树高3.7 m，平均胸径6.1 m。林内混生有尖瓣海莲（*Bruguiera sexangula* var. *rhynchopetala*）和红海榄（*Rhizophora stylosa*）、秋茄、桐花树（*Aegiceras corniculatum*）、角果木（*Ceriops tagal*）和黄槿（*Hibiscus tiliaceus*）。靠潮沟的林带密布鱼藤。林下密布膝状呼吸根。

⑥角果木群落：调查的演丰东河野菠萝岛的角果木林为纯林，冠层黄绿色。郁闭度在95%以上，平均树高1.1 m，平均基径4.1 cm。

2）清澜港红树林自然保护区

①木榄群落：群落外貌深绿色，林冠参差，乔林状，混生海桑和正红树，林内几无下木，通常仅1层。郁闭度高达95%以上。除海南海桑外，平均树高5～6 m，基径5～15 cm。

②杯萼海桑+瓶花木群落：群落外貌疏散，黄绿色，林冠参差，乔林状，以杯萼海桑和瓶花木为主。覆盖度达85%以上。林内伴生海南海桑、海漆、海莲等多种红树植物。平均树高达3.9 m，群落内最高的为海南海桑，高达13 m。平均基径9.5 cm。地表笋状呼吸根发达，

可延伸至离母株16 m处，突出地面8～20 cm。该群落分布在中潮带，是红树林演替系列前中期的类型。

③海莲＋木果楝＋正红树群落：群落外貌深绿色或杂以黄绿色斑块，林相参差不齐，松散或致密，主干不明显，树冠呈波状起伏，以海莲、木果楝和正红树为主。郁闭度超过95%。平均树高6～7 m，基径20 cm。生长于中、高潮带，土壤坚实，泥质或者半沙质土壤盐度较高，多为成熟的混生林。群落林相高大并杂有木榄、木果楝等树种的成熟林则多处于高潮带的内滩，本类群是处于中后期的演替类型。

④海莲群落：海莲（*Bruguiera sexangula*）群落外貌翠绿色，林冠较为整齐，高6～10 m，基径15～20 cm。郁闭度超过95%。林下地表有膝状呼吸根和老鼠簕灌丛。群落处于平缓的中高潮滩，潮水浸淹少，土壤坚实，泥质或者半沙质土壤盐度较高，多为成熟的混生林。林缘和林冠有鱼藤和藤黄檀等藤本分布。该群落林相对高大并杂有木榄、木果楝等树种的成熟林，林下有老鼠簕、许树等灌丛分布，多处于高潮带的内滩，亦处于中后期的演替类型。

⑤角果木＋榄李群落：群落外貌黄绿色，林冠不整齐，高3～5 m，基径15～20 cm。郁闭度超过95%。清澜港的官建村外的海滩属于侵蚀型海岸。该群落分布在侵蚀型海岸的中潮位，林下地表分布卤蕨灌丛。潮水浸淹少，土壤坚实，泥质或者半沙质土壤盐度较低，为灌丛状混生林。该群落是演替中后期类型。

⑥杯萼海桑群落：杯萼海桑（*Sonneratia alba*）生长于河湾淤泥深厚、含盐量较低的冲积泥滩。调查的杯萼海桑群落位于文昌南部的南兴。杯萼海桑树形高大，外貌疏散，呈黄绿色。林下伴生有白骨壤、红海榄等种类。郁闭度在85%以上。杯萼海桑平均树高4 m，平均基径11.4 cm。林下密布笋状呼吸根，高达10～30 cm，利于固着秋茄繁殖体。该群落的适应性较强，在海滩岸边或外缘以及内河漫滩、河口均可生长，它是红树林演替系列前期和后期都可存在的类型。

3）三亚河红树林自然保护区（青梅港和三亚河）

①正红树群落：调查的正红树群落位于三亚河的西河，为纯林，冠层深绿色。郁闭度在85%以上，平均树高8.7 m，平均基径12.1 cm。林缘50 cm高的正红树幼苗多，并伴生有少量榄李和许树。沿岸侧有杯萼海桑幼苗、约有1.5 m，还有桐花树、白骨壤、鱼藤和海漆等分布。该群落属于演替的中前期。

②白骨壤群落：调查的白骨壤群落冠层灰绿色。郁闭度约80%，平均树高4.7 m，平均基径7.8 cm。林缘有少量50 cm高的正红树幼苗，林内和林缘有大量海马齿分布。属于演替的前期类型。

③无瓣海桑群落：调查的无瓣海桑群落位于三亚河的西河。无瓣海桑树形高大，外貌浅绿色。由于是人工林，混种有正红树、海漆、黄槿和榄李等植物。郁闭度约为80%。无瓣海桑高达15.4 m，平均基径20.2 cm。其他几种植物的树高小于4.5 m。林下密布笋状呼吸根，高达10～30 cm，有大量无瓣海桑、桐花树、许树等幼苗生长，林下有卤蕨和鱼藤生长。

④角果木＋榄李群落：调查的角果木＋榄李群落为灌丛，分布在亚龙湾青梅港的新建公路两侧。为高潮带。冠层黄绿色。郁闭度约90%，平均树高2.9 m，平均基径5.1 cm。林内和林缘有少量桐花树、杯萼海桑和卤蕨分布。该群落分布于内滩，是潮带与高潮带的过渡地

区，为演替中后期类型。

⑤正红树群落（青梅港）：调查的正红树群落分布在亚龙湾青梅港的内湾。属于演替的中期。虽然为中高潮带，但正红树和角果木大量落叶，冠层黄绿色，郁闭度低。处于退化状态，属于演替的中期。

4）儋州（新英自然保护区和东场自然保护区）红树林

①红海榄+桐花树+白骨壤群落：新英桥下的红海榄+桐花树+白骨壤群落，外貌为深绿色，结构简单。郁闭度在95%以上。树高2~5 m，平均树高2.6 m，平均基径5.5 cm，支柱根明显，且多分支。属于群落演替的中前期。

②红海榄群落：该调查区域分布于儋州东场红树林自然保护区。群落外貌为深绿色，结构简单。郁闭度在80%，纯林。树高3~6 m，平均树高3.04 m，平均基径4.55 cm，支柱根明显，且多分支。属于群落演替的中前期。

③桐花树+白骨壤群落：调查的桐花树+白骨壤灌丛位于潭龙村红海榄群落外缘，群落宽度小于20 m外貌黄绿色，结构简单，郁闭度90%。平均树高1.3 m，平均基径2.5 cm。属于群落演替的前期。

5）临高新盈彩桥红树林自然保护区

①红海榄群落：红海榄群落多致密而统一。该调查区域分布于临高彩桥红树林自然保护区。群落外貌为深绿色，结构简单。郁闭度在95%以上。纯林，偶有角果木（*Ceriops tagal*）和白骨壤（*Avicennia marina*）混生。树高3~6 m，平均树高4.5 m，平均基径4.8 cm，支柱根明显，且多分支。该群落属于群落演替的中期。

②桐花树+白骨壤群落：调查的桐花树+白骨壤灌丛位于临高彩桥红树林自然保护区红海榄群落的外缘，群落宽度小于30 m，外貌黄绿色，结构简单，郁闭度95%。平均树高1.7 m，平均基径4.2 cm。属于群落演替前期。

6）澄迈花场湾红树林自然保护区

①榄李群落：榄李是先锋树种，生长于洪潮可以达到的中高潮滩的滩面上。灌丛状，树高1~3 m，基径5~12 cm，经被大量围垦。群落郁闭度约90%，平均树高1.6 m，平均基径3.6 cm。林内有少量桐花树（*Aegiceras corniculatum*）、白骨壤（*Avicennia marina*）和红海榄（*Rhizophora stylosa*）分布，该群落属于前中期。

②桐花树群落：该区的桐花树群落分布于花场村外的鱼塘外缘前缘滩涂被大量围垦。纯林，灌丛状，群落黄绿色。郁闭度低，仅为50%。平均树高1.3 m，基径4.1 cm。该群落属于演替的前中期。

③桐花树+秋茄群落：该区的桐花树+秋茄群落分布于花场村外的鱼塘外缘，前缘滩涂被大量围垦。灌丛状，群落绿色。郁闭度为80%。平均树高2.3 m，基径5.1 cm。该群落属于演替的前中期。

④红海榄群落：该区的红海榄群落位于花场村外的鱼塘外缘的中潮滩，前缘滩涂被大量围垦。群落深绿色。郁闭度为90%。平均树高2 m，基径4.8 cm。该群落属于演替的中期。

4.2.2.3 鸟类

1）鸟类物种组成

此次海南省红树林保护区鸟类调查于2009年6月中下旬进行，在8个红树林保护区共记录鸟类10目32科63种（表4.4）。根据生态类群划分，其中鸣禽种类最多，为23种；其次为涉禽，有20种；另有攀禽11种，游禽4种，猛禽3种和鸠鸽类2种。其中水鸟（包括涉禽和游禽）24种，占38.10%，非水鸟有39种，占61.90%。水鸟中主要由鹭科、鹬科和燕鸥科鸟类组成，分别由8种、8种和4种，非水鸟中主要以雀形目鸟类为主，有23种。海南省8个红树林自然保护区的鸟类生态群组成见表4.5。

表4.4 此次调查海南红树林鸟类名录及分布情况

中文名	拉丁名	东寨	花场	清澜	青梅	三亚	新英	彩桥	东场
	鹳形目 > 鹭科								
苍鹭	*Ardea cinerea*						√		
大白鹭	*Egretta alba*	√				√	√	√	
小白鹭	*Egretta garzetta*	√	√		√	√	√	√	
池鹭	*Ardeola bacchus*	√	√	√	√		√	√	√
绿鹭	*Butorides striatus*	√	√	√	√	√	√	√	√
夜鹭	*Nycticorax nycticorax*	√							
黄斑苇鳽	*Ixobrychus sinensis*	√		√				√	
栗苇鳽	*Ixobrychus cinnamomeus*		√	√		√		√	
	隼形目 > 鹰科								
黑翅鸢	*Elanus caeruleus*		√				√	√	
黑鸢	*Milvus migrans*					√			
凤头鹰	*Accipiter trivirgatus*				√				
	鹤形目 > 秧鸡科								
白胸苦恶鸟	*Amaurornis phoenicurus*	√			√	√		√	
	鸻形目 > 燕鸻科								
普通燕鸻	*Glareola maldivarum*						√		
	鸻形目 > 鸻科								
金眶鸻	*Charadrius dubius*			√			√		
环颈鸻	*Charadrius alexandrinus*	√	√	√	√	√			
	鸻形目 > 鹬科								
中杓鹬	*Numenius phaeopus*	√					√		
白腰杓鹬	*Numenius arquata*						√	√	
红脚鹬	*Tringa totanus*							√	
青脚鹬	*Tringa nebularia*							√	
翘嘴鹬	*Xenus cinereus*						√		
矶鹬	*Actitis hypoleucos*	√							

续表 4.4

中文名	拉丁名	东寨	花场	清澜	青梅	三亚	新英	彩桥	东场
红颈滨鹬	*Calidris ruficollis*						√		
青脚滨鹬	*Calidris temminckii*						√		
	鸻形目 > 燕鸥科								
鸥嘴噪鸥	*Gelochelidon nilotica*	√							
白额燕鸥	*Sterna albifrons*			√				√	
须浮鸥	*Chlidonias hybridus*	√							
白翅浮鸥	*Chlidonias leucopterus*	√							
	鸽形目 > 鸠鸽科								
火斑鸠	*Streptopelia tranquebarica*	√	√				√	√	√
珠颈斑鸠	*Streptopelia chinensis*	√	√	√	√	√	√	√	
	鹃形目 > 杜鹃科								
四声杜鹃	*Cuculus micropterus*	√							
绿嘴地鹃	*Phaenicophaeus tristis*	√							
褐翅鸦鹃	*Centropus sinensis*	√	√	√	√		√	√	√
	雨燕目 > 雨燕科								
棕雨燕	*Cypsiurus balasiensi*					√			
小白腰雨燕	*Apus nipalensis*			√		√	√		
	佛法僧目 > 翠鸟科								
普通翠鸟	*Alcedo atthis*	√	√	√	√	√	√	√	
白胸翡翠	*Halcyon smyrnensis*	√	√	√	√	√		√	
蓝翡翠	*Halcyon pileata*			√					
斑鱼狗	*Ceryle rudis*	√	√	√	√	√	√	√	
	佛法僧目 > 蜂虎科								
栗喉蜂虎	*Merops philippinus*		√	√				√	
	戴胜目 > 戴胜科								
戴胜	*Upupa epops*	√		√					
	雀形目 > 百灵科								
小云雀	*Alauda gulgula*						√		
	雀形目 > 燕科								
家燕	*Hirundo rustica*	√	√	√	√	√	√	√	√
	雀形目 > 鹡鸰科								
白鹡鸰	*Motacilla alba*					√	√		
	雀形目 > 山椒鸟科								
赤红山椒鸟	*Pericrocotus flammeus*				√				
	雀形目 > 鹎科								
白头鹎	*Pycnonotus sinensis*	√	√		√	√	√	√	
	雀形目 > 伯劳科								
棕背伯劳	*Lanius schach*	√	√	√	√	√	√	√	√

续表 4.4

中文名	拉丁名	东寨	花场	清澜	青梅	三亚	新英	彩桥	东场
	雀形目 > 盔鵙科								
钩嘴林鵙	*Tephrodornis gularis*				√				
	雀形目 > 卷尾科								
黑卷尾	*Dicrurus macrocercus*	√	√	√			√	√	√
	雀形目 > 椋鸟科								
八哥	*Acridotheres cristatellus*	√	√	√	√	√	√	√	
家八哥	*Acridotheres tristis*							√	
灰背椋鸟	*Sturnia sinensis*	√	√	√	√	√	√	√	
	雀形目 > 鸫科								
鹊鸲	*Copsychus saularis*	√	√	√	√	√	√	√	
	雀形目 > 王鹟科								
黑枕王鹟	*Hypothymis azurea*				√				
	雀形目 > 画眉科								
黑喉噪鹛	*Garrulax chinensis*	√							
	雀形目 > 扇尾莺科								
黄腹山鹪莺	*Prinia flaviventris*	√	√	√	√				√
纯色山鹪莺	*Prinia inornata*		√	√	√	√		√	
	雀形目 > 绣眼鸟科								
暗绿绣眼鸟	*Zosterops japonicus*	√	√	√	√	√	√	√	√
	雀形目 > 山雀科								
大山雀	*Parus major*				√				
	雀形目 > 啄花鸟科								
朱背啄花鸟	*Dicaeum cruentatum*			√	√				
	雀形目 > 花蜜鸟科								
黄腹花蜜鸟	*Cinnyris jugularis*	√		√	√				
叉尾太阳鸟	*Aethopyga christinae*			√					
	雀形目 > 雀科								
麻雀	*Passer montanus*						√		
	雀形目 > 梅花雀科								
斑文鸟	*Lonchura punctulata*						√		

表 4.5 海南岛 8 个红树林自然保护区的鸟类生态类群组成

	东寨	新英	彩桥	清澜	青梅	花场	三亚	东场
鸣禽	11	12	10	12	15	10	9	5
涉禽	9	13	10	6	5	5	6	2
攀禽	7	4	5	8	4	5	5	1
鸠鸽类	2	2	2	1	1	2	1	1
猛禽	0	1	1	0	1	1	1	0
游禽	3	0	1	1	0	0	0	0

根据鸟类的迁徙规律，6 月中下旬的鸟类应该大部分为留鸟和夏候鸟。此次海南红树林保护区鸟类中以留鸟和夏候鸟有 50 种，占调查种类的 79.4%，符合鸟类迁徙规律。

2）海南红树林自然保护区鸟类数量

此次调查在海南的 8 个红树林自然保护区共记录到鸟类 2 545 只，调查数量最多的保护区为东寨港红树林自然保护区，调查到 558 只，其次为新英红树林自然保护区，为 532 只，最少的为东场红树林保护区，这主要是由于在该保护区天气因素调查时间较短有关，不能准确反应该保护区的鸟类数量，除了东场保护区外，青梅港红树林自然保护区的鸟类数量最少，该保护区位于海南著名的旅游景点亚龙湾内，平时游人较多，同时在调查期间保护区内正进行一些建设施工，人为干扰较大，从而导致该保护区内的鸟类数量要比其他保护区少很多。其他 4 个红树林自然保护区调查到的水鸟数量在 220 ~ 435 只之间（见图 4.29 ~ 图 4.33）。

图 4.29　绿鹭

图 4.30　家燕

图 4.31　棕背伯劳

图 4.32　暗绿绣眼鸟

海南不同红树林自然保护区的鸟类除了数量有一定差别外，它们的数量组成结构也有较大差别（见图 4.34）。各个保护的鸟类数量都主要由鸣禽和涉禽组成，但在清澜港、青梅港的鸣禽数量明显高于涉禽的数量，东寨港、新英和彩桥 3 个红树林保护区的涉禽数量要高于鸣禽数量，而其他保护区鸣禽和涉禽的数量差别不大。

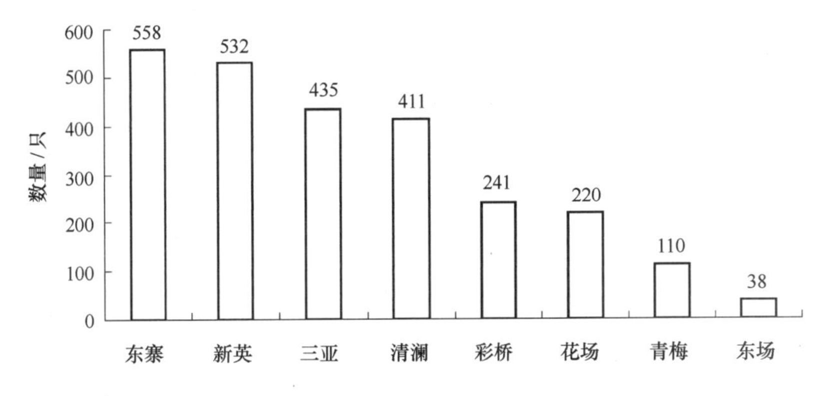

图 4.33　海南不同红树林自然保护区的鸟类调查数量比较

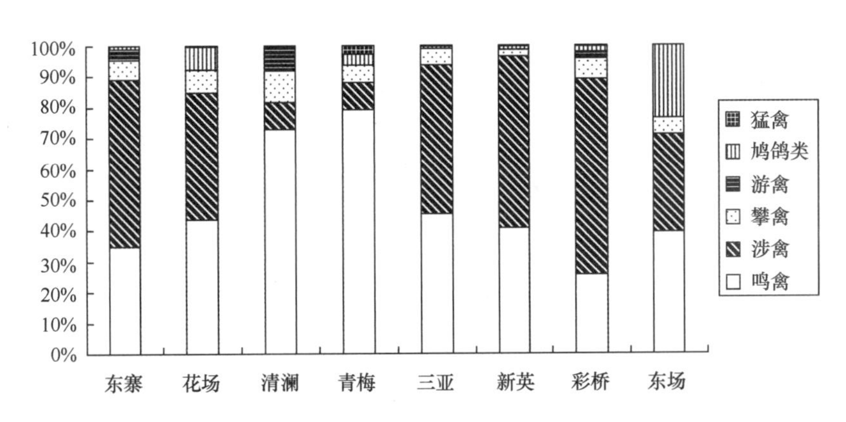

图 4.34　海南不同红树林自然保护区不同生态类群的鸟类数量比例

4.2.2.4　浮游植物

1）浮游植物种类组成

在 8 个红树林自然保护区的 28 个站位的水样中共鉴定到浮游植物 6 门 46 属 100 种（包括 4 个变种），其中硅藻门 25 属 59 种，绿藻门 9 属 19 种，蓝藻门 7 属 12 种，甲藻门 5 属 5 种，裸藻门 2 属 4 种，金藻门 1 种。硅藻占 59%，绿藻占 19%，蓝藻占 12%，甲藻占 5%，裸藻占 4%，金藻占 1%（图 4.35）。

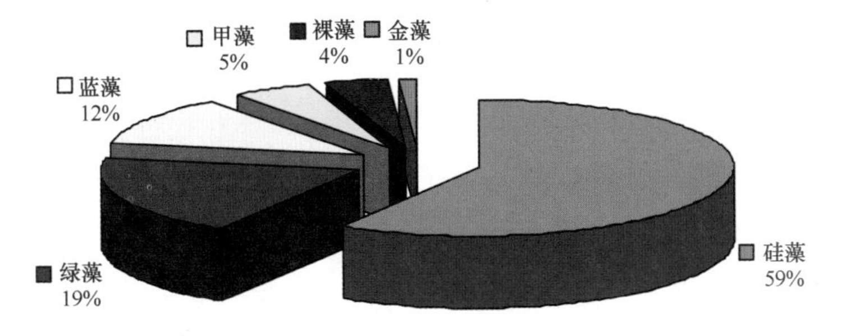

图 4.35　海南红树林中各门藻类所占所有浮游植物总量的百分比

2）浮游植物丰度及其水平分布

调查结果显示，不同红树林自然保护区各站位浮游植物的细胞丰度也有所不同。东寨港是站位 HDZG04 的丰度最高，HDZG06 次之，HDZG04 最低；清澜港是站位 HQLG03 的丰度最高，HQLG02 和 HQLG01 次之，HQLG04 最低；三亚河各站位浮游植物细胞丰度较为接近，站位 HSYH03 略高；青梅港是站位 HQMG03 的丰度最高，HQMG02 次之，HQMG01 最低；新英是站位 HXYG05 和 HXYG04 的丰度最高，HXYG02 次之，HXYG01 最低；新盈彩桥是站位 HCX04 的丰度最高，HCX03 和 HCX02 次之，HCX01 最低；花场湾是站位 HHCW03 的丰度最高，HHCW02 次之，HHCW01 最低。8 个红树林自然保护区平均丰度由大到小依次排序分别为东寨港、青梅港、新英、花场湾、三亚河、清澜港、新盈彩桥（图 4.36）。

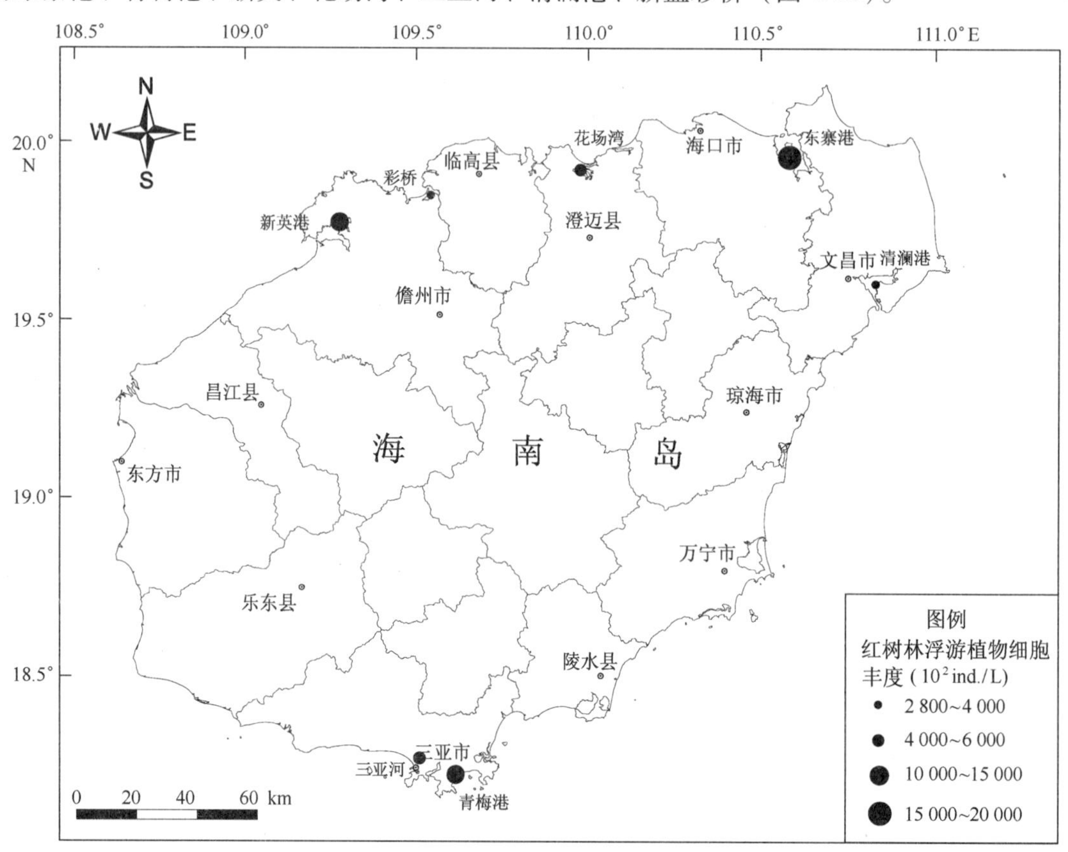

图 4.36　红树林保护区浮游植物平均总细胞丰度（10^2 cells/L）

各红树林保护区浮游植物均以硅藻门种类为主，但同时出现了多种绿藻和蓝藻。多个保护区出现了典型的淡水种，如厚顶栅藻、四尾栅藻、点形平裂藻、颤藻等，尤其以东寨港、清澜港、青梅港和花场湾最为突出，表明了这些红树林保护区水体均属咸淡水性质。三亚河中除淡水藻外，也出现了多种海洋硅藻，表明了三亚河也属咸淡水性质，这应与海水倒灌有关。

各红树林保护区浮游植物中均有赤潮藻种（如骨条藻、海链藻、亚历山大藻等）及耐污种类（如微小小环藻、颤藻、裸藻等）的存在。多数保护区赤潮藻的细胞密度较低，赤潮出现的可能性较小。但在新英，骨条藻在浮游植物中占绝对优势地位，其细胞数占浮游植物细胞总数的90%左右。特别是站位HXYG03、HXYG04和HXYG05，骨条藻的密度在10^6 cells/L以上，达到了水体富营养化的水平。在东寨港站位HDZG01，海链藻的密度更是高达3.093×10^6 cells/L。在三亚河、新盈彩桥等，微小小环藻、颤藻等这些耐受污染的种类已成为优势种或优势类群。

4.2.2.5　浮游动物

1）种类组成

本次调查的浮游动物，经鉴定共计31属42种（不含浮游幼体，以及鱼卵、仔鱼等）。分类上隶属7门，其中，以节肢动物占绝对优势，共27种，占总种数的65%，节肢动物中又以桡足类种类数最多，有19属26种，占总种数的63%，樱虾类1属1种，占总种数的2%。原生动物门有5属6种，占总种数的14%，其中肉足虫类3属3种，纤毛虫类2属3种，各占总种数的7%；毛颚类有1属4种，约占浮游动物总种数的10%；被囊类有3属3种，约占浮游动物总种数的7%；腹足类和多毛类均有1属1种1各占浮游动物总种数的2%；此外，共鉴定浮游幼体2种（图4.37）。

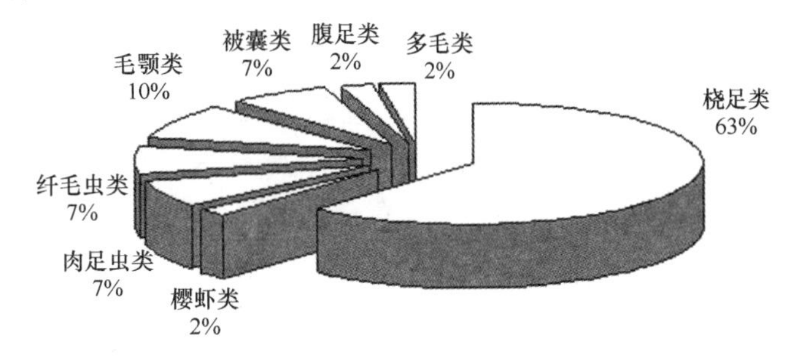

图4.37　浮游动物种类组成

2）浮游动物丰度及其水平分布

调查期间，各红树林保护区浮游动物的丰度变化范围为140～433 ind./m^3，平均值为245.14 ind./m^3。其中东寨港浮游动物的丰度最高，为433 ind./m^3；其次为清澜港，丰度为405 ind./m^3；青梅港的丰度最低，为140 ind./m^3（表4.6）。

表4.6　浮游动物的平均丰度

保护区	丰度/（ind./m^3）
海口东寨港	433
文昌清澜港	405
儋州彩桥	180
儋州新英港	224
澄迈花场湾	167
三亚三亚河	167
三亚青梅港	140
平均值	245.14

3）浮游动物生物量及其水平分布

各保护区浮游动物的平均生物量范围为2.16～7.29 g/m^3，均值4.28 g/m^3。其中清澜港浮游动物的平均生物量最高，为7.29 g/m^3，新英港最低，为2.16 g/m^3（表4.7，图4.38，图4.39）。

表4.7　各保护区浮游动物的平均生物量

保护区	浮游动物平均生物量/（g/m^3）
海口东寨港	4.21
文昌清澜港	7.29
儋州彩桥	2.59
儋州新英港	2.16
澄迈花场湾	3.9
三亚三亚河	6.93
三亚青梅港	2.9
平均值	4.28

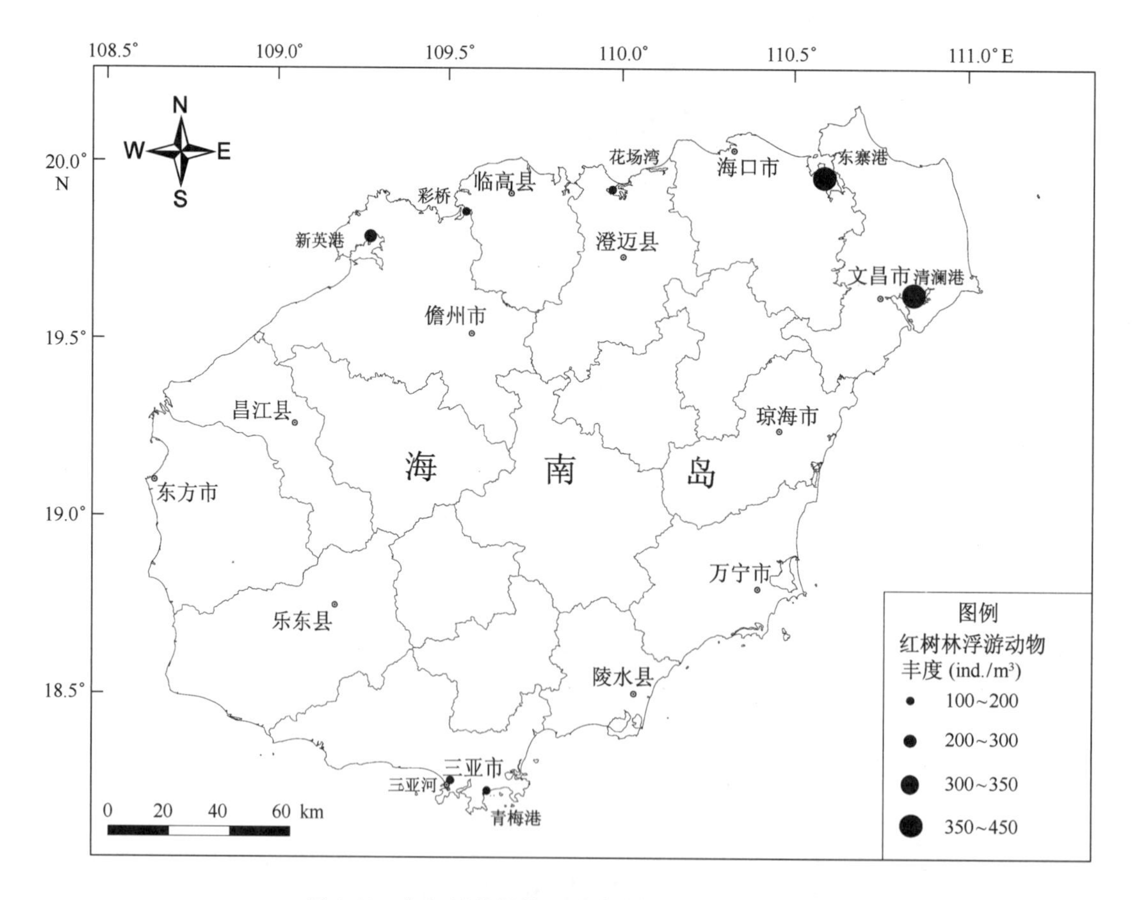

图4.38　各红树林保护区浮游动物的平均丰度分布

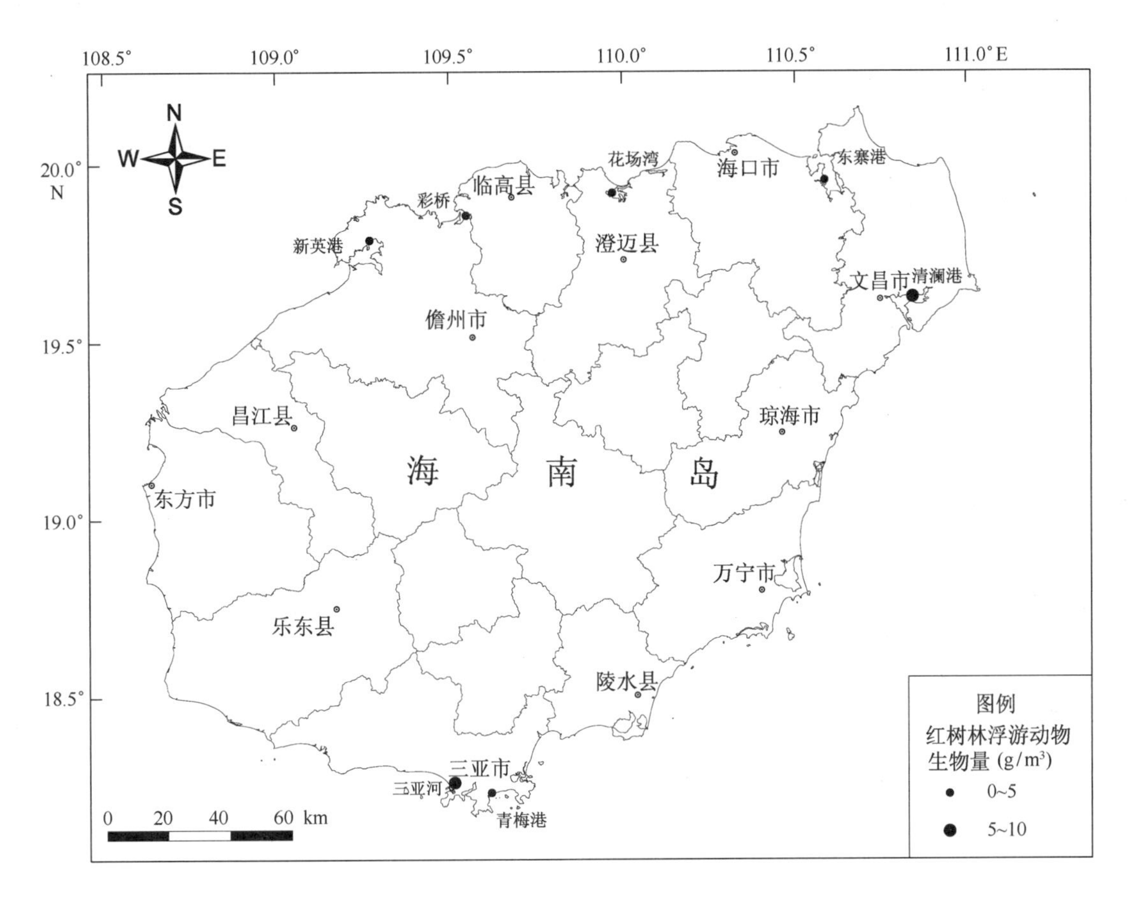

图 4.39 各红树林保护区浮游动物的平均生物量分布

4.2.2.6 大型底栖动物

1）大型底栖生物种类组成

通过对红树林保护区大型底栖生物调查的样品的鉴定中，共获得大型底栖生物 56 种，其中软体动物 29 种，占总种类数的 51%；甲壳类 18 种，占总种类数的 32%；多毛类 7 种，占总种类数的 13%；腕足动物 1 种，占总种类数的 2%；游泳动物有 1 种，占总种类数的 2%（图 4.40）。

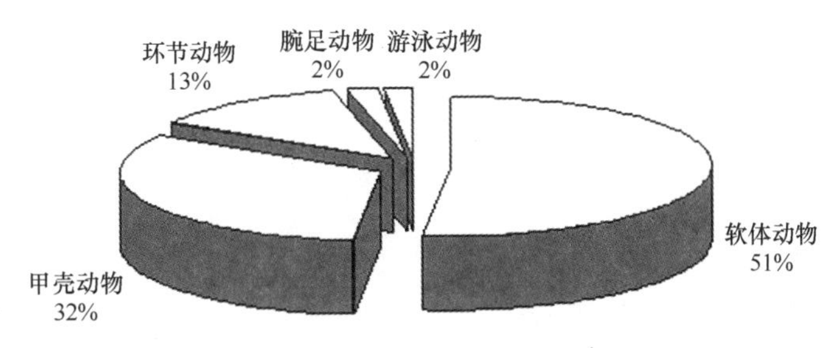

图 4.40 大型栖生物种类组成

2）大型底栖生物的生物量及水平分布

在调查区中，大型底栖生物的生物量范围在42.88～298.08 g/m²，平均生物量为137.67 g/m²。其中青梅港的生物量最高，为298.08 g/m²，说明青梅港保护区具有较高的生产力。生物量最低的是新英港，为42.88 g/m²。该区大型底栖动物的生物量变化主要由软体动物生物量所主导（表4.8，图4.41）。

表4.8 红树林保护区大型底栖生物的生物量

保护区	生物量/（g/m²）
海口东寨港	81.88
文昌清澜港	139.87
儋州彩桥	134.00
儋州新英港	42.88
澄迈花场湾	205.49
三亚三亚河	61.52
三亚青梅港	298.08
平均值	137.67

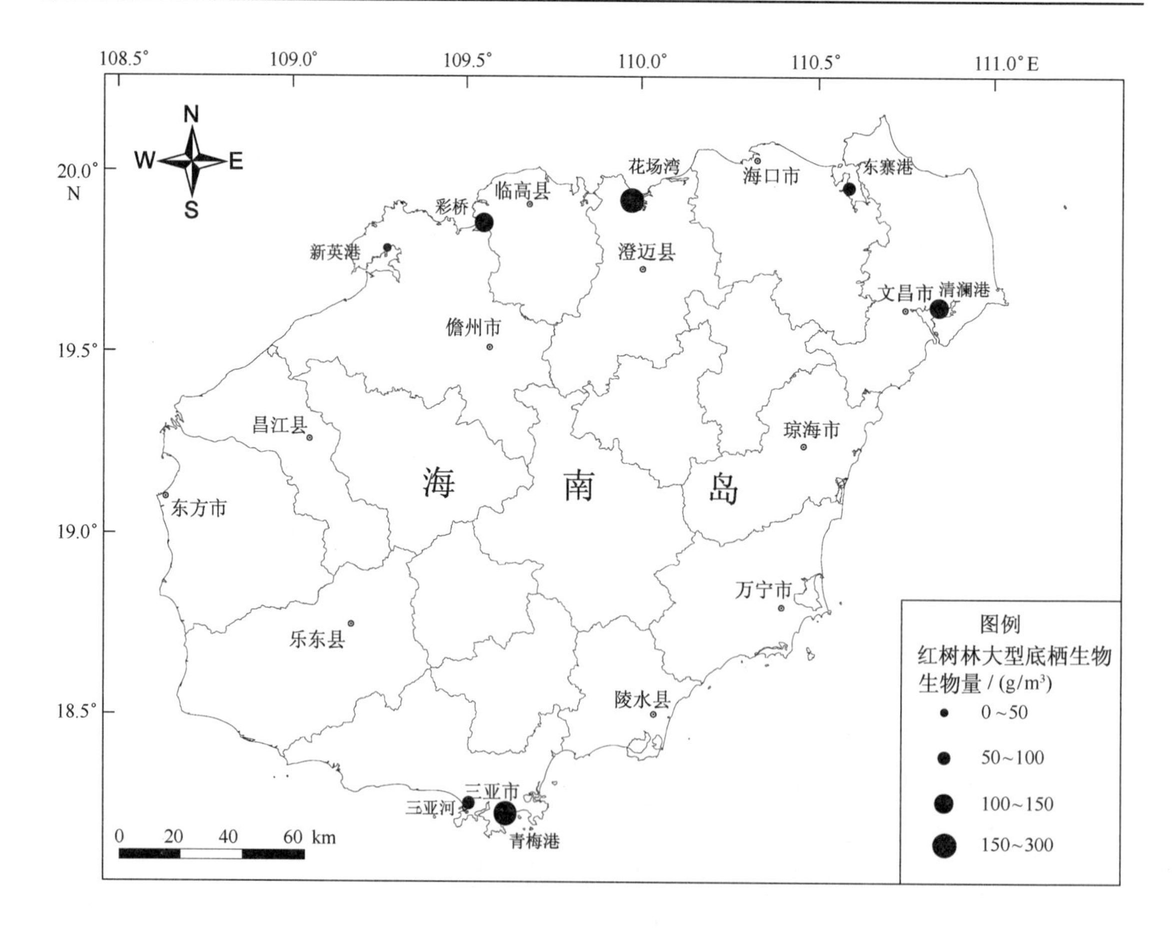

图4.41 红树林大型底栖生物的生物量分布

3）大型底栖生物的栖息密度及水平分布

红树林调查区大型底栖生物的栖息密度很高，范围在82.67～1 128 ind./m²，平均值为307.64 ind./m²（表4.9，图4.42）。最高密度在花场湾，高达1 128 ind./m²；最低是清澜港为82.67 ind./m²。对栖息密度贡献最大的种类是体积小数量多的甲壳类。

表4.9 红树林保护区大型底栖生物栖息密度

保护区	密度/（ind./m²）
海口东寨港	164.15
文昌清澜港	82.67
儋州彩桥	114.67
儋州新英港	242.67
澄迈花场湾	1 128.00
三亚三亚河	240.00
三亚青梅港	181.33
平均值	307.64

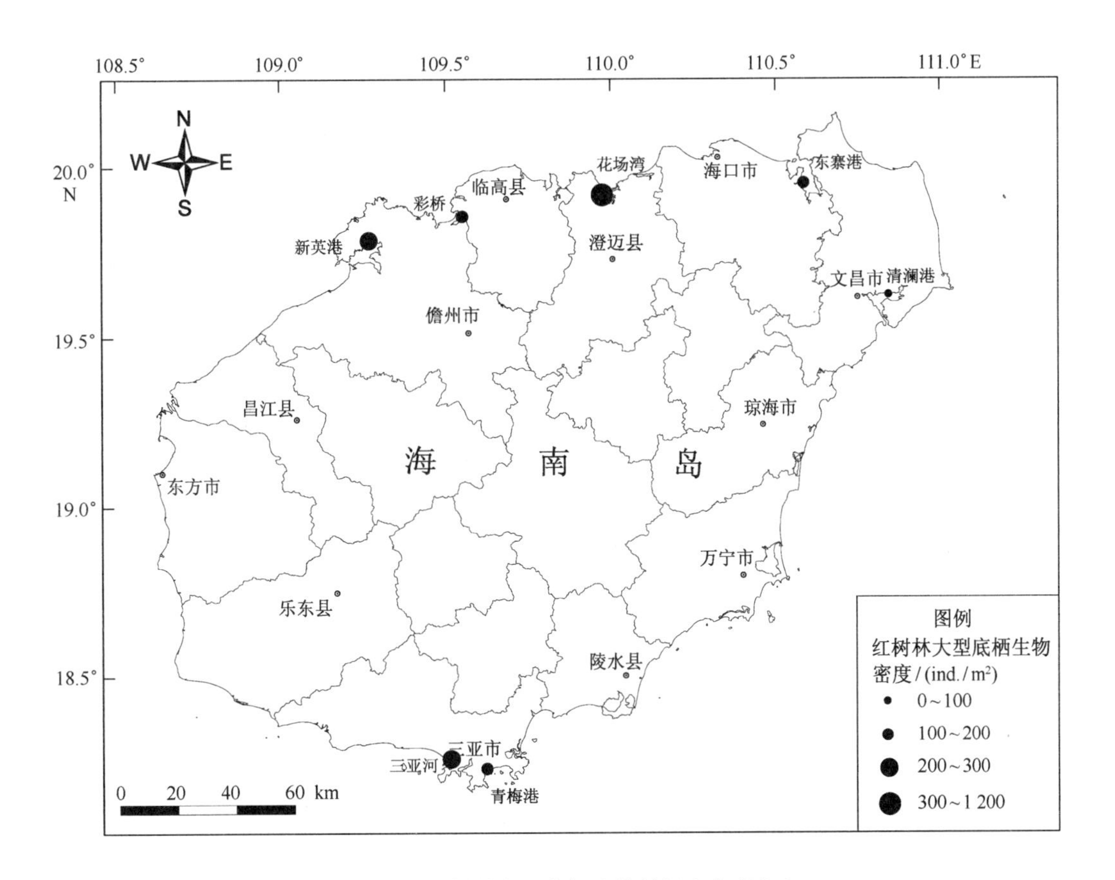

图4.42 红树林大型底栖生物的栖息密度分布

4.2.3 红树林生态系统健康评价

4.2.3.1 红树林生态系统生态压力评价

通过对东寨港、清澜港、三亚河典型红树林湿地水环境评价显示，pH 值为 7.6、7.87 和 7.84，在 pH 值大于 7.5 且小于等于 8.5 的范围内，达到《近岸海洋生态系统健康评价指南》（下面简称《指南》）Ⅰ类水质，活性磷酸盐含量分别为 12 μg/L、4 μg/L 和 56 μg/L，东寨港、清澜港的活性磷酸盐在小于等于 15 μg /L 的范围，达到《指南》Ⅰ类水质，而三亚河活性磷酸盐远远超过 30 μg/L 的Ⅲ类水质，无机氮含量分别为 281 μg/L、52 μg/L 和 322 μg/L，其中清澜港达到Ⅰ类，东寨港为Ⅱ类，三亚河超过Ⅲ类。

综合本次调查、评价结果，东寨港和清澜港两个保护区管理较好，没有发现乱砍滥伐的现象。清澜港的水质达到《指南》Ⅰ类水质，三亚河红树林受生活污水的影响较大，青梅港红树林主要受到海岸工程建设的破坏，新英、新盈、彩桥和花场湾红树林的生态压力主要是围塘养殖造成的。

4.2.3.2 红树林生态系统结构功能评价

1）红树群落评价

（1）优势度：所调查的东寨港保护区的 7 个群落类型中，白骨壤群落和角果木群落的优势度均达到 1.0，单种占绝对优势；红海榄群落次之，优势度超过 0.8。而海莲群落、人工无瓣海桑群落和人工秋茄群落的优势度均较低，为混生群落（图 4.43）。

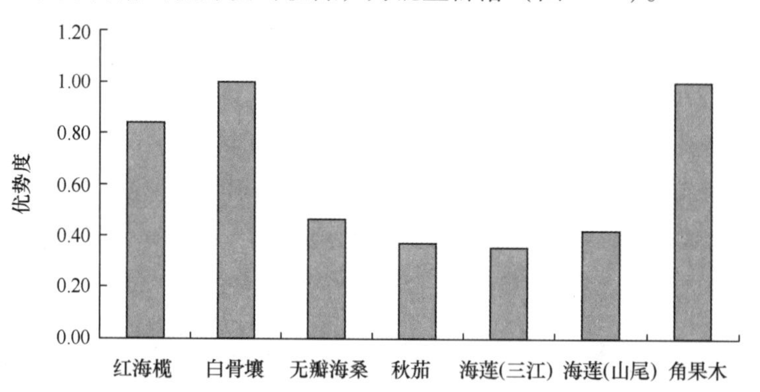

图 4.43 海南东寨港保护区不同红树植物群落类型的优势度

所调查的文昌清澜港保护区的 6 个群落类型中，所有群落的优势度均低于 0.5，单种未占绝对优势（图 4.44）。

所调查的三亚的 5 个群落类型中，除无瓣海桑群落以外，所有群落的优势度高于 0.5。特别是三亚河的正红树群落，为单种群落，优势度达到 1.0。无瓣海桑是引种造林的群落，其优势度低（图 4.45）。

所调查的儋州的 4 个群落类型中，除新英桥下的红海榄 + 桐花树 + 白骨壤群落以外，所有群落的优势度均高于 0.6，单种优势强。东场的红海榄是单种群落，优势度为 1.0（图 4.46）。

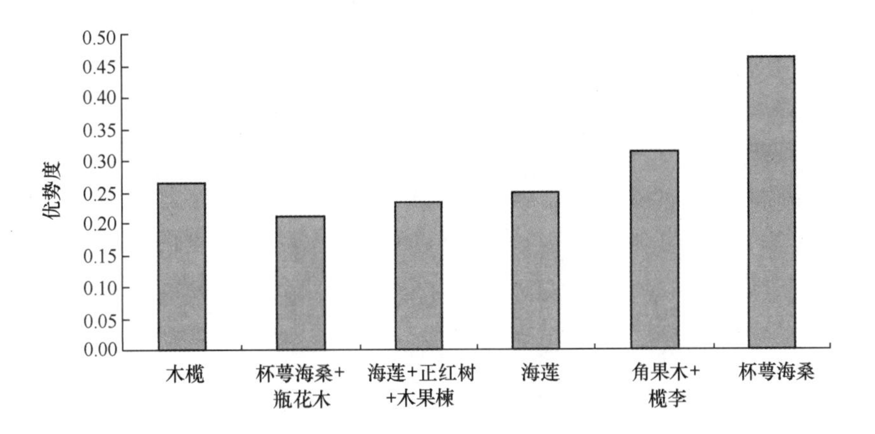

图 4.44　海南文昌清澜港保护区不同红树植物群落类型的优势度

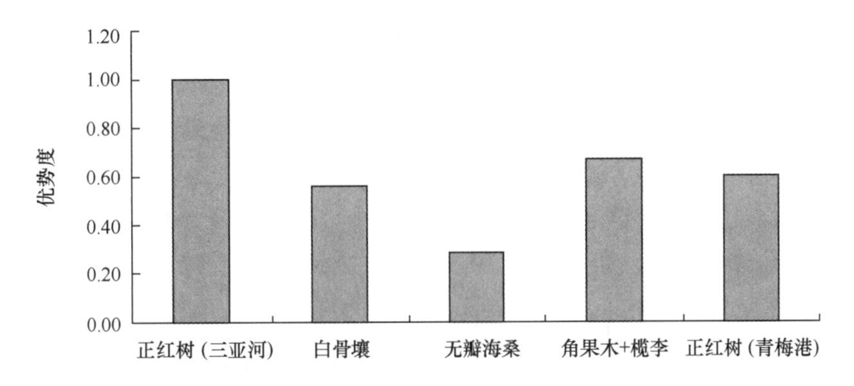

图 4.45　海南三亚不同红树植物群落类型的优势度

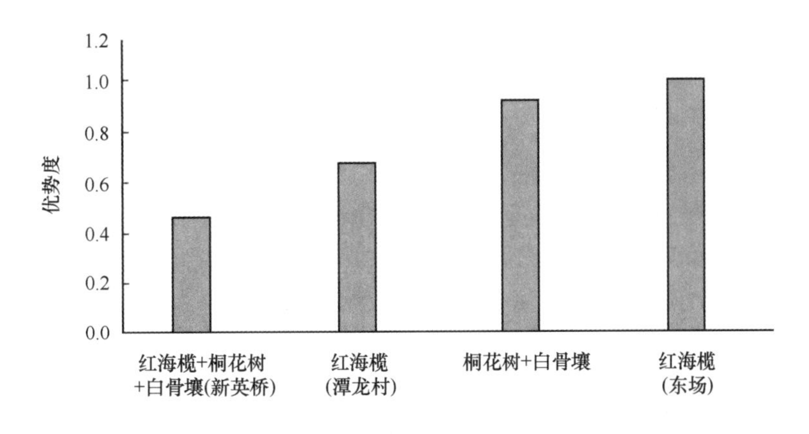

图 4.46　海南儋州不同红树植物群落类型的优势度

所调查的临高的 2 个群落类型中，红海榄群落的优势度高于 0.9，单种优势高。桐花树 + 白骨壤群落，优势度也较高，高达 0.79（图 4.47）。

所调查的澄迈花场村调查的 4 个群落类型中，桐花树群落的优势度最大，是天然生长的低矮灌木，纯林，密度低。红海榄群落的优势度高于 0.9，亦是单种优势高。桐花树 + 秋茄群落和榄李群落均为混生的灌丛，优势度较低（图 4.48）。

（2）多样性指数：所调查的东寨港保护区的 7 个群落类型中，白骨壤群落和角果木群落

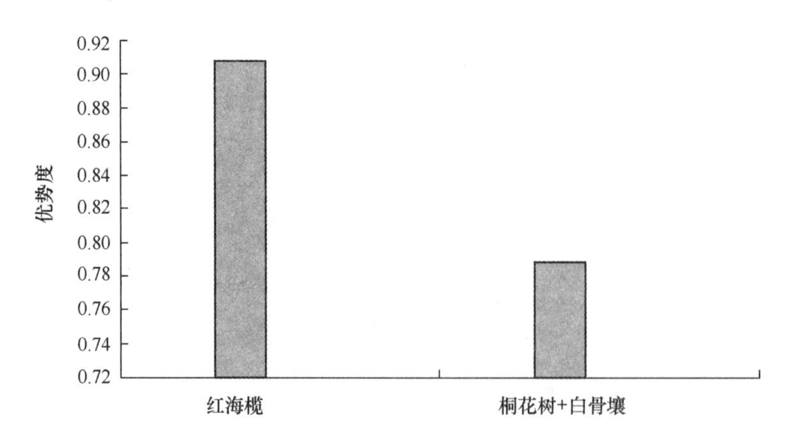

图 4.47　海南临高新盈彩桥不同红树植物群落类型的优势度

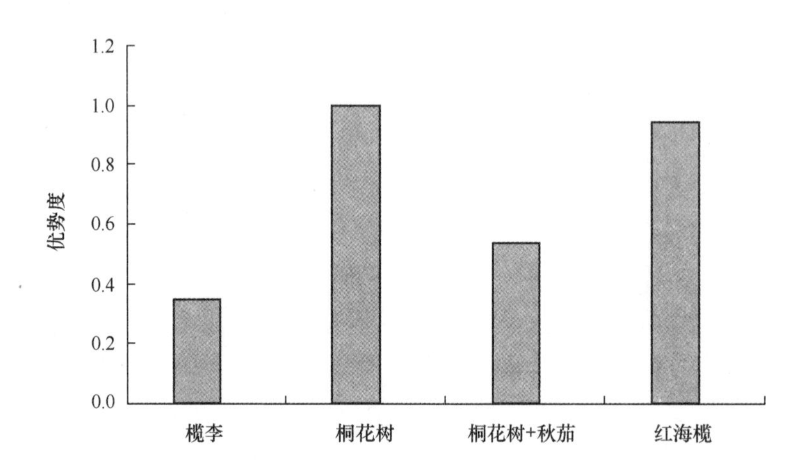

图 4.48　海南澄迈花场村不同红树植物群落类型的优势度

均为单种群落，多样性指数为0；红海榄群落多样性低于0.2。而海莲群落、人工无瓣海桑群落和人工秋茄群落均为混生群落，有较高的多样性。特别是三江的海莲群落，其多样性指数高于山尾的海莲林（图4.49）。

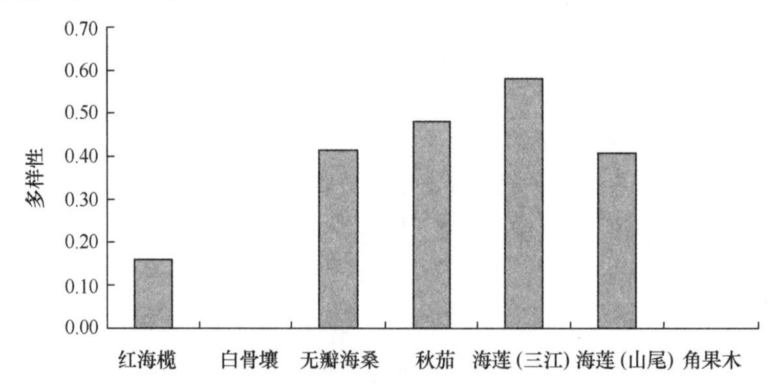

图 4.49　海南东寨港保护区不同红树植物群落类型的多样性

所调查的文昌清澜港保护区的6个群落类型中，除南兴的杯萼海桑群落以外，所有群落的多样性指数高于0.6。特别是霞场的杯萼海桑+瓶花木群落，多样性指数高达0.85。除南兴的杯萼海桑群落以外，文昌澜港保护区的大部分红树群落的多样性指数均高于东寨港的红树群落（图 4.50）。

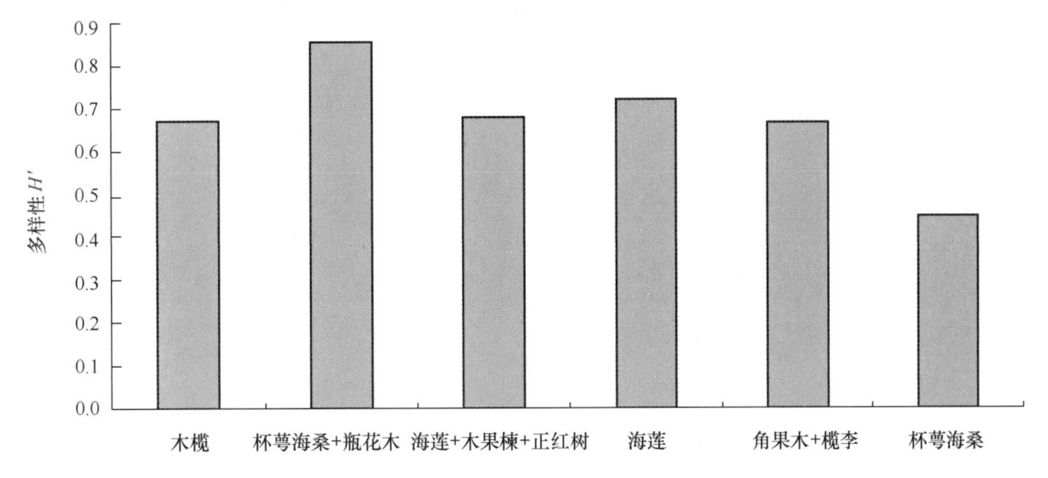

图 4.50　海南文昌清澜港保护区不同红树植物群落类型的多样性

所调查的三亚的 5 个群落类型中，除无瓣海桑群落以外，所有群落的多样性指数较低，均低于 0.4。三亚河的正红树群落，为单种群落，多样性指数为 0。无瓣海桑是引种造林的群落，林内其他物种茂盛，其多样性指数较高（图 4.51）。

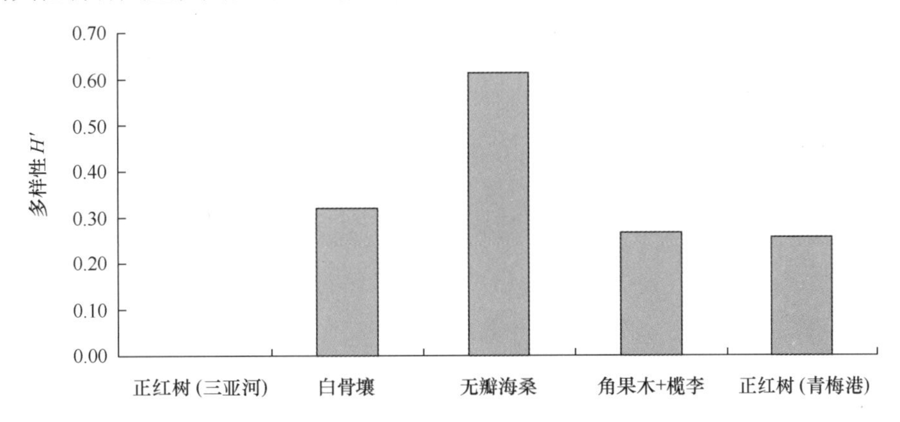

图 4.51　海南三亚不同红树植物群落类型的多样性

所调查的儋州的 4 个群落类型中，除新英桥下的红海榄 + 桐花树 + 白骨壤群落以外，所有群落的多样性指数均低于 0.3。东场的红海榄是单种群落，多样性指数为 0（图 4.52）。

所调查的澄迈花场村调查的 4 个群落类型中，多样性指数均较低。仅榄李群落略高于 0.5（图 4.53）。

（3）均匀度：所调查的东寨港保护区的 7 个群落类型中，白骨壤群落和角果木群落均为单种群落，均匀度为 0；红海榄群落多样性低于 0.30。而海莲群落、人工无瓣海桑群落和人工秋茄群落均为混生群落，群落均匀度较高。特别是山尾的海莲林和三江的秋茄林，其均匀度均高于 0.80（图 4.54）。

所调查的文昌清澜港保护区的 6 个群落类型中，除南兴的杯萼海桑群落以外，所有群落的均匀度高于 0.6。特别是霞场的木榄群落、杯萼海桑 + 瓶花木群落和海莲 + 木果楝 + 正红

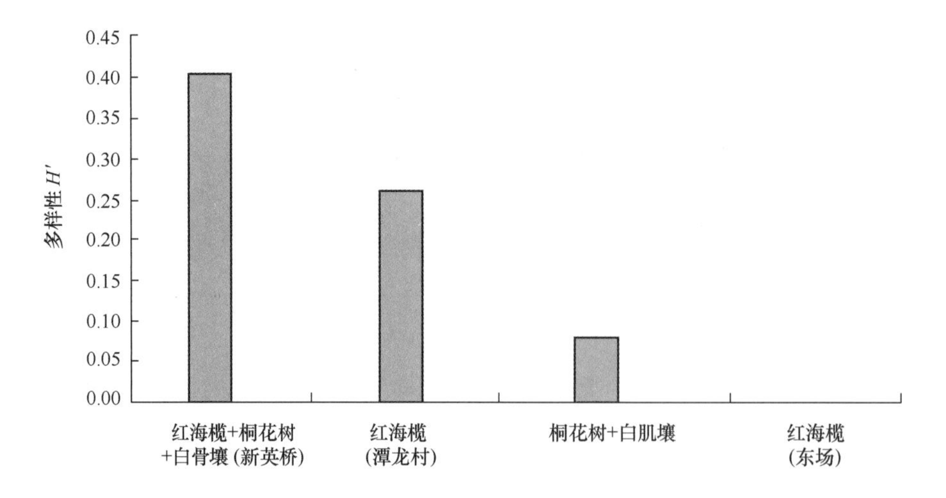

图 4.52　海南儋州不同红树植物群落类型的多样性

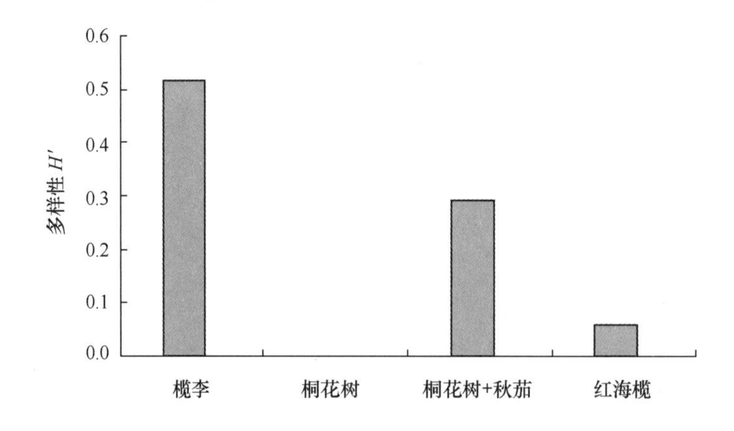

图 4.53　海南澄迈花场村不同红树植物群落类型的多样性

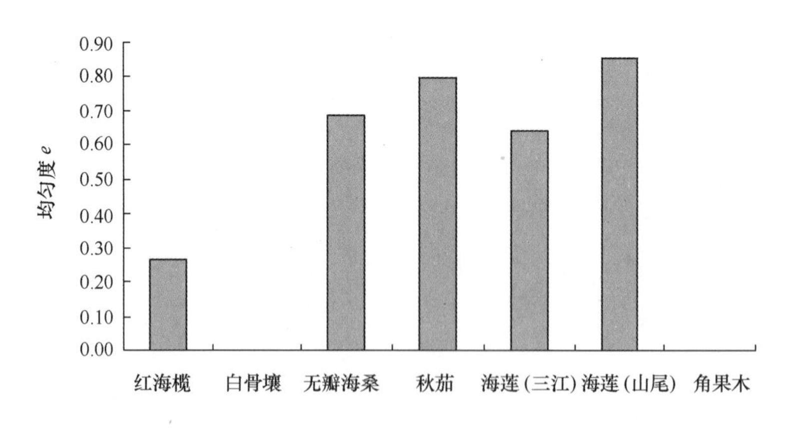

图 4.54　海南东寨港保护区不同红树植物群落类型的均匀度

树群落，海莲群落，其均匀度较高，群落中有多种红树植物混生（图 4.55）。

所调查的三亚的 5 个群落类型中，除三亚河的正红树群落和清澜港的角果木 + 榄李群落以外，所有群落的均匀度较低，均高于 0.5。三亚河的正红树群落，为单种群落，均匀度为 0（图 4.56）。

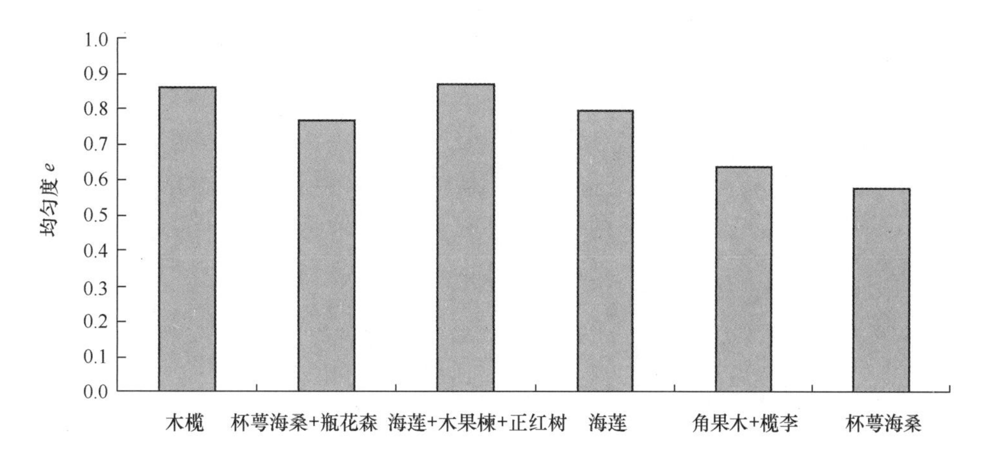

图 4.55 海南文昌清澜港保护区不同红树植物群落类型的均匀度

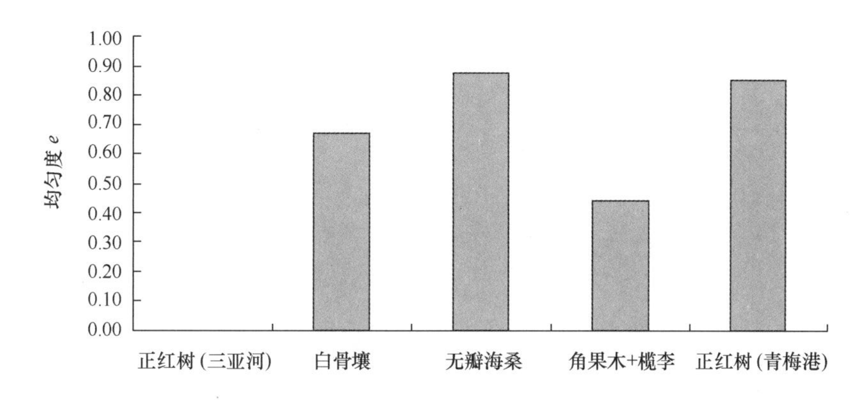

图 4.56 海南三亚不同红树植物群落类型的均匀度

所调查的儋州的 4 个群落类型中，除新英桥下的红海榄 + 桐花树 + 白骨壤群落以外，所有群落的均匀度均低于 0.6。东场的红海榄是单种群落，均匀度指数为 0。新英桥下的红海榄 + 桐花树 + 白骨壤群落最为均匀，均匀度高达 0.85（图 4.57）。

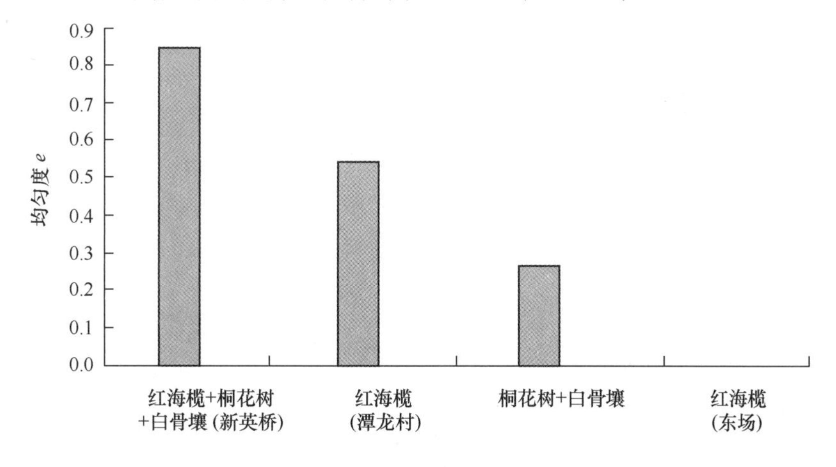

图 4.57 海南儋州不同红树植物群落类型的均匀度

所调查的临高的 2 个群落类型中，红海榄群落的均匀度低于 0.2。桐花树 + 白骨壤群落的均匀度较高，为0.54（图4.58）。

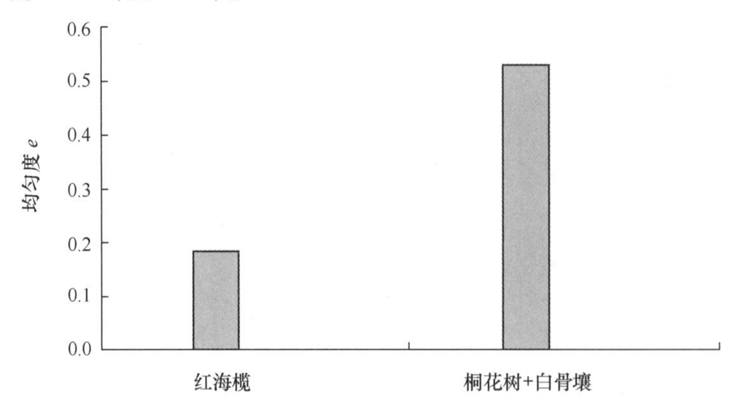

图4.58　海南临高新盈彩桥不同红树植物群落类型的均匀度

所调查的澄迈花场村调查的4个群落类型中，榄李群落的均匀度最大，高于0.8，种类均匀。桐花树和秋茄群落的均匀度高于0.6，也较为均匀（图4.59）。

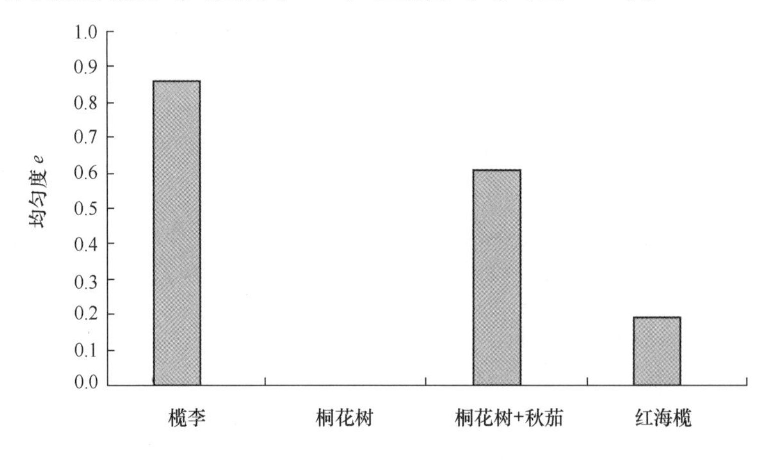

图4.59　海南澄迈花场村不同红树植物群落类型的均匀度

（4）群落演替：根据此次调查和地形地貌和各群落的滩涂位置，把东寨港保护区的5个群落（人工无瓣海桑林和秋茄林除外）划分为如下群落演替系列（演替模式）：白骨壤群落（先锋群落，前沿向海带）（图4.60）→红树群落→海莲群落→角果木群落（图4.61）。该群落演替系列与我国学者（林鹏，1997）划分我国东南沿海红树林生态分布序列是基本相一致的。

根据此次调查和地形地貌和各群落的滩涂位置，把清澜港保护区的6个群落划分为如下群落演替系列（演替模式）：杯萼海桑群落（先锋群落，前沿向海带）（图4.62）→杯萼海桑+瓶花木群落→海莲+木果楝+正红树群落→海莲群落（图4.63）→木榄群落→角果木群落。该群落演替系列与我国学者（林鹏，1997；廖宝文等，2000）划分清澜港红树林生态分布序列是基本相一致的。

图 4.60　白骨壤群落

图 4.61　角果木群落

图 4.62　海桑群落

图 4.63　海莲正红树群落

根据此次调查和地形地貌和各群落的滩涂位置，把三亚的 5 个群落划分为如下群落演替系列（演替模式）：白骨壤（先锋群落，前沿向海带）（图 4.64）→正红树群落（三亚河）（图 4.65）→正红树群落（青梅港）→角果木 + 榄李群落。

图 4.64　白骨壤群落

图 4.65　正红树群落（三亚河）

根据此次调查和地形地貌和各群落的滩涂位置，把儋州的 4 个群落划分为如下群落演替系列（演替模式）：桐花树 + 白骨壤（前沿向海带）→红海榄群落（图 4.66，图 4.67）。

图 4.66　红海榄群落

图 4.67　红海榄群落

根据此次调查和地形地貌和各群落的滩涂位置，把临高新盈彩桥 2 个群落划分为如下群落演替系列（演替模式）：桐花树 + 白骨壤（前沿向海带）→红海榄群落（图 4.68），与新英的演替系列基本相同。

根据此次调查和地形地貌和各群落的滩涂位置，把澄迈花场村 4 个群落划分为如下群落演替系列（演替模式）：桐花树 + 秋茄、桐花树、榄李（图 4.69）→红海榄群落。由于此地红树林受围垦严重，零星分布的红树群落已经表现出显著的退化和破坏。

图 4.68　红海榄群落

图 4.69　榄李群落

2）鸟类评价

（1）鸟类优势度：为了评价不同鸟种在海南红树林自然保护区的整体优势度情况，采取两种不同的计算方法，一是通过计算各个鸟种在不同保护区的优势度平均值进行评价，另一种方法通过各个鸟种的总调查数量计算整体的优势度。利用第一种方法进行评价，优势度值指数超过 5% 的鸟种有池鹭、家燕、绿鹭、大白鹭、暗绿绣眼鸟、白头鹎 6 种，优势度指数分别为 15.65%、14.63%、7.67%、6.35%、6.13%、5.76%；平均优势度值指数超过 1% 的鸟种有灰背椋鸟、火斑鸠、鹊鸲、棕背伯劳、八哥、黄腹花蜜鸟、中杓鹬、小白鹭、钩嘴林鸡、环颈鸻、珠颈斑鸠、褐翅鸦鹃、白额燕鸥、黑卷尾、斑鱼狗、翘嘴鹬，优势度指数分别为 3.74%、3.48%、3.31%、2.86%、2.28%、2.07%、1.95%、1.92%、1.59%、1.51%、1.50%、1.26%、1.23%、1.21%、1.13%、1.06%。

（2）鸟类物种多样性：在此次调查的 8 个海南红树林自然保护区中，鸟类物种多样性指数从高到低的排列顺序为青梅港、新英、清澜港、花场、彩桥、东寨港、三亚河口和东场（图 4.70）。

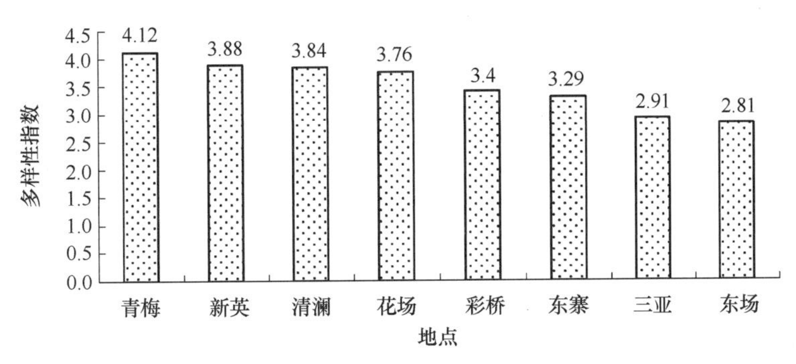

图 4.70　海南红树林自然保护区的鸟类物种多样性指数

（3）鸟类均匀度指数：海南 8 个红树林自然保护区的鸟类物种均匀度指数从高到低的排列顺序为东场、青梅、花场、清澜、新英、彩桥、东寨、三亚（图 4.71）。

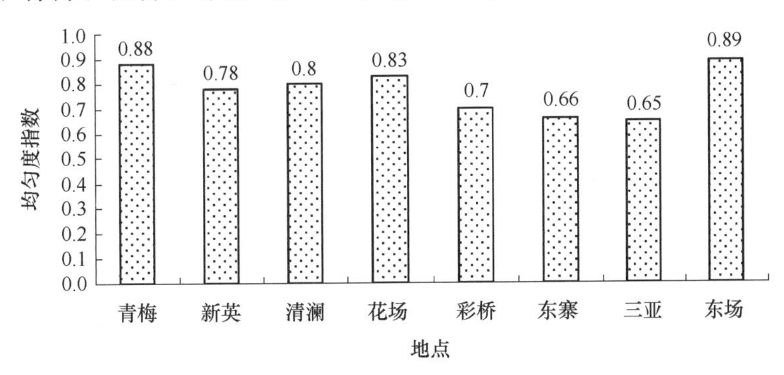

图 4.71　海南红树林自然保护区的鸟类物种均匀度指数

物种多样性指数大小主要由群落内物种数和均匀度两个方面所决定。青梅港的物种数虽然不算高，仅排在 8 个保护区的第 1 位，但由于其均匀度指数较高，仅稍低于东场，但其物种数远大于东场，因而多样性指数最高。东寨港和新英两地红树林保护区是此次调查中物种数量最多的保护区，但它们的物种均匀度指数仅排在 8 个保护区的第 7 和第 5，因而它们的多样性指数不是最高的，分别排在第 6 和第 2。东场调查到的种类最少，远低于其他保护区，虽其均匀度指数最高，但其多样性指数仍为最低。

3）浮游植物评价

（1）优势种：浮游植物优势种类各保护区有一定差别，但大多以微小小环藻、新月菱形藻、骨条藻、颤藻属、栅藻属等为主。各红树林保护区浮游植物中均有赤潮藻种（如骨条藻、海链藻、亚历山大藻等）及耐污种类（如微小小环藻、颤藻、裸藻等）的存在。多数保护区赤潮藻的细胞密度较低，赤潮出现的可能性较小。但在新英，骨条藻在浮游植物中占绝对优势地位，其细胞数占浮游植物细胞总数的90%左右。特别是站位HXYG03、HXYG04和HXYG05，骨条藻的密度在10^6 cells/L以上，达到了水体富营养化的水平。在东寨港站位HDZG01，海链藻的密度更是高达3.093×10^6 cells/L。在三亚河、新盈彩桥等，微小小环藻、颤藻等这些耐受污染的种类已成为优势种或优势类群。

（2）群落特征指数：根据各红树林保护区浮游植物集群结构分析（表4.10），东寨港、三亚河、青梅港以及新盈彩桥的多样性指数均大于3，均匀度均大于0.5，结合浮游植物群落多样性、均匀度指数与污染程度的关系，可以认为这几个保护区的水体质量良好，污染程度小。花场湾的多样性指数和均匀度分别为1.745、0.371，水体污染程度较前几个保护区大。新英的多样性指数小于1，均匀度小于0.3，该区优势种单一化。

表4.10　红树林保护区浮游植物集群结构分析

海区	东寨港	清澜港	三亚河	青梅港	新英	新盈彩桥	花场湾
优势度	0.121	0.235	0.168	0.061	0.788	0.181	0.509
多样性指数	3.911	2.744	3.143	4.463	0.798	3.110	1.745
均匀度	0.668	0.584	0.677	0.795	0.191	0.670	0.371

4）浮游动物评价

（1）优势种：8个保护区中，桡足类的优势种有中华哲水蚤、亚强真哲水蚤、精致真刺水蚤、瘦长腹剑水蚤、小哲水蚤、粗大眼剑水蚤。多毛类优势种是游蚕。原生动物优势种是钟状网纹虫。毛颚类优势种有肥胖箭虫、大头箭虫，樱虾类优势种是中国毛虾。其中，中华哲水蚤、亚强真哲水蚤、小哲水蚤、中国毛虾、游蚕所有海区均有分布，精致真刺水蚤集中分布在清澜港和三亚河。瘦长腹剑水蚤分布在清澜港和新英、青梅港。粗大眼剑水蚤分布在花场湾、青梅港。钟状网纹虫集中分布在东寨港、花场湾和三亚河。

（2）多样性指数：此次调查，海南岛红树林保护区浮游动物的生物多样性指数在3～4之间，生物群落结构状况处于清洁区域，生境良好。多样性指数由大到小排列顺序为：青梅港、三亚河、新英、清澜港、东寨港、花场湾、彩桥（图4.72）。

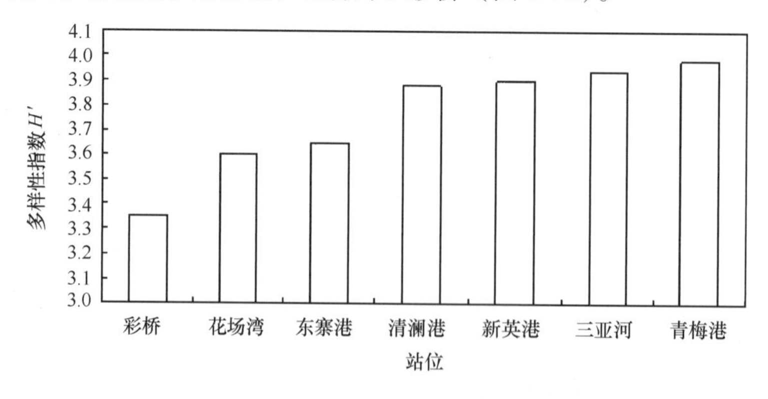

图4.72　各红树林保护区浮游动物的多样性指数

（3）均匀度：由图4.73可见，海南岛红树林保护区浮游动物的物种均匀度幅度为0.82

~0.97，平均为0.91。其中青梅港红树林保护区浮游动物的均匀度最高，为0.97，其次为三亚河，均匀度为0.96，东寨港的均匀度最低，为0.82。

海南岛红树林保护区浮游动物的均匀度均在0.8以上，物种分布均匀。青梅港、三亚河、新英、花场湾、彩桥的均匀度均在0.9以上，而东寨港的均匀度在0.8~0.9之间。均匀度由大到小排列顺序为：青梅港、三亚河、新英、花场湾、彩桥、清澜港、东寨港。

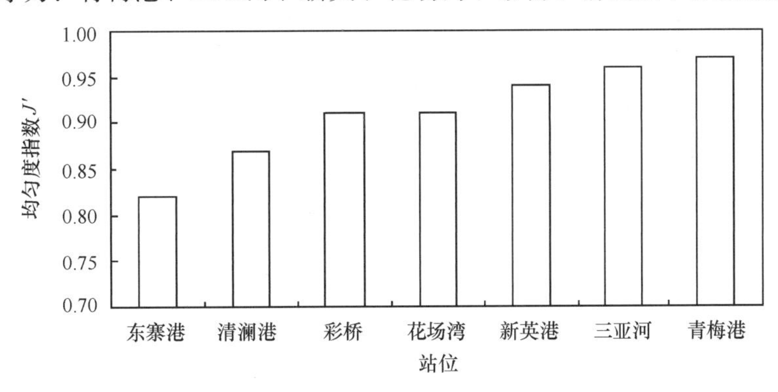

图4.73　各红树林保护区浮游动物的均匀度

5）大型底栖动物评价

（1）优势种：优势种的确定由优势度决定，多毛类的优势种有全刺沙蚕（*Nectoneanthes oxypoda*）、单叶沙蚕（*Namalycastis aibiuma*）、日本刺沙蚕（*Neanthes japonica*）；甲壳类优势种沈氏长方蟹（*Metaplax longipes*）、宽身闭口蟹（*Cleistostoma dilatatum*）、褶痕拟相手蟹（*Parrasesarma plicatum*）、台湾泥蟹（*Ilyoplax formosensis*）、弧边招潮蟹（*Uca arcuata*）、北方招潮蟹（*Uca borealis*）、纠结招潮蟹（*Uca perplexa*）、股窗蟹（*Scopimera* sp.）、明秀大眼蟹（*Macrophtholmus definitus*）；软体动物优势种疏纹满月蛤（*Lucina scarlatoi*）、黑口滨螺（*Littoraria melanostoma*）、十字小樱蛤（*Fellinella staurella*）、小暗弧蛤（*Arcopella minuta*）、斜肋齿蜷（*Sermyla riqueti*）、皱纹绿螂（*Glauconome corrugate*）、小翼拟蟹守螺（*Cerithidea microptera*）、角神女蛤（*Gonimyrtea* sp.）。

（2）多样性指数：由图4.74可见，海南岛周边红树林保护区大型底栖生物的物种多样性指数较高，幅度为1.94~3.41，平均为2.6。表明海南省红树林保护区大型底栖生物的种类分布较多，群落结构状况整体处于良好状态。

彩桥红树林保护区大型底栖生物的物种多样性指数在3~4之间，生物群落结构状况处于清洁区域，生境良好；东寨港、清澜港、花场湾、三亚河和新英港5个红树林保护区的大型底栖生物的物种多样性指数均在2.0~3.0之间，生物群落结构状况处于轻度污染；而青梅港红树林保护区的大型底栖生物的物种多样性指数和均匀度为1.94，生物群落结构状况处于中度污染状态。

（3）均匀度：由图4.75可见，生物均匀度均在0.5以上，幅度为0.52~0.9，平均为0.77，表明红树林保护区大型底栖生物群落分布较为均匀。

彩桥、东寨港、清澜港、花场湾、三亚河和新英港红树林保护区大型底栖生物的均匀度均在0.7以上，物种分布较为均匀。而青梅港红树林保护区的大型底栖生物的均匀度为

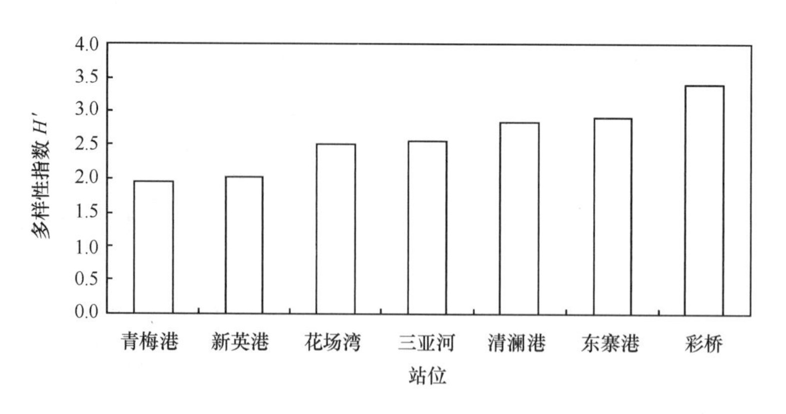

图 4.74　各红树林大型底栖生物的多样性指数

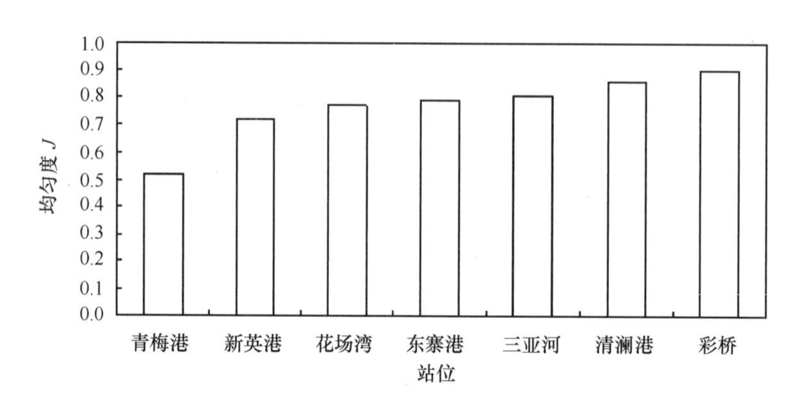

图 4.75　各红树林大型底栖生物的均匀度

0.52，物种分布相对于其他保护区来说不均匀。

4.2.4　红树林分布面积的变化

针对 1998 年和 2005 年两期影像的红树林进行人机交互解释、统计得出海南岛 1998 年和 2005 年红树林斑块个数和面积，见表 4.11。

表 4.11　海南红树林斑块个数及面积变化统计

市县名称	时期	红树林斑块个数/个	红树林面积/hm²
海口	1998	23	1 738.46
	2005	95	1 622.08
文昌	1998	28	2 887.69
	2005	162	1 305.78
三亚	1998	20	492.74
	2005	80	236.29
东方	1998	1	34.15
	2005	14	35.99
儋州	1998	37	1 400.00
	2005	207	527.17

续表 4.11

市县名称	时期	红树林斑块个数/个	红树林面积/hm^2
临高	1998	6	189.74
	2005	42	146.18
澄迈	1998	16	422.55
	2005	85	357.42
合计	1998	131	7 165.33
	2005	685	4 230.91

通过两期影像的统计结果得出，1998 年全省红树林面积为 7 165.33 hm^2，2005 年红树林面积为 4 230.91 hm^2，7 年时间里，海南红树林面积减少了 2 934.42 hm^2。

4.3 海草床生态系统

海草是生活于热带和温带海域浅水的单子叶植物。海草床生态系统为生物圈中最具生产力的水生生态系统之一，海草在海洋生态系统中的作用非常重要，能净化水质，改善水质透明度，稳固海床，减缓波浪和潮流，提供海洋生物繁殖、生长、庇护等栖息场所，为许多海洋生物提供直接或间接食物，在碳、氮、磷循环中扮演着非常重要的角色，对珊瑚礁和红树林生态系统起着承上启下的作用。

海南岛有适宜的环境和众多的潟湖、港湾、河口，为海草的生长繁衍提供了优越的条件，使之成为中国海草种类最多，分布最广的地区之一。近几十年来，随着近海海洋工程的开发、渔业活动的加强以及入海污染物增多，海南岛海草资源所面临的形势越来越严峻。

海南海草调查研究于 20 世纪 50 年代末开始，主要由杨宗岱等人进行。近年，黄小平等人对海南新村港、黎安港、椰林湾等区域的海草床资源和生境威胁进行调查，并研究泰来藻的生长策略、有性繁殖以及营养负荷对海菖蒲的影响等。自 2002 年开始，海南省海洋开发规划设计研究对海南岛东海岸的海草床进行生态监测，并鉴定新记录种针叶藻，本次研究详细调查了海南岛海草的种类组成、面积分布、生态状况、群落特征、分布特点和威胁因素等状况。并结合以往调查研究资料，评价了海南岛海草资源现状、海草大型底栖生物资源、海草床结构功能、海草床生态压力、海草床生态系统健康状况、主要存在威胁。

4.3.1 海草床调查与评价方法

通过调查海南岛海草资源，可以摸清海南沿海地区的海草种类、资源分布以及生境状况等；在此基础上，掌握重点海草床生物量、密度、覆盖率、海草床的生物多样性、群落结构、受损情况等，揭示海南省海草床的变化趋势。评价海草生态压力，海草生态系统功能、结构评价，揭示其生态过程与功能，分析其健康水平与面临的威胁，提出海草床科学管理与保护对策。

此次的研究调查区域为文昌的高隆湾、港东村、长圮港、宝峙村、冯家湾沿岸海域，琼海的青葛、龙湾、潭门沿岸海域，陵水的新村港、黎安港，三亚的后海湾、铁炉港，澄迈的花场湾等13个区域（图4.76）；比较翔实的反映了海南岛海草床资源的状况。

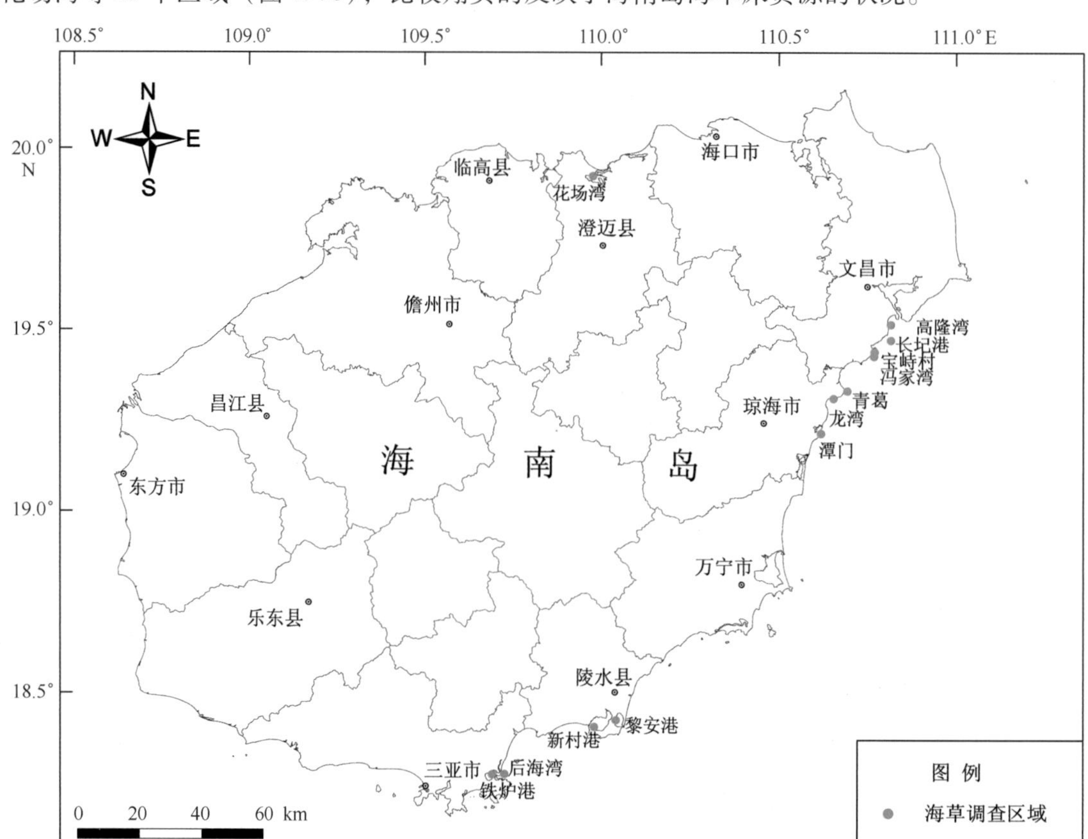

图4.76　海南岛海草床调查评价站位图

调查对象为海草群落和海草床大型底栖动物。海草群落采用样方法调查，海草大型底栖动物调查方法遵照“908专项”相关技术规程进行。

利用调查结果，对海草床生态功能结构、生态压力、和生态系统健康进行评价。

4.3.2　海草床生态系统现状分析

4.3.2.1　海草床分布

1）海南岛海草种类

海南岛海草共有2科6属10种海草见表4.12。其中热带种为泰莱藻、海菖蒲、海神草和齿叶海神草；泛热带—亚热带分布的有贝克喜盐草、喜盐草、小喜盐草、二药藻、羽叶二药藻；亚热带种为针叶藻。

表 4.12 海南岛海草种类

科	属	种
眼子菜科 Potamo	海神草属 *Cymodocea*	海神草 *Cymodocea rotunda*
		齿叶海神草 *Cymodocea serrulata*
	二药藻属 *Halodule*	羽叶二药藻 *Halodule pinifolia*
		二药藻 *Halodule uninervis*
	针叶藻属 *Syringodium*	针叶藻 *Syringodium isoetifolium*
水鳖科 Hydrocharitaceae	海菖蒲属 *Enhalus*	海菖蒲 *Enhalus acoroides*
	泰莱藻属 *Thalassia*	泰莱藻 *Thalassia hemprichii*
	喜盐草属 *Halophila*	贝克喜盐草 *Halophila beccarii*
		小喜盐草 *Halophila minor*
		喜盐草 *Halophila ovalis*

2）海南岛海草面积

海南岛海草分布面积约55.3352 km^2，其中文昌海草分布面积最大，为约31.582 km^2，其次为琼海约15.96 km^2，第三位陵水为5.74 km^2，第四位三亚为1.64 km^2，海草面积最少为万宁约0.013 2 km^2。海南岛海草分布见表4.13和图4.77。

表 4.13 海南岛海草分布面积表

海南东部	监测区	面积/km^2	合计
文昌	椰林湾	1.012	31.582
	高隆湾	30.57	
琼海	冯家湾—青葛港	4.61	15.96
	龙湾港—青葛港	1.06	
	龙湾港南侧	8.65	
	潭门港	1.64	
万宁	小海	0.000 2	0.013 2
	大洲岛	0.003	
	老爷海	0.01	
陵水	黎安港	2.07	5.74
	新村港	3.04	
	赤岭至万福村沿岸	0.63	
三亚	后海湾	0.05	1.64
	铁炉港	1.18	
	小东海	0.02	
	鹿回头	0.36	
	西岛	0.03	
澄迈	花场湾	0.40	0.4
总计			55.335 2

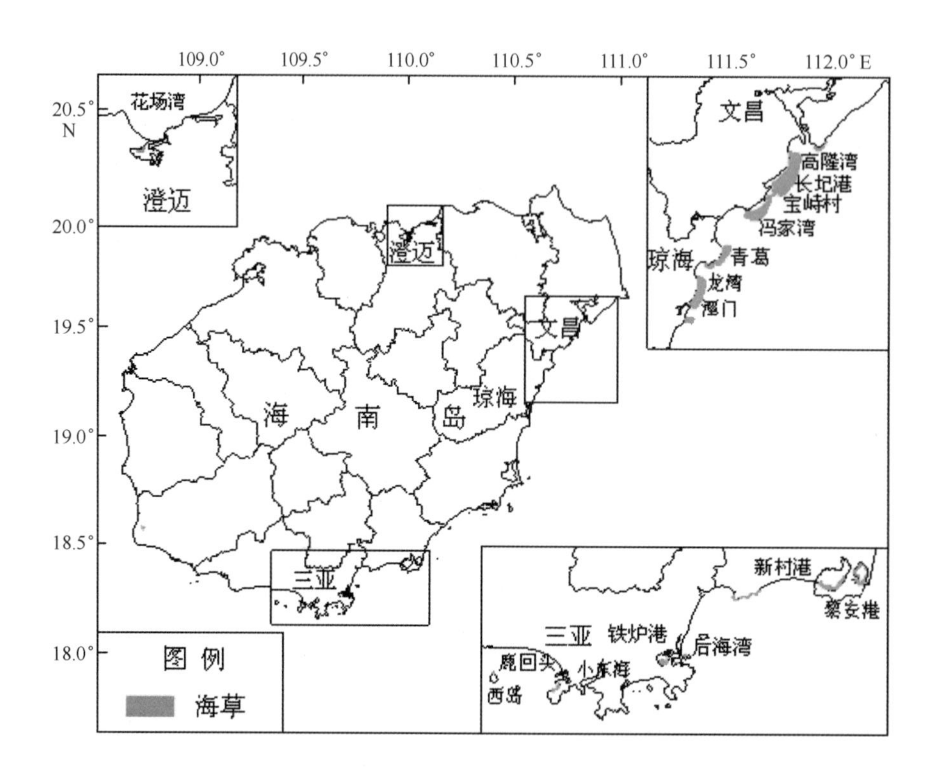

图 4.77　海南岛海草分布图

3）海南岛海草生物量

（1）调查区海草生物量：调查区海草生物量范围为 71.24 ~ 727.24 g/m²，平均生物量为 410.26 g/m²。其中，龙湾海草生物量最高为 727.24 g/m²；其次为冯家湾 718.53 g/m²、港东村 537.47 g/m²、铁炉港 483.56 g/m²、宝峙村 467.21 g/m²、青葛 433.18 g/m²、黎安港 405.66 g/m²、长圮港 374.89 g/m²、高隆湾 372.96 g/m²、新村港 289.13 g/m²、潭门 249.23 g/m² 和后海湾 203.02 g/m²；最低为花场湾，仅为 71.24 g/m²。

（2）海草种类生物量：海南岛各种海草的生物量为，小喜盐草 0.17 g/m²、贝克喜盐草 0.36 g/m²、针叶藻 4.53 g/m²、羽叶二药藻为 5.12 g/m²、喜盐草 8.51 g/m²、齿叶海神草为 8.86 g/m²、二药藻 11.07 g/m²、海神草 22.26 g/m²、泰莱藻 127.12 g/m²、海菖蒲 222.24 g/m²。

（3）海草生物量的水平分布：海南岛各区域中，海草生物量最高的是龙湾为 727.24 g/m²，最少的是花场湾 71.24 g/m²，各调查区海草生物量高低顺序为：龙湾、冯家湾、港东村、铁炉港、宝峙村、青葛、黎安港、长圮港、高隆湾、新村港、潭门、后海湾、花场湾，见表 4.14。

4）海南岛海草密度

（1）调查区海草密度：海南岛各调查区海草密度范围为 550.40 ~ 4 131.20 株/m²，平均密度为 1 753.39 株/m²。其中，宝峙村海草密度最高为 4 131.20 株/m²；其次为花场湾 4 062.50株/m²、港东村 2 241.60 株/m²、高隆湾 2 080.00 株/m²、铁炉港 1 940.57 株/m²、青葛1 516.80 株/m²、潭门 1 253.82 株/m²、后海湾 1 235.20 株/m²、新村港 1 203.64 株/m²、冯家湾 1 104.00 株/m²；黎安港、长圮港和龙湾相对较低，为 888.40 株/m²、585.85 株/m²

表 4.14　海南岛海草生物量

单位：g/m²

海草生物量	文昌					琼海			陵水		三亚		澄迈	平均值
	高隆湾	港东村	长圮港	宝峙村	冯家湾	青葛	龙湾	潭门	新村港	黎安港	后海湾	铁炉港	花场湾	
海神草	-	-	-	79.89	-	61.20	6.20	7.16	30.71	36.94	67.33	-	-	22.26
齿叶海神草	-	-	-	112.35	2.85	-	-	-	-	-	-	-	-	8.86
羽叶二药藻	-	-	-	-	-	-	-	-	-	-	-	-	66.60	5.12
二药藻	38.47	-	0.66	65.88	10.08	6.56	-	17.39	4.88	-	-	-	-	11.07
针叶藻	-	-	-	50.70	-	-	-	8.21	-	-	-	-	-	4.53
海菖蒲	169.21	399.60	290.09	-	496.68	154.97	446.83	-	204.93	260.33	-	466.48	-	222.24
泰莱藻	147.23	108.71	80.69	143.72	199.49	196.01	274.21	216.28	44.63	105.91	135.69	-	-	127.12
贝克喜盐草	-	-	-	-	-	-	-	-	-	-	-	-	4.64	0.36
小喜盐草	-	-	0.40	-	-	-	-	-	1.87	-	-	-	-	0.17
喜盐草	18.05	29.15	3.05	14.68	9.43	14.44	-	0.19	2.12	2.48	-	17.08	-	8.51
合计 g/m²	372.96	537.47	374.89	467.21	718.53	433.18	727.24	249.23	289.13	405.66	203.02	483.56	71.24	410.26

注：- 表示没有

和 550.40 株/m^2，见表 4.15。

（2）海草种类密度：海南岛各种海草的密度为，海神草为 163.32 株/m^2、齿叶海神草为 54.66 株/m^2、羽叶二药藻为 182.94 株/m^2、二药藻 179.63 株/m^2、针叶藻 105.35 株/m^2、海菖蒲 41.22 株/m^2、泰莱藻 358.01 株/m^2、贝克喜盐草 129.57 株/m^2、小喜盐草 33.48 株/m^2、喜盐草 505.20 株/m^2，见表 4.15。

5）海南岛海草株冠高度

海南岛海神草平均株冠高度为 12.97 cm、齿叶海神草为 10.57 cm、羽叶二药藻为 10.86 cm、二药藻 6.82 cm、针叶藻 11.67 cm、海菖蒲 44.11 cm、泰莱藻 13.55 cm、贝克喜盐草 1.70 cm、小喜盐草 2.35 cm、喜盐草 3.37 cm，见表 4.16。

6）海南岛海草水平分布特点

（1）水平分布范围：海南岛海草主要分布在近岸珊瑚礁坪内侧的沿岸港湾和一些潟湖沿岸。其中，珊瑚礁坪内侧沿岸港湾的海草床区主要有 2 大片区，即琼海海草片区和文昌海草片区。琼海海草片区至北向南为双外村至谭门沿岸；文昌海草片区至北向南为高隆湾至冯家湾沿岸。其他珊瑚礁内侧沿岸有海草分布的区域有东郊椰林湾、大洲岛、后海湾、大东海、小东海、鹿回头、三亚湾、西岛、赤岭等；除了东郊椰林湾、赤岭沿岸海草面积相对较大，其他区域海草床分布面积都比较小。潟湖沿岸海草分布区域主要有花场湾、新村港、黎安港、铁炉港、老爷海、小海等；其中花场湾、新村港和黎安港海草床分布面积比较大，老爷海和小海曾经分布有大片的海草，但由于养殖活动严重污染，海草床大片死亡，现仅剩小面积斑块稀疏分布。

（2）海草种类的水平分布特点：海南岛海草种类分布以文昌最多共 8 种，其次为琼海和陵水均 6 种，三亚和万宁均 4 种，最少为澄迈 3 种，调查区海草分布种类见表 4.17。

7）海南岛海草垂直分布特点

（1）海草垂直分布范围：海南岛海草垂直分布主要位于潮间带低潮区至低潮带上部，退潮时大部分海草可裸露在空气中，涨潮时海草分布最深水深下限达 4 m 左右。就目前调查结果显示，海南岛珊瑚礁坪内侧的海草分布水深大于潟湖内的海草分布水深，这很大程度上跟珊瑚礁缘清澈的水质有关，比如西沙的喜盐草可以分布到 25 m 水深阶段。在珊瑚礁沿岸，海草分布下限点基本到达珊瑚礁坪，上限点则离平均高潮线约 30 ~ 50 m。潟湖沿岸，海草分布下限点为大潮时水深约 2.5 m 处，上限点为平均高潮线约 30 ~ 50 m。

（2）海草种类的垂直分布特点：泰莱藻、喜盐草、海神草、二药藻和海菖蒲垂直范围相对比较宽，在潮间带的低潮带至潮下带上部 4 m 水深范围均有分布，其中泰莱藻分布最广泛且在整个垂直分布上面积较大，是下限和上限的分布者；而海菖蒲、海神草则主要在潮间带的低潮带至潮下带上部 2 m 以浅分布；二药藻和喜盐草则主要在潮间带的低潮区分布。针叶藻、小喜盐草、羽叶二药藻、齿叶海神草和贝克喜盐草垂直分布范围相对较窄。其中小喜盐草、羽叶二药藻和贝克喜盐草主要分布在潮间带的低潮区。针叶藻和齿叶海神草则主要分布在潮间带的低潮区至潮下带上部水深 2 m 的范围内；海南岛海草种类垂直分布情况见表 4.18。

8）海草的种间分布关系

海草由于分布环境相同或相似，造成各种海草分布有一定联系；但由于海草种类和分布

表 4.15　海南岛海草密度

单位：g/m²

海草密度	文昌					琼海			陵水		三亚		澄迈	平均值株
	高隆湾	港东村	长圮港	宝峙村	冯家湾	青葛	龙湾	潭门	新村港	黎安港	后海湾	铁炉港	花场湾	
海神草	–	–	–	480.00	–	363.20	36.80	66.91	301.09	219.20	656.00	–	–	163.32
齿叶海神草	–	–	–	688.00	22.55	–	–	–	–	–	–	–	–	54.66
羽叶二药藻	–	–		–	–	–	–	–	–	–	–	–	2,378.18	182.94
二药藻	588.80	–	78.77	864.00	154.18	152.00	–	184.73	312.73	–	–	–	–	179.63
针叶藻	–	–	–	1,209.60	–	–	–	160.00	–	–	–	–	–	105.35
海菖蒲	24.80	59.20	70.15	–	56.00	51.20	112.00	–	48.73	54.40	–	59.43	–	41.22
泰莱藻	415.20	227.20	219.08	555.20	494.55	409.60	401.60	754.91	75.64	522.00	579.20	–	–	358.01
贝克喜盐草	–	–	–	–	–	–	–	–	–	–	–	–	1,684.36	129.57
小喜盐草	–	–	105.85	–	–	–	–	–	329.45	–	–	–	–	33.48
喜盐草	1 051.20	1 955.20	112.00	334.40	376.73	540.80	–	87.27	136.00	92.80	–	1 881.14	–	505.20
合计株/m²	2 080.00	2 241.60	585.85	4 131.20	1 104.00	1 516.80	550.40	1 253.82	1 203.64	888.40	1 235.20	1 940.57	4 062.55	1 753.39

表 4.16　调查区海草株冠高度

单位:cm

海草密度	文昌					琼海			陵水		三亚		澄迈	平均值
	高隆湾	港东村	长圮港	宝峙村	冯家湾	青葛	龙湾	潭门	新村港	黎安港	后海湾	铁炉港	花场湾	
海神草	–	–	–	17.41	–	11.64	11.60	10.09	13.53	14.27	12.24	–	–	12.97
齿叶海神草	–	–	–	10.99	10.15	–	–	–	–	–	–	–	–	10.57
羽叶二药藻	–		–	–	–	–	–	–	–	–	–	–	10.86	10.86
二药藻	4.20	–	4.94	9.45	3.06	11.80	–	5.62	8.65	–	–	–	–	6.82
针叶藻	–	–	–	14.37	–	–	–	8.97	–	–	–	–	–	11.67
海菖蒲	50.74	51.35	33.87		49.20	21.44	23.05	–	38.33	50.76	–	78.26	–	44.11
泰莱藻	16.16	17.05	9.45	13.50	16.19	12.53	13.98	11.41	13.65	11.82	13.34	–	–	13.55
贝克喜盐草	–	–	–	–	–	–	–	–	–	–	–	–	1.70	1.70
小喜盐草	–	–	1.77	–	–	–	–	–	2.92	–	–	–	–	2.35
喜盐草	2.75	3.06	3.22	4.51	2.43	4.28	–	2.48	4.49	2.62	–	3.87	–	3.37

表 4.17　调查区海草种类分布

科	属种	文昌					琼海			陵水		三亚		澄迈
		高隆湾	港东村	长圮港	宝峙村	冯家湾	青葛	龙湾	潭门	新村港	黎安港	后海湾	铁炉港	花场湾
眼子菜科 Potamo	A. 海神草属 *Cymodocea*	高隆湾	港东村	长圮港	宝峙村	冯家湾	青葛	龙湾	潭门	新村港	黎安港	后海湾	铁炉港	花场湾
	①海神草 *Cymodocea rotunda*				+		+	+	+	+	+	+		
	②齿叶海神草 *Cymodocea serrulata*				+	+								
	B. 二药藻属 *Halodule*													
	③羽叶二药藻 *Halodule pinifolia*													+
	④二药藻 *Halodule uninervis*	+		+	+	+	+		+	+				
	C. 针叶藻属 *Syringodium*													
	⑤针叶藻 *Syringodium isoetifolium*				+				+					
水鳖科 Hydrocharitaceae	D. 海菖蒲属 *Enhalus*													
	⑥海菖蒲 *Enhalus acoroides*	+	+	+		+	+	+		+	+		+	
	E. 泰莱藻属 *Thalassia*													
	⑦泰莱藻 *Thalassia hemprichii*	+	+	+	+	+	+	+	+	+	+	+		
	(4)喜盐草属 *Halophila*													
	⑧贝克喜盐草 *Halophila beccarii*													+
	⑨小喜盐草 *Halophila minor*			+						+				
	⑩喜盐草 *Halophila ovalis*	+	+	+	+	+	+		+	+	+		+	
	种合计	4	3	5	6	5	5	3	5	6	4	2	2	2

环境有一定区别，又造成各种海草分布有一定差异。海南岛各种海草分布关系有单生的，也有两种或两种以上混合生长的（表4.19）。

表4.18　海南岛海草垂直分布情况表

海草种类	潮间带	潮下带上部	
	低潮区	大潮高潮水深 < 2 m	大潮大潮高潮水深小于4 m
泰莱藻	+ + +	+ + +	+ + +
海菖蒲	+	+ + +	+
海神草	+	+ + +	+
二药藻	+ + +	+	+
喜盐草	+ + +	+	+
针叶藻	–	+ + +	–
小喜盐草	+ + +	+	–
羽叶二药藻	+ + +	+	–
齿叶海神草	–	+ + +	–
贝克喜盐草	+ + +	+	–

备注：+ + +较多　+少量　–无

表4.19　海草混合分布情况

海草种类	泰莱藻	海菖蒲	海神草	二药藻	喜盐草	针叶藻	小喜盐草	羽叶二药藻	齿叶海神草	贝克喜盐草	共生种类
泰莱藻		+	+	+	+	+			+		6
海菖蒲	+		+	+	+						4
海神草	+	+		+	+	+			+		6
二药藻	+	+	+		+	+	+		+		7
喜盐草	+	+	+	+					+		5
针叶藻	+		+	+	+				+		5
小喜盐草				+							1
羽叶二药藻										+	1
齿叶海神草	+		+	+	+	+					5
贝克喜盐草								+			1

备注：“+”表示垂直和水平的两种海草混合分布

通过采样样框中统计，可以与二药藻混合生长的海草有泰莱藻、海菖蒲、海神草、喜盐草、针叶藻、小喜盐草、齿叶海神草7种；泰莱藻共生的海草有海菖蒲、海神草、二药藻、喜盐草、针叶藻、齿叶海神草6种；海神草共生的海草有泰莱藻、海菖蒲、二药藻、喜盐草、针叶藻、齿叶海神草6种；喜盐草共生的海草有泰莱藻、海菖蒲、海神草、二药藻齿、叶海神草5种；针叶藻共生的海草有泰莱藻、海神草、二药藻、喜盐草、齿叶海神草5种；齿叶海神草共生的海草有泰莱藻、海神草、二药藻、喜盐草、针叶藻5种；海菖蒲共生的海草有泰莱藻、海神草、二药藻、喜盐草4种；小喜盐草共生的海草有二药藻1种；羽叶二药藻共生的海草有贝克喜盐草1种；贝克喜盐草共生的海草有羽叶二药藻1种。

4.3.2.2 海草床大型底栖生物

1）大型底栖生物种类组成

本次对海南岛周边海草床大型底栖生物调查中，共调查到大型底栖生物41科75种（附表I），其中以软体动物为主，有28科58种，占总种类数的77.33%；甲壳动物7科11种，约占总种类数的14.67%；棘皮动物有4科4种，占总种类数的5.33%；环节动物有2科2种，占总种类数的2.67%。

2）大型底栖生物的生物量及水平分布

大型底栖生物的生物量幅度为48.88～1 303.62 g/m^2，平均生物量为317.78 g/m^2。青葛港的生物量高达1 303.62 g/m^2，菲律宾偏顶蛤（*Modiolus philippinarum*）的大量繁殖是青葛港生物量比较高的的主要原因。其中，铁炉港的生物量最低，为48.88 g/m^2，见表4.20。

表4.20 海草床大型底栖生物的生物量

调查区	生物量/（g/m^2）
新村港	56.41
黎安港	95.58
龙湾	578.40
青葛港	1 303.62
潭门	58.26
长圮港	55.42
花场湾	319.55
高隆湾	343.90
铁炉港	48.88
平均值	317.78

3）大型底栖生物的栖息密度及水平分布

大型底栖生物的栖息密度幅度为3.2～1 057.6 ind./m^2，平均栖息密度为142.93 ind./m^2。花场湾的栖息密度高达1 057.6 ind./m^2，其主要原因是小型腹足类的数量较多，见表4.21。

表4.21 海草床大型底栖生物的栖息密度

调查区	密度/（ind./m^2）
新村港	20.00
黎安港	13.60
龙湾	49.60
青葛港	107.20

续表 4.21

调查区	密度/（ind./m²）
潭门	12.80
长圮港	6.40
花场湾	1 057.60
高隆湾	16.00
铁炉港	3.20
平均值	142.93

4.3.3 海草床生态系统健康评价

4.3.3.1 海草床生态系统健康评价

1）水环境评价

海草床生态系统水环境评价见表4.22和表4.23。黎安港、新村港、长圮、龙湾和高隆湾海草床生态系统水环境范围在11～13.4，水环境均属于健康。其中潟湖沿岸的黎安港水质环境相对较差。

表4.22 海草床生态系统水环境评价（站点）

监测站位	盐度		赋值	悬浮物/（mg/L）	赋值	无机氮/（mg/L）	赋值	活性磷酸盐/（mg/L）	赋值	透光率	赋值
	2008年	2009年									
龙湾1	33.07	32.94	15	2.9	15	0.200	15	0.001	15	1.84	15
龙湾1	33.07	33.32	15	3.1	10	0.068	15	0.001	15		
龙湾2	33.11	32.28	15	15.0	5	0.031	15	0.002	15	4.82	15
龙湾3	32.3	32.63	15	3.8	10	0.037	15	0.003	15	1.76	15
平均			15		10		15		15		15
黎安1	34.72	32.76	15	9.2	5	0.030	15	—	15	0.00	5
黎安1	34.71	33.01	15	8.6	5	0.023	15	0.001	15		
黎安2	34.56	32.76	15	14.0	5	0.028	15	—	15	0.01	5
黎安2	34.58	33.07	15	7.4	5	0.026	15	—	15		
黎安3	34.48	32.66	15	7.6	5	0.035	15	—	15	0.00	5
黎安3	34.24	33.24	15	7.0	5	0.058	15	0.005	15		
黎安4	34.30	32.86	15	5.7	5	0.040	15	—	15	0.05	5
平均			15		5		15		15		5
新村1	33.44	30.83	15	24.0	5	0.026	15	0.002	15	0.02	5
新村2	32.44	30.77	15	7.9	5	0.022	15	0.002	15	0.01	5
新村3	33.06	30.18	15	16.3	5	0.024	15	—	15	0.00	5
新村4	33.81	31.93	15	2.4	15	0.031	15	0.002	15	0.01	5
新村5	33.81	31.93	15	10.8	5	0.027	15	—	15	0.00	5

续表 4.22

监测站位	盐度		赋值	悬浮物/(mg/L)	赋值	无机氮/(mg/L)	赋值	活性磷酸盐/(mg/L)	赋值	透光率	赋值
	2008 年	2009 年									
平均			15		7		15		15		5
长圮 1	32.84	32.38	15	4.4	10	0.016	15	—	15	0.01	5
长圮 2	33.09	32.62	15	3.7	10	0.024	15	—	15	0.03	5
平均			15		10		15	0.000	15		5
高隆湾 1	32.22	28.57	15	5.5	5	0.020	15	—	15	0.01	5
高隆湾 2	31.7	29.08	15	3.3	10	0.019	15	—	15	0.02	5
高隆湾 3	31.52	29.14	15	3.9	10	0.018	15	—	15	0.04	5
高隆湾 3	31.52	33.20	15	3.7	10	0.019	15	—	15		
平均			15		8.75		15		15		5

备注："—"表示未检出

表 4.23 海草床生态系统水环境评价（站位）

站位	赋值						评价
	盐度	悬浮物	无机氮	活性磷酸盐	透光率	平均	
新村港	15	7	15	15	15	13.4	健康
黎安港	15	5	15	15	5	11	健康
龙湾	15	10	15	15	5	12	健康
长圮	15	10	15	15	5	12	健康
高隆湾	15	8.75	15	15	5	11.75	健康

2）沉积物环境评价

海草床生态系统沉积物环境评价见表4.24 和表4.25。黎安港、新村港、长圮、龙湾和高隆湾海草床生态系统沉积物环境范围在8.25～10，沉积物环境均属与健康。其中潟湖沿岸的黎安港和新村港沉积物质环境相对较差，珊瑚礁港湾沿岸的长圮、龙湾和高隆湾沉积物质环境相对较好。

表 4.24 海草床生态系统沉积物环境评价（站点）

站位	站位号	沉积物监测结果			
		硫化物/(mg/kg)	赋值	有机碳/%	赋值
长圮	1	20.92	10.0	0.15	10
	2	20.23	10.0	0.19	10
平均			10.0		10
龙湾	1	17.98	10.0		10
	2	15.55	10.0		10
	3	12.78	10.0		10
平均			10.0		10

续表 4.24

站位	站位号	沉积物监测结果			
		硫化物/（mg/kg）	赋值	有机碳/%	赋值
高隆湾	1	27.64	10.0	0.26	10
	2	26.74	10.0	0.36	10
	3	64.68	10.0	0.27	10
平均			10.0		10
黎安港	1	598.33	1.0	0.93	10
	2	445.27	5.0	1.59	10
	3	55.94	10.0	0.16	10
	4	82.98	10.0	0.27	10
平均			6.5		10
新村港	1	65.98	10.0	1.72	10
	2	496.27	5.0	1.60	10
	3	342.64	5.0	1.20	10
	4	55.74	10.0	0.13	10
	5	53.42	10.0	0.05	10
平均			8.0		10

表 4.25　海草床生态系统沉积物环境评价（站位）

站位	赋值			评价
	硫化物	有机碳	平均	
新村港	8.0	10	9.00	健康
黎安港	6.5	10	8.25	健康
龙湾	10.0	10	10.00	健康
长圮	10.0	10	10.00	健康
高隆湾	10.0	10	10.00	健康

3）生物残毒状况评价

海草床生态系统生物残毒状况评价见表4.26和表4.27。黎安港、新村港、长圮、龙湾和高隆湾海草床生态系统生物残毒状况范围在6.8～7.1。其中龙湾海草床生物残毒状况相对较差，环境受到轻微污染，属于亚健康状态；其他站位海草床生物残毒状况相对较好，环境未受到污染。

表 4.26　海草床生态系统生物残毒状况评价（站点）

站号	生物类别	石油烃/(10^{-6})	赋值	总汞 Hg/(10^{-6})	赋值	砷 As/(10^{-6})	赋值	镉 Cd/(10^{-6})	赋值	铅 Pb/(10^{-6})	赋值
高隆湾 1	贝类	3.93	10.0	0.037	10.0	3.7	5.0	0.02	10	0.2	5.0
高隆湾 2	鱼类	0.72	10.0	0.223	1.0	0.4	10.0	—	10	0.2	5.0
高隆湾 3	甲壳类	0.61	10.0	0.144	1.0	1.2	5.0	0.02	10	0.4	5.0
平均			10.0		4.0		6.7		10		5.0
龙湾 1	贝类	17.2	5.0	0.009	10.0	1.8	5.0	0.19	10	1.8	5.0
龙湾 2	鱼类	—	10.0	0.441	1.0	0.5	10.0	0.05	10	0.4	5.0

续表 4.26

站号	生物类别	石油烃/(10^{-6})	赋值	总汞 Hg/(10^{-6})	赋值	砷 As/(10^{-6})	赋值	镉 Cd/(10^{-6})	赋值	铅 Pb/(10^{-6})	赋值
龙湾 3	甲壳类	0.59	10.0	0.193	1.0	2.2	5.0	—	10	0.2	5.0
平均			8.3		4.0		6.7		10		5.0
黎安 1	贝类	6.35	10.0	0.023	10.0	3.1	5.0	0.03	10	1.1	5.0
黎安 2	鱼类	—	10.0	0.112	1.0	0.2	10.0	—	10	1.2	5.0
黎安 3	甲壳类	0.98	10.0	0.067	5.0	1.7	5.0	0.03	10	2.8	1.0
平均			10.0		5.3		6.7		10		3.7
长圮 1	贝类	3.57	10.0	0.027	10.0	2.7	5.0	0.02	10	0.2	5.0
长圮 2	鱼类	—	10.0	0.123	1.0	0.2	10.0	—	10	0.2	5.0
长圮 3	甲壳类	0.54	10.0	0.084	5.0	1.1	5.0	0.02	10	0.2	5.0
平均			10.0		5.3		6.7		10		5.0
新村 1	贝类	9.93	10.0	0.023	10.0	2.3	5.0	0.02	10	1.1	5.0
新村 2	鱼类	—	10.0	0.151	1.0	0.2	10.0	—	10	1.3	5.0
新村 3	甲壳类	1.48	10.0	0.068	5.0	1.8	5.0	0.02	10	3.6	1.0
平均			10.0		5.3		6.7		10		3.7

备注："—"表示未检出

表 4.27　海草床生态系统生物残毒状况评价（站位）

站位	赋值						评价
	石油烃	总汞 Hg	砷 As	镉 Cd	铅 Pb	平均	
新村港	10	5.3	6.7	10	3.7	7.1	健康
黎安港	10	5.3	6.7	10	3.7	7.1	健康
龙湾	8.3	4.0	6.7	10	5.0	6.8	亚健康
长圮	9.4	4.9	6.7	10	4.1	7.0	健康
高隆湾	10	4.0	6.7	10	5.0	7.1	健康

4）栖息地评价

（1）5 年内海草分布面积减少量

龙湾、黎安、新村、长圮和高隆湾沿岸海域，5 年内海草分布面积变化见表 4.28，其中黎安海草 5 年内海草分布面积减少了 0.43 km^2，约占海草面积的 17.2%。其他站位海草分布面积基本稳定。

表 4.28　龙湾等 5 处海域 5 年内海草分布面积变化

站位	2004 年/km^2	2009 年/km^2	5 年内海草分布面积减少/%	5 年内海草分布面积减少率/%	赋值
龙湾沿岸海域	8.65	8.65	0.00	0	15
黎安沿岸海域	2.50	2.07	-0.43	-17	5
新村沿岸海域	3.04	3.04	0.00	0	15
长圮沿岸海域	30.57	30.57	0.00	0	5
高隆湾沿岸海域	30.57	30.57	0.00	0	15

（2）沉积物主要组分含量年度变化

龙湾、黎安、新村、长圮和高隆湾站点上沉积物主要组分含量年度变化见表 4.29，其中黎安和长圮海草床沉积物主要组分含量年度变化较大。其他站位海草床沉积物主要组分含量年度变化相对稳定。

表 4.29　海草床沉积物主要组分含量年度变化（站点）

站位号	主要组分									
	砂					粉砂				
	2008	2009	年度变化	年度变化率	赋值	2008	2009		年度变化率	赋值
长圮 1	68.27	56.3	-11.97	-18%	5					
长圮 2	84.44	67.3	-17.14	-20%	5					
龙湾 1	74.81	72.2	-2.61	-3%	15					
龙湾 2	77.06	84.4	7.34	10%	10					
龙湾 3	80.54	57.8	-22.74	-28%	5					
高隆湾 1	95.9	98	2.1	2%	15					
高隆湾 2	97.05	74.1	-22.95	-24%	5					
高隆湾 3	93.27	88	-5.27	-6%	10					
黎安 1						60.74	76.3	15.56	26%	5
黎安 2						80.33	85.4	5.07	6%	10
黎安 3						77.41	81.6	4.19	5%	15
黎安 4	50.6	84.1	33.5	66%	5					
新村 1	84.72	71.9	-12.82	-15%	5					
新村 2	84.21	82.5	-1.71	-2%	15					
新村 3	92.81	98.1	5.29	6%	10					
新村 4	93.77	97	3.23	3%	15					

（3）海草床生态系统栖息地评价

海草床生态系统栖息地评价见表 4.30，结合沉积物主要组分含量年度变化和 5 年内海草分布面积减少指标，龙湾、黎安、新村、长圮和高隆湾海草床生态系统栖息地健康指数范围在 5 ~ 12.5，其中黎安和长圮栖息地为亚健康，其他站位栖息地为健康。

表 4.30　海草床生态系统栖息地评价（站位）

站位	沉积物主要组分含量年度变化赋值	5 年内海草分布面积减少赋值	平均
龙湾	10	15	12.5
黎安	9	5	7
新村	11.3	15	13.3
长圮	5	5	5
高隆湾	10	15	12.5

5）生物指标评价

海草床生态系统生物指标评价见表 4.31 和表 4.32。黎安港、新村港、长圮、龙湾和高隆湾海草床生态系统生物指标评价范围在 15 ~ 40。其中黎安港生物健康指数为 15，属于不健康

表 4.31　海草床生态系统生物指标评价（站位）

站位	盖度/%					生物量/(g/m²)					密度/(ind./m²)					底栖生物量/(g/m²)				
	2004	2009	变化	变化率	赋值	2004	2009	变化	变化率	赋值	2004	2009	变化	变化率	赋值	2004	2009	变化	变化率	赋值
新村港	59	47.27	-11.73	-20%	10	295.4	289.13	-6.27	-2%	50	1261.5	1203.6	-57.9	-5%	50	124.4	56.41	-67.99	-55%	10
黎安港	63	50	-13	-21%	10	647.39	405.66	-241.7	-37%	10	1241.9	888.4	-353.5	-28%	10	105.57	95.58	-9.99	-9%	30
龙湾	38	64.5	26.5	70%	50	728.34	727.24	-1.1	-0.2%	50	581.5	550.4	-31.1	-5%	30	648.5	578.4	-70.1	-11%	10
长圮	47	47.31	0.31	1%	50	384.32	374.89	-9.43	-2%	50	537.6	585.85	48.25	9%	50	129.2	55.42	-73.78	-57%	10
高隆湾	44	36	-8	-0.182	10	364.53	372.96	8.43	0.0231	50	1985.2	2080	94.8	0.0478	50	374.6	343.9	-30.7	-8%	30

表 4.32　海草床生态系统生物指标评价（站位）

站位	赋值				
	海草盖度/%	海草生物量/(g/m²)	海草密度	底栖动物生物量/(ind./m²)	平均
新村港	10	50	50	10	30
黎安港	10	10	10	30	15
龙湾	50	50	30	10	35
长圮	50	50	50	10	40
高隆湾	10	50	50	30	35

状态；新村港、龙湾、高隆湾海草床生物健康指数分别为30、35和35，均属于亚健康状态；长圮海草床生物健康指数为40，均属于健康状态。

6）海草床生态系统健康评价

调查区域海草床生态系统健康评价见表4.33，黎安港、新村港、长圮、龙湾和高隆湾海草床生态系统生态健康指数评价范围在48.4～76.4。其中黎安港海草床生态系统属于不健康，健康指数最低为48.4；新村港和长圮海草床生态系统属于亚健康，健康指数分别为72.8和74；龙湾和高隆湾海草床生态系统均属于健康状态，健康指数分别为76.3和76.4。

表4.33　海草床生态系统健康标评价（调查区域）

站位	指标赋值						生态健康评价
	水环境	沉积环境	生物残毒状况	栖息地	生物指标	合计	
新村港	13.4	9	7.1	13.3	30	72.8	亚健康
黎安港	11	8.3	7.1	7	15	48.4	不健康
龙湾	12	10	6.8	12.5	35	76.3	健康
长圮	12	10	7	5	40	74	亚健康
高隆湾	11.8	10	7.1	12.5	35	76.4	健康

4.3.3.2　海草床生态结构功能评价

1）优势度

从以海草生物量统计的海南岛海草优势度值来看，海菖蒲最大为45.77%，其次泰莱草32.14%，最小为小喜盐草0.06%，其大小排列顺序为：海菖蒲、泰莱草、羽叶二药藻、海神草、二药藻、齿叶海神草、针叶藻、喜盐草、贝克喜盐草、小喜盐草。

2）多样性指数

海南岛海草平均多样性指数为1.11，其中宝峙村海草多样性指数最高为2.36，其次为青葛1.70，最少的是铁炉港0.22。各调查区海草多样性指数大小顺序为：宝峙村、青葛、高隆湾、新村港、黎安港、冯家湾、龙湾、港东村、后海湾、长圮港、潭门、花场湾、铁炉港，见表4.34。

表4.34　调查区海草多样性指数

市县	文昌					琼海			陵水		三亚		澄迈
区域	高隆湾	港东村	长圮港	宝峙村	冯家湾	青葛	龙湾	潭门	新村港	黎安港	后海湾	铁炉港	花场湾
多样性指数	1.60	1.01	0.85	2.36	1.08	1.70	1.02	0.76	1.31	1.28	0.92	0.22	0.35
平均值	1.11												

3）均匀度

海南岛海草均匀度为0.58，其中后海湾海草多样性指数最高为0.92，其次为宝峙村

0.91，最少的是铁炉港0.22。各调查区海草多样性指数大小顺序为：后海湾、宝峙村、高隆湾、青葛、港东村、龙湾、黎安港、新村港、冯家湾、长圮港、花场湾、潭门、铁炉港，其中港东村与龙湾相等（表4.35）。

表4.35 调查区海草均匀度

市县	文昌					琼海			陵水		三亚		澄迈
区域	高隆湾	港东村	长圮港	宝峙村	冯家湾	青葛	龙湾	潭门	新村港	黎安港	后海湾	铁炉港	花场湾
均匀度	0.80	0.64	0.36	0.91	0.47	0.73	0.64	0.33	0.51	0.64	0.92	0.22	0.35
平均值	0.58												

4）群落演变速率

海南岛各调查区平均海草群落演变速率为0.95，其中花场湾海草群落演变速率最高为0.99，其次为潭门、新村港和后海湾均为0.97，最少的是龙湾0.91。各调查区海草群落演变速率高低顺序为：花场湾、潭门、新村港、后海湾、长圮港、高隆湾、宝峙村、青葛、黎安港、港东村、铁炉港、冯家湾、龙湾，其中潭门与新村港、后海湾相等，高隆海与宝峙村、青葛、黎安港相等，港东村与铁炉港相等。见表4.36。

表4.36 调查区海草演变速率

市县	文昌					琼海			陵水		三亚		澄迈
区域	高隆湾	港东村	长圮港	宝峙村	冯家湾	青葛	龙湾	潭门	新村港	黎安港	后海湾	铁炉港	花场湾
演变速率	0.95	0.93	0.96	0.95	0.92	0.95	0.91	0.97	0.97	0.95	0.97	0.93	0.99
平均值	0.95												

5）大型底栖生物的优势种及其水平分布

海南岛南部的新村港和黎安港海草床生态系统大型底栖生物以多毛类的海蚯蚓（*Arenicda cristata*）、厚鳃蚕（*Dasybranchus caducus*）为优势种类；海南岛东海岸海草床生态系统大型底栖生物以软体动物的双壳类为主，比较突出的是青葛港、龙湾以菲律宾偏顶蛤（*Modiolus philippinarum*）作为绝对优势种类。海南岛北面的花场湾主要以软体动物的小型腹足类为主，有秀丽织纹螺（*Nassarius festiva*）、小翼拟蟹守螺（*Cerithidea microptera*）、纵带滩栖螺（*Batillaria zonalis*）、奥莱彩螺（*Clithon oualaniensis*）。甲壳类的无刺短桨蟹（*Thalamita crenata*）分布甚广，所有调查区均有分布。

6）大型底栖生物多样性指数

海南岛海草床大型底栖动物的生物多样性指数幅度为0.54～2.45，平均为1.65。各海草床大型底栖动物的多样性指数由大到小排列顺序为：高隆湾、花场湾、龙湾、新村港、黎安港、青葛港、长圮港、铁炉港、潭门。

7）海草床大型底栖生物均匀度

海南岛海草床大型底栖动物的生物均匀度均在0.5以上，幅度为0.51～1，平均为0.77，表明海草床大型底栖生物群落物种分布整体上较为均匀。新村港、黎安港、长圮港、高隆湾和铁炉港的生物均匀度均在平均值 0.77 之上，表明其生物群落物种分布较为均匀，龙湾、青葛港、潭门和花场湾的生物均匀度均在平均值 0.77 之下，表明其生物群落物种分布不均匀。其主要原因可能与该海域的环境污染有关，个别适应能力较强的物种迅速繁殖，其数量上与其他适应能力较差的物种相差甚远。

4.3.4 海南岛近十年海草床变化趋势及影响因素

4.3.4.1 海草床近十年变化趋势

据了解，在 20 世纪 60—70 年代海南岛大部分潟湖如陵水的新村港和黎安港，万宁的小海和老爷海，三亚铁炉港，文昌清澜港，儋州洋浦港等都有海草分布；现在洋浦港、万小海和老爷海的海草现已经基本消失。根据调访沿岸渔民得知，80 年代海南岛高隆湾至冯家湾沿岸海域，琼海至潭门沿岸海域的海草生长茂盛，连成大片的海草床，船只的螺旋桨根本无法开动。而现在沿岸的海草床出现部分破碎，形成镶嵌状甚至斑块状，而且离岸较近的部分海草因污染或泥沙覆盖已经消失。由图 4.78 与图 4.79 可知，2004 年海南岛海草盖度为 51.2%，2009 年略有下降为 48.71%。2004 年海南岛海草生物量为 431.3 g/m^2，2009 年略有下降为 410.3 g/m^2。海草面积由原来的 55.765 2 km^2，减少至 55.335 2 km^2，共减少了 0.43 km^2。可见，2004—2009 年海南岛海草盖度、海草生物量和海草面积均有下降趋势。

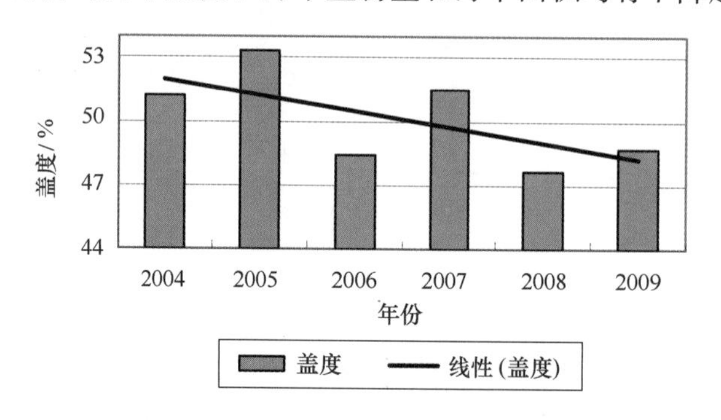

图 4.78　2004—2009 年海南岛海草盖度变化

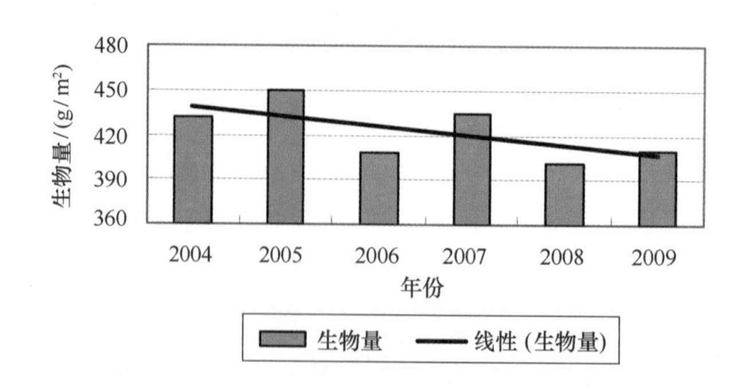

图 4.79　2004—2009 年海南岛海草生物量变化

4.3.4.2　海草床变化趋势影响因素

1）渔业活动

①养殖活动：渔排和网箱底下生长分布的海草，被残饵和粪便覆盖，太阳光线被渔排完全遮挡，极大的影响海草光合作用，导致海草分布稀少。潮间带滩涂大量开发插桩养殖牡蛎，在养殖过程海草部分被清除和随意践踏，造成海草分布稀疏；大量的水泥桩和牡蛎贝壳丢弃海草场，影响和破坏海草的生长环境。

②捕捞作业：海洋捕捞如耙螺、围网、四角网、拖网和三层刺网等渔业作业造成了海草床生物量明显减少。

③船只停泊：船只抛锚和起锚过程，将海草连根翻起；船只的停泊遮挡光线，长期会影响海草的光合作用。

2）陆源污染

①养殖污染：近岸养殖池污水中大量的有机物和无机物排放入海，渔排、网箱养殖的残饵以及排泄物的分解，导致许多大型底栖藻类如石莼、网胰藻和浒苔大量迅速繁殖，覆盖在海草上，抑制海草的光合作用，影响海草的生长。养殖污水中富含有机和无机污染物以及大量的有害微生物，影响海水的 pH 值、溶解氧、无机氮、无机磷以及沉积物环境中的有机碳、硫化物等，导致沉积环境质量下降，改变海草生态系统的微生物种群结构，破坏海草正常生长所需要的环境条件。

②生活污染：丢弃的固体废物在海面漂浮或沉底，压盖海草或阻挡光线，对海草的生长造成一定影响。

3）海洋工程

航道、港口建设以及潮间带修建池塘或填海造地等海洋工程开发，海草被直接清除或掩埋，导致海草群落和海草底栖生物区域性灭绝，海草栖息地减少。围、填、挖等工程施工建设过程中导致海水中悬浮物增加，黏附海草叶表面，影响海草光合作用，悬浮泥沙的沉降容易引起海草被淤积覆盖；围填工程也可能改变海流和波浪作用，引起泥沙运动，造成二次掩埋海草。

4）非法渔业

①炸渔：炸渔是非法渔业中对海洋生态系统破坏速度最快且最具破坏力的方式。炸渔直接破坏海草，炸死海草床生物等，而且还对海草床的整个生态环境造成严重的负面影响。

②毒渔：毒渔这种索取性的非法渔业方式，已被证实对海草床具有严重的破坏性，氰化物毒渔不仅对海草和海草床鱼类等造成直接破坏，也影响和破坏海草床生态环境。

③电渔：海草场电渔一般所用电压为 12 V，足够把海草场的个体较小的鱼、虾和其他生物击晕或电死，同样对海草也有一定影响。

5）自然因素

目前了解到自然因素对海草的影响和破坏相对较小，且一般可自然恢复。自然因素中对海草的影响和破坏的主要是台风和暴雨等。台风对海草的破坏主要是通过加大海底泥沙和海浪运动，将海草覆盖、连根冲起或冲刷掉海草的根系和叶子；暴风雨主要是通过降雨和入海河流，改变海水盐度等水质环境，影响海草的生长。

4.4 典型热带海洋生态系统的生态问题

4.4.1 珊瑚礁存在的生态问题

1）陆源污染对珊瑚生长影响严重

海南珊瑚礁近岸海域，基本上都受到不同程度的含油污水、生活污染、农业面源污染和养殖污水的污染。三亚鹿回头近岸海域受三亚河的影响，海水环境质量不稳定，珊瑚生长发生次生演替；铜鼓岭淇水湾一侧受养殖污水的污染，珊瑚生长分布状况比以前差。长圮港礁坪内缘，因受长圮港污水的污染，珊瑚生长分布状况较外缘差。海边工程的修建以及一些违规违法的海上泥沙倾倒，产生的悬浮泥沙通过海流搬运到珊瑚礁海域，对珊瑚构成致命的威胁。这些悬浮物不但遮挡了阳光，还会覆盖在珊瑚表面阻挡珊瑚虫呼吸，最后会导致珊瑚窒息而死亡。本次调查发现，悬浮物带来的破坏在鹿回头岸段就非常明显。

2）海洋旅游开发活动对造礁珊瑚带来一定程度的损害

珊瑚礁及其生态具有较高的旅游观赏价值，近几年来，在利用珊瑚礁海域开展的旅游活动方兴未艾。通过“政府管理，企业参与”的适度开发模式，有效地制止部分珊瑚礁区域的抛锚、炸鱼活动，同时，也有力地提高当地居民的珊瑚礁保护意识。应该说，这对珊瑚礁及其中的鱼类得到了较好的保护与恢复。但旅游开发活动如不加控制和严格管理，也将会对海底珊瑚及其生态造成一定程度的破坏。

3）过度捕捞和非法渔业对珊瑚礁生态系统带来很大影响

本次调查过程中，珊瑚礁伴生生物相对较少，除了一些开发旅游的沿岸或岛礁，珊瑚礁鱼类或底栖生物较多之外，其他珊瑚礁调查区域只看到一些小型经济鱼类和零星观赏性鱼类，大型贝类、鱼类极少。长期以来，海南沿海珊瑚礁区都存在滥捕现象，致使许多珊瑚礁生物种群数量急剧减少。投放炸药方式和喷射化学药品的捕鱼，不仅直接破坏了造礁石珊瑚，还对其他生物造成致命的毁灭，最重要的是致使整个珊瑚礁生态环境质量恶化，珊瑚礁生态系统失去平衡以及其结构和功能的丧失。

4.4.2　红树林存在的生态问题

1）对红树林盲目开垦和改造

2009 年调查到青梅港红树林中大面积施工的现象。调查结果显示，围垦严重的花场湾红树林已经变现出显著的退化和破坏。2009 年调查发现新英、新盈和花场湾有不同程度的围垦。

2）大量养殖对红树林生境造成破坏

2009 年调查时发现东寨港保护区有成片枯死或根部裸露的红树林。这些树木的叶子已经凋零，只剩下光秃秃的树干，还有很多树枯死后倒在水面上，林子显得非常稀疏，看到成群的鸭子在红树林下面的淤泥里觅食。据保护区调查认为，大量鸭群不断觅食红树林泥土里的小鱼虾蟹，导致滩涂泥土被破坏，时间一长就影响了土壤环境。在这种情形下，海水潮涨潮落使得红树林的根裸露出来，红树林很容易就倒下死亡。据了解，演丰咸水鸭是海南地方特色产品，咸水鸭养殖是当地农民收入的主要来源。然而，随着养鸭规模不断扩大，鸭子对红树林的破坏也日益严重。据统计，目前在红树林保护区内的养鸭户有 20 多家，鸭子达 3 万多只。虽然已有部分养殖户搬出，但仍有少数养殖户还在保护区内养鸭，对红树林生境破坏还在持续。

4.4.3　海草床存在的生态问题

新村港、铁炉港、花场湾与黎安港的海草床为潟湖类型的海草床，由于其海水养殖业发展迅速，捕鱼活动频繁，开发利用强度较大，加之缺乏科学的规划与管理，海草生长属于任放自流，海草床受到人类渔业活动有意无意地清除，海草生物量有下降趋势，伴生生物生明显减少，经济种尤为明显；潟湖大面积的麒麟菜养殖和渔排养殖，堵塞口门与水道，导致潟湖纳潮量减少，影响水交换能力，改变海草床生态系统结构；海草生长环境受到一定破坏，沉积物质量下降，水质不稳定，赤潮有时发生；海草生长空间日益减少，包括栖息地和海草床空间，不仅海草生长空间被麒麟菜或渔排等占据，而且海草的栖息地因围垦养殖遭到破坏，海草发生局域灭绝；海草床生态系统服务功能下降，主要表现适宜海水养殖的场地缩小，渔排、麒麟菜养殖场等基本往口门附近迁移；海水养殖品种成活率降低、容易发病死亡、养殖产量下降等。

非潟湖类型的沿岸海域，由于近岸的养殖排污导致的海草床环境质量下降，海草工程围填造成水动力状况改变，使近岸淤积或侵蚀，改变海草床生境，直接或间接造成泥沙覆盖海草，是近岸海草床的主要生态问题。由于过度捕捞，近岸海草床伴生生物的生物量下降，受渔业活动影响频繁的地方海草生长状况也受到一些影响。

综上所述，由于过度捕捞、养殖活动、海洋工程等，使海草床生态系统结构与功能受到一定影响与破坏，生境恶化，水环境和沉积物环境质量下降；少量生境丧失，海草床栖息面积减少；海草床生物种群数量减少，主要经济种类产量下降；海草发生局域灭绝，海草结构发生变化。

参考文献

陈焕雄，陈二英 . 1985. 海南岛红树林分布的现状［J］. 热带海洋，4（3）：74 – 81.

廖宝文，郑德璋，郑松发，等 . 2000. 海南岛清澜港红树林群落演替系列的物种多样性特征［J］. 生态科学，19（3）：17 – 22.

林鹏 . 1997. 中国红树林生态系［M］. 北京：科学出版社.

王文卿，王瑁 . 2007. 中国红树林［M］. 北京：科学出版社.

邹仁林 . 1998. 造礁石珊瑚［J］. 生物学通报，33（6）：8 – 11.

第五章　海洋灾害

5.1　环境灾害

5.1.1　风暴潮

5.1.1.1　风暴潮概况

1）风暴潮及其命名

风暴潮指由强烈大气扰动，如热带气旋（热带低压、热带风暴、强热带风暴、台风、超强台风）、温带气旋等引起的海面异常升高现象。它具有数小时至数天的周期，通常叠加在正常潮位之上，而风浪、涌浪（周期数秒）叠加在前二者之上。由这三者的结合引起的沿岸海水暴涨常常酿成巨大潮灾。海南省位于低纬度区，风暴潮过程主要是由热带气旋引起的。

风暴潮的命名一般以诱发它的天气系统来命名，例如：由2005年第18号超强台风达维引起的风暴潮，称为“0518号”台风风暴潮或“达维”风暴潮；由1969年登陆北美的Camille飓风引起的风暴潮，称为Camille风暴潮等；温带风暴潮大多以发生日期命名，如2007年3月3日发生的温带风暴潮称为“07.03.03”温带风暴潮。

2）风暴潮灾害

风暴潮引起的沿岸涨水造成的人员伤亡、财产损失，称之为风暴潮灾害。也有人称风暴潮灾害为“风暴海啸”或“气象海啸”。在我国历史文献中又多称为“海溢”、“海侵”、“海啸”及“大海潮”等。

3）警戒潮位

警戒潮位是指沿海发生风暴潮时，受影响沿岸潮位达到某一高度、人们须警戒并防备潮灾发生的指标性潮位值，它的高低与当地防潮工程紧密相关。警戒潮位的设定是做好风暴潮灾害监测、预报、警报的基础工作，也是沿海各级政府科学、正确、高效地组织和指挥防潮减灾的重要依据。

5.1.1.2　海南省风暴潮灾害时空分布

当热带气旋靠近或在海南岛沿海登陆时，基本上都会产生风暴潮过程。据1953—2008年资料统计，海南岛沿岸增水大于等于30 cm的次数有185次（以收集到的资料统计），平均每年有3.5次，其中，发生在7—10月的占总数的82%。增水大于等于50 cm的次数有107次，平均每年有2次，其中，发生在7—10月的占总数的83%。增水大于等于100 cm的次数有31次，平均约每两年有1次，其中，发生在7—9月的次数占总数的81%。增水大于等于150 cm的有12次，共有10年出现过，增水大于等于200 cm的次数有5次，共有4年出现过。

在产生的风暴潮过程中，超警戒潮位的共有35次，平均每年0.7次，集中在7—10月，占总数的91%。超警戒潮位30 cm以上的则有75次，平均每年1.4次。

据《中国海洋灾害公报》资料统计，2000—2009年十年间，海南省风暴潮灾害损失总计144亿元，平均每年14.4亿元；不过，因风暴潮强弱不同，造成的损失在年际的变化幅度相当大，损失最多的2005年达117.67亿元，占十年总损失的81.7%，而2001年、2004年、2006年三年的风暴潮损失均小于百万元（图5.1）。

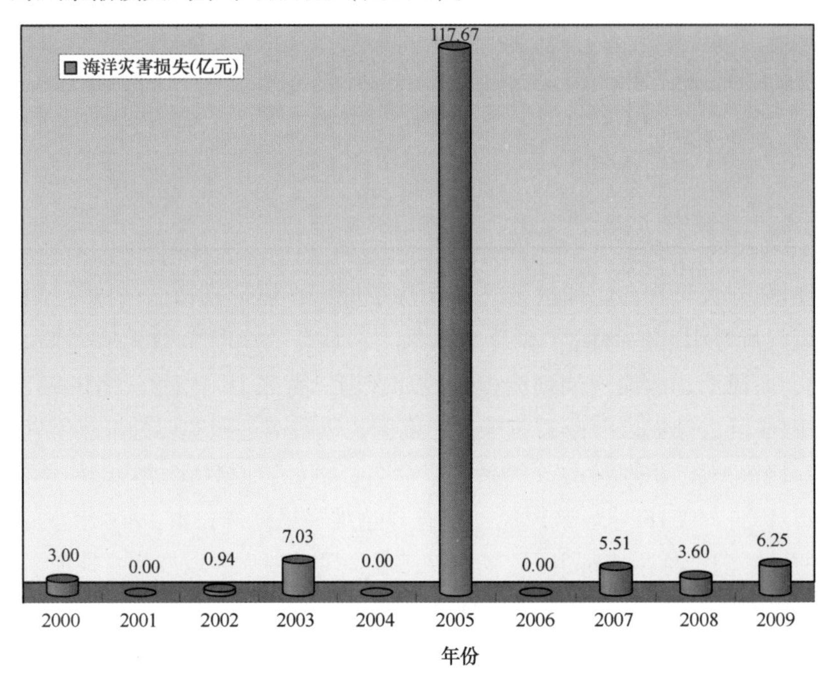

图5.1　海南省风暴潮（含近岸浪）灾害损失情况

1）海南省风暴潮历史灾害月季分布

根据1953—2009年海南省沿岸验潮站增水统计，海南省10月份各站平均增水大于等于50 cm的次数为7.5次，8月份次之，为6.75次，1—3月份未出现过大于50 cm的增水过程。海南省风暴潮各级别增水月季分布见表5.1。

表5.1　1953—2009年海南省沿岸各级风暴潮增水发生次数

级别	月份											
	1	2	3	4	5	6	7	8	9	10	11	12
≥50 cm	0	0	0	0.25	0.25	2.25	6	6.75	6	7.25	2.25	0.25
Ⅰ	0	0	0	0	0	0	0	0.25	0	0	0	0
Ⅱ	0	0	0	0	0	0	0.25	0	0.25	0.25	0.25	0
Ⅲ	0	0	0	0	0	0.25	0	1	0.5	0	0	0
Ⅳ	0	0	0	0	0	0.25	1.25	1	1.5	0.5	0	0
Ⅴ	0	0	0	0.25	0.25	2	5	5.25	4.75	7.25	2	0.25

2）海南省风暴潮灾害空间分布

（1）北部以海口秀英海洋站的资料统计，海口市沿岸大于50 cm的风暴潮增水过程共有101次，增水大于等于50 cm的次数最多的是10月份，共25次，8、9月份次之，共20次，1—3月和5月份未出现过大于50 cm的增水过程。海口市风暴潮各级别增水月季分布见表5.2。

表5.2 海口市沿岸各级风暴潮增水发生次数

级别	月份											
	1	2	3	4	5	6	7	8	9	10	11	12
≥50 cm	0	0	0	1	0	8	19	20	20	25	7	1
Ⅰ	0	0	0	0	0	0	0	1	0	0	0	0
Ⅱ	0	0	0	0	0	0	1	0	1	1	1	0
Ⅲ	0	0	0	0	0	1	0	3	2	0	0	0
Ⅳ	0	0	0	0	0	1	3	2	6	2	0	0
Ⅴ	0	0	0	1	0	6	15	14	11	22	6	1

（2）东部以文昌清澜海洋站的资料统计，文昌市沿岸大于50 cm的风暴潮增水过程共有32次。增水大于等于50 cm的出现次数最多的是8月份，共有10次，10月份次之，为9次，1～3和12月份未出现过大于50 cm的增水过程。各月增水大于50 cm的次数分布见表5.3。文昌市风暴潮各级别增水月季分布见表5.3。

表5.3 文昌市沿岸各级风暴潮增水发生次数

级别	月份											
	1	2	3	4	5	6	7	8	9	10	11	12
≥50 cm	0	0	0	1	1	1	5	10	4	9	1	0
Ⅰ	0	0	0	0	0	0	0	0	0	0	0	0
Ⅱ	0	0	0	0	0	0	0	0	0	0	0	0
Ⅲ	0	0	0	0	0	0	0	1	0	0	0	0
Ⅳ	0	0	0	0	0	0	2	1	0	0	0	0
Ⅴ	0	0	0	1	1	1	3	8	4	9	1	0

（3）南部以三亚海洋站的资料统计，据统计，三亚市沿岸大于50 cm的风暴潮增水过程共有17次。增水大于等于50 cm出现次数最多的是10月份，共出现5次，7、9月份次之，为4次，1—3月和12月份未出现过大于50 cm的增水过程。三亚市风暴潮各级别增水月季分布见表5.4。

（4）西部以东方八所海洋站的资料统计，据统计，东方市沿岸大于50 cm的风暴潮增水过程共有28次。增水大于等于50 cm出现次数最多的是10月份，共出现9次，9月份次之，为7次，1—5月份、11、12月份未出现过大于50 cm的增水过程。东方市风暴潮各级别增水月季分布见表5.5。

表 5.4　三亚市沿岸各级风暴潮增水发生次数

级别	月份											
	1	2	3	4	5	6	7	8	9	10	11	12
≥50 cm	0	0	0	0	0	1	4	2	4	5	1	0
Ⅰ	0	0	0	0	0	0	0	0	0	0	0	0
Ⅱ	0	0	0	0	0	0	0	0	0	0	0	0
Ⅲ	0	0	0	0	0	0	0	0	0	0	0	0
Ⅳ	0	0	0	0	0	0	0	1	0	0	0	0
Ⅴ	0	0	0	0	0	1	4	1	4	5	1	0

表 5.5　东方市沿岸各级风暴潮增水发生次数

级别	月份											
	1	2	3	4	5	6	7	8	9	10	11	12
≥50 cm	0	0	0	0	0	1	6	5	7	9	0	0
Ⅰ	0	0	0	0	0	0	0	0	0	0	0	0
Ⅱ	0	0	0	0	0	0	0	0	0	0	0	0
Ⅲ	0	0	0	0	0	0	0	0	0	0	0	0
Ⅳ	0	0	0	0	0	0	0	0	0	0	0	0
Ⅴ	0	0	0	0	0	1	6	5	7	9	0	0

5.1.1.3　近年来严重影响海南的风暴潮过程

2005—2009 年海南岛沿岸共出现 17 次明显风暴潮增水过程，其中 5 次出现超过当地警戒潮位的高潮位。

1）2005 年风暴潮过程

2005 年在海南岛产生明显风暴潮增水过程有 3 次，分别是“0508 号”强热带风暴天鹰、“0516 号”热带风暴韦森特和“0518 号”台风达维。其中“0516 号”热带风暴韦森特和“0518 号”超强台风达维风暴潮影响期间海南岛部分岸段出现超当地警戒潮位的高潮位。根据对“0518 号”台风达维登陆万宁县给海南岛造成的海洋灾害分析，一次台风影响过程，海南岛沿岸遭受损失最大的是海水养殖，损失占 82.1%，其后依次是农田、渔船（海洋捕捞）、房屋、堤防及其他海洋工程，分别占 7.0%、5.7%、3.4%、1.8%。

2）2007 年风暴潮过程

2007 年在海南岛共产生 3 次增水大于 40 cm 的风暴潮增水过程，分别由“0707 号”强热带风暴帕布、“0714 号”热带风暴范斯高、“0715 号”台风利奇马引发，其中“0715 号”利奇马风暴潮影响期间引发海南岛部分岸段出现超当地警戒潮位的高潮位。

3）2008 年风暴潮灾害

2008 年海南岛沿岸共产生 4 次由热带气旋引发，最大增水超过 40 cm 的风暴潮过程，分别由“0801 号”台风浣熊、“0809 号”强热带风暴北冕、“0814 号”强台风黑格比和“0816 号”热带风暴海高斯引发，其中“0814 号”强台风黑格比风暴潮影响期间引发海南岛部分岸段出现超当地警戒潮位的高潮位。

4）2009 年风暴潮灾害

2009 年，海南岛沿岸共产生 3 次由热带气旋引发，最大增水超过 40 cm 的风暴潮过程，分别由“0905 号”强热带风暴苏迪罗、“0913 号”热带风暴彩虹和“0917 号”超强台风芭玛引发。

5.1.2　海浪

5.1.2.1　海浪定义和海浪种类及特征

1）海浪定义

海浪是发生在海洋中的一种海水波动现象，是由风产生的波动，其周期为 0.5～25 s，波长为几十厘米到几百米，一般波高为几厘米到 20 m，在罕见的情况下波高可达 30 m 以上；海浪的空间范围一般为几百千米至上千千米，时间尺度几小时至几天。

2）海浪种类及特征

海浪的种类大致分为风浪、涌浪、混合浪和近岸浪 4 种。

①风浪是在风的直接作用下产生的水面波动，风浪中同时出现许多高低长短不等的波，波面粗糙，波峰附近有浪花和大片泡沫，波峰线短。

②涌浪是风停后或风速风向特变区域内尚存的海浪和传出风区的海浪。具有较规则的外形，排列整齐，波面较平滑，波峰线长。

③混合浪是在海洋上遇到不同来源的波系（如风浪与涌浪，或另一系统的涌浪）叠加而形成的海浪。

④近岸浪是由外海的风浪或涌浪传到海岸附近时，受地形和水深作用而改变波动性质的海浪。

5.1.2.2　海南省灾害性海浪时空分布

根据多年资料统计，海南省周边海域年均灾害性海浪日数约为 56 天。一年之中，冬季由冷空气影响产生的灾害性海浪发生的日数较与夏季的灾害性海浪发生日数的比例约为 2∶1。为了更准确地评价海南岛周边海域的海浪灾害，将其划分出三个区域进行分析，分别是北部湾区域、雷州半岛以东和海南岛以东（图 5.2）。

1）灾害性海浪日数多年月平均变化情况

海南岛周边海域灾害性海浪日数多年平均月变化规律为冬半年的灾害性海浪日数大于夏半年的日数，其中，4 月份是灾害性海浪日数发生最少的月份（表 5.6）。

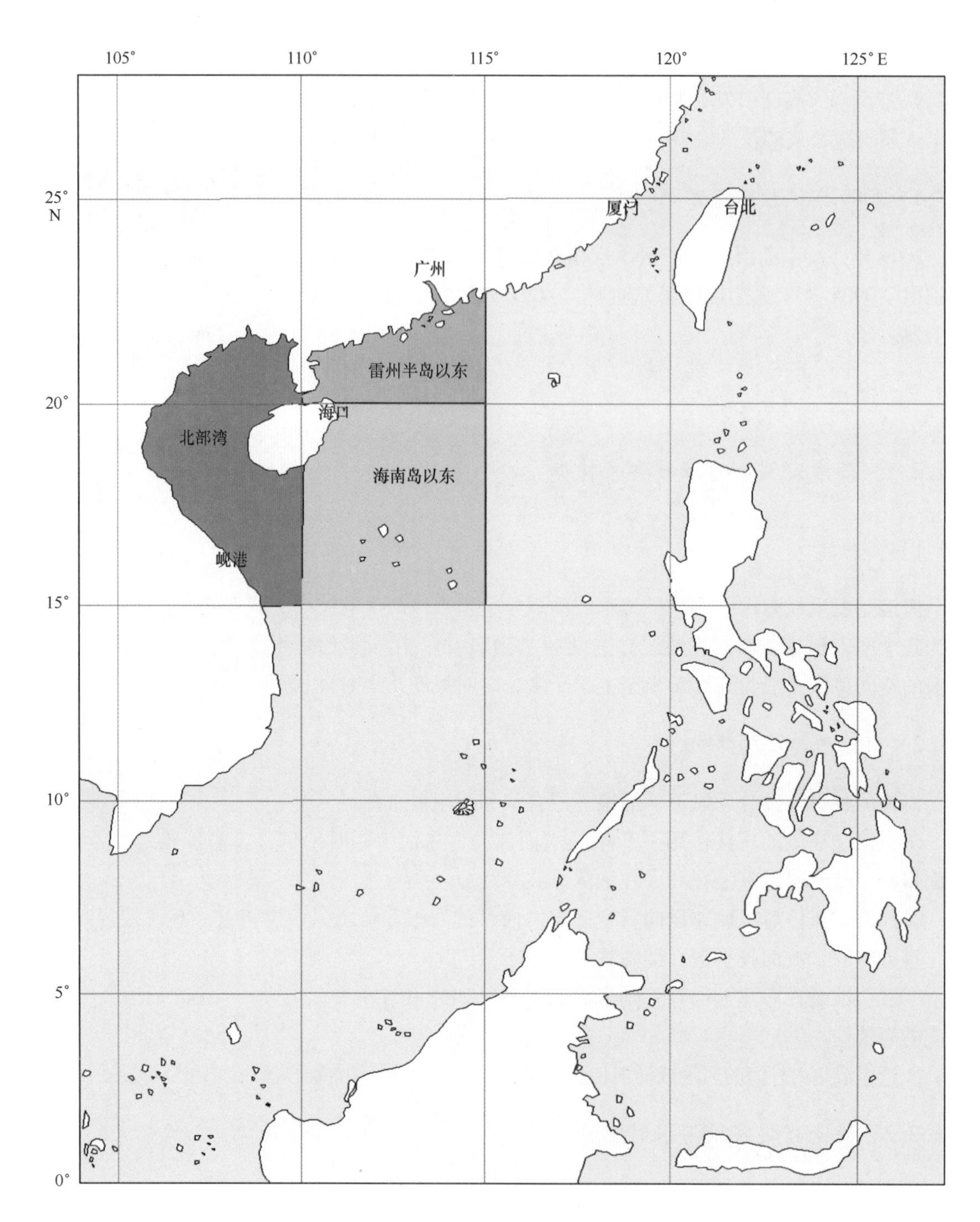

图 5.2　海南岛周边海域分区图

表 5.6　海南岛周边海域多年平均灾害性海浪日数

区域	月份												合计
	1月	2月	3月	4月	5月	6月	7月	8月	9月	10月	11月	12月	
海南岛周边海域	5	3	2	1	1	2	4	4	5	8	11	11	56
雷州半岛以东	3	2	2	1	1	2	3	3	4	5	7	7	37
北部湾	0	0	0	0	0	1	2	1	2	2	1	1	9
海南岛以东	4	3	1	1	0	2	3	3	4	7	10	9	49

海南岛周边海域冬季受北方冷空气影响，东北风作用时间长，且风区长度足够长，灾害性海浪从南海东北部海域逐渐向雷州半岛以东、海南岛东部发展，而北部湾则受海南岛的阻挡，因此，海南岛以东海域灾害性海浪日数最多，雷州半岛以东海域其次，北部湾海域发生的日数最少。各区的多年月平均变化见表5.6及图5.3。

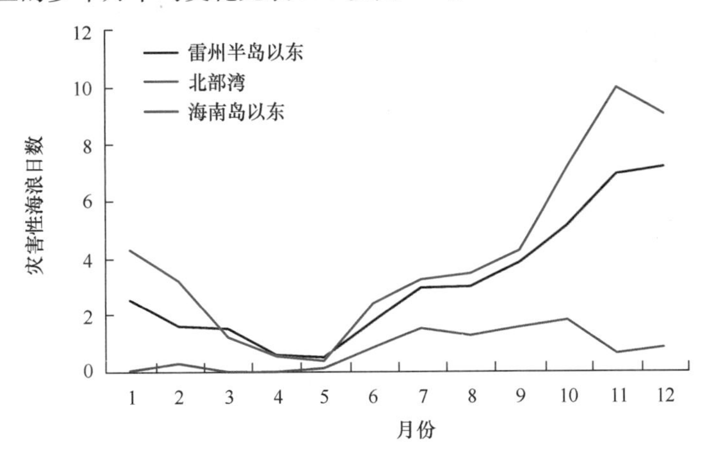

图5.3　海南岛周边各海域灾害性海浪日数多年月平均分布示意图

各海域的不同月份灾害性海浪的发生日数比例为，海南岛以东10—12月份最大，北部湾1—5月份几乎没有灾害性海浪发生。

2）灾害性海浪日数多年变化情况

海南岛周边海域灾害性海浪日数总体存在波动，1995年灾害性海浪日数达到最大，为75天，1997年最少，为23天，2000年以后，减少的趋势比较明显，详见表5.7。

表5.7　海南岛周边海域逐年灾害性海浪日数

年份	灾害性海浪日数	年份	灾害性海浪日数	年份	灾害性海浪日数	年份	灾害性海浪日数
1974	63	1982	51	1990	55	1998	26
1975	49	1983	55	1991	46	1999	46
1976	39	1984	68	1992	52	2000	37
1977	56	1985	48	1993	64	2001	48
1978	65	1986	67	1994	46	2002	40
1979	42	1987	41	1995	75	2003	42
1980	56	1988	64	1996	65	2004	36
1981	46	1989	70	1997	23	2005	47

3）灾害性海浪浪高年际变化

灾害性海浪浪高对成灾程度有直接的影响，根据统计结果，1974年以来，灾害性海浪日数较多的年份，灾害性海浪的浪高也相对较强。详见表5.8。

表 5.8 海南岛周边海域逐年灾害性海浪强度变化

年份	灾害性海浪日数	浪高	年份	灾害性海浪日数	浪高	年份	灾害性海浪日数	浪高	年份	灾害性海浪日数	浪高
1974	63	9	1982	51	9	1990	55	9	1998	26	6
1975	49	6	1983	55	6	1991	46	8	1999	46	6
1976	39	6	1984	68	6	1992	52	8	2000	37	8
1977	56	6	1985	48	6	1993	64	7	2001	48	7
1978	65	6	1986	67	6	1994	46	7	2002	40	4
1979	42	6	1987	41	8	1995	75	10	2003	42	6
1980	56	6	1988	64	8	1996	65	8	2004	36	6
1981	46	6	1989	70	9	1997	23	6	2005	47	8

5.1.2.3 近年来严重影响海南省的灾害性海浪过程

1）2005 年海浪灾害

2005 年度南海的巨浪日数共有 61 天，其中因热带气旋（热带风暴以上级别，下同）影响产生的巨浪日数为 23 天，因冷空气影响产生的巨浪日数为 38 天。

（1）“0508 号”强热带风暴天鹰

由南海中部的低压云团发展而成，该系统于 7 月 29 日上午在海南岛东南部海面发展为热带风暴，之后向西北偏西方向移动，30 日 05 时左右达到强热带风暴等级，7 月 31 日凌晨 5 时 25 分在海南省琼海市长坡镇一带沿海登陆，登陆后继续向西北偏西方向移动横过海南岛进入北部湾，于 8 月 1 日 14 时左右在越南北部沿海二次登陆并逐渐减弱为低气压。该气旋在南海掀起 4 m 以上的巨浪 2 天，7 月 29 日—8 月 1 日在南海东北海面形成 5～9 m 的台风浪，海南三亚海水浴场实测最大波高 3.0 m，广东江门海水浴场实测最大波高 2.5 m。

“天鹰”使海南省部分水利交通设施不同程度受损，据海南省三防办统计，造成直接经济损失 2 660 万元。

（2）“0516 号”热带风暴韦森特

由菲律宾东部低压云团移入南海南部，于 9 月 16 日 20 时左右在距本岛约 400 km 的东南部海面发展为热带风暴，之后向西北方向移动并于 18 日在越南中部一带沿海登陆。该系统在南海掀起 4 m 以上的巨浪 3 天，于 9 月 16—19 日在南海形成 4～6 m 的台风浪。

虽未在海南岛登陆，但因其影响范围较大，给海南省造成直接经济损失 9 369 万元，另有 2 人死亡，9 人失踪。

（3）“0518 号”台风达维

由菲律宾东部的低压云团发展而成。该云团于 9 月 21 日 08 时左右发展为热带风暴，向西北方向移动，22 日 12 时左右进入南海，24 日 16 时增强为台风，于 26 日 04 时左右在万宁市山根镇一带沿海登陆，登陆时中心最大风力 45 m/s。登陆后一直向偏西向移动，横过海南岛进入北部湾，于 27 日 10 时左右在越南北部一带沿海登陆并逐渐减弱为低气压。

“0518 号”台风达维正面袭击海南岛，使海南省遭受了严重的海浪灾害，9 月 23—28 日在南海造成巨浪日数6天，海南岛沿岸遭受了4 m以上的海浪袭击，最大浪高达8 m以上。全省海洋经济总损失111 903.82万元。其中水产养殖受损面积141 239亩，经济损失104 199.5万元；沉没渔船259艘，渔船及网具经济损失3 627.82万元；渔港、防波堤破坏40 864 m，经济损失3 787.2万元；航标损失20件，经济损失210.1万元；执法设施损坏8宗，经济损失79.2万元。

2）2006年海浪灾害

2006年度南海的巨浪日数共有71天，其中因热带气旋影响产生的巨浪日数为36天，因冷空气影响产生的巨浪日数为35天。

（1）“0602号”热带风暴杰拉华

由南海中部低压云团于6月27日11时左右在加强而成，生成后向西北向移动，6月29日02时减弱为热带低压，7时40分在广东省湛江市坡头区沿海登陆后继续向偏北方向移动，强度减弱。该系统影响期间最大风速20 m/s，七级风半径130 km，在南海掀起4 m以上巨浪1天。其产生的巨浪在6月28日造成一艘渔船在距硇洲岛东南方向超过10 n mile处沉没，5人失踪。

（2）“0606号”台风派比安

是由菲律宾东侧洋面活动的热带扰动云团于7月31日下午加强为热带低压，8月1日上午，它以15~20 km的时速偏西移动，进入南海东部海面，于当天下午加强为热带风暴并向西北向移动。8月2日13时加强为台风，继续西北向移动并于3日19时20分左右在广东省阳西和电白两县交界处沿海地区登陆，登陆时系统中心风力12级（33 m/s）。系统最强时中心最大风力35 m/s，七级风半径400 km。其产生的大浪造成渔船“粤汕尾12437”在汕尾外海沉没，船上共7人，3人获救，4人失踪。该系统在南海掀起4 m以上的巨浪3天。

（3）“0616号”超强台风象神

于9月26日10时左右由菲律宾中部以东海面低压云团加强为热带风暴并向西北偏西向移动，强度逐渐加强，越过菲律宾后28日17时左右进入南海，向偏西向移动，强度逐渐加强，30日05时达最大强度16级（55 m/s），七级风半径400 km。系统维持此强度至30日19时。后稍减弱西行，10月1日10时左右在越南中部一带沿海登陆并逐渐减弱为低气压。该系统在南海掀起4 m以上巨浪3天。据海南省三防办统计，“象神”造成海南省经济损失0.685 6亿元。

（4）“0620号”超强台风西马仑

10月27日14时在菲律宾以东的西北太平洋洋面加强为热带风暴。在随后向西偏北方向移动中，它不断加强并在10月29日上午加强成为超强台风，中心最大风力达60 m/s，当晚登陆菲律宾吕宋岛，后稍减弱。10月30日早上，强台风西马仑进入南海东部海面，中心最大风力维持45 m/s，它在进入南海之后，移动路径多变。11月1—3日在东沙群岛以南100 km远处原地停滞达5 h，2日14时后转向偏南向移动强度逐渐减弱，直至11月4日08时减弱为热带低压。该系统影响南海期间最大风力15级以上（50 m/s），七级风半径360 km。该系统在南海掀起4 m以上巨浪6天。

（5）“0623号”强台风尤特

于12月8日08时在菲律宾以东洋面上生成，之后向西北偏西向移动，强度逐渐加强至

40 m/s，越过菲律宾后于10日20时左右进入南海，中心风力35 m/s，继续向西偏西向移动强度再次增强至45 m/s。在西沙群岛附近移速减慢，移向西北，由于受北方南下冷空气填塞，强度逐渐减弱，于14日08时左右在西沙群岛以北几十千米海面上减弱为热带低气压。该系统在南海掀起4 m以上的巨浪4天，最大波高8 m以上。受尤特产生巨浪影响，“琼琼海05098号”渔船在南沙海域捕鱼返航途中，驶进西沙浪花礁西端，被大浪击碎，造成1人失踪。据海南省“三防”办统计，西沙群岛直接经济损失620.4万元。

3）2007年海浪灾害

2007年度南海的巨浪日数共有57天，其中因热带气旋影响产生的巨浪日数为33天，因冷空气影响产生的巨浪日数为24天。

（1）“0703号”热带风暴桃芝

由南海西沙群岛附近活动数日的热带云团逐渐向西北移动过程中加强而成，该系统于7月4日08时在距离海南岛南部约100 km处加强为热带低压，并于4日13点30分在海南省万宁市东澳镇登陆，登陆后该系统以10 km每小时的时速向西北方向移动，于7月5日03时进入北部湾北部海面，08时加强为热带风暴，中心最大风力8级（18 m/s），当日16时50分左右在防城港市沿海一带登陆，并逐渐减弱为低气压。该系统给海南岛带来了普遍降雨，对缓解旱情有重要作用。

热带风暴“桃芝”于7月4—5日在北部湾海面形成6～7 m的台风浪。国家海洋局涠洲岛海洋监测站实测最大波高6.6 m，受桃芝影响，海南省部分渔船无法进港或进港时受损，共有4艘沉没，15艘损坏；全省受灾人口2 381人，直接经济损失44万元。

（2）“0706号”热带风暴

由南沙群岛附近的低压云团逐渐增强，于8月4日02时在12.2N，114.9E处增强为热带风暴，向西北向移动，6日上午8点钟在距三亚市西南方大约160 km的海面上减弱为热带低压，之后向西北向移动强度继续减弱。该系统8月4日开始影响海南省陆地，全省普遍出现了中到大雨，部分地区出现了暴雨。对缓和海南省部分地区的旱情十分有利。该系统在南海造成4 m以上的巨浪3天。于8月3—9日在南海形成4～5 m的台风浪。

受“0706号”热带风暴浪影响，8月9日，海南省一艘渔船在涠洲岛西南面海域沉没，3人失踪。

（3）“0714号”热带风暴范斯高

由南海上的热带扰动发展而成，该系统于9月23日11时在距海南岛约500 km的海面上加强为热带风暴，并以15 km/h左右的速度向偏西方向移动趋近海南岛，24日12时30分左右在海南省文昌市昌洒镇一带沿海登陆。登陆以后，继续向偏西方向移动，后又向西南偏西向移动，25日凌晨01时30分左右该系统进入北部湾海面后，于当日02时减弱为热带低压，之后强度继续减弱并向西北偏西向移去。该系统在南海造成4 m以上的巨浪2天，9月24日—25日在南海中部海面形成4～5 m的台风浪。国家海洋局东方海洋监测站实测最大波高3.5 m。

据海南省“三防”办提供的统计数据显示，范斯高给海南省造成的直接经济损失4 301万元。共19.78万人受灾，使海南省农作物成灾面积9.16万亩，水产养殖损失面积4 800亩。9月22日，“琼昌江10185号”渔船9月24日凌晨2时30分许在途经文昌市铺前镇木兰湾海域时，被风浪打翻沉没，造成两人失踪，一人死亡。

（4）“0715 号”台风利奇马

由菲律宾附近的低压云团在南海发展而成，该系统加强为热带风暴后向西南偏西向移至中沙群岛附近后折向西北偏西向，于 2007 年 10 月 2 日 14 时在距海南岛约 200 km 的海面上发展加强为台风，并于 10 月 2 日 23 时在三亚市田独镇锦母角一带沿海登陆，登陆时减弱为强热带风暴。登陆后向西再向西南偏西向移动再次入海并再次加强为台风，3 日 21 时左右在越南中部一带沿海二次登陆，登陆时中心附近最大风力 12 级（33 m/s）。该系统在南海造成 4 m 以上巨浪 5 天，受“利奇马”台风影响，9 月 29 日—10 月 4 日，南海中部海面形成 7 ~ 8 m 的台风浪。国家海洋局莺歌海海洋监测站实测最大波高 4.3 m。

据海南省“三防”办提供的统计数据显示，“利奇马”给海南省造成的直接经济损失 5.04 亿元（不含农垦）。

（5）“0725 号”台风海贝思

11 月 21 日 02 时左右由南沙以南热带低压云团发展而成，一直向西北偏西方向移动，21 日 14 时加强为强热带风暴，22 时 14 时左右达到台风强度，23 日 02 时至 20 时为最强时期，中心附近最大风力 35 m/s，24 日 02 时左右减弱为强热带风暴，25 日 08 时左右该系统减弱为热带风暴，中心最大风力 23 m/s，并继续向偏西向移动，于 27 日 11 时左右移出南海到达菲律宾南部并逐渐减弱为热带低气压。该系统在南海造成 4 m 以上的巨浪 7 天，最大波高达 8 m 以上。

受海贝思影响，760 多名中菲越渔民被困在中国西沙和南沙海域，其中部分被困渔船断水断粮，在南海求助局的救助下全部脱险；11 月 21 日，在中国南沙海域从事网箱养殖的“琼泽渔 820”渔船及网箱基地发生事故，渔船失踪，渔船及网箱基地共 9 名工作人员失踪。

4）2008 年海浪灾害

2008 年度南海的巨浪日数共有 98 天，其中因热带气旋影响产生的巨浪日数为 28 天，因冷空气影响产生的巨浪日数为 62 天，冷空气与热带气旋共同作用产生巨浪 8 天。

（1）“0801 号”台风浣熊（Neoguri）

于 4 月 15 日 14 时在南海南部海面生成，台风最强盛阶段时，中心风力为 13 级（38 m/s），西沙永兴岛曾测到 41.6 m/s（14 级）的极大风速。台风于 18 日 22 时 30 分登陆海南省文昌市龙楼镇时，中心最大风力 11 级（30 m/s），并测到 33.2 m/s（12 级）的极大风速。登陆海南后，“浣熊”继续向北移动，减弱为热带低压，并于 19 日 14 时 15 分在广东省阳东县东平镇再次登陆。该系统在南海掀起 4 m 以上的巨浪 4 天。

受浣熊影响，海南省海口、三亚、文昌、琼海、万宁等五市受灾，受灾人数 131.38 万人，直接经济损失 3.300 2 亿元，其中农业经济损失 2.52 亿元，文昌市渔业经济遭受重大损失，渔业、水产养殖业、种苗生产及渔业基础设施等直接渔业经济损失估计达 500 万元。另外在西沙作业的 3 艘渔船被巨浪击沉，船上 62 名渔民遇险，其中 45 名渔民获救，17 名渔民下落不明。浣熊是 2008 年首个登陆中国的台风，同时也创下了历史上登陆我国最早台风的记录。

（2）“0809 号”强热带风暴北冕（Kammuri）

由南海东北部热带云团加强而成，8 月 4 日 08 时左右，该系统发展为热带低压，8 月 5 日 08 时左右增强为热带风暴，中心位于 19.7°N，117.0°E，中心附近最大风速 18 m/s，以 15 km/h 的速度向西北偏西向移动，并于 6 日 05 时左右增强为强热带风暴，6 日 14 时达生命史最大强度，中心附近最大风力28 m/s，七级大风半径500 km，移向西北偏西。该系统于6日晚上19时45分左右在广东省阳西地区登陆，登陆时最大风力10级，风速25 m/s。登陆后向西南偏西向移动，中心风力逐渐减小至8级（18 m/s），8月7日05时左右，系统进入北部湾北部海面，并折向西北偏西，维持此强度直至14时50分在广西东兴再次登陆，逐渐减弱为低气压消失。该系统在南海掀起4 m以上的巨浪3天。

据海南省"三防"办统计，海南省有4个市县41个乡镇88万人受灾，倒塌房屋42间，农作物受灾面积3.958 1 $\times 10^4$ hm^2，成灾面积9 710 hm^2，绝收面积3 327 hm^2，减收粮食0.748 $\times 10^4$ t，水产养殖损失0.399 $\times 10^4$ t，总直接经济损失1.099 2亿元。其中，农林牧渔业损失9 347万元，水利设施损失1 449万元。

（3）"0814号"强台风黑格比（Hagupit）

于9月19日20时左右，在菲律宾以东洋面生成，20日14时左右加强为强热带风暴，21日14时左右加强为台风。22日14时左右进一步加强为台风。22日23时左右该系统进入南海，中心附近最大风力15级（50 m/s），七级大风半径500 km。之后维持此强度向西北偏西向移动，于9月24日早上6时45分在广东省电白县陈村镇沿海登陆，登陆时中心最大风力15级（48 m/s），七级大风半径400 km。该系统在南海掀起4 m以上巨浪2天，最大波高达10 m以上。

据海南省"三防"办统计，海南省直接经济损失5 249万元，其中农业受损最严重，全省农作物直接经济损失4 137万元。其次是水利设施方面，直接经济损失989万元。其中海口受灾最为严重，直接经济损失5 006万元，文昌、定安、澄迈等市县也受到影响。据海口市"三防"办统计，海口市受灾范围达28个镇（街道），受灾人口13.01万人，紧急转移群众2 173户5 517人，农作物受灾面积9 490 hm^2，成灾面积2 953 hm^2 损坏护岸4处，损坏水闸4处，损坏灌溉设施28处，损坏机电站1座。7 000 hm^2，绝收面积6 094 hm^2，损坏堤坝2处3 000 m。

（4）"0817号"热带风暴海高斯（Higos）

于9月30日08时左右在菲律宾以东洋面上生成，中心最大风力8级（18 m/s）。生成后向西北偏西向移动掠过菲律宾中部于10月1日20时后进入南海，维持中心最大8级的强度以15 km/h的速度向西北偏西向移动，2日17时始转向西行，直趋西沙群岛，10月3日07时左右转向西北偏北移向海南岛，10月3日22时15分，该系统在海南省文昌市龙楼镇一带沿海登陆，登陆时中心最大风力8级，风速达到18 m/s。同日23时，在文昌境内减弱为热带低压。该系统在南海掀起4 m以上巨浪1天。

"海高斯"造成海南省直接经济损失44 293万元，其中小型水利设施受损2 984万元，农业直接经济损失13 203万元，未造成人员伤亡。

5）2009年海浪灾害

2009年度南海的巨浪日数共有87天，3 m以上的大浪日数178天（以国家海洋预报中心海浪实况分析图统计）。其中因热带气旋（热带风暴及以上级别，下同）影响产生的巨浪日数为48天。

（1）"0907号"热带风暴天鹅（Goni）

8月2日早晨，原在菲律宾以东的热带低压减弱，而南海东部海面的热带扰动于02时左右加强为热带低压。3 日 20 时加强为“0907 号”热带风暴天鹅（Goni），中心附近最大风力 8 级（18 m/s），七级大风半径 260 km，之后稳定地向偏西北方向移动。5 日 06 时 20 分左右系统在台山市海宴镇一带沿海登陆，登陆时中心附近最大风力 9 级（23 m/s）移向西北偏西。6 日 02 时减弱为热带低压，移向偏西，08 时转向西南，穿过雷州半岛后于 7 日 08 时左右进入北部湾海面，再次加强为热带风暴，绕海南岛大半周后，逐渐减弱为低气压消失。“0907 号”天鹅在南海掀起 4 m 以上的巨浪 3 天。

据海南省海洋与渔业厅统计资料，海南省西部至南部沿海 7 个市县渔业直接损失 31 381. 3 万元。其中养殖方面直接经济损失 26 382 万元；码头、防波堤、护岸等受损 599 m，直接经济损失 1 030 万元；沉船 119 艘，损坏 586 艘，直接经济损失 3 926. 5 万元。

据海南省“三防”办统计，受“天鹅”影响，海南省 7 个市县 100 个乡镇 163. 442 1 万人受灾，死亡 6 人，失踪 12 人，直接经济损失 38 747 万元。

（2）“0913 号”热带风暴彩虹

原在南海东部的热带低压，9 月 9 日在南海东北部缓慢移动，于 10 日凌晨 5 时加强为 0913 号热带风暴彩虹，中心最大风力 8 级（18 m/s），以 20 km/h 的速度向西北偏西向移动。该系统于 9 月 11 日凌晨 02：20 时左右在海南省文昌龙楼镇一带沿海登陆，登陆后西行进入北部湾，于 12 日上午 11 时左右减弱为热带低压并在越南北部沿海再次登陆。“0913 号”在南海掀起 4 m 以上的巨浪 2 天。

受“0913 号”彩虹影响，海南省共有 6 个市县 39 个乡镇 26. 56 万人受灾；直接经济总损失5 643 万元。文昌锦山镇潮滩渔港 20 多艘渔船因台风受损，损失数十万元。临高“琼临高 02069 号”渔船沉没，同时有 3 艘玻璃钢小艇沉没。

（3）“0916 号”台风凯萨娜

由菲律宾东部洋面的热带低压于 9 月 26 日发展面成，并于当晚 20 时左右进入南海中部海面，以 20 km 左右的时速向西北偏西方向移动，强度继续加强。28 日 10 时左右系统在西沙群岛附近海面加强为台风，28 日 22 时左右系统达生命史最强，中心最大风力 40 m/s，七级大风半径 550 km，以 15 km/h 左右的速度向偏西方向移动，于 9 月 29 日下午 15 时 30 分左右在越南中部一带沿海登陆。“0916 号”台风凯萨娜在南海掀起 4 m 以上的巨浪 4 天

据海南省“三防”办统计，全省有 17 个市县 165 个乡镇和西沙群岛受灾，倒塌房屋 402 间，受灾人口 84. 722 4 万人，紧急避险转移人口 11. 286 3 万人，西沙羚羊礁有 34 人受困；受灾农作物面积 25 507 hm^2，其中绝收面积 120 hm^2；因灾直接经济损失 1. 075 亿元，其中水利设施直接经济损失 4 563 万元。

（4）“0917 号”强台风芭玛

10 月 12 日上午 9 时 50 分，“0917 号”强台风芭玛在海南省万宁市龙滚镇一带沿海登陆，登陆时中心附近最大风力 9 级（23 m/s），“0917 号”在南海掀起 4 m 以上的巨浪 11 天。

芭玛在海南肆虐 12 个小时，对海南造成严重影响。海南省海洋与渔业厅统计资料显示，受“0917 号”台风芭玛影响，海南省渔业直接经济损失 4 940. 1 万元，其中养殖经济损失 3 579. 1 万元；沉船 14 艘，损坏 20 艘，经济损失 217 万元；渔港码头受损 131 m，防波堤受损 246 m，护岸受损 48 m，道路损坏 900 m，经济损失 1 140 万元；其他经济损失 4 万元。海南省“三防”办统计资料显示，海南 15 个市（县）158 个乡镇受灾，受灾人口 162. 489 万人，死亡 3 人，失踪 1 人，造成直接经济损失 2. 367 1 亿元。

5.1.3 其他环境灾害

5.1.3.1 海平面变化

海平面上升是全球气候变化的重要表现形式之一。我国沿海海平面上升速率高于全球平均水平，对我国沿海地区的经济社会、生态环境、城市防护等造成了严重威胁。为提高我国应对气候变化的能力，《中国应对气候变化国家方案》中明确提出要提高海平面的监测监视能力，强化应对海平面升高的适应性对策。开展我国沿海地区海平面变化影响调查评估工作，对于全面掌握我国海平面上升的综合影响，准确评估海平面上升可能带来的灾害，为海洋领域应对气候变化提供基础数据和决策依据具有十分重要的意义。

1）我国海平面变化状况

监测与分析结果表明：近 30 年来，中国沿海海平面总体呈波动上升趋势，平均上升速率为 2.6 mm/a，高于全球海平面平均上升速率。

2009 年，中国沿海海平面处于近 30 年高位，分别比常年[①]和 2008 年高 68 mm 和 8 mm，其中南海升幅最高，达 18 mm，东海次之，上升 15 mm，黄海、渤海基本持平。受气候变化的影响，中国沿海海平面区域和时间变化特征明显，南部沿海海平面升幅高于北部，北部沿海 2 月份海平面和南部沿海 9 月份海平面均达到了近 30 年来同期最高值。

预计未来 30 年，中国沿海海平面还将继续上升，比 2009 年升高 80 ~ 130 mm，各级沿海政府应密切关注其变化和由此带来的影响。

2）2009 年南海区海平面变化状况

南海海平面平均上升速率为 2.7 mm/a。

2009 年，南海海平面比常年高 88 mm。与 2008 年相比，总体上升 18 mm；其中，9 月份和 10 月份的海平面显著偏高，比同期分别高 129 mm 和 118 mm（图 5.4）。预计未来 30 年，南海海平面将比 2009 年升高 73 ~ 127 mm。

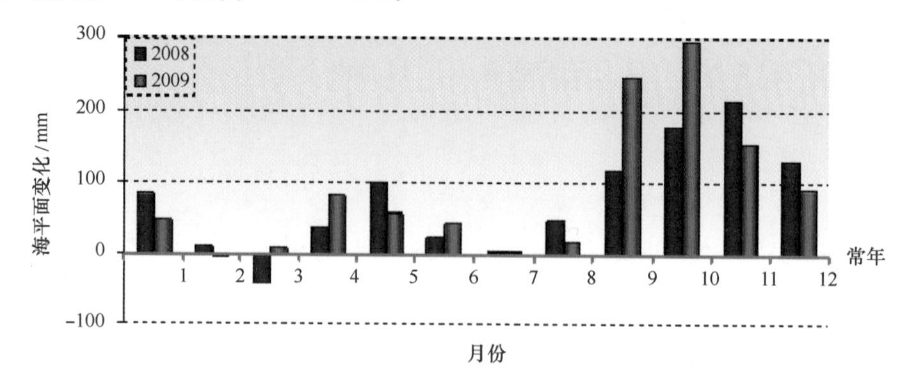

图 5.4　2009 年南海月平均海平面变化

① 依据全球海平面监测系统（GLOSS）的约定，将 1975—1993 年的平均海平面定为常年平均海平面（简称常年）；该期间的月平均海平面定为常年月均海平面。

3）2009 年海南沿海海平面变化状况

2009 年，海南沿海海平面比常年高 107 mm，比 2008 年高 21 mm。预计未来 30 年，海南沿海海平面将比 2009 年升高 82 ~ 123 mm。

2009 年，海南东部沿海各月海平面均高于常年同期，其中 9 月份和 10 月份分别比常年同期高 215 mm 和 149 mm（图 5.5），海南西部沿海各月海平面均高于常年同期，其中 9 月份海平面比常年同期高 152 mm（图 5.6）。

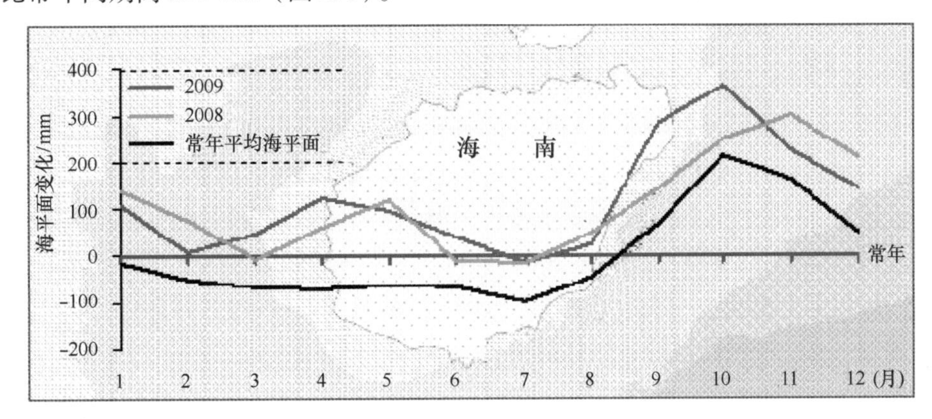

图 5.5 海南东部沿海海平面变化

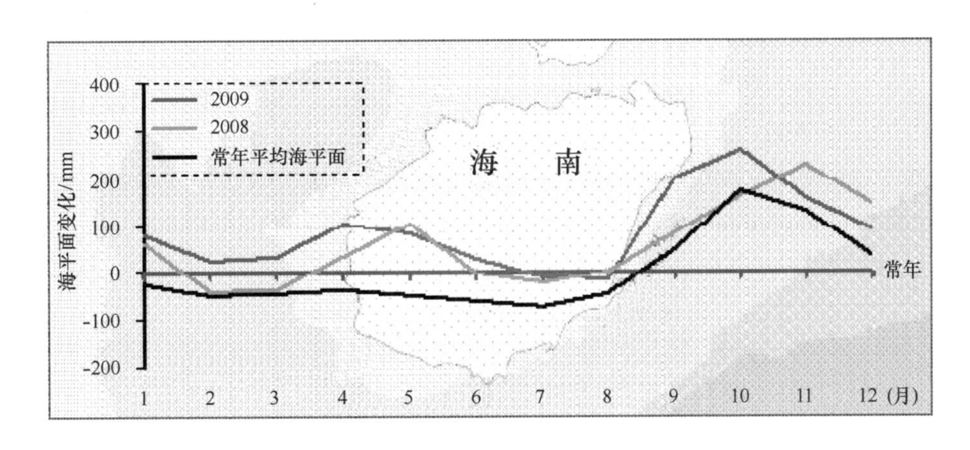

图 5.6 海南西部沿海海平面变化

5.1.3.2 海啸

海啸是一种具有强大破坏力的海浪。这种波浪运动引发的狂涛骇浪，汹涌澎湃，它卷起的海涛，波高可达数十米。这种“水墙”内含极大的能量，冲上陆地后所向披靡，往往造成生命和财产的严重损失。

1）海啸的成因

海啸发生有多种原因，海底地震、海底火山爆发、山峰或冰山坠落海洋、陨石撞击海洋、大规模海底滑坡都会引发海啸，其中最严重的就是海底地震。通常由震源在海底下 50 km 以内、里氏震级6.5以上的海底地震引起。

2）海啸的传播

海啸传播的速度很快，在深海（如海洋深度超过6 000 m），不明显海啸波的移动速度可以每小时超过800 km的高速移动。

3）我国历史上的海啸

据国家海洋环境预报中心统计，历史上中国沿海也曾遭受地震海啸的侵袭，其中台湾是中国地震海啸影响的严重区。据不完全统计，从公元前47—2004年，中国沿海共发生29次地震海啸，其中有8~9次为破坏性海啸，1781年5月22日高雄、台南地区发生大海啸，120 km长的海岸线被潮水淹没，海啸持续了8个小时，造成4万~5万人死亡，居全球海啸死亡人数第二位。

中国近期在1992年和1993年都发生过小的海啸，不过能量都很小，1992年在三亚发生的海啸波高只有78 cm，损失也不大。2004年12月和2005年3月印度洋大地震三亚验潮位记录到10 cm以下的海啸波，未造成灾害。2004年12月和2005年3月印度洋大地震三亚验潮位记录到10 cm以下的海啸波，未造成灾害。

5.1.4 环境灾害监测预报与风险评价

5.1.4.1 海南省海洋观测系统

海南省现有9个海洋观测站，其中海南岛沿岸有秀英、清澜、博鳌、乌场、三亚、莺歌海、东方等7个海洋观测站，西沙群岛永兴岛、南沙群岛永暑礁各有一个海洋观测站，尚未完全覆盖海南省辖海域。各海洋观测站承担所在海域海洋水文气象长期、连续、定点观测任务，西沙、南沙观测站为联合国教科文组织全球海平面联测点之一。海洋观测站分布、观测项目详见图5.7、表5.9。

表5.9 海洋观测站观测项目一览表

观测站	海温	盐度	潮位	波浪	温湿度	气压	风向风速	能见度	降水	GPS
秀　英	√	√	√			√	√	√		√
清　澜	√	√	√		√	√	√	√	√	√
乌　场	√					√	√			
三　亚	√	√	√		√	√	√	√	√	√
莺歌海	√			√（遥测）		√	√	√		
东　方	√	√	√	√（遥测）	√	√	√	√	√	√
西　沙	√	√	√	√（人工）	√	√	√	√	√	√
南　沙	√	√	√	√（人工）	√	√	√	√	√	√
博　鳌	√	√	√	√（遥测）		√	√			

注：“√”表示已有观测项目

现9个海洋观测站全部安装自动观测系统，除波浪以外的观测项目均实现分钟级自动化观测，部分观测站投放了海洋遥测波浪浮标。由VAST卫星、DDN专线和CDMA移动通信等组成的海南省海洋实时观测数据传输网，实现9个海洋观测站、海口海洋环境监测中心站、

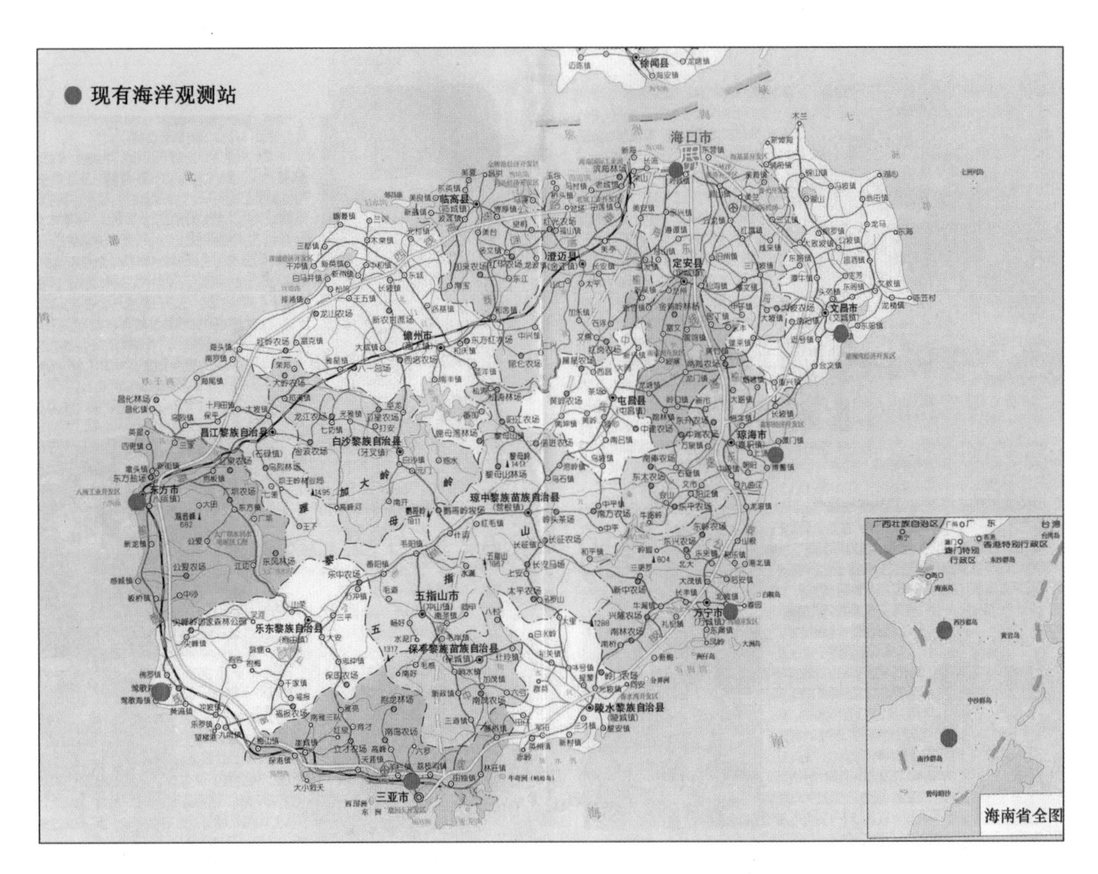

图 5.7　海南省现有海洋观测站位置图

南海海洋预报中心、国家海洋预报中心分钟级数据实时通信。海南省海洋预报台通过 VSAT 卫星通信系统接收国家海洋预报中心下发的海洋观测资料，另外通过电子信箱接收海口海洋环境监测中心站每天三个时次的海洋观测报文。

5.1.4.2　海南省海洋预报系统

海南省海洋预报台成立于 1988 年，日常业务工作主要由基础资料接收、预报产品制作和预报产品发布三部分组成。

1）基础资料接收

海南省海洋预报台接收的资料主要有全国海洋站的海滨观测资料，经技术人员处理后作为实况参考；卫星小站接收系统接收全球气象资料，经填图设备处理后，再由技术人员绘制成从地面到高空的天气分析图，从天气图上可以看到影响我国的主要天气系统；气象传真接收设备接收来自全球的气象传真图表，这是分析天气形势的辅助资料；卫星云图接收系统每小时接收一张云图，从云图上可以清楚地看到我国和邻近地区当时的天气情况。

2）预报产品制作

海南省海洋预报台目前主要采用经验预报和数值预报相结合的预报方法，预报人员通过仔细分析接收到的各种海洋、气象资料，对影响我国（主要是南海）的天气系统的发生发展情况进行预测，在此基础上再做出南海海洋环境预报和其他的相关预报。

3）预报产品发布

海南省海洋预报台使用电话传真、图像传输系统、电子邮件和先进的网络手段通过海南人民广播电台、交通台和电视台向社会公众发布预报产品。

5.1.4.3 海南省风暴潮灾害风险评估

2008 年，海南省海洋监测预报中心与海口市土地测绘院开展了海南省风暴潮灾害风险评估技术研究，目的是建立以地理信息数据库系统（GIS）为基础和载体，以预报区域风暴潮淹没高度为判据的、能实现大小区域多重嵌套的、动静结合的、易操作的、能直观显示重点区灾害程度和应急疏散路径的信息系统和海洋防灾减灾决策平台。

项目启动三年的时间里，先后完成海口市、临高县和澄迈县风暴潮风险区划图、危险等级图、高风险区增水淹图、风暴潮位为 5 m 的增水淹没图、应急疏散路径图的编制。

1）风险区划图编制

风险区的划分依据分析区的地势高，在 2.45 m 潮位下可能被淹没的区域称为“一级高风险区”，在 2.45 m 潮位到 3.45 m 潮位之间可能被淹没的区域称为“二级风险区”，在 3.45 m 潮位到 5.00 m 潮位之间可能被淹没的区域成为“三级区”。风险区划图实际上是将淹没分析区的淹没风险按难易程度分级量化为三个等级，这样做有助于在灾前预防时抓住重点（图 5.8）。

图 5.8 海口市风暴潮风险区划图

2）危险等级图编制

危险等级的划分是综合淹没区的水深和不同的水深对成人和儿童的危险程度来决定的，本系统中危险等级分为三类：当淹没区水深大于或等于 1.0 m，可能威胁所有人时，将其定为最高等级即“危险等级 1”，用红色表示；当淹没区水深在 0.5 ~ 1.0 m，已对成人构成威胁时，将其定为“危险等级 2”，用橙色；当淹没区水深小于或等于 0.5 m，已经威胁到儿童时，将其定为“危险等级 3”，用黄色表示以“0518”号超强台风达维为例，海口市沿岸危险等级图如图 5.9 所示。

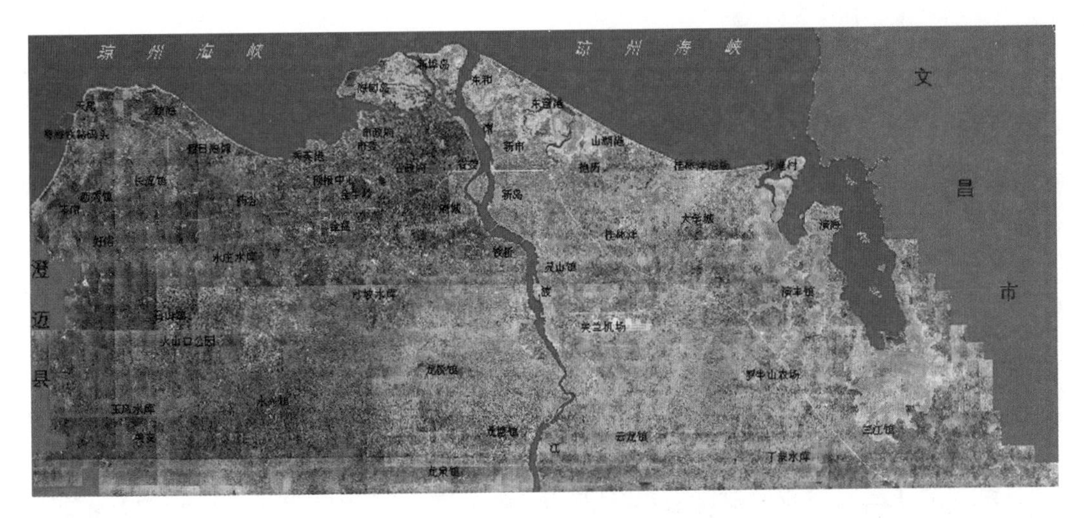

图 5.9 “0518 号”超强台风达维影响时海口最高潮位淹没危险等级图

3）淹没范围图编制

淹没范围图的淹没区是利用 ArcGIS 的空间分析功能对分析区的 DEM 数据进行分析处理而成。在系统中打开不同潮位的淹没范围图不仅可以以缩放方式查看淹没范围还可以查询整个分析区的地面高程和淹没区的淹没面积、水量和任意位置的水深。如果该潮位下有居民地被淹没，系统还可以查看具体潮位下全县淹没面积、淹没人口的统计数据以及用点击淹没居民地的方式查询该居民地的村庄名称、受灾面积、受灾人口等数据，以“0518 号”超强台风达维为例，海口市沿岸淹没范围如图 5.10 所示。

图 5.10 “0518 号”超强台风达维影响时海口最高潮位淹没范围图

4）疏散路径图编制

编制疏散路径图考虑了就地疏散、就近疏散和完全疏散三种方式。如果预报风暴潮潮位在 2.4 m 以下就采用就地疏散的方式。就地疏散不设疏散场地，可能受灾人员只要转移到自身居住房屋较高的楼层或本地地势较高的居民点即可。预报潮位在 2.4～3.0 m 之间，设疏散场地，保证疏散场地不会受到 3.0 m 及以下潮水的威胁。这种疏散方式主要考虑到中、小风暴潮来临时能够尽快将灾民输送到疏散场地，在保证安全的前提下也兼顾了经济和转移时间耗费。对于预报潮位在3.0 m及以上采用完全疏散的方式来预防，也即是将在预报潮位及以下可能被淹没的居民地内的所有人员疏散到能够保证即使5.0 m潮位也淹没不到的疏散场地。疏散场地的选择我们既考虑了交通的便利性，也考虑到对灾民的安置能力，因此一般选择离受灾地较近人口较多，场地较广的乡镇中的学校、广场等地。疏散路径的选择除了就近的原则外我们还尽量选择交通能力较强的高等级道路，根据淹没趋势合理地选择疏散路径。以“0518号”超强台风达维为例，海口市沿岸应急疏散路径如图5.11所示。

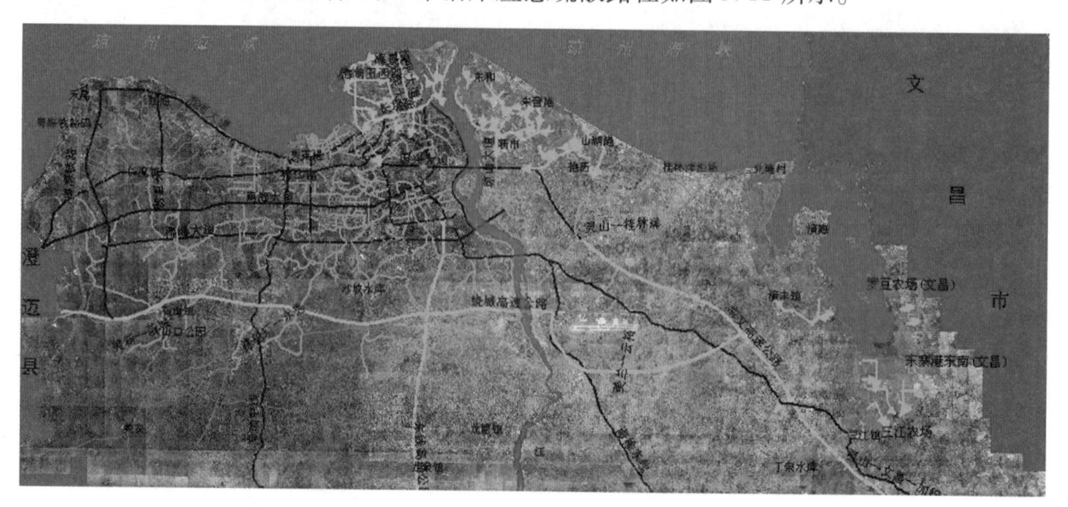

图5.11 “0518号”超强台风达维影响时海口最高潮位应急疏散路径图

5.2 地质灾害

5.2.1 海岸侵蚀

5.2.1.1 海南岛的岸线变迁

明万历《琼州府志》记载：海南岛“绵亘三千余里”。此后20世纪30年代的《海南岛志》称：“海南海岸线2 000余里”。在建省以后，这一数字在不断变化：1988年许士杰主编的《海南省——自然、历史、现状与未来》中，称“海南岛环岛海岸线长达1 528 km”，1987—2006年的《海南统计年鉴》，采用了这一数字。1989年《海南特区经济年鉴》为1 584.8 km。1991年版《海南省况大全》是1 725.3 km。1991年《中国海岸带和海涂资源综合调查报告（内部）》中，称“1 617.8 km”，1999年版《海南百科全书》采纳这一数字。到2006年，新版《海南省地图集》认为是1 600 km。

根据2007年“908专项”海南省海岸线修测结果显示，海南岛海岸线长度约1 855 km，其中自然岸线长度约1 218 km，占全省海岸线的65.7%；人工岸线长度约612 km，占全省海岸线的33.0%；说明海南省海洋开发程度相对比较低，人为活动对岸线影响相对较小。

海南岛的自然海岸线分为四种，分别是砂质岸线、淤泥质岸线、基岩岸线和红树林岸线，其中最长的是砂质岸线，为776 km，占全岛岸线总长41.9%。

20 世纪 60 年代、90 年代和 2010 年的岸线对比分析发现，海南省海岸线变迁主要有 5 种类型：海岸侵蚀、河口变迁、潟湖萎缩、港口岸线增长、海岸淤积。

陈吉余等根据历史地形图、现场调查及收集的资料，对海南岛 20 世纪 90 年代侵蚀状况进行了评估（图 5.12）。其中，稳定海岸占 28.7%，中等侵蚀海岸占 3.9%，强侵蚀海岸占 16.2%，侵蚀但速率不详海岸占 23.0%，蚀积不详海岸占 28.1%。在三类海岸中，由于砂质海岸侵蚀最显著，可以用侵蚀速率（S）将砂质海岸侵蚀强度划分为 5 级：①稳定（-1 m/a $<S<1$ m/a）；②弱侵蚀（1 m/a$\leqslant S<2$ m/a）；③中等侵蚀（2 m/a$\leqslant S<3$ m/a）；④强烈侵蚀（$S\geqslant 3$ m/a）；⑤侵蚀但速率不详项。另有⑥蚀积不详项。其中，淤泥质海岸一般归入⑥类，基岩质海岸侵蚀速率一般小于 1 m/a，因此将其归于②类。①类至⑤类侵蚀海岸累计，海南岛约有 71.9% 的海岸受侵蚀，其中堆积性海岸的砂质海滩中约有 74.8% 的岸段遭受侵蚀（表 5.10）。在蚀积不详海岸中，淤积海岸很少，基本未见强烈淤积海岸，其中部分海岸可能是侵蚀的，但陈吉余等当时未提供资料来判断。

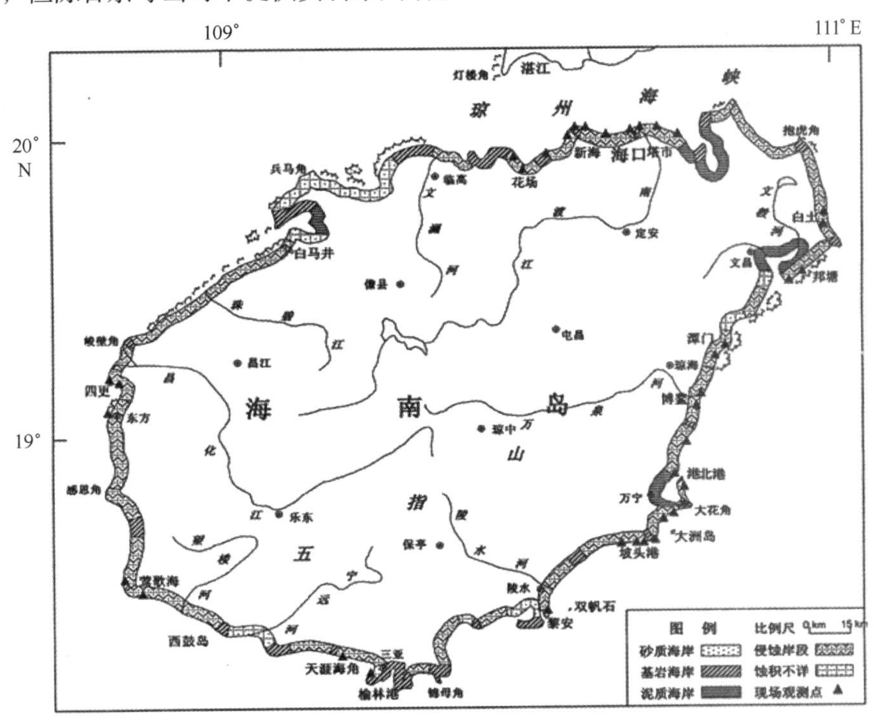

图 5.12　海南岛 1990 年海岸侵蚀分布图（资料来源：陈吉余等，2010）

本书的岸线处理中，主要是提取了暴露于外海环境中的砂质岸线和基岩质岸线，但没有包括港湾内以及一部分人工岸线。统计的砂质岸线和基岩质岸线长度为 994.96km，大约占 2010 年海南岛岸线总长度的 55.2%。根据 1990 年和 2010 年对比发现（图 5.13），侵蚀岸段长度为 204.09 km，占总岸段长度的 11.24%；稳定岸段长度为 384.29 km，占海南岛总岸线长度的 21.16%；淤积岸段长度为 406.58 m，占总岸段长度的 22.40%。其中，环岛岸线总计有 64 处侵蚀岸段，弱侵蚀（1 m/a$\leqslant S<2$ m/a）等级的有 33 处，中等侵蚀（2 m/a$\leqslant S<3$ m/a）等级的岸段有 24 处，而强烈侵蚀强度（$S\geqslant 3$ m/a）的海岸有 7 处。在侵蚀岸段中，强烈侵蚀的岸段分布在琼东海岸有 3 处（琼东海岸的主要在东山岭的新潭村附近、博鳌玉带滩、抱虎岭北侧海岸），在琼西海岸 4 处［主要是四更沙角（马岭湾附近）、儋州峨蔓湾附近］；中等侵蚀岸段在

琼东有 7 处，其余的在琼南有 4 个，琼西有 5 处，8 处分布在琼北岸段。弱等侵蚀岸段分布在琼东有 19 处，琼南海岸有 5 处，琼西海岸有 2 处，琼北海岸有 7 处。从总体来看，在处于侵蚀的岸段中，琼东有 29 处，琼南海岸有 9 处，琼西海岸有 11 处，琼北有 15 处。在处于不同侵蚀强度的岸段中：弱侵蚀岸段长度 82.87 km，占侵蚀岸线长度的 40.60%，占总岸线的长度 4.56%；中等侵蚀岸段长度为 95.57 km，占侵蚀岸线长度的 46.83%，占总岸线的长度 5.26%；强烈侵蚀岸段长度为 25.66 km，占侵蚀岸线长度的 12.57%，占总岸线的长度 1.41%。

表 5.10　海南岛部分沙质海岸的侵蚀速率（资料来源：陈吉余，2010）

岸段	速率 /（m/a）	海岸类型	侵蚀地貌与地貌特征	对比年份
万宁县港北港北	6.0	平直高达沙坝	沙坝沙向陆迁移掩埋坝后的民房	1989—1990
文昌市昌洒镇白土村	0.7～1.0	平直高达沙坝	碉堡暴露于海岸侵蚀陡坎上	1950—1990
海口湾西部	2～3.8	岬湾弧形沙坝	海蚀崖，岸上波浪站建筑倾倒于低潮位的海中	1966～1999
澄迈湾	1.3～6	岬湾弧形沙坝	海岸侵蚀陡坎，房屋与水井暴露于海滩潮间带	1998—2002
万宁县坡头港	1.2～4.4	岬湾弧形沙坝	海岸侵蚀陡坎、渔村向陆迁移	1961—1994
三亚市	0.23～1	岬湾弧形沙坝	海岸侵蚀陡坎、倒木、倒伏的碉堡、被毁坏的人工堤	1960—2005
东方县四更	4.8	沙岬潟湖	海堤与盐田被毁	1972—1990
乐东县莺歌海	1.2～6	海滩岩沙岬潟湖	沙岬前端凹缺、海滩岩成为水下海蚀平台或遗留在海中、后滨沙丘被侵削、后滨防护林被波浪冲毁	1933—1975
文昌市邦塘	10 8	珊瑚礁滩脊平原	被毁的珊瑚礁、椰树林、碉堡暴露于海滩潮间带，海滩浴场设施被波浪冲毁	1976—1990 1989—1990
琼海县潭门港 东方市墩头港 南渡江三角洲	3～4 6	珊瑚礁低沙坝 珊瑚礁沙质海岸	被毁的珊瑚礁	1989—1990 1989—1990
铺前湾	6.3～7.2	平直沙坝	坝后沼泽泥层、被侵削的后滨沙丘暴露于海滩潮间带、后滨防护林被波浪冲毁	1959—1975
主干河口	17.2	平直沙坝	坝后沼泽泥层、被侵削的后滨沙丘暴露于海滩潮间带、后滨防护林被波浪冲毁	1959—1975
主干河口西（A）	4.5	低沙坝潟湖	沙坝快速向陆迁移、坝后沼泽泥层暴露于海滩潮间带、后滨防护林被波浪冲毁	1989—1990
横沟村北	2.5	低沙坝潟湖	碉堡露于海滩潮间带	1989—1990
网门港河口西	10.7	低沙坝潟湖	碉堡海滩见大块沼泽泥砖	1989—1990
网门港河口西	5.0	低沙坝潟湖	碉堡抽水井遗留海中	1989—1990
海滨浴场	5.5	低沙坝潟湖	碉堡原潟湖内石堤遗留海中	1989—1990
海峡监测站	9.5	低沙坝潟湖	碉堡站外潟湖消失，沙坝并岸	1989—1990
白沙角	12.0	低沙坝潟湖		1989—1990

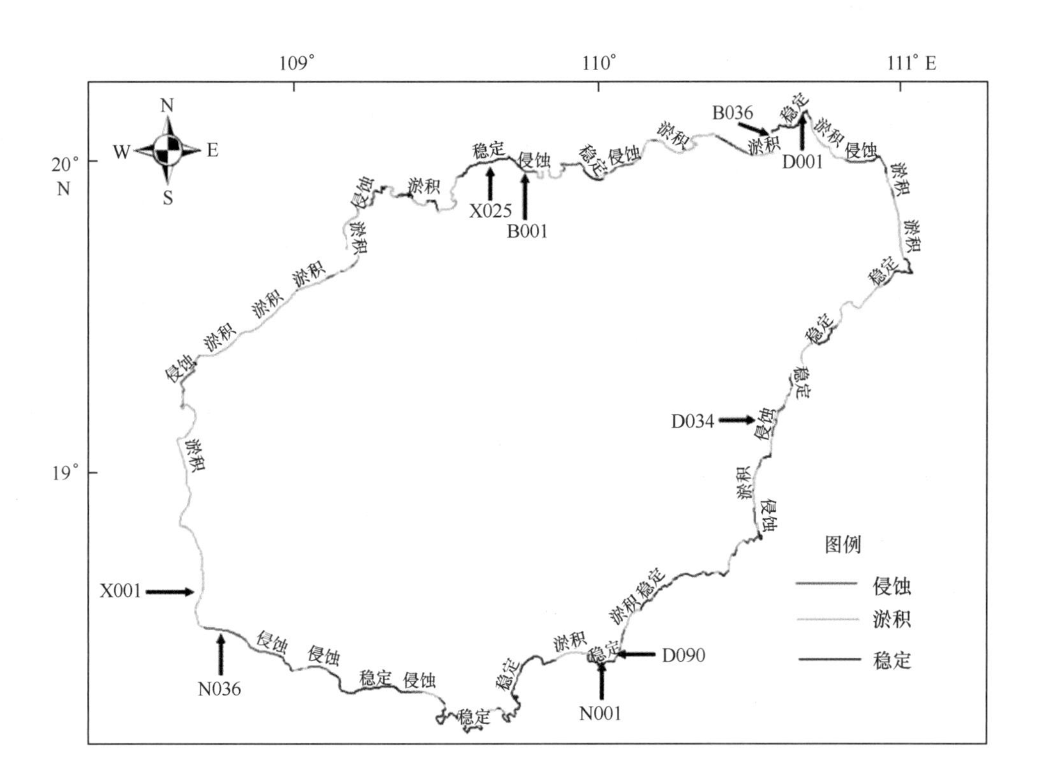

图 5.13　1990—2010 年海南岛海岸冲淤现状图

根据有关资料显示，近 30 多年来，南渡江现代三角洲前缘 0 ~ 10 m 等深之间的水下岸段年平均蚀退 9 ~ 13 m；文昌市邦塘附近海岸侵蚀后退速率约为 2 m/a；万宁县石梅湾沙坝海岸侵蚀后退速率约为 0.7 m/a；洋浦湾南岸 2.5 km 长的侵蚀岸段，平均蚀退速率为 0.5 m/a；三亚湾和亚龙湾海岸侵蚀速度为 1 ~ 2 m/a。

2000 年度海南岛沿岸部分岸段仍存在侵蚀后退现象。海口湾海甸岛岸段和新海村岸段有不同程度侵蚀，其中新海村岸段最为严重，2000 年度后退达 10 m 左右；文昌东郊椰林一带的海岸侵蚀仍没有有效缓解，每年都必须采取些固岸措施；三亚市小洲岛、西瑁岛过去几十年海岸侵蚀较为严重，经综合治理和采取固岸措施后，蚀退现象已有缓解（2000 年《海南省海洋环境公告》）。

1998 年至 2002 年间，海口市新海乡局部岸段侵蚀后退约 80 m，岸边的木麻黄树林被侵蚀后消失殆尽，新海村部分房屋坍塌。2003 年修建了护岸堤后，海岸侵蚀基本得以控制。

2003 年，海口市西秀镇镇海村岸段的侵蚀长度约为 800 m，平均侵蚀宽度为 2 m，最大侵蚀宽度为 5 m，侵蚀面积约 2 500 m^2。1998 年至 2003 年，侵蚀的平均宽度为 30 m（2003 年《海南省海洋环境公报》）。

2009 年，国家海洋局南海环境监测中心在海口开展了南海区重点岸段海岸侵蚀状况的现场监测工作。监测结果表明，海口新海乡新海村岸段海岸侵蚀情况趋于好转，通过防波堤的修建，当地海岸已经基本稳定；海口长流镇镇海村岸段则出现了砂质海岸侵蚀速度加大的情况。

海口新海乡新海村岸段为砂质海岸，海岸线长 7 km。该岸段一直处于自然侵蚀状态，年侵蚀率平均不足 2 m，在岬角处年侵蚀速率最大达 12.5 m。1998—2002 年间，局部岸段海岸侵蚀后退约 80 m。2002 年该岸段开始修建护岸堤，2009 年现场监测时岸堤仍比较牢固，海岸侵蚀现象暂时稳定，沙滩保存完整。

镇海岸段位于海南省海口市长流镇镇海村，为砂质海岸，监测岸线长度约为 1.2 km。2006 年至 2009 年间，海岸侵蚀的长度为 700 m，年平均侵蚀宽度为 5.0 m，年最大侵蚀宽度为 9.0 m，年侵蚀面积为 3 500 m^2。由于镇海村的渔港外弧形防波堤的修建，人工岸线增加，海岸侵蚀范围减少，海岸得以保护；但相邻岸段海滩的侵蚀程度加剧（2009 年《海南省海洋环境公告》）。

5.2.1.2 典型岸滩冲淤动态

1）白沙门岸段

白沙门岸段是由鸟脚沙与美丽沙沿岸沙堤组成的，前者呈 ENE—WSW 走向，后者在白沙角折转呈 NNE—SSW 走向，二者分别环绕在白沙门潟湖的北侧和西侧。除了 1－3 号断面（表 5.11）所在岸段位处 NE 向盛行风浪的波影区以外，其他断面均处于 NE 向、N 向和 NW 向风浪的侵蚀作用。

1953—1977 年，0～10 m 等深线总侵蚀量为 2 228 125 m^3，年均侵蚀量为 92 839 m^3。1977—1984 年总侵蚀量为 685 000 m^3，年均侵蚀量约 90 000 m^3（表 5.11）。

1984—1994 年期间，从网门港至白沙角的海滨地带，房地产业和海滨浴场相继开发建设，特别是在该段岸滩和水下岸坡滥挖泥沙，破坏了岸滩剖面的动态平衡，加剧岸滩侵蚀后退速度。网门港至白沙角岸段的 0 m 线被侵蚀后退 50～200 m 不等（表 5.11）。由于鸟脚沙沙堤遭受强烈侵蚀后退，使原发育于沙堤内侧的潟湖相沉积层出露在潮间带，经风浪侵蚀而形成浪蚀陡坎。

表 5.11　白沙门岸段（网门港—白沙角）1984—1994 年冲淤量

断面	断面冲（－）淤（＋）面积/m^2	断面中心间距/m	冲（－）淤（＋）量/m^2	水域面积/m^2	10 年冲（－）淤（＋）强度/m
1	+884（+251）	260（360）	+242 320（+190980）	898 300（405 000）	+0.27（+0.47）
2	+980（+810）	380（400）	+372 400（+261 400）	1 168 500（340 000）	+0.32（+0.77）
3	+980（+497）	820（400）	+579 330（+130 400）	1 635 900（224 000）	+0.35（+0.58）
4	+433（+155）	660（400）	+121 440（+63 000）	610 500（150 000）	+0.20（+0.42）
5	-65（+160）	540（460）	-521 100（-23 230）	421 200（248 400）	+0.12（-0.09）
6	-128（-261）	480（450）	-161 040（-16 100）	422 400（348 750）	+0.38（-0.46）
7	-543（-455）	420（420）	-268 170（-249 690）	394 800（357 000）	+0.68（-0.70）

续表 5.11

断面	断面冲（-）淤（+）面积/m^2	断面中心间距/m	冲（-）淤（+）量/m^2	水域面积/m^2	10年冲（-）淤（+）强度/m
8	-734（-734）	320（320）	-104 640 （-168 640）	305 600 （275 200）	+0.34 （-0.61）
9	+80（-320）	600（520）	-190 500 （-191 100）	525 000 （395200）	+0.36 （-0.48）
10	-715（-415）	400（400）	-254 000 （-165 000）	348 000 （300 000）	+0.73 （-0.55）
11	-555（-410）	460（460）	-134 550 （-354 420）	358 800 （326 600）	+0.38 （-0.11）
12	-30（+256）	总和+150 480 （348 400）	7 089 000 （3 370 150）	平均+0.02 （-0.10）	

这一岸段自岸线至 10 m 等深线具有东冲西淤的趋势，分界点大致在 5 号断面（表 5.2.2），即 110°18′25″E 处。5 号断面以东的前海滨冲刷量累计 1 165 010 m^3，每年冲刷约 120 000 m^3，冲刷强度 2～7cm/a，而 5 号断面以西岸段淤积量累计 1 315 490 m^3，每年淤积约 130 000 m^3，淤积强度为 2～3.5cm/a。其中，从岸线至 5 m 等深线之间是冲淤变化的主要地带，东冲西淤的分界处在断面 5 和断面 6 之间，即在 110°18 ′29 ″E。该分界点以东冲刷量为 994.180 m^3，每年冲刷约 100 000 m^3，冲刷强度为 1～7 cm/a 不等；分界点以西淤积量为 645 780 m^3，每年淤积约 60 000 m^3，淤积强度 4～8 cm/a。由此可见，5 号断面以东 5m 等深线以浅的岸滩遭受强烈侵蚀后退。

在上述冲淤动态对比分析的基础上，为进一步探索近几十年来岸滩及其水下岸坡各等深线的变化趋势，采用琼州海峡东部 1∶50 000 海图（海军司令部航海保证部，海域部分系 1962—1963 年测量，1965 年出版）、海口湾 1∶20 000 海图（海军司令部航海保证部，海域部分 1995—1996 年测量，1999 年出版）、海口湾美丽沙附近海域水深测量图 1∶2 000（海南省海洋开发规划设计研究院 2002 年 3 月测量）等三幅图件，基面统一为理论深度基准面，在各图件设置定点垂直岸线的对比断面，各断面分别穿越 0 m、2 m、5 m、10 m 等深线（图 5.14）。对比结果见表 5.12。

表 5.12 1965—2002 年各等深线推移距离对比 单位：m

剖面	0 m 等深线		-2 m 等深线		-5 m 等深线		-10 m 等深线	
	1965—1999	1999—2002	1965—1999	1999—2002	1965—1999	1999—2002	1965—1999	1999—2002
1	0	-	-80	-45	+254	-6	-	-
2	+431	+46	+200	-59	+279	-30	+150	-
3	+165	+26	+40	+123	+287	+7	+111	-10
4	+5	+35	-36	+23	+189	+12	+296	-240
5	-90	+65	-29	+36	+137	-7	+69	-20
6	-2		+3	-17	+101	-39	+56	+30

续表 5.12

剖面	0 m 等深线		-2 m 等深线		-5 m 等深线		-10 m 等深线	
	1965—1999	1999—2002	1965—1999	1999—2002	1965—1999	1999—2002	1965—1999	1999—2002
7	-365		+48	-43	+146	-74	+57	-53
8	-583		-67	+2	-21	-18	-39	+46
9	-632	+76	-40	+9	+11	+8	+113	-36
10	-461	+10	-178	+121	+52	-62	+180	-85
11	-243	+83	+76	-76	-8	-18	+107	-
12	+32	-90	+296	-41	+55	-	+8	-

注：“-”代表冲刷或向陆推进“+”代表淤积或向海方向推进

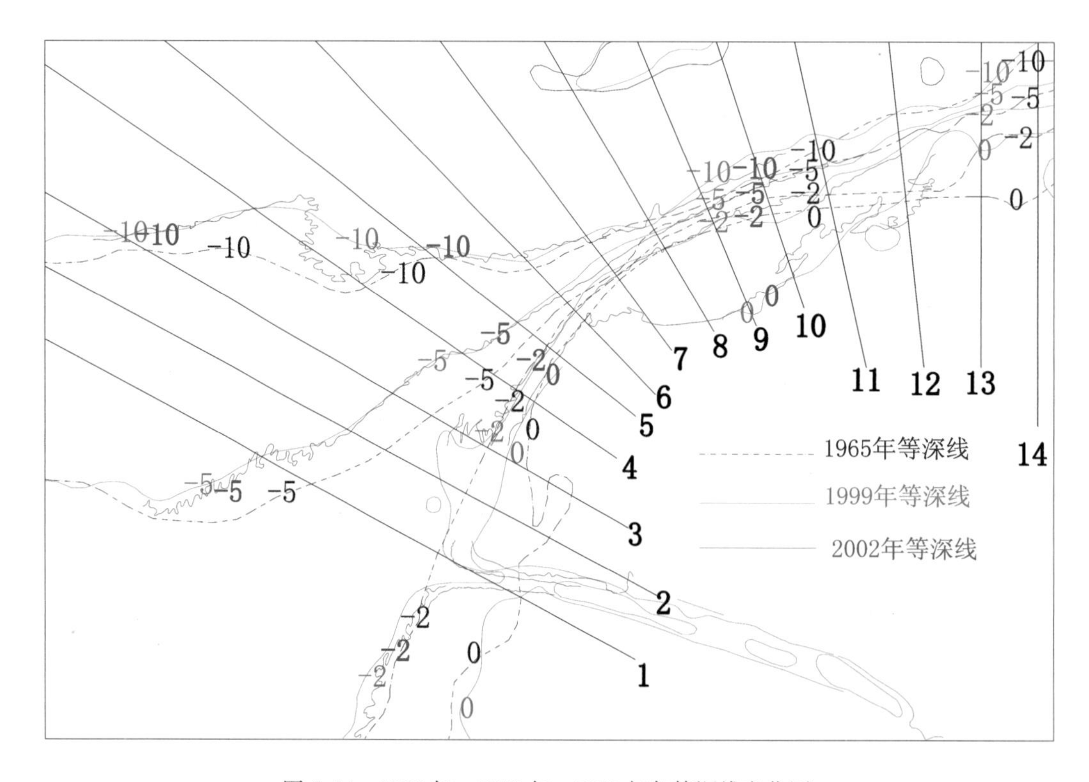

图 5.14　1965 年、1999 年、2002 年各等深线变化图

从表 5.12 可以看出：近 40 年来，由于各段岸滩及其水下岸坡产生不同幅度的冲淤变化，岸滩轮廓线蜿蜒曲折，改变了波峰线与岸线的交角，在向海凸出的岸段上，波峰线密集，侵蚀作用加剧，而在向陆凹入的岸段上，波峰线辐散，沿岸泥沙产生堆积，使沿岸不同地段产生侵蚀和堆积交互变化。在白沙门北侧的岸滩出现 0 m 线侵蚀后退，水下岸坡的 2 m、5 m 及 10 m 等深线产生淤涨趋势，位处 NE 向风浪波影区的美丽沙西侧岸滩呈显著淤积和扩展，海口湾湾口东侧的 5 m、10 m 等深线也呈向北淤涨和水平迁移，显示出近期来白沙门岸滩呈现出岸滩侵蚀而水下岸坡则产生淤积。在断面上的这种上冲下淤动态，或许是沿岸波浪及其引起的波流能量与岸坡之间的动态处于调整过程，这是一个值得关注的问题。

从总体来看，南渡江三角洲北部岸段处于侵蚀后退的状态，表现为整个三角洲北部岸段自 10 m 等深线以浅的岸坡侵蚀量远大于堆积量。三角洲前缘的沙堤侵蚀后退，导致沙堤向陆一侧的潟湖湖相出露海滨，这是浪控破坏型三角洲的地貌特征。

在海口湾东侧0 m线以上的岸滩，主要为细砂分布，重矿物组成以铁矿物（包括磁铁矿、赤铁矿、黑色金属矿物，下同）、角闪石、锆石等为主，还含有橄榄石，矿物颗粒较为均匀。0～5 m等深线之间的岸滩，主要分布着粗粉砂、细粉砂和黏土，重矿物组成以铁矿物、角闪石、绿帘石等为主，锆石含量降低。5 m等深线以外，沉积物主要为粗粉砂、细粉砂和黏土，其重矿物组成中磁铁矿含量少，以赤铁矿、角闪石和云母等矿物为主。但紧靠5 m等深线，自东向西延伸的细粉砂分布带，重矿物的磁铁矿含量多于赤铁矿和角闪行的含量，矿物颗粒较为均匀。

从沉积物的矿物组成和泥沙分布带特征判断，三角洲前海滨带的沉积物，在NE向风浪和潮流的冲刷下，被侵蚀的泥沙随着波流和涨、落潮西流的推移和携带下产生自东向西运移，其中部分泥沙在海口湾内沉积，也即海口湾的泥沙来源与南渡江外泄泥沙和三角洲的侵蚀作用有紧密联系。

2）新海村岸段

海口市新海村岸段位处海口市西部，在新海湾的东侧岬角天尾角（或称为澄迈角）附近。

这一岸段从自然条件来看，由于临近岬角地段，波浪作用较强，海岸处于自然侵蚀状态，据中山大学的研究成果，1989年以前侵蚀速率2 m/a左右。

近年来，在该岸段的东北、西南两侧分别建设有民生燃气码头与粤海轮渡南港码头防波堤。民生燃气码头包括顺岸线建设的长约500 m的护岸堤（于2000年底建成）及自岸向海呈方位角245°（近于西南向）延伸的栈桥，栈桥采用透空式结构，每相隔22 m有一桩柱，桩柱的直径为7 m。其中自陆地向海有一突堤，该突堤自根部向海约20 m长（于2001年7月完成）。粤海轮渡南港码头防波堤分为北防波堤与南防波堤，北防波堤长1 438 m，呈一弧形先沿WNW向后沿近SW向，南防波堤长约800 m左右，南北防波堤排列近于环抱状，使粤海轮渡南港码头的港池成为近于封闭的水域。北防波堤基本于1999年底竣工，南防波堤于1999年10月竣工。

（1）20世纪70年代以前

根据中山大学的研究成果，通过1939年与1963年两个时期的海图对比分析得出以下结论。

①新海村与岬角总体上以侵蚀后退为主。

②－20～30 m等深线以刷深为主，在岬角附近1939年水深－10 m和－20 m的地方，1963年分别冲刷变深为－20 m和－30 m，刷深了10 m，而水平后退速度相对较慢，为12.5～13.8 m/a，在油气码头前沿，1963年－20 m水深处24年间刷深7 m左右，冲深率为0.29 m/a，水平后退速率为9.5 m/a，都比岬角处的小。

③－5～－10 m海湾平坦区冲淤基本平衡。在油气码头前沿－10 m水深处，刷深量较小，24年刷深了1 m左右，刷深率为0.04 m/a，水平后退速度为5 m/a，而海湾－5 m等深线，北端在油气码头栈桥一带是淤积的，在南端荣山寮一带是局部淤积，总体侵蚀的。可见，海湾平坦区外沿侵蚀，内沿淤积，由此产生的结果是平坦区坡度变陡，一般认为是海洋动力加强，环境向侵蚀转化的现象。

④新海村 -5m 等深线向海推进较快，在新海村附近海域 1939 年 -5 m 等深线呈向岸凹入的弧形，而 1963 年的 -5 m 线向海推进，几乎呈直线形，推进最快处，24 年向海推移了 360 m，平均每年 15 m，1994 年 6 月在这一带调查时也发现在海图水深 -4 ~5 m 的地方实际水深也只有 4 m 左右，因此这一带是淤浅的，可能与局部形成的相对静水环境有关。

⑤岬角处 -2 m，-5 m 等深线后退最快，岬角处 -2 m、-5 m 等深线水平后退速度达 26.3 m/a 和 22.5 m/a，是区域地形变化最快的部位，无疑与岬角处的波浪动力强有关。

⑥岸线后退速度由岬角向西南递减，在岬角处岸线后退速度为 12.5 m/a，在新海村海岸岸线后退为 2 m/a，至西南的荣山寮附近，岸线冲淤稳定。

（2）近年来的海岸演变

①遥感影像对比结果。

虽然卫星图片其分辨率为 15 m 左右，但其所反映的趋势应是准确的。将 1998 年、2000 年与 2002 年的海岸线进行对比分析，结果如下。

1998—2000 年之间，粤海轮渡码头北防波堤前海岸淤积，淤积的最大幅度为 15 m，淤积岸段限于离堤根约 400 m 的范围；新海村靠近燃气码头处侵蚀，侵蚀幅度为 3 m，侵蚀最剧烈的位于新海岬角，幅度为 15 m。2000—2002 年之间，粤海轮渡码头北防波堤前海岸继续淤积，淤积幅度为 5 m，淤积岸段延展至离堤根 500 m 处；而新海村靠近燃气码头一侧，侵蚀幅度为 5 m，有所加大。而燃气码头突堤的上游侧，海岸由侵蚀变为淤积，淤积幅度为 3 m 左右。

②现场考察对比结果。

2000 年时，新海村海岸干出海滩尚有一定宽度，海岸边的房子离海还有约 2 ~4 m 的距离。

2001 年时，海岸边已形成高大的侵蚀陡坎，房子已濒临海水侵蚀之下。

可见，2002 年时海岸线已大幅后退，后退幅度估计有 5 m。2001 年相片上的灯塔已内移，陡坎上的房子已倒入海中。

可以认为：琼州海峡南岸中部的沿岸净输沙自东向西是确定无疑的，海岸工程建设将导致上游淤积，下游侵蚀。

海岸建筑物的下游必发生侵蚀，且这种侵蚀有向下游发展的趋势。据我们的观测，镇海渔港西侧的海岸侵蚀最先发生在紧邻渔港段，目前则不断西延至热带海洋世界的挡土墙前。

可见，海岸侵蚀主要发生风暴浪期间，一次 8 级大风产生的海岸侵蚀可使海岸冲蚀后退数米。风暴期间，燃气码头突堤前由于入射波与反射波的叠加，波浪作用加大，再加上离岸流的形成，海岸也发生着侵蚀。

在粤海轮渡南防波堤南岸，海岸有轻微的侵蚀，之所以未出现较大的海岸侵蚀，是因为该段海岸的海滩剖面平缓，风暴浪在向岸传播过程中，多次破碎，至近岸时能量消耗殆尽，海岸侵蚀相对弱。

③地形图对比结果。

这里采用仅有的 1989 年海图（其海部要素来源于 1963 年）与本次实测的地形图进行岸线的对比分析（图 5.15，图 5.16）。1963—2002 年，以新海村中部为界，其东北侧明显侵蚀后退，其中岬角后退最为剧烈，在民生燃气码头护岸堤后退约 60 m，如果无护岸，则应后退至少 80 m，自岬角向南，侵蚀幅度减小，但在新海村临近燃气码头突堤处，则侵蚀后退距离有约 80 m。

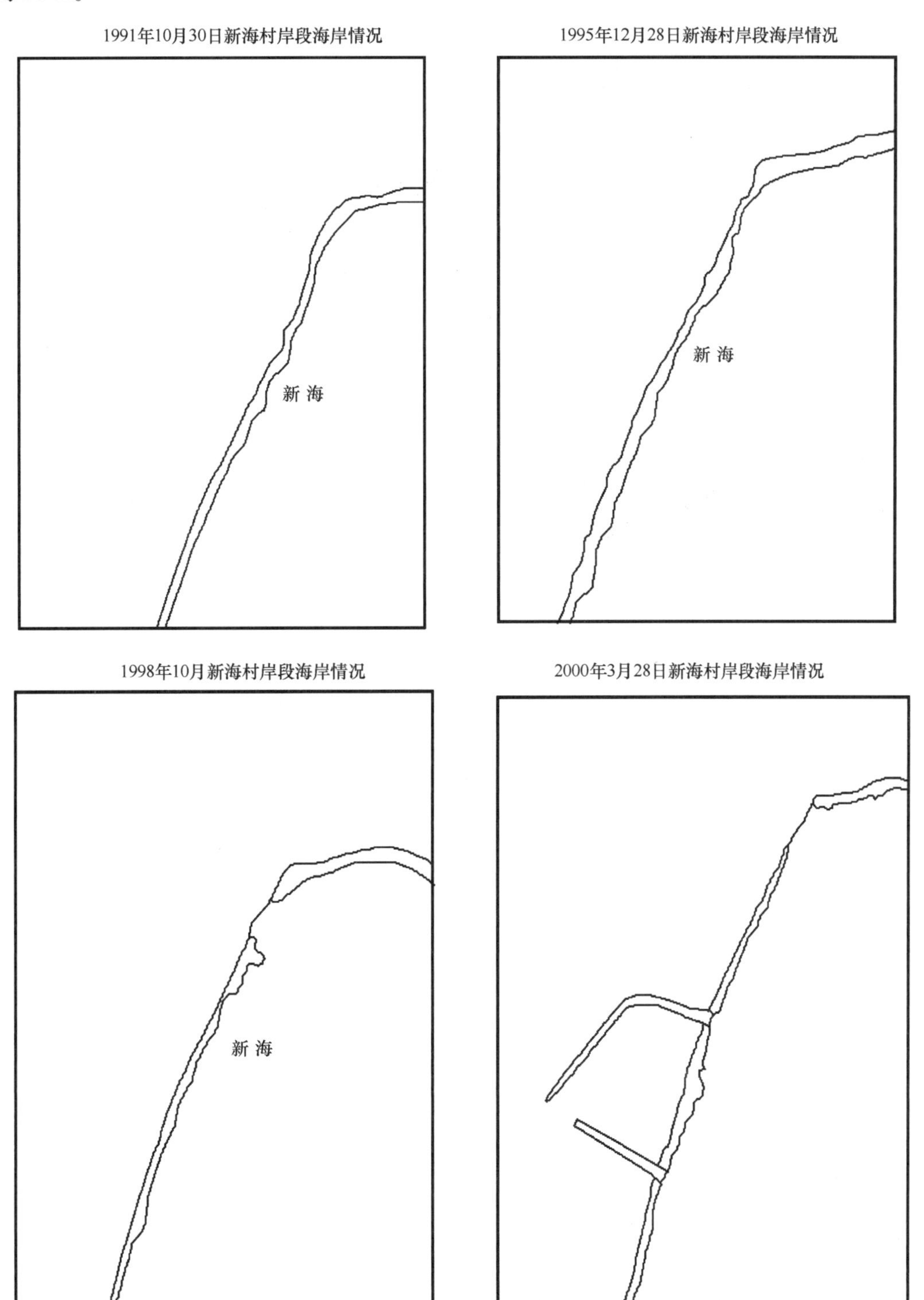

图 5.15　1991—2000 年新海村岸段图（图中双线表示干出滩）

此外，据中山大学的研究，受 1994 年 5 月在湛江登陆的 3 号台风的影响，新海村一带海岸老的滩肩普遍遭侵蚀破坏，形成一条侵蚀陡坎，陡坎高度在油气码头海滩为 0.5 ~ 0.6 m，

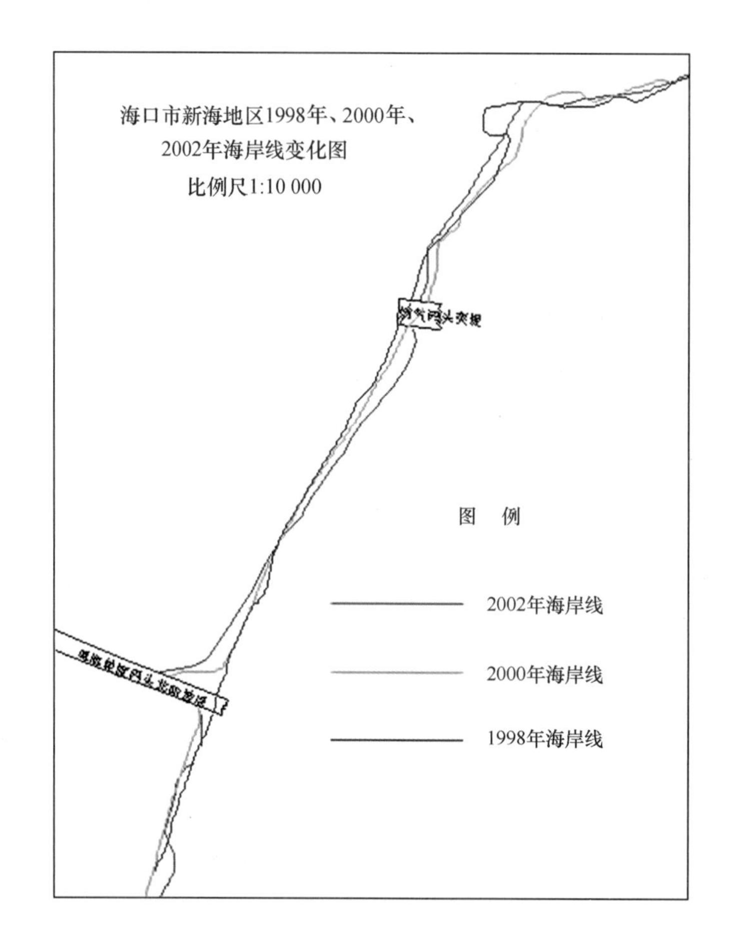

图5.16　1998—2002 年新海村岸段图（图中双线表示干出滩）

陡坎在东部岬角处更高，向西高度降低。陡坎向海侧又在风暴浪过后，很快形成了新的滩肩堆积，1994 年 6 月 23 日观察到堆积层厚度 0.1 ~ 0.8 m，平均 0.6 m，物质组成比老的滩肩粗，估计原海滩中细的沙被拖向海，在将来海滩缓慢恢复过程中仍会重返海滩，淤高滩肩。

在 1999 年 3 月现场调查时发现，海滩遭受到严重的侵蚀，在油气公司预制件处，形成高达 1.5 m 的陡坎，有几块预制件滑落到海滩中；而再往西南，一段生长有木麻黄的海岸，其木麻黄的树根被侵蚀出露，也形成高约 0.5 m 的侵蚀陡坎，侵蚀后退的距离达 2 m。而据民生燃气股份的有关人员介绍，1996 年“9618 号”台风时，民生燃气预制件所在地海岸侵蚀后退达 5 ~ 6 m。

综上所述，新海村岸段在自然状况下即处于侵蚀状态，特别是在台风大浪时。据已有的资料显示，1996 年“9618 号”台风时，新海村岸段海岸侵蚀后退逾 10 m，而 2000 年 9 月 8—9 日台风“悟空”登陆时，海岸线后退逾 30 m，撞坏渔船 20 多艘，小型修船厂也遭到严重破坏，当时燃气码头突堤尚未修建。燃气码头的修建，对新海岸岸段的海岸侵蚀产生一定的影响，由于其突堤的存在拦截了上游来沙，导致新海村岸段沿岸输沙不平衡，增加的海岸侵蚀量占到自然状况下最大可能侵蚀量的 23.67% ~ 36.79%。

5.2.1.3　海南岛海岸带侵蚀灾害评价

1）指标体系

冲淤对社会经济发展的影响，主要源于海岸原有自然属性的恶化：一是海岸空间功能的长期趋势性净损失，比如海岸类型、港湾面积、平均潮差、平均含沙量、水交换、环境容量、栖息地等相关资源环境条件的逐渐恶化；另一是港湾空间配置的稳定性，或更宏观地称为系统自适应能力的降低，比如海岸骤淤等短周期事件的强度，及其所带来的海岸水深变化、港湾面积。海岸带的变迁直接导致岸带植被的破坏、水土流失，也带来了海洋生态系统的变化。

海岸冲淤灾害风险性评价因子主要是指影响灾害的各种因素及动态变化趋势。

（1）自然因素

海岸类型：可以分为溺谷型港湾、基岩海岸、河口湾、淤泥质海岸、沙坝潟湖型港湾（海岸）、珊瑚礁（红树林）海岸、沙质海岸等。

冰后期海侵淹没沿岸低地、河谷而形成原生湾（溺谷型），如大窑湾、胶州湾、乐清湾、厦门湾、钦州湾等；基岩海岸由坚硬岩石组成的海岸，是海岸的主要类型之一。基岩海岸常有突出的海岬，在海岬之间，形成深入陆地的港湾。岬湾相间，绵延不绝，海岸线十分曲折。后期沉积物运动或地貌演化改造沿岸低地、潟湖、三角洲河口和珊瑚环礁等，形成与原来地貌形态有很大变化的港湾，其中以沙坝潟湖型港湾居多，如山东月湖、海南博鳌港与小海等。河口湾是指开阔的喇叭形河口，如杭州湾、台州湾、珠江口伶仃洋与黄茅海等。粉砂淤泥质岸主要为由潮汐作用塑造的低平海岸，潮间带宽而平缓，多分布在输入细颗粒泥沙的大河入海口沿岸。沙质海岸是陆地岩石风化或河流输入的沙砾堆积在海边形成的，海沙在海浪和海流的作用下按着一定规律运动，堆砌成各种各样的堆积地貌体，最常见的有沙嘴、坝岛滩尖、连岛沙洲、沿岸沙堤等。在其他因素一致的情况下，显然，沙坝潟湖型海岸的淤积灾害风险性最大，河口湾和淤泥质海岸的淤积灾害风险性次之，溺谷型港湾的淤积灾害风险性最小。

港湾大小：在其他因素一致的情况下，淤积灾害风险性与港湾面积成反比，即港湾面积愈大，淤积灾害风险愈小。

涨落潮量：在其他因素一致的情况下，显然涨落潮量愈大，港湾淤积灾害的风险性愈小，考虑到涨落潮量主要取决于潮差，因此，可以用平均潮差来代替。

波浪：在波浪作用为主的海域，海岸表现为侵蚀，因此，可以用有效波高来表征波浪作用大小，有效波高越大，海岸侵蚀危险性越高。

泥沙来源：在其他因素一致的情况下，泥沙来源愈丰富，海岸的淤积风险性最大。在以悬浮泥沙运动为主的港湾，可以用平均含沙量来代替。

沉积物输运趋势：基于表层沉积物的三种粒度参数，即平均粒径、分选系数、偏态的空间分布，采取粒径趋势分析模型进行计算，获取海洋环境中沉积物的净输运趋势。该模型已在世界各地多个海域得到应用，如智利的 Lmir 湾（Duman M.，2004）、爱琴海的 Lirquen 湾（Roux J. P.，2002）、胶州湾及邻近海域（汪亚平，2000）、长江口北支（杨欧，2002）、博鳌海域（高建华，2002；张亮，2011）等，并获得了其他沉积物输运证据的支持。

（2）人为因素

鉴于有些人为因素如临海工业、港口工程、围海造地、围海养殖等人类开发活动难以计量，本次研究主要利用城市化水平（即城镇人口/总人口）和海域分等定级（全国分成六级，见表5.13）代替上述因素进行说明。通常，在其他因素一致的情况下，城市化水平和海域分等定级愈高，其对港湾开发力度愈大，沿岸海岸工程修建、围海造地、植被破坏等愈大，淤积灾害危险性愈高。

表5.13　全国海域分等定级中海南沿海市县的定位

分等定级	海域
三等海域	海南省海口市龙华区、美兰区、秀英区，三亚市
五等海域	海南省澄迈县，儋州市，琼海市，文昌市
六等海域	海南省昌江县，东方市，临高县，陵水县，万宁市，乐东县

（3）动态变化因素

现状港湾淤积速率（r）：显然，在其他因素一致的情况下，现状港湾淤积速率愈大，风险性愈高。

岸线变迁速率（r）：岸线后退越快，海岸侵蚀危险性愈高。

2）冲淤灾害评价方法

风险性评价是基于一定的量化规则，对各评价因子进行量化，然后按照一定的计算规则对选定的评价区域危险性进行相对大小的比较。若定义 N 为自然因素；HU 为人为因素；M 为海岸动态因素。因上述指标单位不同，量级不同，很难将其合并进行运算。因此，一般定义一种规则对各因子再进行量化分级。步骤如下：

（1）设定分级级别个数。

（2）对各级别对应的量值进行规定。如表5.14级对应的量值为1或-1；2级对应的量值为2或-2；3级对应的量值为3或-3。

若各因子都已经经过量化分级，则定义如下规则进行计算：

自然因素 $N=(c+m+h+s)/4$，

人为因素 $Hu=(u+g)/2$，

动态因素 $D=r$

定义危险性 H 的计算公式如下：

$$H=(N+Hu+D)/3$$

侵蚀与淤积灾害的评价中，侵蚀为负值，淤积为正值。

$-1.6<H\leqslant 0$：为侵蚀低危险性；$-2.4<H\leqslant -1.6$：为侵蚀中危险性；$H\leqslant -2.4$：为侵蚀高危险性。

$0\leqslant H<1.6$：为淤积低危险性；$1.6\leqslant H<2.4$：为淤积中危险性；$H\geqslant 2.4$：为淤积为高危险性。

表 5.14 港湾淤积灾害风险评价指标体系

项目	因子	指标	划分标准	危险等级量值
危险性（*H*）	自然因素（*N*）	海岸类型（*c*）	沙坝潟湖型港湾、砂质海岸、珊瑚礁海岸	-3
			淤泥质海岸	-2
			基岩海岸	-1
			溺谷型港湾	1
			河口湾	2
			沙坝潟湖型港湾	3
		港湾潟湖面积或沉积物输运趋势（*m*）	沉积物离岸输运	-3
			沉积物沿岸输运	-2
			沉积物向岸输运	-1
			港湾面积 >300 km^2	1
			港湾面积 10 ~ 300 km^2	2
			港湾面积 <10 km^2	3
		平均潮差或有效波高（*h*）	有效波高 >2 m	-3
			有效波高 0.5 ~ 2 m	-2
			有效波高 <0.5 m	-1
			平均潮差 >4.0 m	1
			平均潮差 2.0 ~ 4.0 m	2
			平均潮差 <2.0 m	3
		平均含沙量（*s*）	岸外 <0.05 kg/m^3	-3
			岸外 0.05 ~ 0.5 kg/m^3	-2
			岸外 >0.5 kg/m^3	-1
			河口港湾内 <0.05 kg/m^3	1
			河口港湾内 0.05 ~ 0.5 kg/m^3	2
			河口港湾内 >0.5 kg/m^3	3
	人为因素（*Hu*）	城市化水平（*u*，即城镇人口/总人口）	>70%	3 或 -3
			40% ~ 70%	2 或 -2
			<40%	1 或 -1
		海域分等定级（*g*）	一、二等	3 或 -3
			三、四等	2 或 -2
			五、六等	1 或 -1
	动态因素（*D*）	岸线侵蚀后退速率 m/a（*r*）	严重侵蚀 ≥3 m	-3
			中等侵蚀 2≤*r*<3 m	-2
			弱侵蚀 1≤*r*<2 m	-1
		平均淤积速率 cm/a（*r*）	稳定 *r*<1	1
			一般淤积 1≤*r*<5	2
			严重淤积 5≤*r*	3

评价结果见图 5.17，正如前文所述，严重侵蚀岸段分布在琼东海岸（琼东海岸的主要在

东山岭的新潭村附近、博鳌玉带滩、抱虎岭北侧海岸）及琼西海岸 4 处（主要是四更沙角、儋州峨蔓湾附近）。从总体来看，在处于侵蚀的岸段中，琼东有 29 处，琼南海岸有 9 处，琼西海岸有 11 处，琼北有 15 处。在处于不同侵蚀强度的岸段中：中等侵蚀岸段最多，占全部岸段的近一半，微侵蚀岸段长度略短；严重侵蚀岸段长度仅占总岸线的长度 1.4% 左右。

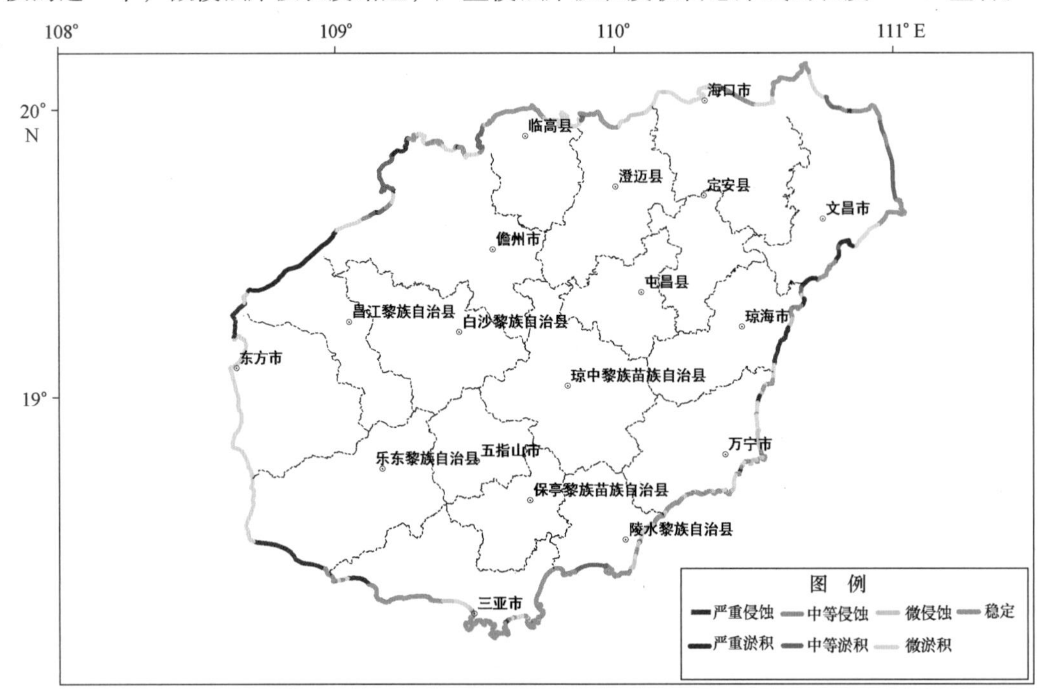

图 5.17　海南沿岸海域冲淤灾害现状评价结果

3）冲淤灾害风险性评价

（1）数据来源及处理

港湾类型（c）：海南岛沿岸是港湾类型众多，有溺谷型港湾，沙坝潟湖型港湾和河口湾等几类。沙坝潟湖型港湾如博鳌、小海，清澜湾等，河口湾如海口湾等，溺谷型港湾如铺前湾、洋浦湾等。

港湾面积（m）：海南岛港湾面积大小不等，较大的港湾有海口湾、铺前湾，清澜湾、博鳌湾、三亚湾、亚龙湾、洋浦湾、后水湾等。

平均潮差（h）：据广东省海岸带和海涂资源综合调查大队（1987）的研究调查结果，海南省平均潮差，从海口市以东环岛到东方县的八所，约占三分之二的海岸，其平均潮差均在 1.5 m 以下。

平均悬沙浓度或含沙量（s）：根据遥感图像反演，结合陈妙红（2002）等在海南部分区域的研究，海南岛附近海域海表悬沙浓度一般小于 0.015 kg/m^3，悬沙浓度最高达 0.03 kg/m^3，整体偏低，属于低悬沙浓度环境。离岸 20 km 外海域，海表悬沙浓度一般小于 0.001 kg/m^3。相对较高的悬沙浓度主要分布在两片海域。一是海南岛北部，尤其是海口附近的海域，如澄迈湾、海口湾、后水湾等半封闭的港湾中及其附近海域。二是海南岛西南部棋子湾至佛罗镇一带从岸线至离岸 20 km 的区域，该海域海表悬沙浓度相对较高，但一般小于 0.015 kg/m^3。

城市化水平（u）：据刘敏（2009）对海南省城镇化过程方面的研究，截止2007年，海南省城镇化水平达到47.1%。海南省经济较为发达的地区为海口、三亚，经济发展水平琼东略高于琼西。

海域分等定级（g）：据中国海域分等定级划分结果，海南省海口市龙华区、美兰区、秀英区，三亚市属于三等海域；海南省澄迈县，儋州市，琼海市，文昌市属于五类海域；海南省昌江县，东方市，临高县，陵水县，万宁市，乐东县属于六等海域。因此，海南绝大多数属于五、六类海域。

现状港湾平均淤积速率（r）：据潘少明（1994，1995）、王颖（1996）、刘兴健（2007）、许冬（2008）、张亮（2011）等的研究结果，海南岛海域的现代平均沉积速率为0.1 cm/a～2 cm/a。在分布上基本规律是，在潟湖内、岬角之间、港湾之内沉积速率比较高，在开敞海区沉积速率比较低；在东部岸段沉积速率比较低，西部海域沉积速率高。岸线侵蚀后退速率大约在2 m/a～5 m/a左右，局部强烈侵蚀可到6 m/a～10 m/a。

根据以上资料，得到海南岛的各评价因子数据及相应的危险等级量值。

（2）风险性评价结果

前文指出了可以利用相关评价因子和量化方案对港湾淤积灾害的危险性（H）进行评价，评价规则如下：

$$H = (N + HU + D)/3$$

问题的关键在于如何对上述各因子进行分级。按照表6.11，可以按照低危险性、中危险性和高危险性等三级划分方案对其进行分级。并规定，低危险性得分为1或－1；中危险性得分为2或－2；高危险性得分为3或－3。然后，可以基本按照平均分割的方法对危险性级别进行界定：

侵蚀与淤积灾害的评价中，侵蚀为负值，淤积为正值。具体如下：

① $-1.6 < H \leqslant 0$：为侵蚀低危险性；$-2.4 < H \leqslant -1.6$：为侵蚀中危险性；$H \leqslant -2.4$：为侵蚀高危险性。

② $0 \leqslant H < 1.6$：为淤积低危险性；$1.6 \leqslant H < 2.4$：为淤积中危险性；$H \geqslant 2.4$：为淤积高危险性。

评价结果见图5.18和表5.15。结果表明，对于海南岸线变迁来说，多数岸段处于侵蚀低危险性；局部岸段为侵蚀中危险性，如海口和三亚岸段。对于港湾海域，全部处于淤积低危险性，主要与海南近海物源缺乏有关。

表5.15　海南岛岸线冲淤变化危险性评价表

地区	自然因素（C）	人为因素（H）	动态因素（D）	危险性评价（H）	危险性等级
海口	－2.75	－2	－2	－2.25	侵蚀中危险性
文昌	－2.5	－1	－3	－2.17	侵蚀中危险性
琼海	－2.75	－1.5	－2	－2.08	侵蚀中危险性
万宁	－2.25	－1	－1	－1.48	侵蚀低危险性
陵水	－2.0	－1	－1	－1.3	侵蚀低危险性
三亚	－2.25/－2.75	－2	－1	－1.75/－1.92	侵蚀中危险性
乐东	－2.0	－1	－1	－1.3	侵蚀低危险性

续表 5.15

地区	自然因素（C）	人为因素（H）	动态因素（D）	危险性评价（H）	危险性等级
东方	-2.25	-1	-1	-1.48	侵蚀低危险性
昌江	-2.5	-1.5	-2	-2	侵蚀中危险性
儋州	-1.75	-1	-1	-1.58	侵蚀低危险性
临高	-2.0	-1	-1	-1.33	侵蚀低危险性
澄迈	-2.0	-1	-1	-1.33	侵蚀低危险性

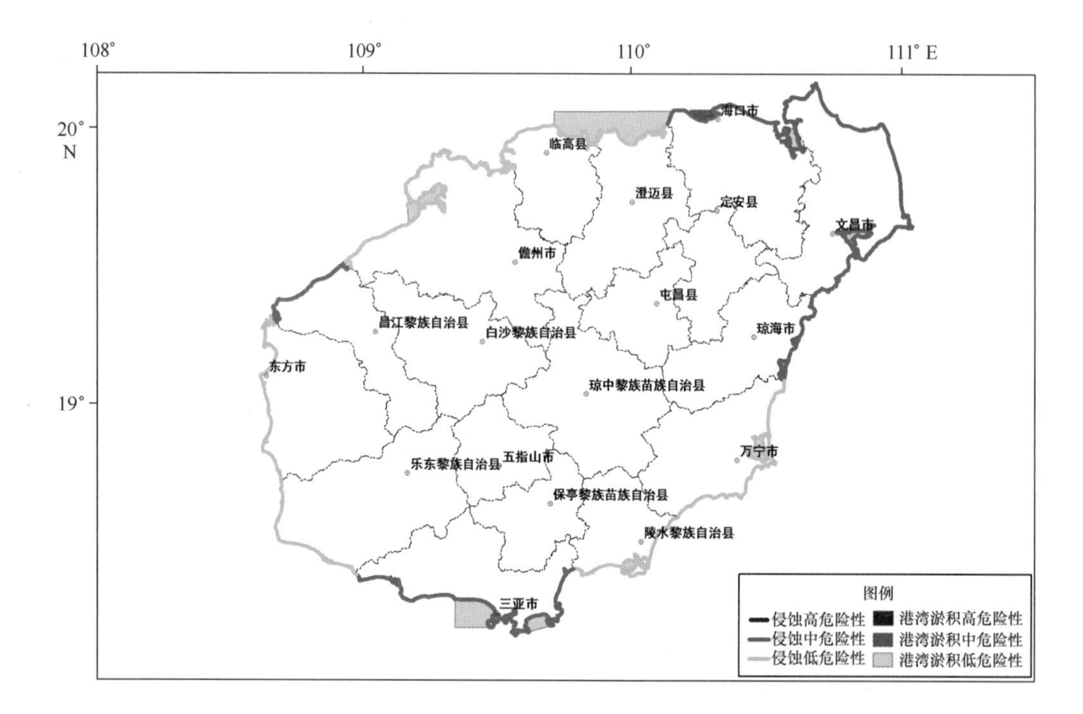

图 5.18 海南沿岸海域冲淤风险性评价分级图

海南省主要港湾冲淤变化危险性等级评价见表 5.16。

表 5.16 海南省主要港湾冲淤变化危险性等级评价表

港湾	自然因素（C）	人为因素（H）	动态因素（D）	危险性评价（H）	危险性等级
海口湾	2.5	2	1	1.83	淤积中危险性
铺前湾	1.75	1.5	1	1.42	淤积低危险性
清澜湾	2.25	1.5	1	1.58	淤积低危险性
博鳌湾	2.25	1.5	1	1.58	淤积低危险性
小港湾	2.25	1.5	1	1.58	淤积低危险性
新村港	2.25	1	1	1.41	淤积低危险性
亚龙湾	1.5	2	1	1.5	淤积低危险性
三亚湾	1.75	2	1	1.58	淤积低危险性
榆林湾	1.75	2	1	1.58	淤积低危险性
洋浦港	1.5	1.5	1	1.33	淤积低危险性
后水湾	1.5	1	1	1.17	淤积低危险性
澄迈诸湾	1.5	1.5	1	1.33	淤积低危险性

5.2.1.4 海南岛海岸带侵蚀灾害机理分析

1）海浪和风暴潮是海南海岸侵蚀的主要影响因素。以热带气旋、风暴潮、巨浪、海岸侵蚀为主的海洋灾害严重制约着全省经济的发展。以风暴潮为例，据历史资料统计，海南岛沿岸平均每年发生风暴潮3~4次，其中造成潮灾的平均每年发生一次，严重和特大潮灾也时有发生。随着海南岛沿海经济的快速发展，因海洋灾害造成的直接经济损失呈上升趋势。暴潮增水可引起短暂海面变化，在水位升高的基础上，一方面扩大了波浪对岸滩侵蚀范围，另一方面，随着水下岸坡的底部回流增强，岸滩被侵蚀的大量泥沙随着底部回流向岸外运移。季荣耀（2007）根据Bruun定律海平面上升20 cm计算得到海岸侵蚀后退速率为1.4~2.3 m/a。据统计，自1953—1983年，海口湾1.0~1.49 m的增水有9次之多。根据1990—2000年南渡江三角洲附近的遥感图像分析，岸线在干流东侧侵蚀后退速率最高曾达6 m/a，口门东侧沙嘴侵蚀后退速率超过10 m/a 。

根据王红心等的研究，海南岛沿岸风暴潮的地理分布特征为：北部增水最强，东部次之，南部再次之，西部最弱，形成风暴潮灾害的规律与风暴潮的地理分布一致。由台风引发的风暴增水大于等于30 cm的平均每年3.8场；风暴增水大于等于100 cm的平均每两年一场；一般风暴潮在30 cm以上，与天文高潮位遭遇，均有酿成风暴潮灾害的潜在风险。

风暴潮发生时，不仅使水位升高，还会短时间改变岸线形状，引起局部岸段的冲淤变化，比如冲毁堤坝和改变河口口门形状、码头受冲击和航道骤淤等等。2005年9月25日至9月26日，“0518号”台风“达维”登陆海南岛万宁县，全岛狂风大作，暴雨倾泻，全省遭受严重经济损失，东部沿海文昌、琼海、万宁等市县发生风暴潮灾害。根据“908-01-ZH1-01风暴潮调查技术规程”的要求，梁海燕等（2007）对此次潮灾作了重点岸段调查，冲毁崩决海塘堤防66.314 km。

2）流域以及海岸自然调整因素。除南渡江、昌化江等几条中小河流能提供少量泥沙外，海南岛海岸泥沙主要来源于浅海大陆架和原海岸沉积的再造。海南岛海岸线和海平面达到现在位置附近已有约6 000 a之久，海岸泥沙经历长期搬运和调整后，海岸供沙已由初期的丰富转为不足，海岸演变进入普遍侵蚀时期。目前，海岸线和滨外岸坡存在许多侵蚀地貌和侵蚀迹象；大多数岬湾海岸线已发育成为均衡的螺线形；在许多海岸，5 m、10 m等深线紧靠海岸并与岸线平行，海岸坡度变陡；由于沙坝沙的沿岸搬运，大多数潟湖的出口被推移到沿岸输沙下游方向的岬角附近。海岸普遍侵蚀是海岸演变过程进入侵蚀时期所带来的必然结果，这可能是海南岛海岸侵蚀的基本原因。

3）海平面上升加剧了海岸侵蚀。2007年，海南沿海海平面比常年高92 mm。预计未来10年，海南沿海海平面将比2007年上升33 mm。全球气候变暖与海平面上升加剧了海南沿海的海岸侵蚀，严重影响了这些地区的生产和生活。乐东县龙栖湾村附近海岸在11年内后退逾200 m，村庄随海岸变化而三次搬迁，村民的生存空间越来越小。除海平面上升和风暴潮等自然因素外，滥挖乱炸珊瑚礁、人工构筑物的修建和取沙等人为因素是海岸侵蚀速度增加的主要原因。

4）对人类开发活动的响应。人类不合理的开发活动也是导致海岸冲淤变化的重要因素。调研结果表明，三亚市为把三亚湾建成度假型房地产基地，对原有的基岩、沙岸、珊瑚礁、红树林等海岸生态进行了大规模清理，此举严重破坏了该区域的生态环境，导致了三亚湾海岸侵蚀加剧，岸线后退明显。生活污水的直接或是间接排入大海，对海岸生态环境也造成了较大的污染。沿岸挖砂、低位养殖场的大面积开发也严重地破坏了自然环境，加剧了岸线侵蚀程度。水库建设与河床挖沙减小了河流含沙量与入海输沙量，使近岸地区堆积量小于沉积量，使岸线遭受侵蚀。

5.2.2 港湾淤积

5.2.2.1 海南岛沿岸地区沉积速率

海南岛中央高、四周低的环形层状地貌，十分有利于地表径流和其他物质搬运。构成岛体的母岩、母质主要是花岗岩（占46.7%）、玄武岩（占9.5%）、砂页岩（占20.7%）和浅海滨海沉积物（15%）等，这些岩石和第四纪沉积物是周边近海沉积的首要物质来源。海南岛地处亚热带－热带，气候湿润温暖多雨，强烈的化学风化作用使上述母岩、母质形成大量的黏土矿物和氧化物矿物，然后被众多的地面径流带入周边近海，构成目前海底沉积物的物质主体。

同时，沿华南大陆的粤西沿岸流携珠江流域物质终年自东北流向西南，一部分进入北部湾，与红河流域的泥沙一起加入到全年逆时针流动的北部湾环流，影响到海南岛西面海域的物质沉积；另一部分流向海南岛东南沿岸，也会对该区域的物质沉积产生一定作用。

另外，受东亚季风影响的南海表层流（包括漂流、南海暖流、黑潮南海分支、沿岸流和不同尺度的水平环流等）所携的复杂来源物质，也多少会对海南岛周边近海的海底沉积有部分影响。

生物沉积也是海南岛周边海域沉积的重要组成部分。生物沉积以 $CaCO_3$ 为主，主要是大的贝壳、珊瑚礁和有孔虫、介形虫壳体，以及硅藻、放射虫等。

通过搜集前人在海南岛已做的测年工作，结合在海南博鳌实测测年资料，得到了海南岛沿岸地区沉积速率平面分布特征。

统计资料显示，海南周边海域沉积速率多在1 cm/a左右，最大沉积速率出现在洋浦港新英湾口拦门沙，约为2.91 cm/a；其次为东南部海域陵水湾，约为1.6 cm/a左右；然后是三亚湾，沉积速率约为1 cm/a左右。在分布上基本规律是，在潟湖内、岬角之间、港湾之内沉积速率比较高，在开敞海区沉积速率比较低；在东部岸段沉积速率比较低，西部海域沉积速率高（表5.17，图5.19）。

5.2.2.2 海南沿岸典型港湾的冲淤变化

对砂质海岸、沙坝－潟湖海岸和三角洲海岸三种典型海岸和海域进行了冲淤演化分析（图5.20），分别选取三亚湾、博鳌港湾、南渡江三角洲和海口湾作为重点研究对象。

表 5.17　海南岛沿岸沉积速率统计表

区域	站位号	位置	沉积速率/（cm/a）	测年方法	资料来源	采样时间
洋浦港	B1168	新英湾口	2. 91	^{210}Pb	杨海丽等（2010）	2005
	2 号孔	拦门沙	0. 044	^{14}C	南京大学洋浦港报告（1985）	—
	3 号孔	拦门沙	0. 037			
	4 号孔	拦门沙	0. 056			
	03 孔	深槽靠近拦门沙	1. 06/1. 12	$^{210}Pb/^{137}Cs$	潘少明 施晓东（1995）	1988
	04 孔	拦门沙浅滩	1 ~ 2	^{210}Pb		
	05 孔	拦门沙外海	1. 52/1. 56	$^{210}Pb/^{137}Cs$		
	07 孔	洋浦深槽深泓	0. 52	^{210}Pb		1990
	Y001	新英湾的深槽中，水深 20. 4 m	>1	^{210}Pb	王颖 朱大奎（1996）	1988, 1991
	Y002	自西浦村外深槽，水深 10. 22 m	0. 87			
	Y003	洋浦村外深槽，水深 20. 65 m	0. 52			
	Y004	拦门沙靠近深槽一侧，水深 4. 11 m	1. 06			
	Y005	于拦门沙向海一侧，水深 6. 78 m	>2			
	Y006	新英湾内深槽，水深 11. 44 m	>0. 8			
	Y007	自西浦村西的深槽中，水深 11 m	1. 47			
三亚湾	S001	外港、靠近航道、水深 3. 1 m	0. 26	^{210}Pb	潘少明 王雪喻（1994）	1990
	S002	白排礁西南、水深 12 m	0. 18			
	S003	外港、靠近航道、水深 8 m	0. 38			
	S033	内港	>1			
	S035	航道中部、水深 7. 4 m	0. 91			
	S036	主航道外端、水深 7. 1m	1. 24			
小海	XHK04 - 01	小海潟湖内西南部	0. 623	^{210}Pb	刘兴健 葛晨东（2007）	2004
	XHK04 - 04	小海潟湖中部	0. 216			
东部海域	B377	万泉河口有一定距离	0. 36	^{210}Pb	许冬等（2008）	2005
	B289	近岸	1. 6			
西部海域	B97	靠近昌化江河口	1. 0			
	B10	B97 同纬度，离岸较远	0. 47			
	B135	昌化江和珠碧江之间	0. 89			
	C4	离岸远，77 m 等深线处	0. 6			
博鳌港	BA01	龙滚河河口	0. 213	^{210}Pb	本文	2009
	BA02	九曲江河口南侧	0. 155			
	BA03	九曲江河口	0. 2			
	BA04	沙美内海北部	0. 2			
	K4	龙滚河河口	0. 15	^{210}Pb	葛晨东等（2002）	2001

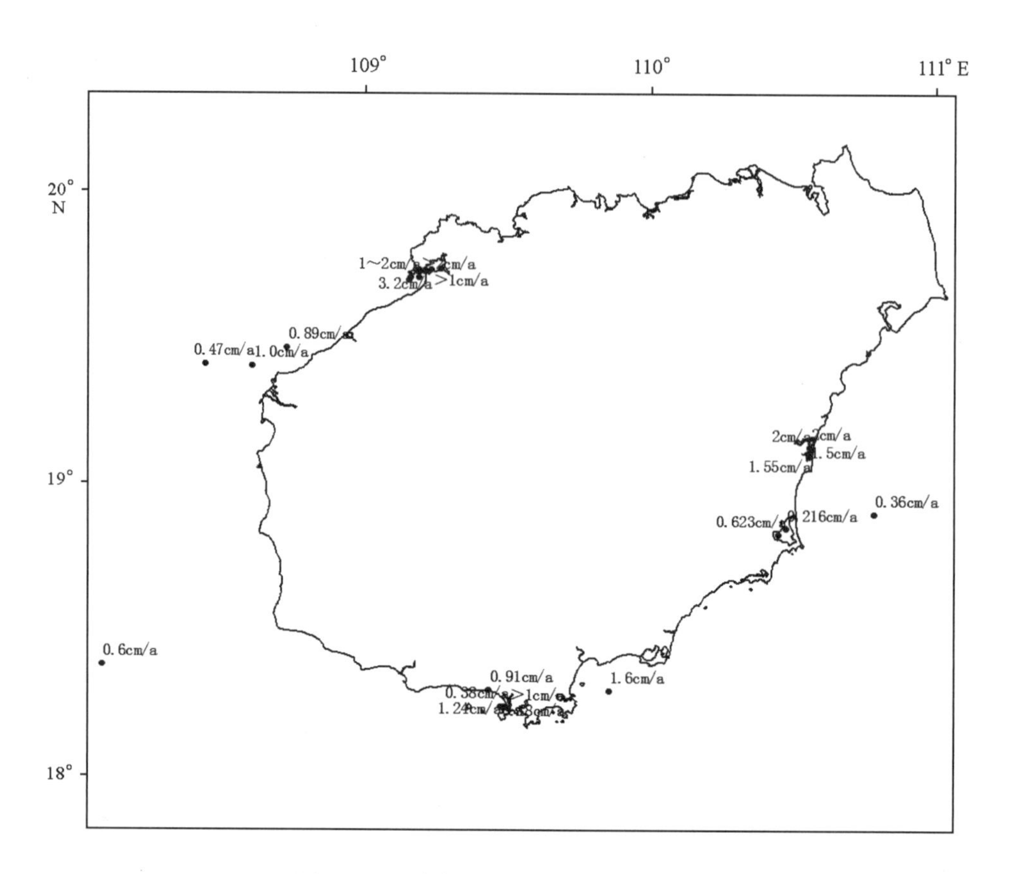

图 5.19　海南岛沿岸沉积速率测定分布图

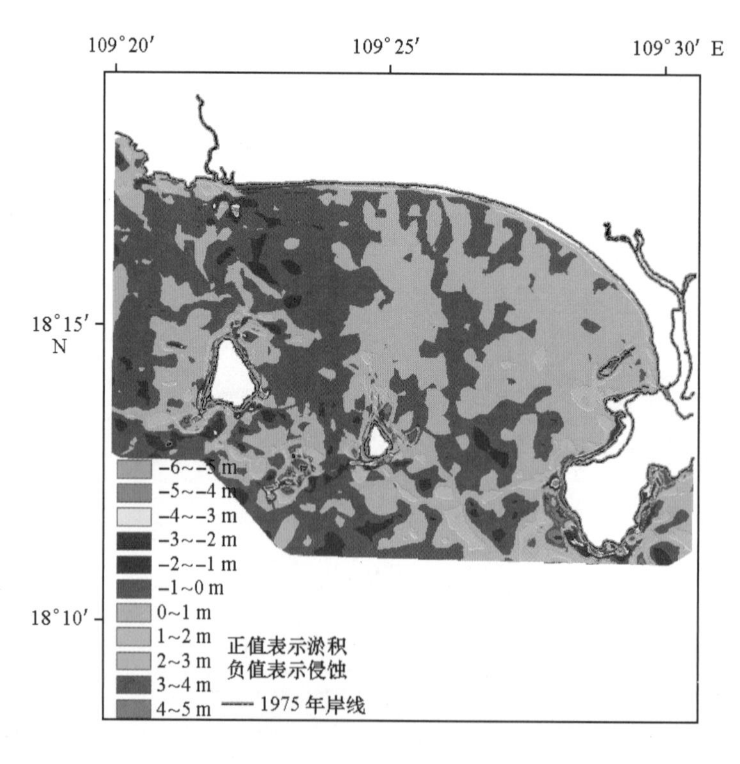

图 5.20　三亚湾 1940 年和 1961 年冲淤变化分析

1）三亚湾

计算结果显示（图5.20），1940—1961年水深变化不大，除鹿回头岭南部海域淤积2～4 m和烧旗河口外海区域侵蚀2 m左右以外，其余几乎没有变化。20年尺度内深度变化浮动在1 m以内，三亚湾西部主要以侵蚀为主，而东部海域主要是淤积为主。根据南京大学海洋研究中心的研究结果（1986）（图5.21），烧旗河口泥沙运动方向指河口方向，有淤积趋势；烧旗河口东侧区域，沙滩上泥沙向东西两侧输运，远岸处向岸输送；三亚港西部沙滩泥沙沿岸向顺时针方向输送，远岸处向岸输送。结合图5.2.9可发现，两者在烧旗河口为淤积；而不远处西部为侵蚀，其中海湾顶部是淤积的。这是因为三亚湾受SW常浪向作用，在东、西瑁洲岛的阻挡作用下，使鹿回头角和西瑁洲岛附近波浪作用减弱，有利于沉积，因此淤积量比其他海域要高。

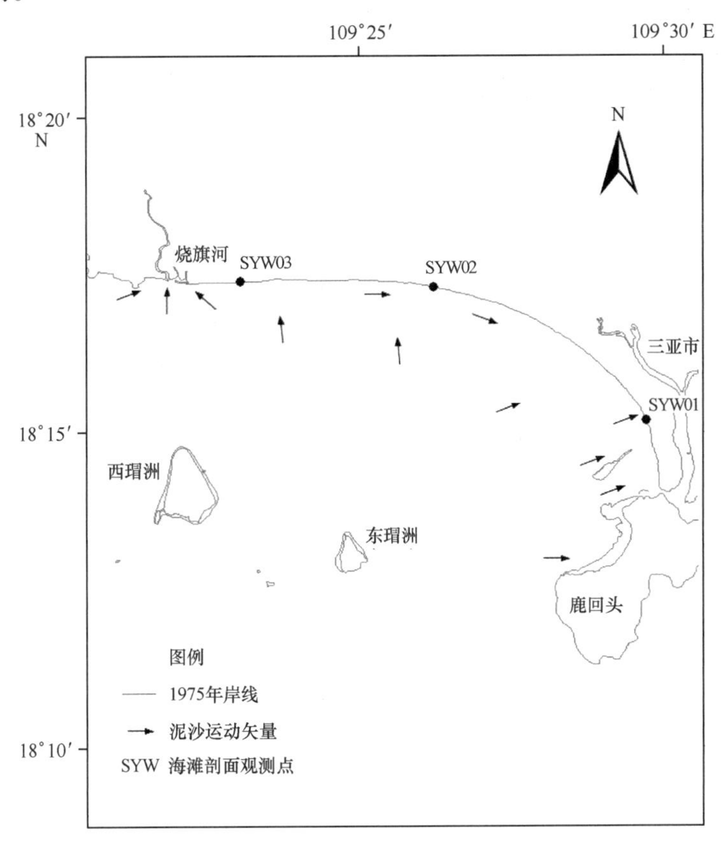

图5.21 三亚湾1985年泥沙输运方向示意图

根据1961—2003年三亚湾冲淤变化结果分析可发现（图5.22），烧旗河口东部呈淤积趋势，而其西部呈侵蚀之势；三亚湾西部主要是侵蚀为主，但三亚河口至白排礁连线有淤积态势；但以上变化范围都在－2～2 m之内，年变化率小于5 cm/a。

2）博鳌港

（1）沉积物输运趋势

根据表层沉积物，通过GSTA模型计算得到沉积物粒径趋势。结果表明，2001年万泉河

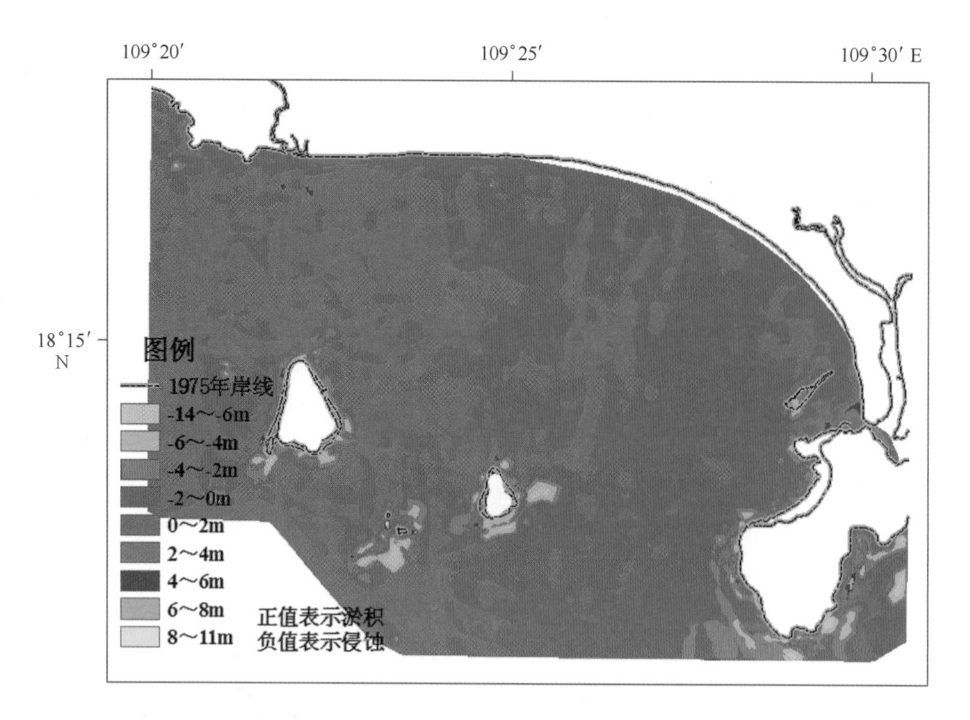

图 5.22　三亚湾 1961 年和 2003 年冲淤变化分析

道内沉积物输运趋势与径流方向基本一致，由上游往下游输运；在口门与东屿岛东侧之间的沉积物输运方向较为杂乱；沙美内海内方向为由南到北，指向口门，并在口门处偏转向万泉河入海口。玉带滩上，2001 年的输运趋势可以将玉带滩分为 A、B、C 和 D 四个区域（张亮等，2011）。A 区沿岸输运，方向为由北往南；B 区的沉积物输运方向为离岸方向，即垂直于岸线向海输运，岸线处于侵蚀阶段；C 区位于玉带滩南部，岬角北侧沿岸往南输运，南侧沿岸由南向北输运，在地貌上形成的岬角恰恰是最好的证明；D 区沉积物向岸方向输运，即该岸段处于淤长阶段。万泉河口以北沙滩，沉积物向岸输运，岸段处于淤积状态，口门水道在束窄。

2009 年河道内和入海口的沉积物输运趋势方向由上游指向下游和口门，但是沙美内海北部及其口门以北到东屿岛南侧区域沉积物输运趋势由北向南；在九曲江河口处向河口内（向西）输运，与北侧沉积物共同形成一个汇聚中心，在沙美内海南部的沉积物向西输运。可以根据沉积物输运方向将玉带滩分为Ⅰ、Ⅱ两部分，南港村以北为Ⅰ区，沉积物向海输运，离岸方向，岸段处于侵蚀阶段，纵向上由南往北输运；Ⅱ区南侧沿岸沉积物由北往南输运，岸滩处于缓慢淤涨或基本稳定状态，岸线推进到了目前的位置。万泉河口以北沙滩沉积物离岸输运，沙嘴有侵蚀趋势。

（2）沉积速率

通过 CIC 模型计算得到（张亮等，2011），龙滚河口北侧的 BA01 沉积速率高达 0.213 cm/a，九曲江河口南侧的 BA02 沉积速率为 0.155 cm/a，九曲江北支口门正对的 BA03 沉积速率为 0.2 cm/a，潟湖内北部的 BA04 柱状岩心的沉积速率是 0.2 cm/a，葛晨东等（2003）于 2001 年 2 月在龙滚河河口附近测得柱状岩心的沉积速率为 0.15 cm/a。

根据沉积速率和沉积物粒度参数，沙美内海的沉积环境没有发生变化，BA02、BA03、BA04 位于沙美内海的北部，主要受万泉河、九曲江和潮流作用影响。BA01 变化较大，这可能与柱状样的位置有关，BA01在龙滚河口附近，受到龙滚河影响，沉积物1980年左右最细，时间前后几十年平均粒径都变粗，这可能和径流变化较大有直接关系。19世纪80年代以前河流径流量较大，携带泥沙沉积，沉积物较粗，后来为减少洪涝灾害将龙滚河人工改道（季荣耀，2007），注入沙美内海水量减小，沉积物变细，到了20世纪80年代随着沙美内海的淤浅，原来沙美内海潟湖已经变成了龙滚河河口地区，河流挟沙进入宽敞的潟湖时迅速沉降，颗粒开始变粗（张亮等，2011）。

（3）港湾冲淤演变

根据从1960年和1985年海图提取水深点计算得到两期地形变化，本文绘出了25年间冲淤变化分布图（图5.23），从图中可以看出：博鳌湾外海区域主要是淤积为主，年淤积量0.1 m左右，局部海域能达到0.3 m/a；此外还有部分海域处于侵蚀状态，25年间侵蚀总量小于1 m，是淤积量的1/2。在万泉河口门处和玉带滩上，以侵蚀为主，其中口门处为侵蚀剧烈变化区，水下深度侵蚀变化在1～2 m之间，极个别区域达到2～3 m；玉带滩南港村以北都是处于侵蚀状态，河口北侧沙嘴侵蚀速率略低，年侵蚀变化速率为0.05 m/a，南部逐渐增加至0.05～0.1 m/a；南港村附近最高，可达到0.15 m/a，但在岸外300 m左右处有一个淤积中心，该岸段出现上冲下淤的现象。在万泉河道内，边溪沙西侧和东屿岛东侧主要是侵蚀为主，其中东屿岛东侧侵蚀部分区域侵蚀较为严重，25年间的侵蚀深度达到了1～2 m。在东屿岛西侧和边溪沙东侧，侵蚀与淤积间隔分布，变化不大，年变化率0.05 m左右。在沙美内海口门处，主要是以侵蚀为主，最高可达到2～3 m之多。

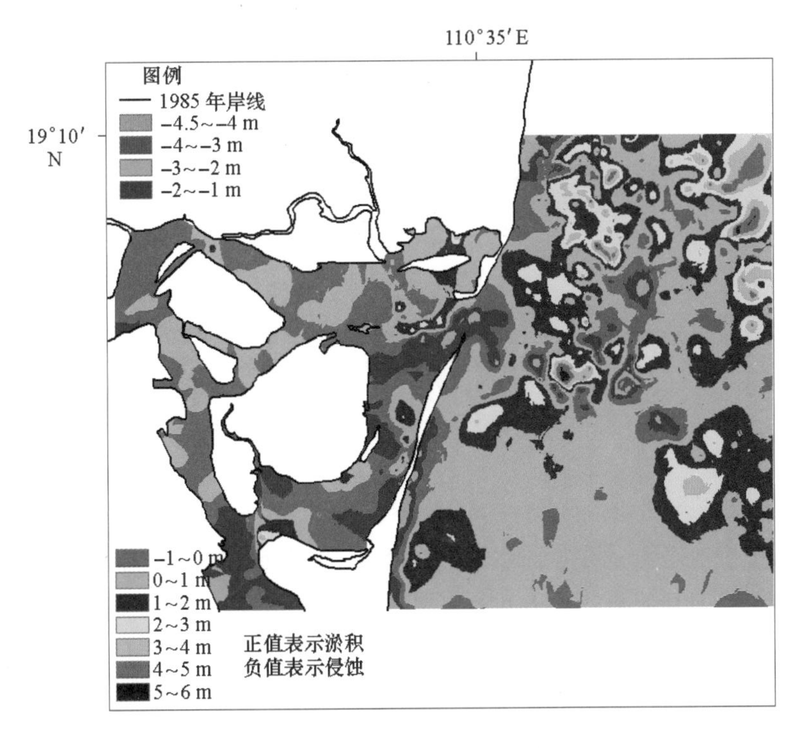

图5.23 博鳌海域1960—1985年冲淤变化分析

以NE—NNE转折处的南港村为界，玉带滩南北海岸稳定性差异性很大，其中南侧处于稳定状态，北侧为明显的侵蚀岸段，沿岸有侵蚀陡坎。根据1962年海图和1990年遥感影像提取的岸线，本文将两个时期的海岸区域分为四个区：A 区为淤积岸段，根据端点速率法计算得到岸线推进速率为 4.125 m/a；B 区为口门，口门处于变动状态，在洪水、风暴潮、强风浪等极端事件影响下，口门拦门沙坝形态变化迅速。据有关资料显示，1976 年、1989 年、1998 年、2000 年 5 月 10 号，呈现双口门，这是口门根据洪水冲断玉带滩根部形成，或者口门中间浅滩露出水面，形成南北两个口门，这也是口门与洪水、潮流和波浪之间的自我调节过程；C 区的海岸平均侵蚀后退速度为 4.41 m/a，与陈吉余等观测的 3.5 m/a 较为一致，属于强烈侵蚀；D 区比较稳定，略有淤积，属稳定岸段。

据 1990 年和 2000 年两期遥感图像提取的岸线（图 5.24），A 区万泉河口门北侧有侵蚀有淤积，其中侵蚀后退速率为 5.1 m/a，局部淤积速率为 6.5 m/a；B 区口门 1990 年宽度为 90 m，2000 年口门宽度为 400 m，口门明显变宽；C 区侵蚀速率快的大约为 6 m/a，较慢的区域为 2.5 m/a；D 区平均速率为 3 m/a。

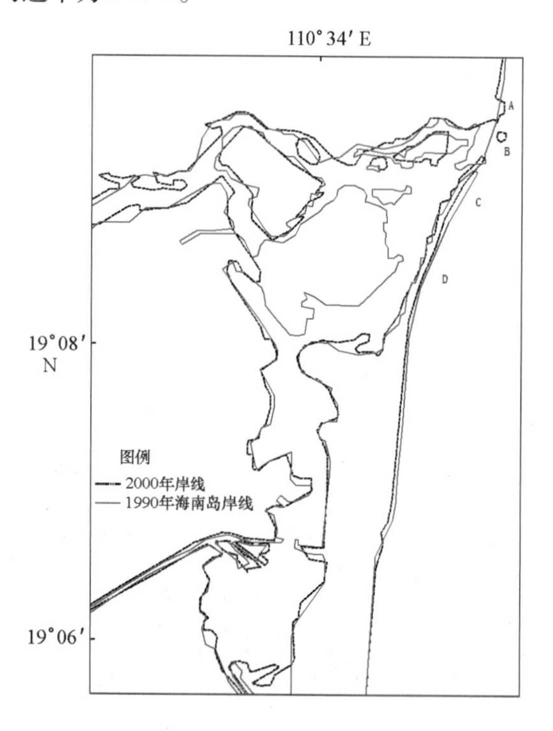

图 5.24　博鳌 1990—2000 年岸线对比变化

据 2000 年和 2010 年两期遥感图像提取的岸线（图 5.25），A 区万泉河口门北侧有北侧侵蚀而南部淤积；其中侵蚀速率平均为 2 m/a，南端靠近口门处淤积，淤积速率大约为 20 m/a。B 区口门在 2010 年 12 月份宽度为 548 m，比 2000 年口门宽度增加了 148 m，口门明显变宽，沙嘴向外海摆动。C 区侵蚀速率快的大约为 2.5 m/a，而 D 区及其以南地区略有淤积推进，其中最大区域大约为 1.5 m/a，从总体来看，该岸段处于稳定状态。

2008 年 1 月 30 号，在玉带滩南港村附近考察（图 5.26），可以看到受侵蚀的海岸沙丘，在该处附近使用 RTK 以大潮高潮线为起始点，直到接近大潮低潮线作为一条剖面，进行了剖面高程测量，测出高程斜率为 -0.13，剖面倾斜较大，在据起始点 12m 处有一坡度突然加大处，可能是侵蚀陡坎，该处在波浪作用，侵蚀作用为主。

为了保持通道口的相对稳定，必须对通道口内、外进行综合整治。可在玉带滩北端建一

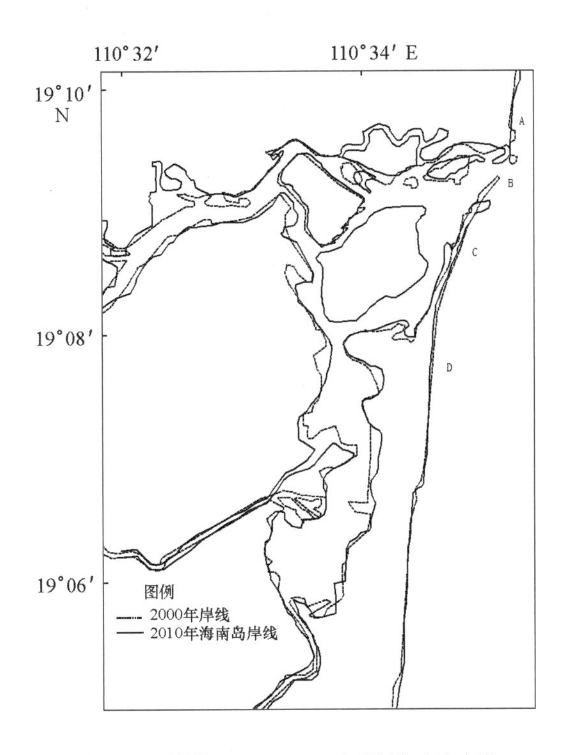

图 5.25 博鳌 2000—2010 年岸线对比变化

图 5.26 玉带滩根部靠海一侧，近处为海岸沙丘，受侵蚀，远处为木麻黄

个横向堤坝，拦截沿岸漂沙北移。同时在河口湾内，对边滩和汊道进行适当疏浚，改善水域自然环境。在玉带滩内侧建造防护林带或灌木丛，既可阻挡风沙进入沙美内海，又可以减少玉带滩沙体流失。

3）南渡江河口湾

南渡江三角洲是由南渡江冲积而成的，据有关学者研究（王宝灿，陈沈良等，2006），在距今 6 000 年前南渡江河口湾的古岸线大约在南渡江铁桥附近的迈雅村。现在三角洲地区在当时处于浅海环境，现今的海口湾和铺前湾的水域曾经连成一片。海侵过程中，琼州海峡的底床遭受潮流的侵蚀作用，被侵蚀的部分泥沙随水流携带到河口湾沉积。与此同时，南渡江输出的泥沙在河口大量沉积，并且向海峡方向推移。距今 6 000 年时海平面上升达到现在海面并相对稳定，南渡江输出的泥沙逐渐成为支配三角洲发育泥沙的主要来源，三角洲的沉积建造以汊道向海淤积为主，显示出三角洲的发育过程是以河流作用为主。此过程中，河口区西岸的玄武岩台地和低丘地势较高，抗蚀性较强，抑制了南渡江的分汊道向西发展，而其东岸则为一片滨海沼泽，地势较低，促使南渡江向东北方向分汊流入铺前湾。在三角洲东半部由南向北相继发育了南岳溪等入海水道。

由于东部三角洲的入海汊道相继淤堵和废弃，南渡江径流便从目前的干流倾注海峡，然后因河口径流受涨潮流的顶托和波浪作用，径流流速减弱，随径流携带和推移的泥沙在河口落淤形成河口沙洲，导致干流分汊入海，并在 NE 向盛行风浪作用下，促使沿岸泥沙向西运移。在河口西区先后发育了新埠岛、海甸岛（由一些小沙洲合并形成的）等大小不一的沙洲，除南渡江干流由沙上港入海外，在其西部相继形成了横沟河（网门港）、潮船沟、白沙门港和海甸溪等分汊道，因而在西部三角洲上形成了沙洲、汊道相互交织的地貌特征。

在西部三角洲前沿的岸坡上，历经波浪塑造而形成的一列自东向西断续的岸外沙堤，在沙堤内侧为浅水的潟湖环境。然而，在风浪作用和泥沙补给量变化的情况下，这一列岸外沙堤处于向岸和向西运移的消长过程。

根据 2003 年和 2008 年水深点，计算得到 5 年内南渡江冲淤变化：在南渡江入海口门处主要是以淤积为主；在海口湾西部，主要是以侵蚀为主；受琼州海峡内潮流的影响，在南渡江口门远岸海域主要是侵蚀为主。在琼州海峡东西向潮流往复作用下，南渡江三角洲北侧形成一系列岸外沙坝；受 NE 向波浪作用的影响，南渡江三角洲较难往北部移动，因此在口门处沉积。由于人类堵塞其他入海通道，开挖了目前三条入海口，使南江三角洲口门岬角突出明显。2010 年废弃三角洲岸线淤积，实际是人类在 2001—2010 年之间在废弃三角洲北端修建了一圈大堤，在岸线处理时候也将建筑物作为岸线处理。通过冲淤变化计算，大堤外侧水深变化变浅，处于淤积状态。南渡江三角洲的干流东侧，在经过长时间的岸线自我调整，岸线走向与常浪向 NE 基本上正交，因此在紧靠干流东侧区域侵蚀较为严重，并且将侵蚀泥沙向西和向岸搬运，成为三角洲北部和西部岸滩的重要泥沙来源。海口湾西侧，由于直接面对波浪冲刷，处于侵蚀状态（图 5.27）。

（1）南渡江口—网门港岸段的冲淤动态

南渡江年输出沙量对口外海滨具有一定的作用，然因河口三角洲前缘直接暴露在 NNE 和 ENE 强浪向的作用下，波浪的侵蚀作用大于堆积作用，岸滩处于侵蚀后退状态。河口沙洲沉积物被波浪不断侵蚀和搬移，形成向西延伸的沙嘴，岸滩和水下岸坡遭受侵蚀后退。

从表 5.18 可以看出 1953—1977 年之间，该岸段被侵蚀的泥沙总量达 18 622 750 m^3，年均侵蚀量为 775 948 m^3，10 m 等深线共后退 200 ~ 300 m，年均后退 9 ~ 13 m。

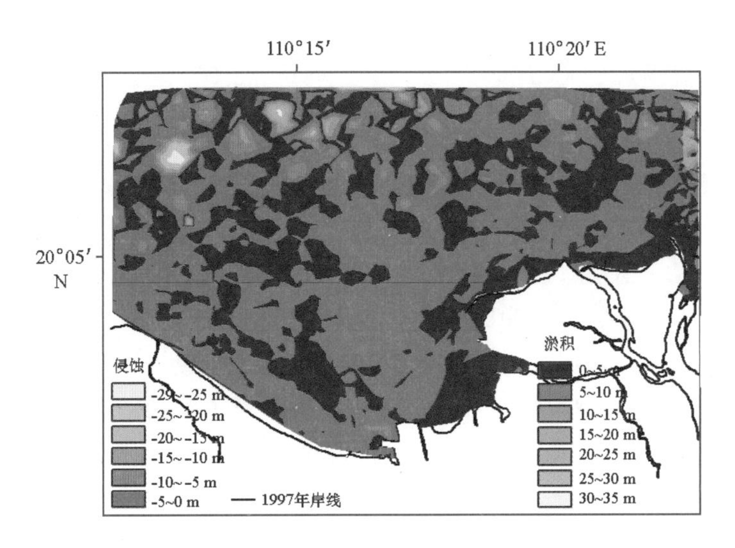

图 5.27　南渡江三角洲冲淤变化分析

表 5.18　南渡江—网门港—白沙门岸段岸滩线冲淤统计

岸段名	1953—1977 年均冲淤量 /m³	1977—1984 年均冲淤量 /m³	1953—1984 −10 m 线后退值 / (m/a)	1977—1984 −10 m 线后退值 / (m/a)	1977—1984 0 m 线后退值 / (m/a)	1977—1984 −20 m 线后退值 / (m/a)
南渡江—网门港	−775 948	−316 000	−9 ~ −13	−3 ~ +3	−30 ~ +50	−8 ~ +10
朝船沟—网门港	−207 301	−77 000	−11	−3	−10 ~ −20	−3 ~ +3
白沙门	−92 839	−90 000	−	0 ~ 3	0 ~ +10	0 ~ −2

注：“ − ”代表冲刷或向陆推进“ + ”代表淤积或向海方向推进

1977—1984 年间，侵蚀总量为 2 030 000 m³，年均侵蚀量为 316 000 m³，年均刷深 3.5 cm，10 m 等深线后退 20 m ~ 30 m，年均 3 m ~ 4 m（表 5.18）。

1984—1988 年间网门港口门东、西二侧的沙嘴向海推进，最大可达 50 m，年均 12 m，一般年均可达 5 m 左右。而南渡江干流口两侧的沿岸沙堤则产生侵蚀后退，年均后退 5 m 左右，原生长在后海滨的木麻黄防风林被冲毁。

（2）网门港—朝船沟岸段岸滩动态

网门港和朝船沟是南渡江的入海汊道，网门港现仍有一定的分水和分沙作用，部分泥沙在河口二侧堆积，使口门附近岸线略向海突出，而已废弃的朝船沟口则成为向陆凹入的岸段。在这岸段上形成了一列与岸平行的鸟脚沙沙堤，沙堤向海一侧又形成了一些沿 ENE—WSW 方向延伸的小沙咀，表明该岸段在波浪支配下沿岸漂沙自东向西运移，同时岸滩遭受侵蚀后退。

①1953—1977 年间，0 ~ 10 m 等深线之间的岸滩处于不断侵蚀后退，侵蚀总量为 4 968 750 m³，年均侵蚀量 207 301 m³，10 m 等深线后退达 270 m 左右，年均后退 11 m。

②1977—1984 年间，侵蚀总量为 544 000 m³，年均侵蚀为 77 000 m³，即年均刷深 7.5 cm，10 m 等深线年均后退 3 m 左右。

1984—1994 年期间，从网门港至白沙角的海滨地带相继开发建设，同时，岸滩遭受破坏性的开挖沙料，加速了岸滩的侵蚀后退。为了统一计算分析，将这一时段的侵蚀后退量值归并于白沙门岸段。

5.2.2.3 海南岛港湾承载力评价

“承载力”最初是理论种群生态学中的一个概念，表示某一生物区系内各种资源（光、热、水、植物、被捕食者）能维持某一生物种群的最大数量。由于这一概念在理论上能用某种量化模型加以描述，因此很快就被用于人口学、资源学和环境科学领域，成为对其进行定量评价的重要指标（毛汉英等，2001）。

在资源学领域，美国的 Allan（1949）首先定义了土地承载力，“在维持一定水平并不引起土地退化的前提下，一个区域能永久地供养人口数量及人类活动水平”，区域应用中则重点分析表现在耕地面积、水资源、矿产资源和能源等方面的短缺性资源承载力。

在环境科学领域，环境承载力的概念由环境容量概念演化而来。Bishop（1974）指出，“环境承载力表明在维持一个可以接受的生活水平前提下，一个区域所能永久地承载的人类活动的强烈程度”。区域应用中则更多地采用多种指标综合的状态空间法，对区域环境承载力进行量化与评估。

区域资源承载力和区域环境承载力的综合，被称之为“不同尺度区域在一定时期内，在确保资源合理开发利用和生态环境良性循环的条件下，资源环境能够承载的人口数量及相应的经济社会总量的能力”，则形成了区域资源环境承载力概念，简称区域承载力（毛汉英等，2001）。目前的主流分析手段运用包括作为受载体的人口及其经济社会活动轴和作为承载体的区域资源轴与区域环境轴等，定量地描述和测度区域承载力与承载状态的状态空间法。如何正确分析区域短缺性资源承载力与综合性区域承载力的关系，如何正确预测区域承载力的动态发展，以及如何正确评估提高区域承载力，已经成为区域承载力研究的热点。

将区域承载力的定义引申到港湾这个特定的区域，可以将不同尺度港湾在一定时期内，在确保资源合理开发利用和生态环境良性循环的条件下，资源环境能够承载的人口数量及相应的经济社会总量的能力，定义为港湾的资源环境承载力，简称港湾承载力。同样，运用包括作为受载体的人口及其经济社会压力轴和作为承载体的资源轴与环境轴等的状态空间法，可成为定量地描述和测度港湾承载力的推荐分析手段。如何正确分析港湾短缺性资源承载力与综合性港湾承载力的关系，如何正确预测港湾承载力的动态发展，以及如何正确评估提高港湾承载力，也将成为港湾承载力研究的要点。

1）港湾承载力评价模型

从海域管理的实用角度，淤积主导港湾承载力模式的应用，可首先根据港口航道与生态环境稳定性要求确定口门稳定性参数 γ_c，再根据港口航道与生态环境维护功能要求确定临界的口门断面面积 A_c，最后确定由临界纳潮量 P_c（A_c，γ_c）所对应的围填海极限预警线。

此时，基于港湾淤积因素的港湾承载力临界曲面 P_c（A_c，γ_c）与口门最稳定的 $\gamma=1$ 平面的交线为，

$$A=\pi T^{-1}V_m^{-1}P \tag{式 5.1}$$

其中，T 为潮周期，V_m 为不计口门阻力影响的理想潮流振幅。这是一个经验系数为 $n=1$，$C=\pi T^{-1}V_m^{-1}$ 的，忽略了口门阻力影响的线性 $P-A$ 关系。临界曲面 P_c（A_c，γ_c）与 $\gamma<1$ 平面族的交线组，则为实际口门阻力影响下的 $P-A$ 关系，一般都偏离了线性 $P-A$ 关系（n 值

偏离1)，并因实际潮流振幅 V_c 大于 V_m 而导致 C 值减小（同样纳潮量 P_c 对应的口门断面面积 A_c 减小)。结果，临界曲面 P_c（A_c，γ_c）在 $P-A$ 平面的投影表现为著名的，但具有一定程度的离散与区域差别的 $P-A$ 关系，并随着口门阻力影响的减小，逐渐逼近由（式5.1）所表达的线性 $P-A$ 关系。

针对上述模式的港湾管理实用评估程序包括：

①根据口门稳定性参数（γ）进行港湾的稳定性分类；

②统计各稳定性类型港湾的 $P-A$ 关系；

③根据港湾资源开发与环境维护功能，确定港湾稳定性类型需求，确定口门断面面积（A）需求（以及相关的港湾面积、口门水深、纳潮量水交换，环境容量、栖息地参数限制条件)；

④选择对应港湾类型的 $P-A$ 关系估算临界纳潮量 P_c（A_c，γ_c）所对应的围填海极限预警线。

2）港湾承载力评价结果

①根据口门稳定性参数（γ）进行港湾分类

考虑了港湾与口门阻力影响后，潮汐汉道 $P-A$ 关系的 C 值相应减小，需要比（式5.1）所示 $P-A$ 关系的理想潮流振幅 V_m 更高的口门实际潮流振幅 V_r 来维持系统的均衡状态，其能量消耗的大部分被用于驱动沉积物运动，调整口门地貌配置。若将口门稳定性参数 γ 值定义为，

$$\gamma = V_m/V_r \qquad \text{（式5.2）}$$

因此，γ 值越小，阻力影响越大，口门相对不稳定；γ 值越接近1，阻力影响越小，口门相对稳定（表2.19)。

海口湾全湾总面积42 km²，其中0 m等深线以深水域面积约为36.2 km²，湾口宽12.5 km，5 m等深线大致和湾口一致；潮汐类型属于不正规日潮，平均潮差为1 m左右，最大涨潮流速为0.5m/s，最大落潮流速为0.4 m/s（港湾志，第十一册)。纳潮量根据吴隆业（1997）估算为 294×10^5 m³。

清澜湾面积40 km²，纳潮量 6×10^7 m³，流速0.5～1.0节（王颖，1998)。据《港湾志》资料，口门宽约5.2 km，湾内最大深度11 m，口门处水深3～5 m。根据清澜潮位站数据，该港属于不正规日潮海区，半个月中有7 d左右为一日一次高潮一次低潮，其余数日一日有两次高潮和两次低潮，平均潮差为0.75 m，最大潮差2.06 m。清澜港湾内淤浅，湾口侵蚀，口门处拦门沙10年间变化0.5 m（港湾志，第十一册)。

铺前湾面积145 km²，其中0 m等深线以深水域面积100.5 km²，口门宽约19 km，口门与9～10 m等深线大致吻合；铺前湾潮汐属于不正规半日潮，潮差不大，平均流速为0.3～0.5 m/s（港湾志，第十一册)。

据《港湾志》资料，小港湾是海南省面积最大的潟湖，全湾总面积43 km²，0 m等深线以深的水域面积约39 km²，口门宽度只有150 m。根据港北潮位站数据，该港属于不正规日潮海区，半个月中有7 d左右为一日一次高潮一次低潮，其余数日一日有两次高潮和两次低潮，平均潮差0.71 m，平均涨潮流速0.25 m/s，落潮流速为0.10 m/s。根据刘兴健（2007）研究，小海潟湖内的沉积速率为0.6 cm/a和0.2 cm/a。

新村港全湾面积22.6 km^2，其中0 m等深线以深水域面积12.5 km^2，口门宽约250 m，口门处深度平均水深5.7 m，最大水深11.2 m；新村港属于日潮为主的不规则混合潮型，在半个月中，有7 d为日潮类型，其余天数为不正规半日混合潮类型；涨潮流速最大为1.2～1.3 m/s，最大落潮流速为0.9～1.1 m/s；平均潮差0.68 m，最大潮差1.55 m（港湾志，第十一册）。

亚龙湾全湾总面积50.2 km^2，其中0 m等深线以深水域面积47.4 km^2，湾口宽约10.2 km，水深在20～30 m之间；属于不正规日潮类型在半个月中，有7d为日潮类型，其余天数为不正规半日混合潮类型；平均流速为0.4 m/s，平均潮差0.9 m（港湾志，第十一册）。

三亚湾全湾面积68.6 km^2，0 m等深线以深水域面积约为63.6 km^2，湾口宽约15 km，20 m等深线基本和湾口一致；三亚湾属于不正规日潮类型，平均潮差为0.93 m，最大流速为0.5 m/s左右（港湾志，第十一册）。根据潘少明等（1997）测得三亚湾海域沉积速率平均约为0.26～1.24 cm/a。

洋浦港全湾面积109 km^2（内湾加外湾），其中0 m等深线以深面积为61.5 km^2；多年平均潮差1.8 m，为全日潮型，湾口平均流速为0.3 m/s（港湾志，第十一册）。沉积速率平均为1 cm/a（潘少明，1995；王颖，1996），最高沉积速率在新英湾口，达到2.9 cm/a（杨海丽，2010）。

表5.19　海南港湾湾口门断面的 $P-A-\gamma$ 关系

港湾	纳潮量 P/（m^3）	口门面积 A/（m^2）	断面平均流速/（m/s）	断面理想流速/（m/s）	γ值	资料来源
博鳌	8 930 000	4 612	0.2	0.070	0.35	实测，陈妙红（2002）
海口湾	29 400 000	40 000	0.4	0.35	0.875	吴隆业（2007）、港湾志（11册）
清澜湾	420 000 000	20 800	0.4	0.15	0.375	王宝灿（2006），王颖（1998）
铺前湾	812 000 000	190 000	0.3～0.5	0.28	0.7	港湾志（11册）
小港湾	30 100 000	1 000	0.25	1	4	港湾志（11册）
新村港	107 800 000	1 500	1	0.35	0.35	港湾志（11册）
亚龙湾	316 400 000	250 000	0.4	0.042	0.1	港湾志（11册）
三亚湾	446 600 000	300 000	0.5	0.050	0.1	港湾志（11册）
洋浦港	1 373 400 000	200 000	0.3	0.23	0.76	港湾志（11册）

②特定区域 $P-A$ 关系的统计与检验

根据陈国强（2004）对海南东海岸沿岸潮汐汊道的统计（表5.20），港湾 $P-A$ 关系为：

$$A=0.1686P^{1.14}\quad (R^2=0.97) \qquad (式5.3)$$

（式5.3）统计的 n 值为1.14。$n>1$，说明海南岛东海岸港湾属于沿岸漂沙为主要控制因素港湾。当港湾尺度减小后，口门宽度应减小，潮流速度增加，以迅速的地貌反馈来维持系统均衡状态。（式5.3）符合世界各地潮汐汊道的统计范围或规律内，可以作为海南东海岸港湾围垦与淤积的辅助参考。

表 5.20　海南东部港湾 $P-A$ 值

汊道名称	高潮水域面积/km	平均潮棱体/km³	平均海平面下口门断面面积/km²
清澜港	41.4	0.026 63	0.002 5
港北港	44	0.002 16	0.000 143
坡头港	6.8	0.003 02	0.000 2
黎安港	9.3	0.000 336	0.000 24
新村港	22.5	0.014 41	0.001 34
铁炉港	7.7	0.004 75	0.000 53

注：资料来源：陈国强，2002

③确定口门稳定性参数（γ）与口门断面面积（A）需求

对口门稳定性参数（γ）与各口门断面面积（A）的需求，从维持港湾面积、口门水深、纳潮量水交换，环境容量、栖息地参数等基本格局的角度考虑，推荐：a. 维持口门稳定性参数（γ）现状（$\gamma \geq 0.7$），主要是海口湾、铺前湾和洋浦湾等；b. 提高稳定性参数（γ），使 γ 达到或者接近 1，主要包括博鳌湾、清澜港、小海港、新村港、亚龙湾和三亚湾等。

④围填海极限估算

选择式（5.3）作为估算港湾湾口门临界纳潮量 P_c（A_c，γ_c）所对应的围填海面积极限预警线的 $P-A$ 关系。未来 50 年要求口门断面平均沉积速率保持 $R=0.2\sim5.0$ cm/a。其中，ΔP 为未来 50 年纳潮量损失极限；$\Delta A=RH$，ΔA 为未来 50 年口门断面面积损失极限，H 为口门断面长度。

以博鳌港为例，由式（5.3）与未来 50 年要求口门断面平均沉积速率保持 $R=0.20$ cm/a，可确定的博鳌湾口门未来 50 年纳潮量损失率极限或围填海极限为 0.78% 左右（表 5.21）。为了保证博鳌湾湾资源开发与环境的可持续利用，未来的围填海计划仍需慎重评估与设计。总体上看，海南港湾的围填海极限为 0.10% ~2.00% 之间。

表 5.21　海南岛重点港湾未来 50 年纳潮量损失率极限

海湾	ΔA/（km·50a）	ΔP/km³	损失率极限/%
博鳌	0.012	0.070	0.78
海口湾	0.1	0.593	2.00
清澜湾	0.052	0.4	0.10
铺前湾	0.475	2.8	0.34
小海湾	0.002 5	0.014	0.05
新村港	0.003 75	0.022	0.02
亚龙湾	0.625	3.7	1.17
三亚湾	0.75	4.45	1.00
洋浦港	0.5	2.97	0.20

5.2.3　其他地质灾害

G. B. Carpenter（1980）和冯文强（1996）根据灾害对工程的危害性程度不同，将地质灾害分为两类，分别为活动性地质灾害和限制性地质灾害，并且后者对海南岛周围海域海底的地质灾害的分布进行了归纳（表5.22）。杨克红（2010）根据实测和收集资料，按照构造、重力、水动力、地下水和风力作用等营造力不同，总结海南岛海岸带的地质灾害的分布（图5.28）。

地震是我国海岸带和近海最危险的地质灾害，雷州半岛—琼州海峡是地震高危险性地区。1605年发生的琼山地震，震级达里氏7.5级，影响范围波及琼山，文昌、澄迈、临高等县，主要长轴走向西起临高县，东到文昌县锦山镇，南至文昌县文城镇，导致百余平方千米陆地陷没成海。雷州半岛周围水下岸坡区、南海北部陆坡是海底滑坡、滑塌、海底泥石流发生高危险性海区。海底浅层气是一种常见的 、十分危险的海洋灾害地质因素，地层含气改变了沉积层土质的力学性质，使其强度降低，结构变松，也可能引起爆炸，海南附近海域的北部湾、琼东南盆地是浅层气灾害最高风险区。琼州海峡、北部湾东南部（海南岛西部海域）等地区是我国近海强潮流作用区，潮流冲刷、堆积作用强烈，侵蚀沟槽、侵蚀洼地、海釜发育，暗礁众多；潮流沙脊、沙坡、沙丘活动强烈；海底地形复杂，海底地貌极不稳定。这些地区是潜在地质灾害高风险性地区。珠江口以西的南海北部陆架、北部湾东部等海区，埋藏古河道、古三角洲、古湖泊洼地广泛分布，是不良地质因素高分布区（表5.22）。

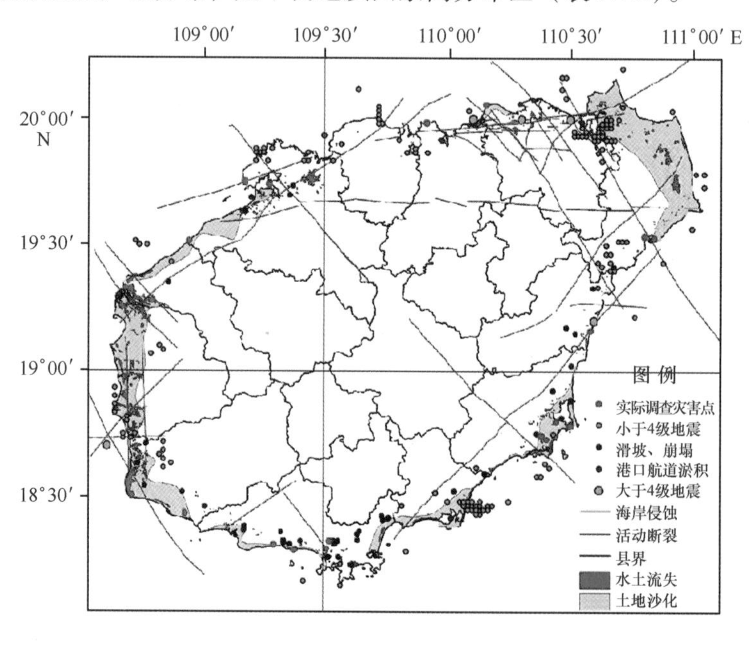

图5.28　海南岛主要地质灾害分布示意图（资料来源：杨克红，2010）

表5.22　海南内陆架区域潜在地质灾害分布一览表

类别	类型	分布情况
具有活动能力的破坏性地质灾害	滑坡	/
	断层	极普遍
	浅层气	极普遍
	陡坎	/
	底辟	/
	沙坡	/
	地震活动	显著

续表 5.22

类别	类型	分布情况
不具活动能力的限制性地质灾害	埋藏古河道	普遍
	不规则基岩面	极普遍
	凹凸地	存在
	埋藏谷	普遍
	峡谷	/
	浅槽	/

注：资料来源：冯文强，1996；本文修改

对于海南岛近海的地质灾害，除以上的海底地质灾害外，还包括侵蚀与淤积、滑坡和坍塌、海水入侵和土地盐渍化、土地荒漠化、水土流失等发生在海陆交界区的灾害。海南岛沿岸的侵蚀灾害普遍发育在砂质海岸地区，淤积灾害主要出现在河口湾地区。滑坡和坍塌要发生在东部沿海和三亚地区，西部地区相对较少。海水入侵主要存在于琼北自流盆地西北段的新英湾和东北段的东寨港湾、八所感城自流斜地南部的感城地区、莺歌海九所自流盆地的莺歌海和九所地区、三亚自流盆地的羊栏南部地区；海水盐渍化仅分布在岛内滨海平原区或海湾低洼地区，面积较小。海南岛土地沙化发育范围较大，主要分布在沿海的县市，沿海岸带呈带状不连续分布，岛东北部的文昌市是海南省土地荒漠化面积最大的地区；水土流失在海南岛分布范围较小，主要存在于滨海平原区的松散土层。

海南岛已知的地质灾害中，包括地震活动、断裂活动、火山活动、地面升降等构造因素的和其他因素引起的，危险性最高的是构造作用的地质灾害。正确地认识本区的地质灾害特征和进行评价研究，以区域构造稳定性为主，研究地壳运动的现今活动程度，及其与工程建筑物之间的相互作用和影响；全面研究区域地壳稳定性，结合内、外动力（以内动力为主）的综合地质作用以及人类活动的影响，查明现今地壳及其表层的相对稳定程度，及其与工程建筑物之间的相互作用和影响。

海南岛岸线长，沿海是海南省内经济发达，开发程度较高的地区，海岸带地质灾害的频繁发生，给地区经济生产和生活造成了很大损失，是影响海南经济腾飞的不可忽略的因素。因此要高度重视地质灾害，预防地质灾害的发生，做好地质灾害发生的预报、监测和应急预案，为海南省经济快速发展保驾护航。

5.3　生态灾害

5.3.1　赤潮

5.3.1.1　海南近海赤潮时空分布特征

赤潮对渔业资源和海水养殖业危害极大。海南省是我国的海洋大省，海洋资源十分丰富。海南海水水体交换好，一般不易形成大面积赤潮，海南海域也是中国目前较为洁净的海域。但近年来，随着工农业生产的发展，城市人口的增加，大量工业废水和生活污水排入海洋，

近海养殖向水域中投放大量的饵料；加之，养虾、养鱼密度过大，每天都有大量污水排入海中，这些带有大量残饵、粪便的水中含有氨氮、尿素、尿酸及其他形式的含氮化合物，导致浅海中无机态氮、磷酸盐和铁、锰等微量元素增多，加快了海水的富营养化，给赤潮灾害生物的大量繁殖提供了丰富的营养物质。近年来，赤潮发生频率增加，范围也不断扩大，对海水养殖业造成了很大的经济损失，对滨海旅游业也产生了一定的影响。

经常发生赤潮的海洋主要有海口湾、铺前湾、后水湾、澄迈湾、陵水新村港、三亚湾等。

1）赤潮的分布特征

统计表明，1980 年至 2004 年 7 月，南海地区（包括珠江口）发生了 164 次赤潮事件（吴瑞贞等，2008），其中 80% 发生在珠江口地区；海南近海地区相对较少，不足 15%。海南岛沿海 1990—2007 年共记录赤潮事件 23 次（表 5.23）。其年际分布并不均匀，发生赤潮最多的年份是 2006 年，共发生 7 次，其次是 1991 年，共发生 4 次。赤潮在各月的分布也不均匀，多发生在 2—5 月间，且主要集中在港口、较封闭海湾等水体富营养化较高的水域。总结历年所有发生并记录在案的海南岛赤潮事件，可以发现，海南赤潮主要发生在 4 个区域，在图中分别以区域 1、区域 2、区域 3、区域 4 区分（图 5.29）。

表 5.23　海南海域赤潮发生情况统计表

年份	时间	地点	主要赤潮生物
1990	4 月 30 日	海南西部昌化江口到临高后水湾	具槽链海藻
1990	4 月 29 日—5 月 3 日	海南岛西北部海域 4 000 km^2	具槽链海藻
1991	1 月 28—2 月 3 日	海南省后水湾新盈港 30 km^2	四胞藻
1991	2 月 4—7 日	海南省儋县	夜光藻
1991	3 月 11—12 日	海南省秀英港海口	四胞藻
1991	5 月 5—15	海南省东部三亚—海口沿岸	
1992	4 月份	海南西部海域	
1992	5 月 2—22 日	海南省昌化县附近——大面积	
1993	6 月 13—14 日	海南陵水县新港村——局部性	
2001	3 月	三亚红沙港爆发赤潮一次	
2002	2 月 19 日前后	儋州白马井一带海域发生赤潮。	
2003	1 月 25 日—2 月上旬	文昌市翁田镇近岸海域发生面积约为 24 km^2	球形棕囊藻
2005	1 月	文昌高隆湾海域发生面积约为 0.15 km^2	红海束毛藻
2005	2 月	海口湾海域发生面积约为 0.3 km^2	球形棕囊藻
2006	2 月	海口近岸海域发生球形棕囊藻赤潮，赤潮最大积约为 1.5 km^2	球形棕囊藻
2006	4 月	文昌龙楼近岸海域发生夜光藻赤潮，赤潮最大面积约为 2 km^2	夜光藻
2006	4 月	海口近岸海域发生细弱海链藻和菱形藻赤潮，赤潮面积约为 16 km^2	细弱海链藻和菱形藻
2006	4 月	三亚红沙近岸海域发生中肋骨条藻赤潮，赤潮最大面积约为 1 km^2	中肋骨条藻
2006	7 月	陵水新村港海域发生柏氏角管藻赤潮，赤潮最大面积约为 22 km^2	柏氏角管藻
2006	7 月	三亚红沙港海域发生放射角毛藻赤潮，面积约为 6 km^2	放射角毛藻
2006	11 月	三亚红沙港海域发生尖刺菱形藻和根管藻赤潮。	尖刺菱形藻和根管藻
2007	2 月	洋浦湾海域发生球形棕囊藻赤潮。	球形棕囊藻
2007	2 月	海口湾海域发生细弱海链藻赤潮，赤潮最大面积约为 1 km^2	细弱海链藻

注：资料来源：吴瑞贞，2006 年

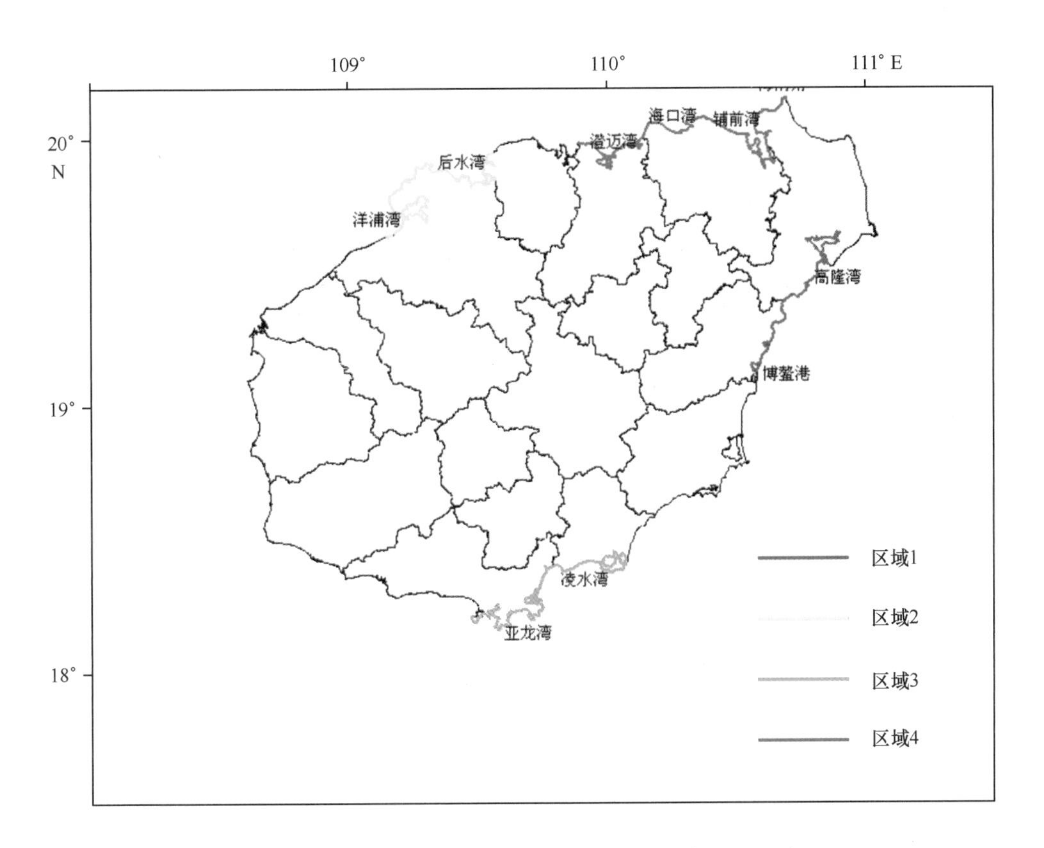

图 5.29　海南赤潮发生的主要海域

区域 1：包括澄迈湾、海口湾及铺前湾等港湾的海南岛北部地区。这个区域，北临琼州海峡，南接海南省会城市海口市。该区域在 1990—2009 年期间，发生赤潮 6 次。

区域 2：包括洋浦湾、后水湾的海南岛西部及西北地区。该区域在 1990—2007 年期间，发生赤潮 9 次。

区域 3：包括亚龙湾、凌水湾的海南岛南部地区。该区域在 1990—2007 年期间，发生赤潮 9 次。凌水湾是海南岛赤潮发生最严重的区域，赤潮的危害也最为严重，国家海洋局已经在陵水新村设立赤潮监控点。

区域 4：包括高隆湾、博鳌港的海南岛东南部地区。该区域在 1990—2007 年期间，发生赤潮 4 次，赤潮发生次数最少。

海南赤潮主要在区域 1、区域 2、区域 3 发生，其中区域 3 集中发生在凌水湾。西部、西北部、北部发生频率仅稍低于南部地区。海南岛东南部文昌高隆湾地区赤潮事件相对较少，近 15 年发生 4 次。

由海南赤潮时间分布，可以发现：与中高纬度地区如长江口不同，海南岛赤潮集中发生在冬季和春季。在春季和冬季，分别发生 12 次和 10 次，而夏季发生频率较低，秋季发生频率最低，赤潮发生次数分别是 3 次和 1 次（表 5.24）。

表 5.24　海南海域赤潮的季节分布

季节	区域1	区域2	区域3	区域4	各季总发生次数
春季	3	4	3	2	12
夏季	0	0	3	0	3
秋季	0	0	1	0	1
冬季	3	5	0	2	10
各区域总发生次数	6	9	7+2	4	

备注：区域2赤潮事件有时间记录的次数为7，另外2次为1996和2001年，但具体时间不详

有统计表明，我国赤潮的高发期由南向北依次出现。南海的赤潮高发期为3—5月，东海的赤潮高发期为4—8月，渤海和黄海的赤潮高发期为5—9月（赵玲等，2003）。其中南海地区的主要赤潮发生地区不是海南而是珠江口附近海域，南海地区春季是赤潮高发期，与该地区独特的气候条件有关。而对海南岛赤潮在各季度的统计表明，海南赤潮高发期是1—5月，与南海全海域的赤潮高发期明显不同。1990—2009年冬季发生的赤潮共10次，其中两次位于海南岛东南部，分别是文昌市高隆湾和文昌市翁田镇附近海域，其他八次位于海南岛西北部和北部地区。

2）赤潮的发生频率

从1990—2009年每年赤潮发生次数曲线图（图5.30）可以看出，海南赤潮在1991年和2006年发生频率最高，分别是4次和7次。1994—2004年赤潮发生次数相对较低，有些年份甚至不发生赤潮。

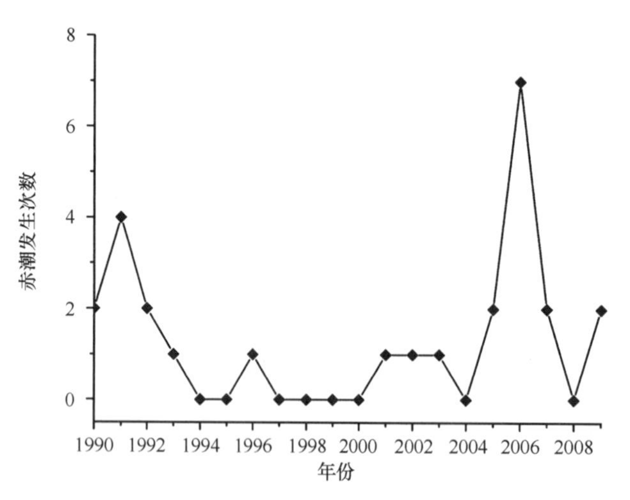

图5.30　海南海域1990—2009年赤潮发生次数

为了更加清晰的显示海南赤潮发生次数年际变化特征，特以全中国赤潮发生情况作为对比。我国近代的赤潮记录见于1933年，20世纪70年代以后几乎每年都有赤潮的记录。至2009年，全国有明确时间、地点等基本信息的赤潮次数为1 149次（《中国海洋环境质量公报》，2001—2009年）。早期（1980年以前）赤潮灾害主要发生在福建省、浙江省沿海、黄河口、辽宁省大连湾等少数几个海域，20世纪80年代以后，赤潮发生区域扩展至几乎所有

的全国主要沿海省市，珠江口、长江口、辽东湾尤为严重。2001 年前，全国赤潮一般在 40 次左右，2001 年达到历史最高 77 次。此后 2002—2009 年赤潮发生次数维持在较高的水平，分别为 79 次、119 次、96 次、82 次、93 次、82 次、68 次、68 次（《中国海洋环境质量公报》，2001—2009 年）。1979—2009 年出现四次明显的峰值，分别是 1991 年、1997 年、2002 年、2006 年。历年南海赤潮发生次数从图 5.31 中可以看出，尽管每次赤潮发生的面积不尽相同，每年发生的赤潮面积与发现的赤潮次数显示了相同的趋势。对比中国全海域赤潮与海南赤潮发生情况，海南赤潮发生次数最多的年份，1991 年和 2006 年，也是中国全海域赤潮发生次数最多的年份。

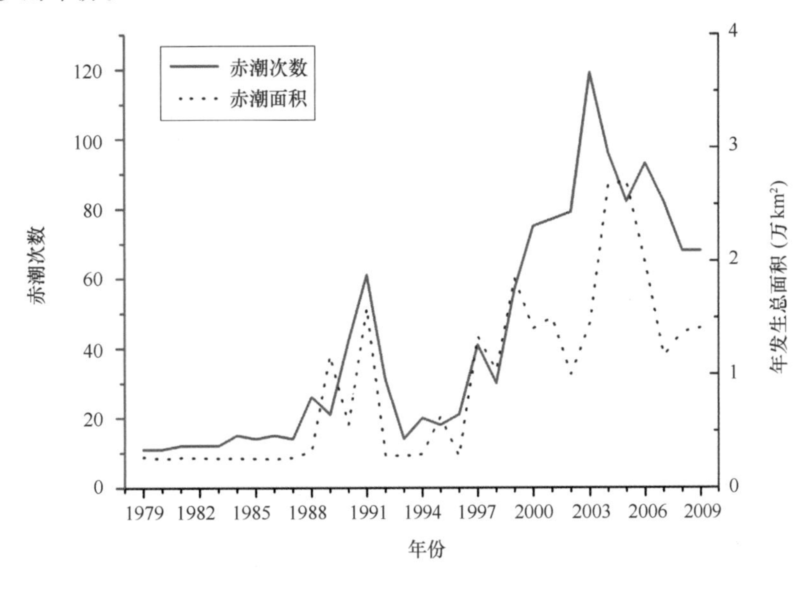

图 5.31　1979—2009 年中国赤潮发生趋势

5.3.1.2　海南近海赤潮的发生机理

赤潮生物的存在和水体富营养化是赤潮发生的最基本条件。富含氮、磷等营养物质的水体，在适宜的水文气象条件下，可使水中某种或某些赤潮藻类大量繁殖，最后形成赤潮。以下将从海南赤潮的生物因素、水体富营养化状况及水文气象因素来分别说明海南赤潮发生的原因及规律。

1）生物因素

赤潮生物是引发赤潮的内在因素，全球海域中已发现能引发赤潮的浮游生物有 300 余种，并有不断增加的趋势。赤潮生物的生理生态特征决定了其生长过程，单细胞藻类快速新陈代谢和生殖是形成爆发性赤潮的最重要因素。统计表明，南海北部海域（包括广东、海南）赤潮生物已知 139 种（钱宏林等，2000），主要引发赤潮的藻种是夜光藻、中肋骨条藻、细长翼根管藻、束毛藻、原甲藻、裸甲藻和膝沟藻等，其中以夜光藻发生次数最多（钱宏林等，1994）。南海北部沿海 1980 ~ 1991 年的 43 次赤潮中夜光藻赤潮有 16 次，占 37.2%。

2）水体富营养化

水体中丰富的营养盐是赤潮发生的物质基础。富营养化是一种氮、磷等植物营养物质含量过多所引起的水质污染现象。海南赤潮多发生在港湾地区，是最容易发生水体富营养化的地区。海南省附近海域水质状况良好、水体交换快，极少发生赤潮，海南省几个主要港湾受到养殖渔业和生活工业废水影响严重，陵水新村港、临高后水湾、澄迈花场湾、海口市东寨港是海南省重点养殖区，海南省海洋监测预报中心于这四个港湾设立监测点，并在赤潮高发时段对陵水新村港重点海水养殖区实施了高频率和高密度监测。2009 年监测结果显示，东寨港在监测期间内的无机氮和无机磷含量超三类海水水质标准，其余三个监测点水质符合二类海水水质标准。

对于海南其他赤潮高发区，同样存在水体富营养化现象。位于海南岛东北部的铺前湾，湾内有大面积养殖区，存在饵料投放过多、污水排放严重的现象。海口湾，因高度城市化带来的大量城市污水和周边地区发达的工业产生的工业废水，而时有发生水体富营养化的现象。

3）水文气象因素

影响赤潮的气象因素包括降雨、风向、风速、光照、气温和气压等，其中降雨对赤潮发生的影响最大。大量雨水通过地表径流汇入海中，使海水盐度降低，同时将大量营养物质带入海中；海面风向的改变可能对上升流场产生影响，当海面风速增大到一定程度时就会使赤潮生物发生聚集、扩散或消散；适宜的光照可为浮游植物光合作用提供所需能量；气温升高、气压降低有利于赤潮的形成，气温升高时，热量通过水气界面交换，水温得以升高。包括浪、潮、流、锋面及水体稳定性等方面的物理海洋因子，其对赤潮的影响在一定程度上受地理环境的限制。水文因素影响赤潮的实质是流动水体将赤潮生物的孢囊、营养细胞或其生长繁殖的物质基础带入海域，或者改变该海域的温度、盐度，影响海水层化和透光度，从而为赤潮的形成提供了合适的水体理化条件。简而言之，在温度较高季节，大雨过后的持续高温、低压和充足光照的晴天，风力较弱，潮流缓慢、水体相对稳定的条件下，赤潮极易发生（陈淑琴等，2006）。

1—5 月是东北季风向西南季风转换时期，海南岛附近海域水温适宜，在 16 ~ 28℃，避开了海南气温的极端最低气温（12 月至翌年 2 月）和极端最高气温（7—9 月），风速相对减弱，气压降低，加上港湾内水体富营养化严重，水体交换缓慢。因此，这段期间的港湾地区，尤其是富营养化严重的港湾地区（如陵水湾、铺前湾、海口湾等）极易发生赤潮。

5. 3. 1. 3　赤潮灾害风险评价

1）近海叶绿素的时空分布特征

从 2002—2009 年海域叶绿素 α 浓度的分布特征来看，海南岛近岸海域的叶绿素 α 浓度主要集中分布在三片海域中。

（1）海南岛北部和西北部，尤其在这片海域的主要港湾中，比如铺前湾、洋浦港、后水湾、海口湾和文昌市翁田镇附近海域等，其叶绿素 α 浓度值相对较高，在春夏季可达 10 μg/l 以上；

（2）海南岛西南部地区五指山市四更镇至佛罗镇一带，近岸地区平均叶绿素 α 浓度为 2 ~4 μg/l，因无大型的海湾或海湾较为开敞，鲜有高叶绿素 α 浓度的分布，这片区域鲜有赤潮发生的报道；

（3）位于文昌市高龙湾附近的海域，遥感图上呈带状分布，近岸地区平均叶绿素 α 浓度为 3 ~4 μg/l。对于经常受到关注的三亚市附近海湾和陵水新村附近海域，在 MODIS 遥感图上，叶绿素 α 浓度的表现并不显著，可能与这片区域的高效水体交换和人工治理，以及 MODIS 遥感图的精度有关。海岛附近海域的叶绿素浓度在遥感图上的分布大致如此，但每年的分布各有不同。

由各季度叶绿素 α 浓度平面分布图（图 5. 32）可以看出，高叶绿素 α 浓度主要出现在海南岛北部和西北部的主要港湾，如洋浦港、后水湾、澄迈湾、海口湾、铺前湾等。高叶绿素

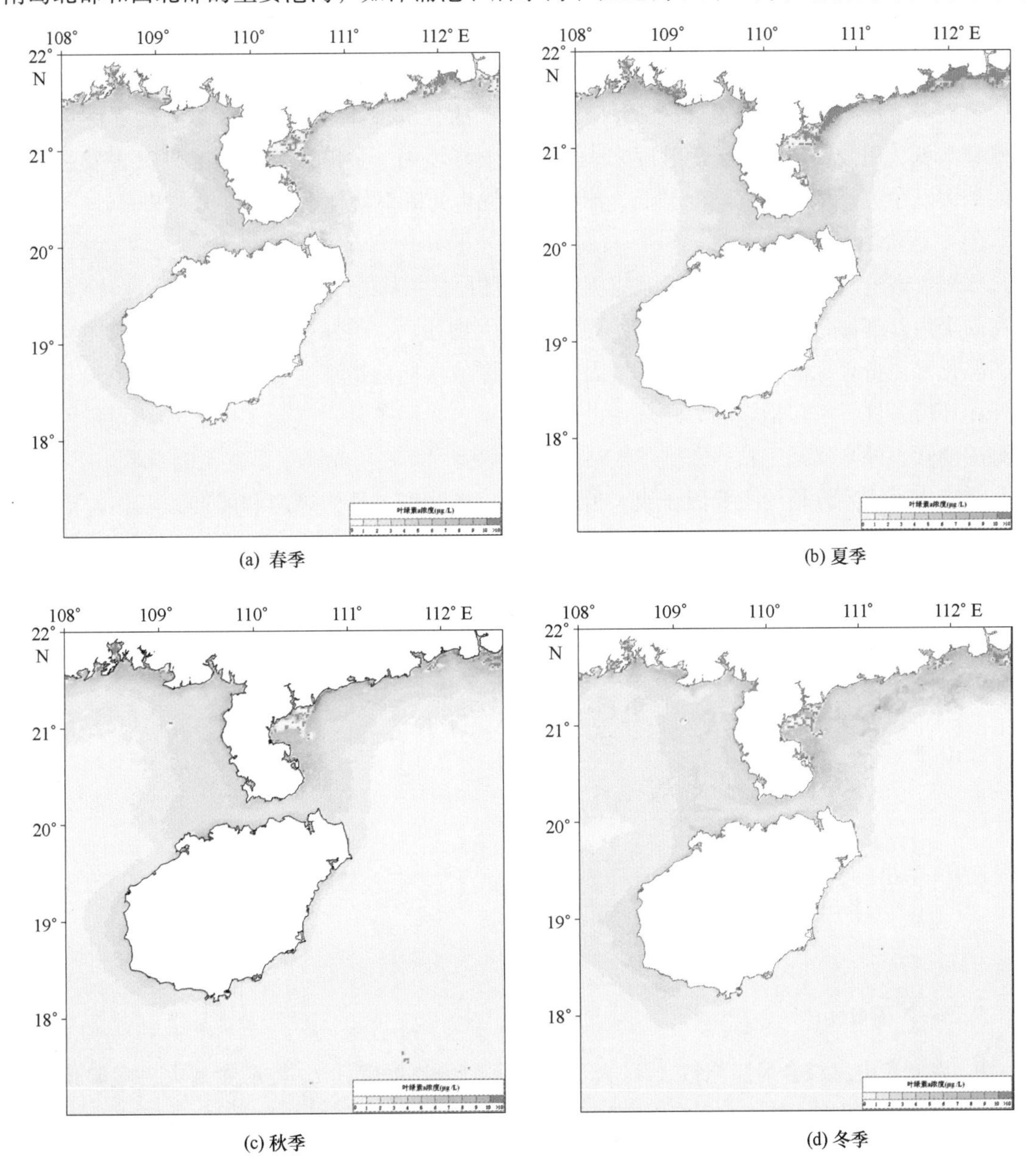

(a) 春季　(b) 夏季　(c) 秋季　(d) 冬季

图 5. 32　2002—2009 年叶绿素 α 浓度平面分布图

α 浓度的分布范围在后水湾和铺前湾最大；高叶绿素 α 浓度的出现频率最高是洋浦港和海口湾附近海域。这与记录的赤潮发生事件大体一致。

2）赤潮灾害的评价方法

赤潮灾害危险度评估是指通过对孕灾环境因子和致灾因子的分析，评估研究区赤潮灾害发生的可能性及发生强度的大小，即评估灾害发生海域遭受赤潮灾害发生的可能性高低及赤潮的强度大小，用危险度来表示。它包括致灾因子危险度、孕灾环境危险度评估两方面内容。

（1）致灾因子危险度评估。

致灾因子危险度评估是指通过对致灾因子的分析，评估研究区海域赤潮可能发生的强度，用致灾因子危险度来表示。致灾因子危险度越高，赤潮发生的强度越大，致灾因子危险度越低，赤潮发生的强度越小。

（2）孕灾环境因子危险度评估。

孕灾环境危险度评估是指通过对孕灾环境因子的分析，评估研究区海域发生赤潮灾害发生概率高低，用孕灾环境因子危险度来表示。孕灾环境因子危险度越高，赤潮灾害发生的概率就越大。孕灾环境因子危险度越低，赤潮灾害发生的概率就越小（文世勇，2007）。

（3）评价因子。

赤潮灾害危险度评估指标包括致灾因子危险度评估指标与孕灾环境因子危险度评估指标。致灾因子危险度评估指标主要是指那些导致海洋生物死亡、破坏生态系统、引起人体异常反应、恶化水质量等赤潮生物。孕灾环境因子风险评估指标是指那些影响赤潮生物生长、繁殖的外界环境条件。它包括影响海洋环境的化学因素、光照条件、气象条件、水动力条件、物理海洋要素、外来赤潮生物因素。孕灾环境因子危险度反映了赤潮灾害发生的概率。

赤潮灾害风险评估的主要因子有：叶绿素 α，光照度，日均风速和风向，气压，流速和流向，潮汐和海流，降雨，水温和气温，盐度，透明度，外来赤潮生物。

5.3.1.4 评价模型

目前公认的一种赤潮评价模型是

$$H_R = H_V \times H_H \quad \text{（式 5.4）}$$

其中，

$$H_V = \sum_{i=1}^{k} N_i$$

$$HH = \alpha H_1 + \beta H_2$$

$$H_1 = \sum_{i=1}^{k} a_i F_i$$

$$H_2 = \sum_{i=1}^{k} b_i M_i$$

H_R 为赤潮灾害综合风险指数，H_V 表示承灾体因子易损度，H_H 表示赤潮灾害危险度，N_i 为承灾体因子易损度中第 i 个指标在不同类型赤潮灾害影响下的易损度。H_1 表示为致灾因子危险度，a_i 表示致灾因子危险度评估中第 i 个指标的权重值，其值利用层次分析法（analytical hierarchy process，AHP）确定。F_i 为致灾因子危险度评估中第 i 个指标单项因子影响赤潮灾害的发生概率。H_2 表示为孕灾环境因子危险度，b_i 表示孕灾环境因子危险度评估中第 i 个指标的权重值，其值利用 AHP 确定，M_i 为孕灾环境因子危险度评估中第 i 个指标的单项因子影响赤潮灾害的发生概率（文世勇，赵冬至，2009）。

根据 Delphi 法（田亚峥，2000）与层次分析法的计算步骤得出赤潮灾害危险度评估指标权重（表 5.25，表 5.26）。

表 5.25　赤潮灾害危险度评估指标权重

指标	叶绿素 α 浓度	气温	气压	降雨	流速	光强度	风速	风向
权重	0.064 617	0.037 398	0.037 398	0.074 771	0.074 771	0.224 314	0.037 398	0.037 398
指标	盐度	透明度	工业港口	渔业港口	流向	潮流	温度	-
权重	0.089 73	0.044 853	0.006 86	0.031 22	0.074 771	0.074 771	0.089 73	-

表 5.26　承灾体易损度评估指标权重

赤潮类型	滩涂养殖	网箱养殖	底播养殖	浮筏养殖	渔业资源	盐业用海	取水口
无毒赤潮	0.010 41	0.015 61	0.010 41	0.010 41	0.015 61	0.083 26	0.041 63
有害赤潮	0.074 86	0.112 3	0.074 87	0.074 87	0.112 3	0.047 28	0.021 39
有毒赤潮	0.082 94	0.124 41	0.082 94	0.082 94	0.124 41	0.047 39	0.023 69
赤潮类型	海水浴场	海水娱乐	科学研究	保护区	生物群落	食物链	生物多样性
无毒赤潮	0.112 61	0.112 61	0.106 4	0.106 4	0.124 89	0.124 89	0.124 89
有害赤潮	0.074 87	0.074 87	0.056 15	0.056 15	0.074 87	0.074 87	0.074 87
有毒赤潮	0.049 77	0.049 77	0.041 47	0.041 47	0.082 94	0.082 94	0.082 94

（4）评价结果

根据赤潮灾害综合风险评估模型，将赤潮灾害综合风险评估结果分为四种类型。采用目前比较先进的颜色等级（Raetzo 等，2002）表示法，即利用不同颜色区分赤潮灾害综合风险的评估等级。例如用红色表示极高风险区，黄色表示高风险区，绿色表示中风险区，蓝色表示低风险区，其含义描述如下：

（Ⅰ）极高风险区（红色区域）。此区域表示赤潮灾害对承灾体造成的综合风险度均介于 1 ~ 0.8。

（Ⅱ）高风险区（黄色区域）。此区域反映了赤潮灾害对承灾体造成的综合风险度均介于 0.8 ~ 0.6。

（Ⅲ）中风险区（绿色区域）。此区域反映了赤潮灾害对承灾体造成的综合风险度均介于 0.6 ~ 0.4。

（Ⅳ）低风险区（青色区域）。此区域反映了赤潮灾害对承灾体造成的综合风险度均介于 0.4 ~ 0.2。

（Ⅴ）极低风险区（蓝色区域）。此区域反映了赤潮灾害对承灾体造成的综合风险度均介于 0.2 ~ 0。

①赤潮灾害现状评价

赤潮灾害现状评估结果（图 5.33）显示：海南岛北部地区及南部、东南部主要港湾是赤潮发生的高频区。赤潮多发生在城市化程度较高或养殖产业较发达的沿海地区，前者如铺前湾、海口湾、澄迈湾等，后者如陵水湾、洋浦湾、高隆湾等。南部地区气温相对较高、光照更为强烈，但限于营养物质供应，因此该区域叶绿素浓度相对较低，仅在小型的封闭的养殖型海湾易发生严重的赤潮，如陵水湾。陵水湾养殖业十分发达，赤潮发生概率也最高，主要与缓慢的水体交换和丰富的营养盐输入有关。北部地区，气温相对较低，海岸线较为开敞，但赤潮高频发生区域范围要大于比南部地区。其中一个主要原因是北部湾及广东沿海地区大量的藻类通过琼州海峡向海南北部扩散，另外一个原因是海南北部城市化相对发达、工业相对集中，大量的城市和工业废水带来的大量营养物质是该区域赤潮高频发生的物质保障。

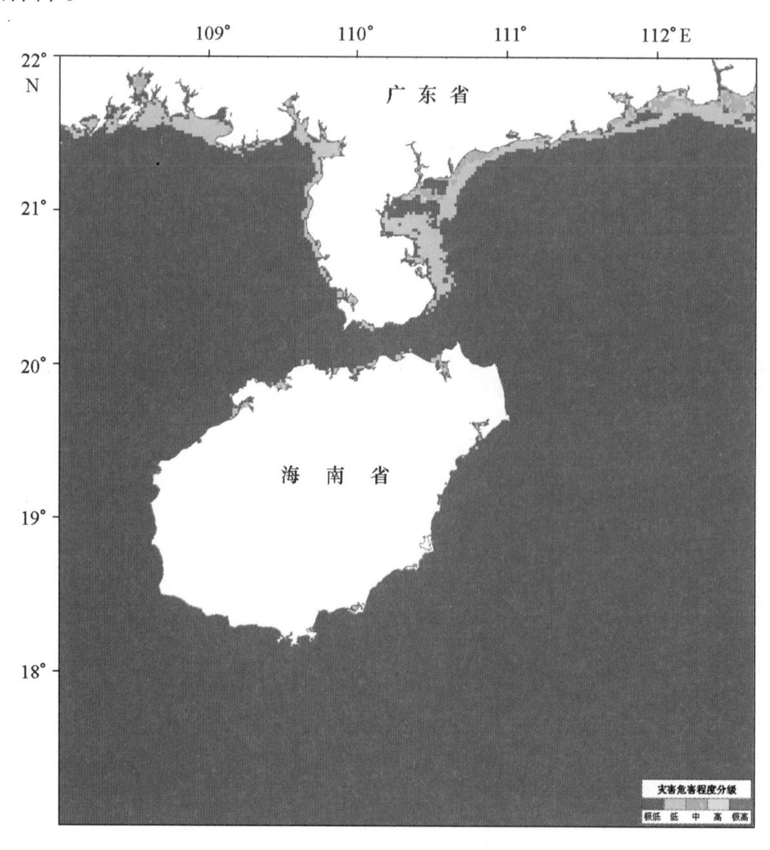

图 5.33 海南海域赤潮灾害现状评价

②灾害风险评价

综合风险评估是评估赤潮灾害对承灾体因子可能造成的预期后果，是危险度与易损度的综合评估。根据无毒赤潮、有毒赤潮、有害赤潮三种类型赤潮的综合风险评估结果，可以看出各种类型赤潮对承灾体可能造成的危害后果。

由无毒赤潮风险评估结果（图 5.34）可以看出，海南省发生无毒赤潮的风险度整体均较小。

有毒与有害赤潮风险评估（图 5.35，图 5.36），结果显示：陵水新村、铺前湾、小海、

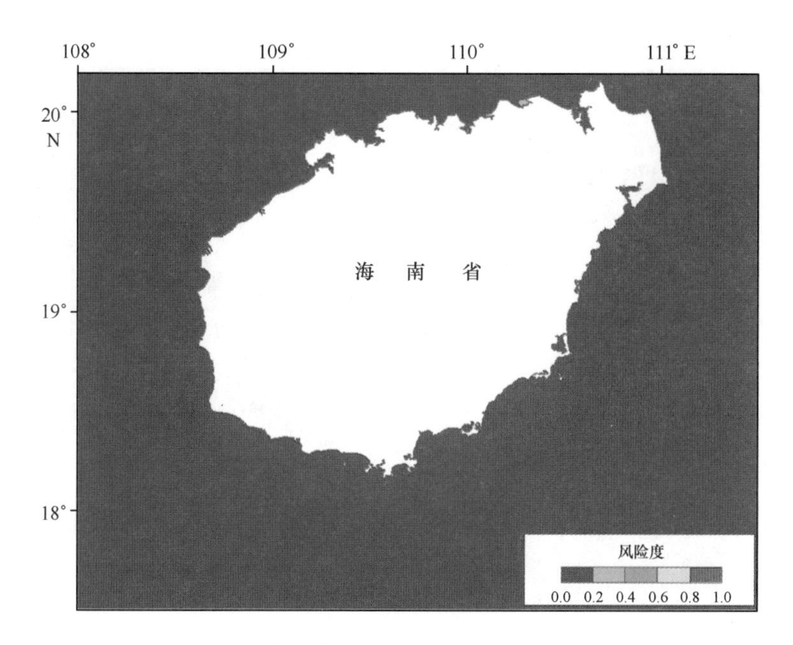

图 5.34 海南省无毒赤潮灾害综合风险评估

高隆湾是赤潮风险最大区域；其次为海南岛北部的主要海湾洋浦湾、后水湾等。赤潮风险最小的是海南岛西南部近岸海域和东南部、东北部大部分海域。赤潮风险与赤潮发生频率和赤潮生物的破坏作用无关，北部主要港湾赤潮发生频率普遍较高，球形棕囊藻在北部地区多次引发赤潮。球形棕囊藻是有毒藻类，一旦引发赤潮，影响将极其严重。夜光藻在南部海域多次引发赤潮，夜光藻是无毒藻类，当其引发赤潮时，高密度的养殖区受到影响最为严重。因极为密封的海湾形态、较慢的海水交换速度和密集的养殖，陵水湾及小海是南部海域中唯一赤潮发生高风险的海域。

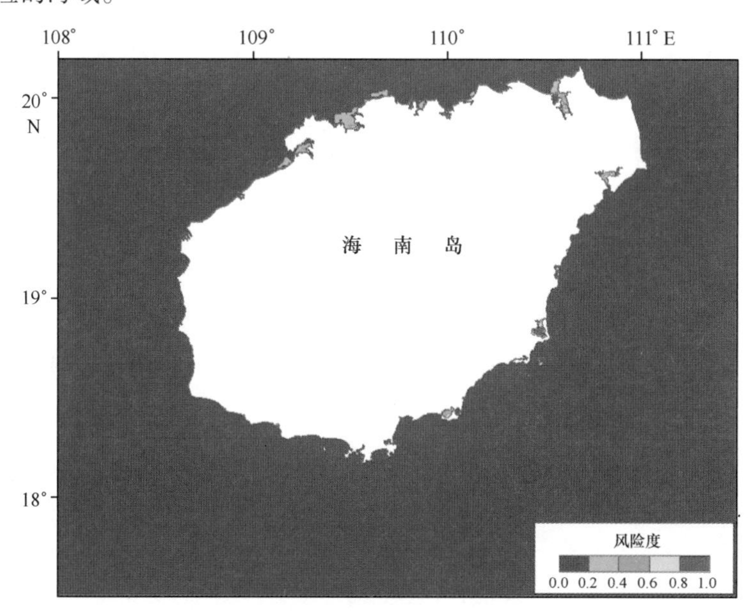

图 5.35 海南省有毒赤潮灾害综合风险评估

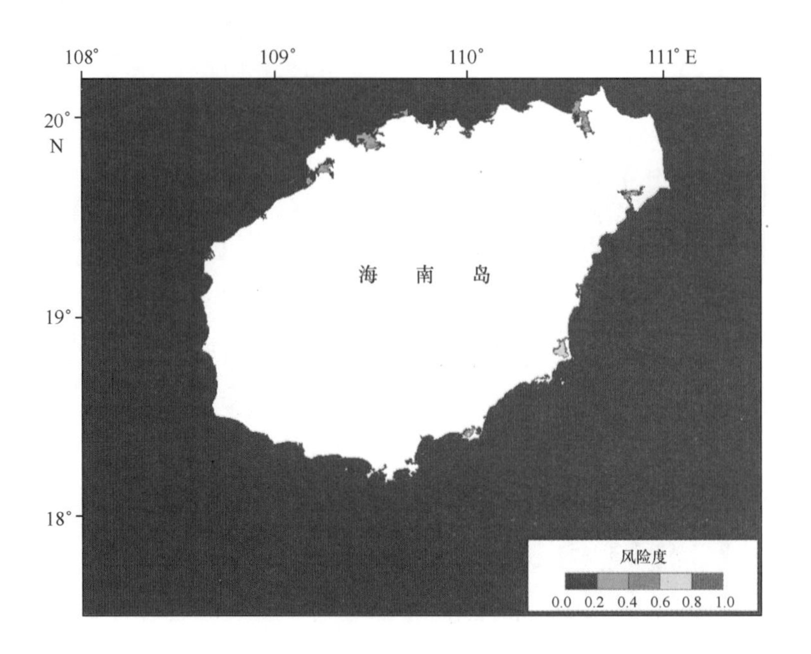

图 5.36 海南省有害赤潮灾害综合风险评估

5.3.2 外来物种入侵

很多外来入侵生物是随人类活动而无意传入的。通常是随人及其产品通过飞机、轮船、火车、汽车等交通工具，作为偷渡者或“搭便车”被引入到新的环境。除交通工具外，建设开发、军队转移、快件服务、信函邮寄等也会无意引入外来物种。下面列出了无意引种的主要途径，但有的入侵生物并不是只通过一种途径传入，可能通过两种或多种途径交叉传入，在时间上并非只有一次传入，可能是两次或多次传入。多途径、多次数的传入加大了外来生物定植和扩散的可能性。我国的外来物种入侵问题具有以下特点：涉及面广，涉及的生态系统多，涉及的物种类型多，带来的危害严重。

海南岛历史时期引进了大量的外来物种，在促进海南经济发展，改善人民生活的同时，也给海南岛带来了极大的生态不安全因素。在海南岛逸出为野生状态（归化）的外来植物，共有165种，隶属120属48科。其中，外来植物较多的前5科分别为豆科35种、菊科17种、禾本科12种、苋科10种、大戟科8种；这5科外来种共82种，约占总种数的50%。明确的热带成分达155种，占总种数的93.94%；热带美洲成分尤其突出，有104种，占总种数的63.03%，其次是热带亚洲种，有20种，占12.12%，再次为热带非洲成分，有18种，占10.91%（表5.27）。

由于成功的外来入侵种对各种环境因子的适应幅度较广，对环境有较强的耐受性，具有更宽的生态幅，如耐阴性、耐贫瘠土壤、耐污染等。这些特性使外来种在一些环境中获得对土著种的竞争优势，或能占据土著种不能利用的生态位，从而实现成功入侵。入侵种通过形成大面积的单优群落，降低物种多样性，使当地物种没有适宜的栖息环境。

海南岛在历史时期引种稻种、蔬菜种、水果种、油料作物种、纤维作物种、造林树种、观赏植物的同时，把许多杂草的种子带进了海南岛，现在已经发展到遍布琼州各地。除无意引种外，很多是有意引入的。有些植物来龙去脉是比较清楚的，例如作为饲料和牧草引入的

表 5.27 海南主要外来入侵植物名录

编号	中文名	拉丁名	中文科名	中文属名	性状	生境	分布	原产地
1	吊球草	Hyptis rhomboidea Mart. et Gal.	唇形科	山香属	草本	海拔 1 000 米以下的空旷荒地上	海南各地	原产热带美洲
2	短柄吊球草	Hyptis brevipes Poit.	唇形科	山香属	草本	低海拔空旷荒地	海口、澄迈、儋州、白沙、琼中、五指山	原产墨西哥
3	山香	Hyptis suaveolens (Linn.) Poit.	唇形科	山香属	草本	海拔 1000 米以下的草坡	海口、定安、儋州、屯昌、白沙、五指山	原产热带美洲
4	红花酢浆草	Oxalis corymbosa DC.	酢浆草科	酢浆草属	草本	适生于潮湿、疏松的土壤，蔬菜地、果园地亦常见	三亚、保亭	原产热带美洲；世界温暖地区广泛归化
5	飞扬草	Euphorbia hirta L.	大戟科	大戟属	草本	路旁、旷野、林旁	澄迈、儋州、三亚、乐东、东方	原产热带非洲；现广泛分布于热带亚热带地区
6	金刚纂	Euphorbia antiquorum Linn.	大戟科	大戟属	灌木	生于房舍附近或园地	儋州、白沙、定安	原产印度
7	麻风树	Jatropha curcas Linn.	大戟科	麻风属	灌木或小乔木	栽培、野生	儋州、白沙、五指山、保亭、屯昌	原产美洲
8	蓖麻	Ricinus communis L.	大戟科	蓖麻属	草本或草质灌木	栽培或者为野生	儋州、昌江、东方、琼中、万宁、乐东	原产非洲东北部；全世界热带至温暖带地区栽培归化
9	巴西含羞草	Mimosa invisa Mart. ex Colla	含羞草科	含羞草属	草本	栽培或者为野生于低海拔荒地、路旁	儋州、昌江	原产巴西
10	光荚含羞草	Mimosa sepiaria Benth.	含羞草科	含羞草属	乔木	生于疏林下	海南各地	原产美洲
11	含羞草	Mimosa pudica Linn.	含羞草科	含羞草属	草本	栽培或寄生于旷野、荒地	海南各地	原产热带美洲
12	金合欢	Acacia farnesiana (Linn.) Willd.	含羞草科	金合欢属	灌木	阳光充足、土壤肥沃、疏松的地方	儋州	原产热带美洲

续表 5.27

编号	中文名	拉丁名	中文科名	中文属名	性状	生境	分布	原产地
13	无刺含羞草	Mimosa invisa Mart. ex Colla var. inermis Adelb.	含羞草科	含羞草属	草本	生于旷野、荒地	儋州、昌江	原产印度尼西亚爪哇
14	银合欢	Leucaena leucocephala (Lam.) de Wit	含羞草科	银合欢	灌木或小乔木	生于旷野或荒草地	海口、临高、澄迈、儋州、琼海、白沙、东方、乐东、陵水、三亚	原产热带美洲;现广布于热带地区
15	大米草	Spartina anglica C. E. Hubb.	禾本科	大米草属	草本	海滨淤地	海南沿海各县市	原产美国东南部海岸;在美国西部和欧洲海岸归化
16	大黍	Panicum maximum Jacq.	禾本科	黍属	草本	栽培	海南各地。	原产地热带东非;现于热带及亚热带广泛栽培和归化
17	地毯草	Axonopus compressus (Sw.) Beauv.	禾本科	地毯草属	草本	生于荒野、路旁潮湿处	海南各地	原产热带美洲,常逸为野生

飞机草、美洲野百合、象草、大黍、假高粱、凤眼蓝、美洲野百合、决明草、含羞草、无刺含羞草、空心莲子菜等；作为观赏植物引进来的，如地毯草、假连翘、美洲膨蜞菊、仙人掌等。

椰心叶甲是棕榈科重要害虫，原仅发生在太平洋群岛，后分布区逐渐扩大。本世纪初，椰心叶甲在海南岛猖狂为害：2002 年，海南岛棕榈科植物受害达 3.1×10^4 株，疫区面积达 7 000 hm^2；至 2003 年，受害树木已达 9.3×10^4 株，发生面积已达 1.4×10^4 hm^2，直至 2005 年引进椰心甲虫天敌姬小蜂后，才得到有效的控制。

椰心叶甲入侵海南岛成功，一是海南岛气候温暖，适宜椰心叶甲生长发育；二是海南岛棕榈科植物丰富，为椰心叶甲虫提供了丰富的食料；三是棕榈科植物食叶虫种类少，生态位空缺降低了抵抗椰心叶甲侵入、定居的阻力；四是棕榈林业生态系统较简单，抵抗生物入侵能力较弱；五是在海南岛椰心叶甲基本上没有天敌，或天敌力量较弱，故为害猖獗。据研究，椰心叶甲在海南岛已侵入并发生多个世代，本地生物因子正在逐渐发生作用，但作用尚不充分。

生物入侵是海南岛当前或潜在的最大生态风险。第一，海南岛历史上引进了大量的生物（主要是植物），现在还在进一步引种，这些引进的外来物种潜存着巨大的生态风险，一旦处理不当、不及时就会酿成严重的生态后果。第二，海南岛气候温暖，病虫害极易存活、发育、扩散和蔓延。第三，海南岛四面环海，港口、口岸多，国际货运船舶经常在海南岛港口、口岸停泊。据报道，船舶压载水是外来物种入侵的重要途径。第四，海南政府对外来物种入侵重视不够。在管理方面，物种引进不规范，据《海南年鉴》（2003 年上）报道，本岛部分企业，在引进境外种苗方面不按国家规定办理，未经国家审核批准就非法携带入境，甚至未经出入境检疫机构检疫就擅自种植，如古巴雪茄烟种植案。还有的企业通过邮寄的方式邮寄种子入岛并育苗种植，如美国“红灯笼”、“子弹头”辣椒育苗种植案。还有人利用出国探亲、旅游或公务等机会，随意将种子或活体带回本岛。大量的物种引入，一方面促进了本岛的良种革命，另一方面一些病菌、害虫、毒草趁机入侵。海南主要外来入侵植物名录见表 5.27，主要外来入侵动物名录见表 5.28。

表 5.28　海南主要外来入侵动物名录

编号	中文名	拉丁文名	科目	原产地	主要危害
1	椰心叶甲	Brontispa longissina (Gestro)	鞘翅目	印尼和巴布亚新几内亚	寄主为棕榈科植物，叶片受害后枯死，严重时植株死亡
2	美洲斑潜蝇	Liriomyza sativae Blanchard	双翅目潜蝇科	南美	对露地蔬菜和保护地蔬菜威胁严重
3	螺旋粉虱	Aleurodicus dispersus Russell	同翅目粉虱科	美洲、大洋洲、菲律宾	寄主主要为蔬菜、水果、观赏植物等
4	蔗扁蛾	Opogona sacchari (Bojer)	鳞翅目辉蛾科	非洲	严重威胁园林绿化、经济作物和花卉生产安全
5	锈色棕榈象	Rhynchophous Ferrμgineus Oliver	鞘翅目象虫科	东南亚	寄主为棕榈科植物，寄主受害后枯萎，以至死亡
6	双钩异翅长蠹	Heterobostrychus aequalis Waterhouse	鞘翅目长蠹科	东南亚	以成虫、幼虫蛀食白格、凤凰木、黄桐、橡胶树属、黄藤等

续表 5.28

编号	中文名	拉丁文名	科目	原产地	主要危害
7	水椰八角铁甲	Octodonta Maulik	鞘翅目铁甲科	马来西亚	寄主为棕榈科植物，受害后出现枯死
8	刺桐姬小蜂	Quadrastichusery thrinaekim	膜翅目姬小蜂科	毛里求斯、美国	受害植株叶片、嫩枝等处出现畸形、坏死等，甚至植株死亡
9	松材线虫	Bursaphelenchus xylophilus		美国	主要寄主为松属树种，出现针叶萎蔫，最后整株枯死
10	拟松材线虫	Bursaphelenchus mucronatus		美国	主要寄主为松属树种，出现针叶褐色、萎蔫，最后整株枯死
11	桉树枝瘿姬小蜂	Leptocybeinvasa Fisher et LaSalle	膜翅目小蜂总科	澳大利亚	危害桉树苗木及幼林，危害严重时导致苗木倒伏、落叶、枯死

5.3.3 其他生态灾害

海南岛自全新世以来，气候、生物生态环境发生了较大的变化，这种变化尤以近百年以来特别是近五十年以来最为巨大。环境变迁对海南岛热带生态系统产生了深刻的影响，导致出现了一系列生态问题，甚至危及海南岛的生态安全。

5.3.3.1 生物多样性减少

1）生物富集区面积锐减

热带森林、红树林、珊瑚礁是热带生态系统中生物多样性程度最高的生态类型，是生物富集区，但十分遗憾的是，由于人类活动，本岛的生物富集区面积日益减少，生境残损。据研究，本岛在西汉以前森林覆盖率估计约达90%，明清以后天然林急剧减少，1956 年降至25.5%，1964 年降至18.1%，1987 年再降至7.2%，到1999 年仅为4%。本岛生物多样性的安全问题主要有以下表现。

红树林在20 世纪80 年代与50 年代初比较，丧失了60%。50 年代初，本岛多数江河出海口及海岸一些独立的海湾均有红树林，但由于围海造田，围港养殖，琼山、文昌、陵水、三亚、儋州等地50 年代初期有红树林均10 000 hm^2，到80 年代已不足5 000 hm^2，到1998 年，仅为4 772 hm^2（其中包括人工林400 hm^2，实际上只有4 300 hm^2 左右），与50 年代初比，减少了52.3%。且部分退化成半红树和次生疏林，残次林比重大。部分红树物种已经濒危。如海南特有的木柳、水柳、红榄李、海南海桑、杯萼海桑、卵叶海桑、拟海桑、木果楝等在海南岛均已处于濒危状态。

海南的珊瑚礁遭受过巨大破坏，尤其是海南岛周围海域。根据20 世纪60 年代的调查资料，海南岛沿岸的珊瑚礁分布面积大约有5×10^4 km^2，岸礁长度约1 209.5 km；1998 年的调查表明，海南岛近岸浅海的珊瑚礁面积仅为22 217 km^2，岸礁长度约717.5 km，面积和长度分别减少55.57%、59.1%。更为严重的是本岛生物富集区非可持续性的活动还在继续，刀耕火种和采挖珊瑚礁的现象尚未禁绝，毁红树林挖虾池、毁天然林种经济作物，在热带雨林自然保护区开山采石等活动频繁见诸报端。皮之不存，毛将焉附，海南岛生物多样性的安全不容乐观。

2）濒危物种不断增加

由于人类频繁的经济活动和对资源过度开发，造成了野生物种栖息地急剧减少和环境的破坏，使野生物种分布范围日益缩小，许多原来常见种变为稀有种，稀有种则濒临灭绝。

3）生物遗传资源不断丧失

海南岛生物遗传资源丰富，但由于人类活动导致生物生境残破、种群减少甚至灭绝，遗传资源正在不断丧失。以稻为例，稻是世界上最重要的粮食作物之一，它为全球近一半的人口提供粮食。栽培稻是由野生稻驯化而来的。野生稻资源在水稻育种中占据重要地位。从水稻育种史上看，海南岛野生稻起过巨大作用。但本岛野生稻资源破坏严重。20 世纪 60 年代海南岛尚有野生稻 3 000 多亩，到 2003 年仅存 150 多亩，其中三亚市 10 多年前还分布有 100 多亩，到 2003 年剩下不到 10 亩了，野生稻已濒临灭绝。

5.3.3.2 水土流失

水土流失指在自然或人为因素影响下造成的地表土壤中的水分和土壤同时流失现象。水土流失是生态安全中的重要问题。水土流失如果得不到有效的控制，随着经济开发进一步加强，土壤耕作层逐渐被侵蚀、破坏，土地生产力日益衰竭，还会淤塞河流、渠道、水库，降低水利工程的效益，甚至导致了水旱灾害的发生，严重地影响工农业生产。

1）水土流失与生态安全

海南省的水土流失类型主要为水力侵蚀和风力侵蚀，重力侵蚀也有零量分布，但面积很小。从流失类型分析，水力侵蚀在全省都有分布，主要发生在植被覆盖度和植被结构较低、比较平缓的浅海沉积物、滨海沉积物、河流冲积物和石灰岩低山、丘陵等地区和零星小块的坡耕地，比较严重的地区为儋州、文昌、东方等三市，流失面积占全省流失面积的 60% 以上；风力侵蚀面积 342 km^2，主要发生在植被覆盖和植被结构较差的地区，主要分布在海南岛西部沿海的固定沙滩、半固定沙滩、沙地，比较严重的地区为西部的昌江、东方、三亚、乐东等四县（市），东部的文昌、琼海、万宁等县（市）的沿海地区也有少量分布。

水土流失引起一系列的灾害，包括：土地退化，水源涵养能力减弱，灌溉面积减小，人畜饮水苦难，掩埋耕地，毁坏农田，降低现有水利工程的效应，影响水里工程的正常运行。

2）森林与水土流失

海南岛生态取得平衡的关键是森林，森林对于水土保持特别重要。海南岛的土壤抗蚀性能较强，因为海南岛主要的地质岩性为第四纪松散沉积物，厚层红色风化壳发育，在高温多雨的热带条件下，岩石风化深刻，有机质分解快，矿物营养释放快，因而土壤不仅肥力低，而且土层薄。另外，海南岛降雨经常是暴雨，冲刷力强。如果没有森林的护卫，水土流失极其严重。

海南岛的热带森林为 3 ~4 层的多层林。地面枯枝落叶覆盖厚达 2 ~6 cm，松软而富有弹性，具有较强的吸水性，能增加地面的粗糙度，形成一个对雨水冲击起缓冲作用的保护层。而森林破坏后的最大灾难是水土流失。海南是个海岛，河流短而放射状出海，水库都建在林区周围靠森林涵蓄水分，全岛的农田用水几乎都靠森林储水供给。水土流失直接造成泥沙沉积，河流淤塞。在原层风化地壳地区，森林植被破坏后，往往一场暴雨可造成严重的危害。

5.4 海洋灾害对海南经济社会发展的影响

5.4.1 赤潮的危害与防治

随着我国沿海地区人口的增长及工农业生产的持续发展，我国近岸海域富营养化日益严重，赤潮灾害发生频率明显呈上升趋势；每次赤潮的平均面积即赤潮的规模越来越大，持续的时间也越来越长；对沿海经济的危害程度日益增加，严重年份（2001 年《中国海洋灾害公报》）的直接经济损失超过 10 亿元。

在正常的情况下，海洋中的生产过程是营养物质→浮游植物→浮游动物→鱼、虾、蟹、贝类等，人类从这一正常的生产过程中，可以得到大量的有利用价值或工业用途的产品。但是赤潮发生时，出现了营养物质→赤潮生物→死亡分解这样简单而有害的过程，造成海洋食物链局部中断，破坏了海洋的正常生产过程。同时，赤潮生物的大量繁殖和死亡不仅威胁海洋生物的生存，危害海洋生态环境，给海洋渔业、海水养殖业和滨海旅游业等造成一定的危害和经济损失，而且还会给人类健康和生命安全带来威胁。

5.4.1.1 海南近海赤潮的危害

1）对人体健康的危害

在赤潮灾害发生的海域，水体经常含有毒素，人体接触赤潮水体会导致皮肤不适。有些赤潮生物能分泌一些可以在贝类体内积累的毒素，统称贝毒，其含量往往超过食用时人体可接受的水平。这些贝类如果不慎被食用，就会引起人体中毒，严重时可导致死亡。其中影响最严重的是腹泻性毒素、麻痹性毒素、记忆缺失性毒素。赤潮毒素引起人体中毒事件非常多，据统计，全世界范围内，大约发生过 1 600 次人体麻痹性贝毒中毒事件。1986 年底，中国福建东山岛居民因食用含有赤潮生物毒素的海鲜，发生 136 人中毒，21 人死亡。同年，印度尼西亚在一次赤潮灾害事故中，中毒 200 人，死亡 4 人。

2）对海水养殖业的经济影响

海洋是一个生物渔业环境、生物与生物之间相互依存、相互制约的复杂生态系统。系统中的物质循环、能量流动都是出于相对稳定、动态平衡的状态。当赤潮发生时，由于赤潮生物的异常爆发性增殖，这种平衡遭受到严重干扰和破坏。在植物性赤潮发生初期，由于植物的光合作用，赤潮海域水体中叶绿素 α 含量增高、pH 值增高、溶解氧增高、化学耗氧量增高。这种环境因素的改变，致使一些海洋生物不能正常生长、发育、繁殖，一些生物逃避甚至死亡。虽然水体生物量增加，但生物种类减小，赤潮破坏了生态系统的食物链结构，而且改变了系统中的物种种类。

赤潮发生时，赤潮生物通过分泌黏液、有害物质（氨、硫化氢等）、有毒物质（麻痹性贝毒、腹泻型贝毒等）、遮蔽海面、生物死亡分解过程消耗水中溶解氧等方式，使鱼、虾、贝类大量死亡，使海洋生物多样性降低。而赤潮生物的异常爆发性增殖，导致海域生态系统平衡打破，海洋浮游植物、浮游动物、底栖生物、游泳生物相互间的食物链关系和相互依存、相互制约的关系发生异常，大大破坏了主要经济渔业种类的饵料基础，造成鱼、虾、蟹、贝类索饵场丧失，渔业产量锐减。赤潮对养殖区的渔业破坏是最为强烈的，因为养殖区简单的生态系统和相对单一的物种导致养殖区生态系统抵抗力稳定性很差，一旦受到赤潮影响，那将是毁灭性的。

发生大面积赤潮灾害时，由于渔民养殖的生物比如鱼、虾、贝类等不能迅速的适应，或者根本不能适应海洋生态环境的变化，就会出现生长缓慢，或者生长停滞，甚至大量死亡的现象。1993 年 6 月 13—14 日，陵水新村港发生大面积赤潮，水体呈富营养化，导致港内 2/3 的鱼类和珍珠贝死亡，此次赤潮直接经济损失达 2 800 多万元，仅死亡的石斑鱼就达 58. 89 万尾，损失 1 835 万元。另外，1996 年和 2001 年也发生程度不一的赤潮，经济损失分别为 60 万元和 50 万元。1999 年 4 月，万宁老爷海，发生赤潮，导致直接经济损失 1 200 万元。

3）对滨海旅游业的经济影响

海南岛旅游资源集自然风光、珍稀动植物、民族风情、文化古迹和热带海岛城市风貌为一体。而其中滨海旅游业是海南省旅游产业的支柱。滨海旅游业指滨海地区开展的与旅游先关的住宿、餐饮、娱乐及经营等服务活动。滨海休闲旅游资源包括人文休闲旅游资源和自然休闲旅游资源，其中自然休闲旅游资源主要包括海岸线景观、海滩景观、岛礁景观、水体景观、气候景观和海洋动植物景观，是滨海旅游产业的基础。赤潮的发生，毁坏了自然休闲旅游景观，动摇了滨海旅游业的基础，对滨海旅游业无异于釜底抽薪。

赤潮发生时，大批鱼虾、贝类的腐烂，会使赤潮灾害发生的海域水质发臭，一层油污似的赤潮生物及大量死去的海洋动物被冲上海滩，臭气冲天，破坏了旅游区的秀丽风光。赤潮发生期间或赤潮发生后，赤潮生物和致死鱼、贝类的分解会产生有毒的海洋气溶胶颗粒，引起人体呼吸道中毒，或者由于身体的皮肤接触有赤潮生物毒素的海水而引起皮肤感染，或者在浴场游泳不小心口腔呛水而吃入有赤潮毒素的海水而引起中毒，从而影响海水浴场和滨海旅游业等。尤其是赤潮生物大量死亡或因赤潮导致鱼贝类大量死亡后，常会散发出难闻的恶臭，使海滨浴场暂时失去旅游价值或造成疾病传染。

4）对其他海洋产业的经济影响

海洋产业是目前我国国民经济中最为活跃的发展因素之一。随着海洋产业内容的不断扩展，我国进入海洋统计的主要海洋产业有 12 项：海洋水产、海洋石油和天然气、海滨砂矿、海洋盐业、海洋化工、海洋生物制药和保健品、海洋电力和海水淡化、沿海造船、海洋工程建筑、海洋交通运输、滨海旅游、海洋信息服务。赤潮灾害通过直接或间接地方式，影响着海洋各大产业。

当海洋赤潮发生时，人们为了自然的健康很少选择海上交通和旅行，阻碍海洋运输业；因海水受污染，且海水处理成本提高，海水淡化、海洋盐业和海洋化工业必然受到影响；类似的，因海洋生物受到赤潮影响，感染毒素或富集有害物质，使得海洋生物制药业成本提高，受到一定程度的阻碍。至于沿海造船、海洋工程、海滨砂矿等产业，从健康角度，有可能被迫停工而受到影响。

5.4.1.2 海南近海赤潮防治技术及对策

海南省是我国的海洋大省，海洋资源十分丰富，近年来赤潮的多次发生，对海水养殖业造成的危害极大，给海南带来很大的经济损失。故开展赤潮的监测预报及治理，防止赤潮灾害和减少赤潮造成的损失是一项十分迫切的任务。

1）赤潮监测与预报

由于赤潮形成的机理复杂，目前尚无十分有效的方法防止赤潮的发生。因此，通过监测和预报的手段来减少赤潮造成的损失是非常必要的。世界各国也就此进行了不懈的努力，力图以船舶、浮标、遥感、自愿者监测、监视组成立体化的赤潮监测网络。

经过40多年的努力，我国已经初步建立了观测站、平台、船舶、飞机、浮标等比较齐全的立体监测网，建立了国家海洋预报中心和地区海洋预报中心，并向全国发布风暴潮、海浪、海冰等海洋灾害预报，在减轻海洋灾害损失的同时，为进一步建立赤潮灾害的预警系统打下了坚实的基础（齐雨藻，2003）。2001年国务院指定，国家海洋局制订了赤潮监测的详细准则，并于2002年经专家论证已成为正式文件，赤潮的监测已正规地开展起来。

2）赤潮的防治

随着赤潮现象在世界范围内的日趋频繁，其危害也日益严重。如何治理赤潮，降低其对海洋环境、水产养殖业及人类健康的危害，已成为人们关注的一个大问题。目前为止，国内外提出的赤潮防治方法有多种，总体来讲，有以下几个方面：①控制海水的富营养化；②人工改善赤潮常发水域水质和底质环境；③减缓养殖业对海洋环境的影响；④建立良好的海洋生态环境；⑤深入开展赤潮发生机制的研究；⑥控制有毒赤潮发生外来种类的引入。

赤潮的防治根本上是控制污染物排放，减轻海洋污染。其他已总结出的防治赤潮的物理、化学和生物学方法，仅对局部，小范围的赤潮有效。但真正能付诸应用的就寥寥无几。这主要是因为要使一种方法得到认可，必须符合“高效、无毒、价廉、易得”的要求，而目前很难找出一种方法完全符合上述要求。但在水产养殖区内发生赤潮的紧急情况下，仍然有一些应急措施可以采用。对于小型的网箱养殖，可以采用拖曳法来对付赤潮，也就是将养殖网箱从赤潮水体转移至安全水域。这种方法简单易行，但前提条件必须是赤潮仅在局部区域发生，而且在周围容易找到安全的“避难区”。隔离法是另一种比较可行的应急措施。这种方法主要是通过使用一种不渗透的材料将养殖网箱与周围的赤潮水隔离起来以降低赤潮的危害。同时应注意给网箱充气，防止鱼类缺氧等。

5.4.2 风暴潮与巨浪的危害与防治

5.4.2.1 风暴潮与巨浪的危害

海南省沿海各岸段滨海阶地特征明显，根据梁海燕（2007）的研究结果，5 m等高线以下区域为潮灾风险区，在风险区内易受潮灾侵袭的系统因素有8项，其中承灾能力最弱的是海水养殖业，其次是农田和海洋捕捞，而港口交通及工矿生产受到停顿，直接经济损失较小。故对于海南各县市而言，海洋渔业经济发达的东部和西北部地区（文昌、琼海、万宁、临高等县市），需重点防范，加强防灾建筑建设。

风暴潮对海南沿海社会和经济的影响是灾难性的，它除造成大量的人口死亡、疫病流行外，还会造成生态环境的破坏和大量的经济损失。具体地说，其危害主要体现在以下几个方面：

①工程设施的破坏。据统计，每次风暴潮都对海堤、挡浪墙、挡潮闸等防护工程有不同程度的破坏，并会冲毁和破坏沿海的通讯设施、公路、桥梁、涵洞、码头和房屋。

②盐水入侵。风暴潮会造成严重的盐水入侵现象，将使地下水遭到污染、耕地盐渍化。

③海滩侵蚀。风暴浪波极其陡峭，当它抵达海滩时，巨大的水体源源不断地涌上滩面，海滩很快达到饱和，地下水位变得与滩面一致，因此，回流几乎等于上冲流，接近休止状态的滩面物质遭受大量侵蚀，而重力作用又加强了回流对滩面的侵蚀。风暴潮增水及表层水体向岸、底层水体向海的环流，扩大了暴风浪侵蚀的范围和能力，使近底部向海流动的回流的挟沙能量增大。

④海岸湿地生态系统的破坏。风暴潮携带大量海水会淹没沿海大量农田、盐田，并冲毁渔场等各种海滩养殖场，加速了海岸湿地生态系统自然资源的退化，使得区域生产力降低，阻碍了南海沿海经济的持续发展。

5.4.2.2 风暴潮和巨浪的防治

海南省沿海各岸段滨海阶地特征明显，5 m等高线以下区域为潮灾风险区，在风险区内易受潮灾侵袭的系统因素有8项，其中承灾能力最弱的是海水养殖业，其次是农田和海洋捕捞，而港口交通及工矿生产受到停顿，直接经济损失较小。故对于海南各县市而言，海洋渔业经济发达的东部和西北部地区（文昌、琼海、万宁、临高等县市），需重点防范，加强防灾建筑建设。

综合上述分析，本研究认为应该对如下几个方面加以重视。

①加强风暴潮、巨浪的基础科学研究。学习国际、国内的先进技术和方法，加强风暴潮和巨浪预报模式的开发，例如在模式中采用数据同化方法，提高风暴增减水的模拟精度，尽可能提供准确的预报，这是一切防灾减灾措施的基础。

②建立和完善海洋灾害信息数据库。加强沿海地区高程测量分辨率，多多布设潮位观测系统（建议：可由国家或海南省负责设备，沿海建筑业主负责维护费用，数据共同使用），综合各类观测数据，形成海洋信息数据库，为风暴潮和巨浪灾害的基础研究、应用研究、海岸工程建设及防灾减灾服务。

③完善灾害预警系统。用现代海洋科学技术、信息技术对海洋自然灾害进行诊断、分析、评估，并客观准确地发布灾害现象预报警报。用现代电信技术迅速收集、传输、交换海洋灾害信息情报，建立功能较齐全的现代化海洋灾害监测、预报警报服务系统，为海洋防灾减灾提供服务。

④加大海洋防灾减灾的投资。沿海地区是经济活动最活跃的地区，各种海洋工程建设应有严格的理论依据，并尽量提高防御标准。

5.4.3 冲淤的危害与防治

5.4.3.1 冲淤的危害

冲淤对社会经济发展的影响，主要源于海岸原有自然属性的恶化：一是海岸空间功能的长期趋势性净损失，比如海岸类型、港湾面积、平均潮差、平均含沙量、水交换、环境容量、栖息地等相关资源环境条件的逐渐恶化；另一是港湾空间配置的稳定性，或更宏观地称为系统自适应能力的降低，比如海岸骤淤等短周期事件的强度，及其所带来的海岸水深变化、港湾面积。海岸带的变迁直接导致岸带植被的破坏、水土流失，也带来了海洋生态系统的变化。此外，冲淤会直接影响到水道的通航环境，甚至危及船舶的航行安全。

年复一年，江河灾害频发，灾害范围越来越广，灾害损失越来越大。以往大洪水引发大灾，而今大小洪水都致大灾。小水大灾、灾害频率加剧，其根源何在？事实说明，除人类活动影响及防洪意识、防洪管理和防洪工程建设方面尚存欠缺外，自然因素中加剧江河洪水灾害的直接原因是泥沙淤积：①流域水土流失使得大量泥沙进人河道；②河道淤积使得同流量下水位越来越高；③泥沙淤积使得洪水推进速度明显减慢；④围垦和泥沙淤积使得河湖蓄滞洪水的能力减弱。

海南的冲淤灾害，尤其是侵蚀灾害比较频繁。受灾地区主要分布在沿岸地区几十千米范围之内，对渔业、交通、公共设施、人们生活有很大影响，造成了许多经济损失。近年来，海南省海洋经济继续保持稳步增长态势，用海需求不断增加；加之自然环境的变化，海南岛的冲淤灾害短期内不会发生大的变化。假如不加以控制与管理，灾害造成的经济损失将会继续增大。类似的情况在其他江河都不同程度存在。江河泥沙灾害因泥沙运动引起，而有效地进行泥沙灾害防治的基础是把握泥沙在流域系统中的运动规律。泥沙灾害在流域的不同区域往往有不同的表现。河流上游的泥沙运动常常引起水土流失、土壤退化、农业减产；河流中、下游的泥沙运动往往引起河岸冲刷、河床淤高、河堤决口；河口地区的泥沙运动又会引起泥沙沉积、主流摆动、航道淤塞。此外，在一些流域会因泥沙运动致使水库淤废、湖泊淤积、洪水调节功能丧失殆尽，并加剧洪水灾害，在另一些流域则会因泥沙运动发生泥石流灾害。

5.4.3.2 冲淤的防治

①全面加强海岸侵蚀监测监管。宜采用常规监测与灾害实时监测相结合的方法，每年夏、冬两季对海南区域海岸侵蚀岸段进行海岸线差分全球卫星定位导航系统（DGPS）实测，及时掌握侵蚀区域海岸线位置变化、侵蚀范围、岸滩地形地貌特征的变化、海岸侵蚀损失状况等。

②加强对可能会导致海岸线冲淤变化的围填海工程项目的监管力度。对海湾地区或海域敏感区实施围海造地“战略论证”，对围填海项目的环境影响评价进行综合论证，继续坚持“以项目带海”的原则，从严审批围海造地项目，组织开展海岸保护与利用规划工作，加强对填海项目的监督管理，规范填海竣工项目海域使用的验收工作，推进海域使用规范化、制度化建设。

③采取防护工程措施，减轻波浪、潮流等海洋动力侵蚀的作用。如采取一些措施增加底部摩擦，或者在岸外建造消浪工程设施，可以大大损耗波浪作用的能量，从而削弱波浪动力对岸滩的侵蚀作用。

④加强河道采砂管理。为保证河道稳定，保障行洪、灌溉、供水、航运等综合利用部门的安全，实现河道采砂的依法、科学、有序管理，需要制定采砂控制规划。使可利用河砂资源与河道承受能力相适应，既要考虑发展用砂的需求，又要避免对河道内其他综合利用功能的影响。

⑤加强水土治理与江河治理结合的程度。新中国成立以来，特别是近十几年，为维护界河现状，保护国土，发展沿扛农业生产，保护人民的生命财产安全，每年国家大量投资，沿江修建很多堤防、护岸、丁坝、路堤等防护工程，这些工程对整治江河、防止洪涝起到了决定性作用。但我们应意识到，水土保持是治理江河、防止洪涝灾害的根本措施。国家和有关部门把水土保持纳入江河治理的总体工程中来。治标先治本，应大量投资。同时也应出台有利于民众利益的措施和政策，动员全社会的力量，加快水土流失治理步伐，改善生态环境，防洪减灾，为促进国民经济和社会可持续发展做出应有贡献。

参 考 文 献

2001—2009 中国海洋环境质量公报.

2001 年海南省海洋环境状况公报.

2001 年中国海洋灾害公报.

2004 年海南省海洋环境状况公报.

2005 年海南省海洋环境状况公报.

2006 年海南省环境状况公报.

2007 年海南省环境状况公报.

2010 年中国海洋年鉴：229－230.

安达六郎. 1973. 赤潮生物と赤潮生态［J］. 水产土木，1973，9（1）：31－36.

车志伟，车志胜，李刚. 2009. 三亚湾海域环境质量现状调查与评价［J］. 海南师范大学学报（自然科学版）. 22（1）：70－72.

陈吉余. 1989. 中国海岸发育过程和演变规律［M］. 上海科学技术出版社.

陈淑琴，黄辉. 2006. 赤潮发生规律及气象条件［J］. 气象科技. 34（4）：478－481.

陈子燚. 1993. 海南岛新海湾海滩地貌状态与海岸泥沙纵向运动特征［J］，海洋与湖沼，25（5）：467－476.

冯士筰，1982. 风暴潮导论［M］，科学出版社.

高建华，高抒，陈鹏，等. 2002. 海南岛博鳌港沉积物的沿岸输送［J］. 海洋地质与第四纪地质，22（2）：41－48.

高抒，张红霞. 1994. 海南岛洋浦港潮汐汊道口门的均衡过水断面［J］，海洋与湖沼，25（5）：468－476.

高抒. 2002. 潮汐汊道开发中的水环境问题［J］，水资源保护，(3)：18－22.

广东省海岸带和海涂资源综合调查大队. 1987. 广东省海岸带和海涂资源综合调查报告［M］，北京：海洋出版社.

国家科委全国重大自然灾害综合研究组，1993. 中国重大自然灾害及减灾对策［M］，科学出版社.

海南气象台. 1963. 1963 年 11 号台风工作总结.

黄金池，2002. 中国风暴潮灾害研究综述［J］. 水利发展研究，2（12）：63－65.

黄巧华，吴小根. 1997. 海南岛的海岸侵蚀［J］，海洋科学，(6) 50－52.

季荣耀，罗宪林，陆永军，等. 2007. 海南岛海岸侵蚀特征及主因分析［C］，第十三届中国海洋（岸）工程学术讨论会论文集，374－377

姜义，李建芬，康慧，等. 2003. 渤海湾西岸近百年来海岸线变迁遥感分析［J］. 国土资源遥感. 4，

54 – 58.
矫晓阳 . 2001. 透明度作为赤潮预警监测参数的初步研究［J］. 海洋环境科学 . 20（1）：27 – 31.
李兵，蔡锋，曹立华，等 . 2009. 福建是在海岸侵蚀原因和防护对策研究［J］，台湾海峡，28（2）：156 – 162.
李巧香，黄文国，周永召 . 2010. 新村港水体富营养化与赤潮发生的初步研究［J］. 海洋湖沼通报 . 9 – 15.
李喜海，梁海燕 . 2009. 三亚湾海岸侵蚀原因分析及防治对策［J］，海洋环保：103 – 106.
梁海燕 . 2003. 博鳌风暴潮研究［J］. 海洋通报，22（5）：9 – 14.
梁海燕 . 2007. 海南岛风暴潮灾害承灾体初步分析［J］，海洋预报，24（1）：9 – 15
梁松，钱宏林 . 1999. 珠江口及其邻近海域赤潮的研究［J］. 海洋环境科学 . 18（3）：69 – 74.
刘孟兰，郑西来，韩联民，等 . 2007. 南海区重点岸段海岸侵蚀现状成因分析与防治对策［J］，海洋通报，26（4）：80 – 84.
马毅 . 吴瑞贞，李华建，等 . 2008. 有利于赤潮消亡的水文气象条件［J］. 海洋预报 . 3：1 – 6.
齐雨藻，等 . 2003. 中国沿海赤潮［M］. 科学出版社 .
齐雨藻，等 . 2008. 中国南海赤潮研究［M］. 广东经济出版社 .
钱宏林，梁松，齐雨藻 . 2000. 广东沿海赤潮的特点及成因研究［J］. 生态科学 . 19（3）：8 – 16.
钱宏林，梁松 . 1993. 防治赤潮途径的探讨［J］. 海洋通报 . 12（3）：78 – 82.
邱若峰，杨燕雄，庄振业，等 . 2009. 河北省沙质海岸侵蚀灾害和防治对策［J］，海洋湖沼通报（2）：162 – 168.
沈焕庭，胡刚 . 2006. 河口海岸侵蚀研究进展［J］. 华东师范大学学报：自然科学版，（6）：1 – 8.
王红心，陆惠祥，余晓军，等 . 1998. 海南岛沿岸风暴潮特征分析［J］，海洋预报，15（2）：34 – 42.
王红勇，唐天乐，黄飞 . 2010. 海南省赤潮状况及防治对策［J］. 中国水产 . 1：66 – 67.
王洪礼，冯剑丰 . 2006. 赤潮生态动力学与预测［M］. 天津大学出版社 .
王喜年，2002. 潮预报知识讲座—风暴潮风险分析与计算［J］. 海洋预报，19（4）：73 – 76.
王喜年，叶琳，1989. 中国大陆沿海的风暴潮及其预报［J］. 海洋通报，8（2）：98 – 105.
王颖，陈万里 . 1981. 三亚湾海岸地貌的几个问题［J］，海洋通报，37 – 45.
王颖 . 2002. 海南岛海岸环境特征［J］. 海洋地质动态，18（3）：1 – 9.
吴少华，王喜年，宋珊，等 . 2002. 天津沿海风暴潮灾害概述及统计分析［J］. 海洋预报，19（1）：29 – 35.
吴小根，金波，卫建飞 . 1998. 三亚港近期淤积变化及其原因分析［J］，海洋通报，17（5）：51 – 57.
夏东兴，王文海，武桂秋，等 . 1993. 中国海岸侵蚀概要［J］. 地理学报，48（5）：468 – 475.
萧艳娥，丘世钧 . 2003. 海南岛邦塘湾海岸侵蚀机理分析与对策探讨［J］，华南师范大学学报（自然科学版），（2）：124 – 129.
谢丽，张振克 . 2010. 近 20 年中国沿海风暴潮强度、时空分布与灾害损失［J］，海洋通报，29（6）：690 – 696.
许富祥，1991. 西北太平洋灾害性海浪的监测和预报［J］. 海洋预报，8（1），36 – 42.
许启望，谭树东 . 1998. 风暴潮潮灾害经济损失评估方法研究［J］，海洋通报，17（1）：1 – 12.
杨华庭，田素珍，叶琳，等 . 1990. 中国海洋灾害四十年汇编（1949 ~ 1990）［M］，海洋出版社 .
叶琳，于福江 . 2002. 我国风暴潮灾的长期变化与预测［J］. 海洋预报，19（1）：89 – 96.
易晓蕾 . 1997. 中国的海岸侵蚀［J］. 中国减灾，5（1）：47 – 49.
俞慕耕，1995. 我国沿海台风暴潮机制及特点［J］. 水文，2：19 – 25.
曾昭璇，曾宪中 . 1989. 海南岛自然地理［M］. 北京，科学出版社，1 – 327.
张春桂，曾银东，张星，等 . 2007. 海洋叶绿素 α 浓度反演及其在赤潮监测中的应用［J］. 应用气象学报 . 18（6）：821 – 831.

张建辉，夏新，刘雪芹，等.2002. 赤潮研究的现状与展望［J］. 中国环境监测. 18（2）：20－25.
张振克，陈云增，丁海燕.2004. 海南万泉河口地区的海岸侵蚀与灾害风险分析［J］. 应用基础与工程科学学报：129－133.
赵玲，赵冬至，张昕阳，等.2003. 我国有害赤潮的灾害分级与时空分布［J］. 海洋环境科学. 22（2）：15－19.
浙江省海岸和海涂资源综合调查领导小组办公室.1988. 浙江省海岸带和海涂资源综合调查报告［M］. 海洋出版社.
中国海及邻近洋区的巨浪灾害.1986. 国家海洋局海洋环境预报中心海浪组.
中国重大自然灾害及减灾对策（分论）.1993. 北京：科学出版社，379－390.
中央气象台.1972. 7220号台风调查材料.
中央气象台.1972. 天气公报，32期.
周名江，颜天，邹景忠.2003. 长江口邻近海域赤潮发生区基本特征初探［J］. 应用生态学报. 14（7）：1031－1038.
周祖光，吴国文.2007. 海南澄迈湾海洋生物多样性研究［J］. 环境科学与技术. 30（3）：32－33.
朱翔.1988. 海南岛的自然资源与经济开发［J］，地域研究与开发，7（2）：30－35.
左书华，李蓓. 2008. 近20年中国海洋灾害特征、危害及防治对策［J］. 气象与减灾研究. 31（4）：28－33.

第六章　沿海地区社会经济

6.1　海南省沿海社会经济概况

6.1.1　国民经济总体情况

1）经济快速发展，结构优化升级

海南省经济发展自2003年进入两位数增长的平台以来继续保持加快增长态势，2003—2009年GDP年平均增长速度达到11.8%，为海南建省以来最快的发展时期。其中，2007年经济增长速度达到15.8%，创1994年以来增速新高。2009年全省生产总值达1 654.21亿元，经济总量实现新跨越，人均生产总值由1995年的5 063元提高到2009年的19 254元，年平均增速为27.2%，经济进入了新的起飞阶段。

综观海南生产总值情况（表6.1），沿海产值从1987—2009年保持稳定增长，年平均增长速度达17.5%，2009年比2008年增长了11.1%；非沿海产值从1987年到2009年呈波动变化态势，年平均增长速度达10.7%，2009年比2008年增长了52.7%。沿海产值占全省生产总值的比重保持在76%以上，近几年均保持在88%以上，2008年比重高达94.47%；非沿海产值比重虽小，但近三年来呈上升态势，比较而言，沿海地区对全省经济增长的贡献处于明显优势地位。

表6.1　1987—2009年海南生产总值情况

年份	1987	1995	2005	2006	2007	2008	2009
沿海产值/亿元	44.06	281.44	840.88	909.76	1 162.1	1 378.6	1 531.06
非沿海产值/亿元	13.22	81.81	64.15	122.09	61.18	80.63	123.15
沿海比重/%	76.92	77.48	92.91	88.17	95.00	94.47	92.56
非沿海比重/%	23.08	22.52	7.09	11.83	5.00	5.53	7.44

三次产业结构调整取得明显成效。海南三次产业结构由1995年的35.5∶21.6∶42.9调整为2009年的27.9∶26.8∶45.3，第一产业比重下降7.6个百分点，第二、三产业比重分别上升5.2和2.4个百分点。而全国三次产业结构由1995年的19.9∶47.2∶32.9调整为2009年的10.6∶46.8∶42.6，第一、二产业比重分别下降9.3和0.4个百分点，第三产业比重提高了9.7个百分点。比较而言，海南第一产业比重偏高，第二产业比重偏低，与工业化发展的要求有一定差距，同时海南第三产业发展具有相对优势，在国际旅游岛建设的推动下第三产业发展

的活力将不断迸发出来，对国民经济发展的贡献也将越来越大。2010 年前三季度海南第二产业发展明显提速，增加值占 GDP 的比重提高到 27.0%，超过了第一产业 1.8 个百分点；第三产业快速发展，增加值占 GDP 的比重提高到 47.8%，比去年同期提高 4.9 个百分点，产业结构优化升级，由“三一二”转变为“三二一”。

2）经济效益大幅提高，经济发展提速增效

随着经济持续较快发展，近几年来海南省财政收入明显增加，财政实力大大增强。2009 年，全省地方财政收入接近 300 亿元，达到 299.67 亿元，比 2008 年增长 30.43%，2006—2009 年年平均增长 43.1%；人均财政收入由 1995 的 406.2 元提高到 2009 年的 3 407 元。2010 年前三季度，海南省全口径财政收入 399.03 亿元，比上年同期增长 47.1%。其中，地方一般预算收入 205.28 亿元，增长 60.2%，增速比全国财政收入增长 22.4% 高 37.8 个百分点，连续 9 个月保持全国最高增幅。在地方一般预算收入中，税收收入 182.46 亿元，增长 66.4%，占地方一般预算收入的 88.9%，同比提高 3.6 个百分点，税收收入对财政收入贡献进一步提升。海南财政收入大幅度增长的一个主要原因是房地产业迅猛发展，带动地方一般预算收入大幅度增长。此外，政府提供公共服务、改善民生的能力进一步提高。2009 年海南省地方财政支出 604.05 亿元，比 2008 年增长 37.68%，2006—2009 年年平均增长 45.5%。同时，也应当看到海南省经济效益与全国平均水平相比还存在较大差距，2009 年海南省人均 GDP、人均财政收入分别只占全国的 75.28%、66.37%。海南与全国经济发展比较见表 6.2。

表 6.2　海南与全国经济发展比较　　单位：元

年份	1995		2000		2006		2009	
	海南	全国	海南	全国	海南	全国	海南	全国
人均 GDP	5 063	5 046	6 798	7 858	12 654	16 165	19 254	25 575
人均财政收入	406.2	515.4	590.2	1 056.88	1 228.1	2 948.7	3 407	5 133

综观海南财政收入情况（表 6.3），沿海财政收入从 1995 年到 2009 年保持稳定增长，1995 年到 2009 年年平均增长 19.44%，2009 年比 2008 年增长了 36.06%；非沿海财政收入从 1995—2009 年呈波动增长态势，2009 年比 2008 年增长了 66.49%。2005—2009 年沿海财政收入占全省财政收入的比重基本保持在 95% 以上，2008 年比重高达 96.07%，而非沿海财政收入占比呈波动变化，2008 年仅占 3.93%，可见沿海地区对全省财政收入的贡献力显著增强。

表 6.3　1995—2009 年海南财政收入情况

	1995	2003	2004	2005	2006	2007	2008	2009
沿海财政收入/万元	166 631	309 815	358 469	477 112	591 053	855 883	1 472 642	2 003 717
非沿海财政收入/万元	118 700	49 350	53 389	22 224	25 997	38 740	60 246	100 303
沿海比重/%	58.4	86.26	87.04	95.55	95.79	95.67	96.07	95.23
非沿海比重/%	41.6	13.74	12.96	4.45	4.21	4.33	3.93	4.77

3）三大需求增势强劲，拉动经济快速增长

（1）投资继续保持快速增长势头

2010年前三季度，海南省全社会固定资产完成投资总额899.13亿元，比上年同期增长41.3%，比全国增长速度24.0%快17.3个百分点，增速居全国第一。其中，城镇固定资产投资860.50亿元，增长41.6%；农村投资38.63亿元，增长36.4%。此外，新开工项目继续增加。2010年前三季度，全省在建项目（未含房地产项目）1 415个，同比增加124个，增长9.6%。其中，新开工项目778个，增加81个，增长11.6%。分产业看，投资结构继续改善。第二产业完成投资123.21亿元，增长29.1%，其中制造业投资67.02亿元，增长87.5%；第三产业完成投资738.36亿元，增长45.0%，占投资总额的84.7%。分地区看，区域投资发生新变化，中部投资明显加强。2010年前三季度，中部地区增长77.4%，西部地区增长44.2%，东部地区增长40.6%。

综观海南全社会固定资产投资情况（表6.4），全省投资额从1987年到2009年保持稳定增长，年平均增长20.68%，2009年比2008年增长了41.37%；非沿海投资额从1987年到2009年呈“V”型变化，年平均增长15.71%。沿海投资额占全省投资额的比重保持在88%以上，近几年均保持在95%以上，2009年比重高达95.50%，而非沿海投资额比重呈“V”型变化，2009年仅占4.50%，相对而言沿海地区投资具有明显活力。

表6.4　1987—2009年海南全社会固定资产投资情况

年份	1987	1995	2005	2006	2007	2008	2009
非沿海投资额/万元	18 199	135 707	131 378	144 155	209 489	324 334	451 383
全省投资额/万元	160 187	1 980 665	3 794 284	4 260 137	5 092 568	7 090 144	10 023 333
非沿海比重/%	11.36	6.85	3.46	3.38	4.11	4.57	4.50
沿海比重/%	88.64	93.15	96.54	96.62	95.89	95.43	95.50

（2）消费需求持续快速增长

目前海南省的消费需求变化并非只是收入增长下的简单规模扩张，而是消费结构的明显升级。自2003年海南人均GDP超过1 000美元之后，消费需求呈现持续较快增长，居民消费亮点闪动。“汽车进家庭”已经明显启动，住房销售持续旺销，居民用在教育、文化、卫生、通讯等方面的支出也明显增加。在消费结构升级的推动下，海南省正在步入一个收入需求弹性高涨的阶段，拉动经济持续加快增长。2010年以来，海南国际旅游岛建设利好概念带旺了旅游消费，以及实施更加优惠、范围更广的汽车摩托车、家电下乡的政策，农垦系统及林场职工也纳入实施范围，进一步扩大了消费需求，消费品市场持续旺销，社会消费品零售增幅自5月份开始跃居全国第一。2010年前三季度，全省实现社会消费品零售总额446.96亿元，比上年同期增长19.5%。其中，商品零售额384.81亿元，增长19.2%；餐饮收入62.15亿元，增长21.4%。

综观海南社会消费品零售总额情况（表6.5），全省消费额从1987年到2009年保持稳定增长，年平均增长率为14.33%，2009年比2008年增长了19.87%。沿海地区社会消费品零售总额占全省比重呈稳定增长，从1987年的85.08%提高到2009年的94.67%，增长了9.59

个百分点。而非沿海比重呈逐年下降趋势，2009 年仅占 5.33%。沿海地区消费力不断增强，对于拉动海南内需发挥了很大作用。

表 6.5 1987—2009 年海南社会消费品零售总额情况

年份	1987	1995	2005	2006	2007	2008	2009
非沿海零售额/万元	42 161	91 332	151 494	170 463	197 892	240 715	286 590
全省零售额/万元	282 644	1 092 190	2 685 506	3 082 961	3 619 678	4 484 400	5 375 055
非沿海比重/%	14.92	8.36	5.64	5.53	5.47	5.37	5.33
沿海比重/%	85.08	91.64	94.36	94.47	94.53	94.63	94.67

(3) 外贸出口保持较快增长

党的十六大以来，海南省对外开放步伐进一步加快，融入泛珠三角区域合作步伐加快，签订了加强交流合作的框架协议；航权开放取得新突破，“南面开口，北面开放”的航路调整开始实施；与世界各国、各地区的经济、贸易、科技、教育、文化等领域的交流日益加强，政府、民间和社会团体之间的友好往来进一步活跃。

同时，海南省利用外资规模不断扩大。积极参与国际交往和合作，加大招商引资力度，成功举办了“珠洽会”和“海洽会”等一系列招商活动，境外大财团、大企业来琼投资日益增多。引资项目从农业、加工工业向基础产业、基础设施、保险、商业、高新技术产业等领域延伸。2003—2009 年累计实际利用外商直接投资额达 61.40 亿美元。从净出口来看，2005—2009 年海南贸易一直处于逆差，2006 年的逆差最小。

对外贸易保持较快增长，经济外向度进一步提高。随着经济持续快速发展和对外开放迅速扩大，极大地促进了对外贸易发展。实施市场多元化战略，在不断巩固和扩大对欧、美和亚洲市场出口的同时，积极开拓非洲、拉丁美洲等市场。

2010 年 1—8 月，全省进出口总额 64.27 亿美元，比上年同期增长 10.9%。其中，进口总额 49.96 亿美元，增长 7.0%；出口总额 14.31 亿美元，增长 27.3%。按贸易方式分，一般贸易出口额 8.91 亿美元，增长 22.4%；加工贸易出口额 5.39 亿元，增长 36.4%。

4) 民生保障加强，居民生活水平提高

海南始终坚持发展经济与造福人民的统一，以增加城乡居民收入为重要任务，努力发展生产、扩大就业、完善保障、减少贫困，城镇最低生活保障标准不断提高，农村社会保障开始启动，全面减免农业税，比全国提前两年基本实现了新型农村合作医疗制度，城镇居民基本医疗保险制度正抓紧建立，城乡居民从改革发展中得到更多实惠，人民生活水平不断提高。

2010 年海南保障性住房建设进展顺利。2010 年省委、省政府把保障性住房建设作为改善民生的“一号工程”，进一步加大了建设力度，保障性住房建设进展良好。全年全省计划建设保障性住房 10.09 万套、$729.54\times10^4\ m^2$。截至 9 月底，已开工 10.69 万套，开工率 105.8%；建设面积 $894.71\times10^4\ m^2$，占计划总面积的 122.6%；竣工 1.71 万套，占年度计划任务的 85.5%。以改善民生为重点的公共财政投入力度进一步加大。前三季度，全省地方财政一般预算支出 331.80 亿元，同比增长 22.6%。其中，教育支出增长 36.7%、医疗卫生支出增长 50.8%、社会保障和就业支出增长 17.9%、城乡社区事务增长 50.1%等。

城镇居民收入保持较快增长。9 月末，全省城乡居民储蓄存款 1 620.37 亿元，比年初增长 25.2%。2010 年前三季度，全省城镇居民人均可支配收入 11 574 元，比上年同期增长 10.1%。城镇居民收入增长较快的主要原因是工资性收入保持较快增长。前三季度，工资性收入 8 036 元，同比增长 10.0%，占人均可支配收入的 69.4%，成为确保城镇居民收入稳定增长的重要因素。

此外，农民收入进入快速增长轨道。2010 年前三季度，全省农民人均现金收入 4 520 元，比上年同期增长 14.5%。农民收入快速增长的一个主要原因是经济加快发展促进了用工需求扩大，农民外出务工明显增加，加上招工企业为招到人、留住人普遍提高工资水平，促进了农民务工收入大幅增长。2010 年前三季度，工资性现金收入增长 36.0%，成为拉动农民现金收入较快增长的主要因素。另一个原因是部分农产品市场需求较旺，粮食、水果、橡胶等产品价格明显上升，促进了农民增收。

从海南与全国情况的比较（表 6.6），尽管海南省居民生活得到较大程度的改善，但与全国的差距还是很明显的，随着海南省房价的普遍上涨，居民的实际购买力相对较弱，必须加快经济建设步伐，加大住房保障力度，提高居民收入。

表 6.6　2008—2009 年海南和全国人民生活情况

指标	海南		全国	
	2008 年	2009 年	2008 年	2009 年
城市人均住宅建筑面积/m^2	28.57	28.87	—	—
农村人均住房面积/m^2	22.84	24.00	32.42	33.58
城镇居民人均可支配收入/元	12 608	13 751	15 781	17 175
农村居民人均纯收入/元	4 390	4 744	4 761	5 153

6.1.1.1　农业

海南建省以来，农业生产平稳发展，结构进一步优化。党的十六大以来，海南省按照“多予、少取、放活”的方针，加大对“三农”的支持力度，全面取消农业税，极大地调动了农民的生产积极性，促使农业持续较快发展。农业成为海南经济的基础产业和支柱产业。目前海南农业发展呈现出可喜变化。

一是农业实现跨越式发展，农产品产量大幅提高。2009 年农业生产获得好收成，全年农业完成增加值 461.93 亿元，比上年增长 7.2%。水果、瓜菜、渔业、畜牧业等优势产业持续较快发展，农业产业结构进一步优化。水果、瓜菜、水产品、肉类等主要农产品产量分别增长 8.1%、7.9%、13.5% 和 8.0%，四大类产品产值增长 7.8%，占大农业总产值比重提高 2.3 个百分点。橡胶、槟榔等热带作物发展较快，产量分别增长 10.7% 和 23.2%。生猪、水产品、橡胶等农产品价格逐步回升，农业综合效益提高。广泛推广农业新品种、新技术，大力发展设施农业，全面提升农产品单产产量，其中瓜菜提高 1.4%。

二是农业结构调整显著，农业产业体系特色鲜明。2010 年前三季度，种植业增加值为 158.85 亿元，比上年同期增长 5.7%，对农业经济增长贡献率达 33.6%，为农业经济平稳增长打下坚实基础；全省渔业增加值为 98.05 亿元，比上年同期增长 11.3%，对农业经济增长贡献率为 38.2%；全省牧业增加值为 58.93 亿元，比上年同期增长 5.6%，对农业经济增长贡献率为 12.5%；全省林业增加值为 54.62 亿元，比上年同期增长 8.8%，对农业经济增长贡献率达 13.1%。

三是支农惠农力度不断加大，农业生产条件显著改善。综观海南农业现代化情况（表 6.7），1987—2009 年化肥施用量和农村用电量都保持了较快增长。全省化肥施用量从 1987 年的315 302 t 增长到2009 年的1 174 200 t，年均增长率为6.15%。沿海地区化肥施用量比重始终保持在 86%以上，其中 2009 年达到了 91.20%，比 1987 年提高了 3.42 个百分点。全省农村用电量从 1987 年的 $5\,045\times10^4$ kW·h 增长到 2009 年的 $56\,404\times10^4$ kW·h，年均增长率为 11.60%。沿海地区农村用电量比重始终保持在 83%以上，其中 2009 年达到了 92.81%，比 1987 年提高了 9.52 个百分点。海南沿海地区农业现代化进展相对较快。

表 6.7 1987—2009 年海南农业现代化情况

化肥施用量	1987 年	1995 年	2005 年	2007 年	2008 年	2009 年
非沿海施用量/t	38 514	60 912	85 615.72	100 854	103 263	103 281
全省施用量/t	315 302	450 985	936 043.7	1 067 288	1 152 727	1 174 200
非沿海比重/%	12.22	13.51	9.15	9.45	8.96	8.80
沿海比重/%	87.78	86.49	90.85	90.55	91.04	91.20
农村用电量/（kW·h）	1987	1995	2005	2007	2008	2009
非沿海用电量/（kW·h）	843	1 283	2 564	3 372	3 617	4 054
全省用电量/（kW·h）	5 045	11 554	38 452	46 949	51 044	56 404
非沿海比重/%	16.71	11.1	6.67	7.18	7.09	7.19
沿海比重/%	83.29	88.9	93.33	92.82	92.91	92.81

四是农业产业化步伐加快，特色农业蓬勃发展。2010 年前三季度，全省橡胶开割面积达 501.62 万亩，较上年同期增长 1.9%；橡胶产量 22.49×10^4 t，同比增长 5.1%。全省农林牧渔服务业增加值为 8.14 亿元，比上年同期增长 8.5%。

尽管农业发展取得较大突破，但也存在着一些制约农业发展的问题，如农业基础设施薄弱，抵御自然灾害能力仍然较差，2010 年 10 月遭遇的两轮强降雨给海南农业生产造成很大影响，农作物受灾面积 23.792×10^4 hm^2，农林牧渔业直接经济损失 62.68 亿元，水利设施直接经济损失 20.88 亿元；此外海南农产品现代流通综合试点处于起步阶段，加之农业生产组织化、规模化、产业化程度较低，农业生产力并不高。

6.1.1.2 工业

海南大力推进“大公司进入、大项目带动”发展战略，不断催生了新生产能力，“短腿”明显拉长，推动工业经济快速发展，工业在海南国民经济发展中的地位逐步提升。一批大项目陆续竣工投产，炼油、化学、纸浆、汽车、玻璃、旋窑水泥等高新技术工业加速发展，成为工业经济新的增长亮点。工业产品市场国际竞争力明显增强，出口规模迅速扩大。

自 1988 年建省以来，海南工业发展取得了很大的成就，主要特色如下。

一是工业经济总量高速增长。2009 年工业完成增加值 300.63 亿元，比 2008 年增长

7.4%，成为带动经济发展的“火车头”。2000—2009年工业增加值年平均增长率为19.9%。2009年工业增加值占国内生产总值的比重18.17%，比2000年提高了4.8个百分点。

二是主要工业品产量大幅提高。在主要工业品中，从1987—2009年工业产品种类增多产量迅速提高，大多数主要产品产量年平均增长速度都超过15%。2010年前三季度，在海南省重点监测的26种主要工业产品中，超过七成的产品累计产量实现增长，其中增幅超过50%的产品有：成品钢材累计生产11.58 $\times 10^4$ t，同比增长50.9%；水泥累计生产968.71 $\times 10^4$ t，同比增长57.1%；汽车累计生产达9.72万辆，同比增长53.7%；机制纸及纸板累计生产29.14 $\times 10^4$ t，同比增长70%。

三是工业经济效益大幅度提升，创税势头强劲。近几年来海南新兴工业技术步伐加快，生产方向明确，生产结构合理，经营管理规范，建成投产后效益明显。2009年全省494家规模以上工业企业实现利润总额106.66亿元。2010年1—8月，规模以上工业经济效益综合指数为309.8%，同比增长6.9个百分点。而工业企业主营业务收入、利润和税金三大指标继续保持较高增幅。1—8月份全省规模以上工业主营业务收入782.64亿元，同比增长了29.1%；实现利润76.68亿元，同比增长19.1%；税金总额为81.28亿元，同比增长10.5%。

四是工业职工队伍不断壮大，收入明显增加。由于海南工业经济的高速发展，使从事工业的劳动者队伍不断壮大，收入增长更加明显。据第二次经济普查数据显示，2008年海南全部工业企业从业人员达到23万人，规模以上工业企业职工工资和福利费总额达36.34万元，职工年平均工资收入由1987年的1 362元增加到2008年的28 809元，增长了20倍，年平均递增15.6%。

五是工业结构调整取得突破性进展。建省前，海南工业因结构上存在问题而走了不少弯路，建省后，省政府充分利用有限资源进行合理配置和优化组合，不断调整工业结构，提高工业经济效益，促进其健康发展。

①产业结构得到调整，第二产业占GDP比重稳中有升，基本在30%左右。

②工业地区布局得到调整，东西部地区共同协调发展，增势迅猛。2010年前三季度海南省东部地区规模以上工业累计实现增加值80.05亿元，同比增长19.2%，增速连续三个季度位列海南省三大区域之首，其中海口、三亚、文昌及陵水四个市县前三季度的累计同比增速分别为19.5%、25.1%、23.7%和15.9%。2010年前三季度，含洋浦经济区、东方市、澄迈县、昌江县在内的西部七个县市区，共完成工业增加值166.73亿元，比去年同期增长16.6%，占同期全省规模以上工业增加值的比重创历史新高，达66.2%，而去年同期此项比重为54.2%，一年时间整整升高12个百分点，升幅之大，升速之快，为史上少有。

③工业所有制结构得到调整，全省国有工业生产总量所占的比重由1987年的65.2%下降到2008年的8.7%，外资和港澳台企业比重由1987年的6%上升到2008年的52.7%，以国有工业为主导地位的结构模式转变为以国有控股为主的多种经济形式并存，使工业经济活力明显增强。

④轻重工业结构得到调整，1987年轻工企业个数占总数的比例为53.5%，轻工业总产值占全部总产值的比重达73.1%，直到2004年重工业比重首次超过轻工业，2008年重工业产值占全部工业产值的74%，轻重工业调整取得突破性进展。

综观海南规模以上工业生产情况（表6.8），沿海产值从2001年到2009年保持稳定增长，1987年到2009年年平均增长17.61%；非沿海产值从1987年到2009年也呈现较快增长态势，年平均增长16.74%。沿海规模以上工业产值占全省的比重始终保持在98%以上，

2009年比重高达98.08%，而非沿海比重一直较小，2009年仅占1.92%，沿海地区对全省工业产值的贡献度显著增强。

表6.8　2001—2009年海南规模以上工业生产情况　　单位：亿元,%

年份	2001	2002	2003	2004	2005	2006	2007	2008	2009
非沿海产值/万元	1.385	1.611	1.812	1.930	2.354	2.758	3.409	4.864	4.772
沿海产值/万元	74.420	86.629	105.615	132.925	146.115	194.900	252.950	278.926	272.40
非沿海比重/%	1.827	1.826	1.69	1.43	1.59	1.4	1.33	1.71	1.92
沿海比重/%	98.173	98.174	98.31	98.57	98.41	98.5	98.67	98.29	98.08

6.1.1.3　旅游业

伴随着海南经济社会的快速发展，海南旅游发展取得了举世瞩目的成绩。一是旅游景点越建越多，品质越来越高。到2009年海南各类旅游景点发展到52个，比1987年增加了42个，增长了4.2倍。经过不断的建设和整合，海南旅游景区品质越来越高，5A景区有2个，4A景区有10个，3A景区有14个，3A以上景区比重占50%。从地区来看，琼海市、三亚市、海口市和万宁市的景区在7个以上。二是旅游接待设施建设像雨后春笋。1987年全省共有接待宾馆31家。2009年全省共有旅游饭店459家，比1987年增长了13.8倍。星级饭店共有238家，其中五星级20家，四星级54家，三星级112家，三星级以上饭店比重占78.15%。

海南旅游业在结构优化、效益改善中保持较快发展。2009年，全省共接待旅游过夜人数1 753.37万人次，比2000年增长73.95%，年平均增长8.22%。客源结构继续优化，来琼的国外游客和高端游客增幅明显快于国内游客。尤其是国际旅游岛建设以来，入境游客数量增长很快。客源结构优化直接促进了旅游资源的优化配置和旅游经济效益的提高。2009年，海南旅游收入达211.72亿元，比上年增长了10.08%。在建设国际旅游岛开局之年，海南省旅游业呈现人数和收入齐头并进的全面发展趋势。2010年前三季度，全省接待国内外游客1 915.36万人次，比上年同期增长15.0%，其中国内游客1 866.68万人次，同比增长14.9%；入境游客48.68万人次，同比增长19.1%。前来海南的游客在吃、住、行、游、娱、购等方面的开销增加明显。2010年1—9月，全省旅游收入191.84亿元，比上年同期增长25.7%，创历史新高。

综观海南旅游饭店接待旅游者情况（表6.9），全省旅游人数从1995年到2009年保持稳定增长，年平均增长率为11.96%。沿海地区旅游人数占全省比重从1995年的94.15%增长到2009年的96.30%，增长了2.15个百分点，比2008年增长了0.19个百分点。而非沿海比重呈逐年下降趋势，2009年仅占3.70%。沿海地区旅游消费市场逐步旺盛，对于拉动内需发挥了很大作用。

表6.9　1995—2009年海南旅游饭店接待旅游者情况

年份	1995	2005	2006	2007	2008	2009
非沿海旅游人数	211 228	410 347	503 760	563 849	639 076	648 367
全省旅游人数	3 610 178	11 844 929	12 585 053	14 723 090	16 411 982	17 533 733
非沿海比重/%	5.85	3.46	4.00	3.83	3.89	3.70
沿海比重/%	94.15	96.54	96.00	96.17	96.11	96.30

6.1.2 人口

关于人口变化情况的调查在本报告中主要涉及人口规模及构成（包括性别构成、民族构成、年龄构成）、人口分布、人员素质、人口流动以及沿海市县人口发展情况（从城镇人口、高素质人口和老龄化人口比重方面描述）。

6.1.2.1 规模与构成

据“908专项”调查登记结果（表6.10），从人口总体规模看，2006年末海南共有835.88万人，与1987年对比，增长了35.9%。从人口自然变动情况看，2006年海南的人口出生率为1.459%，比1990年下降了1%；死亡率为0.573%，下降了0.05%；自然增长率为0.886%，下降了将近1%；男女性别比为110.22，上升了6个百分点。2009年末，全省常住人口864.07万人，出生率、死亡率、自然增长率分别比2008年下降了0.05、0.02、0.03个百分点，总负担系数下降了1.32个百分点，人口发展呈现出“低出生、低死亡、低增长、低负担”态势。

表6.10 海南省1987—2006年人口自然变动情况

年份	年末人口数/万人	出生率/%	死亡率/%	自然增长率/%	性别比（女=100）
1987	615.08			1.060	107.20
1990	651.23	2.488	0.628	1.860	106.36
1995	702.42	2.012	0.561	1.451	108.59
2000	760.94	1.567	0.580	0.987	109.77
2001	769.50	1.523	0.576	0.947	111.57
2002	778.89	1.52	0.572	0.948	110.08
2003	790.26	1.468	0.552	0.916	113.33
2004	805.88	1.477	0.579	0.898	113.50
2005	819.03	1.465	0.572	0.893	110.46
2006	833.44	1.459	0.573	0.886	110.22

注：本表数据来源于2007年海南统计年鉴及本次调查登记结果。

从性别比来看，性别比均大于1，且比值在110%左右，2009年的性别比为109，说明男性人口高于女性人口的比例高达10%左右。

按民族划分，2009年汉族占总人口的82.54%，少数民族占17.46%，其中黎族占少数民族总人口的90.84%，苗族4.77%。

按年龄结构划分，2006年海南省0~14岁的人口为186.27万人，占海南总人口的22.35%；15~64岁的人口574.74万人，占68.96%；65岁以上的人口72.43万人，占8.69%。2003—2006年海南人口按年龄分布如图6.1所示，老年人口比重有所上升。

6.1.2.2 人口分布

按地属范围分，2006年海南沿海地区的人口总和为705.98万人，占总人口的84.74%（各市县的具体比重见下图）；非沿海地区总人口127.46万人，占15.26%。按户籍分，城镇

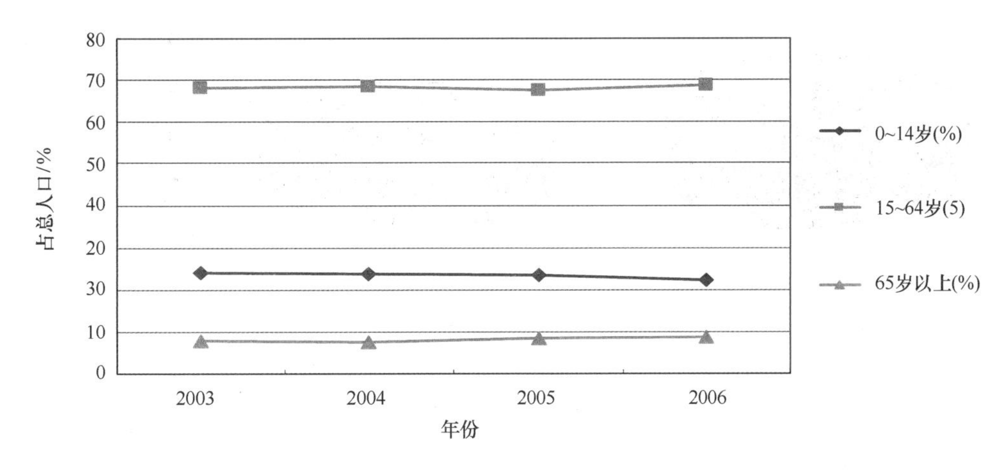

图 6.1　2003—2006 年海南人口年龄分布

人口大约 384.22 万人，占总人口比重的 46.1%；乡村人口 449.22 万人，占 53.9%。由图 6.2 可知，海口市和儋州市的人口比重最大。

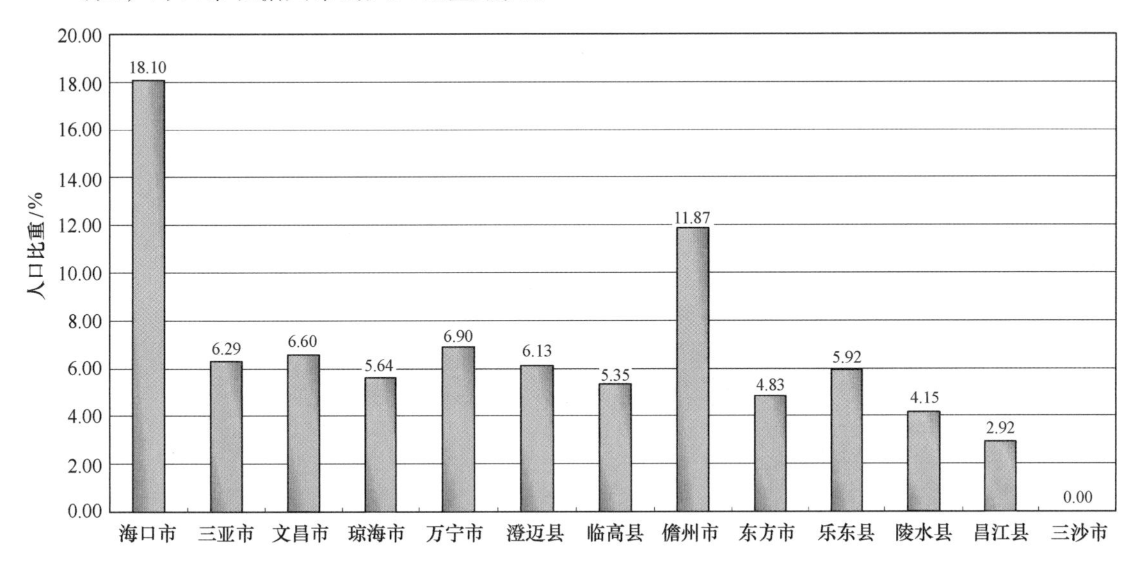

图 6.2　2006 年海南沿海市县人口比重

6.1.2.3　人员素质

据“908 专项”调查登记结果显示，6 岁及以上人口中，2006 年海南的年平均受教育年限为 8.1 年，比 1990 年增加了 1.7 年。但从文化层次划分看（图 6.3），2006 年海南的人员素质虽然比 1990 年有了明显的提高，但总体水平依然偏低，2006 年 5 大类层次划分标准中，海南属于高等教育及以上水平的，比例仅为 19.82%，其中高中的为 14.37%，大专以上的为 5.45%；属于中等教育水平（初中文凭）的占 40.66%，排位第一；属于低下文化水平（小学文凭）的占 30.90%，排位第二；还有文盲人口 66.07 万人，占 8.63%，比大专以上文化水平的比例还高出 3.2 个点。

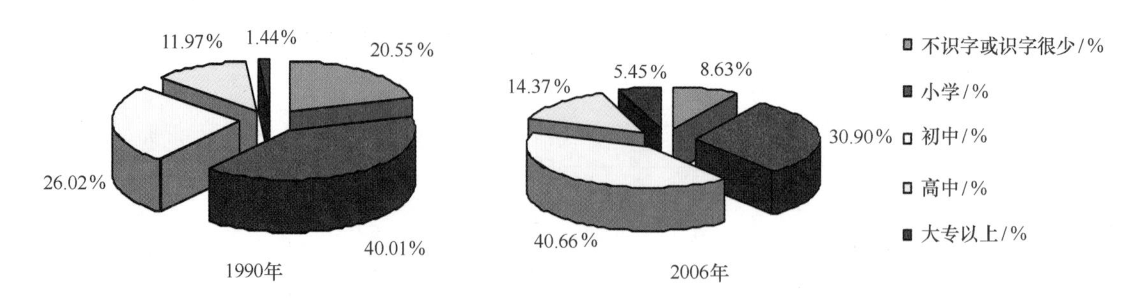

图6.3 海南1990年和2006年人员素质变化对比

6.1.2.4 人口流动趋势

总的来说，海南人口表现为从中部山区的“低-低”集聚逐渐向周边沿海地区“高-高”集聚扩展的环带状模式。这主要与海南的区域地理特征及经济发展情况有关。海南岛中间高耸，以五指山、鹦哥岭为隆起核心，向外围逐级下降，由山地、丘陵、台地构成环形层状地貌，梯级结构明显，生活环境条件较差，经济发展水平较低，从而影响了人口的分布。而岛的周边则多为滨海平原，生活环境较好，交通条件、基础设施条件等较为完善，吸引了大量的人口移入。这种区域人口聚集与差异并存的局面将直接影响海南未来经济和社会的可持续发展。

从人口变化数来看（表6.11），2006年变化比较大的市县有海口、陵水、临高、三亚；2009年变化比较大的市县有三亚、昌江、儋州、临高，净迁入率（即增长率）均在2%以上，说明沿海市县对人口的吸引力较大。

表6.11 2000年、2006年、2008年、2009年海南沿海市县人口变化情况

市县	2005年	2006年	变化数/人	增长率/%	2008年	2009年	变化数/人	增长率/%
海口市	1 473 015	1 508 612	35 597	2.4	1 558 214	1 582 686	24 472	1.6
文昌市	539 739	549 776	10 037	1.9	570 795	57 6774	5 979	1.0
琼海市	463 409	469 912	6 503	1.4	482 491	488 333	5 842	1.2
万宁市	566 808	575 155	8 347	1.5	590 994	601 012	10 018	1.7
陵水县	337 220	346 249	9 029	2.7	357 654	363 999	6 345	1.8
三亚市	511 947	524 170	12 223	2.4	545 817	557 054	11 237	2.1
乐东县	489 574	493 248	3 674	0.8	516 084	525 830	9 746	1.9
东方市	392 989	402 902	9 913	0.2	427 232	434 880	7 648	1.8
昌江县	241 299	243 367	2 068	0.9	254 692	260 280	5 588	2.2
儋州市	981 884	989 147	7 263	0.7	10 30 695	1 054 816	24 121	2.3
临高县	427 574	445 848	18 274	4.3	473 358	484 044	10 686	2.3
澄迈县	508 357	511 264	2 907	0.6	528 755	537 470	8 715	1.6

从地域属性划分看，1987年海南沿海市县总人口为507.19万人，占全省总人口的82.5%，2006年增加至705.98万人，比例上升了将近2.2个百分点，接近《海南海洋经济发展规划》中85%的人口发展目标，人口趋“海”性态势日趋明显。从城乡划分看，2006年海南城镇人口比重为46.1%，比1987年上升了29.5个百分点，人口趋“城”性凸显。从经济发展层次划分看，

2006年海口市人口为150.86万人，占总人口的18.05%，比1987年上升了4.4个百分点，国际旅游大都市三亚上升了0.9个百分点，沿海大县儋州市上升了1.2个百分点；西部重工业基地东方市上升了0.2个百分点（图6.4）。人口向海洋大市、大县移动的趋势日渐扩大。

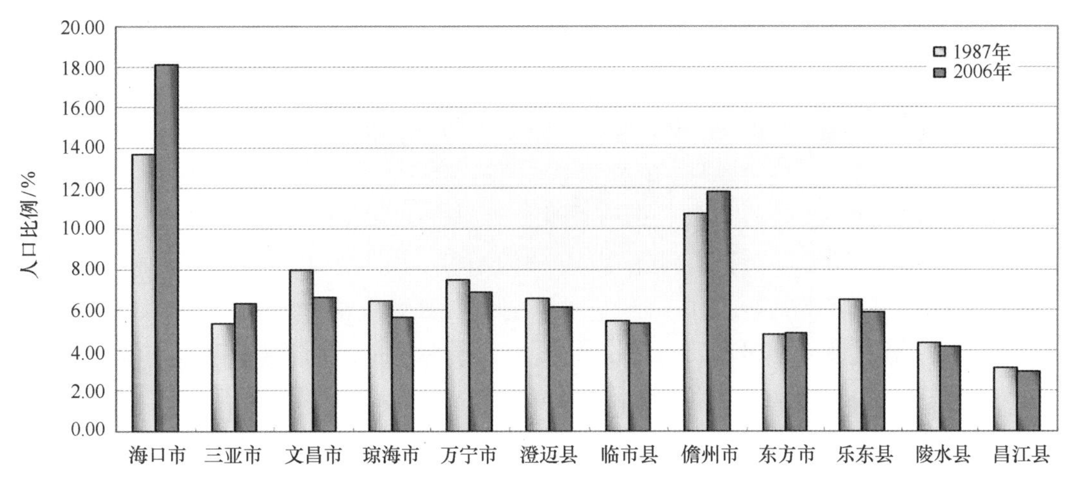

图6.4 1987年和2006年海南沿海市县人口比例变动情况

6.1.2.5 沿海市县人口发展

据人口普查资料显示（表6.12），从人口构成来看，2000年三亚市、文昌市、琼海市、澄迈县、东方市、昌江县的城镇人口比重较1990年有较大的提升，增幅均在10%以上，城市化速度比较快；其他市县保持平稳增长。从人口素质看，2000年陵水县的高素质人口比重较1990年有明显提高，三亚市、琼海市、万宁市、澄迈县、东方市、乐东县保持平稳增长，其他市县均有所下降，这主要是由于大量的人口流动引起的。从人口年龄分布看，2000年文昌市、琼海市的人口老龄化趋势明显，其他市县的老龄人口比重变化不大。

表6.12 1990年和2000年海南各沿海市县人口变化对比

市县	城镇人口比重/%			高素质人口（高中及大专以上）			老年化人口（65岁以上人口）比重/%		
	1990年	2000年	增幅	1990年	2000年	增幅	1990年	2000年	增幅
海口市				34.42	30.58	-3.83	4.84	5.29	0.45
三亚市	23.42	45.05	21.64	13.31	18.96	5.65	3.70	4.29	0.59
文昌市	13.21	34.43	21.22	12.94	11.67	-1.26	8.14	29.02	20.87
琼海市	10.09	40.20	30.11	13.99	15.12	1.12		9.71	9.71
万宁市	12.70	14.18	1.48	13.08	14.93	1.85	5.71	7.40	1.70
澄迈县	12.24	26.23	14.00	10.23	11.74	1.51	6.68	7.88	1.19
临高县	25.11	26.09	0.98	14.94	12.17	-2.77	7.24	7.06	-0.18
儋州市	34.99	40.00	5.01	19.09	12.47	-6.62	4.81	5.96	1.14
东方市	12.72	36.14	23.42	9.59	12.08	2.49	4.24	4.80	0.56
乐东县	17.91	22.23	4.32	11.00	12.33	1.33	5.43	5.05	-0.39
陵水县	12.37	15.04	2.67	11.39	23.67	12.28	4.25	5.90	1.65
昌江县	32.20	45.41	13.21				5.50	5.44	-0.06

6.1.3 就业

据“908专项”调查登记结果显示，2006年海南总的从业人员为391.96万人，其中第一产业总就业人数比重为54.79%，第二产业9.92%；第三产业35.29%。2009年海南总的从业人员为424.56万人，第一产业就业比重比2006年下降了1.65个百分点，第二产业比重增加了1.44个百分点，第三产业比重增加了0.21个百分点，说明就业结构在优化。而第一产业就业比重仍占主导，这与海南典型农业省，工业不发达，旅游业蓬勃的省情较为相符。此外，2005年劳动适龄人口516万人（国内标准，男16~59岁，女16~54岁），随着更多的青少年人口跨入劳动就业年龄，劳动适龄人口逐渐增多，预计2020年劳动适龄人口是587万人，将达到峰值，再加上每年还有一定数量的外地民工来海南寻找就业机会，可以说21世纪海南的劳动力资源是非常充足的，这将会为未来海南经济的发展提供不可或缺的前提条件。但同时因劳动力人口不断增多，海南的就业压力将会越来越大。

从各市县就业人口在三次产业之间的分布看（表6.13），与2000年对比，海口市、三亚市、洋浦的第三产业带动人口增长的效果较其他产业比较明显，这主要归因于海口市不断活跃的旅游业和高新技术产业的崛起；其余市县第一产业带动人口增长的效果比较其他产业占绝对优势。从理论上说，发展第三产业能够带动更多的就业人口，因此，沿海各市县应当找准差距，合理引导各产业对就业人口的吸收。

表6.13 2000年、2006年、2009年海南各沿海市县三次产业就业比例变化对比 %

市县	2000年			2006年			2009年		
	第一产业	第二产业	第三产业	第一产业	第二产业	第三产业	第一产业	第二产业	第三产业
海口市	68.26	20.24	11.50	22.58	17.70	59.72	22.22	19.70	58.08
三亚市	49.79	6.79	43.42	49.97	6.27	43.76	42.68	5.94	51.38
文昌市	62.57	10.27	27.16	59.45	11.19	29.36	60.44	11.68	27.88
琼海市	63.42	9.67	26.91	61.69	8.75	29.56	58.09	10.16	31.75
万宁市	67.37	7.35	25.28	58.39	8.66	32.94	60.37	11.90	27.73
澄迈县	64.04	10.61	25.35	60.21	11.26	28.53	61.07	13.51	25.42
临高县	69.93	6.02	24.05	68.99	6.52	24.49	67.06	7.58	25.36
儋州市	67.61	8.62	23.77	66.21	7.54	26.25	66.48	10.27	23.25
东方市	75.81	5.78	18.41	72.86	6.29	20.84	70.56	6.03	23.41
乐东县	72.25	7.50	21.25	64.01	7.72	28.27	60.84	7.05	32.11
陵水县	71.19	5.76	23.05	70.42	4.29	25.29	70.85	5.28	23.87
昌江县	65.43	17.16	17.41	64.60	10.95	24.45	68.07	10.81	21.12
洋浦	47.44	6.17	51.39		54.60	45.40		48.81	51.19
农垦	94.71	1.55	3.74	93.68	1.99	4.33	89.05	1.74	9.21
三沙市			100			100			100

综观海南就业情况（表6.14），沿海就业人口从1995年到2009年保持稳定增长，年平均增长1.72%；非沿海就业人口从1995年到2009年基本保持稳定增长态势，年平均增长1.95%。非沿海就业率始终在33%以上，近几年均保持在37%以上，2009年为38.45%，而沿海就业率在48%以上，2009年为50.02%，比非沿海就业率高11.6个百分点，沿海地区吸

纳就业人口比非沿海地区占显著优势。

表 6.14 1995—2009 年海南就业情况

	1995	2005	2006	2007	2008	2009
非沿海就业人口/万人	38.98	46.69	47.2	50.26	49.64	51.08
非沿海总人口/万人	115.74	125.62	127.45	129.46	131.03	132.84
非沿海就业率/%	33.68	37.17	37.03	38.82	37.88	38.45
沿海就业人口/万人	294.11	335.84	344.76	349.75	358.72	373.48
沿海总人口/万人	586.68	693.41	705.99	719.8	733.7	746.72
沿海就业率/%	50.13	48.43	48.83	48.59	48.89	50.02

在党的十六大报告中，江泽民同志就提出了“就业是民生之本”，解决就业问题是我国当前和今后长期重大而艰巨的任务。针对当前就业矛盾突出的问题，胡锦涛同志在党的十六届三中全会上提出：“把扩大就业放在经济社会发展更加突出的位置，实施积极的就业政策，努力改善创业和就业的环境”。因此，扩大就业问题是当前国内外亟待解决的问题。而海南目前的就业压力仍然很大，就业结构性矛盾突出，第二、三产业对就业人口的吸纳作用不明显，亟须采取有效措施改善就业环境。

稳定就业是海南社会长治久安的重要保障，是解决民生问题的核心所在。促进就业是一项庞大的重点工程，需要各方面的共同努力。一是要加快发展经济，以经济发展促进就业。二是要继续坚持落实积极的促进就业政策，充分发挥各方面促进就业的作用。三是要大力开展就业培训工作，加强劳动力市场建设。

6.1.4 城镇化

6.1.4.1 城镇分布

海南除了有海口、三亚和三沙 3 个地级市，沿海城镇包括 10 大市县的县城。其中，东部地区有 4 个县城，西部地区有 6 个县城，各沿海市县除县城外，其他乡镇数如表 6.15 所示。2009 年大多数沿海市县的城镇人口比重达到 40% 以上，仅乐东和临高分别只有 31.65% 和 37.20%。而海口、三亚分别为 60.40%、54.50%，充分体现了地级市加速城镇化建设的优势。

表 6.15 2009 年海南沿海市县城镇分布

	东部地区				西部地区					
	文昌	琼海	万宁	陵水	乐东	东方	昌江	儋州	临高	澄迈
县城	文成镇	嘉积镇	万城镇	椰林镇	抱由镇	八所镇	石碌镇	那大镇	临城镇	金江镇
乡镇/个	15	11	11	10	10	9	7	16	10	9
城镇人口比重/%	42.83	40.86	47.70	41.50	31.65	45.00	49.66	44.50	37.20	44.25

6.1.4.2 城镇结构

顺应海南工业化加速发展和服务业优化升级的趋势，调整城镇结构，优化城镇布局，壮大城镇经济，大力推进城镇化，逐步形成结构有序、分工合理、功能优化、经济繁荣的城镇体系。城镇职能结构的规划应立足长远、体现特色、节约耕地、保护环境。城镇职能类型具体可包括：工业主导型、商品流通型、外向或旅游带动型、工矿服务型和综合服务型等。海南省城镇体系职能结构规划必须根据不同城镇的自然条件、经济水平、产业分工基础和人口分布等差异，在科学论证的基础上，因地制宜地制定各具特色的城镇职能，逐步建立起合理、协调的城镇职能体系结构。其中，石碌镇、八所镇属工业主导型，文成镇、嘉积镇、万城镇属旅游带动型，抱由镇、临城镇、金江镇、椰林镇属农业主导型，那大镇农、工、旅游服务业并进发展。

实现海南城乡一体化的道路主要是增强推动城市化发展的内生动力，提升城乡之间的产业关联度，构建重点城市带动的沿海城乡功能带，主要是以海口为核心，构建西起洋浦东至文昌，以工业为主的北部城镇功能带；以三亚为核心，构建以大众观光度假旅游为主的三亚——博鳌东部城镇带；以东方为核心，构建以高端旅游市场为目标的西部城镇带。

6.1.4.3 城镇发展

科学城镇化发展思路为城镇化较快发展指明了前进方向，产业结构的调整升级为城镇化较快发展增加了新的动力，基础设施的日益完善为城镇化较快发展提供了有力支撑，配套政策的逐步建立为城镇化较快发展解除了后顾之忧。2009 年海南城镇化水平高达 49.13%，比 1987 年上升了 32.53 个百分点。城市基础设施建设不断完善，建成区面积迅速扩大，园林绿化和环境整治迈上新台阶，实施了一批生态建设重点工程，建成了一批公园和景观带，绿地率大幅度提高，绿化、美化了城镇环境。海口市已从一个小城市发展成为一个初步现代化外向型中等省会城市，先后获得全国投资硬环境 40 优、国家环保模范城市、卫生城市和园林城市等荣誉称号；三亚市已由一个贫穷落后的小渔村变成了初具规模的国际化热带海洋旅游大都市，先后荣获国家卫生城市、国家园林城市、最佳中国魅力城市等荣誉称号，荣膺“中国人居环境奖”；加积、那大、文城等一批城镇基础设施明显改善，建成区面积迅速扩大，市区环境越来越优美，是岛内外人民向往的理想居住地；涌现出田独镇、凤凰镇、博鳌镇、灵山镇、老成镇等一批环境优美、生机勃勃的小城镇。三沙市 2012 年 6 月成立后，基础设施全面展开，2013 年起开展两沙群岛观光旅游业务。

但目前沿海城镇发展存在的主要问题是布局分散化，通达性水平低，等级规模体系不合理，城镇发展空间尚处于极点式阶段，缺乏密切联系。城镇发展总体上还处于极点式发展的初始阶段，离城镇群或城镇带的形成阶段还有很长的距离。

各沿海城镇的发展状况简介如下。

海口市分设秀英、龙华、琼山、美兰 4 个区，共辖 24 个镇、17 个街道办事处、138 个社区居委会、248 个村民委员会、2765 个经济社（村民小组）、4 个农垦农场、2 个省属农场。2006 年年底，海口市常住人口 176.68 万人，其中，美兰区 54.34 万人，琼山区 40.86 万人，龙华区 46.91 万人，秀英区 31.62 万人。全市户籍人口 150.86 万人，其中，非农业人口 86.49 万人，农业人口 60.8 万人。海口市以加快城市交通建设推动交通运输业发展作为带动城市发展的重要手段，构架以东西、南北向主干道为骨架的贯穿主市区、连接全岛的地面交通网络；致力提高港口设施装备水平，大力发展海洋运输业；建成具有现代水平的海口美兰国际机场，加快发展航空运输业。全市有东站、西站、南站、新港站 4 个长途客运站。

三亚市辖两个管理区（河东管理区、河西管理区）、一个办事处（南海办事处），10个镇（藤桥镇、林旺镇、红沙镇、田独镇、羊栏镇、荔枝沟镇、天涯镇、崖城镇、保港镇、梅山镇），3个乡（高峰、育才、雅亮）。此外还管辖南田、南新、南岛、立才、南滨5个国有农场。常住人口为73.6万人，户籍人口为52.4万人，其中城镇人口约为25.69万人，乡村人口约为26.71万人。三亚聚居了汉、黎、苗、回等20多个民族，少数民族人口占总人口的43.1%，其中以黎族人口居多，约20.5万人，苗族人口约3 533人，回族人口约7 716人。三亚市旅游资源得天独厚，是海南省风景名胜最多而又最密集的地方，在约两百千米的海岸线上，密布亚龙湾、大东海、鹿回头公园、天涯海角、海山奇观、南山文化旅游区等闻名中外的旅游景点。

文城镇总人口11万余人。文昌市以航天城项目为龙头，以环东海岸“两桥一路”为轴线，以木兰滨海新城、铜鼓岭旅游城、八门湾休闲水城、文城商贸城、冯家湾度假休闲城以及文明生态片区、永青现代农业观光园区为支撑，形成文昌“城乡互动、和谐发展”的新布局，一个具有中等规模的文化、航天、椰林特色鲜明的海洋旅游城市将展现在美丽的东海岸。

嘉积镇辖区面积为196 km^2，总人口15万人，其中常住人口12.9万人，流动人口2.1万人。全镇共有4 900家铺面；108家宾馆，其中星级宾馆12家；餐饮业488家；120家公司，193工业企业，其中规模工业5家（海南新天久食品有限公司、琼海坤和贵金属厂、海南豪创药业有限公司、海南理文纸品有限公司、海南雄隆食品有限公司）。

万城镇辖区面积109 km^2，总人口14.2万人，其中城镇人口6.3万人，农业人口7.9万人。全镇有旅外华侨5万人，是全国著名侨乡之一。镇委、镇政府全力配合市有关部门抓好市政建设，加快城北新区开发建设步伐，新区市民公园、万宁文化商业广场、万州大道改造工程、环市一路、三路、保安商住城等重点工程建设正在有序的建设之中。

椰林镇全镇总面积77.1 km^2，人口9.6万，着力发展农产品贸易。

那大镇面积238.76 km^2，人口20多万人，是海南省人口最多的县市驻地，区内有著名的兰洋旅游度假区和西联工业区。

抱由镇全镇土地总面积423 km^2，总人口39 171人。近年来，抱由镇充分利用本地丰富资源优势，招商引资，大力调整农村一、二、三产业结构，逐步形成了农业产业化格局，建成以香蕉产业为龙头的香蕉、龙眼、芒果、槟榔、反季节瓜菜等五大农业开发基地12 800亩，共吸引外资1 000多万元。

八所镇行政区域面积303 km^2，总人口14.32万人。辖区内乡村公路已经形成网络，基础设施日趋完善，交通快捷方便。农业基础稳定，工业迅速发展，市场繁荣稳定。八所镇建设化工城的目标是，依托现已建成的中海油富岛化工厂，通过20—30年的努力，建设成为南海海洋油气资源主要的加工转化基地、大型甲醇生产基地、大型精细化工基地，建设成为现代化的生态型化工城区。

石碌镇区域面积220 km^2，总人口57 145人（不含矿区人口），其中农村人口19 708人。石碌以“工业兴镇”这一战略部署的实施如虎添翼。近年来，新一届镇委、政府全面贯彻“三个代表”重要思想，树立和落实科学发展观，不断创新工作思路；立足区位优势和资源优势，以服务城市，富裕农民为目标；做好“一城二区三张牌”文章，推进“六镇”工程，建设小康石碌。

临城镇，全镇面积164.4 km^2，海岸线10 km，总人口108 542人。以盛产水稻、番薯、糖蔗、瓜菜等农产品为主，是全县的重要粮仓和工业原料产地。近年来，以高位池养虾为主的海水养殖得到较快发展，成为临城镇经济发展的新亮点。

澄迈县坚持遵循“循序渐进、节约土地、集约发展、合理布局”的原则，加大提高城镇建设管理力度，促进城镇面貌发生明显变化，逐步在全县范围内建立起设施配套、功能齐全、环境优美、各具特色的小城镇体系。到2010年，全县城镇化水平要达到40%左右。要依托金江依山靠水的自然优势，按照“金马大道为轴，金江河段为脉，南蛇山岭为屏”的县城发展思路，把金江镇建设成为一个文明、整洁、亮丽的现代化中心城镇。加快农村城镇化进程，建设一批工贸港口型、农贸型、旅游型、交通型的小城镇。努力把老城镇建设成为澄迈县新兴工业城及旅游新热点，把永发镇建设成为澄迈县农副产品集散地，把福山镇建设成为澄迈县热带水果旅游观光基地，把文儒镇建设成为澄迈县南部商贸流通中心。

6.1.5 沿海功能园区概况

6.1.5.1 基本概况

海南省海洋经济发展的总体目标是：海洋资源得到合理开发，海洋生态环境得到有效保护，海洋经济结构和布局逐步优化，海洋经济综合竞争力稳步提升。根据海南省海洋经济发展目标，海南省海洋功能区划共分为10个功能区以及269个二级功能区，整体功能和《海南省海洋经济发展规划》的思路是一致的。功能园区是指位于沿海市区（拥有海岸线的地级市）和沿海县（拥有海岸线的县级市）区域范围内的各类园区，主要包括：经济技术开发区、高新技术开发区、旅游度假区、商贸开发区、工业园、创业园、软件园、环保产业园和物流产业园等各级各类开发区和园区。据“908专项”调查登记结果显示，2006年海南各级各类临海功能园区的总体规划面积为135.73 km^2，已开发71.45 km^2，累计投资258.42亿元，创造产值244.51亿元，利税总额30.59亿元，吸收就业人员58 927人。

海南省生态环境功能区规划是根据区域社会经济活动类型、生态环境要素、生态环境敏感性与生态服务功能空间分布规律，将区域划分为禁止准入区、限制准入区、重点准入区和优化准入区，并在此基础上进行生态环境功能小区规划，明确各生态环境功能小区的环境保护基本要求、污染控制、生态环境保护与建设措施的过程。海南省海洋功能区规划在保持和海南省生态环境规划相一致的前提下共划分了37个海洋保护区，其中包括18个人海洋和海岸自然生态保护区、8个生物物种自然保护区以及5个自然遗物和非生物资源保护区。

以地级市为单元进行统计，截至2007年底确权发证用海，海南省各重点海域的开发利用情况见表6.16（其中，a：海域所有权证书/本，b：海域使用面积/hm^2）。

表6.16 2007年底海南省沿海海域开发利用情况

地级市		渔业用海	工业用海	交通运输用海	旅游娱乐用海	海底工程用海	排污倾倒用海	造地工程用海	特殊用海	其他用海	合计
儋州	a	137	1	7	–	1	2	2	–	–	150
	b	280.14	65.88	169.59	–	2.67	18.25	87.76	–	–	624.29
昌江	a	42	–	–	–	–	–	–	–	1	43
	b	312.17	–	–	–	–	–	–	–	2.46	314.63

续表 6.16

地级市		渔业用海	工业用海	交通运输用海	旅游娱乐用海	海底工程用海	排污倾倒用海	造地工程用海	特殊用海	其他用海	合计
三亚	a	8	–	9	15	1	–	1	1	–	35
	b	975.47	–	41.02	166.93	12.28	–	36.54	2	–	1 234.24
陵水	a	19	–	–	3	–	–	–	–	–	22
	b	344.95	–	–	17.48	–	–	–	–	–	362.43
临高	a	53	1	–	–	–	–	–	–	–	54
	b	395.83	50	–	–	–	–	–	–	–	445.83
东方	a	29	1	1	1	1	1	1	–	–	35
	b	121.91	0.03	113.15	4.7	109.24	0.2	96.07	–	–	445.3
文昌	a	–	–	–	–	–	–	1	–	–	1
	b	–	–	–	–	–	–	0.35	–	–	0.35
海口	a	–	–	–	3	–	–	1	–	–	4
	b	–	–	–	23.31	–	–	9.07	–	–	32.38
琼海	a	–	–	1	–	–	–	–	–	–	1
	b	–	–	545	–	–	–	–	–	–	545

资料来源：李洁琼等．关于海南省海洋功能区划修编的思考［J］．海洋开发与管理，2009 年第 5 期：第 31 ~ 33 页。

由表 6.16 可知，海南省沿海海域开发利用在各沿海市县并不均衡，三亚、儋州、琼海的海域使用面积相对较大，均在 500 hm^2 以上；而文昌和海口的海域使用面积比较少，文昌仅利用了 0.35 hm^2，海口也只有 32.38 hm^2。从海洋利用频率来看，儋州、临高、昌江的利用频率较高，海域使用权证书数量均在 40 以上；而文昌、海口、琼海均在 5 以下。从海域利用途径来看，主要是渔业用海，占总利用率的 83.7%，旅游娱乐、交通运输、工业用海的利用率较低，分别为 6.1%、5.2%、0.87%。可见，海南省沿海海域的利用水平还有待提高。

目前海洋功能区划面临几个重大背景：一是海南正在加速推进成为以旅游国际化程度高、生态环境优美、文化魅力独特、社会文明祥和的世界一流的海岛型国际旅游目的地为目标的海南国际旅游岛建设；二是人们居住环境的趋海性；三是世界海洋经济的大发展；四是南海石油天然气等战略性资源的综合开发和深度开发；五是新型工业省尤其是西部工业走廊的建设正在加速推进；六是海洋经济可持续发展使海洋资源和环境保护问题更加突出。在这些背景下，近岸海域的用海方向必将发生较大的变化，这从客观上要求对原有的海洋功能区划进行修编。

“一省两地”发展战略的提出，尤其是“新型工业省”和“国际著名的休闲度假旅游胜地”的提出，加速了海南社会经济发展，促进了产业结构的优化升级，同时，对海洋资源的开发利用提出了更高的要求，在客观上要求对海洋功能区划进行修编。在海南“国际旅游岛”建设和从观光旅游向休闲度假旅游转型的大背景下，全省掀起了新一轮的旅游业大发展高潮，各沿海市县更是充分利用沿海的优势，积极做强做大海洋旅游产业。从已经考察过的几个沿海县市看，陵水几乎将所有的近岸海域都作为旅游区；三亚的近岸海域也基本上被旅游区所覆盖；文昌利用铜鼓岭国家自然保护区和文昌卫星发射基地的独特优势大作旅游文章，随着文昌“两桥一路”计划的立项建设，文昌的海洋旅游业还将有进一步的发展和突破；乐东共有 6 215 km 的海岸线，其中 33 km 以上的海岸线及其近岸海域将作为旅游区来开发和发展；洋浦港的工业用海规模也随着经济发展在继续增大。旅游用海和工业用海面积的增大必然挤占原来区划的养殖区、保护区和保留区，为论证这些海洋功能区变更的科学性和合理性，也为了保证必要的海洋功能区的变更需要，必须对原有海洋功能区划进行修编。

6.1.5.1 成就与潜力

从表 6.17 可知，国家级功能园区的规划面积占总体面积的 17.13%，创造产值占总园区产值的 52.41%，利润总额比例高达 60.71%，吸纳就业比例为 33.96%，开发面积尚有 61.51% 的空间，拉动海南经济增长潜力可观；省级功能园区是当前海南临海功能开发区的投资重点，2006 年累计投资 202.06 亿元，创造经济产值 67.86 亿元，共吸纳就业人员 28 299 人，开发面积亦有着 44.43% 的拓展空间；市级功能园区，2006 年创造产值 48.51 亿元，利税总额收入 3.52 亿元，吸纳就业人数 10 609 人，同样在海南的临海功能区中扮演着不可或缺的一角。另外，关于部级、县区级功能园区的开发，海南目前尚属空白，这是不足，亦是不容忽视的巨大潜力。

表 6.17 2006 年海南临海功能园区调查登记结果

级 别	规划面积 /km^2	已开发面积 /km^2	累计投资 /亿元	生产总值 /亿元	利税总额 /亿元	从业人员 /人
国家级	23.25	8.95	56.36	128.14	18.57	20 019
部级	—	—	—	—	—	—
省级	112.48	62.5	202.06	67.86	8.50	28 299
市级	—	—	—	48.51	3.52	10 609
县级	—	—	—	—	—	—
合计	135.73	71.45	258.42	244.51	30.59	58 927

6.2 海洋经济及主要海洋产业发展状况

6.2.1 海洋经济总量及产业结构

建省之初，海南作为祖国的边防前沿、军事重地，海洋经济没有得到充分的重视和开发，唯有渔业一枝独大。随后，海洋交通、海盐、海洋旅游等产业不断发展壮大，扩充了海洋经济内涵，海洋产业结构不断得以完善；进入 21 世纪，随着海南省委省政府提出建设“新型工业省”发展思路，在不污染环境的前提下，实施“大企业进入、大项目带动”的“双大”发展战略，海洋油气业，海洋化工业、临海工业，海洋医药生物业等得到大力发展。

目前，海南的海洋经济已基本形成了海洋渔业、海洋旅游、海洋油气综合开发、海洋交通运输业四大支柱产业的发展格局。2006 年，四大支柱产业对全省海洋的经济贡献为 56.16%（图 6.5），超过五成，其中海洋渔业贡献了 26.18%，海洋旅游业贡献了 15.23%、海洋油气综合开发业贡献了9.60%、海洋交通运输业贡献了5.15%。蓝色军团的崛起日渐成为海南新的经济增长点，推动沿海市县全面发展。据海洋相关资料显示（图6.5），2006年海南共完成海洋经济生产总值362.06亿元，占全省GDP的35.1%，经济贡献超过三成，全国11个沿海省市中排名第三（上海第一，天津第二）。2006年海南沿海市县地区生产总值982.25亿元，占全省地区生产总值的93.3%，总人口占全省的84.7%，从业人口占83.6%，已基本接近《海南省海洋经济发展规划》中90%、85%、85%的目标，海洋经济对社会发展的贡献日益凸显。2008年海南海洋生产总值为429.6亿元，三大产业比重分别为20.3%、26.5%、53.2%。

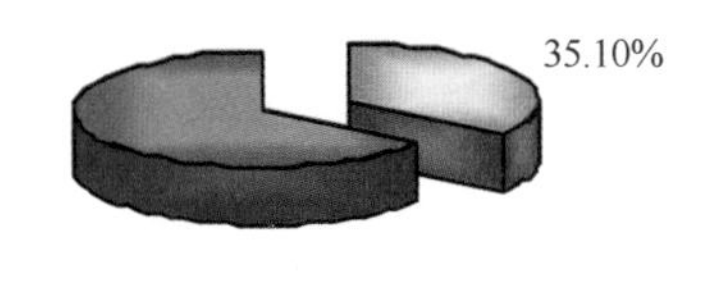

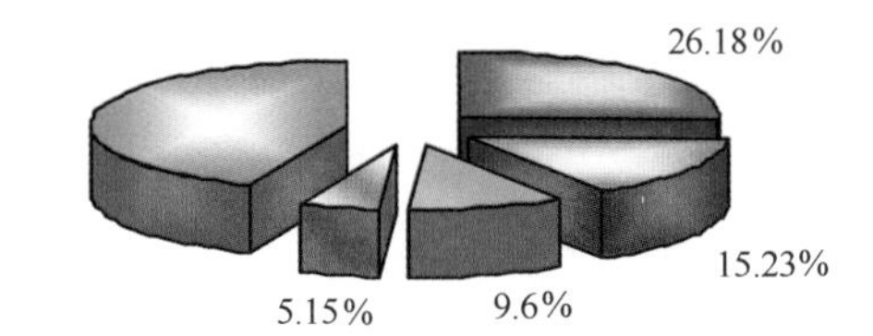

图6.5　2006海南海洋经济及四大支柱产业贡献率

由于《2007年海洋统计年鉴》统计口径与之前的年份不一致，故选取2000—2005年主要海洋产业及各产业结构作为统计对象。

由表6.18可知，海南省主要海洋产业产值在逐年递增，产值由2000年的70.23亿元增长到2005年的250.87亿元，平均增长率为51.44%；对经济增长的贡献也在加大，主要海洋产业产值占GDP的比重由2000年的13.3%扩大到2005年的27.7%，可见海洋经济发展得到了一定的重视。而从三次产业产值来看，一产主导优势明显，三产比重在加大，可见海洋产业结构在不断优化，但与“三二一”的产业结构比还有很大差距。

表6.18　2000—2005年海南省海洋产业结构　　单位：亿元

年份	主要海洋产业产值a	一产	二产	三产	a/GDP	三产比
2000	70.23	61.19	2.29	6.75	13.3%	87:3:10
2001	102.31	80.83	2.42	19.06	17.7%	79:2:19
2002	109.44	87.76	4.21	17.47	17.0%	80:4:16
2003	145.93	112.59	3.49	29.85	20.4%	77:2:21
2004	220.48	120.92	4.97	94.59	26.9%	55:2:43
2005	250.87	142.90	2.48	105.49	27.7%	57:10:33

从2006年海洋经济各产业发展情况看（图6.6），海洋渔业一枝独秀，对海南省海洋经济发展而言是过热产业；滨海沙矿业、盐业、生物医药业、电力业、船舶工业的发展相对滞后，需要重点扶持；而油气、化工、交通运输、海洋旅游业发展也还未达到预期目标。事实上，海洋旅游业和油气化工是海洋产业中最具有带动作用的主导产业，优先发展好这些产业对海南省就业问题的解决具有很大的促进作用。因此，必须科学规划好各产业的发展思路，才能发挥海洋经济对全省国民经济增长的促进作用。

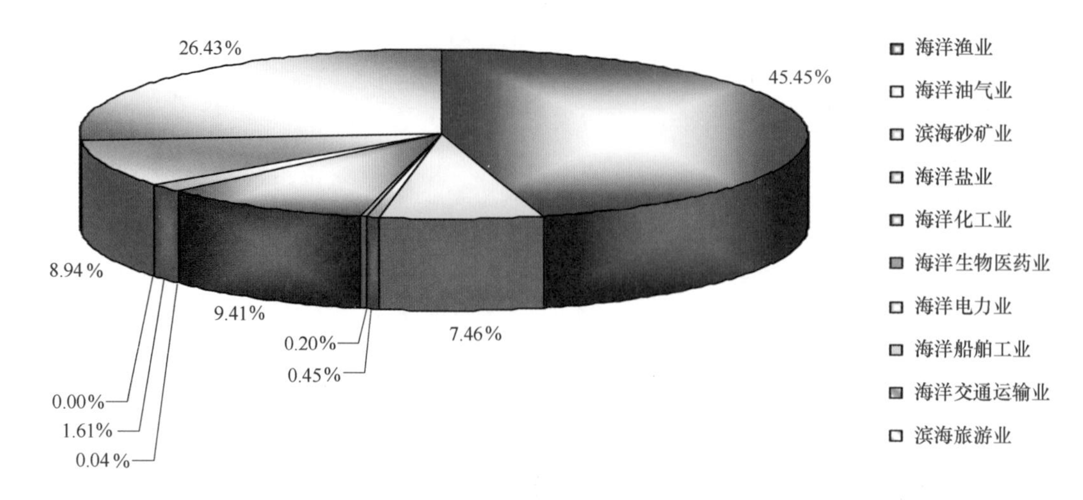

图 6.6　2006 年海南各主要海洋产业增加值构成

6.2.2　主要海洋产业发展状况

6.2.2.1　海洋渔业

海洋渔业包括海水养殖、海洋捕捞、海洋渔业服务业和海洋水产品加工等活动，是海洋产业的先导产业，在海洋经济中占比重最大。2006 年海南共实现渔业增加值 94.80 亿元，对总体海洋经济贡献了 26.18%。目前，海南渔业产业结构已突破了传统发展格局，实现了三大转变：海洋捕捞实现由浅入深、水产养殖实现由港内向近海发展、水产加工实现由初级加工向精深加工转变。

从 2005 年海南省主要海洋产业构成来看（表 6.19），海洋渔业及相关产业、海洋旅游业占主导地位，两者比重达到 87.8%。

据“908 专项”调查数据显示，从 2003—2006 海南省海洋渔业分类产值情况来看（表 6.20），海洋水产品加工和海洋休闲渔业的总产值和增加值的比重在上升；海水养殖的增加值保持在 60% 左右；海洋捕捞的总产值保持在 55% 左右。

表 6.19　2005 年海南省主要海洋产业构成

	主要海洋产业	海洋渔业及相关产业	海滨砂矿	海洋盐业	海洋生物医药	海洋电力	海洋工程建筑	海洋交通运输	滨海旅游	其他产业
产值/亿元	250.87	142.90	1.29	0.52	0.51	0.11	0.05	7.19	77.23	21.07
比重/%		57.00	0.51	0.20	0.20	0.00	0.00	2.90	30.80	8.40

表 6.20　2003—2006 年海南省海洋渔业分类产值　　单位：万元

年份	2003	比重/%	2004	比重/%	2005	比重/%	2006	比重/%
渔业总产值	1 051 969.49		1 176 642.47		1 366 793.26		1 539 297.47	
海水养殖业	299 500.00	28.47	315 074.00	26.78	381 667.92	27.92	418 665.00	27.20

续表 6.20

年份	2003	比重/%	2004	比重/%	2005	比重/%	2006	比重/%
海洋捕捞业	606 000.00	57.61	669 012.00	56.86	752 640.00	55.07	837 330.00	54.40
海洋渔业服务业	33 103.49	3.15	26 647.92	2.26	42 073.51	3.08	47 825.22	3.11
海洋水产品加工	113 366.00	10.77	165 908.55	14.10	190 411.83	13.93	235 477.25	15.30
相关产业总产值	194 882.74		243 212.09		295 043.02		333 240.02	
#海洋休闲渔业	285.10	0.15	1 100.00	0.45	1 725.00	0.58	2 094.00	0.63
渔业增加值	622 850.66		396 361.33		748 756.96		870 129.50	
海水养殖业	194 674.09	31.26	100 706.36	25.41	248 084.15	33.13	291 090.00	33.45
海洋捕捞业	381 780.00	61.30	260 456.07	65.71	476 366.06	63.62	487 341.00	56.01
海洋渔业服务业	17 963.82	2.88	8 000.42	2.02	17 649.48	2.36	22 387.83	2.57
海洋水产品加工	28 431.85	4.56	27 198.48	6.86	66 871.27	8.93	69 310.67	7.97
相关产业增加值	31 365.18		22 055.59		35 899.27		36 512.44	
#海洋休闲渔业	219.96	0.70	416.04	1.89	880.75	2.45	1 267.20	3.41

从渔业总产值和增加值来看（表 6.21，图 6.7），2006 海南沿海地区渔业发展较快，其中儋州市和临高县的发展态势最好，远高于其他沿海市县。

表 6.21 2006 年海南沿海地区渔业发展情况 单位：万元

市县	总产值	增加值
海口市	52 420.8	32 779
文昌市	146 102.61	92 331
琼海市	81 112.66	51 853
万宁市	83 549.4	52 434
陵水县	76 068.62	46 308
三亚市	110 455.6	72 666
乐东县	31 585.07	18 985
东方市	30 255.1	20 017
昌江县	51 484.82	33 350
儋州市	352 714.55	234 294
临高县	335 191.91	215 722
澄迈县	43 452.11	28 363
农垦	43 505.2	25 385
洋浦	28 616.49	17 316

1）海洋捕捞业

海洋捕捞业作为海南省渔业的支柱产业，2006 年的捕捞产量达 116.51×10^4 t，创造经济产值 48.73 亿元，对渔业经济贡献 51.40%，超过半成。2006 年，全省拥有海洋捕捞劳动力 25.88 万人，海洋捕捞渔船 1.50 万艘，吨位 26.85×10^4 t，总功率达 72.39 kW，捕捞作业方

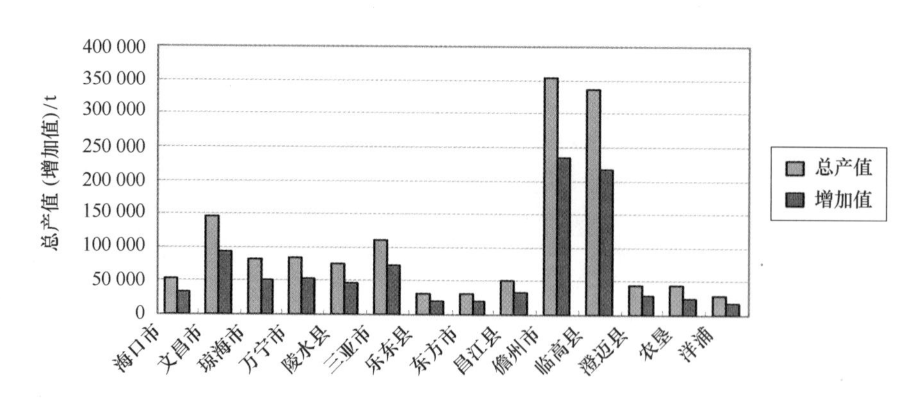

图 6.7　2006 年海南沿海市县渔业发展状况

式主要以刺网和钓业为主。2008 年海南海洋捕捞产量为 93.84×10^4 t。2006 年，海洋捕捞流刺网改三重刺网作业取得显著成效，全省近有 300 艘渔船成功由流刺网改为三重刺网作业，促进产量增长普遍在 40.0% 以上。2008 年海水养殖产量达 16.07×10^4 t。近年来，随着海洋捕捞逐渐由近海向远海发展，政府鼓励渔民多方筹集资金造大船，闯深海、闯外海，整体捕捞效益得到了明显的提高。

2005—2006 年海洋捕捞产量分别为 108×10^4 t 和 117×10^4 t。按规模划分，2006 年海南沿海市县海水捕捞产量分布如表 6.22 所示。

表 6.22　2006 年海南海水捕捞产量规模分布

海水捕捞产量/t	<1 000	1 000 ~ 10 000	10 000 ~ 20 000	20 000 ~ 30 000	>30 000
	农垦	海口市　文昌市 东方市　澄迈县 乐东县　万宁市	昌江县 琼海市 洋浦	陵水县 三亚市	儋州市 临高县

2）海洋养殖业

水产养殖业是海南发展潜力较大的产业。近些年，海南的海水养殖业由滩涂和港湾养殖向近海养殖推进，在保持和提高海湾网箱养鱼、海藻养殖、对虾养殖、滩涂贝类养殖水平的同时，积极发展近海深水网箱养殖、筏式养殖、浮绳式网箱养殖，使得近海养殖业逐渐成为海南持续发展的新兴渔业产业。据“908 专项”调查登记结果显示，2006 年海南的海水养殖面积为 1.92×10^4 hm^2，海洋水产苗种 226.0 亿尾，海水养殖产量 21.53×10^4 t，产值 41.87 亿元，占渔业总产值的 28.23%。2008 年海南海水可养殖面积增加到 8.952×10^4 hm^2，其中浅海可养殖面积 4.843×10^4 hm^2，滩涂可养殖面积 2.609×10^4 hm^2，港湾可养殖面积为 1.5×10^4 hm^2，而实际海水养殖面积仅 1.189×10^4 hm^2。养殖产品重点倾斜于名贵的海水鱼类养殖、特产虾蟹养殖、贝类养殖、海藻养殖。名贵海水鱼类养殖主要分布在陵水县新村港、三亚市榆林港、文昌市清澜港和万宁市小海、老爷海等养殖基地，主要养殖种类有石斑鱼、军曹鱼等；特产虾蟹养殖主要分布在小海周边万宁市和乐镇和港北镇内的万亩连片池塘，以“和乐蟹”和“港北虾”为主；贝类养殖主要分布在儋州、临高、东方、三亚、万宁、陵水等地沿海一带，主要是文蛤、牡蛎、鲍鱼等；已开发利用的海藻主要有江蓠、麒麟菜和马尾藻等，此外螺旋藻、盐藻等海水浮游植物的养殖和开发，前景也十分喜人。

2005 年、2006 年海南海水养殖产量分别 19×10^4 t 和 22×10^4 t。按规模划分，2006 年海南沿海市县海水养殖产量分布如表 6.23 所示。

表 6.23 2006 年海南海水养殖产量规模分布

海水捕捞产量/t	<1 000	1 000 ~ 10 000	10 000 ~ 20 000	20 000 ~ 30 000	>30 000
海水养殖产量	洋浦	琼海市 昌江县 东方市 澄迈县 乐东县 农 垦	陵水县 三亚市 海口市	文昌市 万宁市 临高县	儋州市

纵观 2006—2009 年海南沿海地区水产品产量情况（表 6.24），除万宁、乐东、东方、昌江、洋浦水产养殖情况受金融危机影响较大而导致 2009 年略有下降外，其他市县均保持平稳增长，并且沿海比重始终保持在 98% 以上，说明大力发展水产养殖必须充分利用区域优势和自然优势。

表 6.24 2006—2009 年海南沿海地区水产品产量 单位：万吨

年份	2006	2007	2008	2009	
海口市	4.31	4.74	4.96	5.03	递增
文昌市	10.74	13.76	15.06	16.4	递增
琼海市	6.51	7.03	7.43	7.46	递增
万宁市	4.42	4.78	4.88	4.85	
陵水县	6.81	7.14	7.45	7.83	递增
三亚市	6.61	7.12	7.31	7.35	递增
乐东县	2.89	3	3.02	2.99	
东方市	3.11	3.36	3.37	3.29	
昌江县	4.72	4.98	5.03	5.02	
儋州市	27.67	29.61	30.84	32.07	递增
临高县	30.66	34.67	35.92	36.15	递增
澄迈县	3.82	4.16	4.46	7.34	递增
农垦	3.26	3.3	4.06	4.11	递增
洋浦	2.61	2.57	3.3	3.27	
沿海合计	118.14	130.22	137.09	143.16	递增
全省合计	120.01	132.27	139.4	145.49	递增
沿海比重	98.44%	98.45%	98.34%	98.40%	

据“908 专项”调查数据，海南省海洋水产苗种主要是对虾，2000—2006 年的数量分别是 29.26 亿尾、66.62 亿尾、126.29 亿尾、213.90 亿尾、229.20 亿尾、232.00 亿尾、226.00 亿尾，2000—2006 年养殖数量增长迅速，2006 年的养殖数量是 2000 年的 7.64 倍，但比上年减少了 2.59%。

目前，海南省海水养殖中存在的主要问题是：苗种不足产业规模小、病害暴发、养殖环境恶化、产品保鲜运销和深加工不配套。苗种不足，包含养殖种类少，造成产品结构单调，不能满足市场需求；苗种数量少，影响生产规模，难以形成产业化；种质资源优化技术落后，如多倍体等高科技产品少，制约高产优质高效益。由于病害防治技术落后，病害问题日趋严重，已成为制约海南省对虾、石斑鱼等名贵海水养殖种类发展的主要因素，影响养殖积极性。养殖环境恶化，一是由于海水养殖经济利益的驱动，超过环境容量的盲目养殖，致使水体富营养化，造成局部海域和海岸带环境污染，不仅危害社会，而且最终破坏海水养殖；二是养殖污水未经处理地排放，导致传染性病害的暴发和养殖区周围环境的恶化；三是为了治理养殖病害和环境，乱投药和过量用药，降低了水产品质量。因产品保鲜、运销、深加工不配套和商品信息不灵，致使海水养殖产品压价滞销，挫伤养殖积极性，影响海水养殖发展。

3）水产品加工与贸易业

水产品出口加工业是海南省的新兴高附加值产业，近些年，海南的对虾、罗非鱼及海洋捕捞产品在国际市场上具有较好的声誉，主要出口美国、日本、韩国和欧盟等国家和地区。目前全省拥有海洋水产品加工企业 244 家，加工能力 71.45×10^4 t/a，实际加工 34.00×10^4 t/a，水产品加工产值 23.5 亿元。其中出口加工企业 32 家（获得 HACCP 认证的有 23 家，获得欧盟注册的有 10 家），2006 年共完成水产品出口量 7.35×10^4 t、出口额 2.57 亿美元，坐上了全省农产品出口的第一把交椅。水产出口品种中，对虾、罗非鱼和带鱼最具盛名，2006 年对全省水产品出口总额的贡献高达 89.88%，其中对虾总出口 1.75×10^4 t，创外汇收入 1.02 亿美元，对全省水产品出口总额贡献率为 39.69%；罗非鱼总出口 3.28×10^4 t，出口额 9 300 万美元，贡献率为 36.19%；带鱼总出口 1.40×10^4 t，出口额 3 600 万美元，贡献率为 14.01%。

据“908 专项”调查数据显示，1995—2006 年海南省海洋水产品加工生产情况如表 6.25 所示。

表 6.25　1995—2006 年海南省海洋水产品加工生产情况

年份	企业数/个	加工能力/（t/a）	年实际水产加工量/t	生产效率/%
1995	291	361 496	236 807	65.51
2000	180	576 045	186 498	32.38
2001	212	703 933	200 720	28.51
2002	212	637 389	246 360	38.65
2003	221	800 999	267 058	33.34
2004	215	745 356	306 920	41.18
2005	241	765 179	295 241	38.58
2006	244	714 495	339 956	47.58

尽管企业数基本在增加，加工规模基本在扩大，但加工生产效率并不乐观，绝大多数年份均低于 50%。

海南养殖业加快发展的过程中，存在着一些主要因素严重制约了海南水产品加工产业的发展。如精深加工能力不足，企业缺乏品牌意识；水产品流通发展滞后，渔业产业化水平低；应对国际贸易和技术壁垒能力不足，制约了水产品扩大出口；政府扶持力度亟待加强，企业发展缺乏后劲。

4）渔港建设

据“908专项”调查登记结果显示（表6.26），2006年海南共拥有中心渔港4个，码头全长总和2 250 m，可容纳50 t及以上的船舶5 400艘，50 t以下船舶4 100艘；一级渔港9个，码头全长总和2 611 m，可容纳50 t及以上的船舶3 400艘，50 t以下船舶4 600艘；二级渔港14个，码头全长总和2 182.5 m，可容纳50 t及以上的船舶1 790艘，50 t以下船舶4 200艘；三级渔港16个，码头全长总和1 130 m，可容纳50 t及以上的船舶2 200艘，50 t以下船舶5 470艘。按照《海南省海洋经济发展规划》，“十一五”期间，海南将建成渔船安全避风、渔货集散、生产整修、加工贸易、质量安全监督、生产补给、海洋旅游和休闲渔业为一体的产业基地，改扩建东方八所、儋州白马井、三亚六道湾、临高新盈、琼海潭门、陵水新村等6处国家级中心渔港，以及海口、文昌清澜、乐东岭头、昌江海尾、万宁港北、澄迈玉抱等6处国家一级群众性渔港，逐步形成以中心渔港为中心，一级渔港为骨干，二级、三级渔港协调配套的渔港体系，进一步推进西沙渔业补给基地建设的基础，不断扩张外海渔业。

海南沿海地区的各级各类渔港共43个，其分布情况见表6.26。这些渔港中，共可容纳50 t以下船舶数是19 470艘，可容纳50 t以上船舶数是12 790艘。

表6.26　2006年海南沿海地区渔港分布情况

中心渔港（4个）	一级渔港（9个）	二级渔港（14个）	三级渔港（16个）
琼海市的潭门港 陵水县的新村中心渔港 东方市的八所渔港 儋州市的白马井渔港	海口市渔业展区 三亚市的三亚港渔业港区 文昌市的清澜渔港 琼海市的青葛港 昌江的海尾港 儋州的新英港、海头港、泊潮港 临高的新盈港	海口市的沙上港 文昌市的铺前渔港 万宁市的港北渔港 陵水县的黎安渔港 乐东县的望楼渔港、莺歌海渔港、岭头渔港 昌江县的昌化渔港、新港渔港 儋州市的排浦港、洋浦港、南汉唐港 临高县的调楼港 澄迈县的东水港	万宁市的乌场渔港 陵水县的赤岭渔港 三亚的后海渔港、港门渔港、角头渔港 儋州市的干冲港、盐丁、黄沙、美龙、沙井、沙表头 临高县的头岨、黄龙、抱才、美夏 澄迈县的玉包港

6.2.2.2　海洋旅游业

1）海洋旅游的概念

海洋旅游业包括以海岸带、海岛及海洋各种自然景观、人文景观为依托的旅游经营、服务活动。主要包括：海洋观光游览、休闲娱乐、度假住宿、体育运动等活动。海洋旅游业不仅投资少、周期短、行业联动性强、就业功能高，还具有需求普遍和重复购买率高等诸多优点。

与陆地旅游相比，海洋旅游具有三个显著特点：第一，海洋环境是可再生旅游资源。海洋的自身净化能力突出，合理适度的游客量、注重环保的旅游理念将确保海洋旅游资源不断再生、永续利用。第二，海洋旅游具有单一性、脆弱性。旅游开发应最大限度地保护海洋生态资源，最大限度地与其原生态状态有机结合。第三，海洋旅游对旅游设施和服务的要求极高。只有提供完善的旅游设施和服务，才可能满足游客需要、凸现海洋旅游自身特色。

2）*海南省沿海地区发展海洋旅游具有丰富的资源优势*

海南热带海洋资源非其他省份可比。海岸线漫长，港湾众多。在长超过 1 911 km 的海岸线中，沙岸占 50% ~60%，沙滩宽数百米至 1 km 不等，向海坡度一般为 5% 左右，平缓延伸；海水温度一般为 18 ~30℃，海边阳光充足，太阳辐射量大，一年中大多数时候可以进行海浴、日光浴、沙浴和风浴。当今国际旅游者推崇的阳光、海水、沙滩、绿色、空气五大要素，海南环岛沿岸都有。

红树林位于海南岛海岸线上，被誉为“绿色珍珠”，是另一种特殊类型的热带海洋景观。

海南岛的海岸线中有珊瑚礁的岸线 228.9 km，其生长宽度达 1 500 ~2 000 m。浅海造礁珊瑚有 13 科、34 属和 2 个亚属 116 种。海南岛的珊瑚礁全部为岸礁。珊瑚礁与红树林一样都是复杂的生态系统，它们为各种鱼虾类提供了栖息与繁殖的场所，也保护了海岸的完整性。

海南岛还有许多绚丽的自然保护区。目前海南省有自然保护区 73 个，这些保护区都有丰富的旅游资源，具有较高的旅游价值，是海南主要的旅游景点。

海南省有风景名胜资源 241 处，已开发 123 个旅游景点，其中 83 个分布于海岸带，并以自然景观旅游资源为主，人文景观旅游资源次之，其优势表现在：首先是我国冬季避寒的最佳天地。其次是我国乃至东南亚唯一可开展海水冬泳的场所，并具有最优美的海底世界景观。再次是热带滨海风光和珍稀动植物，富有魅力。

此外，海南沿海还有众多的历史文化古迹，如五公祠、琼台书院、崖州古城、东坡书院、海瑞墓、宋庆龄祖居，文化遗址有东方县副龙园新石器贝丘遗址、万宁县港北镇新龙村新石器遗址、属世界奇观的明代地震遗址海底山庄，还有民族风情习俗，如黎族传统三月三、船形屋、筒裙等。

同时，海南的旅游项目逐渐丰富。近年来，三亚海棠湾、香水湾、神州半岛等一批大型海洋旅游项目的开工建设，更是加快了海南旅游岛的建设进程。与度假休闲相关的旅游产品也层出不穷，形式多样，正逐步由观光型向度假、观光复合型－度假休闲型发展转变。

3）*海南省海洋旅游配套基础设施现状*

伴随着海南沿海地区旅游业的蓬勃发展，各市县的星级饭店数量不断增加。按饭店数量的规模来看，饭店分布情况如表 6.27 所示。

表 6.27　2006 年海南沿海市县星级饭店分布

星级饭店数量/座	<50	50 ~60	60 ~70	70 ~80	>80
沿海市县	陵水县 昌江县	文昌市 东方市	琼海市 儋州市	海口市 万宁市	三亚市

2004—2009 年，海南旅游饭店设施和旅行社情况如表 6.28 所示。

表 6.28　2004—2006 年海南旅游饭店情况

年份	2004	2005	2006	2007	2008	2009
旅游饭店总数/个	326	364	387	414	440	459
客房总数/间	44 439	48 388	53 977	56 812	61 499	67 391
床位总数/张	83 438	89 396	98 623	105 002	116 973	124 689
客房开房率/%	54. 3	53. 6	52. 5	57. 31	59. 18	58. 86
旅行社总数/个	158	158	158	155	196	236

2004—2009 年，旅游饭店总数、客房总数、床位总数均有所增加，2004—2009 年年平均增长率为 7. 08%、8. 68%、8. 36%，客房开房率呈波动变化，近三年基本保持在 57% 以上，旅行社总数近两年有所增加。

为了更好地吸引游客，提高海洋旅游收入，除了开发自然资源，加快城市化、现代化进程，提供宽松的投资环境，加强城市的基础设施建设，增加国际交往。

2009 年末海南省共有定点旅游饭店 459 家，比 1987 年增加 428 家，其中星级饭店达 238 家，五星级旅游酒店 20 家，四星级宾馆 54 家。国际、国内旅行社近 236 家，旅游接待能力明显增强。交通设施也有很大改观：全省公路通车里程达 17 794 km，比全国平均水平高出近 2 倍。铁路建设实现历史性突破，建成了从南到北的西环铁路和跨越琼州海峡的粤海铁路，东环城市快速铁路也正在加紧建设。航空事业突飞猛进，按照国际标准先后建成海口美兰机场和三亚凤凰机场。2009 年全省民航完成旅客周转量 243. 18 亿人千米，货邮运量达 20.37×10^4 t。近年来海南省港口建设成效显著，现有大小港口 24 个，海口港、洋浦港是国家一类开放港口，2009 年港口的货物吞吐量达 $8\,345 \times 10^4$ t，比 1987 年增长了 10. 8 倍。国内海上航线已通达沿海及长江中下游的每一个港口，国际航线可到达俄罗斯、日本、韩国、澳大利亚、东南亚、非洲和欧洲等国家和地区，海洋运输不断发展壮大。

4）迅猛发展的海洋旅游业

2001—2009 年，海南省接待旅游人数和旅游收入除 2003 年受非典影响略有下降外，其他年份均较快增长，海南旅游业发展前景很大，其中 2001 年、2005 年、2006 年的人均旅游消费依次是 781 元、824 元、941 元，消费水平逐步提高，如图 6. 8 所示。

海南省两大沿海城市海口和三亚在 2005—2008 年的旅游情况如表 6. 29 所示。受金融危机影响，2008 年海口市入境旅游人数和旅游外汇收入均有所下降外，而三亚的入境旅游人数虽下降但国际旅游外汇收入仍保持小幅增长。相对来说，海口旅游以国内游客为主，而三亚的入境游客人数大致是海口的 3 倍左右，旅游外汇收入是海口的 4 倍左右且差距在扩大，可见，三亚旅游市场发展相对旺盛。

表 6. 29　2005—2008 年海口和三亚旅游情况

沿海城市	海口				三亚			
年份	2005	2006	2007	2008	2005	2006	2007	2008
国内旅游人数/万人	307	335	362	571	349	385	416	486
入境旅游人数/万人	14. 03	13. 11	14. 95	13. 61	21. 20	38. 88	52. 20	51. 15
国际旅游外汇收入/万美元	4 023	4 111	4 126	3 702	7 451	17 066	24 408	26 255

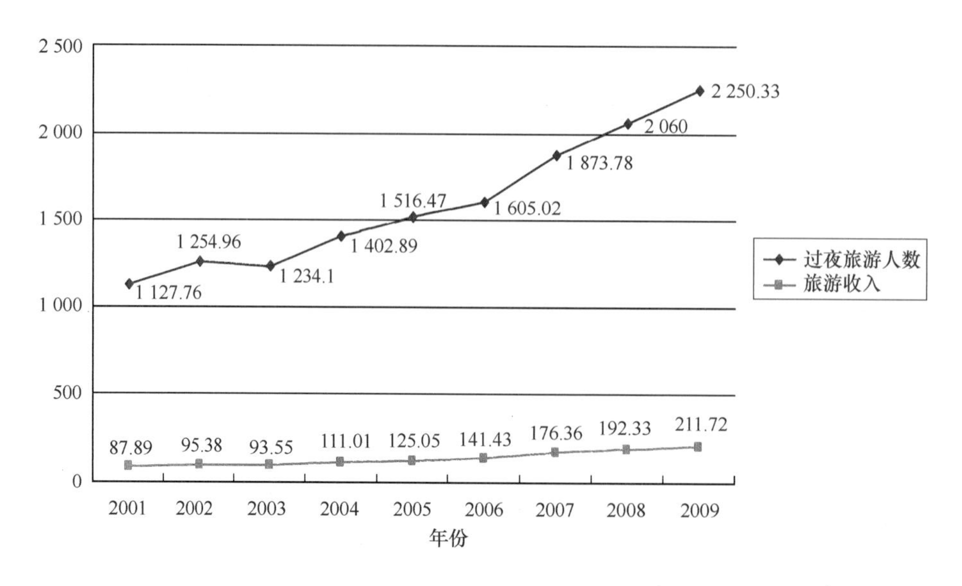

图 6.8　2001—2006 年海南旅游收入和游客情况

据“908 专项”调查数据显示，2006 年海南省 30 个主要海洋旅游场所的年接待旅客达到了 1 398.899 6 万人次，营业收入为 74 146.65 万元。从区域来看，三亚的海洋旅游发展形势比较好，7 个主要场所的年接待旅客占总体规模的 43.19%，营业收入占 54.98%，海洋旅游层次相对较高。其次是琼海市，年接待旅客占总体规模的 17.82%，营业收入占 30.48%，旅游层次好于三亚。其他沿海市县海洋旅游景区开发不足，发展相对落后。

目前海南省发展海洋旅游的营销做法可以概括为“政府引导、赛事搭台、品牌并行”。海南海洋旅游取得较快发展，但仍存在一些问题，如海洋旅游资源开发和保护的协调度不够，海洋旅游产业发展粗放、旅游市场有待规范，可供开发旅游产品种类丰富但开发程度较低。

与发达国家的海洋旅游业相比，海南省海洋旅游的潜力尚未充分挖掘，海洋旅游经济的规模亟待提高。笔者认为，今后海南省发展海洋旅游应该确立以下几个重要的发展思路：一是立足资源保护，实现资源开发的生态化。首先，应优先保护资源，做到旅游区域分层开发与分级管理相结合。其次，应实施立体开发，实现海岛海岸线资源利用综合化。二是立足休闲度假，凸显海岛文化。三是加强区域合作，创造双赢局面。四是大力保护海洋旅游环境，确保可持续发展。五是在条件成熟的情况下，逐步开放西沙、南沙、中沙海洋旅游的步伐。

6.2.2.3　海洋油气综合开发业

海南油气资源潜力巨大，开发前程广阔，引起了国际社会和南海周边国家的关注。加快南海油气资源的开发，将海南建成我国南海油气开发基地，不仅是海南再创特区经济新的增长点的必需，更是国家维护海洋权益的需要。

据“908 专项”调查数据，2000—2006 年海南省海洋油气储量如表 6.30 所示，可见海南省的油气开发还有广阔的空间。

表 6.30 2000—2006 年海南省海洋油气储量

年份	石油储量/（10^4 t）		天然气储量/（10^4 m^3）	
	地质储量	可采储量	地质储量	可采储量
2000	4 598.00	1 568.90	24 916 000.00	18 260 300.00
2001	4 598.00	1 568.90	25 226 800.00	18 415 700.00
2002	4 756.00	1 600.50	25 226 800.00	18 385 700.00
2003	7 512.00	2 479.40	26 929 000.00	18 931 400.00
2004	6 891.00	2 388.30	26 929 000.00	18 931 400.00
2005	6 939.00	2 393.10	27 783 600.00	19 392 000.00
2006	6 895.83	2 400.28	27 357 800.00	19 139 900.00

海洋油气业的产业链长，与其他产业的关联度大，能促进全省农业、交通运输、建材、冶金、机械、电子、盐化工等行业的发展和技术进步，振兴整个社会经济，其综合社会经济效益是十分可观的。南海丰富的海洋油气资源对海南实现经济跨越式发展将有举足轻重的作用。

1）海南省发展海洋油气业的必要性

从现存的和潜在的资源优势比较，加速发展海洋油气勘探、开发和综合加工业才是关键性举措。一是海洋油气业可以成长为全省工业的主导产业。二是海洋油气业是加速海南工业化进程的重要动力。三是海洋油气业有利于规模化工业和系列化工业的大型工业基地的建设。四是一批已经投产和在建的现代化大型海洋油气企业，要求加快南海油气资源的开发进程。

2）海南省海洋油气发展现状

作为全国海洋大省的海南，有超过 200×10^4 km^2 的海洋面积，已探明的石油地质储量超过 300×10^8 t，相当于 8 个大庆油田，天然气储量达 15×10^{12} m^3。但在海南建省后的前十多年，来自海内外的投资者，并没有把眼睛盯在海洋上，而是盯在圈土地、盖房子和消费者的腰包上。从 2003 年开始，海南省委、省政府提出“大企业进入，大项目带动”的发展思路，将眼光转向四周的大海。从工业经济的增长因素来看，大企业拉动作用进一步凸显。

依托南海丰富的油气资源，海南的油气综合利用产业正在崛起。

一是海洋天然气开发迅速发展。近几年来，作为天然气储量大省的海南，对澄迈福山、莺歌海崖、东方市海域 3 大气田进行了开发。如 2006 年，天然气生产已达 60×10^8 m^3，年销售收入达 150 亿元。其中，28.2×10^8 m^3 天然气已用于海南的发电和化工企业，解决了海南电力不足的突出问题；在海口、三亚、东方三个城市建成了 676 km 的供气管网，解决了 30 多万城市居民的管道天然气问题；全省 5 360 辆公交车和出租车已有 3 300 辆实现了油改气，减少了排气污染。同时，海南还将 29×10^8 m^3 天然气通过海底输气管道送往香港用于发电和居民生活，为香港的稳定繁荣贡献了力量。

二是油气加工业迅速壮大。目前，在海南岛已初步建成了一条以洋浦经济开发区和东方市海域区为中心的油气化工业基地。现已建成了 60×10^4 t 甲醇、环岛天然气管网、800×10^4 t 炼油、20×10^4 t 聚丙烯、8×10^4 t 苯乙烯等，为推进油气综合开发基地建设夯实了基础。中海油公司已经在东方市投资建成一个年生产大颗粒尿素 130×10^4 t，合成氨 70×10^4 t 的大型化肥生产企业。所生产的大颗粒尿素不仅在中国市场占据了主要份额，缓解了我国进口化肥的压力，同时还远销美国、日本、韩国、澳大利亚等国。2006 年，海南的石油化工产业创造经济生产总值在 120 亿元左右，超越汽车制造业成为海南工业的第一大产业。

三是采取多元化投资，集中资金加快开发海洋天然气，以气带油滚动发展。为了保持海南的生态，海南没有搞乡镇企业遍地开花，集中资金和力量在洋浦、东方等地，利用全省千分之一的土地建成油气资源工业基地，建成 800×10^4 t 的炼油项目，建成全国最大尿素生产基地，拉动海南经济的发展。中海油、中石油、中石化等 3 家中国最大的油气开采和加工企业"三油"联合、团结奋战，参与海南省的油气化工产业开发。其中仅中海油公司的投资总额就超过了 100 亿元。美国、德国、荷兰、新加坡等国家和香港地区的一批跨国公司也加入到投资者的行列。海南岛已初步建成了一条以洋浦经济开发区和东方市海域区为中心的油气化工业基地。

3）海南加大南海油气资源开发力度的对策建议

一是开发南海油气业应实行"两条腿走路"的方针，有利于调动中央和地方两个积极性。海南可以扩大开放，采取机动灵活的方针政策，推进地区间、国际间合作，更大范围内积蓄人力、财力、物力，有利于加快油气开发速度。建议国家将南海的油气开发经营管理权下放（或部分下放）给海南省，在国家的统一管理下，充分发挥地方的能动性。

二是强化民间行为，实质性推进南海油气资源的共同开发。我国政府为解决南沙海区的国际争端，提出了"主权归我，搁置争议，共同开发"的方针。一些国家对此表面上欢迎，然而，一方面加紧对我国海洋资源的掠夺，一方面又以种种借口阻拦我国参加共同开发。在这种形势下，我方宜于采取民间方式向国外财团招标，在南沙有争议的海区合作开发油气资源，形成我国在南沙的开发基点，逐步推进，达到真正共同开发的目的。

三是坚持扩大开放与自力更生并举，坚持对外合作和自营开发相结合，坚持油气开发与石油化工经营一体化的方针，加速海南海洋油气业发展。海洋油气业是高投入、高科技、高效益、高风险的国际性产业，只有坚持以上方针，排除闭关锁国旧习，完全按国际标准和规范运作，采取在勘探阶段让外商多承担风险，在商业开采、生产阶段合作双方合理分成的方法，才利于海南油气开发基地的建设和发展。

6.2.2.4 海洋交通运输业

海上交通运输业是指以船舶为主要工具从事海洋运输以及为海洋运输提供服务的活动，包括远洋旅客运输、沿海旅客运输、远洋货物运输、沿海货物运输、水上运输辅助活动、管道运输业、装卸搬运及其他运输服务活动。据"908 专项"调查登记结果，2006 年海南省海洋运输船舶中，客船有 67 艘，总客位有 10 676 个；货船有 41 艘，净载重量为 $119.532\,5 \times 10^4$ t。海南作为一个岛屿型经济体，大部分货物进出须走海运，属于典型的港口经济。据"908 专项"调查登记结果，2006 年海南已拥有大小港口 19 个，现代港口体系基本建成。

1）五大主要港口

海口港。国家一类开放港口之一，2005 年以来，集装箱年吞吐量每年均以两位数的比率快速增长。吞吐量已占整个环北部湾港口吐吞量的32%，发展成为环北部湾港口集装箱运输业务的龙头。现有1个万吨级和2个3 000吨级集装箱专用泊位，2008年12月海口港二期工程简易投产后，将增2个3×10^4吨级集装箱专用泊位，今后将大大提高海口港集装箱班轮的靠泊能力和吞吐能力，预计未来几年内，海口港的集装箱年吞吐量将达到60×10^4 TEU。

洋浦港。亦是国家一类开放港口之一，现有泊位8个，最大泊位为5×10^4吨级，设计年通过能力为760×10^4 t/年，实际吞吐能力将超过$1\,000\times10^4$ t。连续三年，库港口货物吞吐量取得了明显的变化：2004年首次突破200×10^4 t，2005年突破400×10^4 t，2006年完成超过420×10^4 t。

八所港。现有2个港区共10个泊位，年综合设计通过吞吐能力625×10^4 t。第一港区共有泊位8个，其中万吨级深水泊位6个，千吨级泊位2个，库场面积10×10^4 m^2；第二港区建设成为现代化的化工危险品专用码头，目前拥有一个1×10^4吨级和一个5 000吨级泊位，是海南唯一的公共的现代化化工危险品专用码头。至2010年，八所港将建设成为一个吞吐量$1\,000\times10^4$ t以上、功能齐全、服务全社会的海南西部现代化港口。

三亚港。拥有生产用码头泊位5个，其中1 000吨级泊位3个，5 000吨级泊2个，可停靠10×10^4 t大型邮轮。

海口新港。码头岸线总长1 144 m，共有各类船舶作业泊位24个。其中汽车轮渡泊位15个，可同时停靠8艘船舶进行作业，泊位坡度设计合理，码头前沿场地宽阔平坦，非常适合各种重载车辆，特别是大特型车辆的装卸船作业。

2）其他沿海小港

儋州白马井港。是儋州市的唯一港口，位于洋浦湾南岸，属海南省儋州市白马井镇，西临北部湾，北与著名的洋浦港隔海相望。白马井港渔货卸港量10×10^4 t以上，是海南省水产品交易量较大的重点渔港之一。

三亚六道湾渔港。建设规模为近期年吞吐能力10×10^4 t，最终30×10^4 t，码头泊位共30个，能同时停靠25艘500 t渔船和1～2艘5 000 t海上冷藏运输船。建成后将形成岸线长度1 907 m，可为1 000艘渔船提供避风锚泊场地，满足鱼货卸港量12×10^4 t所需的渔业生产码头泊位，并将辐射南海200×10^4 km^2海域，成为中国最南端规模最大的渔港。

临高新盈中心渔港。由黄龙渔港区、新盈渔港区、武莲港区和调楼渔港区组成，4港区的功能定位和建设规模分别为：以黄龙港区为综合性核心港区，突出其大型泊位和避风功能，规划规模年卸港量15×10^4 t；新盈港区突出其深水养殖及物资供应功能，规划规模年卸港量8×10^4 t，其中3×10^4 t为深水养殖物资供应规模；武莲港区集散通道顺畅，突出其水产品加工和物资流通功能，规划规模年卸港量13×10^4 t；调楼港区以渔船航修和海洋生物工程为主要功能，规划规模年卸港量0.5×10^4 t。到2010年形成能满足年海洋捕捞渔获卸港量15×10^4 t、2015年达到海洋捕捞渔获卸港量30×10^4 t的渔业码头。

陵水新村渔港。可接纳1 000艘渔船进港停泊避风、装卸和交易，计划年渔货卸港量为8×10^4 t。

乐东岭头渔港。位于境内，海陆交通方便。全镇总面积205 km^2，海岸线长11.5 km，可利用海面、滩涂面积丰富。

万宁港北港。为海南岛东海岸较大的渔港，水域面积7 400 m^2，可供渔船停泊避风。

澄迈玉抱港。外海岸线长 40 km，内弯线长 80 km，渔港村落星罗棋布。

据“908 专项”调查登记结果及海南统计年鉴相关数据显示，2006 年海南港口泊位总数 90 个，万吨级泊位 27 个，是 1987 年的 9 倍；5 大主要港口 2006 年货物吞吐量 $3\ 744 \times 10^4$ t，较 1987 年增长了 5.6 倍。全省民航航线 422 条，航线里程 10.79×10^4 km，其中国际航线 19 条，航线里程 8.78×10^4 km。全省水运货物周转量与旅客周转量分别达 520.21×10^8 t 千米和 2.25 亿人千米，其中海口市水运货物周转量 518.77 亿吨千米，旅客周转量 1.80 亿人千米，绝对优势地位遥遥领先。全省远洋运输实现零的突破，拥有远洋货轮 10 余艘。国内海上航线已通达沿海及长江中下游的每一个港口，国际航线可到达俄罗斯、日本、韩国、澳大利亚、东南亚、非洲和欧洲等国家和地区。三亚凤凰岛 10×10^4 吨级国际邮轮码头 2006 年 3 月正式启用后，国际豪华邮轮频频造访三亚，旅游产业转型迎来新契机。2008 年海口港、八所港、三亚港、洋浦港的泊位个数分别是 52、9、40、29 个，综合吞吐能力分别为 $1\ 289 \times 10^4$ t/a、673×10^4 t/a、161×10^4 t/a、$4\ 074 \times 10^4$ t/a，其中洋浦港的泊位规模大、吞吐能力最强，在港口经济的发展中将发挥越来越重要的作用。

海南沿海港口共 19 个，主要分布在海口、儋州、澄迈，具体分布情况如表 6.31 所示。

表 6.31　海南沿海市县港口分布

港口/个	1	2	3	4	5
	万宁市的港北渔港 三亚市的三亚港码头 东方市的八所港	文昌市的铺前港和清澜港 陵水县的卓载和新村港	海口市的新港码头、海甸港、粤海南港	儋州市的洋浦港、白马井港、海南炼化专用码头、金海浆纸专用码头	澄迈县的马村港务公司、海南国盛实业有限公司、海南新兴港务有限公司、海南石化油气实业公司、海口火电股份有限公司

海南沿海地区主要港口有海口港、三亚港、八所港、洋浦港，其历年来的货物吞吐量如图 6.9 所示。海口港和洋浦港的货物吞吐能力在逐年显著增强，八所港增长平缓，三亚港出现了小幅度的波动。

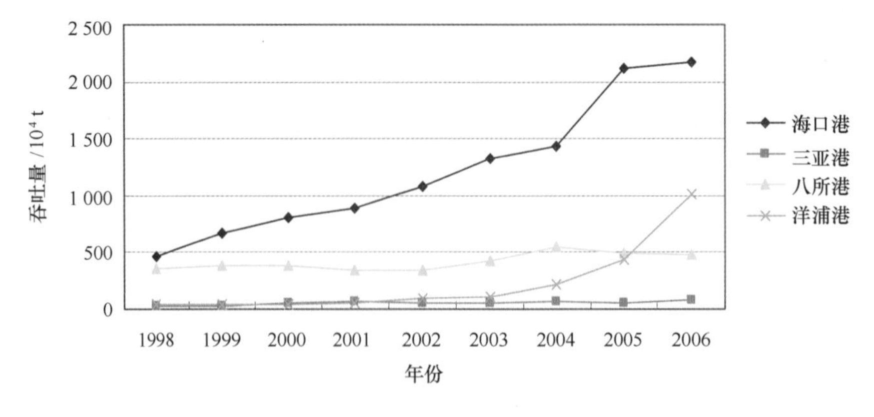

图 6.9　1998—2006 年海南主要港口货物吞吐量

2009 年海口港、三亚港、八所港、洋浦港的货物吞吐量分别达到 $4\ 855.5 \times 10^4$ t、150.55×10^4 t、652×10^4 t、$2\ 649.34 \times 10^4$ t，比 2008 年分别增长了 5%、28.91%、17.70%、

12.61%，可见海口港的吞吐能力提升空间较小，其他三大港后发优势明显。

通过对2005—2006年海南沿海地区海洋货运量、货物周转量，客运量、旅客周转量，港口货物吞吐量、旅客吞吐量等指标的调查，可以发现各指标值除了主要港口旅客吞吐量与上年持平外，其他均呈现不同程度的增长，大部分指标的增长率在60%以上，可见海南沿海地区的运输能力有了很大提高（见表6.32）。2008年海南沿海地区海洋货物运输量为5 246 × 10^4 t，货物周转量为525.04亿吨千米；海洋旅客运输量为991万人，旅客周转量为2.29亿人千米。而海南沿海港口的货物吞吐量为7 692 × 10^4 t，旅客吞吐量为864万人，沿海港口的吞吐能力在增强。

表6.32 2005—2006年海南沿海地区海洋及港口吞吐量

	2005年	2006年	增长率/%
海洋货运量/10^4 t	3 076	5 359	74.2
沿海/10^4 t	2 702	4 640	71.7
远洋/10^4 t	374	719	92.2
海洋货物周转量/亿吨千米	389.67	568.85	46.0
沿海/亿吨千米	288.64	380.68	31.9
远洋/亿吨千米	101.03	188.17	86.3
海洋客运量（沿海）/万人	835	1 404	68.1
海洋旅客周转量（沿海）/亿人千米	1.49	2.10	40.9
主要港口货物吞吐量/10^4 t	3 066	5 444	77.6
主要港口旅客吞吐量/（万人/次）	492	492	0

据“908专项”调查数据，从货物分类情况来看，2006年海南省沿海港口货物吞吐量主要集中在煤炭及制品、石油天然气及制品、金属矿石、钢铁、矿建材料、水泥、木材、非金属矿石、化肥及农药、盐、粮食、机械设备、化工原料及制品、有色金属、轻工医药产品、农林牧渔业产品和其他。出港吞吐量合计为1 877.416 2 × 10^4 t，其中外贸出港吞吐量为161.211 7 × 10^4 t，内贸出港吞吐量为1 716.204 5 × 10^4 t；居于前四位的是农林牧渔业产品、机械设备、金属矿石、石油天然气及制品，占出港吞吐量的比重分别为21.76%、20.60%、19.00%、8.76%。进港吞吐量合计为2 417.126 8 × 10^4 t，其中外贸进港吞吐量为756.559 2 × 10^4 t，内贸进港吞吐量为1 660.567 6 × 10^4 t；居于前四位的是机械设备、煤炭及制品、石油天然气及制品、农林牧渔业产品，占进港吞吐量的比重分别为19.66%、16.26%、14.03%、13.07%。从总体上来看，进港吞吐量是出港吞吐量的1.287倍；内贸吞吐量是外贸吞吐量的3.679倍。可见，海南省沿海地区交通运输要更好地发展必须加大外贸发展力度。

6.3 海南省海洋经济发展状况评价

6.3.1 海洋经济发展的基础条件评价

6.3.1.1 海洋区位优势突出

海南省位于华南和西南陆地国土和海洋国土的结合部，既是大西南走向世界的前沿，又是开发利用南海资源的基地；近傍香港，遥望台湾，内靠我国经济发达的珠三角，外邻亚太经济圈中最活跃的东南亚；位于太平洋环形带上，处在日本到新加坡的中段，直接面向东南亚，靠近国际深水航道。海南省位于环北部湾经济圈内，且处于与东盟相连的最前沿位置，加快北部湾区域经济发展，推动形成中国——东盟合作新格局有利于区域内各国充分发挥海洋优势和比较优势，合力提升本地区的整体竞争力；有利于共同吸纳与更合理地运用国际资本和外部资源，促进在更高水平、更深层次上的国际经贸合作。

6.3.1.2　海洋资源得天独厚

海南省海域总面积约 200×10^4 km^2，占全国海域面积的2/3，是全国最大的海洋省份。全省共有岛、礁、沙和滩700多个，海岸线总长2 220 km。海南具有海水宜养品种多，生长期长，养殖种类生长快，养殖周期短等特点，目前海水宜养面积多达 9×10^4 km^2，利用程度未达10%，养殖挖掘潜力可观；全省可供开发的风景名胜资源多达241处，现已开发123处，其中83处分布在海岸带范围，占已开发景点的67.5%，尚有49%的旅游资源仍未利用，发展潜力巨大；全省拥有环本岛港湾84个，可开发的68个，洋浦、海口、清澜、新村、三亚和八所等港湾面积较大、海水较深、腹地较为广阔，港口条件优越；海南为称为最理想的天然盐场，已有三大盐场，其中莺歌海盐场是我国第二大盐场；海南近海分布着3个新生代沉积盆地，油气资源丰富；全省共发现滨海砂矿80多种，资源储量 65×10^8 t，其中探明储量处于全国前列的有优势矿产有近十种。此外，药用资源和珊瑚礁、红树林资源也比较丰富。

- 政策优势明显

2009年海南省把加快发展海洋经济作为工作的重点，并出台了一系列重要举措。

一是把发展海洋经济作为优化经济结构的重点。要大力发展海洋经济，要抓紧研究制定促进海洋经济发展的总体规划和政策体系，制定完善海洋产业发展专项规划，研究推进周边岛屿开发开放的政策措施，加强海洋生态环境保护。要加快推进马村港一期、金牌港疏港公路建设，积极支持中央大型石油企业在海南省建设南海油气资源勘探开发基地，支持国家海洋局在海南建设的国家南海海洋基地。要整合港航资源，开辟新航线，发展中转贸易；依托区位、港口优势，扶持发展船舶制造业；鼓励渔民造大船，扩大外海深海捕捞，提高深海网箱养殖和罗非鱼养殖加工产业化水平，不断培育壮大海洋产业。

二是把推进国际滨海旅游岛建设作为创新体制的突破口。要大力推进国际旅游岛建设。要高标准编制和实施国际旅游岛建设总体规划和系列专项规划，推进4家市内免税商店建设，加快与旅游配套的公共服务设施建设及多语种标志改造，要加强对国际旅游岛建设的基础性研究，争取国家给予更加开放的优惠政策，将建设海南国际旅游岛纳入国家开放战略和旅游发展战略。

三是把加快洋浦港开放作为自由贸易区的先行。要加快洋浦开发开放。以建设面向东南亚的航运枢纽、物流中心和出口加工基地为目标，加大洋浦的开发开放力度。

2010年批复的《海南国际旅游岛建设发展规划纲要》中再次强调，海南将实施海陆联动战略，打造一批特色海洋产业，推进海洋产业结构转型升级，逐步实现由海洋资源大省向海洋经济强省转变。

一是发展现代海洋产业。充分利用海洋资源优势，推进临港工业、海洋能源和海洋新兴产业的发展。支持大型石油公司加大海洋石油资源勘探开发力度，提高海南油气资源开发利用水平，努力把海南建成南海油气资源勘探开发、加工和服务基地。适时规划建设海南国家石油战略储备基地，鼓励发展商业石油储备和成品油储备。

二是发展海洋渔业。积极拓展外海和远洋捕捞，培育发展休闲渔业，增殖保护水生生物资源，加快规划建设海洋水产种质资源保护区，积极转变海洋渔业发展方式。大力发展远洋渔业，推动渔船、渔具升级换代，鼓励有实力的企业建造大型远洋渔船，组建远洋捕捞船队。

三是发展海洋旅游。重点发展滨海度假旅游、海洋观光旅游、海岛旅游、邮轮旅游、游艇旅游、海上运动旅游等。加强旅游基础设施建设，逐步开通空中、海上旅游航线，积极稳妥开放、开发西沙旅游。在特殊海洋生物与景观、历史文化遗迹、独特地势地貌景观以及其周边海域或海岛建立海洋公园，打造世界级海洋探奇景观区，实现海洋生态保护和旅游开发的有机结合。

6.3.2 海洋经济发展状况综合评价

海洋经济作为国民经济新的增长点，正在借风扬帆，加速前进。从区域层面出发对海南省的海洋经济发展水平进行较为全面、客观的综合评价研究，对于把握海南省海洋经济运行的脉搏、了解海洋区域经济的优势、制定合理的经济调控政策和区域发展战略具有重要的现实意义。

6.3.2.1 综合评价体系的建立与说明

参考国内外已有的各种比较权威的指标评价体系，基于全面性、科学性、可行性和可比性等原则，兼顾数量与质量，设计了海南省海洋经济发展状况的综合评价体系。该体系中的指标分为三级，其中，一级指标共 5 个，第二和第四个一级指标下面分别对应有两个二级指标，三级指标共 28 个。下面我们将按一级指标的次序分别予以具体说明（表 6.33）。

1）海洋经济生产基础能力

海洋经济生产基础能力反映了区域海洋经济资源、生产设施的可利用状况，其是海洋经济赖以发展的物质基础。该一级指标下包括 6 个三级指标，分别是沿海滩涂可养殖面积、海水养殖面积、海洋油田生产井数、盐田面积（指生产面积）、星级饭店数（主要沿海城市）和海洋运输船舶拥有量。

2）海洋经济产出情况

海洋经济产出情况主要从两个方面得到体现，一方面是产值的角度，另一方面是产量的角度，它们分别对应了海洋经济产值和海洋经济产量两个二级指标。其中，海洋经济产值包括 2 个三级指标，分别为主要海洋产业总产值和年增速，一个反映的是长期发展中累积的规模，另一个反映的是当前的发展速度；海洋经济产量包括海洋水产品产量、原油产量、天然气产量、海滨矿砂产量、海盐产量、海洋修造船完工量、货物吞吐量、货物周转量和接待入境旅游者人数等 9 个三级指标，较为完整地覆盖了海洋经济中的主要产业。

3）海洋产业结构

海洋产业结构主要从产业升级演化的角度来衡量海洋产业所处发展水平的高低，其由主要海洋产业中第一产业比重、第二产业比重和第三产业比重等 3 个三级指标构成。主要海洋产业中的第一产业包括海洋渔业及相关产业，第二产业包括海洋石油和天然气、海滨矿砂、海洋盐业、海洋化工、海洋生物制药、海洋电力和海水利用、海洋船舶工业和海洋工程建筑业，第三产业包括海洋交通运输业、海滨旅游等产业。

4）海洋科技实力

海洋科技实力不仅支撑着各区域海洋经济当前的发展水平，而且还是推动海洋经济长远发展与不断提升的重要力量。该指标可从人才与成果两个方面得到反映，为此，其下对应了海洋产业科技人才状况和海洋科技创新能力两个二级指标。海洋科技人才状况包括从事海洋科研活动人员占地区科技人员总数的比重和海洋科研机构从业人员中拥有高级职称人员的比重两个三级指标，分别反映了区域海洋科技人才的相对规模和质量层次。海洋科技创新能力包括海洋科研机构课题数、海洋科研机构科技论著数和海洋科研机构科技专利授权数和科技转化能力（技术市场成交额）4 个三级指标构成。其中，前三个指标覆盖了海洋科技创新的各方面成果，后一个指标由应用型课题占课题总数的比例来衡量，主要意在体现科技创新成果应用于具体实践的程度。

5）涉海就业情况

涉海就业情况从吸收劳动力的角度反映了区域海洋经济的规模和在区域经济发展中的地位与贡献。其由涉海就业人员数和涉海就业人员占当地就业人员比重两个指标组成，这两个指标分别反映了海洋经济的就业规模和对推动所在区域劳动力就业的贡献。上述指标体系已详细归纳于表 6.33 之中。

表 6.33　海洋经济发展状况综合评价指标体系与指标权重

一级指标		二级指标		三级指标	
名称	权重	名称	权重	名称	权重
海洋经济生产基础能力	19.75			沿海滩涂可养殖面积	3.09
				海水养殖面积	3.33
				海洋油田生产井数	4.05
				盐田面积	2.62
				星级饭店数	2.38
				海洋运输船舶拥有量	4.28
海洋经济产出情况	23.46	海南经济产值	11.39	海洋产业总产值	6.19
				海洋产业总产值年增速	5.21
		海洋经济产量	12.07	海洋水产品产量	1.25
				原油产量	1.61
				天然气产量	1.52
				海滨砂矿产量	1.07
				海盐产量	1.16
				海洋修造船完工量	1.34
				货物吞吐量	1.70
				货物周转量	1.43
				接待入境旅游者人数	0.98

续表 6.33

一级指标		二级指标		三级指标	
名称	权重	名称	权重	名称	权重
海洋产业结构	20.99			海洋产业中第一产业比重	3.34
				海洋产业中第二产业比重	9.06
				海洋产业中第三产业比重	8.59
海洋科技实力	18.52	海洋科技人才状况	7.63	从事海洋科研活动人员占地区科技人员总数的比重	3.70
				海洋科研机构从业人员中拥有高级职称人员比重	3.93
		海洋科技创新能力	10.89	海洋科研机构课题数	2.04
				海洋科研机构科技论著数	2.55
				海洋科研机构科技专利授权数	3.06
				科技转化能力	3.23
涉海就业情况	17.28			涉海就业人员总数	7.02
				涉海就业人员占地区就业人员比重	10.26

6.3.2.2　综合评价体系的计算

1）评价指标权重的确定

由于各个指标在海洋经济发展水平评价体系中的地位和重要性各不相同的，我们需要赋予各评价指标以相应的权重。对此，具体的方法主要有德尔菲法、排序法、权值因子法和层次分析法等。其中，德尔菲法也称专家打分法，它采用匿名发表意见的方式，经过反复的征询、归纳、修改，最后使专家的意见趋同，从而形成基本一致的看法。该方法能够较为充分地利用不同领域专家的经验和学识，自创立以来便被广泛采用。通过专家对各指标进行打分，并计算百分制下的均值得出了各指标最终的权重，具体结果可见表 6.33。

2）数据整理与来源

由于综合评价体系中包含各种量纲的评价指标，为保持可比性和进行最终的综合汇总，必须对各指标值进行无量纲化处理。在目前的各种文献中，无量纲化处理主要有三种方法：极差正规化法、标准化法和均值化法。其中，极差正规化法的结果易受极值的影响，标准化法的结果将会遗失各指标变异程度的信息，因此这两种方法均不甚理想。下面我们将简要介绍一下均值化法。设综合评价中共有 n 个单位，m 个指标，各指标分别为 X_1，X_2，…，X_m，X_{ij}（$i=1$，2，…，n；$j=1$，2，…，m）表示第 i 个区域的第 j 个原始指标值，$\bar{X}_j$ 表示第 j 个原始指标的平均值，Y_{ij}表示经过无量纲化处理的第 i 个区域的第 j 个指标值。均值化方法即令 $Y_{ij}=X_{ij}/\bar{X}_j$，最终的评价结果（P_i）为各个指标无量纲化结果的加权和。计算过程所需数据均来源于 2001 年、2006 年、2008 年、2009 年的《中国海洋统计年鉴》和《中国统计年鉴》。

3）主要结论

从 2000—2008 年海南省海洋经济发展状况总评价来看（表 6.34），海南省在全国 11 个沿海地区的排名在第九和第十之间徘徊，但总得分有所提升，由 2000 年的 52.09 分提高到 2008 年的 69.53 分，且 2008 年发展情况好于 2007 年，总得分高出近 4 分，在金融危机的冲击下 2008 年保持接近 70 分的发展水平是很大的进步。从分项情况来看，海洋产业结构和涉海就业情况有所好转，而海洋经济生产基础能力、海洋经济产出情况、海洋科技实力方面的排名都靠后，这与海南的海洋资源开发潜力尚未释放、海洋教育滞后、海洋科技人才缺乏有很大关系，后发优势有待进一步强化。海南省应充分利用国际旅游岛建设的大好机遇，着力提升海洋经济发展水平。

表 6.34 2000—2008 年海南省海洋经济发展状况综合评价情况

项目	2000 年得分	排名	2005 年得分	排名	2007 年得分	排名	2008 年得分	排名
总评价	52.09	10	67.07	9	65.59	10	69.53	9
海洋经济生产基础能力	4.66	11	5.72	10	5.64	10	5.66	10
海洋经济产出情况	13.89	9	6.23	10	8.28	10	7.60	11
海洋产业结构	10.07	10	14.20	11	24.39	1	24.1	1
海洋科技实力	0.00	11	17.41	6	5.03	11	8.29	10
涉海就业情况	23.47	3	23.52	3	22.24	4	23.89	3

参考文献

2009 年海南经济与社会发展统计公报.

戈健梅，龚文平. 1999. 海南岛的滨海旅游 [J]. 海岸工程，2：104 - 108.

国家海洋局. 中国海洋统计年鉴 [M]. 北京：海洋出版社，2001—2009 年.

海南省人民政府文件. 海南省关于印发海南省海洋经济发展规划的通知. 琼府 [2005] 39 号.

海南省人民政府主办. 2007. 海南年鉴社编辑出版. 海南年鉴.

海南省统计局、国家统计局调查队编. 1988—2010 海南统计年鉴.

海洋油气业成为拉动海南经济的“火车头”，中国海洋报，2008 - 4 - 25.

黄瑞芬，等. 2008. 我国沿海省市海洋产业结构分析及优化 [J]. 海洋开发与管理，3：54 - 57.

李长如，杨娜，周洪军. 2005. 海洋经济新的增长点——海水利用业 [J]. 海洋信息，1：21 - 22，30.

李红波，李悦铮. 2008. 海南省滨海旅游发展探析 [J]. 海洋开发与管理，10：109 - 112.

李洁琼，叶波，郑道英. 2009. 海南省海洋人才队伍现状和对策浅探 [J]. 经营管理者，9：177 - 178.

李晓琼，易先桥. 2006. 20 世纪末海南省人口迁移态势 [J]. 新东方，3：54 - 58.

李应济. 2006. “调整”的文章怎么做? [J]. 今日海南，12：33 - 34.

罗海波. 2008. 海南省就业和社会保障的形势与对策 [J]. 新东方，11：39 - 41.

孟嘉源. 2009. 中国海洋电力业的开发现状与前景 [J]. 山西能源与节能，2：41、54.

苗丽静. 2003. 经济发展阶段与城镇体系规划——以辽宁阜新地区为例 [J]. 生产力研究，4：18 - 20.

任怀锋. 2008. 如何提高海南海洋科技贡献率 [J]. 今日海南，11：37.

师银燕. 2007. 广东省海洋产业结构研究 [J]. 渔业经济研究，1：39 - 44.

宋洁华，等. 2008. 基于 GIS 的海南省人口空间分布模式统计分析 [J]. 测绘科学，6：144 ~ 145.

宋贤卓. 2008. 优化海南省海洋产业结构的思考 [J]. 新东方，8：22 - 24.

孙吉亭. 2003. 中国海洋渔业可持续发展研究 [D]. 中国海洋大学.

唐国梁，臧劢．2008. 海南海洋旅游的现状及发展思路［J］．新东方，8：34－36.
万丽平，郭贯成．2004. 江苏省域城镇体系规划可持续发展思路探讨［J］．小城镇建设，7：44－46.
吴鹤立，林绍全．1997. 建设海洋大省的战略构想及金融对策［J］．海南金融，3：5－6，4.
武鹏，王镇，周云波．2010. 中国区域海洋经济发展水平综合评价［J］．经济问题探索，2：26－32.
于潇．2008. 基于灰色关联分析的海洋产业经济研究［J］．海洋开发与管理，6：76－79.
曾渝，杨俊斌．2006. 发展海南南海海洋药物的现状及构想［J］．中国药事，12：718－719.
张本，潘建纲．1997. 将海南建成我国南海油气开发基地的建议［J］．海洋开发与管理，2：43－46.
张金诚，邸刚．2006. 海南水产品加工产业的现状和发展方向［J］．中国渔业经济，5：60－62.
张未，史舟海．关于舟山市发展海洋生物医药产业的思考，中国海洋文化在线网.
张艺钟，等．2008. 上海海洋经济可持续发展研究［J］．经济问题探索，10：52－58.
郑杨．2008. 发展潜力巨大的海水利用产业［J］．港口经济，6：59－60.
朱坚真，师银燕．2008. 略论广东海洋科技教育与海洋经济发展［J］．广东经济，5：49－53.

第七章　南海诸岛

7.1　南海诸岛及其海域基本地理概况

南海海底地形复杂，以大陆架、大陆坡和中央海盆三个部分呈环状分布。中央海盆位于南海中部偏东，大体呈扁的菱形，海底地势东北高、西南低。大陆架沿大陆边缘和岛弧分别以不同的坡度向海盆倾斜，其中北部和南部面积最广。海南省海岛分布如图 7.1 所示。

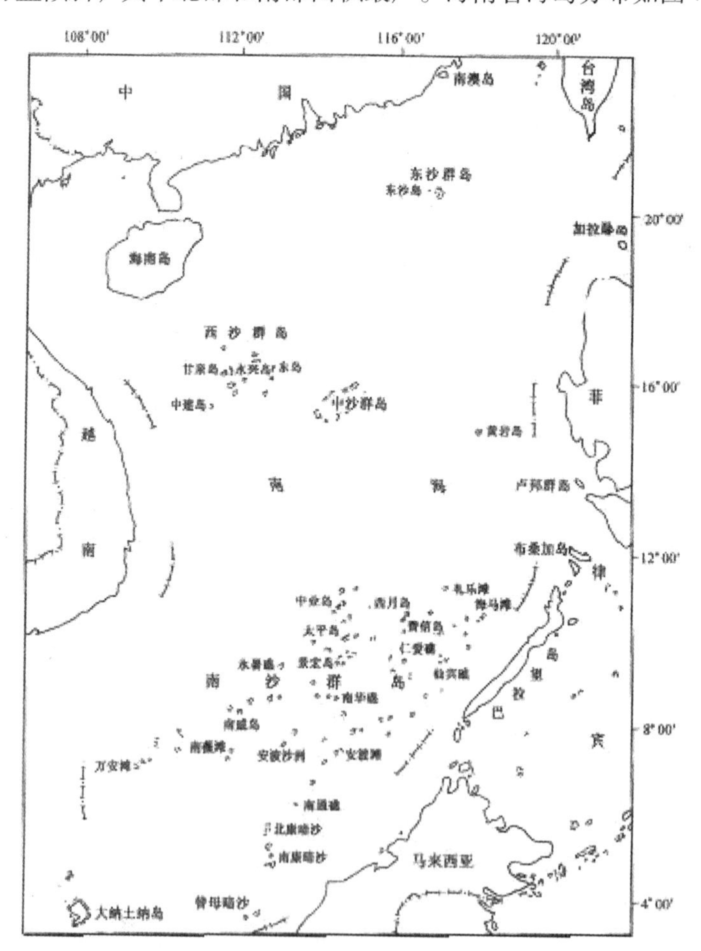

图 7.1　海南省海岛分布概图

西沙群岛海域辽阔，陆域低、平、小，最高的石岛海拔为 15.9 m；岛礁均为海洋型岛屿，除高尖石为火山角砾岩组成的基岩岛外，其余全是以珊瑚、贝屑为主组成的珊瑚岛礁，珊瑚礁盘大；部分海岸发育有海滩岩，地形平坦，地貌类型较简单。

中沙群岛古称“红毛浅”、“石星石塘”等，北起神狐暗沙，南止波洑暗沙，东至黄岩岛，位于南海中部海域和西沙群岛的东南方，是穿越南海航道的必经之地，与西沙群岛的永兴岛相距约220 km；西北距海南岛榆林港超过570 km。地理位置为13°57′~19°33′N，东经113°02′~118°45′E之间，南北跨纬度5°36′，东西跨经度5°43′，海域面积约60多万平方千米，由中沙大环礁、黄岩岛（民主礁）、中南暗沙、宪法暗沙、一统暗沙和神狐暗沙等40余个礁、滩、沙组成，岛礁散布范围仅次于南沙群岛。中沙群岛大部分岛礁淹没在水下，黄岩岛是唯一有礁石露出水面的珊瑚礁。

中沙群岛在地质构造上属南海陆缘地堑系的组成之一，应属南海陆缘地堑系之下的二级构造单元陆坡断块区，位于南海陆缘地堑系的中部，为新生代从南海北部华南陆块拉张出来的漂离岛块（微陆块），地质构造与西沙群岛相似。它与西沙一起构成西沙—中沙隆起带（地穹隆起），并可能向东延伸至黄岩隆起带，构成东沙、南沙两陆块的中央对称轴。中沙群岛海区包括中沙隆起带和黄岩隆起带，其边缘受NE向断裂构造控制，基底为已褶皱的上元古界即前寒武纪强烈变质的花岗片麻岩和混合岩类等。

中沙群岛坐落在南海北部陆坡的台阶上。宏观地貌形态表现为中沙海底高原，为珊瑚礁地貌。中沙群岛的主体中沙大环礁为椭圆形，为沉溺礁，也是南海中最大的环礁，长141 km，宽55 km，面积近8 000 km^2。礁环为彼此间断的暗沙群，形成许多独立的个体，达几十座之多，已定名的有20座。环礁整体为NE向展布，环礁周缘隆起较高，水深13~20 m，礁湖内水深通常为75~85 m，局部达90~100 m，也有零星散布的暗沙和礁滩，潟湖底与礁环顶部高差达60~70 m。从礁环向潟湖中心依次可见20、60、80 m的三级水下阶地。环礁周缘坡度西北坡较缓，一般为11°~22°；东南坡的布德暗沙外缘坡度达52°。中沙环礁西、南侧均有海槽发育，均为裂谷演变而成。礁环顶部与海槽高差2.4~4 km。

黄岩岛又称民主礁，为一近似等腰三角形的大环礁，长18.5 km，宽约15 km，三角环礁底边为NW走向。潟湖水深10~20 m，周围散布有数百块礁石，高出水面0.3~1.5 m，礁块表面大小为1~4 m^2，以底边北、南两端最为密集，北端礁块称为黄岩，南端称为南岩，为中沙群岛唯一出露水面的岛屿。岛屿下的礁盘约在水下1 m左右。

南沙群岛古称“万里石塘”、“万里长堤”、“万生石塘屿”等，位于南海南部海域，北起雄南礁，南至曾母暗沙，西为万安滩，东为海马滩，是我国最南方的群岛，也是岛屿、滩、礁最多，散布范围最广的一个群岛。南沙群岛由200多个岛屿、礁滩和沙洲组成，岛屿陆地总面积不到3 km^2，位于3°50′~11°30′N，109°30′~117°50′E之间，东西长约905 km，南北宽约887 km，海域面积为88.6×10^4 km^2。南沙群岛西北与越南遥遥相对，东北与菲律宾隔海相望，南部水域与马来西亚、文莱、印度尼西亚等国沿海相接。南沙群岛以南沙海底高原为基底，发育出北群、东北群、中群、南群、西南群等五大岛群，呈北东—南西向、北西—南东向、南—北向和东—西向的分布格局。在南沙群岛中，我国政府已命名的有177座，主要岛屿有太平岛、南威岛、中业岛、郑和群礁、万安滩和曾母暗沙等，其中，面积最大的岛屿是太平岛，为0.432 km^2；海拔最高的是北子岛，最高海拔为12.5 m。南沙群岛海域为海底高原，基部深1 800~2 000 m，具有大陆架、大陆坡和深海盆三大地貌特性，从南至北分为3级阶梯地形。第一级台阶为巽他陆架，属南海南部大陆架，水深150 m以浅，面积12.61×10^4 km^2，分布有北康暗沙、南康暗沙和曾母暗沙等20多座暗沙（礁、滩）。第二级台阶为南海南部大陆坡，水深1 500 ~2 500 m，面积54.85 $\times 10^4$ km^2，主要地形为海底高原，一般高出深海平原2 000 ~2 500 m，高原顶面为不连续的南沙台阶，自西南巽他陆架外缘向东北延伸至礼乐滩以北，长约1 000 km，宽约360 km；台阶面崎岖起伏，隆起部分地貌包括水下海山、暗礁、暗沙，水面上下的环礁和台礁，出露水面的岛屿和沙洲，构成南沙群岛的主体。第三级台阶为中央深海盆地，位于南海中部，南沙群岛北侧，水深4 000 m，面积3.67 $\times 10^4$ km^2。海盆略呈菱形，轴自东北向西南伸展1 500 km，东北端以巴士海峡中水深2 600 m的海槛与菲律宾海盆隔开，西南端大体止于永暑礁西北侧；底部是深海平原，水深4 000 ~4 500 m，散布着10座海山和海岭，其上发育生物礁，沉积层厚度达1 000 ~2 000 m不等。南沙群岛属珊瑚礁地貌，岛礁沙滩星罗棋布，散布海域面积超过88 $\times 10^4$ km^2，基座主要为南海南部的大陆坡和少部分大陆架的隆起台阶，海底槽沟纵横交错，地貌情况十分复杂。岛屿由礁石和珊瑚砂及贝壳堆积而成，地势低平，海拔多在4 m以下。

7.2 南海诸岛及其海域历史归属考证

7.2.1 中国最早发现、命名南海群岛

西汉武帝统一南越，设九郡①直属中央管辖，素有“珠玑、犀、玳瑁、果、布之凑”② 的珠江三角洲的通商都会番禺（今广州市）、琼州海峡的徐闻、北部湾沿岸的合浦、日南成为南方沿海的主要港口，为中国发展南海航运业奠定了历史基础，并开辟了中国大陆经南海至印度半岛的海上丝绸之路，开始利用南海。东汉时期海上丝绸之路进一步发展，抵达阿拉伯地区的红海。东汉杨孚曾对南海周围地形有所记载：“涨海崎头，水浅而多磁石，徼外人乘大舶，皆以铁叶锢之，至此关，以磁石不得过”③。“涨海”即指南海，“磁石”有的解释为珊瑚礁，有的认为是指南海的岬角地形，多为坚硬的磁铁矿层构成，所以，强大的磁场影响铁叶锢连的大舶正常航行④。三国（公元220—265年）时期万震所著《南州异物志》在讲到从马来半岛到中国的航程时，也作了如下的记述：“东北行，极大崎头，出涨海，中浅而多磁石。”这里的崎头就是指南海诸岛；“磁石”是指船只很容易被礁滩搁浅，好似被磁石吸住一般。与万震同时代的康泰在《扶南传》中对南海诸岛的形态和成因作了相当精确的描述：“涨海中，倒珊瑚洲，洲底有盘石，珊瑚生其上也。”这里的珊瑚洲就是对南海诸岛相当准确的描述，这在世界上是第一次。可见，早在汉代，中国就不仅发现了南海，而且对南海的岛屿、沙洲、暗礁、潮汐等有一定认识。从此以后，南海一直是中国贸易的主要地理媒介。南海的海上路线一直是中国对外的主要窗口。可以毫不夸张地说，“南海和南海上的岛礁帮助中国人在地理上形成了对世界秩序的认识”⑤。

三国以后，中国在南海的航海活动在规模上、数量上继续呈现蓬勃的势头。有聂友、陆

① 汉置九郡为南海（今广东南海县）、苍梧（今广西苍梧县）、郁林（今广西贵县）、合浦（今广西合浦县）、交趾（今越南北方）、九真（今越南清化）、日南（今越南义安）、珠崖（今海南琼山县）、儋耳（今海南儋州市）。

② 史记·货殖列传．

③ 曾钊辑，杨孚．异物志．二酉堂丛书．

④ 孙光圻．1989．中国古代航海史．北京：海洋出版社．174．

⑤ Samuels, Marwyn S. 1982. Contest for the South China Sea. New York and London: Methuen. 9 – 10.

凯率300艘战船的海南岛之行，有朱应、康泰船队历时10余年的南洋远航，有法显和尚从印度经海上归国等一系列海上活动。据《三国志》、《梁书》、《法显传》等史书记载，中国船队途经南海与东南亚、南亚之间的海上交往相当频繁。随着南海航海事业的发展，人们对包括西沙群岛在内的南海诸岛的认识加深了，从而自唐宋时期起，出现了专指南沙群岛的古地名。如石塘（上床）、万里石塘、万里石塘屿、万里长沙、万里长堤等，有关该地区的记载见于唐宋以后的许多文献中。南宋赵汝适在公元13世纪的《诸蕃志》序中就有一张标有南海诸岛的海图——诸蕃图。1405—1433年，明代郑和七下西洋，绘制了著名的《郑和航海图》，明确标出500个地名，其中本国部分约200个，将南海诸岛分别标为“石塘”、“万生石塘屿”、“石星石塘”。根据图上的位置可知，“石塘”即指今天的西沙群岛，“万生石塘屿”即指今天的南沙群岛，“石星石塘”是指中沙群岛。南沙群岛被列入中国的版图。此后，明代罗洪先的《广舆图》、清代陈伦炯的《四海总图》、郑光祖的《中国外夷总图》、林则徐和魏源的《海国图志》附图和王之春的《国朝柔元记》所附的《环海全图》都将南沙群岛标绘为中国领土。更重要的是，清代政府出版的权威性政区地图都将南沙群岛列入中国的版图，例如：1724年的《清直省份图》之“天下总舆图”，1755年的《皇清各直省份图》之“天下总舆图”，1817年的《大清一统天下图》。晚清的《大清天下中华各省县厅地全图》还用双线方格图例表示“万里石塘”为广东省属内府级政区单位[①]。出现于18世纪初的海南岛渔民的《更路簿》，详尽地记载了包括南沙群岛在内的南海诸岛的数十处地名，准确地标明了从海南岛到西沙、南沙群岛所经过的地方，以及这些地方相互间的航行罗盘方位和时间、距离，并且生动形象地表述了各个岛屿、沙洲、暗礁、水道的大小、地形、方位等特征。其中许多地名为各国航海家所承认和使用。如19世纪的英国海图称鸿庥岛为Namyit，称景宏岛为Sin Cowe，这两个外文名称就是根据我渔民对两岛的称呼“南乙”和“秤钩”发展而来的。我国清朝（1644—1911年）出版的大量官方地图，还绘有万里石塘的概略位置。

7.2.2　中国最早开发经营南海群岛

西沙群岛、南沙群岛自古以来就是中国渔民生产和活动的一个重要地区。南海出产的贝壳远在古代就被当做货币使用；南海的珊瑚，也已在汉代的国都长安陈列；一千多年的晋代，我国渔民已在南海捕鱼。中国西沙群岛和南沙群岛及其海域资源的记述和物产开发的记载因而也很早。早在两千多年前的汉代，就记载着我国的南海出产贝类；公元1世纪时，杨孚的《异物志》记载南海产有海龟和玳瑁；公元3世纪康泰的《扶南传》就有关于西沙、南沙群岛珊瑚岛礁的形态和成因的叙述；公元3—4世纪的晋代，就有中国人去南海捕鱼的记载。所有这一切都说明，中国对西沙群岛和南沙群岛物产的利用和开发在世界上是最早的，中国古籍对西沙、南沙群岛物产的记载也是世界上最早的。唐宋以后，南海成为中国对外交流的纽带，所谓“通海夷道”[②]，亚洲各国使团纷纷前往中国，中国与东南亚一些国家和地区建立了朝贡贸易关系，并在广州、泉州等沿海城市设立了专门管理航海贸易的政府机构市舶司，把类似近代的一些船舶登记、港务监督、海关税收、外侨管理等有关国家海洋权益的事务统一

---

① 韩振华 . 1988. 我国南海诸岛史料汇编 . 上海：东方出版社 . 84－89.
厦门大学南洋研究所 . 1977. 南海诸岛的历史范围和国民党时期所画南海诸岛范围线的变动情况 .
② 新唐书・地理志（下）.

管理起来。

郑和下西洋进一步推动了中国对南海的开发和利用：①郑和下西洋消灭了东南亚地区的海盗，稳定了南海周边形势，保证了海上贸易和海防安全。东南亚地区自古就是海盗出没之地，明初成为倭寇和中国东南沿海海盗盘踞的基地和据点，对中外海上贸易活动和东南沿海安全造成直接威胁。《明成祖实录》就记载："使臣有东南夷者，言诸番夷多遁居海岛，中国军民无赖者，潜与相结为寇"。在龙牙门（今马六甲海峡要道上的林加群岛）、猪蛮国（今印尼爪哇厨闽）、网巾礁老者（今菲律宾棉兰老岛南部）等许多港湾、岛屿与交通要道上，海盗丛生，活动十分猖獗。郑和在第一次下西洋过程中，歼灭了盘踞在旧港的海盗陈祖义部，维护了南海交通中心旧港的安全和畅通。②调解和缓和了东南亚各国之间的冲突和矛盾，直接有利于该地区的和平与稳定。郑和下西洋过程中参与解决了"苏干剌事件"，使当时"据诸番要冲"、"乃西洋要会"的苏门答腊国得到稳定，保障了东西方海上的顺利交往。③周密勘察，较成功地解决了中国发展海洋事业的一系列战略问题。郑和下西洋是一次由国家发动和组织的海洋事业。为了有效地利用海洋空间，发展海洋事业，必须首先开展对海洋的调查研究，掌握有关的海况资料，编绘有关的海图。出使前夕，郑和率船队成员对南海等海域进行了多次调查。"永乐元年，奉使差官郑和、李恺、杨敏等出使异域，躬往东西二洋等处，……较政（正）牵星图样，海岛、山屿、水势图形一本。务要选取能识山形水势，日夜无歧误也"[①]，并向所经各国广泛征集海图和各种航海资料，对东西洋各地海岛、礁石、山形、山峡、水势、水文、气象、水陆分布的特点和环境条件等，尤其是对南海的勘察更加广泛、深入。流传至今的《郑和航海图》为后人提供了极为珍贵的资料。如对西沙一带海域，郑和之前皆视为凶险之地。郑和船队非常重视对这一地区的了解，经过多次测量，在图上标出了各群岛及许多暗礁的地理位置。

除了政府行为外，明清两代中国渔民前往南沙群岛进行生产活动的人数也日益增加，活动范围不断扩大。根据海南岛渔民的调查材料可以知道，明朝时，海口港、铺前港和清澜港等地的海南渔民每年前往西沙和南沙群岛进行渔业生产，并有 108 个渔民兄弟葬身于西沙和南沙群岛。当时还出了一个有名的老舵工"红嘴公"（或称红嘴弹）。他是文昌县林伍市北山村人，他首先把渔民前辈对南沙各岛礁的命名记载下来。铺前港渔民蒙宾文是在嘉庆末年（1820 年以前）由同霜村老渔民带去西沙和南沙群岛捕鱼的。琼海县青葛和草塘港渔民吴坤俊、李泮松等人在道光年间（1821—1851 年）到西沙和南沙捕捞海产。史籍也载明，琼东草塘港渔民"因生活所迫，于清道光初年到其地（指西沙、南沙）从事渔业"。铺前港渔民蒙辉曹、蒙辉联、蒙辉明、蒙辉月、韩永准等人在咸丰年间（1851—1861 年）到西沙、南沙从事渔业生产。宝陵港符世丰、符世祥，琼海县草塘港上教村何大丰等 20 余人以及潭门港彭锡贤等人是在同治年间（1862—1874 年）到西沙、南沙捕捞海产的。铺前港渔民蒙辉英、蒙辉德、蒙全洲、林犹钊、林鸿昌，宝陵港渔民符用杏、符大藻、许世学、林猷香，清澜港渔民陈鸿柏、符用礼、黄学校，谭门港渔民彭春仁、赵仁吉之父等人是在光绪年间（1875—1908 年）到西沙和南沙捕鱼的。他们分别在太平、西月、中业、双子、南钥、南威等岛上建屋居住，挖水井，种椰树、香蕉、地瓜和蔬菜，还修建地窖，存放海味、干货和粮食等。

由于世代相传，每年都组织船队远涉重洋到南沙作业生产，因此海南渔民对南沙海区的

① 集美航海学院．宁波温州平阳石矿流水表．

每一个岛礁都很熟悉，积累了大量的有关航行、气候、水深、地形、土质、淡水分布、资源状况等方面的知识和经验。很多渔民备足长年的生活资料后，较长期地驻留岛上，搭盖茅屋，移植林木，甚至播种番薯，以便在岛上长期从事捕捞作业。捕捞品或运回海南，或远销南洋。他们也把陆岛的文化带到所到之处——南沙群岛，修建神庙，从事祭祀活动。在长期的航海生产实践中形成了比较固定的航行线路、航行生产作业时间、固定的生产组织形式，发展出适宜航行南沙的实用技术和一套定名系统，对南沙各主要岛礁都有了深刻的了解和开发。现分述如下。

1）固定的作业线路

中国渔民经过千百年的实践，逐步形成了渔业生产的习惯路线，或称“最佳路线”。这种线路主要有三条。

西头线：太平岛（黄山马）—大现礁（劳牛劳）—永署礁（上土戊）—比生礁（石盘）—华阳礁（铜铳仔）—东礁（大铜铳）—中礁（弄鼻仔）—西礁（大弄鼻）—南威岛（鸟仔峙）—日积礁（西头乙辛）。

南头线：九章群礁—六门礁（六门）—南华礁（恶落门）—无乜礁（无乜线）—司令礁（眼镜）—榆亚暗沙（深匡）—簸箕礁（簸箕）—南海礁（铜钟）—柏礁（海口线）或光星仔礁（光星仔）或光星礁（大光星）—弹丸礁（石公厘）—皇路礁（五百二）—南通礁（丹积）—南屏礁（墨瓜线）。

东头线：分为两支，即东支和东南支。

东支又分为四种走法。东支一：双子群礁（双峙）—乐斯暗沙（红草线排）—西月岛（红草峙）—马欢岛（罗孔）—鲎藤礁—仙宾礁（鱼鳞）—蓬勃暗沙（东头乙辛）。东支二：双子群礁（双峙）—乐斯暗沙（红草线排）—西月岛（红草峙）—马欢岛（罗孔）—五方礁（五风）。东支三：杨信沙洲（铜金）—火艾礁—西月岛（红草峙）—马欢岛（罗孔）—鲎藤礁—仙宾礁（鱼鳞）—蓬勃暗沙（东头乙辛）。东支四：杨信沙洲（铜金）—火艾礁—西月岛（红草峙）—马欢岛（罗孔）—五方礁（五风）。

东南支：由西月岛（红草峙）至火艾礁或由太平岛（黄山马）至安达礁（银饼）—三角礁—美济礁（双门）—仁爱礁（断节）—仙宾礁（鱼磷）—蓬勃暗沙（东头乙辛）—仙娥礁（乌串）—信义礁（双担）—海口礁（脚跛）—舰长礁（石龙）或半月礁（海公）[①]。

2）适宜航行南沙的专门技术

航行南沙的船只多为双桅船。为适应远海航行的需要，每条船都装有罗经，放在一个盒子里，盒子里放一盏灯，所以罗经又被称为火表。为防万一，每只船都还有备用罗经1～2个。

出海时点香计时，以香枝算更，一更约等于10 n mile（后来有了钟表，就不再以香计时了），因而用更既表示时间，又表示里程，渔民们把这种航行记录编成《更路簿》，代代相传，指导航行。

渔民们测量水深用的是“打水托”，一般白天不用，行船时不用，晚上看不见水深或靠

① 韩振华.1988.我国南海诸岛史料汇编.上海：东方出版社.第二篇第四、五部分.

岸时才用。它用铁做成，形如秤砣，以绳牵拉来测量水深。

在海上测验水流正常与否，是把炉灰捏成饭团状，抛入水中，看其溶解程度如何，如果炉灰团只溶解一点点就沉下去，则说明水流正常，如果炉灰团很快溶解或被冲走，则说明水流不正常。

3）有规律的航海生产时间

每当立冬或冬至时节，海南的渔民就趁着东北信风，扬帆南下直到翌年清明或端阳节前后，再趁西南信风回航。在大多数情况下，同船去的渔民到了南沙以后，一部分人驻岛生产，一部分人把渔获所得拖回，到年底再拖来粮食和其他补给品，这就导致了定居行为。南沙的每个可居住岛屿都由我渔民最早定居。每个可居住岛屿都有我渔民最先建造的房屋、开凿的水井和修建的神庙。

4）固定的劳动组织和作业形式

到南沙从事生产劳动的渔民以海南岛东部的文昌县和琼海县（现为琼海市）为主，临高、陵水、万宁和三亚人次之，阳江县（广东省）也有。文昌渔民去的最早，人数也多，主要来自铺前、清澜、东郊、文教、龙楼等港口以及附近的村镇。琼海的渔民则来自潭门、长坡等地，他们最初是跟随文昌县渔民出海，从清末起后来居上，现去南沙的琼海渔民数量为海南各市（县）之冠。

渔民去南沙捕捞都是乘二桅或三桅风帆船。二桅船载重二三十吨，配舢板 4 只；三桅船载重三四十吨，配舢板 5 只或 7 只。每船少则 22 ~ 23 人，多则 27 人。渔船由船长掌管，设账目和事务管理人员。技术工种分五种（称为五甲）：一为火表（舵工、大公），管罗盘，负责驶船，工资最高；二为大缭，是二手，管理全船渔民的劳动，所以又叫管工；三是阿班，管中桅（即主桅）；四是头碇，管前桅和舢板；五是舢板，为一般劳动力，参加水下捕捞和日常劳动，人数最多，工资最低。

去南沙所需要的费用一般采取合股的形式，有时由二三十个有一定资金的渔民合股，每个入股者可以入一股，也可以入多股，获利按入股多少分红。赤贫的渔民则受雇于渔栏主（船主、东家），获利三七开，30% 归船工，70% 归东家。

5）一套固定的定名系统

南沙群岛各岛礁亦为中国渔民最早命名。这种命名记载在海南渔民世代相传的《更路簿》中。《更路簿》是我国渔民进行渔业生产的航海指南，它记载了渔民航行西沙和南沙群岛各岛礁间的罗盘方位和更数，其中记述了海南渔民对南沙群岛的习用地名 70 多处，记录了南沙各岛礁间的更路 100 多条。如：“自黄山马去丑未，用壬丙己亥，三更收。对西北。自黄山马去牛厄，用乾巽，三更。对东南。自黄山马去刘牛刘，用寅申，三更。对西南。自黄山马去南乙峙，用壬丙，一更。对东南。自南乙峙去秤钩，用子午，二更收。对南”① ……这里的“黄山马”即太平岛，“丑未”即渚碧礁，“牛厄”即南威岛，“刘牛刘”即大现礁，“南乙峙”即鸿庥岛，“秤钩”即景宏岛。1844—1868 年，英国船到南沙群岛测量和定名时，

① 苏德柳抄本《更路簿》，我国南海诸岛史料汇编（续编），第三册．南洋研究所。

就曾向中国渔民询问各岛礁的名称和航向。1868 年出版的《中国海指南》记载："渔民称为'Sin Cowe'的一个岛，大约位于'Namyit'南方 30 n mile"[①]。这里的"Sin Cowe"（音译为辛科威岛）和"Namyit"（音译为南伊岛）显然是从我渔民所称"秤钩"和"南乙"俗名音译过去的。另据外国航海水道志记载，1867 年英船"来福门"号到达南沙群岛太平岛时，登岸取水，进行测量，但不知该岛名称，问及岛上的琼崖渔民，再根据渔民音调译成英文 Ituaba（伊都阿巴），记录在航海图上。"伊都阿巴"就是崖县的土音。我国渔民称太平岛为黄山马（Widuabe），与"Ituaba"音相近。此外，南沙群岛中的英文名"Thitu"（译为帝都岛，即中业岛）和"Subi"（译为沙比礁，即渚碧礁），也是从渔民所称的"铁峙"（Hitu）和"丑未"（Sinbue）音译过去的。

由此可见，当 19 世纪中叶英国人对南沙各岛礁进行测量和定名以前，南沙群岛各岛礁早已有中国渔民的命名，并且英国人在进行定名时还部分地采用了海南渔民原有的命名。更值得注意的是，中国渔民对南海岛礁的命名甚至呈现出较强的规律性。如把岛和沙洲一律称为"峙"（有的沙洲称为"峙仔"），把礁一律称为"线"、"沙"，把环礁一律称为"匡"（筐、圈、圹），把暗沙一律称为"沙排"、"线排"。唯有掌握了南沙岛礁的地理、地质特征，才能有比较规律的定名；唯有在相关海域长时间的航海和生产经历，才能认识南沙岛礁的地理和地质特征。

1868 年英国海军部海图局编制的《中国海指南》一书中有关南沙群岛的地形、地貌、海流、潮汐和气候等的记载很多都是从中国渔民世代生产的经验中得来的。该书还记载了中国渔民在南沙群岛的活动情况，在叙述郑和群礁时说："海南渔民，以捕取海参、贝壳为活，各岛都有其足迹，亦有久居岩礁间者。海南每岁有小船驶往岛上，携米粮及其他必需品，与渔民交换参贝。船于每年十二月或一月离海南，至第一次西南风起时返。在益多阿白（即太平岛）岛上之泉水，较他处为佳"。在叙述双子礁时说："二岩均满长蔓草，东北部有小树，砂岩常为海南渔民所莅止，捕取海参及贝壳等。东北岩之中央有一甘泉，渔民饮水都取于此"。该书在叙述太平岛和中业岛时均记载"岛旁有椰树和香蕉"等。由此可以证明，在 1867 年以前中国海南渔民就已久居南沙各岛礁并在其上从事渔业和其他生产活动了。

上述事实说明，我渔民在南沙的开发经营经历了一个漫长的历史时期，这是任何周边国家都无法比拟的。完全可以说，南沙群岛是中国最早发现的，而且持续、和平地占有、开发和经营。在相当长的时间内，南沙地区除了中国人以外，根本没有其他国家的行迹。正如克利伯顿案裁决中所阐明的那样，"对于不宜居住的土地的占领，只要占领国一直绝对地没有争议地支配该领土，就构成了完全占领，并不要求行使有效的行政管辖和有效控制。"更何况中国不但发现了南沙群岛，而且行使了管辖权。

7.2.3 中国最早对南海群岛行使管辖

迟至元代，南沙群岛已归我国管辖。《元史》地理志和《元代疆域图叙》记载元代疆域包括了南沙群岛。其中《元史》记载了元朝海军巡辖了南沙群岛。

明代《海南卫指挥佥事柴公墓志铭》记载："广东濒大海，海外诸国皆内属"，"公统兵万余，巨舰五十艘"，巡逻"海道几万里"。表明南沙群岛属于明代版图，明代海南卫巡辖了

---

① Reed J. W. , J. W. King. 1868. Main Route to China. China Sea Directory. London.

西沙群岛、中沙群岛和南沙群岛。

在清代，中国政府将南沙群岛标绘在权威性地图上，对南沙群岛行使行政管辖。1724 年的《清直省份图》之《天下总舆图》、1755 年《皇清各直省份图》之《天下总舆图》、1767 年《大清万年一统天下全图》、1810 年《大清万年一统地量全图》和 1817 年《大清一统天下全图》等许多地图均将南沙群岛列入中国版图。1932 年和 1935 年，中国参谋本部、内政部、外交部、海军部、教育部和蒙藏委员会共同组成水陆地图审查委员会，专门审定了中国南海各岛屿名称共 132 个，分属西沙群岛、中沙群岛、东沙群岛和南沙群岛管辖。

1933 年，法国侵占我国南沙群岛的太平、中业等九个岛屿，立即遭到我在南沙群岛生活和从事生产活动的渔民强烈反抗，中国政府也向法国政府提出抗议。1935 年，中国政府的水陆地图审查委员会编印《中国南海各岛屿图》详细标明包括南沙群岛在内的南海诸岛各岛礁的具体名称。

1939 年，日本侵占了南海诸岛。1946 年根据《开罗宣言》和《波茨坦公告》精神，中国内政部会同海军部和广东省政府委派肖次尹和麦蕴瑜分别为西沙群岛和南沙群岛专员，前往接管西沙群岛和南沙群岛，并在岛上立主权碑。

1947 年，中国内政部重新命名包括南沙群岛在内的南海诸岛全部岛礁沙滩名称共 159 个，并公布施行。

1983 年，中国地名委员会授权公布包括南沙群岛在内的南海诸岛标准地名。

综上所述，大量翔实的史实证明，南沙群岛是中国人民最早发现和开发经营的，中国政府早已对其行使管辖和主权。南沙群岛自古以来就是中国领土不可分割的一部分。

7.3 南海诸岛及其海域归属的法律依据

7.3.1 中国对南海诸岛的发现权

在 18 世纪以前，“无主物归于先占者”的规则成为国家取得无主地的基本规则。所以，英国学者詹宁斯说，“不加占领的单纯发现在过去是可以赋予权利的”，18 世纪以后，国际法要求发现之后，需要有实际占领。根据 18 世纪以后的国际法，先占必须具备：第一，先占的主体是国家；第二，先占的客体是无主地，即未经他国占领的无人荒岛和地区或虽经占领但已被放弃的土地；第三，主观上要有占有的意思表示；第四，客观上要实行有效占有，即适当地行使和表现主权。但发现仍然是一种提出权利的依据。

中国人早在汉代就发现了南海诸岛，这比越南人声称的在南海的活动时间 1630—1653 年早 1 500 多年。即使将中国人发现南沙群岛的时间移后至外国人公认的中国海军和商船队最强盛的 11—14 世纪[①]，也比越南早 400 年。中国拥有的航海技术和能力，如指南针和造船业，当时在世界上处于绝对领先的地位。所以，英国的《泰晤士报》社论才说，“……中国的这种主权要求在西方出现地图的大约一千年以前就提出来了，那时候，现在同中国争夺主权的那些当时的王国还没有一个具有目前的这种独立地位。”[②]

---

① 李约瑟文集．沈阳：辽宁科学技术出版社．1986，258.

② 争夺斯普拉特利群岛．泰晤士报．1976 年 6 月 16 日．南沙群岛英文名称 Spratly Islands，外文译名斯普拉特利群岛、斯巴特列群岛等（全书同）。

从19世纪开始，有些外国人到了南沙，但他们见到只有中国人在那里开发、经营。所以，19世纪以来的一些外国书刊中也出现了中国人在南沙从事开发经营活动的记载。如英国官方1868年出版的《中国海指南》中描绘郑和群礁的情况时说："海南渔民，以捕取海参、贝壳为活，各岛都有其足迹，亦有久居岩礁间者，海南每岁有小船驶往岛上，携米粮及其他必需品，与渔民交换参、贝。船于每年十二月或一月离海南，至第一次西南风起时返。"该书在描述双子礁时写道："二岩均长满蔓草，东北部有小树，砂岩常为海南渔民所莅止，捕取海参及贝壳等。东北岩之中央有一甘泉，渔民饮水都取于此。"此外，法国和日本的出版物上，也有许多关于中国渔民在南沙群岛从事生产开发活动的记载。

20世纪30年代，法国报刊对中国渔民在太平岛、南威岛、中业岛、南钥岛、双子岛及安波沙洲的开发活动作了记载，甚至对于何处见到房屋、农园和神庙，庙中有何陈设都作了详细的描述。从而说明法国用武力侵占南沙群岛以前，中国渔民已经成为开发南沙群岛的主人，南沙群岛绝不是荒无人烟，无人占领。1933年，法国出版的《殖民地世界》杂志记述说：1930年，法国炮舰"马里休士"号测量南威岛时，岛上即有中国居民3人；1933年4月，法国侵占南沙九岛时，亦见各岛居民全是中国人。当时的南子礁有7人，中业岛上有5人，南威岛上有4人，南钥岛上有中国人留下的茅屋、水井、神庙等。1933年8月28日，香港《南华早报》转载法国人所写的一篇文章（"法国新岛屿"）说："帝都岛（即今中业岛）和双岛（即今双子礁）有不少中国人居住着，他们都是从海南岛来的。帆船每年运来食用物品，供给他们，而运去龟肉和晒干的海参"。在伊都阿巴（即今太平岛），"发现一间用树叶盖成的小屋，一块整齐的番薯地，一座小庙，里面有一只拜佛用的茶壶，装竹筷的瓶子，还有中国渔民的神主牌。草屋里挂着一块木牌，写着中国字，大意是：'余乃船主德茂（Ti Mung），于三月中旬带粮食来此，但不见一人，余现将米留下来放在石下藏着，余今去矣'。"该文附有3张照片，两张是岛上风光，另一张照片上是一位中国渔民手拿着胡琴，立于椰子树前。照片中的渔民，名叫彭正楷，是我海南岛琼海县潭门镇潭门大队人。

从格劳秀斯开始，国际法就确立了一种传统，即根据罗马法及其后来的私法原理来阐释国际法问题，"其结果是，国际制度中有关领土、领土性质、领土范围、取得和保卫领土方式的那些部分，便都是纯粹的罗马'财产法'"[①]，"无主物归于先占者"的规则，因此成为国家取得无主地的基本规则。在罗马法体制下，对许多"无主物"的发现行为本身，而不是实际占有，就产生所有权[②]。早期的国际法完全因循了这一规则。所以，英国学者詹宁斯说，"不加占领的单纯发现在过去是可以赋予权利的"，"在16世纪以前，已不能再争辩，最终带有先占意思的单纯发现足以产生权利"[③]。15—16世纪各殖民国家的实践证明了这一点。所以，美国学者希尔也指出，"由于单纯的发现被认为是主张无主地的充分根据，所以从事各种可能被视为实际占领或占有的象征性行为的实践得到了发展。"[④]

18世纪以后，国际法要求发现之后，需要有实际占领，但发现仍然是一种提出权利的依据。帕尔玛斯案说它是一种"初步的权利"[⑤]。对于这种权利，美国学者霍尔的一句名言被广

---

① ［英］梅因．1959．古代法．北京：商务印书馆．58．

② ［意］彭梵得．1992．罗马法教科书．北京：中国政法大学出版社．200．

③ Jennings. 1963. 国际法上的领土取得（英文版）．43．

④ 赵理海．1993．从国际法看我国对南海诸岛拥有无可争辩的主权．当代国际法问题．中国法制出版社．171．

⑤ 亨金（L. Henkin）等．1980．国际法案例与资料（英文版）．258．

泛引用，即发现“有暂时阻止他国加以占领的作用”①。奥本海对此有更详细的论述。他说，发现绝不是没有重要性的。②

7.3.2 中国对南海诸岛持续设治管理

早在汉朝时期，中国政府已经派地方官员巡视南海一带水域了。

南北朝时期的南朝宋代（公元420—422年），南海诸岛已在中国海军的巡逻之内。谢灵运《武帝诔》所记载的“舟师涨海”便是佐证。

中国设治管辖南海诸岛则始于唐代。唐朝贞元五年（公元789年）设琼州府，根据宋朝赵汝适《诸蕃志》记载：“贞元五年，以琼为督府，今因之，至吉阳，乃海之极，亡复陆涂。南对占城，西望真腊，东则千里长沙，万里石塘。渺茫无际，天水一色，舟船来往唯以指南针为则，昼夜守视唯谨……四郡凡四十一县，悉隶广南西路”。这里的千里长沙、万里石塘指的就是南海诸岛。可见，唐代已将南海诸岛的千里长沙、万里石塘列入中国版图，划归琼州府管辖。

北宋时在南海设置巡海水师营垒。南宋时，南海诸岛则属广南西路琼管（即琼管安抚都监）管辖，列入琼管四州军之一的吉阳昌化军的巡视范围。南宋时期，在沿海地区设立水师建制，以保证国家主权在南海以及沿海地区的行使。

元朝更注意向海洋发展。当时西亚和波斯湾大部分地区多已成为蒙古藩属国，双方交往多取海路。忽必烈曾下诏：“有市舶司的勾当，是国家大得济的勾当”③。他把渤海、黄海、东海乃至南海作为大元帝国的内海。元朝还派出著名的天文学家、同知太史院事郭守敬到南海进行测量并建立天文据点，元将史弼曾到万里石塘巡视。

因为郑和下西洋将中国海上丝绸之路发展推向了鼎盛，对南海的了解和控制也超过了历代，因而，明初的海权范围甚至超出了元代，南海诸岛归万州管辖，一直列为水师巡防范围。该时期的所有记载中，均将南海诸岛视为海防的门户，以它划分中外之界。官修的《广东通志》、《琼州府志》、《万州志》及《琼台外记》、《正德琼台志》、《海语》等，都在“疆域”或“舆地山川”条目中记载：“万州有千里长沙、万里石塘”，说明在明代南沙群岛是广东省海南万州的一部分。琼山县志记载，明代海南卫统兵万余，巡逻了海道几万里。

清代已有十几幅官方地图，绘有南沙群岛（石塘）的概略位置。据清朝官方的《广东通志》、《泉州府志》、《同安县志》记载，南沙群岛仍属万州辖治。1710—1712年，康熙曾派广东水师副将吴升率水师巡海。光绪九年（1883年）德国曾对西沙、南沙群岛进行调查测量，清朝政府提出抗议，德国不得不停止调查。1911年，中国广东政府把南海诸岛划归海南崖县管辖。

1946年后，中国政府将日本划归“台湾”管辖的南沙群岛等南海岛屿重新划归广东省管辖。1947年4月，中国内政部以发文方字第0434号公函通知广东省政府，南沙领土最南应至曾母暗沙，“此项范围抗战前我国政府机关学校及书局出版物，均以此为准，并曾经内政部呈奉有案，仍照原案不变”。

---

① Hall. 1924. 国际法论（英文版）. 127.

② 奥本海国际法（上卷第2分册），北京：商务印书馆. 1981，77－78.

③ 彭德清. 1988. 中国古代航海史（古代册）. 北京：人民交通出版社. 231.

1949 年 6 月 6 日，当时的中国政府公布《海南特别行政长官公署组织条例》第一条规定："海南特别区包括东沙、中沙、西沙、南沙诸群岛，大小礁、滩、沙洲、暗礁，均改属海南特别区，仍由海军代管。"

1959 年 3 月，中华人民共和国海南行政区设立了"西沙、南沙、中沙群岛办事处"。1969 年 3 月，该办事处改称"广东省西沙、南沙、中沙群岛革命委员会"。

1984 年 5 月 31 日，六届人大二次会议通过国务院所提关于成立海南行政区政府的议案，决定撤销海南行政区公署，另在海口市设立"海南行政区政府"，把包括西沙群岛、中沙群岛、南沙群岛在内的南海诸岛及其海域纳入其管辖范围之内。2012 年 6 月设三沙市，管辖西沙群岛、中沙群岛、南沙群岛及其海域。

7.3.3　条约与国际承认

1）条约承认

中国对南沙群岛的主权得到国际条约的承认。有关南沙群岛主权问题的国际条约有四个，即《开罗宣言》、《波茨坦公告》、《旧金山和约》和《日华条约》。

1943 年 12 月 1 日，中、美、英三国《开罗宣言》郑重宣布，三大盟国进行此次战争的宗旨之一在使日本所窃取于中国之领土，例如满洲、台湾、澎湖列岛等，归还中国[①]。苏联领导人斯大林表示完全赞同这个宣言和它的全部内容，他表示把满洲、台湾和澎湖归还中国是应该的。

1945 年 7 月 26 日，中、美、英三国《波茨坦公告》再次重申，"开罗宣言之条件必将实施"。[②]

由于日本占领南沙群岛期间（1939—1945 年）曾把南沙群岛连同西沙群岛等其他南海诸岛（命名为"新南群岛"）划归原属于中国而当时被日本通过不平等条约侵占的"台湾"管辖，隶属高雄县，《开罗宣言》和《波茨坦公告》规定日本必须把所窃取的包括"台湾"、澎湖列岛等中国领土归还中国，当然也包括南沙群岛和西沙群岛等岛屿。第二次世界大战后，当时的中国政府正是根据《开罗宣言》和《波茨坦公告》的精神，于 1946 年 9 月至 1947 年 3 月接收了南海诸岛，并完成了一系列宣示主权的法律程序。可以说，早在《旧金山和约》签字以前，中国政府已经遵照《开罗宣言》和《波茨坦公告》完成了接收南沙群岛的程序。

关于《旧金山和约》，1951 年 8 月 15 日，我外交部长周恩来就美英片面提出的对日和约草案发表声明指出，草案故意规定日本放弃对南沙和西沙群岛的一切权利而不提归还主权问题是对中国主权的侵犯。但实际上，东沙群岛、西沙群岛、中沙群岛和南沙群岛"向为中国领土"，中国对西沙、南沙群岛的主权，无论对日和约草案有无规定及如何规定，均不受任何影响。

继《旧金山和约》之后，1952 年，日本与中国台湾当局签订了《日华条约》，其中第二条规定："兹承认依照公元 1951 年 9 月 8 日在美利坚合众国旧金山市签订之对日和平条约第二条，日本国业已放弃对于'台湾'及澎湖列岛以及南沙群岛及西沙群岛之权利、权利依据

---

① 世界知识出版社．国际条约集（1934—1944 年）．1961，407。

② 世界知识出版社．国际条约集（1945—1947 年）．1959，77。

要求。”对《旧金山和约》文本不明确的条款，《日华条约》作出了明确的补充解释。《旧金山和约》主要是针对日本的，作为《旧金山和约》主要当事国的日本在《日华条约》这个双边条约中已承认南沙群岛属于中国。这是十分明确的。

2）国际承认

中国对南沙群岛拥有的主权曾得到各有关国家的广泛承认。

（1）日本

日本承认南沙群岛属于中国的立场不仅见于上述条约，也见于其官方地图、报刊及其他舆论。

1952 年，由日本外务大臣冈崎博男亲笔签字推荐，日本全国教育图书公司出版的《标准世界地图集》进一步证明日本承认南沙群岛属于中国。

1955 年，日本石崎书店出版的《中国年鉴》（日本中国研究所编）在谈到中国的面积时提到曾母暗沙。①

1966 年日本极东书店出版的《新中国年鉴——1966》（日本中国研究所编）承认：“中国的海岸线，从辽东半岛起至南沙群岛约 11 000 km，加上沿海岛屿的海岸线，达 2×10^4 km。”②

1972 年，在中日邦交正常化时，日本政府声明坚持遵循《波茨坦公告》第八条关于归还其侵占的中国领土的规定，这实际上是再次确认南沙群岛属于中国。

1972 年日本共同通讯社出版《世界年鉴》承认中国的领土“除大陆部的领土外，有海南岛、台湾、澎湖列岛及中国南海上的东沙、西沙、中沙、南沙各群岛”。③

1973 年，日本学习研究社出版《现代大百科辞典》说：“中华人民共和国……辽阔的国土，……北起北纬 53 度附近的黑龙江沿岸，南到赤道附近的南沙群岛约 5 500 km……”。④

1974 年 1 月 19 日，《朝日新闻》发表述评：“翻开南沙群岛的‘历史’，几个世纪以来，被认为它是属于‘中国的领土’，而且，世界各国的地图也写着是中国的领土。”

1974 年 1 月 20 日，《产经新闻》刊登该报外信部记者青山保写的一篇文章，文章说：“南沙和西沙群岛，从历史上的主张来看，中国要更早追溯到汉代以前，在十五世纪时，中国的旅行者就曾到过这些地方。清朝时代的地图也将这些岛屿作为清朝的版图编入，因此，观察家中占优势的意见认为中国方面的主张是对的。”

1974 年 1 月 20 日《读卖新闻》承认，南沙群岛自 1860 年代就有中国渔民居住，这是史实中已有记载。

1974 年 2 月 2 日，日本《钻石》周刊登载题为“南中国海‘珊瑚礁’的闪电战”的文章。文中说：“在南中国海，从北到南有东沙、西沙、中沙、南沙各群岛依次排列着，全是近乎无人的珊瑚礁群岛。中国渔民虽然季节性的来到这里，却没有定居。……”“不过从历史来看，中国在几个世纪里领有这些群岛，这似乎是事实。法国把印度支那变为殖民地，于 1933 年片面地占领了南沙群岛。反对法国占领的日本于一九三九年随意划归台湾的行政区。

---

① 日本中国研究所．1955．中国年鉴．日本石崎书店．3.
② 日本中国研究所．1955．中国年鉴．日本石崎书店．114.
③ 日本中国研究所．1955．中国年鉴．日本石崎书店．193.
④ 现代大百科辞典，第 13 卷．日本学习研究社．1973，388。

以后因为打了败仗，日本按照1951年旧金山和平条约，放弃了这个群岛。那时中国立即宣布对东沙、西沙、中沙和南沙各群岛的主权。”

除日本以外，《旧金山和约》的其他缔约国，特别是历史上曾一度卷入南沙问题的法国、越南、菲律宾、马来西亚、印度尼西亚以及对南沙问题“很感兴趣”的欧美大国也都在不同场合承认南沙群岛是中国的领土。

（2）法国

法国的“承认”，可以分为两类。一类是其20世纪30年代侵占中国南沙九小岛时留下的有关记载（这些记载均承认先于法国人到达之前，中国海南岛的渔民就已经在南沙群岛从事渔业活动）；一类是其正式出版的地图。

前一类材料中经常被引用的是1933年8月2日香港《南华早报》（英文）上题为“法国新岛屿”的文章。该文由一位法国作家首先发表在《图解》（L’illustration）上，后为《南华早报》译载（前已引述）。

1956年法国出版的《拉鲁斯世界政治与经济地图集》（Atlas International Larousse Politique et Economique）第13B幅——“东南亚”幅，有“东沙岛（蒲勒他斯）（中国）”[①]、“西沙岛（帕拉塞尔群岛）（中国）”[②]、“南沙岛（斯普拉特利群岛）（中国）”的注记，表示它们都是归属于中国的。法国1968年国家地理研究院出版的《世界普通地图》和1969年巴黎出版的《拉鲁斯现代地图集》对南沙群岛都有归属中国的标记。

（3）越南

越南对中国拥有南沙群岛主权的承认广泛见于其政府的声明、照会等官方文件，也见于其报刊、地图和教科书。

1956年6月初，南越吴庭艳政权接连发表声明，称其对西沙群岛和南沙群岛拥有“传统的主权”。为此，越南民主共和国外交部副部长雍文谦于同年6月15日接见我驻越大使馆临时代办李志民，向中国郑重表示：“根据越南方面的资料，从历史上看，西沙群岛和南沙群岛应当属于中国领土”。当时在座的越南外交部亚洲司代司长黎禄进一步具体介绍了越南方面的材料并指出，“从历史上看，西沙群岛和南沙群岛早在宋朝时就已经属于中国了”。雍文谦副外长还进一步表示说：越南政府“准备根据越南方面搜集到的有关材料，在报刊上发布，以配合中国的斗争”。

1958年9月4日，中国政府发表关于领海的声明，宣布中国的领海宽度为12 n mile，其中第一、四条明确指出：中华人民共和国12 n mile及直线基线的规定“适用于中华人民共和国的一切领土，包括……东沙群岛、西沙群岛、中沙群岛、南沙群岛以及其他属于中国的岛屿”。越南《人民报》于9月6日报道了我国政府有关领海声明的详细内容；7日，越南《人民报》发表社论表示支持中国政府，并说谁侵犯中国的领海，谁就是侵略者。14日，越南总理范文同给周恩来总理的照会中表示：“越南民主共和国政府承认和赞同中华人民共和国政府1958年9月4日关于规定中国领海的声明”，“越南民主共和国政府尊重这一决定”。[③]

---

① 东沙群岛英文名称 Pratas Islands 或 Pratas Groups，外文译名蒲拉他土群岛、蒲勒他斯群岛（全书同）。

② 西沙群岛英文名称 Paracel Islands，外文译名帕拉塞尔群岛、帕拉西尔群岛（全书同）。

③ 中华人民共和国外交部文件．中国对西沙群岛和南沙群岛的主权无可争辩．1980年1月30日．82.
韩振华．1988．我国南海诸岛史料汇编．上海：东方出版社．11－12.

1975年以前，越南出版的书刊和官方出版的地图，也都把南沙群岛划为中国版图。1960年越南人民军总参谋部地图处编绘的《世界地图》，用中国名称标注“西沙群岛（中国）”、“南沙群岛（中国）。”1964年由越南国家测绘局出版的《越南地图集》，不但用中国名称拼写东沙、西沙和南沙群岛—Quan dao Dong - sa，Quan dao Tay - sa，Quan dao Nam - sa，而且，图上颜色和中国所着颜色一致，和越南本国的颜色不同。1972年由越南国家测绘局出版的《世界地图集》第19页“菲律宾、马来西亚、印度尼西亚、新加坡”图幅中，也用中国名称拼写西沙群岛、南沙群岛，作“Quan dao Tay - sa，Quan dao Namsa”，以表示西沙和南沙群岛属于中国，从未标过像越南当局现在所称的“黄沙群岛”和“长沙群岛”，以冒充中国的西沙和南沙群岛。[①]

1974年越南教育出版社出版的地理教科书《中国》一课中，也承认南沙群岛属于中国。教科书说：“从南沙、西沙各岛到海南岛、台湾岛、潮湖列岛、舟山群岛形成的弧形岛环，构成保卫中国大陆的一道‘长城’。”[②]

此外，越南出版的本国地图也没有把南沙群岛列入它的版图范围，这又从另一个方面证明南沙群岛系属中国领土。诸如1958年出版的《越南行政地图》，把南沙群岛标属为越南国外部分。1964年越南测绘局出版的《越南地图》内也不包括南沙群岛。1966年国家地理局出版的《越南地形与道路图》和1968年越南教育出版社出版的《越南行政区域图》，都没有把南沙群岛列入其范围。1970年越南教育出版社出版的《越南自然地理》和由越南科学技术出版社出版的《越南领土自然地理分区》都明确指出，越南领土的最东点为东经109度21分[③]。其实，1957年黎春芳主编的《越南地理》一书，在谈到越南的地理范围时就已经指出：“约在北纬8度35分至23度24分，东经102度8分至109度30分。”而南沙群岛最西南的万安滩位于东经109度55分，因而认为南沙群岛是越南领土是站不住脚的。[④]

（4）菲律宾

1956年5月，菲律宾外长加西亚在一次记者招待会上曾宣称，在南中国海上包括太平岛和南威岛在内的一些岛屿应属菲律宾领有，旋即遭到中国外交部和台湾的抗议。7月7日《马尼拉日报》就发表文章，承认南沙群岛一直属于中国。“克洛玛事件”发生后，菲律宾承认南沙群岛为中国领土的材料比较少，但却多次否认自己对南沙群岛的主权要求。[⑤]

（5）印度尼西亚

1974年初，南越当局对西沙群岛发起武装进攻，引起各国的谴责。印度尼西亚外交部长马利克在同记者谈话时也说：“如果我们看一看现在发行的地图，就可以从图上看到帕拉塞尔群岛和斯普拉特利群岛都是属于中国的，而且从未有人对此提出异议。”[⑥]1974年2月6日曼谷《每日新闻》上也以“印度尼西亚的观点”为题发表短评，短评在介绍马利克部长的观点以后说，印尼外长以上的谈话严重地击中了南越的要害，因为，南越声称西沙群岛与南沙

① 韩振华．1988．我国南海诸岛史料汇编．上海：东方出版社．634．

② ［越］普通学校九年级地理教科书．越南教育出版社，1974。

③ 西沙群岛和南沙群岛争端的由来．人民日报，1979年5月15日。

④ 黎春芳．1957．越南地理．河内文史地出版社．124－128．

⑤ 当局“外交部研究院设计委员会”．1995．外交部南海诸岛档案资料汇编．编者印．Ⅲ（4）．
当局“外交部研究院设计委员会”．1995．外交部南海诸岛档案资料汇编．编者印．Ⅲ（5）．

⑥ 法新社雅加达1974年2月4日电。

群岛是南越领土，至少已为东南亚最大国家之一的印尼公开地提出反对。①

（6）马来西亚

马来西亚向来不认为南沙群岛属于马来西亚，对南沙群岛海域发生的任何事态均未作出官方正式反应。其媒体舆论向来承认西沙群岛、南沙群岛属于中国。

1974年1月21日，槟城《光华日报》以“中越在西沙群岛冲突”为题发表社论。社论说：“无可否认的，无论从历史或地理条件说，在中国海的这四个群岛，均属于中国领土的一部分，乃不可争论的事实。过去因中国忙于应付各种内乱外患问题，本身没有强大海军力量，而这些岛屿又没有经济价值，遂变成鞭长莫及，任令其荒废不管，不过，在官方文件与民间生活及地图上，一向都确定这些岛屿在版图之内。”②

1974年1月26日，《星槟日报》以“西沙群岛争执不致恶化”为题发表社论。社论说：“历史长期以来已经证明，东沙、南沙、西沙及中沙群岛是属于中国的领土。历史课本也明明白白地写入这一事实。”③

1974年1月28日，槟城《光华日报》刊登一篇题为“中国的‘南海诸岛’”的文章。文章说：“南沙群岛和其他三组群岛（指东沙、中沙和西沙群岛）一样，很久以来就属于中国的领土。远在数百年前，海南岛的渔民就经常到这里捕鱼，有时并有少数人居留岛上。1883年（光绪九年），德国政府曾擅自派员测量南沙群岛，经中国政府抗议而撤走。……第二次世界大战中，南海诸岛曾一度沦陷，1945年日寇投降后，当时的中国政府在接收时，也曾立过石碑。1951年中国政府也曾发表声明，南威岛和西沙群岛的主权是不可侵犯的。”④

1974年2月5日，《光华日报》以“南越要制造复杂纷争”为题发表社论。社论说：南中国海西沙、东沙、中沙、南沙等几组群岛，无论在历史上或地理上，都有充分证据证明是属于中国的领土。不过中国于过去几百年间积弱，曾受西方列强侵凌，岌岌可危，连大陆疆土亦面对被瓜分的威胁，自然无力顾管这些岛屿。……第二次世界大战后，中国政府曾派海军接管西沙，当时法国或越南当局都没有提出异议，说明他们默认中国对这些岛屿的主权。越南在旧金山和会时才声明其主权立场，当然是乘中国大陆政权易手的混乱情况，趁机染指。不但在法理上北京政府从未承认该项和约，且在理论上，越南的立场前后矛盾，就无法使人接受。⑤

（7）美国

美国除作为《开罗宣言》和《波茨坦公告》的签字国承认日本掠夺的我国南海诸岛应当归还中国以外，其国内出版的书刊、地图等也承认南沙群岛是中国领土的一部分。

1962年纽约出版的《哥伦比亚利平科特世界地名辞典》（哥伦比亚大学版）在论述南沙群岛时说：“斯普拉特利群岛，即中国的南威岛，中国在南海的属地，是广东省的一部分。”⑥

1963年由乌尔麦克主编的《各国百科全书》明确认为，中国领土包括南沙群岛。该书说：“中华人民共和国还包括一些岛屿，如伸展到北纬4度的南中国海的暗礁和岛屿，这些岛

---

① 新华社香港1974年2月6日电。
② 新华社香港1974年1月26日电。
③ 新华社香港1974年1月29日电。
④ 新华社香港1974年1月31日电。
⑤ 新华社香港1974年2月9日电。
⑥ ［美］塞尔兹．1962．哥伦比亚利平科特世界地名词典．美国哥伦比亚大学出版社．

屿和暗滩包括东沙、西沙、中沙、南沙群岛。”[①]

1971 年《世界各国区划百科全书》在“中华人民共和国”条内称：“人民共和国包括几个群岛，其中最大的是海南岛，在南海岸附近。其他群岛包括南中国海的一些礁石和群岛，最远伸展到北纬 4 度。这些礁石和群岛包括东沙（普拉塔）、西沙、中沙和南沙群岛。”

1972 年《韦伯斯特新地理辞典》“南沙群岛”条载称：“南中国海中部的小岛群……1940 年 6 月为日本攫取，作为潜水艇基地；1951 年日本放弃对这些岛屿的权利。”

1974 年 2 月 10 日，美国《前卫》周刊发表题为“中国的西沙群岛侵犯”的文章。文章说，“西贡对西沙群岛和南沙群岛的要求对国际法律界的大多数的舆论是没有说服力的，而地图集的绘制者正是根据这些舆论来划分界线的。标准的参考书和地图集—包括美国的在内—都把这两个群岛划归中国的”。“西沙、南沙、中沙和东沙自古以来就是中国领土的一部分。”“中国对这些岛屿的主权在国际参考书中得到了普遍的承认。”[②]

1974 年，美国参议员迈克·曼斯菲尔德（蒙大拿州民主党人，曾为美驻日大使）在建议给中华人民共和国“最惠国待遇”的声明中，认为我对南沙和西沙的主权要求“都是很有理”的。[③]

（8）其他国家和国际组织

1971 年英国驻新加坡高级官员也承认南沙群岛是中国领土。他说：“斯普拉特利群岛是中国属地，为广东省的一部分。……在战后归还中国。我们找不到曾被其他国家占有的任何迹象。因此，只能作结论说，它至今仍为共产党中国所有。”[④]

1976 年 6 月 16 日，英国《泰晤士报》以“争夺斯普拉特利群岛”为题发表社论。社论指出：“北京……坚决地重申中国对斯普拉特利群岛拥有主权。……中国的这种主权要求在西方出现地图的大约一千年以前就提出来了。……那时候，现在同中国争夺主权的那些当时的王国还没有一个具有目前这种独立地位。”

1955 年 2 月，在印度新德里召开的第一届亚洲区域气象会议中，香港代表建议中国台湾当局在东沙、西沙和南沙群岛恢复气象设施办理高空探测，以满足国际航运需要。1955 年 10 月 27 日在菲律宾首都马尼拉召开的第一届国际民航组织太平洋地区飞航会议上，与会各国通过的第 24 项议案要求中国台湾当局在南沙群岛上设立气象台，补充南沙群岛每日四次的高空气象观测[⑤]。除台湾当局外，出席这次会议的不仅有澳大利亚、加拿大、智利、米多尼加、韩国、老挝、荷兰、泰国、英国、新西兰，而且还有法国和越南，美国和菲律宾以及日本等国的代表。第 24 项议案表明，与会各国和地区均承认南沙群岛为中国领土。

1958 年 9 月 4 日，中国政府发表关于领海的声明，其中明确指出中华人民共和国的领土包括南沙群岛等岛屿。同月，越南、苏联、保加利亚、匈牙利、捷克、德意志民主共和国、蒙古以及罗马尼亚等国家的政府或官方报刊都先后发表声明或评论，表示完全支持中国政府关于领海的决定。[⑥]

---

① 乌尔麦克. 1963. 各国百科全书（亚洲与澳洲册）. 55.

② 新华社联合国 1974 年 2 月 16 日电。

③ 美联社华盛顿 1974 年 4 月 2 日电。

④（香港）远东经济评论. 1973 年 12 月 31 日，39 页。

⑤ 当局“外交部研究院设计委员会”. 1995. 外交部南海诸岛档案资料汇编. 编者印. Ⅲ（8）：026.

⑥ 韩振华. 1988. 我国南海诸岛史料汇编. 东方出版社. 554 – 557.

1987年3月，联合国教科文组织在全球海平面监测计划中，要求中国在南沙群岛建设两个永久性观测站。

可见，南沙群岛是中国领土得到了广泛的国际承认。根据国际法，承认是能够在国际关系中产生法律义务的行为。默认、承认因而对于领土争议来说，起着非常重要的作用。在一项特定的领土争议中，如果当事国一方曾经在某一时间默认或承认当事国他方对争议领土拥有主权，这种承认或默认就产生了一定的效果，承认或默认方不得否定他方对争议土地享有领土主权，并在国际法上承担尊重他方权利的义务。这一法律准则在国际法上称“禁止反言”（estoppel），即禁止言行不一，前后矛盾，以至于损害他方权利。驰名世界的《布莱克法律词典》（Black's Law Dictionary），将“禁止反言”解释为“一方由于它自身的行为使之不得主张有损于他方的权利，他方有权依赖这种行为，从而这样行事。当法律禁止一个人言行不一时，就发生禁止反言”。布莱克还认为，“不可采取前后矛盾的立场、态度或行动路线，使他方遭受损失或伤害”。

上述观点获得了许多国际法权威人士的支持。国际法院法官詹宁斯在谈到“禁止反言”或“排除原则”（principle of preclusion）时，断言“这项原则为国际法所接受，现在肯定毫无疑义”。麦克奈尔（McNair）法官也指出：“希望任何法律制度应当包括这样一项规定是合理的”；布朗利则把“禁止反言”推崇为以“善意”（good faith）和一致原则（principle of constancy）为基础的一项公认的国际法准则。他说：“禁止反言原则……在国际法院受理的领土争端中占有重要地位。……在国家关系中以信守义务和反对自食其言为基础的‘禁止反言’原则，可以包括要求一国政府坚守其已作出的声明，即使事实上这项声明违反其真意也罢。”[①] 英国剑桥大学国际法讲座教授鲍韦特（Bowett）指出，不许出尔反尔，包括“默认”（acquiescence）在内。“禁止反言”在民法中亦称排除原则，即“以特殊地位默认的一方，其后不得言行不一”。

在不少国际司法判例中，“禁止反言”原则已得到了确认。例如，在20世纪30年代初的“东格陵兰岛法律地位案”中，国际常设法院认为，由于挪威外长伊仁于1917年7月22日就丹麦的主权要求发表口头声明称，挪威政府对丹麦谋求对格陵兰拥有主权“将不制造困难”。法院认为，挪威政府就此已作出承诺，因此，挪威“有义务不对丹麦对整个格陵兰的主权提出争议，更不得占领格陵兰的一部分”。就伊仁外长的声明，国际法院明确指出：“一国外长在其职权范围内以其政府名义对一个外国的外交代表作出的回答对其代表的国家有约束力”[②]。又如国际法院法官菲茨莫里斯（Gerald Fitzmaurice）在1962年“隆端古寺案”判决中所说：“某甲已接受了某项义务，或已变得受某一文件的约束，现在不能反复无常地……又否认这一事实。……这到底意味着什么？无非是某甲受到约束并正在受约束，不得仅以否认其存在而逃避责任”。在1974年的核试验咨询案中，国际法院再度肯定了“禁止反言”原则在国际关系中的法律效力。[③]

一国政府首脑或长官对一个事实（特别是领土问题）代表本国所作出的明确而不含糊地

① Brownlie. 1979. 国际公法原则（英文版）. 164－165.

② 常设国际法院. 东格陵兰案判决书. 常设国际法院刊物，A/B辑，第53号，71－73.

③ 国际法院. 1962. 隆端古寺案判决书. 国际法院判决、咨询意见和裁定集.
核试验案咨询意见书. 国际法院判决、咨询意见和裁定集. 1974.

表示（如声明或照会），对其本国是具有约束力的，不得借口所谓战争环境的需要而逃脱其所承诺的责任。

根据国际法中的“禁止反言”或“排除原则”，与南沙争端直接相关的当事国，如越南、菲律宾等既然已经正式承认中国对南沙群岛的主权，它事后就不得对该群岛提出任何主权要求。

对于南沙争端的非直接当事国来说，既然承认了中国对南沙群岛的主权，则这种承认在南沙争端中构成第三国的态度，对南沙争端也至关重要。正如国际法权威詹宁斯所指出的那样，“即使在严格地两个提出要求国家间的问题中，第三国的态度也是直接攸关的，……如果所涉及的过程可称之为古老的占有而不是相反的占有。”他又说：“为了显示一个主权者由来已久的占有，各式各样的证据，特别是第三国的态度，是息息相关的。”基蒂切萨里也认为：“第三国的承认或默认，不是作为权力的根源，而是作为支持实际显示这种权力的国家的可贵证据。”①

上述非直接当事国如美国、日本等既已承认南沙群岛为中国领土，就应遵循国际法准则，在事关南沙争端的问题上遵守原有的承诺。

7.3.4 主权宣告

中国一直捍卫对南沙群岛的主权。当南沙群岛成为周边几国侵略的目标时，中国政府连续发表对南沙群岛拥有主权的声明。

1950年5月17日，菲律宾总统季里诺荒谬地宣称：南沙群岛“应该辖属于最邻近的国家，而距离团沙群岛（即南沙群岛）最近的国家就是菲律宾”。中国政府发言人指出，菲律宾挑衅者及其美国支持者必须放弃他们的冒险计划，否则必然引起严重的后果，中华人民共和国决不容许南沙群岛及南海中其他任何属于中国的岛屿被外国侵犯。②

1951年8月15日，中国外交部长周恩来就美英对日和约草案及旧金山会议发表声明，西沙群岛和南威岛正如整个南沙群岛、东沙群岛一样，向为中国领土，中华人民共和国对其不可侵犯的主权，不论美英对日和约草案有无规定及如何规定，均不受任何影响。

1956年5月，菲律宾外交部长加西亚在一次记者招待会上曾说，南中国海上包括太平岛和威岛在内的一群岛屿，“理应”属于菲律宾，理由是它们距离菲律宾最近。5月29日，中国外部发言人郑重声明，中国对于南沙群岛的合法主权，绝不容许任何国家以任何借口和采取何种形式加以侵犯；1956年6月28日，《人民日报》发表观察家评论文章，题为“别想从中国人民手里占便宜”。

1956年8月30日，《人民日报》发表观察家评论文章“警告吴庭艳集团”，对南越当局在中国南沙群岛树立所谓主权标志表示严正警告。

1958年9月4日，中国政府关于领海的声明宣布南沙群岛属于中国领土。

1958—1971年间，中国政府对美国侵犯中国西沙群岛领空、领海主权提出的200多次严

① Kittichaisaree Kriangsak. 1987. The Law of the Sea and Maritime Boundary Delimitation in South - East Asia. Singapore: Oxford University Press, 14.

② 人民日报，1950年5月20日第一版。

重警告中也一再声明包括南沙群岛在内的南海诸岛不容外国侵犯。[①]

1971 年 7 月 11 日，菲律宾总统马科斯在马尼拉举行的一次记者招待会上，公然声称南沙群岛是所谓“有争议的”岛屿，并宣布已经派兵占领了南沙群岛的几个主要岛屿。7 月 16 日，中国人民解放军总参谋长在朝鲜驻华大使玄峻极举行的宴会上重申中国对南沙群岛等南海岛屿具有无可争辩的合法主权，要求菲律宾政府立即停止对中国领土的侵犯，从南沙群岛撤出它的一切人员。[②]

1973 年 9 月，西贡当局把南沙群岛并入其福绥省红土郡福海乡，3 个月后又派数百名士兵登陆占领南威岛等 5 个岛屿。1974 年 1 月 11 日，中国外交部发言人就此发表声明，对南越的侵略行为表示愤慨，并重申中国对南沙群岛等南海领土的主权。[③]

1974 年初，西贡当局悍然出动海空军入侵西沙群岛。1 月 20 日，中国外交部发表关于南海诸岛主权问题的声明。[④]

1974 年 2 月 1 日，西南当局出动军舰，侵占南沙群岛所属南子岛等岛屿，在岛上设立所谓“主权碑”。2 月 4 日，中国外交部发言人表示强烈谴责和抗议。[⑤]

1974 年 3 月 30 日，在联合国亚洲及远东经济委员会第三十届会议的全体会议上，中国代表团副代表季龙发表声明，驳斥西贡当局代表有关南沙群岛的叫嚷，要求会议秘书处纠正本届会议第四项议题文件中的错误（把中国的西沙、南沙群岛列为南越西贡当局的近海岛屿区，并提到对“南中国海三十个地区制订了勘探和开发协定”），重申中国对南沙群岛的主权。

联合国亚洲及远东区域制图会议的有关决议中，曾提出成立所谓“南中国海海道测量委员会”，并将南沙群岛及其附近海域列入该委员会测量计划的范围。对此，1974 年 5 月 6 日，在联合国经社理事会五十六届会议的经济委员会议上，中国代表王子川发表声明，重申中国对南海诸岛及南海海域的主权，要求有关当局停止所谓“南中国海海道测量委员会”在南海的海道测量计划，并保证今后不再出现此类情况。[⑥]

1974 年 7 月 2 日，中国代表团团长柴树藩在第三次联合国海洋法会议上重申中国对南海诸岛的主权。

1976 年 6 月 14 日，中国外交部就菲律宾宣布在南沙群岛地区钻探石油发表主权声明。[⑦]

1978 年 12 月 19 日，中国外交部发言人就南沙群岛的主权问题受权发表声明，重申南沙群岛历来就是中国领土的一部分，任何外国对南沙群岛的岛屿提出主权要求，都是非法的、无效的。

1979 年 4 月 26 日，中国政府代表团团长韩念龙在中越两国副外长级谈判第二次会议上发言指出：“西沙群岛和南沙群岛历来是中国领土不可分割的一部分。越南方面应当回到承认这一事实的原来立场，尊重中国对这两个群岛的主权，并从所占据的南沙群岛岛屿上撤走

---

① 韩振华 . 1988. 我国南海诸岛史料汇编 . 上海：东方出版社 . 484 – 492.
② 人民日报，1971 年 7 月 17 日第二版。
③ 人民日报，1974 年 1 月 12 日第四版。
④ 人民日报，1974 年 1 月 21 日第一版。
⑤ 人民日报，1974 年 2 月 5 日第四版。
⑥ 人民日报，1974 年 5 月 8 日。
⑦ 人民日报，1976 年 5 月 5 日。

一切人员。”

1979 年 9 月 26 日，外交部发表关于南沙群岛主权的声明。

1980 年 1 月 30 日，中国外交部文件《中国对西沙群岛和南沙群岛的主权无可争辩》详细阐述了中国对两群岛主权的历史、法理依据，批驳越南 1979 年 9 月 28 日白皮书（《越南对于黄沙和长沙两群岛的主权》），指责越南当局出尔反尔的恶劣行径，重申中国对两群岛的主权是无可争辩的。①

1980 年 7 月 21 日，中国外交部发言人就苏联和越南签订所谓在“越南南方大陆架”合作勘探、开采石油和天然气协定发表声明，指出任何国家未经中国许可在我南海海域从事勘探、开采和其他活动都是非法的，“任何国家与国家之间为在上述区域内进行勘探、开采等活动而签订的协定和合同都是无效的。”② 1988 年 4 月初，越南抢占南沙 3 个岛礁，并在南沙建设军事设施。中国外交部长于 5 月中旬发表声明，严正要求越南立即从所有非法侵占的中国岛礁上撤出去。

1994 年 6 月 16 日，中国外交部发言人沈国放就越南派船进入中国南沙海域万安滩地区进行地球物理勘探作业发表谈话。沈国放指出，中国对南沙群岛及其附近海域拥有无可争辩的主权，万安滩是南沙群岛的一部分。

总之，中国政府对邻近各国所提出的片面领土主张，均及时提出抗议声明，重申中国对南沙群岛的主权。

7.4 南海海洋资源的现状与评价

南海是中国四大渔区之一，渔场面积达 $182\times10^4\ km^2$。地处赤道带、热带，海水温度适宜，水质肥沃，食料充足，是经济鱼类的索饵场和越冬场，渔业资源丰富。已经鉴定的鱼类有1 500 多种，具有经济价值的约 200 多种，主要有石斑鱼、马鲛鱼、乌鲳鱼、银鲳鱼、红鱼、鱿鱼、鲨鱼等等。还有很多珍贵的海产品种，如海龟、海参、海蜇、海蟹、海马、龙虾等。西南中沙群岛众多的岛礁沙滩是海洋渔业的优良基地。渔汛季节一般从每年的 10 月开始，此时海南岛、广东、福建、台湾、香港、澳门等地的渔民，纷纷扬帆南下到西南中沙群岛海区进行渔业生产。渔民习惯上将西南中沙群岛广阔的海域划分为西沙、南沙、中沙三大渔场。各渔场水产资源分布无显著特点，但略有差别。除了普遍盛产鱼类以外，西沙渔场盛产大马蹄螺、篱凤螺及观赏贝类，南沙渔场盛产大马蹄螺和砗磲等，中沙渔场盛产各种海参。

西沙群岛海域有各类海洋生物 1 617 种。浮游植物 219 种，其分布以永乐群岛海区密度最高，为 13.83×10^4 个/m^3，依次为宣德群岛海区、中建岛海区，东岛海区的密度仅有 4.31×10^4 个/m^3。计有浮游动物 281 种，潮间带生物 679 种，底栖生物 139 种，鱼类 702 种，其中热带珊瑚礁观光鱼类就有 114 种之多。西沙群岛海域生活着无数鱼类和其他海洋生物，为海鸟提供丰富的食物。海岛既是鲣鸟等留鸟的天堂，又是冬季从北方飞来越冬的冬候鸟和夏天从南方飞来过夏的夏候鸟的憩歇之地。

中沙群岛的各种造礁珊瑚和在珊瑚礁中生长的各类动植物组成了极其复杂的生物群落。

① 人民日报，1980 年 1 月 30 日。

② 人民日报，1980 年 7 月 22 日。

据调查，黄岩岛潟湖的浮游植物共有87种，其中浮游硅藻类有33属68种，甲藻类有7属13种，蓝藻类有2属5种，黄藻类有1属1种，多数为热带、亚热带种，还有少量温带种。黄岩岛的软珊瑚经初步鉴定有7种，隶属于2科4属，均为我国首次记录。

南沙群岛海域海洋生物种类繁多，生物区系属印度－西太平洋热带区系。根据1989—1990年的调查，南沙海域各种生物约3 235种，主要种类有浮游植物86属391种，海藻类65种，造礁石珊瑚11科100种，软体动物41科158种，鱼类25目136科580种。在西南中沙群岛，列为国家一级保护动物的有红珊瑚（腔肠动物类）、库氏砗磲（软体动物类）和鹦鹉螺（软体动物类）。

西南中沙群岛海域的海底资源十分丰富，尤其是海底石油和天然气储量巨大，地质储量约为350×10^8 t，有“第二个波斯湾”之称，主要分布在曾母暗沙、万安西和北乐滩等十几个盆地，总面积约41×10^4 km^2，仅曾母暗沙盆地的油气质储量约有（126～137）$\times10^4$ t。同时，西南中沙群岛海域蕴藏着铁、铜、锰、磷等多种固体矿产资源，随着科技的进步和海洋开发的深入，海底资源有着非常广阔的开发前景和巨大的利用价值。

7.4.1 西沙群岛

西沙群岛古名“千里长沙”、“万里石塘”，位于南海中部，海南岛东南面约300 km的海面上，海域面积约50×10^4 km^2，分布有63个岛、礁、沙、滩。海岛陆域低、平、小，最高的石岛海拔为15.9 m；除高尖石为火山角砾岩组成的基岩岛外，其余均为以珊瑚、贝屑为主组成的灰沙岛或沙洲。西沙群岛均位于北纬17°以南，属热带气候，全年皆夏，气温高，降雨集中，多受热带气旋影响。海岛植被包括阔叶林、灌丛、草丛、木本栽培植被和草本栽培植被，植被覆盖率达58.91%。土地利用以林地为主，其次为沙地和裸地（其他土地类）、交通运输用地、特殊用地、草地、公共管理与公共服务用地、住宅用地、耕地、水库、工矿仓储用地和商服用地。截至2008年，西沙群岛共建有1个省级海洋自然保护区（西沙东岛白鲣鸟自然保护）和1个市县级海洋保护区（永兴鸟类自然保护区），主要保护对象为白鲣鸟及其生境。

1）生物资源

西沙群岛海域辽阔，水产资源丰富，是海南省最大的渔场之一。这里有许多珍贵的名海特产，如石斑鱼、马鲛鱼、红鱼、金枪鱼、鲍鱼、龙虾、梅花参、白泥参、黑泥参、海龟、玳瑁、凤尾螺、唐冠螺、马蹄螺、红口螺、珍珠贝、麒麟菜等。岛上树林茂盛，四季常青。常绿的植物有野生的麻枫桐、海岸桐、羊角树、银花树等；人工种植的有椰子树、枇杷树、木麻黄、剑麻等。树林中栖息着约60多种鸟类，主要有白鲣鸟、褐鲣鸟、暗绿眼鸟、燕鸥、芒恶鸟、夜鹰等，其中东岛的白鲣鸟、褐鲣鸟被国家列为珍稀动物。1980年国家在东岛设立了自然保护区。

2）矿产资源

西沙群岛陆地上有丰富的磷矿，它是由鸟粪和珊瑚化合而成的，可作为肥料和炸药、医药制品的原料。经专家们多年的考察和勘探，发现附近海域蕴藏丰富的石油、天然气和天然气水合物及其铜、锌、铅、银、金、锰结核和金属软泥等，还有丰富的海盐资源。

3）旅游资源

西沙群岛像一颗灿烂美丽的明珠镶嵌在南海之中，美丽动人，是旅游爱好者梦寐以求的地方。永兴岛是西、南、中沙群岛办事处所在地。岛上绿荫成林，建有收复西沙群岛的纪念碑和南海诸岛地形图碑。岛四周为浅海礁盘，石斑鱼、贝类很多，旅游者下海拾贝、垂约、海底潜泳，会使人流连忘返。岛上的海洋博物馆陈列的各种海洋动物标本栩栩如生，令人目不暇接。与永兴岛相连的石岛，怪石嶙峋，奇洞千姿百态，是西沙群岛最高的岛屿，也是海上观光的瞭望台。离永兴岛 21 n mile 的东岛是白鲣鸟的天堂，鸟群早出晚归，遮天盖地，蔚为壮观。栖息在枫桐树上的白鲣鸟像一簇簇盛开的白花，漂亮可人。金银岛上有久经狂风恶浪袭击而顽强生长的千年海棠树林片，还有上千吨重的鸟类化石。

岛屿附近海域的水温年变化小，优越的环境加上大量的珊瑚礁，形成了西沙群岛奇特的景观。每年的 11 月到次年的 4 月底是去西沙旅游的最佳季节，因为这段时间内西沙的气候条件最为温和，没有台风，海上风浪很小。从 5 月开始就有台风，8—10 月是台风最厉害的季节，那时海上波浪很大，船舶的行驶会受到很大影响。西沙群岛主要由珊瑚礁组成，这些礁盘露出水面的面积只有 1% 左右，大量的珊瑚礁在水深 1 ~ 3 m 的海水里，这里生长着珊瑚鱼类和大洋性鱼类达 400 余种，海水透明度和盐度均高于大陆沿海，因此，在西沙的礁盘里潜水又安全又能看到美妙的海底世界。

7.4.2 中沙群岛

中沙群岛位于西沙群岛的东南部，由中沙大环礁、一统暗沙、宪法暗沙和黄岩岛等 20 多个暗礁、暗沙、暗滩组成。中沙大环礁长 140 km，宽 60 km，是南海诸岛中最大的环礁。黄岩岛是中沙群岛中唯一露出海南的岛礁，环礁面积约 150 km^2 中间礁湖水深 10 ~ 20 m，礁湖之南有一宽约 50 m 的礁门水道与外海相通。黄岩岛在中沙大环礁以东约 170 n mile，地理位置十分重要。

中沙群岛的各种造礁珊瑚和在珊瑚生长的各类动、植物类，组成了极其复杂的生物群落。经初步调查分析，黄岩岛潟湖的浮游植物共有 87 种，其中浮游硅藻类有 33 属 68 种，甲藻类有 7 属 13 种，蓝藻类有 2 属 5 种，黄藻类 1 属 1 种，均属热带、亚热带和少量温带种类；按种类组成分，沿岸性的浮游硅藻类占 64.8% 左右，大洋性浮游硅藻类约占 11.4%，甲藻类占 17%，其他藻类占 6.8% 左右，黄岩岛的礁坪的海藻类有 28 种，其中，隶属于绿藻门 7 属 11 种，褐藻门 3 属 3 种，红藻门 12 属 14 种，这些藻类中，有些经济种类可作食用及工业和医药原料，特别是钝形凹顶藻，藻体大，数量多，不但能食用，而且能作抗生素原料，具有一定开发价值。

7.4.3 南沙群岛

1）水产资源

南沙群岛海区鱼类资源丰富，种类繁多，现已采到 558 种，隶属于 27 目 138 科，其中有 21 种为我国鱼类新纪录，主要种类隶属于鲈形目、鲉形目、灯笼鱼目、鲀形目和鲽形目，大部分种类属印度—西太平洋热带鱼类区系。其中，暖水种或暖水性广布种有 546 种，占总种数的98%；暖温性种只有12种，仅占总种数的2%，如中国团扇鳐、日本鱵、细条天竺鱼、蓝圆鲹、斜带髭鲷、日本鲻、李氏、狭头鲐、斑鳍鲉、虻鲉、双斑瓦鲽和绿鳍马面鲀等等。应该特别指出的是：已采到的种数仅为实际种类中的一部分，尤其是已采到的大型中上层鱼类和珊瑚礁鱼类较少，有待补充。

南沙群岛海区的经济鱼类的种类较多，数量较大，现已采到大约300种经济鱼类，占已采到总种数的一半以上。同时，该海区鱼的质量也较好。主要经济鱼类有60多种，如大青鲨、灰星鲨，及达尖犁头鳐、多齿蛇鲻、斑条魣、点带石斑鱼、短尾大眼鲷、高体若鲹、蓝圆鲹、叶鲷、鲯鳅、紫鱼、红鳍裸颊鲷、深水金线鱼、灰裸顶鲷、胡椒鲷、黄带副绯鲤、波纹唇鱼、带鱼、康氏马鲛、大眼金枪鱼、刺鲳和绿鳍马面鲀等。

除经济鱼类外，还有磷虾类、糖虾类、藻类、蟹类等其他渔业资源。

2）油气资源

据初步勘探，南沙群岛海域面积88×10^4 km^2。据我国石油部门的测算，在我国传统海疆线内石油资源量为235×10^8 t，天然气资源量为8.3×10^{12} m^3。南沙油气储量超过200×10^8 t，占整个南海油气资源一半以上，有“第二个海湾”之称。南沙石油不仅含硫量低，而且基本位于200～1 000 m之间的易开采层。其中，曾母盆地面积约25×10^4 km^2，据初步估计，油气地质储量约130×10^8 t，具有多层生油，多层储油的特点。20世纪50年代以来，印度尼西亚、马来西亚、文莱、菲律宾和越南等国家在我传统疆界线两侧的含油气盆地通过国际招标，先后吸引壳牌石油公司、埃克森石油公司和菲利普石油公司等60余家西方石油公司，进行勘探开发活动，至20世纪90年代初，钻井约650口，发现了3 200多个含油气构造和78个油田，66个气田，其中部分油田和气田在我国传统疆界线以内。迄今，越南等国仍在不断加强对南沙岛礁的军事控制部署，加强所占岛礁的基础建设，增强岛礁防御作战能力，同时加紧对油气等资源的掠夺。

3）海岛资源

（1）淡水资源

南沙群岛淡水源自大气降水，为地表水和渗透到地表以下的沙层中形成的浅层潜水，分布面积和区域较小，主要位于岛屿中部，水量有限。由于松散沉积物中物质较杂和海水渗透，水质较差、水多呈黄色，水中沉淀物较多，味道咸苦，甘甜水很少，多数不能饮用，只可用于洗涤，仅在较大岛屿内部小部分区域水质较好，可以食用。南沙多数岛屿尚无淡水，仅在太平岛、马欢岛、南威岛等较大岛屿凿有水井、水量较多，太平岛水源丰富且水质较其他岛屿为佳。

（2）海岛港口航道资源

南沙群岛地处热带海域，为珊瑚礁发育区，造礁珊瑚生长快，礁坪较宽，海底地形比较复杂，缺乏理想的海岛港口及渔港；只有太平岛（西南侧）等大岛建有码头，多数岛屿船舶不能直接靠接岛岸，只能锚泊岛外用小艇运输物资登岛。但南沙群岛环礁十分发育，并有许多封闭型或准封闭型干出环礁。由于礁环屏障，避风条件好，湖中水体平静，成为天然优良港地，而干出环礁的口门恰好可作为进出港池的通道。如渚碧礁（干出封闭型环礁）潟湖底质为中细砂，5 m 水深水域未见斑礁，湖底水深 15 ~ 22 m 区地形平坦，湖面达 7 km^2。这种地貌形态和环境条件是南沙群岛中一种意外可以利用和难得的港口资源。且这类资源较多，是开辟港域的理想场所。只要开发利用，大有可为。目前，我国已在永暑礁建有一人工码头，人工港池和进港航道。

南沙群岛的岛礁附近，水深变化剧烈，不能锚泊，只有在礁缘外 200 ~ 300 m 以外才可找到锚地。主要锚地有太平岛、南威岛、中业岛、南钥岛、沙岛、安波沙洲等锚地，水深一般在 10 ~ 20 m 左右，底质为珊瑚砂。此外，在南薰礁、赤瓜礁、永暑礁、仁爱礁等岛礁附近也有锚地，其中南薰礁东锚地较为宽广。

南沙群岛扼南海航线要冲，海上交通地位十分重要。南沙群岛中部和东北部，暗礁、暗滩星罗棋布，海底地形十分复杂，素有“危险地带”之称，在群岛外围或在岛礁区航行须十分谨慎，由此航道资源极为重要。经测量，进出南沙海域的航道主要有 4 条：南沙东水道，位于礼乐滩东缘，大致沿蓬勃暗沙东南 13 n mile 和舰长礁东南 11 n mile 处两点连线向 NE－SW 向延伸；南沙中央水道和南沙西水道，位于道明群礁与郑和群礁之东、西两侧，展布近 S－N 向的深谷并发育成深水道，其水深大于 2 000 m；南华水道，位于九章群礁南方至南华礁之间，为一横贯南沙中、西水道中间，近 E－W 向的深水道。中央水道南通南华水道及南沙海槽，北达南海中央海盆。西水道始自北康暗沙群西北侧，经南沙台阶向北延伸，在道明群礁与郑和群礁西侧进入深海盆地。这些水道是船舶进入南沙岛礁区的主干、安全航道。

（3）海岛土地资源

南沙群岛虽有近 300 座岛、礁、沙、滩，但岛陆总面积仅 8.45 km^2，多数岛礁在 500 m^2 以下，最大的太平岛仅 0.43 km^2。南沙群岛土地虽少，但岛礁分布海区广大，散布南海南部海域面积达 82×10^4 km^2。从海洋国土的观念出发，它控制着南海南部大部海域，地位更为重要，也更显珍贵、寸土寸金，它是我国南部海疆的宝贵国土资源。

由于南沙群岛扼中南航线要冲，南沙海域蕴藏有丰富的石油和水产资源，战略经济地位十分重要。除太平岛外，自 1970 年以来，一些露出水面的岛礁相继被周边国家非法侵占，他们将所占岛屿作为军事用地，并派驻军事人员，构筑工事，将岛礁及周边区域变为军事禁区，使我国南沙主权和权益受到严重破坏。

（4）海岛旅游资源

美貌多姿的南沙群岛，虽不具奇峰怪石，亭台楼阁，但它以独特的景观别具一格。整体具有共性，每个岛礁又具有个性，自然景观旅游资源相当丰富并基本保持原始状态，主要有以下几大景观：

独特的地貌：以珊瑚礁地貌为主的特殊景观，环礁、台礁、塔礁、点礁占据了珊瑚礁地貌的大部分类型。礁体相依，或出或没，台礁、塔礁独成一体，环礁为单环或环中有环，礁湖中点礁遍布，出露海面的岛礁虽只弹丸之地，但水下礁盘却达数十至数千 km^2，蔚为壮观。岛屿环礁形态大小各异，使人浮想联翩，可从空中俯视一览姿容。它是文化知识旅游的一部分，也是打开珊瑚礁奥秘大门的钥匙。

奇异的珊瑚：南沙群岛是珊瑚的建筑，生长有 100 余种珊瑚，礁缘潟湖中珊瑚如林，成片生长，许多地方覆盖率可达 90% 以上；珊瑚千姿百态，五光十色，婀娜多姿；滨珊瑚个体高达 4 ~ 5 m，直径达 3 ~ 4 m，鹿角珊瑚最为美丽，引人入胜。

变色的海水：礁缘至岛边，水深变浅、海水依次变化，形成蓝、绿、棕色三个条带，既是航行标志，也是一大观赏景观。

美丽的潟湖：南沙群岛环礁发育，潟湖众多，湖中生长有几十种形态、色泽各异的热带鱼类、贝类、虾蟹、海参、海胆、海绵和繁茂美丽的珊瑚等热带动植物，有“海底花园”之称，是垂钓、潜水观赏和采集名贵海产的良好场所，湖中的点礁恰好成为“海底花园”良好观赏点。

众多的海滩：每个岛屿周围均有条带状沙滩环绕，海水清澈，珊瑚沙滩松软、柔和，是游泳、沐浴的良好场所，可辟为浴场。

名贵的海产：礁缘、礁坪浅水区和潟湖盛产名贵的刺参、龙虾、海螺、石斑鱼、海胆等名贵海珍品，都属上成美味佳肴，美丽的鹿角珊瑚是天然精美的艺术品。

南沙群岛虽没有高雅的人文景观，但经考古发现，存在许多古代钱币和遗物遗址，它们是我国人民开发南沙群岛历史见证，对研究我国人民的开发活动具有重要意义。

4）其他资源

南沙群岛海区的天气系统，风场和海况主要受太平洋副热带高压和南北半球冷空气流的强度控制，潮汐则受太平洋潮坡所支配，蕴藏着较为丰富的太阳能、风能和海洋能。

（1）太阳能

南沙群岛地处热带，光照时间较长，若以每天有效光照 10 h、每年晴天少云天气 9 个月计算，估算全年有效光照为 2 700 h 以上，是可利用的天然热能。

（2）风能

南沙群岛全年大部时间受东北季风和西南季风控制，风向大部时间定向，风时持续时间较长，季风期平均风速 6 m/s 以上，阵风风力可达 6 ~ 7 级，年平均风速 5 ~ 10 m/s，属风能丰富区。若以每天 24 h，全年有风天 280 ~ 300 天计算，全年风时可达 7 000 h 左右，可利用风能发电。

（3）海洋能

南沙岛礁区可利用的主要是潮汐能。由于礁群地形影响，最大可能潮差明显增大，仙娥礁实测表明最大可能潮差大于 2.5 m。南沙礁群区，槽沟水道纵横交错，潮流较急，潮差较高，潮汐能资源丰富。礁体大多为环礁上，准封闭型环礁（口门很少）和封闭型环礁占 90%，且环礁潟湖面积较大，干出的礁环恰好为潟湖与外海的天然堤坝，根据这一地形特征和潮汐规律，利用口门或开凿口门作为潮水进出通道建立潮汐电站发电，是得天独厚的潟湖潮汐能资源区。此外，还可利用波浪能安装波能航标灯，指示航行安全。

7.5　南海海洋资源开发

进入新世纪以来，海洋正在成为全球经济新的增长点，经济合作的交汇点，海陆经济的连接点，区域经济的拉动点。当前，全球经济正处在转折时期，沿海各国纷纷将国家战略利益竞争的视野转向资源丰富、地域广袤的海洋，涉海资源的争夺日益激烈。南海作为重要能源基地和交通要道，不仅周边国家加大对南海的争夺，区域外国家也在力图扩大在南海区域的影响。2010 年中国 - 东盟自由贸易区的建立，为“搁置争议、共同开发”南海提供了重大契机，南海正进入全面开发的时代。

7.5.1 南海海洋资源总体开发战略取向

伴随着经济全球化和区域一体化的加快发展，伴随着人口膨胀，陆域资源的枯竭和生态环境的恶化，综合利用和保护海洋资源，日益成为缓解人口、资源与环境压力的主要出路。21世纪被喻为海洋世纪，海洋作为全球最大经济贸易通道、资源宝库和国家权益竞争平台，在国际竞争中的战略地位日益突出，全球范围内的海洋战略竞争日趋激烈。党的十六大作出“实施海洋开发”的战略部署，2003年5月9日，国务院发布《全国海洋经济发展规划纲要》，对南海资源开发进行了规划。开发和利用南海上升为国家战略，南海资源开发成为我国可持续发展的重要支撑。2005年7月17日，海南省政府发布《海南省海洋经济发展规划》，地对南海资源开发进行了较为详细的规划。2010年1月4日，国务院办公厅发布《国务院关于推进海南国际旅游岛建设发展的若干意见》，海南国际旅游岛建设上升为国家战略，建设南海资源开发和服务基地是六大战略目标之一。海南省作为南海诸岛及其海域的管辖者，在南海资源开发方面担负着巨大的责任、扮演着重要角色。从服务国家海洋开发总体战略部署出发，南海海洋资源开发在战略取向上，应主要是在维护我国南海海洋权益下的渔业资源开发、油气资源开发和旅游资源开发。主要原因如下。

第一，世界进入海洋开发新时期。首先，世界海洋热正在到来，海洋经济将成为推动世界经济增长的持续动力。近30年来，世界进入大规模开发利用海洋的新时期，主要产业的总产值几乎每隔10年翻一番，已占世界经济总量的4%左右，超越了任何经济领域的发展速度。当前的国际金融危机和全球经济衰退难挡海洋开发的步伐，世界沿海主要国家更加重视海洋开发与利用。有资料显示，海洋和涉海经济已经占到世界经济总量的80%左右。在美国经济中，80%的GDP受到海岸省份和地区的驱动，而海岸经济和海洋经济分别占到就业率的75%和51%。据《海洋产业全球市场分析报告》预测，预计未来10年全球海洋产业年均增长率将达到3%，主要增长领域在海洋石油和天然气、海洋水产、海底电缆、海洋安全业、海洋生物技术、水下交通工具、海洋信息技术、海洋娱乐休闲业、海洋服务和海洋新能源等。其次，海洋开发方式向高层次、综合开发方式转变。随着科学技术发展和全球化、区域一体化的加速，海洋开发方式正在实现三个重要转变，即开发方式正由传统的单项开发向现代的综合开发转变；开发海域从领海、毗连区向专属经济区、公海推进；开发内容由资源的低层次利用向精深加工领域拓展。例如，20世纪70年代，世界海洋油气勘探开发作业水深低于200 m，目前最大勘探作业水深已超过3 000 m，开采作业水深已超过2 000 m。深水和超深水海域的油气资源，正成为美国、英国、挪威、巴西等国竞相开发的热点。目前我国深海油气开发仅能在300 m水深之内进行，通过国际合作勘探开发，加快向300 m以上水深、2 000 m以上井深的深水区发展，促进浅海、深海、超深海油气的均衡发展，已成为实现我国石油基本独立供给的迫切要求。最后，世界海洋大国纷纷制定了海洋发展战略和政策，并将海洋战略提升为国家战略。以国际金融危机引发全球经济衰退为转折点，世界沿海国家更加注重对外大陆架、公海和国际海底区域、南北极地区海洋利益的争夺，海洋也因此成为国际政治、经济、科技、军事、外交竞争和角逐的重要舞台。海洋维权和服务保障的要求越来越迫切，海洋开发将更加需要国家海洋战略支持。目前已有包括美国、加拿大、日本、英国、澳大利亚、法国、德国在内的151个沿海国家和地区制定或实施了海洋战略，世界性、大规模开发利用海洋的行动已成为国际竞争的主要内容。

第二，南海周边国家和区域外大国加大了南海资源的开发和控制力度。目前，南海问题成为影响我国与南海周边稳定的重要因素。南海周边国家和区域外大国加大了南海资源的开发和控制力度，严重时损害了我国的南海主权权益。源于南海的丰富战略资源及其不可替代的战略通道地位，不仅越南、菲律宾、马来西亚、文莱等区域内国家加强了南海资源的开发力度，而且区域外大国也不断对南海施加影响，意在强化其在南海的战略利益。相比这些国家，我国南海开发进程严重滞后。

在世界资源条件普遍趋紧的情势下，南海周边国家在最近十几年来，加大了对南海海权和资源的“抢夺”。迄今为止，周边国家已在南沙群岛海域钻井1 000多口，发现含油气构造200多个和油气田180个，现已投入生产的500余口油气井中，100多口位于我南海断续线内，参与采油的国际石油公司超过200家。越南已从南沙油田中开采了逾1×10^{8} t石油、1.5×10^{12} m^3天然气，获利250多亿美元。为保障资源开发，各国均加强了已占岛礁的军事设施和行政建设。例如，越南的国防建设与开发海洋紧密结合，驻岛部队明确提出“把军队建成渔民的坚强后盾”的发展目标。南海周边部分国家加快海上防务力量的现代化建设，旨在有效控制其在南海的既得利益。

区域外大国从各自利益出发，力图扩大其在南海区域中的影响。南海周边近年来一直奉行大国平衡战略，希望借助域外大国特别是美国的力量，来制衡区域内外其他大国的影响力。美、日、印等区域外大国利用这种战略需求，争相与南海周边国家开展政治交往和经济合作，加强对南海的影响，强化其在东盟的战略利益，力图在南海资源开发中分得“一杯羹”。越南石油天然气总公司划定了南沙部分油气招标区块，并多次进行国际招标，英国、法国、美国、日本和韩国均有参与。

相比之下，我国对南海资源开发严重滞后于其他国家。近年来，我国加大了南海的军事部署，但南海周边国家对我国南沙群岛主权的侵犯有增无减。目前，中国对南海的实际控制海域不到南海总面积的40%，南沙群岛海域至少有42座岛屿、礁、沙洲被越南、菲律宾、马来西亚派兵占领，目前南沙岛屿的实际控制情况是：中国台湾1个、菲律宾9个、马来西亚9个、越南28个、印尼2个、文莱1个，中国作为南沙群岛的唯一合法所有者，仅实际控制着8个岛礁，包括其中南沙群岛中最大的岛屿太平岛（由中国台湾当局派兵驻守）。目前，我国在南海的油气开发仅限于南海北部陆坡，即北部湾中国海域及海南岛、雷州半岛近海。出于政治因素以及技术问题，我国在南海争议区的油气资源开发还是空白，至今尚无一口油井，未产一桶原油。

作为拥有200 km^2管辖区的海南省，海域面积比其他海洋大省都大得多，但论海洋经济实力，海南则比不上多数沿海省份。海南所管辖海域面积是山东的12倍，但海洋生产总值仅相当于山东的1/12。海南岸线经济密度0.2亿元/千米，在全国排名倒数第二，与海洋大省很不相称。海南海洋经济基础相对薄弱也是南海开发滞后的重要原因之一。

第三，加快南海开发有助于保护我国海上大通道。南海是我国重要的海上通道，加快南海开发是保护我国海上航道大动脉，维护国家经济安全的最好方式。南海通道战略地位十分显要。在战略上，南沙群岛地处太平洋和印度洋之间，扼守两洋海运的要冲，是太平洋通往印度洋的海上走廊，多条国际海运线和航空运输线必经此地，是沟通中国与世界各地的一条重要通道，在国际航运上，每天约有来自世界各国的400艘装运各种战略物资的船舶穿梭其间，南海地区海上运输量占全世界海运总量的33%。控制这一通道，就将直接或间接控制了从马六甲海峡到日本，从新加坡到香港，从广东到马尼拉，甚至从东亚到西亚、非洲和欧洲的大多数海上通道，战略地位十分险要。控制南海战略通道，不仅涉及经济利益，也涉及国家安全。目前，我国进出口贸易的80%是通过南海运输的，在我国通往国外的39条航线中，有21条通过南沙群岛海域，60%外贸运输从南沙经过。我国每年从国外进口石油近2×10^8 t，铁矿石近4.5×10^8 t，占全球铁矿石海运总量的一半以上。每天通过马六甲海峡的近140艘船只中，近60%是中国的船只，且大部分是油轮，中国所需80%左右的石油依靠这条航道。对我国来说，这是一条名副其实的“海上生命线”，海上交通线的安全极为重要。由于南海战略地位极其重要和南海局势的错综复杂，美国由过去的“不介入不表态”而过渡到“显示力量”，若美国插手南沙，控制南海，并与韩、日同盟连成一线，将完成对中国的封锁。近年来，东盟各国“同盟化”倾向大大增加，南海形势将更加复杂。

第四，中国－东盟自由贸易区的建立为南海共同开发提供了重要机遇。中国－东盟部分国家在南海问题上存在争端，但随着区域一体化进程的加快，尤其是在应对国际金融危机中，我国在发挥大国作用，承担大国责任，拉动东亚国家经济复苏起到了重要作用。未来“10+1”、“10+3”区域合作将更加紧密，为“搁置争议、共同开发”的落实提供了重要机遇。

中国—东盟自由贸易区2010年正式建成，但其有效运作在一定程度上取决于中国与南海周边国家争端的有效解决。南海问题不是中国与东盟之间的问题，而是南海周边国家之间的双边争议。这方面的争议不仅存在于中国与有关南海国家之间，也存在于其他南海国家彼此之间。他们虽然是东盟成员国，但这并不能改变南海问题的性质。仅就南中国海而言，南沙群岛归属无可争议地属于中国，但现状是菲律宾和越南等国都提出了对南沙群岛的主权问题，并占据着部分岛屿，觊觎着该岛海域丰富的石油等资源。因此，如何历史、现实、客观地处理中国与东盟在南海岛屿的纷争，切实履行中国与东盟签署的《南海各方行为宣言》，在南海问题争议解决之前，各方承诺保持克制，不采取使争议复杂化和扩大化的行动，并本着合作与谅解的精神，寻求建立相互信任的途径，包括开展海洋环保，搜寻与救助，打击跨国犯罪等合作，已成为决定中国－东盟自由贸易区实际进程的决定性因素。

中国－东盟自由贸易区的顺利推进为实现南海共同开发的实质性突破创造了有利条件。虽然我国与东盟部分国家在南海问题上存在争议，但随着双方在经贸领域合作的加强、交流的加深，双方正沿着正确的路线建立互信。目前，我国与东盟已在30多个领域开展合作，并确定了农业、信息通信技术、人力资源开发、相互投资、大湄公河流域开发合作、交通、能源、文化、旅游、公共卫生和环保等11项重点合作领域。这些领域既涉及经济范畴，也涵盖社会文化领域和政治领域。国际金融危机为推动亚洲区域一体化提供了契机。我国计划加速推进“清迈倡议”多边化和亚洲债券市场建设，开展双边货币互换，尽早建立东盟与中日韩（10+3）外汇储备库，以增强本地区的资金流动性。我国还决定设立规模为100亿美元的“中国－东盟投资合作基金”，用于双方基础设施、能源资源、信息通信等领域重大投资合作的项目，大力推进中国－东盟基础设施及网络化建设。同时，中国大力推动大湄公河流域开发、东盟东部增长区等次区域合作，将扩大沿边沿海及中西部省区同东盟国家的交流与合作，培育新的经济增长点。在这个大背景下，广泛开展多方面的、务实的南海合作共同开发，不仅成为建立互信的手段，更可以为化解争端创造良好的氛围。

7.5.2　海洋资源开发现状与设想

7.5.2.1　海洋渔业

包括西沙群岛、中沙群岛和南沙群岛在内的南海诸岛周边海域属于典型的热带海区，岛礁众多，面积宽阔，生态环境丰富多样，海洋生物具有高度的多样性，海洋渔业资源十分丰富。我国渔民对南海诸岛周边海域的渔业资源开发有长久历史，早在16世纪我国南方渔民就已经远赴南沙进行渔业生产，且历代沿袭。广阔的南海一直是我国传统的渔业捕捞区，南海诸岛周边海域现已成为我国渔业生产的重要作业渔场，为我们提供了大量的优质海产品。

南海渔业资源主要为南海周边国家和地区利用，2004年，我国广东、广西、海南、福建四省（区）在南海的年捕捞产量为 365.89×10^4 t；我国香港在南海的年捕捞产量为 16.75×10^4 t；越南在南海的年捕捞产量为 82×10^4 t（其中北部湾的年产量为 20×10^4 t左右）；南海其他周边国家在南海的年捕捞产量约 25×10^4 t。据此统计，南海周边国家和地区在南海的年捕捞总量达到 490×10^4 t。然而，袁蔚文根据初级生产力估算的南海区潜在渔获量在 300×10^4 t以内，实际捕捞量已远远超过了资源专家评估的可捕量，说明南海许多海区的渔业资源已进入过度利用阶段，并因此导致目前渔获物的类型也发生了明显的变化：①渔获物中主要为次新型种类，原始型种类所占比例越来越小；②捕捞群体明显由低龄个体组成，渔获个体越来越小；③渔获品种优质鱼比例越来越小，低值鱼比例则大幅度增加。

尽管南海渔业资源总体呈过度开发状态，但南海诸岛周边海域中有些区域的渔业资源开发还有一定的发展潜力，根据李永振等对南海岛礁鱼类资源的评估结果，在目前主要捕捞礁栖性鱼类和鲨鱼等大型鱼类的情况下，西沙海域的潜在渔获量为 1.7×10^4 t，中沙海域为 1.3×10^4 t，南沙海域 17.9×10^4 t。如果在保持鱼类资源结构稳定的前提下全面开发鱼类资源，西沙海域的潜在渔获量为 6.7×10^4 t，中沙海域 5.3×10^4 t，南沙海域 35.8×10^4 t，分别比目前开发种类的潜在渔获量增加3倍、3倍和1倍。目前，我国渔民在南沙群岛岛礁水域作业产量不足 1×10^4 t，因此仍有较大的进一步开发潜力。不过，由于作业布局不合理，有些岛礁和一些种类（如礁盘区的海参和贝类等）所受的捕捞压力较大，可能已充分开发或过度开发，对这些区域和品种的开发应有所控制，今后应着重开发目前捕捞压力较小或未受到捕捞压力的水域和种类。

总之，目前南海海洋渔业资源开发的现状为：①陆架生态系资源的底层和近底层部分已利用过度，但中上层部分仍有一定的开发持续潜力；②陆坡生态系资源还处于未开发状态，可作为今后开发的重点；③珊瑚礁生态系资源的海珍品和鲜活产品经多年开发已处于或接近过度开发状态，但该生态系中的鱼类资源处于未开发状态；④大洋生态系资源除了洄游近岛的部分种类已开发外，其他区域的大洋生态系资源开发还处于空白，但由于该生态系的资源密度较低，开发成本较大，需要通过改变作业方式和提高捕捞效率以降低开发成本；⑤上升流生态系资源的南海诸岛岛礁区域部分处于探捕阶段。

渔业资源开发展望

1）调整渔业生产方式，保护水域生态环境

在南海诸岛周边海域，由于采用不合理的作业方式，如：采用潜捕作业和拖网作业，特别是装配较重的沉纲、橡胶轮大纲和铁锚等的拖网作业，不仅严重破坏岛礁生态环境，而且摧毁了鱼类等渔业资源赖以生存的空间，必须加以严格限制；而对于采用炸鱼、电鱼和毒鱼等非法作业方式，由于其对生态环境和渔业资源可造成毁灭性影响，必须严格禁止和严厉打击。同时，鼓励根据不同生态类型和区域特点，全面调整渔业作业方式和生产布局，探索和采用既有利于渔业生产，又有利于水域和底质环境保护生产作业方式，因地制宜地发展渔业生产，保障渔业资源的可持续利用。在充分利用具有良好开发潜力的中上层渔业资源的同时，立足于高起点，发展一些大型且设施先进的围拖渔轮，提高外海渔业资源的捕捞能力，在开发多种新式作业工具的同时，尽可能利用现代化渔业通讯和卫星遥感等先进技术，提高对大洋性鲨鱼、金枪鱼、竹荚鱼和头足类等具有较高经济价值的优质品种的捕捞能力，研究缩短寻找渔场时间和提高资源利用率的措施，以减少因集中于岛礁区域作业而对生态环境造成的不利影响。

2）控制渔业资源开发数量和规格，提高渔获品质量

南海的许多区域已处于过度开发状态，许多渔业资源已开始大幅衰竭，为了渔业生产的可持续发展，必须采取切实可行的措施规范渔业资源开发行为，根据资源量控制渔获量，避免盲目开发而对自然资源造成毁灭性影响。为此，首先，必须严格控制船网数量。近年来，由于渔船数量迅猛增长，渔具数量和捕捞量不断增加，导致渔船的平均功率渔获量逐渐下降。目前，南海区海洋捕捞总量已超过国内外专家对该海域估算的可捕量，南海的渔业资源呈过度捕捞状态，为此，必须按照农业部关于严控海洋捕捞强度和海洋捕捞产量“零增长”的新时期渔业政策，实行船网双控制，严格控制海洋捕捞强度，把南海海洋捕捞强度指标控制在一个合理的水平。其次，通过实行定期休渔制度以减轻捕捞强度，促进渔业资源的恢复和生态环境的保护。南海海域自1999年实行休渔制度以来，通过强化管理力度，扩大休渔范围和延长休渔期等措施，对渔业资源的恢复发挥了重要作用。第三，必须建立并严格执行渔网规格检查和幼鱼渔获比例检查制度，通过控制渔具尤其是网囊网目大小，既显著提高渔获物的规格和质量，又有效保护幼鱼资源。为此，需要经常派出渔政人员到各个制网点和渔船检查网具是否符合渔业法定标准，检查所用网具的幼鱼渔获比例是否低于规定的30%以下，对于违规者必须依据有关法规条款予以严惩，并没收和取缔对渔业资源损害较大的非法网囊及其制作点。第四，优化渔具结构，着重考虑拖网渔具的更新改造和优化设计，研制和使用鱼种分离式和鱼虾分离式拖网，从而选择性地捕捞所需的成熟鱼种，释放未成熟的幼鱼，保障渔业资源的可持续利用。

3）加大人工鱼礁建设和增殖放流力度，加快渔业资源恢复

由于长期的渔业生产作业，特别是长期进行底拖网等作业方式，对渔业生态环境造成了较严重的破坏，许多海洋生物资源的生存空间受到了严重威胁。人工鱼礁是指通过在水域中设置构造物，以改善生物栖息环境，为鱼类等生物提供索饵、繁殖、生长发育等场所，限制底拖网渔船违规作业，达到保护、增殖资源和提高渔获质量的目的。日本早在20世纪50年代便开始有计划地在近海投放建造人工鱼礁；美国、英国、德国、澳大利亚等许多国家从20世纪60、70年代也陆续建造人工鱼礁，并收到良好的效果。我国从1979年开始在南海北部沿海进行了人工鱼礁试验，1979—1984年期间共投放人工鱼礁总体积4 289 m^3。近年来，广

东、广西和海南等省都加大了人工鱼礁的建设力度，国家对南海人工鱼礁的建设也给予的大力支持，人工鱼礁建设将在近期有快速发展。今后需要加强对人工鱼礁建设的研究，包括鱼礁类型、投放地点、投放数量和投放方式等，并加强人工鱼礁对渔业资源增殖效果的追踪，提高人工鱼礁建设效果，加速渔业资源的恢复和增长。

在沿岸的海湾、河口、礁盘、人工鱼礁以及自然渔场等区域进行放流增殖和海洋农牧化等是当前提高渔业效益和加速渔业资源恢复的重要措施之一。增殖放流主要是将人工繁育的海洋生物苗种投放于合适的区域，以加快该区域因过度捕捞等原因而造成衰竭的渔业资源的恢复速度，提高放流区的渔业资源量，改善生态环境和优化生态系统结构。我国于 1984 年首次在南海北部沿岸水域进行对虾放流，近年来的放流种类和规模都逐年增加，取得了良好的效果。今后还要进一步加强增殖放流力度，特别是将人工鱼礁建设与增殖放流结合起来，提高增殖放流效果。

4）提高渔业生产技术，开发新的渔场

目前，我国南海诸岛周边海域的渔业生产总体上科技含量不高，导致作业结构不合理，制约了多种作业方式和渔场范围。为了提高我国渔民在南海诸岛周边海域的生产能力，首先，要建立良好的后勤保障服务基地，可以通过人工筑岛方式，扩大建造永久性建筑，在合适的岛礁上修建渔业码头和完善的生产生活设施，为赴南海渔场作业渔船提供油料、机件、医疗救助、气象、通信等支持，并通过建立渔获产品的储存和转运基地，降低生产成本，提高产品鲜度，以保护渔民的根本利益，提高渔民开发南海的热情。其次，加大科研对渔业生产的支持力度，提高其科技含量，尽可能将现代技术成果应用于渔业生产，提高对优质渔业资源的捕捞能力，避免过去依靠经验和运气作业而出现的盲目性。第三，通过多种方式加大对南海诸岛周边海域渔业生产的资助，将渔业生产与主权保护结合起来，鼓励渔民向外海深海发展，扩大海洋渔业资源开发范围，实行流刺与定刺相结合，有计划有重点地开辟新渔场，提高主权海域范围内小宗经济鱼类的生产能力。同时，不断更新思想观念，寻求扩展渔业经济的新载体，采取渔、工、贸一条龙企业化经营等操作方式，广泛外引内联，强化渔业社会化服务功能，提高外海捕捞产品的保鲜能力和产品质量，促进产品的精深加工和高值化利用，提高南海诸岛渔业资源开发效益。

5）提高渔业从业人员素质，促进渔业资源的可持续利用

我国近年来已颁布的一系列有关渔业生产和海域管理的法规，但由于南海诸岛作业远离陆地，区域分散，给执法和管理带来较大的困难，因渔民不规范作业而对海域环境和渔业资源造成破坏的情况还比较严重，为此，一方面要进一步加强执法和管理力度，但更重要的还是要通过全面提高渔业从业人员素质，增强渔民的环境保护意识，让渔民明确规范渔业作业和保持渔业资源可持续增长的重要性与紧迫性，同时，可通过加强与国际组织、民间组织的联系和合作，共同寻求保护海洋和合理开发海洋的科学方法。

目前，引起南海诸岛周边海域环境恶化和制约南海诸岛渔业资源可持续利用的因素很多，建议从以下方面规范渔业操作，提高渔民的环境保护和资源保护意识，以实现渔业开发与资源保护的协调发展：①捕捞强度过大和捕捞区域过于集中是南海区渔业资源衰退、海洋渔业效益下降的主要原因之一，由于南海诸岛周边海域渔业资源种类多、作业方式多样、作业渔

船数量大、渔获销售分散，对渔业生产监控的难度较大，建议强化捕捞许可制度，根据渔业资源量来控制渔获量，通过适度控制作业渔船规模（包括数量和总功率）以避免因无序开发而对渔业资源造成的毁灭性破坏。②设立禁渔区、禁渔期、水产资源自然保护区，强化采捕规格和网具网目规格的管理，保护鱼类产卵场、幼鱼育肥场和鱼类洄游通道，严格控制捕捞规格，有效保护幼鱼资源。③进一步强化伏季休渔制度，加强休渔期渔船的管理，保护产卵亲鱼和提高鱼卵、仔鱼、稚鱼的存活率，促进鱼类资源的恢复和增长。④规范渔业作业方式，严禁炸鱼、毒鱼和电鱼等等对水生生物资源造成毁灭性影响的非法作业方式，同时，尽可能开发和推广使用对生态环境和幼鱼资源影响较小的作业方式，保障渔业生产的可持续发展。

6）增强海军护渔力量，保障渔业生产安全和维护海洋国土主权

包括西沙、中沙和南沙群岛在内的南海诸岛及其周边海域自古就是我国的领土，但20世纪90年代以来，一些南海周边国家采取各种手段侵占我国南海领土内的一些岛礁，并有意把岛屿和海域争端国际化，试图在主权问题上不断设置障碍而造成其非法侵占的既成事实，并袭击和抓扣我国渔船，对我国渔民在该海域正常作业造成极大威胁，由于生命和财产安全难以得到保障，极大打击了我国渔民在该海域生产作业的积极性。因此，我国政府相关部门一方面要加大外交斗争力度，切实维护我国海洋国土主权，同时，在有争议的海域采用国际通行的海军护渔护航措施，加大海军护渔力度，扩大巡航范围，既捍卫国家主权和维护国家的尊严，也为到南海诸岛进行渔业生产的广大渔民提供物质补给和救助服务，确保我国渔民人身和财产安全。另一方面，通过鼓励渔民到南海诸岛周边海域从事渔业生产，让渔民也成为捍卫我国海洋国土主权的重要力量，对于维护国家海洋主权更具有极其深远的政治意义。

7.5.2.2 海洋油气

1）南海油气资源开发利用现状

南海的油气勘探是逐渐从相邻陆地推进到浅海，并从浅海推进到深海区的。我国对南海油气资源的调查始于20世纪30年代。南海海域周边陆地油气勘探开发较早，距今最长有100多年历史；海域大规模勘探开发开始较晚，主要在20世纪60年代中期，距今最长有50多年。不同边缘开始也有差别。

南海北部相邻陆地20世纪50年代开始在三水盆地勘探。1957年，我国便开始在莺歌海水域开展了油气勘探工作，1965年打出原油，截至2005年底，在珠三坳陷、福山凹陷、琼东南盆地、莺歌海盆地累计探明可采储量为石油（含凝析油）$2\,698.3\times10^4$ t，天然气（含溶解气）$1\,948.98\times10^8$ m^3；其中已累计采出量为石油978.0×10^4 t，天然气355.6×10^8 m^3。北部湾盆地勘探工作始于1963年，1977年钻探的湾1井为第一口出油井。1974年珠江口盆地被发现，1975年在珠江口盆地钻珠1井，1979年该盆地第5口探井珠5井首次发现油层。1979年在琼东南盆地首钻莺9井并发现油层。南海北部大规模油气勘探始于1979年，20世纪80年代在琼东南盆地浅水区、珠江口盆地一坳陷、北部湾盆地西南凹陷发现了大批大中型油气田，20世纪90年代在莺歌海盆地发现一批大中型气田，进入新世纪以来在珠江口盆地

南部深水区新发现一批大中型气田。

南海中南部海域油气勘探始于20世纪50、60年代，特别是20世纪60年代末，南海周边各国疯狂抢占我南沙岛礁，分割我南沙海域，争相在南沙海域勘探开发石油和天然气资源。1866年曾在文莱拉布安岛钻浅井，产少量石油；1910年在马来西亚发现米里油田；1929年在文莱境内发现诗里亚油田；1957年钻Siwa－1井，同年在文莱近海钻SW. Ampa－1井；1962年在曾母盆地发现特马那（Temana）油田；1963年在文莱三角洲发现西南安柏油田；20世纪60年代进入勘探高潮；2001年底止，周边国家在南沙海域我国传统海疆界线内探明的石油总储量达24×10^8桶，天然气$28\ 261.6\times10^8\ m^3$；至2003年，周边国家从我国传统海疆界线内侧掠夺开采的油气总产量达$4\ 633\times10^4$ t油当量。

为了维护中国在南沙海域的领土主权和海洋权益，经国务院批准，从1987年起至2002年，广州海洋地质调查局在南海海域开展总面积约$82\times10^4\ km^2$的油气勘（调）查工作，估算南海中南部（16°N以南）我国传统海疆界内的22个沉积盆地的油气总资源量为（165.73～196.05）$\times10^8$ t油当量，其中我国传统海疆界线以内的油气资源量为（121.76～143.44）$\times10^8$ t油当量。

此后，在中国提出"搁置争议、共同开发"的倡议下，中国和菲律宾已于2004年11月签署了在双方争议海区共同勘探油气资源的协议；2005年3月14日，中国海洋石油总公司、菲律宾国家石油公司、越南石油和天然气公司又共同签订了为期3年、各方投资500万美元、总面积$14.3\times10^4\ km^2$的联合勘探协议。

2009年5月，我国首次在南海北部海域成功钻获天然气水合物实物样品，证实了南海北部蕴藏有丰富的天然气水合物资源。

截至目前，在南海各大陆边缘总计发现了数百个油气田，合计探明油气总地质储量上有百亿吨油当量，其中石油与天然气约各占一半。从美国能源情报局网页上下载的数据表明，目前南海探明石油储量位居世界海洋石油的第五位，天然气探明储量位居第四位，已成为世界上一个新的重要含油气区。

2）南海油气资源开发前景及相关规划

（1）南海油气资源开发前景分析

据专家估计，整个南海盆地群石油地质资源量为226.3×10^8 t，天然气总地质资源量为$15.84\times10^{12}\ m^3$，油气资源非常丰富。南海外带与内带都有很大的勘探开发潜力。南海外带虽然勘探程度较高，但与高成熟的东部陆地相比，石油勘探潜力仍然广阔。南海内带勘探程度较低，特别是深水区勘探才刚刚开始，勘探潜力相当大，新领域较多。

对油气资源开发潜力的预测评价，我国分别于1987年、1994年、2000年、2004年进行过多次。主要预测结果如下。

根据国土资源部信息中心（为主）以体积法估算，南沙海域（北纬16°以南）我国传统海疆界线以内22个盆地（为主）及珠三坳陷、琼东南盆地、莺歌海盆地的预测估算油气总经济资源量为石油152×10^8 t、天然气$11.7\times10^{12}\ m^3$ [（121.76～143.44）$\times10^8$ t油当量以上]。在南沙海域我国传统疆界内的礼乐、万安、北（南）巴拉望、曾母、文莱～沙巴等盆地探明的可采储量为石油7.577×10^8 t、天然气$4.463\ 4\times10^{12}\ m^3$，其探明程度还很低，潜在待探明的可采资源量（特别是各盆地陆坡区的资源量）巨大；此外，经初步预测评价在我省管辖海域陆坡、陆隆区和西沙海槽区的天然气水合物潜在总资源量约643.5 $\times 10^{8}$ t油当量，待勘探开发的资源潜力巨大。

据第三轮油气资源潜力评价（2004年）项目，采用类比法对南沙海域14个主要新生界沉积盆地（总面积71.8 $\times 10^{4}$ km^{2}）的油气资源潜力预测评价，在我国传统海域疆界线以内的资源量分别为：远景资源量石油209.54 $\times 10^{8}$ t、天然气13.93 $\times 10^{12}$ m^{3}；地质资源量石油134.48 $\times 10^{8}$ t、天然气8.52 $\times 10^{12}$ m^{3}，可采资源量石油45.59 $\times 10^{8}$ t、天然气5.26 $\times 10^{12}$ m^{3}；按照油当量计算，其油气远景资源量为348.97 $\times 10^{8}$ t油当量。

根据张光学等（2003年）设定的基本参数值：天然气水合物稳定条件的区域面积为陆坡区海域以深总面积约118 $\times 10^{4}$ km^{2}的50%，平均厚度350 m，沉积层孔隙度50%，孔隙中水合物饱和度5%，天然气容积倍率164，水合物成矿率10%，使用“容积法”公式对南海天然气水合物资源潜量进行估算的结果为南海天然气水合物甲烷资源潜量为84.5 $\times 10^{12}$ m^{3}，相当于845 $\times 10^{8}$ t油当量。2007年5月1日凌晨，广州海洋地质调查局在南海北部珠三坳陷海域水深1 245 m海底以下183～225 m成功采到天然气水合物实物样品，水合物丰度20%～43%，含水合物沉积层厚度18～34 m，气体中甲烷含量99.8%，据初步预测，南海北部陆坡天然气水合物远景资源量可达大于n $\times 100 \times 10^{8}$ t油当量。

由此可见，遵照我国对南沙海域“主权属我，搁置争议，共同开发”的立场，南沙海域各沉积盆地油气资源与周边国家合作共同开发的潜力是很大的。

（2）南海油气资源开发规划

目前，在坚持我国对南沙海域“主权属我、搁置争议、共同开发”的原则下，积极协助国家及有关部门推进油气资源以新层系、新类型、新领域为重点的战略调查和共同勘查是海南海洋油气资源领域发展的主要形式。今后一段时间内，将重点优选海南岛周边的莺歌海盆地（尤其东南部乐东含气构造区）、琼东南盆地（尤其中部隆起区）、珠三坳陷（尤其神狐暗沙隆起）、北部湾盆地南部陆架和陆坡深水区的接续增储扩产勘查，西沙群岛周边的双峰北盆地、双峰南盆地、西沙海槽盆地等（共20个区块），以及南沙海域的北康盆地、中建南盆地、礼乐盆地南部（尤其西部和南部）和曾母盆地西北部（尤其康西坳陷和西部斜坡）的勘查，勘查的海区以大陆架为主、并创造条件逐步向资源潜力丰富的陆坡深水区（水深150～3 500 m海区）挺进（图7.2）。

①油气勘查布局

依据在海南建设南海油气勘探开发支持基地的战略定位，在坚持我国对南沙海域“主权属我、搁置争议、共同开发”的原则下，积极协助国家及有关部门推进油气资源（含天然气水合物）以新层系、新类型、新领域为重点的战略调查和共同勘查（探）开发进程。

重点优选海南岛周边的莺歌海盆地、琼东南盆地、珠三坳陷、北部湾盆地南部陆架和陆坡深水区的接续增储扩产勘查，大力加强西沙群岛周边的双峰北盆地、双峰南盆地、西沙海槽盆地及南沙海域的北康盆地、中建南盆地、礼乐盆地南部和曾母盆地西北部的勘查。

加大以南海北部陆坡为代表的天然气水合物石油替代能源的调查评价及开发研究。

勘查的海区以大陆架为主、并创造条件逐步向资源潜力丰富的陆坡深水区（水深150～3 500 m海区）挺进。

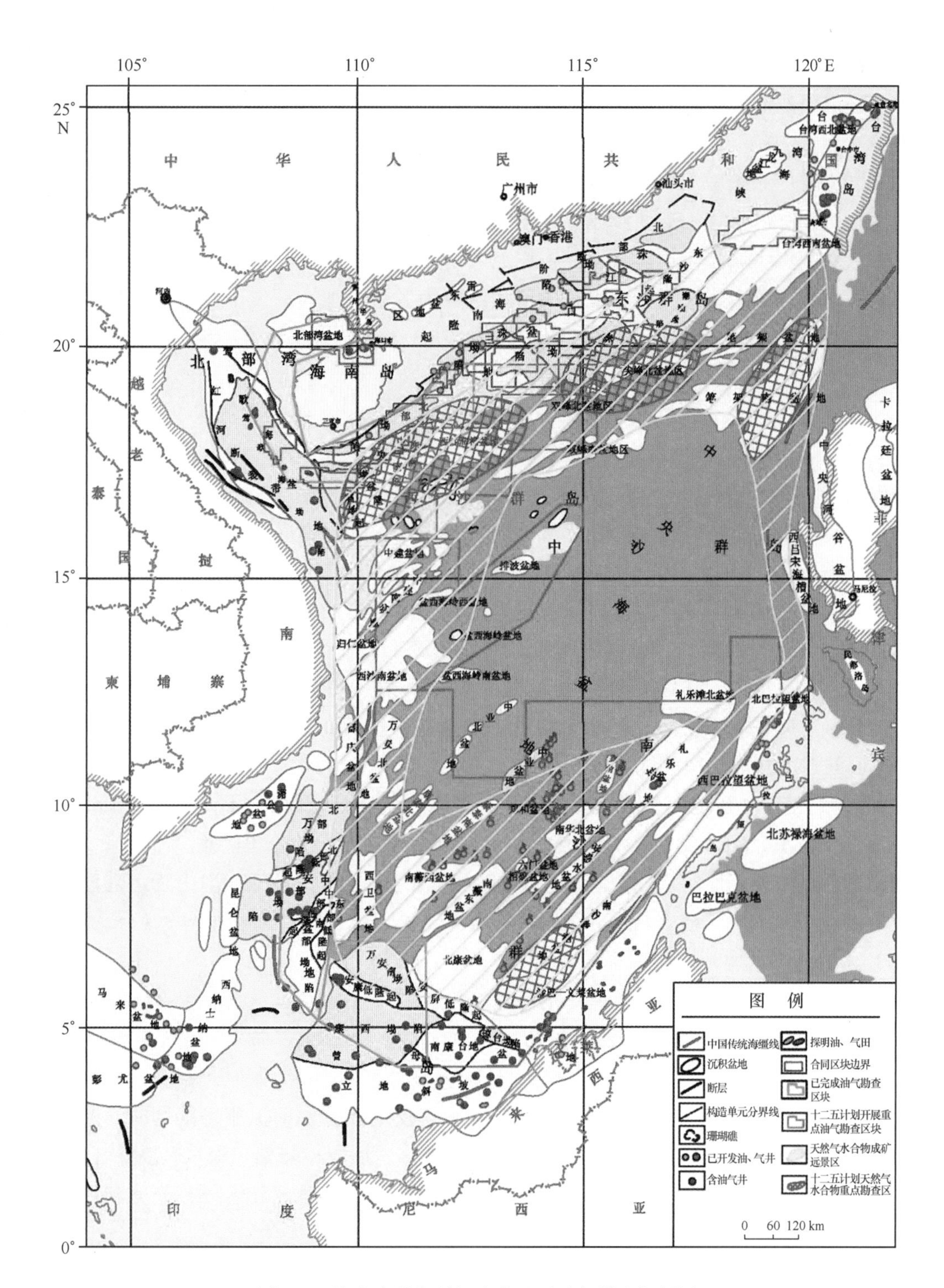

图 7.2　海南省辖海域沉积盆地及油气勘查规划图

②油气开发布局

在保持已开发的“崖 13－1”、“东方 1－1”气田、“花场”气田共年产天然气 57×10^{8} m^{3} 的基础上，新增开发乐东“15－1”气田、乐东“22－1”气田共年产天然气 20×10^{8} m^{3}；

在保持已开发的文昌“13－1”油田、文昌“13－2”油田、美台油田共年产约 200×10^{4} t 及有关天然气田的凝析油 20×10^{4} t 的基础上，新增开发文昌“15－1”油田、文昌“19－1”

油田、文昌“8－3”油田、文昌“14－3”油田共年产原油 150×10^4 t；

分别在海南西部工业走廊的东方（八所）、洋浦、老城、南山、金牌等港口城镇，拓展油气能源（含电力）、化工新型优势支柱产业。

③油气支柱产业布局

海南油气能源炼化化工支柱产业，集中在西部工业走廊合理布局。

东方天然气化工城产业集群基地。依托琼东南盆地、莺歌海盆地各气田开采的天然气为主要原料，坚持化肥、化工并举，以合成氨和甲醇为源头，加快开发下游产品，形成年供气 50×10^8 m^3、化工产品 300×10^4 t 的综合生产能力，建成全国最大的天然气综合加工集群基地。

洋浦石油炼化化工、天然气电力产业集群基地。依托国（省）内开采和国外（含中东、阿曼、安哥拉等）进口的原油为主要原料，在形成年加工原油 800×10^4 t 能力的基础上，积极推进聚丙烯、苯乙烯、PX（对二甲苯）、PTA（精对苯二甲酸）等产品开发，进一步延伸石化工业产业链；同时，依托省辖海域开采的天然气为主要原料，形成装机容量 44×10^4 kW、年发电 26.4×10^8 kW·h 的天然气发电厂；建成全省最大的油气综合加工集群基地。

老城石油精细化工产业集群基地。依托省内开采的凝析油为主要原料，形成年供凝析油 60×10^4 t、生产橡胶溶剂油、电器绝缘用油、印染溶剂、油墨溶剂、纯苯、甲苯、二甲苯、发泡剂等精细化工产品 150 t 的综合生产能力，建成我省新兴的精细化工集群基地。

金牌重油改质深加工与海洋石油船舶建造维修基地。预期年重油改质深加工能力为 7×10^4 t；同时建造海洋石油船舶建造维修基地。

南山天然气电力基地。依托省内开采的天然气为主要原料，形成装机容量 13.8×10^4 kW、年发电 8.1×10^8 kW·h 的天然气发电厂。预期年产值 2.835 亿元。

南山港后勤服务基地。依托南海油气资源的持续勘探开发，将三亚南山货运港建成南海油气资源勘探开发和海洋地质调查后勤服务基地。

（3）南海油气资源开发相关政策措施

从构建南海油气勘查开发支持基地的战略高度和尊重主权、真诚合作、优势互补、发展共赢的原则，积极参与和主动配合国家并支持国内外具雄厚资金、技术、设备实力和丰富营销管理经验的大公司以合作、合资等形式依法、科学、合理、高效勘查开发海域油气资源。

以积极参与的姿态，在首先做好南海油气资源规模勘探开发前沿服务的同时，整合省内人财物力和队伍，并开展与国内外大油气公司真诚合作，形成在陆架和深水区勘探开发能力；立足省辖海域北部陆架—陆坡区，积极开拓省辖海域南部南沙海区和海外，充分利用两种油气资金、两个油气市场和两种油气资源。

依靠先进的油气地质理论、科学技术、物资装备、经营管理、企业体制与创新，实现老油气田的稳产挖潜、新区新层系新类型新领域新水深的找矿突破和增储上产，以及油气上、中、下游产业的协调与可持续发展。

节约油气资源，逐步建立以经济、资源效益为核心的油气藏经营管理机制，注重油气田的优劣、难易兼采；调整和优化油气电能源结构、天然气与原油的炼化化工结构与产品结构；实现油气勘查、开采与炼化系列深加工的资源、经济效益和环境、社会效益的协调统一。

鼓励国内外企业采用兼并、重组、战略性强强联合和优势互补、合作共赢等方式，组建跨省、跨国大公司（大集团）；调整和提升内部产业结构，提高探采工贸的科技含量和产品质量，提高生产效率、降低生产成本，创立品牌效应；加强信息化建设，搞好国内外营销网络，扩大电子商务份额，有效地配置资源，参与和提高深加工高附值产品在国内外市场的占有率和竞争能力。

优选油气资源赋存的地质条件好且丰富、外交关系好、运输渠道便捷安全的国家和地区，开展境外油气勘查开采与进口建立境内油气战略储备基地。

建立和完善由国家投资战略性油气资源调查评价与商业性油气勘查分体运行的体制，有偿开发使用机制。

建立和实施高效利用、综合利用、循环再生利用油气资源，以及油气产业“三废”零排放、或近零达标排放的奖惩政策。

成立海南省南海油气勘探、开发、炼化加工管理机构，争取国家政策扶持，尽快组建海南的油气勘探力量，参与南海油气勘探、开发，向南海油气勘探、开发、上岛炼化加工一体化方向发展，建立海南省的南海油气战略研发基地，使之成为海南又好又快发展的经济支柱产业。

7.5.2.3　海洋旅游

1）西沙群岛旅游资源开发

（1）西沙群岛旅游资源开发设想

西沙群岛旅游资源丰富，地理位置独特，因远离海南岛而蒙上了神秘的面纱，对游客具有很强的吸引力，旅游开发价值非常高。西沙群岛旅游资源开发应重点开发以下几个区域。

永兴岛潜水及海底观光游览区。在永兴岛的浅海区（等深线在 20 m 以内）建设潜水及海底观光游览区。

七连屿空中游览区。七连屿实际为宣德群岛北部的十个岛屿：西沙洲、北岛、中岛、赵述岛、三峙仔、南岛、北沙洲、中沙洲、南沙洲、西新沙洲。十个岛屿连成一串，从飞机上看，像一串珍珠镶嵌在蓝色碧波上，景色非常漂亮。

西沙洲海龟观赏区。位于宣德群岛北部的西沙洲沙滩面积较大，海域位置特殊，是海龟游弋和栖息产卵的重要岛屿，与永兴岛的距离较近，适合建立海龟观赏区。

东岛鲣鸟观赏区。在永兴岛以东大约 35 km 的地方，有以“鲣鸟天堂”著称的东岛。东岛上建有鲣鸟自然保护区，岛上鲣鸟众多，最多时达 10 万只，适合建鲣鸟观赏区。

永兴岛垂钓区。在永兴岛的潮间带及近海区域，有大量的热带鱼及经济鱼类，可建海上垂钓区，开展休闲渔业游。

永乐群岛海上巡游区。永乐群岛各岛屿面积小、相互距离近，岛上回旋余地小，不适于上岛游览，适于从海上观赏各岛屿远景。

根据西沙群岛的资源特色、环境条件以及旅游市场需求和发展趋势，可设计以下旅游产品。

空中俯瞰游。西沙群岛海域宽阔，岛礁地势平坦，平均海拔只有 4～5 m，在任一岛上都难以观赏到西沙海域的全貌。因此，空中俯瞰西沙群岛全貌具有广阔的客源市场。

海上巡游。一望无际的大海、湛蓝的海水、海中时不时跃出海面的鱼以及天空中飞过的海鸟，构成了独特的热带海洋风光。西沙群岛的许多岛屿具有独特的蝶形地貌，四周高、中间低，四周是形如城墙的砂堤，中间是洼地、潟湖，坐船在海上巡游观赏，景色非常漂亮。

海底观光和潜水游。西沙群岛各岛屿礁盘附近生长着极其美丽而茂盛的珊瑚，以及色彩鲜艳、体态万千的热带鱼，这里共有珊瑚43种、热带观赏鱼200多种。潜入水中，能带你进入一个平生难得见到的神秘空间。一丛丛、一簇簇的珊瑚像盛开的鲜花覆盖着整个海底：有的金黄、有的雪白、有的鲜红，还能与五光十色的热带鱼共舞。西沙海域水质清澈、海水透明度一般为20～30 m，非常适合海底观光游览。

休闲渔业游。西沙群岛海域鱼类资源丰富，历来是我国南海重要的渔场。可开展垂钓、近海捕捞等渔业休闲活动。在礁盘区域可根据条件适当开展延绳钓式捕、拟饵曳绳钓式捕、手钓式捕、礁盘围网等捕捞活动，让游客放松心情，享受休闲渔业的乐趣。

海鸟观赏游。西沙群岛海鸟众多，尤其是东岛，海鸟如蚁，仅国家级保护动物鲣鸟就有十余万只之众。在东岛开展海鸟观赏旅游活动，在适当地点建立“观鸟台”，配备高倍望远镜，让旅游者在安全的环境中尽情观赏海鸟，生动而有趣。

海龟观赏游。中建岛、甘泉岛、北岛、西沙洲是海龟的主要繁殖和栖息地，可建海龟观赏区。

（2）西沙群岛旅游资源开发的前景评价

西沙群岛旅游资源开发的经济效益非常显著（见表7.1）。投资包括三部分。

①旅游基础设施和接待设施建设投资总量约1.4亿元。包括：①旅游交通设施投资：购置5 000吨级豪华游轮一艘，投资约3 500万元；小型游船10艘，投资约2 000万元；在东岛和西沙洲各建立简易码头一个，约投资200万元；购置专用西沙旅游飞机1架，约投资1 500万元。②游客接待中心投资：在永兴岛建设一个游客接待中心，无需解决住宿，只解决游客午餐问题，约投资100万元。③能源及通信设施投资：建设天然气运输管道，从三亚市将天然气引入永兴岛，约投资2 000万元；配置2台2万千瓦的发电机，约投资2 000万元；提高移动电话和固定电话的通信能力，约投资500万元。④物资贮存设施投资：改造现有冷藏库，使物资冷藏能力提高到1 000 t，约投资200万元；提高淡水储存能力和海水淡化能力，约投资2 000万元。

②旅游项目建设投资约为1 600万元，其中包括：①永兴岛海上垂钓区投资：在永兴岛建设海上垂钓区，约投资500万元。②永兴岛海底世界投资：在永兴岛建设海底世界观光区，需购置透明半潜式观光船1艘和配套设施，约投资1 000万元。③东岛观鸟台投资：在东岛建设观岛台，约投资100万元。

③流动资金主要包括管理人员和劳动力工资和培训费、燃油费、维修费、生活用品采购费等项目，每年约需要500万元。

环境效益主要表现在：旅游开发使人们认识到良好的生态环境和独特的旅游资源能带来巨大的经济利益，从而增强人们自觉保护生态环境和旅游资源的意识，避免炸鱼、捕捉海龟和龟蛋等破坏环境的不良行为。而且，旅游开发增加了人们的收入和政府税收，增强了当地政府的经济实力，可以弥补西沙群岛自然保护区的资金缺口，引进更加先进的管理经验、技术和设施，从而更好地促进自然保护区的保护与管理。特别地，在西沙群岛开展的是生态旅游，遵循的是可持续发展理念，宗旨是旅游经济与环境保护的协调发展，因此，在西沙群岛开展生态旅游，更能促进和推动生态环境的保护。

表 7.1　西沙群岛旅游开发的经济收益估算

估计值	每艘次邮轮载客量/人数	每位邮轮游客消费/元	每架次飞机载客量/人数	每位飞机游客消费/元	接待游客的天数/天	固定资产投资总额/万元	全年旅游收入/万元	固定投资回收期/月
低位估计	500	800	100	1 200	150	15 600	8 400	24
中位估计	600	800	110	1 200	160	15 600	9 792	21
高位估计	700	850	120	1 200	170	15 600	12 563	16

西沙群岛旅游开发所带来的社会效益主要表现在：首先，能提高国民素质。对于游客来说，通过领略西沙群岛独特的自然风光和民俗风情，不仅能够增长知识，缓解紧张的工作和生活所带来的压力，增进友谊，更重要的是可以提高人们的国土意识，有利于培养爱国主义情操。对于当地居民而言，通过与游客的交往，可以增强忧患意识、市场经济意识和环境保护意识，丰富人们的生活和生产方式，极大地提高生产能力和劳动生产率。其次，能解决西沙群岛当地渔民的就业问题。旅游业是劳动力的蓄水池。西沙群岛当地居民祖祖辈辈以捕鱼为生，不仅风险大，劳动生产率低，而且对生态环境和生物多样性的破坏非常大。旅游开发将吸引大量游客，为西沙群岛当地居民转变生产方式提供了基础，从而促进产业结构的优化和高级化。最后，能提高西沙群岛当地居民的收入水平。研究和实践表明，旅游开发是扶贫开发的行之有效的重要手段。西沙群岛由于孤悬海外，远离大陆和海南岛，处于相对封闭和原始状态，生产力水平和生产方式相对落后，人们的收入普遍较低。旅游开发将为当地居民提供施展其才华的空间。通过正规就业和非正规就业，将会大大增加当地居民的收入。

当然，如果开发不恰当，或者游客数量过多，可能会增大西沙群岛的生态压力，破坏珊瑚礁、破坏海龟和海鸟的生存环境。

（3）西沙旅游资源开发对策建议

第一，建立后方基地。西沙群岛旅游区远离大陆，也远离海南岛，且面积狭窄，生活资源缺乏，旅游者不宜久留，必须建立一个强有力的、功能齐全的后方基地。三亚市与西沙群岛距离最近，三亚市是一个具有不少黄金景点的著名旅游城市，兼有三亚凤凰机场和三亚凤凰岛邮轮母港。因此，在三亚市设置西沙群岛旅游开发的后方基地最为适宜。三亚后方基地应该拥有西沙群岛旅游开发总指挥部、外联部、接待部、运输部等诸多部门，发挥多方面功能。西沙群岛与大陆相距较远，游客往返、物资运输的任务十分繁重，后方基地应作出合理安排。来自天南海北的旅游团不可能从客源地直赴西沙，而是先到三亚中转，分批次去西沙，后方基地应妥善安排其食宿，做好迎来送往工作。后方基地还应具有应付突发事故的能力，如遇到台风、暴雨，三亚、西沙间的航空班机、邮轮将不能正常运行，西沙旅游者滞留难回，三亚游客大量积聚，后方基地应有充分的应变准备。

第二，组建开发实体。为确保西沙群岛旅游资源的有序开发，取得社会、经济和生态等多重效益，有必要组建或指定一家有实力的开发实体，作为西沙群岛旅游项目开发的法人单位，由政府授予一定时限的特许权和经营权，在政府主管部门的宏观指导下，独家开发和经营西沙群岛旅游项目。开发实体要对全局进行调控；按照旅游发展总体规划，制定西沙群岛旅游的阶段性计划并具体组织实施；当客源市场等发生变化时，及时对原有计划加以调整，使整个系统始终以最佳状态运作。

第三，积极筹措建设资金。西沙群岛旅游开发是一项巨大工程，需投入大量的资金，由于海南省经济基础薄弱，因此，广开渠道筹措资金，是一项重要而艰巨的任务。政府应积极支持，进行政策倾斜，银行进行信贷扶持，采取国家、企业投入等多种融资方式，按照产权明晰、有偿使用的原则，谁开发，谁投资，谁管理，谁受益。

第四，做好对外宣传。西沙群岛虽然有着独特优良的旅游资源，但由于长期的军事限制，不为游客所了解。西沙群岛的旅游开发，不仅要在旅游产品上下工夫，努力打造旅游精品，宣传促销也很重要。政府要大力发挥主导作用，积极采取各种宣传措施，如：组织大型宣传活动，着力宣传西沙群岛的海岛旅游特色；参加国内外的旅游展销会；到客源地为旅游业界人士举办报告会或专题推介会、讨论会等。

第五，重视生态环境保护。优良的生态环境是海岛旅游可持续发展的前提和保证。发展西沙群岛旅游，必须采取集法律、行政、科学技术和宣传教育为一体的生态环境保护措施，以科学的手段和方法防止环境污染和生态环境退化。具体要做到以下几个方面。①旅游开发遵循环境保护原则。没有妥善的环保措施的项目不得进入西沙及其附近海域，游览设施按规划统一设置，做到不破坏景观，不影响观赏；保全文物史迹所处环境和历史地段，尽力保持其历史原貌，不任意增添或修改；严格控制游客流量，切忌盲目扩大开发规模；加强保护生态环境的宣传，使游客人人自觉保护生态环境；未经批准不带走岛上的一草一木一石一蛋，彻底杜绝破坏生态环境的违法违章事件。②建立环境监测系统。为有效掌握海岛环境质量状况及其发展趋势，为旅游开发及管理提供基础资料和科学依据，建议建立陆地和海洋环境监测系统，对西沙群岛及其周边海域的生态环境进行定期采样监测，如出现环境质量退化现象，应及时采取措施，确保西沙群岛优质的生态环境。③建立国家海洋公园，以保护西沙群岛的生态资源。西沙群岛的生态资源已因不法行为而遭到一定程度的破坏，为防止游客在旅游过程中对生态资源造成破坏，建议建立国家海洋公园。严格按照国家海洋公园的旅游开发原则进行功能分区。④对景区实行生态化建设和管理。生态性是生态旅游地的基本特性。生态旅游地的景观建设和管理应充分体现生态性，体现人与自然的协调性。例如，海上垂钓区必须离海岸 2 km 以上；旅游接待中心的建设要与周围的生态环境相适宜，充分体现海洋特色，建材尽量就地取材，营造一种融入自然、亲近自然的氛围，切忌大肆砍伐树木、建造岛上城市，破坏生态环境；禁止任何废弃物排入大海。要求游客在特别开辟的专门区域进行垂钓，且只能用规定的方式垂钓，禁用渔网；潜水游客要特别注意不能踩、采珊瑚。

第六，建立海上事故预预警机制，加强安全保障。建立海洋灾害监测预报系统和海上救助系统，预防海上事故的发生，确保在事故发生后游客能得到及时的救助。西沙群岛地处低纬热带，是多热带气旋地区。全年除 2 月、3 月、12 月外，其他月份均受到热带气旋的影响。在热带气旋影响期间，西沙群岛附近海域经常出现巨浪和风暴潮，对港口、码头及其他设施造成很大影响，并常常危及人民生命财产安全，对西沙群岛的旅游业将造成巨大影响。为保证旅游活动的顺利进行，建立海洋灾害监测系统，每天对西沙群岛天气、海浪等情况进行监测和预报，在热带气旋影响西沙群岛之前，停止旅游活动的开展，尽量避免海洋灾害的影响。海洋渔政、渔监队伍与海事监察队伍联合，建立海上救助系统，如出现海事故，能在最短时间内进行救助，减少游客的生命和财产损失。不设置风险太大的旅游项目，在一些具有一定风险的旅游项目上要设置必要的救生员或医疗机构，以保护游客的健康和生命安全。

2）南沙群岛、中沙群岛旅游资源开发

（1）南沙群岛、中沙群岛旅游资源开发构想

南沙、中沙群岛的旅游资源丰富，主要有：造型奇异、充满神秘色彩的岛（礁、沙）资源，五彩斑斓、变幻神奇的珊瑚礁及其生态系统，绚丽多彩的热带观赏渔业资源，丰富多样的休闲渔业资源，热带海洋特色鲜明的鸟类和龟类等陆生生物资源，富有探险价值的极端季候资源（台风或热带气旋），展现南海水上丝绸之路的水下考古资源，反映渔民生活和生产方式的人文资源等。

南沙群岛、中沙群岛适宜开展的旅游活动主要有：①邮轮旅游。这是国际旅游市场发展前景非常看好的新兴旅游方式，可充分利用三亚凤凰岛国际邮轮母港的优势，将南沙、中沙群岛纳入邮轮旅游线路之中。②休闲渔业游。充分利用南沙、中沙休闲渔业资源的优势以及海南游艇经济快速发展的有利条件，开展海上垂钓等休闲渔业旅游活动。③水下考古探险游。南沙、中沙群岛地理位置独特，是南海海上丝绸之路的必经之地，蕴藏着丰富的考古资源。④科学考察游。充分发挥南沙、中沙独有的生物资源、地质条件、油气资源等，开展科学考察和科学研究。

（2）南沙群岛、中沙群岛旅游资源开发对策与建议

应该说，南沙、中沙群岛旅游资源开发的难度也不小，主要困难表现在：A. 位置偏远，离海南岛的距离远，需要在海面上航行较长时间；B. 基础设施相当薄弱，几乎是空白；C. 极端气候条件（主要是台风和热带气旋）使游客的生命财产安全难以得到有效保障；D. 南沙群岛的多数岛礁已被周边国家非法侵占；E. 岛（礁、沙）面积狭小，生态系统脆弱。

然而，南沙群岛、中群岛旅游资源开发的意义非凡，其中最重要的是可以巩固南沙、中沙群岛的领土主权。根据国际惯例，如果一个国家占有并开发利用一个海岛长达50年，该海岛归该国家的所有权就会得到国际社会的认可。中沙群岛和南沙群岛的部分岛屿，其属于我国的所有权之所以存在国际纠纷，关键在于我国没有对这些岛屿进行必要的开发利用和保护。只有采取科学合理的措施和手段对这些海岛进行适度开发和保护，并把这些海岛纳入三级行政管理体系之中，才能从根本上彻底消除这些海岛及其周边海域的主权问题的国际纠纷。

因此，对南沙群岛、中沙群岛旅游资源进行开发，需要做好以下几方面工作。

首先，要高度重视南沙、中沙群岛旅游资源开发的政治意义。南沙、中沙群岛旅游资源开发的最重要的意义就在于政治意义——巩固国土的完整性。由于各方面条件的限制，南沙群岛、中沙群岛旅游资源开发的经济效益很可能不会太理想，因此，中央政府和省政府要对从事南沙、中沙旅游资源开发的企业给予优惠的政策支持乃至一定的资金支持，使企业在开发旅游资源的过程中获得应有的经济效益。

其次，要组建政府控股的南沙群岛、中沙群岛旅游开发公司。该公司可以采取股份制，但必须由政府控股。即南沙群岛、中沙群岛旅游资源开发的组织原则是，“政府主导、企业跟进、全民参与”。该公司负责旅游交通设施购买、运营与维护、旅游客源组织与管理、旅游线路设计与市场营销等事宜。

再次，要坚持走高端的生态旅游之路。南沙群岛、中沙群岛受到国际社会的广泛关注，这些区域的旅游开发好坏直接关系到海南国际旅游岛的形象乃至我国的整体形象，因此，对这些区域的旅游开发，要做就做最好。要始终把生态环境保护、低碳经济、循环经济等理念

贯穿于旅游开发的整个过程之中，从而实现政治效益、社会效益、生态效益和经济效益的和谐统一。

最后，要建立完善海上安全预警系统，把确保游客的生命财产安全放在首要位置。南沙群岛、中沙群岛不仅远离大陆和海南岛，气候条件比较恶劣，而且属于政治敏感区，出现安全隐患的可能性比较大。一旦出现较大的安全事故，那么，这一区域的旅游开发很可能就得不偿失，甚至可能严重影响国家形象和海南国际旅游岛的形象，对全国旅游业转型升级和海南国际旅游岛建设所带来的负面影响将是无法估量的。

7.5.2.4 加快南海海洋资源开发的建议

我国南海管辖海域面积为 $200\times10^4\ km^2$，南海是我国海上力量南向延伸的战略前沿，是我国的海上生命线，又是我国未来能源潜在供应基地，南海事关我国国家发展和周边外交大局。南海问题事关我周边稳定，妥善处理和解决南海问题直接影响维护和延长我战略机遇期。自签署《南海各方行为宣言》以来，南海形势总体保持稳定，但是争端态势依旧：岛礁被侵占，资源被掠夺，海域被分割，渔民被抓扣。南海权益维护任重道远，南海问题必须持续关注，南海的开发与开放势在必行。

1）理顺南海资源开发的中央与地方关系

赋予海南海洋管辖权实质内容，授予相应的开发权。1988 年在七届全国人大一次会议上，海南成为全国唯一享有海洋管辖权的省份，但多年来海南的海洋管辖权的含义不够明确，权利义务界定不清。目前我国的油气开发由国有企业专营，只有三大国有石油公司才享有我国所辖海洋的石油开发权。因此，必须由全国人大重新解释“管辖权”，给海南省授予开发陆地与海域油气及天然气水合物等矿产资源的自营开发与对外合作勘探开发权，以利有效促进外引内联及与周边国家的合作，切实加快和加大海域（特别是南沙海域）油气勘查开发的力度，以缓解我国国民经济建设对油气需求的紧缺和适度减少耗汇进口乃至增加战略储备，同时切实维护领海和油气资源的国家权益。

加快南海行政建制，统一海上执法，将维权和管辖权落到实处。海洋管理的制度化和法制化是世界性潮流，越南、菲律宾等国已在占领岛礁进行行政建制，强化其既得利益。原有“西南中沙工委和办事处”已不适应目前形势要求，现已成立三沙市，应加大建设力度。加快我南海诸岛政权机构建设，既是维持南海争议的实际需要，也是因应未来南海法理斗争的战略需求。在南海率先进行海上统一执法试点，统筹南海执法与管理。国家海洋局南海分局和广东、广西和海南三省（区）的海洋行政主管部门，于 2006 年 3 月共同组建“南海区海洋工作指导委员会”，从而有助于南海区域协调指导和综合管理。相较之下，全国性的海上统一执法力量的形成尚需时日，建议中央批准在南海率先启动海上统一执法试点，尝试组建统一的海上执法力量——中国南海区域海岸警卫队，统筹南海海洋管理与执法，加强我在南海的维权执法力度。

重新建构南海油气开发利益分配格局。从总体上来看，在南海开发中必须通过利益分配向地方倾斜来实现利益均衡，形成企业和地方政府甚至外资开发南海的局面。要从有利于调动各方面的积极性，有利于构建和谐社会的整体要求出发，协调好从中央到地方、政府到企业等各个利益主体的关系。在正确处理国家与探矿权、采矿权人利益关系的同时，还要正确处理各级政府之间的收益分配，调动各方面的积极性。

对于以油气资源为主的海洋开发，中央应给予特殊优惠政策，或允许海南以入股的形式参与海洋石油的开发。在具体操作上，可以由海南和中国海洋石油总公司合作，成立专门针对南海南部油气勘探开发的分公司。从而整合国家海洋油气开发在南海南部的各种力量，共同对外开展国际合作，全力推进我国在南海南部油气战略目标实施，也加快海南省工业和经济社会发展的进程。在税收方面，对来自海南管辖范围内的海域产生的海洋石油增值税、资源税等新增税收收入，实行中央与海南按一定比例分成。比如，对属海南管辖海域石油天然气的增值税、企业所得税，由海南省国家税务局征收；对发生在海南管辖的海域内的营业税、资源税和油气企业的个人所得税，由海南地方税务局征收；对来自海南管辖范围内的海域产生的海洋石油资源税收入，实行中央与海南五五分成。

2）国家应将南海资源开发和服务基地建设纳入相应的产业发展规划

南海油气能源开发纳入国家能源发展规划。把支持海南开发南海油气资源列入《国家“十二五”能源发展规划》。从国家大局和长远战略出发，在海南布局大型油气化工项目，将海南作为南海油气勘探开发的前沿基地和国家石油战略储备基地。另外，根据国家《船舶工业调整和振兴规划》，海南省应抓紧制订具体落实方案，重点发展海洋工程装备，解决南海深水油气开发的技术问题。应围绕南海油气资源开发需求，以具备一定基础的主流海洋工程装备为重点，坚持技术引进与自主研发相结合的发展路径，着力提升海洋工程装备研制能力和技术水平，重点培育一批具有较强国际竞争力的品牌企业和产品。

南海新能源开发纳入国家可再生能源发展规划。把建立南海新能源开发基地列入《全国可再生能源“十二五”规划》和正在研究制定的《新能源产业振兴发展规划》。国际金融危机为推进能源结构调整提供了重要战略机遇，海南应积极争取将发展海洋可再生能源和新能源纳入国家相应能源规划，争取国家更多的技术和资金支持。

南海旅游业发展纳入全国旅游发展规划。热带海岛海洋旅游是对国内外高端游客最具吸引力的旅游产品，能够有力提升海南旅游产品的整体价值和形象，对于海南建设“国际旅游岛”具有特殊意义。建议国家赋予海南更加开放的海洋旅游政策，在推进实施主体功能区规划时，给予海南特区更为特殊的政策。

加快研究制定《南海生物产业发展规划》。随着海洋生物技术的发展，海洋生物医药产业将成为未来20年中国生物产业发展的重点领域之一。全国和各省市纷纷出台了《生物产业发展规划》，用于指导本地区生物产业发展。南海拥有的海洋药物资源无与伦比，开发前景十分诱人，也是开展国际合作的重要切入点。但从海南省海洋生物产业整体发展情况看，海洋生物药品生产企业大多规模较小，科研投入不足，产值较低。海南应抓住区域合作的大好时机，尽快制定《南海生物产业振兴发展规划》，明确发展重点，积极推进南海生物产业技术国际合作。鼓励外国企业和个人来海南投资生产、设立研发机构和开展委托研究。鼓励和支持具有自主知识产权的生物企业“走出去”，开展产品的国际注册和营销，到境外设立研发机构和投资兴办企业。支持国内机构参与有关国际标准的制（修）订工作，开展生物产业认证认可国际交流。

南海海洋科技发展纳入国家相关科技发展规划。近年来，中央先后出台了《国家中长期科学和技术发展规划纲要》、《国家“十一五”海洋科学和技术发展规划纲要》、《全国科技兴海规划纲要》用来指导海洋科技发展。南海深海油气资源开发、生物产业发展都需要国家科技支持。海南应积极争取中央相关部委对南海资源开发利用的科技支持，并把加快南海科技发展纳入国家的相关科技规划。

3）兴建南海渔业综合发展基地

积极转变渔业发展模式，实现单一捕捞养殖生产向产业化转变。建立集捕捞技术、精深加工、市场开拓及养殖业的饵料生产、品种繁殖等一系列元素为一体的南海渔业生产、加工、销售和补给综合基地。

积极开拓新兴国际市场，特别是增加南海周边国家的水产交易。充分发挥行业协会的作用，支持行业协会利用国际上各种展会平台，积极拓展和稳定我出口市场，力求水产品出口保持较快增长。加大新产品的开发力度。根据资源分布和生产情况，建立水产品冷冻加工重点基地，冷冻加工各种优质海产品，扩大精深加工，提高加工产品的附加值和综合利用水平。

加大对渔民专业合作社扶持力度。根据国家规定，给予渔民专业合作社发展一定的政策支持。采取“公司+渔民”或捕捞等形式组织渔船开发西中南沙等外海捕捞，不断拓宽捕捞生产空间。争取地方财政安排渔民专业合作社专项资金。支持渔民专业合作社开展信息、培训、农产品质量标准与认证、农业生产基础设施建设、市场营销和技术推广等服务。引导商业性金融机构采取多种形式，为农民专业合作社提供金融服务。

4）以建设南海资源开发和服务基地为契机，加强海南海洋产业人才队伍建设

建设南海资源开发和服务基地，推进海洋产业跨越式发展，必须加强海洋产业人才队伍建设，重点培养海洋高层次科技人才、海洋旅游人才、企业管理人才、船舶与海洋工程人才、渔业技能型人才，为发展海洋产业提供人才支撑。

建立海洋人才库。联合各人才工作职能部门和海洋管理部门，进行全省海洋人才专题调研，全面摸清海南省海洋人才的数量、专业、层次、分布、结构等情况，建立海洋人才库。借此可基本了解海南省海洋人才的总体情况，并明确海洋人才的各个参数在全国所占的位置；研究分析海洋人才结构问题，找出海洋人才结构尚存的弊端，采取措施，分布进行调整，使其适应海南海洋经济发展的新要求；定期发布海洋人才信息，有针对性地做好海洋人才开发工作。

扩大海洋人才队伍。制定相应的海洋科技人才需求规划，加强海洋科研教育体系建设，通过委托培养、招聘、借用等办法建设一支与海洋产业发展相适应的人才队伍。加强高等海洋院校的建设。吸引国内外海洋类科研院所和高校落户海南，鼓励企业与社会兴办海洋产业培训机构；强化和扩大海南大学涉海院、系建设，争取在2020年前创办一所综合性海洋大学；努力办好涉海专业的中等职业学校，培养更多的适用型海洋技术人才。加强与海洋经济相关的职业教育，重视人才的在职培训。在沿海市县进一步实施渔业实用技术培训和海洋捕捞渔民转产转业技术培训，提高渔业生产者的技术水平；加强高层次科技研发人才、工程技术人才、企业管理人才的培养和引进工作。加快培养学科带头人和创新型人才，有效发挥领军人才作用；重视海洋行业管理人才培养，加快对海洋管理一线人员的知识更新和提升；鼓励和支持海南省高等院校、科研机构与企业建立博士后科研工作站，加强与省外海洋科研所、海洋大学的全面合作，创建引进人才、培育人才的平台。

建立激励机制，鼓励海洋产业人才扎根海南。调动科技人员上岛、下海的积极性，对到企业开展有关海洋科技服务的科技人员，个人提取的技术服务费比例可在原有基础上适当提高。对海洋科技进步有突出贡献的科技人员，要给予重奖。鼓励海洋科技人才采取技术入股等方式与企业进行长期合作，建立有利于激励海洋科技成果转化、产业化的人才评价、知识产权保护和奖励制度。鼓励和扶持海洋企事业单位科技人员兼职或以自然人的名义申办科技企业、科技中介企业和科技民营企业，改进和完善分配制度和奖励政策，鼓励高新技术企业通过技术入股、员工持股和股权期权等多种分配奖励形式，逐步建立与国际惯例接轨、符合海洋高新技术产业特点、有利于保护知识产权的分配制度和经营制度。

完善海洋产业人才服务体系。建设以海洋高新技术评价、论证、中介、推广为主要职责的高效中介服务机构。面向企业和市场，建立以科技成果转化、技术咨询、技术交易、人才和信息交流等为主要内容的多层次服务网络，创建区域性海洋科技服务中心，为海洋新产品开发、新技术推广、科技成果转化等做好科技中介服务。

开辟海洋人才创业园区。海洋科技创新，关键在海洋人才。要通过鼓励和扶持海洋人才创业，在创新实践中发现人才、在创新活动中培育人才、在创新事业中凝聚人才。因此，海南依托海洋产业优势资源，聚集高层次人才、转化科研成果、促进产业升级，必须构筑“使得各类人才引得进、留得住、作用得到充分发挥”的高端平台，就是要开辟有利于海洋人才创业的特色园区。借此支持和鼓励科技人员和企业积极参与海洋科技成果转化，推进海洋科技成果转化的投融资体制创新，促进海洋科技服务平台和产业化示范基地建设。还可借此进一步深化科技改革，大力推进海洋科技进步和创新，推动海南省海洋经济增长从资源依赖型转向创新驱动型，推动海洋经济发展切实转入科学发展的轨道。

第八章　海洋可持续发展

8.1　海南省自然环境和资源综合评价

8.1.1　地理区位综合评价

海南省位于辽阔的南海，北以琼州海峡与广东省分界，西濒北部湾与越南相望，东边和南边与菲律宾、马来西亚、文莱、印度尼西亚为邻。行政区域包括海南岛、西沙群岛、南沙群岛、中沙群岛的岛礁及其海域，是我国最大的海洋省，授权管理海域面积约 200×10^4 km^2。

区位条件对海南省海洋经济发展的影响是机遇与挑战并存。海南位于中国最南端，是南部沿海区域的开放窗口。由于地处我国滨海开放带的最南缘，且其所在南海海域为连接亚洲和大洋洲、太平洋和印度洋的“十字路口”，因此，该区域是我国对外开放的南部窗口，亦是亚太地区陆域与海域相互往来的一座重要桥梁。但是由于经济地理位置与政治地理位置的双重限制，海南省一直处于中国经济发展的外围。无论是作为海防前哨还是最大的经济特区，海南省都不曾因邻近省市的发展而受到较明显的带动。

8.1.2　自然环境综合评价

8.1.2.1　地质地貌环境评价

1）地质构造

海南岛系晚第四纪时始与大陆隔断，分布有四条横贯全岛的东西走向断裂带：王五—文教断裂、昌江—琼海断裂、尖峰—万宁断裂和九所—陵水断裂。四条东西向断裂与其生成相联系的东北向和西北向扭性断裂以及南北向的张性断裂将海南岛分割成相互连接的块体。

南海是一个地质构造复杂、构造线相互交错和几经海底扩张的边缘海。随着构造演化和沉积史的发育，南海形成了不同类型的沉积盆地，北部陆缘上形成的主要沉积盆地包括台西南、珠江口、琼东南、北部湾和莺歌海盆地；南部陆架及南沙海域主要包括曾母—沙巴、文莱、湄公、昆山和万安等诸盆地。

2）海岸和海底地貌

海南岛是海南省主体海岛，海岸线全长 1 855.27 km，砂质海岸、基岩质海岸和珊瑚礁、红树林等生物海岸地貌发育典型，岸线类型齐全。

南海海底地形复杂，主要以大陆架、大陆坡和中央海盆三个部分呈环形分布。中央海盆位于南海中部偏东，大体呈扁的菱形，海底地势东北高、西南低。大陆架沿大陆边缘和岛弧分别以不同的坡度倾向海盆中，其中北部和南部面积最广。在中央海盆和周围大陆架之间分布陡峭的大陆坡。

8.1.2.2　气象条件评价

海南岛地处热带，夏无酷暑，冬无严寒，海口—琼海一带海域，年平均气温为23.8～24.2℃；万宁—三亚—东方一带海域，年平均气温24～25.6℃；儋州的白马井—澄迈的玉苞港一带海域，年平均气温最低，为23.5℃。东部沿海冬半年最多风向为西北—北—东北偏东，夏半年最多风向为西南—北风；西部沿海冬半年最多风向为东北偏东风，夏半年最多风向为东南偏南—西南偏西风。沿海各海区的季节性风速变化十分复杂，年平均风速总的趋势是由海岸线向外风速逐渐加大，北部玉苞一带和西部东方一带海区分别为两个风速高值中心。大风日数的地理分布为，玉苞一带的西北部沿海，年平均大风日数55天左右，西部八所一带为23天左右，北部海口一带为14天左右，其他地区在3～7天之间。总之，海南岛海域受热带海洋性季风气候影响，气候特点为：

①光照长，光能充足，热量丰富；

②冬季不明显，常年高温；

③干湿季分明，雨期集中，降水充沛，地区分配不均；

④灾害性天气发生频繁。夏季多热带气旋、暴雨，冬季干旱频繁，北部海域多低温阴雨。

西南中沙群岛海域属热带海洋气候，冬暖夏热，终年气温较高，年平均气温约26℃，全年气温最高在5—9月份，气温可达33℃以上。全年季风特点明显，10月份至翌年3月，多吹东北风，6月份到9月份多吹偏南风。无海陆风特征。全年常风向为NE向，其次为NNE向，风速较大。全年的最大风速一般出现在6—11月。受台风影响，极端最大风速大于40 m/s。降水大多数是阵性降水，降水急。7—10月降水最多，2月降水最少，年平均降水量约1 570 mm，降水日数主要集中在每年6月至翌年1月。该海域年平均相对湿度约为80%，夏季相对湿度大，冬季相对湿度小。

8.1.2.3　水文条件评价

海南岛周边邻近海域潮汐有正规日潮、不正规日潮和不正规半日潮三种类型，沿岸平均潮差都小于2 m，属于弱潮海区。近岸海域波浪较小，年平均波高小于1 m，海水盐度高。

南海的潮汐类型有半日潮、全日潮、不规则半日潮和不规则全日潮等，大部分海区的平均潮差仅0.5 m，最大潮差1～2 m；南海潮流比较弱，大部分海区的潮流流速都小于0.5 m/s；南海的波浪受季风影响明显，东北季风期盛行东北浪，西南季风期盛行西南浪，年平均波高涌浪为1.8 m，风浪为1.3 m。

8.1.2.4　海洋灾害评价

1）地震

海南属华南地震区—东南沿海地震带（外带）西南部，是东南沿海地震带的重要组成部分，也是华南强震区之一。本区地震活动具有震级大、频度低、继承性和新生性的特点。

根据海南岛地震烈度区划图（海南省地震局1993年），海南岛南部的东方、乐东、三亚、陵水、万宁及昌江部分区域的地震烈度为小于Ⅵ；儋州部分区域和琼海大部为Ⅵ，儋州洋浦地区和文昌清澜以北区域大于或等于Ⅵ。总体上由南向北地震烈度呈递增态势，强震区主要分布于琼东北地区。

西南中沙群岛海域第四纪曾发生多次火山活动。按国家地震基本烈度划分，该海域属小于Ⅵ度区。

2）热带气旋

据气象出版社出版的《热带气旋年鉴》统计，1949—2008年进入或者南海自己生成的热带气旋共有555个，平均每年9.3个，其中南海自生的有162个，平均每年2.7个，西北太平洋生成进入南海的393个，平均每年6.6个，在海南岛登陆的有93个，占总数的17%，平均每年1.6个。热带气旋酿成风灾、洪灾、风暴潮灾害，具有巨大的破坏性，摧毁林木、农作物、建筑物渔船及水产养殖设施，严重地威胁沿岸人民生命财产安全。

3）灾害性海浪

海南岛夏、秋季产生巨浪的因素主要为热带气旋，春、冬季产生巨浪的因素主要为冷夏、秋季产生巨浪的因素主要为热带气旋，春、冬季产生巨浪的因素主要为冷空气。据《风暴潮、海浪、海冰和海啸灾害应急预案》，2009年海南省海洋预报台共发布海浪警报（黄色以上级别）122份，其中海浪Ⅲ级警报（黄色）111份；海浪Ⅱ级警报（橙色）11份。

西南中沙群岛海域由于位处辽阔的南海之中，故受风暴巨浪的影响十分显著，平均波高最大值出现在秋冬季，主要是受东北季风的影响所致。

4）赤潮

赤潮主要是由于陆源污染和海洋自身污染引起的。海南岛海域近年来基本每年都有赤潮出现。2009年12月，海南省昌江海尾港－新港海域发生球形棕囊藻赤潮，属无毒素藻类，面积约16 km^2。由于采取了及时有效的预警和防范措施，此次赤潮未造成严重影响。赤潮的频发是近海域环境质量劣化的警示，应引起足够的重视。

西南中沙群岛海域表层营养盐含量相对较低，无机氮和磷均属一类标准，活性硅酸盐含量也较少，发生赤潮的可能性较小。但赤潮是一种复杂的现象，不仅有赤潮生物和海水化学方面的原因，而且受海况、潮流及气象诸因素的影响。据当地渔民口述得知，在西沙群岛一带曾发生过赤潮。

8.1.2.5 海洋环境质量评价

海南省近岸海域海洋环境质量总体优良，生态环境条件优越，具有得天独厚的优势，能够基本满足各海洋功能区对环境质量的要求。海水水质总体保持良好，沉积物质量良好，综合潜在生态风险低；海洋生物质量状况良好，总体保持健康水平。影响近岸海域海洋环境质量主要来自陆源排污，局部海域的污染有加重的趋势，近年来赤潮频度增加，呈扩展之势，说明海洋环境质量有下降的趋向。

海南省海洋主要生态系统总体现状良好，但近年来随着海洋捕捞、海洋工程、海水养殖及海洋旅游等开发活动强度的加大，个别海域近海生态环境受到人类活动的干扰和破坏，使海南省主要生态系统面临着越来越大的压力。海南省一些近海区域的珊瑚礁及海草床生态系统基本处于和人类活动抗衡状态，致使作为近海生物物种重要栖息地的红树林湿地、珊瑚礁与海草床分布面积有所减少，近海生态系统遭到破坏。

8.1.3　海洋资源综合评价

海南省海域总面积约 $200\times10^4\ km^2$，占全国海域面积的2/3，是全国最大的海洋省份。如此辽阔的海域面积，蕴藏着极为丰富的海洋资源，成为海南省海洋经济开发得天独厚的资源基础。

8.1.3.1　海洋渔业资源评价

南海地处热带，海水暖和，且大陆架广阔，岛礁众多，又有众多河流带来丰富的有机质和营养成分，十分有利于海洋生物的繁殖，水产资源十分丰富。海洋浮游植物种类有 280 多种，光硅藻就有 155 种，浮游动物近 600 种，鱼类上千种，其中有经济价值的达 200 余种，著名的有马鲛鱼、鲳鱼、红鲷鱼、石斑鱼、蓝圈、带鱼、宝刀鱼、鱿鱼、墨鱼、虾、蟹、贝、藻、海参、海龟、玳瑁等。主要渔场有昌化、清澜、三亚、西沙、中沙、南沙等处。此外，海南岛四周，浅海、滩涂面积广大，港湾多，发展人工海水养殖业具有广阔的前景，全省海岸带面积 $70\times10^4\ hm^2$，可发展养殖海岸带 $40\times10^4\ hm^2$。

总体来看，目前南海北部近海区资源利用已比较充分，但外海区资源属中等利用程度，尚有一定开发潜力，在南海南部海域渔业资源发展潜力较大。从本土特色优势看，海南具有海水宜养品种多，生长期长，养殖种类生长快，养殖周期短等得天独厚的优势。目前海水宜养面积多达 $9\times10^4\ km^2$，利用程度未达10%，养殖挖掘潜力可观。

8.1.3.2　海洋旅游资源评价

海南岛拥有 1 855.27 km 的海岸线，在这漫长的热带海岸带上，分布着各具特色的沙滩、岬角、珊瑚礁及红树林。到处阳光明媚、海水湛蓝、沙滩洁白、空气清新，还有多姿的椰林、优雅的海鸟，集中了国际旅游者喜爱的阳光、海水、沙滩、绿色、空气这 5 大元素。特色景点有如亚龙湾、大东海、三亚湾、天涯海角、光村银滩、石梅湾、海口西海岸带状公园、铜鼓岭月亮湾、东郊椰林、桂林洋、小洞天、临高角、高隆湾、日月湾、牛岭、博鳌港、大洲岛、西瑁洲、吴支洲等。全省可供开发的风景名胜资源多达 241 处，现已开发 123 处，其中 83 处分布在海岸带范围，占已开发景点的67.5%，尚有49%的旅游资源仍未利用，发展潜力巨大。

西沙群岛属热带海洋气候，长夏无冬，海水透明度较高，水清浪白，气候宜人。海域珊瑚种类繁多，其间栖息丰富多彩的海洋生物，构成了奇特的海底世界。岛上怪石嶙峋，奇洞千姿百态，其自然景观比海南岛周围海域更有旅游价值。西沙群岛还拥有古庙、墓碑、革命烈士陵墓、纪念碑、日本和法国侵占时遗留的营房等众多的人文旅游资源。

中沙群岛、南沙群岛海域自然景观旅游资源相当丰富并基本保持原始状态，主要有独特的珊瑚礁地貌、100 余种奇异的珊瑚、变色的海水、形态色泽各异的热带动植物、松软柔和的海滩等等。

8.1.3.3 港口资源评价

海南岛海岸线绵长、曲折，共拥有天然海湾84处，其中可开发的大小港湾68处；洋浦、海口、清澜、新村、三亚和八所等港湾面积较大、海水较深、腹地较为广阔，适合建设港口。据沿海社会经济情况统计调查登记结果显示，海南尚有40多处具有建港的优良自然环境条件，其中20多个港湾可辟为大、中型港口。海南省经过改革开放以来的发展和建设，已经形成了以海口港为主枢纽港，八所、洋浦、三亚为重要港口和清澜港、铺前港等地方中小港口组成的港口群体。

西沙的港口资源最佳的是永乐群岛海区，由环礁和岛屿组成的环形区内面积约60平方海里，区内波浪小，水深大于40 m的区域约占2/3，环礁上的岛屿有甘泉岛、全富岛、鸭公岛、银屿、石屿、晋卿岛、琛航岛等，可开辟成西沙的避风港和锚地。而宣德群岛的七连屿区可建简易旅游码头，供西沙开放后旅游所用。而其永兴岛较有开发前景，永兴岛西北部和东北部都可以再开发5000～10 000吨级的港口。

中南沙群岛为珊瑚礁发育区，海底地形比较复杂，缺乏理想的海岛港口及渔港；只有太平岛等大岛建有码头，多数岛屿船舶不能直接靠接岛岸。但南沙群岛环礁十分发育，并有许多封闭型或一两个口门的准封闭型干出环礁，避风条件好，湖中水体平静，成为天然优良港地。

8.1.3.4 盐业资源评价

海南岛是理想的天然盐场，沿海港湾滩涂许多地方都可以晒盐，海南岛西南岸段为发展制盐业提供了最佳的气候和地质条件，主要集中于三亚至东方沿海数百里的弧形地带上。该区不仅气温高，海水盐度高，而且具有广阔的宜盐滩涂和沿海平原。尤其是该区年降水量为1 000～1 200 mm，但年蒸发量一般都高达2 300～2 500 mm，蒸发量远大于降水量，已建有莺歌海、东方、榆亚等大型盐场，其中莺歌海盐场是全国大盐场之一。

中南沙群岛潮间带为礁坪和砂砾沉积物，无泥质滩涂发育，滩面底质渗透性强，不能开辟盐田生产海盐。

8.1.3.5 海洋油气资源评价

海南省管辖的海域，蕴藏着丰富的石油、天然气和天然气水合物（可燃冰）资源，是实现“国际旅游岛”建设目标之一——“加大海洋石油资源勘探开发力度，提高海洋油气资源开发利用水平，把海南建成南海油气资源勘探开发服务和加工基地”的重要前提。南海有含油气构造200多个，油气田180个。南海具有丰富的油气资源和天然气水合物资源，石油地质储量约为（230～300）$\times 10^8$ t，占我国油气总资源量的1/3，其中70%蕴藏于深海区域，南海也是世界公认的海洋石油最丰富的区域之一。按全国二轮评价结果，我国陆地油气资源量为994.03 $\times 10^8$ t油当量，而我国管辖海域近300 $\times 10^4$ km^2 面积上的资源量为陆上资源量的39.84%～45.97%，即（396.02～456.26）$\times 10^8$ t油当量，南海石油地质储量约在（230～300）$\times 10^8$ t之间，号称全球“第二个波斯湾”。

8.1.3.6 近海砂矿与海洋矿产资源评价

海南全省共发现滨海砂矿80多种，资源储量65×10^8 t，其中探明储量位于全国前列的优势矿产有玻璃用砂、钛铁砂矿、锆英砂矿、宝石、富铁矿、铝铁矿（三水型）、饰面用花岗石、饮用天然水矿泉水和热矿水等。至2007年底，海南省近岸浅海域砂矿资源潜量为：锆英石（380~473）$\times10^4$ t、钛铁矿（3 930~4 308）$\times10^4$ t，伴生的金红石（111~185）$\times10^4$ t、独居石（2.2~2.7）$\times10^4$ t、石英砂50.93$\times10^8$ t。除此之外，西沙群岛、南沙群岛和中沙群岛海底蕴藏丰富的锰结核和钴结核资源。南海深海沉积采样已获得锰结核和富钴锰结壳的样品，水深超过4 000 m的下大陆坡和深海盆地是锰结核与富钴锰结壳的远景区。它们富含锰、钴、镍、铜、金、铂等贵金属，是很有开采价值的海底矿床。

8.1.3.7 海洋药物资源评价

海洋药物是当今世界药物研发的热点。近些年已有近5 000种新的海洋天然产物被发现，有的海洋药物的研究和应用开发已经取得了丰硕的成果，有些海洋药物如藻酸双醋钠（PSS）已在临床上得到了广泛的应用。海南是海洋大省，有着200多万平方千米的海域，蕴藏着丰富的药用资源。

8.1.3.8 典型生态系统资源评价

1）珊瑚礁生态系统

海南省海岸线漫长，漫长的海岸线蕴藏着丰富的珊瑚礁资源，据统计，全省共有110种和5个亚种，其中有1个新种，分别属于13科、34属和2亚属。西沙群岛有38属127种和亚种，中沙群岛黄岩岛有19属46种，南沙群岛约有50余属200种左右。海南省珊瑚礁面积占全国珊瑚礁总面积的98%以上。

海南珊瑚礁分布较广，东部的文昌、琼海、万宁、陵水，南部的三亚，至西部的东方、昌江、临高、儋州、澄迈沿岸均有珊瑚礁及活珊瑚分布，主要分布区域为文昌、儋州、澄迈、琼海和三亚。

西沙、南沙和中沙群岛的珊瑚礁资源整体上都呈现出退化的趋势。以西沙为例，西沙群岛珊瑚礁受到长棘海星破坏后，仅仅局部水域残存分布有一些较好的造礁石珊瑚，主要分布在：北礁东面、七连屿的南岛附近局部水域、南沙洲南面局部水域和东岛西面部分水域。还有活的造礁石珊瑚成体少量残存的主要是潟湖内、较边缘的玉琢礁和金银岛西面及南面、东岛四周。

2）海草床生态系统

海草是南中国海重要生态系统之一，全球50多种海草中，南中国海就分布了20多种。在海草生长密集、长势良好、范围广泛的海域往往能形成海草床。海南岛气候温暖湿润，适宜海草生长发育的港湾众多，据了解，在20世纪60—70年代海南省陵水的新村港和黎安港、万宁的小海和老爷海、三亚铁炉港、文昌清澜港以及儋州洋浦港等大部分潟湖都有海草分布。但随着海洋捕捞、海水养殖及海洋旅游等海洋开发活动强度的加大，加上对海草的作用认识不足，管理力度不到位，海南沿岸的海草生态环境呈现恶化趋势，部分区域由于环境的严重恶化，使海草已经在该区域消亡。

3）红树林生态系统

海南岛红树植物属东方类群，分8个群系、21个科、25个属、35种，其中真红树12科、16属、25种，半红树9科、10属、10种，包含了全国95%以上的红树林植物的种类，是我国红树植物最为丰富的地区。

海南红树林广泛分布于全省沿海滩涂，沿海各市县几乎或多或少都有分布，主要集中分布在北部海岸（海口的塔市、演丰和三江一带）、东北海岸（文昌罗豆、清澜、龙楼一带）、西北（澄迈的美浪港一带）、西部（临高的彩桥村、南堂村、儋州和东方）和南部（三亚、陵水），东海岸的琼海市、万宁市也有少量分布。

海南红树林的生态系统结构与组成也较为复杂多样。其中，北部与东北部红树林植物群落组成较复杂，几乎分布有海南所有的红树林种类，西北部、西部的红树林种类稍少，主要是老鼠簕、小花老鼠勒 、海揽雌、卤蕨、榄李、红榄李、木榄、海莲、角果木、红树、海桑和桐花树；西南的东方仅分布有海揽雌一个种；东海岸的琼海市的红树林主要有榄李和桐花树，万宁的红树林主要有红树、海莲、榄李、水椰、卤蕨、尖叶卤蕨等；南部三亚市红树林主要有卤蕨、尖叶卤蕨、榄李、红榄李、海莲、尖瓣海莲、柱果木榄、木榄、角果木、红树、海榄雌、桐花树，而陵水仅有水椰、卤蕨和尖叶卤蕨的分布。

8.1.3.9 海岛资源评价

根据海南省海岛（岛礁）综合调查成果表明，海南本岛沿海海域的海岛数量为300多个（不含海南岛）。西沙群岛有高潮时面积超过500 m^2 的海岛32个，中沙群岛由中沙大环礁、黄岩岛（民主礁）、中南暗沙、宪法暗沙，以及一统暗沙和神狐暗沙等40余个礁、滩、沙组成，大部分岛礁淹没在水下，黄岩岛是中沙群岛唯一有礁石露出水面的珊瑚礁。南沙群岛是我国南海四大群岛中分布最广，位置最南的群岛，有230多个岛屿、礁滩和沙洲。这些海岛虽然面积较小，海拔高程较低，住人较少，但是风光秀丽，资源丰富，具有很高的保护和开发价值。

8.1.3.10 海水资源评价

海水是一座资源宝库，海水资源开发利用主要有以下六个方面：一是制盐和以盐为原料发展盐化工；二是海水中溶存的有用元素的矿物提取；三是海水的直接利用，如一些工业用水等；四是海水淡化，获取淡水；五是发展海水浇灌农业；六是海洋富油微藻及海藻生物质能开发利用。

除此之外，海水增养殖业在海南得到大力发展，海水增养殖产品已成为海南出口创汇的主要种类。

8.1.3.11 其他资源评价

除了上述资源之外，现代科学还发现海洋蕴藏巨大的潮汐能、波能、温差能、密度差能、压力差能等海洋动力资源，若能科学地加以利用，其社会和经济效益将不可估量。此外丰富的滨海农业资源和风力资源也为海南的海洋经济发展提供了良好的物质基础。

8.1.3.12 综述

综上所述，从资源条件来看，海南省拥有着其他任何一个沿海地区都无法比拟的海洋自然资源条件，无论是从资源的绝对数量还是质量，均具有极大的优势。海南省海洋资源丰度指数排序为：旅游、浅海、港址、盐田，其中旅游资源、浅海滩涂水产资源在全省具有重要地位。

8.2 海南省海洋资源开发利用方向与生态环境保护对策

8.2.1 海洋资源开发利用现状、潜力与存在问题

海南省管辖海域蕴藏着丰富的海洋资源，包括生物资源、油气资源、矿物资源、海水资源、海洋能源、海洋旅游资源等。各种海洋资源的开发利用活动分别形成了不同的海洋产业，如海洋渔业、海洋交通运输业、海水制盐业、海洋油气工业、滨海旅游业、海水利用业、海洋药物和食品工业等，这些海洋产业已成为海南省经济的重要内容之一，经过多年发展现已初具规模。

8.2.1.1 海洋渔业资源开发利用现状、潜力与存在问题

1）海洋渔业资源开发利用现状

自建省以来，海南省渔业资源开发利用稳步发展，效益显著。在“十一五”期间，在稳定发展捕捞业的同时，大力促进增养殖业、远洋渔业和海洋新资源开发的快速发展。目前，海南省获取渔业资源的重要途径仍是捕捞和养殖。2009 年，海南省水产品总产量达 159.1×10^4 t，其中海洋捕捞产量为 105.1×10^4 t，海水养殖产量 19.9×10^4 t；全省海洋渔业产值 126.3 亿元，比上年增长 12.5%。

从渔业资源的生态体系分析，海南海洋渔业资源开发的现状为：海南陆架生态系资源的底层和近底层部分已利用过度，中上层部分因资源形成和影响资源变化的因素复杂，有一定的开发持续潜力；海南陆坡生态系资源还处于未开发状态；海南珊瑚礁生态系资源的海珍品部分、鲜活产品部分经多年的开发，其开发潜力已有限。由于保鲜加工环节跟不上去，珊瑚礁生态系中的鱼类资源处于未开发状态；海南大洋生态系资源除了洄游近岛的部分开发外，其他区域的大洋生态系资源开发还处于空白；海南上升流生态系资源的海南岛东面区域部分，属于正常开发状态，而南海诸岛岛礁区域部分处于探捕阶段。

2）海洋渔业资源开发潜力

海南省海洋渔业资源在 20 年的开发利用中，已经奠定了较强的发展基础，进一步发展潜力巨大，前景广阔，主要体现在以下几个方面。

（1）海洋渔业生物资源丰富，渔业发展空间大

海洋生物资源是海洋渔业赖以发展的物质基础，这一基础所蕴藏的生物量，决定了海洋

渔业产量的最大发展空间。海南省拥有着全国最大的海域面积，海洋生物资源蕴藏量极为丰富，海洋渔业发展空间大。据估算，海南省渔业生产目前利用渔业资源不到30%，因此海洋渔业发展还有很大的潜力可挖。

（2）海南省委省政府对海洋渔业资源的开发利用十分重视

由于海南省海洋渔业资源的利用方式较为粗放，渔业发展整体实力较低，渔民抗风险能力较弱，因此政府的政策与财政支持是改善渔业资源的开发利用条件的必需。近年来，国家及海南省各级政府不断加大渔业投资，渔业发展前景可观。如中央财政拨出专款，对赴南沙群岛生产的渔船实行燃料差价补贴，省政府设立了南沙渔业风险基金，对赴南沙生产遇难受损的渔民和渔船进行适当的补贴等。此外，海南省还加大了对大型钢质船修造补贴扶持力度，积极鼓励发展远洋捕捞业，有效地支持了远洋捕捞生产的发展。

（3）科技兴渔、绿色水产，促进了海洋渔业的迅速发展，市场前景十分广阔

针对水产科技基础薄弱的实际，海南建省后大力引进境内外先进设备和技术，引进各类专业技术和管理人才，围绕新品种引种、选育及健康养殖等重大关键性技术组织攻关，多形式、多层次推广各种高产、高效、适用先进技术，普及优良品种，大范围培训渔业劳动者，提高渔业的整体素质和科技含量。

由于渔业科技工作的加强，科研成果加速转化，高位池养虾、罗非鱼精养、工厂化养鲍和东风螺、深水网箱养鱼、池塘精养石斑鱼等设施化养殖新模式迅速推广，并编制了一批国家和省行业质量标准和规范，完成了一批出口产品基地认证。此外，海南省针对当前人们渴望食品安全，青睐绿色食品的现实，加强了水产养殖过程的质量管理，最大限度杜绝养殖水产品药物残留。开展无公害水产品产地认定工作，推行无公害食品对虾养殖规范，先后在文昌、万宁、琼海等地创办一批无公害水产品生产示范点。

3）海洋渔业资源开发存在问题

（1）渔业资源开发利用的盲目性

随着渔业经济的不断发展和经济增长方式的逐步转变，渔业产业结构虽得到了一定的调整，但在资源开发利用上仍带有一定的盲目性。资源开发利用的盲目性主要体现在捕捞强度居高不下和水产养殖业不规范。海南省周边的传统作业渔场已大大缩小，但即使如此，捕捞渔船数量仍没有明显减少。另外，除了渔船数量多，其捕捞方法、渔网渔具都直接影响着渔业资源的生长与恢复。另外，由于水产养殖业的不规范，出现了诸多如盲目建设养殖场、过度扩大规模、滥施乱用药物、污染渔业环境等种种负面问题，这些已对渔业资源造成了严重影响。由于缺乏对养殖区域、养殖密度、养殖规模、养殖品种等的科学认识，导致养殖水域规划无序，造成区域生态平衡遭到破坏，打乱固有水域生物结构，使不少地方名特优市场品种逐渐减少直至灭绝。

（2）海洋渔业内部产业结构不甚合理

渔业第二、三产业比重小。海洋水产品加工业是海南省海洋渔业中附加值最高的一项产业，但是目前其所占比重仍很低。水产品加工能力低、加工设施落后，市场化不够，综合加工开发效益不高，附加值低。此外，渔业服务业模式单一，服务质量差，宣传推广不够，严重制约了渔业经济的发展。观光渔业，垂钓渔业等休闲渔业起步晚，发展慢，在海洋渔业中所占比重极低。

（3）渔业科技创新和保障体系薄弱

建省以来，海洋渔业得到了迅速的发展，其中科技进步贡献率达到50%以上，有些年份高达80%以上。但尽管如此，与世界和中国其他海洋大省相比，海南省海洋渔业的科技含量仍然较低，渔业科技创新严重不足，科技成果转化能力弱。此外，海洋渔业的科技保障体系比较薄弱。

（4）海洋生态环境破坏严重，威胁海洋渔业的持续发展

由于目前海南省海洋渔业仍主要依靠天然渔业资源，在提高产量与收益的动力驱使下，在新的捕捞设备与技术的支撑下，捕捞强度日益加大，渔业资源日渐衰竭。由于缺乏统一规划以及科学管理，部分海域海水养殖密度过大，海水养殖对港湾、近海的生态环境破坏十分严重。

8.2.1.2 海洋旅游资源开发利用现状、潜力与存在问题

1）海洋旅游资源开发利用现状

海南省海洋自然旅游资源极其丰富，其行政区域包括海南岛及周围岛屿、西沙群岛、南沙群岛、中沙群岛的岛礁及其海域，所辖海域面积约 $200\times10^4\ km^2$。海岸带景观分布在海南岛长达 1 855.27 km 的海岸线上，阳光、沙滩、海水、绿色、空气五大要素为开展热带滨海旅游提供了良好的条件。

海南省的旅游业主要依托海洋而展开，因此海南省旅游产品的90%以上均为海洋旅游产品。目前，海南已经建设了三亚的亚龙湾旅游区、大东海旅游区、南山文化旅游区、大小洞天旅游区、三亚湾旅游区、蜈支洲岛旅游区、天涯海角旅游区，海口的西海岸旅游区、美丽沙旅游区、东海岸旅游区，琼海的博鳌旅游区，万宁的兴隆旅游区、石梅湾旅游区、神州半岛旅游区，陵水的南湾猴岛旅游区、香水湾旅游区、清水湾旅游区，文昌的东郊椰林旅游区、铜鼓岭旅游区等，正在抓紧建设中的旅游区有国家海岸——海棠湾旅游区、乐东龙沐湾旅游区、三亚红塘湾旅游区等。

2）海洋旅游资源开发潜力

（1）良好的滨海旅游资源优势

海南滨海旅游资源有 8 大主类、29 个亚类，分别占国际 8 大主类、31 个亚类的100%、93.55%。总体看，海南滨海地区旅游资源类型多、数量大，除了冰雪旅游资源与草地旅游资源外，基本包含了全部旅游资源主类和亚类。根据《旅游资源分类、调查与评价（国家标准）》（GB/T18972－2003）中的评价方法，对海南滨海 12 个市县和西沙群岛的主要滨海旅游景点和主要旅游资源单体进行评价，从高级到低级共分五级，其中五级旅游资源单体 32 个，四级旅游资源单体 117 个，三级旅游资源单体 179 个，优良级旅游资源单体总共 328 个，占全部调查评价旅游资源单体的 57.44%。从这些数据可以看出，海南滨海旅游资源总体质量上乘，特别是海湾、海滩、海岛旅游资源及海底景观、热带雨林旅游资源具有明显的优势和特色，与全国其他省市滨海旅游资源相比，具有明显的资源优势。而且大部分旅游资源尚处于初级开发阶段，具有极大的开发潜力。

(2) 潜在旅游资源中自然旅游资源所占比重大，特色突出

相比较而言，海南潜在滨海旅游资源中自然旅游资源所占比例明显高于人文旅游资源，这与海南岛环境密切有关。海南大部分潜在滨海旅游资源都处于海岸地带，主要是海湾、海岛、山地、森林旅游资源占据多数。这些潜在滨海旅游资源数量众多，品位高，具有鲜明的地方特色和民族特色。而在人文旅游资源中，海南民族民俗文化、节庆文化、美食文化、侨乡文化、红色文化等也都具有鲜明的地方特色，具有较大的开发潜力。

(3) 中国经济持续快速的增长，为海南旅游业的发展提供了巨大的市场基础

改革开放以来，随着中国人的生活水平不断提高，旅游业开始兴旺发达，海南旅游业因此迅速成长起来。中国经济在未来20年内仍将保持持续增长，经济结构的调整会促使经济不仅有量的增长，更有质的提高，这一切，都会使人们的收入不断增长，再加上教育水平的不断提高，思想观念的改变，预计未来人们对旅游的有效需求会持续快速增长，度假旅游在旅游中的比重会迅速提高，这都是海南省滨海旅游业发展的良好基础。

3) 海洋旅游资源开发存在问题

从目前的情况看，海南的海洋旅游资源开发利用与海南国际旅游岛建设的要求相比，还存在明显的差距。

(1) 海洋旅游资源开发布局不均衡

目前的海洋旅游开发景区基本上分布在东线，形成的是旅游“单线”，而不是旅游“环线”，更不用说是“全岛”旅游，这与海南西部和中部有着丰富多彩的、高品质的旅游资源形成鲜明的对比。

(2) 旅游资源开发过程中存在利益冲突

在滨海旅游资源开发过程中，因为对生态环境造成的破坏和影响，经常出现开发与保护的博弈现象。另外，开发方在开发过程中，对当地居民的利益考虑不够，从而形成比较棘手的当地居民与旅游景区、旅游者之间的矛盾与冲突，损害了海南旅游的整体形象。

8.2.1.3 港口资源开发利用现状、潜力与存在问题

1) 港口资源开发利用现状

海南岛海岸线绵长、曲折，共有天然海湾84处，其中可供开发的大小港湾68处，有18处港湾已开辟为港口。海南省充分利用不同海岸线的资源情况、自然条件、依托不同特色的经济区域，形成了以“四方五港”为主的港口布局。即琼北海口港、琼西洋浦港和八所港、琼南三亚港、琼东龙湾港，并有清澜港、乌场港、铺前港、新村港、金牌港等一批地方中小型港口作为补充的港口布局。

至2008年，海南省已建成沿海港口码头总泊位153个，其中万吨级以上深水泊位30个，分别比2002年增长了46.15%和76.47%。2007年全省沿海航道里程为31.73 km，比2002年增长27.53%。全省港口集装箱吞吐量为41万标箱，比2002年增长141.18%；外贸货物吞吐量为$1\ 320 \times 10^4$ t，比2002年增长877.78%。新建成的洋浦炼化码头是目前我国最大的原油码头，最大可停靠37.5×10^4 t油轮，是我国内地4个能够接卸30×10^4 t油轮的原油码头之一。正在施工中的总投资16.6亿元的马村港区未来将发展成为以能源、集装箱、散杂货及危

险品运输为主，设施先进、功能完善、文明环保的现代化综合性港区。

2）港口资源开发潜力

（1）优越的地理区位带来的开发潜力

海南地处世界经济发展最为活跃的东南亚经济圈，靠近远东－北美、远东－欧洲（地中海）航线的主干线和环太平洋近岸航线，发展港口航运条件十分优越。海南岛环岛岸线以北部、东部和南部最为曲折，港湾较多，适合建港。虽然海南的港口航运发展起点低、起步晚，基础薄弱，现实的状况与发展目标尚有较大的距离，但从未来经济发展趋势及海南所处区位来看，海南港口资源未来的开发潜力将十分广阔。

（2）海洋运输与现代物流业的结合发展带来的巨大开发潜力

由于航运市场的竞争日趋激烈，使得海洋运输企业必须在提高服务质量、拓宽服务领域、降低运输成本等方面不断改进之外，另寻发展契机与现代物流相结合，扩大航运服务范围，满足货主要求，完整无损、迅速及时地把货物运抵目的地。目前，港口航运企业与陆上交通相衔接，甚至与仓储及分销、配送系统衔接，形成门到门的现代物流交通运输服务体系。海洋运输与现代物流业的多式联运可以达到缩短运输周期、降低成本、提高经济效益等目的。而高度自动化和高度信息化的安全、方便、迅速、优质、廉价的交通运输服务和物流服务体系对港口的开发建设提出了较高的要求，而其带来的集聚效应也为港口资源的开发提供了人力、资金、技术等多种资源支撑。

3）港口资源开发存在问题

（1）港口和航道及基础配套设施建设有待加强

港口中的一般泊位多，专用泊位少，集装箱专用泊位极度匮乏。港口设备单一并且老化，有些设备甚至是20世纪中期的产品，技术水平落后，装卸效率较低。建设区域国际航运枢纽和物流中心所必需的进出港深水航道、现代高效专业的大吨位码头、修造船基地、支持保障救援系统、高效快捷的港口集疏运系统等硬件设施条件，海南还处于严重滞后状态，亟待加快配套建设。

（2）船舶运输及港口管理水平不高

由于海南省船务公司的规模普遍较小，开辟的航线少，管理方法也相对落后。港口的管理情况也相对较差。在国内沿海大港和大型海洋运输企业的管理已经实现高度集成的信息化管理背景下，海南省港口和船舶管理仍然停留在信息化管理的初级阶段，严重影响了海南省港口运输业的竞争能力。

（3）港口航运发展软环境对发展不利

目前，海南港口航运发展的软环境比较落后。港口航运投融资方面，缺少专业的船舶投融资机构。金融机构对海洋航运业了解不多，不能有效地提供大笔的船舶融资服务，且银行对中小航运企业船舶融资限制很严，成为海洋航运业成长的瓶颈。航运业人才方面，职工队伍专业能力较低，港航发展急需的专业人才缺乏，特别是可以引领行业发展的高层次人才极为缺乏。港航规划体系方面，海南港口规划经常处于频繁的修编状态，部分港区岸线利用混乱、条块割据问题严重，航运规划工作还没有真正启动；港航立法方面，目前仅出台过三部省政府规章和少量的部门管理规章，还没有推出过一部地方性法规或省委省政府的产业发展促进政策意见。

8.2.1.4 油气资源开发利用现状、潜力与存在问题

1）油气资源开发利用现状

依托南海丰富的油气资源优势，海南省的油气业迅速崛起。20 世纪 90 年代中期随着崖 13—1 气田的开发，海南海洋油气开发实现了零的突破，年供应天然气约 40×10^8 m^3。随后，东方 1—1 气田陆上终端、东方—洋浦—海口输气管道工程等项目相继开工。目前，海南所产天然气主要用于化肥及甲醇生产、燃气发电、民用等。近年以来，作为天然气储量大省的海南，对澄迈福山、莺歌海崖、东方市海域 3 大气田进行了开发。2006 起，天然气生产已达 60×10^8 m^3，年销售收入达 150 亿元。2007 年，油气化工业完成产值 429.1 亿元，其中，天然气及天然气化工规模以上工业产值 93.14 亿元，石油化工规模以上工业总产值 342.77 亿元，极大拉动了海南的经济发展。

2）油气资源开发潜力

从资源条件分析，海南油气资源丰富，集中连片，质量好。据预测，海南省管辖海域有油气沉积盆地 39 个，其总面积约 64.88×10^4 km^2，蕴藏的石油地质潜量约 328×10^8 t、天然气地质潜量约 11.7×10^{12} m^3、天然气水合物地质潜量（643.5 ~ 772.2）$\times10^8$ t（油当量），故有“第二海湾”之称。从区位条件分析，海南与印尼、文莱等东盟著名石油、天然气生产出口大国隔海相望，与泛珠三角其他地区相比，距中东产油区海上航程最短，是我国经马六甲海峡进口原油的最近和最理想的靠岸点，我国进口原油的 60%、日本及韩国进口原油的 80% 经由此航线。从基础设施条件分析，除本岛具有特大型天然良港码头外，各项基础设施已经具备作为国家石油天然集散、加工战略基地的条件，是今后几十年我国参与国际油气开发战略的最好地区之一。因此，从资源条件、区位条件以及基础设施条件来看，海南省油气资源具有良好的开发条件，开发潜力巨大。

3）油气资源开发存在问题

海南省油气资源蕴藏极为丰富，虽然近年来海南省油气业发展增速较快，但与其他富油区相比，油气业发展相对比较落后，主要存在以下问题。

（1）油气化工产业尚处于粗放型起步阶段，产业关联度低，对区域经济的拉动作用有限

海南油气化工产业因资金投入量少，专业人才缺乏，技术水平低，导致油气加工能力弱，特别是深加工能力更弱，使得当地加工的石油天然气化工产品品种少，附加值不高，产业链未能有效延伸，油气化工产业尚处于粗放型起步阶段。此外，进入石油石化领域的地方企业也很少，缺乏依托省内大的化工企业进行深加工的中小企业群，致使石油工业对海南省地方经济的拉动作用十分有限，产业乘数效应小。

（2）油气资源开发利用与环境保护压力加大

海南提出了建设国际旅游岛、生态省的大战略，对海南生态环境提出很高的要求，而重化工业，特别是油气化工产业在某种程度上会与环境保护相互冲突，如何将油气资源合理利用与环境保护相结合，构建生态型、环保型油气化工产业，海南下了很大的工夫。以海南炼

化为例，采用国内最新先进的全加氢工艺路线，实现生产过程和产品的清洁化，选用了先进成熟的环保技术。但尽管如此，海南省发展油气业化工业面临的环境保护压力依然很大。

8.2.1.5 其他资源开发利用现状、潜力与存在问题

海南省的海洋资源开发除了上述四种海洋资源之外，还存在着其他海洋资源的开发利用。主要包括两种，一种是新兴海洋资源的开发，如海水开发利用、海洋能开发利用、海洋生物资源的开发利用；另一种虽然也是传统海洋资源的开发利用，虽然其在海洋经济中所占比重较低，如滨海砂矿资源和盐业资源，但这些资源的开发有着广阔的前景。

1）海水资源开发利用

（1）海水资源利用现状、存在问题

海南是一个海洋省份，拥有全国三分之二的海洋面积，海水资源十分丰富，且水质良好，但海水利用发展相对滞后，也正因为如此海水利用业存在着巨大的发展空间。

目前，海南省海水利用业发展极为缓慢，利用量低，主要用途为火电厂冷却水、养殖业如海水养殖鲍鱼、虾、江篱菜和部分岛屿海水淡化等，其他工业、农业和服务业均未使用海水。制约海南海水利用的主要原因如下。

缺乏统筹规划和宏观指导。沿海地区的海水利用尚未列入全省水资源利用发展规划。由于没有统一规划，这一产业的发展缺乏政府支持与指导，影响了该产业的发展。

缺乏资金投入。主要表现在海水产业化投入严重不足，海水利用示范工程缺乏资金来源，规模示范效应不够；海水开发利用科研投入少，缺乏技术支撑，海水利用技术国产化率有待提高。

水资源开发利用市场机制不完善。目前，海南供水价格处于保本经营，供水价格未能真正反映水资源的供求变化。在现有的技术条件下，海水淡化的成本远高于现行的供水价格（海水淡化成本约5元/吨，而目前海南的水价2.15元/吨），成本与收益倒挂，客观上造成了海水利用产业发展滞后。

（2）海南省海水资源的开发潜力

根据海南省经济发展的需要及海水利用业自身发展规律，今后海南省海水利用主要是从三个方面发展：一是海水直接利用。电力、化工、石化等重点行业直接利用海水作为工业冷却水具有巨大的空间；二是海水淡化。随着水资源的日益紧缺，开发海水淡化用于生活用水将成为未来的发展趋势；三是海水综合利用。包括两个方面，一方面是海水化学资源的开发利用，主要包括海水制盐、苦卤化工，提取钾、镁、溴、硝、锂、铀及其深加工等，并逐步向海洋精细化工方向发展。这一类型的利用科技附加值高，并具有广阔的市场前景。另一方面是利用浓海水，开发新型旅游项目。浓海水富含多种微量元素，对人体有很好的保健作用，将之与滨海开发结合起来，将具有良好的发展预期。

2）海洋能开发利用

（1）海洋能利用现状、存在问题

海洋能是海水运动过程中产生的可再生能，主要包括温差能、潮汐能、波浪能、潮流能、海流能、盐差能等。海南具备利用潮汐能、波浪能、潮流能、温差能发电的良好条件，但目前海南这些方面的海洋能利用尚属空白。

海南省海洋能利用十分落后，主要有以下原因。

海洋能开发研发能力弱，技术不够成熟。海洋能利用属于高新技术产业范畴，对工程技术有很高的要求，目前我国没有系统的海洋能科研规划和发展计划，只是各研究单位开展了一些零星研究工作，海南的海洋能研究开发力量尤为薄弱。海洋科技力量零散且层次较低，海洋能开发利用停留在低水平阶段，因此未能形成规模和产业。

海洋能开发投入高、周期长，投资风险大。由于相关技术不够成熟，海洋能开发利用的投入高、建设周期长，产品成本高，目前海洋能发电的上网电价远高于一般电价，与传统能源产品相比在市场上没有竞争力，因此不能吸引民间资本进入此领域，这是海洋能开发利用滞后的一个关键原因。

缺乏政府有力的扶持政策。目前一些发达国家都从国家的科技政策、环境政策、经济政策等方面，向包括海洋能在内的可再生能源领域倾斜，激励海洋能开发利用向产业化方向发展，而我国尚未形成促进海洋能发展的政策体系，海洋能发展的动力明显不足。

（2）海南省海洋能的开发潜力

海南有丰富的海洋能源，这是海南最大的特色，海南完全可以构建特色海岛能源结构。加强海洋能开发利用，是海南省进行海岛开发的客观要求。海南所管辖的海岛能源普遍缺乏，有淡水资源的海岛仅 18 个，用水、用电十分紧张。加大各种海洋能源利用，对于开发海岛及南海海域资源意义非凡。因此，蕴藏丰富的海洋能资源和海岛对能源的迫切需求预示了海南省海洋能产业有着看得见的良好前景。

3）海洋生物资源的开发利用

（1）海洋生物资源利用现状、存在问题

近几十年来，海洋生物技术的发展日新月异，海洋生物医药产业将成为未来 20 年中国生物产业发展的重点领域之一。管辖海域面积约 200×10^4 km^2 的海南，海洋药物资源无与伦比，目前该产业正处于持续快速发展中。2008 年海洋生物医药产值为 0.7 亿元，比上年增加 50%。从事海洋生物医药研发生产的企业形成一定规模，到 2007 年为止，省内共有 18 家海洋保健品生产企业，生产开发海洋保健品 21 种。

海南省的海洋生物医药业虽然发展较快，但由于起步晚，发展时间短，因此仍存在不少问题，主要有：产品品种少，以保健品为主；海洋生物药品生产企业由于发展时间较短，大多规模较小，产值较低；研发水平落后，医药科研投入不足，缺乏海洋药物研发方面的人才。

（2）海南海洋生物资源的开发潜力

国内外的发展状况表明，随着生物科技水平的不断提高，海洋生物资源的开发利用具有广阔的发展前景，海洋生物医药产业将成为未来海南省海洋经济的支柱产业。世界各国都十分关注这一领域的发展，认为海洋生物医药将开辟人类健康新领域。海南省丰富的热带海洋生物资源使其具备了发展海洋生物医药的得天独厚的条件。从目前海南省生物医药业发展来看，海南省政府十分重视该领域的发展。综合各项主客观因素，海洋生物资源的开发前景广阔。

3）滨海砂矿资源的开发利用

（1）滨海砂矿资源利用现状、存在问题

石英砂矿、锆钛砂矿等为海南省的优势矿产资源，相较于其他海洋省份而言，海南省的滨海砂矿业绝对产值和相对比重均比较高。2008 年，滨海砂矿产业总产值为 5 亿元，比 2001 年增长了约 2 倍。从 2006 年数据来看，海南海滨砂矿产量约为 $5\ 895 \times 10^4$ t，全国总产量约为 $10\ 355 \times 10^4$ t，占全国海滨砂矿产量的 57%。

海南滨海砂矿业虽然在全国所占比重较大，但其在发展中存在以下问题：

相当部分矿区勘查程度偏低，新发现矿产地数量增幅下降，支柱性重要矿产新探明的后备储量不足。

滨海砂矿矿产资源开发的规模化、集约化程度不高。锆钛在省内没有深加工能力，石英砂资源深加工仍处于起步阶段。以市场导向和优势矿产为重点的高科技系列深加工高增值产业发展滞后，海洋砂矿矿产资源优势并未体现出经济优势。

砂矿资源的开发带来的生态环境问题日渐突出。近海砂矿的开采使得近岸海域流场和波浪场发生变化、海水悬浮物增大，增强海岸动力作用。大量开采近海砂矿，会破坏海岸环境，带来海水入侵、海岸侵蚀等严重后果。

（2）海南滨海砂矿资源的开发潜力

尽管海南省目前滨海砂矿业发展存在诸多问题，但只要解决了该行业发展带来的环境问题，该产业仍有较大的发展空间。

从自身条件来看，海南省拥有独有而丰富的石英砂资源，是滨海砂矿业向精深发展的重要基础条件。海南省玻璃砂矿累计保有资源储量 8.42×10^8 t，无论是数量还是质量均居全国之首，主要分布在文昌、儋州、昌江等市县；锆英石保有资源储量 257×10^4 t，钛铁矿保有资源储量 $1\ 946 \times 10^4$ t。钛铁矿、锆英石砂矿主要分布在东部海岸第四纪砂堤、砂坝。

从政策层面来看，海南省已经确定，下一步将推进海南优势矿产资源采、选、深加工一体化、在石油、天然气、黄金、水泥及矿泉水等矿产加工基本形成稳定产能的基础上，重点发展锆、钛、石英砂、铁、钴、钼、铝等矿产的深加工，延长产业链。良好的政策背景为砂矿业的发展奠定了良好的大环境基础。

可以预见，海南省滨海砂矿业必将向精深方向发展，这一发展方向意味着更多的资金进入、更高的技术含量、更充分的资源利用和更好的环境保护。

4）盐业资源开发利用

（1）盐业资源开发利用现状与存在问题

海南岛西部海水清晰纯净，海水含盐浓度高，具备国内其他海盐产区无法比拟的条件，有着中国南方最大的盐场——莺歌海盐场。海盐业也一直以来都是海南省的传统海洋产业。

目前，海南省共有合法生产盐场 3 家，分别是乐东县莺歌海盐场、东方市东方盐场、三亚市榆亚盐场，总面积达 3 129.6 hm^2，年总产量约 15×10^4 t。并有合法食盐加工企业 8 家，批发点 71 家，零售点 3 756 家。海南省盐业资源开发存在有以下问题：

海盐生产能力低，生产成本居高不下。海南省海盐企业生产规模小，盐单产低。由于海南省海盐企业规模小，生产能力落后，因此工业盐生产成本高，质量等级低，在市场上的竞争力弱。再加上近几年国内外工业盐市场整体上是过饱和状态，使海南省海盐企业生存极为艰难。

海盐产品结构急需升级。虽然海南省海盐产业结构一直处于调整当中，但由于起点低，调整速度慢，因此目前的产品结构仍处于落后状态。与全国及其他盐业发达省市相比，海南海盐产品系列单一，品种少，质量档次不高，洗浴用盐、高纯度工业盐等高附加值产品的开发，从数量、品种、质量等各方面与全国相比，尚有很大差距，有些领域甚至是空白。

（2）盐业资源开发潜力

盐是人民生活必需品，又是重要的工业原料。海南省滩涂广阔，海水清晰纯净，海水含盐浓度高，开辟新的盐业生产基地潜力很大。目前，海南盐业发展水平已有较大提高，盐场的原盐及化工生产已有一定基础，生产规模较大，技术较高，盐业市场的逐步完善，加上盐业旅游的新发展也为海南省盐业和盐化生产带来很大的开发潜力。

8.2.2 海洋资源开发利用布局与生态环境保护对策

8.2.2.1 海洋资源开发利用布局

根据国务院颁发的《关于推进海南国际旅游岛建设发展的若干意见》，国务院对海南未来10年建设做出了“两区三地一平台”的战略定位，即我国改革创新的试验区、世界一流的海岛休闲度假旅游目的地、全国生态文明建设示范区、国际经济合作和文化交流的重要平台、南海资源开发和服务基地、国家热带现代农业基地。以海南省海洋资源环境的基本现状为基础，通过分析海洋资源开发利用现状、发展特点及其开发潜力，遵循效益和速度统一、保护和开发并举、产业协调发展、海陆统筹、科技兴海、依法治海的“六原则”，提出未来海洋资源开发利用的整体布局，规划形成“一环四带二岛（群）三区”的海洋经济开发区的区域布局。

1）“一环四带”的海洋经济开发圈

环海南岛“一环四带”的海洋经济开发圈包括海南省沿海12县市的沿海陆域及海南省管辖的海域，规划构建北部海洋综合产业带、南部滨海旅游产业带、西部临海工业产业带、东部滨海旅游－渔农矿业产业带等四个主导产业不同的产业带。

北部海洋综合产业带：包括海口、文昌、澄迈等3市县海岸带及其邻近海域，海岸线长528.9 km，占全省海岸线总长的29.0%，区位条件好，紧靠经济发达的“泛珠三角”、环北部湾地区，港城、交通、旅游、渔业、科技人才资源等优势明显，是全省政治、经济、科技、文化中心。可依托海洋经济的优势，以海口为中心，重点发展临港经济、琼北滨海旅游、琼北渔业经济、海洋高新科技、琼北滨海生态保护等5个海洋经济产业，组成北部海洋综合产业带。海口市要发挥全省政治、经济、文化中心功能和旅游集散地的作用，加快工业化和城镇化步伐，增强综合经济实力，带动周边地区发展。

南部滨海旅游发展带：以三亚市为中心，包括三亚、陵水和乐东三县市海岸带及其周边海域，海岸线长452.5 km，占全省海岸线总长的24.8%，发挥三亚国际性热带滨海旅游城市集聚、辐射作用，形成“山海互补”热带滨海特色，带动周边发展。根据该区域海洋资源的基础条件及发展趋势，重点发展热带滨海旅游经济、海湾海洋旅游、热带海岛旅游、热带鱼－农业经济、海盐文化－海盐科技低碳经济、海洋生态保护等6个海洋经济产业，重点将三亚打造成为世界级热带滨海度假旅游城市。

西部临海工业产业带：包括临高、儋州、昌江、东方4县市海岸带以及周边海域，海岸线长573.6 km，占全省海岸线总长的31.5%。该区濒临北部湾油气盆地、莺歌海油气盆地，海洋油气、海洋渔业、滨海砂矿等资源丰富，海运交通条件良好，适宜发展临海工业。根据该区域海洋资源的基础条件及发展趋势，重点发展临海工业、港口物流、滨海核能—风能开发、海洋渔业等5个海洋产业，逐步建成生产技术领先、管理模式一流、生态与环境保护协调发展的西部油气化工产业带和以发展电子、水产品深加工食品为主的金牌港经济开发区，成为海南省经济持续发展的新增长点。要依托洋浦经济开发区等工业园区，集中布局发展临港工业和高新技术产业，将儋州建设成为海南岛西部区域性中心城市。

东部滨海旅游－渔农矿业产业带：包括琼海和万宁2市海岸带及其附近海域，海岸线长267.4 km，占全省海岸线总长的14.7%。该区热带滨海旅游资源特色突出，海洋渔业和热带农业发展基础好，钛铁砂矿和锆英石等滨海矿产资源富集，又是海南岛重要的侨乡，“博鳌亚洲论坛”闻名于世，可望建成世界级国际会议中心。根据该区域海洋资源的基础条件及发展趋势，主要发展壮大滨海旅游业、热带特色农业、海洋渔业、农产品加工业等，并根据条件适当布局特色旅游项目，打造文化产业集聚区。

2）“二岛（群）”：西沙群岛、南沙群岛、中沙群岛和海南岛沿海岛屿

（1）西沙群岛、南沙群岛、中沙群岛

由于我国已公布西沙群岛海域领海基线，但是中沙群岛、南沙群岛的领海基线目前尚未公布，所以在规划海洋经济区域布局时，南海诸岛的保护与开发的海域布局，从西沙群岛海域入手，条件成熟时逐步向中沙群岛和南沙群岛海域推进。

西沙群岛生态经济区海洋经济区域布局总体规划目标是：寓维权于生态保护和开发之中，以保护生态与环境为前提，以生态保护确保建设发展，以开发建设促进生态保护，在保护中发展，在发展中保护，努力把西沙群岛建设成为生态保护与开发建设协调可持续发展、科技先进、环境优美、经济发达、海防坚固、人与自然和谐相处的生态经济区。

各区的海洋区域功能定位和布局如下。

南海诸岛“寓维权于开发”综合示范区。正确处理西南中沙维权、生态保护、经济建设的关系，探索国际上有争议海岛维权、生态、经济协调发展的新模式，走出一条“以开发促维权，寓维权于生态保护和开发之中”的新路子。

西沙群岛自然生态保护区。设立国家级的珊瑚礁自然保护区，并争取纳入联合国的“世界生物圈保护区网络”，在实验区和缓冲区适度科学开发的前提下，大力加强生态建设和环境保护，在当前珊瑚礁生态系统遭受严重破坏的现实状况下，坚持生态保护与开发建设协调发展的原则，切实保护西沙群岛珊瑚礁生态系统的生态功能和生物多样性，构筑区域生态安全体系。

西沙群岛海洋国家公园区。充分发挥西沙稀缺的热带岛礁资源和远离中国内地的西沙原生态神秘面纱的资源优势，开发西沙旅游要适度开发岛礁旅游，发展珊瑚礁观光和潜水平台，建造属地旅游邮轮，开发建设一批具有较强竞争力的西沙群岛特色鲜明的旅游项目。在特定海域适度发展旅游，通过较小范围的适度开发实现大范围的有效保护，既达到保护西沙群岛珊瑚礁自然保护区内生态系统完整性的目的，又为公众提供了旅游、科研、教育、娱乐的机会和场所，充分发挥西沙群岛珊瑚礁自然保护区的资源优势，建成国际知名的热带海岛生态旅游区，并使之成为海南国际旅游岛的著名品牌。

推进西沙渔业补给基地和南海航道补给基地建设。基于永兴岛在南海航道和渔业生产上

重要区位条件，规划加快建设西沙渔业补给基地和南海航道补给基地建设。西沙群岛渔场是我国重要渔场，形成市场－捕捞－增养殖－加工－运销一条龙的产业化经营模式，发展高端产品，创建“西沙群岛”和“三沙”水产品品牌，有利于加快渔业升级。南海航道是当今世界上最繁忙的国际航路之一，据估计每年有41 000多艘船只通过南海，世界上的超级油轮有一半以上航经南海海域，每年有一半多的世界商船队（按吨位计算）驶过南海。

热带海岛绿色能源开发示范基地。利用热带海岛太阳能、风能和海洋能资源丰富的优势，通过太阳能、风能和海洋能发电示范项目，推进海岛绿色能源建设，并与海水淡化、优化生态与环境、经济发展相结合，建设海岛低碳生态经济区。

西沙群岛海域天然气水合物勘探开发服务基地。基于勘测结果初步表明，在西沙海槽蕴藏有丰富的天然气水合物远景资源量，在国家重大科技专项研究的基础上，加快推进深水油气勘探进程，为大规模的油气发现与开发建设建立服务基地。

西沙群岛海岛生态经济建设国际合作区，建立海岛生态经济建设国际合作平台，广泛开展国际性生态、技术和经济的合作和交流，多方借鉴国际生态经济发展的经验和模式，充分发挥西沙群岛生态保护与经济建设协调发展的自身特色，探索和建立海岛生态经济国际合作建设的新机制，强化“寓维权于生态保护和开发建设之中”的新理念和新方式。

南海区海岛生态经济建设管理体制与机制创新的试验区。根据南海诸岛海洋权益国际争议的特点，协调军事、外交、国家相关部门和地方政府的关系，探索创新西沙群岛生态与环境管理和经济建设的管理体制，探索建立西沙群岛生态保护与社会经济可持续发展的新的管理体制和机制。

（2）海南岛沿海岛屿

关于海南岛沿海岛屿的海洋经济区域布局规划，应在调查研究制定科学的海岛保护开发规划基础上进行，在海南省海岛保护开发规划未出台前，可以与海南岛沿海产业发展布局的琼北海洋综合产业带、琼南滨海旅游产业带、琼西临海工业产业带、琼东部滨海旅游－渔农矿业产业带的“四带”相对应地，大致上划分为琼北、琼南、琼西、琼东沿海岛屿保护开发区等四个区域布局，在切实保护的前提下重点发展海岛旅游、海岛探奇旅游、邮轮旅游、游艇旅游、海上运动旅游、海底潜水旅游、游钓旅游、海洋文化旅游、海洋科学考察旅游、海洋探险旅游，建设多主题的海洋主题公园、海洋国家公园、海洋自然保护区，开通西沙群岛旅游和珊瑚特色旅游等具有鲜明热带海洋特色的海洋组团旅游。这些海岛及其邻近海域，除少数的经过科学规划和论证后可以在有效保护的前提下适度开发作为休闲度假旅游，建设目标为度假天堂——亚洲乃至世界一流的海岛休闲度假旅游目的地之外，大多数海岛还是以保护为主，待科学技术发达到一定程度，在强有力的管理措施确保下，再科学规划，逐步深化，适度开发。

3）“三区”：南海北、中、南部三海区

我国南海与东海的分界线为福建的南澳岛到台湾的鹅銮鼻连线，以北为东海，以南为南海。以18°N、12°N为界将南海划分为北、中、南部海区。南海北部海洋开发区指18°N以北的海域；南海中部海洋开发区指18°N以南，12°N以北的南海海域；南海南部海洋开发区指12°N以南的南海海域。

（1）南海北部海洋开发区

南海北部海洋开发区海南管辖的海域内目前已查明蕴藏可开发的资源主要有油气资源和生物资源，按海洋经济区域布局规划可划分北部湾油气区、海南岛东北部海洋油气区、海南岛东南部海洋油气区、海南岛西部海洋油气区、北部湾渔业区、海南岛东部海域渔业区、三亚珊瑚礁海洋国家公园区等7个海洋经济开发区。

北部湾油气区。北部湾油气盆地面积为 2.8×10^4 km^2，储油资源潜量 11×10^8 t，为二级储油盆地。应继续加强勘探力度，发现更多的探明储量，发展边际油田开发技术，加快开发步伐。

海南岛东北部海洋油气区（珠三坳陷油气盆地）。该区位于南海东北部大陆架（珠江口盆地的西南段），北东向长约300 km，北西向宽115～280 km、面积 1.74×10^4 km^2。主要生油层为文昌组暗色泥岩、恩平组煤系地层、珠海组暗色泥岩和珠江组暗色泥岩；其中，文昌组和恩平组分别呈巨厚层状分布于文昌等凹陷，最大厚度分别为234 m和400 m，埋深多为4 000 m，其有机碳值分别为大于1%和17.98%～76.25%，总烃大于 500×10^{-6}，珠海组有机碳与总烃含量中等，为成熟生油岩。珠三坳陷古近～新近系油气的预测可采资源量石油约为 1.0×10^8 t，天然气约为 $1\,100\times10^8$ m^3。最新油气前景评价认为，在南部深水区海相中生界油气新领域的勘探前景更加良好。这都充分说明海南岛东北部海洋油气区资源潜力巨大，油气综合开发前程似锦。

海南岛东南部海洋油气区（琼东南油气盆地）。位于海南岛东南部大陆架上，呈北东向延伸，北东向长290 km，北西宽181 km，面积约 5.9×10^4 km^2。琼东南盆地构造自北西往南东包括：崖北—松西—松东凹陷，崖城凸起—崖南凹陷—松涛凸起，乐东凹陷—陵水凹陷—松南凹陷—永乐低凸起—永乐凹陷，甘尔西凸起—北礁凸起等13个构造单元。主要的生油（气）层段为崖城组上部和陵水组上部泥岩，总厚度587～1 925 m，有机碳含量1.16%～9%且向凹陷中心丰度增加，总烃为（1 200～7 450）$\times10^{-6}$，存在着良好的生油（气）层；三亚组下部和莺歌海组下部则为较差的生油（气）层段。该盆地预测的天然气可采资源量 $14\,766\times10^8$ m^3，是我国海上主要产气区。

海南岛西部海洋油气区（莺歌海油气盆）。位于海南岛以西海域，似橄榄球状，成北西—南东向展布，西北角深入大陆陆地，北西向长850 km、北东向最宽200 km、面积 11.3×10^4 km^2。生油气层以三亚组、梅山组泥（页）岩为主，莺歌海组、黄流组泥岩为次。该盆地预测的可采资源量为 $6\,300\times10^8$ m^3。

北部湾渔业区。北部湾渔场包括北部湾和北部湾口，即17°0′～22°0′N，105°35′～110°0′E，面积约为 16.4×10^4 km^2，湾内水深不超过60 m，湾口最大水深不超过120 m。北部湾渔场的渔业资源的潜在渔获量为（60～70）$\times10^4$ t，但目前的捕捞区的海洋捕捞产量已超过 71×10^4 t，已超过该渔场渔业资源的潜在渔获量。规划严格控制捕捞强度，压缩捕捞力量，并按《中越北部湾渔业合作协定》中越双方共同养护和持续利用北部湾协定水域的海洋生物资源，设置海洋牧场，发展游钓业和休闲渔业。

海南岛东部海域渔业区。该区面积约 24.6×10^4 km^2，按平均每平方千米5吨的潜在渔获量估算，区内渔业资源的潜在渔获量为 121×10^4 t，但是本海区的海洋捕捞产量已超过 170×10^4 t。为了休养生息，恢复资源，规划控制该渔捞区捕捞力量，积极转变海洋渔业的生产方式，在特定海域建设人工鱼礁与海洋牧场，发展游钓产业，或发展娱乐休闲渔业。

三亚珊瑚礁海洋国家公园区。在三亚珊瑚礁国家级自然保护区的基础上，规划建设“三亚珊瑚礁海洋国家公园”。在三亚珊瑚礁自然保护区（国家级）的核心区、缓冲区和实验区的海域范围内，严格按国家自然保护区有关管理规定进行管理，在自然保护区之外设立海洋国家公园，并划定特定海域适度发展旅游，通过较小范围的适度开发实现大范围的有效保护，既达到保护三亚珊瑚礁自然保护区内生态系统完整性的目的，又为公众提供了旅游、科研、教育、娱乐的机会和场所，充分发挥三亚珊瑚礁自然保护区的资源优势，并使之成为海南国际旅游岛的著名品牌。

（2）南海中部海洋开发区

南海中部海洋开发区，主要包括西沙群岛海域和中沙群岛海域，按海洋经济区域布局，规划为西沙群岛珊瑚礁自然保护区、东岛鲣鸟自然保护区、西沙群岛海洋国家公园区、永兴岛—七连屿珊瑚礁旅游区、西沙—中沙群岛海洋捕捞区、西沙群岛渔业增殖区、中建南油气勘探开发区、西沙海槽—中沙盆地油气勘探区等8个海洋开发区。

西沙群岛珊瑚礁保护区。规划建立国家级的珊瑚礁自然保护区，并为争取纳入联合国的“世界生物圈保护区网络”做好各种准备工作，设立自然保护区的管理机构，通过立法程序颁布自然保护区的管理办法，建立强有力的执法队伍，切实保护好西沙群岛珊瑚礁生态系统的生态功能和生物多样性。

东岛鲣鸟自然保护区。东岛位于永兴岛东面约45 n mile，面积大约为1.55 km^2，为西沙群岛中的第二大岛。优越的自然环境，吸引了众多的海鸟前来栖息，生活着红脚鲣鸟、褐鲣鸟、小军舰鸟、黑枕燕鸥、大凤头燕鸥、暗绿绣眼等鸟类，数量达6万只之多，称之为“海鸟天堂”。1980年东岛建立了以保护红脚鲣鸟为主的省级自然保护区。目前是我国位置最南的一个自然保护区，也是我国鸟类密度最大的保护区之一。

西沙群岛海洋国家公园。在“十二五”期间完成“西沙群岛海洋国家公园”的规划、划界、申报工作。以保护西沙群岛的生态环境、自然资源，并划定特定海域适度发展旅游，通过较小范围的适度开发实现大范围的有效保护，既达到保护西沙群岛岛礁生态系统完整性的目的，又为公众提供了旅游、科研、教育、娱乐的机会和场所，充分发挥西沙稀缺的热带岛礁资源和远离内地的西沙原生态神秘面纱的资源优势，并使之成为海南国际旅游岛的著名品牌。

永兴岛－七连屿珊瑚礁旅游区。永兴岛是西沙群岛中面积最大的岛屿，面积约2.0 km^2，是三沙市人民政府所在地，距海南岛榆林港337 km（182 n mile），交通和生活基础设施相对较好；七连屿距离永兴岛最近，便于建设和管理。两地珊瑚礁资源与环境条件相对优越，较适宜于发展海洋观光、科考、潜水、探险、水上运动等观光旅游，可以建成以珊瑚礁观光、海洋运动、海洋探险、科学考察、海底潜水活动为主题的西沙珊瑚礁海洋旅游区。规划发展原生态旅游，让高档游客能够享受到西沙原生态旅游之意境，达到健身、养心、修性、开智的境界，形成富含国际旅游要素的核心竞争力。

西沙－中沙群岛海洋捕捞区。西沙和中沙渔区位于15°～17.5°N，107°～115°E之间，由于岛礁的上升统作用，是我国重要渔场，渔场面积21×10^4 km^2，潜在年捕捞渔获量约为（23～24）$\times10^4$ t，有利于发展底拖网作业和潜、刺、钓、围等多种渔捞作业。

西沙群岛渔业增殖区。由于酷渔滥捕，西沙群岛渔业资源受到很大破坏，急需发展礁盘的生态增养殖业，采用生态增殖高新技术，增殖渔业资源。要大力发展研发技术基础较好的代表种类，如开展海参、鲍鱼、珍珠贝等先行试验示范，并逐步扩大渔业资源补充恢复的品种范围和增殖放流的海域。通过人工补充恢复渔业资源生物的就地人工繁殖与保育技术，建设渔业种质资源保护基地，通过人工增殖放流，尽快补充与恢复渔业资源，有利于促进渔民转产转业，优化产业结构，促进西沙群岛海域渔业资源的可持续发展。

中建南油气勘探服务区。根据南沙调查探明，中建南盆地蕴藏有丰富的石油天然气资源，油气资源量为 35.95×10^8 t。在国家专项调查的基础上，规划建设中建南油气勘探服务基地，推进油气勘探进程，为大规模的油气发现与开发做好前期工作。

西沙海槽－中沙盆地油气勘探区。勘测结果初步表明，在西沙海槽蕴藏有丰富的天然气水合物，初步估算远景资源量约 45.5×10^8 t 油当量；中沙盆地位于中沙群岛的中沙台阶和中沙大环礁及其周围，初步探明石油储量约 5×10^8 t。在国家重大科技专项研究的基础上，推进深水油气勘探进程。

（3）南海南部海洋开发区

南海南部海洋开发区是指北纬 12 度以南的南沙群岛区域。这个区域在我国断续线以内的面积约 88.6×10^4 km^2，其中有岛、沙洲、礁、暗沙和暗滩等 230 多个，其中大潮高潮面之上、面积大于 500 m^2 的海岛（含礁和沙洲）25 个，最大岛屿太平岛面积 0.432 km^2。区域内渔业资源、油气资源丰富，区位显要，是重要的国际航道。根据环境与资源条件，开发现实可能，规划为南沙群岛捕捞区、南沙群岛渔业资源特别保护区、南沙群岛油气勘探开发区、南海南部航道区、南沙群岛海域执法管理区与科学实验区等 5 个海洋开发区。

南沙群岛捕捞区。根据 1999—2000 年的国家海洋勘测声学调查（未检索到更新的资料），南沙群岛西部和西南部海域，仅蓝圆鲹、颌圆鲹、无斑圆鲹、竹荚鱼、带鱼、鲐鱼、大眼鲷、金线鱼、枪乌贼、鸢乌贼、马面鲀、鲾类、鲳类、桥棘鲷等 26 类资源蕴藏量就达 115×10^4 t，按蕴藏量的 50% 计算，年可捕量约为 57.5×10^4 t。目前，该海域捕捞力量较小，属轻度开发，还有一定的捕捞一定利用空间。规划发展南沙渔捞业，开发南沙群岛海域渔业资源。

南沙群岛渔业资源特别保护区。南海南部海域我国尚未划定领海基线，渔业资源处于无序管理状态，但南沙海区渔业资源对于海南乃至我国具有特殊重要意义，需要进行特别管理和保护，才能实现资源的可持续利用，规划设立渔业资源特别保护区。

南沙群岛油气勘探开发区。该区包括南薇盆地油气区、北康盆地油气区、万安盆地油气区、曾母盆地油气区、礼乐盆地油气区。据南沙国家专项调查资料计算，我国传统国界线内南沙海域主要盆地油气资源总量为 200.05×10^8 t，其中：南薇西盆地油气资源量 19.7×10^8 t、北康盆地 33×10^8 t、万安盆地 49.9×10^8 t、曾母盆地 90×10^8 t、礼乐盆地油气资源量 7.45×10^8 t。规划加快勘探步伐，发现规模较大的油气田，以实现商业性开发。

南海南部航道区。南海航道无论对于有船只航经该海域的国家，或者是亚洲大多数国家的经济发展与繁荣都起到至关重要的作用。据估计每年有 41 000 多艘船只通过南海，世界上的超级油轮有一半以上航经南海海域，每年有一半多的世界商船队（按吨位计算）驶过南海。南海航道也是中国重要的能源运输线。据中国海关统计，2007 年我国石油消费总量为 3.85×10^8 t，共其中进口原油 1.63×10^8 t，我国的石油进口大部分来源于东南亚和中东地区，南海航道已成为中国能源运输和对外贸易的重要通道，保护南海南部航道安全意义重大，规划设立南海南部航道区。

南沙群岛海域执法管理区与科学实验区。为了显示我国在南沙群岛海域的主权，为开发南沙及在开发中维护海洋权益，要定期或不定期地进行海域执法巡视，并加强海洋科学观测站建设，组织科学考察，特别是国际合作科学综合考察。

8.2.2.2 海洋生态环境保护对策

随着海南省城镇化步伐的加快，人类活动趋海性规律的作用以及产业的集聚，沿海城镇规模将不断扩大，城镇污染物的排放量也将不断增大；海洋开发活动正向社会经济各领域全方位推进。海洋产业的发展在促进社会经济发展提供新的经济增长点的同时，也给海洋环境、海洋生态的保护带来了新的压力，提出了新的要求和新的挑战。保护海洋环境、形成海洋生态的良性循环成为全社会所关注的重要问题。

1）加强对入海污染物总量的控制

实行工业污染物总量控制，加强对现有企业排污监管，严格执行对工业污染源的监督管理，建立集聚区废水专业污水处理厂；防治生活垃圾污染，采取适合海南地理环境特点的处理方式，加快城市垃圾无害化处理厂（场）建设，解决好垃圾处理厂（场）的二次污染问题；防治农业污染，严格管理畜禽养殖场、农业面源和高位池养殖的污水排放问题；加强对海上开发项目、港口、船舶和倾废物等海洋污染源的防治，加强海洋倾废区管理。

2）加强海洋环境监测监控能力建设

加强沿海海洋监测系统的建设，完善以卫星、船舶、浮标、岸站组成的多种监测技术集成的海洋环境监测技术体系。在现有海洋环境监测的基础上，进一步加强海洋环境监测队伍建设和实验室建设，全面提升海南省海洋环境监测能力，重点强化海洋功能区、污染源、海洋生态灾害及生态系统健康监测的能力建设。根据各种海洋灾害应急预案，加快应急体系的建设，提高海洋监测对突发性事件的应急处理能力。建立和实施海洋监测结果报告制度，积极地、及时地以环境质量状况公报、海洋环境质量公报、海洋环境监测专题报告、海洋灾害监测评估报告、海水浴场监测报告等形式向沿海地方政府、有关部门和社会公众定期不定期发布海洋环境质量状况，有效服务于海洋环境保护、经济社会发展和海洋开发利用与管理。

3）加强海洋环境灾害预报与防治能力建设

（1）赤潮的防治与预报能力建设

建设赤潮灾害防治技术支撑体系，加强赤潮灾害监测系统建设，提高现场数据实时自动采集能力、传输能力、处理能力和监测信息预警发布能力，完善事故调查处理机构资质审查、审批制度，编制各类事故及灾害的防治预案。加强有关赤潮监测的队伍建设，加强海洋、气象、水文、地震等行业部门专业预警预报机构间的合作，提高赤潮灾害应急响应能力和赤潮早期预警能力。

加强赤潮监测、监视的能力建设，制订赤潮监测、监视、预报、预警及应急方案，并对重点近岸海域、水产养殖区和江河入海口水域进行特殊监测和严密监视，以减少赤潮灾害的损失程度。

（2）海洋环境污染事故灾害应急能力建设

制订海上船舶溢油和有毒化学品泄漏应急计划，制订港口环境污染事故应急计划，建立应急响应机制和支持信息系统，加强海上溢油和船舶危险化学品事故应急反应能力建设。完善海上溢油监视监测体系，建立和完善海上溢油监测台站，提高监测水平。加强海上溢油事故应急反应队伍和溢油应急装备库的建设，提高海上重大溢油事故的应急处置能力。建立重大污染事故应急处理体系，加大污染事故查处力度，提高渔业水域污染事故应急处理能力，最大限度地减少渔业损失。

开展不同条件下各类污染物对渔业的影响研究，对重大渔业污染事故开展技术鉴定、影响评估，提出和实施污染环境的应急处置、污染生境恢复和重建措施。

（3）海洋环境预警预报能力建设

根据海南省的实际情况，开展海洋环境（温度、盐度、水质、沉积物质量、生物体质量、潮位等）预报和海洋灾害（风暴潮、海浪、海啸等）预警预报。同时，加强能力建设和人才培养，提升海洋灾害监测预警能力，开展海洋灾害风险评估和区划，全面核定沿岸防潮警戒水位，组织做好海洋灾害灾情收集、发布及评估工作，提高公众海洋防灾减灾意识，努力缩短灾害应急反应时间，最大程度的减轻人民生命财产损失。

（4）合理利用岸线资源，加强海岸侵蚀防治

立足整体协调和可持续发展，根据海洋功能区划、海南及沿海中长期经济社会发展规划等合理规划岸线的使用并预留发展空间，严格控制岸线外侧的工程建设、砂石开采等开发活动，建设海岸生态隔离带，将海岸工程建设控制在海岸生态隔离带向岸一侧，并针对易毁岸段的特点采取一定的防护措施，防止海岸侵蚀，保护海岸景观和生态功能。实施海南沿海海岸防护林带、湿地植被保护修复工程，加强海口市新海乡和长流镇部分侵蚀岸段的治理与保护。

4）加强海洋环境保护行政执法能力建设

适应社会主义市场经济体制要求，进一步完善海洋环境法规体系。制订有关海洋环境影响评价、化学物质污染防治、污染物排放总量控制、清洁生产、生物安全、生态环境保护和环境监测等方面的法律、法规，完善环境标准体系。加强生态保护相关标准和技术规范的制定，加快环境标志产品和环境管理体系标准的制订。

全面推行海域使用论证制度和海域有偿使用制度，对围填海工程及其他用海项目坚持可行性论证制度，对未经论证和审批的用海项目进行检查和处理，从源头上解决开发无序、利用无度和使用无偿的问题，协调好各种用海关系；严格执行建设项目环境影响评价制度，对未经环境影响评价擅自开工的涉海项目要依法责令停止建设，追究有关责任，对破坏海洋环境的企业做到违法必究，执法必严。

坚持依法行政，规范执法行为，加大执法力度，提高执法效果，依法打击违法犯罪行为，实行重大环境事故责任追究制度，坚决改变有法不依、执法不严、违法不究的现象。重点开展生态环境保护、污染源和建设项目环境保护“三同时”的执法监督，加强环境行政处罚和复议工作。

加快推进环境监察、海洋监察、渔政渔监、海事等行政执法体系的能力建设，并加强各支队伍间联合执法、协同行动的能力，重点加强海陆污染源监察执法和海洋生态保护监察执法的能力建设，不断改善执法手段和执法设施，提高执法监察的管理水平和力度，应用先进的技术手段，全面提高海南省海洋环境保护行政执法能力，依法维护海洋权益、保护海洋

环境。

5）加强海洋环境信息与决策支持系统

通过系统建设，建立海洋环境信息基础数据库，实现信息资源共享，为海洋环境的保护和管理、海洋资源的合理利用提供决策依据，逐步完善海洋环境监测全程质量管理体系，并形成相关的建议和对策，为海洋经济发展提供有效服务，为海洋环境保护决策提供必要的支撑。

建立包括全省近岸海域自然地理概况、海洋环境状况、海洋资源状况、海洋保护区现状、海洋政策法规、海洋管理、海洋产业状况等的海洋环境地理信息平台，获取不同比例尺的基础地理信息产品，获取环境场分析产品、海洋环境、海洋资源、海洋产业统计分析和评价产品，为海洋环境保护管理工作的信息化建设奠定基础。

利用卫星遥感、飞机和船舶巡航以及常规监测等手段获取的海洋环境监视监测信息，结合海洋环境背景场信息、海洋生态背景场信息以及倾废、排污、溢油等主要海洋污染事件信息，建立海洋环境保护综合管理系统，制作各类信息产品，实现陆源排污实时监控和预报预警，实现海洋生态监控区、赤潮监控区、海洋倾废、突发性海洋灾害事件、海洋工程实时监控等。利用网络信息发布技术，对相关信息产品进行网络发布。

8.3 海南省新型潜在开发区选划与建设

8.3.1 潜在海水增养殖区的选划与建设

8.3.1.1 海水增养殖区现状

海南地处热带，是我国唯一的热带岛屿省份，也是我国最大的海洋省份，热带海洋生物资源十分丰富，为海水养殖业的发展提供了广阔空间。一直以来，海南各级政府对海洋经济发展十分重视，省委省政府早在1998年就提出“以海洋渔业为突破口，加快构筑海岸经济带，努力实现海洋经济强省”的建设目标；原海南省委书记杜青林也明确指出“海南的最大优势在海洋，最大的希望也在海洋。…… 要实现海南开发建设的跨世纪发展目标，必须把建设海洋经济强省作为一项长期的战略任务”。目前，海洋经济已成为海南经济最重要的组成部分，2008年海南海洋生产总值4.30×10^{10}元，较上年增长13.5%，占全省GDP的29.4%，其中，海洋渔业产值达1.45×10^{10}元，占海洋产值的33.8%。近5年来，海南水产品出口一直位居各行业出口之首，为海南出口创汇的最主要领域。

1）海南省海水增养殖概况

2008年，海南省海水养殖面积1.30×10^4 hm²，养殖产量1.92×10^5 t。其中，海湾网箱养殖水体1.04×10^6 m²，产量1.23×10^4 t；深水网箱养殖水体3.06×10^5 m³，产量1.07×10^4 t；高位池养殖面积2.55×10^3 hm²，产量4.30×10^4 t；低位池养殖面积5.28×10^3 hm²，产量6.94×10^4 t；工厂化养殖水体3.31×10^5 m³，产量2.13×10^3 t；海水育苗场2.87×10^5 m³，海

水鱼苗产量 1.37×10^{8} 尾、虾苗产量 3.04×10^{10} 尾、贝苗产量 2.24×10^{6} 粒；筏式养殖面积 599 hm^2，产量 3.86×10^{3} t；底播养殖面积 717 hm^2，产量 8.46×10^{3} t。

2）海水养殖模式

目前，海南海水养殖模式主要有：网箱养殖、池塘养殖、工厂化养殖（含工厂化苗种场）、筏式养殖（含吊笼养殖）、底播养殖和插桩养殖等多种方式。

（1）网箱养殖

目前，海南常见的网箱养殖主要有两种类型：海湾网箱养殖和深水网箱养殖（图 8.1）。其中，海湾网箱养殖是指在近岸海域或天然港湾中利用框架装配各种形状的网箱养殖海洋生物的养殖方式，又称为普通网箱或近岸网箱，其网箱一般由尼龙或聚氯乙烯等合成纤维网线编织而成，装置在网箱架上。海南常见的海湾网箱为（3～5）m×（3～5）m 的矩形网箱，网箱面积为数平方米到数十平方米。深水网箱养殖是指在海水深度 10 m 以上的近海水域设置各种类型的抗风浪性能强的网箱养殖海洋生物的养殖方式，又称为深水网箱，目前国内主要有重力式聚乙烯网箱、浮绳式网箱和碟形网箱三种类型，是一种大型海水网箱。海南的深水网箱主要为重力式聚乙烯网箱，常见的形状有圆形或矩形，水体通常为数百立方米到数千立方米。

港湾网箱养殖

深水网箱养殖

图 8.1　网箱养殖

海南海湾网箱养殖主要分布于海口市、儋州市（含洋浦）、万宁市和文昌市的港湾区域；深水网箱养殖主要分布于临高后水湾和陵水新村港出口附近的海域。海湾网箱养殖的主要养殖品种包括点带石斑鱼、斜带石斑鱼、棕点石斑鱼、鞍带石斑鱼、卵形鲳鲹、布氏鲳鲹、眼斑拟石首鱼、紫红笛鲷、红鳍笛鲷、千年笛鲷、尖吻鲈、褐篮子鱼、豹纹鳃棘鲈（东星斑）和军曹鱼等；深水网箱养殖的主要品种有卵形鲳鲹、布氏鲳鲹、军曹鱼、红鳍笛鲷、千年笛鲷、点带石斑鱼和斜带石斑鱼等。

（2）池塘养殖

池塘养殖是指在沿海潮间带或潮上带围塘（围堰）或筑堤利用海水进行人工培育和饲养经济生物的养殖方式。海南目前常见的池塘养殖方式有低位池养殖和高位池养殖（图 8.2）。低位池养殖是指在潮间带或潮上带筑堤或围堰进行开发培育、饲养海洋水产经济生物的养殖方式。传统的低位池通常指位于潮间带通过自然纳排水进行养殖的方式，但现在许多新建的低位池也位于朝上带，需通过人工提水进行养殖，其与高位池的主要区别为池塘四周未铺设水泥护坡或各种类型的薄膜。它属于一种集约化的养殖方式，采用合理放养密度、人工苗种和投喂饲料等的方式，属于精养或半精养。高位池养殖是与低位池养殖相对应而言的一种养殖方式，是指在潮上带以人工提水和人工增氧等方式进行较高密度培育、饲养海洋水产经济生物的敞开式大水池养殖方式。高位池在专业用语应称为“潮上带提水式海水高密度精养池塘”，其池底高程都在高潮线之上，不能自然纳潮取水，而只能采用抽水机提灌方式给水，所以称之为“高位池”，并且，通常所指的高位池往往都是用水泥、塑料薄膜或其他类型的薄膜护坡和铺设在池底，以防治池塘渗漏和底泥中含有的有害物质渗入水体，从而保持水质的相对稳定的一种养殖方式。

低位池

高位池

图 8.2　池塘养殖

2008 年，海南池塘养殖的总面积为 7.83×10^{3} hm^{2}，养殖总产量 1.12×10^{5} t。其中，高位池养殖面积 2.55×10^{3} hm^{2}，产量 4.30×10^{4} t；低位池养殖面积 5.28×10^{3} hm^{2}，产量 6.94×10^{3} t。2008 年后，海南各地相继实施“退塘还林”政策，以前建设在离高潮线 200 m 的养殖池相继被填埋，加上海南国际旅游岛建设而将原先沿海的养殖用地征为旅游用地，池塘养殖的面积在近几年大幅减少。目前，池塘养殖面积较大的地区主要有海口市、儋州市（含洋浦）、万宁市、文昌市、乐东县、东方市和琼海市。养殖的主要品种有：点带石斑鱼、斜带石斑鱼、鞍带石斑鱼、卵形鲳鲹、布氏鲳鲹、尖吻鲈、鲻鱼等、凡纳滨对虾、锯缘青蟹（和乐蟹）、江蓠等。近年来，池塘还常用于鱼类苗种繁育以及石斑鱼标粗等。

（3）工厂化养殖

工厂化养殖指在潮上带以人工提水和人工增氧等方式，在水泥池或者高分子材料容器中进行集约化高密度培育、饲养海洋水产经济生物的封闭式养殖方式（图 8.3）。工厂化养殖一般有循环过滤式、温排水式、普通流水式及温静水式等几种主要类型，各种形式各具特点。与高位池养殖相比，工厂化养殖池的面积较小，每池的面积一般为数平方米至数十平方米，养殖池常位于室内或室外有遮阴等设施的封闭或半封闭环境中。工厂化养殖设施主要由水净化系统、增氧系统、环境控制调节系统、养殖系统、病害防治系统、饲料供给系统、污水处理系统、监测管理系统等部分组成。由于工厂化养殖对水质的可控性强，达到国家允许的水质控制标准，并可实现高密度饲养，从而大幅度缩短生产周期，提高养殖效益。工厂化海水养殖具有工业化、集约化程度高，节约劳动力，环境自动化控制程度高，单位体积水体产量高，养殖污水排放量少，成本高，效益也较高的特点，是海水养殖生产现代化的必然趋势，已成为一些养殖企业的重点投资方向。

工厂化养殖石斑鱼

工厂化养殖东风螺

图 8.3　工厂化养殖

工厂化育苗由于对场地设施的要求与工厂化养殖相当，属于工厂化养殖的另一种主要形式。

2008 年海南全省工厂化养殖总水体 3.31×10^{5} m^{3}，产量 2.13×10^{3} t，其中工厂化养鲍水体 1.35×10^{3} m^{3}，产量 282 t；工厂化养东风螺水体 8.05×10^{4} m^{3}，产量 1.61×10^{3} t；其他工厂化养殖水体 1.16×10^{5} m^{3}，产量 245 t。工厂化育苗水体 2.87×10^{5} m^{3}，其中鱼苗产量 1.37×10^{8}尾、虾苗产量 3.04×10^{10}尾、贝苗产量 2.24×10^{10}粒。目前工厂化养殖比较集中的地区为海口、文昌、临高、琼海、东方和三亚等。工厂化养成的主要养殖品种有点带石斑鱼、斜带石斑鱼、鞍带石斑鱼方斑东风螺和杂色鲍等。

（4）筏式养殖

筏式养殖是指在低潮线以下的近海水域设置浮动的筏架，筏上挂吊海洋经济生物进行养殖的方式。筏式养殖既可设置于港湾内，也可设置于开放性海域。养殖方式有的为直接捆绑于筏架连绳上进行养殖（如麒麟菜养殖），也有的是利用吊笼吊养于筏架连绳上（如扇贝和珍珠贝养殖等）。筏式养殖时养殖生物一般是直接利用水体的营养，不再人为投放饵料。

2008 年海南省筏式养殖面积为 599 hm^{2}，产量 3.86×10^{3} t。主要分布于海口、陵水、儋州等市县，养殖对象主要有华贵栉孔扇贝、大珠母贝、珠母贝、马氏珠母贝、企鹅珍珠贝和麒麟菜等（图 8.4）。

（5）底播养殖

底播养殖是指在沿海潮间带和潮下带利用海域底面人工看护培育和饲养海洋经济生物的增养殖方式。海南目前常见的类型包括浅海底播增殖和滩涂增殖。其中，滩涂养殖是指在沿海潮间带和潮上带低洼盐碱地进行开发培育和饲养海洋经济生物的增殖方式；浅海底播增殖是指在低潮线以下底播或饲养底栖海洋水产经济生物的养殖方式。一般情况下，底播增殖时

麒麟菜养殖

珍珠贝养殖

图 8.4　筏式养殖

养殖生物一般是直接利用水体和底质的营养物质，养殖过程中不人为投放饵，属于一种增殖方式。

2008 年海南省底播养殖面积 717 hm^2，产量 8.46×10^3 t。主要分布于临高、昌江、儋州和万宁等市县，底播区的底质一般为泥沙质或沙质，养殖对象主要为贝类，包括文蛤、泥蚶和菲律宾蛤仔等。

（6）其他养殖方式

海南海水养殖除以上主要方式外，还有少量其他方式，如插桩养殖、联桩养殖和平台养殖等。其中，插桩养殖为将木桩、钢筋混凝土桩等垂直插于海底，再通过人为或自然附着等方式使养殖生物固定于桩上的养殖方式；联桩养殖为将木桩、钢筋混凝土桩、钢管等按一定间距（通常 5 m 左右）成排插于海底，桩的长度以高出高潮水面 1 m 左右为宜，用绳索或铁丝将桩成排联结起来，再在联结的绳索或铁丝上用笼具吊养海水经济动物的养殖方式；平台养殖为将木桩或水泥桩插于海底，再在空中顶部用横木将每支桩联结而成有空格的平台，再在平台的横木上用笼具吊养海水经济动物的养殖方式。插桩养殖的主要养殖品种为牡蛎；联桩养殖和平台养殖的主要种类有华贵栉孔扇贝、大珠母贝、马氏珠母贝、企鹅珍珠贝和珠母贝等。

3）海水养殖种类

海南地处热带，年平均水温 25℃以上，局部海域表层水最高水温为 33.5 ℃，最低水温达 13.7 ℃。海水养殖品种主要以热带和亚热带的暖水性种类为主。

（1）海水养殖鱼类

海南海水鱼类的养殖方式主要有网箱养殖和池塘养殖，2008 年，海南海水鱼类养殖面积 1.94×10^3 hm^2，产量 3.74×10^4 t，养殖种类主要有点带石斑鱼、斜带石斑鱼、棕点石斑鱼、鞍带石斑鱼、卵形鲳鲹、布氏鲳鲹、眼斑拟石首鱼、紫红笛鲷、红鳍笛鲷、千年笛鲷、尖吻鲈、褐篮子鱼、豹纹鳃棘鲈和军曹鱼等（图 8.5）。2008 年海南主要海水养殖鱼类的产量为：石斑鱼 1.11×10^4 t、鲳鲹类 7.83×10^3 t、军曹鱼 9.88×10^3 t、眼斑拟石首鱼 1.91×10^3 t、鲷科鱼类 2.19×10^3 t、鲈鱼 2.36×10^3 t。

鞍带石斑鱼

豹纹鳃棘鲈

图 8.5 海南海水养殖鱼类

（2）海水养殖虾蟹类

虾蟹养殖已成为海南海水养殖非常重要的组成部分。2008 年，海南海水虾蟹类的养殖面积 8.33×10^3 hm^2，产量 1.19×10^5 t，其中，凡纳滨对虾（图 8.6）占据绝对优势，养殖面积 5.86×10^3 hm^2，养殖产量 1.06×10^5 t，分别占虾蟹类总养殖面积和养殖产量的 70.3% 和 88.3%。此外，斑节对虾养殖面积 315 hm^2，养殖产量 2.25×10^3 t；锯缘青蟹为海南的特色品种，其中出产于海南万宁和乐镇及其周边地区的锯缘青蟹俗称“和乐蟹”（图 8.6），为海南的四大名菜之一，但受苗种尚未能大规模人工繁育的影响，海南锯缘青蟹人工养殖的规模并不大，2008 年的养殖面积为 585 hm^2，产量为 1.33×10^4 t。此外，海南近年还陆续发展了少量其他海水养殖虾蟹类，如日本对虾、锦绣龙虾等。

凡纳滨对虾

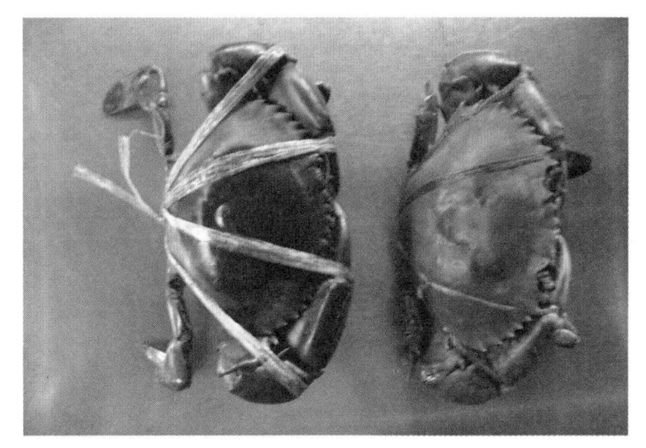

锯缘青蟹

图 8.6 海南常见海水养殖虾蟹类

（3）海水养殖贝类

海南沿海可供养殖的滩涂面积 2.57×10^8 hm^2，主要分布于小海、新村港、黎安港、新英湾、后水湾和东寨港等海湾及潟湖，为海洋贝类底播等养殖提供了良好的自然条件。长期以来，贝类一直是海南沿海重要的海水养殖品种，其养殖方式多样，除滩涂和浅海底播养殖外，还包括工厂化养殖、筏式养殖、插桩养殖、联桩养殖和平台养殖等。2008 年，海南海洋贝类养殖总面积 1.53×10^3 hm^2，养殖产量 1.59×10^4 t。其常见品种包括：杂色鲍、近江牡蛎（图

8.7)、华贵栉孔扇贝、文蛤、泥蚶、菲律宾蛤仔、翡翠贻贝、方斑东风螺（图8.7)、泥东风螺、大珠母贝、马氏珠母贝、珠母贝和企鹅珍珠贝等，2008年各主要养殖品种的养殖产量与面积见表8.1。

方斑东风螺

近江牡蛎

图8.7　海南常见海水养殖贝类

表8.1　海南省2008年主要海水贝类的养殖面积、产量和养殖方式

种类	牡蛎	鲍类	东风螺	其他螺	蚶类	扇贝	蛤类
面积/hm^2	299	58.3	13.7	80.6	115	4	598
产量/t	1 398	586	1 640	300	678	45	9 309
养殖方式	插桩	工厂化	工厂化	底播	底播	筏式	底播

(4）海水养殖藻类

海南海水养殖藻类的品种较少，主要为江蓠和麒麟菜（图8.8)。2008年，海南藻类养殖的总面积1.03×10^3 hm^2，产量1.88×10^3 t，其中，江蓠养殖面积514 hm^2，产量1.18×10^4 t；麒麟菜养殖面积483 hm^2，产量6.58×10^3 t。海南养殖江蓠主要为细基江蓠繁枝变种，它既是提取琼脂的良好原料，还是养殖鲍鱼的重要饵料。海南江蓠的养殖主要采用低位池养殖，在海南海口荣山村，在低位池进行江蓠、对虾和鸭混养，经济效益显著。麒麟菜的学名为卡帕藻，又称为石花菜、龙须菜，是一种经济价值较高的热带性海藻，含有大量的卡拉胶、多糖及黏液质，是生产卡拉胶的良好原料。海南麒麟菜的养殖主要集中在陵水、文昌、琼海和儋州等市县。

4）海水增殖现状

(1）增殖放流现状

为恢复和增殖近海渔业资源，海南省2002年开始进行海洋生物资源增殖放流工作，2002年至2009年放流种类有：黑鲷、红鳍笛鲷、紫红笛鲷、卵形鲳鲹、花鲈、斑节对虾、杂色鲍、华贵栉孔扇、方斑东风螺和大珠母贝等。8年共投入资金6.76×10^6元，放流海水鱼苗4.995×10^6尾，斑节对虾苗2.451×10^7尾，贝类苗种1.365×10^6粒。海南省2002—2009年以来海水鱼类增殖放流情况见表8.2。

卡帕藻

细基江蓠

图 8.8　海水养殖藻类

表 8.2　2002—2009 年海南省海水鱼类苗种放流情况

时间/年	种类	鱼苗量（10^4 尾）	放流海区	备注
2002	黑鲷	15.0	三亚市西岛附近海域	
2003	红鳍笛鲷	1.5	三亚市双扉石海	
2004	红鳍笛鲷、紫红笛鲷	20.0	三亚市海区	
2005	红鳍笛鲷	73.0	临高沿岸水域	
	紫红笛鲷	70.0	三亚西岛附近海域	
2006	卵形鲳鲹	30.5	万宁大洲岛	
2007	紫红笛鲷	25.0	海口东寨港	
	卵形鲳鲹	26.5	陵水新村港湾内	
2008	紫红笛鲷、红鳍笛鲷	80.0	临高新盈海域	紫红笛鲷 3×10^5 尾、红鳍笛鲷 5×10^5 尾
	紫红笛鲷、花鲈	10.0	三亚梅山海域	紫红笛鲷 5×10^4 尾、花鲈 5×10^4 尾
2009	紫红笛鲷	100.0	三亚凤凰岛附近海域	
	红鳍笛鲷	40.0	三亚凤凰岛附近海域	
合计		499.5		

（2）人工鱼礁现状

海南省通过投放人工鱼礁进行资源增殖的工作起步晚，迄今放置鱼礁数量也很少。2002 年和 2003 年，在三亚市近海共放置水泥钢筋混凝土鱼礁 936 m^3。在放置鱼礁局部海区，出现明显的集鱼效果，鱼种类与数量增加。2002 年，在三亚西岛附近海域放置水泥钢筋混凝土人工鱼礁 20 个，礁体 416 m^3；2003 年，在三亚市双扉石海域放置水泥钢筋混凝土人工鱼礁 25 个，礁体 520 m^3。

5）原种场、良种场、苗种场及水产种质资源保护区

（1）海南海洋水产原、良种场现状

截止2009年底，海南共有海洋水产原种场和良种场6个，具体见表8.3。

表8.3 海南省海洋水产原、良种场简况表

名称	市县	位置	建设单位	级别
海南热带海水水产良种场	琼海长坡镇	19°21′59″N 110°40′00″E	海南省水产研究所	省级
儋州市热带海水水产良种场	儋州市白马井	19°37′46″N 109°07′54″E	儋州市海洋与渔业局	省级
三亚华贵栉孔扇贝良种场	三亚市崖城镇	18°18′28″N 109°02′08″E	三亚意源养殖有限公司	省级
海南省东方斑节对虾原种场	东方市新龙镇		海南腾雷水产养殖管理有限公司	省级
海南省石斑鱼良种场	文昌市翁田镇	19°59′42″N 110°49′37″E	隶属海南定大养殖有限公司	省级
海南省对虾良种场	东方市板桥镇	18°43′29.9″N 108°40′0.14″E	卜蜂水产（东方）有限公司	省级

（2）水产苗种场现状

海南省现有对虾育苗场478个，水体2.49×10^5 m^3，年生产对虾苗种3.04×10^{10}尾。其中，文昌育苗场350个，水体1.8×10^5 m^3，年育苗量2.00×10^{10}尾；琼海育苗场69个，水体2×10^4 m^3，年育苗量7.24×10^9尾；三亚育苗场28个，水体2×10^4 m^3，年育苗量8.00×10^8尾；万宁育苗场16个，水体2×10^4 m^3，年育苗量1.2×10^9尾；陵水育苗场2个，水体1×10^3 m^3，年育苗量2×10^8尾；海口育苗场2个，水体1×10^3 m^3，年育苗量2×10^8尾；澄迈育苗场2个，水体1×10^3 m^3，年育苗量2×10^8尾；临高育苗场3个，水体1.5×10^3 m^3，年育苗量2×10^8尾；儋州育苗场2个，水体2×10^3 m^3，育苗量1×10^8尾、东方育苗场4个，水体2×10^3 m^3，育苗量3×10^8尾。

在贝类苗种场方面，海南省现有鲍鱼育苗场65个，共计育苗池水体1.8×10^5 m^3，年生产鲍苗4.07×10^7粒，各市县鲍苗场主要分布在文昌、琼海、临高和儋州等地。有东风螺育苗场100个，共计育苗池水体5.55×10^4 m^3，年生产东风螺苗2.64×10^8粒，主要分布于文昌、琼海、儋州等地。

在鱼类苗种场方面，海南省现有石斑鱼育苗场50个，室内育苗池5.5×10^3 m^3，室外育苗池塘114 hm^2，年生产石斑鱼苗2.54×10^7尾，主要分布在文昌、东方、乐东、琼海和陵水等地。有军曹鱼育苗场25个，共计室外育苗池塘38 hm^2，年生产军曹鱼苗4.34×10^7尾，主要分布于陵水和临高等地。有卵形鲳鲹育苗场33个，室外育苗池塘44.3 hm^2，年生产卵形鲳鲹苗1.595×10^7尾，主要分布于陵水、东方和乐东等地。有笛鲷类鱼苗场17个，共计室外育苗池塘26.7 hm^2，年生产笛鲷类苗1.158×10^7尾，主要分布于陵水和临高等地。此外，有其他海水鱼类鱼苗场87个，共计室外育苗池塘108 hm^2，年生产海水鱼苗4.911×10^7尾，主要分布于陵水、文昌、东方、乐东和琼海等地。

(3) 海洋水产种质资源保护区现状

海南的海洋水产种质资源保护区主要包括临高白蝶贝自然保护区、儋州白蝶贝自然保护区、文昌市麒麟菜保护区、琼海市麒麟菜自然保护区和三亚市杂色鲍自然保护区。其中，临高白蝶贝自然保护区为临高县神确村至红石岛25 m等深线以内水域，以大珠母贝及其生态环境为保护对象，成立于1983年，1984年晋升为省级自然保护区。儋州白蝶贝自然保护区为南华至兵马角灯桩、海头至观音角灯桩25 m等深线以内水域，与临高白蝶贝保护区一起于1984年批准为省级自然保护区。文昌市麒麟菜保护区面积6.5×10^4 hm^2，为以铜鼓咀的铜山村至冯个村的北角7 m等深线以内海域，于1983年4月被广东省人民政府批准为省级自然保护区，保护对象为琼枝麒麟菜。琼海市麒麟菜自然保护区为琼海市三更村至草塘村7 m等深线以内海域，于1983年4月被广东省人民政府批准为省级自然保护区，保护对象为琼枝麒麟菜。三亚市杂色鲍自然保护区为三亚红塘至南山沿海，由三亚市人民政府批准建立，保护区面积67 hm^2，保护对象为杂色鲍。

8.3.1.2 海水增养殖业发展存在的主要问题

1) 海水养殖发展空间受到制约

随着海南国际旅游岛建设，海南各地特别是沿海土地价格飞涨，许多原来的海水养殖区都变成了旅游区或房产开发区，致使海水养殖用地越来越少。另一方面，随着各地经济建设的加速，不同产业对沿海土地的需求日益增加，而工业、农业和生活等外源污染有增无减，致使可达到养殖水质标准的海域减少，一些传统养殖海域的养殖功能丧失，海水养殖发展空间进一步缩小。因此，可用于开展海水养殖的海域和陆域土地资源的紧缺和养殖环境的恶化已成为当前海水养殖业发展的主要制约因素。近年来，许多海洋渔业从业人员和管理人员都对海水养殖业的发展空间给予的极大的关注，许多现以海水养殖业为生的沿海居民对养殖用地被征用后的生活来源表示了担忧，有些地区甚至因海水养殖用地被征用而产生了纠纷，影响了社会和谐。因此，在海南国际旅游岛建设的大环境下，如何使各产业协调发展已成为各级相关行政管理部门需要考虑的重要问题。

2) 养殖产品质量安全面临严峻挑战

随着人民生活水平的提高，消费者对产品质量的要求也越来越高。近年来，世界各国不断加强对水产品质量检测力度，对病原微生物、抗生素等药物残留以及其他有毒有害物质残留限量等作出了严格限制。然而，随着养殖规模的扩大和集约化程度的提高，水产病害爆发也越来越频繁，突发性、不明原因的病害种类增多，在病害预防与治疗过程中常因各种原因而向养殖产品导入有毒有害物质，直接影响养殖产品质量。另一方面，部分养殖企业和养殖户致富心切，产品质量安全意识不强，单纯追求高密度、高产量和高效益，在养殖过程中常常为了加快生长、控制疾病和降低养殖成本等原因而滥用、乱用药物，甚至使用违禁药物或价格低廉的不合格饲料和药品，直接影响养殖产品质量。目前，海水养殖产品质量已成为产品出口的最主要限制因素。为此，在水产养殖和加工过程中，必须建立严格规范的产品质量监管体系，加强对养殖所使用的场地、水质、苗种、饲料、药物、加工、包装和贮运等的监控与管理，强化产品质量意思，不断提高海南养殖海产品质量。

3）产业化规模化程度较低，主导产业不够强大

目前，海南海水养殖业的发展几乎都是个人行为或企业行为，水产养殖尚未完全脱离传统模式，“低、小、散”等问题还在一定范围内存在，社会化和组织化程度较低，渔业产业化水平和经济效益不高。海水养殖业的生产过程涉及一系列紧密结合的环节，苗种—饲料—渔药—加工—储运—销售—市场—质量监控—环境保护等不仅均直接影响到产品质量，而且影响到养殖成本和效益。然而，当前海南海水养殖业的发展尚未形成系列化、规模化、产业化程序，更缺少大型的集团化生产企业的支撑，致使海南海水养殖产品仍大量以鲜活或初级加工品为主，水产品精深加工技术至今尚无重大突破，加工产品附加值低，产品原料利用率低、产品市场占有率低。由于资金和技术的限制，难以形成规模优势，造成主导产业不明显，生产经营较盲目，风险抵御能力低。渔业科技总体水平不高，在良种引进、高产高效综合技术推广上，由于养殖业户分散，增加了科技推广应用的难度，进一步制约了海水养殖业的发展。

4）超环境容量养殖造成养殖区环境污染，病害危害加剧

虽然海南各地海水质量总体优良，绝大部分海域水质都达到国家一类水质标准，但在局部区域，特别是海水养殖设施密集、养殖量超过养殖容量的港湾地区，因养殖造成的污染物的排放超过了当地海水的自净能力，一方面直接引起养殖区域及其周边海域的环境污染，直接影响海南生态省和国际旅游岛建设，另一方面，养殖区环境污染的加剧还可导致养殖水体病原生物增多，养殖生物抗病力下降，疾病发生频繁。对于陆基养殖而言，由于国家和地方都尚未出台养殖废水排放标准，目前海南各地对海水养殖废水的排放缺乏有效的监控，常常因养殖废水的排放而造成海域污染。为此，建议加强对海水养殖的科学管理，根据当地水域的养殖容量确定海水养殖生产，保证海水养殖的可持续发展，提高养殖产品质量和养殖效益。同时，建议尽快出台水产养殖废水排放标准，在该标准尚未出台前可参照相应的废水排放标准对养殖废水排放进行有效监控；各海水养殖企业也应做到行业自律，加强对养殖废水的无害化处理，保证养殖废水达标排放，实现渔业生产与环境保护的协调发展。

5）渔业生产布局不够合理，保障体系和科技服务体系不够健全

海南海水渔业生产布局不够合理主要表现在两方面，一方面为养殖品种结构不够合理，在养殖过程中由于对经济效益的片面追求，致使许多效益高的养殖品种在短时间内快速饱和，价格和利润快速下降，加大养殖风险；另一方面是区域布局不够合理，一些水电交通方便、自然资源条件较好的地区往往超容量开发，直接导致养殖环境的快速恶化，难以实现持续稳定发展，那些比较偏僻、自然资源条件较差的地区却无法得到有效的开发利用，导致养殖资源的浪费。

海南海洋渔业技术安全保障体系尚未形成，其中包括：①水产养殖良种体系尚未形成，水产苗种质量无法保障；②养殖病害防治监测体系尚未形成，影响健康养殖；③水产品质量安全标准体系和监测监督体系尚未建立，名牌产品难以保证；④科技力量薄弱，且科技单位之间科技合作攻关项目少，高新技术成果少，养殖发展后劲不足；⑤养殖行业管理相对滞后，苗种、饲料、鱼药等渔需物资质量良莠不齐，投入品的经管、使用不规范等。

6）渔业科技投入不足，渔业科技发展滞后

因财政经费紧张等原因，历年来各级政府对渔业科技投入都严重不足，造成科技创新能力较低、新品种、新技术、新方式、新方法难以推广与应用。海南水产科技投入与国内其他兄弟沿海省市相比，不论是渔业科研经费总量还是比例都明显偏低，导致海南渔业科技的发展严重滞后。近年来，虽然经海南各渔业相关单位科技人员的努力，海南海水养殖业得到了较快的发展，但与海洋渔业经济的快速发展相比，还存在较大的差距。渔业科技人员少，技术队伍的整体素质不高，需要进一步加强。

总之，海南海水养殖业的快速发展面临着以下主要矛盾：因养殖生产经营分散而存在小生产与大市场的矛盾；传统生产方式与产业化的矛盾；养殖生产与水产品综合加工的矛盾；水产品生产与物流市场的矛盾；养殖技术相对落后与科技进步的矛盾；渔业快速发展与资金需求匮乏的矛盾；养殖容量与环境保护的矛盾；一般性号召动员与真抓实干的矛盾等。这些矛盾严重制约海南海洋渔业产业化进程。

8.3.1.3　潜在海水增养殖区选划的主要原则

1）潜在海水增养殖区的含义

潜在海水增养殖区指以下区域：

（1）目前已经用于增养殖，但经济效益、社会效益和生态效益低，需要依据科技进步对增养殖品种、增养殖方式、增养殖布局进行结构调整的区域；

（2）目前还没有用于增养殖，根据现有的自然条件和技术水平等因素适合于可持续增养殖的区域；

（3）目前还没有用于增养殖，根据现有的自然条件和技术水平等因素还不适宜增养殖，但在近期（5～10年）依靠科技进步等可以实现可持续增养殖的区域。

2）选划目标

海南省潜在海水增养殖区选划的总体目标是：在全面评价潜在海水增养殖区海域环境质量状况、海水增养殖现状及其产业发展现状和综合效益的基础上，依据潜在海水增养殖区选划的条件和要求，结合国家和海南省的海洋环境保护规划和海洋功能区划，选划出既符合国家和海南省海域管理的相关法规和政策的，又能满足海南省海洋渔业产业结构调整、产业发展需求、与产业发展现状相适应的，并能取得可持续发展的经济效益、生态效益和社会效益的潜在海水增养殖区、增养殖方式和增养殖对象。

3）选划原则

潜在海水增养殖区的选划应遵循以下基本原则。

（1）实事求是，协调发展，和谐共赢的原则。潜在海水增养殖区选划要充分考虑区域社会、经济与增养殖资源现状，进行实事求是地客观评价，特别要关注增养殖的环境效应，实现经济、社会和生态效益的协调发展。

（2）综合规划，统筹兼顾，因地制宜的原则。潜在海水增养殖区选划应根据各地所处的特殊地理位置、环境特征、功能定位，制订相应的增养殖目标，完善增养殖区划，科学确定增养殖结构和发展规模。潜在海水增养殖区选划要与国家和省政府出台的相关法规、政策和发展指引相符合，确保选划的科学性和可操作性。

（3）保护和改善海洋生态与环境，促进海域海水增养殖可持续利用和渔业经济可持续发展的原则。海南潜在海水增养殖区选划必须与海南热带海岛型“生态省”的战略目标一致，实现资源增殖和环境保护的可持续发展。

（4）前瞻性原则。充分预见增养殖新技术、增养殖新品种、增养殖新模式、增养殖设施设备等技术和装备的开发和推广。

4）选划条件

（1）潜在滩涂增养殖区的选划条件

潜在滩涂养殖区选划的条件是：

①滩涂面积达 200 hm^2 以上；

②有苗种和饲料来源，适合养殖贝类、虾类、蟹类、藻类和鱼类的滩涂；

③海水水质符合 GB3097－1997 和 GB11607－89 中的有关规定，且换、排水方便的滩涂；

④底质硫化物含量小于 0.3×10^{-3}，浮泥少的滩涂。

（2）潜在浅海底播增殖区的选划条件

浅海底播是一种底播增殖方式，潜在浅海底播增殖区的选划条件为：

①选划单个区块面积 200 hm^2 以上；

②水文条件良好，水交换通畅，风浪小，温度和盐度等符合底播生物的增殖生态学要求；

③海域地形平坦、泥沙或沙泥底质，符合底播增殖生物的养殖生物学要求；

④海水水质符合 GB3097－1997 和 GB11607－89 中的有关规定。

（3）潜在近海筏式养殖区的选划条件

近海筏式养殖区是指在水深 10 m 以上的近海水域设置浮动的筏架，筏上挂养对象海洋生物的海域。潜在近海筏式养殖区的选划条件是：

①选划单个区块面积 200 hm^2 以上；

②水文条件良好，水交换通畅，风浪小，温度和盐度等符合筏式养殖品种的养殖生物学要求；

③海域地形平坦、泥沙或沙泥巴底质，适宜打桩设置筏架；

④海水水质符合 GB3097－1997 和 GB11607－89 中的有关规定。

（4）潜在近岸网箱养殖区的选划条件

潜在近岸（海湾）网箱养殖区的选划条件是：

①选划单个区块面积数十公顷；

②选划在近岸海域或天然港湾，水文条件良好，水交换通畅，水流不急，风浪小，温度和盐度等符合近岸网箱养殖生物的生态要求；

③海域地形平坦、泥沙或沙质底质，适宜抛锚或打桩固定网箱；

④海水水质符合 GB3097－1997 和 GB11607－89 中的有关规定。

（5）潜在近海网箱养殖区的选划条件

潜在近海（深水）网箱养殖区的选划条件是：

①选划单个区块面积 200 hm^2 以上；

②选划在水深 10 m 以上的近海水域，水文条件良好，水交换通畅，水流不急一般在 1.5 m/s 以下，温度和盐度等符合近海（深水）网箱养殖生物的生态要求；

③海域地形较平坦、泥沙或沙质底质，适宜抛锚或打桩固定网箱；

④海水水质符合 GB3097 - 1997 和 GB11607 - 89 中的有关规定。

（6）潜在海水池塘养殖区的选划条件

潜在海水池塘养殖区的选划条件是：

①选划单个区块面积较大，连片数十公顷；

②有苗种和饲料来源，适合养殖鱼类、贝类、虾类、蟹类和藻类的区域；

③一般选划在河口、海岸、港湾的潮间带及潮上带海域，尤其是咸淡水水域，地形平坦、泥质或泥沙底质，适宜开挖池塘，并设置进水与排水分家的排灌系统；

④海水水质符合 GB3097 - 1997 和 GB11607 - 89 中的有关规定。

（7）潜在高位池养殖区的选划条件

潜在高位池养殖区的选划条件是：

①选划单个区块面积较大，连片数十公顷；

②选择在海水和淡水水源水质好，取水容易，交通运输方便，供电正常的潮上带，有充裕苗种和饲料来源，适合养殖鱼类、贝类、虾类、蟹类的区域；

③一般设置在潮上带海岸，地形平坦、泥质或泥沙底质，适宜开挖高位池；

④海水水质符合 GB3097 - 1997 和 GB11607 - 89 中的有关规定；

⑤高位池养殖区的选划必须根据城镇规划，统筹高位池的合理布局，着重处理好四大关系：一是以不破坏海岸防护林和地下水资源等生态与环境为前提；二是协调好城镇规划与高位池可持续发展的关系，服从于城镇规划；三是高位池布局以不影响沿海旅游发展和旅游景观为原则；四是高位池养殖废水须经过处理、达标后才能排放，并推广环境保护型养殖新技术和生态养殖新方式，确保周边生态良好。

（8）潜在工厂化养殖区的选划条件

潜在工厂化养殖区的选划条件是：

①选划单个区块面积适中，能够建成连片的工厂化养殖系统；

②选择在海水和淡水水源水质好，取水容易，交通运输方便，供电正常，适合养殖鱼类、贝类、虾类、蟹类的区域；

③一般选划在潮上带海岸，地形较平坦，或者在坡地上能够实现梯级式自流水操作；

④海水水质符合 GB3097 - 1997 和 GB11607 - 89 中的有关规定；

⑤具备构建工厂化养殖所需要的水净化系统、增氧系统、环境控制调节系统、养殖系统、病害防治系统、饲料供给系统、污水处理系统、监测管理系统。

（9）潜在原种场、良种场和苗种场的选划条件

海南省潜在原种场、良种场和苗种场的主要选划条件为：

①生态环境优良，海水水质符合 GB3097 - 1997 和 GB11607 - 89 的有关规定。

②选划地点应符合当地市县发展规划要求，良种场建设用地要求 3.33 hm^2 以上；苗种场建设用地要求 0.33 hm^2 以上。土地类型和土质状况应符合良种场建设要求，电力、通讯、运输条件便利。

③原种场应建在该种类的原产地，良种场与苗种场应建在该种类主要养殖的区域，对周边养殖区可发挥很好的示范与辐射带动作用。

④原、良种场建设承担单位应具有较强的科技力量和经营管理人员，能够完成良种场建设任务和保证建设后良种场的正常运转。

⑤良种场建设承担单位必须为国营事业单位或从事水产养殖的国营或私营优秀企业，具有较强经济实力，完全有能力承担良种场的建设配套资金投入和建成后正常运转资金。

8.3.1.4 潜在海水增养殖区选划的主要类型与分布

1）潜在海水增养殖区选划

（1）潜在滩涂增殖区

根据潜在滩涂增殖区的选划条件，在海南共选划出潜在滩涂增殖区4个（表8.4），所选划的潜在滩涂增殖区主要分布于海口、文昌、万宁和临高。

表8.4 海南省潜在滩涂增殖区选划表

名称	养殖模式	面积/hm^2	底质	潜在增养殖区类型
海口东海岸滩涂增殖区	滩涂增殖区	971.3	泥沙	Ⅱ
文昌八门湾滩涂增殖区	滩涂增殖区	472.66	泥沙	Ⅱ
万宁小海滩涂增殖区	滩涂增殖区	524.82	泥沙	Ⅰ
临高博铺港滩涂增殖区	滩涂增殖区	345.12		Ⅰ、Ⅱ

注：Ⅰ类：目前已经用于增养殖，但经济效益、社会效益和生态效益低，需要依据科技进步对增养殖品种、增养殖方式、增养殖布局进行结构调整的区域；Ⅱ类：目前还没有用于增养殖，根据现有的自然条件和技术水平等因素适合于可持续增养殖的区域；Ⅲ类：目前还没有用于增养殖，根据现有的自然条件和技术水平等因素还不适宜增养殖，但在近5～10年依靠科技进步等可以实现可持续增养殖的区域。下同

有些潜在增养殖选划区标注了多种“潜在增养殖区类型”，表明该选划区内的某些区域属于某种类型的潜在增养殖区，而另一些区域属于另一种类型的潜在增养殖区。下同

（2）潜在浅海底播增殖区

根据浅海底播增殖区的选划条件，在海南共选划出浅海底播增殖区25个（表8.5），所选划的浅海底播增殖区在海南全省各沿海市县均有分布。

表8.5 海南省潜在浅海底播增殖区选划表

名称	养殖模式	面积/hm^2	底质	潜在增养殖区类型
海口湾浅海底播增殖区	浅海底播增殖区	2 916.52	泥沙	Ⅰ
东寨港浅海底播增殖区	浅海底播增殖区	328.99	泥沙	Ⅰ
文昌东郊浅海底播增殖区	浅海底播增殖区	91.83	沙泥	Ⅱ
文昌清澜港浅海底播增殖区	浅海底播增殖区	96.01	沙泥	Ⅱ
文昌会文镇浅海底播增殖区	浅海底播增殖区	460.97	泥沙	Ⅱ
文昌抱虎角西侧沿岸浅海底播增殖区	浅海底播增殖区	253.62	沙	Ⅱ
琼海浅海底播增殖区	浅海底播增殖区	199.66	沙、石砾	Ⅱ
万宁小海浅海底播增殖区	浅海底播增殖区	699.38	沙泥	Ⅱ

续表 8.5

名称	养殖模式	面积/hm²	底质	潜在增养殖区类型
万宁乌场港及后海沿岸底播增殖区	浅海底播增殖区	864.59	沙、沙泥	I
陵水新村港与黎安港浅海底播增殖区	浅海底播增殖区	404.48	泥沙	II
陵水头仔和赤岭浅海底播增殖区	浅海底播增殖区	225.62	沙	II
三亚铁炉港浅海底播增殖区	浅海底播增殖区	428.89	沙、泥	I
三亚南山—红塘湾浅海底播增殖区	浅海底播增殖区	424.88	沙	II
三亚崖洲湾浅海底播增殖区	浅海底播增殖区	1 562.36	沙、沙泥	I
乐东丹村港—白沙港浅海底播增殖区	浅海底播增殖区	2 870.26	沙、沙泥	I
东方四更—墩头浅海底播增殖区	浅海底播增殖区	4 865.65	沙、泥	I
乐东望楼港—多二浅海底播增殖区	浅海底播增殖区	2 375.78	沙	II
昌江海尾—马容近海浅海底播增殖区	浅海底播增殖区	2 315.10	沙	II
儋州白马井—海头浅海底播增殖区	浅海底播增殖区	6 247.65	沙、珊瑚礁	II
儋州新英湾浅海底播增殖区	浅海底播增殖区	2 685.09	沙、泥	I、II
临高调楼—临高角浅海底播增殖区	浅海底播增殖区	4 703.75	沙	I
后水湾头咀港浅海底播增殖区	浅海底播增殖区	668.87	沙	II
临高马袅浅海底播增殖区	浅海底播增殖区	385.80	沙	II
澄迈花场湾浅海底播增殖区	浅海底播增殖区	422.78	沙	II
澄迈湾浅海底播增殖区	浅海底播增殖区	676.20	沙	II

(3) 潜在近海筏式养殖区

根据潜在滩涂养殖区的选划条件，在海南共选划出潜在滩涂增殖区 2 个（表 8.6），所选划的潜在滩涂增殖区分布于文昌和陵水。

表 8.6 海南省潜在近海筏式养殖区选划表

名称	养殖模式	面积/hm²	底质	潜在增养殖区类型
文昌八门湾近海筏式养殖区	近海筏式养殖区	341.74	沙泥	II
陵水新村港和黎安湾近海筏式养殖区	近海筏式养殖区	244.31	沙泥	I

(4) 潜在海湾网箱养殖区

根据潜在海湾网箱养殖区的选划条件，在海南共选划出潜在海湾网箱养殖区 3 个（表 8.7），所选划的潜在海湾网箱养殖分布于万宁、陵水和临高。

表 8.7 海南省潜在海湾网箱养殖区选划表

名称	养殖模式	面积/hm²	底质	潜在增养殖区类型
万宁小海海湾网箱养殖区	海湾网箱养殖区	27.45	泥沙、沙	I
陵水新村和黎安港海湾网箱养殖区	海湾网箱养殖区	118.56	泥沙、沙	I
临高马袅—新兴湾海湾网箱养殖区	海湾网箱养殖区	86.04	沙	II

(5) 潜在深水网箱养殖区

根据潜在深水网箱养殖区的选划条件，在海南共选划出潜在深水网箱养殖区 5 个（表

8.8)，所选划的潜在深水网箱养殖区分布于文昌、万宁、澄迈、三亚和儋州。

表 8.8 海南省潜在近海网箱养殖区选划表

名称	养殖模式	面积/hm²	底质	潜在增养殖区类型
金沙湾—澄迈湾深水网箱养殖区	深水网箱养殖区	1 061.90	粗砂	I
文昌淇水湾深水网箱养殖区	深水网箱养殖区	796.88	礁石、沙	III
万宁大花角以北深水网箱养殖区	深水网箱养殖区	372.68	沙、礁石	III
三亚东锣—西鼓岛深水网箱养殖区	深水网箱养殖区	3 724.74	沙质沙泥	I
儋州后水湾—邻昌礁深水网箱养殖区	深水网箱养殖区	14 174.63	沙、礁石	I

（6）潜在海水池塘养殖区

根据潜在海水池塘养殖区的选划条件，在海南共选划出潜在海水池塘养殖区 15 个（表 8.9)，所选划的潜在海水池塘养殖区分布于文昌、万宁、三亚、乐东、儋州、临高和澄迈。

（7）潜在高位池养殖区的选划条件

根据潜在高位池养殖区的选划条件，在海南共选划出高位池养殖区 13 个（表 8.10)，所选划的潜在高位池养殖区分布于海口、文昌、琼海、万宁、陵水、三亚、乐东、东方和儋州。

表 8.9 海南省潜在海水池塘养殖区选划表

名称	养殖模式	面积/hm²	底质	潜在增养殖区类型
东水港 - 荣山海水池塘养殖区	低位池养殖区	915.34	泥沙	I
文昌东寨港三江—铺前镇池塘养殖区	低位池养殖区	546.80	泥沙	I
文昌宝陵河池塘养殖区	低位池养殖区	316.1	沙质	I
文昌会文镇池塘养殖区	低位池养殖区	1 003.39	泥沙	I
文昌八门湾池塘养殖区	低位池养殖区	984.04	泥沙	I
万宁小海海水池塘养殖区	低位池养殖区	509.12	泥	I
三亚铁炉港池塘养殖区	低位池养殖区	80.14	沙	I
乐东莺歌海池塘养殖区	低位池养殖区	350.8	沙	I
北黎河—昌化江入海口池塘养殖区	低位池养殖区	2 223.88	沙、泥	I
昌江珠珠江口海水池墉养殖区	低位池养殖区	394.24	泥沙	I
儋州新英湾海水池塘养殖区	低位池养殖区	2 281.7	泥沙	I
临高马袅海水池塘养殖区	低位池养殖区	428.38	沙	I
临高调楼 - 美夏海水池塘养殖区	低位池养殖区	319.71	沙	I
澄迈花场湾海水池塘养殖区	低位池养殖区	538.47	泥	I
儋州光村至新英海水池塘养殖区	低位池养殖区	311.18	泥沙	I

表 8.10 海南省潜在高位池养殖区选划表

名称	养殖模式	面积/hm²	底质	潜在增养殖区类型
桂林洋高位池养殖区	高位池养殖区	1 691.89	泥沙	I
海口演丰和三江口高位池塘养殖区	高位池养殖区	1 249.4	泥沙	I
文昌东部清澜港和高隆湾沿岸高位池塘养殖区	高位池养殖区	621.7	泥沙	I
文昌抱虎港高位池养殖区	高位池养殖区	531.71	泥沙	I

续表 8.10

名称	养殖模式	面积/hm^2	底质	潜在增养殖区类型
琼海青葛至欧村高位池养殖区	高位池养殖区	248.98	泥沙	I
琼海潭门镇高位池养殖区	高位池养殖区	106.55	泥沙	I
琼海沙美东海村至深美村高位池养殖区	高位池养殖区	90.88	泥沙	I
万宁英豪—港北—山根—海量村高位池养殖区	高位池养殖区	606.50	泥沙	I
陵水新村港和黎安港高位池养殖区	高位池养殖区	850.47	泥沙	I
三亚宁远河高位池养殖区	高位池养殖区	102.87	泥沙	I
乐东黄流—莺歌海—白沙河高位池养殖区	高位池养殖区	2 059.76	泥沙	I、II
东方板桥—新龙高位池养殖区	高位池养殖区	1 885.34	泥沙	I、II
儋州排浦—海头高位池养殖区	高位池养殖区	402.79	泥沙	I

（8）潜在工厂化养殖区

根据潜在工厂化养殖区的选划条件，在海南共选划出潜在工厂化养殖区 7 个（表 8.11），所选划的潜在工厂化养殖区分布于文昌、万宁、三亚、东方和临高。

表 8.11　海南省潜在工厂化养殖区选划表

名称	养殖模式	面积/hm^2	底质	潜在增养殖区类型
文昌翁田—会文—昌洒工厂化养殖和苗种场	工厂化养殖区	472.18	泥沙	I
文昌冯家湾—长妃港—福绵村苗种场	工厂化养殖区	316.81	泥沙	I
万宁苗种场	工厂化养殖区	306.32	泥沙	I
三亚崖洲湾苗种场	工厂化养殖区	75.08	泥沙	I
红塘湾工厂化养殖区	工厂化养殖区	48.07	泥沙	I、II
东方板桥—新龙工厂化养殖区	工厂化养殖区	1 885.84	泥沙	I、II
后水湾工厂化养殖区	工厂化养殖区	667.47	泥沙	I、II

（9）潜在海水水产原种场和良种场的选划

根据潜在海水水产原种场和良种场的选划条件，在海南共选划出潜在海水水产原种场和良种场 10 个（表 8.12），这些潜在海水水产原种场和良种场主要分布于万宁、陵水、乐东、昌江、儋州、临高和澄迈。

表 8.12　海南省潜在海水水产原种场和良种场选划表

原、良种场名称	选划地点	原、良种种类	用地面积/hm^2	用海面积/hm^2
海南省棕点石斑鱼良种场	乐东县莺歌海镇	棕点石斑鱼	13.33	53.33
海南省鞍带石斑鱼良种场	万宁市港北镇	鞍带石斑鱼	13.33	53.33
海南省卵形鲳鲹良种场	陵水县新村镇	卵形鲳鲹	13.33	53.33
海南省军曹鱼良种场	临高县新盈镇	军曹鱼	13.33	53.33
海南省企鹅珍珠贝原、良种场	儋州市木棠镇	企鹅珍珠贝	6.67	33.33
海南省白蝶贝原、良种场	临高县东英镇	大珠母贝	6.67	33.33

续表 8.12

原、良种场名称	选划地点	原、良种种类	用地面积/hm²	用海面积/hm²
海南省方斑东风螺良种场	儋州市排浦镇	方斑东风螺	6.67	33.33
海南省杂色鲍良种场	澄迈县桥头镇	杂色鲍	6.67	33.33
海南省异枝麒麟菜良种场	陵水县黎安镇	异枝麒麟菜	3.33	33.33
海南省琼枝麒麟菜原、良种场	昌江县海尾镇	琼枝麒麟菜	3.33	33.33

（10）潜在海水水产苗种场的选划

根据潜在海水水产苗种场的选划条件，在海南共选划出潜海水水产苗种场150家（表8.13），其中，石斑鱼苗种场35家、卵形鲳鲹苗种场5家、对虾苗种场40家、蟹类育苗场10家、东风螺育苗场30家、华贵栉孔扇贝育苗场12家、海参育苗场18家。

表 8.13　海南省潜在海水水产苗种场的选划表

市县名称	石斑鱼苗种场	卵形鲳鲹苗种场	对虾苗种场	蟹类育苗场	东风螺苗种场	华贵栉孔扇贝育苗场	海参育苗场
陵水县		5					2
万宁市				2			
乐东县	10		10		10		2
东方市	5			1	10		2
昌江县	5				10		2
儋州市			20	2		5	3
临高县			10	1		5	3
澄迈县				1		2	
文昌市	10			1			2
海口市				1			
琼海市	5			1			2
合计	35	5	40	10	30	12	18

（11）潜在海水水产种质资源保护区的选划

在海南共选划出潜国家级和省级海水水产种质资源保护区5个（表8.14），主要分布于文昌、琼海、儋州和临高，保护对象主要为麒麟菜和大珠母贝。

表 8.14　海南省潜在海水水产种质资源保护区的选划表

种质资源保护区名称	选划地点	保护对象	选划面积/hm²
文昌麒麟菜增殖区	文昌市翁田镇	麒麟菜	3 510
文昌冯家湾—清澜港—福绵村麒麟菜增殖区	文昌市冯家湾	麒麟菜	10 050
琼海麒麟菜增殖区	琼海市长坡镇	麒麟菜	3 150
儋州白蝶贝保护区	儋州市神确村至红石岛	大珠母贝	12 540
临高白蝶贝保护区	临高抱吴港至临高角	大珠母贝	29 780

（12）潜在增殖放流与人工鱼礁区的选划

为适应海南国际旅游岛建设需要，在海南共选划出潜在增殖放流与人工鱼礁（海洋牧场）区16个（表8.15），主要分布于文昌、琼海、万宁、陵水、三亚、儋州和澄迈。

表8.15 海南省潜在增殖放流与人工鱼礁区选划表

礁区名称	礁区位置	面积/hm^2	礁区类型		
			资源保护型	资源增殖型	休闲生态型
文昌七洲列岛增殖放流与海洋牧场游钓区	位于七洲列岛	19 745.56	•	•	•
文昌海南角人工鱼礁增殖区	位于海南角	132.35	•	•	
文昌抱虎角人工鱼礁增殖区	抱虎角	153.97		•	•
文昌铜鼓岭人工鱼礁增殖区	铜鼓岭	218.12		•	•
琼海冯家湾人工鱼礁区	冯家湾	1 186.24		•	
琼海谭门人工鱼礁区	琼海谭门	229.00		•	•
万宁白鞍岛人工鱼礁区	万宁白鞍岛	173.07		•	•
万宁大洲岛岛人工鱼礁区	万宁大洲岛	1 624.94		•	•
万宁加井岛和洲仔岛人工鱼礁区	加井岛和洲仔岛	515.76		•	•
陵水分界洲岛人工鱼礁区	分界洲	350.10		•	•
陵水陵水湾人工鱼礁区	陵水湾	881.50		•	•
三亚蜈支洲岛东侧增殖放流与人工鱼礁游钓区	蜈支洲岛	1 125.41	•	•	•
三亚东瑁—西瑁人工鱼礁区	东西瑁岛	1 128.84		•	•
三亚西鼓岛人工鱼礁区	西鼓岛	177.52		•	•
儋州人工鱼礁区		8 571.32	•	•	
澄迈人工鱼礁区		1 387.26	•	•	

2）潜在海水增养殖品种选划

根据是否已经用于水产增养殖规模化可持续生产，将重点选划的增养殖品种划分为两大类，第一类是在海南已经用于水产增养殖规模化可持续生产的，但需要通过科技支撑进一步提高其增养殖效果的；第二类是目前在海南还没有用于水产增养殖规模化生产的，但根据自然条件、该增养殖品种的适宜性（养殖生物学）和技术水平等因素，在未来不太长时间内可以实现规模化生产的品种。

根据以上选划标准，选划为海南第一类重点增养殖品种的水产增养殖种类主要有：点带石斑鱼、斜带石斑鱼、棕点石斑鱼、鞍带石斑鱼、卵形鲳鲹、布氏鲳鲹、眼斑拟石首鱼（美国红姑鱼）、紫红笛鲷、红鳍笛鲷、千年笛鲷、尖吻鲈、鲻鱼、军曹鱼、漠斑牙鲆、大海马、三斑海马、斑节对虾、凡纳滨对虾、日本对虾、新对虾、锯缘青蟹（和乐蟹）、杂色鲍、近江牡蛎、华贵栉孔扇贝、文蛤、泥蚶、菲律宾蛤仔、方斑东风螺、泥东风螺、大珠母贝（白蝶贝）、珠母贝（黑蝶贝）、马氏珠母贝、企鹅珍珠贝、江蓠和麒麟菜等；

选划为第二类重点增养殖品种的水产增养殖种类主要有：黄鳍鲷、遮目鱼、褐篮子鱼、豹纹鳃棘鲈（东星斑）、虾蛄、远海梭子蟹、锈斑蟳（红花蟹）、耳鲍、羊鲍、马蹄螺、细角螺、管角螺、金口蝾螺、翡翠贻贝、黄边糙鸟蛤（鸡腿螺）、波纹巴非蛤（沟纹巴非蛤）、长肋日月贝、砗磲、糙海参、花刺参、绿刺参、梅花参、紫海胆、白棘三列海胆、方格星虫（沙虫）、双齿围沙蚕等。

8.3.1.5 海南潜在海水增养殖区建设对策与措施

1）潜在海水增养殖区建设需与国家和当地有关法规及海洋功能区划相一致

为了保护海洋环境及规范海域科学合理的使用，国家先后出台了《中华人民共和国海域使用管理法》、《中华人民共和国海洋环境保护法》、《中华人民共和国渔业法》、《全国海洋功能区划》和《海水水质标准》（GB 3097－1997）等法规与标准，并且，为进一步落实和执行国家的相关法规和标准，海南先后制定了《海南省实施〈中华人民共和国海域使用管理法〉办法》（2008）、《海南省实施 <中华人民共和国渔业法> 办法》（1993）、《关于修改〈海南省实施〈中华人民共和国渔业法〉办法〉的决定》（2008）、《海南省海洋功能区划》（2004）、《海南省海洋环境保护规定》（2008）、《海南省珊瑚礁保护规定》（1998 通过，2009 年修订）、《海南省红树林保护规定》（1998 通过，2004 年修订）。因此，在海南潜在海水增养殖区规划及建设发展过程中，必须严格执行国家和海南各级政府部门发布的最新相关法规和标准，在国家和海南当地有关法规和海洋功能区划规定的范围内，进行科学规划和合理布局，并尽可能根据当地水质和底质实际，采用适宜的增养殖模式和先进的增养殖技术，选划出既符合国家和海南省海域管理相关法规与政策要求，又能满足海南海洋渔业产业结构调整和产业发展需求，并能取得良好经济效益、生态效益和社会效益的潜在海水增养殖区、增养殖方式和增养殖对象，保障海南潜在海水增养殖区建设的可持续发展。

2）潜在海水增养殖区建设需根据海南国际旅游岛和生态省建设需要，转变海水增养殖方式

2009 年颁发的《国务院关于推进海南国际旅游岛建设发展的若干意见》（国发〔2009〕44 号）中，特别强调“坚持生态立省、环境优先，在保护中发展，在发展中保护，推进资源节约型和环境友好型社会建设”，“综合生态环境质量保持全国领先水平”，并提出要加大南海渔业等资源的开发力度，大力发展热带水产品等现代特色农业，加强渔业生产安全服务体系建设，大力发展深海养殖业和远洋捕捞业，丰富热带滨海海洋旅游产品等。2005 年 5 月 27 日海南省第三届人民代表大会常务委员会第十七次会议通过的《海南生态省建设规划纲要（2005 年修编）》提出：提倡“绿色养殖”新理念，大力推行生态化养殖模式，采取人工鱼礁等措施，增加渔业资源量，引进和采用“深水网箱养殖”、高密度精养等先进适用技术，发展高科技集约化养殖。因此，要根据“海南国际旅游岛”和“海南生态省”建设需要，深入开展海水增养殖新方式研究，在保护海洋生态与环境前提下，进行新的增养殖方式及其特色品种的研究，为休闲渔业和生态省建设提供科技支撑。在潜在海水增养殖区域和优良品种选划中，要多从转变增养殖方式方面探索和研究，处理好资源和环境保护与发展海水养殖的关系，处理好旅游度假区规划建设与海水养殖的关系，处理好保护旅游景观和旅游秩序与海水养殖的关系，处理好发展休闲渔业与海水养殖的关系，处理好发展旅游产品与海水养殖的关系，处理好港口、交通、通讯、锚地、自然保护区、军事等海上设施建设与海水养殖的关系，处理好水产品质量安全与海水养殖的关系，促进海水增养殖业的可持续发展。

3）潜在海水增养殖区建设需根据当地水质和底质条件选择合适海水增养殖品种

在潜在海水增养殖区建设中，不仅要选择合适的养殖模式，合适养殖品种的选择也十分重要。在增养殖品种选择中，一方面要充分考虑当地的水质和底质条件，选择适合潜在海水增养殖区水质和底质环境要求的养殖品种，以保障所选择的养殖品种能在潜在海水增养殖区正常生长，避免因品种选择不当而造成疾病爆发甚至毁灭性死亡；另一方面，增养殖品种的选择要尽量避免加重潜在海水增养殖区的环境污染，最好还要有利于改善或维护潜在海水增养殖区的水质与底质环境。为此，需要根据潜在海水增养殖区水质与底质的本底情况以及该区域的水流交换等情况，选择合适的增养殖品种。根据不同增养殖品种对海域环境的影响情况不同，可将海水增养殖品种分为两大类，一类为投饵性海水增养殖品种，这类品种在增养殖过程中需人为投喂鲜杂鱼或高蛋白的人工饵料，因此这类品种的增养殖会对养殖区环境造成不同程度的污染，这类养殖品种主要为肉食性和杂食性的鱼类，如石斑鱼、军曹鱼和鲳鱼等；另一类为非投饵性海水增养殖品种，这类品种在增养殖过程中不需人为投喂饵料，它们主要以增养殖区域水体或底质中的浮游生物、底栖藻类和有机碎屑等为饵料，因此这类品种的增养殖不仅不会对养殖区的环境造成污染，反而可以通过摄食养殖区水体和底质中的有机物而改善当地的养殖环境，这类养殖品种主要为藻类、底栖的贝类和棘皮动物等，如麒麟菜、珍珠贝、海参等。因此，为了保护海水增养殖区的环境，需要严格控制投饵性海水增养殖品种的规模，适当增加非投饵性海水增养殖品种的种类和数量。

4）潜在海水增养殖区建设需明确养殖容量，避免超容量养殖生产而污染环境

养殖容量的研究始于20世纪70年代末至80年代初，对于养殖容量的概念，不同的学者有不同理解。我国学者李德尚于1994年把水库对投饵网箱养鱼的养殖容量定义为：不至于破坏相应水质标准的最大负荷量。董双林教授把养殖容量定义为：单位水体在保护环境、节约资源和保证应有效益的各个方面都符合可持续发展要求的最大养殖量。由于养殖容量反映了一定的生态系统的特性，研究这一问题需要充分利用生态学原理知识，搞清某海区或滩涂主要经济生物之间以及它们与环境之间的关系。近年来，养殖容量研究在国外发展成为一个多学科交叉的领域，需要海洋学、数学、环境学和养殖生态学的有机结合，必须运用多学科的知识，多方位地考虑才能得到比较理想的结果。此外，就开放性区域养殖而言，其养殖对象常常涉及到多个养殖品种，由于不同品种之间存在互补作用或互害、拮抗作用，其综合养殖容量不是单一品种养殖容量的简单叠加。养殖容量的研究是采用营养动态学方法和数值模拟手段等方法来测定和评价养殖区的适宜养殖品种以及各养殖品种的最大养殖规模，并结合多元生态养殖模式和生态优化调控技术，努力实现养殖区经济效益、社会效益和环境效益的最大化，保障养殖区的可持续健康发展，实现唐启升院士提出的“耕海万顷，养海万年”的养殖理念。因此，在潜在海水增养殖区建设时，需要科学计算该增养殖区的养殖容量，明确不同养殖品种的养殖比例和规模。在确定潜在海水增养殖区的养殖容量时，应该选择一种合适的养殖容量计算方法，同时也应确定一些标准，这些标准的确定需要考虑以下内容：①增养殖海域的用途。根据最新海洋功能区划确定潜在增养殖海域的主要用途，并根据用途来确定需要达到的水质标准和环境保护要求，保障该海域功能的实现。②养殖对象。由于不同养殖对象之间存在互补作用或拮抗作用，因此，在养殖品种选择时，尽可能选择存在互补作用的

混养品种，以增加养殖容量和减少养殖污染。③养殖模式。不同的养殖模式采用不同的管理措施，往往会对养殖容量造成较大的影响，需要大力推行生态化养殖模式，确保增养殖活动不对当地海域环境造成不良影响。

5）潜在海水增养殖区建设需极强科技投入，通过科技进步引领产业发展

科技是第一生产力，就潜在海水增养殖区建设而言，需要通过科学研究以解决潜在海水增养殖区建设中存在的各种困难与问题，提高潜在海水增养殖区建设的科技含量，以科技引领产业发展。如，为了推进重点选划的海水养殖产品的可持续发展，提高水产养殖优势产品的国内外市场竞争力。首先要通过科学研究以突破相关海水增养殖品种的人工繁育技术、增养殖技术和病害防控技术等，其次通过加强现代水产科技研究和科技成果的推广力度，增强对海水养殖优势水产品产区、水产养殖业者和水产品加工企业的科技支撑。一要完善科技服务体系，加快渔业科技成果转化和技术推广；二要大幅度增强对出口水产品的科学研究和科技攻关能力，加强渔业科技创新能力的建设，加大水产养殖和水产品加工科研和技术推广体制创新力度；三要按照出口水产品生产布局，有针对性地进行不同区域的科技开发；四要组建海水养殖优势水产品产业化基地，加快渔业科技产业化；五要建立多元化渔业科技推广服务与中介机制；六要大力发展渔业科技文化教育，加强对水产养殖和水产品加工生产职工的职业技能培训，提高素质；七要加强渔业科技投入，建立多元化的水产养殖和水产品加工的科技投入体系，加大科学研究和新产品、新技术的开发力度。

6）潜在海水增养殖区建设需调整渔业产业结构，完善市场体系建设

海南岛岛内水产养殖产品市场十分有限，开拓国内外两大市场，是扩大海南海水养殖产品市场和保障海水增养殖产品销售的根本出路。然而，海南水产品的总体加工程度低，缺少产地品牌；水产品加工企业装备和技术落后，缺乏规模效益和竞争优势；水产品精深加工程度较低，综合开发利用更加落后，整体效益较低等，因此，要格外重视重点选划海水养殖产品的冷藏加工和高附加值的水产品加工。海南在提高海水养殖产品市场占有率的激烈竞争中，要突出“名、特、优、新、早”的优势，定位国内外两个市场，调整结构，调出特色，调优品质，调名品牌，调高效益，促进水产养殖业的产业升级，实现优势水产品产业化生产。目前，海南渔业与水产品工业的产值比为1∶0.3左右，而发达国家已达到1∶4，中等发展国家在1∶3或1∶2，因此，迫切需要加大对海南渔业产业结构进行战略性调整，加强渔业基础设施建设，加快科技进步，提高水产品的产业化综合生产能力。

以市场为导向，以效益为目标，是提高海水增养殖产品市场竞争力的最基本原则。完善市场体系是扶持和壮大渔业产业化链条中重要一环，是水产品流通的基础，优质海水养殖产品的价值也是在加工和流通中得到表现。市场体系的建设应依据市场需求和海水养殖产品的产量进行规划，从大市场、大流通、大管理的观点出发，在大力实施名牌战略的同时，坚持“政府搭台、企业唱戏”，积极组织开拓国内外市场，真正做到为产、供、销一条龙服务，使国家、生产者和经营者最终从市场中获益，使海水增养殖生产和产区建设从市场中发展壮大。为此要重点做好以下工作：一是政府要加大力度支持重点海水养殖产区和集散地水产品批发市场、集贸市场等流通基础设施建设；二是要加快建设市场信息服务体系建设，促进产销衔接；三是加快高附加值水产品的科技信息化建设，开拓国内外市场；四是通过多层次的水产

品流通渠道，建立国内国际两大市场网络，规范市场秩序，开展市场预警、储备调节，防范风险，加快产品市场流通速度，不断提高产品市场占有率；五是要充分利用农业部和全国供销社等的水产品市场网络和市场信息平台系统，密切跟踪国内外海水养殖产品市场变化，促进大中城市水产品批发市场和大型连锁超市与水产品流通企业和加工企业的有效对接。

7）潜在海水增养殖区建设需加强增养殖生产和加工标准化体系建设，提高产业化水平

逐步建设重点选划养殖水产品的养殖、加工、流通的标准化体系，是突破国际绿色壁垒和技术壁垒，提高优势水产品市场竞争力的关键性措施，也是发展现代渔业的一项基础性工程。根据我国政府新颁布的食品安全法，海南要制定和完善农产品质量安全法配套规章制度，健全部门分工合作的监管工作机制，进一步探索更有效的食品安全监管体制，实行严格的食品质量安全追溯制度、召回制度、市场准入和退出制度。加快农产品质量安全检验检测体系建设，完善农产品质量安全标准，加强检验检测机构资质认证。为了更好贯彻落实中央精神和法规，提高海南海水增养殖产品的市场竞争力，建议采取如下对策和措施：①建立和健全水产品质量监管的技术支撑、法律保障和行政执法等三大体系；②要进一步明确水产品质量安全的管理主体，加强行政执法的行业指导；③全面建立和推进生产、市场准入制度，建立水产品质量安全信息监管系统；④要加强宣传和引导，提高全民的水产品质量安全意识。

做大做强海水增养殖产品生产和销售的重要举措，是有计划有步骤地实施优势水产品产业化行动计划。2002—2008 年海南水产养殖产品的出口量和出口额年均增长率高达 29.8% 和 31.8%，呈强劲增长势头。按出口金额排序水产品已位居海南各产业的出口商品之首，已成为海南外贸出口的最大亮点。然而，在当前国际金融危机仍在扩散和蔓延，国际水产品市场动荡多变，如何加快实现海南渔业产业化步伐，持续做大做强重点选划水产养殖产品这个增长点，对推进海南海洋经济，乃至全省经济的发展意义重大。实践证明，扎扎实实地组织实施水产养殖产品的产业化行动计划是促进我省渔业发展的行之有效的方法。目前在国内外市场上海南有竞争力的水产品是具有鲜明海南特色的对虾、罗非鱼、近海抗风浪网箱鱼、琼脂和海藻、适沙性贝类和珍珠等，为此，建议海南各级政府及相关管理部门对对虾等海南重点选划的海水养殖产品，应根据其国内外市场需求和综合效益，轻重缓急，逐个组织实施产业化行动计划，采取对应的对策措施，具体地扎实地解决这些重点选划养殖水产品在实施产业化中每个产业链环节的实际问题。着重在创新市场经济观念，发展以国际和国内两个市场为导向，以产品加工出口创汇为突破口，建立龙头企业 + 基地 + 渔户 + 科技支撑的生产机制，形成销 - 产 - 供一条龙的产业链，促进优势水产品养殖品种良种化、生产标准化、质量监管全程化、生态环境友好型和市场经营产业化，真正把各个优势水产品做成一个较为完整的产业，通过产业化推进海南潜在海水增养殖区的建设与发展。

8.3.2　滨海旅游区的选划与建设

8.3.2.1　滨海旅游区评价

为了对潜在滨海旅游区进行选划，首先建立滨海旅游区评价指标体系（见表 8.16）。对于不同类型的滨海旅游区，设置的权重有所区别，例如，就资源禀赋这一指标来说，在评价生态滨海旅游区时，其权重设为 0.356 7，而在评价休闲渔业滨海旅游区时，其权重设为

0.353 2，评价观光滨海旅游区时的权重设为0.403 1，而评价度假滨海旅游区时的权重为0.306 5。限于篇幅，此处不做详细介绍。

表 8.16　海南省滨海旅游区评价指标体系

目标层	指标层	因素层	因子层
生态滨海旅游地开发潜力评价指标体系	资源禀赋条件 A	资源吸引力 A1	观赏游憩价值　A11
			……
		资源影响力 A2	资源优势度　A21
			……
		资源开发潜力 A3	资源分布密度　A31
			……
	生态环境条件 B	生态环境质量 B1	大气环境质量　B11
			……
		环境保护及优化潜力 B2	景观保护程度　B21
			……
	旅游开发条件 C	社会经济状况 C1	周边城镇依托　C11
			……
		客源市场潜力 C2	游客量增长率　C21
			……
		未来保障潜力 C3	交通优化保障　C31
			……

共对64个滨海旅游区进行了评价。评价结果表明，共有一级滨海旅游区17个，占总数的26.15%，二级滨海旅游区12个，占18.46%，三级滨海旅游区26个，占41.54%，四级滨海旅游区9个，占13.85%（见表8.17）。

表 8.17　海南省滨海旅游区级别及其地区分布

县市	一级个数	二级个数	三级个数	四级个数	小计个数
海口市	6	1			7
三亚市	9	4			13
文昌市		2	5	5	12
琼海市	1		1		2
万宁市		2	5	2	9
陵水县	1	1	7		9
乐东县			3	2	5
东方县			2		2
昌江县			1		1
儋州市			2		2
临高县		1			1
三沙市		1			1
合计	17	12	26	9	64

在所评价的滨海旅游区中，位于三亚市的最多，有13个，占总数的21.54%，其次是文

昌市，有12个，占总数的18.46%，以下依次是万宁、陵水和海口，这5个县市的滨海旅游区占所评价的总数的78.46%，而其余7个县市仅占21.54%（见表8.17），表明海南的滨海旅游区在空间分布上比较集中。

8.3.2.2　已开发的滨海旅游区

在所评价的64个滨海旅游区中，海南省已开发的滨海旅游区16个（表8.18）。

表8.18　海南省已开发的滨海旅游区

序号	旅游区名称	所属区域	旅游区类别	开发状况	景区级别	评价等级
1	亚龙湾旅游区	三亚市	度假滨海旅游区	已开发	4A	一级
2	大东海旅游区	三亚市	度假滨海旅游区	已开发		一级
3	三亚湾旅游区	三亚市	度假滨海旅游区	已开发		一级
4	天涯海角旅游区	三亚市	观光滨海旅游区	已开发	4A	一级
5	南山旅游区	三亚市	观光滨海旅游区	已开发	5A	一级
6	三亚鸿洲旅游区	三亚市	游艇码头旅游区	已开发		二级
7	三亚凤凰岛旅游区	三亚市	游艇码头旅游区	已开发		一级
8	蜈支洲旅游区	三亚市	综合海岛旅游区	已开发	4A	一级
9	大小洞天旅游区	三亚市	观光滨海旅游区	已开发	5A	一级
10	海口西海岸旅游区	海口市	度假滨海旅游区	已开发	4A	一级
11	海口秀英港旅游区	海口市	游艇码头旅游区	已开发		一级
12	南湾猴岛旅游区	陵水县	生态滨海旅游区	已开发	4A	一级
13	福湾旅游区	陵水县	度假滨海旅游区	已开发		三级
14	分界洲旅游区	陵水县	综合海岛旅游区	已开发	4A	三级
15	博鳌旅游区	琼海市	度假滨海旅游区	已开发	4A	一级
16	临高角旅游区	临高县	观光滨海旅游区	已开发		二级

已开发的滨海旅游区具有以下共同特点。

首先，在空间上集中分布在东部县市。西部县市中仅临高有1个，其余15个都集中分布在东部滨海县市，其中，三亚有9个，占总数的56.25%。

其次，评价等级高。在已开发的16个滨海旅游区中，评价等级为一级的旅游区共有12个，占总数的75%，另有二级和三级旅游区各2个。

第三，所在区域的经济发展水平较高。2009年，海南省省人均GDP为19 166元，而三亚市达到36 065元比全省平均水平高出88.17%，海口市为26 366元，也比全省平均水平高出37.57个百分点。

第四，度假旅游区占多数。在所研究的16个已开发的滨海旅游区中，度假滨海旅游区有6个，占37.5%，观光滨海旅游区有4个，占25%，反映海南滨海旅游的度假和观光两大主要性质。

最后，所在区域的游客接待量较多。2010年，全省旅游饭店接待游客总量为1 915.5万人次，其中，三亚的接待量为748.09万人次，海口为492.95万人次，分别占全省总量的39.05%和25.73%。广阔的市场和较高的市场认可度使得这些旅游区的开发取得了良好的效果。

此外，旅游资源丰度和品质以及生态环境质量也具有一定的优势。

8.3.2.2 潜在的滨海旅游区

在所评价的64个滨海旅游区中，海南省潜在滨海旅游区49个（表8.19）。

1）新型潜在滨海旅游区的总体开发方向

在所选划的49个潜在旅游区中，度假滨海旅游区30个，占潜在滨海旅游区总量的60%，说明潜在的度假滨海旅游资源非常丰富，也从资源的角度确立了海南发展度假旅游经济的战略定位；潜在的休闲渔业滨海旅游区有6个，占12.22%，说明海南潜在的休闲渔业旅游资源也比较丰富，说明发挥渔业资源的优势来发展旅游业也是海南旅游业发展的一种重要取向。此外，潜在的综合海旅游区也有4个，事实上，海南有大小岛屿500多个，其中海南岛周边就有242个海岛，因此，充分发挥海岛资源及其生态系统的优势，发展岛屿旅游，不仅有利于差异化发展，而且也是海南旅游业发展的重要取向。

2）新型潜在旅游区的开发时序和重要性

根据客源市场、旅游业在当地社会经济发展中的意义、旅游开发对海南国际旅游岛建设作用、旅游资源和旅游产品的互补性等条件，设置潜在滨海旅游区的开发时序和重要性。从表8.19可见，海南省近期应重点开发13个潜在滨海旅游区。其中海棠湾度假滨海旅游区和西沙群岛综合海岛旅游区这两个潜在滨海旅游区对海南国际旅游岛建设具有最为重要的意义，尤其是西沙群岛综合海岛旅游区的旅游开发不仅具有重要的旅游意义，更具有重大的战略意义、国土意义、外交意义和岛屿旅游开发的示范意义，应当重中之重优先重点开发；东寨港生态滨海旅游区、美丽沙邮轮码头旅游区等11个潜在滨海旅游区对海南国际旅游岛建设也具有非凡的意义，应是海南近期内重点开发和建设的滨海旅游区。要在近期内通过重点开发这12个潜在滨海旅游区，实现海南滨海旅游区跃上新台阶的战略目标。在这13个近期重点开发的潜在滨海旅游区中，度假滨海旅游区占7个，生态滨海旅游区占3个，游艇、邮轮码头旅游区占2个，综合海岛旅游区1个，通过这些潜在滨海旅游区的开发，不仅对实现观光型向度假型转变、实现旅游开发和环境保护具有重要意义，而且能够充分体现海南海洋面积宽广的优势，促进海洋旅游和海洋经济的发展。

表8.19 海南省潜在滨海旅游区选划结果

序号	旅游区名称	所属区域	旅游区类别	开发状况	评价等级	开发时序	重要性
1	金沙湾—盈滨半岛旅游区	海口市	度假滨海旅游区	初级开发	一级	近期	****
2	海口东海岸旅游区	海口市	度假滨海旅游区	初级开发	一级	近期	****
3	东寨港旅游区	海口市	生态滨海旅游区	初级开发	一级	近期	****
4	东锣—西鼓旅游区	三亚市	综合海岛旅游区	待开发	一级	近期	***
5	海棠湾旅游区	三亚市	度假滨海旅游区	正在建设	一级	近期	*****
6	海口美丽沙旅游区	海口市	游艇码头旅游区	正在建设	一级	近期	****
7	红塘湾旅游区	三亚市	度假滨海旅游区	初级开发	二级	近期	***
8	石梅湾旅游区	万宁市	度假滨海旅游区	初级开发	二级	近期	****

续表 8.19

序号	旅游区名称	所属区域	旅游区类别	开发状况	评价等级	开发时序	重要性
9	香水湾旅游区	陵水县	度假滨海旅游区	初级开发	二级	近期	* * * *
10	东郊椰林旅游区	文昌市	生态滨海旅游区	初级开发	二级	近期	* * * *
11	铜鼓岭旅游区	文昌市	生态滨海旅游区	初级开发	二级	近期	* * * *
12	海口湾旅游区	海口市	游艇码头旅游区	初级开发	二级	近期	* * * *
13	角头湾旅游区	三亚市	度假滨海旅游区	待开发	二级	近期	* * *
14	西沙群岛旅游区	西沙工委	综合海岛旅游区	待开发	二级	近期	* * * * *
15	铁炉港旅游区	三亚市	度假滨海旅游区	正在建设	二级	近期	* * * *
16	神州半岛旅游区	万宁市	度假滨海旅游区	正在建设	二级	近期	* * * *
17	南燕湾旅游区	万宁市	度假滨海旅游区	初级开发	三级	近期	* *
18	洋浦旅游区	儋州市	度假滨海旅游区	初级开发	三级	近期	* * *
19	八所旅游区	东方市	度假滨海旅游区	初级开发	三级	近期	* *
20	高隆湾旅游区	文昌市	度假滨海旅游区	初级开发	三级	近期	* * *
21	春园湾旅游区	万宁市	观光滨海旅游区	初级开发	三级	近期	* *
22	新村港旅游区	陵水县	休闲渔业滨海旅游区	初级开发	三级	近期	* *
23	木兰湾旅游区	文昌市	度假滨海旅游区	待开发	三级	近期	* * *
24	陵水湾旅游区	陵水县	度假滨海旅游区	待开发	三级	近期	* *
25	棋子湾旅游区	昌江县	观光滨海旅游区	待开发	三级	近期	* * *
26	龙沐湾旅游区	乐东县	度假滨海旅游区	正在建设	三级	近期	* * *
27	八门湾旅游区	文昌市	休闲渔业滨海旅游区	待开发	四级	近期	* *
28	莺歌海旅游区	乐东县	度假滨海旅游区	待开发	三级	近期	* * * *
29	潭门—福田旅游区	琼海市	度假滨海旅游区	待开发	三级	中远期	* *
30	赤岭度旅游区	陵水县	度假滨海旅游区	待开发	三级	中远期	*
31	内六村—月亮湾旅游区	文昌市	度假滨海旅游区	待开发	三级	中远期	* *
32	日月湾旅游区	万宁市	度假滨海旅游区	待开发	三级	中远期	*
33	山钦湾旅游区	万宁市	度假滨海旅游区	待开发	三级	中远期	*
34	水口港—椰子岛旅游区	陵水县	度假滨海旅游区	待开发	三级	中远期	*
35	后水湾旅游区	儋州市	度假滨海旅游区	待开发	三级	中远期	*
36	龙腾湾旅游区	乐东县	度假滨海旅游区	待开发	三级	中远期	*
37	七星岭旅游区	文昌市	观光滨海旅游区	待开发	三级	中远期	*
38	老爷海旅游区	万宁市	休闲渔业滨海旅游区	待开发	三级	中远期	*
39	七洲列岛旅游区	文昌市	综合海岛旅游区	待开发	三级	中远期	*
40	双帆石旅游区	陵水县	综合海岛旅游区	待开发	三级	中远期	*
41	九龙湾旅游区	东方市	度假滨海旅游区	正在建设	三级	中远期	* *
42	冯家湾—宝寺湾旅游区	文昌市	度假滨海旅游区	待开发	四级	中远期	*
43	潮滩鼻旅游区	文昌市	度假滨海旅游区	待开发	四级	中远期	*
44	保定湾旅游区	万宁市	度假滨海旅游区	待开发	四级	中远期	*
45	龙栖湾旅游区	乐东县	度假滨海旅游区	待开发	四级	中远期	*
46	太阳城旅游区	乐东县	度假滨海旅游区	待开发	四级	中远期	*
47	小海旅游区	万宁市	休闲渔业滨海旅游区	待开发	四级	中远期	*
48	青葛—冯家湾滨海旅游区	文昌市	休闲渔业滨海旅游区	待开发	四级	中远期	*
49	铺前港旅游区	文昌市	休闲渔业滨海旅游区	待开发	四级	中远期	*

3）近期新型潜在滨海旅游区的开发层次

近期可供开发滨海旅游区有28个，根据生态条件、资源状况、对海南国际旅游岛建设的重要程度等指标，将这28个旅游区分为三个基本层次，即12个重点开发区、11个引导开发区、5个适度开发区。主要类型及分区为：生态滨海旅游区有东寨港旅游区、东郊椰林旅游区、铜鼓岭旅游区；度假滨海旅游区有海棠湾旅游区、海口东海岸旅游区、石梅湾旅游区、香水湾旅游区、铁炉湾旅游区、莺歌海旅游区、神州半岛旅游区、木兰湾旅游区、龙沐湾旅游区、金沙湾—盈滨半岛度假旅游区、红塘湾旅游区、洋浦旅游区、高隆湾旅游区、南燕湾旅游区、八所旅游区、陵水湾旅游区、角头旅游区；游艇（邮轮）旅游区有美丽沙旅游区、海口湾旅游区；海岛综合旅游区有西沙群岛旅游区、东锣—西鼓旅游区；休闲渔业旅游区有新村港旅游区、八门湾旅游区；观光滨海旅游区有棋子湾旅游区、春园湾旅游区。

4）重点开发区

海棠湾旅游区地处三亚市与陵水黎族自治县交界处，规划用地总面积98.17 km^2，海岸线总长度22 km。该区集碧海、蓝天、青山、银沙、绿洲、奇岬、河流于一身，旅游资源丰富，主要景点有“神州第一泉”南田温泉、铁炉港、伊斯兰古墓群、蜈支洲岛、椰子洲岛等。区内蜈支洲岛、南田温泉已经开发，椰子洲岛、铁炉港红树林等旅游资源仍保留着原生状态。海棠湾旅游区定位为“国家海岸”——国际休闲度假区，将建设成为世界级的集滨海度假、休闲娱乐、疗养休闲等为一体的滨海度假区，是《海南国际旅游岛建设发展规划纲要》提出的“十七个重点建设旅游区”之一，中国第一家、世界第二家七星级度假酒店——红树林费尔蒙酒店进驻该区，另外还有凯宾斯基酒店、万丽酒店、蜈支洲岛珊瑚酒店、海棠之星大酒店、朱美拉大酒店、索菲特大酒店、康莱德大酒店、希尔顿逸林大酒店、高胜大酒店、威斯汀大酒店、喜来登大酒店、豪华精选大酒店、洲际度假酒店、香格里拉大酒店等星级酒店也已落户该旅游区。

神州半岛—石梅湾旅游区位于万宁市东南部，规划用地总面积56 km^2，是海南省一处大型度假旅游区。神州半岛上由东至西排列着5个美丽的海湾——东渥湾、辽前湾、渥子湾、西渥湾和南荣湾，洁白松软的沙滩曲折悠长；6座大小山岭跌宕起伏——牛庙岭、石门岭、凤岭、渥仔岭、马鞍岭和南荣岭。以该区为中心的30 km^2范围内，分布有东山岭、兴隆温泉、大洲岛、日月湾、杨梅湾等几个已开发和待开发的旅游区，其定位是建设集旅游度假、休闲疗养、现代服务于一体的国际旅游度假区，是《海南国际旅游岛建设发展规划纲要》提出的“十七个重点建设旅游区”之一。现已进入基础设施和酒店等项目的建设阶段，石梅湾的艾美酒店因《非诚勿扰Ⅱ》而名声大噪。

香水湾旅游区位于陵水黎族自治县东部。该区滨海风光奇特，空气清新，椰林青翠，沙滩绵长，海边怪石嶙峋，海水清澈见底，不仅坐拥南海广阔的热带海景，还背靠清凉幽静的吊罗山国家森林公园；距离玩海乐园——“分界洲”也仅咫尺之遥，是康体、度假疗养的理想胜地。目前，已经建设2家五星级酒店、1家度假俱乐部、高尔夫球场，规划建成一个极富热带海滨情调的国际旅游胜地。

龙沐湾旅游区位于乐东黎族自治县西北部，海岸线长2 km。该区周边旅游资源丰富，依山傍海，环境优美，有明媚的阳光、纯净的空气、碧蓝的海水、洁白的沙滩，自然生态环境首屈一指。龙沐湾将进行旅游综合项目开发，沿海岸线将建设9座豪华星级酒店，是《海南国际旅游岛建设发展规划纲要》提出的“十七个重点建设旅游区”之一。

西沙群岛旅游区位于南海中部，海南岛东南方，高潮时面积超过500 m^2 的海岛共32个，其中，面积大于1 km^2 的岛屿有3个，即永兴岛、东岛和中建岛。该区旅游资源丰富多样，最具特色的旅游资源为地貌旅游资源、海洋生物旅游资源以及西沙群岛当地所特有的人文旅游资源。在这里可以开展空中俯瞰游、海上巡游、海底观光和潜水游、休闲渔业游、海鸟观赏游、海龟观赏游等旅游活动。是《海南国际旅游岛建设发展规划纲要》提出的“十七个重点建设旅游区”之一，但目前旅游开发还没起步。

木兰头旅游区位于文昌市北部，隔琼州海峡与大陆相望，由木兰头（也称海南角，是海南岛的最北端）、木兰港和30 km^2 的宽阔腹地组成。该区林木茂密，风景优美，沙滩平缓宽广，沙质洁细，水质优良。是《海南国际旅游岛建设发展规划纲要》提出的“十七个重点建设旅游区”之一，其定位是建成国际体育休闲园。目前旅游开发还没有起步，正在抓紧基础设施建设。

莺歌海度假旅游区位于乐东黎族自治县西部，这里水深条件较好、海面较为开阔，海岸线长约9 km，是全国著名的莺歌海盐场所在地。是《海南国际旅游岛建设发展规划纲要》提出的“十七个重点建设旅游区”之一，其定位是打造成为集滨海度假、国际会议、运动休闲、购物美食、高档地产、旅游小镇、低碳经济示范、信息产业于一体的旅游城镇。

棋子湾旅游区位于昌江黎族自治县北部，规划用地总面积约18.4 km^2。该区集奇石、碧海、蓝天、银沙于一身，海面平静，海水清澈，海沙细软洁白，有“万亩沙漠落海南”之美称。是《海南国际旅游岛建设发展规划纲要》提出的“十七个重点建设旅游区”之一，其定位是发挥资源优势，建设成为远离喧嚣、个性鲜明的国家级热带滨海旅游度旅游区。

美丽沙旅游区位于海甸岛西部，东至环岛路，西至美丽沙沙坝以西约150～300 m，南至海甸溪北岸，北至世纪大道北端海岸，西、北、南三面临海。规划建设五星级酒店、观景台、观光塔、体育及会展中心、滨海人行景观桥、商业街、渔人码头、游艇码头、邮轮码头等，将为海口市民及观光游客提供服务，同时大面积的绿化中央广场给市民提供休闲聚会及观光场所。区内建设有中高层、超高层住宅区，别墅住宅区和豪华岛屿式别墅区，别墅区周围水系通达，具有丰富的阳光、海水、沙滩、地下热水等旅游资源。目前，海滨已经建设起白沙公园，周边建设有宾馆和度假酒店等旅游服务设施。

铁炉港旅游区位于三亚海棠湾开发区南部，是三亚市最大的潟湖港湾，受到后海半岛的掩护，港内风平浪轻，目前是三亚市主要的养殖海域，但是由于养殖规模过大，影响了海水交换条件，海洋环境受到一定的污染，既降低了养殖效益，也使在该海域生长的红树林和海草生态系统受到破坏，必须严格控制养殖规模，恢复海洋环境。在开发过程中首先要妥善处理旅游开发与军事用地、用海的关系，在确保军事用地、用海的同时，要保持滨海区域的公共性和通达性；同时要树立特色、精品意识，打造世界级品牌，把创造特色作为建设的生命线，强化旅游开发与文化产业的联动魅力。

海口东海岸旅游区位于海口市东部海岸，西起新埠岛，东至东寨港，全长超过15 km。主要旅游资源有3S资源、温泉资源、田园风光、海底村庄等，以及海口市及其周边众多的人文旅游资源。建有海南皇冠滨海温泉酒店、海南山海度假村、海南中能度假村、桂林洋高校区等旅游接待设施和基础设施，已形成一定的旅游接待能力。

5）引导开发区

金沙湾—盈滨半岛旅游区隶属海口市、澄迈县。该区盈滨半岛外侧海滩长约 10 km，滩面宽阔平坦，沙质洁白、舒松，沙粒径分布均匀。外海水体环境良好，海水质量优良。气候舒适，几乎全年都能开展旅游活动。该区属于开发潜力比较大的滨海旅游区，应在近期内投资开发。可建设游艇码头，开展海上垂钓、海上冲浪等海上休闲活动，也可开展沙滩漫步、日光浴、泡温泉等海滨度假休闲活动。

海口湾旅游区西起秀英港，东至万绿园，沿岸建有众多高档宾馆、滨海公园、生活区、风情酒吧和高尔夫练球场等项目，已建好 111 个泊位，最终将建成 300 个泊位，从而成为海口市的游艇旅游中心。要加快建设游艇码头各种公共设施；加强培训专业的管理人员；加强海洋文化建设；政府要积极引导招商引资，加快游艇产业链的发展；加快整合海洋资源，对城市污水进行重新整合治理。

新村港旅游区位于陵水东南部的新村港内。新村港口窄内宽，东西两面有南湾半岛环抱，港内风平浪静，避风条件好，是一个得天独厚的天然良港，1990 年被国家农业部定为国家一级渔港，现已被成为中心渔港，是海南省重点渔港之一。目前主要为海洋养殖区，港内渔业码头、避风锚地以及大量的麒麟菜和鱼排养殖等，沿岸是对虾养殖高位池，具有浓郁的热带海洋渔业风情。新村港还是目前海南岛周遍海草面积最大的海域，海草床附近有大量的海草床伴生生物，海草生态系统良好，可称为“海洋公园”，海底观光条件优越。要坚持旅游开发与环境保护并重，把对环境的影响降到最小。要做好该区生态环境承载力评估，将开发规模和旅游接待量控制在承载力允许的范围之内。要妥善处理好旅游业与渔业的关系。

东郊椰林旅游区位于文昌市清澜港东岸，地处东郊镇海滨，距省会海口市 80 km。这里椰树成片，椰姿百态，3 万多亩椰林，绿叶婆娑，婀娜多姿，美不胜收，正如人们所说“文昌椰子半海南，东郊椰林最风光”。在这里，游客可尽情沐浴椰风海韵，领略椰乡风情，饱览光怪陆离的海底世界。除了集中连片的椰林以外，这里还有优美的海滨景观，海水清澈，沙滩洁白，是天然的海水浴场，可开展各种沙滩运动和水上活动。该景区是中国十大海滨风景区之一，也是海南优秀旅游景区、文明旅游景区和省旅游定点单位。要加强东郊椰林和文昌卫星发射场航天主题公园、铜鼓岭旅游区、高隆湾旅游区的区域旅游联合，增强整体实力。要大力发展特色旅游项目，使其成为海南旅游的品牌。要完善景区的各项公共基础设施建设，提高景区宾馆的服务质量与旅游景点的接待能力。

春园湾旅游区位于万宁市万城镇东 12 km 处；东面是省级自然保护区大花角——滨海风光浓郁，景区林木葱翠，有 200 余只野生猕猴在风景区里嬉戏定居，海湾遍布大大小小的卵石，景观奇特秀丽；东南面是“海南第一岛燕窝岛”（大洲岛）——国家级海洋自然保护区，海上仙山，神秘迷人；北面是“宝岛第一潟湖”小海，——水波浩渺，盛产和乐蟹、后安鲻鱼、港北对虾等水产品。春园海岸线长达 4.2 km，海湾海域面积近 2.5 km^2，阳光充足，年平均气候 24.5℃，水温 25～30℃，岸滩宽度适中，滩坡平缓，沙质洁净，水全无污染，无水草，透明达 15 公尺，是开展综合性海上活动的理想场所。可海水浴、潜游、游艇、帆板、冲浪、海上观光、沙滩拉网、礁间垂钓等。

红塘湾旅游区位于三亚市天涯镇南部沿海，岸线顺直，水质优良，沙滩适宜，目前建有高尔夫球场等旅游度假项目和热带雨林公园。宜开展热带滨海生态观光旅游。临近三亚市区，紧邻西线高速公路，比邻三亚凤凰机场，与天涯海角、三亚南山、大小洞天组成三亚市西部旅游开发组团。应面向国际国内中高档市场，建成为融酒店、商业、娱乐、社区为一体，集滨海小镇风情和滨海风光与一身的综合型旅游度假区。

高隆湾旅游区位于文昌清澜港南部，沙滩平缓延绵，沙粒较细，为粉砂—细砂；滩后有成片的椰林和木麻黄林及平坦的陆地腹地，海域宽阔，海水蔚蓝色，水质优良，南部近岸浅海是珊瑚礁发育区。该区适合于开展休闲度假、海水游泳、海上运动娱乐、康体美食文化等活动。目前高隆湾沿岸已建设有清澜金融旅游度假中心、清澜雅顿大酒店、清澜高隆湾度假村等多个旅游度假项目和海上水上运动等项目。

南燕湾旅游区位于万宁市礼纪镇东南部石梅湾与坡头港之间，沿岸沙滩平缓细白，海岸风景独特，湾内水质优良。这里旅游资源丰富，山峰石崖高耸，清泉飞瀑长流，巨洞阔大，沙滩洁白，绿树葱茏，天青海碧，水产丰富。区内建有海滨高尔夫球场等滨海旅游度假设施，球场依山面海，风光秀美，享有优美全海景球场的美誉。可借助南燕湾天后宫国际妈祖文化项目，开发世界上独树一帜的、具有海洋特色的航海文化

八所旅游区位于东方八所港和八所渔港之间的近海海岸，掩护条件好，风轻浪平，沿岸沙滩宽约 20～30 m，岸线长度 2. 3 km 左右，海底有珊瑚礁，主要旅游资源有 3S 资源、工业旅游资源、历史文化资源，宜开展游泳、海上运动娱乐、沙滩休闲等活动。已开通北洋、华南、港澳三大航线，与国内 24 个港口通航，已具备一定的接待服务设施和基础设施，建有东方富岛海湾大酒店、东方市鸿信大酒店、东方绿宝大酒店等旅游接待设施，形成了一定的旅游接待能力，但等级和服务质量等方面还有待进一步提高。

陵水湾旅游区位于陵水南部新村港口门外至赤岭之间沿岸近海海域，与土福湾一衣带水，南临三亚海棠湾和亚龙湾，地跨新村、英州两镇，涂滩狭长，海岸线长约 12 km，是陵水县最大的海湾，水域宽阔，岸线绵长，十几千米海岸线均由沙质构成沙细水清，温度适宜。这里汇集了中国最美的沙滩、最清澈的海洋、最湛蓝的天空，拥有中国最洁净的空气及最完全的度假元素。海水质量达国家一类海洋水质标准，能见度达 11 m，沙滩平缓涉水 200 m 远，水深也不过 2 m，是世界顶级的天然海滨浴场。被誉为“会唱歌的沙滩”，宜开展沙滩休闲、海水浴场、水上运动等滨海度假旅游项目。

6）适度开发区

东寨港旅游区位于海南省东北部，处于海口市和文昌市的交界处。该区港湾避风条件好，有水面 56 km^2，其中 52 km^2 被建成东寨港自然保护区，主要保护对象有沿海红树林生态系统，以水禽为代表的珍稀濒危物种及区内生物多样性。主要旅游资源是红树林及其生态系统、海底村庄。目前，已建有一家旅游公司，但经营比较惨淡。应在近期内加大旅游开发的投资力度，通过红树林科考、科普、生态旅游开发进一步促进红树林的保护。

东锣—西鼓旅游区位于三亚市与乐东县交界近海海域。东锣、西鼓也称为东岛、西岛，或称为东州、西州，是两个离岸海岛，东锣面积约 2. 5 km^2，西鼓面积约 1 km^2。这里是国家级珊瑚礁自然保护区重要部分，因此海岛旅游开发有一定的限制，必须协调好海洋开发与海洋保护的关系。可开展海上垂钓、海底潜水、海岛露营、海岛婚礼旅游、海上游艇旅游等旅游活动。

八门湾旅游区位于文昌八门湾内。八门湾红树林是海南省著名的红树林景观，有“海上

森林公园”之美称。文昌八门湾红树林现有18个科30余类，占目前全世界红树品种81种的40%，是我国红树品种最多的地方。八门湾红树林风光旖旎，千姿百态，可以开展红树林观光旅游。与此同时，可利用渔业比较发达的优势，开展休闲渔业旅游。

铜鼓岭旅游区位于文昌市龙楼镇东部海滨，以铜鼓岭为中心，南距东郊椰林湾16 km，北距海口市90 km。铜鼓岭是海南的最东角，主峰海拔338 m，有琼东第一峰之称。铜鼓岭绵亘超过20 km，伴有18座大小不同的山峰，群峰竞秀，层峦叠翠，风光旖旎。岭上地貌奇特，自然资源丰富，植被生长繁茂，种类众多，兽类有20多种，鸟类有60多种，形成了一座天然的生态植物园、百草园和野生动物园。景区有神调、和尚屋、尼姑庵等古迹，有仙殿、仙洞、风动石、银蛇石、海龟石等奇岩异石。特别是风动石，高3 m多，重约20 t，上圆下尖，风吹能动，摇而不倒。岭上顶峰可观日出，可看云海看晚霞。登高远眺，南海碧波，水天一色，渔帆点点，群鸥翱翔；距铜鼓岭17 n mile的蓬莱仙境般的七洲列岛，时隐时现，蔚为奇观。岭下，月亮湾海滨沙滩宽阔，松软细白，海湾重叠千层，波峰泛银。距海岸四、五十米的浅海带上长着五光十色的珊瑚礁，光怪陆离的海底世界，形成了一座天然的海底自然公园。朝北望去，宝陵河像一条飘带柔曼地飘然入海，银色沙滩蜿蜒远伸，漫无尽头。远眺岭西内陆，青浪如海的椰林掩映着一个个村庄农舍，一道道狭长的水田带绕丘环坡，好一派南国田园风光。早在1983年，铜鼓岭就成立了自然保护区，1988年成为省级保护区，2007年升级为国家级保护区。

角头湾旅游区位于三亚市崖城镇梅山角头西北至与乐东交界处沿岸海域。海水洁净，符合《海水水质标准》（GB3097－1997）第一类标准。沿岸沙滩丰富，坡度平缓。已规划建设，与海南省海洋功能区划、三亚市海洋经济发展规划及三亚市旅游发展总体规划等保持一致。宜开展滨海生态旅游，可建设简易旅游码头，为东锣、西鼓海岛旅游开发提供沿岸依托。

8.3.2.3 海棠湾旅游开发案例研究

海棠湾南起亚龙岭，北至三亚市界，西起东线高速公路，东至海边，包括南田温泉和蜈支洲岛，总面积98.78 km^2。海棠湾位于海南岛南端、三亚市东部，距市区28 km，与亚龙湾、大东海、三亚湾、崖州湾并列三亚五大名湾，具有较好的旅游资源区位条件。海棠湾地区的西北多为山地，东南为较宽平坦的河流冲积地和滨海平原，区内旅游资源丰富。研究范围总用地面积98.78 km^2，现状人口约3.8万人，海岸线总长21.8 km。

海棠湾旅游开发达成4个共识。总体定位：“国家海岸”——国际休闲度假区。国际品牌：世界级品牌的引入。开发理念：生态保护与开发建设双赢。规定三区：划定北、中、南三区。

海棠湾开发目标可概述为：整合琼南热带滨海旅游资源，创建国际一流的热带滨海旅游休闲度假区，打造世界性品牌；创造新的带有示范意义的开发模式，提升海南省、三亚市国际旅游形象，建设可持续发展的度假区；满足中国人对热带滨海休闲度假旅游的巨大需要，促进三亚乃至海南经济社会发展。

海棠湾的开发本着四项基本原则：即生态优先原则，协调处理好旅游开发与生态环境的关系，统筹安排海棠湾生态资源的保护和利用，严格限定禁止开发的区域；区域协调原则，处理好海棠湾旅游与琼南旅游经济圈发展的关系，处理好与三亚市其他旅游区发展的关系，处理好旅游业发展与海棠湾城镇建设及其他产业之间的关系；紧凑布局原则，在节约用地的基础上，合理安排完善旅游度假配套设施和项目，创造高质量的度假休闲环境；和谐发展原则，注重当地群众利益和民生问题，把旅游发展和社区发展结合起来，以旅游带动当地经济的发展。

海棠湾定位为："国家海岸"、国际休闲度假区。主要功能为世界级度假天堂，面向国内外市场的多元化热带滨海旅游休闲度假区，国家海洋科研、教育、博览综合体。

海棠湾应具有三大核心功能，①国际顶级品牌滨海酒店带——由 20 ~ 30 个滨海高级酒店组成的滨海酒店带，国际组织会议中心、国家俱乐部。②世界级的游艇休闲社区——铁炉港热带游艇港、游艇社区、游艇俱乐部、高尔夫。③国家级海洋研究、教育、博览中心——建设世界第一的热带水族馆、海洋公园（海上迪斯尼），建设国家海洋研究院、国际海洋科学中心、国家海岸湿地公园。其中第一项为规划期内需要完成的，第二和第三项核心功能在远景中落实。

根据对海棠湾旅游度假资源和对国际旅游度假产品的分析，主要开发以下 13 项旅游产品。

热带滨海度假——在海棠湾建设系列酒店群，包括四星饭店、五星饭店、七星饭店。

热带游艇基地——在铁炉港建设游艇基地。

高尔夫——结合旅游度假，在区内建设山地高尔夫、湿地高尔夫、滨水高尔夫等特色高尔夫群体。

娱乐中心——娱乐是旅游度假区的重要功能，也是三亚市一些旅游度假区相对缺乏的功能，在海棠湾要建设多元化、综合性娱乐中心。

主题公园——建设国家海洋公园（海上迪斯尼）、世界最大的热带水族馆、椰子洲湿地公园、热带植物园、动物园、影视城，形成一系列世界级的旅游吸引物。

会议中心——建设国际社区、国际会议中心。

博物展览——保护好伊斯兰古墓群，建设古船博物馆、香水博物馆等。

大型购物中心——为集聚的大量人口提供大型购物场所。

特色餐饮——建设一流的国际美食街。

教育、科研、培训——建设国家海洋研究院、国际海洋交流中心，旅游学院、旅游培训中心。

温泉度假区——依托南田温泉、湾坡温泉建设温泉度假区。

水上游览廊道——依托丰富的水系开辟水上巴士、水上游线。

夜旅游产品——在热带滨海，夜晚应该是更有魅力的时段，规划提出夜旅游概念，其内涵是将各种夜生活产品（如餐饮、文化、娱乐、交友等）整合成为一个完整的产品群，成为旅游收入新的增长点，将海棠湾打造为夜明珠、不夜城。

海棠湾针对国际市场的旅游吸引物主要有：热带滨海度假、冬季高尔夫。旅游吸引物所面向的国际一级客源地主要是韩国、日本、俄罗斯游人，以及商务旅游和会议旅游客人。

针对国内旅游市场的旅游吸引物主要是度假、主题公园、游艇社区。主要吸引明星、成功人士、空巢家庭、富裕的老年游客，来华工作的国外中高级管理人员和专业技术人士，包括香港、澳门、台湾等传统客源市场。

海棠湾的开发建设目标是成为集热带滨海旅游度假、国家科教博、自然与人文生态交相辉映的多元化发展的国际热带滨海旅游度假胜地。具体而言，要有良好的世界知名度；成为中国热带滨海旅游度假的最高品牌，国家热带海洋科教博综合体；成为海南省的名片之一，海南省旅游集散中心、综合服务中心、旅游教育培训中心；成为三亚市的支柱品牌。

通过旅游开发，树立海棠湾的国际形象，扩大对外交流，提高海棠湾的知名度，增强海棠湾居民的凝聚力和荣誉感，提高居民的素质，创造大量的就业机会，到2010年，旅游业为海棠湾新增直接就业岗位1万~2万人，到2020年，旅游业新增直接就业岗位8万人。

海棠湾旅游开发要想有大的发展，确立大旅游观念是前提，政府主导是关键，社会联动是支撑，政策市杠杆，市场是手段，项目是载体。

海棠湾的近期用地布局可概括为“一带两心”。一带指滨海酒店带，世界顶级品牌酒店及滨海公共服务区。滨海沙坝酒店根据场地条件的差异定位为不同特征主题的酒店片区。两心包括度假核心——大小龙江塘周边区域定位为高端品牌休闲度假核心，主要功能包括顶级酒店、国际会议中心、特色主题酒店等。生态绿心——椰子洲及临河椰林带定位为国家海岸湿地公园，保持区域原生态特征，开展徒步探险、湿地观光等休闲旅游活动，形成区域北部的生态绿色核心。

海棠湾远景用地布局可概括为：“一点、一带、三区、六片、五楔”。一点：蜈支洲海岛区域，构建成为具有观光、游览功能的海岛热带雨林公园，应注重生态环境的保护，加强控制引导，控制旅游容量，使之成为区域重要的旅游品牌。一带：沙坝酒店带—世界顶级品牌酒店带，将建设成为世界级酒店群及海滩公共设施集中区。三区：分为南中北三个区。南区南起铁炉港，北至林旺北高速联络线，主要功能定位为综合休闲旅憩服务区（游艇港、高档酒店、旅游小镇、山前度假、天堂度假村等）。中区包括大小龙江塘和指状湿地范围，主要功能定位为高端休闲旅游社区（顶级酒店、国际俱乐部、游艇社区等）。北区南起指状湿地，北至三亚市界，包括藤桥镇、椰洲、风塘等多个场地单元。主要功能定位为多元文化旅游社区（本土与异域文化主题酒店、椰洲观光、温泉度假、传统旅游小镇、国际海洋科技交流中心）。六片：是指从南到北结合场地特征划定的各个功能区，分别是：铁炉港片区——区域公共服务休闲中心；林旺片区——现代旅游服务小镇区；龙江塘片区——高档国际社区；风塘片区——主题度假生活区；椰洲片区——态游览区；土福片区：教育、博览中心。五楔主要指的是顺应山势、通向海滨的五条主要绿化通廊，或结合高尔夫、或结合道路隔离绿化、或结合公园绿地，成为保障区内公共开敞空间有效落实、组团之间有效隔离的重要生态绿楔空间。

海棠湾的区内道路网络可概括为“两纵六横”。两纵：指滨海景观大道和滨海步行观光路。滨海景观大道是沙坝酒店带上重要联系通道，北段、中段位于沙坝上酒店带之后，南段位于酒店带与海滩之间。滨海步行观光路位于沙坝酒店带与海滩之间，以自行车和步行交通为主，是体验滨海风光重要的联系通道。六横：指高速公路联络线和海榆东线联络线。高速公路联络线指直于东线高速公路通向海滨的三条联络线，与高速公路通过立交联系；海榆东线联络线指直于海榆东线通向海滨的三条东西向联络道路。

海棠湾的公共设施用地结构可概括为“一带六心多核”。一带：滨海公共酒店带，包括酒店及商业、文化、娱乐等旅游公共设施。六心：各个片区的服务核心包括铁炉港游艇社区中心、林旺镇旅游服务中心、龙江塘国际会议中心、海棠湾镇旅游服务中心、藤桥河北海洋科教博中心。多核：服务各个单元组团来的公共中心。

海棠湾总体景观框架形成“三轴、三带、六区”的结构。三轴：贯穿场地南北的重要景观轴，分别是滨海大道景观轴、海棠大道景观轴、高速及国道景观轴。三带：依据场地特质形成异质开敞空间为主要内容的景观带分别是沙坝景观带、滨水景观带和农田景观带。六区：根据功能侧重的不同以及风貌特征的各异划分为铁炉港潟湖景观区、林旺特色小镇区、龙江塘及指状湿地景观区、风塘景观区、椰洲湿地公园及温泉小镇景观区和海洋科博景观区六个景观风貌区。

主要景观标志6处，次要景观标志8处，分别位于各个片区。主要景观标志包括龙楼岭、蜈支洲岛、七星级酒店、薄尾岭、田岸后大岭及牙龙岭。次要景观标志包括铁炉港、指状湿地、烈士纪念碑等。

根据场地特征分析、开发建设条件评价和整体规划结构将海棠湾的规划用地划分为禁止建设区、一级限制建设区、二级限制建设区和适宜建设区四种类型。其中禁止建设区总面积47.17 km^2；一级限制建设区总面积10.31 km^2；二级限建区总面积15.4 km^2；适宜建设区总面积25.9 km^2。

通过详细测算，确定规划期内区域内开发建设总量为1 100 × 10^4 m^2左右，建设用地毛容积率0.21。建筑高度控制分为5个层次，具有标志性意义的重要建筑物可以根据规划要求提高建筑高度。

8.3.3　临海工业区的选划与建设

建立临海工业体系，是我国许多港口城市跨越发展的重要途径。世界工业化经验表明，工业布局是以充分利用资源禀赋条件和降低生产成本为基本准则，沿海和临港地区往往是区域经济的起源地和繁荣地。在20世纪60年代以来，由于运输成本的低廉和国际交流的便利，以重化工业为主体的现代工业更为明显向沿海地带聚集，被称为“工业的临港化”，这些在临港地区发展起来的工业区，以沿海和临港产业布局和区位条件为依托，逐渐形成了庞大集群，目前世界上一些大城市群带均分布在沿海临港地区，已经成为世界性的经济景观。近年来，我国很多港口城市特别是沿海港口城市都提出了“工业立市、以港兴市、建设现代化新兴港口工业城市”的发展战略。利用港口的优势条件，在国际市场上，实行大进大出的发展战略，建立临港性工业体系，是我国许多港口城市发展的一条重要途径。海南正在建设国际旅游岛，应该围绕建设南海资源开发和服务基地，制定和实施海洋强省战略，科学规划发展海洋经济，形成南海蓝色经济区；应该抓住沿海临港工业发展的机遇，依托港口发展临港产业，以港兴区、港区联动，推动工业跨越式发展。

8.3.3.1　临海工业区的形成及发展优势

1）临海工业区的形成

临海工业区，主要有三类侧重：一类侧重于利用沿海区位条件，二类侧重于利用近海资源，三类侧重于近海产业分工与布局。综归起来，临海工业区是指充分依托沿海区位条件和合理开发利用近海资源，发展工业及相关产业，形成由沿海岸线、港口和其他交通运输枢纽连接起来的带状空间经济体与具有紧密关联关系的结构协调的产业走廊。

临海工业区的形成需要一定的条件，一是较为良好海岸地理条件，诸如良好的港口、码头条件，以及较为漫长和开阔的海岸线和可提供开发的腹地延伸等。这类地理区位条件在当今技术经济水平下，对临海工业区的形成和发展依然产生重大影响。二是可供开发的海洋特别是近海资源，如海产养殖、渔业、潮汐发电等。这类资源条件中的海产养殖、渔业对早期沿海城市的兴起有较大的影响，但随着科技进步，它们的影响作用已变得相对较小。三是具有较大的经济总量和经济规模，能够成为带动地区经济发展的主导性力量。四是较好人口条件，诸如具备较大的人口密度、与经济和产业发展的人口数量与质量等。五是具有一定的产业发展基础，通常需要一定工业及相关规模，具有增长潜力，产生结构合理，初步形成较为合理的产业布局并具有向面状和带状托散的特征。六是具有高度外向性，与海外市场联系紧密，同时技术创新和管理创新能力较强，能够充分利用国外市场和积极开拓国内市场。七是初步形成了城市集群，产业集群与城市集群交互作用共同发展，促进产业带不断被吸纳到城镇结构体系中，城镇空间结构不断向高级化演进。

由此可见，①临海工业是依托沿海港口资源，海上贸易和近代工业基础，在港口区域内建立并利用港口和区域资源优势而发展起来的工业。②临海工业与现代港口紧密联系，通常是指位于沿海地区，原材料和产成品大量依靠船舶运输的工业，也指依靠港口深水条件并服务于航运业的工业，前者如冶金、石化、水泥、汽车、木材加工等工业，后者如造船、修船等工业。③临海工业是指依托港口，以企业集群、成片开发为基础，以重化工业为主体，以大型化和大进大出为不典型特征的一种高投入、大运量、大产出的产业组织体系，是工业化加速期不典型的经济组织形态。

2）临海工业区的发展优势

工业园区是产业发展的重要载体，是实现产业规模化、集约化、低碳化发展的重要一环。港口经济在一定区域范围内，由港航、临港工业、商贸、旅游等相关产业有机组合而成的一种区域经济。作为本地区与外界物资和信息交换的重要载体，港口经济已经成为推动区域经济发展的重要力量。国内外发展经验表明，港口是带动区域经济发展的核心战略资源，港口经济已经成为区域经济发展的增长极。

（1）临海工业的集群化优势

沿海尤其是港口一带成为工业集中布局的地区，主要是因为这一地区具有广阔的土地资源，发达的海上和陆地运输系统，加工冷却和排水可以利用海洋，直接利用海洋资源作为原材料，以及丰富的劳动力资源。世界上著名的临港工业区互通的基本特征是：①地理位置优越，交通运输设施提供发展的便利条件；②园区内基础设施完善，为园区企业进一步拓展业务奠定基础；③环保意识强，废弃物品处理设备到位；④重视研发工作，重视对市场的研究预测等。

临海工业集聚形成工业园区有如下优势：①有利于减少成本。具有大进（煤炭、石油、矿石资源等）大出（工业制成品、汽车、电子等）的经济运行特点，原料及成品均通过海上运输来实现，海运成本低且减少了短途运输及仓储的费用，将大大降低工业成本。另外，对于一些大型装备机械行业来说，临港的区位优势可以缩短制造周期，也会大幅度地降低成本。②有利于扩大出口。临海工业区具有临近港口的区位优势，海上交通便利，通过海上航线沟通世界各地，对于扩大出口、发展外向型经济具有得天独厚的条件。③有利于弥补工业原料的不足。由于临海工业区的布局特点，临港的优势以及现代化的交通运输条件使其可以利用国内、国外两种资源进行生产，改变了以往工业布局要靠近原料地和消费地的原则，弥补原料不足的缺陷。④有利于节约用地。一方面，临港工业区一般利用沿海的用地资源，利用海上运输实现大进大出，因此与一般工业相比，仓储周期短，相对来说用地较少。另一方面较多的临海工业区是在废弃的盐田、滩涂改造基础上建设的，有效地缓解了工业用地紧张的局面，节约了陆域优质土地。⑤有利于缓解环境压力。一般的临海工业区远离市区，有效地减少了废气、噪声等污染。由于可以利用国内外的各种资源进行生产，对于本地区的自然资源的利用也会有所减少，可以在一定程度上缓解当地的自然资源紧张的状况。

（2）临海工业发展对区域经济的影响

“集聚－扩散”、“支持－带动”是临海工业与周边地区动态关系及作用机制的基本模式，它同社会经济发展的关联度十分密切。

①临海工业发展促进了区域城市化进程

经济要素的流动与集聚是实现城市化的机制，发展临港工业进程本身就是城市化的过程。首先大量土地征用带动人口集聚。农业生产用地经过大量征用转变为城市建设用地等，农民居民实现了居住转移、产业转移和生产转移，人口迅速向城区集中，政府通过完善各类保障制度，实现失地农民老有所养，这部分人口的生活方式也迅速向城市生活方式转变。其次发展临港工业过程中高标准基础设施建设，使得周围社会环境发生了很大改变，教育、医院、卫生条件得到相应的改善，人民生活水平和质量得到较大提高，其原有的生产生活区域已不可逆转地转变为城市化区域。第三发展临港工业产业促进了与之相关的第三产业和其他产业的发展，产业的集聚也集聚了人气，形成人口与产业之间的良性互动。

②临海工业发展提供了更多就业机会

发展临港大工业，不仅可为区域经济创造和产生一大批的就业岗位，还可带动更多相关的配套项目的就业机会。同时临港工业发展也带动了餐饮、交通及其他服务业的发展，提供了更多就业机会。随着经济的发展和生活的变化，新的行业、新的职业、新的机会以按以往经验很难想象的速度和形式出现。

③临海工业发展带动了第三产业发展，促进了区域经济协调发展

临海工业具有产业辐射功能，由于临海工业多属于劳动密集型和资本密集型产业，与物流业、金融业等第三产业的关联度较高。发展临港工业也将会对本地区的物流、金融等产业的发展产生驱动效应。同时货物进出、技术交流的机会进一步增多，物流业的份额必然会有一个大的提升；这也将有利于信息、资金、人才流的聚集，大力发展与之临港大工业相关联的商贸业和运输业，不断提高港口经济对城市区域经济的贡献率；而城市为港口提供货源以及必要的发展条件和环境，促进港口经济的扩张，从而实现港口与城市区域经济互动协调发展。

④临海工业发展促进了要素聚集，优化了地区产业结构

港口城市以港口为依托，对其腹地有着强大的吸引力，重化工业、出口密集型产业和原材料加工业逐渐向港口聚集成为经济发展的趋势。由于相比起路运和空运，海运具有运量大、成本低的特点，所以发展临港工业可以寻找最廉价的生产要素等工业资源，建立加工基地，建立大进大出的加工工业。发展临海工业将会对产业发展产生强大的前向关联效应，诱导地区新兴工业部门、新技术、新型原料等产业的出现，改善、优化本地区的产业结构，以产业集聚核心，不断延长产业链。

综上所述，定位准确的临海工业将诱导更多的前、后关联产业在本地区的聚集、成长、

持续提高区域经济的容量。与此同时，物流、信息流、资金流、人才流的聚集，也将有利于区域综合竞争力的进一步提高。

⑤海南发展临海工业与建构产业集群的现实基础

海南拥有得天独厚的港口岸线资源、宽松的对外开放条件和日臻完善的基础设施建设，依托深水港湾，利用国内外市场及资源，发展大型临海工业，通过培育若干具有国际竞争优势的临海工业基地，构建新型产业体系，形成临海工业带，辐射内地山区，加快工业化进程，这是海南进一步发展的客观要求，也是加快海南经济特区建设的必然选择。

世界发达国家和地区的成功经验表明，经济的快速发展，既要遵循一般的共性规律，更要善于从自身的优势出发，探寻一条扬己所长的发展道路。对海南而言，实施加快临海工业发展战略正是这样的最佳选择。目前，海南发展临海工业、建构产业集群具有自身的优势，具备了一定的现实基础，主要体现在：一是区位优势突出港区资源丰富；二是拥有深水良港，具有得天独厚的建港条件；三是配套基础设施不断完备，投资环境不断改善；四是引进了一批大项目、大企业，临海产业集群初具规模。

8.3.3.2 临海工业区的布局与现状

1）临海工业区的现状

目前，海南临海工业区主要包括洋浦经济开发区、老城经济开发区、东方工业园区和临高金牌港开发区等四个园区。“十一五”期间，按照“不破坏资源、不污染环境、不搞低水平重复建设”的原则，在大企业进入、大项目带动和高科技支撑发展战略的推动下，四个园区已形成以炼化为主的石油化工，化肥甲醇为主的天然气化工，浆纸为主的浆纸一体化，玻璃为主的矿产资源加工，水产品为主的农副产品加工以及修造船等产业的集聚区。2010 年前三季度，上述园区累计实现工业总产值约 542 亿元，占全省工业总产值的比重达 55%。

（1）优势产业不断壮大

随着大企业进入、大项目带动、高科技支撑产业发展战略的实施，充分利用了现有产业基础、港口条件和重点工业园区及开发区，发挥了海南发展战略性新兴产业的后发优势，工业发展进了快车道。

①天然气和天然气化工。天然气产能较快提升，2006 年 5 月“东方 1－1”气田二期项目投产，2008 年福山气田扩建完工，2009 年 9 月“乐东 22－1”气田建成投产，目前海南年最大供气能力达 45×10^8 m^3。随着 2010 年“乐东 15－1”气田建成投产，预计到年底天然气供应能力将达到 52×10^8 m^3。天然气化工产业链不断延伸，截止 2010 年，海南省已建成两套尿素产能 132×10^4 t，甲醇产能 140×10^4 t，燃料乙醇产能 6×10^4 t。

②石油加工与石油化工。海南省已建成 800×10^4 t 炼油、30×10^4 t 聚酯、20×10^4 t 聚丙烯、8×10^4 t 苯乙烯和 23×10^4 t 基础油；中海油精细化工（烯烃）项目已于 2009 年 2 月正式开工；60×10^4 t 聚酯原料（PX）项目可研已经中石化总部批准，正在开展基础设计，计划 2010 年年底开工；PTA 项目正在加快推进；海南洋浦烯烃石化项目正在抓紧编制可研和环评报告，业主各方已签署合作框架协议。

③纸浆及造纸工业。已建成 120 万亩浆纸林基地、100×10^4 t 纸浆、30×10^4 t 卫生纸生产线，160×10^4 t 造纸（一期）正在试生产。

④矿产资源加工业。中航特玻对福耀玻璃厂原有两条生产线进行改造，并在福耀厂预留厂址上再新建两条生产线，计划建设8条日融化量为600 t的电子玻璃、Low－E镀膜玻璃、太阳能TCO镀膜玻璃、航空玻璃、高速列车玻璃等高端玻璃生产线。目前，一期第一条生产线已建成投产，二期提前开工，正在策划玻璃下游深加工和玻璃新产品项目。

（2）引进一批新兴产业项目

汉能集团计划五年投资175亿元，在海口综合保税区（老城）建设1 000 MW的薄膜太阳能电池项目，一期200 MW计划2010年开工。海航投资100亿元修造船项目于2010年9月29日与洋浦开发区正式签订投产协议；海航与台湾杰腾游艇公司合作投资7亿元游艇项目签订了合作协议；金鹿和澳大利亚澳普兰公司合作游艇项目（老城）于2010年8月开工。

（3）绿色环保型工业初步显现

提高项目进入的能耗和环保门槛，采取一系列措施加大节能减排工作力度。建成投产的金海100×10^4 t纸浆项目，全部投资102亿元中，环保投资就占24亿元，各项能耗和环保指标达到世界先进水平。800×10^4 t的炼油项目环保投资近30亿元，气体有害物质全部回收，污水回用率达到90%以上，吨油水单耗达到国内同行业最先进水平。中海化学投资4 000多万元，改造废水循环系统，增加中水回用量，实现废水零排放。海南炼化万元产值能耗比为中石化系统最佳，成为系统标杆之一；金海浆纸、中海化学等企业产品综合能耗均达到国内领先水平。

（4）工业基础设施进一步完善

各园区加大基础设施投资力度，洋浦，老城等主要园区已基本实现“七通一平”；同时港口条件进一步完善，马村、洋浦和八所港，均可停泊10×10^4 t货轮，最大的原油码头为30×10^4 t；工业用电得到保障，全省电力装机容量达到332.9万千瓦，跨海电缆的建设结束了海南电网孤网运行的历史。各园区已具备引进大企业、大项目发展新型工业的良好条件。

随着中海油、中石化、一汽集团、金光集团、华能集团等一批大企业的进入，海南先后建成了60×10^4 t甲醇、100×10^4 t纸浆、800×10^4 t炼油等一批支撑海南长远发展的重点工业项目。全省工业形成了石油天然气化工、林浆纸一体化、汽车及配件、制药、矿产资源加工和农副产品加工等支柱产业，拥有亚洲第一的浆纸生产能力、全国最大的大颗粒尿素生产基地和出口基地、国内技术最先进和单系列能力最大的甲醇生产装置和国内技术最先进的炼油装置。2010年预计实现工业增加值360亿元，按可比价格计算，比2005年翻了一番，年均增长16.3%，而在2005年，全省工业增加值仅176.92亿元，在全国倒数第二。

2）临海工业区发展态势与发展条件

临海工业区的建设对海南充分利用临港优势，缓解当前发展面临资源约束问题，打造新的经济增长点，协调区域发展，实现海南发展与保护双赢有着十分重要的意义。随着大企业进入、大项目带动和高科技支撑的发展战略的推动，临海四个主要工业区取得了长足发展。

（1）洋浦经济开发区

①基本概况。洋浦经济开发区位于中国海南西北部的洋浦半岛上，现有面积31 km^2（规划控制面积69 km^2），人口5万，是国家授予的首批六个石油化工类新型工业化产业示范基地之一。深水近岸，避风少淤，可建（1～30）$\times10^4$吨级泊位100多个，目前已建成泊位22个，万吨级以上泊位14个，30万级原油码头1个，是经马六甲海峡进入中国海运的第一节

点和北部湾离国际主航线最近的深水良港。开发区三面环海，处于主导风向下风向，环境容量大，有利于集约发展新型临港工业。

②历史沿革及领导批示。1992 年，邓小平同志亲自批示，国务院批准设立的享受保税区政策的国家级开发区，2007 年 9 月，国家批准设立洋浦保税港区，2010 年 1 月，工业和信息化部批准洋浦为国家新型工业化基地。

2008 年 4 月 8 日，胡锦涛总书记视察洋浦并指示："要积极参与中国—东盟自由贸易区建设和环北部湾的经济合作，以洋浦经济开发区为龙头，努力打造面向东南亚的航运枢纽、物流中心和出口加工基地。"

2009 年 4 月 19 日，温家宝总理考察洋浦并指示："依托区位、港口和保税港区政策的优势，高起点高水平推进洋浦的开发开放。"

2010 年 4 月 12 日，习近平副主席视察洋浦并指示："要充分发挥后发优势、资源优势，提高资源利用率，打造、延长产业链，培育新型工业产业集群；要坚持走新型工业化道路，积极发展科技含量高、带动能力强、污染排放低、综合效益好的产业，实现工业跨越式发展。"

③发展近况。2009 年，洋浦实现 GDP144.5 亿元，同比增长 8.4%，占全省 GDP 总额（1 646.6 亿元）的 8.78%；2010 年 1 - 9 月份洋浦 GDP129.88 亿元，同比增长 15.1%，占全省 GDP（1 500.42 亿元）的 8.66%。2010 年国税预计 139 亿元，创造了全省约 65% 的税收。

2009 年，工业增加值 61.66 亿元，同比增长 7.8%，占全省（300.63 亿元）的 20.51%；2010 年 1—9 月份，工业增加值 93.28 亿元，同比增长 13.2%，占全省（252.03 亿元）的 37.01%。

2009 年，洋浦进出口总额 48.3 亿美元，同比下降 26.2%，占全省进出口总额的 53.92%，其中出口 5.2 亿美元，进口 43.1 亿美元。2009 年货物吞吐量 $2\ 651 \times 10^4$ t。

④主要产业。港航产业：投资 13 亿元，疏浚航道 9.93 km，满足 5×10^4 吨级散货船双向满载全天候通航要求，填海造地面积 3.95 km^2，建设 $(5 \sim 10) \times 10^4$ 吨级集装箱码头。泛洋航运公司，拥有和控制集装箱船已达 18 艘，总舱位 32 754 标箱，拥有集装箱 4.1 万标箱；已开通洋浦华东线、洋浦北部湾等 9 条内贸航线，华东美西航线、澳洲航线等 4 条外贸航线，公司集装箱运输量世界排名第 38 位，国内排名第 4 位。

石化产业：a. 800×10^4 t 炼油项目。投资 116 亿元建设，2006 年 9 月 28 日建成投产。2009 年加工原油 822×10^4 t，实现产值 371.3 亿元，销售收入 326.6 亿元，上缴税金 61.1 亿元，实现利润 40 亿元。2010 年 1—10 月加工原油 693.24×10^4 t，产值 373.97 亿元，同比增长 21.8%。b. 23×10^4 t 润滑油基础油项目。投资 3.8 亿元建设，2009 年 6 月投产，今年 1—10 月产值 6.48 亿元。c. 8×10^4 t 苯乙烯项目。投资 3.05 亿元建设，2006 年 9 月投产，2010 年 1—10 月份完成产值 4.74 亿元，同比增长 28.5%。

在建项目：a. 205 万立方米成品油保税库项目。总投资约 35 亿元，一期 79 万立方米罐区工程计划 2011 年底建成投产。b. 60×10^4 t 聚酯原料项目。总投资 29.5 亿元，计划 2012 年 4 月建成投产。c. 210×10^4 tPTA（精对苯二甲酸）项目。总投资约 56 亿元，计划 2012 年 6 月建成投产。d. 100×10^4 tPET（聚对苯二甲酸乙二醇酯）项目。总投资 25 亿元，与 PTA 项目同步建设。

浆纸一体化产业：a. 100×10^4 t 木浆项目。投资 105 亿元建设，于 2005 年建成投产。

2010 年 1—10 月产浆 112.91×10^4 t，同比增长 26.2%，完成产值 46.86 亿元，同比增长 55.3%。b. 30×10^4 t 卫生纸项目。投资 15.2 亿元，于 2008 年建成投产。2009 年造纸 22.3×10^4 t，实现产值 13.6 亿元，销售收入 12.4 亿元。c. 160×10^4 t 造纸项目。总投资约 136 亿元，一期 90×10^4 t 高级文化用纸项目于 2010 年 6 月建成试产。

石油及天然气储备基地：a. 30×10^4 吨级原油码头及配套储运设施工程项目。计划总投资 70 亿元，计划 2011 年一季度开工建设，2013 年一季度建成运行。b. 300×10^4 tLNG（液化天然气）站线项目。总投资 65.23 亿元，一期工程设计规模 200×10^4 t/a。目前项目陆域形成工程已完成，计划 2011 年一季度开工建设，2014 年投产。c. 中石化原油商业储备、华信石油商业储备、海航成品油商业储备、中汇控股成品油原油保税中转库等四个油储项目，目前项目业主正在编制投资方案和项目建议书，项目前期工作推进顺利。

保税港区：2008 年 11 月正式封关运行，注册企业已达 37 家，注册资本 18.5 亿元，投产运营企业 2 家。目前正积极洽谈引进通用飞机、游艇制造、高尔夫器材等一批高端旅游装备制造项目。

⑤节能环保。100×10^4 t 浆纸项目：采用了国际上最先进的环保治理技术，污水排放远远优于国家规定的排放标准，吨浆污水排放量控制在 40 立方米以内（国家标准是 220 立方米），吨浆 COD 排放量不到国家标准的 1/20。该项目处理后的工业用水能循环使用，用来浇灌园林，还用来养鱼。800×10^4 t 炼油项目：总投资 116 亿元，仅环保就花了近 25 亿元，基本实现了零排放。

作为我国最大经济特区中的“特区”，海南洋浦经济开发区经过十多年的建设和发展，如今已完全确立了全省工业重镇的地位。据统计，2010 年 1—11 月，洋浦经济开发区工业增加值累计收成 111.25 亿元，占同期全省工业增加值的 35.1%，跃居全省老大。洋浦经济开发区具有良好的海岸地理条件，拥有优良的港口、码头和连通省内外、国内外的交通枢纽，同时也拥有可供开发的腹地延伸；已经具有较大的经济总量和经济规模，在全省经济社会发展中占据十分突出的主导地位，已经成为带动全省经济发展的主导性力量。

（2）老城经济开发区

①基本情况。老城经济开发区创建于 1988 年，1990 年 6 月 27 日，国务院将澄迈县老城工业开发区列为海口市三大组团之一的马村工业组团，老城经济开发区从此进入了实质性的开发阶段。1991—2000 年，经过整合和调整，老城经济开发区搭起了初步的开发框架，2000 年开发区共引进项目近百个，累计投资总额近 70 亿元，其中投资超过亿元的项目有欣龙无纺布厂、中平木业、马村电厂等 13 个。为 21 世纪开发区的发展奠定了基础。2001 年，澄迈县委、县政府将部分原属于县各职能部门的权力下放给老城经济开发区管委会，让开发区得到了更大的自主发展空间，从而拉开了开发区二次创业的序幕。这一时期，开发区领导班子 确定“高科技、大港口、大工业、大物流”的发展思路，实施“大企业进入、大项目带动、高科技支撑”的发展战略，进一步解放思想，大胆改革创新，建立起高效的服务机制；大力改善投资环境，加大招商引资开发力度，使开发区的区位优势转化为经济优势，终于走上了高速发展轨道。

老城经济开发区具有得天独厚的区位优势和良好的自然条件。北依琼州海峡，西临北部湾，距省会海口市仅 20 km，距海口美兰国际机场 33 km，距粤海铁路海口北站 2.8 km，粤海铁路海口南站、铁路物流配送中心就在开发区。开发区拥有包括 16.5 km 海岸线、6 个天然深水码头、年吞吐能力达 800×10^4 t 的老城经济开发区，其中属于国家一类口岸的马村港被规划为国家的25个中心枢纽港之一，未来将发展成为海南航业的中心；海南环岛西线高速公路、海口南海大道西延线以及海口绕城高速公路均在区内交汇，占尽了省城经济辐射和水陆空便捷的立体优势。

老城经济开发区远景规划范围约300 km^2，近期规划建设用地面积56.72 km^2，已开发建设面积约20 km^2，现有人口近10万人，分为一、二类工业区。辟有六大功能区，即港口及港口加工区、工业大项目区、海南省高新技术产业示范区、老城新城区、铁路与港口物流区和盈滨半岛旅游度假区等六大功能区，具备了良好的开发条件。商贸、银行、文化、教育、娱乐、医院、酒店等城市功能也已逐渐完善。已被规划为未来海口港综合性中心港区和海南省港口综合物流中心的马村港区一期和二期扩建工程2010年底将竣工投入使用。

经过22年的发展，老城经济开发区由当初一个不起眼的县级工业开发区，如今成长为“2010中国十大最具投资价值开发区”、“中国50家投资环境诚信安全区”、“中国投资最具价值20强经济开发区”、“中国最具投资潜力10强开发区”，年产值已超百亿的省级经济开发区。

②“十一五”发展的主要成绩。经济总量大幅度提高。据初步预测，2010年，老城开发区企业总产值210亿元以上，增长51.9%以上；国内生产总值约70亿元，增长约57.6%；全口径财政收入约17亿元，增长约75.6%，占全县财政总收入的65.4%。基础设施日臻完善。开发区加大基础设施建设力度，完善城市道路、配套供水管网、启动污水处理项目等基础设施建设。截至目前，开发区基础设施基本实现国际标准的“七通一平”，具备良好的开发条件。投资服务环境持续优化。开发区在发展中始终紧紧围绕“提供高效优质服务，优化经济发展环境”服务理念，在全省首创“六项”为企业服务的形式和内容，其中有“四项”为全国首创。招商引资机制不断创新。开发区不断调整产业发展思路，将“招商引资”转变为“择商选资”，取得显著成效。截至2010年11月，全区累计入区企业613家、项目835个，投资266.58亿元。区内投资和产值达亿元以上的大中型骨干企业有中石油、中海油、中石化、中国华能、中国国家电网、南方电网、中电集团等33家。高新技术园区建设实现跨越发展。海南生态软件园作为“一岛一区两园”省级发展战略重要组成部分，园区于2009年5月正式启动，至今入园企业139家，截至2010年11月园区产值达12亿元。目前，开发区在建的重大项目有马村港扩建二期、中海油南海西部油田海南码头、椰树集团饮料生产基地、海胶集团橡胶深加工园区、海南日报印刷厂、江西赣丰肥业项目等一大批对开发区发展有重大影响的重点项目。产业体系齐全。老城经济开发区是全省唯一有较齐全的产业体系开发区，区内的613家企业835个项目分布在一、二类工业区、高新技术园区、生活商住区和旅游休闲度假等园区。区内的产业结构也在不断的调整、优化、升级，已建立起高新技术体系、建材工业项目体系、能源项目体系、一般工业项目体系、旅游项目体系等产业，初步形成以高新技术产业、电力、石油、玻璃加工、建材、制药、食品、纺织、饲料、机电、旅游为重点的多门类新型工业城区和新型旅游度假区。注重生态环境保护，节能减排初见成效。开发区坚持把节能降耗作为结构调整主线，坚持“发展与节能同步、开发与节约并举”的方针，全区生态环境保护和节能降耗工作取得了初步成效。

（3）东方工业园区

①发展概况。东方工业园区是海南省规划建设的主要工业园区之一，东起西线高速铁路，

南至通天河、西至北部湾、北至八所港，规划面积57.02 km^2，已建成区约16 km^2。园区内已建成的项目有中海化学公司一、二期合成氨和尿素装置，华能东方电厂一期，60×10^4 t甲醇，80×10^4 t甲醇，6×10^4 t生物柴油等项目，在建项目有200×10^4 t海南精细化工（DCC）、华能东电厂二期工程、边贸城等项目。园区内投资已累计达230亿元，已呈现大项目带动的规模效应和产业聚集效应，具备了大规模开发的条件。预计到“十二五”末，园区工业总产值将超过200亿元，初步建成以精细化工和天然气化工为主的临港工业园区。

近年来，在东方工业园区大工业项目建设的带动下，使东方市经济总量不断壮大，经济实力不断增强，成为海南新型工业发展的先行者。2010年预计全年GDP达71亿元，增长15.4%。1—11月份，全市规模以上工业总产值达59.62亿元，增长57.4%。受工业经济的带动，2004—2010年间，东方市生产总值增幅都保持两位数。

②近期主要工作。一是修编园区规划。结合《海南国际旅游岛建设规划纲要》和《海南西部开发建设规划纲要》，对《东方工业园区总体规划》进行了修编，规划范围将由原29 km^2增至57.02 km^2，将其规划为一个以油气化工、能源产业为主，聚积资源加工、物流仓储等配套产业为辅的临港新型工业基地，形成天然气化工、精细化工、能源产业及生物化工、硅化工、边贸加工的产业发展格局。二是抓好园区基础设施建设。近年来，先后建成了工业大道、滨海南路一期工程、疏港二横路、中海化学公司绿化隔离带等工程。2010年，已完成了工业园区2 168.8亩项目建设用地的征收工作，为更多企业及项目落户东方工业区创造良好的投资环境，也为工业园区快速发展奠定良好的基础。三是抓好园区边贸城建设。东方发展对越边贸和东盟贸易的资源优势、区位优势和政策优势非常明显，但一直以来发展不快。2010年以来，工业园区确定将商贸旅游作为建设国际旅游岛的特色产业和新的经济增长点，积极加以推进。以发展对越边贸为突破口，全面融入东盟自由贸易区，以商贸带动旅游，以旅游推动商贸发展，把东方打造成为“东方（中国）一东盟商贸旅游度假区”。2010年已投入资金5 000万元，开展征地拆迁、联检楼、水果口岸和主干道、交易区、互市区等工程建设，完成边贸城一期（交易区、互市贸易区、联检区，总用地面积14.38 hm^2）的征地赔偿、拆迁工作，八所港进境水果指定口岸于2010年10月22日获国家质检总局批准。同时，在省政府的支持及有关部门的指导下，向国务院争取对越互市贸易政策，客货混装船非国际船舶直航（即开通八所—海防、八所—岘港等边贸混装船航线）也在全力争取之中。制定出台《东方边贸城优惠政策》，加大边贸招商引资工作力度，东方经济新增长点即将显现。

（4）金牌港经济开发区

金牌港经济开发区是2006年1月经国家发改委重新审核，省人民政府批准成立的省级经济开发区，规划总面积20.5 km^2。

①产业发展定位。规划确定产业发展定位是以发展船舶修造、海洋工程装备以及海上游艇、水上飞机等旅游配套装备制造业为主，海洋资源开发利用并举，为南海资源研发加工和服务保障的临港工业基地及油气储备基地。

②创新开发机制。为科学合理的开发金牌，创新投融资机制，充分利用海南省发展控股有限公司（以下简称海控公司）在招商、人才、资金等方面的优势共同合作开发，加快金牌港经济开发区的建设步伐。2009年，临高县人民政府和海控公司签订了合作开发金牌的框架协议，组建了海南临高金牌港经济开发区有限公司，充分发挥双方在行政资源、土地、资金、项目、人才等的优势，共同推进开发区开发进程。目前，海控公司已着手启动金牌开发区产

业、园区、港口岸线规划和道路设施等前期工作。

③项目生产建设。目前园区内在建项目4个，即海南威隆船舶修造厂、金牌港船舶修造厂、西部再生资源工业园、20兆瓦太阳能项目等。项目总投资16.98亿元。目前，已完成投资4.2亿元。

海南威隆船舶修造厂：项目总投资10.8亿元，一期工程占地200亩，已完成投资3.3亿元，建成5×10^4吨级半干船坞1座，3×10^4吨级船台1座，最大建造能力为5×10^4 t，可年产6~8艘万吨级船舶。截至2010年12月，公司已承接建造1艘13 800 t散货船、2艘41车/999客客滚船、20艘泰国货驳船（首批7艘已于11月19日起运泰国曼谷港）、2艘三亚游艇公司的趸船和12艘陵水县渔民的渔船，共计37艘各类船舶。2010年实现可下水各类船舶21艘，完成产值1亿元以上。

金牌港船舶修造厂：项目总投资1.2亿元，占地130亩，项目分两期建设，已完成投资4 910万元。目前，该厂建造的4艘千吨级钢质船，于2009年12月份全部下水试航，并已交付船东使用。

西部再生资源工业园：项目总投资0.58亿元，占地50亩，建设再生资源回收分拣厂区，已完成投资4 023万元。目前已建成3座厂房、货场10 000 m^2，设备安装调试并已生产。该项目2009年收入134.6万元，成本133.2万元，增值1.4万元。

20兆瓦太阳能项目：项目总投资4.4亿元，占地面积约420亩，总装机容量为20 MW，于2010年12月2日开工建设。项目投产后，每年可提供清洁电能$2\ 600\times10^4$ kW·h。

8.3.3.3 临海工业区存在的主要问题

1）工业投资不足，产业基础不牢不稳

工业经济总量小，2009年全省工业增加值仅占全省GDP的18.25%。2006—2009年工业投资仅占全省固定资产投资的18.8%。主要工业园区仅有炼油、浆纸、甲醇等几个龙头项目，下游产业链短，延伸带动能力尚未显现；电子信息、海洋工程、新能源等高新技术产业仍处于培育阶段。园区工业发展仅靠几个大项目拉动，抗风险能力低。

2）园区基础设施建设总体滞后

老城开发区污水处理设施建设仍不配套；东方工业区目前主要辅料和部分危险化学品运输通过市区主干道；临高金牌开发区基础设施几乎空白；粤海铁路车速慢、车次少、运输量低；西线高速公路不能承载大型载重运输车，海榆西线大部分路段损坏严重；港口设施仍需进一步完善；天然气供给日益紧张；电网建设滞后，工业安全用电难以得到保障。

3）新发展意识投资软环境需要加强

敢想敢干的发展意识还不浓，运用市场经济加快发展工业手段不多，对历史上形成的遗留问题和发展中出现的新问题缺乏有效的解决办法。部分地区职能部门协调力度有限、服务质量有待提高。

4）工业人才匮乏

缺乏懂工业经济、有创新思路的政府管理干部；缺乏高科技和新能源、新材料等新型产

业领域的项目领军人物；缺乏工业项目研发、管理、营销的中高级专业人才；全省大中专院校数量偏少，相应工业门类的专业设置不足，无法满足海南省新型工业人才培养、储备和技工的需要。

5）园区内配套设施建设滞后

临海工业园区的教育、医疗、商贸、文化娱乐等社会公共配套服务设施建设滞后，难以满足经济发展需要。

8.3.3.4 临海工业区的布局与定位

临海工业区的选划与建设，要以《中共海南省委关于加快海南西部地区开发建设的若干意见》为指导，围绕建设国际旅游岛的战略目标，立足海南的区位优势和资源优势，以开发区为主要载体，大力发展临港产业，以港带产、以产促港、产港结合、产港呼应，形成分工合作、优势互补、协调发展的产业布局，将海南建设成为具有明显产业优势、生态化、现代化的临港经济区。

1）科学规划，合理布局

目前，国内外知名临港城市的发展模式已趋成熟，但其规划布局的调整空间也越来越窄。相比之下，海南由于开发起步较晚，同国内外已经成熟的港口相比，在发展临港产业集群的规划布局上具有明显的后发优势。既可借鉴先进的、完善的发展经验，又可最大限度降低试误成本、发展成本，最大限度发掘、释放自身禀赋的优势效应。海南应充分利用自身优良的海港、矿产和土地资源等，科学地、前瞻性地构建临港产业集群，理性规划可持续发展临港产业集群的通篇布局，争取在新一轮临港经济的国际性竞争中夺得先机。

由于临港产业的发展是一项长期、庞大的发展项目，因此海南应立足区域宏观条件，注重前瞻性，着眼中长期，整体规划，分步实施；要根据宏观发展环境及发展条件的变化，及时调整发展对策，因时制宜，动态规划，抓住每一个发展机遇，从实际出发，量力而行；既要考虑目前的国际发展背景，又要体现充分利用国内的发展机遇；既要考虑海南临港产业自身发展条件，还要考虑海南临港地区在整个经济特区中的战略地位，增强临港产业对经济特区的带动作用，谋求区域经济协调发展。针对海南临港产业发展现状与存在问题，海南应进一步明确发展定位，抓紧做好港口、海域、环保、交通基础设施以及产业发展等专项规划：①港口建设规划，②海域规划，③产业规划，④土地规划，⑤基础设施建设规划。《国务院关于推进建设国际旅游岛的若干意见》中明确提出："重化工业严格限定在洋浦、东方工业园区，其他工业项目集中布局在现有工业园区。"

2）因地制宜，准确定位

"十二五"期间，海南应该集中布局、集约发展新型工业。要坚持不污染环境、不破坏资源、不搞低水平重复建设的原则，高起点、高水平发展临港工业，集约发展油气化工、浆纸及纸制品、汽车制造、农产品加工等产业，重化工业严格限定在洋浦、东方工业区，其他工业项目集中布局在现有工业园区。按照点状园区化集中布局，优化园区产业定位。

洋浦经济开发区要按照省委省政府确定的"一港三基地"的发展定位和"两大一高"的

发展战略，发挥“国家新型工业化产业示范基地”的引领作用，以炼化、造纸两大产业为主，上下游延伸，形成油品储备－炼化一体化和浆纸一体化产业集群，把洋浦打造成国家级石油化工一体化产业基地、国家级油气交易中心储备基地、亚洲最大的制浆造纸产业基地和面向东南亚的物流与航运枢纽港。在船舶和旅游装备制造方面，重点建设修造船、游艇、轻型飞机制造、直升机和公务机组装等项目。发挥洋浦对全省工业的龙头带动作用，放大政策效应，辐射带动儋州木棠、三都、农垦等工业园区，最终实现“泛洋浦”发展。

东方工业区以发展天然气化工、精细化工、能源工业为主，建立精细化工基地，重点推进精细化工一、二期等项目建设，延伸甲醇化肥等化工新材料下游产业链，发展节能环保型能源和生物质能源产业、南海资源开发配套装备制造业、本地资源加工业、物流仓储等产业，打造临港新型工业基地。

老城开发区以重点发展先进制造业和信息产业等高新技术为方向，打造国家级软件产业基地。利用海口保税区西移的机遇和政策效应，承接海口部分产业转移，实现老城和海口工业的一体化发展。

临高金牌开发区以发展船舶修造、海洋工程装备制造业和水产品深加工为主，建设海洋经济特色园区，打造为南海资源开发和服务的临港工业基地。

8.3.3.5 临海工业区发展的对策和建议

“十二五”期间，根据海洋产业发展规划，研究推进周边岛屿开发开放的政策措施；把海洋运输业、海洋船舶制造业、海洋渔业、海洋观光旅游业等海洋产业做大做强；加快疏港、临港基础设施建设，吸引更多的大型航运公司落户，开辟新的航线，发展中转贸易，成为国内市场与国际市场的接轨点、国内经济与国际经济的交汇点；依托区位、港口资源和保税港区的政策优势，优化港口经济结构和产业布局；切实加强海洋生态环境保护，保护好海岛、海岸线、和海洋生态环境。

1）创建更具活力的园区体制机制，不断提高服务质量和水平

（1）建立省级协调服务机制。省级各有关部门要强化工作责任，狠抓落实，增强发展意识，形成合力。进一步加强对工业园区的统筹协调，对园区重大工业项目建立“直通车”服务制度。

（2）优化园区管理体制。尽快理顺洋浦管理局、洋浦发展控股公司、儋州市的关系，形成加快发展合力；提升老城经济开发区行政管理规格，赋予开发区省级管理权限和自主权，妥善处理海口保税区西移后与老城经济开发区的关系；尽快成立适应东方工业园区发展的管理机构。

（3）创新园区开发机制。鼓励园区与省内、国内外进行跨地区合作开发，利用新一轮产业转移机遇，发展税收分享、互惠共赢的飞地工业，解决资源地和项目落户地，经济发展和环境保护的矛盾。

2）强化政策支持和创新融资方式，建立多元化投融资机制

（1）积极争取财政资金支持。用足、用好国家西部开发政策，争取国家国债资金对海南省西部地区基础设施建设的支持；抓住国家振兴石化、钢铁、船舶等十大产业的机遇，积极

争取国家技改资金对西部工业的投入。

（2）给予优惠政策支持。建议对新入园项目，适度提高税收、土地出让金市县留成比例用于支持企业发展和园区基础设施建设；建立增量分享机制，从2010年开始，对年销售收入达到一定规模以上的工业企业，以其上年入库税收为基数，增量省级留成部分按一定比例奖励企业。

（3）创新融资平台。省和西部市县要采取多种形式拓宽融资渠道，加快解决发展中的资金瓶颈。加强与金融机构、资本市场、民营资本、风险投资合作，建立省、市县风险投资公司，对科技含量高、成长性好的项目发挥引导投资作用；发挥海南发展控股投融资平台和“孵化器”的作用，加强与各园区合作；各市县充分发挥政府资源作用，创新投融资机制，建立投融资平台，完善园区配套设施和项目引进。

（4）拓宽资金融资渠道，建立多元化开放型投融资机制。影响临海工业发展的因素很多，如土地、资金、技术、原材料等，但对于海南来讲，由于经济基础薄弱，发展临海工业面临的资金制约因素显得尤其重要。因此，一方面，各级财政应尽可能增加临港产业的引导性投入，形成财政对临港产业投资正常增长的机制，以财政投资的不断增加来引导其他资金的投入，促进临港产业发展；另一方面，应采取多种措施，努力拓宽资金融资渠道，建立多元化开放型投融资机制，着力解决临港工业发展的资金制约瓶颈问题。

①积极利用外资，大力引进国内外大型跨国企业集团。临港工业大都是资金和技术高度密集的产业，仅仅依靠海南省的自有资金和技术，难以在短时间内实现跨越式发展。而国内外大型跨国企业集团则往往集雄厚资金实力和强大技术支撑于一体。因此，花大力气、下狠功夫，积极引进大型跨国企业集团的投资，能够有效地解决海南面临的资金制约问题。政府相关部门要组织力量分析研究与海南临港工业发展相关的国内外大型跨国企业集团国际化战略，关注这些企业集团的资金和项目转移动向，瞄准重点对象目标，动员和使用各级政府、各种机构的力量开展多层次、全方位的重点引进工作。同时，对于跨国公司在海南的投资和开发，要加大政策支持力度，包括进一步发挥跨国公司投资功能，积极扩大投资领域、投资限额、投资方式，允许企业用汇的兑付和利润、资本的自由汇出，以及鼓励跨国公司设立研发机构和转让关键技术，对能够提供关键技术的外商投资项目实行减税和利息补贴支持等优惠政策。

②多方筹集资金，滚动发展，加快临港工业区基础设施建设进程。临港工业区项目投资较大，其工业项目投资可由国内外大企业利用银行贷款或企业入股等各种形式自行解决。而配套的耗资巨大的基础设施建设任务必须由政府自行解决，因此，必须开动脑筋，解放思想，以市场经济的原则，解决巨额资金的融资问题。一要千方百计增加收入。如抓项目建设带来的税性收入，开征建设项目海域使用金，成立土地储备中心，千方百计地“开源”。二要采取各种灵活方式引进各方面资金参与基础设施建设。如道路修建、工业区填地可采用先垫资填方工程款，然后根据土地出让情况返还工程款，或以分期付款的形式返还工程款。三要努力争取上级补助。一些重大基础设施如道路、引水、输变电工程，要尽可能地纳入国家、省建设盘子，争取更多上级补助。四要充分利用国家开发银行的优惠贷款，加快基础设施建设进程。

③吸引民间投资，多渠道筹措临港工业发展资金。发展临港工业，除国家投资和利用外资外，吸引民间投资也是一条重要渠道。海南港口开发和临港工业区的建设，对于日益增多

的民间资金和华侨资本的引导、整合、盘活、升值等，更是提供了最佳契机。因此，应采取各种形式，有效地利用民间资金和侨资。首先，要进一步拓宽民间资本进入渠道，降低民间资本进入的门槛。推行项目经营权转让，政府部门可根据建成项目的性质，制定转让项目计划，先易后难，有序推出，并依法承诺，兑现回报。积极运用内资型BOT方式，吸引民间投资基础设施建设。其次，制定扶持民间投资的财政、税收、信贷等政策，鼓励民间投资。允许财政资金直接以国有资本参股方式或补偿形式投入以民间投资为主的项目。在公共财政支出的框架下，加大财政贴息力度，根据不同的项目性质和项目内容采取不同的贴息政策，以增强民间投资的积极性。再次，进一步完善信贷支持体系。取消对非国有中小投资者的所有制歧视，制定适合民营中小企业特点的贷款政策和管理办法，建立多层次的贷款担保制度。完善财产抵押制度，增加适应民间中小投资者投资的贷款抵押品种，解决民间中小投资者融资难问题。

④创新融资手段，建立多元化融资机制。一方面，创新融资手段。除了上市融资外，允许企业通过信用担保融资、发行企业债券、股权融资、风险融资、企业职工内部持股等方式进行融资。如港口可以拿出优良资产，成立股份有限公司，规范动作，争取早日上市，募集建设资金。另一方面，企业融资方式要实现多元化。针对于港口设施建设的资金，不仅是国家和港口管理者投资，而且也应让利用者投资和租用者融资，还可以活用民间资本等。如在能源港建设上，民间企业可以负担主要费用，剩下的由国家和港口管理者按约定的比例分担；集装箱码头等专用设施的资金可以采取由国家、港口管理者、金融机构和码头租用人按一定比例分别承担的方式筹措。

3）优化西部工业投资环境，提高项目支撑能力

（1）交通设施。一是加快西线既有铁路提速改造和西线高速铁路建设，建设洋浦支线铁路；二是改造海榆西线，建设海口至洋浦一小时交通圈；整修西线高速公路，提高公路承载大载重运输能力，增加西线高速公路至东方工业区的出口路；三是完善马村港、洋浦港、八所港等港口基础设施，提高工业集疏运能力；四是加快建设西部支线机场。形成不断适应西部工业发展需求的铁路、公路、港口、航空综合运输体系。

（2）西部能源保障网。一是加强和完善电网建设，加快海南电网跨海联网二期建设，以昌江核电项目建设为契机，推动海南电网建设，对全岛电网进行升级改造，同时鼓励大企业建立自备电厂，确保西部工业用电安全稳定；对有条件的企业开展直供电试点；二是与中国海油合作，加大南海油气的勘探开发，建设全岛天然气输气管网，贯通西部工业园区，保障工业用气；三是加大“走出去”的力度，积极利用国外资源，加强与越南、印尼等周边国家的合作，拓宽燃煤供应渠道。

（3）园区基础设施。按照轻重缓急原则，近年内应加快建设东方工业区疏港大道、金牌开发区工业大道和老城开发区疏港大道，改造昌江循环经济区海榆西线水尾至叉河路段；进一步完善工业园区污水处理厂和污水管网的建设。

（4）提高土地储备和使用效率，努力缓解园区工业用地供需矛盾。一是在编制新一轮土地利用总体规划中，各市县要根据工业发展的需要，适度超前考虑工业园区用地计划。二是建立多元的投融资渠道加强土地储备。政府筹措资金给园区注入部分资本金，撬动银行贷款，增加土地储备；通过省地产集团与市县合作，用商住用地开发利润补偿工业用地储备资金缺

口，储备工业用地。三是提高园区土地集约利用效率，进一步优化现有园区工业用地，提高工业用地容积率、覆盖率和单位用地投资强度等，腾出更多的园区土地用于项目建设。

（5）优化投资软环境。发挥地方政府的作用，采取多种方式，合理地解决园区在土地征用、搬迁补偿的历史遗留问题，对部分市县治安环境等突出问题进行专项治理，进一步改善安商环境。进一步落实强县扩权的改革措施，提高依法行政能力，营造务实、高效、廉洁的政务服务环境。

4）创新招商方式，加大项目招商引资力度

西部工业发展关键在引进大企业、大项目，要有大视野，大干劲，强化项目策划，创新招商招数，主动出击。一是对产业链重大项目，采取高层推动，瞄准国际、国内知名行业领头企业，量身定做创造条件，点对点上门招商，争取大乙烯、造船、新型钢铁等重大项目列入国家“十二五”规划，尽快开工建设；二是充分发挥合力，采取厅县联动、政企联动、园区联动和以商引商等多种方式招商；三是利用海外引才引智平台，抓住金融危机海外留学人员回流契机，引入行业领军人才和项目；四是充分发挥海南区位、资源、政策优势和侨乡特色，积极参与泛珠三角区域、环北部湾经济圈、中国－东盟自由贸易区合作，主动承接相邻地区产业转移，加大外向型项目引进力度。

5）做好节能减排工作，促进可持续发展

（1）积极争取国家对海南节能减排指标的支持。海南处于工业化初期，随着一批重大工业项目的上马，短时间要降低能耗难度很大。基于海南目前综合能耗远低于全国平均水平，要加大与国家有关部委的沟通协调，争取国家对海南“十二五”能耗指标给予倾斜，为重大项目建设提供发展空间。如在安排二氧化碳和二氧化硫排放总量上适当向东方倾斜。

（2）强化节能减排监管力度。建立健全项目准入机制，提高项目节能环保准入门槛；进一步完善节能减排指标体系、监测体系和考核体系，督促落实各项节能减排措施。

（3）充分发挥企业在节能减排中的主体作用。继续发挥大企业、大项目示范作用，加大项目环保投入；利用先进技术淘汰落后产能，加大企业环保设施的技术改造，实行清洁生产和资源利用最大化，实现经济效益和生态效益的双赢。

（4）加强生态环境保护，大力发展循环经济。临港大工业是建设先进制造业基地的核心，而大工业的发展，必然带来环境压力。环境容量和生态承载能力是工业园区未来发展最大的制约因素。如何实现经济发展和环境保护的“双赢”目标，是一项长期而艰巨的任务。

①进一步完善鼓励企业环境和生态保护的经济政策，促进临港工业的可持续发展。一是以科学发展观为指导，特别注意生态环境保护和区域可持续发展，做好区域环境影响评价，规划好产业区域，从环保的角度遴选项目，对重大项目认真进行环境评估，从源头上禁止不符合要求的项目进入。二是从监控和控制的机制入手，实行区域主要污染物排放总量控制和排污许可证管理，提高企业降低污染物排放水平的积极性，鼓励企业加强技术改造和污染治理，主动削减排污总量，降低现有排污水平，提高生态环境的质量。三是加大污染点源管理力度。对技术落后、污染严重、效益低下的企业坚决予以关停；对新建、扩建和技术改造项目实行严格的环评审议制度，提高临港工业的环保水平。

②大力倡导循环经济，推行清洁生产。要大力推进重化工企业的清洁生产，建立生产者

责任延伸制度，实行污染产品押金或保证金制度。要结合资源环境条件和区域特点，用循环经济的发展理念指导区域临港工业发展、产业转型，进一步提高资源利用效益。在重化工业集中地区，可按照循环经济要求，围绕核心资源发展相关产业，发挥产业集聚和工业生态效应，各企业可以通过购买的方式将其他企业生产的废弃物和副产品作为自己的生产原料，形成资源高效循环利用的产业链，提高资源产出率，减少环境污染，如工业废水、废气经过处理后全部进行二次利用。采用国际先进的环保技术和工艺，对区域环境质量进行实地的全过程检测，建设生态环境优美，人与自然和谐的环境友好型社会。

6）加强工业人才队伍建设，为海南发展提供人力资源

通过培训、交流和引进等多种方式，加快建立一支有创新思路、懂工业经济管理、具有国际视野的政府管理干部队伍；根据全省产业布局和中长期发展战略，落实高层次人才优惠政策，加快引进一批新兴产业领军人才；通过大项目建设集聚管理和技术人才；通过政府投入和吸引社会力量办学，培养适合临海工业发展需求的产业工人队伍。

外引内育，加快人才队伍建设。实施临海工业开发需要有一批善决策、懂管理、会经营的相关人才。然而，海南人才结构不合理和高素质人才不足问题突出，制约了海南临海工业的长远发展。

（1）强化人才意识，把人才工作贯穿于临海工业开发的全过程。海南在推进临海工业开发的过程中，要充分用好现有人才。要有求才之望、爱才之心、识才之眼，用才之法、容才之量，举才之德和护才之胆。充分体现人才作为第一生产力的重要性，把人才投资作为一项长期战略性投资，切实制定出人才资源开发使用的远期计划和长远规划，在全行业形成人才队伍不断更新发展的良好局面。

（2）采取各种措施大力吸引外来人才。由于海南现有高素质人才短缺，因此，必须制定吸引优秀人才的政策，以海纳百川的博大胸怀，广揽各路英才，做到引才、引资和引项目三位一体，为推进临海工业开发战略的实施献计献策、出力流汗；围绕临港工业发展，采取“产业引进”、“课题引进”、“管理引进”三种模式，引进国际智力，千方百计保障临港工业发展所需紧缺专业人才和高素质技术工人。要充分发挥海口市区高校的教育、培训、科研作用，发展产、学、研基地。利用海大、师大、农大等高校以及众多的中等职业技术学校和各类继续教育培训机构的教育资源优势，为海南发展临港工业提供职业技能培训和输送各类各层次的专业人才。

（3）坚持人才引进和培养相结合，加强临港产业工人的在职培训。重视智力开发，加强职工思想、文化和现代化技术管理知识的培训，是企业现代化管理、技术和经营的重要组成部分。政府应加强对临港工业技能人才培养的组织领导，把技能人才培养工作列入有关职能部门考核的重要内容之一。研究制定临港工业技能人才培养发展的规划，明确培养发展目标、培养发展重点和培养发展途径。鼓励指导临港工业企业根据区临港工业技能人才培养发展五年规划，结合本企业实际，相应地制订技能人才培养发展规划，确定分阶段实施的具体目标和任务，提出相应的培养措施，切实提高企业培养技能人才的计划性和针对性。

7）发展港口物流业，构建新型临港工业物流体系

港口物流是港口工业的基础，现代港口应具有物流中心的功能。一方面，现代港口，不

仅在当今综合运输网络中成为不可或缺的重要组成部分，在整个运输链中，作为集结点，汇聚着内陆、水路运输等大量的货物，汇集了大量的货源信息、技术信息、服务信息，成为区域物流组织的中枢，并扮演着区域物流中心的角色。同时，港口又是国际贸易的重要的服务基地和货流分拨配送中心。另一方面，发展港口物流业也是发展临港工业体系的基本要素。物流业服务功能的多元化与全程化，已成为现代港口生存和发展的基本条件。并且，由于现代港口所具有的货物装卸、存储、运输、商务及信息服务功能，已全面涵盖了现代物流活动。因此，港口物流业已成为临港工业产业链、物流链上一个十分重要的部分。

目前，海南港口建设和临港工业发展刚处于起步阶段，物流业还不发达。并且，由于海南与珠三角距离较远，港城互动较弱，物流业发展也较为缓慢。因此，为了加快海南临港工业发展，必须大力拓展辐射型港口物流业。通过构建发达的物流体系，进一步改善港城互动关系，提高港口对腹地经济的辐射效应。

（1）加快港口物流基础设施建设。一方面，整合港口现有的条件，选配世界顶尖的装卸设备，完善港口集疏运输设施，合理安排作业流程，提高设备利用率，增强港口通过能力，缩短船舶货物在港停留时间；另一方面，加强包括装卸能力、码头堆场、航道水深等在内的港口基础设施建设，为物流服务供应商提供大型现代化仓库，为客户创造“零仓储”。

（2）完善集疏运输体系，开展多式联运。现代物流服务业，已成为多种运输方式相结合的综合物流服务业，多式联运是其主要形式和标志。现代港口更加强调各种运输方式的综合集成，这就要求港口布局和建设合理化，大力发展包括铁路运输、公路运输、航空运输、管道运输及内河航运等组织的合作与联盟，在国际港口市场的竞争中壮大，朝着拥有区域规模、集装箱及散货高吞吐量的枢纽港方向迈进。

（3）完善物流体系，实现多功能服务。随着全球综合物流时代的到来，现代港口已从纯粹的运输中心，发展成为配送中心，再发展为如今的综合物流中心。这使得现代港口的功能得以扩展，朝着全方位的增值服务的方向发展，成为商品流、资金流、技术流、信息流与人才流汇聚的中心，形成一个开放型、互通型的物流服务平台；使港口在物流节点上提供零间断，使物流过程处于一个稳定协调的系统中，使进出口业务增值，创造最大的增值服务。总之，通过港口物流建设，把海南深水港潜在优势转变为事实优势，乃至竞争优势，使临港工业的国际竞争力与港口竞争力一起相互促进，形成良性循环。

8）提升现代服务业，多方位配套临港工业发展

海南省经济基础薄弱，第三产业尤其是服务业发展滞后，制约了海南省临港工业的发展。当前，海南港口建设和临港工业发展进入了关键时期，迫切需要临港服务业的积极配合，这为海南临港服务业的发展提供了难得的机遇。随着港口经济开发的进一步深入，海南省必须加快完善构筑港口经济发展的各项配套政策，做好港口建设和使用的配套服务工作，倾力打造面向临港工业的现代服务业，促进临港工业与临港服务业的相互结合，实现产业良性互动。

海南大力发展现代服务业，促进临港工业快速、稳定发展，优化港口经济发展环境，可以着重从四个方面来发展。

（1）提升金融保险业。大力吸引国内外各类银行、保险公司到海南设立分支机构，引进培育各种市场主体，形成多种金融机构并存、中外金融企业联手发展的格局，为海南临港工业发展提供更优质便捷安全的金融支持和服务；体现港口特色，满足对外需要，注重发展与

国际港特色相配套的国际性金融保险业；大力促进上市公司，努力开拓金融市场。

（2）培育中介服务业。大力发展以知识要素、信息传播和专业人才为主的中介服务业。加快引进会计审计、法律服务等经济签证类服务机构；积极培育管理咨询、广告策划等管理营销类服务主体；努力发展科技评估、知识产权服务等科技服务类中介机构；建立完善信息网络、商用数据库等信息服务类机构。

（3）提升城市整体功能。围绕服务配套经济社会发展，提升城市整体功能，大力发展房地产业、信息服务业和基础教育、医院、文化体育、供水电气、公交、垃圾处理、家政服务等公共服务业。其中房地产业的发展要顺应人口的增加和人居环境不断改善的社会需求，贯彻以人为本理念，注意有计划和满足不同层次需要；信息服务要提高服务质量，满足全社会需要，大力拓展服务领域，丰富服务内容；基础教育、医院、群众性文化体育场所和活动要注意合理布局和提高档次；家政服务在海南省还是新兴行业，发展潜力很大，应把它作为安置就业、增加居民收入和方便居民生活的重要举措抓好。

（4）着力构建多功能型商贸业。商贸业在第三产业中占有基础性地位，是城市功能和城市繁荣最基本的体现。海南省发展商贸业的基本目标是改善城市形象，凝聚人气商气，遏制或减少购买力外流，并配套带动型服务业逐步吸引外来购买力。构建一个具有一定档次的商贸中心是振兴商贸业的关键。按照港口物流业发展和建设现代化滨海新城区的要求，加快商业中心区、特色商业街、大型购物中心规划建设，形成大中小企业、高中低档次兼备，大众化与特色化结合，集购物、休闲、娱乐、旅游等多功能于一体的商贸中心，辅之以特色型商业街市以满足不同消费群体的需要。同时加快一般商业网点的规划和建设，形成以商贸中心为主体，以特色市场为支干，以配套网点为基础的商贸格局。

9）依靠科技进步，提高临港工业集群发展水平

临港产业集群科技含量高，必须以高科技为支撑，临港产业集群要取得高水平的发展，取决于科技进步。因此，提高海南临港工业集群发展水平，必须依靠科学技术。要加强联合高校以及相关科研院所，围绕着海洋生物技术、海洋工程技术、船舶制造技术、海洋信息技术、海洋化工技术等方面加快原始性创新，抢占高新技术制高点。加大科技产业成果转化力度，多形式搭建转化平台，畅通转化渠道。大力推进海洋高新技术产业化，以水产优良种苗产业、海水养殖新模式及新型饵料开发、海洋天然产物开发、重大海洋工程、船舶工程等方面为发展重点，做强海洋高新技术产业，提升临港产业集群的发展水平。

首先，解决好高新技术与临港工业的结合。从全球发展趋势看，支撑经济增长的是与高新技术融合发展的先进制造业。临港工业区要提高本质的竞争力，必须提高临港产业的高科技含量，加强科技研发力量；努力跟踪国际临港工业先进技术的发展动态，加强引进、消化、吸收、创新；推进信息技术的应用，提升产业层级，建设优势互补的高科技产业基地、研发基地。另一方面，根据临港工业发展需要，加快培养和引进一批高素质的专业人才，对临港石化工业发展中的一些重大关键技术，实施产、学、研相结合的联合攻关，并由政府给予一定的资金补助。

其次，提高临港产业集群的技术附加值含量。鼓励扶持开发区内各个科研机构，围绕船舶制造技术、装备制造技术、海洋信息技术、石油化工技术、港口物流信息技术等临港产业所涉及的技术领域，加快研发步伐及创新速度，提高产业集群的技术附加值含量。同时，多

渠道多形式搭建研发交流及转化平台，促进科技产业成果的流动和转化，并注重转化的质量。

再次，依靠科技创新和创建名牌，做大做强工业堆头。海南目前有较强竞争力的名牌产品总体还不多，企业的自主创新能力还有待加强。因此，应安排落实专项资金，引导、扶持企业开展技改和创新，解决工业化建设进程中的重大关键共性技术问题，开发一批技术附加值高、性能优异、市场容量大的新产品，创建属于自主技术和自主产权的名牌产品，提高自主创新水平，做大做强工业堆头，提高企业的市场竞争能力。同时，吸引外商投资改造和提升传统产业的技术水平和产品质量，鼓励外资以资金、技术和设备等方式参股、购并进行资产重组，改造提升传统产业。

10）促进产业集聚，提高产业带动力和辐射力

海南临港工业体系已初具规模，初步形成了以冶金、建材、能源、船舶修造、新型包装材料、机械制造等为主导的临港产业集群。但是由于多数项目仍处于在建过程，产业集聚发展程度还不高，因此，下一步应以临港工业区形成完整的产业链作为发展目标，优化产业政策，营造良好发展环境。要充分发挥产业政策的导向作用，运用必要的政策调控手段，促进产业集聚，提高产业带动力和辐射力。

首先，通过实施产业规划、优惠政策、产业配套来推动产业集聚。注重通过“产业招商、精细招商”等手段引进一批投资规模大、关联度强、科技含量高、带动作用强、产品附加值高、对优势产业的带动和对税收贡献大的项目，形成明显的产业集聚优势；着力打造和延长工业产业链，提高区域产业竞争力和赢利能力，进而有效地提高产业整体的竞争实力和对当地经济发展的支撑力。特别是要注意引导国有、民营、外商企业投资于资本产出效率比较高且与临港工业关联度比较强的产业，这些产业能够为装备工业生产提供更多参与市场竞争的机会。

其次，围绕现有大项目，最大限度的完善配套能力，延长产业链，形成相互关联和支持的群落集聚优势。在纵向上，做好主导产业的上下游配套工作，要结合上游经济规模的快速扩张和今后发展的规划，加快下游相关项目的引进和原有工业的整合，尽快完善下游产业配套，形成并提高工业园区产业规模。在上游，支持企业不断提高自主创新能力，在技术上引导产业升级；在下游，支持企业设立销售中心、采购中心、财务中心。在横向上，要把各类原材料、中间材料、零部件的生产配套厂家引进来，从而有效地降低主导产业的中间成本，不断提高利税水平，按照“大项目－产业链－产业集群－制造业基地”的思路，促进产业升级。

8.4 海南省海洋保护区选划与建设

8.4.1 海洋保护区现状

8.4.1.1 海洋保护区类型

海洋自然保护区是指以海洋自然环境和资源保护为目的，依法把包括保护对象在内的一定面积的海岸、河口、岛屿、湿地或海域划分出来，进行特殊保护和管理的区域。是国家为

保护海洋环境和海洋资源而划出界线加以特殊保护的具有代表性的自然地带，是保护海洋生物多样性，防止海洋生态环境恶化的措施之一。

根据海南省国土环境资源厅2010年12月3日公布的《海南省自然保护区名录》，截至2010年11月底，海南省自然保护区共50个，其中海洋类型自然保护区20个，面积达到2 499 653 hm^2，详见表8.20，图8.9，海南本岛周边邻近海域海洋类自然保护区18个，面积为99 553 hm^2。

表8.20 海南省海洋类型自然保护区

序号	自然保护区名称	地点	面积/hm^2	主要保护对象	建立时间
1	海南东寨港国家级自然保护区	海口市	3 337	红树林及生境	1980.1
2	海南三亚珊瑚礁国家级自然保护区	三亚市	5 568	珊瑚礁及生境	1990.9
3	海南大洲岛国家级自然保护区	万宁市	7 000	金丝燕及生境	1987.8
4	海南铜鼓岭国家级自然保护区	文昌市	4 400	珊瑚礁、地质地貌、热带季雨矮林及生境	1983.1
5	海南清澜省级自然保护区	文昌市	2 948	红树林及生境	1981.9
6	海南东方黑脸琵鹭省级自然保护区	东方市	1 429	黑脸琵鹭及生境	2006.5
7	文昌麒麟菜省级自然保护区	文昌市	6 500	麒麟菜、江离、拟石花菜	1983.4
8	琼海麒麟菜省级自然保护区	琼海市	2 500	麒麟菜、江离、拟石花菜	1983.4
9	儋州白蝶贝省级自然保护区	儋州市	25 800	白蝶贝及生境	1983.4
10	临高白蝶贝省级自然保护区	临高县	38 400	白蝶贝及生境	1983.4
11	海南东岛白鲣鸟省级自然保护区	三沙市	180	白鲣鸟及生境	1980.1
12	海南西南中沙群岛省级自然保护区	三沙市	2 400 000	各种重要水生动植物及珊瑚礁	1983.1
13	三亚三亚河红树林市级自然保护区	三亚市	343.8	红树林	1992.2
14	三亚亚龙湾青梅港红树林市级自然保护区	三亚市	156	红树林生态系统	1989.1
15	三亚铁炉港红树林市级自然保护区	三亚市	292	红树林及生境	1999.11
16	澄迈花场湾沿岸红树林县级自然保护区	澄迈县	150	红树林生态系统	1995.12
17	临高彩桥红树林县级自然保护区	临高县	350	红树林生态系统	1986.12
18	儋州新英湾红树林市级自然保护区	儋州市	115.4	红树林生态系统	1992.4
19	儋州磷枪石岛市级自然保护区	儋州市	131	珊瑚礁及其生境	1992.4
20	洋浦鼻县级自然保护区	儋州市	132.8	自然景观	1992.4

在20个列入海南省自然保护区名录的海洋类型自然保护区中，从保护区级别来看，有国家级自然保护区4个，省级自然保护区8个，县市级自然保护区8个；从保护区管理部门来看，属海洋主管部门管理的10个，属国土环境资源主管部门管理的2个，属林业主管部门管理的7个，属其他主管部门管理的1个；从分布区域来看，海口市1个，文昌市3个，琼海市1个，万宁市1个，三亚市4个，东方市1个，儋州市4个，临高县2个，澄迈县1个，三沙市2个；从主要海洋资源保护对象来看，保护对象为珊瑚礁及其生态系统的有4个，红树林及生态系统的有8个，麒麟菜、江蓠以及拟石花菜的有2个，白碟贝及生境2个，黑脸琵鹭、金丝燕和白鲣鸟以及自然景观各1个。

此外，海南省政府于2007年7月批准建立了全国首个海草类型特别保护区——陵水新村港—黎安港省级海草特别保护区，保护区总面积23.2 km^2，其中新村港面积13.1 km^2，黎安

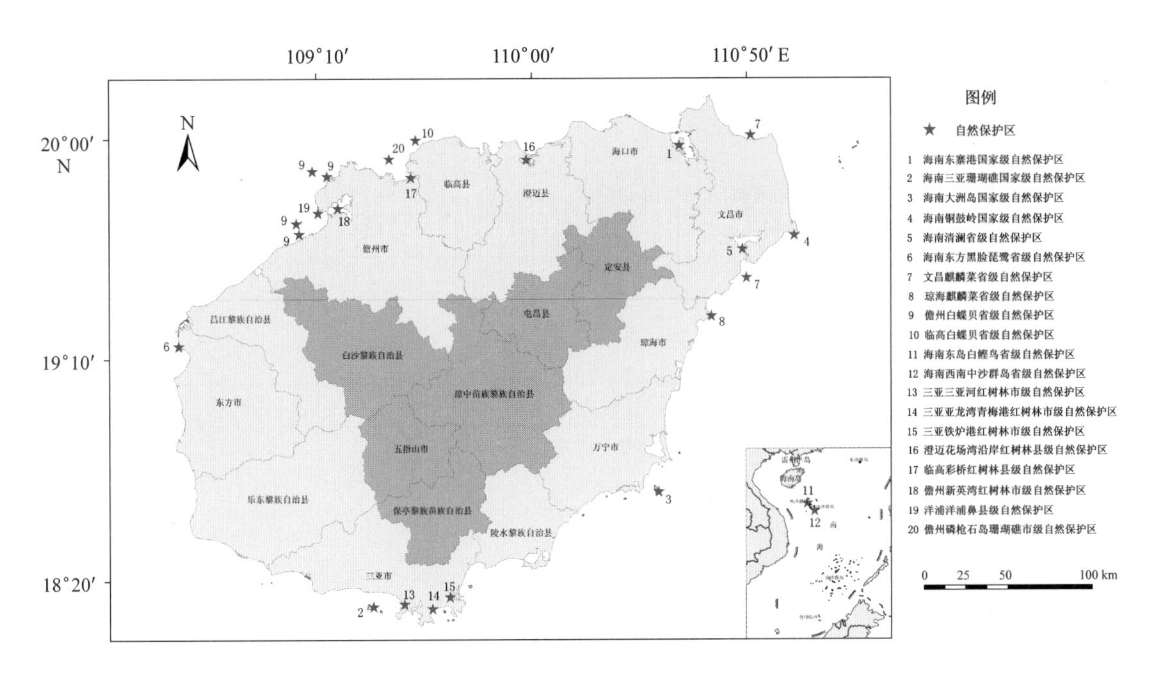

图 8.9 海南省海洋类型自然保护区分布示意图

港面积 10.1 km^2，保护区分为重点保护区域与一般保护区域两个层次管理。

农业部于 2009 年 4 月公布了西沙东岛海域国家级水产种质资源保护区的面积范围和功能分区。西沙东岛海域国家级水产种质资源保护区位于海南省西沙群岛海域中东岛周围的礁盘区，核心区位于东岛以外。保护区总面积 30 870 hm^2，其中核心区面积为 11 113 hm^2，实验区面积 19 757 hm^2，主要的保护对象是石斑鱼类、鲨鱼类、龙虾类、海参类、海胆类、马蹄螺、篱凤螺、砗磲、冠螺、红珊瑚、鹦鹉螺等热带海珍品种。

农业部于 2009 年 12 月公布了万泉河国家级水产种质资源保护区的面积范围和功能分区。万泉河国家级水产种质资源保护区地处海南省万泉河琼海段，位于烟园水电站与万泉河出海口之间。保护区总面积 3 248 hm^2，其中核心区面积 1 020 hm^2，实验区面积 2 228 hm^2。主要的保护对象是万泉河尖鳍鲤和花鳗鲡。

8.4.1.2 海洋自然保护区面积统计

目前海南已建海洋类型自然保护区共 20 个，总面积 2 499 653 hm^2。按地理区域分布进行统计，沿海 12 市县除乐东、昌江、陵水没有分布外，其他 9 个沿海市县均有分布。其中海口市海洋类自然保护区面积 3 337 hm^2，占 9 个沿海市县海洋保护区面积的 3.35%；文昌市海洋类自然保护区面积 13 848 hm^2，占 9 个沿海市县海洋保护区面积的 13.91%；琼海市海洋类自然保护区面积 2 500 hm^2，占 9 个沿海市县海洋保护区面积的 2.51%；万宁市海洋类自然保护区面积 7 000 hm^2，占 9 个沿海市县海洋保护区面积的 7.03%；三亚市海洋类自然保护区面积 6 359.8 hm^2，占 9 个沿海市县海洋保护区面积的 6.39%；东方市海洋保护区面积 1 429 hm^2，占 9 个沿海市县海洋保护区面积的 1.44%；儋州市海洋保护区面积 26 179.2 hm^2，占 9 个沿海市县海洋保护区面积的 26.3%；临高县海洋保护区面积 38750 hm^2，占 9 个沿海市县海洋保护区面积的 38.92%；澄迈县海洋保护区面积 150 hm^2，占 9 个沿海市县海洋保护区面积的 0.15%（表 8.21，图 8.10，图 8.11）。

表 8.21 海南省海洋类型自然保护区市县分布统计表 数量单位：个，面积单位：hm²

行政区域	保护对象类型										合计	
	珊瑚礁		红树林		白蝶贝		麒麟菜		其他			
	数量	面积	数量	面积	数量	面积	数量	面积	数量	面积	数量	面积
海口市			1	3 337							1	3 337
文昌市	1	4 400	1	2 948			1	6 500			3	13 848
琼海市							1	2 500			1	2 500
万宁市									1	7 000	1	7 000
三亚市	1	5 568	3	791.8							4	6 359.8
东方市									1	1 429	1	1 429
儋州市	1	131	1	115.4	1	25 800			1	132.8	4	26 179.2
临高县			1	350	1	38 400					2	38 750
澄迈县			1	150							1	150
三沙市									2	2 400 100	2	2 400 100
合计	3	10 099	8	7 692.2	2	64 200	2	9 000	5	2 408 662	20	2 499 653

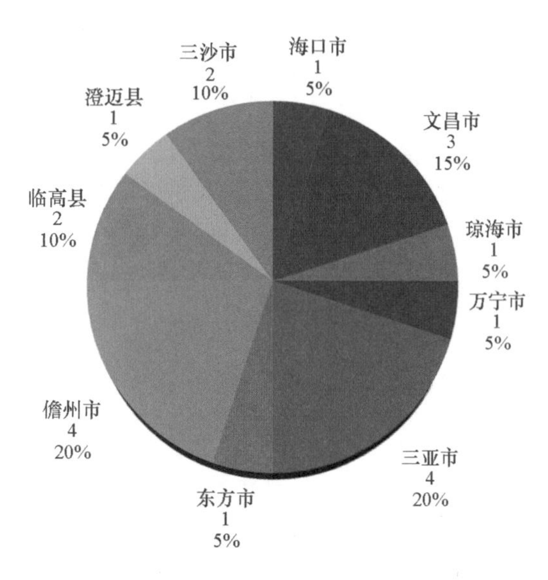

图 8.10 海南省海洋类型自然保护数量分布图

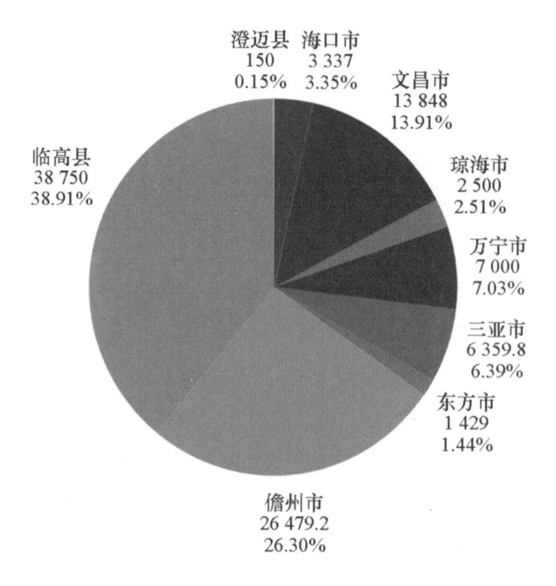

图 8.11 海南岛海洋类型自然保护面积分布图（不含三沙市）

按主要保护对象类型分类统计，从自然保护区数量上看，保护对象为红树林的自然保护区数量最多，共 8 个，分布在海口市、文昌市、三亚市、儋州市、临高县和澄迈县等市县；保护对象为珊瑚礁的自然保护区数量为 3 个，分布在三亚市、文昌市和儋州市；保护对象为白蝶贝的自然保护区数量为 2 个，分布在儋州市和临高县；保护对象为麒麟菜的自然保护区数量为 2 个，分布于文昌市和琼海市；其他类型的自然保护区数量是 5 个，主要保护对象有金丝燕、黑脸琵鹭、白鲣鸟及生境、各种重要水生动植物和自然景观，分布在万宁市、东方市、西南中沙和儋州市。从自然保护区面积上看，三沙市（西南中沙）海洋自然保护区面积与海南岛周边海域自然保护区面积差异较大，因此只统计了海南岛周边邻近海域自然保护区的面积进行分析。其中保护对象为白蝶贝的自然保护区面积最大，为 64 200 hm^2，占海南岛周边邻近海域海洋自然保护区统计面积的 64.49%；其次是主要保护对象为珊瑚礁的海洋自然保护区，面积为 10 099 hm^2，占海南岛周边邻近海域海洋自然保护区统计面积的 10.14%；主要保护对象为麒麟菜的海洋自然保护区面积为 9 000 hm^2，占海南岛周边邻近海域海洋自然保护区统计面积的 9.04%；主要保护对象为红树林的海洋自然保护区虽然数量最多，但面积却不是大，该类自然保护区面积为 7 692.2 hm^2，占海南岛周边邻近海域海洋自然保护区统计面积的 7.73%；其他类型的海洋自然保护区面积为 8 561.8 hm^2，占海南岛周边邻近海域海洋自然保护区统计面积的 8.60%（图 8.12，图 8.13）。

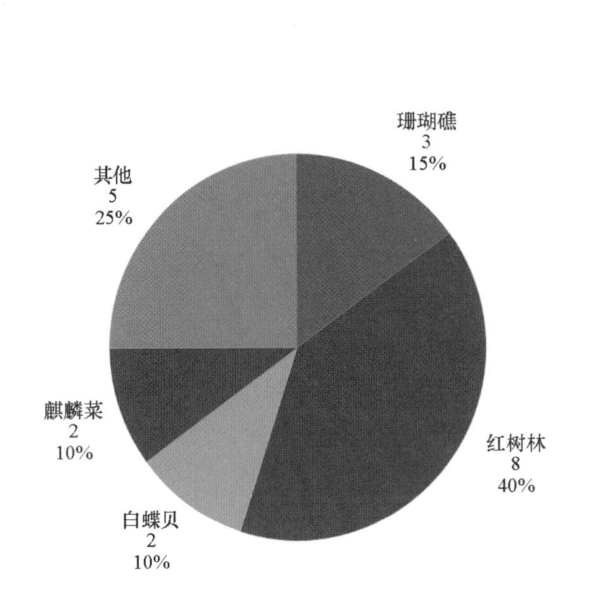

图 8.12 海南省海洋类型自然保护区保护类型分布图（按保护对象分）

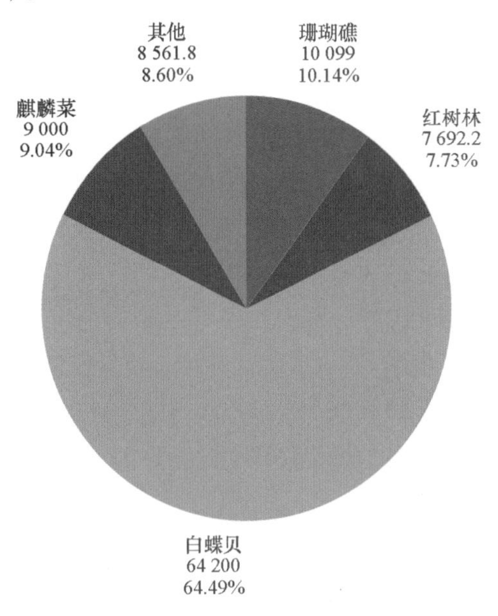

图 8.13 海南省海洋类型自然保护区保护类型分布图（按保护区面积分，未统计西南中沙）

按海洋类型保护区级别进行统计，见表 8.22，国家级海洋保护区数量 4 个，面积 20 345 hm^2，占海南岛周边邻近海域海洋类型保护区面积的 20.43%；省级海洋保护区数量 8 个（其中 2 个位于三沙市），海南岛周边省级海洋类自然保护区面积 77 577 hm^2，占海南岛周边邻近海域海洋类型保护区面积的 77.89%；市县级海洋类自然保护区数量 8 个，面积 1 671 hm^2，占海南岛周边邻近海域海洋类型保护区面积的 1.68%。另西沙东岛白鲣鸟省级自然保护区和海南西南中沙群岛省级自然保护区面积为 2 400 100 hm^2。

表 8.22 海南省海洋类型自然保护区分级别统计表　　数量单位：个，面积单位：hm^2

行政区域	保护对象类型										合计	
	珊瑚礁		红树林		白蝶贝		麒麟菜		其他			
	数量	面积	数量	面积	数量	面积	数量	面积	数量	面积	数量	面积
国家级	2	9 968	1	3 377					1	7 000	4	20 345
省级			1	2 948	2	64 200	2	9 000	3	2 401 529	8	2 477 677
市县级	1	131	6	1 407.2					1	132.8	8	1 671

注：省级自然保护区面积包括西南中沙自然保护区面积 2 400 100 hm^2，为其他类型的保护区。

8.4.1.3 海南省主要自然保护区情况介绍

1）海南东寨港国家级自然保护区

海南东寨港国家级自然保护区于1980年1月经广东省人民政府批准建立，1986年7月经国务院批准晋升为国家级，是我国建立的第一个红树林类型的湿地自然保护区，1992年被列入国际重要湿地名录，2006年被国家林业局评定为示范保护区。

海南东寨港国家级自然保护区地处海南省东北部，周边与文昌市的罗豆农场和海口市的三江农场、三江镇、演丰镇交界，是以保护红树林生态系统和鸟类为主的自然保护区。保护区总面积3 337.6 hm^2，其中红树林面积1 578.2 hm^2，滩涂面积1 759.4 hm^2。

东寨港自然保护区是我国建立的第一个以保护红树林生态系统为主的自然保护区，也是迄今为止我国红树林自然保护区中红树林资源最多，树种最丰富的自然保护区，是我国首批列入《国际重要湿地名录》的七个湿地保护区之一。保护区内分布有红树、半红树植物35种占全国红树林植物的95%，其中水椰、红榄李、海南海桑、卵叶海桑、拟海桑、木果楝、正红树和尖叶卤蕨为珍贵树种，红榄李、水椰、海南海桑、拟海桑和木果楝已载入《中国植物红皮书》，具有很高的保护价值；保护区内栖息的鸟类有194种，保护区已成为许多迁徙水禽的重要停歇地，也是连接不同生物区界鸟类的重要环节。东寨港自然保护区已成为具有国际意义的保护价值极高的综合性国家级自然保护区。

2）海南三亚珊瑚礁国家级自然保护区

海南三亚珊瑚礁自然保护区1989年建立，1990年批准为国家级海洋自然保护区。三亚珊瑚礁自然保护区位于三亚市沿海区，以鹿回头、大东海海域为主，包括亚龙湾、野猪岛海域，以及三亚湾东西玳瑁岛海域，总面积5 568 hm^2，其保护对象为珊瑚礁及由珊瑚礁构成的典型热带海洋生态系统与海洋生物物种。区内生产力很高，生物资源丰富，是保护海洋生物多样性的重要海区。

3）海南万宁大洲岛海洋生态国家级自然保护区

大洲岛位于海南省东部沿海，该岛呈葫芦形，为海南省最大的岛屿。海南万宁大洲岛海洋生态国家级自然保护区总面积为7 000 hm^2，其中岛屿陆域面积为420 hm^2，海域面积为6 580 hm^2，为四边形区域。为了保护大洲岛的珍稀物种——金丝燕，1988年万宁县政府将大洲岛划为县级自然保护区。1989年，经过全面论证，国家海洋局提出建立海岛海域生态系统自然保护区，1990年9月30日，国务院正式批准建立国家级大洲岛海洋生态国家级自然保护区（国函〔1990〕《国务院关于建立国家级海洋类型保护区的批复》）。保护区的主要保护对象为岛屿及周围海域的重要海洋生态系统与生态环境，由海南省海洋主管部门负责建设管理。

大洲岛及周围海域奇特的环境构成了一个完整的、平衡的海岛海洋生态系统，是生物多样性显著地区。这种基本保持着原始状态的热带海岛海洋生态系统在我国极为稀少，具有很高的保护价值。

4）海南铜鼓岭国家级自然保护区

海南铜鼓岭国家级自然保护区位于文昌市东部，总面积4 400 hm^2，其中陆地面积845 hm^2，海域面积3 555 hm^2。是海南岛北部地区物种较集中、保护较完整的地区，是海南岛北部野生动植物重要的繁衍区和栖息地。主要保护对象有热带常绿季雨矮林生态系统及其野生动植物、海蚀地貌、珊瑚礁及其底栖生物，是一个集森林生态系统、珊瑚礁生态系统、物种资源、地质地貌资源和海洋生物资源于一体的生态系统类型自然保护区。

1983年6月，原文昌县人民政府以《关于划定铜鼓岭为自然保护区的通知》（文府［1983］88号）建立铜鼓岭县级自然保护区，后于1985年、1986年两次扩大。1988年海南省人民政府批准为省级自然保护区。2001年，为加强铜鼓岭周边海域珊瑚礁及海洋生物的保护，海南省政府将铜鼓岭周边海域3 555 hm^2 划入铜鼓岭自然保护区。2003年，国务院批准建立海南铜鼓岭国家级自然保护区。

5）海南清澜省级自然保护区

海南清澜省级自然保护区中心位置地理坐标位199°34′N，110°45′E，地处文昌市的清澜港沿岸一带。保护面积达2 948 hm^2，有林面积达2 732 hm^2。保护区管辖范围包括冯家港、铺前港等。该保护区于1981年批建，原为县级，后已升格为省级自然保护区。保护区设管理站，位于头宛村。该保护区的总保护面积虽然不及东寨港保护区，但林木面积大，而且树林年龄长，许多林相显示了原生林的特征。这里的种类多样性优于东寨港，具有较优势的典型性和稀有性，因而具有较大的潜在的科研意义。

6）海南东方黑脸琵鹭省级自然保护区

海南东方黑脸琵鹭省级自然保护区位于东方市四更镇境内。2004年，在东方市四更镇面前海滩，专家首次发现了海南省有大群黑脸琵鹭前来越冬，而四更镇面前海滩也成为除了台湾曾文溪、香港米埔之外，在中国发现的黑脸琵鹭又一重要越冬地。黑脸琵鹭是国际濒危珍禽，全球仅存2 000余只。2006年，建立东方黑脸琵鹭省级自然保护区，总面积1 429 hm^2，主要保护对象为黑脸琵鹭，属野生生物类野生动物类型。

7）文昌、琼海麒麟菜省级自然保护区

麒麟菜自然保护区是1983年经广东省人民政府以粤府函［1983］63号文批准建立的。是由原广东省海南行政区在文昌、琼海两个市级麒麟菜自然保护区合并而成，这些保护区主要授权当地海藻场负责管理与经营，海藻场由经海南省林业局批准成立保护区渔政管理站行使管理保护职责。

8）东岛白鲣岛自然保护区

东岛白鲣岛自然保护区是我国最南端的自然保护区。1980年我国在西沙群岛中面积为180 hm^2 的东岛建立了以保护红脚鲣鸟为主的自然保护区，也是我国位置最南的一个自然保护区。东岛属于热带海洋气候，终年高温多雨，是我国水热条件最优越的地区之一。热带植物丛生、树林茂密，有高等植物20多种，天然植被属于珊瑚岛常绿林，由麻枫桐（白避霜花）、海岸桐、银花树、羊角树、草海桐等代表性植物组成，人工植被有椰子、榄仁（枇杷）、木麻黄等，尤其是麻枫桐群落为红脚鲣鸟提供了良好的栖居场所，共有大约5万~10万只红脚鲣鸟聚集于此。东岛白鲣鸟自然保护区环境优良，鸟类生长繁衍如常。全岛已有鸟类50多种，白鲣鸟达约3万只，成为名副其实的海鸟的天堂。东岛是浩瀚南海中名副其实的鸟岛，也是我国鸟类密度最大的保护区之一。

8.4.1.4 保护区管理体制

我国自然保护区管理体制比较复杂，综合管理、分部门管理、分级管理并存。综合管理是指由国家环境保护总局负责全国自然保护区的综合管理；分部门管理管理是指林业、农业、国土资源、水利、海洋等有关行政主管部门在各自的职责范围内，主管相关的保护区；分级管理是指我国把保护区划分为国家、省、市和县4个级别，根据保护区级别，由所在地的省、市或县的行政主管部门负责日常管理工作。如此复杂的管理体制被认为是制约保护区管理和保护效率的重要因素之一。

以红树林保护区的管理为例。红树林保护区主管部门有林业、海洋等，各部门都有自己的管理体制、经费来源，都在积极发展隶属于本部门的保护区，由此造成相互竞争、重复建设、各自为政、整体效率低下。由于受到部门体制的制约，综合管理部门与具体主管部门之间缺少主动的沟通和协调，综合管理部门也很难对各部门的自然保护区在宏观决策、政策指导与监督检查方面有所作为。导致无论在国家层面还是在省市层面，都难以实现保护区建设的统一规划。

8.4.2 海洋保护区的选址与建设

8.4.2.1 海南省海洋保护区价值分析

1）生物物种价值分析

海南岛地处亚热带，具有独特的地理位置与气候，生长了许多特色的动植物品种、珍稀海洋物种。海南岛沿岸海域已记录有807种鱼类，南海北部大陆架海域记录有1 064种鱼类，南海诸岛海域记录有521种鱼类，对虾类86种，蟹类348种。海南贝类资源也十分丰富，记录有贝类681种。头足类58种，海参、海胆等511种棘皮动物。海南岛海藻资源也很丰富，记录有162种。总体上来说，海南海洋生物资源富饶，特别是海洋生物多样性丰富，并且不乏珍贵的海洋生物物种资源。

（1）金丝燕

金丝燕，系指鸟类中归属于雨燕目雨燕科金丝燕属中一些能做可食燕窝种类的统称。栖息于大洲岛的金丝燕是东南亚金丝燕的一个新的地理亚种，该亚种是目前世界上能做白色可食燕窝的金丝燕分布最北的珍稀鸟类，分布范围非常狭小，在鸟类区系分类和生物物种多样性的保护和研究中具有重要意义。目前建有海南大洲岛国家级自然保护区，保护对象为金丝燕及其生态环境，保护区面积为7 000 hm^2。

（2）白鲣鸟

白鲣鸟，为国家保护动物，周身洁白，两翼较长，颇善飞行，在海上觅食早出晚归，飞行很有规律，渔民们根据其飞行方向可确定航行路线和岛屿位置，故把这种鸟称为“导航鸟”。它们大部分聚集在西沙群岛的东岛，与麻枫桐树相互依存。1981 年东岛被划为白鲣鸟自然保护区，是目前我国位置最南的自然保护区，位于西沙群岛东岛附近海域，保护区面积 180 hm^2，保护对象为白鲣鸟及其生态环境，使鸟类及其生长环境得到很好的保护。

（3）黑脸琵鹭

黑脸琵鹭是全球濒危珍稀鸟类，它已成为仅次于朱鹮的第二种最濒危的水禽，国际自然资源物种保护联盟和国际鸟类保护委员会都将其列入濒危物种红皮书。2004 年 1 月 3 日，海南省林业局组织专家调查海南省冬季越冬的湿地水鸟，在东方市四更镇面前海滩首次发现了海南省有大群黑脸琵鹭前来越冬，而四更镇面前海滩也成为除了台湾曾文溪、香港米埔之外，在中国发现的黑脸琵鹭又一重要越冬地。目前已建海南东方黑脸琵鹭自然保护区，位于东方市四更镇境内，保护区总面积 1 429 hm^2，主要保护对象为黑脸琵鹭。保护区建成之后前来越冬的黑脸琵鹭数量有所增加。由于黑脸琵鹭是湿地的指示物种，根据《拉姆萨湿地公约》规定，如果一个地区的黑脸琵鹭超过全球数量的 1%，就应该纳入国际重要湿地保护区。因此，加强海南东方黑脸琵鹭自然保护的建设与管理具有十分重大的价值。

（4）白蝶贝

白蝶贝又称大珠母贝，也有叫白蝶珍珠贝的。它属热带、亚热带海洋的双壳贝类，是我国南海特有的珍珠贝种。白蝶贝的形状像碟子，其个体很大，一般体长 25～28 cm 左右，体重为 3～4 kg。白蝶贝是珍珠贝类中最大的一种，也是世界上最大最优质的珍珠贝。目前海南已建有 2 个白蝶贝省级自然保护区，分别为儋州白蝶贝自然保护区和临高白蝶贝自然保护区，均为原广东省批准建立，保护对象为白蝶贝及其生态环境。

（5）鲍

鲍鱼是一种原始的海洋贝类，单壳软体动物，只有半面外壳，壳坚厚，扁而宽。鲍鱼是中国传统的名贵食材，四大海味之首。

（6）滨玉蕊

滨玉蕊，又名棋盘脚树（台湾），是玉蕊科玉蕊属植物。在“海南省海岛资源综合调查”中，在万宁市白鞍岛上发现有生长，这是首次在海南省发现生长的区域，具有较高的保护与研究价值。

（7）蓝圆鲹、金色小沙丁鱼

蓝圆鲹是海南近海渔业资源中的渔获量较高的主要经济品种之一。海南岛四周海域是蓝圆鲹的分布密集区。自 12 月至翌年 1 月，蓝圆鲹群体就自北部湾口逐渐向湾内作索饵移动，同时性腺开始发育，至 3—4 月性腺发育成熟，在湾内水深 15～20 m 泥沙底质场所进行产卵。自 1 月起，岛南部近岸海域就可陆续出现蓝圆鲹群体，并随时间逐渐沿岛东西方向北上。3—4 月份群体可在岛东部清澜渔场出现，5—7 月是清澜渔场的渔汛旺季。

2）自然生态系统价值分析

海南具有丰富多样的海洋生态系，如红树林生态系、珊瑚礁生态系、潟湖生态系、上升流生态系、河口生态系、岛礁生态系、海草生态系等。其中前四种生态系为海洋中高生产力区和生物多样性区。这些生态系不仅可提供丰富的食品资源，还是极佳的旅游观赏区，并为人类生存发挥提供了多样化的选择。

（1）红树林生态系统

红树林是重要的海洋生物资源，经济价值极高。以红树林为中心的海洋生态系统具有强大的生命力，它通过食物链维持自身的生态平衡。红树林吸收海底土壤中的养料而生存，其树叶、树枝是鱼虾的食物，鸟类又以鱼虾为食物，淤泥中的微生物又将植物，动物遗体分解成无机物归还土壤中。另外红树林还有很高的环保价值，红树林的根部深扎于海水中，可防御海风，抵制海浪侵袭，保护农田和村镇，被誉为“天然的海防卫士”。同时，红树林根系发达，枝叶繁茂、还可大量吸收海洋中的污染物，净化海水。而且，红树林还有较高的生态学研究价值和旅游观赏价值。

海南岛是我国红树林的分布中心，海南岛有绵长的海岸线和众多的港湾、河口，为红树林的生长繁衍提供了优越的条件，使之成为我国红树林植物种类最丰富、生长最好的地区，海南红树林在中国乃至世界红树林中占有重要位置，具有极为重要的保护价值。目前海南已建有9个以红树林及其生态环境为保护对象的保护区，其中包括1个国家级自然保护区，1个省级自然保护区，7个市县级自然保护区。红树林保护区总面积为8 519.9 hm^2。

（2）珊瑚礁生态系统

珊瑚礁是人类一项宝贵资源，现代珊瑚礁区繁衍着数量惊人的各种热带观赏鱼类和经济鱼类，同时，还有贝类、藻类、龙虾、海参和海龟等；既可为人类提供丰富的水产资源，又为栖息于此的大量鸟类提供了充足的食物，而鸟类的粪便又是海水中的浮游植物的肥料。珊瑚礁区域是海洋中最具生命力的区域之一。除此之外，珊瑚礁还是旅游胜地，陆上有海滨喀斯特景观，水下有珊瑚百花园。

海南岛珊瑚礁的分布，呈现出断断续续的特点。在北岸，西起峨蔓港，向东依次在兵马角—谢屋角、邻昌礁、将军印、红桃咀、雷公岛、林梧和抱虎港等地有分布；在东岸，北起邦塘，向南在冯家湾、沙老、潭门、大洲岛等地见到；在南岸，东起南湾角，向西在新村港、蜈支洲、后海、亚龙湾、东岛、野猪岛、东排、西排、榆林港、大东海、小东海、鹿回头、东瑁洲和西瑁洲等地发育；在西岸，南起岭头－双沟港，向北在八所，沙鱼塘—南罗、海头—南华、干冲和神头嘴等岸段皆有分布。海南岛珊瑚礁分布较广，保护好珊瑚礁生态系统具有很大的意义。目前，海南建有4个珊瑚礁保护区，其中1个国家级自然保护区，3个市县级自然保护区。珊瑚礁类型保护区总面积为43 475 hm^2。

（3）海草床生态系统

海草是生活于热带和温带海域浅水的单子叶植物。海草床生态系统为生物圈中最具生产力的水生生态系统之一，海草在海洋生态系统中的作用非常重要，能净化水质；改善水质透明度；稳固海床；减缓波浪和潮流；提供海洋生物繁殖、生长、庇护等栖息场所；为许多海洋生物提供食物；在碳、氮、磷循环中扮演着非常重要的角色；对珊瑚礁和红树林生态系统起着承上启下的作用。

海南岛有适宜的环境和众多的潟湖、港湾、河口，为海草的生长繁衍提供了优越的条件，使之成为中国海草种类最多，分布最广的地区之一。但长期以来海草在海洋保护中的地位得不到重视，近几十年来，随着近海海洋工程的开发、渔业活动的加强以及入海污染物增多，海南岛海草资源所面临的形势越来越严峻，如围填海使海草发生区域性萎缩，出现海草床面积下降趋势；养殖污染引起海草生态环境质量下降；过度捕捞导致海草床生物种群数量减少。因此，需要对海草资源执行适当的保护措施。海南省政府2007年7月批准建立了全国首个海草类型特别保护区，也是海南省首个海洋特别保护区，总面积为 1 200.36 hm^2，主要保护对象是海草床及其海洋生态环境。

3）自然与历史遗迹价值分析

海南岛自然海岸线的分布有基岩岸线、砂砾质岸线、粉砂淤泥质岸线、红树林岸线、珊瑚礁岸线等。其中基岩岸线全长 190.1 km，占全省海岸线长度的 10.4%，主要是延伸入海的山脉形成的岬角岸线，主要分布于东北部的文昌市的铜鼓岭和海南角、东南部的万宁市大花角、石梅湾和神州半岛，陵水县的陵水角、南湾岭和赤岭，南部的三亚市牙笼岭、坎秧湾、鹿回头岭和南山岭，西部的昌江峻壁角，西北部的儋州市北部沿岸以及北部的临高县大雅村，及澄迈县头友角、玉包岭等沿岸。基岩岬角海岸的抗蚀性强，在岬角地带，由于波浪的长期作用，往往形成海蚀崖，海蚀平台、海蚀柱以及海蚀洞等形态独特的地貌，这些独特的海岸地貌具有较高的保护价值。

此外，海南省还拥有重要的海洋人文历史遗迹，像永兴岛、太平岛主权碑等，这些均最具有永久性历史意义和现实教育意义。以及 1605 年发生的琼州大地震（震级 7.5 级）造成超过 1 000 km^2 的陆地下沉，其中有超过 100 km^2 下沉成海，当时的曲东、东寨一带有 72 个村庄随之下沉形成了海底古村庄。是我国历史上唯一因地震下沉成海的海洋遗址及古代村庄遗迹奇观，具有较大的保护价值。

8.4.2.2 海洋保护区后备资源分析

除了已建的海洋保护区外，海南省尚存相当部分的宝贵资源未得到很好的保护，保护区后备资源充足，详见表 8.23。

表 8.23 海南省具有保护价值的重要生态系统和珍稀海洋生物

保护区类型		地点	具有保护价值的保护对象
自然保护区		中沙群岛	海岛、珊瑚礁生态系统
		琼海潭门	红树林及其生境
		陵水黎安镇大墩村	红树林及其生境
海洋特别保护区	特殊地理条件保护区	海口西海岸	岸线
	海洋资源保护区	三亚梅山	大珠母贝
	海洋生态保护区	三亚蜈蚑洲	珊瑚礁生态系统
		琼海龙湾至潭门	珊瑚礁和海草生态系统
		文昌长圮港	珊瑚礁生态系统
		文昌高隆湾至冯家湾	海草生态系统
		万宁石梅湾	珊瑚礁生态系统
	海洋公园	三亚东锣西鼓	领海基点，海岛，珊瑚礁生态系统
		三亚南山	地质地貌景观，珊瑚礁生态系统
		三亚铁炉港	海草及其生境，潟湖资源
		海口东寨港	水下村庄地震历史遗迹
		陵水双帆石	领海基点，海岛，珊瑚礁生态系统
		文昌七洲列岛	地质地貌景观，珊瑚礁生态系统
		西沙群岛	海岛、珊瑚礁生态系统

海南省具有丰富的海洋资源和典型的热带海洋生态系统，但是，随着经济社会的不断发展，海洋资源与生态环境压力加大，加强海洋保护显得尤为重要。因此需要对资源状况和保护区区域范围不太清晰、保护机构不健全、保护经费没有落实的现有海洋类型保护区以及后备保护区域，进行进一步的资源调查，并通过相关调整，明确保护区域的保护对象和范围，缩小或取消已经失去保护价值或保护价值不大的现有海洋保护区，在保护价值与意义较大的区域，新增设立海洋保护区。分层次分级别给予保护，优先保护典型海洋生态系统、濒危物种、海洋自然遗迹和海底景观；逐步形成一个以国家级自然保护区为核心，省级自然保护区为网络，市、县级自然保护区为通道的类型齐全、布局合理、管理高效、社会效益和生态效益显著的全省海洋自然保护区体系；逐步恢复和有序、高效保护全省海洋生物资源、生态环境和生物多样性，确保海南国际旅游岛建设的需要；全面维护和提高全省海洋生态环境质量，促进全省海洋经济持续协调发展。

8.4.2.3 海洋保护区的选划与建设

1）海洋保护区的选划与建设目标

根据《海南省海洋环境保护规划》，到2020年全省规划新建海洋自然保护区3个、海洋特别保护区13个，调整原海洋自然保护区7个；通过海洋保护区的选划与建设，优先保护一批典型自然生态系统、濒危物种和有价值的历史遗迹、自然遗迹与自然景观；逐步形成一个以国家级自然保护区为核心，省级自然保护区为网络，市、县级自然保护区为通道的类型齐全、布局合理、管理高效、社会效益和生态效益显著的全省海洋保护区体系；逐步恢复和有序、高效保护全省自然资源、自然环境和生物多样性；培育和试点海洋公园建设；全面维护和提高全省海洋生态环境质量，促进全省海洋经济持续协调发展。

2011—2015年：新建海洋自然保护区2个、海洋特别保护区9个，调整原自然保护区4个。优先保护一批典型自然生态系统、濒危物种和有价值的历史遗迹、自然遗迹与自然景观；进一步完善海洋保护区的法规体系；建立健全现有保护区的管理机构，海洋保护区管理机构设置及人员配备率达到60%，基本保护管理设施配备率达到50%，具有一定的科研能力与自我发展能力；启动海洋公园规划制定和试点建设。

2016—2020年：新建海洋自然保护区1个、海洋特别保护区4个，调整原自然保护区1个。自然保护区管理机构设置及人员配备率达到80%，具有较完善的保护管理设施，配备率达到80%，并充分发挥海洋保护区的保护管理、科学研究、宣传教育、旅游、经营示范等多种功能。

2）海洋保护区规划方案

加强现有保护区的建设与管理。进一步完善海洋保护区的法规体系，加大保护区的资金投入，建立健全现有保护区的管理机构，依法加强现有保护区的保护管理、科研监测、宣传教育、基础设施建设、生态旅游、社区共管等方面的工作，增强保护区管护能力。

调整现有的自然保护区。在科学考察的基础上，按照相关手续对海南省早先建立的面积过大或未划分核心区、缓冲区、实验区的资源类自然保护区进行调整，在有利于资源与环境的保护、开发和利用的基础上，将这些自然保护区严格按相关程序调整为海洋特别保护区，调整后应充分考虑保护区保护对象的多样性。调整的方式包括合并、范围调整和功能调整，详见表 8.24。

表 8.24 海南省 2011—2015 年拟调整的海洋类型保护区

序号	原保护区名称	原保护区级别	主要保护对象	调整范围	拟调整类型、级别	拟调整时间	备注
1	三亚珊瑚礁国家级自然保护区	国家级	珊瑚礁生态系统	部分调整	国家级自然保护区	2011—2015 年	调整后保护区面积基本不变
2	海南西南中沙群岛省级自然保护区	省级	各种重要水生动植物及珊瑚礁	部分调整	国家级自然保护区 和国家级海洋公园	2016—2020 年	保留并升级中沙群岛国家级自然保护区，建西沙群岛海国家级海洋公园。调整后保护区面积基本不变
3	文昌麒麟菜省级自然保护区	省级	麒麟菜、江离、拟石花菜	全部调整	省级海洋资源保护区	2011—2015 年	
4	琼海麒麟菜省级自然保护区	省级	白蝶贝及其生境	全部调整	省级海洋资源保护区	2011—2015 年	
5	儋州白蝶贝自然保护区	省级	白蝶贝及其生境	全部调整	省级海洋资源保护区	2011—2015 年	
6	临高白蝶贝省级自然保护区	省级	白蝶贝及生境	部分调整	省级海洋公园	2011—2015 年	缩小临高白蝶贝保护区范围，结合临高临高角区域，建立海洋公园
7	儋州磷枪石岛珊瑚礁市级保护区	市级	珊瑚礁生态系统	部分调整	省级海洋公园	2016—2020 年	结合地质地貌景观、珊瑚礁生态系统、近岸红树林及其生境，建立海洋公园
8	万宁大花角保护区	市级	海岸地貌综合自然景观	全部调整	省级海洋公园	2011—2015 年	
9	海南西北部蓝圆鲹、金色小沙丁鱼保护区	省级	蓝圆鲹、金色小沙丁鱼	全部调整	省级海洋资源保护区	2011—2015 年	

（1）合并。调整临高白蝶贝自然保护区的范围，结合临高角自然地貌景观和人文景观，建立省级海洋公园。在儋州磷枪石岛珊瑚礁市级自然保护区的基础上，结合保护区地质地貌景观、周边珊瑚礁生态系统、近岸红树林及其生境，建立省级海洋公园。

（2）范围调整。因受到三亚河、三亚港排污的影响，鹿回头一带海域的珊瑚退化严重，榆林港部队工程的建设使大东海靠近榆林港一带海域的珊瑚受到严重破坏，导致珊瑚退化。严格按照《国家级自然保护区范围调整和功能区调整及更改名称管理规定》，结合海洋产业建设项目，对三亚珊瑚礁国家级自然保护区的范围进行调整，调整后要确保原保护区面积基本不变。调整海南西南中沙群岛省级自然保护区的范围，建立西沙群岛国家级海洋公园和中沙群岛国家级自然保护区。

（3）功能调整。儋州白蝶贝自然保护区、文昌麒麟菜自然保护区、琼海麒麟菜自然保护区调整为海洋资源保护区。

调整《海南省海洋功能区划》中部分海洋保护区。随着三亚红塘湾旅游岸线开发力度的加大和洋浦保税港区规模的扩大，取消三亚鲍鱼市级保护区和儋州大铲礁珊瑚礁市级保护区；将海南西北部蓝圆鲹与金色小沙丁鱼保护区调整为海洋资源保护区；万宁大花角市级保护区调整为海洋公园。

新建海洋保护区。在具有保护价值的红树林生长区，新建红树林自然保护区；根据《海洋特别保护区分类分级标准》，将滨海及近海区域中未建立保护区的珊瑚礁、海草以及重要的珍稀海洋生物建立 4 类海洋特别保护区，即海洋资源保护区、海洋生态保护区、特殊地理条件保护区和海洋公园。2011—2015 年，选择在琼海、陵水各建立 1 个红树林自然保护区，在三亚、琼海、文昌和万宁各建立 1 个珊瑚礁海洋生态保护区，在琼海、文昌各建立 1 个海草海洋生态保护区，在三亚和海口各建立 1 个海洋公园，在海口西海岸建立特殊地理条件保护区，在三亚建立 1 个海洋资源保护区，共计新建自然保护区 2 个、海洋特别保护区 9 个。2016—2020 年，在三亚南山与铁炉港、陵水双帆石和文昌七洲列岛各建立 1 个海洋公园，共计新建海洋特别保护区 4 个。新建的海洋保护区示意图见图 8. 14。

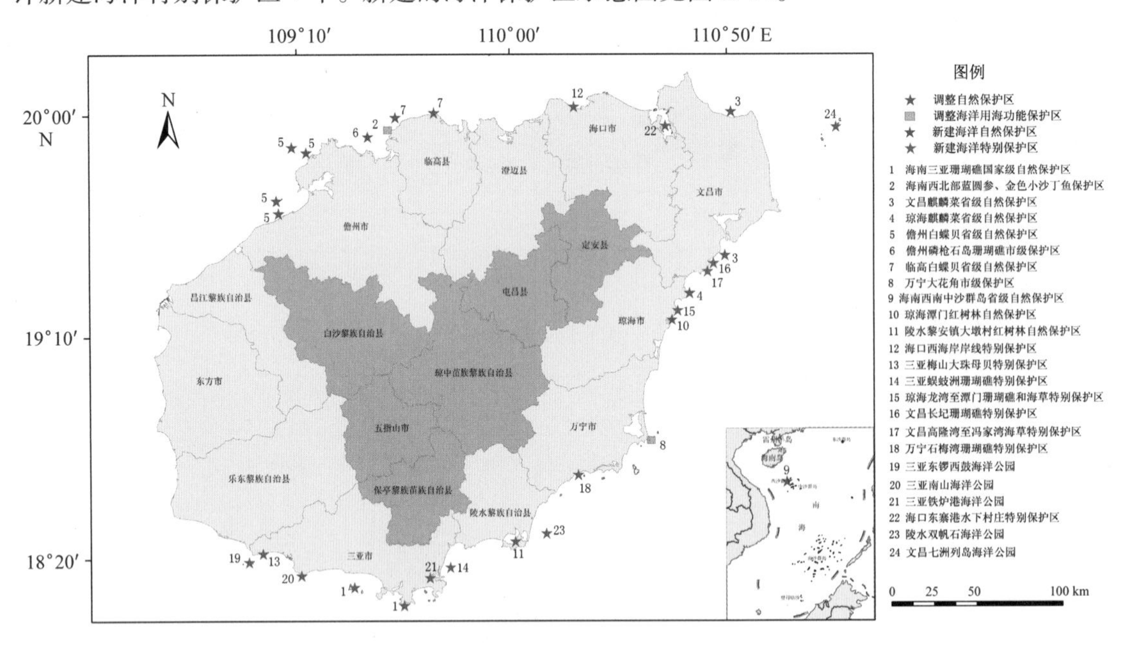

图 8. 14　调整、新建的海洋保护区分布示意图

8. 5　海南省海洋综合管理对策与措施

“21 世纪将是海洋开发时代”现已成为全球共识。海洋是 21 世纪人类社会可持续发展的宝贵财富和最后空间，是人类可持续发展所需要的能源、矿物、食物、淡水和重要金属的战略资源基地。将目光瞄准海洋，是一项影响深远的战略选择。在海洋开发上，如何落实全面、协调、可持续的科学发展观，建立适合海南省海洋经济发展的海洋综合管理体系，提高海洋

综合管理能力，是海洋有序开发的当务之急。强化海洋综合管理，是科学开发和保护海洋的基本保障，是促进海洋经济可持续发展的关键。

8.5.1　法律法规

法制建设是海洋管理的保障。为了保护和改善海洋环境，防治海洋污染损害，维护海洋生态平衡，确保海洋资源的可持续利用，促进经济和社会可持续发展，除了严格贯彻执行《中华人民共和国海域使用管理法》、《中华人民共和国海洋环境保护法》等国家有关海洋管理的各项规章制度外，海南省政府还非常重视海南省海洋管理的法制建设，把它摆到了海南省海洋工作的首要地位，立足于本省实际，积极推进地方海洋立法，为与海南地区社会经济的发展相适应及与国家相关法规相衔接，积极推进有关法规的立法修订工作。省人大制定和修订了《海南省实施〈渔业法〉办法》（1995 年）、《海南省珊瑚礁保护规定》（1998 年）、《海南省红树林保护规定》（1998 年）、《海南省实施〈中华人民共和国海域使用管理法〉办法》（2005 年）、《海南省海洋环境保护规定》（2008 年）等地方法规，省政府制定和修订了《海南省渔业资源增殖保护费征收使用办法》、《南沙渔业生产管理规定》、《海南省海洋渔船安全生产管理规定》等政府规章，省政府和海南省海洋与渔业厅发布了《海南省人民政府关于加强海滩管理问题的通知》、《海南省海洋厅关于实施 <国家海域使用管理暂行规定> 的有关配套措施的通知》等制度，海南省海洋资源和海洋环境管理的法规体系逐渐完善。

1）海域管理类

2001 年，全国人大常委会颁布《中华人民共和国海域使用管理法》（以下简称《海域法》）以后，国家海洋局相应出台了一系列配套管理制度，更加完善和保障了海域使用制度的有力实施。海南省结合本地实际，根据工作中出现的问题，研究制定了适合海南海域管理需要的各项配套管理制度，有力地促进了国家《海域使用管理法》在海南省的全面贯彻实施。目前全省海域使用管理工作已由过去的“无序、无度、无法”管理的“三无”状况，逐步形成“规范、适度、有序”管理的新局面，为海南海洋产业合理布局，海洋资源合理利用，为加速海洋经济健康发展做出一定的贡献。近年海南省出台的海域管理配套制度。

（1）《海南省实施〈中华人民共和国海域使用管理法〉办法》

《海南省实施〈中华人民共和国海域使用管理法〉办法》2005 年 5 月 27 日海南省第三届人民代表大会常务委员会第十七次会议通过，根据 2008 年 7 月 31 日海南省第四届人民代表大会常务委员会第四次会议关于修改《海南省实施〈中华人民共和国海域使用管理法〉办法》的决定修正。该办法的实施，目的是加强海域使用管理，维护国家海域所有权和海域使用权人的合法权益，促进海域的合理开发和可持续利用。

（2）《海南省海域使用金征收管理办法》

《海南省海域使用金征收管理办法》于 2002 年 4 月省政府办公厅批准，该管理办法为规范全省海域使用金的征收与管理，根据《中华人民共和国海域使用管理法》和《海南省海域使用管理办法》的有关规定制定。

（3）海南省海域使用金征收项目和标准

海域有偿使用是《中华人民共和国海域使用管理法》规定的一项重要制度。根据《海域使用管理法》的规定，海域为国有资产，任何单位和个人使用海域进行生产经营活动，都必须缴纳海域使用金，对使用的国家资源给予补偿。

海南省政府于2002年4月17日批准颁布《海南省海域使用金征收管理办法》后，又同意省财政厅、省发改厅和省海洋与渔业厅联合下发《海南省海域使用金征收项目和标准（暂行）》，并于2002年6月1日印发各市、县、自治县人民政府、财政局、海洋行政主管部门、物价局及省政府直属有关单位。

《海域使用金征收项目和标准》下发后，海南省海洋行政主管部门在海域使用金的征收管理、数额标准、减免程序等方面有了有效的法律依据，将对海域的规范化使用、确保国家和海域使用权人的合法权益发挥积极作用。

（4）关于海南省海域项目用海审批权限的通知

为加强海域使用管理，规范项目用海行为，根据《中华人民共和国海域使用管理法》的有关规定和《国务院办公厅关于沿海省、自治区、直辖市审批项目用海有关问题的通知》（国办发［2002］36号）精神，海南省政府下达海域项目用海审批权限的通知。

通知规定围海10 hm^2以上、100 hm^2以下（不含本数）的项目用海，得由省政府负责审批。围海10 hm^2以下（不含本数）的项目用海、不改变海域自然属性的15 hm^2以下（不含本数）的项目用海，由县和县级市人民政府批准；不改变海域自然属性的30 hm^2以下（不含本数）的项目用海，由地级市人民政府批准。同时规定：填海（围海造地）50 hm^2以下（不含本数）的项目用海，围海10 hm^2以上、100 hm^2以下（不含本数）的项目用海，不改变海域自然属性700 hm^2以下（不含本数）的项目用海，以及超出市、县使用海域的项目用海，均须经省政府批准。

（5）海南省海域使用申请审批程序

2007年2月10日，海南省海洋与渔业厅印发了《海南省海域使用申请审批程序》，规定全省海域使用必须按项目用海预申请、项目用海预申请审查、海域使用论证、项目用海申请、项目用海审核、项目用海的招标与拍卖、海域使用权审批、缴纳海域使用金及海域使用权登记、发证、公告九个规定程序进行，确定各个阶段所需要的材料及工作期限，明确要求市（县）人民政府审批的项目用海，市（县）海洋行政主管部门应当把政府批文及其他有关材料副本报送省海洋行政主管部门备案；省政府审批的项目用海，省海洋行政主管部门应当把政府批准的文件及其他有关材料副本移送项目所在市（县）海洋行政主管部门备案；国务院审批的项目用海按国家海洋局《海域使用申请审批暂行办法》的规定执行。

另外，海南省海洋与渔业厅于2008年还制定了《海南省海洋与渔业厅关于招标拍卖出让海域使用权暂行规定》。省海洋与渔业厅和省财政厅联合印发了“关于对渔港工程建设及配套项目减免海域使用金的通知（2005年）”、“关于加强和规范海域使用金征缴管理的通知（2005年）”和“海南省农业填海造地、养殖、盐业用海海域使用金征收标准和管理规定（2007年）”。

2）海洋环境保护类

（1）《海南省海洋环境保护规定》

《海南省海洋环境保护规定》于2008年7月31日海南省第四届人民代表大会常务委员会第四次会议通过，2008年10月1日起施行。《海南省海洋环境保护规定》共四十二条，是根据《中华人民共和国海洋环境保护法》和有关法律法规，突出了海南省省情特点，切合海洋管理实践的规范要求，对海南省管辖海域范围内的海洋环境污染防治、海洋生态保护、海洋灾害应急处置、海洋环境监测等作出了具体、明确的规定。为保护和改善海洋环境，防治海洋污染损害，维护海洋生态平衡，海南省立法保护海洋环境。

（2）《海南省珊瑚礁保护规定》

《海南省珊瑚礁保护规定》1998 年 9 月 24 日海南省第二届人民代表大会常务委员会第三次会议通过，2009 年 5 月 27 日海南省第四届人民代表大会常务委员会第九次会议修订，2009 年 5 月 27 日海南省人民代表大会常务委员会公告第 19 号公布，自 2009 年 7 月 1 日起施行。这是国内唯一一部保护珊瑚礁的地方性法规，为海南省的珊瑚礁保护管理提供了明确而有效的法律依据。该《海南省珊瑚礁保护规定》明确规定禁止采挖、加工、销售珊瑚礁及其制品。

3）渔业类

（1）《海南省实施〈中华人民共和国渔业法〉办法》

1993 年 5 月 31 日海南省第一届人民代表大会常务委员会第二次会议通过，根据 2008 年 7 月 31 日海南省第四届人民代表大会常务委员会第四次会议《关于修改〈海南省实施〈中华人民共和国渔业法〉办法〉的决定》修正。自 2008 年 8 月 1 日起颁布施行。该办法根据《中华人民共和国渔业法》、《中华人民共和国渔业法实施细则》，结合海南省实际制定。

（2）《海南省海洋渔船安全生产管理规定》

《海南省海洋渔船安全生产管理规定》已于 2008 年 11 月 3 日五届海南省人民政府第十七次常务会议审议通过，将于 2008 年 12 月 1 日起施行。

《海南省海洋渔船安全生产管理规定》是根据《中华人民共和国渔业法》、《中华人民共和国安全生产法》和有关法律法规，结合海南省渔业安全生产管理实际，落实了安全生产责任制，实行安全事故责任追究制度，对加强海洋渔船安全生产管理，保障渔船所有人、经营人的合法权益和渔民生命财产安全等作出了具体、明确的规定。

《海南省海洋渔船安全生产管理规定》的颁布实施，为加强全省渔业安全生产管理、依法行政、以法治渔、以渔兴琼，推动渔业经济又好又快发展提供了法律保障；对促进社会平安和谐具有十分重要意义。

（3）《海南省渔港管理办法》

《海南省渔港管理办法》已经 1999 年 10 月 11 日海南省人民政府第 44 次常务会议通过，于 1999 年 11 月 23 日颁布，2004 年 2 月 26 日修正。该方法为加强渔港维护管理，加快渔港建设，防止渔港水域污染，促进渔业生产的持续发展，根据《中华人民共和国渔业法》、《中华人民共和国渔港水域交通安全管理条例》等有关法律、法规规定，结合本省实际制定。

8.5.2 区划与规划

随着海洋开发战略的实施，海洋经济对国民经济的贡献率也不断提高。加强海洋环境保护和生态环境的修复，是海洋经济可持续发展的重要保障。海南省在海洋资源开发利用上坚持规划先行，加强海洋环境保护，近年来制定了海南省海洋功能区划、海南省海岸保护与利用规划、海南省海洋环境保护规划等规划。

8.5.2.1 海南省海洋功能区划

2004年5月20日，国务院正式批复《海南省海洋功能区划》。按照《海南省海洋功能区划》规定，海南全省海洋功能区划共分为港口航运区、渔业资源利用和养护区、矿产资源利用区、旅游区、海水资源利用区、海洋保护区等10个一级功能区和269个二级功能区。同时，还划定了海洋功能区划重点海域，即海口湾海域、清澜湾海域、三亚湾至亚龙湾沿岸海域以及洋浦湾海域。这些重点区域陆域开发和海域利用程度较高，在海南省海洋经济开发中占据重要地位。

《海南省海洋功能区划》经国务院正式批复后，海洋功能区划是审批海域使用项目选址的首要依据。各级海洋行政主管部门和其他有关部门在审批海域使用项目时，须首先依照海洋功能区划进行审查，符合功能区划的才能取得海域使用证，海洋开发规划应与海洋功能区划相衔接。

海南管辖海域辽阔，海洋生物、油气等资源丰富，海洋开发潜力巨大。但过去由于缺乏海洋功能区划指导，导致海洋开发层次较低，资源利用不尽合理，粗放型利用导致综合效益低下。加上规划滞后，海洋开发和管理存在一定盲目性，重开发轻保护现象不同程度存在。海南省通过编制海洋功能区划，调整海洋产业布局，合理安排用海，协调各地区、各涉海产业用海矛盾，可以确保海域的科学利用和有序开发，充分发挥本地海域的区位和资源优势，提高海域开发的整体效益。

《海南省海洋功能区划》确立了海南省海域的整个功能是以现代海洋渔业为先导，加速传统海洋产业的调整与改造，以港口和海上运输业为依托，推进海洋油气加工业的建设，提升海洋旅游业的档次和水平，开发具有鲜明特色的滨海度假旅游精品，以此形成环岛新兴海洋产业链和产业群。加强海洋科学研究，引进海洋高科技人才，强化海洋资源与生态环境保护，建设具有热带海岛特色的海洋经济强省。

根据国家海洋局的统一部署和海南省人民政府的安排，新的《海南省海洋功能区划》正在编制之中。正在编制的《海南省海洋功能区划》将适应"发展海洋经济"、"保护海洋生态环境"、"提高海洋开发、控制、综合管理能力"、"维护我国海洋权益"战略实施的新形势，紧紧围绕海南国际旅游岛建设的战略目标，坚持"在发展中保护、在保护中发展"，科学分区，准确定位，综合平衡，注重海岸和近海资源的合理配置，优化全省海洋开发空间布局，提高海域资源利用效率，实现"规划用海、集约用海、生态用海、科技用海、依法用海"，提升海洋综合管理水平，切实保护和改善海洋生态环境，促进海南省海洋经济平稳较快发展和社会和谐稳定。

8.5.2.2 海南省海岸保护与利用规划

为全面落实科学发展观，合理规划海岸资源保护与利用，严格管理填海、围海项目，按照《国务院关于进一步加强海洋管理工作若干问题的通知》（国发［2004］24号）、《国务院关于全国海洋功能区划的批复》（国函［2002］77号）及国务院关于辽宁、江苏、海南三省海洋功能区划的批复要求，海南省组织开展了海岸保护与利用规划编制工作。

海南省近岸海域不仅生态系统多样（例如珊瑚礁、红树林、海草床、潟湖等生态系统），而且还有典型地貌特征的海湾（例如三亚湾、榆林湾是由珊瑚礁和珊瑚碎屑物构成的连岛坝形成的海湾，海口湾是典型的三角洲侧湾，港北港和新村湾则为潟湖海湾）。2003年海南省政府提出“大企业进入，大项目带动、努力使新型工业和热带农业、滨海旅游业形成经济发展三足鼎立的基本格局”战略，海岸资源利用的范围和规模将迅速扩大，而沙滩、潟湖、红树林、珊瑚礁海岸是海南省海岸的典型特征，只有所有海岸带资源的开发利用不破坏其发育规律时，才能保持海南的特色海岸资源环境。

海南省海岸保护与利用规划通过确定海南海岸的基本功能、开发利用方向和保护要求，调控海岸开发的规模和强度，规范海岸开发秩序，既保证海南当前海洋经济发展的合理用海需求，又最大限度地减少海岸资源浪费、保护海南海岸生态环境的完整性、保护具有代表意义的海岸自然遗迹和人文遗迹，保障沿海地区社会、经济和环境的和谐发展。

海岸保护与利用规划的编制，是贯彻实施国务院批准的全国和海南省海洋功能区划的具体步骤，其主要目的是为近岸海域的使用申请和审批提供具体的参照依据，建立以海岸基本功能管制为核心的管理机制，规范海岸开发秩序，防止填海、围海项目对海岸的破坏性利用。岸段的基本功能确定后，在基本功能未开发利用之前，可以进行其他类型的开发利用活动，但一切开发利用活动均不能对岸段的基本功能造成不可逆转的改变。凡是可能对基本功能造成不可逆转改变的开发利用活动，均不得批准。允许在海岸基本功能区内开展与海岸基本功能有关的各项海洋开发利用活动，但要严格控制填海、围海和可能对海洋环境造成严重损害的开发利用活动。其中，保护岸段禁止进行填海、围海活动。

《海南省海岸保护与利用规划》根据海岸带自然环境条件状况评价结果，结合已有的开发利用基础布局和相关涉岸规划，同时根据海南的发展定位，适当引导产业空间布局的优化调整，避免产业同构且定位趋同导致的恶性竞争和重复投资，海南省各基本功能岸段在线上的空间布局规划结果如表8.25；总的空间布局是：北部海岸以港口、旅游岸段为主，东部以旅游、渔业岸段为主，南部海岸以旅游、港口岸段为主，西部海岸以港口、渔业岸段为主。

表8.25 海南省岸段基本功能类型分布

序号	岸段基本功能类型	空间分布
1	建设岸段	海口市新埠岛岸段、儋州的兵马角—洋浦开发区岸段、昌江新港—海尾岸段、东方市八所岸段、东方工业区岸段
2	围垦岸段	——————
3	港口岸段	海口的新海、秀英、海甸港口岸段；文昌市的铺前港、木兰湾、清澜港岸段；澄迈马村港、澄迈湾西岸岸段；儋州的后水湾东部岸段、洋浦湾岸段、白马井岸段；东方的八所岸段；琼海市的龙湾岸段；万宁市的乌场港岸段、新群港岸段；三亚市的梅山港岸段、南山港岸段、红塘港岸段、三亚港岸段
4	渔业岸段	海口南渡江东侧岸段、东寨港东、西岸段；文昌的抱虎港岸段、福绵—良梅岸段、迈榜村至冯家村岸段；澄迈东水港岸段；临高的马袅湾岸段、美夏—调楼岸段、调楼港—头咀港岸段；儋州的顿积港岸段、后水湾岸段、新英湾北岸岸段；昌江的海尾—沙渔塘岸段；东方的四更—墩头岸段、通天港—感恩港岸段、乐东的岭头—白沙岸段、丹村港－莺歌海岸段、尖界—望楼港岸段；琼海市的沙老岸段、青葛岸段、福田岸段、潭门岸段；万宁市的港北—小海岸段、乌场岸段、老爷海岸段；陵水县的黎安港—头仔岸段、新村岸段、陵水湾岸段、赤岭岸段；三亚市的红石湾岸段、红石湾岸段、铁炉港岸段、后海湾岸段

续表 8.25

序号	岸段基本功能类型	空间分布
5	盐业岸段	乐东的莺歌海岸段
6	旅游岸段	海口的盈滨半岛岸段、海口湾西海岸岸段、海口湾岸段、海甸岛岸段、海口湾东海岸岸段；文昌的铺前—七星岭岸段、木兰角及木兰东岸岸段、大昆村—月亮湾岸段、东郊椰林岸段、高隆湾岸段、冯家湾岸段；临高的博铺—临高角岸段；儋洲的白马井南—海头港岸段；昌江的棋子湾、拦肚湾岸段；东方双沟—乐东岭头湾岸段、白沙—丹村（太阳城）岸段、龙腾湾和龙栖湾岸段；琼海市的潭门西部—珠联岸段、博鳌岸段；万宁市的山钦湾岸段、山根湾岸段、春园湾岸段、保定湾岸段、神州半岛岸段、南燕湾岸段、石梅湾岸段、日月湾岸段；陵水县的牛岭—香水湾—卓杰—港门岭岸段、赤岭岸段、土福湾岸段；三亚市的角头湾岸段、南山岸段、红塘湾—天涯海角岸段、三亚湾岸段、坎秧湾岸段、亚龙湾岸段、海棠湾岸段
7	保护岸段	海口东寨港保护岸段Ⅰ、东寨港保护岸段Ⅱ；文昌的铺前湾、抱虎角、铜鼓岭、八门湾；儋洲的东场湾岸段、儋洲新英湾北岸、南岸岸段；琼海市的长坡岸段；万宁市的大花角岸段；陵水县的牛白山—南湾猴岛岸段；三亚市的鹿回头西岸段、大小东海岸段、亚龙湾青梅港岸段。
8	其他岸段	澄迈的花场港其他岸段、玉苞其他岸段；昌江的海头港其他岸段、昌化江河口其他岸段；东方市感恩港—南港其他岸段；万宁市的山根岸段、英文半岛岸段、新群岸段、新群—后海岸段；三亚市的崖州湾岸段、榆林港岸段、六道湾—锦母角岸段、铁炉湾—亚龙湾岸段、海棠湾后海岸段

1）建设岸段

随着土地资源的日益短缺，在自然条件适宜的岸段填海造地，用于商业服务、工矿仓储、住宅等，是海洋资源开发利用的重要方式之一。海南海口市、洋浦港已出现土地紧张的局面，其他地方由于海岸侵蚀后退的威胁，适当填海造地，既达到护岸防潮的目的，又能增加土地资源，用于工业、旅游用地开发。

2）围垦岸段

因海洋的生物生产力大于农、林、牧业的生产力，而且海南现阶段的农、林、牧业生产也没有围垦的需求，因此没有围垦岸段。

3）港口岸段

海南岛的港口岸线资源条件呈以下特点：在地质构造、地貌特征上，北部、西北部和南部以台地溺谷海岸为主，具有较好的港湾条件；东部、南部和西南部以沙坝潟湖海岸和一些螺线型海湾为主，沙质海湾特别是潟湖港湾的地貌形态在台风和波浪条件下可引起强烈的侵蚀或堆积，较不宜于建港。在气象、水文条件上，东部、南部为台风的主要影响区，风浪较大，建港条件较差；北部、西部受台风影响较小，风浪较小，建港条件较好。因此港口岸段主要规划在琼西和琼北，且西部以工业港口为主，北部以交通、商港为主，琼南依托三亚旅游城市，在掩护条件较好的港湾选择以旅游港口为主，东部主要有清澜综合港和一些中小渔港。

4）渔业岸段

海南海洋渔业具有宜养品种多，适宜生长期长，渔汛期长，养殖种类生长快，养殖周期短等得天独厚的优势。近岸海域优良的渔场有北部湾渔场、清澜渔场、三亚渔场等。

5）盐业岸段

海南岛是理想的天然盐场，沿海港湾滩涂许多地方都可以晒盐，尤其是海南岛西南岸段为发展制盐业提供了最佳的气候和地质条件，主要集中于三亚至东方沿海数百里的弧形地带上。该区不仅气温高，海水盐度高，而且具有广阔的宜盐滩涂和沿海平原。该区年降水量为1 000 ~ 1 200 mm，但年蒸发量一般都高达2 300 ~ 2 500 mm，蒸发量远大于降水量，已建有莺歌海、东方、榆亚等大型盐场，其中莺歌海盐场是全国大盐场之一。划为盐业岸段的只有莺歌海岸段。

6）旅游岸段

沙滩、海水、阳光、红树林、珊瑚礁，是海南热带特色滨海旅游资源，且资源极其丰富，旅游业在海南的发展已小行业发展成大行业、从经济产业发展成综合性产业，从经济增长点发展成动力产业，因此旅游岸段规划遍布海南岛沿岸，保护与开发利用方向包括度假旅游、观光旅游、商务旅游和专项旅游。其中滨海度假休闲旅游岸段主要分布在海口市西海岸、东海岸，文昌市木兰半岛、高隆湾、东郊椰林，琼海市博鳌，陵水县猴岛，三亚市、大东海、亚龙湾以及乐东县的龙栖湾、昌江县的棋子湾等。

7）保护岸段

红树林、珊瑚礁、海草床等海洋生态系对保护海洋资源、保护珍稀濒危物种、维护生物多样性、维持生态循环的平衡以及海岸保护、发展渔业等起到了很重要的作用。由于红树林、珊瑚礁等典型热带生态系统生境脆弱，一旦遭到破坏很难恢复，因此海南省、县（市）现已设置的自然保护区均规划为保护岸段。

红树林保护岸段有：东寨港国家级红树林自然保护区、文昌清澜港省级红树林自然保护区，三亚铁炉港、三亚牙龙湾青梅港、三亚河、儋州新英湾、东场港等5个市级红树林自然保护区，临高彩桥港、红牌港、新盈港、马袅港和澄迈花场港等5个县级红树林自然保护区。

珊瑚礁保护岸段有：三亚市的鹿回头西岸段、大小东海岸段。

其他保护岸段有：抱虎角、铜鼓岭、万宁市的大花角岸段；陵水县的牛白山－南湾猴岛岸段。

8）其他岸段

目前海南尚有若干保留海洋功能区、军事用海区、排污用海区，其毗邻岸段作为其他岸段。

8.5.2.3　海南省海洋环境保护规划

保护环境是我国的一项基本国策，我省是海洋大省，海洋环境保护对我省有着重要的意义。我省大部分海域水质、沉积物和生物质量优良，生态条件优越，海洋生态环境质量处于全国领先地位。但随着我省国际旅游岛的建设和海洋经济的快速发展，海洋环境容量面临巨大压力，对海洋环境保护工作提出新的更高的要求。《海南省海洋环境保护规划》既是贯彻落实国家有关海洋环境保护的法律法规，也是海南省海洋经济可持续发展、建设国际旅游岛的客观要求。是海南省在一定时期内有关海洋环境保护工作总的安排，是省政府组织实施海洋环境保护管理的客观依据。通过《海南省海洋环境保护规划》，将使海南省的海洋环境保护工作建立在科学有序的基础上，做到有章可循。要依据《海南省海洋环境保护规划》进行环境治理，促使海洋环境保护和污染治理步入一个良性循环过程，实现海洋资源的可持续利用，促进海洋经济和区域经济健康、持续、和谐、快速发展。

《海南省海洋环境保护规划》的规划范围为海南省行政辖区全部海域，包括海南岛邻近海域和海岛及西沙、南沙、中沙海域。其重点规划范围与海南省海洋功能区划的重点区划范围相一致，为海南岛邻近海域海岸功能区和近海功能区，面积约为 $2.37\times10^{4}\ km^{2}$。

《海南省海洋环境保护规划》提出了要按照海洋功能区划确定的海洋环境质量目标要求，控制陆域与海域污染源、保护与恢复海洋生态、综合治理重点区域海洋环境和建设海洋环境监管能力。提出了陆源污染物排放控制、海水养殖污染控制、海洋保护区建设、人工鱼礁建设、重点区域海洋环境综合整治和海洋环境监管能力建设等6项重点工程项目。围绕海南国际旅游岛的建设目标，结合海南海洋经济发展规划和海洋环境保护的实际，明确了2015年中期目标和2020年长期目标。明确了4个方面的具体目标。

1）环境质量目标

2015年，海南省海岸基本功能区海域水质达到或优于二类水质标准的海域面积比例的指标值由2010年的88.9%上升至90%（表8.26），与《海南省环境保护“十二五”规划》相衔接，2020年应不低于2015年规划目标值。维持近海基本功能区及西沙群岛、南沙群岛、中沙海域水质的优良状况，规划期间近海基本功能区达到或优于二类水质标准的面积不低于现状值，西、南、中沙海域达到一类水质标准的面积不低于现状值。2010年海南省近岸海域水质达到或优于二类水质标准的海域面积比例达88.9%，近海及西、南、中沙海域的水质状况保持优良，随着省政府节能减排工作的深入推进、沿海城镇污水处理项目的投入运行以及重要陆源入海口水质实时在线自动监测系统的建设，直排海工业企业的废水达标率、入海市政排污口以及海洋功能区的水质达标率将不断提高，本规划提出的环境质量目标指标值是可以实现的。

表8.26　海洋环境保护规划目标指标

序号	分类	指　标	现状值	2015年	2020年
1	环境质量	海岸基本功能区海域水质达到或优于二类水质标准的海域面积比例/%	88.9*	>90	>90
2		近海基本功能区海域水质达到或优于二类水质标准的海域面积比例/%	——	不低于现状值	
3		西、'南、中沙海域达到一类水质标准的海域面积比例/%	——	不低于现状值	
4	污染控制	直排海工业企业和城镇污水集中处理厂污水排放达标率/%	——	98	>98
5		城镇生活污水处理率/%	70	80	>80
6		生活垃圾无害化处理率/%	86	90	>90

续表 8.26

序号	分类	指 标	现状值	2015 年	2020 年
7	生态系统保护	海洋保护区数量/个	18	18	21
8		保护、恢复海南岛活珊瑚面积/km^2	140	不低于现状值	
9		保护、恢复海南岛海草面积/km^2	55	不低于现状值	
10		保护、恢复海南岛红树林面积/hm^2	3 920**	不低于现状值	
11		人工鱼礁礁体投放体积/万空方	2.1	50	100
12	海洋环境保护投入	海洋环境保护投入占全省海洋经济总产值的比重/%	——	3%	

注：带*为2010年海南省国土环境资源厅发布的数据，带**为海南省林业局提供的数据。

2）污染控制目标

2015 年，海南省直排海工业企业和城镇污水集中处理厂污水排放达标率达到 98%，城镇生活污水处理率和生活垃圾无害化处理率分别达到 80% 和 90%，2020 年应至少不低于 2015 年规划目标值。截至 2011 年末，全省已投入运行的城镇污水处理厂 29 座，污水处理能力达 105.9×10^4 t/d，累计污水处理量为 $25\,581\times10^4$ t，平均运行负荷率 78.1%，全省城镇污水集中处理率达到 72%；建成并运营 17 座生活垃圾无害化处理设施和 4 个中型垃圾转运站，新增垃圾无害化处理能力达到 3 514 t/d，城市生活垃圾无害化处理率达到 86%。随着全省沿海城市（镇）污水和生活垃圾处理设施建设的不断完善，沿海工业污染源监管力度的不断加大，本规划提出的直排海工业企业和城镇污水集中处理厂污水排放达标率、城镇生活污水处理率和生活垃圾无害化处理率目标可以实现。

3）生态系统保护目标

（1）海洋保护区建设指标

目前，海南省海洋自然保护区建设管理的体制、机制尚未建立健全。以海洋与渔业部门管理的 9 个保护区为例，存在以下主要问题：一是管理机构不够健全，除了三亚珊瑚礁和万宁大洲岛两个国家级自然保护区，其余保护区均未成立管理机构；二是经费投入严重不足，大部分保护区无专门业务经费；三是基础设施建设远不能满足管理需求，大部分保护区没有固定的办公场所及管护站。上述问题严重制约了保护区的管理能力建设，影响保护区的管理效果。因此，加强现有海洋保护区的能力建设与规范管理是近期规划的主要任务，能力建设包括机构、人员和基础设施等的建设，规范管理包括保护区范围、分区和保护对象等的优化调整，保护区总数到 2015 年保持 18 个；远期规划阶段，在充分调查论证的基础上，综合考虑地方经济发展和生态保护需求，在有基础条件、有保护价值的区域建设一定数量、不影响区域开发和资源利用的海洋特别保护区，使海洋保护区到 2020 年总数达到 21 个。

（2）典型海洋生态系统保护指标

海南省珊瑚礁分布较广，据 2009 年海南岛珊瑚礁重点分布区域普查结果显示，活珊瑚分布总面积约 140 km^2，珊瑚覆盖度为 29.42%。海南省海草床广泛分布于文昌高隆湾至长圮港、琼海青葛至谭门等沿岸海域及陵水新村港与黎安港潟湖区域，据 2009 年海南岛海草床普查结果显示，分布总面积约 55 km^2，盖度为 50.74%。据海南省林业局提供的数据，2011 年海南岛红树林面积为 3 920 hm^2。规划期内通过保护与人工恢复，应保持红树林、珊瑚礁、海草床的面积至少不低于现状值。

（3）人工鱼礁建设指标

建设人工鱼礁，可以保护和改善海洋生态环境，增殖渔业资源，使海洋渔业产业结构趋向合理。目前广东、浙江、山东、江苏、辽宁等地已广泛开展人工鱼礁试验建设，并取得良好的效果，礁区海洋生态环境明显改善，渔业资源明显恢复，产业结构也得到了调整。《三亚市近海海洋牧场建设规划》提出从2010年起三亚市用10年时间投放人工渔礁80万立方米（空方）。目前已在三亚蜈支洲、红塘湾海域建设2个人工鱼礁区，投放礁体2.1万空方，并积极开展三亚人工鱼礁区增殖效果的监测和评估，这为海南省人工鱼礁建设的开展打下良好的基础。海南省应借鉴广东等地人工鱼礁的建设经验，建立适合海南省实际的人工鱼礁建设模式。在12个沿海市县选择合适海域建设人工鱼礁区，近期人工鱼礁礁体投放体积50万空方，远期投放100万空方。

（4）海洋环境保护投入目标

近年来，随着我国环保投资力度的不断增加，环保投资总额占国内生产总值（GDP）的比例也节节攀升。北京、广州、上海等经济发达城市的环保投入均超过全市GDP的3%，广东、山东、江苏等沿海省市均将环保投入占全省GDP的3%作为2010年环保投入的目标。比照这些沿海省市环保投入占全省GDP的比例，将我省海洋环保投入占全省海洋经济总产值的3%作为规划指标。

8.5.3 动态监测与信息管理

随着海洋开发活动日益增加和经济社会的快速发展，近几年来沿海地区工业化、城镇化进程加快，海域空间资源的利用已成为缓解土地供需矛盾、拓展发展空间的重要途径。全国乃至海南省的海域使用确权数量和面积都在快速增长，特别是围填海的大型项目在不断增加，这些情况的变化对海洋管理工作带来了许多困难。然而，海域开发利用不同于陆地上的生产活动，它们大多发生在海岸附近海域，位置相对偏僻，交通相对不便，周围也少有明显的界线或标志物，海域使用的详细情况不易被及时掌握。为了解决这一问题，国家海洋局在全国范围内部署了海域动态监视监测系统。

8.5.3.1 系统总体结构

国家海域使用动态监视监测管理系统架构主要包括海域使用卫星遥感动态监视监测、海域使用航空遥感动态监视监测、海域使用地面监视监测、海域动态综合评价与决策支持、信息产品发布以及业务保障能力等。

国家海洋局统一负责国家海域使用动态监视监测管理系统的建设与运行，系统分为国家、省、市、县四级，主要包括国家、省、市三级海域使用动态监视监测中心、三级监控与指挥平台和市县地面监视监测队伍。海南省海域动态监视监测系统于2007年开始筹备，2008年开始建设，于2010年开始业务化运行，由于海南省为省直管市县的特殊行政体制，目前全省建立了省级和海口与三亚两家市级的海域动态监管中心，其余十个沿海市县的县级海域动态监管中心正在筹建之中。

各级海域使用监控与指挥平台设立在本级海洋行政主管部门。国家监管中心挂靠在国家海洋环境监测中心，海南省级海域动态监管中心挂靠在省海洋监测预报中心，两个市级海域动态监管中心分别挂靠在海口市海洋环境监测中心和三亚市水产技术推广站。

国家海域使用动态监视监测中心对全国海域使用动态监视监测工作实施业务组织与技术

指导，负责编制全国海域使用动态监视监测年度工作方案，审核沿海省（区、直辖市）海域使用动态监视监测年度工作方案，负责对海域使用动态监视监测工作实施全程质量控制与保证，对从事监视监测业务的工作人员进行专业培训，并建立考核标准和上岗资质制度，依据相关标准在项目建设期间对省、市海域使用动态监视监测中心的建设情况进行检查验收；负责汇总处理上报的监视监测数据，分发经处理的遥感监视监测图像数据，开展海域动态评价与决策支持和海域管理信息服务；负责国家监控与指挥平台的建立与维护。

省级海域使用动态监视监测中心负责本省海域使用动态监视监测的业务组织与技术指导；负责编制本省海域使用动态监视监测年度工作方案，审核市海域使用监视监测年度工作方案；负责开展本省海域使用动态监视监测的质量控制与保证工作；负责接收、汇总与处理本省的监视监测数据，异点异区信息的上传下达；开展本省海域动态评价与决策支持和海域管理信息服务；负责省级监控与指挥平台的建立与维护。省级海域使用动态监视监测中心接受国家海域使用动态监视监测中心的业务领导与技术指导。

市级海域使用动态监视监测中心负责本市年度监视监测工作方案的编制、开展所辖海域地面监视监测、异点异区监测核查与信息反馈、监视监测产品制作与信息服务；负责市级监控与指挥平台的建立与维护。市级海域使用动态监视监测中心接受上级海域使用动态监视监测中心的业务领导与技术指导。

8.5.3.2 系统功能与目标

通过这一系统，可进行用海项目监视监测、海籍管理、海岸线管理、海域使用申请审批项目管理、海域使用统计分析管理、海域分等与价值评估管理、海洋功能区划管理等工作。

建立连接国家、沿海省、市三级海域使用动态监视监测中心可业务化运行的海域使用动态监视监测业务管理系统，形成国家、省、市三级海域使用动态监视监测中心日常技术工作及管理工作的平台。

8.6 海南省经济可持续发展战略

拥有约 200×10^4 km^2 管辖海域面积的海南省是中国最大的海洋省份，无论从全球、全国的经济发展的战略趋势转移，还是从海南省自然的资源优势，海洋经济的发展都必将成为海南省经济发展主要道路的唯一选择。

建省以来，海南省海洋经济持续快速增长，产业结构逐步优化，海洋渔业、滨海旅游业、海洋交通运输业、海洋油气业这四大海洋产业保持了持续快速发展，在全省国民经济中的地位显著提升，为南海资源开发与利用，实现海洋强省奠定了重要产业基础。据统计，2010年，海南省海洋生产总值达523亿元，比2005年增加245亿元，增长88%，2006—2010年平均增长14%。海洋生产总值占全省生产总值比重为25%，比2005年提高了9个百分点。海洋经济现已成为支撑海南省经济健康快速发展的新增长点。但和全国沿海省份相比，整体发展水平还比较落后，问题主要有2点。

一是相对于海南省所拥有的海洋面积及资源而言，与其他海洋省份相比，海南省的海洋经济总量少，2009年，海南省海洋生产总值达到467.7亿元，相对于广东省的海洋生产总值达6 800亿元来说，还不到其十分之一；海洋产业结构层级低、经济增长方式粗放，资源浪费大；二是海洋资源退化及海洋生态环境污染情况严重：倾废、溢油、过度捕捞等人类活动对海洋环境产生了极大的破坏作用，海洋生态受到严重威胁，海洋经济的发展也受到了制约，环保措施难以取得明显成效。

基于上述问题，结合人类社会对陆地资源开发及先进海洋国家开发海洋的经验教训，海南省海洋经济发展必须走可持续发展之路。

8.6.1 海南省海洋经济可持续发展现状评价

对海南省海洋经济可持续发展的评价，主要集中在两个方面，一是海洋资源与生态环境对海洋经济可持续发展的承载能力与现状，二是海南省海洋经济可持续发展综合评价。前者将通过对海南省海域承载力的计算来评价；后者进行基于 MESDS 的可持续发展度评价，对海洋生态环境系统、海洋经济系统与社会系统三大系统构成的海洋经济可持续发展复杂巨系统的可持续发展能力进行评价。

8.6.1.1 海南省海域承载力的计算

海域承载力以海洋可持续发展为基础，以人口、环境与社会经济的协调发展为目标，由海域环境承载力、资源承载力、生态承载力及社会经济承载力等多个子系统构成。它是一定时期内，以海洋资源的可持续利用、海洋生态环境的不被破坏为原则，在符合现阶段社会文化准则的物质生活水平下，通过自我维持与自我调节，海洋能够支持人口、环境和经济协调发展的能力或限度。

海域承载力包括两层基本涵义。一是海域承载力的承压部分，指海洋的自我维持与自我调节能力，以及以此为基础的对海洋经济活动的资源供给能力和纳污能力。海洋与陆地生态系统不同。海洋具有流动性且全球相通，水体占地球表面积的71%，因此海洋具有很强的自我调节能力与承压能力，但从另一方面来讲，海洋生态一旦受到大强度的破坏，其影响的广泛性、深刻性与修复的困难性也是其他生态系统难以比拟的。二是海域承载力的压力部分，指海洋人地系统内社会经济子系统的发展对海洋资源与环境系统的压力。社会经济子系统的发展能力是指海洋所能支持的社会经济规模和具有一定生活水平的人口数量。

采用状态权空间法对海域承载力[①]进行量化计算，可以通过利用状态权空间中的原点同系统状态点所构成的矢量模数，来表示海域承载状况，其数学表达式为：

$$CSMR = |M| = \sqrt{\sum_{i=1}^{n} w_i x_{ir}^2} \qquad （式 8.1）$$

式中，*CSMR* 为海域承载矢量（Carrying State of Marine Region）。*M* 为代表海域承载力的有向矢量的模数，x_{ir} 为人类活动与资源环境处于理想状态时在状态空间中的坐标值（$i=1, 2, \cdots, n$），w_i 为 x_i 轴的权重。

当 *CSMR* 为根据最优指标计算出来的理论值时，则该公式计算出来的就是海域承载力 *CCMR*（Carrying Capacity of Marine Region）。

从理论上讲，超载时的海域承载状况矢量的模必然大于理想状态海域承载力矢量的模；反之，海域承载状况矢量的模则小于理想状态海域承载力矢量的模。因此我们可以根据海域

---

① 狄乾斌. 2004. 海域承载力的理论、方法与实证研究——以辽宁海域为例［D］. 大连：辽宁师范大学.

承载状态矢量的模与理想状态海域承载力矢量的模进行大小比较，来判断海域的承载状况。

1）指标的筛选

利用海南省1998—2007年的统计数据，确定了8个中间指标层（即经济增长指标层、环境污染指标层、人口发展指标层、资源总量指标层、社会经济发展水平指标层、科技潜力发展水平指标层、环境治理指标层、区际交流指标层）和19个具体指标的海域承载力评价指标体系（图8.15）。

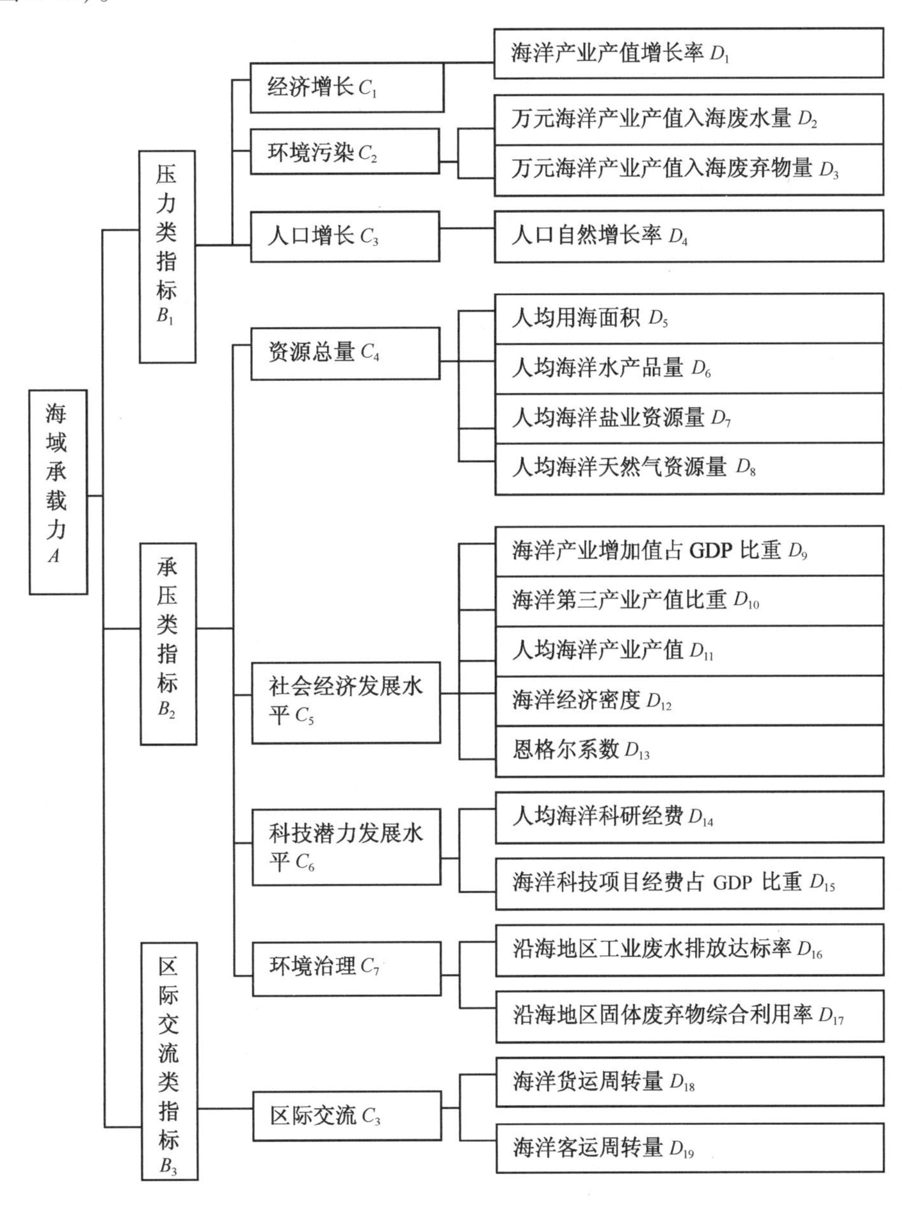

图8.15 海南省海域承载力评价指标体系

2）海南省海域承载力评价指标体系的赋权

用主观的层次分析法和客观定量的均方差权重法分别对评价指标（表8.27）进行了赋

表 8.27　海南省海洋承载力评价指标 1998—2007 时段原始数据及理想值

指标	海洋产业产值年均增长率/% D1	万元海洋产业产值入海废水量/(t/万元) D2	万元海洋产业产值放海废弃物量/(kg/万元) D3	人口自然增长率/% D4	人均用海面积/(m^2/人) D5	人均海洋水产品产量/(kg/人) D6	人均海洋盐业资源量/(m^2/人) D7	人均海洋天然气资源量/(m^3/人) D8	海洋产业增加值占 GDP 比重/% D9	海洋第三产业比重/% D10
1998	16.73	—	—	1.295	122.08	66	5.27	4 091.04	29.71	—
1999	13.51	—	—	1.292	117.49	75	5.08	3 937.37	31.28	—
2000	21.59	11.69	0	0.987	113.60	86	4.91	3 806.87	34.42	35
2001	15.01	10.23	0	0.947	112.53	99	4.86	3 770.98	36.01	41
2002	14.88	8.97	0	0.948	114.93	96	4.96	3 851.64	37.27	41
2003	3.99	8.58	0	0.916	113.28	132	4.89	3 796.22	34.90	38
2004	13.96	7.28	0	0.898	109.46	141	4.73	3 668.24	34.64	33
2005	2.96	7.45	0.14	0.893	108.12	155	4.67	3 623.19	32.30	37
2006	19.58	6.31	0.09	0.886	107.10	169	4.63	3 589.03	33.20	40
2007	21.27	4.22	0.24	0.891	105.94	190	4.58	3 550.17	34.66	46
理想值	10	4.22	0.09	0.800	134.08	218	5.27	4 091.04	40.00	60.00
说明	公认值	时段最小值	时段最小值	专家问卷值	可养殖面积	专家值	时段最大值	时段最大值	专家问卷值	专家问卷值
指标	人均海洋产业产值/(元/人) D11	海洋经济密度/(万元/km) D12	恩格尔系数 D13	人均海洋科研经费/元 D14	海洋科技项目经费占 GDP 比重/% D15	沿海地区工业废水排放达标率/% D16	沿海地区固体废弃物综合利用率/% D17	海洋货运吞吐量/($\times 10^4$ t) D18	海洋客运周转量/万人千米 D19	
1998	1 791.47	859.526 3	53.4			47.90	—	1 474	17 756	
1999	1 957.14	975.660 8	51.2				—	1 682	23 112	
2000	2 300.87	1 186.339	49.3	10	0.045	86.83	56.54	1 976	25 882	
2001	2 621.33	1 364.433	46.3	10	0.042	93.41	62.37	1 982	23 833	
2002	3 075.79	1 567.456	45.4	15	0.060	95.23	76.00	2 309	21 943	
2003	3 152.63	1 630.071	44.8	15	0.051	93.87	61.80	2 757	18 378	
2004	3 471.75	1 857.694	46.9	25	0.078	95.32	66.10	3 602	15 930	
2005	3 530.56	1 912.654	47.6	23	0.063	94.79	68.80	3 773	14 369	
2006	4 182.06	2 287.163	43.5	25.1	0.067	94.63	77.10	5 444	13 260	
2007	5 016.51	2 773.554	40.9	30.8	0.059	94.70	89	7 331	12 853	
理想值	5016.51	2773.544	30	30.8	0.078	95.32	89	7 331	25 882	
说明	时段最大值	时段最大值	小康标准	时段最大值	时段最大值	时段最大值	时段最大值	时段最大值	时段最大值	

权，最后用综合赋权法得出最终各指标的权重（表8.28）。

表8.28　评价指标赋权表

	具体指标	均方差权重	层次分析法权重	综合权重
压力类指标	海洋产业产值增长率 D_1	0.055 2	0.206 5	0.106 8
	万元 GDP 入海废水量 D_2	0.049 7	0.107 0	0.072 9
	万元 GDP 入海废弃物量 D_3	0.060 5	0.048 1	0.053 9
	人口自然增长率 D_4	0.062 7	0.138 4	0.093 2
承压类指标	人均海域使用面积 D_5	0.049 6	0.030 6	0.039 0
	人均海洋水产品量 D_6	0.053 6	0.022 7	0.034 9
	人均海洋盐业资源量 D_7	0.049 7	0.007 2	0.018 9
	人均海洋天然气资源量 D_8	0.049 6	0.023 8	0.034 4
	海洋产业增加值占 GDP 比重 D9	0.047 7	0.020 3	0.031 1
	海洋第三产业产值比重 D_{10}	0.049 9	0.028 0	0.037 4
	人均海洋产业产值 D_{11}	0.049 8	0.025 8	0.035 8
	海洋经济密度 D_{12}	0.049 6	0.030 3	0.038 8
	恩格尔系数 D_{13}	0.047 0	0.011 6	0.023 3
	人均海洋科研经费 D_{14}	0.059 7	0.063 0	0.061 3
	海洋科研项目经费占 GDP 比重 D_{15}	0.052 7	0.140 3	0.086 0
	沿海地区工业废水排放达标率 D_{16}	0.052 2	0.024 1	0.035 5
	沿海地区工业固体废弃物综合利用率 D_{17}	0.051 7	0.018 0	0.030 5
区域交流指标	海洋货运周转量 D_{18}	0.051 4	0.047 1	0.049 2
	海洋客运周转量 D_{19}	0.057 8	0.014 2	0.028 6

在对所有数据进行无量纲化处理及对指标进行赋权之后，我们根据海域承载力公式及各指标理想值计算出海南省在1998—2007年之间的海域承载力为：

$$CCMR = |M| = \sqrt{\sum_{i=1}^{n} w_i x_{ir}^2} = 1.063\ 8 \qquad (式8.2)$$

这一数值仅表示1998—2007时段在理想状态下海南省海域承载力在状态空间中的点与状态空间原点形成的矢量的模。这一数值远高于目前研究文献中关于其他海域，尤其是渤海的海域承载力。这与在我国四大海域中，南海海域海水质量与海洋生态环境最优的现状是一致的。但结合海南省的海洋生产粗放化经营现状，这一数值也从另一方面表明，海南省的海洋资源开发利用规模与程度还很低。

我们再根据计算出来的海域承载力来计算1998—2007年各年份海南省的实际海域承载状况，列入表8.29，并将其绘成年度承载状况变化的折线图（图8.16）。

表8.29　海南省十年间实际海域承载状况表

年份	1998	1999	2000	2001	2002	2003	2004	2005	2006	2007
承载状况	0.393 3	0.319 4	0.554 1	0.538 3	0.581 7	0.532 1	0.598 2	0.527 3	0.689 9	0.843 9

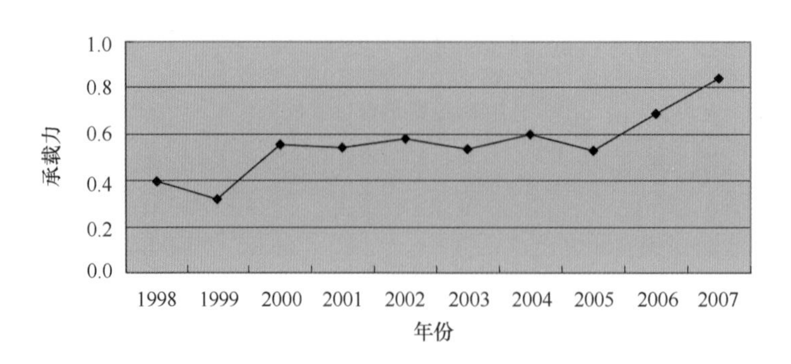

图 8.16　海南省 1998—2007 年海域实际承载状况图

从图中并结合十年来海域承载评价指标体系的具体数据可以看出。

（1）在这十年中，海南省海域实际承载矢量虽有波动，但总体上呈现逐年上升趋势。海域承载矢量上升，有着两方面的含义：一方面代表着人类的海洋经济活动对海洋资源与环境系统的压力加大，另一方面也代表着人类对海洋资源与环境系统的利用强度加大。

（2）在这十年中，尽管海南省海域承载矢量在不断加大，但始终低于海域承载力，也就是说在海域承载力欧氏空间中，实际海域承载矢量模始终在 XOY 曲面（即海域承载力曲面以下）。根据海域承载力在状态空间中的含义可知，任何低于该曲面的点表示某一特定资源环境组合下，人类活动的不足。这一方面说明海南省目前的海洋经济发展处于海洋环境可承载的范围内，另一方面也说明在目前的资源与技术条件下，海南省海洋经济对海洋资源与环境的利用不足。

（3）从 2000 到 2005 年，海域承载矢量虽有波动，但数值十分平稳。原因是海南省这几年海洋经济发展各方面状况十分稳定。但如果与全国其他海洋省份相比，则可看出，海南省的海洋开发的力度相对不足，尤其是与山东、广东等省相比，海洋产业的发展十分缓慢；

（4）从 2006 年开始，海域承载矢量迅速增大。主要原因是海南省海洋经济增长率迅速提高，各海洋产业发展速度与规模明显加大。因此海洋经济的发展对海洋资源与环境的压力加大了，但承压指标中人类活动潜力指标，如恩格尔系数、海洋科研经费投入等却没有明显改善，因此，照此趋势发展下去，海南省的海洋承载矢量很快就要达到甚至超过海域承载力。

因此，从海域承载力的计算与分析可以看出，海南省海洋经济发展的特点是发展层次低，对海洋资源的利用不足，对资源与环境的破坏虽然目前还在可控的范围之内，但如果继续保持目前的发展速度而不改变经济增长方式，那么对海域承载状况将很快变得不堪重负。

8.6.1.2　海南省海洋经济可持续发展评价

1）评价指标体系

从“突出可持续发展的能力、客观反映，综合评判”这一基本思路出发，海洋经济可持续发展能力指标体系的设置应当根据科学、全面和可操作的原则来考虑，同时兼顾海洋生态与环境系统、海洋经济系统与社会系统三大系统的特征。因此，最终构建的指标体系包括三大类、20 个指标，进行海南省海洋经济可持续发展系统的评估（见表 8.30）。各类指标的标准值和原始数据列于表 8.31、表 8.32。

表 8.30 海南省海洋经济可持续发展系统评价指标

<table>
<tr><td rowspan="20">海洋经济可持续发展能力</td><td rowspan="9">海洋资源与环境系统</td><td rowspan="4">资源总量</td><td>人均用海面积（D_1）</td></tr>
<tr><td>人均海洋生物资源量（D_2）</td></tr>
<tr><td>人均海洋盐业资源量（D_3）</td></tr>
<tr><td>人均海底原油天然所量（D_4）</td></tr>
<tr><td rowspan="2">环境污染</td><td>万元海洋产业产值入海废水量（D_5）</td></tr>
<tr><td>万元海洋产业产值入海废弃物量（D_6）</td></tr>
<tr><td rowspan="3">环境治理</td><td>沿海地区工业废水排放达标率（D_7）</td></tr>
<tr><td>沿海地区固体废弃物综合利用率（D_8）</td></tr>
<tr><td>海洋污染项目治理数（D_9）</td></tr>
<tr><td rowspan="5">海洋经济系统</td><td rowspan="2">经济增长</td><td>海洋产业产值年均增长率（D_{10}）</td></tr>
<tr><td>海洋产业增加值占 GDP 比重（D_{11}）</td></tr>
<tr><td rowspan="3">经济质量</td><td>人均海洋产业产值（D_{12}）</td></tr>
<tr><td>海洋经济密度（D_{13}）</td></tr>
<tr><td>海洋第三产业比重</td></tr>
<tr><td rowspan="6">经济社会发展系统</td><td rowspan="2">人口增长</td><td>人口自然增长率（D_{15}）</td></tr>
<tr><td>海洋从业人口比重（D_{16}）</td></tr>
<tr><td rowspan="2">生活质量</td><td>城镇化水平（D_{17}）</td></tr>
<tr><td>恩格尔系数（D_{18}）</td></tr>
<tr><td rowspan="2">科技潜力</td><td>海洋科技人员比重（D_{19}）</td></tr>
<tr><td>海洋科技项目数（D_{20}）</td></tr>
</table>

表 8.31 海南省海洋经济可持续发展指标标准值

指标	理想位	说明	下限	说明
人均用海面积 D_1/（m^2/人）	134.08	规划值（按可养殖面积计算）	100	专家值
人均海洋水产品量 D_2/（kg/人）	218	规划值	59	1997 年值
人均海洋盐业资源量 D_3/（m^2/人）	3.35	规划值	6.18	1997 年值
人均海洋天然气资源量 D_4/m^3	3 910.61	专家值	3 500	专家值
万元海洋产值入海废水量 D_5/吨	4	专家值	15	1997 年值
万元海洋产值入海废弃物量 D_6/吨	0	规划值	236 t	专家值
沿海地区工业废水排放达标率 D_7/%	100	最好值	47.9	1998 年值
沿海地区固体废弃物综合利用率 D8/%	95	规划值	48.3	1998 年全国平均值
海洋污染治理项目投资 D_9/万元	29 180	专家值	1 000	专家值
海洋产业产值增长率 D_{10}/%	15	规划值	2	最低点
海洋产业产值占 GDP 总比重 D_{11}/%	40	专家值	27.46	1997 年值
人均海洋产业产值 D_{12}/（元/人）	6 507.26	规划值	1 553.28	1997 年值
海洋经济密度 D_{13}/（万元/km）	3 810.52	规划值	736.33	1997 年值
海洋第三产业比重 D_{14}/%	60	专家值	30	专家值
人口自然增长率 D_{15}/‰	8	规划值	13.56	1997 年值
海洋从业人员比重 D_{16}/%	35	专家值	21.6	1997 年值
城镇化水平 D_{17}/%	50	规划值	35	1997 年值
恩格尔系数 D_{18}/%	35	专家值	59	1997 年值
人均 R&D 经费 D_{19}/元	238	专家值	10	2000 年值
海洋科技项目经费占 GDP 比重/% D20	0.6	专家值	0.035	专家值

表 8.32　1998—2007 年海南省海洋经济可持续发展评价原始数据

指标	D1/(m²/人)	D2/(kg/人)	D3/(m²/人)	D4/(m³/人)	D5/T	D6/T	D7/%	D8/T	D9/万元	D/10(%)	D/11(%)	D/12(元/人)
1998	122.08	66	5.27	4 091.04	—	—	—	—	—	15	29.71	1 791.47
1999	117.49	75	5.08	3 937.37	—	—	—	—	—	16.73	31.28	1 957.14
2000	113.60	86	4.91	3 806.87	11.686 52	—	86.83	56.54	1 685.70	13.51	34.42	2 300.87
2001	112.53	99	4.86	3 770.98	10.228 25	0	93.41	62.37	1 153.50	21.59	36.01	2 621.33
2002	114.93	96	4.96	3851.64	8.974 412	0	95.23	76.00	2 214.50	15.01	37.27	3 075.79
2003	113.28	132	4.89	3 796.22	8.577 507	0	93.87	61.80	1 207.00	14.88	34.90	3 152.63
2004	109.46	141	4.73	3 668.24	7.283 485	0	95.32	66.10	9 759.30	3.99	34.64	3 471.75
2005	108.12	155	4.67	3 623.19	7.447 063	0	94.79	68.80	17 567.10	13.9	32.30	3 530.56
2006	107.10	169	4.63	3 589.03	6.310 61	0.000 137	94.63	77.10	—	2.96	33.20	4 182.06
2007	105.94	190	4.58	3 550.17	4.217 876	8.58E－05	94.70	89	—	19.58	34.66	5 016.51
1998	859.526 3	—	12.95	21.60	38.20	53.4	—	—				
1999	975.660 8	—	12.92	22.70	39.18	51.2	—	—				
2000	1 186.339	35	9.87	23.10	40.11	49.3	10	0.045				
2001	1 364.433	41	9.47	23.70	41.23	46.3	10	0.042				
2002	1 567.456	41	9.48	24.50	42.08	45.4	15	0.060				
2003	1 630.071	38	9.16	25.40	43.13	44.8	15	0.051				
2004	1 857.694	33	8.98	26.60	44.09	46.9	25	0.078				
2005	1 912.654	37	8.93	27.80	45.20	47.6	23	0.063				
2006	2 287.163	40	8.86	28.20	46.19	43.5	25.1	0.067				
2007	2 773.554	46	8.91	29.60	47.20	40.9	30.8	0.059				

数据来源:《2008 中国海洋统计年鉴》、《2008 海南统计年鉴》、《2008 沿海地区社会基本情况调查》

2）海南省海洋经济可持续发展度评价

引入可持续发展度的概念对海南省海洋经济可持续发展综合系统进行评价。我们。区域可持续发展度是由发展位、发展势和协调度三者共同决定的综合量，这一概念用来描述一定时段内某一区域可持续发展能力的大小。

可持续发展度的计算公式如下：

$$D_j = \sqrt[3]{L_j \cdot P_j \cdot H_j} \text{①} \quad (\text{式 } 8.3)$$

其中，D_j 即某一时刻 j 的区域可持续发展度；L_j 为发展位；P_j 为发展势；H_j 为协调度。

（1）可持续发展位（L）

发展位是一个多维向量，是人类可以利用的周围环境所能提供的各种生态因子、经济因子和社会因子，以及人类活动与周围生态社会环境之间的生态、经济和社会关系的总和。可以看出，发展位包括经济、生态、社会等各方面的因素及其相互关系，这些因素及相互关系既表现在一定的时间上，也体现在一定的空间上。发展位综合反映了社会、经济与自然三方面的环境对人类活动的适宜程度，以及环境的性质、功能、作用和优势，从而决定了它对不同类型人类活动的吸引力和离心力②。

对发展位的计算有两种形式，一是其绝对水平或状态，如某年GDP、人口、资源总量等；二是其相对水平或状态，即上述指标绝对值相对于某一规定时刻或固定数值（如某一基期、规划值、某一理想状态等）的值。本文采用第二种计算方式海南省海洋经济可持续发展位进行计算，结果见图8.17。

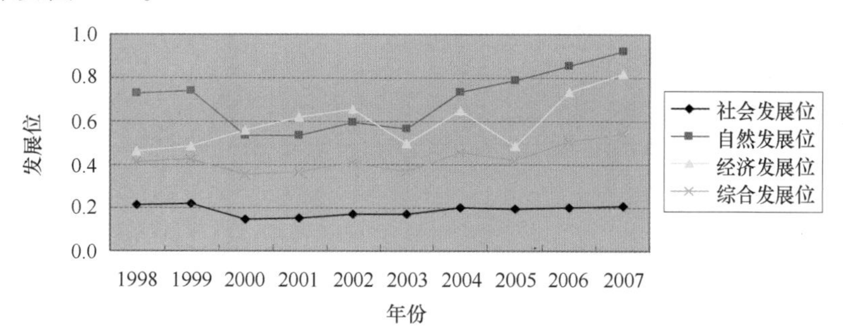

图8.17　海南省海洋经济发展位图

（2）可持续发展势（P）

发展势是指系统某一时刻发展状态（即现实发展位）与另一状态（即比较发展位或理想发展位）之间的差值。在本研究中，比较发展取为远景规划值（2010年规划值）。海南省海洋经济发展势计算出来见表8.33，反映在图上，见图8.18。

可持续发展位与发展势之间存在着内在的逻辑联系。而且从发展势的公式也可以看出，$P_{ij} = 1 - L_{ij}$，因此，一般来说，发展势大，正是由于其发展水平（发展位）较低。

（3）协调度（H）

海洋社会—经济—自然复合生态系统是一个复杂的开放巨系统，这个系统由若干个不同

① 狄乾斌. 2004. 海域承载力的理论、方法与实证研究———以辽宁海域为例［D］. 大连：辽宁师范大学.

② 同①。

表 8.33　海南省历年海洋经济可持续发展系统评价发展位、发展势、协调度、发展度分析表

年份	发展位				发展势				可持续发展协调度	可持续发展度
	自然发展位	经济发展位	社会发展位	综合发展位	自然发展势	经济发展势	社会发展势	综合发展势		
1998	0.724 589 42	0.463 428	0.211 641	0.414 214	0.004 998 06	0.061 642	0.421 266 726	0.050 63	0.189 8	0.180 1
1999	0.740 986 71	0.482 589	0.216 305	0.426 074	0.005 337 53	0.058 031	0.408 427 466	0.050 2	0.243 1	0.196 9
2000	0.530 444 19	0.560 373	0.146 574	0.351 878	0.045 345 85	0.076 309	0.468 980 758	0.117 514	0.227 4	0.229 8
2001	0.533 218 86	0.616 052	0.148 936	0.365 741	0.042 088 3	0.065 557	0.439 616 536	0.106 648	0.253 9	0.233 9
2002	0.596 6404	0.657 42	0.171 237	0.406 491	0.033 881 99	0.030 636	0.422 295 241	0.075 964	0.350 9	0.241 0
2003	0.564 808 75	0.497 457	0.169 984	0.362 817	0.038 734 56	0.399 077	0.390 575 861	0.182 09	0.288 5	0.290 9
2004	0.731 992 79	0.649 177	0.200 007	0.456 357	0.038 167 47	0.251 162	0.356 377 91	0.150 61	0.399 9	0.328 6
2005	0.788 577 18	0.484 728	0.191 3	0.418 17	0.036 275 53	0.422 7	0.340 471 019	0.173 477	0.355 0	0.321 6
2006	0.851 615 74	0.734 274	0.201 679	0.501 481	0.037 239 12	0.060 484	0.310 652 018	0.088 778	0.458 2	0.297 6
2007	0.922 831 77	0.820 892	0.207 769	0.539 92	0.025 332 28	0.045 462	0.290 200 607	0.069 397	0.433 1	0.275 7

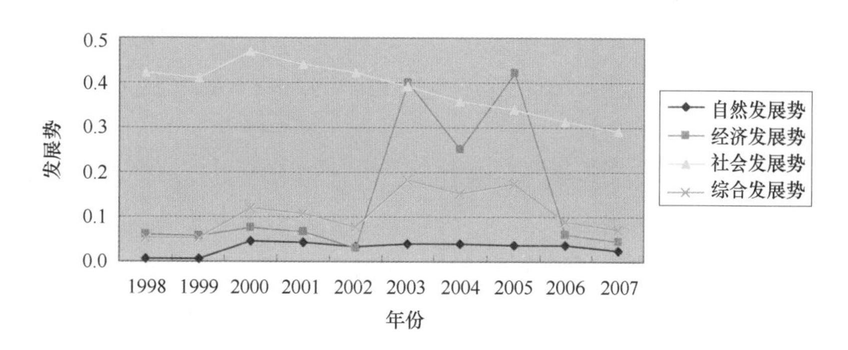

图 8.18　海南省海洋经济发展势图

层级的子系统构成，各个子系统均有其自身的最优发展目标。有些目标要求越大越好（如耗竭性资源的储存量等）；有些目标要求越小越好（如自然灾害发生的强度与频率等）；有的目标则要求接近某一目标值为好（如生物生长所需要的适宜生态条件、适宜的人口增长率等）。我们可以给这些目标以一定的功效系统 d_i，$0 \leqq d_i \leqq 1$，（$i = 1, 2, \cdots K$），即当 $d_i = F_i\ [f_i(x)]$，总功效函数 $H = H\ (d_1, d_2, \cdots d_k)$ 可以用来反映系统的总体功能，$0 \leqq H \leqq 1$，一般来说，H 值越大，表示系统的协调性越好，该函数值即为系统的协调度值。

根据海南省数据计算出来的可持续发展度，见表 8.33，绘制在图上如图 8.19 所示。可持续发展度变化图见图 8.20。

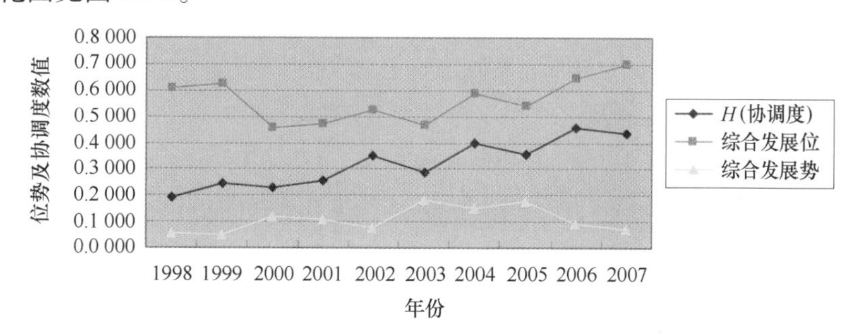

图 8.19　海南省海洋经济发展位势及协调度变化图

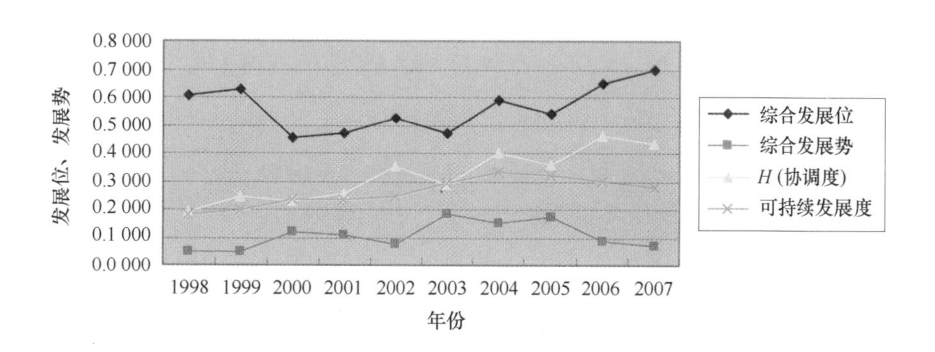

图 8.20　海南省海洋经济可持续发展度变化图

结果分析

① 可持续发展位

发展位反映了自然资源利用与环境保护、经济与社会发展的水平。从计算结果及折线图可以看出，海南省海洋经济位、自然发展位、社会发展位和综合发展位的基本趋势是逐渐上升的，这说明近十年以来，海南省海洋经济与社会发展水平是不断发展进步的。

自然发展位线基本都在其他发展位之上，特别是2000年之后，海南省海洋自然发展位持续上升，这反映了海南省良好的生态环境及在经济发展中对生态环境的保护，海南省良好的海洋自然资源与环境在全国也是排名第一，因此基于资源与环境的可持续发展能力海南省是排第一位的。但同时也反映出海南省经济与社会发展相对而言于自然资源条件来说是比较落后的，对资源的利用十分不充分。这一评估结果，与前述海洋承载力评价中的评价结果是一致的。都表明了海南省海洋资源的丰富与利用的不充分。在2000年以前，经济发展位与自然发展位呈反方向变化，表明在这段时间，海南省海洋经济的发展主要是靠牺牲环境为代价。2000年之后，经济发展位与自然发展位基本上是同步上升，反映了海南省在发展经济的同时，已经十分注意资源的综合利用和生态环境的保护，环境与经济发展之间处在一个良性互动的关系上。

从图8.6.3可以看出，海南省社会发展位最低，且多年来增速极为缓慢。由于我们在计算时，多用人均指标，因此，近十年来，虽然海南省社会发展水平有所提高，但加上人口增加的因素，使得人均社会发展水平增长极缓。社会发展水平较低，极大地制约了海洋经济的发展，拉低了综合发展位，位于海洋经济发展位和自然发展位之下。这与其他海洋省份的情况很不相同，如辽宁，该省近十年来的社会发展位远高于其自然发展位与经济发展位，社会经济基础对海洋经济发挥了重要的促进作用。由此来看，要快速发展海南省海洋经济，光靠海洋经济自身发展还是不够的，必须加强社会经济基础，从产业上与海洋产业配套、衔接；从资金上加强投入；从基础设施及人才供应上加强保证等。

② 可持续发展势

海洋经济可持续发展势主要反映海洋经济可持续发展位与理想发展位的距离。因此逐渐增长的海洋经济可持续发展位就对应于逐渐降低的发展势。

从图8.6.4可以看出，与发展位图相对应，海南省自然发展势处于最低位，且自2000年后，就处于平衡缓降的态势。这说明海南省在海洋经济发展的过程中，注重环境整治和资源合理利用，经济发展对环境的压力在减轻，距离理想位的差距在缩小。另一方面也说明，海南省海洋经济发展的资源潜力和环境承受能力在增加，海洋经济进一步发展有着很大的空间。这是海南省发展海洋经济的最大优势和倚仗。

海南省海洋经济发展势在2003到2006年之间出现较大的波动，呈现出“M”型，主要是由于2003年和2005年海洋经济增长率过低，而2004年和2006年又处于正常水平造成的。社会发展势持续下降，表明海南省社会经济基础和投资环境在逐年改善，距离理想位逐渐接近，能为海洋经济发展提供更大的支撑。除2003年和2005年海洋经济发展的超低增长率影响了综合发展势走势外，综合发展势与社会发展势的形态接近，说明人口自然增长率的变化是制约海洋经济可持续发展的重要制约因子，另外，由于滨海旅游是海南省海洋经济的一大创收主体，而此产业受整体经济社会环境的影响波动较大（如2003年的SARS使得旅游收入大幅降低，从而影响了海洋经济的增长率，因此造成了海洋经济发展势上的波动）。因此，海南省海洋经济稳定性较差，受外界环境影响明显，这也是海南省海洋经济发展的一个制约因素。

③ 可持续发展协调度

从图 8.19 可以看出，海南省可持续发展协调度总体上呈现上升趋势，表明海南省海洋经济与社会发展、自然环境的相互关系逐渐趋向良性循环。这种发展态势与前文中海域承载力评价结果也是一致的。在海域承载力的评价中，1998—2007 年十年间，海域承载状况上升并逐渐接近理想值，反映了海南省对海洋资源的利用程度逐步加深并仍处于协调发展的态势中，并没有造成较明显的环境问题。虽然上升的过程中出现波动，但应该说是一种正常现象，不过同时也说明海南省在海洋经济发展过程上仍应十分注意资源的充分利用和海洋环境的保护与整治，不可松懈。海南省的整体经济社会发展水平还有待进一步提高。

④ 可持续发展度

可持续发展度是综合发展位、综合发展势和可持续发展协调度三者几何平均值，是这三个量的综合结果，它的变化图也是综合发展位、综合发展势和协调度三个图形的综合。从图 8.20 可以看出，海南省海洋经济可持续发展度总体呈现上升态势，但上升比较缓慢平稳，这表明海南省可持续发展能力在逐渐增加，然而增速十分缓慢。造成此种状况的原因主要是：海南省海洋自然资源环境发展位较高，因此自然发展势较低，海南省海洋经济人均增长值不高，社会经济基础比较薄弱，因此影响了海洋经济可持续发展能力的增长。

从前面的计算过程和变化图可以看出，海洋经济可持续发展度综合地反映沿海地区海洋经济、社会与海洋资源环境的可持续发展能力，能反映出海洋经济、社会及自然环境这三个方面单独反映无法体现的问题，是我们考察海洋经济可持续发展能力的合理指标。

3）海南省海洋生态—经济—社会系统耦合关系分析

根据上述可持续发展位、势、协调度及可持续发展度的计算与分析结果，我们将建立海洋经济可持续发展水平评价标准谱系，以此来分析海南省海洋生态—经济—社会子系统之间的耦合关系，并判断海洋经济可持续发展类型。

海洋经济可持续发展评价标准的建立取决于研究者的对该问题的认知程度和研究水平，具有一定的主观性。在本文的研究中，以 1997 年为标准年，根据各年度海洋经济可持续发展度 D 的数值来判断海南省海洋经济可持续发展系统的“可持续性”状况。

建立海洋经济可持续发展判断标准谱系如表 8.34 所示。

表 8.34 海洋经济可持续发展水平评价标准谱系

标准	$D \geq 0.5$	$0.5 > D \geq 0.3$	$0.3 > D > 0$	$D = 0$	$D < 0$
类型	强可持续	较强可持续	弱可持续	临界可持续	不可持续

前面在计算海洋经济可持续发展度的过程中，指标的下限值多是以 1997 年值为下限标准。但在计算过程中，只有可持续发展协调度的计算用到了指标下限值，因此实际上是将 1997 年的海洋经济可持续发展度看做是 0，故根据公式，1997 年海洋经济可持续发展度也为 0。当我们以 1997 年为基准年份计算 1998—2007 年这十年的海洋经济可持续发展度时，可以看出这十年中，海洋经济可持续发展度均大于 0，也就是说，相对于 1997 年，此后十年海南省海洋经济发展都处于可持续发展状态。但具体来看，我们可以发现，海南省除了 2004 年、2005 年外，可持续发展度 D 均小于 0.3，属于弱可持续发展型，2004 年和 2005 这两年属于

较强可持续发展型，没有一个年份属于强可持续发展型，这主要是由于海南省经济和社会发展位较低造成的。

海洋经济可持续发展位由自然发展位、经济发展位和社会发展位三者综合反映，因此可以表示海洋经济可持续发展系统在一定发展阶段所呈现的状态，或者是海洋复合生态系统在某一时段的发展水平。这种发展水平不仅与生态、经济、社会这三个子系统的各自的状态与水平有关，更与这三者之间的耦合关系密切相关。因此为了更深入地了解海南省可持续发展的内在机制，我们需要揭示这三个系统之间的相互作用即耦合关系。

首先根据可持续发展位建立海洋生态—经济—社会可持续发展系统耦合关系的评价标准。由于在海洋经济可持续发展位的计算中只涉及上限值，因此1997年的发展位并不为0，这里仍以1997年基准年。设 $L1$，$L2$，$L3$ 分别表示海洋自然发展位、经济发展位和社会发展位，$\Delta L1$，$\Delta L2$，$\Delta L3$ 分别表示各年份海洋经济可持续发展位与1997年对应发展位的增量，则可以建立海南省海洋生态—经济—社会可持续发展系统耦合评判标准谱系。如表8.35所示。

表8.35　海南省海洋生态—经济—社会可持续发展系统耦合评判标准谱系

标准	耦合类型	标准	耦合类型
$\Delta L1>0$，$\Delta L2>0$，$\Delta L3>0$	综合协调型可持续	$\Delta L1>0$，$\Delta L2<0$，$\Delta L3<0$	生态型可持续
$\Delta L1>0$，$\Delta L2>0$，$\Delta L3<0$	生态经济型可持续	$\Delta L<10$，$\Delta L2>0$，$\Delta L3<0$	经济型可持续
$\Delta L1>0$，$\Delta L2<0$，$\Delta L3>0$	生态社会型可持续	$\Delta L1<0$，$\Delta L2<0$，$\Delta L3>0$	社会型可持续
$\Delta L1<0$，$\Delta L2>0$，$\Delta L3>0$	经济社会型可持续	$\Delta L1<0$，$\Delta L2<0$，$\Delta L3<0$	不可持续

根据前面的计算结果，可以得到海南省各年份相对于1997年海洋生态—经济—社会可持续发展系统耦合关系。如表8.36所示。

表8.36　1998—2007年海南省海洋生态—经济—社会可持续发展耦合类型

年份	$\Delta L1$	$\Delta L2$	$\Delta L3$	耦合关系
1998	0.296 2	0.289 7	0.435 5	综合协调型可持续
1999	0.312 6	0.308 9	0.450 3	综合协调型可持续
2000	0.102 1	0.386 6	0.082 0	综合协调型可持续
2001	0.104 9	0.442 3	0.087 1	综合协调型可持续
2002	0.168 3	0.483 7	0.135 2	综合协调型可持续
2003	0.136 4	0.323 7	0.132 5	综合协调型可持续
2004	0.303 6	0.475 4	0.197 2	综合协调型可持续
2005	0.360 2	0.311 0	0.178 4	综合协调型可持续
2006	0.423 3	0.560 5	0.200 8	综合协调型可持续
2007	0.494 5	0.647 2	0.213 9	综合协调型可持续

从表8.36中数据可知，相对于1997年来说，各年度海南省海洋经济发展均处于综合协调型可持续发展状态，表明海南省海洋经济总估来说是处于综合协调可持续发展状态的。这表明海南省近十年来在大力发展海洋经济的同时十分注意海洋生态环境的保护，十分注重提高资源的利用利率，潜力类因素在经济社会发展中的作用越来越明显。海南省提出建设“生

态省”，生态环境是海南省国民经济，尤其是海洋经济发展的生命线，对生态环境的保护至关重要。

为了进一步说明海南省海洋经济发展过程上资源与环境对其阻碍作用的降低，经济增长和社会发展逐渐在更多地依赖科技、人力与管理效率，我们设立以下指数：资源环境——发展指数（*RE—D*）：反映海洋资源消耗与环境污染和海洋经济社会发展之间的相互关系，即创造一定的财富，促进社会进步和发展的同时，带来的资源消耗和环境污染，其计算公式为：

$$RE—D = L1/（L2 + L3）$$

与前面一样，这里的 *L*1、*L*2、*L*3 分别表示的是海洋自然（资源与环境）、经济和社会发展位。根据海南省数据计算如下图 8.21：

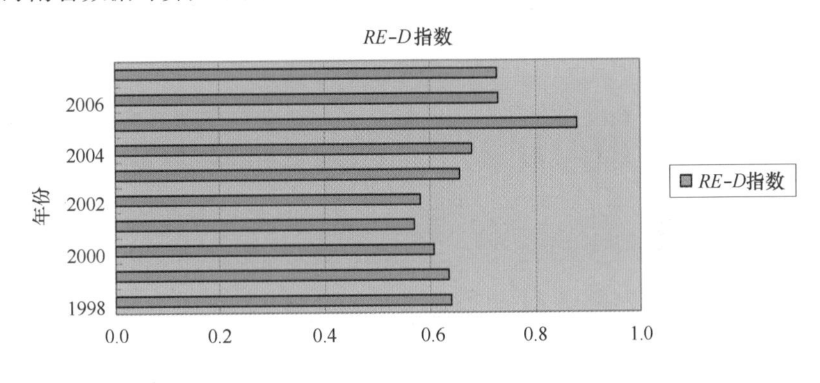

图 8.21　海南省资源环境—发展指数

从图中可以看出，从 1998—2001 年，*RE—D* 呈逐年降低势，表明海洋资源消耗与环境污染对社会经济造成的压力在不断减小，对海洋经济可持续发展的阻力也在减小，因此这一期间海南省海洋经济可持续发展能力也在持续增强，这从可持续发展度曲线变化可以明显看出。2002—2005 年，*RE—D* 逐渐增加，表示这一期间海洋资源消耗与环境污染对社会经济造成的压力在不断增大，对海洋经济可持续发展的阻力也在不断增强，尤其是 2003 年和 2005 年，增速明显加快，这与前面谈到的这两年海南省海洋增长率过低是一致的。2006 年之后，由于海洋经济的恢复性较快增长，相对而言，*RE—D* 又降低不少。

从上分析可知，*RE—D* 指数进一步揭示了耦合关系所不能揭示的综合协调发展过程中的细微波动。从耦合关系来看，海南省自 1998 年以来，一直是处于综合协调发展型态势，而 *RE—D* 指数则揭示出在总体上综合协调发展的背后，由于海洋经济增长的相对滞后，就会造成资源环境利用效率的降低，使环境的利用成本加大，经济对环境的压力也随之增大。

由此可见，在海洋经济发展与海洋生态环境之间，是海洋经济的发展带来了海洋生态的破坏、退化以及海洋环境的破坏，反而是海洋经济的发展才是海洋生态环境得到保护的唯一出路。这个结论看似与人们通常的观念相悖，但事实上很容易解释：如果不能很好地发展海洋经济，提高海洋资源利用的科技含量和利用率，那么不断增加的人口必将加大对海洋资源的索取，而粗放地、低层次地索取方式将是海洋资源与生态环境的灾难。因此，为了实现人类更好地生存，我们必须加大海洋经济的发展力度，提高海洋经济的发展质量，以实现对海洋资源与生态环境的可持续利用。

8.6.2 海南省海洋经济可持续发展的制约因素

前文分析显示，进入新世纪以来，海南省海洋经济的发展一直处于稳定上升态势，但与全国其他海洋省份相比，海南省的海洋经济发展速度仍然较慢，无论是传统产业还是新兴产业，都存在产业规模小、技术含量低的特点。这与海南省海洋资源大省的地位极不相称，究其原因乃是存在着一系列的制约因素，使海南省海洋经济可持续发展缓慢。

8.6.2.1 资源环境制约

海洋资源环境由以下几个主要方面组成：海洋生物资源、海域资源、海洋矿产资源、自然环境资源、水质环境资源。

海洋经济是以对海洋资源的开发和海洋环境的利用为中心的经济类型。上述各种类型的海洋资源是海南省海洋经济赖以存在和发展的物质基础。海洋资源环境问题会对任何海洋产业起制约作用。自然条件、自然环境、人工环境都是非常有限的，一旦受到破坏将很难恢复，人为的改善也要付出相当大的经济代价。如滨海沙滩被盲目开采，或者自然景观受到破坏，在很大程度上就会使该区域失去旅游价值，人工的改造必须投入大量的资金，这无疑造成了旅游资源的减少或者旅游业开发成本的增高，制约了该行业的发展。乱填海乱围垦永久性地改变海域功能，破坏了岸线资源，改变了河口区和内湾海域自然条件，可以使港口、航道淤塞，阻碍了海洋交通运输业的发展。水产养殖业的不合理布局，养殖密度过高和投饵的不科学造成了水质富营养化，使水域失去水产养殖功能，也导致赤潮灾害的发生，造成渔业经济损失，对渔业经济发展会是很大的打击。

资源环境的优劣对海洋经济的发展起着先决性的作用。自然资源环境属于天然的条件，虽然可以人工改造，但是具有很大的局限性。优越的海洋自然资源环境能为海洋开发利用提供较强的物质基础，有利于经济的发展。一般来说，河口区、海湾和群岛的存在，使区域具有丰富的海域资源、渔业资源、旅游资源、港口资源，对海洋经济的发展十分有利。反过来，可利用的海洋资源缺少，海洋经济的发展会受到制约，若海岸线上不存在形成港口的地理条件，发展海洋运输业将是困难的事情。区域性的海洋资源环境条件的差异，也导致海洋经济发展的差异。

海南是一个海洋大省，拥有全国近三分之二的海洋面积，各类海洋资源丰富，环境状况良好，可谓具有得天独厚的海洋资源优势。但目前海南省海洋经济发展中利用的主要是集中在沿海和近海区域的海洋生物资源、矿产资源、海域资源和水资源，而这一区域的海洋资源与海洋环境容量都是有限的。海南省四大海洋支柱产业——海洋渔业、滨海旅游业、海洋油气业、海洋交通运输业，对海洋自然资源与环境的依赖性都极大。但由于捕捞强度的盲目增长，海洋渔业资源严重衰退，是目前我国渔业可持续发展的资源性障碍。海南省虽然管辖海域辽阔，渔业资源丰富，但是由于海南省海洋捕捞渔船大多数为小型渔船，作业场所集中在海南省周边近海海域，加上有相当数量的拖网渔船违规进入底拖网禁渔区线内生产，致使海南省近海渔业资源处于衰退状态。在长期的发展过程中，人们过分关注经济总量的增长，对资源再生能力的降低及环境的退化视而不见，已经开始导致海南省近海海洋资源的逐步衰竭和环境的逐渐恶化。如果不能向外海拓展以及转变经济增长方式，而是继续走资源扩张型发展之路，那么资源与环境对经济发展的刚性约束会很快显现。

8.6.2.2　资金约束

自然资源的开发利用需要资金的支持、企业的运作离不开资金。在一个地区经济发展的早期和中期，资金在其发展中的作用是十分重要的。在著名的哈罗德—多马经济增长模型中，资金积累被认为是整个经济增长的中心环节。在柯布道格拉斯生产函数模型中也将资本投入量作为重要的生产要素。在现代经济增长中，现代科技和资本被称作推动21世纪经济增长的两个巨轮，资本通过资本市场对推进产业结构调整、推动风险投资和技术创新，推动企业组合等的作用，随着市场经济的发展越来越明显。然而，在一个地区经济发展的早期，资金又经常是在各项发展要素中最短缺的。

海南省自建省以来，由于原有经济基础薄弱，技术与人才缺乏，资金回报率较低，因此资金的供应不稳定且没有适应海南自身发展的需要，导致海南省的经济发展，包括海洋经济的发展，虽总体来说保持增长势头，但增速并不快，且常有波动，其根本原因在于经济发展的资金投入不足以支撑海南经济内生性增长的需求。海南经济发展中的资金约束十分明显。

海南省海洋经济要实现增长方式的转变，从目前依靠资源消耗获取经济增长的粗放式增长转向依靠资金、技术和管理来获取增长的集约式增长；产业结构从低级向高级转化，都需要大量的资金投入。

8.6.2.3　人才约束

转变经济增长方式的关键是培养自主创新能力，而自主创新能力的关键则在于人才。发达国家一直坚持人力资本投入为先的战略。仅有200多年历史的美国，今天成为军事实力、经济实力、科技实力都最强大的国家。一个重要原因是它拥有130多万研究开发人员，其数量居世界首位。研究和开发总投资占国民生产总值3%，教育投资占国民生产总值7.4%，是当今世界的最高水平。

而反观海南省的状况，由于海南省自身的区位条件、人文环境不如内地、人力资本投资不足、高等教育较为落后、市场调配机制不够完善等多方面的原因，使得海南的海洋经济虽然有了较快进步，但是在海洋经济增长中，科技含量不高，科技投入仍属不足，缺乏足够数量的优秀海洋产业人才。据抽样调查统计，在编海洋从业人员中，从学历上看，如图8.22所示，研究生占2%，大学本科学历的占43%，大学专科学历的占40.5%，中专（高中）学历的占13%，初中学历的占2%。（未包括高校）从专业分布上分，如图8.23所示，海洋产业人才专业结构比较单一，主要集中在水产养殖专业，占整个海洋产业专业比例的37%强。航海专业占2%，海洋船舶管理专业占8%，海洋渔业专业占5%，海洋捕捞占2%，其他非海洋类专业占41%。从职称层面来看，海洋行政管理人员（公务员系列）几乎没有相应的技术职称，海洋企业从业人员队伍中大部分是农民企业家，没有正规的高等教育。落后的人才配备状况是海南省海洋经济发展水平与层次提高的重大障碍，因此要实现海洋经济持续快速发展，就必须加强人力资源的储备与运用。

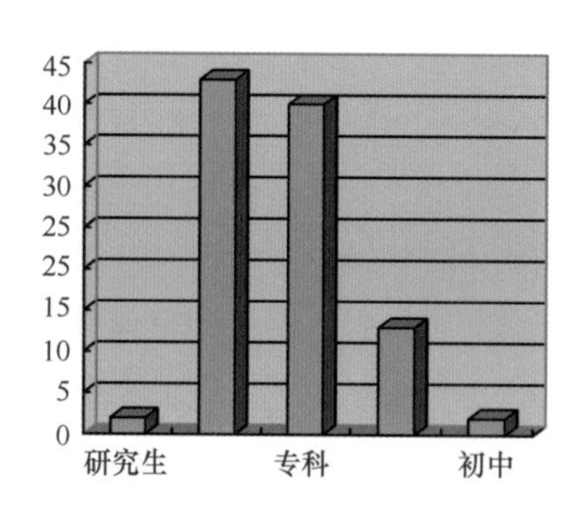

图 8.22　海南省海洋产业人才学历分布图（%）

资料来源：海南省渔业厅《海南省海洋经济人才队伍建设》

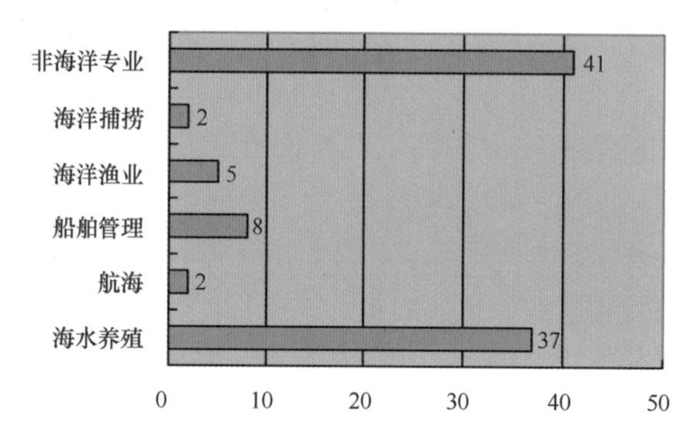

图 8.23　海南省海洋产业从业人员专业分布图（%）

资料来源：海南省渔业厅《海南省海洋经济人才队伍建设》

8.6.3　海南省海洋经济可持续发展战略研究

8.6.3.1　海南省海洋经济可持续发展的 SWOT 分析研究

1）海南省海洋经济可持续发展的优势（S）

（1）宏观环境与海洋经济发展趋势有利于海南省发展海洋经济发展。

（2）海南省位于环北部湾经济圈内，且处于与东盟相连的最前沿位置。这一区位条件对海南省海洋经济的发展带来了潜在的发展机遇。

（3）丰富的海洋资源与良好的生态环境。海南省的“海洋资源供给能力”以绝对优势居各沿海地区中的第一位。这是海南得天独厚的发展条件，是海南可持续发展中最大的资本。

（4）地区经济快速发展，经济总体实力不断增强。建省以来特别是近几年来，海南省经济得到了快速发展，为海洋经济可持续发展奠定了良好的基础。

（5）基础设施不断完善，为经济发展提供了良好的条件。海南省十分重视基础设施建设，到目前为止，海南省公路、铁路、航空、水运已经形成功能齐全、运力强大的客货运网络，为经济建设提供着顺畅的通道。

2）海南省海洋经济可持续发展的劣势（W）

（1）区位劣势。由于孤悬海外，处于中国经济的最外缘，在全国整体经济循环中处于低级地位，大陆经济发展对海南经济的直接拉动作用有限。

（2）社会经济基础劣势。建省以来，海南省国民经济虽发展较快，但由于底子薄，经济基础依然薄弱，经济自主增长能力不强。央属国企虽然实力雄厚，但多为资源开发，且产品多运往内地加工，因此对地方经济的辐射有限；本地国企大多不景气，对地方经济的拉动作用不大；本地民企过分弱势。因此海南省无论政府财富还是民间财富储量都不大。

3）海南省海洋经济可持续发展的机遇（O）

（1）世界开发海洋的热潮及中国对开发海洋、发展海洋经济的重视为海南省海洋经济的发展带来了千载难逢的历史机遇。

由于陆地资源的日益枯竭、人地矛盾的加大，世界各国纷纷将发展的目光投向了广袤的海洋。作为世界第一人口大国和人均资源穷国的中国也不例外。近些年来，国家加大了对海洋开发的关注和政策资金支持力度。海南省应抓住这一历史机遇，加快海洋经济发展。

（2）建设国际旅游岛建设为海南新一轮的快速发展提供了重要契机。

建设国际旅游岛对经济的带动作用已经初步显现，主要表现在房地产投资迅速上升。房地产投资的乘数效应大，产业关联作用强，对地方经济的拉动作用比较明显。建设国际旅游岛将有更加开放便利的出入境政策、优惠的旅游购物政策、更加开放的航权政策、更加开放的海洋旅游政策、更加灵活的融资政策和更加开放的旅游相关产业发展政策和旅游项目等。这些政策一旦获批，不仅对海南省旅游业发展带来巨大的推动力，同时对海洋经济和整个海南经济都将产生根本性的改变。

（3）文昌建设航天城为海南经济发展带来了发展机遇

航天港的建设首先能给海南带来直接的经济效益，如加大 GDP 等。此外，航天港建成后，海南优美的热带风光和太空旅游相结合，必然产生更大的吸引力，来海南旅游的人数将会以更大的幅度增加，会为滨海旅游业的发展带来大的发展机遇。更重要的是航天事业是前沿的科技领域，它投资大，能够拉动市场，并提供大量的就业机会；它科学技术含量高，可以推动形成一个完整的产业链，有助于带动经济整体的综合素质和劳动力及国民整体素质的提高。所有这些，都将对海洋经济的发展带来良好的发展机遇。

（4）中国—东盟自由贸易区的正式建立为海南海洋经济的发展带来良好的发展机遇

从地理上说，海南刚好处在中国—东南亚的中心位置，是离东南亚最近的地方，可谓中国—东盟自由贸易区的桥头堡。此外，海南省的气候与自然环境与东南亚也非常接近。

从交通上说，海南已经拥有了海口、洋浦、八所、三亚等港口，泊位条件可以承担一定规模的国际海运。美兰和凤凰机场都是按国际机场设计的。粤海铁路的通车又加强了和大陆的联系。

从文化渊源上说，海南的华侨主要集中在东南亚，将成为中国和东南亚贸易的中坚力量，有可能成为海南今后经济发展的主要动力之一，而海南历来与东南亚各国有着频繁的经贸往来。随着中国—东盟自由贸易区的正式建成，海南必将大有可为。

可以预见的影响主要包括：第一，对以洋浦为代表的西部工业走廊的发展机遇。洋浦是环北部湾的重要良港，海南正在努力将洋浦建成面向东南亚的航运枢纽、物流中心和出口加工基地。中国—东盟自由贸易区的建立将为洋浦的发展带来巨大的发展机遇，并进而带动整个海南西部工业走廊的发展。

第二，对海南旅游业提供了面向国际的发展机遇。中国—东盟自由贸易区的建立，有利于广泛吸引东南亚国家的客源，有利于加强与东盟国家的旅游业交流与合作，提高海南省旅游业发展水平。

第三，对海南热带高效农业的提高促进作用。自 2004 年开始，海南农产品就开始受到东盟各国农产品进口的影响，但中国海关数据显示，海南农产品出岛出口，不但没有下降，反而保持大幅增长态势。据分析，原因是海南农业现代化进程加快，大量引进农作物优良新品种，全面推广农业新技术，市场营销体系不断完善，农产品加工由点到面发展。由此可见，中国东盟自由贸易区的建立，对海南热带农业来说是机遇大于挑战。

4）海南省海洋经济可持续发展所面临的挑战（T）

任何外界因素对事物的发展所起的作用都不是绝对的，机遇往往同时也是挑战。挑战也主要来自中国—东盟自由贸易区的建立。

首先，海南的区位优势可能会弱化。大湄公河次区域合作由亚洲开发银行倡导，中国、老挝、缅甸、泰国、柬埔寨和越南六国参加。次区域合作是中国—东盟自由贸易区构建的一个组成部分，在此区域合作中，与东盟国家接壤的云南、广西二地的地缘优势明显，某些项目业已启动。再者，陆路大通道泛亚铁路建设也在筹划之中，这些都会从客观上削弱海南的区位优势。

其次，农业将面临激烈竞争。随着中国从 2004 年起向老挝、柬埔寨、缅甸大部分对华商品提供零关税待遇和自由贸易区的逐步建成，东南亚的热带产品将大批涌入中国市场，海南的传统优势产业热带高效农业将受到很大冲击，国内市场份额有可能进一步减少。

第三，东盟旅游资源丰富，自然旅游资源与海南省类似，而人文旅游景观及民族风情截然不同，对国内游客更有吸引力；同时，不少东盟国家市场开发较早，运作成熟，设施完善，吸引了大批中国游客，必然导致海南的旅游客源分流。随着自由贸易区的建成，东南亚旅游市场将进一步对中国开放，他们手续简、价格廉、服务好，使海南旅游业面临严峻挑战。

第四、东盟国家也多为海洋国家，与海南省一样拥有丰富的热带海洋资源。类似的资源必然导致市场的激烈竞争，这是对海南省海洋经济发展的严峻考验。

机遇还是挑战，取决于在外界条件与形势前面如何应对。如能把握形势，有效地利用自身优势，并将劣势予以克服甚至转化成优势，那么挑战也是机遇。如果坐等机遇上门帮助自己改变，抱住原有落后发展模式不变，则机遇也会成为压倒骆驼的最后一根稻草。

综合上述对海南省面前所拥有的基础、条件，所面临的机遇挑战的分析，本文认为海南省在海洋经济可持续发展的过程中应采取增长型发展战略。

8.6.3.2 海南省海洋经济可持续发展战略

1）战略目标

战略目标是海南省海洋经济可持续发展的中心，战略原则、战略重点、战略步骤、战略布局和战略对策都是围绕着战略目标，为了战略目标的实现而制定的。不同的战略目标，就决定了可持续发展的不同道路与发展态势。因此，根据海南省海洋经济发展的条件基础，制定合乎省情的海洋经济可持续发展战略目标，用以指导海洋经济可持续发展实际，是至关重要的。

可持续发展是指既满足当代人的发展需要，又不对后代人需要的满足构成危害的一种发展模式。在此思想指导下，根据前文对海南省区域经济、社会基础条件及海洋经济发展条件、现状、存在问题和海洋生态环境现状的分析，结合国内外经济发展的实际，提出海南省海洋经济可持续发展的总体战略目标如下。

逐步采用和推广循环经济发展模式，大力开发海洋资源，加强海洋资源及能源的集约式循环利用，促进海洋经济总量持续增长及海洋产业结构不断优化升级，使海洋经济在海南省国民经济中所占的比重不断提高，实现海陆联动，参与全国区域经济分工与协作，以内地为腹地，经济发展向国外拓展，并在2035年左右全国海洋省份中居于中等水平；通过海洋经济的发展促进沿海地区并至整个海南省的经济、社会发展；在经济发展中加强生态环境的保护，保持海洋物种多样性，促进生态系统的良性运行。

2010年1月4日，国务院发布《关于推进海南国际旅游岛建设发展的若干意见》，将海南建设国际旅游岛上升为国家战略。若干意见提出，海南国际旅游岛建设发展六大战略定位，即中国旅游业改革创新的试验区，世界一流的海岛休闲度假旅游目的地，全国生态文明建设示范区，国际经济合作和文化交流的重要平台，南海资源开发和服务基地，国家热带现代农业基地。

在发展目标方面，到2015年，旅游管理、营销、服务和产品开发的市场化、国际化水平显著提升。旅游业增加值占地区生产总值比重达到8%，第三产业增加值占地区生产总值比重达到47%，第三产业从业人数比重达到45%。

到2020年，旅游服务设施、经营管理和服务水平与国际通行的旅游服务标准全面接轨，初步建成世界一流的海岛休闲度假旅游胜地。旅游业增加值占地区生产总值比重达到12%，第三产业增加值占地区生产总值比重达到60%，第三产业从业人数比重达到60%。

2）海南省海洋经济可持续发展的战略原则

（1）坚持因地制宜、统筹规划的发展原则

海洋经济是以海洋资源为基础的经济发展模式，由资源禀赋决定的绝对优势、由原有经济基础及与周边地区的经济关联决定的比较优势共同决定了不同区域在区域经济发展中的分工与地位。因此制定发展海洋经济战略规划目标及方案时，要认真分析各地各产业比较优势，统筹安排，既要尽量发挥各地优势，又要能形成各区域优势互补，避免重复建设，恶性竞争，从而提高资源的利用效益。

（2）坚持海陆统筹联动的发展原则

海南省是一个岛屿省份，海岛经济特点十分突出。而海洋经济的特殊性决定了它必须与陆地经济相互配合，协调发展，方能使海洋经济与陆地经济都得到长足发展。因此要坚持海陆统筹联动的发展原则，发展海陆经济一体化。

海陆统筹联动包括以下含义。

第一，促进海南经济与内地经济一体化发展。偏居一隅的海南省一直以来与内地经济的交流较少，小规模、小范围内循环的岛屿经济发展的空间与速度是十分有限的。为了促进海南省海洋经济及至整个国民经济的持续快速发展，就必须打通海陆联通大动脉，加强海上交通运输能力，促进海南经济与内地经济的融合，使海南经济最大限度地参与到全国经济的区域分工体系中，成为全国经济的一个重要一环，以整个大陆为腹地，面向国际的发展，才是海南经济的最终方向。

第二，促进海南省内陆地经济与海洋经济的联动。包括陆地经济向海洋拓展，如鼓励大进大出、重型加工制作等陆域产业向沿海转移，这一点，在海南省经济发展过程上一直得以贯彻落实；海洋向陆地延伸，拉长海洋产业链条，改造提升传统海洋产业。例如：打造海洋产业基地，在推进海水精养、远洋捕捞的基础上，着力推进水产品加工向深加工、高创汇、高附加值和鲜活运销领域发展。规划建设海洋生物生态利用示范区，重点发展海洋生物医药业、海水利用业及海洋能利用业等；同时依托港口优势，发展海洋交通运输物流业。

第三，在治理污染，保护生态环境方面实施海陆联动。海洋环境的污染，其污染源主要在陆地，因此为了治理海洋污染，保护海洋生态环境，必须将以陆地污染源防治为重点，海陆联动保护生态环境。

（3）坚持科技创新原则

实现可持续发展的根本保证便是科技创新。只有通过科技创新，才能改变现有的粗放型外延式经济增长方式，实现资源的综合集约式利用，从而达到保护资源的目的；只有通过科技创新，海洋产业才能培育其内生性经济增长能力，降低企业生存的市场风险；只有通过科技创新，才能寻求最佳的环境保护技术与方法，以保证在经济发展的过程，生态环境能够得到最大限度的保护并为人类提供持续的资源与环境供应。

（4）坚持效益优先，兼顾公平的原则

海南省海洋经济可持续发展是具体到一定的空间的。在资金有限、发展机会有限的条件下，哪些区域先发展、哪些区域后发展，是选择雨露均沾的均衡发展模式还是选择先集中人力物力和财力重点发展条件较好的区域，使其壮大之后向外扩散，带动周围区域发展的非均衡增长模式，涉及到政治和社会问题。由于海南省目前处于区域经济发展的初级阶段，经济起飞的积累阶段，因此根据国内外区域经济发展的经验，采用非均衡发展模式更有利于区域的整体发展。

3）海南省海洋经济可持续发展的战略重点

在海南省海洋经济可持续发展过程中，必须有所侧重，明确了战略发展重点，便于合理分配与调度资金、资源。战略重点的确立包括以下几个方面。

（1）海洋经济战略性产业的选取与培育

海洋经济的主体是海洋产业，海洋经济的发展主要体现为海洋产业的发展。合理化的产业结构是实现海洋经济持续增长的基础。由前述分析可知，海南省目前的海洋产业结构处于较低级的阶段，为了实现海洋经济的持续增长，根据不断变化的国内外市场环境寻找和培育适宜的战略性海洋产业是海洋经济可持续发展的战略重点之一。

（2）区域海洋经济发展战略性空间节点的培育

在地域空间上，区域海洋经济发展表现为一个由点到线再到面的渐次推进、动态变化过程。区域海洋经济可持续发展战略必须遵循区域发展空间不平衡增长的客观规律，区域发展空间战略不应该遍地开花、同步发展，而应该选择一些经济基础较好、发展潜力较大、增长辐射带动能力较强的地方作为区域发展的主要节点加以培育，要充分利用和发挥主要节点的规模经济效应、集聚扩散效应，要强化和凸现节点的核心地位，带动区域的产业集聚、经济集聚、人口集聚，加快区域的城镇化进程和整体互动发展，这也是海南省海洋经济可持续发展的战略目标。

（3）鼓励科技创新，推广循环经济发展模式

所谓循环经济，就是一种按照生态规律利用自然资源和环境容量，实现经济活动的生态化转向，以资源的高效、循环利用为核心，以“减量化、再生利用、再循环、再生和可降解”为原则，以生态产业链为发展载体，以清洁生产为重要手段，以低消耗、低排放、高效率为基本特征，符合可持续发展理念的经济增长模式，是对“大量生产、大量消费、大量废弃”传统经济增长模式的根本变革。这是一种符合海南省生态省建设目标的经济增长方式，是能够保证海南省海洋经济实现可持续发展的经济模式。为了实现海洋经济可持续发展的战略目标，海南省应该不遗余力地实行和推广循环经济模式。而能够实现这一模式的关键在于科技创新。因此海南省应将发展的战略重点放在科技创新上，努力提高海洋经济的科技贡献率，强化海洋经济的内生性增长能力。

4）海洋经济可持续发展的战略步骤

（1）从现在到 2025 年末，实现海南省由海洋大省到海洋强省的转变

渔、景、港、油资源与生态环境综合优势得到充分发挥，以海洋渔业、海洋旅游、海洋交通运输、海洋油气资源开发四大主导产业为重点的海洋经济持续快速发展，海洋经济总量及其在全省生产总值中所占比重明显提高，海洋科学技术的贡献率显著加大，海洋经济的竞争能力进一步加强，继续保持优良的海洋生态环境。同时，积极培育高科技新兴海洋产业，使其在海洋经济中的产值比重进一步提高。各主要沿海城镇经济发展形成一定规模，具备自主增长能力。

（2）从 2026 年到 2035 年，海洋第二产业第三产业所占比重达到 80%，三次产业结构形成三、二、一的发展格局

新兴海洋产业中海洋生物医药业、海水利用业和海洋能利用业形成产业规模，并替代海洋渔业、海洋运输业成为海洋经济的先导产业和支柱产业。各沿海城镇比较发达，形成结构合理，相互配合的专业沿海城镇体系，并向周边农村及海南内陆地区扩散生产要素，形成空间经济的网络化发展模式，区域经济一体化格局开始出现。

（3）第三步，从 2035 年到 2050 年，海南省海洋经济在全省经济中占据绝对主导地位，各海洋产业不断调整产业结构

加强科技创新，实现海洋经济的持续快速增长，循环经济模式成为社会经济增长的主要方式，资源得到充分利用、进入环境友好型社会。海南省内区域空间布局实现功能分区优化，区域经济一体化发展实现，城乡差别进一步缩小，并与全国其他海洋省份开展广泛的区域海洋协作，社会发展达到中等发达国家水平。

8.6.4　海南省海洋经济可持续发展的海洋管理对策与政策保障

前面对海洋经济可持续发展的 SWOT 分析中，详细叙述了海南省海洋经济的制约因素，

我们海洋经济可持续发展的战略对策，主要在于完善各项管理体制，消除海洋经济可持续发展的制约因素，营造良好的投资软环境。

8.6.4.1 完善海洋资源管理体制

为了充分且可持续地利用海洋资源，消除海洋资源环境对海洋经济可持续发展的制约，必须完善海洋资源管理体制，大力加强海洋资源管理。

1）促进海洋资源产权统一

对资源的管理，产权问题是核心问题。从国内外有海洋资源管理的历史及趋势来看，海洋资源的产权统一是大势所趋。美国在2000年成立海洋政策委员会，负责协调“跨党派、跨地区、各利益集团”的海洋问题；韩国则在1996年将水产厅、海运港湾厅、海洋警察厅以及科技、环境、建设、交通等十个政府部门中涉及海洋工作的厅局合并，成立了海洋水产部，对海洋实行了高度集中统一的管理。借鉴国际经验和我国国有企业资产管理改革的经验，将各资源行业行政主管部门行使的海洋资源所有权职能，统一交与国有资产管理机构独立行使。即政府的海洋资源行业行政主管部门今后不再行使海洋资源国家所有权职能，海洋资源行政管理职能交由“海洋管理委员会”统一行使和协调。

2）完善海洋功能区划，在此基础上合理分配各行业用海

海洋功能区划是我国政府在20世纪80年代末期提出并组织开展的一项海洋管理的基础性工作，是在对海洋资源与环境和使用状况进行综合调查研究的基础上编制的，其目的在于为海洋行政管理工作提供科学依据，为国民经济和社会发展提供用海保障。海洋功能区划要在实际使用过程中不断修改完善，统筹安排好各行业用海，较好地解决各行业用海之间矛盾突出的问题，保障国家能源、交通、工业等重大建设项目和重点行业的用海需求，统筹安排好新增投资项目用海的规模和布局，支持具有带动性、关联性、积聚性等乘数效应和边际效益最大化的用海项目，支持海洋经济产业链和产业聚集区的形成，促进海洋产业结构调整。坚持集约节约用海的原则，核减超标准用海面积，确保项目设计、施工和建设各环节符合节约集约用海的要求，促进海域资源的合理利用和优化配置。

3）强化海域和岸线使用管理

在实际管理工作中，要注意强化岸线的公共资源属性。清理过往对岸线的部门占用项目，把涉及岸线利用等重大问题的决策权收归省海洋开发综合管理领导部门。合理利用海岸线资源，制定海岸线利用和保护规划，积极实施重点港湾综合整治，促进海洋资源科学有序利用。

此外，要加强海域使用权管理。深入贯彻实施《海域使用管理法》，全面推行海洋功能区划制度、海域使用证制度和海域有偿使用制度。从源头上杜绝乱填海、乱围垦等违法行为。进一步完善海域使用论证、听证、公示等配套制度，健全海域使用预审、受理、登记、公告等内部管理程序。

4）加强对重要稀缺资源与海洋环境的监管

可持续发展的重要要求便是资源的可持续利用和生态环境的良性循环。在发展海洋经济

的过程中，必须对海洋资源在使用过程中的变化状态及生态环境的运行过程进行实时监控。了解各种海洋生物资源物种多样化的变迁，种群数量的增减。生态环境各构成要素的变动对整体生态系统结构与功能的影响及反馈。严格监管任何可能危及海洋资源储量降低至警戒线以下的行为及可能使生态系统受到严重影响甚至会发生不可逆转的行为。例如：使用 20×10^4 吨级以上码头和大型临港工业等港口资源应征得省政府同意后，依法办理审批手续。各县（市、区）政府不得批准在港址保护区内建设永久性建筑或签订中长期的资源使用合约；港址保护区内不符合规划方案的在建项目、建成项目、资源使用合约由原批准单位采取补救措施，降低将来拆迁征用的损失。

8.6.4.2 建立完善海洋环境保护体制

落实环境保护目标责任制，建立政府主导、市场推进、公众参与的环境保护机制，重点解决海洋环保面临的突出问题。

1）建立完善海洋环保的投资体制

海洋环保建设是一项投资大、效益长的公益事业，需要在明确政府投资主导作用的基础上，建立多元投资和筹资体制。

（1）强化政府在环境保护和生态建设中的投资主导地位。认真制定重点海洋生态环境防治及修复保护计划，并分年度纳入财政预算。制订、完善并落实各项有利于环境保护的经济政策和措施，加大污染防治设施和城市基础设施建设的投入，确保环保投资占国民生产总值比重有明显增加。

（2）拓宽海洋环保资金筹资来源。按照“污染者付费、利用者补偿、开发者保护、破坏者恢复”的原则，充分运用海域使用金、排污费、税收、罚款等经济手段，拓宽海洋环保资金来源渠道。并按照“排污收费高于治理成本”的原则，促使排污单位增加投入，主动治理污染。

（3）鼓励社会资本投资海洋环境保护。利用市场经济规律和金融体制改革的有利时机，鼓励社会各界投身海洋环保工作，积极发展海洋环保产业，增加资金来源。争取国内外对海洋环保事业的专项资金和财政援助、国际金融机构优惠贷款、华侨赠款以及吸引国内外组织和个人建立海洋生态环境保护基金，形成可持续发展的财政支持机制。

2）建立有效的海洋生态环境补偿机制

通过政策补偿、资金补偿、实物补偿、智力补偿和支持发展等形式，主要对为保护生态环境而形成的公共成本支出和管理支出、生态环境保护和建设项目、环境基础设施建设等方面进行不同类别的相应适当补偿。

建立和完善海洋环境保护公共财政体制，加大政府在海洋环保公共投资领域的投入力度，建立科学合理的转移支付制度。支持、鼓励和引导社会资金投向污染治理、生态建设和废弃物资源化利用产业，逐步建立政府引导、市场推进和社会参与的生态补偿机制。

3）建立和完善海洋环保科研创新与推广应用机制

海洋和环保部门要充分利用高校、科研单位和科技企业等的人才和信息优势，与其进行交流、合作与培训，积极开展海南海洋环境关键性、基础性科学问题研究，加大相关学科的研究力度，建立海洋环保技术产业化基地和示范试验区，推动海南海洋环境保护事业的科技进步，为海洋资源和生态系统的保护和可持续利用提供更有力的科技支撑。

4）建立海洋环境保护的国际合作机制

（1）努力拓宽国际合作的领域。在沿海污染防治和生态保护的科学与技术，综合性沿海环境管理、城镇生产生活污水处理技术工艺、海水生态养殖新技术等领域逐步扩大和深化国际合作。

（2）开展双边与多边合作。开展与周边或其他沿海国家（地区）政府间的双边或多边环境合作；拓宽与东盟地区国家就框架内的区域性海洋环境保护合作；加强与联合国环境规划署、开发计划署、国际海事组织和联系教科文组织等国际组织的合作；争取与世界银行、亚洲开发银行、全球环境基金等国际金融组织的合作，获取环境保护资金支持；联系与沿海国家（地区）海洋环境研究机构、高等院校等开展多种形式的环境保护合作和研究项目。

5）加强海洋环保监督管理机构建设，提高海洋环保执法能力

（1）强化海洋环境保护的制度保障。继续完善海洋行政执法制度，规范执法工作机制，确立海洋行政执法工作的新格局。

严格执行海洋环境保护法律法规。沿海各级政府和有关部门在进行海洋开发和项目建设时，必须严格执行环境保护和生态建设的有关法律法规。并结合本地区海域环境质量状况，根据《海南省海洋环境保护规划（2009—2020）》① 编制当地海洋环境保护规划，将保护和改善近岸海域环境质量的具体目标和措施纳入本地区国民经济与社会发展规划中。

全面推行海域使用证制度和海域有偿使用制度。对围填海工程及其他用海项目，坚持可行性论证制度，对未经论证和审批的用海项目进行检查和处理，从源头上解决开发无序、利用无度和使用无偿的问题，协调好各种用海关系；严格执行建设项目环境影响评价制度，对未经环境影响评价擅自开工的涉海项目要依法责令停止建设，追究有关责任，把海洋综合开发和海洋环境保护纳入科学化、法制化、规范化的轨道。

实行排污入海管理许可制度和重点区域排污总量控制制度。沿海各市、县人民政府制定本行政区域陆源污染物排海总量控制实施方案，落实海洋环境保护工作的各项职责。

建立全方位的海洋保护制度保障。通过制定加强生态环境建设、财政支持等具体的规章、规定，为海洋环境保护的全方位发展提供保障。

（2）加强海洋环保职能部门建设与合作。全面落实《中华人民共和国海洋环境保护法》、《全国海洋经济发展规划纲要》确定的海洋环境保护任务和党的十七大提出的建设生态文明的新要求，切实把海洋环境保护列入各级政府的主要议事日程，由政府组织、统一调控协作、联合行动的工作机制，形成党政一把手负总责、主管领导具体负责、海洋环保行政主管部门统一监督管理、政府各部门分工负责的局面。

加强海洋环境监督、执法职能部门建设。加强环保人才队伍建设，实行持证上岗，建设现代化的海洋环境监测、管理体系，建立一支综合素质高、装备优良、执法力量强的海监队

① 海南省海洋与渔业厅正在编制《海南省海洋环境保护规划（2009—2020）》。

伍，全面提高现场执法能力和应对突发性污染事件的应急处理能力。落实海洋环保与生态建设的行政首长负责制，逐级签订海洋环保目标任期责任书，建立海洋环境保护目标责任制的考核和公布制度，建立环境保护重大决策监督与责任追究制度，把海洋环境保护作为考核政绩的一项重要内容，明确目标任务，定期检查。

实行综合决策，加强区域协调。根据可持续发展的战略要求，实行保护海洋环境与推进海洋经济发展的综合决策，统筹协调主要河流流域与海域的环境政策和规划，加强流域与海域综合协调的机制建设。沿海各级政府和涉海管理部门要加强分工合作，在海洋污染防治和生态建设等工作中加强区域协调，切实解决跨区域、跨海域污染的问题。实施适应市场经济的环保区域经济协调方法，各地区运用各种经济补偿机制、资源保护投资机制，实行生态环境的利益补偿，实行统一的区域环境政策和标准，鼓励环境保护基础设施的共建共享。

（3）建立健全海洋环境的监测、预报、预警、应急机制。强化海洋监测、评价、科研、信息等基础能力建设，及时发布海域环境质量公报，积累海洋环境状况的资料，作为规划管理的科学依据和基础数据。省和沿海市、县人民政府应当组织有关部门制定防治海洋气象灾害、赤潮灾害和船舶溢油应急预案等，以提高海洋环境预报预警能力和海洋环境事故灾害应急能力。

8.6.4.3　建立和完善多元化的海洋产业发展投融资体制

资金约束是海南省海洋经济可持续发展中的一个重要瓶颈。为了突破这一瓶颈，应该建立和完善多元化的海洋产业发展投融资体制，利用市场机制，鼓励和引入民间资本进入海南省海洋产业领域，以形成投资主体多元，投资来源多渠道，投资方式多样化，组织形式灵活化的投资经营模式。

1）创新财政投资体制，加大财政投资

目前中国的民间资本数量十分可观，这从中国居高不下的居民储蓄率即可看出。但目前国内的民间资本多青睐于“短、平、快”项目，对于实体经济的长线投资，投资意愿较小。这主要是长线实体经济投资金额大、投资周期长、市场难以预期等原因造成的。为了鼓励民间资本进入海南省海洋开发领域，政府应加大财政投资，分担投资风险，引导民间资本进入。

在引导民间资本进入时，从财政政策方面扶持引导海洋三次产业协调发展，重点扶持资源消耗少、环境污染轻、科技含量高的产业，促进海洋产业集聚和优化升级，提高海洋经济的整体素质。各级财政应尽可能增加海洋开发的引导性投入，形成财政对海洋开发基础设施和海洋公益性事业投资正常的增长机制，综合运用国债、担保、贴息等政策措施，带动社会资金投入海洋开发建设，促进海洋产业的发展。

此外，要积极争取国家对海洋产业发展的扶持性资金。包括在基础设施、海洋旅游、交通运输和海洋环境保护等方面的项目资金。积极争取更多使用国家专项资金，争取将一批技术水平高、市场潜力大的重点项目列入国家年度计划、专项计划，带动引导社会投资。

2）根据项目实际特点，灵活确定确定投资主体和投融资方式

海南省应适应投融资体制的改革方向，把海洋经济的投资划分为竞争性项目投资、基础性项目投资和公益性项目投资，并据此重新确定各类投资项目的投资主体和投融资方式：对

于市场竞争力比较强、投资效益比较好的项目，如海洋高新技术产业，以企业作为投资主体，投融资方式主要通过商业银行进行；对于投资大、周期长、风险相对较大的项目，主要是基础设施和一些基础工业项目，可以采取政府主导的投资方式，既增加政府的投入，同时也鼓励多方集资；对直接经济效益较差、主要是社会效益的公益性项目，如环境保护和海洋科学的基础性研究等，难以用市场机制调节，则主要由各级政府来承担投资主体。

3）充分利用国内外金融市场，推进重点项目的上市融资

重点在海洋药物及生物制品、港口、船舶、海洋工程等方面培育一批骨干企业，优先安排上市，吸引社会闲散资金，调动社会各界特别是民营企业参加海洋经济开发，形成投资主体多元化、资金来源多渠道的海洋开发投入新局面。

4）加大金融机构对海洋产业的支持力度

一方面要积极争取各商业银行的信贷投入和国家中长期政策性贷款的支持。组建政府投资担保公司或会员制担保公司，为海洋开发所需贷款提供担保，是获取商业贷款的一种重要支持手段。

同时建立专门为海洋高技术企业服务的中小金融机构体系。这一体系中的主体是非国有中小金融机构，保证其以低成本高效率为处于创业阶段的海洋高技术企业提供融资支持。此外，体系中还包括一些国有专门的中小科技企业融资机构，其起到的作用是建立和维持一个稳定的竞争环境，使企业和金融机构有动力维护自己的商业信誉。同时，为海洋高技术中小型企业提供担保服务，建立分层次政府支持的中小企业信用担保体系。

8.6.4.4 大力实施“科技兴海”战略，创新海洋科技体制

科技是第一生产力，“科技兴海”是海洋经济可持续发展的关键。而科技兴海的关键则是海洋科技开发与海洋科技推广。因此，要建立创新型海洋科技体系，实施科技兴海工程，提高海洋科技对发展海洋经济的贡献率，扶持和推进海洋高新技术及其产业化，以科技创新带动海洋资源开发和海洋经济高端化，提高海洋产业的核心竞争力。

1）建立多元化的海洋科技投入机制

（1）建立以政府投入为引导、企业投入为主体和广泛利用社会资金的海洋投融资体系。建议省政府从有关开发、建设基金、海洋使用金中划出一定比例，财政设海洋科技专项资金，用于海洋科研项目的研究和成果转化。省财政每年拨款一定数额用于支持重点海洋高技术企业技术创新。凡经认定从事海洋高新技术产品研究、开发与推广的科研单位，其项目优先列入各有关部门计划，享受高新技术企业同等优惠政策。

（2）建立海洋高科技风险投资基金。鼓励海内外投资机构、跨国公司等各类投资主体建立高新技术风险投资机构、分支机构，可实行有限责任、股份有限等形式，共同承担海洋科技开发过程的高风险和高投入。

（3）设立海南省海洋产业科技创业投资公司。通过与大学、海洋研究机构及海外基金合作，真正实现“产学研结合”的战略。

2）整合海洋科技资源，深化海洋科研体制改革

（1）整合科研资源，组建能将海洋各门类学科联合起来的海南省海洋研究院所。

（2）建立一批包括公益型和技术推广服务的科研院所，

（3）支持海洋水产重点实验室和工程技术研究中心建设，争取设立国家南方海洋科研中心和科考基地。

（4）按照公益性和经营性职能分离的要求，建设公益性海洋水产技术推广机构，继续支持和完善水产科技服务“110”。

（5）组建国际海洋科技交流平台，积极参与国际科技合作与交流，不断提高海洋科技水平。可利用“博鳌亚洲论坛”这一平台，创办“海洋科技论坛”。通过论坛，追踪海洋科技的前沿动态，推介高新技术，吸引高层次人才和高科技企业来海南发展。

（6）推进海洋科研管理体制改革。对基础型、公益型和开发型科研院所实行分类管理，建立完善开发式的科研管理体制。营造有利于科技成果转化的软环境，支持和鼓励科技人员和企业参与海洋科技成果转化。

3）完善海洋科技成果转化机制，促进海洋高新技术产业发展

（1）加强海南海洋资源依托型海洋科技研究开发。

海洋科技涉及范围广泛，海南省现有的海洋科技力量、资金能力无法在各领域开展深入研究，因此，要选择海南省具有资源优势的且能够短时间内将科技成果转化为产业成果的资源型技术领域或项目开展科研，如油气深加工技术、海洋生物技术、特别要运用生物技术在渔业优良品种育种、无公害水产品的精深加工、海洋新型药物的研制开发等方面有大的突破。

（2）建立海洋科技研发与产业园区，加快海洋高科技产业化进程。

建立和完善一批具有国际水平的海洋高科技园区和开发区，促进高科技产业聚集，促进科技创新及扩散，发挥聚集效应和规模经济，努力实现海洋高科技的产业化、商品化和国际化。

积极培植和加快发展海洋高新技术企业，加强体制和机制创新。加快民营海洋高技术的发展，引导海洋民营科技企业不断提高持续创新能力；鼓励有优势的民营科技企业联合，形成一批具有很强研究开发能力和国际竞争力的大型高技术企业集团。

加快海洋高技术开发区建设，支持留学人员、外资企业和大企业兴办海洋高技术开发区，完善孵化体系，提高创新能力。在大力发展海洋高科技、实现高科技产业化的同时，要根据海洋经济发展的需求，注重适用技术的推广应用，推动海洋开发由粗放型向集约型转变，并将海洋开发和海洋保护结合起来。

8.6.4.5　加强海洋产业人才队伍建设

实施海洋强省战略，推进海南海洋产业跨越式发展，必须加强海洋产业人才队伍建设，重点引进和培养海洋高层次科技人才、海洋旅游人才、企业管理人才、船舶与海洋工程人才、渔业技能型人才，为发展海洋产业提供人才支撑。

1）加强海洋人才的培养

（1）加强本省海洋高等院校的建设。吸引国内外海洋类科研院所和高校落户海南，鼓励企业与社会兴办海洋产业培训机构；强化和扩大海南大学涉海院、系建设，争取在2020年前创办一所综合性海洋大学。

（2）努力办好涉海专业的中等职业学校，培养更多的适用型海洋技术人才。加强与海洋经济相关的职业教育，重视人才的在职培训。在沿海市县进一步实施渔业实用技术培训和海洋捕捞渔民转产转业技术培训，提高渔业生产者的技术水平。

（3）加强高层次科技研发人才、工程技术人才、企业管理人才的培养工作。加快培养学科带头人和创新型人才，有效发挥领军人才作用；重视海洋行业管理人才培养，加快对海洋管理一线人员的知识更新和提升；鼓励和支持海南省高等院校、科研机构与企业建立博士后科研工作站，加强与省外海洋科研所、海洋大学的全面合作，创建培育人才的平台。

2）建立激励机制，鼓励海洋产业人才扎根海南

要建设海洋人才队伍，关键是要人才能引得进来、留得下来、成果出得来。要引进和留住人才，并鼓励人才多出成果，出好成果，就要建立激励机制，调动科技人员上岛、下海的积极性。具体措施包括：对到企业开展有关海洋科技服务的科技人员，个人提取的技术服务费比例可在原有基础上适当提高。对海洋科技进步有突出贡献的科技人员，要给予重奖。鼓励海洋科技人才采取技术入股等方式与企业进行长期合作，建立有利于激励海洋科技成果转化、产业化的人才评价、知识产权保护和奖励制度。鼓励和扶持海洋企事业单位科技人员兼职或以自然人的名义申办科技企业、科技中介企业和科技民营企业，改进和完善分配制度和奖励政策，鼓励高新技术企业通过技术入股、员工持股和股权期权等多种分配奖励形式，逐步建立与国际惯例接轨、符合海洋高新技术产业特点、有利于保护知识产权的分配制度和经营制度。

3）完善海洋产业人才服务体系

建设以海洋高新技术评价、论证、中介、推广为主要职责的高效中介服务机构。面向企业和市场，建立以科技成果转化、技术咨询、技术交易、人才和信息交流等为主要内容的多层次服务网络，创建区域性海洋科技服务中心，为海洋新产品开发、新技术推广、科技成果转化等做好科技中介服务。

海洋环境保护是指为防止和改善自然因素、人为活动对海洋环境、海洋资源以及海上生产活动的破坏，防治污染损害，维护生态平衡，保障人体健康，促进经济和社会可持续发展的所有调控和管理的活动，

近年来，随着海洋高新技术的发展，人类对海洋的开发程度日益加深，海洋产业日渐成为国民经济的支柱产业。海南省四面环海，区位优势突出，海洋资源丰富，气候条件良好，海洋经济对全省的发展显得尤为重要。但目前海南省的海洋开发已造成了生态环境的破坏，如何加强海洋生态环境保护，合理开发利用海洋，保证海洋资源的可持续利用已成为全省环境保护工作的当务之急。